经典译丛·人工智能与智能系统

非线性控制系统

Nonlinear Control Systems I, Third Edition
Nonlinear Control Systems II

［意］ Alberto Isidori 著

王智良 译

電子工業出版社

Publishing House of Electronics Industry

北京 • BEIJING

内容简介

意大利学者Alberto Isidori所著的两卷本Nonlinear Control Systems是非线性控制理论的经典著作，系统地总结了20世纪70年代以来非线性控制理论研究中出现的主要理论和方法，特别强调微分几何理论在确定性非线性控制系统中的应用。第1卷侧重于基础理论，其中第1章和第2章针对仿射非线性系统，从向量场、李代数、分布、对合分布等基本概念出发，逐步导出非线性系统的局部可控性和局部可观性概念，然后又将这些概念在一定条件下推广到全局情况；第3章给出了两种非线性输入输出表示方法，并简要讨论了输入输出映射的实现理论；第4章讨论具有相对阶的单输入单输出系统的综合设计问题；第5章将相对阶概念推广到多输入多输出系统，讨论了非交互控制，并介绍了动态扩展算法；第6章介绍了如何在系统没有相对阶的情况下，利用零动态算法得到仿射非线性系统的一个广义标准型，并介绍了最大受控不变分布、可控性分布等概念；第7章详细介绍了非交互控制，特别是动态反馈非交互控制；第8章介绍了非线性系统的稳态响应概念并基于此概念讨论了输出调节稳态；第9章介绍了全局或半全局稳定性控制和扰动衰减控制。第2卷主要考虑鲁棒镇定问题，其中第10章首先介绍比较函数，然后引出输入到状态稳定性这个核心概念，并由此自然地导出耗散性、无源性、小增益等概念；第11章和第12章针对具有下三角型结构的系统，分别介绍了全局渐近镇定和半全局渐近镇定方法；第13章对于具有有限L_2增益的系统，研究了含有未建模动态的鲁棒镇定问题；第14章考虑了输入受限时的鲁棒稳定性问题，主要介绍了一种基于非二次型李雅普诺夫函数的递归设计方法和饱和嵌套设计方法。

本书适合控制理论与控制工程及相关专业的高年级本科生、研究生作为教材，也适合从事控制理论、控制工程相关领域研究的科技人员阅读参考。

图书在版编目（CIP）数据

非线性控制系统 /（意）伊西多尔·阿尔贝托（Alberto Isidori）著；王智良译. —北京：电子工业出版社，2021.3
（经典译丛. 人工智能与智能系统）
书名原文：Nonlinear Control Systems I, Third Edition+Nonlinear Control Systems II
ISBN 978-7-121-40718-5

Ⅰ. ①非… Ⅱ. ①伊… ②王… Ⅲ. ①非线性控制系统 Ⅳ. ① TP273

中国版本图书馆 CIP 数据核字（2021）第 041103 号

责任编辑：马 岚　　文字编辑：李 蕊
印　　刷：三河市鑫金马印装有限公司
装　　订：三河市鑫金马印装有限公司
出版发行：电子工业出版社
　　　　　北京市海淀区万寿路 173 信箱　邮编：100036
开　　本：787×1092　1/16　印张：45.75　字数：1171 千字
版　　次：2021 年 3 月第 1 版
印　　次：2022 年 12 月第 2 次印刷
定　　价：179.00 元

凡所购买电子工业出版社图书有缺损问题，请向购买书店调换。若书店售缺，请与本社发行部联系，联系及邮购电话：（010）88254888，88258888。

质量投诉请发邮件至zlts@phei.com.cn，盗版侵权举报请发邮件至dbqq@phei.com.cn。

本书咨询联系方式：classic-series-info@phei.com.cn。

译者序

意大利著名控制理论学者 Alberto Isidori 的两卷本巨著 *Nonlinear Control Systems* 是关于确定性有限维非线性控制理论的集大成之作，面向的读者对象是控制理论及相关专业的高年级本科生、研究生，以及从事控制理论、控制工程相关领域研究的科技人员。

此书中译本将两卷合二为一，为读者奉献了一个值得收藏查阅的新版本。本书系统地总结了 20 世纪 70 年代初至 90 年代末，在非线性控制理论研究中出现的主要理论和方法，特别强调了微分几何理论在确定性有限维非线性控制系统中的应用。作者匠心独运，条分缕析，对散见于各种学术期刊的繁杂理论成果进行了精心梳理和细心组织。全书内容系统，叙述严谨，绝大部分理论结果都给出了构造性证明，并在书末的文献说明中具体指出了结论的出处。

Lyapunov 稳定性理论一直是非线性系统分析与设计的一个重要工具，但如何构造 Lyapunov 函数是该方法应用的固有难点，没有通用法则。在本书中，Isidori 想要对非线性控制系统建立起像线性系统那样的理论体系，最大限度地利用线性系统理论的成熟工具，实现对非线性系统的综合设计，使得非线性系统的控制能够有一套标准流程。第 1 卷侧重于基础理论，前两章针对仿射非线性系统，从向量场、李代数、分布、对合分布等基本概念出发，逐步导出非线性系统的局部可控性和局部可观测性概念，然后又将这些概念在一定条件下推广到全局情况。第 3 章从输入-输出角度研究非线性控制系统，分别给出了 Fliess 级数展开和 Volterra 级数展开两种输入-输出表示方法，并基于此简要讨论了输入-输出映射的实现理论。第 4 章和第 5 章针对具有相对阶的非线性控制系统讨论了如何将系统变为标准型，并利用静态反馈、动态反馈等方法实现系统的综合设计。第 6 章更进一步，介绍了如何在系统没有相对阶的情况下，利用零动态算法得到仿射非线性系统的一个广义标准型，并介绍了最大受控不变分布、可控性分布等概念。第 7 章利用第 6 章提出的概念，对非交互控制，特别是对动态反馈非交互控制做了详细的介绍。第 8 章介绍了非线性系统的稳态响应概念，并基于此概念讨论了输出调节镇定问题。第 9 章引入了控制 Lyapunov 函数的概念，基于此概念介绍了全局或半全局稳定性控制和干扰抑制控制，并利用饱和函数实现了控制幅值受限的反馈律设计方案。

第 1 卷虽然有一些章节考虑了干扰的影响，但需要假设干扰满足匹配条件，这也是微分几何控制方法一直受到的诟病。因此，作者在第 2 卷中主要考虑鲁棒镇定问题，致力于将第 1 卷中提出的方法和一些较为通用的非线性控制方法进行有机融合，以实现对干扰的有效抑制。第 10 章首先介绍了比较函数，然后引出了输入到状态稳定性这个核心概念，并由此自然地导出耗散性、无源性、小增益等概念，为后续章节提供了理论基础。第 11 章和第 12 章针对具有下三角型结构的系统，分别介绍了鲁棒全局渐近镇定和鲁棒半全局渐近镇定方法。第 13 章

对于具有有限 L_2 增益的系统，研究了含有未建模动态的鲁棒镇定问题。第 14 章考虑了输入受限时的鲁棒稳定性问题，主要介绍了一种基于非二次型 Lyapunov 函数的递归设计方法和饱和嵌套设计方法。

自第 2 卷出版至今已经有二十余年，这期间非线性控制理论所研究的对象日益复杂，提出的方法也五花八门。但归根究底，确定性有限维非线性控制系统的基础理论发展并没有超出本书所设定的框架。本书内容的基础性、重要性和系统性至今仍是其他同类非线性控制方面的书籍所难以超越的。IEEE 会士、控制领域的著名学者林威教授曾认为，这是关于非线性控制系统理论的唯一经典教材。

此书的翻译尽量遵循直译的原则，实在不能满足要求的地方才用意译处理。译文注意符合中文习惯，用公认度较高的中文词翻译书中的术语，并在译文中保留了英文原词以方便读者对照。需要特别指出的是，为了便于读者阅读原著，本书在一些公式和符号等（如矩阵和向量）的表示形式上，尽量贴近了原著。翻译过程中更正了原著存在的一些印刷错误和作者的疏漏，有些以脚注的形式标出，有些直接在译文中改正，不再予以说明。读者登录华信教育资源网（www.hxedu.com.cn）可注册并免费下载直接改正的内容的清单。译者重新绘制了全部插图，改正了图中的一些错误；重新整理并用 Google Scholar 查对了原著中列出的每一条文献，改正了原著中一些参考文献的标注错误，修正了一些参考文献的出处，并补充了漏失的文献。

译稿的排版采用了 XeLaTeX、BibTeX 和 ctexbook 模板。感谢 Donald E. Knuth 开发了 TeX 系统，感谢 LaTeX 社区的无私奉献。

译者感谢山东大学的胡锡俊教授和东北大学的刘鑫蕊、马大中、杨东升、刘振伟、王迎春、王占山、罗艳红、杨珺、孙秋野、黄博南、冯健、汪刚等老师给予的关心与帮助，还要特别感谢东北大学张化光教授一直以来给予译者的鼓励与支持。本书的翻译得到国家自然科学基金（编号：61773005）的资助，在此一并感谢。虽然译者在翻译过程中多方查证，反复校对，但是由于水平和精力所限，译文中一定还存在不少问题，欢迎各方读者批评指正，反馈意见可发送至电子邮箱：wangzhiliang@mail.neu.edu.cn，不胜感谢！

译者

2021 年 3 月

前 言 汇 总

第 1 卷 (第三版) 前言

在过去六年里，非线性系统的反馈设计经历了蓬勃发展，在本书第二版写作时还没有答案的许多重要问题现在已经得到了成功解决。第三版旨在叙述一些重要的新发现，以及理顺和改进一些早期的章节。

第 1 章到第 4 章保持不变。第 5 章现在也讨论了利用动态反馈获得相对阶的问题，这些内容在第二版中放在第 7 章中（早先的 7.5 节和 7.6 节）。现在的叙述基于一个新的“规范的”动态扩展算法，从多种不同角度来看这种方式都非常方便。第 6 章除了 6.2 节的主要结果的证明，其他内容同样保留未变，即大为简化了使一个给定分布具有不变性的反馈律的构造，这得益于 C. Scherer 的宝贵建议。第 7 章不再包含跟踪问题和调节问题（早先的 7.2 节），这些内容已经被扩展成单独一章，并且正如之前的说明，也不再包含如何利用动态反馈获得相对阶的讨论。另一方面，这一章对动态反馈非交互控制稳定性进行了相当详细的阐述，这是第二版中没有包含的内容。

第 8 章和第 9 章是全新的内容。第 8 章涵盖了跟踪问题和调节问题，叙述方式做了改进，可以非常容易地引向如何解决获得“结构稳定的”设计这一问题。第 9 章处理反馈律的设计问题，旨在实现全局或“半全局”稳定性和全局干扰抑制。这个特定研究领域在过去几年里已经成为一些重要研究成果的主题。在该领域中一些确实突出的进展中，第 9 章只关注其发展似乎尤其受本书前几章所提概念和方法影响的那些贡献。对于第二版的参考文献，仅更新了在准备新材料（即 5.4 节、7.4 节、7.5 节、第 8 章和第 9 章）时实际用到的参考资料。

我衷心感谢所有对本书早期版本提出意见和建议的同事。我要特别感谢 Ying-Keh Wu 教授、M. Zeitz 教授和 U. Knöpp 博士的宝贵建议和认真帮助。

第 1 卷 (第二版) 前言

本书旨在对非线性控制系统的理论基础提供自成体系的叙述，尤其强调微分几何方法。本书可作为研究生教材，也可供从事反馈系统分析和设计的科技工作者及工程师参考。

本书第一版写于 1983 年，那时我在美国圣路易斯华盛顿大学系统科学与数学系任教。新版整合了 1987 年我在美国伊利诺伊大学厄本纳香槟分校、1987 年在德国奥博珀法芬霍芬的卡尔-克兰兹（Carl-Cranz）社区学院、1988 年在美国加州大学伯克利分校获得的教学经验。除了主要对第一版的最后两章重新组织，新版还增加了两章更基础的内容，并阐述了 1985 年以来出现的一些有价值的研究成果。

在过去的几年里，如同拉普拉斯变换、复变量理论和线性代数与线性系统的关系那样，微分几何已被证明是分析和设计非线性控制系统的一种有效手段。长期备受关注的一些综合问题，如干扰解耦、非交互控制、输出调节和输入-输出响应整形等，均可基于一个控制科学工作者能够容易掌握的数学概念而得到相对简单的处理。本书的目标是使读者熟悉主要方法和结果，使其能够在不断扩充的文献中跟上新的重要发展。

本书组织如下。第 1 章介绍了不变分布，它是分析非线性系统内部结构的一个基本工具。借助于这一概念来说明，与线性系统的卡尔曼分解类似，一个非线性系统可局部分解为“可达/不可达”部分和/或“可观测/不可观测”部分。第 2 章解释了在何种程度上能够存在全局分解，这相应于整个状态空间被划分为“低维的”可达性子集和/或不可区分性子集。第 3 章描述了一个非线性系统输入-输出映射的多种可能表示“形式”，并对实现理论基础提供了一个简短介绍。第 4 章针对单输入单输出非线性系统阐述了如何求解一系列相关的设计问题。这一章解释了怎样通过反馈和坐标变换将系统变换成线性可控系统，讨论了“零点”概念的非线性类比在实现局部渐近稳定性时如何发挥重要作用，描述了渐近跟踪问题、模型匹配问题和干扰解耦问题。方法略显初级，因为只需要标准的数学工具。第 5 章包含类似的主题，研究对象是一类特殊的多变量系统，即能够利用静态状态反馈实现非交互性的系统。对这类系统的分析是第 4 章所述结果的直接扩展。最后两章针对类型更宽泛的非线性系统，致力于解决输出调节问题、干扰解耦问题、静态反馈非交互控制稳定性问题，以及动态反馈非交互控制稳定性问题。这些章节中的分析多基于一些关键的微分几何概念，为方便起见，单独在第 6 章中介绍了这些概念。

本书不可能涵盖这个领域中的所有最新进展。一些重要内容被略去了，例如全局线性化和全局受控不变性理论、左逆和右逆的概念及与其相关的控制理论结果。参考文献包含了实际使用的出版文献和一些感兴趣的工作，以供读者进一步研究，但这绝非全部篇目。

读者应该熟悉线性系统理论的基本概念。尽管本书强调的是微分几何概念在控制理论中的应用，但第 1 章、第 4 章和第 5 章的多数内容不要求有这一领域的专门背景。不熟悉微分几何基础知识的读者在首次研读时可以跳过第 2 章和第 3 章，待到获得了足够的必要技能后再研读这两章。为使本书自成体系，在附录中对用到的最重要的微分几何概念进行了叙述，但没有提供证明。在每一个设计问题的阐述中，还讨论了局部渐近稳定性问题。这也事先假设读者具有稳定性理论的基础知识，关于这些内容可以查阅一些广为人知的标准参考书，其中一些不经常见到的特殊结果包含在附录 B 中。

我谨向 A. Ruberti 教授致以最诚挚的谢意，感谢他对我的不断鼓励。感谢 J. Zaborszky 教授、P. Kokotović 教授、J. Ackermann 教授和 C. A. Desoer 教授，为我提供了在他们的学术机构讲授本书内容的机会，感谢 M. Thoma 教授对本书编著的持续关注。我很感谢 A. J. Krener 教授，在一次合作研究的过程中，我从他那里学到了很多方法，并已应用到本书中。我要感谢 C. I. Byrnes 教授（我最近与他有密切的合作研究）以及谈自忠教授、J. W. Grizzle 教授和 S. S. Sastry 教授，令我有机会参与一些重要的研究课题。我还要感谢 M. Fliess 教授，S. Monaco 教授和 M. D. Di Benedetto 教授提出的宝贵建议。

第 2 卷 前言

本书旨在对非线性控制系统的几种设计方法提供自成体系的协调叙述，特别强调当模型具有不确定性时，如何在全局或任意大区域上实现稳定性。之前出版的第 1 卷（第三版于 1995 年付印）探讨了非线性控制系统的理论基础，本书预想是作为该书的后续部分。基于这方面的考虑，本书以“第 2 卷”单行本的形式撰写，并延续了第 1 卷的编号体系，略有重叠但其实无关紧要。第 2 卷可以作为研究生教材，也可供对非线性控制系统的反馈律设计感兴趣的科技人员和工程师参考。

在过去的十年里，非线性系统的全局镇定方法得到了蓬勃发展。输入到状态稳定性概念的出现及其以各种小增益判据形式体现的关于互连系统稳定性分析的不同侧面结论，使一个系统反馈无源化的思想及其体现在鲁棒性上的深刻含义，特殊结构的发现使得所谓的反馈型或前馈型系统的反馈律设计能以递归方式加以系统处理（每次处理一个“一维”问题，正如在反推法中所做的），这些都极大地增长了我们针对由微分方程建模的多类系统在出现模型不确定性时设计反馈律以获得稳定性的能力。本书的目标是使读者熟悉主要的方法和结果，使其能够跟上最近的文献进展。

本书的组织结构如下。第 10 章对于可视为由低维子系统（通过级联或反馈）构成的互连系统阐述了稳定性分析的概念和方法。特别是，在快速回顾一些用于非线性系统渐近行为分析的基本工具之后，通过各种不同的特性和特征描述了输入到状态稳定性这个基础性概念，并说明了如何能够通过扩展经典的 Lyapunov 稳定性分析方法来计算一个系统的所谓输入到状态“增益函数”。然后，针对输入到状态稳定的系统，用这个概念建立了一个小增益定理（该定理在后面的第 11 章和第 12 章实现鲁棒稳定性时具有广泛应用）。第 10 章的第二部分致力于阐述耗散性概念，特别强调“有限 L_2 增益”系统和“无源”系统这两种特殊情况。同样，这里展示了如何检验这些性质以及如何在互连系统的稳定性分析中使用它们。第 10 章最后一节讨论了这些性质对一个线性系统传递函数矩阵的有趣（和经典）含义。

第 11 章叙述了鲁棒全局渐近镇定方法。对于以“下三角型”方程建模且包含未知参数的系统，针对一系列复杂性递增的情况，说明了如何设计鲁棒镇定反馈律。第一种情况描述了如何利用反推法递归地设计一个反馈律，使一个确定的（类二次型）正定函数成为闭环系统的 Lyapunov 函数。假设系统的模型方程关于不可测量状态变量是线性的，并且假设与不可测量状态变量相关联的内部动态是全局鲁棒渐近稳定的，在此条件下得到的反馈律是一部分状态变量的函数。在合适的附加假设下，这个控制方案会导出仅使用系统输出作为测量变量的动态反馈设计。然后，第 11 章介绍了该方法的一种扩展，它利用了输入到状态稳定的系统的小增益定理，其中不再要求关于不可测量变量的线性假设和相应动态的稳定性。最后，本章补充了关于这些方法扩展到多输入系统的一些结果。

第 12 章讨论的情况不再是实现全局渐近稳定性问题，而是寻求一种反馈律，能使初始条件在一个任意大的集合中（半全局可镇定性）的任何相应轨迹在有限时间内进入一个任意小的集合（实用可镇定性）。这种情况在只有系统输出可用作反馈时特别方便。事实上，一个“下三角型”（含有未知参数的）系统全局微分同胚于这样一个系统，其中为反馈所需的测量状态就是输出及输出的一些时间导数。这样的微分同胚或许依赖于未知参数和不可测量状态，但正如本章所解释的，如果将输出及其导数替换为估计值，并且这些估计值经过一小段初始时间区间后变得任意精确，则这种不确定性就不成问题。这一思想在利用动态输出反馈的系统镇定中得以应用，先是在零动态全局鲁棒渐近稳定的假设下，然后是针对更具挑战性的该假设不成立的情况。

第 13 章对于具有有限 L_2 增益的系统，利用小增益定理，通过寻求可使确定干扰输入和确定输出之间的系统增益充分小的反馈律，处理了含有未建模动态的鲁棒稳定性问题，此即所谓的干扰抑制问题的非线性形式。解决该问题的方法是线性系统鲁棒镇定所用的 H_∞ 控制方法的非线性形式。本章展示了多种情况，包括所谓的几乎干扰解耦问题的求解，并且与线性系统的相应结果进行了系统的比较。

最后，第 14 章叙述了何时以及如何利用幅值不超过一个确定界限的（状态反馈）控制律实现全局渐近稳定性。本章第一部分说明，对于“上三角型”系统，通过适当的（非二次型）Lyapunov 函数的递归综合，能够系统地实现这个设计问题的一种解决方案（当然这需要特殊的假设条件）。本章第二部分描述了一种替代的引人注目的递归设计过程，该过程的每一阶段都将期望的渐近性质通过一个反馈律（只是一个适当线性律的“饱和”形式）施加给当前的子系统。这样就形成了一个极具潜力的通用设计方案，称为“饱和嵌套”方案，在本章末尾介绍了一些具体应用。

尽管试图有条不紊地呈现过去十年来在该领域中出现的一些主要思想和结果，但本书内容远非对预想主题——非线性系统的鲁棒全局/半全局镇定——的完全概括。特别是，参考文献只列出了实际用到的篇目。对于遗漏的文献我们致以真诚的歉意，这是任何类似的尝试都无法避免的。

我想对许多个人或研究机构表达我深深的感激之情，他们使得这项工作成为可能。我尤其要感谢圣路易斯华盛顿大学，感谢该校的工程与应用科学学院和系统科学与数学系，以及资助机构 NSF 和 AFOSR 给予的慷慨支持、鼓励和建议。我还要感谢位于弗吉尼亚州兰利市的美国宇航局研究中心，1997 年我在那里首次有幸就本书中的内容进行过系统的讲授。还要感谢 MURST 的经费支持。我要感谢 T. Basar 教授、L. Praly 教授、A. Teel 教授和 E. Sontag 教授，他们的讨论、建议和想法极大地促进了我对这些内容的理解。我还要感谢与我深入交流意见的一些合作者和博士生：A. Astolfi，L. Marconi，A. Serrani，B. Schwartz，C. De Persis，R. DeSantis，感谢他们在阅读本书各版本初稿时给予的无价帮助。

Alberto Isidori

目　　录

第 1 章　控制系统的局部分解

1.1　引言

本章旨在分别从输入与状态之间、状态与输出之间的相互作用的角度来分析非线性控制系统，致力于建立与线性控制系统的某些基本特征相似的有趣结果。为方便起见，也为讨论这些相似结果确立一个合适的基础，首先回顾线性系统理论中的一些基本事实，这或许与通常的视角有所不同。

回想一下，一个具有 m 个输入、p 个输出的线性多变量控制系统在状态空间中由一组一阶线性微分方程描述：

$$\begin{aligned}\dot{x} &= Ax + Bu\\ y &= Cx\end{aligned} \tag{1.1}$$

其中 x 表示状态向量 ($\mathbb{R}^n$ 中的元素)，u 表示输入向量 ($\mathbb{R}^m$ 中的元素)，y 表示输出向量 ($\mathbb{R}^p$ 中的元素)。A, B, C 均为具有适当维数的实数矩阵。

已经证实，分析输入与状态之间、状态与输出之间的相互作用，对于理解许多重要控制问题的可解性 (如通过反馈配置特征值、二次型代价准则最小化、干扰抑制和渐近调节等) 具有根本的重要性。分析这些相互作用的关键工具是 Kalman 在 1960 年左右引入的可达性和可观测性概念，以及控制系统可相应地分解为“可达/不可达”和“可观测/不可观测”部分的理论。本节将回顾有关这些分解的一些内容。

考虑线性系统方程组 (1.1)，假设存在 $\mathbb{R}^n$ 的一个 d 维子空间 V，满足下面的性质：

(i) V 在 A 下是**不变的** (invariant)，即对于所有的 $x \in V$，有 $Ax \in V$。

不失一般性，可假设子空间 V 是形如 $v = \mathrm{col}(v_1, \ldots, v_d, 0, \ldots, 0)$ 的向量集合 (可能要进行一个坐标变换)，即 V 中所有向量的后 $n-d$ 个分量都为零。在这种情况下，由 V 在 A 下的不变性可知，矩阵 A 必然具有分块三角结构

$$A = \begin{pmatrix} A_{11} & A_{12} \\ 0 & A_{22} \end{pmatrix}$$

其中，左下为 $n-d$ 行、d 列的零元素块。

如果子空间 V 还满足条件：

(ii) V 包含矩阵 B 的**映像** (image，或称值空间)，即对于所有的 $u \in \mathbb{R}^m$，都有 $Bu \in V$。

那么，经过同样的坐标变换，矩阵 B 变为如下形式：

$$B = \begin{pmatrix} B_1 \\ 0 \end{pmatrix}$$

即后 $n-d$ 行的元素都为零。

因此，如果存在一个子空间 V 满足条件 (i) 和条件 (ii)，那么，通过进行一个状态空间中的坐标变换，方程组 (1.1) 中第一个方程可分解为如下形式：

$$\begin{aligned} \dot{x}_1 &= A_{11}x_1 + A_{12}x_2 + B_1 u \\ \dot{x}_2 &= A_{22}x_2 \end{aligned}$$

其中，x_1 和 x_2 分别表示由点 x 的前 d 个新坐标分量和后 $n-d$ 个新坐标分量形成的向量。

当研究系统在控制 u 作用下的行为时，所得到的上述表达形式尤为有趣。在任一时刻 T，$x(T)$ 的坐标为

$$\begin{aligned} x_1(T) = {} & \exp(A_{11}T)x_1(0) + \int_0^T \exp((A_{11}(T-\tau))A_{12}\exp(A_{22}\tau)\mathrm{d}\tau \cdot x_2(0) + \\ & \int_0^T \exp((A_{11}(T-\tau))B_1 u(\tau)\mathrm{d}\tau \\ x_2(T) = {} & \exp(A_{22}T)x_2(0) \end{aligned}$$

由此可见，以 x_2 标记的坐标集合不依赖于输入 u，而只依赖于时间 T。特别是，当对于所有的 $t \in [0,T]$ 都有 $u(t)=0$ 时，如果以 $x^\circ(T)$ 表示 $t=T$ 时刻 $x(t)$ 在 $\mathbb{R}^n$ 中的位置，即点 $x^\circ(T)$ 可表示为

$$x^\circ(T) = \exp(AT)x(0)$$

则始于 $t=0$ 时刻的点 $x(0)$，在 T 时刻可到达的任何状态一定形如 $x^\circ(T)+v$，其中 v 是 V 中的一个元素。

以上论据仅是状态 x 为在时刻 T 可达的一个必要条件，即那些状态都形如 $x = x^\circ(T)+v$，$v \in V$。然而，如果再附加如下条件 (iii)：

(iii) V 是满足条件 (i) 和条件 (ii) 的最小子空间，即 V 被包含在任何其他同时满足条件 (i) 和条件 (ii) 的 $\mathbb{R}^n$ 的子空间中，

那么条件 (i)、条件 (ii) 和条件 (iii) 也构成了一个充分条件。事实上，根据线性系统理论可知，条件 (iii) 得以满足，当且仅当

$$V = \mathrm{Im}(B \quad AB \quad \ldots \quad A^{n-1}B)$$

(这里 Im 表示矩阵的映像)，并且在这个假设下，(A_{11}, B_1) 是可达的，即满足条件

$$\mathrm{rank}(B_1 \quad A_{11}B_1 \quad \ldots \quad A_{11}^{d-1}B_1) = d$$

换言之，(A_{11}, B_1) 具有这样的性质：对于每一点 $x_1 \in \mathbb{R}^d$，都有一个定义在 $[0,T]$ 上的输入 u 满足

$$x_1(T) = \int_0^T \exp((A_{11}(T-\tau))B_1 u(\tau)\mathrm{d}\tau$$

于是，如果 V 是使条件 (iii) 也成立的子空间，则每一个始于 $x(0)$ 且形如 $x^\circ(T)+v$ $(v\in V)$ 的状态在时刻 T 都是可达的。上述分析引出了以下考虑。给定线性控制系统 (1.1)，令 V 为 $\mathbb{R}^n$ 中满足条件 (i) 和条件 (ii) 的最小子空间。存在 $\mathbb{R}^n$ 的一个相应于 V 的**分划** (partition)，将 $\mathbb{R}^n$ 划分为如下形式的子集：

$$S_p=\{x\in\mathbb{R}^n: x=p+v, v\in V\}$$

该分划具有如下特性：始于 $x(0)$ 的 T 时刻可达点集恰好与分划中包含点 $\exp(AT)x(0)$ 的元素，即子集 $S_{\exp(AT)x(0)}$ 相同。还应注意，这些集合，即该分划中的元素，都是平行于 V 的 d 维平面 (见图1.1)。

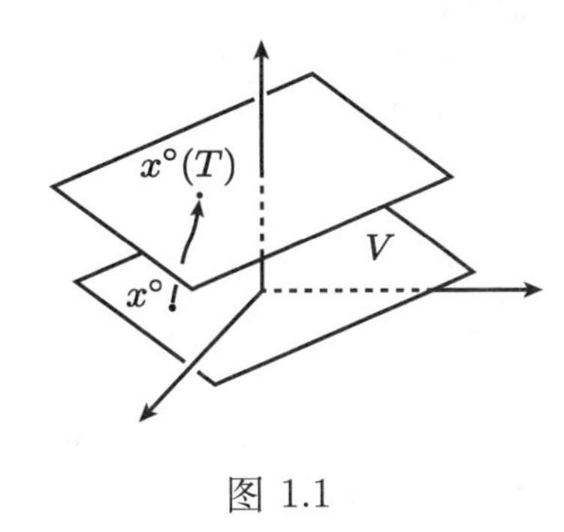

图 1.1

类似的分析也可用于考查状态与输出之间的相互作用。在此情形下，考虑 $\mathbb{R}^n$ 中另一个满足如下特性的 d 维子空间 W：

(i) W 在 A 下是不变的；

(ii) W 包含在矩阵 C 的**核** (kernel) 中 (或称之为零空间，即由满足 $Cx=0$ 的全部 $x\in W$ 构成的空间)；

(iii) W 是具有性质 (i) 和性质 (ii) 的最大子空间，即包含了 $\mathbb{R}^n$ 中具有性质 (i) 和性质 (ii) 的任何其他子空间。

性质 (i) 和性质 (ii) 意味着在状态空间中存在一个坐标变换，可将控制系统 (1.1) 分解为如下形式：

$$\begin{aligned}
\dot{x}_1 &= A_{11}x_1+A_{12}x_2+B_1u\\
\dot{x}_2 &= A_{22}x_2+B_2u\\
y &= C_2x_2
\end{aligned}$$

在新坐标下，W 中的元素就是坐标分量 $x_2=0$ 的那些点。上述分解表明，以 x_1 标记的坐标集合不影响输出 y。因而，x_2 坐标相同的任何两个初始状态在同一输入下都将产生同样的输出，即这两个状态是**不可区分的** (indistinguishable)。实际上，由于这两个状态的 x_2 坐标相同，因此它们的差是 W 中的元素，从而确实是不可区分的。

性质 (iii) 反过来又保证只有这样的状态对 (即它们的差属于 W) 才是彼此不可区分的。

事实上，由线性系统理论可知，条件 (iii) 得以满足当且仅当

$$W=\ker\begin{pmatrix}C\\CA\\\vdots\\CA^{n-1}\end{pmatrix}$$

其中 $\ker(\cdot)$ 表示矩阵的核。在这种情况下，矩阵对 (C_2,A_{22}) 是可观测的，即满足条件

$$\text{rank}\begin{pmatrix}C_2\\C_2A_{22}\\\vdots\\C_2A_{22}^{n-d-1}\end{pmatrix}=n-d$$

或换言之，(C_2,A_{22}) 具有性质

$$C_2\exp(A_{22}t)x_2=0,\quad \text{对于所有的 } t\geqslant 0\quad\Rightarrow\quad x_2=0$$

因此，只要任何两个初始状态的差不属于 W，它们就是相互可区分的，特别是可以利用零输入下产生的输出来加以区分。

可以再次将上述讨论与以下考虑综合起来。给定一个线性控制系统，令 W 为 $\mathbb{R}^n$ 中具有性质 (i) 和性质 (ii) 的最大子空间。存在一个相应于 W 的分划，可将 $\mathbb{R}^n$ 划分成以下形式的子集：

$$S_p=\{x\in\mathbb{R}^n:x=p+w,w\in W\}$$

这些子集的特点是：点 p 的不可区分点集恰好和该分划中包含点 p 的元素一致，即与 S_p 自身一致。再次注意到，正如前面的分析所示，这些集合都是平行于 W 的平面。

在本章随后的各节和下一章中会推导出非线性控制系统的类似分解。

1.2　记法约定

全书由始至终研究具有 m 个输入 $u_1,\ldots,u_m$ 和 p 个输出 $y_1,\ldots,y_p$ 的非线性控制系统，该系统在状态空间中可用如下微分方程组来描述：

$$\begin{aligned}\dot{x}&=f(x)+\sum_{i=1}^{m}g_i(x)u_i\\y_i&=h_i(x),\qquad 1\leqslant i\leqslant p\end{aligned}\tag{1.2}$$

其中，假设状态

$$x=(x_1,\ldots,x_n)$$

属于 $\mathbb{R}^n$ 中的一个开集 U。

描述方程组 (1.2) 的映射 $f, g_1, \ldots, g_m$ 都定义在开集 U 上且在 $\mathbb{R}^n$ 中取值；$f(x), g_1(x), \ldots, g_m(x)$ 依惯例表示这些映射在 U 中一个特定点 x 处的值。只要方便，可将这些映射表示成 n 维向量，它们由关于实变量 $x_1, \ldots, x_n$ 的实值函数构成，即

$$f(x) = \begin{pmatrix} f_1(x_1, \ldots, x_n) \\ f_2(x_1, \ldots, x_n) \\ \vdots \\ f_n(x_1, \ldots, x_n) \end{pmatrix}, \quad g_i(x) = \begin{pmatrix} g_{1i}(x_1, \ldots, x_n) \\ g_{2i}(x_1, \ldots, x_n) \\ \vdots \\ g_{ni}(x_1, \ldots, x_n) \end{pmatrix} \tag{1.3}$$

方程组 (1.2) 中的 $h_1, \ldots, h_p$ 也是定义在 U 上的实值函数，$h_1(x), \ldots, h_p(x)$ 表示在特定点 x 处的取值。与式 (1.3) 的记法一致，这些函数可表示为

$$h_i(x) = h_i(x_1, \ldots, x_n) \tag{1.4}$$

以下假设映射 $f, g_1, \ldots, g_m$ 和函数 $h_1, \ldots, h_p$ 都是其变量的光滑函数，即式 (1.3) 和式 (1.4) 的所有元素都是关于 $x_1, \ldots, x_n$ 的实值函数且具有任意阶的连续偏导数。这个假设有时可用一个更强的假设代替，即这些函数在它们的定义域中是**解析的** (analytic)。

形如式 (1.2) 的这类方程组描述了大量的在许多工程应用中令人感兴趣的物理系统，当然也包括线性系统，后者恰好具有方程组 (1.2) 的形式，只要 $f(x)$ 是 x 的线性函数，即对于某一个 $n \times n$ 阶实数矩阵 A，

$$f(x) = Ax$$

且 $g_1(x), \ldots, g_m(x)$ 是关于 x 的常值函数，即

$$g_i(x) = b_i$$

$b_1, \ldots, b_m$ 均为 $n \times 1$ 维实数向量，另外，$h_1(x), \ldots, h_p(x)$ 关于 x 也是线性的，即

$$h_i(x) = c_i x$$

其中 $c_1, \ldots, c_p$ 都是 $1 \times n$ 维实数向量 (即行向量)。

以后会遇到许多可用方程组 (1.2) 来建模的物理控制系统实例。需要注意的是，作为系统 (1.2) 的状态空间，这里考虑的是 $\mathbb{R}^n$ 中的一个子集 U，而不是 $\mathbb{R}^n$ 本身。这个限制可能是由于方程组本身所带来的约束 (方程组的解也许不能在整个 $\mathbb{R}^n$ 内自由演化)，也可能是由于输入受到的约束，例如为避免在状态空间中会出现某类“奇异性”的那些点。当然，在许多情况下可以设 $U = \mathbb{R}^n$。

映射 $f, g_1, \ldots, g_m$ 都是光滑函数，对 U 中的每一点 x 都指定一个 $\mathbb{R}^n$ 中的向量，即 $f(x), g_1(x), \ldots, g_m(x)$。出于这个原因，经常视其为定义在 U 上的光滑**向量场** (vector field)。在许多情况下，为便于处理，会同时使用向量场及其**对偶** (dual) 对象——所谓的**余向量场** (covector field)。这些余向量场也是光滑映射，对子集 U 中的每一点都指定 $\mathbb{R}^n$ 的**对偶空间** (dual space) $(\mathbb{R}^n)^\star$ 中的一个元素。

正如将要看到的，可以非常自然地认为光滑余向量场 (定义在 $\mathbb{R}^n$ 的子集 U 上) 等同于由 x 的光滑函数构成的 $1 \times n$ 维向量 (行向量)。这是因为一个向量空间 V 的对偶空间 $V^\star$ 是定

义在 V 上的所有线性实值函数的集合。一个 n 维向量空间的对偶空间其本身就是一个 n 维向量空间，它的元素称为**余向量** (covector)。当然，和任何线性映射一样，$V^\star$ 中的一个元素 $w^\star$ 可表示为一个矩阵。特别是，由于 $w^\star$ 是从 n 维空间 V 到一维空间 $\mathbb{R}$ 的映射，所以余向量被表示成仅有一行的矩阵，即它是一个行向量。在此基础上，可以把 $(\mathbb{R}^n)^\star$ 理解为由所有 n 维行向量构成的集合，并且把 $(\mathbb{R}^n)^\star$ 的任一子空间描述为由某些 n 维行向量 (如一个 n 列矩阵的某些行) 的所有线性组合构成的集合。另外，注意到，如果列向量

$$v = \begin{pmatrix} v_1 \\ v_2 \\ \vdots \\ v_n \end{pmatrix}$$

表示 V 中的一个元素，并且行向量

$$w^\star = (w_1 \quad w_2 \quad \cdots \quad w_n)$$

表示 $V^\star$ 中的一个元素，则 $w^\star$ 在点 v 处的"值"由下面的乘积给出：

$$w^\star v = \sum_{i=1}^{n} w_i v_i$$

多数时候，正如文献中经常出现的那样，$w^\star$ 在点 v 处的值会表示为**内积** (inner product) 的形式，记为 $\langle w^\star, v\rangle$ 而非仅仅表示为 $w^\star v$。

假设 $\omega_1,\ldots,\omega_n$ 是关于实变量 $x_1,\ldots,x_n$ 的光滑实值函数，定义在 $\mathbb{R}^n$ 中的开子集 U 上，考虑行向量

$$\omega(x) = \big(\omega_1(x_1,\ldots,x_n) \;\; \omega_2(x_1,\ldots,x_n) \;\; \ldots \;\; \omega_n(x_1,\ldots,x_n)\big)$$

根据之前的讨论，可以自然地将其解释为一个光滑映射 (因为每一个 ω_i 都是光滑函数)，对于子集 U 中的每一点 x，该映射指定了对偶空间 $(\mathbb{R}^n)^\star$ 中的一个元素 $\omega(x)$，该元素恰好是一个余向量场。

假设实值函数 λ 的定义域是 $\mathbb{R}^n$ 中的一个开子集 U。一个特别重要的余向量场就是所谓的实值函数 λ 的**微分** (differential)，或称之为**梯度** (gradient)。将这个余向量场记为 $\mathrm{d}\lambda$，它是一个 $1\times n$ 维的行向量，其第 i 个元素是 λ 关于 x_i 的偏导数。因而，该余向量场在点 x 处的值是

$$\mathrm{d}\lambda(x) = \left(\frac{\partial\lambda}{\partial x_1} \quad \frac{\partial\lambda}{\partial x_2} \quad \cdots \quad \frac{\partial\lambda}{\partial x_n}\right) \tag{1.5}$$

注意，上式等号右边恰好是函数 λ 的雅可比矩阵，有时愿意用一个更紧凑的记法来表示：

$$\mathrm{d}\lambda(x) = \frac{\partial\lambda}{\partial x} \tag{1.6}$$

任何形如式 (1.5) 和式 (1.6) 的余向量场 (即形如某一个实值函数 λ 的微分) 都称为一个**恰当微分** (exact differential)。

现在描述涉及向量场和余向量场的三类微分运算，它们在非线性控制系统的分析中被频繁使用。第一类运算涉及一个实值函数 λ 和一个向量场 f，二者都定义在 $\mathbb{R}^n$ 中的开子集 U 上。由此，可定义一个新的光滑实值函数，它在 U 中每一点 x 处的值等于内积

$$\langle \mathrm{d}\lambda(x), f(x)\rangle = \frac{\partial\lambda}{\partial x}f(x) = \sum_{i=1}^{n}\frac{\partial\lambda}{\partial x_i}f_i(x)$$

有时称这个函数为λ 沿 f 的导数，通常记为 $L_f\lambda$。换言之，由定义知，在 U 中的每一点 x 处，有

$$L_f\lambda(x) = \sum_{i=1}^{n}\frac{\partial\lambda}{\partial x_i}f_i(x)$$

当然可以重复使用这种运算。例如，先求 λ 沿向量场 f 的导数，然后再对该导数求沿向量场 g 的导数，这样就定义了一个新的函数

$$L_gL_f\lambda(x) = \frac{\partial(L_f\lambda)}{\partial x}g(x)$$

如果 λ 沿 f 被微分 k 次，则可使用记号 $L_f^k\lambda$；换言之，函数 $L_f^k\lambda(x)$ 满足递归表达式

$$L_f^k\lambda(x) = \frac{\partial(L_f^{k-1}\lambda)}{\partial x}f(x)$$

其中 $L_f^0\lambda(x) = \lambda(x)$。

第二类运算涉及两个向量场 f 和 g，二者都定义在 $\mathbb{R}^n$ 中的开子集 U 上。由此可构造一个新的光滑向量场，记为 $[f,g]$，对于每一点 $x \in U$，其定义为

$$[f,g](x) = \frac{\partial g}{\partial x}f(x) - \frac{\partial f}{\partial x}g(x)$$

在上述表达式中，

$$\frac{\partial g}{\partial x} = \begin{pmatrix} \frac{\partial g_1}{\partial x_1} & \frac{\partial g_1}{\partial x_2} & \cdots & \frac{\partial g_1}{\partial x_n} \\ \frac{\partial g_2}{\partial x_1} & \frac{\partial g_2}{\partial x_2} & \cdots & \frac{\partial g_2}{\partial x_n} \\ \vdots & \vdots & \vdots & \vdots \\ \frac{\partial g_n}{\partial x_1} & \frac{\partial g_n}{\partial x_2} & \cdots & \frac{\partial g_n}{\partial x_n} \end{pmatrix}, \qquad \frac{\partial f}{\partial x} = \begin{pmatrix} \frac{\partial f_1}{\partial x_1} & \frac{\partial f_1}{\partial x_2} & \cdots & \frac{\partial f_1}{\partial x_n} \\ \frac{\partial f_2}{\partial x_1} & \frac{\partial f_2}{\partial x_2} & \cdots & \frac{\partial f_2}{\partial x_n} \\ \vdots & \vdots & \vdots & \vdots \\ \frac{\partial f_n}{\partial x_1} & \frac{\partial f_n}{\partial x_2} & \cdots & \frac{\partial f_n}{\partial x_n} \end{pmatrix}$$

分别表示映射 g 和 f 的雅可比矩阵。

这样定义的向量场称为 f 和 g 的**李积** (Lie product) 或**李括号** (Lie bracket)。当然，可以对向量场 g 重复地进行关于同一个向量场 f 的李括号运算。每当需要这样做时，为避免使用记号 $[f,[f,\ldots,[f,g]]]$ 可能产生的混乱，更好的做法是定义如下一个递归运算：对于任意的 $k \geqslant 1$，令

$$\mathrm{ad}_f^k g(x) = [f, \mathrm{ad}_f^{k-1}g](x)$$

其中设 $\mathrm{ad}_f^0 g(x) = g(x)$。

向量场间的李积由三个基本性质描述，总结在下面的命题中。证明极为简单，留给读者作为练习。

命题 1.2.1. 向量场的李积具有如下的性质:

(i) 在 $\mathbb{R}$ 上是双线性的，即如果 f_1, f_2, g_1, g_2 都是向量场，并且 r_1 和 r_2 是实数，则

$$[r_1 f_1 + r_2 f_2, g_1] = r_1[f_1, g_1] + r_2[f_2, g_1]$$
$$[f_1, r_1 g_1 + r_2 g_2] = r_1[f_1, g_1] + r_2[f_1, g_2]$$

(ii) 是反对称的，即

$$[f, g] = -[g, f]$$

(iii) 满足雅可比恒等式，即如果 f, g, p 都是向量场，则有

$$[f, [g, p]] + [g, [p, f]] + [p, [f, g]] = 0$$

第三类常用运算涉及一个余向量场 ω 和一个向量场 f，二者都定义在 $\mathbb{R}^n$ 中的开子集 U 上。该运算产生一个新的余向量场 $L_f\omega$，其定义为

$$L_f\omega(x) = f^{\mathrm{T}}(x)\left(\frac{\partial \omega^{\mathrm{T}}}{\partial x}\right)^{\mathrm{T}} + \omega(x)\frac{\partial f}{\partial x}$$

其中，上标 “T” 表示转置。这个余向量场称为 ω 沿 f 的导数。

这些运算以后会经常用到。为方便起见，在下面列出一些重要的 “法则”，既涉及单独类型的运算，也涉及多种类型的混合运算。同样，证明也是非常基础的，留给读者作为练习。

命题 1.2.2. 到目前为止所引入的三种类型微分运算满足下面的规则:

(i) 如果 α 是一个实值函数，f 是一个向量场，λ 是一个实值函数，则

$$L_{\alpha f}\lambda(x) = (L_f\lambda(x))\alpha(x) \tag{1.7}$$

(ii) 如果 α，β 都是实值函数，f，g 是向量场，则

$$[\alpha f, \beta g](x) = \alpha(x)\beta(x)[f, g](x) + (L_f\beta(x))\alpha(x)g(x) - (L_g\alpha(x))\beta(x)f(x) \tag{1.8}$$

(iii) 如果 f，g 是向量场，λ 是一个实值函数，则

$$L_{[f,g]}\lambda(x) = L_f L_g\lambda(x) - L_g L_f\lambda(x) \tag{1.9}$$

(iv) 如果 α，β 都是实值函数，f 是一个向量场，ω 是一个余向量场，则

$$L_{\alpha f}\beta\omega(x) = \alpha(x)\beta(x)(L_f\omega(x)) + \beta(x)\langle\omega(x), f(x)\rangle \mathrm{d}\alpha(x) + (L_f\beta(x))\alpha(x)\omega(x) \tag{1.10}$$

(v) 如果 f 是一个向量场，λ 是一个实值函数，则

$$L_f \mathrm{d}\lambda(x) = \mathrm{d}L_f\lambda(x) \tag{1.11}$$

(vi) 如果 f，g 是向量场，ω 是一个余向量场，则

$$L_f\langle\omega, g\rangle(x) = \langle L_f\omega(x), g(x)\rangle + \langle\omega(x), [f, g](x)\rangle \tag{1.12}$$

例 1.2.1. 作为练习，可以检验上面给出的这些规则。例如，对于式 (1.7)，由定义可得

$$L_{\alpha f}\lambda(x) = \sum_{i=1}^{n}\left(\frac{\partial\lambda}{\partial x_i}\right)(\alpha(x)f_i(x)) = \sum_{i=1}^{n}\left(\frac{\partial\lambda}{\partial x_i}f_i(x)\right)\alpha(x) = (L_f\lambda(x))\alpha(x)$$

对于式 (1.10)，有

$$\begin{aligned}
[L_{\alpha f}\beta\omega]_i &= \sum_{j=1}^{n}\alpha f_j\frac{\partial\beta\omega_i}{\partial x_j} + \sum_{j=1}^{n}\beta\omega_j\frac{\partial\alpha f_j}{\partial x_i} \\
&= \sum_{j=1}^{n}\alpha f_j\beta\frac{\partial\omega_i}{\partial x_j} + \sum_{j=1}^{n}\alpha f_j\omega_i\frac{\partial\beta}{\partial x_j} + \sum_{j=1}^{n}\beta\omega_j\alpha\frac{\partial f_j}{\partial x_i} + \sum_{j=1}^{n}\beta\omega_j f_j\frac{\partial\alpha}{\partial x_i} \\
&= [\alpha\beta(L_f\omega)]_i + [\alpha(L_f\beta)\omega]_i + [\beta\langle\omega, f\rangle\mathrm{d}\alpha]_i \qquad \triangleleft
\end{aligned}$$

结束本节之前，介绍另一种在非线性控制系统的分析中经常用到的手段——状态空间中的**坐标变换** (change of coordinates)。众所周知，在状态空间中变换坐标通常有利于突出显示某些感兴趣的性质，例如可达性和可观测性。有时为了说明如何求解某一个控制问题，如可镇定性问题或解耦问题，也需要进行坐标变换。

对于线性系统，通常只考虑线性坐标变换。这相当于以一个新的向量 z 替代原来的状态向量 x。新坐标 z 以如下变换与 x 对应：

$$z = Tx$$

其中 T 是一个非奇异的 $n \times n$ 阶矩阵。相应地，系统的原始描述

$$\begin{aligned}
\dot{x} &= Ax + Bu \\
y &= Cx
\end{aligned}$$

被替代为如下描述：

$$\begin{aligned}
\dot{z} &= \bar{A}z + \bar{B}u \\
y &= \bar{C}z
\end{aligned}$$

其中

$$\bar{A} = TAT^{-1}, \qquad \bar{B} = TB, \qquad \bar{C} = CT^{-1}$$

如果系统是非线性的，则考虑非线性坐标变换更有意义。一个非线性坐标变换的形式为

$$z = \Phi(x)$$

其中 $\Phi(x)$ 表示在 $\mathbb{R}^n$ 中取值的 n 元函数：

$$\Phi(x) = \begin{pmatrix} \phi_1(x) \\ \phi_2(x) \\ \vdots \\ \phi_n(x) \end{pmatrix} = \begin{pmatrix} \phi_1(x_1, \ldots, x_n) \\ \phi_2(x_1, \ldots, x_n) \\ \vdots \\ \phi_n(x_1, \ldots, x_n) \end{pmatrix}$$

变换 Φ 具有如下性质:

(i) $\Phi(x)$ 是可逆的，即对于所有的 $x \in \mathbb{R}^n$, 存在函数 $\Phi^{-1}(z)$ 满足

$$\Phi^{-1}(\Phi(x)) = x$$

(ii) $\Phi(x)$ 和 $\Phi^{-1}(z)$ 都是光滑映射，即具有任意阶的连续偏导数。

这类变换称为 $\mathbb{R}^n$ 中的**全局微分同胚** (global diffeomorphism)。为了能够存在逆变换并恢复原系统的状态向量

$$x = \Phi^{-1}(z)$$

显然需要第一个性质，而第二个性质则保证了系统在新坐标下的描述仍然是光滑的。

有时，很难找到同时拥有上述两个性质且对于所有的 x 都有定义的变换，并且这两个性质也难以检验。因此，多数情况下更愿意关注仅定义在给定点的某一个邻域中的变换。这类变换称为**局部微分同胚** (local diffeomorphism)。下面的结果对于检验一个给定的变换是否为局部微分同胚非常有用。

命题 1.2.3. 假设 $\Phi(x)$ 是定义在 $\mathbb{R}^n$ 的某一个子集 U 上的光滑函数，且 $\Phi(x)$ 的雅可比矩阵在 $x = x^\circ$ 处是非奇异的，那么在包含 x° 的一个适当的开子集 $U^\circ \subset U$ 上，$\Phi(x)$ 定义了一个局部微分同胚。

例 1.2.2. 考虑函数

$$\begin{pmatrix} z_1 \\ z_2 \end{pmatrix} = \Phi(x_1, x_2) = \begin{pmatrix} x_1 + x_2 \\ \sin x_2 \end{pmatrix}$$

它对于所有的 $(x_1, x_2) \in \mathbb{R}^2$ 有定义，其雅可比矩阵

$$\frac{\partial \Phi}{\partial x} = \begin{pmatrix} 1 & 1 \\ 0 & \cos x_2 \end{pmatrix}$$

在 $x^\circ = (0, 0)$ 处的秩为 2。在子集

$$U^\circ = \{(x_1, x_2) : |x_2| < (\pi/2)\}$$

上，该函数定义了一个微分同胚。注意，在更大的集合上由于不能保证可逆性，因而这个函数不再是微分同胚。原因是，对于每一个满足 $|x_2| > (\pi/2)$ 的 x_2，存在 x_2' 满足 $|x_2'| < (\pi/2)$ 且 $\sin x_2 = \sin x_2'$。任何满足 $x_1 + x_2 = x_1' + x_2'$ 的点对 (x_1, x_2) 和 (x_1', x_2') 都会导致 $\Phi(x_1, x_2) = \Phi(x_1', x_2')$，因此该函数不是单射。 $\triangleleft$

例 1.2.3. 考虑函数

$$\begin{pmatrix} z_1 \\ z_2 \end{pmatrix} = \Phi(x_1, x_2) = \begin{pmatrix} x_1 \\ x_2 - \dfrac{1}{x_1 + 1} \end{pmatrix}$$

其定义域为

$$U^\circ = \{(x_1, x_2) : x_1 > -1\}$$

该函数是一个微分同胚 (值域上的满射)，这是由于 $\Phi(x_1, x_2) = \Phi(x_1', x_2')$ 必然意味着 $x_1 = x_1'$ 和 $x_2 = x_2'$。可是，该函数并非定义在整个 $\mathbb{R}^2$ 上。 $\triangleleft$

可以如下分析坐标变换对于非线性系统描述的影响。设

$$z(t) = \varPhi(x(t))$$

并对上式两边关于时间求导，可得

$$\dot{z}(t) = \frac{\mathrm{d}z}{\mathrm{d}t} = \frac{\partial \varPhi}{\partial x}\frac{\mathrm{d}x}{\mathrm{d}t} = \frac{\partial \varPhi}{\partial x}[f(x(t)) + g(x(t))u(t)]$$

于是，把 $x(t)$ 表示为 $x(t) = \varPhi^{-1}(z(t))$，可得

$$\begin{aligned}\dot{z}(t) &= \bar{f}(z(t)) + \bar{g}(z(t))u(t)\\ y(t) &= \bar{h}(z(t))\end{aligned}$$

其中，

$$\begin{aligned}\bar{f}(z) &= \left[\frac{\partial \varPhi}{\partial x}f(x)\right]_{x=\varPhi^{-1}(z)}\\ \bar{g}(z) &= \left[\frac{\partial \varPhi}{\partial x}g(x)\right]_{x=\varPhi^{-1}(z)}\\ \bar{h}(z) &= [h(x)]_{x=\varPhi^{-1}(z)}\end{aligned}$$

上式就是描述系统的新坐标和原坐标之间关系的表达式。注意到，如果系统是线性的且 $\varPhi(x)$ 也是线性的，即如果 $\varPhi(x) = Tx$，则这些表达式可简化为前面提到的形式。

1.3 分布

在 1.2 节中已经注意到，定义在开集 $U \subset \mathbb{R}^n$ 上的光滑向量场 f 可直观地解释为一个光滑映射，它给 U 中的每一点 x 均指定了一个 n 维向量 $f(x)$。现在假设给定 d 个光滑向量场 $f_1, \dots, f_d$，它们都定义在相同的开集 U 上。注意到，在 U 中的任一给定点 x 处，向量 $f_1(x), \dots, f_d(x)$ 均张成一个向量空间 [使所有 $f_i(x)$ 都有定义的向量空间的子空间，即向量空间 $\mathbb{R}^n$ 的一个子空间]。把这个依赖于 x 的向量空间记为 $\varDelta(x)$，即

$$\varDelta(x) = \mathrm{span}\{f_1(x), \dots, f_d(x)\}$$

注意，这实质上已经对 U 中的每一点 x 指定了一个向量空间。基于向量场 $f_1, \dots, f_d$ 是光滑向量场这一事实，可认为这样的指定是光滑的。

对于开集 $U \subset \mathbb{R}^n$ 的每一点 x 都指定一个子空间，该子空间由定义在 U 上的一些光滑向量场在该点的取值张成，这样的对象称为一个**光滑分布** (smooth distribution)。现在阐释有关光滑分布的一些性质，这对后面的分析至关重要。

根据上面给出的描述可知，一个分布等同于一组向量场，例如 $\{f_1, \dots, f_d\}$。采用记号

$$\varDelta = \mathrm{span}\{f_1, \dots, f_d\}$$

表示整体上的指定，并像之前一样用 $\varDelta(x)$ 表示 $\varDelta$ 在 x 处的“取值”。

对于每一点而言，一个分布就是一个向量空间，是 $\mathbb{R}^n$ 的一个子空间。基于这个事实，可以把许多向量空间的基本概念延拓到分布上来。因此，如果 Δ_1 与 Δ_2 都是分布，则它们的和 $\Delta_1+\Delta_2$ 定义为按点取子空间 $\Delta_1(x)$ 与 $\Delta_2(x)$ 的和，即

$$(\Delta_1+\Delta_2)(x)=\Delta_1(x)+\Delta_2(x)$$

它们的交集 $\Delta_1\cap\Delta_2$ 定义为

$$(\Delta_1\cap\Delta_2)(x)=\Delta_1(x)\cap\Delta_2(x)$$

如果对于所有的 x 都有 $\Delta_1(x)\supset\Delta_2(x)$，则称分布 Δ_1 包含分布 Δ_2，并记为 $\Delta_1\supset\Delta_2$。如果对于所有的 x 都有 $f(x)\in\Delta(x)$，则称向量场 f 属于分布 Δ，并记为 $f\in\Delta$。一个分布在点 $x\in U$ 处的维数定义为子空间 $\Delta(x)$ 的维数。

如果 F 是一个 n 行矩阵，其中每一个元素都是关于 x 的光滑函数，则该矩阵的每一列可视为一个光滑的向量场。因而，任何一个这样的矩阵都等同于一个光滑分布，由矩阵的各列张成，该分布在每一点 x 处的值就是矩阵 $F(x)$ 在该点的映像

$$\Delta(x)=\mathrm{Im}(F(x))$$

显然，如果一个分布 Δ 由一个矩阵 F 的各列张成，则它在点 x° 的维数就等于 $F(x^\circ)$ 的秩。

例 1.3.1. 令 $U=\mathbb{R}^3$，考虑矩阵

$$F(x)=\begin{pmatrix} x_1 & x_1x_2 & x_1\\ 1+x_3 & (1+x_3)x_2 & x_1\\ 1 & x_2 & 0\end{pmatrix}$$

注意到第二列和第一列成比例，比例系数为 x_2。因此，该矩阵的秩最大为 2。如果 x_1 非零，则第一列和第三列无关 (从而相应地，矩阵 F 的秩正好等于 2)。因而可知，由 F 的各列张成的分布为

$$\Delta(x)=\mathrm{span}\{\begin{pmatrix}0\\1+x_3\\1\end{pmatrix}\},\qquad 若\ x_1=0$$

$$\Delta(x)=\mathrm{span}\{\begin{pmatrix}x_1\\1+x_3\\1\end{pmatrix},\begin{pmatrix}1\\1\\0\end{pmatrix}\},\qquad 若\ x_1\neq 0$$

除了平面 $x_1=0$，该分布的维数处处为 2。 $\lhd$

注意，由构造方式可知，两个光滑分布的和仍然是光滑分布。事实上，如果 Δ_1 由光滑向量场 $f_1,\ldots,f_h$ 张成，Δ_2 由光滑向量场 $g_1,\ldots,g_k$ 张成，则 $\Delta_1+\Delta_2$ 由 $f_1,\ldots,f_h,g_1,\ldots,g_k$ 张成。然而，两个光滑分布的交可能不是一个光滑分布，这可在下面的例子中看到。

例 1.3.2. 考虑两个定义在 $\mathbb{R}^2$ 上的分布

$$\varDelta_1 = \mathrm{span}\{\begin{pmatrix}1\\1\end{pmatrix}\}, \qquad \varDelta_2 = \mathrm{span}\{\begin{pmatrix}1+x_1\\1\end{pmatrix}\}$$

此时有

$$\begin{aligned}(\varDelta_1 \cap \varDelta_2)(x) &= \{0\}, &\text{若 } x_1 \neq 0\\(\varDelta_1 \cap \varDelta_2)(x) &= \varDelta_1(x) = \varDelta_2(x), &\text{若 } x_1 = 0\end{aligned}$$

此分布是不光滑的，因为不可能找到定义在 $\mathbb{R}^2$ 上的光滑向量场，满足除在直线 $x_1 = 0$ 外，处处为零。 $\lhd$

注记 1.3.3. 上例说明，给每一点 $x \in U$ 都指定一个向量空间 $\varDelta(x)$ 的分布 $\varDelta$ 有时是不光滑的，因为找不到定义在 U 上的一组光滑向量场 $\{f_i : i \in I\}$，使得对于所有的 $x \in U$，有 $\varDelta(x) = \mathrm{span}\{f_i(x) : i \in I\}$。在这种情况下，用一个适当的光滑分布来替代 $\varDelta$ 是方便的。该光滑分布的定义基于如下考虑。假设 $\varDelta_1$ 和 $\varDelta_2$ 是两个光滑分布，二者全都包含在 $\varDelta$ 中。由构造知，分布 $\varDelta_1 + \varDelta_2$ 仍然是光滑的且包含在 $\varDelta$ 中。由此可得，所有包含在 $\varDelta$ 中的光滑分布族有唯一的最大元 (对于分布加法来说)，亦即该分布族中所有成员之和。此分布就是包含在 $\varDelta$ 中的最大光滑分布，记为 $\mathrm{smt}(\varDelta)$。方便的时候会用它替代原来的 $\varDelta$。 $\lhd$

与分布概念相关的其他重要概念都与这个对象的“行为” (表现为关于 x 的“函数”) 有关。前面已经看到如何才能描述分布的光滑性，但还有其他性质需要考虑。对于定义在开集 U 上的一个分布 $\varDelta$，如果存在整数 d 使得对于所有的 $x \in U$，有

$$\dim(\varDelta(x)) = d$$

则称其是**非奇异的** (nonsingular)。不满足上述条件的分布称为奇异分布，有时也称为变维分布。对于 U 中的点 x°，如果存在 x° 的一个邻域 U° 使得 $\varDelta$ 在 U° 上是非奇异的，则 x° 称为分布 $\varDelta$ 的一个**正则点** (regular point)。U 中的每一个非正则点称为**奇异点** (point of singular)。

例 1.3.4. 再次考虑定义在例 1.3.1 中的分布。该分布在 $x_1 \neq 0$ 的每一点 x 处的维数为 2，在 $x_1 = 0$ 的每一点 x 处的维数为 1。平面 $\{x \in \mathbb{R}^3 : x_1 = 0\}$ 就是 $\varDelta$ 的奇异点集。 $\lhd$

下面列出和这些概念相关的一些性质，其证明相当简单，或省略，或只给出大致框架。

引理 1.3.1. 令 $\varDelta$ 为一个光滑分布，x° 为 $\varDelta$ 的一个正则点。假设 $\dim(\varDelta(x^\circ)) = d$，则存在 x° 的一个开邻域 U° 及一组定义在 U° 上的光滑向量场 $\{f_1, \ldots, f_d\}$，满足如下性质：

(i) 在每一点 $x \in U^\circ$ 处向量 $f_1(x), \ldots, f_d(x)$ 都是线性无关的；

(ii) 在每一点 $x \in U^\circ$ 处都有 $\varDelta(x) = \mathrm{span}\{f_1(x), \ldots, f_d(x)\}$。

而且，可在 U° 上将属于 $\varDelta$ 的每一个光滑向量场 τ 表示为

$$\tau(x) = \sum_{i=1}^{d} c_i(x) f_i(x)$$

其中 $c_1(x), \ldots, c_d(x)$ 是定义在 U° 上的关于 x 的光滑实值函数。

证明: 假设条件的一个平凡结论是，恰好存在 d 个光滑向量场在 x° 附近张成分布 Δ。如果 τ 是分布 Δ 中的一个向量场，则对于 x° 附近的每一点 x，$n\times(d+1)$ 阶矩阵

$$\begin{pmatrix} f_1(x) & f_2(x) & \dots & f_d(x) & \tau(x) \end{pmatrix}$$

的秩为 d。因而，由基本的线性代数可知，τ 具有上面的线性组合形式，而矩阵各元素的光滑性意味着各 $c_i(x)$ 也是光滑的。 $\lhd$

引理 1.3.2. 定义在 U 上的分布 Δ，其所有正则点构成的集合是 U 的一个开稠密子集。

引理 1.3.3. 令 Δ_1，Δ_2 为定义在 U 上的两个光滑分布，满足以下性质：Δ_2 非奇异，并且在 U 的某一个稠密子集的每一点 x 处，都有 $\Delta_1(x)\subset\Delta_2(x)$。那么，对于每一点 $x\in U$，都有 $\Delta_1(x)\subset\Delta_2(x)$，即 $\Delta_1\subset\Delta_2$。

引理 1.3.4. 令 Δ_1，Δ_2 为定义在 U 上的两个光滑分布，Δ_1 是非奇异的，$\Delta_1\subset\Delta_2$，并且在 U 的某一个稠密子集的每一点 x 处，都有 $\Delta_1(x)=\Delta_2(x)$，则 $\Delta_1=\Delta_2$。

正如前面所看到的，两个光滑分布的交集不一定光滑。然而，从下面的陈述可知，这种情况不会在正则点附近出现。

引理 1.3.5. 令 x° 是 Δ_1，Δ_2 及 $\Delta_1\cap\Delta_2$ 的一个正则点，则存在 x° 的一个邻域 U°，使得 $\Delta_1\cap\Delta_2$ 相对于 U° 的限制是光滑的。

证明: 分别以 d_1，d_2 表示 Δ_1 和 Δ_2 的维数。由引理1.3.1可知，Δ_1 和 Δ_2 在点 x° 附近可表示为

$$\Delta_1=\operatorname{span}\{f_i\colon 1\leqslant i\leqslant d_1\},\qquad \Delta_2=\operatorname{span}\{g_i\colon 1\leqslant i\leqslant d_2\}$$

在给定点 x 处，可通过求解齐次方程

$$\sum_{i=1}^{d_1}a_i f_i(x)-\sum_{i=1}^{d_2}b_i g_i(x)=0$$

来得到交集 $\Delta_1(x)\cap\Delta_2(x)$，其中 $a_i(x)$ $(1\leqslant i\leqslant d_1)$ 和 $b_i(x)$ $(1\leqslant i\leqslant d_2)$ 是要求解的未知量。如果 $\Delta_1\cap\Delta_2$ 有常数维 d，则上面方程的系数矩阵

$$\begin{pmatrix} f_1(x) & \cdots & f_{d_1}(x) & -g_1(x) & \cdots & -g_{d_2}(x) \end{pmatrix}$$

具有常秩 $r=d_1+d_2-d$。该方程的解空间的维数为 d，由形如

$$\operatorname{col}\big(a_1(x),\dots,a_{d_1}(x),b_1(x),\dots,b_{d_2}(x)\big)$$

的 d 个关于 x 的光滑函数向量张成。因此，在 x° 附近，$\Delta_1\cap\Delta_2$ 由 d 个光滑向量场张成。 $\lhd$

如果分布 Δ 中的任意两个向量场 τ_1 和 τ_2 进行李括号运算后所得的向量场也属于 Δ，则称分布 Δ 为**对合的** (involutive)，即

$$\tau_1\in\Delta,\tau_2\in\Delta\Rightarrow[\tau_1,\tau_2]\in\Delta$$

注记 1.3.5. 考虑一个非奇异分布 Δ。根据引理 1.3.1，可将 Δ 中任何两个向量场 τ_1，τ_2 表示为线性组合的形式

$$\tau_1(x)=\sum_{i=1}^{d}c_i(x)f_i(x),\qquad \tau_2(x)=\sum_{i=1}^{d}d_i(x)f_i(x)$$

其中 $f_1,\ldots,f_d$ 是局部张成 Δ 的光滑向量场。容易看到，Δ 对合当且仅当

$$[f_i,f_j]\in\Delta,\qquad \text{对于所有的 } 1\leqslant i,j\leqslant d \tag{1.13}$$

上式的必要性可简单地由 $f_1,\ldots,f_d$ 是 Δ 中的光滑向量场这个事实得到。对于充分性，考虑展开式 [见式 (1.8)]

$$\left[\sum_{i=1}^{d}c_if_i,\sum_{j=1}^{d}d_jf_j\right]=\sum_{i=1}^{d}\sum_{j=1}^{d}\left(c_id_j[f_i,f_j]+c_i(L_{f_i}d_j)f_j-d_j(L_{f_j}c_i)f_i\right)$$

注意，上式等号右边的所有向量场都属于 Δ。

由式 (1.13) 可知，检验一个非奇异分布是否对合，即为对于所有的 x 和 $1\leqslant i,j\leqslant d$，检验如下的条件成立：

$$\operatorname{rank}\begin{pmatrix}f_1(x) & \ldots & f_d(x)\end{pmatrix}=\operatorname{rank}\begin{pmatrix}f_1(x) & \ldots & f_d(x) & [f_i,f_j](x)\end{pmatrix}\qquad\triangleleft$$

例 1.3.6. 考虑定义在 $\mathbb{R}^3$ 上的分布

$$\Delta=\operatorname{span}\{f_1,f_2\}$$

其中

$$f_1=\begin{pmatrix}2x_2\\1\\0\end{pmatrix},\qquad f_2=\begin{pmatrix}1\\0\\x_2\end{pmatrix}$$

该分布在每一点 $x\in\mathbb{R}^3$ 处的维数都是 2。由于

$$[f_1,f_2](x)=\begin{pmatrix}0&0&0\\0&0&0\\0&1&0\end{pmatrix}\begin{pmatrix}2x_2\\1\\0\end{pmatrix}-\begin{pmatrix}0&2&0\\0&0&0\\0&0&0\end{pmatrix}\begin{pmatrix}1\\0\\x_2\end{pmatrix}=\begin{pmatrix}0\\0\\1\end{pmatrix}$$

所以可见，矩阵

$$\begin{pmatrix}f_1 & f_2 & [f_1,f_2]\end{pmatrix}(x)=\begin{pmatrix}2x_2&1&0\\1&0&0\\0&x_2&1\end{pmatrix}$$

的秩为 3，因此该分布并非对合的。$\triangleleft$

例 1.3.7. 考虑定义在集合 $U=\{x\in\mathbb{R}^3\colon x_1^2+x_3^2\neq 0\}$ 上的分布

$$\Delta=\operatorname{span}\{f_1,f_2\}$$

其中

$$f_1=\begin{pmatrix}2x_3\\-1\\0\end{pmatrix},\qquad f_2=\begin{pmatrix}-x_1\\-2x_2\\x_3\end{pmatrix}$$

该分布在每一点 $x\in U$ 处的维数都是 2。由于

$$[f_1,f_2](x)=\begin{pmatrix}-1&0&0\\0&-2&0\\0&0&1\end{pmatrix}\begin{pmatrix}2x_3\\-1\\0\end{pmatrix}-\begin{pmatrix}0&0&2\\0&0&0\\0&0&0\end{pmatrix}\begin{pmatrix}-x_1\\-2x_2\\x_3\end{pmatrix}=\begin{pmatrix}-4x_3\\2\\0\end{pmatrix}$$

所以对于所有的 x，矩阵

$$(f_1\quad f_2\quad [f_1,f_2])(x)=\begin{pmatrix}2x_3&-x_1&-4x_3\\-1&-2x_2&2\\0&x_3&0\end{pmatrix}$$

的秩都为 2，因此该分布对合。 ◁

注记 1.3.8. 任何一维分布都是对合的。事实上，这样的分布由一个非零向量场 f 局部张成，并且

$$[f,f](x)=\frac{\partial f}{\partial x}f(x)-\frac{\partial f}{\partial x}f(x)=0$$

因而可见，注记 1.3.5 给出的条件确实得到满足。 ◁

由构造知，两个对合分布 Δ_1 和 Δ_2 的交集也是一个对合分布。然而，两个对合分布之和通常并不是对合的。比如在例1.3.6中，如果把 Δ 视为 $\Delta_1+\Delta_2$，其中

$$\Delta_1=\mathrm{span}\{f_1\},\qquad \Delta_2=\mathrm{span}\{f_2\}$$

则 Δ_1 和 Δ_2 都是对合的 (因为都是一维的)，但是 $\Delta_1+\Delta_2$ 不对合。

注记 1.3.9. 有时需要以一个不对合的分布 Δ 为起点构造适当的对合分布，其定义方式基于以下的考虑。假设 Δ_1 和 Δ_2 是两个都包含 Δ 的对合分布。由分布 $\Delta_1\cap\Delta_2$ 的构造方式可知，它仍然是对合的且包含 Δ。由此可得，由包含 Δ 的所有对合分布构成的分布族中有唯一的最小元 (针对分布的包含运算而言)，此即该分布族中所有成员的交集。这就是包含 Δ 的最小对合分布，称为 Δ 的**对合闭包** (involutive closure)，记为 $\mathrm{inv}(\Delta)$。 ◁

在许多情况下，如果不考虑分布而是考虑所谓**余分布** (codistribution) 的对偶对象，则计算更为简单。余分布依据以下方式定义。回想一下，一个定义在开子集 $U\subset\mathbb{R}^n$ 上的光滑余向量场 ω 可解释为一个光滑指定：给每一点 $x\in U$ 指定对偶空间 $(\mathbb{R}^n)^\star$ 中的一个元素。对于一组定义在相同子集 $U\subset\mathbb{R}^n$ 上的光滑余向量场 $\omega_1,\ldots,\omega_d$，在每一点 $x\in U$ 处，可以将这种指定与 $(\mathbb{R}^n)^\star$ 的一个子空间 (由余向量 $\omega_1,\ldots,\omega_d$ 张成) 相关联。鉴于余向量场 $\omega_1,\ldots,\omega_d$ 光滑的事实，可以认为这个指定是光滑的。以这种方式描述的对象称为一个**光滑余分布** (smooth codistribution)。

与分布的记法一致，用

$$\Omega = \operatorname{span}\{\omega_1, \ldots, \omega_d\}$$

表示整体上的指定，用

$$\Omega(x) = \operatorname{span}\{\omega_1(x), \ldots, \omega_d(x)\}$$

表示 Ω 在 $x \in U$ 处的"取值"。由于对每一点来说，余分布是向量空间 $[(\mathbb{R}^n)^\star$ 的子空间]，所以很容易推广相加、相交和包含的概念。类似地，可以定义一个余分布在每一点 $x \in U$ 处的维数，并区分正则点和奇异点。如果 W 是一个 n 列矩阵，并且每一个元素都是关于 x 的光滑函数，则该矩阵的行可视为光滑的余向量场。因而，任何这样的矩阵都确定了一个由其各行张成的余分布。

有时，能够从一个给定的分布开始构造余分布，并且反之亦然。以下是一种自然的构造方式：给定一个分布 Δ，对于每一点 $x \in U$ 考虑 $\Delta(x)$ 的零化子，即零化 $\Delta(x)$ 中所有向量的全部余向量的集合

$$\Delta^\perp(x) = \{w^\star \in (\mathbb{R}^n)^\star \colon \langle w^\star, v\rangle = 0, \text{ 对于所有的 } v \in \Delta(x)\}$$

由于 $\Delta^\perp(x)$ 是 $(\mathbb{R}^n)^\star$ 的子空间，所以上述构造恰好确定了一个余分布：对于每一点 $x \in U$，指定 $(\mathbb{R}^n)^\star$ 的一个子空间。将此余分布记为 $\Delta^\perp$，称其为 Δ 的**零化子** (annihilator)。

反之，给定一个余分布 Ω，可以构造一个分布，记为 $\Omega^\perp$，称其为 Ω 的零化子。它在每一点 $x \in U$ 处的定义为

$$\Omega^\perp(x) = \{v \in \mathbb{R}^n \colon \langle w^\star, v\rangle = 0, \text{ 对于所有的 } w^\star \in \Omega(x)\}$$

对于这样构造的分布/余分布，需要多加小心。事实上，一个光滑分布的零化子未必是光滑的，正如下例所示。

例 1.3.10. 考虑定义在 $\mathbb{R}^1$ 上的如下分布：

$$\Delta = \operatorname{span}\{x\}$$

则有

$$\begin{aligned} \Delta^\perp(x) &= \{0\}, && \text{若 } x \neq 0 \\ \Delta^\perp(x) &= (\mathbb{R}^1)^\star, && \text{若 } x = 0 \end{aligned}$$

可见 $\Delta^\perp$ 是不光滑的，因为不可能找到定义在 $\mathbb{R}^1$ 上的光滑向量场，满足除在 $x = 0$ 处外，处处为零。 $\triangleleft$

或者，一个非光滑分布的零化子可能是一个光滑的余分布，如下例所示。

例 1.3.11. 再次考虑在例 1.3.2 中遇到的分布 Δ_1 和 Δ_2，它们的交集是不光滑的。$[\Delta_1 \cap \Delta_2]$ 的零化子为

$$[\Delta_1 \cap \Delta_2]^\perp(x) = (\mathbb{R}^2)^\star, \qquad \text{若 } x \neq 0$$

$$[\Delta_1 \cap \Delta_2]^{\perp}(x) = \text{span}\{(1 \quad -1)\}, \qquad \text{若 } x = 0$$

这样定义的余分布是光滑的，因为它由下面的光滑余向量场张成：

$$\omega_1 = (1 \quad -1)$$
$$\omega_2 = (1, \quad -(1 - x_1)) \qquad \triangleleft$$

这样彼此关联的分布和余分布拥有许多有趣的性质。特别是，Δ 和 $\Delta^{\perp}$ 的维数之和等于 n。包含关系 $\Delta_1 \supset \Delta_2$ 成立当且仅当包含关系 $\Delta_1^{\perp} \subset \Delta_2^{\perp}$ 成立。最后，分布的交集 $[\Delta_1 \cap \Delta_2]^{\perp}$ 等于分布的和 $\Delta_1^{\perp} + \Delta_2^{\perp}$。如果一个分布由一个矩阵 F 的各列张成，该矩阵的各元都是关于 x 的光滑函数，则在每一点 $x \in U$ 处，该分布的零化子由满足条件

$$w^{\star} F(x) = 0$$

的行向量 $w^{\star}$ 的集合确定。

反之，如果一个余分布 Ω 由一个矩阵 W 的各行张成，该矩阵的各元素都是关于 x 的光滑函数，则该余分布的零化子在每一点 x 由满足条件

$$W(x)v = 0$$

的向量 v 的集合确定。

因此，在这种情况下，$\Omega^{\perp}(x)$ 是矩阵 W 在点 x 处的**核** (kernel)：

$$\Omega^{\perp}(x) = \ker(W(x))$$

很容易对引理1.3.1至引理1.3.5加以拓展。具体来说，如果 x° 是光滑余分布 Ω 的一个正则点，$\dim(\Omega(x^{\circ})) = d$，则能够找到 x° 的一个开邻域和一组定义在 U° 上的光滑余向量场 $\{\omega_1, \ldots, \omega_d\}$，使得在每一点 $x \in U^{\circ}$ 处，余向量 $\omega_1(x), \ldots, \omega_d(x)$ 是线性无关的，在每一点 $x \in U^{\circ}$ 处有

$$\Omega(x) = \text{span}\{\omega_1(x), \ldots, \omega_d(x)\}$$

而且，每一个光滑的余向量场 $\omega \in \Omega$ 在 U° 上可表示为

$$\omega(x) = \sum_{i=1}^{d} c_i(x)\omega_i(x)$$

其中 $c_1, \ldots, c_d$ 是定义在 U° 上的关于 x 的光滑实值函数。

此外，很容易证明下面的结果。

引理 1.3.6. 令 x° 为光滑分布 Δ 的一个正则点，则 x° 是 $\Delta^{\perp}$ 的正则点，并且存在 x° 的一个邻域 U°，使得 $\Delta^{\perp}$ 相对于 U° 的限制是一个光滑余分布。

例 1.3.12. 令 Δ 是由矩阵 F 的各列张成的分布，Ω 是由矩阵 W 的各行张成的余分布。假设要计算余分布的交 $\Omega \cap \Delta^{\perp}$。根据定义，$\Omega \cap \Delta^{\perp}$ 中的余向量是 $\Omega(x)$ 中的元素，它会消去

$\varDelta(x)$ 中的所有元素。$\varOmega(x)$ 中的一般元素形如 $\gamma W(x)$，它 (该余向量) 消去 $\varDelta(x)$ 中的所有向量当且仅当

$$\gamma W(x)F(x) = 0 \tag{1.14}$$

其中 γ 是具有适当维数的行向量。因而，想要在一点 x 处计算 $\varOmega \cap \varDelta^{\perp}(x)$，可按以下方式进行：首先找到线性齐次方程组 (1.14) 解空间中的一组基 (比如 $\gamma_1, \ldots, \gamma_d$)，然后将 $\varOmega \cap \varDelta^{\perp}(x)$ 表示为

$$\varOmega \cap \varDelta^{\perp}(x) = \operatorname{span}\{\gamma_i W(x) \colon 1 \leqslant i \leqslant d\}$$

注意，各个 γ_i 都依赖于点 x。如果 $W(x)F(x)$ 对于邻域 U 中的所有点 x 都有常秩，则方程组 (1.14) 的解空间具有恒定的维数，并且各个 γ_i 都光滑地依赖于 x。因此，这些行向量 $\gamma_1 W(x), \ldots, \gamma_d W(x)$ 是张成 $\varOmega \cap \varDelta^{\perp}$ 的光滑余向量场。 $\lhd$

1.4 Frobenius 定理

本节将研究由一阶偏微分方程组表示的一种特殊系统的可解性，它在非线性控制系统的分析和设计中至关重要。本章后面会利用这个研究结果，在对合分布概念和存在将 $\mathbb{R}^n$ 划分成"低维"光滑曲面的局部分划这二者之间建立一个基本关系。这种关系对于能否将系统分解成"可达"、"不可达"和"可观测"、"不可观测"部分的研究具有重要作用。这也自然地把 1.1 节中用到的分析推广到非线性背景中。后续各章，在与非线性反馈控制律的综合设计有关的多个问题中，还会遇到同样的偏微分方程系统。

考虑定义在开集 $U \subset \mathbb{R}^n$ 上的一个非奇异分布 $\varDelta$，令 d 表示其维数。由前一节的分析可知，在每一点 $x^\circ \in U$ 的某一个邻域 U° 中，存在 d 个定义在 U° 上的光滑向量场 $f_1, \ldots, f_d$，它们张成 $\varDelta$，即在每一点 $x \in U^\circ$ 处，有

$$\varDelta(x) = \operatorname{span}\{f_1(x), \ldots, f_d(x)\}$$

还已知余分布 $\varOmega = \varDelta^{\perp}$ 也是光滑非奇异的，维数为 $n-d$，并且在每一点 x° 附近，它由 $n-d$ 个余向量场 $\omega_1, \ldots, \omega_{n-d}$ 张成。由构造可知，对于所有的 $x \in U^\circ$，余向量场 ω_j 满足

$$\langle \omega_j(x), f_i(x) \rangle = 0, \qquad \text{对于所有的 } 1 \leqslant i \leqslant d, 1 \leqslant j \leqslant n-d$$

亦即它是如下方程的解：

$$\omega_j(x)F(x) = 0 \tag{1.15}$$

其中 $F(x)$ 是一个 $n \times d$ 阶矩阵

$$F(x) = \begin{pmatrix} f_1(x) & \cdots & f_d(x) \end{pmatrix}$$

在任一确定点 $x \in U$，式 (1.15) 都可视为关于未知量 $\omega_j(x)$ 的线性齐次方程。由假设知系数矩阵 $F(x)$ 的秩为 d，因而解空间由 $n-d$ 个线性无关的行向量张成。事实上，行向量 $\omega_1(x), \ldots, \omega_{n-d}(x)$ 正好是这个空间的一组基。现在假设并非方程 (1.15) 的任何解都可以被接受，而是只寻找

$$\omega_j = \frac{\partial \lambda_j}{\partial x}$$

这样形式的解，其中 $\lambda_1,\ldots,\lambda_{n-d}$ 是适当的实值光滑函数。换言之，想要求解微分方程

$$\frac{\partial\lambda_j}{\partial x}\begin{pmatrix}f_1(x) & \cdots & f_d(x)\end{pmatrix}=\frac{\partial\lambda_j}{\partial x}F(x)=0 \tag{1.16}$$

进而找到 $n-d$ 个无关解。这里“无关”的意思是这些行向量

$$\frac{\partial\lambda_1}{\partial x},\ldots,\frac{\partial\lambda_{n-d}}{\partial x}$$

在每一点 x 处都是线性无关的。注意到这些行向量 (更确切地说，这些余向量场) 体现为实值函数的微分，即恰当微分的形式，方程 (1.16) 的 $n-d$ 个解的存在性问题可用如下术语重新表述为：何时一个非奇异分布 Δ 具有由恰当微分张成的零化子 $\Delta^\perp$？本节将要讨论这个问题。先从一些术语开始。称一个定义在开集 $U\in\mathbb{R}^n$ 上的 d 维非奇异分布 Δ 为**完全可积的** (completely integrable)，如果对于每一点 $x^\circ\in U$，存在 x° 的一个邻域 U° 和 $n-d$ 个全部定义在 U° 上的实值函数 $\lambda_1,\ldots,\lambda_{n-d}$，使得在 U° 上有 [回想一下表示方法 (1.6)]

$$\mathrm{span}\{\mathrm{d}\lambda_1,\ldots,\mathrm{d}\lambda_{n-d}\}=\Delta^\perp \tag{1.17}$$

于是，“由矩阵 $F(x)$ 的各列张成的分布的完全可积性”本质上同义于“偏微分方程 (1.16) 的 $n-d$ 个无关解的存在性”。下面的结果描述了完全可积性的充要条件。

定理 1.4.1 (Frobenius 定理)**.** 一个非奇异分布是完全可积的当且仅当它是一个对合分布。

证明：首先证明对合性是一个分布完全可积的必要条件。由假设知，存在函数 $\lambda_1,\ldots,\lambda_{n-d}$ 使得式 (1.17)，或者等价的，方程 (1.16) 得以满足。注意到，现在方程 (1.16) 可重新写为

$$\frac{\partial\lambda_j}{\partial x}f_i(x)=\langle\mathrm{d}\lambda_j(x),f_i(x)\rangle=0\quad 1\leqslant\forall i\leqslant d,\forall x\in U^\circ \tag{1.18}$$

进而应用 1.2 节给出的记法，可将上式写为

$$\langle\mathrm{d}\lambda_j(x),f_i(x)\rangle=L_{f_i}\lambda_j(x)=0\quad 1\leqslant\forall i\leqslant d,\forall x\in U^\circ \tag{1.19}$$

沿向量场 $[f_i,f_k]$ 的方向对函数 λ_i 求导并利用式 (1.19) 和式 (1.9)，可得

$$L_{[f_i,f_k]}\lambda_j(x)=L_{f_i}L_{f_k}\lambda_j(x)-L_{f_k}L_{f_i}\lambda_j(x)=0$$

假设对于所有的函数 $\lambda_1,\ldots,\lambda_{n-d}$ 重复进行同样的运算，得到

$$\begin{pmatrix}L_{[f_i,f_k]}\lambda_1(x)\\ \vdots\\ L_{[f_i,f_k]}\lambda_{n-d}(x)\end{pmatrix}=\begin{pmatrix}\mathrm{d}\lambda_1(x)\\ \vdots\\ \mathrm{d}\lambda_{n-d}(x)\end{pmatrix}[f_i,f_k](x)=0,\qquad\forall x\in U^\circ$$

据假设，微分 $\{\mathrm{d}\lambda_1,\ldots,\mathrm{d}\lambda_{n-d}\}$ 张成余分布 $\Delta^\perp$，由此可推知向量场 $[f_i,f_k]$ 本身也属于 Δ。因而，利用在注记 1.3.5 中建立的条件可得分布 Δ 是对合的。

充分性的证明是构造性的，即说明如何找到一组满足条件 (1.17) 的 $n-d$ 个函数。回想一下，由于 Δ 是非奇异的且维数为 d，所以在每一点 $x^\circ\in U$ 的某一个邻域 U° 中存在 d 个定义在 U° 上的光滑向量场 $f_1,\ldots,f_d$，它们张成 Δ，即在每一点 $x\in U^\circ$ 处有

$$\Delta(x)=\mathrm{span}\{f_1(x),\ldots,f_d(x)\}$$

令 $f_{d+1}, \ldots, f_n$ 为这些向量场的一个补集，它们同样定义在 U° 上，在每一点 $x \in U^\circ$ 处具有性质

$$\mathrm{span}\{f_1(x), \ldots, f_d(x), f_{d+1}(x), \ldots, f_n(x)\} = \mathbb{R}^n$$

以 $\Phi_t^f(x)$ 表示向量场 f 的**流** (flow)，即它是关于 t 和 x 的一个光滑函数，并且 $x(t) = \Phi_t^f(x^\circ)$ 是方程

$$\dot{x} = f(x)$$

满足初始条件 $x(0) = x^\circ$ 的解。换言之，令 $\Phi_t^f(x)$ 是关于 t 和 x 的光滑函数且满足

$$\frac{\partial}{\partial t}\Phi_t^f(x) = f(\Phi_t^f(x)), \qquad \Phi_0^f(x) = x$$

再回想一下，对于任意的 x°，存在一个 (足够小的) t，使得映射

$$\Phi_t^f : x \mapsto \Phi_t^f(x)$$

(该映射对于 x° 某一邻域中的所有 x 都有定义) 是一个局部微分同胚 (到其映像上的满射)，并且 $[\Phi_t^f]^{-1} = \Phi_{-t}^f$。而且，对于任何 (充分小的) t 和 s，有

$$\Phi_{t+s}^f(x) = \Phi_t^f(\Phi_s^f(x))$$

设与向量场 $f_1, \ldots, f_n$ 关联的流为

$$\Phi_{t_1}^{f_1}(x), \ldots, \Phi_{t_n}^{f_n}(x)$$

下面证明微分方程 (1.16) 的解可通过取这些流的适当复合来构造。

为此，考虑映射

$$\begin{aligned} \Psi \colon U_\varepsilon &\to \mathbb{R}^n \\ (z_1, \ldots, z_n) &\mapsto \Phi_{z_1}^{f_1} \circ \cdots \circ \Phi_{z_n}^{f_n}(x^\circ) \end{aligned} \tag{1.20}$$

其中 $U_\varepsilon = \{z \in \mathbb{R}^n \colon |z_i| < \varepsilon\}$，“$\circ$” 表示关于自变量 x 的复合。如果 ε 足够小，则该映射具有如下性质：

(i) 对于所有的 $z = (z_1, \ldots, z_n) \in U_\varepsilon$ 都有定义，并且是满映到其映像上的微分同胚。

(ii) 对于所有的 $z \in U_\varepsilon$，该映射的雅可比矩阵

$$\left[\frac{\partial \Psi}{\partial z}\right]$$

的前 d 列是 $\Delta(\Psi(z))$ 中的线性无关向量。

在开始证明这两个性质之前，要着重指出的是，它们足以确保构造出偏微分方程 (1.16) 的一个解。为此，以 U° 表示映射 Ψ 的映像，并注意到 U° 确实是 x° 的一个开邻域，因为 x° 就是 Ψ 在点 $z = 0$ 处的值。由于该映射是满映到其映像上的微分同胚 [见性质 (i)]，所以逆映射 Ψ^{-1} 存在，并且也是定义在 U° 上的光滑映射。设

$$\begin{pmatrix} \phi_1(x) \\ \vdots \\ \phi_n(x) \end{pmatrix} = \Psi^{-1}(x)$$

其中 $\phi_1,\ldots,\phi_n$ 是对于所有 $x\in U^\circ$ 都有定义的实值函数。可断言，后 $n-d$ 个函数是方程 (1.16) 的无关解。因为由定义可注意到，对于所有的 $z\in U_\varepsilon$ (即对于所有的 $x\in U^\circ$) 有

$$\left[\frac{\partial\Psi^{-1}}{\partial x}\right]_{x=\Psi(z)}\left[\frac{\partial\Psi}{\partial z}\right]=I$$

其中 I 是单位矩阵。由性质 (ii) 知，上式等号左边第二个矩阵的前 d 列在任一点 $x=\Psi(z)\in U^\circ$ 处都构成了 Δ 的一组基。因此，微分

$$\mathrm{d}\phi_{d+1}(x)=\frac{\partial\phi_{d+1}}{\partial x},\ldots,\mathrm{d}\phi_n(x)=\frac{\partial\phi_n}{\partial x}$$

在每一点 $x\in U^\circ$ 处都被分布 Δ 中的向量零化。因此这些微分 (由构造知是线性无关的) 都是方程 (1.16) 的解。至此，为完成定理的充分性证明，只需要证明性质 (i) 和性质 (ii) 成立。

性质 (i) 的证明. 已知对于所有的 $x\in\mathbb{R}^n$ 和充分小的 $|t|$，向量场 f 的流 $\Phi_t^f(x)$ 有定义，这使得当 $|z_i|$ 充分小的时候 Ψ 对于所有的 $(z_1,\ldots,z_n)$ 都有唯一定义。而且，由于流是光滑的，从而 Ψ 也是光滑的。以下通过证明 Ψ 在 0 处的秩等于 n 来证明 Ψ 是一个微分同胚。为此，出于简洁性的考虑，以 $(M)_\star$ 表示映射 $M(x)$ 的雅可比矩阵，即

$$(M)_\star=\frac{\partial M}{\partial x}$$

注意到由链法则有

$$\begin{aligned}\frac{\partial\Psi}{\partial z_i}&=(\Phi_{z_1}^{f_1})_\star\cdots(\Phi_{z_{i-1}}^{f_{i-1}})_\star\frac{\partial}{\partial z_i}(\Phi_{z_i}^{f_i}\circ\cdots\circ\Phi_{z_n}^{f_n}(x^\circ))\\&=(\Phi_{z_1}^{f_1})_\star\cdots(\Phi_{z_{i-1}}^{f_{i-1}})_\star f_i(\Phi_{z_i}^{f_i}\circ\cdots\circ\Phi_{z_n}^{f_n}(x^\circ))\\&=(\Phi_{z_1}^{f_1})_\star\cdots(\Phi_{z_{i-1}}^{f_{i-1}})_\star f_i(\Phi_{-z_{i-1}}^{f_{i-1}}\circ\cdots\circ\Phi_{-z_1}^{f_1}(\Psi(z)))\end{aligned}$$

特别是，在 $z=0$ 处，由于 $\Psi(0)=x^\circ$，所以有

$$\frac{\partial\Psi}{\partial z_i}(0)=f_i(x^\circ)$$

切向量 $f_1(x^\circ),\ldots,f_n(x^\circ)$ 由假设知是线性无关的，这证明 $(\Psi)_\star$ 的 n 列在 $z=0$ 处都是线性无关的。因此，映射 Ψ 在 $z=0$ 处的秩为 n。

性质 (ii) 的证明. 根据之前的计算可推知，在任何 $z\in U_\varepsilon$ 处，有

$$(\Phi_{z_1}^{f_1})_\star\cdots(\Phi_{z_{i-1}}^{f_{i-1}})_\star f_i(\Phi_{-z_{i-1}}^{f_{i-1}}\circ\cdots\circ\Phi_{-z_1}^{f_1}(x))=\frac{\partial\Psi}{\partial z_i}$$

其中 $x=\Psi(z)$。如果能证明：对于 x° 某一个邻域中的所有 x，当 $|t|$ 很小，且 τ 和 ϑ 是 Δ 中任意两个向量场时，有

$$(\Phi_t^\vartheta)_\star\tau\circ\Phi_{-t}^\vartheta(x)\in\Delta(x)$$

即 $(\Phi_t^\vartheta)_\star\tau\circ\Phi_{-t}^\vartheta(x)$ 是 (局部定义的) Δ 中的向量场，则易知性质 (ii) 成立。为了证明这一点，按如下方式进行。令 ϑ 为 Δ 中的一个向量场，对于 $i=1,\ldots,d$，设

$$V_i(t)=(\Phi_{-t}^\vartheta)_\star f_i\circ\Phi_t^\vartheta(x)$$

由于对恒等式 $(\Phi^{\vartheta}_{-t})_\star(\Phi^{\vartheta}_t)_\star = I$ 关于 t 求导并交换 $\mathrm{d}/\mathrm{d}t$ 和 $\partial/\partial x$ 可得

$$\frac{\mathrm{d}}{\mathrm{d}t}(\Phi^{\vartheta}_{-t})_\star \circ \Phi^{\vartheta}_t(x) = -(\Phi^{\vartheta}_{-t})_\star \frac{\partial \vartheta}{\partial x} \circ \Phi^{\vartheta}_t(x)$$

且

$$\frac{\mathrm{d}}{\mathrm{d}t}(f_i \circ \Phi^{\vartheta}_t(x)) = \frac{\partial f_i}{\partial x}\vartheta \circ \Phi^{\vartheta}_t(x)$$

所以前面定义的函数 $V_i(t)$ 满足

$$\frac{\mathrm{d}V_i}{\mathrm{d}t} = (\Phi^{\vartheta}_{-t})_\star[\vartheta, f_i] \circ \Phi^{\vartheta}_t$$

由于 ϑ 和 f_i 都属于 $\varDelta$，并且 $\varDelta$ 是对合的，所以存在定义在 x° 附近的函数 λ_{ij}，使得

$$[\vartheta, f_i] = \sum_{j=1}^{d} \lambda_{ij} f_j$$

因此

$$\frac{\mathrm{d}V_i}{\mathrm{d}t} = (\Phi^{\vartheta}_{-t})_\star \left(\sum_{j=1}^{d} \lambda_{ij} f_j\right) \circ (\Phi^{\vartheta}_t(x)) = \sum_{j=1}^{d} \lambda_{ij}(\Phi^{\vartheta}_t(x)) V_j(t)$$

将函数 $V_i(t)$ 视为线性微分方程的一个解，因此可令

$$(V_1(t) \quad \dots \quad V_d(t)) = (V_1(0) \quad \dots \quad V_d(0))\, X(t)$$

其中 $X(t)$ 是 $d \times d$ 阶基础解阵。用 $(\Phi^{\vartheta}_t)_\star$ 左乘上式两边，可得

$$\big(f_1(\Phi^{\vartheta}_t(x)) \quad \dots \quad f_d(\Phi^{\vartheta}_t(x))\big) = \big((\Phi^{\vartheta}_t)_\star f_1(x) \quad \dots \quad (\Phi^{\vartheta}_t)_\star f_d(x)\big)\, X(t)$$

将 x 替换为 $\Phi^{\vartheta}_{-t}(x)$，还可得到

$$(f_1(x) \quad \dots \quad f_d(x)) = \big((\Phi^{\vartheta}_t)_\star f_1 \circ \Phi^{\vartheta}_{-t}(x) \quad \dots \quad (\Phi^{\vartheta}_t)_\star f_d \circ \Phi^{\vartheta}_{-t}(x)\big)\, X(t)$$

因为 $X(t)$ 对于所有的 t 都是非奇异的，所以对于 $i = 1, \dots, d$ 有

$$(\Phi^{\vartheta}_t)_\star f_i \circ \Phi^{\vartheta}_{-t}(x) \in \mathrm{span}\{f_1(x), \dots, f_d(x)\}$$

即

$$(\Phi^{\vartheta}_t)_\star f_i \circ \Phi^{\vartheta}_{-t}(x) \in \varDelta(x)$$

考虑到 $\varDelta$ 中的任一向量场可表示为如下形式：

$$\tau = \sum_{i=1}^{d} c_i f_i$$

所以上述结果就完成了性质 (ii) 的证明。 $\lhd$

此定理充分性部分的证明非常有趣,因为它表明求解偏微分方程 (1.16) [或等价的式 (1.17)] 可简化为求解 n 阶常微分方程组

$$\dot{x} = f_i(x), \qquad 1 \leqslant i \leqslant n$$

其中 $f_1, \ldots, f_n$ 是张成分布 Δ 的线性无关向量场。事实上，如果将这些方程的解复合起来以构成式 (1.20) 定义的映射 Ψ，则通过取逆映射 Ψ^{-1} 的后 $n-d$ 个分量就可以找到微分方程 (1.15) 的一个解。以下这些例子用到了这个过程。

例 1.4.1. 考虑定义在 $\mathbb{R}^2$ 上的分布

$$\Delta = \text{span}\{\begin{pmatrix} \exp(x_2) \\ 1 \end{pmatrix}\}$$

此分布对于每一点 $x \in \mathbb{R}^2$ 维数都为 1。因而，Δ 非奇异，而且由于维数为 1，该分布也是对合的。令

$$f_1(x) = \begin{pmatrix} \exp(x_2) \\ 1 \end{pmatrix}, \qquad f_2(x) = \begin{pmatrix} 1 \\ 0 \end{pmatrix}$$

计算 f_1 和 f_2 的流相当容易。对 f_1 而言，由

$$\begin{aligned} \dot{x}_1 &= \exp(x_2) \\ \dot{x}_2 &= 1 \end{aligned}$$

可解得

$$\begin{aligned} x_1(t) &= \exp(x_2^\circ)(\exp(t) - 1) + x_1^\circ \\ x_2(t) &= t + x_2^\circ \end{aligned}$$

从而有

$$\Phi_{z_1}^{f_1}(x) = \begin{pmatrix} \exp(x_2)(\exp(z_1) - 1) + x_1 \\ z_1 + x_2 \end{pmatrix}$$

关于 f_2，由于

$$\begin{aligned} \dot{x}_1 &= 1 \\ \dot{x}_2 &= 0 \end{aligned}$$

的解为

$$\begin{aligned} x_1(t) &= t + x_1^\circ \\ x_2(t) &= x_2^\circ \end{aligned}$$

从而有

$$\Phi_{z_2}^{f_2}(x) = \begin{pmatrix} z_2 + x_1 \\ x_2 \end{pmatrix}$$

选择 $x_1^\circ = x_2^\circ = 0$，则映射 Ψ 的形式如下：

$$\begin{pmatrix} x_1 \\ x_2 \end{pmatrix} = \Psi(z_1, z_2) = \begin{pmatrix} \exp(z_1) + z_2 - 1 \\ z_1 \end{pmatrix}$$

其逆为

$$\begin{pmatrix} z_1 \\ z_2 \end{pmatrix} = \Psi^{-1}(x_1, x_2) = \begin{pmatrix} x_2 \\ x_1 - \exp(x_2) + 1 \end{pmatrix}$$

函数 $z_2(x_1, x_2)$ 就是偏微分方程

$$\frac{\partial z_2}{\partial x} f_1(x) = 0$$

的一个解，直接检验也可以确认。注意，这个函数定义在整个 $\mathbb{R}^2$ 上。 $\triangleleft$

例 1.4.2. 考虑定义在 $\mathbb{R}^2$ 上的如下分布：

$$\Delta = \text{span}\{\begin{pmatrix} x_1^2 \\ -1 \end{pmatrix}\}$$

同样，此分布的维数为 1，因而完全可积。为了求积分，设

$$f_1(x) = \begin{pmatrix} x_1^2 \\ -1 \end{pmatrix}, \qquad f_2(x) = \begin{pmatrix} 1 \\ 0 \end{pmatrix}$$

计算 f_1 的流并不困难。由于

$$\begin{aligned} \dot{x}_1 &= x_1^2 \\ \dot{x}_2 &= -1 \end{aligned}$$

的解为

$$x_1(t) = \frac{x_1^\circ}{1 - x_1^\circ t}, \qquad x_2(t) = -t + x_2^\circ$$

从而有

$$\Phi_{z_1}^{f_1}(x) = \begin{pmatrix} \dfrac{x_1}{1 - x_1 z_1} \\ -z_1 + x_2 \end{pmatrix}$$

注意到当 $x_1 z_1 \geqslant 1$ 时 f_1 的流没有定义 (即向量场 f_1 不是完备的)。f_2 的流和上一例中计算的一样。映射 Ψ 的形式为

$$\Psi(z) = \begin{pmatrix} \dfrac{z_2 + x_1^\circ}{1 - (z_2 + x_1^\circ) z_1} \\ -z_1 + x_2^\circ \end{pmatrix}$$

其逆为

$$\Psi^{-1}(x) = \begin{pmatrix} z_1 \\ z_2 \end{pmatrix} = \begin{pmatrix} x_2^\circ - x_2 \\ \dfrac{x_1}{1 + x_1(x_2^\circ - x_2)} - x_1^\circ \end{pmatrix}$$

注意到这个映射并非定义在整个 $\mathbb{R}^2$ 上。然而，只要 $|x_2 - x_2^\circ|$ 足够小，则该映射对于任何 x° 都有唯一定义。于是函数 $z_2(x_1, x_2)$ 定义在 x° 的一个邻域中，并且是偏微分方程

$$\frac{\partial z_2}{\partial x} f_1(x) = 0$$

的解。 $\lhd$

例 1.4.3. 考虑定义在 $\mathbb{R}^3$ 上的分布

$$\varDelta = \text{span}\{\begin{pmatrix} 2x_3 \\ -1 \\ 0 \end{pmatrix}, \begin{pmatrix} -x_1 \\ -2x_2 \\ x_3 \end{pmatrix}\}$$

此分布在集合

$$U = \{x \in \mathbb{R}^3 \colon x_1^2 + x_3^2 \neq 0\}$$

的每一点处维数都为 2。它在 U 上也是对合的，如例 1.3.7 所示。因而，这个分布在 U 上是完全可积的。令

$$f_1(x) = \begin{pmatrix} 2x_3 \\ -1 \\ 0 \end{pmatrix}, \qquad f_2(x) = \begin{pmatrix} -x_1 \\ -2x_2 \\ x_3 \end{pmatrix}, \qquad f_3(x) = \begin{pmatrix} 1 \\ 0 \\ 0 \end{pmatrix}$$

计算 f_1、f_2 和 f_3 的流，得到

$$\varPhi_{z_1}^{f_1}(x) = \begin{pmatrix} 2z_1x_3 + x_1 \\ -z_1 + x_2 \\ x_3 \end{pmatrix}, \quad \varPhi_{z_2}^{f_2}(x) = \begin{pmatrix} \exp(-z_2)x_1 \\ \exp(-2z_2)x_2 \\ \exp(z_2)x_3 \end{pmatrix}, \quad \varPhi_{z_3}^{f_3}(x) = \begin{pmatrix} z_3 + x_1 \\ x_2 \\ x_3 \end{pmatrix}$$

因此，映射 $\varPsi$ 的形式为

$$\varPsi(z_1, z_2, z_3) = \begin{pmatrix} 2z_1 \exp(z_2)x_3^\circ + \exp(-z_2)(z_3 + x_1^\circ) \\ -z_1 + \exp(-2z_2)x_2^\circ \\ \exp(z_2)x_3^\circ \end{pmatrix}$$

例如，考虑点 $x^\circ = (0, 0, 1)$，在该点逆映射 $\varPsi^{-1}$ 的形式为

$$\begin{pmatrix} z_1 \\ z_2 \\ z_3 \end{pmatrix} = \varPsi^{-1}(x_1, x_2, x_3) = \begin{pmatrix} -x_2 \\ \ln(x_3) \\ (x_1 + 2x_2x_3)x_3 \end{pmatrix}$$

因而，偏微分方程

$$\frac{\partial \lambda}{\partial x} \begin{pmatrix} 2x_3 & -x_1 \\ -1 & -2x_2 \\ 0 & x_3 \end{pmatrix} = \begin{pmatrix} 0 & 0 \end{pmatrix}$$

的解为

$$\lambda(x_1, x_2, x_3) = z_3(x_1, x_2, x_3) = (x_1 + 2x_2x_3)x_3 \qquad \lhd$$

完全可积性概念的一个最大用处是，指出了偏微分方程 (1.16) 的解函数 $\lambda_1,\dots,\lambda_{n-d}$ 可用来定义点 x° 附近的坐标变换，该变换能使分布 $\varDelta$ 中的向量场在新坐标系下的表示特别简单。这是因为，由构造方式知，$n-d$ 个微分

$$\mathrm{d}\lambda_1,\ \dots,\mathrm{d}\lambda_{n-d} \tag{1.21}$$

在 x° 处是线性无关的。从而，总能在函数集

$$x_1(x)=x_1,\ x(x)=x_2,\ \dots,\ x_n(x)=x_n$$

中选择由 d 个函数构成的子集，它们在 x° 处的微分和式 (1.21) 中的那些微分一起恰好构成一组 n 个线性无关的行向量。以 $\phi_1,\dots,\phi_d$ 表示刚才选择的函数，并设

$$\phi_{d+1}(x)=\lambda_1(x),\dots,\phi_n(x)=\lambda_{n-d}(x)$$

由构造可知，映射

$$z=\varPhi(x)=\mathrm{col}(\phi_1(x),\dots,\phi_d(x),\phi_{d+1}(x),\dots,\phi_n(x))$$

的雅可比矩阵在 x° 处秩为 n。因此，映射 $\varPhi$ 在 x° 附近有资格作为一个局部微分同胚 (即一个光滑的局部坐标变换)。现在，假设 τ 是 $\varDelta$ 中的一个向量场。在新坐标下该向量场形式为

$$\bar{\tau}(z)=\left[\frac{\partial\varPhi}{\partial x}\tau(x)\right]_{x=\varPhi^{-1}(z)}$$

根据构造，由于 $\varPhi$ 的雅可比矩阵的后 $n-d$ 行张成 $\varDelta^\perp$，所以可立即推知，对于坐标变换定义域中的所有 x，等号右边向量的后 $n-d$ 个元素全为零。由此可得，在新坐标下，$\varDelta$ 中的任一向量场形式为

$$\bar{\tau}(z)=\mathrm{col}(\bar{\tau}_1(z),\dots,\bar{\tau}_d(z),0,\dots,0) \tag{1.22}$$

在结束本节之前，再给出一个结果。该结果说明如何能将可积性概念推广到开集 U 上的分布族 $\varDelta_1,\dots,\varDelta_k$。假设这个分布族中的每一个分布都有定常维数，比如 $d_1,\dots,d_k$。还假设这些分布形成了一个嵌套序列，即

$$\varDelta_1\supset\varDelta_2\supset\cdots\supset\varDelta_k$$

(从而特别地有 $d_1>d_2>\cdots>d_k$)。如果分布 $\varDelta_1$ 是完全可积的，则由 Frobenius 定理知，在每一点 x° 的某一个邻域中都存在函数 λ_i $(1\leqslant i\leqslant n-d_1)$，使得

$$\mathrm{span}\{\mathrm{d}\lambda_1,\dots,\mathrm{d}\lambda_{n-d_1}\}=\varDelta_1^\perp$$

现在假设 $\varDelta_2$ 也完全可积，则同理有 $\varDelta_2^\perp$ 在局部由 d_2 个函数的微分张成，假设这些函数为 μ_i，其中 $1\leqslant i\leqslant n-d_2$。由于

$$\varDelta_1^\perp\subset\varDelta_2^\perp$$

所以立即得知，可选择

$$\mu_i=\lambda_i,\qquad 1\leqslant\forall i\leqslant n-d_1$$

因而得到

$$\text{span}\{d\lambda_1, \ldots, d\lambda_{n-d_1}\} + \text{span}\{d\mu_{n-d_1+1}, \ldots, d\mu_{n-d_2}\} = \Delta_2^{\perp}$$

还要注意，上式等号左边是直和，即两个相加元的交集为零。这种构造可对序列中的所有其他分布重复进行，只要它们是对合的。于是得到下面的结果。

推论 1.4.2. 令 $\Delta_1 \supset \Delta_2 \supset \cdots \supset \Delta_k$ 为一族嵌套的非奇异分布。当且仅当这族分布中的每一个都是对合分布时，则对于每一点 $x^\circ \in U$，存在 x° 的一个邻域 U°，以及均定义在 U° 上的实值光滑函数

$$\lambda_1^1, \ldots, \lambda_{n-d_1}^1, \lambda_1^2, \ldots, \lambda_{d_1-d_2}^2, \ldots, \lambda_1^k, \ldots, \lambda_{d_{k-1}-d_k}^k$$

使得对于 $2 \leqslant i \leqslant k$，有

$$\begin{aligned}\Delta_1^{\perp} &= \text{span}\{d\lambda_1^1, \ldots, d\lambda_{n-d_1}^1\}\\ \Delta_i^{\perp} &= \Delta_{i-1}^{\perp} \oplus \text{span}\{d\lambda_1^i, \ldots, d\lambda_{d_{i-1}-d_i}^i\}\end{aligned}$$

注记 1.4.4. 为了避免使用双下标，有时可方便地使用如下定义的更紧凑的记法来表述之前的以及类似的结果。给定一组 p_i 个实值函数

$$\phi_1^i(x), \ldots, \phi_{p_i}^i(x)$$

设

$$d\phi^i = (d\phi_1^i, \ldots, d\phi_{p_i}^i)$$

使用这样的记法，可将上一推论的最后一个表达式重新写成以下简洁形式：

$$\begin{aligned}\Delta_1^{\perp} &= \text{span}\{d\lambda^1\}\\ \Delta_i^{\perp} &= \Delta_{i-1}^{\perp} \oplus \text{span}\{d\lambda^i\} = \text{span}\{d\lambda^1, \ldots, d\lambda^i\} \qquad \triangleleft\end{aligned}$$

1.5　微分几何观点

本节介绍与分布及分布的完全可积性相关的另外一些内容。所使用的分析方法需要读者熟悉微分几何的一些基本概念，比如为方便读者而总结在附录 A 中的内容。这一知识背景以及本节所介绍的内容，确实有助于理解以后某些结果的证明，而且对于任何非局部分析 (如第 2 章所展示的内容) 都是必不可少的 (但读者首次阅读本书时可以跳过本节内容)。

本节始终考虑定义在任一 n 维光滑流形 N 上的对象。例如，当定义一个控制系统的自然状态空间既不是 $\mathbb{R}^n$，也不是微分同胚于 $\mathbb{R}^n$ 的集合，而是一个更抽象的集合时，这个视角就很有意思。

在这种情况下，仍然可以把控制系统描述为如下形式：

$$\dot{p} = f(p) + \sum_{i=1}^{m} g_i(p) u_i \tag{1.23}$$

$$y_i = h_i(p), \qquad 1 \leqslant i \leqslant l \tag{1.24}$$

其中 $f, g_1, \ldots, g_m$ 都是定义在光滑流形 N 上的光滑向量场，$h_1, \ldots, h_l$ 是定义在 N 上的光滑实值函数。第一个关系式代表 N 上的一个微分方程，点 $p \in N$ 是方程某一个光滑初值解上的一点，$\dot{p}$ 表示在 p 处该光滑解曲线的切向量。为了清楚起见，这里已经用 p 来表示流形 N 中的一点，而用符号 x 表示点 p 在某一个坐标卡内由局部坐标形成的 n 维向量。

例 1.5.1. 出现这种情况的最常见例子是描述刚体绕其质心的定向控制 (control of orientation)，比如航天器的姿态。令 $e = (e_1, e_2, e_3)$ 表示一个惯性固定的规范正交向量三元组，即参考坐标系 (reference frame)；令 $a = (a_1, a_2, a_3)$ 表示固定在刚体上的规范正交向量三元组，即随体坐标系 (body frame)，如图 1.2 所示。

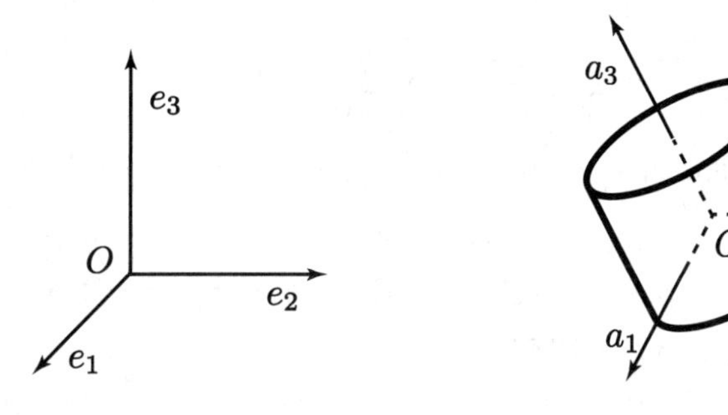

图 1.2

定义空间刚体姿态的一种可能方式是考虑向量 a 和 e 之间的夹角。令 R 为一个 3×3 阶矩阵，其各元 r_{ij} 为向量 a_i 和 e_j 夹角的余弦，则由定义知，R 的第 i 行元素恰好是向量 a_i 在三元组 e 所确定的参考坐标系下的坐标。由于这两个三元组都是规范正交的，所以矩阵 R 满足

$$RR^{\mathrm{T}} = I$$

或等价的 $R^{-1} = R^{\mathrm{T}}$ (即 R 是一个正交矩阵)，特别是 $\det(R) = 1$。矩阵 R 完全确定了随体坐标系相对于固定参考坐标系的方向，因此可以方便地用 R 来描述刚体在空间中的姿态。现在说明如何能相应地推导出刚体的运动方程并对其控制。

首先注意到，如果 x_e 和 x 分别表示任一向量相对于 e 和 a 的坐标，则这两组坐标通过线性变换

$$x = Rx_e$$

而相互关联。还注意到，如果将 3×3 阶矩阵

$$S(w) = \begin{pmatrix} 0 & w_3 & -w_2 \\ -w_3 & 0 & w_1 \\ w_2 & -w_1 & 0 \end{pmatrix}$$

和向量

$$w = \mathrm{col}(w_1, w_2, w_3)$$

相关联，那么 w 和 v 之间通常的“向量”积可以写成 $w \times v = -S(w)v$。

假设刚体相对于惯性坐标系做旋转运动。令 $R(t)$ 表示描述其姿态的矩阵 R 在时刻 t 的值，令 $\omega(t)$ [相应地，$\omega_e(t)$] 表示刚体在 a 坐标系下 [相应地，在 e 坐标系下] 的角速度。考虑刚体上的一个固定点并以 x 表示其相对于随体坐标系 a 的坐标。由于该坐标系固定在刚体上，所以 x 相对于时间是不变的，即 $\mathrm{d}x/\mathrm{d}t = 0$。另一方面，同一点相对于参考坐标系 e 的坐标 $x_e(t)$ 满足

$$\dot{x}_e(t) = -S(\omega_e(t))x_e(t)$$

对 $x(t) = R(t)x_e(t)$ 两边求时间导数，再利用恒等式 $RS(\omega_e)x_e = S(\omega)x$ 得到

$$0 = \dot{R}x_e + R\dot{x}_e = \dot{R}R^{\mathrm{T}}x - RS(\omega_e)x_e = \dot{R}R^{\mathrm{T}}x - RS(\omega)x$$

和 (由于 x 的任意性)

$$\dot{R}(t) = S(\omega(t))R(t) \tag{1.25}$$

这个方程表示了刚体姿态 R 与它相对于随体坐标系的角速度之间的关系 (角速度的表示相对于固定在刚体上的坐标系)，此即为熟知的**运动学方程** (kinematic equation)。

现在假设刚体受到外部转矩作用。如果 h_e 和 T_e 分别表示相对于参考坐标系 e 的角动量坐标和外部转矩坐标，由力矩平衡方程得到

$$\dot{h}_e(t) = T_e(t)$$

另一方面，在随体坐标系 a 下，角动量可表示为

$$h(t) = J\omega(t)$$

其中 J 是常数矩阵，称为**惯性矩阵** (inertia matrix)。联立这些关系式得到

$$J\dot{\omega} = \dot{h} = \dot{R}h_e + R\dot{h}_e = S(\omega)Rh_e + RT_e = S(\omega)J\omega + T$$

其中 $T = RT_e$ 是外部转矩在随体坐标系 a 下的表达式。所得到的方程

$$J\dot{\omega}(t) = S(\omega(t))J\omega(t) + T(t) \tag{1.26}$$

就是熟知的**动力学方程** (dynamic equation)。

描述刚体姿态控制的方程 (1.25) 和方程 (1.26) 恰好具有式 (1.23) 的形式，其中

$$p = (R, \omega)$$

特别要注意，R 不是任意的 3×3 阶矩阵，而是一个**正交** (orthogonal) 矩阵，即满足 $RR^{\mathrm{T}} = I$ [并且 $\det(R) = 1$] 的矩阵。从而，由式 (1.25) 和式 (1.26) 所定义的系统的自然状态空间并非 $\mathbb{R}^{12}$ (像所认为的那样数方程的个数)，而是一个更抽象的集合，即由所有 (R,ω)-对构成的集合，其中 R 属于由所有 3×3 正交矩阵 (行列式值等于 1) 构成的集合，ω 属于 $\mathbb{R}^3$。R 于其中变动的 $\mathbb{R}^{3\times3}$ 的子集，即满足 $RR^{\mathrm{T}} = I$ 且 $\det(R) = 1$ 的所有 3×3 阶矩阵所构成的集合，是 $\mathbb{R}^{3\times3}$ 的一个三维嵌入子流形。实际上，可将正交性条件 $RR^{\mathrm{T}} = I$ 表示为如下 6 个等式：

$$\sum_{k=1}^{3} r_{ik}r_{jk} - \delta_{ij} = 0, \qquad 1 \leqslant i \leqslant j \leqslant 3$$

能够证明，对于每一个非奇异矩阵 R (从而对于任何满足 $RR^{\mathrm{T}} = I$ 的矩阵 R)，上式等号左边的 6 个函数有线性无关的微分。因此，满足这些条件的矩阵集合就是 $\mathbb{R}^{3\times3}$ 的一个三维嵌入子流形，称为**正交群** (orthogonal group)，记为 $O(3)$。任何满足 $RR^{\mathrm{T}} = I$ 的矩阵，其行列式值等于 1 或者 -1，因此 $O(3)$ 由两个连通部分构成。$O(3)$ 中 $\det(R) = 1$ 的连通部分称为 ($\mathbb{R}^{3\times3}$ 中的)**特殊正交群** (special orthogonal group)，并记为 $SO(3)$。

可以得到，式 (1.25) 和式 (1.26) 的自然状态空间是六维光滑流形

$$N = SO(3) \times \mathbb{R}^3$$

这是一个六维光滑流形却并不微分同胚于 $\mathbb{R}^6$，因为 $SO(3)$ 并不微分同胚于 $\mathbb{R}^3$。 $\triangleleft$

先来说明如何在坐标无关的背景下严格地定义光滑分布概念。回想一下可知，对于所有定义在 N 上的光滑向量场的集合 $V(N)$，可赋以不同的代数结构。这些结构可以是在实数集 $\mathbb{R}$ 上的向量空间，也可以是**李代数** (Lie algebra)(向量场 f_1 和 f_2 的乘积定义为它们的李括号 $[f_1, f_2]$)，还可以是环 $C^\infty(N)$ (该环由所有定义在 N 上的光滑实值函数构成) 上的**模** (module)。对于模结构，向量场 f_1 和 f_2 的加法 $f_1 + f_2$ 被定义为按点相加，即在每一点 $p \in N$ 处，有

$$(f_1 + f_2)(p) = f_1(p) + f_2(p)$$

向量场 f 与 $C^\infty(N)$ 中元素 c 的乘积 cf 也是按点定义的，即

$$(cf)(p) = c(p)f(p)$$

假设 Δ 是一个映射，给每一点 $p \in N$ 指定切空间 T_pN (N 在 p 处的切空间) 的一个子空间 $\Delta(p)$。所以，可以给 Δ 关联一个 $V(N)$ 的子模 $\mathcal{M}_\Delta$，它由 $V(N)$ 中按点在 $\Delta(p)$ 中取值的所有向量场的集合构成，即

$$\mathcal{M}_\Delta = \{f \in V(N) \colon f(p) \in \Delta(p), \text{对于所有的 } p \in N\}$$

由构造知，该集合是 $V(N)$ 的一个**子模** (submodule)。但要注意的是，可以存在许多 $V(N)$ 的子模，其向量场在每一点 p 处都张成 $\Delta(p)$。这样定义的子模 $\mathcal{M}_\Delta$ 是这些子模中最大的，因为在每一点 p 处，由张成 $\Delta(p)$ 的向量场构成的 $V(N)$ 的任一子模都包含在 $\mathcal{M}_\Delta$ 中。

例 1.5.2. 假设 $N = R$，并令 Δ 按如下方式定义：

$$\begin{aligned} \Delta(x) &= 0, && \text{在 } x = 0 \text{ 处} \\ \Delta(x) &= T_xR, && \text{在 } x \neq 0 \text{ 处} \end{aligned}$$

子模 $\mathcal{M}_\Delta$ 显然是由所有形如

$$f(x) = c(x)\frac{\partial}{\partial x}$$

的向量场构成的集合，其中 c 是属于 $C^\infty(\mathbb{R})$ 的任一元素，满足 $c(0) = 0$。由构造知，形如

$$f(x) = c(x)x^2\frac{\partial}{\partial x}$$

的所有向量场的集合 $\mathcal{M}'$ 是 $V(\mathbb{R})$ 的一个子模，其中 c 是 $C^\infty(\mathbb{R})$ 中的任一元素。$\mathcal{M}'$ 中的向量场在每一点 x 处都张成 Δ。但是，$\mathcal{M}'$ 和 $\mathcal{M}_\Delta$ 并不一致，例如

$$x\frac{\partial}{\partial x} \notin \mathcal{M}'$$

事实上，不能用光滑的 $c(x)$ 将光滑函数 x 表示成 $x = c(x)x^2$。 $\lhd$

反之，对于 $V(N)$ 的任一子模 $\mathcal{M}$，可关联一个指定，记为 $\Delta_\mathcal{M}$，它在每一点 $p \in N$ 处指定切空间 T_pN 的一个子空间。$\Delta_\mathcal{M}$ 在点 p 的值定义为 $\mathcal{M}$ 中的向量场在点 p 的所有可能取值的集合，即设置为

$$(\Delta_\mathcal{M})(p) = \{v \in T_pN : v = f(p), f \in \mathcal{M}\}$$

上述论据说明了如何能使两个感兴趣的对象 [对于每一点 $p \in N$ 指定 T_pN 的一个子空间的映射和 $V(N)$ 的一个子模] 相互关联。出于一致性考虑，希望和映射 $\Delta_\mathcal{M}$ 关联的子模就是模 $\mathcal{M}$ 本身。这一点成立的充要条件是 $\mathcal{M}$ 具有这样的性质：如果 f 是 $V(N)$ 中按点属于 $\Delta_\mathcal{M}$ 的任一光滑向量场，则 f 是 $\mathcal{M}$ 中的一个向量场。在这种情况下，称子模 $\mathcal{M}$ 是**完备的** (complete)。

$V(N)$ 中的完备子模这一对象在全局且坐标无关的背景下替代了 1.2 节中引入的光滑分布这个直观概念。当然，和 $\mathcal{M}$ 相关联的映射 $\Delta_\mathcal{M}$ 具有局部光滑性 (这与截至目前所考虑的性质一致)，即 $\Delta_\mathcal{M}$ 可 (局部地) 描述为由光滑向量场的一个有限集张成。

利用类似的视角可导出余分布的坐标无关概念。事实上，余分布可定义为模 $V^\star(N)$ 满足完备性 (对应于刚讨论过的完备性) 要求的一个子模，其中 $V^\star(N)$ 由 N 上的所有光滑余向量场构成。

很容易将 1.3 节讨论的性质推广到这样定义的对象上来。然而，需要格外注意的特殊一点是对合分布与李代数 $V(N)$ 的**李子代数** (Lie subalgebra) 的差异。回忆可知，对合分布满足这样的性质：在分布 Δ 中，任何两个向量场的李括号也属于该分布。在当前背景下可以说一个对合分布就是具有下述性质的一个完备子模 $\mathcal{M}$：模 $\mathcal{M}$ 中任何两个向量场的李括号还属于 $\mathcal{M}$。由于 $V(N)$ 的一个李子代数是一族向量场，它们在李括号下都具有封闭性，所以可能认为二者是相似的。然而，正如下面的简单例子所示，这种理解是不正确的。

例 1.5.3. 考虑 $\mathbb{R}^2$ 上的两个向量场

$$f_1(x) = \frac{\partial}{\partial x_1}, \qquad f_2(x) = c(x_1)\frac{\partial}{\partial x_2}$$

其中 $c(x_1)$ 是一个 C^∞ 函数，但并非解析函数，该函数及其各阶导数当 $x_1 = 0$ 时都为零，而当 $x_1 \neq 0$ 时都为非零。

易于检验以 f_1, f_2 生成的李代数 $\mathcal{L}\{f_1, f_2\}$ 由下面形式的向量场构成：

$$\tau(x) = a\frac{\partial}{\partial x_1} + \left(b_0 c(x_1) + b_1\frac{\mathrm{d}c}{\mathrm{d}x_1} + \cdots + b_k\frac{\mathrm{d}^k c}{\mathrm{d}x_1^k}\right)\frac{\partial}{\partial x_2}$$

其中 k 是任一非负整数，$a, b_0, \ldots, b_k$ 均为实数。因此，$\mathcal{L}\{f_1, f_2\}$ 在点 x 处的向量张成的子空间 $\Delta(x) \subset T_x\mathbb{R}^2$ 可描述为

$$\Delta(x) = T_x\mathbb{R}^2, \qquad 若\ x_1 \neq 0$$

$$\Delta(x) = \mathrm{span}\{\frac{\partial}{\partial x_1}\}, \qquad 若\ x_1 = 0$$

但是，由 Δ 中的所有向量场构成的子模 $\mathcal{M}_\Delta$ 不是对合的，因为向量场 f_1 和向量场

$$f_3(x) = x_1 \frac{\partial}{\partial x_2}$$

(二者按点来看都属于 Δ，但 f_3 不属于 $\mathcal{L}\{f_1, f_2\}$) 的李括号是向量场

$$[f_1, f_3] = \frac{\partial}{\partial x_2}$$

它在 $x_1 = 0$ 时并不属于 Δ。 $\lhd$

现在来讨论分布完全可积性概念的一个重要解释。在 1.4 节中，已经给出了非奇异 d 维分布 Δ 完全可积的定义，即如果它的零化子 $\Delta^\perp$ 由 $n-d$ 个余向量场 (即 $n-d$ 个函数的微分) 局部张成。这个定义在坐标无关的背景下仍然有意义，这里要求对于每一点 $p^\circ \in N$ 存在 p° 的一个邻域 U° 和 $n-d$ 个定义在 U° 上的实值光滑函数 $\lambda_1, \ldots, \lambda_{n-d}$，使得对于所有的 $p \in U^\circ$ 有

$$\text{span}\{\text{d}\lambda_1(p), \ldots, \text{d}\lambda_{n-d}(p)\} = \Delta^\perp(p) \tag{1.27}$$

注意，这样给出的定义 (尽管是以坐标无关的术语) 只是规定了一个分布的局部性质。在下一章中将会看到完全可积性概念的一个全局形式。

根据定义，$n-d$ 个函数 $\lambda_1, \ldots, \lambda_{n-d}$ 的微分在其定义的每一点 $p^\circ \in U^\circ$ 处都是线性无关的。因此，存在 p° 的一个邻域 $U \subset U^\circ$，及定义在 U 上的函数 $\phi_1, \ldots, \phi_d$，它们和

$$\phi_{d+1} = \lambda_1, \ldots, \phi_n = \lambda_{n-d}$$

一起，在 p° 处定义了一个坐标卡。不失一般性，可假设这是一个中心位于 p° 的立方体坐标卡，即对于所有的 $1 \leqslant i \leqslant n$ 有 $\phi_i(p^\circ) = 0$，且 $\phi_i(U)$ 是形如 $\{x \in \mathbb{R}\colon |x| < K\}$ 的开区间。

以 $\phi_i = \phi_i(p)$ $(1 \leqslant i \leqslant n)$ 表示点 p 的第 i 个坐标。回想到，在每一点 $p \in U$ 处，选取的这些坐标可导出切空间 T_pN 的一组基

$$\left(\frac{\partial}{\partial \phi_1}\right)_p, \ldots, \left(\frac{\partial}{\partial \phi_n}\right)_p$$

和余切空间 $T_p^\star N$ 的一组基

$$(\text{d}\phi_1)_p, \ldots, (\text{d}\phi_n)_p$$

这两组基是对偶的，即满足

$$\langle (\text{d}\phi_i)_p, \left(\frac{\partial}{\partial \phi_j}\right)_p \rangle = \delta_{ij}$$

性质 (1.27) 表明，在每一点 $p \in U$ 处，在 $T_p^\star N$ 的这组基中，后 $n-d$ 个余向量是余分布 $\Delta^\perp(p)$ 的一组基。因此，由对偶性关系可知，在每一点 $p \in U$ 处，T_pN 的基中的前 d 个向量是 $\Delta(p)$ 的一组基。据此可以导出分布完全可积的另外一种描述：一个 d 维非奇异分布 Δ，如果在每一点 $p^\circ \in N$ 处，存在一个立方体坐标卡 (U, ϕ) 和坐标函数 $\phi_1, \ldots, \phi_n$，使得对于所有 $p \in U$，有

$$\Delta(p) = \text{span}\{\left(\frac{\partial}{\partial \phi_1}\right)_p, \ldots, \left(\frac{\partial}{\partial \phi_d}\right)_p\}$$

则称该分布是完全可积的。

可给这种描述一个有趣的解释。令 p 为立方体坐标邻域 U 中的任意一点，并考虑由经过点 p 且后 $n-d$ 个坐标保持不变的所有点构成的切片，即 U 的子集

$$S_p = \{q \in U \colon \phi_{d+1}(q) = \phi_{d+1}(p), \ldots, \phi_n(q) = \phi_n(p)\} \tag{1.28}$$

这个 d 维子集是 U 的一个光滑子流形，在每一点 q 处都有一个切空间，根据构造知，它正好是 T_qN 的子空间 $\Delta(q)$ (见图 1.3)。

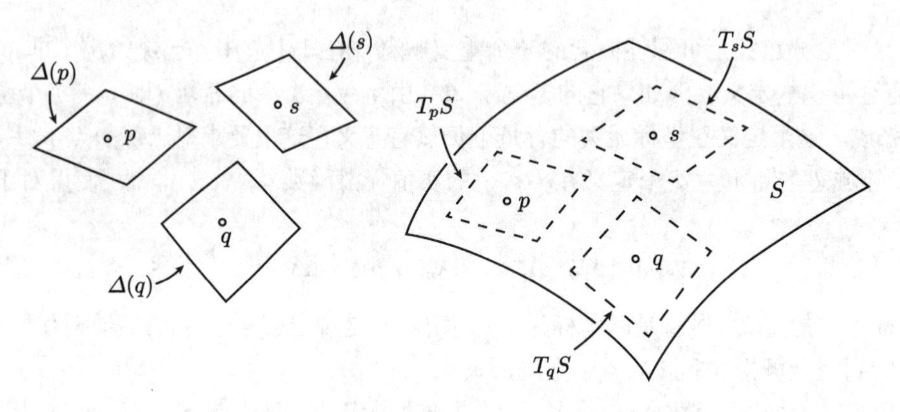

图 1.3

注意到，坐标邻域 U 被划分成形如式 (1.28) 的切片。于是，一个非奇异的完全可积分布 Δ 在每一点 p° 处都导出将 N 划分成子流形的一个局部分划，每一个子流形在任何一点都有一个切空间 (可视为 N 的切空间的一个子空间)，该切空间与 Δ 在此点的值一致。

1.6　不变分布

在非线性控制系统理论中，分布在向量场下的不变性概念类似于线性系统理论中线性映射的不变子空间概念，它们的作用也相似。如果对于分布 Δ 中的每一个向量场 τ，李括号 $[f,\tau]$ 还是 Δ 中的向量场，即如果

$$\tau \in \Delta \Rightarrow [f,\tau] \in \Delta$$

则称这个分布 Δ 在向量场 f 下是**不变的** (invariant)。

下面引入的记法便于用更紧凑的形式来表示这个条件。用 $[f,\Delta]$ 表示由所有形如 $[f,\tau]$ $(\tau \in \Delta)$ 的向量场张成的分布，即设

$$[f,\Delta] = \mathrm{span}\{[f,\tau], \tau \in \Delta\}$$

利用这个记法可以将分布 Δ 在向量场 f 下的不变性记为

$$[f,\Delta] \subset \Delta$$

注记 1.6.1. 假设分布 Δ 是非奇异的 (并且维数为 d)，那么由引理 1.3.1 知，至少可在局部将 Δ 中的每一个向量场表示为

$$\tau(x) = \sum_{i=1}^{d} c_i(x)\tau_i(x)$$

其中 $\tau_1, \ldots, \tau_d$ 是局部张成 Δ 的向量场。容易看到，Δ 在 f 下不变，当且仅当

$$[f, \tau_i] \in \Delta, \qquad 1 \leqslant \forall i \leqslant d$$

必要性可简单地由 $\tau_1, \ldots, \tau_d$ 都是 Δ 中的向量场这个事实得到。对于充分性，考虑展开式 [见式 (1.8)]

$$[f, \tau] = \sum_{i=1}^{d} c_i[f, \tau_i] + \sum_{i=1}^{d}(L_f c_i)\tau_i$$

并且注意到上式等号右边的所有向量场都是 Δ 中的向量场。

前一个表达式特别指出

$$[f, \Delta] \supset \mathrm{span}\{[f, \tau_1], \ldots, [f, \tau_d]\}$$

但要注意，该式左边的分布通常和右边的不相等。然而，通过将两边都加上分布 Δ，容易推得 (还是由前面的表达式)

$$\Delta + [f, \Delta] = \Delta + \mathrm{span}\{[f, \tau_1], \ldots, [f, \tau_d]\}$$

此即

$$\Delta + [f, \Delta] = \mathrm{span}\{\tau_1, \ldots, \tau_d, [f, \tau_1, \ldots, [f, \tau_d]\}$$

该性质在后面一些地方会被用到。 $\lhd$

注记 1.6.2. 分布在向量场下的不变性概念在某种意义下包含了线性映射下的不变子空间概念。为看到这一点，考虑在线性映射 A 下不变的子空间 $V \in \mathbb{R}^n$，即 $AV \subset V$。对于每一点 $x \in \mathbb{R}^n$，定义分布 Δ_V 和 (线性) 向量场 f_A 分别为

$$\Delta_V(x) = V$$

和

$$f_A(x) = Ax$$

容易证明，在上述定义的意义下，分布 Δ_V 在向量场 f_A 下是不变的。基于注记 1.6.1，所需要证明的是，如果 $\tau_1, \ldots, \tau_d$ 是局部张成 Δ_V 的一组向量场，则 $[f, \tau_1], \ldots, [f, \tau_d]$ 也是 Δ_V 中的向量场。为此，注意到如果 $v_1, \ldots, v_2$ 是 V 的一组基向量，则在每一点 $x \in \mathbb{R}^n$ 处，定义为

$$\tau_i(x) = v_i, \qquad 1 \leqslant i \leqslant d$$

的向量场局部张成 Δ_V。在每一点 $x \in \mathbb{R}^n$ 处李括号 $[f_A, \tau_i]$ 具有表达式

$$[f_A, \tau_i](x) = \frac{\partial \tau_i}{\partial x} f_A - \frac{\partial f_A}{\partial x}\tau_i = -Av_i$$

由于根据假设，Av_i 是 V 中的一个向量，所以 $[f_A, \tau_i]$ 是 Δ_V 中的一个向量场。 $\lhd$

当提到完全可积分布概念的时候，向量场下的不变性概念尤为有用，因为它为简化给定向量场的局部表示提供了一种方式。

引理 1.6.1. 令 Δ 为一个 d 维非奇异对合分布且假设 Δ 在向量场 f 下不变，则在每一点 x° 处，存在它的一个邻域 U° 及定义在 U° 上的一个坐标变换 $z=\Phi(x)$，使得坐标变换后的向量场 f 可表示为

$$\bar{f}(z)=\begin{pmatrix} \bar{f}_1(z_1,\ldots,z_d,z_{d+1},\ldots,z_n) \\ \vdots \\ \bar{f}_d(z_1,\ldots,z_d,z_{d+1},\ldots,z_n) \\ \bar{f}_{d+1}(z_{d+1},\ldots,z_n) \\ \vdots \\ \bar{f}_n(z_{d+1},\ldots,z_n) \end{pmatrix} \tag{1.29}$$

证明: 由于 Δ 是非奇异对合分布，所以也是可积的，因此在每一点 x° 处，存在一个邻域 U° 和定义在 U° 上的一个坐标变换 $z=\Phi(x)$，满足

$$\operatorname{span}\{\mathrm{d}\phi_{d+1},\ldots,\mathrm{d}\phi_n\}=\Delta^\perp$$

记向量场 f 在新坐标下表示为 $\bar{f}(z)$。现在考虑向量场

$$\tau(z)=\operatorname{col}(\tau_1(z),\ldots,\tau_n(z))$$

且假设

$$\begin{aligned} \tau_k(z)&=0, &&\text{若 } k\neq i \\ \tau_k(z)&=1, &&\text{若 } k=i \end{aligned}$$

则有

$$[\bar{f},\tau]=-\frac{\partial\bar{f}}{\partial z}\tau=-\frac{\partial\bar{f}}{\partial z_i}$$

回顾式 (1.22) 可知，在适才选择的坐标下，Δ 中每一个向量场的特征是后 $n-d$ 个分量全都为零。因此，如果 $1\leqslant i\leqslant d$，则向量场 τ 属于 Δ。由于 Δ 在向量场 f 下不变，所以 $[f,\tau]$ 也属于 Δ，即其后 $n-d$ 个分量一定为零。这就得出，对于所有的 $d+1\leqslant k\leqslant n$, $1\leqslant i\leqslant d$，有

$$\frac{\partial\bar{f}_k}{\partial z_i}=0$$

从而引理得证。 $\lhd$

从系统理论的角度看，表达式 (1.29) 对于解释分布不变性概念特别有用。原因是，假设给定如下形式的动态系统:

$$\dot{x}=f(x) \tag{1.30}$$

令 Δ 是一个非奇异的对合分布，且在 f 下不变。选择引理 1.6.1 中描述的坐标并且设

$$\begin{aligned} \zeta_1&=(z_1,\ldots,z_d) \\ \zeta_2&=(z_{d+1},\ldots,z_n) \end{aligned}$$

则该系统被表示为

$$\begin{aligned}\dot{\zeta}_1 &= f_1(\zeta_1, \zeta_2)\\ \dot{\zeta}_2 &= f_2(\zeta_2)\end{aligned} \tag{1.31}$$

即在新坐标下，系统显现出一个内部的**三角分解** (triangular decomposition)。图 1.4 给出了该分解的示意框图。

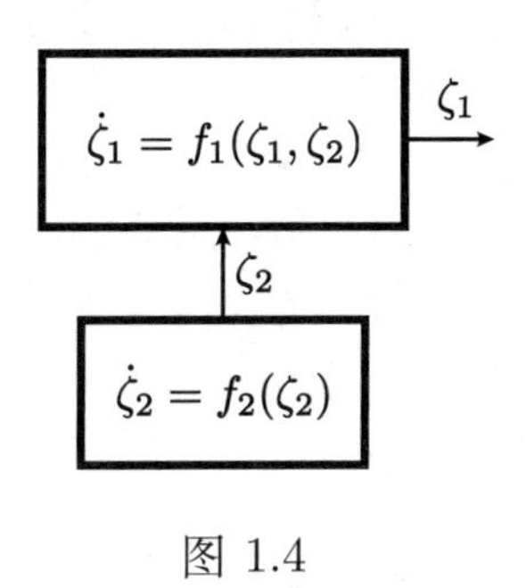

图 1.4

注记 1.6.3. 注意到，如果向量场是线性的，即 $f(x) = Ax$，则式 (1.31) 等号右边在这种特殊形式下可简化为

$$f(\zeta_1, \zeta_2) = \begin{pmatrix} A_{11} & A_{12} \\ 0 & A_{22} \end{pmatrix} \begin{pmatrix} \zeta_1 \\ \zeta_2 \end{pmatrix}$$

于是，引理 1.6.1 可解释为熟知结果 (在 1.1 节已经回顾过) 的一个扩展。根据该结果，如果 $\mathbb{R}^n$ 的一个子空间 V 在矩阵 A 下是不变的，那么通过选择一个合适的 (线性) 坐标变换，矩阵 A 本身可以转化为分块上三角的形式。 $\lhd$

从几何角度看，式 (1.31) 所描述的分解可用如下方式来解释 (也参见 1.5 节末尾)。不失一般性，假设 $\varPhi(x^\circ) = 0$ [因为，如果 $\varPhi(x^\circ)$ 非零，考虑 “平移” 变换 $z = \varPhi'(x) = \varPhi(x) - \varPhi(x^\circ)$，则它仍然满足引理 1.6.1 的要求并且有 $\varPhi'(x^\circ) = 0$]。同样，不失一般性，假设定义平移变换的邻域 U° 形式为

$$U^\circ = \{x \in \mathbb{R}^n : |z_i(x)| < \varepsilon\}$$

其中 ε 是一个适当小的数。这样的一个邻域称为中心位于 x° 的立方体邻域 [见图 1.5(a)]。令 x 是 U° 中的一点，考虑 U° 的一个这样的子集：其中每点的后 $n-d$ 个坐标 (即 ζ_2 坐标) 都分别与 x 的后 $n-d$ 个坐标相同，即集合

$$S_x = \{x' \in U^\circ : \zeta_2(x') = \zeta_2(x)\} \tag{1.32}$$

称该集合为邻域 U° 的一个**切片** (slice) [见图 1.5(b)]。注意到，任何这种类型的集合——光滑坐标函数 $z_{d+1}(x), \ldots, z_n(x)$ 保持不变的 (U° 中点的) 轨迹——可视为一个 d 维光滑曲面。还要注意，所有具有这种形式的 U° 的子集族定义了 U° 的一个**分划** [见图 1.5(c)]。

现在假设 U° 中的两点 x^a 和 x^b 满足条件

$$\zeta_2(x^a) = \zeta_2(x^b) \tag{1.33}$$

即 ζ_2 坐标相同但 ζ_1 坐标可能不同。以 $x^a(t)$ 和 $x^b(t)$ 表示方程 (1.30) 在 $t=0$ 时分别始于 x^a 和 x^b 的积分曲线。回想一下，在新坐标下方程 (1.30) 具有分解形式 (1.31)，容易得知，只要 $x^a(t)$ 和 $x^b(t)$ 都包含在坐标变换 $z=\Phi(x)$ 的定义域 U° 中，则在任何时刻 t 都有

$$\zeta_2(x^a(t))=\zeta_2(x^b(t)) \tag{1.34}$$

事实上，$\zeta_2(x^a(t))$ 和 $\zeta_2(x^b(t))$ 都是同一个微分方程，即式 (1.31) 的第二个方程的解，并且满足同样的初始条件，因为

$$\zeta_2(x^a(0))=\zeta_2(x^a)=\zeta_2(x^b)=\zeta_2(x^b(0))$$

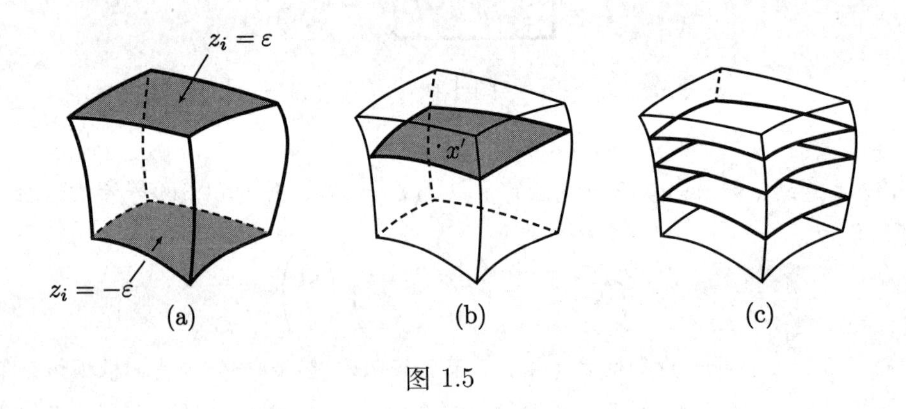

图 1.5

由定义知，满足式 (1.33) 的两个初始条件都属于形如式 (1.32) 的某一个切片。正如刚才所见，方程 (1.30) 的两条相应轨线 $x^a(t)$ 和 $x^b(t)$ 一定满足式 (1.34)，即在任何时刻 t 必定属于一个形如式 (1.32) 的切片。因此可知，方程 (1.30) 的流携带形如式 (1.32) 的切片进入其他的切片 (见图 1.6)。

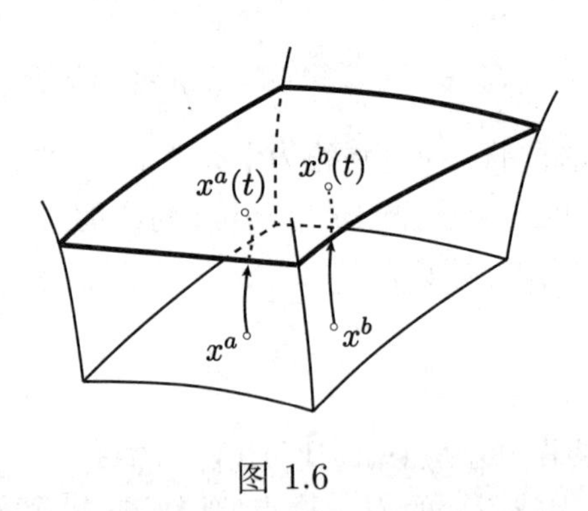

图 1.6

例 1.6.4. 考虑二维分布

$$\Delta=\text{span}\{v_1,v_2\}$$

其中

$$v_1 = \begin{pmatrix} 1 \\ 0 \\ 0 \\ x_2 \end{pmatrix}, \qquad v_2 = \begin{pmatrix} 0 \\ 1 \\ 0 \\ x_1 \end{pmatrix}$$

以及向量场

$$f = \begin{pmatrix} x_2 \\ x_3 \\ x_3x_4 - x_1x_2x_3 \\ \sin x_3 + x_2^2 + x_1x_3 \end{pmatrix}$$

简单的计算表明

$$[v_1, v_2] = 0$$

因此 (见注记 1.3.5) 分布 Δ 是对合的。而且，由于

$$[f, v_1] = 0, \qquad [f, v_2] = -v_1$$

所以该分布也是在向量场 f 下不变的 (见注记 1.6.1)。

由 Frobenius 定理知，在任一点 x° 的某一邻域中，存在函数 $\lambda_1(x)$，$\lambda_2(x)$，使得

$$\text{span}\{\mathrm{d}\lambda_1, \mathrm{d}\lambda_2\} = \Delta^\perp$$

例如容易验证，以下函数：

$$\begin{aligned} \lambda_1(x) &= x_3 \\ \lambda_2(x) &= -x_1x_2 + x_4 \end{aligned}$$

其微分

$$\begin{aligned} \mathrm{d}\lambda_1 &= (0 \quad 0 \quad 1 \quad 0) \\ \mathrm{d}\lambda_2 &= (-x_2 \quad -x_1 \quad 0 \quad 1) \end{aligned}$$

满足这个条件。

正如在引理 1.6.1 的证明中所描述的，通过选择

$$\phi_3(x) = \lambda_1(x), \qquad \phi_4(x) = \lambda_2(x)$$

并以函数

$$\phi_1(x) = x_1, \qquad \phi_2(x) = x_2$$

来补全新坐标函数集合，则可定义新的 (局部) 坐标 $z_i = \phi_i(x), 1 \leqslant i \leqslant 4$。在新坐标下，向量场 f 的形式为

$$\bar{f}(z) = \left[\frac{\partial \Phi}{\partial x} f(x)\right]_{x=\Phi^{-1}(z)} = \begin{pmatrix} z_2 \\ z_3 \\ z_3z_4 \\ \sin z_3 \end{pmatrix}$$

即具有式 (1.31) 表示的形式，其中 $\zeta_1 = (z_1, z_2)$，$\zeta_2 = (z_3, z_4)$。 ◁

现在来讨论与不变分布概念相关的一些其他性质 (以后会时常用到)。

引理 1.6.2. 令分布 Δ 在向量场 f_1 和 f_2 下不变，则 Δ 在向量场 $[f_1, f_2]$ 下也不变。

证明: 假设 τ 是 Δ 中的一个向量场。由雅可比恒等式可得

$$[[f_1, f_2], \tau] = [f_1, [f_2, \tau]] - [f_2, [f_1, \tau]]$$

由假设条件 $[f_2, \tau] \in \Delta$ 可知 $[f_1, [f_2, \tau]]$ 也属于 Δ。同理可得 $[f_2, [f_1, \tau]] \in \Delta$。于是根据以上关系式可知 $[[f_1, f_2], \tau] \in \Delta$。 $\triangleleft$

注记 1.6.5. 注意，在给定向量场 f 下的不变性概念也能被推广到一个 (可能) 非光滑的分布 Δ 上，只要 f 与 Δ 中每一个光滑向量场 τ 进行李括号运算所得的向量场 $[f, \tau]$ 仍属于 Δ，即

$$[f, \mathrm{smt}(\Delta)] \subset \Delta$$

由于 $[f, \mathrm{smt}(\Delta)]$ 是一个光滑分布，所以这显然等价于

$$[f, \mathrm{smt}(\Delta)] \subset \mathrm{smt}(\Delta)$$

即等价于在向量场 f 下 $\mathrm{smt}(\Delta)$ 的不变性。 $\triangleleft$

在处理余分布时，也能按如下方式引入在向量场下的不变性概念。如果余分布 Ω 中任何余向量场 ω 的导数 $L_f\omega$ 还属于 Ω，即如果

$$\omega \in \Omega \Rightarrow L_f\omega \in \Omega$$

则称余分布 Ω 在向量场 f 下是**不变的** (invariant)。采用记号

$$L_f\Omega = \mathrm{span}\{L_f\omega : \omega \in \Omega\}$$

则上述条件可重新写为

$$L_f\Omega \subset \Omega$$

很容易证明，刚刚引入的概念是分布不变性的对偶形式，如下所述。

引理 1.6.3. 如果一个光滑分布 Δ 在向量场 f 下不变，则余分布 $\Omega = \Delta^{\perp}$ 也在向量场 f 下不变。如果一个光滑余分布 Ω 在向量场 f 下不变，则分布 $\Delta = \Omega^{\perp}$ 也在 f 下不变。

证明: 假设 Δ 在 f 下不变且 τ 为 Δ 中的任一向量场，则 $[f, \tau] \in \Delta$。令 ω 为 Ω 中的任一余向量场，则由定义知

$$\langle \omega, \tau \rangle = 0$$

并且

$$\langle \omega, [f, \tau] \rangle = 0$$

由恒等式

$$\langle L_f\omega, \tau \rangle = L_f\langle \omega, \tau \rangle - \langle \omega, [f, \tau] \rangle$$

可得

$$\langle L_f\omega, \tau\rangle = 0$$

由于 Δ 是一个光滑分布，所以给定任一点 x° 和任何 $v\in\Delta(x^\circ)$，可以找到一个光滑的向量场 $\tau\in\Delta$ 满足性质 $\tau(x^\circ)=v$。因此，上一等式表明，对于所有的 $v\in\Delta(x^\circ)$ 有

$$\langle L_f\omega(x^\circ), v\rangle = 0$$

即 $L_f\omega(x^\circ)\in\Omega(x^\circ)$。这证明了 $L_f\omega$ 是 Ω 中的一个余向量场，即 Ω 在 f 下不变。可采用同样的方式证明引理的第二部分。 $\lhd$

注意，在前面的引理中，第一部分无须假设 Δ 的零化子 $\Delta^\perp$ 光滑，第二部分也无须假设 Ω 的零化子 $\Omega^\perp$ 光滑。然而，如果 $\Delta^\perp$ 和 Δ 都是光滑的，则由上述引理可得 Δ 在 f 下的不变性意味着 $\Delta^\perp$ 在同一向量场 f 下的不变性，反之亦然。特别是，只要 Δ 非奇异，则根据引理 1.3.6，这就是正确的。

注记 1.6.6. 作为应用余分布不变性概念及前面引理的一个练习，推荐引理 1.6.1 的另一个证明。首先注意到，如果像证明引理 1.6.1 开始时那样选择新坐标，则任何余向量场 $\omega\in\Delta^\perp$ 都形如

$$\omega(z) = (0 \quad \ldots \quad 0 \quad \omega_{d+1}(z) \quad \ldots \quad \omega_n(z)) \tag{1.35}$$

[这只是因为在这些坐标下 Δ 由形如式 (1.22) 的向量场张成]。现在注意到，根据构造，函数 $\phi_1,\ldots,\phi_n$ 的表达式在新坐标下恰好为

$$\phi_i(z) = z_i, \qquad 1\leqslant i\leqslant n$$

这意味着

$$\frac{\partial\phi_i}{\partial z_j} = \delta_{ij}$$

因此，在新坐标下，微分 $\mathrm{d}\phi_i$ 的所有元素除第 i 个等于 1 外，其余都为零。因此有

$$L_f\phi_i(z) = \langle \mathrm{d}\phi_i(z), f(z)\rangle = f_i(z)$$

和

$$L_f\mathrm{d}\phi_i(z) = \mathrm{d}L_f\phi_i(z) = \mathrm{d}f_i(z)$$

由于 Δ 在 f 下不变并且非奇异，由引理 1.6.3 可知 $L_f\Delta^\perp\subset\Delta^\perp$。又因为对于所有的 $d+1\leqslant i\leqslant n$ 都有 $\mathrm{d}\phi_i\in\Delta^\perp$，所以有

$$L_f\mathrm{d}\phi_i = \mathrm{d}f_i\in\Delta^\perp$$

与 $\Delta^\perp$ 中任何余向量场一样，微分 $\mathrm{d}f_i$ 必定具有式 (1.35) 的形式，这证明了如果 $1\leqslant j\leqslant d$ 且 $d+1\leqslant i\leqslant n$，则有

$$\frac{\partial f_i}{\partial z_j} = 0 \qquad \lhd$$

注记 1.6.7. 利用式 (1.10) 很容易证明注记 1.6.1 的对偶形式：如果 Ω 是一个 d 维非奇异余分布，由余向量场 $\omega_1,\ldots,\omega_d$ 张成，那么 Ω 在 f 下不变，当且仅当对于所有的 $1\leqslant i\leqslant d$, 有 $L_f\omega_i\in\Omega$。还可以发现

$$\Omega+L_f\Omega=\operatorname{span}\{\omega_1,\ldots,\omega_d,L_f\omega_1,\ldots,L_f\omega_d\}\qquad\lhd$$

1.7 控制系统的局部分解

本节中，为得到类似于本章开始时描述的分解形式，将不变分布概念，特别是引理 1.6.1，用于形如式 (1.2) 的控制系统，即用于系统

$$\begin{aligned}\dot{x}&=f(x)+\sum_{i=1}^{m}g_i(x)u_i\\ y_i&=h_i(x),\qquad 1\leqslant i\leqslant p\end{aligned}\tag{1.36}$$

命题 1.7.1. 令 Δ 是一个 d 维的非奇异对合分布且在向量场 $f,g_1,\ldots,g_m$ 下不变，还假设分布 $\operatorname{span}\{g_1,\ldots,g_m\}$ 包含在 Δ 中，则对于每一点 x°，能够找到 x° 的一个邻域 U° 及定义在 U° 上的一个坐标变换 $z=\Phi(x)$, 使得在新坐标下，控制系统 (1.36) 可表示为如下方程组 [见图 1.7(a)]:

$$\begin{aligned}\dot{\zeta}_1&=f_1(\zeta_1,\zeta_2)+\sum_{i=1}^{m}g_{1i}(\zeta_1,\zeta_2)u_i\\ \dot{\zeta}_2&=f_2(\zeta_2)\\ y_i&=h_i(\zeta_1,\zeta_2)\end{aligned}\tag{1.37}$$

其中 $\zeta_1=(z_1,\ldots,z_d)$，$\zeta_2=(z_{d+1},\ldots,z_n)$。

证明: 由引理 1.6.1 可知, 在每一点 x° 附近都存在一个局部坐标变换, 使得向量场 $f,g_1,\ldots,g_m$ 在该坐标下有形如式 (1.29) 的表示。在新坐标下，向量场 $g_1,\ldots,g_m$ (由假设知属于 Δ) 被表示为后 $n-d$ 个分量均为零的向量 [见式 (1.22)]。命题得证。 $\lhd$

命题 1.7.2. 令 Δ 是一个 d 维的非奇异对合分布且在向量场 $f,g_1,\ldots,g_m$ 下不变，还假设余分布 $\operatorname{span}\{\mathrm{d}h_1,\ldots,\mathrm{d}h_p\}$ 包含在余分布 $\Delta^\perp$ 中，则对于每一点 x°，都能找到 x° 的一个邻域 U° 及定义在 U° 上的一个坐标变换 $z=\Phi(x)$，使得在新坐标下，控制系统 (1.36) 可表示为方程组 [见图 1.7(b)]

$$\begin{aligned}\dot{\zeta}_1&=f_1(\zeta_1,\zeta_2)+\sum_{i=1}^{m}g_{1i}(\zeta_1,\zeta_2)u_i\\ \dot{\zeta}_2&=f_2(\zeta_2)+\sum_{i=1}^{m}g_{2i}(\zeta_2)u_i\\ y_i&=h_i(\zeta_2)\end{aligned}\tag{1.38}$$

其中 $\zeta_1=(z_1,\ldots,z_d)$，$\zeta_2=(z_{d+1},\ldots,z_n)$。

证明: 如同前面一样，可知在点 x° 附近存在一个坐标变换，使得向量场 $f, g_1, \ldots, g_m$ 有形如式 (1.29) 的表示。在新坐标下，余向量场 $\mathrm{d}h_1, \ldots, \mathrm{d}h_p$ (由假设知属于 $\Delta^\perp$) 必定具有式 (1.35) 的形式。因此对于所有的 $1 \leqslant j \leqslant d$ 和 $1 \leqslant i \leqslant p$，有

$$\frac{\partial h_i}{\partial z_j} = 0$$

证毕。 ◁

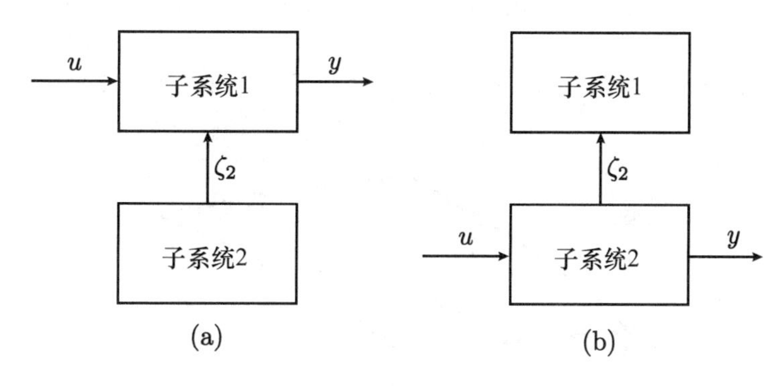

图 1.7

所得到的这两个局部分解对于理解控制系统 (1.36) 的输入-状态和状态-输出的行为非常有用。假设输入 u_i 是时间的分段常值函数，即存在实数 $T_0 = 0 < T_1 < T_2 \ldots$，使得

$$u_i(t) = \bar{u}_i^k, \qquad \text{对于 } T_k \leqslant t < T_{k+1}$$

那么，在时间区间 $[T_k, T_{k+1})$ 上，该系统的状态经过点 $x(T_k)$ 沿向量场

$$f(x) + g_1(x)\bar{u}_1^k + \cdots + g_m(x)\bar{u}_m^k$$

的积分曲线演化。对于很小的 t，状态 $x(t)$ 在初始点 $x(0)$ 的一个邻域中演化。

现在假设命题 1.7.1 的前提条件得以满足，选择一点 x° 并设 $x(0) = x^\circ$。当 t 很小时状态在 U° 上演化，从而可用方程组 (1.37) 来解释系统的行为。由此可见，$x(t)$ 的 ζ_2 坐标不受输入影响。特别是，如果以 $x(T)$ 表示无输入施加时，于时刻 T [即对于所有的 $t \in [0, T], u(t) = 0$] 到达的 U° 中的一点，即点

$$x^\circ(T) = \Phi_T^f(x^\circ)$$

其中 $\Phi_T^f(x^\circ)$ 为向量场 f 的流，那么，由式 (1.37) 的结构可推知，始于点 x° 的在时刻 T 可达的点集是 ζ_2 坐标与 $x^\circ(T)$ 的 ζ_2 坐标相等的那些点所构成的集合。换言之，在时刻 T 的可达点集一定就是过 $x^\circ(T)$、形如式 (1.32) 的切片的一个子集 (见图 1.8)。

于是可知，从局部来看，系统所表现出的行为严格类似于 1.1 节所描述的行为。状态空间可划分成 d 维的光滑曲面 (U° 的切片)，并且在时刻 T 的可达状态 (沿着对于所有 $t \in [0, T]$ 保持在 U° 中的轨线) 位于过点 $x^\circ(T)$ (零输入下的可达点) 的切片里。

命题 1.7.2 在研究状态-输出的相互作用时非常有用。选择一点 x°，再取属于 U° 的两个初始点 x^a 和 x^b，使得它们的坐标 (ζ_1^a, ζ_2^a) 和 (ζ_1^b, ζ_2^b) 满足

$$\zeta_2^a = \zeta_2^b$$

即两个初始状态属于 U° 的同一个切片。分别用 $x_u^a(t)$ 和 $x_u^b(t)$ 表示始于 x^a 和 x^b 且在相同输入 u 作用下在时刻 t 的可达状态值。由式 (1.38) 的第二个方程可立即看到，不论选取何种输入 u，只要输入 u 能使 $x_u^a(t)$ 和 $x_u^b(t)$ 都在 U° 中演化，$x_u^a(t)$ 和 $x_u^b(t)$ 的 ζ_2 坐标就都相同。事实上，$\zeta_2(x_u^a(t))$ 和 $\zeta_2(x_u^b(t))$ 是同一个方程，即式 (1.38) 的第二个方程对于相同初始条件的解。如果也考虑式 (1.38) 的第三个方程，则可看到，对于每一个输入 u 都有

$$h_i(x_u^a(t)) = h_i(x_u^b(t))$$

于是可以得知，这两个状态 x^a 和 x^b 在任何输入下都有同样的输出，即它们是不可区分的。

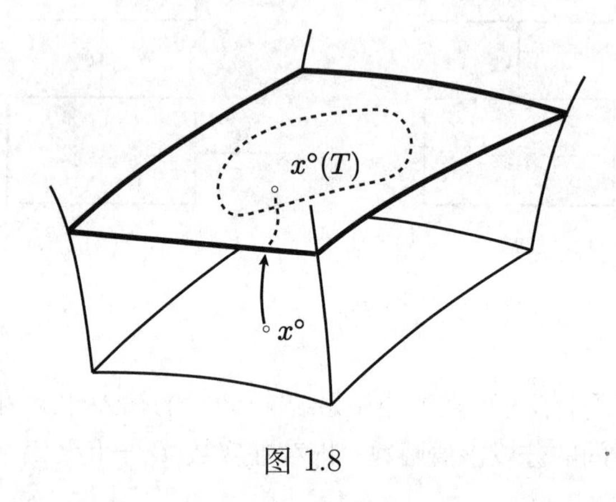

图 1.8

再次看到，局部状态空间可划分成 d 维的光滑曲面 (U° 的切片)，且位于同一切片上的所有初始状态都是不可区分的，亦即，在保持状态轨线于 U° 上演化的任何输入作用下，位于同一切片上的所有初始状态都产生同样的输出。

下一节会得到一些更强的结论。这些结论表明，如果对命题 1.7.1 和命题 1.7.2 添加进一步的假设，即分布 Δ 是"最小的"(针对命题 1.7.1 的情况) 或"最大的"(针对命题 1.7.2 的情况)，那么，根据式 (1.37) 和式 (1.38) 的分解形式可分别得到关于点 x° 的可达状态和点 x° 的不可区分状态的更确切信息。

1.8　局部可达性

在前一节中已经看到，如果存在一个 d 维非奇异分布 Δ 具有如下性质：

(i) Δ 是对合的；

(ii) Δ 包含分布 $\text{span}\{g_1,\dots,g_m\}$；

(iii) Δ 在向量场 $f, g_1, \dots, g_m$ 下不变。

则在每一点 $x^\circ \in U$ 处能找到定义在 x° 某一邻域 U° 上的坐标变换和把 U° 划分为 d 维切片的一个分划，使得始于某一个初始状态 $x^\circ \in U^\circ$，对于所有的 $t \in [0,T]$ 沿始终位于 U° 内的轨线运动的状态，在 T 时刻的可达点位于 U° 的一个切片内。现在要研究某一切片内时刻 T 的可达点子集的实际"稠密程度"。

分解式 (1.37) 显然建议要关注满足性质 (ii)、性质 (iii) 的“最小”分布 (如果存在)，然后再考查在 U 的相应局部分解中，属于同一切片的那些点具有何种性质。事实证明，这个过程能执行得相当好。

首先需要关于不变分布的一些额外结果。如果 $\mathcal{D}$ 是 U 上的一族分布，那么定义**最小** (smallest) 元或**极小** (minimal) 元①为被 $\mathcal{D}$ 中其他每一个成元所包含的成员 (当它存在时)。

引理 1.8.1. 令 Δ 为给定的一个光滑分布，$\tau_1,\dots,\tau_q$ 是一组向量场。在 $\tau_1,\dots,\tau_q$ 下不变且包含 Δ 的所有分布构成了一个分布族，该分布族中有一个最小元，它是光滑分布。

证明: 该分布族显然是非空的。如果 Δ_1 和 Δ_2 是该分布族中的两个元素，则易见它们的交 $\Delta_1 \cap \Delta_2$ 包含 Δ 且由于在 $\tau_1,\dots,\tau_q$ 下是不变的，因而也是该族中的元素。上述论据说明，该分布族中包含 Δ 的所有元素的交 $\hat{\Delta}$ 在 $\tau_1,\dots,\tau_q$ 下不变且被包含在任何其他元素中。这就是分布族的最小元。$\hat{\Delta}$ 一定是光滑的，因为否则 $\mathrm{smt}(\hat{\Delta})$ 将是包含 Δ 的一个光滑分布 (由假设知 Δ 是光滑的)，在 $\tau_1,\dots,\tau_q$ 下不变 (见注记 1.6.5) 并能被 $\hat{\Delta}$ 包含。 $\lhd$

在下文中，将包含 Δ 且在向量场 $\tau_1,\dots,\tau_q$ 下不变的最小分布记为

$$\langle \tau_1,\dots,\tau_q | \Delta \rangle$$

虽然分布族中满足性质 (ii) 和性质 (iii) 的最小元总是存在的，但非奇异性却要求一些额外的假设。我们用下面的方法处理这个问题。给定一个分布 Δ 和一组向量场 $\tau_1,\dots,\tau_q$，可定义一个非减分布序列

$$\begin{aligned} \Delta_0 &= \Delta \\ \Delta_k &= \Delta_{k-1} + \sum_{i=1}^{q} [\tau_i, \Delta_{k-1}] \end{aligned} \tag{1.39}$$

这样定义的分布序列具有如下性质。

引理 1.8.2. 算法 (1.39) 生成的分布 Δ_k 对于所有的 k 都有

$$\Delta_k \subset \langle \tau_1,\dots,\tau_q | \Delta \rangle$$

如果存在一个整数 $k^\star$ 使得 $\Delta_{k^\star} = \Delta_{k^\star+1}$，则

$$\Delta_{k^\star} = \langle \tau_1,\dots,\tau_q | \Delta \rangle$$

证明: 如果 Δ' 是包含 Δ 且对于 τ_i $(1 \leqslant i \leqslant q)$ 不变的任一分布，则易见，$\Delta' \supset \Delta_k$ 意味着 $\Delta' \supset \Delta_{k+1}$。原因在于 (由注记 1.6.1 可知)

$$\begin{aligned} \Delta_{k+1} = \Delta_k + \sum_{i=1}^{q} [\tau_i, \Delta_k] &= \Delta_k + \sum_{i=1}^{q} \mathrm{span}\{[\tau_i, \tau]\colon \tau \in \Delta_k\} \\ &\subset \Delta_k + \sum_{i=1}^{q} \mathrm{span}\{[\tau_i, \tau]\colon \tau \in \Delta'\} \subset \Delta' \end{aligned}$$

① 此处对应的英文分别为 smallest 和 minimal，为区分故翻译为“最小的”和“极小的”。以下的翻译不区分这两个词，均将其翻译为最小的。——译者注

由于 $\Delta' \supset \Delta_0$，由归纳法可知，对于所有的 k 有 $\Delta' \supset \Delta_k$。如果对于某一个 $k^\star$ 有 $\Delta_{k^\star} = \Delta_{k^\star+1}$，则 (根据定义) 易见 $\Delta_{k^\star} \supset \Delta$ 并且 $\Delta_{k^\star}$ 在 $\tau_1,\ldots,\tau_q$ 下不变 (因为对于所有的 $1 \leqslant i \leqslant q$ 有 $[\tau_i, \Delta_{k^\star}] \subset \Delta_{k^\star+1} = \Delta_{k^\star}$)。因此，$\Delta_{k^\star}$ 一定与 $\langle \tau_1,\ldots,\tau_q|\Delta\rangle$ 相同。◁

注记 1.8.1. 在进一步分析之前，需要强调，算法 (1.39) 给出的递归构造可解释为线性系统中相应构造的非线性类似。对于线性系统

$$\dot{x} = Ax + Bu$$
$$y = Cx$$

该构造为子空间

$$R = \mathrm{Im}(B \quad AB \quad \ldots \quad A^{n-1}B)$$

即 $\mathbb{R}^n$ 中在 A 下不变且包含 $\mathrm{Im}(B)$ 的最小子空间。因为，假设集合 $\tau_1,\ldots,\tau_q$ 只由一个向量场 τ 构成，且在每一点 $x \in \mathbb{R}^n$ 处令

$$\Delta_0(x) = \mathrm{Im}(B)$$
$$\tau(x) = Ax$$

注意到，Δ_0 中的任一向量场 θ 可局部表示为 (见引理 1.3.1)

$$\theta(x) = \sum_{i=1}^{m} c_i(x) b_i$$

其中 $b_1,\ldots,b_m$ 为 B 的各列。于是，注意到注记 1.6.1 所解释的性质，有

$$\Delta_1 = \Delta_0 + [\tau, \Delta_0] = \mathrm{span}\{b_1,\ldots,b_m,[\tau,b_1],\ldots,[\tau,b_m]\}$$

由于

$$[\tau, b_i](x) = [Ax, b_i] = -\frac{\partial(Ax)}{\partial x} b_i = -Ab_i$$

所以可得

$$\Delta_1 = \mathrm{span}\{b_1,\ldots,b_m,Ab_1,\ldots,Ab_m\}$$

即在每一点 $x \in \mathbb{R}^n$ 处，有

$$\Delta_1(x) = \mathrm{Im}(B \ AB)$$

以此类推，易得，对于任何 $k \geqslant 1$ 有

$$\Delta_k(x) = \mathrm{Im}(B \quad AB \quad \ldots \quad A^k B)$$

在这样构造的序列中，每一个分布都是一个常值分布。由于 $\Delta_{k+1} \supset \Delta_k$，由维数的有限性可证明，存在一个整数 $k^\star < n$ 使得 $\Delta_{k^\star+1} = \Delta_{k^\star}$。因此，由引理 1.8.2 可知，$\Delta_{n-1}$ (它其实是这个序列中的最大分布) 就是在向量场 Ax 下不变且包含分布 $\mathrm{span}\{b_1,\ldots,b_m\}$ 的最小分布。在每一点 $x \in \mathbb{R}^n$ 处，认为该分布的值为

$$\Delta_{n-1}(x) = \mathrm{Im}(B \quad AB \quad \ldots \quad A^{n-1}B)$$

此即 $\mathbb{R}^n$ 中在 A 下不变且包含 $\mathrm{Im}(B) = \mathrm{span}\{b_1,\ldots,b_m\}$ 的最小子空间。◁

注记 1.8.2. 注意，一般来说，在实际计算由算法 (1.39) 产生的分布 Δ_k 时，仍然可以利用注记 1.6.1 给出的表达形式。这是因为，如果 Δ_{k-1} 是非奇异的且由一组向量场 $\theta_1,\ldots,\theta_d$ 张成，则

$$\Delta_{k-1}+[\tau_i,\Delta_{k-1}]=\operatorname{span}\{\theta_1,\ldots,\theta_d,[\tau_i,\theta_1],\ldots,[\tau_i,\theta_d]\}$$

因此

$$\Delta_k=\operatorname{span}\{\theta_s,[\tau_i,\theta_s]\colon 1\leqslant s\leqslant d, 1\leqslant i\leqslant q\}\qquad\lhd$$

现在回到非线性背景下分析由算法 (1.39) 生成的分布序列的性质，这个分析比注记1.8.1中的解释更为细致。难度之所以增大，除了其他因素，还在于 (由于想要利用命题 1.7.1 得到系统一个分解形式) 要寻找一个非奇异对合分布 $\langle\tau_1,\ldots,\tau_q|\Delta\rangle$。首先来考查引理1.8.2中给出的停止条件何时能满足，然后再讨论非奇异性和对合性。算法 (1.39) 可在有限步收敛的最简单的实际情况是，序列中的所有分布都是非奇异的。事实上，根据构造可知，在该情形下有

$$\dim\Delta_k\leqslant\dim\Delta_{k+1}\leqslant n$$

容易看到，存在一个整数 $k^\star$ 使得 $\Delta_{k^\star}=\Delta_{k^\star+1}$。

如果分布 Δ_i 都是奇异的，则有如下较弱结果。

引理 1.8.3. 存在一个开稠密子集 $U^\star\subset U$ 满足如下性质：在每一点 $x\in U^\star$ 处，有

$$\langle\tau_1,\ldots,\tau_q|\Delta\rangle(x)=\Delta_{n-1}(x)$$

证明: 假设 V 是一个具有这样性质的开集：对于某一个 $k^\star$ 和所有的 $x\in V$，$\Delta_{k^\star}(x)=\Delta_{k^\star+1}(x)$。那么，能够证明对于所有的 $x\in V$，$\langle\tau_1,\ldots,\tau_q|\Delta\rangle(x)=\Delta_{k^\star}(x)$。这是因为，由引理1.8.2 已经知道 $\langle\tau_1,\ldots,\tau_q|\Delta\rangle(x)\supset\Delta_{k^\star}$。假设包含关系在某一个点 $\bar{x}\in V$ 处为真包含，定义一个新分布 $\bar{\Delta}$ 为

$$\begin{aligned}\bar{\Delta}(x)&=\Delta_{k^\star}(x), &&\text{若 } x\in V\\ \bar{\Delta}(x)&=\langle\tau_1,\ldots,\tau_q|\Delta\rangle(x), &&\text{若 } x\notin V\end{aligned}$$

这个分布包含 Δ 并且在 $\tau_1,\ldots,\tau_q$ 下是不变的，因为如果 τ 是 $\bar{\Delta}$ 中的一个向量场，则 $[\tau_i,\tau]\in\langle\tau_1,\ldots,\tau_q|\Delta\rangle$ (因为 $\bar{\Delta}\subset\langle\tau_1,\ldots,\tau_q|\Delta\rangle$)，并且对于所有的 $x\in V$，有 $[\tau_i,\tau](x)\in\Delta_{k^\star}(x)$ (因为在 x 的一个邻域中，$\tau\in\Delta_{k^\star}$ 并且 $[\tau_i,\Delta_{k^\star}]\subset\Delta_{k^\star}$)。由于 $\bar{\Delta}$ 真包含于 $\langle\tau_1,\ldots,\tau_q|\Delta\rangle$ 中，所以这将与 $\langle\tau_1,\ldots,\tau_q|\Delta\rangle$ 的最小性相矛盾。现在令 U_k 为 Δ_k 中的正则点集。该集合是 U 的一个开稠密子集 (见引理 1.3.2)，所以集合 $U^\star=U_0\cap U_1\cap\cdots\cap U_{n-1}$ 也是 U 的一个开稠密子集。在每一点 $x\in U^\star$ 的某一个邻域中，分布 $\Delta_0,\ldots,\Delta_{n-1}$ 都是非奇异的。联合之前的讨论及维数的有限性论据，这说明在 $U^\star$ 上 $\Delta_{n-1}=\langle\tau_1,\ldots,\tau_q|\Delta\rangle$，证毕。 $\lhd$

要强调的是，Δ_{n-1} 和 $\langle\tau_1,\ldots,\tau_q|\Delta\rangle$ 之间的等式关系只在 U 的一个开稠密子集上成立，并非在 U 上每一点都成立。下面这个简单例子说明在一些点处等式不成立。

例 1.8.3. 令 $U=\mathbb{R}^2$，$q=2$，并且令

$$\Delta=\operatorname{span}\{\tau_1\},\qquad \tau_1=\begin{pmatrix}1\\x_1\end{pmatrix},\qquad \tau_2(x)=\begin{pmatrix}x_2\\x_1\end{pmatrix}$$

则

$$\Delta_{n-1} = \Delta_1 = \text{span}\{\tau_1\} + \text{span}\{[\tau_1, \tau_1], [\tau_1, \tau_2]\} = \text{span}\{\tau_1, [\tau_1, \tau_2]\}$$

由于

$$[\tau_1, \tau_2](x) = \begin{pmatrix} x_1 \\ 1 - x_2 \end{pmatrix}$$

所以可见，在稠密集

$$U^\star = \{x \in \mathbb{R}^2 \colon 1 - x_2 - x_1^2 \neq 0\}$$

的每一点处，分布 Δ_1 的维数都为 2。对于所有的 $x \in U^\star$，Δ_1 和 $\langle \tau_1, \tau_2 | \Delta \rangle$ 相等。然而，在某些点 $x \notin U^\star$ 处，$\Delta_1(x) \neq \langle \tau_1, \tau_2 | \Delta \rangle(x)$。这是因为，注意到

$$[\tau_1, [\tau_1, \tau_2]](x) = \begin{pmatrix} 1 \\ -2x_1 \end{pmatrix}$$

因而，Δ_1 在 τ_1 下并非是不变的，因为当 x 取值为 $x_1 = 1, x_2 = 0$ 时，上式等号左边的向量并不属于 $\Delta_1(x)$。事实上，在这种情况下，由于

$$[\tau_1, [\tau_1, [\tau_1, \tau_2]]](x) = \begin{pmatrix} 0 \\ -3 \end{pmatrix}, \qquad [\tau_2, [\tau_1, [\tau_1, [\tau_1, \tau_2]]]](x) = \begin{pmatrix} 3 \\ 0 \end{pmatrix}$$

所以在每一点 $x \in \mathbb{R}^2$ 处有 $\langle \tau_1, \tau_2 | \Delta \rangle(x) = \mathbb{R}^2$。 $\lhd$

下面解释 $\langle \tau_1, \ldots, \tau_q | \Delta \rangle$ 的一个性质，该性质在获得对合性中起重要作用。

引理 1.8.4. 假设 Δ 由集合 $\{\tau_1, \ldots, \tau_q\}$ 中的一些向量场张成，则存在一个开稠密子流形 $U^\star \subset U$ 具有如下性质。对于每一点 $x^\circ \in U^\star$，存在 x° 的一个邻域 V 和 d 个形式为

$$\theta_i = [v_r, [v_{r-1}, \ldots, [v_1, v_0]]]$$

的向量场 $\theta_1, \ldots, \theta_d$，其中 $d = \dim\langle \tau_1, \ldots, \tau_q | \Delta \rangle(x^\circ)$，$r \leqslant n - 1$ 为整数 (可能依赖于 i)，$v_0, \ldots, v_r$ 是集合 $\{\tau_1, \ldots, \tau_q\}$ 中的向量场，使得对于所有的 $x \in V$ 有

$$\langle \tau_1, \ldots, \tau_q | \Delta \rangle(x) = \text{span}\{\theta_1(x), \ldots, \theta_d(x)\}$$

证明: 采用归纳法，把证明引理1.8.3时定义的 U 的子集作为 $U^\star$。以 d_0 表示 Δ_0 的维数 (可能依赖于 x，但如果 $x \in U^\star$，则在 x 附近是不变的)。由于假设 Δ_0 是由集合 $\{\tau_1, \ldots, \tau_q\}$ 中的一些向量场张成的，因而在这个集合中恰好有 d_0 个向量场在 x 附近张成 Δ_0。现在令 d_k 表示 Δ_k 的维数 (在 x° 附近不变) 并且假设在 x 附近 Δ_k 由 d_k 个形如

$$\theta_i = [v_r, [v_{r-1}, \ldots, [v_1, v_0]]]$$

的向量场 $\theta_1, \ldots, \theta_{d_k}$ 张成。这里整数 $r \leqslant k$ (可能依赖于 i)，$v_0, \ldots, v_r$ 是集合 $\{\tau_1, \ldots, \tau_q\}$ 中的向量场。则类似的结果对于 Δ_{k+1} 也成立。理由如下。令 τ 为 Δ_k 的任一向量场。由

引理1.3.1可知，存在定义在 x 附近的实值光滑函数 $c_1,\ldots,c_{d_k}$，使得 τ 在 x 附近可表示为 $\tau=c_1\theta_1+\cdots+c_{d_k}\theta_{d_k}$。如果 τ_j 是集合 $\tau_1,\ldots,\tau_q$ 中的任一向量，则有

$$[\tau_j,c_1\theta_1+\cdots+c_{d_k}\theta_{d_k}]=c_1[\tau_j,\theta_1]+\cdots+c_{d_k}[\tau_j,\theta_{d_k}]+(L_{\tau_j}c_1)\theta_1+\cdots+(L_{\tau_j}c_{d_k})\theta_{d_k}$$

因此

$$\Delta_{k+1}=\Delta_k+[\tau_1,\Delta_k]+\cdots+[\tau_q,\Delta_k]=\operatorname{span}\{\theta_i,[\tau_1,\theta_i],\ldots,[\tau_q,\theta_i]\colon 1\leqslant i\leqslant d_k\}$$

由于 Δ_{k+1} 在 x 附近是非奇异的，所以能够正好找到 d_{k+1} 个形如

$$\theta_i=[v_r,[v_{r-1},\ldots,[v_1,v_0]]]$$

的向量场 [其中 $v_0,\ldots,v_r$ 是集合 $\{\tau_1,\ldots,\tau_q\}$ 中的向量场，$r\leqslant k+1$ (可能依赖于 i)]，它们在 x 附近张成 Δ_{k+1}。 $\lhd$

基于引理 1.8.4 能够发现在何种条件下分布 $\langle\tau_1,\ldots,\tau_q|\Delta\rangle$ 也是对合的。

引理 1.8.5. 假设 Δ 由 $\tau_1,\ldots,\tau_q$ 中的一些向量场张成，且 $\langle\tau_1,\ldots,\tau_q|\Delta\rangle$ 是非奇异的，则 $\langle\tau_1,\ldots,\tau_q|\Delta\rangle$ 是对合的。

证明: 先用引理1.8.4的结论来证明：如果 σ_1 和 σ_2 是 Δ_{n-1} 中的两个向量场，则对于所有的 $x\in U^\star$，它们的李括号 $[\sigma_1,\sigma_2]$ 满足 $[\sigma_1,\sigma_2](x)\in\Delta_{n-1}(x)$。事实上，再次利用引理1.3.1和前面的结果可知，在 x 的一个邻域 V 中

$$[\sigma_1,\sigma_2]=\left[\sum_{i=1}^{d}c_i^1\theta_i,\sum_{j=1}^{d}c_j^2\theta_j\right]\in\operatorname{span}\{\theta_i,\theta_j,[\theta_i,\theta_j]\colon 1\leqslant i,j\leqslant d\}$$

其中 θ_i,θ_j 都是具有前述形式的向量场。

为证明上述断言，只需要证明 $[\theta_i,\theta_j](x)$ 是 Δ_{n-1} 中的一个切向量。为此，回想一下，在 $U^\star$ 上分布 Δ_{n-1} 关于向量场 $\tau_1,\ldots,\tau_q$ 是不变的 (见引理 1.8.3)，并且任何在 τ_i 和 τ_j 下不变的分布也在它们的李括号 $[\tau_i,\tau_j]$ 下不变 (见引理1.6.2)。由于每一个 θ_i 都是向量场 $\tau_1,\ldots,\tau_q$ 的重复李括号，所以对于所有的 $1\leqslant i\leqslant d$ 有 $[\theta_i,\Delta_{n-1}](x)\subset\Delta_{n-1}(x)$，因而在特殊情况下，$[\theta_i,\theta_j](x)$ 是属于 $\Delta_{n-1}(x)$ 的一个切向量。

因此，对于 Δ_{n-1} 中的两个向量场 σ_1,σ_2，其李括号满足 $[\sigma_1,\sigma_2](x)\in\Delta_{n-1}(x)$。而且已经看到，在 x° 的一个邻域中 $\Delta_{n-1}=\langle\tau_1,\ldots,\tau_q|\Delta\rangle$，因此可得，在任一点 $x\in U^\star$ 处，对于 $\langle\tau_1,\ldots,\tau_q|\Delta\rangle$ 中的任何两个向量场 σ_1,σ_2，其李括号都满足 $[\sigma_1,\sigma_2](x)\in\langle\tau_1,\ldots,\tau_q|\Delta\rangle(x)$。

现在考虑分布

$$\bar{\Delta}=\langle\tau_1,\ldots,\tau_q|\Delta\rangle+\operatorname{span}\{[\theta_i,\theta_j]\colon\theta_i,\theta_j\in\langle\tau_1,\ldots,\tau_q|\Delta\rangle\}$$

由构造知，该分布满足

$$\bar{\Delta}\supset\langle\tau_1,\ldots,\tau_q|\Delta\rangle$$

由前述结果可见，对于每一点 $x\in U^\star$ ($U^\star$ 是 U 的一个稠密集) 有 $\bar{\Delta}(x)=\langle\tau_1,\ldots,\tau_q|\Delta\rangle(x)$，又由假设知，$\langle\tau_1,\ldots,\tau_q|\Delta\rangle$ 是非奇异的，所以由引理1.3.4可推得 $\bar{\Delta}(x)=\langle\tau_1,\ldots,\tau_q|\Delta\rangle$。因此，对于每一对 $\theta_i,\theta_j\in\langle\tau_1,\ldots,\tau_q|\Delta\rangle$ 都有 $[\theta_i,\theta_j]\in\langle\tau_1,\ldots,\tau_q|\Delta\rangle$。证毕。 $\lhd$

引理 1.8.6. 假设 Δ 由向量场 $\tau_1,\ldots,\tau_q$ 中的某一些张成且 Δ_{n-1} 是非奇异的，则 $\langle\tau_1,\ldots,\tau_q|\Delta\rangle$ 是对合的，且

$$\langle\tau_1,\ldots,\tau_q|\Delta\rangle=\Delta_{n-1}$$

证明: 可立即由引理1.8.3、引理1.8.5和引理1.3.4推得。 $\lhd$

现在回到初始的问题，研究包含 $\mathrm{span}\{g_1,\ldots,g_m\}$ 且在向量场 $f,g_1,\ldots,g_m$ 下不变的最小分布。由前面的引理可见，如果分布 $\langle f,g_1,\ldots,g_m|\mathrm{span}\{g_1,\ldots,g_m\}\rangle$ 是非奇异的，则它也是对合的，从而可以如式 (1.37) 般分解。后面将会看到，对始于给定点 x° 的在某一个确定时刻 T 的可达点集，由 $\langle f,g_1,\ldots,g_m|\mathrm{span}\{g_1,\ldots,g_m\}\rangle$ 的最小性能够得到该集合一个有趣的拓扑性质。但在此之前，先借助于一个简单例子来解释截至目前所获得的结果并分析分解式 (1.37) 的一些其他特性是有益的。

例 1.8.4. 考虑系统

$$\dot{x}=f(x)+g(x)u$$

其中

$$f(x)=\begin{pmatrix}x_1x_3+x_2\mathrm{e}^{x_2}\\x_3\\x_4-x_2x_3\\x_3^2+x_2x_4-x_2^2x_3\end{pmatrix},\qquad g(x)=\begin{pmatrix}x_1\\1\\0\\x_3\end{pmatrix}$$

计算分布序列 (1.39)，可得 $\Delta_0=\mathrm{span}\{g\}$，$\Delta_1=\mathrm{span}\{g,[f,g]\}$，其中

$$[f,g](x)=\frac{\partial g}{\partial x}f(x)-\frac{\partial f}{\partial x}g(x)=-\begin{pmatrix}\mathrm{e}^{x_2}\\0\\0\\0\end{pmatrix}$$

注意到，对于所有的 x，分布 Δ_1 的维数都为 2。继续进行，显然有

$$\Delta_2=\Delta_1+[f,\Delta_1]+[g,\Delta_1]=\Delta_1+\mathrm{span}\{[f,[f,g]],[g,[f,g]]\}$$

然而，在当前情况下 $[f,[f,g]]=[g,[f,g]]=0$。因此构造过程终止，从而

$$\langle f,g|\mathrm{span}\{g\}\rangle=\Delta_1=\mathrm{span}\{g,[f,g]\}$$

就是在 f,g 下不变且包含向量场 g 的最小分布。由于此分布是非奇异且对合的 (见引理 1.8.5)，所以可用其找到一个在 1.7 节中给出的分解形式。为此，首先要积分该分布，以便找到两个实值函数 λ_1,λ_2，使得 $\mathrm{span}\{\mathrm{d}\lambda_1,\mathrm{d}\lambda_2\}=[\langle f,g|\mathrm{span}\{g\}\rangle]^\perp$。这等价于求解偏微分方程

$$\begin{pmatrix}\dfrac{\partial\lambda_1}{\partial x}\\\dfrac{\partial\lambda_2}{\partial x}\end{pmatrix}\begin{pmatrix}x_1&\mathrm{e}^{x_2}\\1&0\\0&0\\x_3&0\end{pmatrix}=\begin{pmatrix}0&0\\0&0\end{pmatrix}$$

亦即要找到两个独立的函数满足

$$\frac{\partial\lambda}{\partial x_1}x_1+\frac{\partial\lambda}{\partial x_2}+\frac{\partial\lambda}{\partial x_4}x_3=0 \quad 和 \quad \frac{\partial\lambda}{\partial x_1}\mathrm{e}^{x_2}=0$$

由于后一个方程意味着 $(\partial\lambda/\partial x_1)=0$，所以前一个方程简化为

$$\frac{\partial\lambda}{\partial x_2}+\frac{\partial\lambda}{\partial x_4}x_3=0$$

这个方程的两个无关解是函数

$$\lambda_1=x_3$$
$$\lambda_2=x_4-x_2x_3$$

现在可以用这些函数来构造状态空间中的一个坐标变换，如 1.7 节所示，令

$$z_3=\lambda_1(x)=x_3$$
$$z_4=\lambda_2(x)=x_4-x_2x_3$$

可选择

$$z_1=x_1$$
$$z_2=x_2$$

来补全坐标变换。在新坐标下，系统变为

$$\dot{z}=\begin{pmatrix} z_1z_3+z_2\mathrm{e}^{z_2}\\ z_3\\ z_4\\ 0\end{pmatrix}+\begin{pmatrix} z_1\\ 1\\ 0\\ 0\end{pmatrix}u$$

这正是式 (1.37) 的形式。 $\lhd$

现在介绍另一个分布，它对于研究形如式 (1.37) 的局部分解发挥着重要作用，并且和分布 $\langle f,g,\ldots,g_m|\mathrm{span}\{g_1,\ldots,g_m\}\rangle$ 有关。所考虑的分布是

$$\langle f,g_1,\ldots,g_m|\mathrm{span}\{f,g_1,\ldots,g_m\}\rangle$$

即，既包含 $\mathrm{span}\{g_1,\ldots,g_m\}$ 也包含向量场 f，并且在 $f,g_1,\ldots,g_m$ 下不变的最小分布。如果此分布是非奇异的，并因此由引理 1.8.5 知它是对合的，则确实可以用它来定义控制系统 (1.36) 类似于分解式 (1.37) 的一个局部坐标分解。下面将会看到这个新的分解与分解式 (1.37) 有何种关系以及它能令人感兴趣的原因。为简化记号，令

$$P=\langle f,g_1,\ldots,g_m|\mathrm{span}\{g_1,\ldots,g_m\}\rangle$$
$$R=\langle f,g_1,\ldots,g_m|\mathrm{span}\{f,g_1,\ldots,g_m\}\rangle$$

P 和 R 的关系由下面的引理阐述。

引理 1.8.7. 分布 P 和 R 满足如下性质：

(a) $P + \text{span}\{f\} \subset R$;

(b) 如果 x 是 $P + \text{span}\{f\}$ 的一个正则点，则 $(P + \text{span}\{f\})(x) = R(x)$。

证明：由定义知，$P \subset R$ 且 $f \in R$，所以性质 (a) 成立。由引理 1.8.4 的证明可知，在一个开稠密子流形 $U^\star \subset U$ 的每一点附近，R 由形如

$$\theta_i = [v_r, \ldots, [v_1, v_0]]$$

的向量场张成，其中 $r \leqslant n-1$ 是依赖于 i 的一个整数，$v_r, \ldots, v_0$ 是集合 $\{f, g_1, \ldots, g_m\}$ 中的向量场。

容易看到，所有这样的向量场均属于 $P+\text{span}\{f\}$。因为，如果 θ_i 只是集合 $\{f, g_1, \ldots, g_m\}$ 中的一个向量场，则它或者属于 P (P 包含 $g_1, \ldots, g_m$)，或者属于 $\text{span}\{f\}$。如果 θ_i 具有如上所示的一般形式，那么，不失一般性，可以假设 v_0 属于集合 $\{g_1, \ldots, g_m\}$。因为如果 $v_0 = v_1 = f$，则 $\theta_i = 0$；否则，如果 $v_0 = f$ 且 $v_1 = g_j$，那么 $\theta_i = [v_r, \ldots, [f, g_j]]$ 就具有所希望的形式。任何形如

$$\theta_i = [v_r, \ldots, [v_1, g_j]]$$

的向量场 (其中 $v_r, \ldots, v_1$ 属于集合 $\{f, g_1, \ldots, g_m\}$) 都属于 P，因为 P 包含 g_j 且在 $f, g_1, \ldots, g_m$ 下不变，从而断言得证。

根据这个事实推知，在一个开稠密子流形 $U^\star \subset U$ 上有

$$R \subset P + \text{span}\{f\}$$

因此，由于在 U 上 $R \supset P + \text{span}\{f\}$，所以可推知在 $U^\star$ 上有

$$R = P + \text{span}\{f\}$$

假设 $P+\text{span}\{f\}$ 在某一个开邻域 V 上有常数维，则由引理 1.3.4 可知这两个分布 R 和 $P + \text{span}\{f\}$ 在 V 上相同。 $\lhd$

推论 1.8.8. 如果 P 和 $P + \text{span}\{f\}$ 都是非奇异的，则

$$\dim(R) - \dim(P) \leqslant 1$$

如果 P 和 $P + \text{span}\{f\}$ 都是非奇异的，则 R 也是非奇异的，从而由引理1.8.5知，P 和 R 都是对合的。假设 P 真包含于 R 中。那么，利用推论1.4.2，对于每一点 $x^\circ \in U$，都可以找到 x° 的一个邻域 U° 和定义在 U° 上的一个坐标变换 $z = \Phi(x)$，使得在 U° 上有

$$\text{span}\{\mathrm{d}\phi_{r+1}, \ldots, \mathrm{d}\phi_n\} = R^\perp$$
$$\text{span}\{\mathrm{d}\phi_r, \ldots, \mathrm{d}\phi_n\} = P^\perp$$

其中 $r - 1 = \dim(P)$。

在新坐标下，控制系统 (1.36) 可表示为如下的方程组：

$$
\begin{aligned}
\dot{z}_1 &= f_1(z_1,\dots,z_n) + \sum_{i=1}^{m} g_{1i}(z_1,\dots,z_n)u_i \\
&\vdots \\
\dot{z}_{r-1} &= f_{r-1}(z_1,\dots,z_n) + \sum_{i=1}^{m} g_{r-1,i}(z_1,\dots,z_n)u_i \\
\dot{z}_r &= f_r(z_r,\dots,z_n) \\
\dot{z}_{r+1} &= 0 \\
&\vdots \\
\dot{z}_n &= 0
\end{aligned}
\tag{1.40}
$$

注意到，上式与式 (1.37) 在形式上的不同之处仅在于向量场 f 的后 $n-r$ 个分量全都为零 (因为根据构造有 $f \in R$)。如果在特殊情况下有 $R = P$，则 f 的第 r 个分量也为零，与其相应的 z_r 的方程为

$$\dot{z}_r = 0$$

分解式 (1.40) 适合于在一定程度上改进 1.6 节和 1.7 节所做的分析。从前面的分析可知，在适当的坐标下，一组状态分量 (即后 $n-r+1$ 个状态) 不受输入影响；事实上，现在看到，所有这些坐标 (至多) 除一个之外甚至是不随时间变化的。

如果将 U° 划分成形如

$$S_{\bar{x}} = \{x \in U^\circ\colon \phi_{r+1}(x) = \phi_{r+1}(\bar{x}),\dots,\phi_n(x) = \phi_n(\bar{x})\}$$

的 r 维切片，则在 U° 中演化的任一系统轨线 $x(t)$ 实际是在经过初始点 x° 的切片上演化。该切片又被依次划分成 $r-1$ 维的切片，每一个均对应于第 r 个坐标函数的某一确定值，这些 $r-1$ 维切片包含某一个特定时刻 T 的可达点集 (见图 1.9)。

注记 1.8.5. *局部坐标的进一步变换能够更好地解释时间对于控制系统 (1.40) 的行为所起的作用。不失一般性，可以假设初始点 x° 满足 $\Phi(x^\circ) = 0$。因此对于所有的 $i = r+1,\dots,n$ 有 $z_i(t) = 0$ 和*

$$\dot{z}_r = f_r(z_r, 0, \dots, 0)$$

而且，如果假设 $f \notin P$，则函数 f_r 在邻域 U 上处处非零。现在以 $z_r(t)$ 表示这个微分方程在 $t = 0$ 时过零点的解。显然，映射

$$\mu\colon t \mapsto z_r(t)$$

是从时间轴的开区间 $(-\varepsilon, \varepsilon)$ 到 z_r 轴的开区间 $(z_r(-\varepsilon), z_r(\varepsilon))$ 的一个微分同胚。如果采用其逆 μ^{-1} 作为 z_r 轴上的一个坐标变换，那么由于

$$\mu^{-1}(z_r) = t$$

所以容易看到，时间 t 可当成新的第 r 个坐标。

可用这种方式对过初始状态的切片 S_{x° 上的点 $(z_1,\ldots,z_{r-1},t)$ 进行参数化。具体来说，在时刻 T 的可达点属于 $r-1$ 维切片

$$S'_{x^\circ}=\{x\in U^\circ\colon \phi_r(x)=T,\phi_{r+1}=0,\ldots,\phi_n(x)=0\}\qquad\triangleleft$$

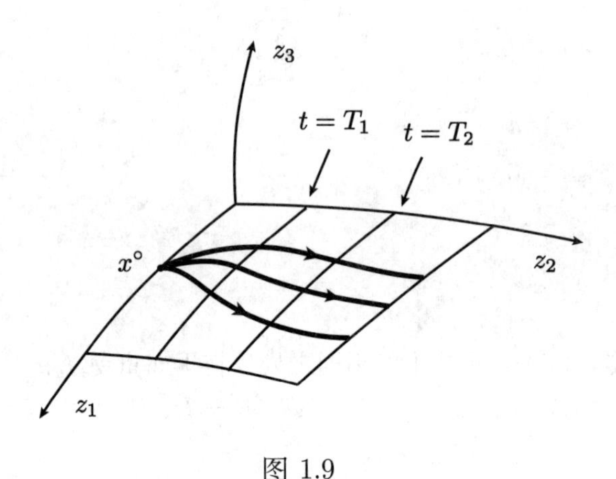

图 1.9

注记 1.8.6. 还要注意，如果 f 是 P 的一个向量场，那么式 (1.40) 这种局部表示使得 f_r 在 U° 上为零。因此，从满足 $z(x^\circ)=0$ 的点 x° 出发，对于所有的 $i=r,\ldots,n$ 都将有 $z_i(t)=0$。 $\triangleleft$

根据定义，分布 R 是包含 $f,g_1,\ldots,g_m$ 并且在 $f,g_1,\ldots,g_m$ 下不变的最小分布。因此，在与其相应的分解式 (1.40) 中，维数 r 是最小的，其意为不可能找到另外一组局部坐标 $\tilde{z}_1,\ldots,\tilde{z}_s,\ldots,\tilde{z}_n$ 使得 s 严格小于 r，且后 $n-s$ 个坐标对于时间保持不变。现在将从输入与状态相互作用的角度来说明分解式 (1.40) 甚至有更强的性质。实际上，将证明始于初始状态 x° 的可达状态会在包含它们的 r 维切片中填满至少一个开子集。

定理 1.8.9. 假设分布 R (即包含 $f,g_1,\ldots,g_m$ 且在 $f,g_1,\ldots,g_m$ 下不变的最小分布) 是非奇异的。以 r 表示 R 的维数。那么，对于每一点 $x^\circ\in U$ 能够找到 x° 的一个邻域 U° 和定义在 U° 上的一个坐标变换 $z=\Phi(x)$，具有如下性质：

(a) 始于 x° 的沿完全包含在 U° 内的轨线并且在分段常值输入函数作用下的可达状态集 $\mathcal{R}(x^\circ)$ 是切片

$$S_{x^\circ}=\{x\in U^\circ\colon \phi_{r+1}(x)=\phi_{r+1}(x^\circ),\ldots,\phi_n(x)=\phi_n(x^\circ)\}$$

的一个子集；

(b) 集合 $\mathcal{R}(x^\circ)$ 包含 S_{x° 的一个开子集。

证明：结论 (a) 的证明可由前面的讨论得到。直接证明 (b)，始终假设证明在定义 $\Phi(x)$ 的邻域 U° 中进行。为方便，将其分为几步。

(i) 令 $\theta_1,\ldots,\theta_k$ 为一组向量场，$k<r$，以 $\Phi^1_t,\ldots,\Phi^k_t$ 表示相应的流。

考虑映射

$$
\begin{aligned}
F\colon (-\varepsilon,\varepsilon)^k &\to U^\circ \\
(t_1,\ldots,t_k) &\mapsto \Phi^k_{t_k}\circ\cdots\circ\Phi^1_{t_1}(x^\circ)
\end{aligned}
$$

其中 x° 是 U° 中的一点，并假设此映射的微分在某些 $s_1,\ldots,s_k$ 处的秩为 k，其中 $0<s_i<\varepsilon$，$1\leqslant i\leqslant k$ (后面会证明这确实为真)。对于充分小的 ε，映射

$$
\begin{aligned}
\bar{F}\colon (s_1,\varepsilon)\times\cdots\times(s_k,\varepsilon) &\to U^\circ \\
(t_1,\ldots,t_k) &\mapsto F(t_1,\ldots,t_k)
\end{aligned}
\tag{1.41}
$$

是一个嵌入。

以 M 表示映射 (1.41) 的映像。考虑 U° 的切片

$$
S_{x^\circ}=\{x\in U^\circ\colon \phi_i(x)=\phi_i(x^\circ), r+1\leqslant i\leqslant n\}
$$

如果向量场 $\theta_1,\ldots,\theta_k$ 的形式为

$$
\theta_j=f+\sum_{i=1}^m g_i u_i^j
$$

其中 $u_i^j\in\mathbb{R}$, $1\leqslant i\leqslant m$ 且 $1\leqslant j\leqslant k$，则对于很小的 ε，M [鉴于结论 (a)] 是 S_{x° 的一个嵌入子流形。这尤其意味着对于每一点 $x\in M$，有

$$
T_xM\subset R(x) \tag{1.42}
$$

其中 R 和前面定义的一样，是包含 $f,g_1,\ldots,g_m$ 且在 $f,g_1,\ldots,g_m$ 下不变的最小分布 [回想一下，$R(x)$ 是 S_{x° 的切空间]。

(ii) 假设对于所有的 $x\in M$，向量场 $f,g_1,\ldots,g_m$ 满足下面的条件：

$$
\begin{aligned}
&f(x)\in T_xM \\
&g_i(x)\in T_xM, \qquad 1\leqslant i\leqslant m
\end{aligned}
\tag{1.43}
$$

下面将证明这与假设 $k<r$ 相矛盾。因为，考虑如下定义的分布 $\bar{\Delta}$:

$$
\begin{cases}
\bar{\Delta}(x)=T_xM, & \forall x\in M \\
\bar{\Delta}(x)=R(x), & \forall x\in(U\setminus M)
\end{cases}
$$

该分布包含在 R 中 [因为式 (1.42)] 并且包含向量场 $f,g_1,\ldots,g_m$ [因为这些向量场在 R 中，而且假设 (1.43) 为真]。令 τ 为 $\bar{\Delta}$ 中的任一向量场，则 $\tau\in R$。并且由于 R 在 $f,g_1,\ldots,g_m$ 下不变，所以，对于所有的 $x\in(U\setminus M)$ 有

$$
\begin{aligned}
&[f,\tau](x)\in\bar{\Delta}(x) \\
&[g_i,\tau](x)\in\bar{\Delta}(x), \qquad 1\leqslant i\leqslant m
\end{aligned}
\tag{1.44}
$$

此外由于 $\tau, f, g_1, \ldots, g_m$ 在每一点 $x \in M$ 都是和 M 相切的向量场，所以式 (1.44) 对于所有的 $x \in M$ 进而对于所有的 $x \in U$ 都成立。因为已证明 $\bar{\Delta}$ 在 $f, g_1, \ldots, g_m$ 下不变且包含 $f, g_1, \ldots, g_m$，所以可推知 $\bar{\Delta}$ 一定和 R 相同。但这是矛盾的，因为对于所有的 $x \in M$ 有

$$\dim \bar{\Delta}(x) = k$$

$$\dim R(x) = r > k$$

(iii) 如果式 (1.43) 不成立，则可以找到 m 个实数 $u_1^{k+1}, \ldots, u_m^{k+1}$ 以及一点 $\bar{x} \in M$，使得向量场

$$\theta_{k+1} = f + \sum_{i=1}^{m} g_i u_i^{k+1}$$

满足条件 $\theta_{k+1}(\bar{x}) \notin T_{\bar{x}}M$。

令这一点为 $\bar{x} = \bar{F}(s_1', \ldots, s_k')$ $(s_i' > s_i, 1 \leqslant i \leqslant k)$，并以 Φ_t^{k+1} 表示 θ_{k+1} 的流，则映射

$$\begin{aligned} F': \qquad & (-\varepsilon, \varepsilon)^{k+1} \to U \\ & (t_1, \ldots, t_k, t_{k+1}) \mapsto \Phi_{t_{k+1}}^{k+1} \circ F(t_1, \ldots, t_k) \end{aligned}$$

在点 $(s_1', \ldots, s_k', 0)$ 处的秩为 $k+1$。这是由于，对于 $i = 1, \ldots, k$，有

$$[F'_\star(\frac{\partial}{\partial t_i})]_{(s_1', \ldots, s_k', 0)} = [F_\star(\frac{\partial}{\partial t_i})]_{(s_1', \ldots, s_k')}$$

并且

$$[F'_\star(\frac{\partial}{\partial t_{k+1}})]_{(s_1', \ldots, s_k', 0)} = \theta_{k+1}(\bar{x})$$

前 k 个切向量在 $\bar{x}$ 处是线性无关的，因为 F 在属于 $(s_1, \varepsilon) \times \cdots \times (s_k, \varepsilon)$ 的所有点处的秩为 k。由构造知，第 $k+1$ 个切向量与前 k 个切向量无关，因此 F' 在点 $(s_1', \ldots, s_k', 0)$ 处的秩为 $k+1$。因而得知，映射 F' 在点 $(s_1', \ldots, s_k', s_{k+1}')$ 处的秩为 $k+1$，其中 $1 \leqslant i \leqslant k$，$s_i < s_i' < \varepsilon$，且 $0 < s_{k+1} < \varepsilon$。

注意到，给定任一实数 $T > 0$，总能以这样的方式选取点 $\bar{x}$，使得

$$(s_1' - s_1) + \cdots + (s_k' - s_k) < T$$

因为否则，任何具有如下形式的向量场：

$$\theta = f + \sum_{i=1}^{m} g_i u_i$$

都与开集

$$\{(t_1, \ldots, t_k) \in (s_1, \varepsilon) \times \cdots \times (s_k, \varepsilon) \colon (t_1 - s_1) + \cdots + (t_k - s_k) < T\}$$

在 $\bar{F}$ 下的映像相切。这将如 (ii) 中的证明一样产生矛盾。

(iv) 现在可以构造一列形如式 (1.41) 的映射。令

$$\theta_1 = f + \sum_{i=1}^{m} g_i u_i^1$$

为在点 x° 处不等于零的向量场 [总能找到这样的向量场，因为否则将有 $R(x^\circ) = \{0\}$]，令 M_1 表示映射

$$\begin{aligned}\bar{F}_1\colon (0,\varepsilon) &\to U\\ t_1 &\mapsto \Phi^1_{t_1}(x^\circ)\end{aligned}$$

的映像。

令 $\bar{x} = \bar{F}_1(s^1_1)$ 为 M_1 中的一点，在 M_1 中形如

$$\theta_2 = f + \sum_{i=1}^{m} g_i u_i^2$$

的向量场满足 $\theta_2(\bar{x}) \notin T_{\bar{x}}M_1$。然后可以定义映射 (见图 1.10)

$$\begin{aligned}\bar{F}_2\colon (s^1_1,\varepsilon)\times(0,\varepsilon) &\to U\\ (t_1,t_2) &\mapsto \Phi^2_{t_2}\circ\Phi^1_{t_1}(x^\circ)\end{aligned}$$

迭代这个过程，在第 k 步以映射

$$\begin{aligned}\bar{F}_k\colon (s^{k-1}_1,\varepsilon)\times\cdots\times(s^{k-1}_{k-1},\varepsilon)\times(0,\varepsilon) &\to U\\ (t_1,\ldots,t_k) &\mapsto \Phi^k_{t_k}\circ\cdots\circ\Phi^1_{t_1}(x^\circ)\end{aligned}$$

开始并找到其映像 M_k 中的一点 $\bar{x} = \bar{F}_k(s^k_1,\ldots,s^k_k)$ 和向量场 $\theta_{k+1} = f + \sum_{i=1}^{m} g_i u_i^{k+1}$，使得 $\theta_{k+1}(\bar{x}) \notin T_{\bar{x}}M_k$。这就能够定义下一个映射 $\bar{F}_{k+1}$。注意到，对于 $i = 1,\ldots,k-1$ 有 $s^k_i > s^{k-1}_i$ 和 $s^k_k > 0$。

该过程显然在第 r 步停止，此时映射 $\bar{F}_r$ 的定义为

$$\begin{aligned}\bar{F}_r\colon (s^{r-1}_1,\varepsilon)\times\ldots\times(s^{r-1}_{r-1},\varepsilon)\times(0,\varepsilon) &\to U\\ (t_1,\ldots,t_r) &\mapsto \Phi^r_{t_r}\circ\cdots\circ\Phi^1_{t_1}(x^\circ)\end{aligned}$$

(v) 注意到，在分段常值控制

$$\begin{aligned}u_i(t) &= u_i^1, &&\text{若 } t\in[0,t_1)\\ u_i(t) &= u_i^k, &&\text{若 } t\in[t_1+\cdots+t_{k-1}, t_1+t_2+\cdots+t_k)\end{aligned}$$

作用下，点 $x = \bar{F}_r(t_1,\ldots,t_r)$ (它是嵌入 $\bar{F}$ 的映像 M_r 中的一点) 对于 $t = 0$ 时的初始状态 x° 来说是可达的。根据前面的讨论可知，M_r 一定包含在 U° 的如下形式的切片中:

$$S_{x^\circ} = \{x\in U^\circ\colon \phi_i(x) = \phi_i(x^\circ), r+1\leqslant i\leqslant n\}$$

形如

$$U_r = (s^{r-1}_1,\varepsilon)\times\cdots\times(s^{r-1}_{r-1},\varepsilon)\times(0,\varepsilon)$$

的开集在 $\bar{F}_r$ 下的映像在 M_r 作为 U° 的子集的拓扑下是开的 (因为 $\bar{F}_r$ 是一个嵌入)。因此它们在 M_r 作为 S_{x° 的子集的拓扑下也是开的 (因为 S_{x° 是 U° 的嵌入子流形)。因而 M_r 是 S_{x° 的一个嵌入子流形，并且由维数的论据可知，M_r 实际上是 S_{x° 的一个开子流形。 $\lhd$

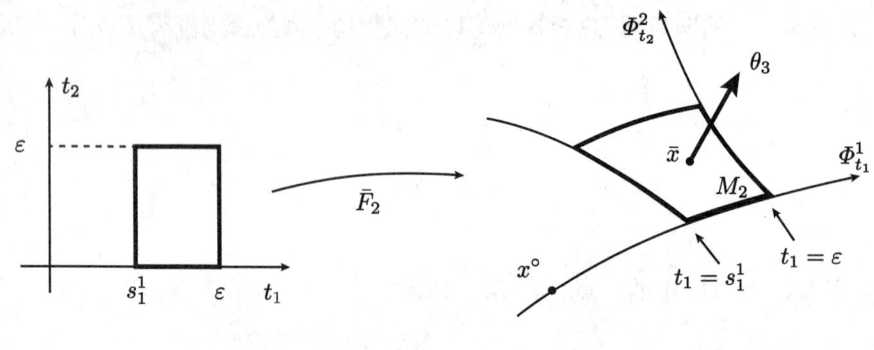

图 1.10

定理 1.8.10. 假设分布 P (即包含 $g_1, \ldots, g_m$ 且在 $f, g_1, \ldots, g_m$ 下不变的最小分布) 和 $P + \mathrm{span}\{f\}$ 都是非奇异的。令 p 表示 P 的维数，则对于每一点 $x^\circ \in U$，能够找到 x° 的一个邻域 U° 和定义在 U° 上的一个坐标变换 $z = \Phi(x)$，满足下面的性质：

(a) 在 $t = 0$ 时从点 x° 出发，沿完全位于 U° 中的轨线并在分段常值输入函数作用下的 $t = T$ 时刻的状态可达集 $\mathcal{R}(x^\circ, T)$ 是切片

$$S_{x^\circ,T} = \{x \in U^\circ \colon \phi_{p+1}(x) = \phi_{p+1}(\Phi_T^f(x^\circ)), \ldots, \phi_n(x) = \phi_n(\Phi_T^f(x^\circ))\}$$

的一个子集，其中 $\Phi_T^f(x^\circ)$ 表示 $u(t) = 0$ 时 (对于所有的 $t \in [0, T]$) 系统在 $t = T$ 时刻的到达状态。

(b) 集合 $\mathcal{R}(x^\circ, T)$ 包含 $S_{x^\circ,T}$ 的一个开子集。

证明: 由引理1.8.7 可知 R 是非奇异的。因此可以重复证明定理 1.8.9(b) 时使用的构造方式。此外，由推论 1.8.8 可得，R 的维数 r 等于 $p+1$ 或等于 p。假设是第一种情况。给定任一实数 $T \in (0, \varepsilon)$，考虑集合

$$U_r^T = \{(t_1, \ldots, t_r) \in U_r \colon t_1 + \cdots + t_r = T\}$$

其中 U_r 的定义与定理 1.8.9 证明步骤 (v) 中的定义相同。根据步骤 (iii) 的最后一段说明可知，总可以在适当选择 $s_1^{r-1}, \ldots, s_{r-1}^{r-1}$ 之后使得集合 U_r^T 非空。显然，映像 $\bar{F}_r(U_r^T)$ 由 T 时刻的可达点集构成，因此包含在 $\mathcal{R}(x^\circ, T)$ 中。此外，利用如 (v) 中同样的论据可知，集合 $\bar{F}_r(U_r^T)$ 是 $S_{x^\circ,T}$ 的一个开子集。如果 $p = r$，即如果 $P = R$，那么仅增加一个满足方程

$$\dot{z}_{n+1} = 1$$

的额外状态变量，并表明这将问题简化为之前的情况[①]即可进行证明。证明细节留给读者。 ◁

1.9　局部可观测性

在 1.7 节中已经看到，如果存在一个非奇异的 d 维分布 Δ 满足如下性质：

① 这里每一个开区间 $(s_1^{r-1}, \varepsilon), \ldots, (s_{r-1}^{r-1}, \varepsilon)$ 的选择并不唯一，因此至少存在一个 U_r。——译者注

① 即 $r = p + 1$ 的情况。——译者注

(i) Δ 是对合的；

(ii) Δ 包含在分布 $(\text{span}\{\mathrm{d}h_1,\ldots,\mathrm{d}h_p\})^\perp$ 中；

(iii) Δ 在向量场 $f,g_1,\ldots,g_m$ 下不变。

则在每一点 $x^\circ\in U$ 处，能够找到定义在 x° 某一邻域 U° 中的坐标变换和将 U° 划分成 d 维切片的一个分划，使得从同一切片上出发的点，在保持状态轨线于 U° 中演化的任一输入 u 的作用下，都有同样的输出。

现在想要知道在何种条件下，属于 U° 不同切片的点会产生不同的输出，即在什么条件下这些点是可区分的。在这种情况下，根据分解式 (1.38) 可见，要研究的真正对象现在是满足性质 (ii)、(iii) 的“最大”分布。由于存在一个满足性质 (i)、(ii)、(iii) 的非奇异分布等价于存在一个余分布 Ω (即 $\Delta^\perp$) 满足：

(i′) Ω 在每一点 $x\in U$ 的附近由 $n-d$ 个恰当余向量场张成；

(ii′) Ω 包含余分布 $\text{span}\{\mathrm{d}h_1,\ldots,\mathrm{d}h_p\}$；

(iii′) Ω 在向量场 $f,g_1,\ldots,g_m$ 下不变。

所以，也可以研究满足性质 (ii′)、(iii′) 的“最小”余分布。

和 1.8 节一样，这里需要一些背景知识。然而，以下所述多数结果的证明都与前述相应结果的证明类似，因此将予以省略。

引理 1.9.1. 令 Ω 为一个给定的光滑余分布，$\tau_1,\ldots,\tau_q$ 是给定的一组向量场。在 $\tau_1,\ldots,\tau_q$ 下不变且包含 Ω 的所有余分布中有一个最小元，该最小元是一个光滑的余分布。

用符号 $\langle\tau_1,\ldots,\tau_q|\Omega\rangle$ 表示包含 Ω 且在 $\tau_1,\ldots,\tau_q$ 下不变的最小余分布。给定一个余分布 Ω 和一组向量场 $\tau_1,\ldots,\tau_q$，可以考虑算法 (1.39) 的对偶形式

$$\begin{aligned}\Omega_0&=\Omega\\ \Omega_k&=\Omega_{k-1}+\sum_{i=1}^{q}L_{\tau_i}\Omega_{k-1}\end{aligned}\tag{1.45}$$

从而有下面的结果。

引理 1.9.2. 由算法 (1.45) 生成的余分布 $\Omega_0,\Omega_1,\ldots$ 对于所有的 k 满足

$$\Omega_k\subset\langle\tau_1,\ldots,\tau_q|\Omega\rangle$$

如果存在一个整数 $k^\star$，使得 $\Omega_{k^\star}=\Omega_{k^\star+1}$，则有

$$\Omega_{k^\star}=\langle\tau_1,\ldots,\tau_q|\Omega\rangle$$

注记 1.9.1. 对于线性系统

$$\begin{aligned}\dot{x}&=Ax\\ y&=Cx\end{aligned}$$

序列 (1.45) 可解释为下述序列的非线性类似：该序列会产生包含在 $\ker(C)$ 中且在 A 下不变的 $\mathbb{R}^n$ 的最大子空间。如同注记 1.8.1 那样，假设集合 $\tau_1,\ldots,\tau_d$ 只由向量场 τ 构成，对于每

一点 $x \in \mathbb{R}^n$，令

$$\Omega_0(x) = \text{span}\{c_1, \dots, c_p\}$$
$$\tau(x) = Ax$$

其中 $c_1, \dots, c_p$ 表示 C 的各行。由于 Ω_0 中的任一余向量场 ω 能被局部表示为

$$\omega = \sum_{i=1}^{p} c_i \gamma_i(x)$$

其中 $\gamma_1, \dots, \gamma_p$ 均是光滑实值函数，所以容易推得 (见注记 1.6.7)

$$\Omega_1 = \Omega_0 + L_\tau \Omega_0 = \text{span}\{c_1, \dots, c_p, L_\tau c_1, \dots, L_\tau c_p\}$$

因此，由于

$$L_\tau c_i = L_{Ax} c_i = c_i \frac{\partial(Ax)}{\partial x} = c_i A$$

所以在每一点 $x \in \mathbb{R}^n$ 处有

$$\Omega_1(x) = \text{span}\{c_1, \dots, c_p, c_1 A, \dots, c_p A\}$$

以此类推，对于任意的 $k \geqslant 1$ 可得

$$\Omega_k(x) = \text{span}\{c_1, \dots, c_p, c_1 A, \dots, c_p A, \dots, c_1 A^k, \dots, c_p A^k\}$$

该序列中的每一个余分布都是常值余分布。由于 $\Omega_{k+1} \supset \Omega_k$ 且由于维数的有限性，可证明存在一个整数 $k^\star < n$ 满足性质 $\Omega_{k^\star+1} = \Omega_{k^\star}$。因而，由引理 1.9.2 知，该序列中的最大余分布 Ω_{n-1} 就是包含余分布 $\Omega_0 = \text{span}\{c_1, \dots, c_p\}$ 且在向量场 Ax 下不变的最小余分布。

根据对偶性可知，$\Omega_{n-1}^\perp$ 是在向量场 Ax 下不变且包含在分布 $\Omega_0^\perp$ 中的最大分布。现在注意到，根据构造，在每一点 $x \in \mathbb{R}^n$ 处，有

$$\Omega_0^\perp(x) = \ker(C)$$

$$\Omega_{n-1}^\perp = \ker \begin{pmatrix} C \\ CA \\ \vdots \\ CA^{n-1} \end{pmatrix}$$

于是可知，$\Omega_{n-1}^\perp$ 在每一点 x 处的值等同于 [在 A 下不变且包含在子空间 $\ker(C)$ 中的] $\mathbb{R}^n$ 的最大子空间在该点的值。 $\lhd$

对于非线性系统，可以得到引理 1.8.3 至引理 1.8.6 的对偶形式。

引理 1.9.3. 存在 U 的一个开稠密子集 $U^\star$，在每一点 $x \in U^\star$ 处具有性质

$$\langle \tau_1, \dots, \tau_q | \Omega \rangle(x) = \Omega_{n-1}(x)$$

引理 1.9.4. 假设 Ω 由一组恰当余向量场 $\mathrm{d}\lambda_1, \ldots, \mathrm{d}\lambda_s$ 张成，则存在 U 的一个开稠密子集 $U^\star$ 具有如下性质。对于每一点 $x^\circ \in U^\star$，存在 x° 的一个邻域 U° 和 d 个形如

$$\omega_i = \mathrm{d}\lambda_j \quad 或 \quad \omega_i = \mathrm{d}L_{v_r} \ldots L_{v_1}\lambda_j$$

的恰当余向量场 $\omega_1, \ldots, \omega_2$ $(d = \dim\langle\tau_1, \ldots, \tau_q|\Omega\rangle(x^\circ))$，其中 $r \leqslant n-1$ 是一个整数 (可能依赖于 i)，$v_1, \ldots, v_r$ 是集合 $\{\tau_1, \ldots, \tau_q\}$ 中的向量场，λ_j 是集合 $\{\lambda_1, \ldots, \lambda_s\}$ 中的函数，使得对于所有的 $x \in U^\circ$ 有

$$\langle\tau_1, \ldots, \tau_q|\Omega\rangle(x) = \mathrm{span}\{\omega_1(x), \ldots, \omega_d(x)\}$$

引理 1.9.5. 假设 Ω 由一组恰当余向量场 $\mathrm{d}\lambda_1, \ldots, \mathrm{d}\lambda_s$ 张成，且 $\langle\tau_1, \ldots, \tau_q|\Omega\rangle$ 是非奇异的，则 $\langle\tau_1, \ldots, \tau_q|\Omega\rangle^\perp$ 是对合的。

证明: 由前一引理可见，对于开稠密子流形 $U^\star$ 中的每一点 x，在其某一个邻域中，余分布 $\langle\tau_1, \ldots, \tau_q|\Omega\rangle$ 由恰当余向量场张成。因此对于每一点 $x \in U^\star$，$\langle\tau_1, \ldots, \tau_q|\Omega\rangle^\perp$ 中任何两个向量场 θ_1, θ_2 的李括号满足 $[\theta_1, \theta_2](x) \in \langle\tau_1, \ldots, \tau_q|\Omega\rangle^\perp(x)$ (见 1.4 节)。根据这个结论，再像证明引理 1.8.5 那样应用引理 1.3.4，可推知分布 $\langle\tau_1, \ldots, \tau_q|\Omega\rangle^\perp$ 是对合的。 $\lhd$

引理 1.9.6. 假设 Ω 由一组恰当余向量场 $\mathrm{d}\lambda_1, \ldots, \mathrm{d}\lambda_s$ 张成，且 Ω_{n-1} 是非奇异的，则 $\langle\tau_1, \ldots, \tau_q|\Omega\rangle^\perp$ 是对合的，并且

$$\langle\tau_1, \ldots, \tau_q|\Omega\rangle = \Omega_{n-1}$$

在研究如式 (1.36) 所示控制系统的状态-输出相互作用时，可考虑分布

$$Q = \langle f, g_1, \ldots, g_m|\mathrm{span}\{\mathrm{d}h_1, \ldots, \mathrm{d}h_p\}\rangle^\perp$$

由引理 1.6.3 可推知，该分布在 $f, g_1, \ldots, g_m$ 下不变，并且包含在 $(\mathrm{span}\{\mathrm{d}h_1, \ldots, \mathrm{d}h_p\})^\perp$ 中。如果它是非奇异的，则根据引理 1.9.5 可知它也是对合的。

利用命题 1.7.2，在每一点 $x^\circ \in U$ 附近，上述分布可用于找到 x° 的一个开邻域 U° 和一个局部坐标变换，以产生形如式 (1.38) 的一个分解。以 s 表示 Q 的维数。由于 $Q^\perp$ 是包含 $\mathrm{d}h_1, \ldots, \mathrm{d}h_p$ 且在 $f, g_1, \ldots, g_m$ 下不变的最小余分布，所以该情况下找到的分解是最大的。这里最大的含义是指不可能找到另一组局部坐标 $\tilde{z}_1, \ldots, \tilde{z}_{\tilde{r}}, \tilde{z}_{\tilde{r}+1}, \ldots, \tilde{z}_n$ 满足 $\tilde{r}$ 严格大于 s，使得只有后 $n-\tilde{r}$ 个坐标对输出有影响。现在证明，这相应于下述事实: 邻域 U° 中属于不同切片的点是可区分的。

定理 1.9.7. 假设分布 Q (即在 $f, g_1, \ldots, g_m$ 下不变且包含 $\mathrm{d}h_1, \ldots, \mathrm{d}h_p$ 的最小余分布的零化子) 是非奇异的。以 s 表示 Q 的维数，则对于每一点 $x^\circ \in U$，能够找到 x° 的一个邻域 U° 和定义在 U° 上的一个坐标变换 $z = \Phi(x)$ 具有如下性质:

(a) U° 中满足

$$\phi_i(x^a) = \phi_i(x^b), \qquad i = s+1, \ldots, n$$

的任何两个初始状态 x^a，x^b，在保持状态轨迹于 U° 上演化的任一输入作用下，都产生相同的输出函数;

(b) U° 中与 x° 不可区分的任一初始状态 x 在分段常值输入函数作用下属于切片

$$S_{x^\circ} = \{x \in U^\circ : \phi_i(x) = \phi_i(x^\circ), s+1 \leqslant i \leqslant n\}$$

证明：只需证明 (b)。为简明，将证明分成几步。

(i) 考虑一个分段常值输入函数

$$\begin{aligned} u_i(t) &= u_i^1, \qquad \text{若 } t \in [0, t_1) \\ u_i(t) &= u_i^k, \qquad \text{若 } t \in [t_1 + \cdots + t_{k-1}, t_1 + \cdots + t_k) \end{aligned}$$

定义向量场

$$\theta_k = f + \sum_{i=1}^{m} g_i u_i^k$$

并以 $\varPhi_t^k$ 表示相应的流。那么，在时间 $t = 0$ 时始于 x° 并在上面的输入作用下在 t_k 时刻的可达状态可表示为

$$x(t_k) = \varPhi_{t_k}^k \circ \cdots \circ \varPhi_{t_1}^1(x^\circ)$$

相应的输出 y 为

$$y_i(t_k) = h_i(x(t_k))$$

注意，可将此输出视为以下映射的取值：

$$\begin{aligned} F_i^{x^\circ}: \qquad & (-\varepsilon, \varepsilon)^k \to \mathbb{R}^n \\ & (t_1, \ldots, t_k) \mapsto h_i \circ \varPhi_{t_k}^k \circ \cdots \circ \varPhi_{t_1}^1(x^\circ) \end{aligned}$$

对于任意的分段常值输入，如果初始状态 x^a 和 x^b 能产生两个相同的输出，则对于所有可能的 $(t_1, \ldots, t_k)$，其中 $0 \leqslant t_i \leqslant \varepsilon, 1 \leqslant i \leqslant p$，一定有

$$F_i^{x^a}(t_1, \ldots, t_k) = F_i^{x^b}(t_1, \ldots, t_k)$$

由此推知

$$\left(\frac{\partial^k F_i^{x^a}}{\partial t_1 \ldots \partial t_k}\right)_{t_1 = \cdots = t_k = 0} = \left(\frac{\partial^k F_i^{x^b}}{\partial t_1 \ldots \partial t_k}\right)_{t_1 = \cdots = t_k = 0}$$

简单的计算表明

$$\left(\frac{\partial^k F_i^{x^\circ}}{\partial t_1 \ldots \partial t_k}\right)_{t_1 = \cdots = t_k = 0} = L_{\theta_1} \ldots L_{\theta_k} h_i(x^\circ)$$

因此一定有

$$L_{\theta_1} \ldots L_{\theta_k} h_i(x^a) = L_{\theta_1} \ldots L_{\theta_k} h_i(x^b)$$

(ii) 现在记住 θ_j $(j = 1, \ldots, k)$ 依赖于 $(u_1^j, \ldots, u_m^j)$ 并且上面的等式必须对所有能选择的 $(u_1^j, \ldots, u_m^j) \in \mathbb{R}^m$ 都成立。通过适当地挑选这些 $(u_1^j, \ldots, u_m^j)$ 很容易得到如下等式：

$$L_{v_1} \ldots L_{v_k} h_i(x^a) = L_{v_1} \ldots L_{v_k} h_i(x^b) \tag{1.46}$$

其中 $v_1,\dots,v_k$ 都是属于集合 $\{f,g_1,\dots,g_m\}$ 的向量场，原因如下。设 $\gamma_2=L_{\theta_2}\dots L_{\theta_k}h_i$。由等式 $L_{\theta_1}\gamma_2(x^a)=L_{\theta_1}\gamma_2(x^b)$ 得到

$$L_f\gamma_2(x^a)+\sum_{i=1}^m L_{g_i}\gamma_2(x^a)u_i^1=L_f\gamma_2(x^b)+\sum_{i=1}^m L_{g_i}\gamma_2(x^b)u_i^1$$

由于 $(u_1^1,\dots,u_m^1)$ 的任意性，上式意味着

$$L_v\gamma_2(x^a)=L_v\gamma_2(x^b)$$

其中 v 是集合 $\{f,g_1,\dots,g_m\}$ 中的任一向量。再设 $\gamma_3=L_{\theta_3}\dots L_{\theta_k}h_i$，则可迭代执行这个过程。由上面的等式得到

$$L_vL_f\gamma_3(x^a)+\sum_{i=1}^m L_vL_{g_i}\gamma_3(x^a)u_i^2=L_vL_f\gamma_3(x^b)+\sum_{i=1}^m L_vL_{g_i}\gamma_3(x^b)u_i^2$$

因此对于所有的 $v_1,v_2\in\{f,g_1,\dots,g_m\}$ 有

$$L_{v_1}L_{v_2}\gamma_3(x^a)=L_{v_1}L_{v_2}\gamma_3(x^b)$$

这样进行下去，最终可以得到式 (1.46)。

(iii) 令 U° 为点 x° 的一个邻域，定义在 U° 上的坐标变换 $\Phi(x)$ 对于所有的 $x\in U^\circ$ 满足条件

$$Q(x)=\mathrm{span}\{(\frac{\partial}{\partial\phi_1})_x,\dots,(\frac{\partial}{\partial\phi_s})_x\} \tag{1.47}$$

由引理 1.9.4 可知，存在 U° 的一个稠密开子集 $U^\star$ 具有如下性质：在每一点 $x\in U^\star$ 附近能找到一组 $n-s$ 个形如

$$\lambda_i=L_{v_r}\dots L_{v_1}h_j \tag{1.48}$$

的实值函数 $\lambda_1,\dots,\lambda_{n-s}$，其中 $v_1,\dots,v_r$ 是 $\{f,g_1,\dots,g_m\}$ 中的向量场，$1\leqslant j\leqslant p$，使得

$$Q^\perp=\mathrm{span}\{\mathrm{d}\lambda_1,\dots,\mathrm{d}\lambda_{n-s}\}$$

假设 $x^\circ\in U^\star$。由于 $Q^\perp(x^\circ)$ 的维数为 $n-s$，所以可知余切向量 $\mathrm{d}\lambda_1(x^\circ),\dots,\mathrm{d}\lambda_{n-s}(x^\circ)$ 是线性无关的。在满足式 (1.47) 的局部坐标下，$\lambda_1,\dots,\lambda_{n-s}$ 仅是 $z_{s+1},\dots,z_n$ 的函数 [见式 (1.35)]。因此可推知，映射

$$\Lambda\colon (z_{s+1},\dots,z_n)\mapsto(\lambda_1(z_{s+1},\dots,z_n),\dots,\lambda_{n-s}(z_{s+1},\dots,z_n))$$

有一个雅可比方阵并且在 $(z_{s+1}(x^\circ),\dots,z_n(x^\circ))$ 处非奇异。特别是，该映射是局部单射。利用这个性质可以推知，在 x° 的某一个适当邻域 U' 中，对于 $1\leqslant i\leqslant n-s$，任何使

$$\lambda_i(x)=\lambda_i(x^\circ)$$

成立的其他点 x，对于 $1\leqslant i\leqslant n-s$，一定使

$$\phi_{s+i}(x)=\phi_{s+i}(x^\circ)$$

成立，即一定属于 U° 的过点 x° 的切片。考虑到 (ii) 中所证明的结论，这就完成了当 $x^\circ \in U^\star$ 时的证明。

(iv) 假设 $x^\circ \notin U^\star$。令 $x(x^\circ, T, u)$ 表示在分段常值输入函数 u 作用下于时刻 $t = T$ 的可达状态。如果 T 充分小，则 $x(x^\circ, T, u)$ 仍然在 U° 中。假设 $x(x^\circ, T, u) \in U^\star$。那么，利用 (iii) 的结论可得，在 $x' = x(x^\circ, T, u)$ 的某一个邻域 U' 中，与 x' 不可区分的状态位于 U° 的过 x' 的切片中。回想一下，映射

$$\Phi\colon x^\circ \to x(x^\circ, T, u)$$

是一个局部微分同胚。因而，存在 x° 的一个邻域 $\bar{U}$，其在 Φ 下的 (微分同胚) 映像是 x' 的一个邻域 $U'' \subset U'$。以 $\bar{x}$ 表示在分段常值输入下 $\bar{U}$ 中与 x° 不可区分的一点。那么显然，$x'' = x(\bar{x}, T, u)$ 也与 $x' = x(x^\circ, T, u)$ 不可区分。根据前面的讨论可知，x'' 和 x' 属于 U° 的同一切片。但这也意味着 x° 和 $\bar{x}$ 属于 U° 的同一切片。因而，只要

$$x(x^\circ, T, u) \in U^\star \tag{1.49}$$

证明就可完成。

(v) 现在所有必须要证明的归结为能够满足式 (1.49)。以 $\mathcal{R}(x^\circ)$ 表示在分段常值控制下，始于 x°，沿完全位于 U° 中轨线的可达状态集。假设 $\mathcal{R}(x^\circ)$ 满足

$$\mathcal{R}(x^\circ) \cap U^\star = \emptyset \tag{1.50}$$

如果这为真，则由定理 1.8.9 可知，能够找到完全包含在 $\mathcal{R}(x^\circ)$ 中的一个 r 维嵌入子流形 $V \subset U^\circ$，并因此使得 $V \cap U^\star = \emptyset$。对于任意选择的形如式 (1.48) 的函数 $\lambda_1, \ldots, \lambda_{n-s}$，在任一点 $x \in V$ 处，余向量 $\mathrm{d}\lambda_1(x), \ldots, \mathrm{d}\lambda_{n-s}(x)$ 都是线性无关的。因此，不失一般性，可以假设存在 $d < n - s$ 个仍具有式 (1.48) 形式的函数 $\gamma_1, \ldots, \gamma_d$，使得对于 V 的某一个开子集 V'，有如下结论：

- 对于所有的 $x \in V'$，$\mathrm{span}\{\mathrm{d}h_1(x), \ldots, \mathrm{d}h_p(x)\} \subset \mathrm{span}\{\mathrm{d}\gamma_1(x), \ldots, \mathrm{d}\gamma_d(x)\}$；
- $\mathrm{d}\gamma_1(x), \ldots, \mathrm{d}\gamma_d(x)$ 对于所有的 $x \in V'$ 都是线性无关的余向量，对于所有的 $x \in V'$ 和 $v \in \mathrm{span}\{f, g_1, \ldots, g_m\}$，有 $\mathrm{d}L_v\gamma_j \in \mathrm{span}\{\mathrm{d}\gamma_1(x), \ldots, \mathrm{d}\gamma_d(x)\}$。

现在如下定义 U° 上的一个余分布：当 $x \notin V'$ 时，$\Omega(x) = Q^\perp(x)$；当 $x \in V'$ 时，$\Omega(x) = \mathrm{span}\{\mathrm{d}\gamma_1(x), \ldots, \mathrm{d}\gamma_d(x)\}$。利用 $f, g_1, \ldots, g_m$ 和 V' 相切的事实，不难验证这个余分布在 $f, g_1, \ldots, g_m$ 下不变[①]，包含 $\mathrm{span}\{\mathrm{d}h_1, \ldots, \mathrm{d}h_p\}$，并且比 $\langle f, g_1, \ldots, g_m | \mathrm{span}\{\mathrm{d}h_1, \ldots, \mathrm{d}h_p\}\rangle$ 还小。这是矛盾的，从而式 (1.50) 一定不成立。 $\lhd$

① 利用式 (1.11)。——译者注

第 2 章　控制系统的全局分解

2.1　Sussmann 定理和全局分解

在第 1 章中已经证明，一个非奇异的对合分布 Δ 可导出一个局部分划，将状态空间划分成低维子流形，并且已经利用这个结果得到了控制系统的局部分解。这样得到的分解有助于从输入-状态以及状态-输出相互作用的角度来理解控制系统的行为。然而，必须要强调的是，这类分解的存在性严格地依赖于分布至少在一点 (要在该点附近研究控制系统的行为) 的邻域上具有常数维的假设。

在本节中将会看到，可以去除 Δ 非奇异的假设，并且能够得到状态空间的全局划分。由于要致力于建立全局有效的结果，为更有通用性，将控制系统的状态空间如在 1.5 节中指出的那样，考虑成**流形** (manifold) N 的情况会比较方便。当然，这个更一般的分析会涵盖 $N = U$ 的特殊情况。

一开始，需要再介绍一些概念。令 Δ 为定义在流形 N 上的一个分布。称 N 的子流形 S 为分布 Δ 的一个**积分子流形** (integral submanifold)，如果对于每一点 $p \in S$，S 在 p 处的切空间 T_pS 与 T_pN 的子空间 $\Delta(p)$ 相同。分布 Δ 的**最大**积分子流形是 Δ 的一个连通积分子流形 S，它具有如下性质：Δ 的每一个其他包含 S 的连通积分子流形都和 S 相同。由这个定义立即可见，Δ 的任何两个过同一点 $p \in N$ 的最大积分子流形一定相同。基于此，如果对于每一点 $p \in N$，都有分布 Δ 的一个最大积分子流形经过，或者换言之，如果存在一个分划，将 N 划分成 Δ 的最大积分子流形，则称分布 Δ 具有**最大积分流形性质** (maximal integral manifolds property)。

容易看出，这是分布完全可积性概念的一种全局描述。事实上，一个非奇异的完全可积分布就是在每一点 $p \in N$ 处，存在 p 的一个邻域 U，使得限制在 U 上的 Δ 具有最大积分流形性质。

下面是上述定义的一个简单结论。

引理 2.1.1. 具有最大积分流形性质的分布 Δ 是对合的。

证明：如果分布 Δ 具有最大积分流形性质且 τ 是属于 Δ 的向量场，则 τ 一定与 Δ 的每一个最大积分子流形 S 相切。因此，属于 Δ 的两个向量场 τ_1 和 τ_2，其李括号 $[\tau_1, \tau_2]$ 一定与 Δ 的每一个最大积分子流形 S 相切。从而，$[\tau_1, \tau_2]$ 属于 Δ。 $\lhd$

因此，对合性是 Δ 具有最大积分流形性质的一个必要条件。但如果 Δ 在某些点处具有奇异性，则该条件未必是充分的。

例 2.1.1. 令 $N=\mathbb{R}^2$，并令 Δ 是一个分布，其定义为

$$\Delta(x)=\operatorname{span}\{(\frac{\partial}{\partial x_1})_x,\lambda(x_1)(\frac{\partial}{\partial x_2})_x\}$$

其中 $\lambda(x_1)$ 是一个 C^∞ 函数，满足：当 $x_1\leqslant 0$ 时，$\lambda(x_1)=0$；当 $x_1>0$ 时，$\lambda(x_1)>0$。该分布是对合的，并且

$$\begin{aligned}\dim\Delta(x)&=1, &&\text{若 } x_1\leqslant 0\\ \dim\Delta(x)&=2, &&\text{若 } x_1>0\end{aligned}$$

显然，N 的开子集

$$\{(x_1,x_2)\in\mathbb{R}^2\colon x_1>0\}$$

是 Δ 的一个积分子流形 (实际上是一个最大积分子流形)，并且形如

$$\{(x_1,x_2)\in\mathbb{R}^2\colon x_1<0,x_2=c\}$$

的任一子集也是 Δ 的一个最大积分子流形。然而，不可能有 Δ 的积分子流形通过点 $(0,c)$。 $\lhd$

要强调的另一个重点是 (注重此处所考虑的一般性问题与 1.4 节所描述的局部形式之间的差异)：由一个具有最大积分流形性质的分布导出的 N 的全局分划，其元素都是浸入子流形；相反，由一个非奇异完全可积分布导出的局部分划总是由坐标邻域的切片构成，即由嵌入子流形构成。

例 2.1.2. 考虑环面 $T_2=S_1\times S_1$，并以如下方式在环面上定义一个向量场。令 τ 是 $\mathbb{R}^2$ 上的一个向量场，其定义为

$$\tau(x_1,x_2)=-x_2\left(\frac{\partial}{\partial x_1}\right)_x+x_1\left(\frac{\partial}{\partial x_2}\right)_x$$

在每一点 $(x_1,x_2)\in S_1$ 处，此映射定义了 $T_{(x_1,x_2)}S_1$ 中的一个切向量，因此给出了 S_1 上的一个向量场，它的流由下式给出：

$$\Phi_t^\tau(x_1^\circ,x_2^\circ)=(x_1^\circ\cos t-x_2^\circ\sin t,x_1^\circ\sin t+x_2^\circ\cos t)$$

为简化记号，可把 S_1 上的点 (x_1,x_2) 表示为复数 $z=x_1+jx_2$，$|z|=1$，从而有 $\Phi_t^\tau(z)=\mathrm{e}^{jt}z$。类似地，通过令

$$\theta(x_1,x_2)=-x_2\alpha\left(\frac{\partial}{\partial x_1}\right)_x+x_1\alpha\left(\frac{\partial}{\partial x_2}\right)_x$$

可在 S_1 上定义另一个向量场，它的流为 $\Phi_t^\theta(z)=\mathrm{e}^{j\alpha t}z$。

根据 τ 和 θ 可以定义 T_2 上的向量场 f，令其为

$$f(z_1,z_2)=(\tau(z_1),\theta(z_2))$$

容易看到，f 的流为

$$\Phi_t^f(z_1, z_2) = (\mathrm{e}^{jt} z_1, \mathrm{e}^{j\alpha t} z_2)$$

如果 α 是一个有理数，则存在一个 T，使得对于所有的 $t \in \mathbb{R}$ 和所有的 $k \in \mathbb{Z}$ 有 $\Phi_t^f = \Phi_{t+kT}^f$。否则，如果 α 是一个无理数，那么，对于每一个确定的 $p = (z_1, z_2) \in T_2$，映射 $F_p\colon t \mapsto \Phi_t^f(z_1, z_2)$ 是将 $\mathbb{R}$ 映入 T_2 的一个单射浸入，从而 $F_p(\mathbb{R})$ 是 T_2 的一个浸入子流形。

依据向量场 f 可定义一维分布 $\Delta = \mathrm{span}\{f\}$，并看到，如果 α 是无理数，则 Δ 的通过点 $p \in T_2$ 的最大积分子流形就是 $F_p(\mathbb{R})$，并且 Δ 具有最大积分流形性质。

$F_p(\mathbb{R})$ 是 T_2 的浸入而非嵌入子流形。因为易见，给定任意点 $p \in T_2$ 及任一 p 的开邻域 U (在 T_2 的拓扑下)，交集 $F_p(\mathbb{R}) \cap U$ 在 U 中是稠密的。因此不可能找到点 p 附近的一个立方体坐标邻域 (U, ϕ)，使得 $F_p(\mathbb{R}) \cap U$ 是 U 的一个切片。 $\lhd$

下面的定理针对具有最大积分流形性质的分布建立了所期望的充要条件。

定理 2.1.2 (Sussmann). 分布 Δ 具有最大积分流形性质，当且仅当对于每一个 $\tau \in \Delta$ 和使向量场 τ 的流 $\Phi_t^\tau(p)$ 有定义的每一对 $(t, p) \in \mathbb{R} \times N$，点 p 处的微分 $(\Phi_t^\tau)_*$ 将子空间 $\Delta(p)$ 映入子空间 $\Delta(\Phi_t^\tau(p))$。

该定理的证明可从文献中找到，这里不再提供。尽管如此，还是依次给出一些注记。

注记 2.1.3. 可用以下方式直观地理解隐藏在 Sussmann 定理中的构造。

令 $\tau_1, \ldots, \tau_k$ 为 Δ 的一组向量场，以 $\Phi_{t_1}^{\tau_1}, \ldots, \Phi_{t_k}^{\tau_k}$ 表示其相应的流。显然，如果 p 是 N 中的一点，S 是 Δ 过点 p 的一个积分流形，那么对于所有使 $\Phi_{t_i}^{\tau_i}(p)$ 有定义的 t_i 值，$\Phi_{t_i}^{\tau_i}(p)$ 应该是 S 中的一点。因而，S 应该包含 N 中能被表示成

$$\Phi_{t_k}^{\tau_k} \circ \Phi_{t_{k-1}}^{\tau_{k-1}} \circ \cdots \circ \Phi_{t_1}^{\tau_1}(p) \tag{2.1}$$

的所有点。

特别是，如果 τ 和 θ 都是 Δ 中的向量场，则在 $t = 0$ 时过点 p 的光滑曲线

$$\begin{aligned} \sigma\colon (-\varepsilon, \varepsilon) &\to N \\ t &\mapsto \Phi_{t_1}^\tau \circ \Phi_t^\theta \circ \Phi_{-t_1}^\tau(p) \end{aligned}$$

应被包含在 S 中，并且它在点 p 的切向量应被包含在 $\Delta(p)$ 中。计算这个切向量，得到

$$(\Phi_{t_1}^\tau)_* \theta(\Phi_{-t_1}^\tau(p)) \in \Delta(p)$$

亦即，令 $q = \Phi_{-t_1}^\tau(p)$，则有

$$(\Phi_{t_1}^\tau)_* \theta(q) \in \Delta(\Phi_{t_1}^\tau(q))$$

这就是 Sussmann 条件之所以必要的原因。 $\lhd$

根据定理 2.1.2 的陈述，为“测试”一个给定的分布是否可积，应该对所有的向量场 $\tau \in \Delta$ 检验 $(\Phi_t^\tau)_*$ 是否将 $\Delta(p)$ 映入 $\Delta(\Phi_t^\tau(p))$。实际上，可以将这个测试限定在 Δ 中某些适当的向量场子集上，因为定理 2.1.2 的陈述可用如下的更弱形式给出，这也源自 Sussmann。

定理 2.1.3. 分布 Δ 具有最大积分流形性质，当且仅当存在张成 Δ 的一组向量场 $\mathcal{T}$，对于每一个 $\tau \in \mathcal{T}$ 和使流 $\Phi_t^\tau(p)$ 有定义的每一对 $(t,p) \in \mathbb{R} \times N$，在点 p 的微分 $(\Phi_t^\tau)_*$ 将子空间 $\Delta(p)$ 映入子空间 $\Delta(\Phi_t^\tau(p))$。

注记 2.1.4. 显然，定理 2.1.2 充分性部分的证明蕴涵在定理 2.1.3 的充分性部分里，因为 Δ 中所有向量场的集合确实是张成 Δ 的一组向量场。反之，定理 2.1.3 的必要性部分蕴涵在定理 2.1.2 的必要性部分中。 ◁

已经看到，对合性对于分布具有最大积分流形性质来说是一个必要条件，而非充分条件。然而，原则上对合性更易于检验，因为它只涉及计算 Δ 中向量场的李括号，而检验定理 2.1.3 所叙述的条件需要了解与子集 $\mathcal{T}$ 中的所有向量场 τ 关联的流 Φ_t^τ，其中 $\mathcal{T}$ 由张成 Δ 的向量场构成。因此，可能希望找到某些特殊类分布，对于它们来说对合性是其具有最大积分流形性质的一个充分条件。实际上，这是相对容易实现的。

对于一个向量场集合 $\mathcal{T}$，如果对于每一点 $p \in N$，存在 p 的一个邻域 U 和 $\mathcal{T}$ 中向量场的一个有限集合 $\{\tau_1, \ldots, \tau_k\}$，使得 $\mathcal{T}$ 中的每一个其他向量场在 U 上能被表示为

$$\tau = \sum_{i=1}^{k} c_i \tau_i \tag{2.2}$$

其中 c_i 是定义在 U 上的实值光滑函数，则称 $\mathcal{T}$ 是**局部有限生成的** (locally finitely generated)。

以后将会证明，由局部有限生成的向量场集合张成的这类分布实际上正是所要寻找的分布类。

先来证明一个稍微不同的结果，它也会被单独使用。

引理 2.1.4. 令 $\mathcal{T}$ 为张成 Δ 的一个局部有限生成的向量场集合。θ 是另外一个向量场，对于所有的 $\tau \in \mathcal{T}$，满足 $[\theta, \tau] \in \mathcal{T}$。那么，对于使流 $\Phi_t^\theta(p)$ 有定义的每一对 $(t,p) \in \mathbb{R} \times N$，在点 p 的微分 $(\Phi_t^\theta)_*$ 将子空间 $\Delta(p)$ 映入子空间 $\Delta(\Phi_t^\theta(p))$。

证明: 读者不难发现，证明定理 1.4.1 结论 (ii) 时用过的论据可以同样用到这里。 ◁

注意，在以上表述中向量场 θ 可以不属于 $\mathcal{T}$。如果集合 $\mathcal{T}$ 是对合的，即如果对于任何两个向量场 $\tau_1 \in \mathcal{T}$，$\tau_2 \in \mathcal{T}$，其李括号 $[\tau_1, \tau_2]$ 也是 $\mathcal{T}$ 中的向量场，则由引理 2.1.4 及 Sussmann 定理可立即得到如下结论。

定理 2.1.5. 由一个对合且局部有限生成的向量场集合 $\mathcal{T}$ 张成的分布 Δ 具有最大积分流形性质。

至少在原则上，一个对合且为局部有限生成的向量场集合，其存在性似乎更容易被证明。特别是，存在某些类分布，对于它们来说，天然保证存在一个局部有限生成的向量场集合。由此得到定理 2.1.5 的如下推论。

推论 2.1.6. 一个非奇异分布具有最大积分流形性质当且仅当它是对合的。

证明: 在这种情况下，属于该分布的所有向量场的集合是对合的，并且因为引理 1.3.1，它也是局部有限生成的。 ◁

推论 2.1.7. 实解析流形上的解析分布具有最大积分流形性质当且仅当它是对合的。

证明: 这是因为定义在实解析流形上的任何解析向量场集合都是局部有限生成的。 $\lhd$

用前述这些结果的另一个有趣结论来结束本节，稍后会用到它。

引理 2.1.8. 令 Δ 是一个具有最大积分流形性质的分布，S 是 Δ 的一个最大积分子流形。那么，给定 S 中的任意两点 p 和 q，存在 Δ 中的向量场 $\tau_1, \ldots, \tau_k$ 及实数 $t_1, \ldots, t_k$，使得 $q = \Phi_{t_1}^{\tau_1} \circ \cdots \circ \Phi_{t_k}^{\tau_k}(p)$。

定理 2.1.9. 令 Δ 是在完备向量场 θ 下不变的对合分布。假设 Δ 中所有向量场都是局部有限生成的。令 p_1 和 p_2 为同属于 Δ 某一最大积分子流形的两点。那么，对于所有的 T，$\Phi_T^\theta(p_1)$ 和 $\Phi_T^\theta(p_2)$ 也属于 Δ 的同一最大积分子流形。

证明: 首先注意到，Δ 具有最大积分流形性质 (见定理 2.1.5)。令 τ 是 Δ 中的向量场。那么，对于充分小的 ε，映射

$$
\begin{aligned}
\sigma\colon (-\varepsilon, \varepsilon) &\to N \\
t &\mapsto \Phi_T^\theta \circ \Phi_t^\tau \circ \Phi_{-T}^\theta(p)
\end{aligned}
$$

定义了 N 上的一条光滑曲线，在 $t = 0$ 时经过点 p。计算该曲线在 t 时刻的切向量，可得

$$
\begin{aligned}
\sigma_\star(\frac{\mathrm{d}}{\mathrm{d}t})_t &= (\Phi_T^\theta)_\star \tau(\Phi_t^\tau \circ \Phi_{-T}^\theta(p)) \\
&= (\Phi_T^\theta)_\star \tau(\Phi_{-T}^\theta(\sigma(t)))
\end{aligned}
$$

但由于 $\tau \in \Delta$，根据引理 2.1.4 可知，对于所有的 q 有

$$
(\Phi_T^\theta)_\star \tau(\Phi_{-T}^\theta(q)) \in \Delta(q)
$$

因此对于所有的 $t \in (-\varepsilon, \varepsilon)$，得到

$$
\sigma_\star(\frac{\mathrm{d}}{\mathrm{d}t})_t \in \Delta(\sigma(t))
$$

这说明光滑曲线 σ 位于 Δ 的一个积分子流形上。现在令 $p_1 = \Phi_{-T}^\theta(p)$，$p_2 = \Phi_t^\tau(p_1)$，则 p_1 和 p_2 是属于 Δ 某一最大积分子流形的两点，并且之前的结果表明 $\Phi_T^\theta(p_1)$ 和 $\Phi_T^\theta(p_2)$ 这两点也属于 Δ 的某一个最大积分子流形。因此，对于满足 $p_2 = \Phi_t^\tau(p_1)$ 的两点 p_1 和 p_2，定理得到证明。如果并非这种情况，那么利用引理 2.1.8，总能找到 Δ 中的向量场 $\tau_1, \ldots, \tau_k$ 使得 $p_2 = \Phi_{t_1}^{\tau_1} \circ \cdots \circ \Phi_{t_k}^{\tau_k}(p_1)$，再利用上述结论以证明定理。 $\lhd$

2.2 控制李代数

在 2.1 节中提出的概念可用于从全局角度研究输入-状态的相互作用性质。和 1.5 节一样，这里考虑如下方程组描述的控制系统：

$$
\dot{p} = f(p) + \sum_{i=1}^{m} g_i(p) u_i \tag{2.3}
$$

回想一下，这些性质的局部分析都基于对分布 R 的仔细考量 (R 是在向量场 $f, g_1, \ldots, g_m$ 下不变且包含 $f, g_1, \ldots, g_m$ 的最小分布)。这也表明，如果该分布是非奇异的，则是对合的 (见引理 1.8.5)。由此可以利用 2.1 节所述结果来找到状态空间 N 的一个全局分解。

引理 2.2.1. 若 R 是非奇异的，则 R 具有最大积分流形性质。

证明: 仅利用推论 2.1.6 即可。 $\triangleleft$

从研究输入和状态之间相互作用的角度来看，将 N 分解成 R 的最大积分子流形可有如下解释。已知每一个向量场 $f, g_1, \ldots, g_m$ 都属于 R，因此它们与 R 的每一个最大积分子流形都相切。令 S_{p° 为经过 p° 的 R 的最大积分子流形。根据之前所述，如果 $u_1, \ldots, u_m$ 为实数，那么任何形如 $\tau = f + \sum_{i=1}^m g_i u_i$ 的向量场都将和 S_{p° 相切，因此在 $t = 0$ 时经过 p° 的向量场 τ 的积分曲线将属于 S_{p°。由此可得，任何从点 p° 发出的状态轨线，在分段常值控制作用下，将一直保持在 S_{p° 中。

将上述观察与定理 1.8.9 的陈述 (b) 结合起来考虑，可以得到下面的结果。

定理 2.2.2. 假设 R 非奇异。那么，存在一个分划，将 N 划分成具有相同维数的 R 的最大积分子流形。以 S_{p° 表示过 p° 的 R 的最大积分子流形。在分段常值输入函数作用下，始于 p° 的状态可达集 $\mathcal{R}(p^\circ)$

(a) 是 S_{p° 的一个子集；

(b) 包含 S_{p° 的一个开子集。

这个结果可视为定理 1.8.9 的一个全局形式。其实还存在形式更为一般、无须假设 R 为非奇异分布的定理。当然，由于关注的是全局分解，所以有必要研究具有最大积分流形性质的分布。从 2.1 节的讨论可看到，一个合理的情况是，分布由一组对合且局部有限生成的向量场张成。这激发了下面的研究兴趣。

令 $\{\tau_i \colon 1 \leqslant i \leqslant q\}$ 是向量场的一个有限集合，$\mathcal{L}_1, \mathcal{L}_2$ 是 $V(N)$ 的两个子代数，二者都包含向量场 $\tau_1, \ldots, \tau_q$。显然，交集 $\mathcal{L}_1 \cap \mathcal{L}_2$ 仍然是 $V(N)$ 的子代数，并且包含 $\tau_1, \ldots, \tau_q$。于是可得，存在 $V(N)$ 的唯一子代数 $\mathcal{L}$，它包含 $\tau_1, \ldots, \tau_q$ 并且被 $V(N)$ 中包含向量场 $\tau_1, \ldots, \tau_q$ 的所有子代数包含。这个子代数称为包含向量场 $\tau_1, \ldots, \tau_q$ 的 $V(N)$ 的最小 (smallest) 子代数。

注记 2.2.1. 也可用下面的术语来描述子代数 $\mathcal{L}$。考虑集合

$$L_\circ = \{\tau \in V(N) \colon \tau = [\tau_{i_k}, [\tau_{i_{k-1}}, \ldots, [\tau_{i_2}, \tau_{i_1}]]]; 1 \leqslant i_k \leqslant q, 1 \leqslant k < \infty\}$$

并以 $LC(L_\circ)$ 表示由 $L_\circ$ 中元素的所有有限 $\mathbb{R}$-线性组合 (finite $\mathbb{R}$-linear combinations) 构成的集合，则能够看到 $\mathcal{L} = LC(L_\circ)$。原因在于，根据构造，$\mathcal{L}$ 作为 $V(N)$ 的包含 $\tau_1, \ldots, \tau_q$ 的一个子代数，一定包含每一个形如 $[\tau_{i_k}, [\tau_{i_{k-1}}, \ldots, [\tau_{i_2}, \tau_{i_1}]]]$ 的向量场，所以 $L_\circ$ 中的每一个元素亦是 $\mathcal{L}$ 中的一个元素。因此，$LC(L_\circ) \subset \mathcal{L}$，并且对于 $1 \leqslant i \leqslant q$，也有 $\tau_i \in LC(L_\circ)$。为证明 $\mathcal{L} = LC(L_\circ)$，只需证明 $LC(L_\circ)$ 是 $V(N)$ 的一个子代数。这可由以下事实得到：$L_\circ$ 中任意两个向量场的李括号是 $L_\circ$ 中元素的一个 $\mathbb{R}$-线性组合。 $\triangleleft$

可用一种自然的方式给子代数 $\mathcal{L}$ 关联一个分布 $\Delta_{\mathcal{L}}$，方法是令

$$\Delta_{\mathcal{L}} = \text{span}\{\tau \colon \tau \in \mathcal{L}\}$$

显然，$\Delta_{\mathcal{L}}$ 不必非奇异。因而，为能够对 $\Delta_{\mathcal{L}}$ 进行运算，必须明确设定一些合适的假设条件。鉴于 2.1 节末尾所讨论的结果，将假设 $\mathcal{L}$ 是局部有限生成的。

这个假设的一个直接结论如下。

引理 2.2.3. 如果子代数 $\mathcal{L}$ 是局部有限生成的，则分布 $\Delta_{\mathcal{L}}$ 具有最大积分流形性质。

证明: 由构造可知，集合 $\mathcal{L}$ 是对合的 [因为它是 $V(N)$ 的一个子代数]。于是，应用定理 2.1.5 可见，$\Delta_{\mathcal{L}}$ 具有最大积分流形性质。 $\lhd$

在处理形如式 (2.3) 的控制系统时，要考虑包含向量场 $f, g_1, \ldots, g_m$ 的最小子代数 $V(N)$。记该子代数为 $\mathcal{C}$，并称之为**控制李代数** (control Lie algebra)。可对 $\mathcal{C}$ 关联以下分布:

$$\Delta_{\mathcal{C}} = \text{span}\{\tau \colon \tau \in \mathcal{C}\}$$

注记 2.2.2. 不难证明，余分布 $\Delta_{\mathcal{C}}^{\perp}$ 在向量场 $f, g_1, \ldots, g_m$ 下是不变的。因为，令 τ 为 $\mathcal{C}$ 中任一向量场，ω 为 $\Delta_{\mathcal{C}}^{\perp}$ 中任一余向量场。那么，$\langle \omega, \tau \rangle = 0$，并且 $\langle \omega, [f, \tau] \rangle = 0$，因为 $[f, \tau]$ 也是 $\mathcal{C}$ 中的向量场。因此，根据等式

$$\langle L_f \omega, \tau \rangle = L_f \langle \omega, \tau \rangle - \langle \omega, [f, \tau] \rangle = 0$$

可以推知，$L_f \omega$ 零化 $\mathcal{C}$ 中所有向量场。由于 $\Delta_{\mathcal{C}}$ 由 $\mathcal{C}$ 中的向量场张成，因而 $L_f \omega$ 是 $\Delta_{\mathcal{C}}^{\perp}$ 中的余向量场，即 $\Delta_{\mathcal{C}}^{\perp}$ 在 f 下不变。以同样的方式可以证明 $\Delta_{\mathcal{C}}^{\perp}$ 在 $g_1, \ldots, g_m$ 下不变。

如果余分布 $\Delta_{\mathcal{C}}^{\perp}$ 是光滑的 (例如当分布 $\Delta_{\mathcal{C}}$ 非奇异时)，那么，利用引理 1.6.3 可得，$\Delta_{\mathcal{C}}$ 本身在 $f, g_1, \ldots, g_m$ 下是不变的。 $\lhd$

注记 2.2.3. 分布 $\Delta_{\mathcal{C}}$ 与第 1 章中引入的分布 P 和 R 有如下关系:

(a) $\Delta_{\mathcal{C}} \subset P + \text{span}\{f\} \subset R$;

(b) 如果 p 是 $\Delta_{\mathcal{C}}$ 的一个正则点，则 $\Delta_{\mathcal{C}}(p) = (P + \text{span}\{f\})(p) = R(p)$。

这个陈述的证明留给读者。 $\lhd$

在输入与状态相互作用的研究中，控制李代数 $\mathcal{C}$ 的作用取决于以下思考。设 $\Delta_{\mathcal{C}}$ 具有最大积分流形性质，并令 S_{p° 为 $\Delta_{\mathcal{C}}$ 过点 p 的最大积分子流形。由于向量场 $f, g_1, \ldots, g_m$ 以及任一形式为 $\tau = f + \sum_{i=1}^{m} g_i u_i$ 的向量场 τ ($u_1, \ldots, u_m$ 皆为实数) 均属于 $\Delta_{\mathcal{C}}$ (因而与 S_{p° 相切)，于是，由于分段常值控制的作用，控制系统 (2.3) 在 $t = 0$ 时过点 p° 的任一状态轨线都将一直保持在 S_{p° 中。

因此可见，当研究初始化于点 $p^\circ \in N$ 的控制系统的行为时，可把 N 的子流形 S_{p° 而非整个 N 视为一个自然的状态空间。由于对所有的 $\hat{p} \in S_{p^\circ}$，切向量 $f(\hat{p}), g_1(\hat{p}), \ldots, g_m(\hat{p})$ 是在 $\hat{p}$ 处 S_{p° 的切空间中的元素，通过取原向量场 $f, g_1, \ldots, g_m$ 相对于 S_{p° 的限制，可以定义一组 S_{p° 上的向量场 $\hat{f}, \hat{g}_1, \ldots, \hat{g}_m$ 及一个在 S_{p° 上演化的控制系统

$$\dot{\hat{p}} = \hat{f}(\hat{p}) + \sum_{i=1}^{m} \hat{g}_i(\hat{p}) u_i \tag{2.4}$$

其行为与原控制系统完全一致。

根据构造，包含向量场 $\hat{f}, \hat{g}_1, \ldots, \hat{g}_m$ 的 $V(S_{p^\circ})$ 的最小子代数 $\hat{\mathcal{C}}$ 在每一点 $\hat{p} \in S_{p^\circ}$ 处张成整个切空间 $T_{\hat{p}} S_{p^\circ}$。利用在注记 2.2.1 中对 $\mathcal{C}$ 和 $\hat{\mathcal{C}}$ 所做的解释，这是显而易见的。

因此可得，对于控制系统 (2.4)(它在 S_{p° 上演化)，$\Delta_{\hat{\mathcal{C}}}$ 的维数在每一点都等于 S_{p° 的维数。或者换言之，包含 $\hat{f}, \hat{g}_1, \ldots, \hat{g}_m$ 且在 $\hat{f}, \hat{g}_1, \ldots, \hat{g}_m$ 下不变的最小分布 $\hat{R}$ 是非奇异的 (见注记 2.2.3)，其维数等于 S_{p° 的维数。

控制系统 (2.4) 满足定理 2.2.2 的假设条件，从而使下述结果得以成立。

定理 2.2.4. 假设分布 $\Delta_{\mathcal{C}}$ 具有最大积分流形性质。令 S_{p° 表示 $\Delta_{\mathcal{C}}$ 过点 p° 的最大积分子流形。记始于 p° 的在分段常值输入函数作用下的可达状态集为 $\mathcal{R}(p^\circ)$，则有：

(a) 是 S_{p° 的一个子集；

(b) 包含 S_{p° 的一个开子集。

注记 2.2.4. 注意，如果 $\Delta_{\mathcal{C}}$ 具有最大积分流形性质，但却是奇异的，则 $\Delta_{\mathcal{C}}$ 的不同最大积分子流形的维数可能不同。因而，对于两个不同的初始状态 p^1 和 p^2，有可能得到形如式 (2.4) 的在不同维数流形 S_{p^1} 和 S_{p^2} 上演化的两个控制系统。2.4 节将给出一些这样的例子。 $\lhd$

注记 2.2.5. 注意，假设条件"分布 $\Delta_{\mathcal{C}}$ 具有最大积分流形性质"蕴涵在假设条件"分布 $\Delta_{\mathcal{C}}$ 为非奇异分布"中。在此情况下，实际上 $\Delta_{\mathcal{C}} = R$ (见注记 2.2.3) 并且 R 具有最大积分流形性质 (见引理 2.2.1)。 $\lhd$

通过解释一个经常用到的术语来结束本节。如果

$$\dim \Delta_{\mathcal{C}}(p^\circ) = n \tag{2.5}$$

则称控制系统 (2.3) 在 p° 处满足**可控性秩条件** (controllability rank condition)。

显然，如果是这种情况，并且 $\Delta_{\mathcal{C}}$ 具有最大积分流形性质，那么 $\Delta_{\mathcal{C}}$ 过点 p° 的最大积分子流形的维数为 n，并且依据定理 2.2.4，始于点 p° 的状态可达集至少填满状态空间 N 的一个开集。

由定理 2.2.4 得到的以下推论描述了当可以自由选择初始状态 p° 时成立的一种情况。对于一个形如式 (2.3) 的控制系统，如果对于每一个初始状态 $p^\circ \in N$，该系统在分段常值输入函数作用下的状态可达集至少包含 N 的一个开子集，则称该系统在 N 上是**弱可控的** (weakly controllable)。

推论 2.2.5. 形如式 (2.3) 的控制系统在 N 上为弱可控系统的一个充分条件是，对于所有的 $p \in N$，有

$$\dim \Delta_{\mathcal{C}}(p) = n$$

如果分布 $\Delta_{\mathcal{C}}$ 具有最大积分流形性质，那么该条件也是必要的。

证明: 如果此条件得以满足，则 $\Delta_{\mathcal{C}}$ 是非奇异且对合的，因此，由前面的讨论可知系统是弱可控的。反之，如果分布 $\Delta_{\mathcal{C}}$ 具有最大积分流形性质，并且在某一点 $p^\circ \in N$ 处有 $\dim \Delta_{\mathcal{C}}(p^\circ) < n$，则始于 p° 的状态可达集属于 N 的一个子流形，其维数严格小于 n (见定理 2.2.4)。因此，该集合不能包含 N 的一个开子集。 $\lhd$

2.3 观测空间

本节从全局角度对以方程组 (2.3) 及输出映射

$$y = h(p) \tag{2.6}$$

描述的系统，研究其状态-输出的相互作用性质。

所述内容与前一节非常类似。首先回忆在 1.9 节中进行的局部分析，其出发点是考虑在 $f, g_1, \ldots, g_m$ 下不变且包含余向量场 $\mathrm{d}h_1, \ldots, \mathrm{d}h_l$ 的最小余分布。如果这个余分布的零化子 Q 是非奇异的，那么它也是对合的 (见引理 1.9.5)，并且可用于执行状态空间的一个全局分解。平行于引理 2.2.1，有如下结果。

引理 2.3.1. *假设 Q 非奇异，那么 Q 具有最大积分流形性质。*

这种分解在描述状态-输出相互影响时所起的作用可解释如下。注意到，由于 Q 非奇异并且对合，所以满足定理 2.1.9 的假设条件 (因为由一个非奇异分布的所有向量场构成的集合是局部有限生成的)。令 S 为 Q 的任一最大积分子流形。由于 Q 在 $f, g_1, \ldots, g_m$ 下不变，并且在任何形如 $\tau = f + \sum_{i=1}^{m} g_i u_i$ 的向量场下也不变，其中 $u_1, \ldots, u_m$ 为实数，所以利用定理 2.1.9 可推知，给定 S 的任何两点 p^a 和 p^b 及任何形如 $\tau = f + \sum_{i=1}^{m} g_i u_i$ 的向量场，点 $\Phi_t^{\tau}(p^a)$ 和 $\Phi_t^{\tau}(p^b)$ 对于所有的 t 都属于 Q 的同一个最大积分子流形。换言之，可以看到，从 Q 的某一个最大积分子流形上的两个初始状态出发，在相同的分段常值控制作用下得到两条状态轨线，它们在任何时刻都经过 Q 的同一个最大积分子流形。

此外，容易看到，函数 $h_1, \ldots, h_l$ 在 Q 的每一个最大积分子流形上都保持不变。因为，令 S 为这些积分子流形中的任意一个，以 $\hat{h}_i$ 表示 h_i 相对于 S 的限制。在 S 的每一点 p 处，因为 $Q \subset (\mathrm{span}\{\mathrm{d}h_i\})^{\perp}$，所以 $\hat{h}_i$ 沿 T_pS 的任一向量 v 的导数为零，因此函数 $\hat{h}_i$ 是一个常数。

由此立即得到一个结论，如果 p^a 和 p^b 是属于 Q 的同一个积分子流形的两个初始状态，则在相同的分段常值控制作用下可得到两条轨线，它们在任何时刻在每一个输出分量上都产生相同的值，亦即它们是不可区分的。

仔细考虑上述内容，导出了定理 1.9.7 的如下全局形式表述。

定理 2.3.2. *假设 Q 非奇异，则存在 N 的一个分划，将其划分成具有相同维数的 Q 的最大积分子流形。以 S_{p° 表示过点 p° 的 Q 的最大积分子流形，则有*

(a) 在分段常值输入函数作用下，不存在 S_{p° 的其他点与 p° 可区分；

(b) 存在点 $p^\circ \in N$ 的一个开邻域 U，具有这样的性质：在分段常值输入函数作用下，任何与 p° 不可区分的点 $p \in U$，必然属于 $U \cap S_{p^\circ}$。

证明: 结论 (a) 已经得到证明，这里要对结论 (b) 做些说明。由于 Q 是非奇异的，所以在任一点 p° 附近可找到一个邻域 U 和一个将 U 划分成切片的分划，显然每一个切片是 Q 的一个积分子流形。但 S_{p° 与 U 的交集作为 S_{p° 的一个非空开子集，也是 Q 的一个积分子流形。因此，由于 S_{p° 是最大的，所以过点 p° 的 U 的切片包含在 $U \cap S_{p^\circ}$ 中。根据定理 1.9.7 的结论 (b) 可知，U 中在分段常值输入函数作用下与 p° 不可区分的任何其他状态均属于过点 p° 的 U 的切片，因此属于 $U \cap S_{p^\circ}$。 $\lhd$

如果分布 Q 是奇异的，则可基于如下考虑来处理这个问题。令 $\{\lambda_i\colon 1\leqslant i\leqslant l\}$ 为实值函数的一个有限集合，$\{\tau_i\colon 1\leqslant i\leqslant q\}$ 是向量场的一个有限集合。令 $\mathcal{S}_1$ 和 $\mathcal{S}_2$ 是 $C^\infty(N)$ 的两个子空间，二者都包含函数 $\lambda_1,\ldots,\lambda_l$，并且对于所有的 $\lambda\in\mathcal{S}_1\cap\mathcal{S}_2$ 和所有的 $1\leqslant j\leqslant q$，具有性质 $L_{\tau_j}\lambda\in\mathcal{S}_i$，$i=1,2$。显然，交集 $\mathcal{S}_1\cap\mathcal{S}_2$ 也是 $C^\infty(N)$ 的一个子空间，包含 $\lambda_1,\ldots,\lambda_l$ 并且对于所有的 $\lambda\in\mathcal{S}_1\cap\mathcal{S}_2$ 和所有的 $1\leqslant j\leqslant q$，有 $L_{\tau_j}\lambda\in\mathcal{S}_1\cap\mathcal{S}_2$。因而推知，存在 $C^\infty(N)$ 唯一的最小子空间 $\mathcal{S}$，它包含 $\lambda_1,\ldots,\lambda_l$，并且对于所有的 $\lambda\in\mathcal{S}$ 和所有的 $1\leqslant j\leqslant q$，有 $L_{\tau_j}\lambda\in\mathcal{S}$。这就是包含 $\lambda_1,\ldots,\lambda_l$ 并且对于沿向量场 $\tau_1,\ldots,\tau_q$ 的微分运算封闭的 $C^\infty(N)$ 的最小子空间。

注记 2.3.1. 子空间 $\mathcal{S}$ 可描述如下。考虑集合

$$\begin{aligned}S_\circ=\{\lambda\in C^\infty(N)\colon \lambda=\lambda_j\ \text{或者}\\ \lambda=L_{\tau_{i_1}}\ldots L_{\tau_{i_k}}\lambda_j;1\leqslant j\leqslant l,1\leqslant i_k\leqslant q,1\leqslant k<\infty\}\end{aligned}$$

并以 $LC(S_\circ)$ 表示由 $S_\circ$ 中元素的所有 $\mathbb{R}$-线性组合构成的集合。于是 $LC(S_\circ)=\mathcal{S}$。事实上，容易检验，$LC(S_\circ)$ 的每一个元素都是 $\mathcal{S}$ 中的元素，所以 $LC(S_\circ)\subset\mathcal{S}$。并且容易检验，对于所有的 $1\leqslant j\leqslant l$，有 $\lambda_j\in LC(S_\circ)$，并且 $LC(S_\circ)$ 对于沿 $\tau_1,\ldots,\tau_q$ 的微分运算封闭。 $\lhd$

令

$$\Omega_{\mathcal{S}}=\mathrm{span}\{\mathrm{d}\lambda\colon \lambda\in\mathcal{S}\}$$

则可自然地使子空间 $\mathcal{S}$ 与余分布 $\Omega_{\mathcal{S}}$ 相关联。

根据构造，余分布 $\Omega_{\mathcal{S}}$ 是光滑的，但正如所知，分布 $\Omega_{\mathcal{S}}^{\perp}$ 未必光滑。由于感兴趣的是光滑分布，因为要用它们把状态空间划分成最大积分子流形，所以更准确地说，应该仔细考查分布 $\mathrm{smt}(\Omega_{\mathcal{S}}^{\perp})$ (见注记 1.3.3)。

以下结论对于考查 $\mathrm{smt}(\Omega_{\mathcal{S}}^{\perp})$ 来找到 N 的全局分解来说非常重要。

引理 2.3.3. 假设 $\mathrm{smt}(\Omega_{\mathcal{S}}^{\perp})$ 的全部向量场所构成的集合是局部有限生成的，则 $\mathrm{smt}(\Omega_{\mathcal{S}}^{\perp})$ 具有最大积分流形性质。

证明: 鉴于定理 2.1.5，只需要证明 $\mathrm{smt}(\Omega_{\mathcal{S}}^{\perp})$ 是对合的。令 τ_1 和 τ_2 为 $\mathrm{smt}(\Omega_{\mathcal{S}}^{\perp})$ 中的两个向量场，λ 为 $\mathcal{S}$ 中的任一函数。由于 $\langle\mathrm{d}\lambda,\tau_1\rangle=0$ 和 $\langle\mathrm{d}\lambda,\tau_2\rangle=0$，所以有

$$\langle\mathrm{d}\lambda,[\tau_1,\tau_2]\rangle=L_{\tau_1}\langle\mathrm{d}\lambda,\tau_2\rangle-L_{\tau_2}\langle\mathrm{d}\lambda,\tau_1\rangle=0$$

于是，向量场 $[\tau_1,\tau_2]$ 属于 $\Omega_{\mathcal{S}}^{\perp}$。但由于 $[\tau_1,\tau_2]$ 是光滑的，因而也属于 $\mathrm{smt}(\Omega_{\mathcal{S}}^{\perp})$。 $\lhd$

为研究可观测性，考虑包含函数 $h_1,\ldots,h_l$ 且对于沿向量场 $f,g_1,\ldots,g_m$ 的微分运算封闭的 $C^\infty(N)$ 的最小子空间。记该空间为 $\mathcal{O}$ 且称之为**观测空间** (Observation Space)。此外，可对 $\mathcal{O}$ 关联余分布

$$\Omega_{\mathcal{O}}=\mathrm{span}\{\mathrm{d}\lambda\colon \lambda\in\mathcal{O}\}$$

注记 2.3.2. 能够证明分布 $\Omega_{\mathcal{O}}^{\perp}$ 在向量场 $f, g_1, \ldots, g_m$ 下是不变的。因为，令 λ 为 $\mathcal{O}$ 中的任一函数，τ 是 $\Omega_{\mathcal{O}}^{\perp}$ 中的一个向量场，则有 $\langle \mathrm{d}\lambda, \tau\rangle = 0$。并且因为 $L_f\lambda$ 也是 $\mathcal{O}$ 中的一个函数，因而 $\langle \mathrm{d}L_f\lambda, \tau\rangle = 0$。因此根据等式

$$\langle \mathrm{d}\lambda, [f, \tau]\rangle = L_f\langle \mathrm{d}\lambda, \tau\rangle - \langle \mathrm{d}L_f\lambda, \tau\rangle = 0$$

可以推知 $[f, \tau]$ 零化 $\mathcal{O}$ 中所有函数的微分。由于 $\Omega_{\mathcal{O}}$ 由 $\mathcal{O}$ 中函数的微分张成，所以可得 $[f, \tau]$ 是 $\Omega_{\mathcal{O}}^{\perp}$ 的一个向量场。用同样的方式可以证明在 $g_1, \ldots, g_m$ 下的不变性。

如果分布 $\Omega_{\mathcal{O}}^{\perp}$ 是光滑的 (例如当余分布 $\Omega_{\mathcal{O}}$ 非奇异时)，则利用引理 1.6.3 可得 $\Omega_{\mathcal{O}}$ 自身在 $f, g_1, \ldots, g_m$ 下不变。 $\lhd$

注记 2.3.3. 分布 $\Omega_{\mathcal{O}}^{\perp}$ 和第 1 章引入的分布 Q 有如下关系：

(a) $\Omega_{\mathcal{O}}^{\perp} \subset Q$；

(b) 如果 p 是 $\Omega_{\mathcal{O}}$ 的一个正则点，则 $\Omega_{\mathcal{O}}^{\perp}(p) = Q(p)$。

这个结论的证明留给读者。 $\lhd$

根据前面的注记 2.3.2 及注记 1.6.5 可推知分布 $\mathrm{smt}(\Omega_{\mathcal{O}}^{\perp})$ 在向量场 $f, g_1, \ldots, g_m$ 下不变，从而在任何形如 $\tau = f + \sum_{i=1}^{m} g_i u_i$ 的向量场 τ 下不变，其中 $u_1, \ldots, u_m$ 为实数。现在假设由 $\mathrm{smt}(\Omega_{\mathcal{O}}^{\perp})$ 中所有向量场构成的集合是局部有限生成的，以便 $\mathrm{smt}(\Omega_{\mathcal{O}}^{\perp})$ 有最大积分流形性质。利用定理 2.1.9，正如之前 Q 非奇异时所采用的处理方式，可以得知，始于 $\mathrm{smt}(\Omega_{\mathcal{O}}^{\perp})$ 同一最大积分子流形上的任何两个状态，在相同的分段常值控制作用下所得到的两条轨迹，在任何时刻都位于 $\mathrm{smt}(\Omega_{\mathcal{O}}^{\perp})$ 的同一个最大积分子流形上。现在注意，因为 $\mathrm{smt}(\Omega_{\mathcal{O}}^{\perp})(p)$ 中的每一个切向量也属于 $\Omega_{\mathcal{O}}^{\perp}(p)$ 且 $\Omega_{\mathcal{O}}^{\perp}(x)$ 中的每一个切向量 v 都使得 $\langle \mathrm{d}h_i(p), v\rangle = 0$ 成立，所以 $\mathrm{smt}(\Omega_{\mathcal{O}}^{\perp})$ 被 $(\mathrm{span}\{\mathrm{d}h_i\})^{\perp}$ 包含，$1 \leqslant i \leqslant l$。因此可知函数 h_i 在 $\mathrm{smt}(\Omega_{\mathcal{O}}^{\perp})$ 的每一个最大积分子流形上是恒常的。

上述讨论以及先前的观察表明，任何两个初始状态 p^a 和 p^b，如果位于 $\mathrm{smt}(\Omega_{\mathcal{O}}^{\perp})$ 的同一个最大积分子流形上，则它们在分段常值输入作用下是不可区分的。这拓展了定理 2.3.2 的结论 (a)。至于对定理 2.3.2 的结论 (b) 的拓展，后面将看到，需要一些正则性的要求。

定理 2.3.4. 假设包含在 $\mathrm{smt}(\Omega_{\mathcal{O}}^{\perp})$ 中的所有向量场所构成的集合是局部有限生成的。以 S_{p° 表示过 p° 的 $\mathrm{smt}(\Omega_{\mathcal{O}}^{\perp})$ 的最大积分子流形，则

(a) 在分段常值输入作用下，S_{p° 中没有其他点与 p° 可区分；

(b) 如果 p° 是 $\Omega_{\mathcal{O}}$ 的一个正则点，那么存在点 $p^\circ \in N$ 的一个开邻域 U 具有这样的性质：任何在分段常值输入作用下与 p° 不可区分的点 $p \in U$，一定属于 $U \cap S_{p^\circ}$。

证明：结论 (a) 已经被证明了。结论 (b) 的证明本质上与定理 2.3.2 的结论 (b) 的证明相同。 $\lhd$

下面的例子解释了定理 2.3.4 的结论 (b) 中为何需要“正则性”假设。

例 2.3.4. 考虑当 $N = \mathbb{R}$ 时的系统

$$\dot{x} = 0$$

$$y = h(x)$$

其中 $h(x)$ 的定义为

$$h(x) = \exp(-\frac{1}{x^2})\sin(\frac{1}{x}), \quad \text{对于 } x \neq 0$$
$$h(0) = 0$$

对于这个系统，两个状态 x^a 和 x^b 是不可区分的当且仅当 $h(x^a) = h(x^b)$。特别是，与状态 $x = 0$ 不可区分的状态集合与方程 $h(x) = 0$ 的根集合相同。除了 $x = 0$，该集合中的每一点都是孤立的。因而，不论在 $x = 0$ 处选择多小的开邻域 U，U 中都包含与 $x = 0$ 不可区分的点。

也可以看到，余分布 $\Omega_{\mathcal{O}} = \text{span}\{\mathrm{d}h\}$ 的维数除了在使 $\mathrm{d}h/\mathrm{d}x = 0$ 的点处为 0，在其余点处皆为 1。因此，任何属于 $\Omega_{\mathcal{O}}$ 的光滑向量场在 $\mathbb{R}$ 上一定恒为零且 $\text{smt}(\Omega_{\mathcal{O}}^{\perp}) = \{0\}$。过点 x 的 $\text{smt}(\Omega_{\mathcal{O}}^{\perp})$ 的最大积分子流形就是点 x 本身。

点 $x = 0$ 不是 $\Omega_{\mathcal{O}}$ 的一个正则点，对于该点的所有邻域 U 有 $U \cap S_{\circ} = \{0\}$，尽管知道 U 中存在着与 $x = 0$ 不可区分的其他点。 $\lhd$

以一些全局性的思考来结束本节。如果控制系统 (2.3)–(2.6) 在点 p° 处满足

$$\dim \Omega_{\mathcal{O}}(p^\circ) = n \tag{2.7}$$

则称该控制系统在 p° 处满足**可观测性秩条件** (observability rank condition)。

显然，在这种情况下，点 p° 是 $\Omega_{\mathcal{O}}$ 的一个正则点，并且由之前的讨论可以看到，在 p° 的一个适当邻域 U 中，任一点 p 在分段常值输入作用下与 p° 是可区分的。如果形如式 (2.3)–(2.6) 的控制系统对于每一个状态 $p^\circ \in N$，存在 p° 的一个邻域 U，其中的每一点在分段常值输入作用下与 p° 都是可区分的，则称该控制系统在 N 上是**局部可观测的** (locally observable)。

推论 2.3.5. 如果形如式 (2.3)–(2.6) 的控制系统对于所有的 $p \in N$，有

$$\dim \Omega_{\mathcal{O}}(p) = n$$

则该控制系统在 N 上是局部可观测的。

2.4　线性系统和双线性系统

本节举一些基本例子以便读者更熟悉截至目前所介绍的概念。

作为第一个应用，先来计算线性系统

$$\dot{x} = Ax + Bu$$
$$y = Cx$$

的李代数 $\mathcal{C}$ 和分布 $\Delta_{\mathcal{C}}$。回想一下 (或见 1.2 节) 可知，这确实是一个形如式 (2.3)–(2.6) 的系统，其中 $N = \mathbb{R}^n$ 且

$$f(x) = Ax$$
$$g_i(x) = b_i, \quad 1 \leqslant i \leqslant m$$

其中 b_i 是矩阵 B 的第 i 列，并且

$$h_i(x) = c_i x, \quad 1 \leqslant i \leqslant l$$

其中 c_i 是矩阵 C 的第 i 行。

首先要证明控制李代数 $\mathcal{C}$ 是 $V(N)$ 的子空间，该子空间中的每一个向量场都是集合

$$\{Ax\} \cup \{A^k b_i \colon 1 \leqslant i \leqslant m, 0 \leqslant k \leqslant n-1\} \tag{2.8}$$

中向量场的 $\mathbb{R}$-线性组合。理由如下：注意到上面的集合包含向量场 Ax 和 $b_1, \ldots, b_m$ (即向量场 $f, g_1, \ldots, g_m$) 并且该集合也包含在 $\mathcal{C}$ 中，因为该集合中任一元素都是 f 和 $g_1, \ldots, g_m$ 的重复李括号。事实上，

$$A^k b_i = (-1)^k \mathrm{ad}_f^k g_i$$

而且容易看到，由集合 (2.8) 中向量场的所有 $\mathbb{R}$-线性组合构成的集合

$$LC(\{Ax\} \cup \{A^k b_i \colon 1 \leqslant i \leqslant m, 0 \leqslant k \leqslant n-1\}) \tag{2.9}$$

已经是一个李子代数，即在李括号运算下是封闭的。

原因在于，容易看到，如果 $\tau_1(x)$ 和 $\tau_2(x)$ 是如下形式的向量场：

$$\tau_1(x) = A^k b_i$$
$$\tau_2(x) = A^h b_j$$

则 $[\tau_1, \tau_2](x) = 0$。另一方面，如果

$$\tau_1(x) = A^k b_i$$
$$\tau_2(x) = Ax$$

则有

$$[\tau_1, \tau_2] = A^{k+1} b_i$$

如果 $k < n-1$，则此向量场属于集合 (2.8)；如果 $k = n-1$，则此向量场是集合 (2.8) 中向量场的一个 $\mathbb{R}$-线性组合 (根据 Cayley-Hamilton 定理)。

如果 τ_1 和 τ_2 是集合 (2.8) 中向量场的 $\mathbb{R}$-线性组合，那么它们的李括号仍然是集合 (2.8) 中向量场的一个 $\mathbb{R}$-线性组合，这证明集合 (2.9) 是一个李子代数。

集合 (2.9) 是一个李代数，它包含 $f, g_1, \ldots, g_m$ 并被 $\mathcal{C}$ (包含 $f, g_1, \ldots, g_m$ 的最小李子代数) 包含。于是集合 (2.9) 和 $\mathcal{C}$ 相同。

计算分布 $\varDelta_{\mathcal{C}}$ 可得，在点 $x \in \mathbb{R}^n$ 处

$$\begin{aligned} \varDelta_{\mathcal{C}}(x) &= \mathrm{span}\{Ax\} + \mathrm{span}\{A^k b_i \colon 1 \leqslant i \leqslant m, 0 \leqslant k \leqslant n-1\} \\ &= \mathrm{span}\{Ax\} + \sum_{k=0}^{n-1} \mathrm{Im}(A^k B) \end{aligned} \tag{2.10}$$

现在关注包含 $g_1,\dots,g_m$ 且在 $f,g_1,\dots,g_m$ 下不变的最小分布 P。利用类似于注记 1.8.1 中所做的计算，容易检验，在任一点 $x\in\mathbb{R}^n$ 处，有

$$P(x)=\mathrm{span}\{A^k b_i\colon 1\leqslant i\leqslant m, 0\leqslant k\leqslant n-1\} \tag{2.11}$$

因而可见

$$\Delta_{\mathcal{C}}=\mathrm{span}\{f\}+P$$

分布 $\Delta_{\mathcal{C}}$ 由一组局部有限生成的向量场张成 (因为 $\mathcal{C}$ 中的任何向量场在 $\mathbb{R}^n$ 上是解析的)，因此根据引理 2.2.3 可知，分布 $\Delta_{\mathcal{C}}$ 具有最大积分流形性质。分布 P 是非奇异且对合的，于是根据推论 2.1.6，它也具有最大积分流形性质。

P 的所有最大积分子流形维数都相同，具有 $x+V$ 的形式，其中

$$V=\mathrm{Im}(B\ \ AB\ \ \dots\ \ A^{n-1}B)$$

$\Delta_{\mathcal{C}}$ 的最大积分子流形可以有不同的维数，因为 $\Delta_{\mathcal{C}}$ 可能有奇异性。

如果在某一点 $x\in\mathbb{R}^n$ 处有 $f(x)\in P(x)$，那么过点 x 的 $\Delta_{\mathcal{C}}$ 的最大积分子流形和分布 P 的一个最大积分子流形相同，即它是一个形如 $x+V$ 的子集。否则，如果这个条件不满足，则 $\Delta_{\mathcal{C}}$ 的最大积分子流形的维数比 P 的最大积分子流形的维数大 1，这个 ($\Delta_{\mathcal{C}}$ 的) 最大积分子流形又被划分成形如 $x'+V$ 的子集。

例 2.4.1. 下面的简单例子解释了 $\Delta_{\mathcal{C}}$ 奇异时的情况。令系统由如下方程描述：

$$\dot{x}=\begin{pmatrix}1&0&0\\0&-1&0\\0&0&1\end{pmatrix}x+\begin{pmatrix}1\\0\\0\end{pmatrix}u$$

那么，容易看到

$$V=\{x\in\mathbb{R}^3\colon x_2=x_3=0\}$$

并且

$$P=\mathrm{span}\{\frac{\partial}{\partial x_1}\}$$

仅在 $x_2=x_3=0$ 的那些 x 处 (即仅在 V 上) 切向量 $f(x)$ 才属于 P。因此，$\Delta_{\mathcal{C}}$ 的最大积分子流形除了在 V 上，在其余各处维数皆为 2。直接的计算表明可用如下方式描述这些子流形 (见图 2.1)。

(i) 如果 x° 满足 $x_2^\circ=0$ (或 $x_3^\circ=0$)，那么过 x° 的最大积分子流形是开半平面

$$\{x\in\mathbb{R}^3\colon x_2=0\ 且\ \mathrm{sgn}(x_3)=\mathrm{sgn}(x_3^\circ)\}$$
$$(或\ \{x\in\mathbb{R}^3\colon x_3=0\ 且\ \mathrm{sgn}(x_2)=\mathrm{sgn}(x_2^\circ)\})$$

(ii) 如果 x° 满足 $x_2^\circ\neq 0$ 且 $x_3^\circ\neq 0$，那么过 x° 的最大积分子流形是曲面

$$\{x\in\mathbb{R}^3\colon x_2x_3=x_2^\circ x_3^\circ\}\qquad\triangleleft$$

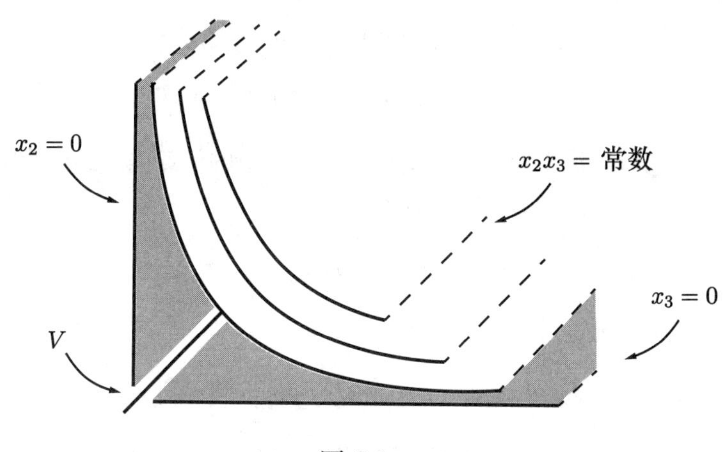

图 2.1

现在来计算子空间 $\mathcal{O}$ 和余分布 $\Omega_{\mathcal{O}}$。易于证明，$\mathcal{O}$ 是 $C^\infty(N)$ 的子空间，由函数 c_iA^kx 和函数 $c_iA^kb_j$ 的所有 $\mathbb{R}$-线性组合构成，即

$$\begin{aligned}\mathcal{O} = LC\{\lambda \in C^\infty(N)\colon \lambda(x) = c_iA^kx \quad \text{或} \\ \lambda(x) = c_iA^kb_j; 1 \leqslant i \leqslant l, 1 \leqslant j \leqslant m, 0 \leqslant k \leqslant n-1\}\end{aligned} \tag{2.12}$$

这是由于，注意到形如 c_iA^kx 或 $c_iA^kb_j$ 的函数满足

$$c_iA^kx = L_f^kh_i(x)$$
$$c_iA^kb_j = L_{g_j}L_f^kh_i(x)$$

这意味着式 (2.12) 的等号右边包含在 $\mathcal{O}$ 中。而且，函数 $h_1, \ldots, h_l$ 是式 (2.12) 的等号右边的元素。于是，只要证明式 (2.12) 的等号右边对于沿 $f, g_1, \ldots, g_m$ 的微分运算是封闭的，就完成了式 (2.12) 的证明。

如果 $\lambda(x) = c_iA^kx$，则 $L_f\lambda = c_iA^{k+1}x$ 且 $L_{g_j}\lambda(x) = c_iA^kb_j$。如果 $\lambda(x) = c_iA^kb_j$，那么 $L_f\lambda(x) = L_{g_j}\lambda(x) = 0$。因而，再利用 Cayley-Hamilton 定理，容易看到式 (2.12) 的等号右边对于沿 $f, g_1, \ldots, g_m$ 的微分运算是封闭的。

在每一点 x 处，余分布 $\Omega_{\mathcal{O}}$ 由 $\Omega_{\mathcal{O}}(x) = \mathrm{span}\{c_iA^k\colon 1 \leqslant i \leqslant l, 0 \leqslant k \leqslant n-1\}$ 给定。因此，$\Omega_{\mathcal{O}}$ 是非奇异的，并且考虑到注记 2.3.3(b)，有

$$\Omega_{\mathcal{O}}^{\perp}(x) = \bigcap_{k=0}^{n-1} \ker(CA^k) = Q(x)$$

(也见注记 1.9.1)。现在 Q 的最大积分子流形具有 $x + W$ 的形式，其中

$$W = \bigcap_{i=0}^{n-1} \ker(CA^i)$$

作为第二个应用，考虑由下述方程组描述的**双线性系统** (bilinear system)：

$$\dot{x} = Ax + \sum_{i=1}^{m}(N_ix)u_i$$
$$y = Cx$$

其中系统状态的演化流形也是整个 $\mathbb{R}^n$，f 和 $h_1,\ldots,h_l$ 与之前一样，并且

$$g_i(x) = N_i x, \quad 1 \leqslant i \leqslant m$$

为计算子代数 $\mathcal{C}$，首先注意到集合 $\{f, g_1, \ldots, g_m\}$ 中的任何向量场 τ 都形如 $\tau(x) = Tx$，其中 T 是一个 $n \times n$ 阶矩阵。如果要对形如

$$\tau_1(x) = T_1 x, \quad \tau_2(x) = T_2 x$$

的向量场 τ_1 和 τ_2 做李括号运算，则有

$$[\tau_1, \tau_2](x) = (T_2 T_1 - T_1 T_2)x = [T_1, T_2]x$$

其中 $[T_1, T_2] = (T_2 T_1 - T_1 T_2)$ 是 T_1 和 T_2 的**交换子** (commutator)。

基于如上观察，容易建立一个递归过程以产生包含向量场 $\tau_1(x) = T_1 x, \ldots, \tau_r(x) = T_r x$ 的最小李子代数。

引理 2.4.1. 考虑 $\mathbb{R}^{n \times n}$ (由所有的 $n \times n$ 实矩阵构成的空间) 的非减子空间序列，其定义为

$$M_0 = \operatorname{span}\{T_1, \ldots, T_r\}$$
$$M_k = M_{k-1} + \operatorname{span}\{[T_1, T], \ldots, [T_r, T] \colon T \in M_{k-1}\}$$

那么，存在一个整数 $k^\star$，使得对于所有的 $k > k^\star$ 有

$$M_k = M_{k^\star}$$

向量场集合

$$\mathcal{L} = \{\tau \in V(\mathbb{R}^n) \colon \tau(x) = Tx, T \in M_{k^\star}\}$$

是包含 $\tau_1(x) = T_1 x, \ldots, \tau_r(x) = T_r x$ 的关于向量场的最小李子代数。

证明: 证明相当简单，由以下步骤组成。由维数的有限性可证明，存在整数 $k^\star$，使得对于所有的 $k > k^\star$ 有 $M_k = M_{k^\star}$。然后，检验子空间 $M_{k^\star}$ 包含 $T_1, \ldots, T_r$ 和任何形如 $[T_{i_1}, \ldots, [T_{i_{h-1}}, T_{i_h}]]$ 的重复交换子，并满足：对于所有的 $P \in M_{k^\star}$ 和 $Q \in M_{k^\star}$，$[P, Q] \in M_{k^\star}$。由这些性质可直接推知 $\mathcal{L}$ 就是所期望的李代数。$\lhd$

基于这个结果，以矩阵 $A, N_1, \ldots, N_m$ 来初始化上述引理所描述的算法，能够容易地构造李代数 $\mathcal{C}$。

这种情况与之前不同，不再能给出 $\Delta_{\mathcal{C}}(x)$ 和 (或) 它的最大积分流形的一个简单表达式。然而，在某些特殊情况下，如下例所示，能够得到令人相当满意的分析结果。

例 2.4.2. 考虑系统

$$\dot{x} = Ax + Nxu$$

其中 $x \in \mathbb{R}^3$ 且

$$A = \begin{pmatrix} 0 & 1 & 0 \\ -1 & 0 & 0 \\ 0 & 0 & 0 \end{pmatrix}, \qquad N = \begin{pmatrix} 0 & 0 & 1 \\ 0 & 0 & 0 \\ -1 & 0 & 0 \end{pmatrix}$$

简单的计算表明

$$[A,N]=\begin{pmatrix}0&0&0\\0&0&1\\0&-1&0\end{pmatrix}$$

$$[N,[A,N]]=A,\qquad [A,[A,N]]=-N$$

因此有

$$\mathcal{C}=\{\tau\in V(\mathbb{R}^3)\colon \tau(x)=Tx, T\in\operatorname{span}\{A,N,[A,N]\}\}$$

为求出 $\varDelta_{\mathcal{C}}$ 的维数，计算矩阵

$$(Ax,Nx,[A,N]x)=\begin{pmatrix}x_2&x_3&0\\-x_1&0&x_3\\0&-x_1&-x_2\end{pmatrix}$$

的秩，可得到如下结果：

$$\begin{aligned}\dim\varDelta_{\mathcal{C}}(x)&=0,\qquad \text{若 } x=0\\ \dim\varDelta_{\mathcal{C}}(x)&=2,\qquad \text{若 } x\neq 0\end{aligned}$$

直接的计算表明，过点 x° 的 $\varDelta_{\mathcal{C}}$ 的最大积分子流形是如下集合：

$$\{x\in\mathbb{R}^3\colon x_1^2+x_2^2+x_3^2=(x_1^\circ)^2+(x_2^\circ)^2+(x_3^\circ)^2\}$$

即以原点为中心经过点 x° 的球面。

因此可知，系统的状态不是在整个 $\mathbb{R}^3$ 上自由演化的，而是在以原点为中心过初始状态的球面上演化的。

在任一点 $x\neq 0$ 附近，分布 $\varDelta_{\mathcal{C}}$ 是非奇异的，所以能通过一个适当的坐标变换得到形如式 (1.40) 的一个局部分解。为此，可以利用在定理 1.4.1 的证明中引入的构造，找到三个一组的向量场 τ_1,τ_2,τ_3，使得 τ_1 和 τ_2 属于 $\varDelta_{\mathcal{C}}$，且 $\tau_1(x^\circ)$，$\tau_2(x^\circ)$，$\tau_3(x^\circ)$ 线性无关。如果考虑位于直线上

$$\{x\in\mathbb{R}^3\colon x_1=x_2=0\}$$

的初始点，那么可取向量场

$$\begin{aligned}\tau_1(x)&=(Nx)\\ \tau_2(x)&=([A,N]x)\\ \tau_3(x)&=\begin{pmatrix}0\\0\\1\end{pmatrix}\end{aligned}$$

相应地得到

$$\varPhi_t^1(x)=\begin{pmatrix}(\cos t)x_1+(\sin t)x_3\\x_2\\-(\sin t)x_1+(\cos t)x_3\end{pmatrix}$$

$$\Phi_t^2(x) = \begin{pmatrix} x_1 \\ (\cos t)x_2 + (\sin t)x_3 \\ -(\sin t)x_2 + (\cos t)x_3 \end{pmatrix}$$

$$\Phi_t^3(x) = \begin{pmatrix} x_1 \\ x_2 \\ t + x_3 \end{pmatrix}$$

点 x° 附近的局部坐标卡由下面函数的逆给出：

$$F\colon (z_1, z_2, z_3) \mapsto \Phi^1_{z_1} \circ \Phi^2_{z_2} \circ \Phi^3_{z_3}(x^\circ)$$

对于 $x_1^\circ = x_2^\circ = 0$ 且 $x_3^\circ = a$，有

$$F(z_1, z_2, z_3) = \begin{pmatrix} (\sin z_1)(\cos z_2)(z_3 + a) \\ (\sin z_2)(z_3 + a) \\ (\cos z_1)(\cos z_2)(z_3 + a) \end{pmatrix}$$

向量场 f 和 g 在新坐标卡下的局部表示为

$$\tilde{f}(z) = (F_\star)^{-1} f(F(z)) = (F_\star)^{-1} A F(z)$$
$$\tilde{g}(z) = (F_\star)^{-1} g(F(z)) = (F_\star)^{-1} N F(z)$$

通过简单而乏味的计算得到

$$\tilde{f}(z) = \begin{pmatrix} \cos z_1 \tan z_2 \\ -\sin z_1 \\ 0 \end{pmatrix} \qquad \tilde{g}(z) = \begin{pmatrix} 1 \\ 0 \\ 0 \end{pmatrix}$$

因而可得，在点 x° 附近，系统在 z 坐标下由如下方程组描述：

$$\dot{z}_1 = \cos z_1 \tan z_2 + u$$
$$\dot{z}_2 = -\sin z_1$$
$$\dot{z}_3 = 0 \qquad \triangleleft$$

双线性系统可观测性的研究更为简单。利用在线性系统情况中用过的类似论据，容易证明 $\mathcal{O}$ 由下式给出：

$$\mathcal{O} = LC\{\lambda \in C^\infty(N)\colon \lambda(x) = c_i x \text{ 或 } \lambda(x) = c_i N_{j_1} \ldots N_{j_k} x; 1 \leqslant i \leqslant l, 1 \leqslant k \leqslant n-1, 0 \leqslant j_1, \ldots, j_k \leqslant m\}$$

(其中 $N_0 = A$)，因此

$$\Omega_{\mathcal{O}}^\perp = \bigcap_{k=0}^{n-1} \bigcap_{j_1, \ldots, j_k = 0}^{m} \ker(C N_{j_1} \ldots N_{j_k})$$

分布 $\Omega_{\mathcal{O}}^{\perp} = Q$ 是非奇异的，并且其最大积分子流形有 $x + W$ 的形式，此时

$$W = \bigcap_{k=0}^{n-1} \bigcap_{j_1,\ldots,j_k=0}^{m} \ker(CN_{j_1}\ldots N_{j_k})$$

值得注意的是，这样定义的子空间 W 在 $A, N_1, \ldots, N_m$ 下是不变的，包含在 $\ker(C)$ 中，并且是具有这些性质的 $\mathbb{R}^n$ 的最大子空间。由线性代数可知，通过 $\mathbb{R}^n$ 中一个适当的坐标变换 (例如见 1.1 节)，矩阵 $A, N_1, \ldots, N_m$ 可变为分块三角形式，因此系统的动态由以下形式的方程组描述：

$$\dot{x}_1 = A_{11}x_1 + A_{12}x_2 + \sum_{i=1}^{m}(N_{i,11}x_1 + N_{i,12}x_2)u_i$$

$$\dot{x}_2 = A_{22}x_2 + \sum_{i=1}^{m} N_{i,22}x_2u_i$$

而且，输出 y 仅依赖于 x_2 坐标，即 $y = C_2x_2$。

上述方程组恰好是式 (1.38) 的形式，这次是通过标准的线性代数论据而得到的。

2.5 实例

这一节将本章所阐述的理论应用于一个控制系统实例，该系统的状态空间流形 N 与 $\mathbb{R}^n$ 并非微分同胚。更确切地说，这里研究在 1.5 节介绍过的系统，它用如下形式的方程组：

$$J\dot{\omega} = S(\omega)J\omega + T \tag{2.13}$$

$$\dot{R} = S(\omega)R \tag{2.14}$$

描述航天器的姿态控制，其中状态 $(\omega, R) \in \mathbb{R}^3 \times SO(3)$ 且输入 $T \in \mathbb{R}^3$。正交矩阵 R 表示航天器相对于一个惯性固定参考坐标系的方位，向量 ω 表示它的角速度，向量 T 表示外部转矩。矩阵 J 称为航天器的惯性矩阵，$S(\omega)$ 是反对称矩阵

$$S(\omega) = \begin{pmatrix} 0 & \omega_3 & -\omega_2 \\ -\omega_3 & 0 & \omega_1 \\ \omega_2 & -\omega_1 & 0 \end{pmatrix}$$

假设外部转矩 T 由一组相互独立的 r 对喷气嘴 [**推进器** (thurster)] 产生，则可以设

$$T = b_1u_1 + \cdots + b_ru_r$$

其中 $b_1, \ldots, b_r \in \mathbb{R}^3$ 表示所施加的控制转矩的旋转轴相对于随体坐标轴的方向余弦向量，$u_1, \ldots, u_r$ 是相应的大小。当然，假设集合 $\{b_1, \ldots, b_r\}$ 是一个线性无关组 (因而 $r \leqslant 3$)。

以下要在 $r = 3$ 和 $r = 2$ 的两种情况下分析由分布 Δ_C 导出的分划。为方便起见，一开始仅讨论动态方程 (2.13)。注意到，令

$$x = J\omega$$

并且利用性质

$$S(w)v = -S(v)w$$

(该性质对任意的向量对 $v, w \in \mathbb{R}^3$ 都成立)，则该方程可重新写成下面的形式：

$$\dot{x} = -S(x)J^{-1}x + Bu$$

其中 $B = (b_1, \ldots, b_r)$，即

$$\dot{x} = f(x) + g_1(x)u_1 + \cdots + g_r(x)u_r$$

其中

$$f(x) = -S(x)J^{-1}x, \qquad g_i(x) = b_i, \qquad 1 \leqslant i \leqslant r$$

$r = 3$ 的情况非常简单。事实上，由于控制李代数 $\mathcal{C}$ 根据定义包含三个向量场 $g_1(x), g_2(x), g_3(x)$，并且根据假设，这些向量场 (都是定常的) 在每一点 $x \in \mathbb{R}^3$ 处都是线性无关的，所以立即有

$$\Delta_{\mathcal{C}}(x) = T_x\mathbb{R}^3, \qquad \forall x \in \mathbb{R}^3$$

换言之，可控性秩条件 (2.5) 在每一点 x 处都满足，从而由 $\Delta_{\mathcal{C}}$ 导出的分划退化成一个单个元素，即 $\mathbb{R}^3$ 本身。

$r = 2$ 的情况更为有趣 (至少从分析的角度来看)。在这种情况下，为了获得有意义的信息，必须计算 $f(x)$ 和 $g_i(x)$ 之间的一些李括号。令 c_1 和 c_2 为实数，考虑 (定常) 向量场

$$g(x) = c_1g_1(x) + c_2g_2(x)$$

由于 (正如直接的计算所示)

$$\frac{\partial f}{\partial x} = -S(x)J^{-1} + S(J^{-1}x)$$

于是，令 $b = c_1b_1 + c_2b_2$，则立即看到

$$[f, g](x) = S(x)J^{-1}b - S(J^{-1}x)b$$
$$[[f, g], g](x) = -2S(b)J^{-1}b$$

根据定义，控制李代数包含三个 (定常) 向量场 $g_1(x), g_2(x), [[f, g], g](x)$。因而，如果

$$\operatorname{rank}(b_1 \ b_2 \ S(b)J^{-1}b) = 3 \tag{2.15}$$

则再次得到 $\Delta_{\mathcal{C}}(x)$ 的维数与之前一样在每一点 x 处都为 3，并且与之相关联的 $\mathbb{R}^3$ 的分划退化成一个单个元素。

注意到，如果矩阵

$$B = (b_1 \ b_2)$$

则向量 b 是映像中的任意向量，因此条件 (2.15) 成立的可能性可以重新叙述为

$$S(b)J^{-1}b \notin \operatorname{Im}(B), \qquad \text{对于某一个 } b \in \operatorname{Im}(B) \tag{2.16}$$

现在证明，如果条件 (2.16) 不成立，那么在 $\mathbb{R}^3$ 中某一平面内的所有点处，Δ_C 的维数都为 2。这是因为，令 γ 表示一个 (非零的) 行向量，满足

$$\gamma B = 0$$

并假设经过一个线性 (因而是全局有定义的) 坐标变换，把 x 变成 $z = Tx$，满足

$$z_1(x) = \gamma x$$

根据 γ 的定义，有

$$\dot{z}_1 = \gamma \dot{x} = \gamma(-S(x)J^{-1}x + Bu) = -\gamma S(x)J^{-1}x \tag{2.17}$$

如果条件 (2.16) 不成立，那么在 $\text{Im}(B)$ 的每一点 x 处，$S(x)J^{-1}x$ 都是 $\text{Im}(B)$ 中的一个向量。由于

$$x \in \text{Im}(B) \Leftrightarrow \gamma x = 0 \Leftrightarrow z_1(x) = 0$$

所以由式 (2.17) 可见，如果在 $z_1 = 0$ 的每一点处，条件 (2.16) 都不成立，则也有 $\dot{z}_1 = 0$。这说明系统 (2.13) 始于平面

$$M = \{x \in \mathbb{R}^3 \colon \gamma x = 0\}$$

内的任何轨迹在所有时刻都保留在该平面内。因此，考虑到 2.2 节所得的结果，可以推知 Δ_C 在 M 的每一点处其维数一定至多为 2 (事实上，维数就是 2，因为 b_1 和 b_2 互不相关)。

在每一个其他点 $x \notin M$ 处，假设 Δ_C 的维数为 3。为使该假设成立，只要控制李代数包含三个向量场 $g_1(x), g_2(x), [f, g_i](x)$，并假设至少对于 x 的一个取值和某一个 i 值，这三个向量线性无关，即

$$\det(b_1 \; b_2 \; [f, g_i](x)) \neq 0$$

事实上，这个行列式关于 x 是线性的，并且如果它不恒等于零，则只能在某一平面的一些点处取值为零，这些点一定属于 M。

总之，如果条件 (2.16) 不成立并且行列式 $\det(b_1 \; b_2 \; [f, g_i](x))$ 不恒等于零 (对于某一个 i 值)，则分布 Δ_C 在 M 的所有点处维数为 2，其余各处维数为 3。因此，系统 (2.13) 的状态空间被 Δ_C 划分成三个最大积分流形：平面 M 以及被 M 分隔开的两个 (开的) 半空间。

现在针对完整系统 (2.13)–(2.14) 来研究同一类问题，这时系统的状态空间是流形

$$N = \mathbb{R}^3 \times SO(3)$$

为此，依次给出关于 $SO(3)$ 切空间结构的一些预备知识。

回想一下，$SO(3)$ 是流形 $\mathbb{R}^{3\times 3}$ 的一个三维嵌入子流形。因此，$SO(3)$ 在 R 处的切空间可视为切空间 $T_R\mathbb{R}^{3\times 3}$ 的一个 (三维) 子空间。以 x_{ij} 表示矩阵 $X \in \mathbb{R}^{3\times 3}$ 在 (i, j) 处的元素，选择 (在 $\mathbb{R}^{3\times 3}$ 上有全局定义的) 自然坐标函数

$$\{\phi_{ij}(X) = x_{ij} \colon 1 \leqslant i, j \leqslant 3\}$$

这样选择的坐标函数在每一点 X 处导出 $T_X\mathbb{R}^{3\times 3}$ 中基向量的一种选择，即切向量集合

$$\{\frac{\partial}{\partial x_{ij}}: 1 \leqslant i,j \leqslant 3\} \tag{2.18}$$

利用这组基向量，在点 $X \in \mathbb{R}^{3\times 3}$ 处的任何切向量 v 将被表示成

$$v = \sum_{i,j=1}^{3} v_{ij}\frac{\partial}{\partial x_{ij}}$$

其中 v_{ij} 表示 3×3 阶矩阵 V 在 (i,j) 处的元素。

现在，考虑三个矩阵

$$A_1 = \begin{pmatrix} 0 & 1 & 0 \\ -1 & 0 & 0 \\ 0 & 0 & 0 \end{pmatrix}, \quad A_2 = \begin{pmatrix} 0 & 0 & 1 \\ 0 & 0 & 0 \\ -1 & 0 & 0 \end{pmatrix}, \quad A_3 = \begin{pmatrix} 0 & 0 & 0 \\ 0 & 0 & 1 \\ 0 & -1 & 0 \end{pmatrix}$$

以及相应的指数 $\exp(A_1t)$，$\exp(A_2t)$ 和 $\exp(A_3t)$，其中 $t \in \mathbb{R}$。简单的计算表明，对于每一个 $1 \leqslant k \leqslant 3$，$\exp(A_kt)$ 是一个正交矩阵，其行列式值为 1。因而，$\exp(A_kt) \in SO(3)$。现在考虑映射

$$\begin{aligned} P_k\colon \mathbb{R} &\to SO(3) \\ t &\mapsto (\exp(A_kt))R \end{aligned}$$

其中 R 是 $SO(3)$ 的一个元素。根据构造，$P_k(t)$ 是 $SO(3)$ 上的一条光滑曲线，在 $t=0$ 时经过 R。它在 $t=0$ 时刻的切向量在基向量 (2.18) 下可表示为矩阵

$$[\dot{P}_k(t)]_{t=0} = A_kR$$

即切向量的形式为

$$v_k = \sum_{i,j=1}^{3} (A_kR)_{ij}\frac{\partial}{\partial x_{ij}}$$

由于三个矩阵 A_1, A_2, A_3 是线性无关的，所以三个相应的切向量 $\{v_1, v_2, v_3\}$ 也是线性无关的。而且，由构造知每一个 v_k 是 $T_RSO(3)$ 的一个元素，并且 $T_RSO(3)$ 是三维的。因此可得，集合 $\{v_1, v_2, v_3\}$ 实际上是 $T_RSO(3)$ 的一个基底。

特别是，考虑到 A_1，A_2，A_3 的特殊结构，可看到，在基向量 (2.18) 下，$T_RSO(3)$ 中的任何向量可表示成如下矩阵形式：

$$c_1A_1R + c_2A_2R + c_3A_3R$$

即表示成

$$\begin{pmatrix} 0 & c_1 & c_2 \\ -c_1 & 0 & c_3 \\ -c_2 & -c_3 & 0 \end{pmatrix} R = S(c)R$$

其中 c_1，c_2，c_3 是实数，$c = \mathrm{col}(c_3, -c_2, c_1)$。

现在回来讨论由分布 $\varDelta_{\mathcal{C}}$ 导出的系统 (2.13)–(2.14) 的状态空间的分划。所考虑的系统具有如下形式：

$$\dot{p} = f(p) + g_1(p)u_1 + \cdots + g_r(p)u_r$$

其中，

$$\begin{aligned} p &= (x, R) \in N = \mathbb{R}^3 \times SO(3) \\ \dot{p} &\in T_pN = T_x\mathbb{R}^3 \times T_RSO(3) \\ f(p) &= (-S(x)J^{-1}x, S(J^{-1}x)R) \\ g_i(p) &= (b_i, 0), \qquad 1 \leqslant i \leqslant r \end{aligned}$$

(回想一下，$J\omega = x$)。

假设 $r = 3$ 并注意到，根据定义，控制李代数 $\mathcal{C}$ 包含 6 个向量场 $g_i(p), [f, g_i](p)$，$1 \leqslant i \leqslant 3$。简单的计算表明

$$[f, g_i](x, R) = \left(\left(\frac{\partial S(x)J^{-1}x}{\partial x}\right)b_i, -S(J^{-1}b_i)R\right)$$

注意到，由于 b_i 都是线性无关的向量，所以向量 $J^{-1}b_i$ 和矩阵 $S(J^{-1}b_i)R$ 也是线性无关的，$1 \leqslant i \leqslant 3$。于是，根据之前的讨论可知，对于每一个 $R \in SO(3)$，矩阵 $S(J^{-1}b_i)R$ $(1 \leqslant i \leqslant 3)$ 在基向量 (2.18) 下，表示张成 $T_RSO(3)$ 的 3 个互不相关的切向量。另一方面，向量 b_i $(1 \leqslant i \leqslant 3)$ 张成 $T_x\mathbb{R}^3$。因此可得，由 6 个向量 $g_i(p), [f, g_i](p)$ $(1 \leqslant i \leqslant 3)$ 构成的集合在每一个 $(x, R) \in N$ 处张成切空间 $T_x\mathbb{R}^3 \times T_RSO(3)$。可控性秩条件 (2.5) 在每一点处都得到满足，由 $\varDelta_{\mathcal{C}}$ 导出的 N 的分划退化为一个单个元素，即 N 本身。

可遵循同样的方式来研究 $r = 2$ 时的情况：利用条件 (2.16) 证明矩阵 $S(J^{-1}b_1)R$，矩阵 $S(J^{-1}b_2)R$ 和矩阵

$$S(J^{-1}S(b)J^{-1}b)R$$

(其中 $b = c_1b_1 + c_2b_2$) 是线性无关的，并证明 T_pN 由 $g_i(p), [f, g_i](p), [[f, g], g](p), [f, [[f, g], g]](p)$ 张成，其中 $1 \leqslant i \leqslant 2$，$g(p) = c_1g_1(p) + c_2 + g_2(p)$。

第 3 章　输入-输出映射和实现理论

3.1　Fliess 泛函展式

本节和 3.2 节旨在描述非线性系统输入-输出行为的表示方式。照例考虑由以下微分方程组表述的系统：

$$
\begin{aligned}
\dot{x} &= f(x) + \sum_{i=1}^{m} g_i(x) u_i \\
y_j &= h_j(x), \qquad 1 \leqslant j \leqslant p
\end{aligned}
\tag{3.1}
$$

与第 1 章一样，假设该系统定义在 $\mathbb{R}^n$ 的一个开集 U 上。此外，本章始终假设向量场 $f, g_1, \ldots, g_m$ 均是定义在 U 上的**解析向量场** (analytic vector field)。类似地，假设输出函数 $h_1, \ldots, h_p$ 是定义在 U 上的解析函数。

为便于符号表示，在多数情况下将系统的输出写为一个向量函数

$$
y = h(x) = \mathrm{col}(h_1(x), \ldots, h_p(x))
$$

首先需要给出一些组合记法。考虑 $m+1$ 个指标的集合 $I = \{0, 1, \ldots, m\}$ [这里照例以整数表示指标，但也可用基数为 $\mathrm{card}(Z) = m+1$ 的任一集合 Z 的元素来表示 $m+1$ 个指标]。令 I_k 为 I 中由 k 个元素 $i_k, \ldots, i_1$ 构成的所有序列 $(i_k \ldots i_1)$ 的集合。称集合 I_k 中的一个元素是长度为 k 的多重指标。出于一致性考虑，也定义一个集合 I_0，它只有唯一的元素——空序列 (长度为 0 的多重指标)，记为 $\emptyset$。最后，令

$$
I^\star = \bigcup_{k \geqslant 0} I_k
$$

容易看到，利用合成规则

$$
(i_k \ldots i_1)(j_h \ldots j_1) \mapsto (i_k \ldots i_1 j_h \ldots j_1)
$$

并以 $\emptyset$ 作为中性元，可对集合 $I^\star$ 赋以自由幺半群结构。

一个关于 $m+1$ 个非交换不定元且系数属于 $\mathbb{R}$ 的**形式幂级数** (formal power series) 是一个映射

$$
c\colon I^\star \mapsto \mathbb{R}
$$

以下用符号 $c(i_k \ldots i_0)$ 表示 c 在 $I^\star$ 的某一个元素 $i_k \ldots i_0$ 处的取值。

要介绍的第二个与本章内容紧密相关的对象是一组给定函数的**累次积分** (iterated integral)，其定义方式如下。令 T 为时间的一个确定值，并假设 $u_1,\ldots,u_m$ 均为定义在 $[0,T]$ 区间上的实值分段连续函数。令

$$\xi_0(t) = t$$

$$\xi_i(t) = \int_0^t u_i(\tau)\mathrm{d}\tau, \qquad \text{对于 } 1 \leqslant i \leqslant m$$

且令

$$\int_0^t \mathrm{d}\xi_{i_k}\ldots\mathrm{d}\xi_{i_0} = \int_0^t \mathrm{d}\xi_{i_k}(\tau)\int_0^\tau \mathrm{d}\xi_{i_{k-1}}\ldots\mathrm{d}\xi_{i_0}$$

那么，对于每一个多重指标 $(i_k\ldots i_0)$，相应的累次积分是关于 t 的实值函数，其递归定义为

$$E_{i_k\ldots i_1 i_0}(t) = \int_0^t \mathrm{d}\xi_{i_k}\ldots\mathrm{d}\xi_{i_1}\mathrm{d}\xi_{i_0}$$

其中 $0 \leqslant t \leqslant T$。相应于多重指标 $\emptyset$ 的累次积分为实数 1。

例 3.1.1. 为方便起见，只在 $m=1$ 情况下计算前几个累次积分。

$$\int_0^t \mathrm{d}\xi_0 = t, \qquad \int_0^t \mathrm{d}\xi_1 = \int_0^t u_1(\tau)\mathrm{d}\tau$$

$$\int_0^t \mathrm{d}\xi_0\mathrm{d}\xi_0 = \frac{t^2}{2!}, \qquad \int_0^t \mathrm{d}\xi_0\mathrm{d}\xi_1 = \int_0^t\int_0^\tau u_1(\theta)\mathrm{d}\theta\mathrm{d}\tau$$

$$\int_0^t \mathrm{d}\xi_1\mathrm{d}\xi_0 = \int_0^t u_1(\tau)\tau\mathrm{d}\tau, \qquad \int_0^t \mathrm{d}\xi_1\mathrm{d}\xi_1 = \int_0^t u_1(\tau)\int_0^\tau u_1(\theta)\mathrm{d}\theta\mathrm{d}\tau$$

$$\cdots$$

◁

给定一个关于 $m+1$ 个非交换不定元的形式幂级数，通过在 $I^\star$ 上对所有乘积形式

$$c(i_k\ldots i_0)\int_0^t \mathrm{d}\xi_{i_k}\ldots\mathrm{d}\xi_{i_0}$$

求和，可由该级数构造一个关于 $u_1,\ldots,u_m$ 的泛函。

下述关于“系数” $c(i_k\ldots i_0)$ 的增长条件能够确保这种求和的收敛性。

引理 3.1.1. 设存在实数 $K>0, M>0$，对于所有的 $k \geqslant 0$ 和所有的多重指标 $i_k\ldots i_0$，使得

$$|c(i_k\ldots i_0)| < K(k+1)!M^{k+1} \tag{3.2}$$

那么，存在实数 $T>0$，使得对于每一个 $0 \leqslant t \leqslant T$ 以及每组定义在 $[0,T]$ 上且受制于约束

$$\max_{0\leqslant\tau\leqslant T} |u_i(\tau)| < 1 \tag{3.3}$$

的分段连续函数 $u_1,\ldots,u_m$，级数

$$y(t) = c(\emptyset) + \sum_{k=0}^{\infty}\sum_{i_0,\ldots,i_k=0}^{m} c(i_k\ldots i_0)\int_0^t \mathrm{d}\xi_{i_k}\ldots\mathrm{d}\xi_{i_0} \tag{3.4}$$

都是绝对一致收敛的。

证明: 由累次积分的定义容易看到，如果函数 $u_1,\ldots,u_m$ 满足约束 (3.3)，则有

$$\int_0^t \mathrm{d}\xi_{i_k}\ldots\mathrm{d}\xi_{i_0} \leqslant \frac{t^{k+1}}{(k+1)!}$$

若增长条件得到满足，那么

$$\left|\sum_{i_0,\ldots,i_k=0}^{m} c(i_k\ldots i_0)\int_0^t \mathrm{d}\xi_{i_k}\ldots\mathrm{d}\xi_{i_0}\right| \leqslant K[M(m+1)t]^{k+1}$$

因此，如果 T 足够小，则级数 (3.4) 在 $[0,T]$ 上是绝对一致收敛的。 $\lhd$

表达式 (3.4) 显然定义了一个关于 $u_1,\ldots,u_m$ 的泛函。该泛函是**因果的** (causal)，其意为 $y(t)$ 只依赖于 $u_1,\ldots,u_m$ 在时间区间 $[0,t]$ 上的限制。级数 (3.4) 的表达形式是唯一的。

引理 3.1.2. 令 c^a 和 c^b 为两个关于 $m+1$ 个非交换不定元的形式幂级数，并令形如式 (3.4) 的相应泛函定义在同一区间 $[0,T]$ 上，则这两个泛函相同当且仅当 $c^a=c^b$。

证明: 这里只对证明的前几段提供一个简要概述。令 c^a,c^b 为两个形式幂级数，$y^a(t),y^b(t)$ 为相应的形如式 (3.4) 的泛函。注意到，

$$y(t)=y^a(t)-y^b(t)$$

仍然是形如式 (3.4) 的泛函，相应于一个形式幂级数 c，c 的系数被定义为 c^a 和 c^b 相应系数之差。为证明这个引理，只需证明如果对于所有的 $t\in[0,T]$ 和所有的输入函数都有 $y(t)=0$，则级数 c 的所有系数都为零。

在特殊情况下，如果在 $[0,T]$ 上有 $u_1=\cdots=u_m=0$，那么，对于所有的 $t\in[0,T]$，$y(t)=0$ 意味着对于所有的 $t\in[0,T]$，有

$$c(\emptyset)+c(0)t+c(00)\frac{t^2}{2!}+\cdots=0$$

亦即

$$c(\emptyset)=0$$
$$c(\underbrace{0\ldots0}_{k次})=0,\qquad 1\leqslant k\leqslant\infty$$

取式 (3.4) 的时间导数并计算在 $t=0$ 时的值，得到

$$\left(\frac{\mathrm{d}y}{\mathrm{d}t}\right)_{t=0}=\sum_{i=1}^{m}c(i)u_i(0)$$

因此，对于所有的 $u_1(0),\ldots,u_m(0)$，$(\mathrm{d}y/\mathrm{d}t)_{t=0}=0$ 意味着

$$c(i)=0,\qquad 1\leqslant i\leqslant m$$

继续下去，可以计算 $y(t)$ 在 $t=0$ 处的二阶导数并得到

$$\left(\frac{\mathrm{d}^2y}{\mathrm{d}t^2}\right)_{t=0}=\sum_{i_0,i_1=1}^{m}c(i_1i_0)u_{i_1}(0)u_{i_0}(0)+\sum_{i=1}^{m}(c(0i)+c(i0))u_i(0)$$

如果对于所有的 $u_1(0),\dots,u_m(0)$ 这个二阶导数为零，则有

$$
\begin{aligned}
c(i_1i_0) &= -c(i_0i_1), \quad 1 \leqslant i_1, i_0 \leqslant m \\
c(0i) &= -c(i0), \qquad 1 \leqslant i \leqslant m
\end{aligned}
$$

在三阶导数的计算中，由形如

$$
\sum_{i=1}^{m}\left(c(0i)\int_0^t \mathrm{d}\xi_0\mathrm{d}\xi_i + c(i0)\int_0^t \mathrm{d}\xi_i\mathrm{d}\xi_0\right)
$$

的项可得出

$$
\sum_{i=1}^{m}[c(0i)+2c(i0)]\left(\frac{\mathrm{d}u_i}{\mathrm{d}t}\right)_{t=0}
$$

如果对于所有的 $(\mathrm{d}u_i/\mathrm{d}t)_{t=0}$ 上式为零，则有 $c(0i) = -2c(i0)$，再考虑到之前的等式 $c(0i) = -c(i0)$，即可得到

$$
c(0i) = 0, \qquad 1 \leqslant i \leqslant m
$$

关于完整的证明，可查阅相关文献。 $\lhd$

现在要证明非线性系统 (3.1) 的输出 $y(t)$ 可表示为关于输入 $u_1,\dots,u_m$ 的形如式 (3.4) 的泛函。为此，需要一些预备知识。

引理 3.1.3. *令 $g_0,\dots,g_m$ 为一组解析向量场，λ 为定义在 U 上的实值解析函数。给定一点 $x^\circ \in U$，考虑定义为*

$$
\begin{aligned}
c(\emptyset) &= \lambda(x^\circ) \\
c(i_k \dots i_0) &= L_{g_{i_0}} \dots L_{g_{i_k}} \lambda(x^\circ)
\end{aligned} \tag{3.5}
$$

的形式幂级数。那么，存在实数 $K>0$ 和 $M>0$ 使得增长条件 (3.2) 成立。

证明: 读者可查阅文献。 $\lhd$

鉴于该结论及引理 3.1.1，可根据 $g_0,\dots,g_m$ 和 λ 构造如下泛函:

$$
v(t) = \lambda(x^\circ) + \sum_{k=0}^{m}\sum_{i_0,\dots,i_k=0}^{m} L_{g_{i_0}}\dots L_{g_{i_k}}\lambda(x^\circ)\int_0^t \mathrm{d}\xi_{i_k}\dots\mathrm{d}\xi_{i_0} \tag{3.6}
$$

引理 3.1.4. *令 $g_0,\dots,g_m$ 如前一引理所述，$\lambda_1,\dots,\lambda_l$ 是定义在 U 上的实值解析函数。此外，令 γ 为定义在 $\mathbb{R}^l$ 上的实值解析函数。以 $v_1(t),\dots,v_l(t)$ 表示在式 (3.6) 中分别令 $\lambda = \lambda_1,\dots,\lambda=\lambda_l$ 而得到的泛函。那么，复合泛函 $\gamma(v_1(t),\dots,v_l(t))$ 也是形如式 (3.6) 的泛函，相应于令 $\lambda = \gamma(\lambda_1,\dots,\lambda_l)$。*

证明: 只给读者提供一个证明路线。以 c_1, c_2 表示在式 (3.5) 中分别令 $\lambda=\lambda_1$ 和 $\lambda=\lambda_2$ 而得到的形式幂级数，以 $v_1(t)$ 和 $v_2(t)$ 表示相应的泛函 (3.6)。那么立即可见，对于令 $\lambda = \alpha_1\lambda_1+\alpha_2\lambda_2$ 而得到的形式幂级数 (其中 α_1 和 α_2 是实数) 存在一个相应的泛函 $\alpha_1 v_1(t)+\alpha_2 v_2(t)$。

稍加推导也可看到，对于令 $\lambda=\lambda_1\lambda_2$ 而得到的形式幂级数，存在一个相应的泛函 $v_1(t)v_2(t)$。为了看清楚这一点，只给出所需要的前几步计算。原因在于，考虑乘积

$$
\begin{aligned}
v_1(t)v_2(t) = &(\lambda_1 + L_{g_0}\lambda_1\int_0^t \mathrm{d}\xi_0 + L_{g_1}\lambda_1\int_0^t \mathrm{d}\xi_1 + L_{g_0}L_{g_0}\lambda_1\int_0^t \mathrm{d}\xi_0\mathrm{d}\xi_0 + \cdots)\cdot \\
&(\lambda_2 + L_{g_0}\lambda_2\int_0^t \mathrm{d}\xi_0 + L_{g_1}\lambda_2\int_0^t \mathrm{d}\xi_1 + L_{g_0}L_{g_0}\lambda_2\int_0^t \mathrm{d}\xi_0\mathrm{d}\xi_0 + \cdots)
\end{aligned}
$$

式中为了简洁，已经省略了所有关于 x 的函数要在 $x=x^\circ$ 处取值的标示。逐项相乘，得到

$$
\begin{aligned}
v_1(t)v_2(t) = &\lambda_1\lambda_2 + (\lambda_1 L_{g_0}\lambda_2 + \lambda_2 L_{g_0}\lambda_1)\int_0^t \mathrm{d}\xi_0 + (\lambda_1 L_{g_1}\lambda_2 + \lambda_2 L_{g_1}\lambda_1)\int_0^t \mathrm{d}\xi_1 \\
&+ (\lambda_1 L_{g_0}L_{g_0}\lambda_2 + \lambda_2 L_{g_0}L_{g_0}\lambda_1)\int_0^t \mathrm{d}\xi_0\mathrm{d}\xi_0 + (L_{g_0}\lambda_1)(L_{g_0}\lambda_2)\int_0^t \mathrm{d}\xi_0\int_0^t \mathrm{d}\xi_0 + \cdots
\end{aligned}
$$

显然，与 $\int_0^t \mathrm{d}\xi_0$ 和 $\int_0^t \mathrm{d}\xi_1$ 相乘的因子分别是 $L_{g_0}(\lambda_1\lambda_2)$ 和 $L_{g_1}(\lambda_1\lambda_2)$。对于另外三项，有

$$
L_{g_0}L_{g_0}(\lambda_1\lambda_2) = \lambda_1 L_{g_0}L_{g_0}\lambda_2 + \lambda_2 L_{g_0}L_{g_0}\lambda_1 + 2(L_{g_0}\lambda_1)(L_{g_0}\lambda_2)
$$

但也有

$$
\int_0^t \mathrm{d}\xi_0\int_0^t \mathrm{d}\xi_0 = 2\int_0^t \mathrm{d}\xi_0\mathrm{d}\xi_0
$$

因而这三项恰好是

$$
L_{g_0}L_{g_0}(\lambda_1\lambda_2)\int_0^t \mathrm{d}\xi_0\mathrm{d}\xi_0
$$

不难建立一个递归形式来完全验证上述断言。

如果现在 γ 是定义在 $\mathbb{R}^l$ 上的任一实值解析函数，则可在原点取其泰勒级数展开，并递归地应用之前的结论以证明复合泛函 $\gamma(v_1(t),\ldots,v_l(t))$ 可表示为如同式 (3.6) 的级数，只是其中 λ 被 $\gamma(\lambda_1,\ldots,\lambda_l)$ 的泰勒级数展式所替换。 $\lhd$

现在不难得到 $y(t)$ 的形如式 (3.6) 的期望泛函表达式。

定理 3.1.5. 假设控制系统 (3.1) 的输入 $u_1,\ldots,u_m$ 满足约束 (3.3)。如果 T 充分小，那么对于所有的 $0\leqslant t\leqslant T$，系统 (3.1) 的第 j 个输出 $y_j(t)$ 可以用下面的方式展开：

$$
y_j(t) = h_j(x^\circ) + \sum_{k=0}^{\infty}\sum_{i_0,\ldots,i_k=0}^{m} L_{g_{i_0}}\ldots L_{g_{i_k}}h_j(x^\circ)\int_0^t \mathrm{d}\xi_{i_k}\ldots\mathrm{d}\xi_{i_0} \tag{3.7}
$$

其中 $g_0=f$。

证明: 首先证明式 (3.1) 中微分方程的第 j 个解分量可表示为

$$
x_j(t) = x_j(x^\circ) + \sum_{k=0}^{\infty}\sum_{i_0,\ldots,i_k=0}^{m} L_{g_{i_0}}\ldots L_{g_{i_k}}x_j(x^\circ)\int_0^t \mathrm{d}\xi_{i_k}\ldots\mathrm{d}\xi_{i_0} \tag{3.8}
$$

其中函数 $x_j(x)$ 代表映射

$$
x_j\colon (x_1,\ldots,x_n)\mapsto x_j
$$

注意到，根据累次积分的定义，对于所有的 $1\leqslant i\leqslant m$，有

$$
\frac{\mathrm{d}}{\mathrm{d}t}\int_0^t \mathrm{d}\xi_0\mathrm{d}\xi_{i_{k-1}}\ldots\mathrm{d}\xi_{i_0} = \int_0^t \mathrm{d}\xi_{i_{k-1}}\ldots\mathrm{d}\xi_{i_0}
$$

以及

$$\frac{\mathrm{d}}{\mathrm{d}t}\int_0^t \mathrm{d}\xi_i \mathrm{d}\xi_{i_{k-1}} \dots \mathrm{d}\xi_{i_0} = u_i(t)\int_0^t \mathrm{d}\xi_{i_{k-1}} \dots \mathrm{d}\xi_{i_0}$$

那么，对式 (3.8) 的等号右边取时间导数并重新组织各项，得到

$$\dot{x}_j(t) = L_f x_j(x^\circ) + \sum_{k=0}^{\infty}\sum_{i_0,\dots,i_k=0}^{m} L_{g_{i_0}} \dots L_{g_{i_k}} L_f x_j(x^\circ)\int_0^t \mathrm{d}\xi_{i_k} \dots \mathrm{d}\xi_{i_0} +$$
$$\sum_{i=1}^{m}\left[L_{g_i} x_j(x^\circ) + \sum_{k=0}^{\infty}\sum_{i_0,\dots,i_k=0}^{m} L_{g_{i_0}} \dots L_{g_{i_k}} L_{g_i} x_j(x^\circ)\int_0^t \mathrm{d}\xi_{i_k} \dots \mathrm{d}\xi_{i_0}\right] u_i(t)$$

现在，以 f_j 和 g_{ij} 表示 f 和 g_i 的第 j 个分量，$1 \leqslant j \leqslant n$，$1 \leqslant i \leqslant m$。注意到

$$L_f x_j = f_j(x_1, \dots, x_n)$$

因此，基于引理 3.1.4，有

$$\begin{aligned} & L_f x_j(x^\circ) + \sum_{k=0}^{\infty}\sum_{i_0,\dots,i_k=0}^{m} L_{g_{i_0}} \dots L_{g_{i_k}} L_f x_j(x^\circ)\int_0^t \mathrm{d}\xi_{i_k} \dots \mathrm{d}\xi_{i_0} \\ & = f_j(x^\circ) + \sum_{k=0}^{\infty}\sum_{i_0,\dots,i_k=0}^{m} L_{g_{i_0}} \dots L_{g_{i_k}} f_j(x^\circ)\int_0^t \mathrm{d}\xi_{i_k} \dots \mathrm{d}\xi_{i_0} \\ & = f_j(x_1(t), \dots, x_n(t)) \end{aligned}$$

可对其他项进行类似的替换，于是得到

$$\dot{x}_j(t) = f_j(x_1(t), \dots, x_n(t)) + \sum_{i=1}^{m} g_{ij}(x_1(t), \dots, x_n(t))u_i(t)$$

而且，$x_j(t)$ 满足初始条件

$$x_j(0) = x_j^\circ$$

从而是式 (3.1) 中微分方程的解 $x(t)$ 的分量。

进一步应用引理 3.1.4 表明，系统 (3.1) 的输出可表示成式 (3.7) 的形式。 ◁

从现在开始称展开式 (3.7) 为**基本公式** (fundamental formula)，或 $y_j(t)$ 的**Fliess 泛函展式** (Fliess' functional expansion)。显然，可以用相同的形式直接处理向量值输出的情况，仅需将实值函数 $h_j(x)$ 替换为向量值函数 $h(x)$。这里强调，根据引理 3.1.1 可知，级数 (3.7) 在 $[0, T]$ 是绝对一致收敛的。

注记 3.1.2. 读者会立即注意到，函数 $h_j(x)$ 及 $L_{g_{i_0}} \dots L_{g_{i_k}} h_j(x)$ (它们在 x° 处的值描述了泛函 (3.7)) 张成了所谓的**观测空间** $\mathcal{O}$，其中 $1 \leqslant j \leqslant p$，$(i_k \dots i_0) \in (I^\star \setminus I_0)$。事实上，这个观测空间在 2.3 节被描述为由形如 $h_j(x)$ 和 $L_{g_{i_0}} \dots L_{g_{i_k}} h_j(x)$ 的函数的所有 $\mathbb{R}$-线性组合构成的空间 $\mathcal{O}$，其中 $1 \leqslant j \leqslant p$，$0 \leqslant i_k \leqslant m$，$1 \leqslant k \leqslant \infty$。 ◁

例 3.1.3. 对于线性系统，描述式 (3.7) 的形式幂级数使得 $c(\emptyset) = c_j x^\circ$，

$$c(i_k \dots i_0) = \begin{cases} c_j A^{k+1} x^\circ, & 若\ i_0 = \cdots = i_k = 0 \\ c_j A^k b_{i_0}, & 若\ i_0 \neq i_1 = \cdots = i_k = 0 \end{cases}$$

其余情况下有 $c(i_k \ldots i_0) = 0$。

对于双线性系统，描述泛函 (3.7) 的形式幂级数取如下形式：

$$
c(\emptyset) = c_j x^\circ
$$
$$
c(i_k \ldots i_0) = c_j N_{i_k} \ldots N_{i_0} x^\circ
$$

其中 $N_0 = A$。 ◁

3.2 Volterra 级数展式

非线性系统 (3.1) 的输入-输出行为也可以用**广义卷积积分** (generalized covolution integrals) 级数表示。一个 k 阶的广义卷积积分定义如下。令 $(i_k \ldots i_1)$ 为长度为 k 的多重指标，其中 $i_k, \ldots, i_1$ 是集合 $\{1, \ldots, m\}$ 中的元素。对于这个多重指标，存在一个相应的实值连续函数 $w_{i_k \ldots i_1}$，其定义域是 $\mathbb{R}^{k+1}$ 中的子集

$$
S_k = \{(t, \tau_k, \ldots, \tau_1) \in \mathbb{R}^{k+1} \colon T \geqslant t \geqslant \tau_k \geqslant \cdots \geqslant \tau_1 \geqslant 0\}
$$

其中 T 是一个确定常数。如果 $u_1, \ldots, u_m$ 是定义在 $[0, T]$ 上的实值分段连续函数，那么，对于 $0 \leqslant t \leqslant T$，以 $w_{i_k \ldots i_1}$ 为积分核的 $u_1, \ldots, u_k$ 的 k 阶广义卷积积分被定义为

$$
\int_0^t \int_0^{\tau_k} \cdots \int_0^{\tau_2} w_{i_k \cdots i_1}(t, \tau_k, \ldots, \tau_1) u_{i_k}(\tau_k) \ldots u_{i_1}(\tau_1) \mathrm{d}\tau_1 \ldots \mathrm{d}\tau_k
$$

出于一致性的考虑，如果 $k = 0$，则仅考虑定义在集合

$$
S_0 = \{t \in \mathbb{R} \colon T \geqslant t \geqslant 0\}
$$

上的连续实值函数 w_0，而不是一个广义卷积积分。

在下述条件下，一个广义卷积积分的级数和可以描述一个关于 $u_1, \ldots, u_m$ 的泛函。

引理 3.2.1. 假设存在实数 $K > 0$ 和 $M > 0$，使得对于所有的 $k > 0$、所有的多重指标 $(i_k, \ldots, i_1)$ 及所有的 $(t, \tau_k \ldots \tau_1) \in S_k$，有

$$
|w_{i_k \ldots i_1}(t, \tau_k, \ldots, \tau_1)| < K(k)! M^k \tag{3.9}
$$

那么，存在一个实数 $T > 0$，使得对于每一个 $0 \leqslant t \leqslant T$ 和定义在 $[0, T]$ 上且受制于约束

$$
\max_{0 \leqslant \tau \leqslant T} |u_i(\tau)| < 1 \tag{3.10}
$$

的每组分段连续函数 $u_1, \ldots, u_m$，级数

$$
y(t) = w_0(t) + \sum_{k=1}^{\infty} \sum_{i_1, \ldots, i_k = 1}^{m} \int_0^t \int_0^{\tau_k} \cdots \int_0^{\tau_2} w_{i_k \ldots i_1}(t, \tau_k, \ldots, \tau_1) u_{i_k}(\tau_k) \ldots u_{i_1}(\tau_1) \mathrm{d}\tau_k \ldots \mathrm{d}\tau_1 \tag{3.11}
$$

都是绝对一致收敛的。

证明: 这类似于引理 3.1.1 的证明。 ◁

显然, 表达式 (3.11) 定义了一个关于 $u_1, \ldots, u_m$ 的泛函, 它是因果的, 称为**Volterra 级数展式** (Volterra series expansion)。

与 3.1 节一样, 关注的是能否把非线性系统 (3.1) 的输出展开为式 (3.11)。可以用如下方式描述这个展式的存在性以及核函数的表示。

引理 3.2.2. 令 $f, g_1, \ldots, g_m$ 为一组解析向量场, λ 是定义在 U 上的实值解析函数。以 Φ_t^f 表示 f 的流。对于使流 $\Phi_t^f(x)$ 有定义的每对 $(t, x) \in \mathbb{R} \times U$, 以 $Q_t(x)$ 表示函数

$$Q_t(x) = \lambda \circ \Phi_t^f(x) \tag{3.12}$$

并以 $P_t^1(x), \ldots, P_t^m(x)$ 表示向量场

$$P_t^i(x) = (\Phi_{-t}^f)_\star g_i \circ \Phi_t^f(x) \tag{3.13}$$

$1 \leqslant i \leqslant m$。此外, 令

$$\begin{aligned} w_0(t) &= Q_t(x^\circ) \\ w_{i_k \ldots i_1}(t, \tau_k, \ldots, \tau_1) &= L_{P_{\tau_1}^{i_1}} \ldots L_{P_{\tau_k}^{i_k}} Q_t(x^\circ) \end{aligned} \tag{3.14}$$

那么, 存在实数 $K > 0$ 和 $M > 0$ 使得条件 (3.9) 得以满足。

由这个结论可得到所期望的 $y(t)$ 的 Volterra 级数展式。

定理 3.2.3. 假设控制系统 (3.1) 的输入 $u_1, \ldots, u_m$ 满足约束 (3.10)。如果 T 足够小, 那么对于所有的 $0 \leqslant t \leqslant T$, 系统 (3.1) 的输出 $y_j(t)$ 可以展成积分核为式 (3.14) 的 Volterra 级数, 其中 $Q_t(x)$ 和 $P_t^i(x)$ 如式 (3.12) – (3.13) 所定义, 并且 $\lambda = h_j$。

这一结果可通过直接方式证明, 即证明所考虑的 Volterra 级数满足方程组 (3.1), 也可以采用间接方式证明, 即先建立在 3.1 节开始描述的泛函展式与 Volterra 级数展式之间的对应关系。这里采用第二种方法。

注意到, 对于所有的 $(i_k \ldots i_1)$, 核函数 $w_{i_k \ldots i_1}(t, \tau_k, \ldots, \tau_1)$ 在原点的一个邻域内是解析的, 将它视为关于变量 $t - \tau_k, \tau_k - \tau_{k-1}, \ldots, \tau_2 - \tau_1, \tau_1$ 的函数并考虑它的泰勒级数展开, 该展式显然有如下形式:

$$w_{i_k \ldots i_1}(t, \tau_k, \ldots, \tau_1) = \sum_{n_0, \ldots, n_k = 0}^{\infty} c_{i_k \ldots i_1}^{n_0 \ldots n_k} \frac{(t - \tau_k)^{n_k} \cdots (\tau_2 - \tau_1)^{n_1} \tau_1^{n_0}}{n_k! \cdots n_1! n_0!}$$

其中,

$$c_{i_k \ldots i_1}^{n_0 \ldots n_k} = \left[\frac{\partial^{n_0 + \cdots + n_k} w_{i_k \ldots i_1}}{\partial (t - \tau_k)^{n_k} \cdots \partial (\tau_2 - \tau_1)^{n_1} \partial \tau_1^{n_0}} \right]_{t - \tau_k = \cdots = \tau_2 - \tau_1 = \tau_1 = 0}$$

如果将该表达式代入与 $w_{i_k \ldots i_1}$ 相应的卷积积分表达式中, 则可得到如下形式的积分:

$$\sum_{n_0, \ldots, n_k = 0}^{\infty} c_{i_k \ldots i_1}^{n_0 \ldots n_k} \int_0^t \int_0^{\tau_k} \cdots \int_0^{\tau_2} \frac{(t - \tau_k)^{n_k}}{n_k!} u_{i_k}(\tau_k) \cdots \frac{(\tau_2 - \tau_1)^{n_1}}{n_1!} u_{i_1}(\tau_1) \frac{{\tau_1}^{n_0}}{n_0!} \mathrm{d}\tau_k \cdots \mathrm{d}\tau_1$$

该表达式中出现的积分实际上是 $u_1, \ldots, u_m$ 的一个累次积分，确切地说，是积分

$$\int_0^t (\mathrm{d}\xi_0)^{n_k} \mathrm{d}\xi_{i_k} \ldots (\mathrm{d}\xi_0)^{n_1} \mathrm{d}\xi_{i_1} (\mathrm{d}\xi_0)^{n_0} \tag{3.15}$$

其中 $(\mathrm{d}\xi_0)^n$ 表示出现 n 次 $\mathrm{d}\xi_0$。

因而，展式 (3.11) 可替换为

$$y(t) = \sum_{n=0}^{\infty} c_0^n \int_0^t (\mathrm{d}\xi_0)^n + \sum_{k=1}^{\infty} \sum_{i_1 \ldots, i_k=1}^{m} \sum_{n_0, \ldots, n_k=0}^{\infty} c_{i_k \ldots i_1}^{n_0 \ldots n_k} \int_0^t (\mathrm{d}\xi_0)^{n_k} \mathrm{d}\xi_{i_k} \ldots (\mathrm{d}\xi_0)^{n_1} \mathrm{d}\xi_{i_1} (\mathrm{d}\xi_0)^{n_0} \tag{3.16}$$

上式显然是一个形如式 (3.4) 的展开。当然，可以重新排列式中各项，并在系数 c_0^n、$c_{i_k \ldots i_1}^{n_0 \ldots n_k}$ (即 w_0 和 $w_{i_k \ldots i_1}$ 在 $t - \tau_k = \cdots = \tau_2 - \tau_1 = \tau_1 = 0$ 处的导数值) 和展式 (3.4) 的系数 $c(\emptyset)$, $c(i_k, \ldots, i_0)$ 之间建立一个对应关系，但目前尚不需要。

基于这样的考虑，容易找到这些核函数的泰勒级数展式，它们描述了 $y_j(t)$ 的 Volterra 级数展式。由式 (3.16) 可见，$w_{i_k \ldots i_1}$ 的泰勒级数展式中的系数 $c_{i_k \ldots i_1}^{n_0 \ldots n_k}$ 与展式 (3.4) 中累次积分 (3.15) 的系数一致。但由式 (3.7) 又知，累次积分 (3.15) 的系数形式为

$$L_f^{n_0} L_{g_{i_1}} L_f^{n_1} \ldots L_f^{n_{k-1}} L_{g_{i_k}} L_f^{n_k} h_j(x^\circ)$$

这样就能立刻写出所有核函数的泰勒级数展式：

$$\begin{aligned}
w_0(t) &= \sum_{n=0}^{\infty} L_f^n h_j(x^\circ) \frac{t^n}{n!} \\
w_i(t, \tau_1) &= \sum_{n_1=0}^{\infty} \sum_{n_0=0}^{\infty} L_f^{n_0} L_{g_i} L_f^{n_1} h_j(x^\circ) \frac{(t-\tau_1)^{n_1}}{n_1!} \frac{\tau_1^{n_0}}{n_0!} \\
w_{i_2 i_1}(t, \tau_2, \tau_1) &= \sum_{n_2=0}^{\infty} \sum_{n_1=0}^{\infty} \sum_{n_0=0}^{\infty} L_f^{n_0} L_{g_{i_1}} L_f^{n_1} L_{g_{i_2}} L_f^{n_2} h_j(x^\circ) \cdot \\
&\qquad \frac{(t-\tau_2)^{n_2} (\tau_2 - \tau_1)^{n_1} \tau_1^{n_0}}{n_2! n_1! n_0!} \\
&\vdots
\end{aligned} \tag{3.17}$$

它们描述了 $y_j(t)$ 的 Volterra 级数展式。

证明定理 3.2.3 需要的最后一步是，说明对于 $\lambda = h_j(x)$，核函数 (3.14) 的泰勒级数展式 [其中 $Q_t(x)$ 和 $P_t^i(x)$ 的定义见式 (3.12) 和式 (3.13)] 和展式 (3.17) 相同。

这只是一个例行计算，只要记住著名的 Campbell-Baker-Hausdorff 公式 [它给出了 $P_t^i(x)$ 的泰勒级数展式]，计算并不费劲。根据该公式，可将 $P_t^i(x)$ 以如下方式展开：

$$P_t^i(x) = (\varPhi_{-t}^f)_\star g_i \circ \varPhi_t^f(x) = \sum_{n=0}^{\infty} \mathrm{ad}_f^n g_i(x) \frac{t^n}{n!}$$

照例，$\mathrm{ad}_f^n g = [f, \mathrm{ad}_f^{n-1} g]$ 且 $\mathrm{ad}_f^0 g = g$。

例 3.2.1. 对于双线性系统，可以明确地给出流 $\varPhi_t^f$ 的如下封闭表达式：

$$\varPhi_t^f(x) = (\exp At)x$$

由此很容易发现 $y_i(t)$ 的 Volterra 级数展开的核函数表达式。此时，

$$Q_t(x) = c_j(\exp At)x$$
$$P_t^i(x) = (\exp(-At))N_i(\exp At)x$$

因此有，

$$w_0(t) = c_j(\exp At)x^\circ$$
$$w_i(t,\tau_1) = c_j(\exp A(t-\tau_1))N_i(\exp A\tau_1)x^\circ$$
$$w_{i_2i_1}(t,\tau_2,\tau_1) = c_j(\exp A(t-\tau_2))N_{i_2}(\exp A(\tau_2-\tau_1))N_{i_1}(\exp A\tau_1)x^\circ$$
$$\cdots$$

以此类推。 $\lhd$

3.3 输出不变性

本节要找出在哪些条件下一个系统的输出能不受输入影响。在后续章节中处理干扰解耦或非交互控制时会用到这些条件。

再次考虑如下形式的系统：

$$\dot{x} = f(x) + \sum_{i=1}^{m} g_i(x)u_i$$
$$y_j = h_j(x), \qquad 1 \leqslant j \leqslant p$$

并以

$$y_j(t; x^\circ; u_1, \ldots, u_m)$$

表示相应于初始状态 x° 和一组输入函数 $u_1, \ldots, u_m$ 的第 j 个输出在时刻 t 的取值。如果对于每一个初始状态 $x^\circ \in U$ 和每组输入函数 $u_1, \ldots, u_{i-1}, u_{i+1}, \ldots, u_m$，对于所有的 t 以及每对函数 v^a 和 v^b，都有

$$\begin{aligned} & y_j(t; x^\circ; u_1, \ldots, u_{i-1}, v^a, u_{i+1}, \ldots, u_m) \\ & \quad = y_j(t; x^\circ; u_1, \ldots, u_{i-1}, v^b, u_{i+1}, \ldots, u_m) \end{aligned} \tag{3.18}$$

则称输出 y_j 不受输入 u_i 的影响 (或在 u_i 下不变)。

有一个简单的测试方法能够找到输出 y_j 不受输入 u_i 影响的系统。

引理 3.3.1. 输出 y_j 不受输入 u_i 影响，当且仅当对于所有的 $r \geqslant 1$ 及在集合 $\{f, g_1, \ldots, g_m\}$ 中任意选择的向量场 $\tau_1, \ldots, \tau_r$，有

$$\begin{aligned} L_{g_i} h_j(x) &= 0 \\ L_{g_i} L_{\tau_1} \ldots L_{\tau_r} h_j(x) &= 0 \end{aligned} \tag{3.19}$$

对于所有的 $x \in U$ 都成立。

证明: 假设上述条件得以满足，那么容易看到，只要向量场 $\tau_1,\ldots,\tau_r$ 中至少有一个等同于 g_i，则函数

$$L_{\tau_1}\ldots L_{\tau_r}h_j(x) \tag{3.20}$$

恒等于零。例如，如果现在观察 $y_j(t)$ 的 Fliess 展式，会发现在这些条件下，只要在指标 $i_0,\ldots,i_k$ 中有一个等于 i，就有

$$c(i_k\ldots i_0)=0$$

这又意味着任何包含输入函数 u_i 的累次积分都与一个零因子相乘，因而条件 (3.18) 得以满足，输出 y_j 与输入 u_i 解耦。

反之，设对于每一点 $x^\circ\in U$、每组输入 $u_1,\ldots,u_{i-1},u_{i+1},\ldots,u_m$ 以及每对函数 v^a 和 v^b，条件 (3.18) 都成立。特别地，对所有的 t 取 $v^a(t)=0$，则只要指标 $i_0,\ldots,i_k$ 中有一个等于 i，在 $y_j(t;x^\circ;u_1,\ldots,u_{i-1},v^a,u_{i+1},\ldots,u_m)$ 的 Fliess 展式中，形如

$$\int_0^t \mathrm{d}\xi_{i_k}\ldots\mathrm{d}\xi_{i_0}$$

的累次积分就为零。该展式中的所有其他累次积分 (即指标 $i_0,\ldots,i_k$ 中没有一个等于 i 的累次积分) 将等于 $y_j(t;x^\circ;u_1,\ldots,u_{i-1},v^b,u_{i+1},\ldots,u_m)$ 的展式中相应的累次积分，因为输入 $u_1,\ldots,u_{i-1},u_{i+1},\ldots,u_m$ 都相同。因此推知，式 (3.18) 等号右边和等号左边之差是如下形式的级数:

$$\sum_{k=0}^{\infty}\sum_{i_0,\ldots,i_k=0}^{m} c(i_k\ldots i_0)\int_0^t \mathrm{d}\xi_{i_k}\ldots\mathrm{d}\xi_{i_0}$$

其中，不为零的系数仅是在指标 $i_0,\ldots,i_k$ 中至少有一个等于 i 的那些系数。对于每组输入 $u_1,\ldots,u_{i-1},v^b,u_{i+1},\ldots,u_m$，这个级数的和都是零。因此，根据引理 3.1.2，对于所有的 $x^\circ\in U$，它的所有系数一定为零。 $\lhd$

可以用几何术语给出条件 (3.19) 的其他形式。回想一下 (见注记 3.1.2)，已经看到 $y(t)$ 的 Fliess 展式的系数与张成观测空间 $\mathcal{O}$ 的那些函数在 x° 处的取值相同。根据定义，这些函数的微分张成了余分布

$$\Omega_{\mathcal{O}}=\mathrm{span}\{\mathrm{d}\lambda\colon \lambda\in\mathcal{O}\}$$

如果只关注第 j 个输出，则可专门定义一个观测空间 $\mathcal{O}_j$，它由函数 h_j 和函数 $L_{g_{i_0}}\ldots L_{g_{i_k}}h_j$ 的所有 $\mathbb{R}$-线性组合构成，其中 $0\leqslant i_k\leqslant m$，$0\leqslant k<\infty$。对于 $(i_k\ldots i_0)\in I$ 和确定的 j，微分 $\mathrm{d}h_j,\mathrm{d}L_{g_{i_0}}\ldots L_{g_{i_k}}h_j$ 的集合张成余分布

$$\Omega_{\mathcal{O}_j}=\mathrm{span}\{\mathrm{d}\lambda\colon \lambda\in\mathcal{O}_j\}$$

现在注意到，对于所有的 $k\geqslant 0$ 和所有的 $i_k,\ldots,i_0\in I$，条件 (3.19) 可写成

$$\langle \mathrm{d}h_j,g_i\rangle(x)=0$$
$$\langle \mathrm{d}L_{g_{i_0}}\ldots L_{g_{i_k}}h_j,g_i\rangle(x)=0$$

由以上讨论可得，引理 3.3.1 中所述的条件等价于条件

$$g_i\in\Omega_{\mathcal{O}_j}^{\perp} \tag{3.21}$$

也可以给出其他形式的表示。在 2.3 节中已经证明了分布 $\Omega_{\mathcal{O}}^{\perp}$ 在向量场 $f, g_1, \ldots, g_m$ 下是不变的，所以根据同样的理由，分布 $\Omega_{\mathcal{O}_j}^{\perp}$ 在 $f, g_1, \ldots, g_m$ 下也是不变的。

现在，照例以 $\langle f, g_1, \ldots, g_m | \mathrm{span}\{g_i\}\rangle$ 表示在向量场 $f, g_1, \ldots, g_m$ 下不变且包含 $\mathrm{span}\{g_i\}$ 的最小分布。如果式 (3.21) 成立，则由于 $\Omega_{\mathcal{O}_j}^{\perp}$ 在 $f, g_1, \ldots, g_m$ 下不变，则一定有

$$\langle f, g_1, \ldots, g_m | \mathrm{span}\{g_i\}\rangle \subset \Omega_{\mathcal{O}_j}^{\perp} \tag{3.22}$$

而且，由于

$$\Omega_{\mathcal{O}_j}^{\perp} \subset (\mathrm{span}\{\mathrm{d}h_j\})^{\perp}$$

所以如果式 (3.22) 成立，则一定有

$$\langle f, g_1, \ldots, g_m | \mathrm{span}\{g_i\}\rangle \subset (\mathrm{span}\{\mathrm{d}h_j\})^{\perp} \tag{3.23}$$

因而可见，式 (3.21) 蕴涵式 (3.22)，而这又蕴涵式 (3.23)。下面将说明式 (3.23) 蕴涵式 (3.21)，从而证明这三个条件事实上是等价的。

因为根据定义，任何形如 $[\tau, g_i]$ 的向量场 (其中 $\tau \in \{f, g_1, \ldots, g_m\}$) 都属于式 (3.23) 的左边分布。因此，如果式 (3.23) 成立，则有

$$0 = \langle \mathrm{d}h_j, [\tau, g_i]\rangle = L_{\tau} L_{g_i} h_j - L_{g_i} L_{\tau} h_j$$

但由式 (3.23) 又有 $g_i \in (\mathrm{span}\{\mathrm{d}h_j\})^{\perp}$，所以能够得到

$$L_{g_i} L_{\tau} h_j = 0$$

此即

$$g_i \in (\mathrm{span}\{\mathrm{d}L_{\tau} h_j\})^{\perp}$$

迭代执行这个论据，容易看到，如果 $\tau_k, \ldots, \tau_1$ 是集合 $\{f, g_1, \ldots, g_m\}$ 中任意一组 k 个向量场，则

$$g_i \in (\mathrm{span}\{dL_{\tau_k} \ldots L_{\tau_1} h_j\})^{\perp} \tag{3.24}$$

已知 $\mathcal{O}_j$ 由函数 h_j 或函数 $L_{\tau_k} \ldots L_{\tau_1} h_j$ 的 $\mathbb{R}$-线性组合构成，其中 $\tau_i \in \{f, g_1, \ldots, g_m\}$，$1 \leqslant i \leqslant k$，$1 \leqslant k < \infty$。因而，由式 (3.24) 可知 g_i 零化 $\mathcal{O}_j$ 中任何函数的微分，即式 (3.21) 成立。

综上所述，可有以下结果。

定理 3.3.2. 输出 y_j 不受输入 u_i 影响，当且仅当下述任何一个 (等价) 条件得以满足：

(i) $g_i \in \Omega_{\mathcal{O}_j}^{\perp}$；

(ii) $\langle f, g_1, \ldots, g_m | \mathrm{span}\{g_i\}\rangle \subset (\mathrm{span}\{\mathrm{d}h_j\})^{\perp}$；

(iii) $\langle f, g_1, \ldots, g_m | \mathrm{span}\{g_i\}\rangle \subset \Omega_{\mathcal{O}_j}^{\perp}$。

注记 3.3.1. 显然，对于所有的 $r \geqslant 1$ 和在集合 $\{f, g_1, \ldots, g_{i-1}, g_{i+1}, \ldots, g_m\}$ 中选择的任何向量场 $\tau_1, \ldots, \tau_r$，通过要求

$$L_{g_i} h_j(x) = 0$$
$$L_{g_i} L_{\tau_1} \ldots L_{\tau_r} h_j(x) = 0$$

可略微修改 (并弱化) 引理 3.3.1 的陈述。相应地，这时应该考虑 h_j 和 $L_{\tau_1}\dots L_{\tau_r}h_j$ 的所有 $\mathbb{R}$-线性组合的子空间，其中 $\tau_1,\dots,\tau_k$ 是集合 $\{f,g_1,\dots,g_{i-1},g_{i+1},\dots,g_m\}$ 中的向量场，而非考虑 $\mathcal{O}_j$。 ◁

注记 3.3.2. 假设 $\langle f,g_1,\dots,g_m|\text{span}\{g_i\}$ 和 $\Omega^{\perp}_{\mathcal{O}_j}$ 均是非奇异的。那么，这些分布也是对合的 (见引理 1.8.5、引理 1.9.5 和注记 2.3.3)。如果定理 3.3.2 中的条件 (iii) 得以满足，则在每一点 $x\in U$ 的附近能够找到一个坐标邻域，在该邻域内可用方程组

$$\begin{aligned}\dot{x}_1&=f_1(x_1,x_2)+\sum_{k=1,k\neq i}^{m}g_{1k}(x_1,x_2)u_k+g_{1i}(x_1,x_2)u_i\\ \dot{x}_2&=f_2(x_2)+\sum_{k=1,k\neq i}^{m}g_{2k}(x_2)u_k\\ y_j&=h_j(x_2)\end{aligned}$$

局部表示非线性系统。

由此可见，输入 u_i 对于输出 y_j 没有影响。 ◁

假设分布 Δ 在向量场 $f,g_1,\dots,g_m$ 下不变，包含向量场 g_i 并被分布 $(\text{span}\{\mathrm{d}h_j\})^{\perp}$ 所包含，则有

$$\langle f,g_1,\dots,g_m|\text{span}\{g_i\}\rangle\subset\Delta\subset(\text{span}\{\mathrm{d}h_j\})^{\perp}$$

由此不等式可得定理 3.3.2 的条件 (ii) 成立。反之，如果定理 3.3.2 的条件 (i) 成立，则有一个分布 $\Omega^{\perp}_{\mathcal{O}_j}$，它在向量场 $f,g_1,\dots,g_m$ 下不变，包含 g_i 并被包含在 $(\text{span}\{\mathrm{d}h_j\})^{\perp}$ 中。因此，可给出不变性条件的又一个不同的有用形式。

定理 3.3.3. 输出 y_j 不受输入 u_i 影响，当且仅当存在一个分布 Δ 满足如下性质：

(i) Δ 在 $f,g_1,\dots,g_m$ 下不变；

(ii) $g_i\in\Delta\subset(\text{span}\{\mathrm{d}h_j\})^{\perp}$。

注记 3.3.3. 条件 (i) 可再次被弱化，仅需要求

(i′) Δ 在 $f,g_1,\dots,g_{i-1},g_{i+1},\dots,g_m$ 下是不变的。

注意，这意味着如果存在一个分布 Δ 满足性质 (i′) 和性质 (ii)，就存在另外一个分布 Δ 满足性质 (i) 和性质 (ii)。 ◁

请读者推广之前的结果，使一组指定的输出 $y_{j_1},\dots,y_{j_r}$ 不受一组给定的输入 $u_{i_1},\dots,u_{i_s}$ 的影响。引理 3.3.1 中的所述条件形式上保持不变，而在定理 3.3.2 和定理 3.3.3 中叙述的条件则需要适当地修改。

例 3.3.4. 在本节结束时，一个值得注意的情况是，如果所考虑的系统简化为线性系统

$$\begin{aligned}\dot{x}&=Ax+\sum_{i=1}^{m}b_iu_i\\ y_j&=c_jx,\qquad 1\leqslant j\leqslant p\end{aligned}$$

则条件 (3.19) 变为

$$c_jA^kb_i=0,\qquad \forall k\geqslant 0$$

定理 3.3.2 的条件 (i)、(ii)、(iii) 分别变为

$$b_i\in\bigcap_{k=0}^{n-1}\ker(c_jA^k)$$

$$\sum_{k=0}^{n-1}\mathrm{Im}(A^kb_i)\subset\ker(c_j)$$

$$\sum_{k=0}^{n-1}\mathrm{Im}(A^kb_i)\subset\bigcap_{k=0}^{n-1}\ker(c_jA^k)$$

显然，这些条件等价于存在一个在 A 下不变的子空间 V，使得

$$b_i\in V\subset\ker(c_j)\qquad\triangleleft$$

3.4 实现理论

一个给定输入-输出行为的“实现”问题通常是指寻找一个具有输入和输出的动态系统，当它在适当的状态空间中初始化后，能够重现这个给定的输入-输出行为。这样就称这个动态系统由选定的初始状态“实现了”规定的输入-输出映射。

通常，只在某些特殊类动态系统中寻找输入-输出映射的实现，这取决于给定映射的结构和 (或) 性质。例如，如果这个映射可表示为一个卷积积分形式

$$y(t)=\int_0^t w(t-\tau)u(\tau)\mathrm{d}\tau$$

其中 w 是关于 t 的一个规定函数 (对于 $t\geqslant 0$ 有定义)，那么通常期待一个线性动态系统

$$\dot{x}=Ax+Bu$$
$$y=Cx$$

当它初始于点 $x^\circ=0$ 时，能够重新产生给定的行为。为此，矩阵 A，B，C 必须满足

$$C\exp(At)B=w(t)$$

现在对可表示为泛函形式 (3.4) 的一类 (相当一般的) 输入-输出映射来叙述实现理论的基础性结果。考虑到前几节的结果，只在形如式 (3.1) 的这类动态系统中搜索该映射的“实现”。

这个问题可正式表述如下。给定一个关于 $m+1$ 个非交换不定元的形式幂级数，其系数属于 $\mathbb{R}^p$，寻找一个整数 n、$\mathbb{R}^n$ 中的一个元素 x°、$m+1$ 个解析向量场 $g_0,\ldots,g_m$ 和定义在 x° 的邻域 U 上的一个 p 维解析向量函数 h，使得

$$h(x^\circ)=c(\emptyset)$$
$$L_{g_{i_0}}\ldots L_{g_{i_k}}h(x^\circ)=c(i_k\ldots i_0)$$

如果这些条件得以满足，那么显然，初始化于 $x^\circ \in \mathbb{R}^n$ 的动态系统

$$
\begin{aligned}
\dot{x} &= g_0(x) + \sum_{i=1}^{m} g_i(x) u_i \\
y &= h(x)
\end{aligned}
$$

产生如下的输入-输出行为:

$$
y(t) = c(\emptyset) + \sum_{k=0}^{\infty} \sum_{j_0,\ldots,j_k=0}^{m} c(j_k \ldots j_0) \int_0^t \mathrm{d}\xi_{j_k} \ldots \mathrm{d}\xi_{j_0}
$$

有鉴于此，集合 $\{g_0, \ldots, g_m, h, x^\circ\}$ 称为形式幂级数 c 的一个**实现** (realization)。

为了展示实现理论的基本结果，需要先引入一些符号，并叙述与形式幂级数相关的一些简单的代数概念。鉴于需要处理级数集合并在这些集合上定义一些运算，所以将每一个级数表示为“单项式”的形式无限和是有益的。以 $z_0, \ldots, z_m$ 表示一组 $m+1$ 个抽象的非交换不定元，并记为 $Z = \{z_0, \ldots, z_m\}$。令每一个多重指标 $(i_k \ldots i_0)$ 对应一个单项式 $(z_{i_k} \ldots z_{i_0})$，则可将级数表示为如下形式:

$$
c = c(\emptyset) + \sum_{k=0}^{\infty} \sum_{i_0,\ldots,i_k=0}^{m} c(i_k \ldots i_0) z_{i_k} \ldots z_{i_0} \tag{3.25}
$$

以符号 $\mathbb{R}^p\langle\langle Z\rangle\rangle$ 表示关于 $m+1$ 个非交换不定元 (即关于非交换不定元 $z_0, \ldots, z_m$) 且系数属于 $\mathbb{R}^p$ 的所有形式幂级数的集合。具有有限个非零系数 [即求和式 (3.25) 中的非零项有限] 的所有级数构成了 $\mathbb{R}^p\langle\langle Z\rangle\rangle$ 的一个特定子集。这类级数是关于 $m+1$ 个非交换不定元的**多项式** (polynomial)，所有这样的多项式的集合用符号 $\mathbb{R}^p\langle Z\rangle$ 表示。特别地，$\mathbb{R}\langle Z\rangle$ 是关于 $m+1$ 个非交换不定元 $z_0, \ldots, z_m$ 且系数属于 $\mathbb{R}$ 的所有多项式的集合。

$\mathbb{R}\langle Z\rangle$ 中的一个元素可表示为

$$
p = p(\emptyset) + \sum_{k=0}^{d} \sum_{i_0,\ldots,i_k=0}^{m} p(i_0 \ldots i_k) z_{i_k} \ldots z_{i_0} \tag{3.26}
$$

其中 d 是依赖于 p 的整数，$p(\emptyset)$ 和 $p(i_0 \ldots i_k)$ 均为实数。

可对集合 $\mathbb{R}\langle Z\rangle$ 和 $\mathbb{R}^p\langle\langle Z\rangle\rangle$ 赋以不同的代数结构。令多项式和 (或) 级数的 $\mathbb{R}$-线性组合以按系数的方式定义，则显然可将 $\mathbb{R}\langle Z\rangle$ 和 $\mathbb{R}^p\langle\langle Z\rangle\rangle$ 视为**$\mathbb{R}$-向量空间** ($\mathbb{R}$-vector space)。也可给集合 $\mathbb{R}\langle Z\rangle$ 赋予**环** (ring) 结构，方法是按系数来指定多项式的求和运算 (中性元为所有系数都为零的多项式)，并且以相应表达形式 (3.26) 的惯常乘积方式来定义多项式乘积 [在这种情况下，中性元是只有 $p(\emptyset) = 1$ 其他系数都为零的多项式]。稍后，在定理 3.4.3 的证明中，还将给集合 $\mathbb{R}\langle Z\rangle$ 和 $\mathbb{R}^p\langle\langle Z\rangle\rangle$ 赋予环 $\mathbb{R}\langle Z\rangle$ 上的**模** (module) 结构，但目前尚无须那些额外结构。

现在重要的是要知道，通过取上述 $\mathbb{R}$-向量空间结构并定义两个多项式 p_1, p_2 的李括号为 $[p_1, p_2] = p_2 p_1 - p_1 p_2$，也可给集合 $\mathbb{R}\langle Z\rangle$ 赋予一个**李代数** (Lie algebra) 结构。记包含单项式 $z_0, \ldots, z_m$ 的 $\mathbb{R}\langle Z\rangle$ 的最小子代数为 $\mathcal{L}(Z)$。显然，$\mathcal{L}(Z)$ 可视为 $\mathbb{R}$-向量空间 $\mathbb{R}\langle Z\rangle$ 的一个子空间，它包含 $z_0, \ldots, z_m$ 并且与 $z_0, \ldots, z_m$ 的李括号运算是封闭的。实际上不难看到，在满足这些性质的 $\mathbb{R}\langle Z\rangle$ 的子空间中，$\mathcal{L}(Z)$ 是最小的。

现在回到以泛函 (3.4) 表示的一个输入-输出映射的实现问题。正如所期望的，实现的存在性将被描述为形式幂级数的一个性质，它对这个泛函给出了明确规定。现在给形式幂级数 c 关联两个整数，遵从 Fliess 的习惯，分别称之为 c 的**汉克尔秩** (Hankel rank) 和**李秩** (Lie rank)。这可以通过以下方式来完成。用给定的形式幂级数 c 来定义一个映射

$$F_c\colon \mathbb{R}\langle Z\rangle \to \mathbb{R}^p\langle\langle Z\rangle\rangle$$

定义方式如下：

(a) 集合 $Z^\star = \{z_{j_k}\dots z_{j_0} \in \mathbb{R}\langle Z\rangle\colon (j_k\dots j_0) \in I^\star\}$ 中的任一多项式 [根据定义，与多重指标 $\emptyset \in I^\star$ 相应的多项式除 $p(\emptyset) = 1$ 外其他系数都为零，即为 $\mathbb{R}\langle Z\rangle$ 的单位元] 在 F_c 下的映像是通过 [对于所有的 $(j_k\dots j_0) \in I^\star$] 令

$$[F_c(z_{j_k}\dots z_{j_0})](i_r\dots i_0) = c(i_r\dots i_0\, j_k\dots j_0)$$

而定义的一个形式幂级数。

(b) 映射 F_c 是把 $\mathbb{R}\langle Z\rangle$ 映入 $\mathbb{R}^p\langle\langle Z\rangle\rangle$ 的一个 $\mathbb{R}$-向量空间态射。

注意到，$\mathbb{R}\langle Z\rangle$ 中的任一多项式可表示为 $Z^\star$ 中元素的 $\mathbb{R}$-线性组合，因此，(a) 和 (b) 这两条规则完全确定了映射 F_c。

把 F_c 视为 $\mathbb{R}$-向量空间的一个态射，定义 c 的汉克尔秩 $\rho_H(c)$ 为 F_c 的秩，即子空间

$$F_c(\mathbb{R}\langle Z\rangle) \subset \mathbb{R}^p\langle\langle Z\rangle\rangle$$

的维数。

此外，定义 c 的李秩 $\rho_L(c)$ 为子空间

$$F_c(\mathcal{L}(Z)) \subset \mathbb{R}^p\langle\langle Z\rangle\rangle$$

的维数，即映射 $F_c|_{\mathcal{L}(Z)}$ 的秩。

容易得到映射 F_c 的一个矩阵表示，具体如下。假设将 $\mathbb{R}\langle Z\rangle$ 中的一个元素 p 表示为一个无限的实数列向量，其各分量以 $I^\star$ 中的元素为指标，并且指标为 $j_k\dots j_0$ 的分量恰好是 $p(j_k\dots j_0)$。当然，由于 p 是一个多项式，所以这个向量的元素只有有限多个是非零的。同样，可以将 $\mathbb{R}^p\langle\langle Z\rangle\rangle$ 中的一个元素 c 表示为一个无限的列向量，其各分量均为以 $I^\star$ 中的元素为指标的 p 维实数向量，并使指标为 $i_r\dots i_0$ 的分量是 $c(i_r\dots i_0)$。那么，定义在 $\mathbb{R}\langle Z\rangle$ 上且在 $\mathbb{R}^p\langle\langle Z\rangle\rangle$ 中取值的任一 $\mathbb{R}$-向量空间态射将被表示为一个无限矩阵 H_c，其各列以 $I^\star$ 中的元素为指标，并且在指标为 $(j_k\dots j_0)$ 的列上，每一个指标为 $(i_r\dots i_0)$ 的 p 行块恰好是 c 的系数

$$c(i_r\dots i_0\, j_k\dots j_0)$$

这个事实的简单验证留给读者。

矩阵 H_c 称为级数 c 的**汉克尔矩阵** (Hankel matrix)。显然，根据以上定义，矩阵 H_c 的秩和 c 的汉克尔秩相同。

例 3.4.1. 如果集合 I 仅由一个元素构成，那么容易看到 $I^\star$ 等同于非负整数集合 $\mathbb{Z}^+$。系数属于 $\mathbb{R}$ 的单一不定元形式幂级数，即映射

$$c\colon \mathbb{Z}^+ \to \mathbb{R}$$

可以像式 (3.25) 那样表示为一个无穷和

$$c = \sum_{k=0}^{\infty} c_k z^k$$

与映射 F_c 相应的汉克尔矩阵等同于经典的与序列 $c_0, c_1, \ldots$ 相应的汉克尔矩阵

$$H_c = \begin{pmatrix} c_0 & c_1 & c_2 & \cdots \\ c_1 & c_2 & c_3 & \cdots \\ c_2 & c_3 & c_4 & \cdots \\ \vdots & \vdots & \vdots & \vdots \end{pmatrix} \qquad \triangleleft$$

映射 F_c 的汉克尔秩和李秩的重要性依赖于下述基本结果。

引理 3.4.1. 令 $f, g_1, \ldots, g_m, h$ 和点 $x^\circ \in \mathbb{R}^n$ 均给定。令 $\Delta_{\mathcal{C}}$ 是与控制李代数 $\mathcal{C}$ 相应的分布，$\Omega_{\mathcal{O}}$ 是与观测空间 $\mathcal{O}$ 相应的余分布。以 $K(x^\circ)$ 表示 $\Delta_{\mathcal{C}}(x^\circ)$ 中零化 $\Omega_{\mathcal{O}}(x^\circ)$ 的向量子集，亦即 $T_{x^\circ}\mathbb{R}^n$ 的子空间，其定义为

$$K(x^\circ) = \Delta_{\mathcal{C}}(x^\circ) \cap \Omega_{\mathcal{O}}^{\perp}(x^\circ) = \{v \in \Delta_{\mathcal{C}}(x^\circ)\colon \langle \mathrm{d}\lambda(x^\circ), v\rangle = 0 \quad \forall \lambda \in \mathcal{O}\}$$

最后，令 c 为一个形式幂级数，其定义为

$$\begin{aligned} c(\emptyset) &= h(x^\circ) \\ c(i_k \ldots i_0) &= L_{g_{i_0}} \ldots L_{g_{i_k}} h(x^\circ) \end{aligned} \tag{3.27}$$

其中 $g_0 = f$。那么，c 的李秩取值为

$$\rho_L(c) = \dim \Delta_{\mathcal{C}}(x^\circ) - \dim K(x^\circ) = \dim \frac{\Delta_{\mathcal{C}}(x^\circ)}{\Delta_{\mathcal{C}}(x^\circ) \cap \Omega_{\mathcal{O}}^{\perp}(x^\circ)}$$

证明: 可定义一个李代数的态射

$$\mu\colon \mathcal{L}(Z) \to V(\mathbb{R}^n)$$

方法是令

$$\mu(z_i) = g_i, \qquad 0 \leqslant i \leqslant m$$

易验证，若 p 是 $\mathcal{L}(Z)$ 中的多项式，则 $L_{\mu(p)} L_{g_{i_0}} \ldots L_{g_{i_k}} h(x^\circ)$ 是 $F_c(p)$ 的第 $(i_k \ldots i_0)$ 个系数。因而，级数 $F_c(p)$ 可表示为

$$F_c(p) = L_{\mu(p)} h(x^\circ) + \sum_{k=0}^{\infty} \sum_{i_0,\ldots,i_k=0}^{m} L_{\mu(p)} L_{g_{i_0}} \ldots L_{g_{i_k}} h(x^\circ) z_{i_k} \cdots z_{i_0}$$

如果以 v 表示向量场 $\mu(p)$ 在 x° 处的值，则上式可改写为

$$F_c(p) = \langle \mathrm{d}h(x^\circ), v\rangle + \sum_{k=0}^{\infty} \sum_{i_0,\ldots,i_k=0}^{m} \langle \mathrm{d}L_{g_{i_0}} \ldots L_{g_{i_k}} h(x^\circ), v\rangle z_{i_k} \cdots z_{i_0}$$

当 p 在 $\mathcal{L}(Z)$ 中变动时，切向量 v 取 $\Delta_{\mathcal{C}}(x^\circ)$ 中的任意值。而且，余向量 $\mathrm{d}h(x^\circ), \ldots, \mathrm{d}L_{g_{i_0}} \ldots L_{g_{i_k}} h(x^\circ), \ldots$ 张成 $\Omega_{\mathcal{O}}(x^\circ)$。这意味着在 $F_c(\mathcal{L}(Z))$ 中 $\mathbb{R}$-线性无关的幂级数个数恰等于

$$\dim \Delta_{\mathcal{C}}(x^\circ) - \dim \Delta_{\mathcal{C}}(x^\circ) \cap \Omega_{\mathcal{O}}^{\perp}(x^\circ)$$

鉴于 c 的李秩定义，这就证明了此结论。 $\lhd$

由此结果可立即看到，如果可用一个 n 维动态系统实现一个形如式 (3.4) 的输入-输出泛函，那么明确规定该泛函的形式幂级数的李秩必定以 n 为界。换言之，李秩 $\rho_L(c)$ 的**有限性** (finiteness) 是存在有限维实现的一个必要条件。后面将会看到这个条件也是充分的。现在，希望研究与 F_c 相应的另一个秩 (汉克尔秩) 的有限性所起的作用。根据定义可得

$$\rho_L(c) \leqslant \rho_H(c)$$

所以李秩有限时汉克尔秩可能是无限的。然而，存在 $\rho_H(c)$ 有限的特殊情况。

引理 3.4.2. 设 $f, g_1, \ldots, g_m, h$ 关于 x 均是线性的，即对于适当的矩阵 $A, N_1, \ldots, N_m, C$ 有

$$f(x) = Ax, \quad g_1(x) = N_1 x, \quad \ldots, \quad g_m(x) = N_m x, \quad h(x) = Cx$$

令 x° 为 $\mathbb{R}^n$ 中一点。以 V 表示包含点 x° 且在 $A, N_1, \ldots, N_m$ 下不变的 $\mathbb{R}^n$ 的最小子空间。以 W 表示包含在 $\ker(C)$ 中且在 $A, N_1, \ldots, N_m$ 下不变的 $\mathbb{R}^n$ 的最大子空间。那么，形式幂级数 (3.27) 的汉克尔秩的值为

$$\rho_H(c) = \dim V - \dim W \cap V = \dim \frac{V}{W \cap V}$$

证明: 在 2.4 节中已经看到，子空间 W 可用以下方式表示:

$$W = (\ker(C)) \cap \left[\bigcap_{r=0}^{\infty} \bigcap_{i_0,\ldots,i_r=0}^{m} \ker(CN_{i_r} \ldots N_{i_0})\right]$$

其中 $N_0 = A$。以同样的论据能证明子空间 V 可表示为

$$V = \mathrm{span}\{x^\circ\} + \sum_{k=0}^{\infty} \sum_{j_0,\ldots,j_k=0}^{m} \mathrm{span}\{N_{j_k} \ldots N_{j_0} x^\circ\}$$

在当前情况下，F_c 的汉克尔矩阵是: 在指标为 $(j_k \ldots j_0)$ 的列上，指标为 $(i_r \ldots i_0)$ 的 p 行块，即 c 的系数 $c(i_r \ldots i_0\ j_k \ldots j_0)$，具有表达式

$$CN_{i_r} \ldots N_{i_0} N_{j_k} \ldots N_{j_0} x^\circ$$

将此表达式进行因式分解

$$(CN_{i_r} \ldots N_{i_0})(N_{j_k} \ldots N_{j_0} x^\circ)$$

可见，汉克尔矩阵能被分解为两个矩阵的乘积，左边矩阵的核等于子空间 W，而右边矩阵的映像等于子空间 V，由此立即得到想要证明的结论。 $\lhd$

于是，从这个引理可见，如果一个形如式 (3.4) 的输入-输出泛函被以方程组

$$\dot{x} = Ax + \sum_{i=1}^{m} N_i x u_i$$
$$y = Cx$$

描述的 n 维动态系统实现，即该泛函可由一个 n 维双线性动态系统实现，那么明确规定该泛函的形式幂级数的汉克尔秩以 n 为界。汉克尔秩 $\rho_H(c)$ 的有限性是存在双线性实现的一个必要条件。

现在来证明上述两个条件的充分性。先处理双线性实现的情况，这更为简单。仿照本节开始处给出的定义，如果由

$$g_0(x) = N_0 x,\ g_1(x) = N_1 x, \ldots, g_m(x) = N_m x$$
$$h(x) = Cx$$

定义的集合 $\{g_0, \ldots, g_m, h, x^\circ\}$ 是 c 的一个实现，则称集合 $\{N_0, \ldots, N_m, C, x^\circ\}$ 是形式幂级数 c 的一个双线性实现，其中 $x^\circ \in \mathbb{R}^n, N_i \in \mathbb{R}^{n\times n}$，$0 \leqslant i \leqslant m$，且 $C \in \mathbb{R}^{p\times n}$。

定理 3.4.3. 令 c 是关于 $m+1$ 个非交换不定元且系数属于 $\mathbb{R}^p$ 的一个形式幂级数。存在 c 的一个双线性实现，当且仅当 c 的汉克尔秩有限。

证明：仅需证明充分性部分。这是因为，再次考虑映射 F_c。现在将赋予集合 $\mathbb{R}^p\langle Z\rangle$ 和 $\mathbb{R}^p\langle\langle Z\rangle\rangle$ 模结构。将环 $\mathbb{R}\langle Z\rangle$ 视为其自身上的一个模。可以这样给 $\mathbb{R}^p\langle\langle Z\rangle\rangle$ 赋予一个 $\mathbb{R}\langle Z\rangle$-模结构：幂级数的求和运算定义为按系数求和，一个多项式 $p \in \mathbb{R}\langle Z\rangle$ 乘以一个级数 $s \in \mathbb{R}^p\langle\langle Z\rangle\rangle$ 的积 $p\cdot s$ 以如下方式定义：

(a) $1 \cdot s = s$；

(b) 对于所有的 $0 \leqslant i \leqslant m$，级数 $z_i \cdot s$ 的定义为

$$(z_i \cdot s)(i_r \ldots i_0) = s(i_r \ldots i_0\, i)$$

(c) 对于所有的 $p_1, p_2 \in \mathbb{R}\langle Z\rangle$ 和 $\alpha_1, \alpha_2 \in \mathbb{R}$

$$(\alpha_1 p_1 + \alpha_2 p_2)\cdot s = \alpha_1(p_1 \cdot s) + \alpha_2(p_2 \cdot s)$$

注意到，由 (a) 和 (b)，对于所有的 $j_k \ldots j_0 \in I^\star$ 有

$$(z_{j_k} \ldots z_{j_0} \cdot s)(i_r \ldots i_0) = s(i_r \ldots i_0\, j_k \ldots j_0)$$

还注意到，由于环 $\mathbb{R}\langle Z\rangle$ 不可交换，所以乘积执行的顺序是极其重要的。

当 $\mathbb{R}^p\langle\langle Z\rangle\rangle$ 被赋予这种 $\mathbb{R}\langle Z\rangle$-模结构时，之前定义的映射 F_c 成为一个 $\mathbb{R}\langle Z\rangle$-模态射。这个证明很简单，留给读者。事实上，验证 $F_c(p) = p\cdot c$ 极为容易。

现在考虑 F_c 的典范因子分解

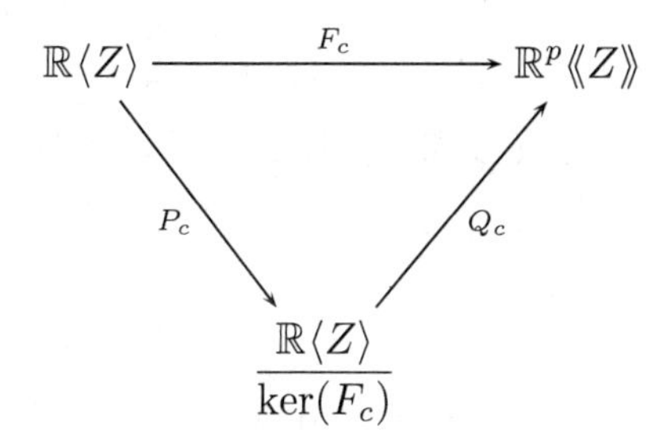

其中，照例以 P_c 表示典范投射 $p \mapsto (p + \ker(F_c))$，以 Q_c 表示单射 $(p + \ker(F_c)) \mapsto F_c(p)$。$P_c$ 和 Q_c 都是 $\mathbb{R}$-向量空间态射，但同样存在一个 $\mathbb{R}\langle Z\rangle/\ker(F_c)$ 上的典范 $\mathbb{R}\langle Z\rangle$-模结构，使得 P_c 和 Q_c 是 $\mathbb{R}\langle Z\rangle$-模态射。

根据定义，由于 $\mathbb{R}\langle Z\rangle/\ker(F_c)$ 与 F_c 的映像同构，所以 $\mathbb{R}\langle Z\rangle/\ker(F_c)$ 作为一个 $\mathbb{R}$-向量空间，其维数等于形式幂级数 c 的汉克尔秩 $\rho(c)$。为简单起见，令

$$X = \frac{\mathbb{R}\langle Z\rangle}{\ker(F_c)}$$

但 X 同样是一个 $\mathbb{R}\langle Z\rangle$-模，所以对于 $z_0, \ldots, z_m$ 中的每一个不定元，可构造如下的映射：

$$M_i \colon X \to X$$
$$x \mapsto z_i \cdot x$$

映射 M_i 显然是 $\mathbb{R}$-向量空间态射。同样定义一个 $\mathbb{R}$-向量空间态射

$$H \colon X \to \mathbb{R}^p$$

其具体表示为

$$Hx = [Q_c(x)](\emptyset)$$

上式等号右边的记法表示级数 $Q_c(x)$ 中与空指标对应的系数。

最后，令 x° 为 X 中的元素

$$x^\circ = P_c(1)$$

其中 1 表示 $\mathbb{R}\langle Z\rangle$ 中的单位多项式。

可以断言

$$\begin{aligned} c(\emptyset) &= Hx^\circ \\ c(i_k \ldots i_0) &= HM_{i_k} \ldots M_{i_0} x^\circ \end{aligned} \tag{3.28}$$

因为，立即可见

$$c = F_c(1) = Q_c \circ P_c(1) = Q_c(x^\circ) \tag{3.29}$$

此外，假设

$$F_c(z_{i_k} \ldots z_{i_0}) = Q_c M_{i_k} \ldots M_{i_0} x^\circ \tag{3.30}$$

则对于 $1 \leqslant i \leqslant m$ ，有

$$F_c(z_i z_{i_k} \dots z_{i_0}) = z_i \cdot F_c(z_{i_k} \dots z_{i_0}) = z_i(Q_c M_{i_k} \dots M_{i_0} x^\circ)$$
$$= Q_c(z_i \cdot M_{i_k} \cdots M_{i_0} x^\circ) = Q_c M_i M_{i_k} \dots M_{i_0} x^\circ$$

因而式 (3.30) 对于所有的 $(i_k \dots i_0) \in I^\star$ 成立。

现在，由于 F_c 的定义，所以有

$$[F_c(z_{i_k} \dots z_{i_0})](\emptyset) = c(i_k \dots i_0)$$

因此，考虑到映射 H 的定义，式 (3.28) 得证。

现在，在 $\rho_H(c)$ 维向量空间 X 中取一组基。在这组基下，映射 $M_0, \dots, M_m$ 和 H 将被表示为矩阵 $N_0, \dots, N_m$ 和 C；x° 将被表示为一个向量 $\hat{x}^\circ$。对于所有的 $(i_k \dots i_0) \in I^\star$，这些量满足

$$c(i_k \dots i_0) = C N_{i_k} \dots N_{i_0} \hat{x}^\circ$$

这证明集合 $\{C, N_0, \dots, N_m, \hat{x}^\circ\}$ 是所讨论级数的一个双线性实现。 ◁

以下结果为存在一个输入-输出泛函 (3.4) 的实现提供了一个充要条件，只要描述泛函的幂级数的系数被适当界定。

定理 3.4.4. 令 c 为一个形式幂级数，其系数对于所有的 $(i_k \dots i_0) \in I^\star$ 及某对实数 $C > 0$ 和 $r > 0$，满足条件

$$\|c(i_k \dots i_0)\| \leqslant C(k+1)! r^{(k+1)} \tag{3.31}$$

则存在 c 的一个实现，当且仅当 c 的李秩是有限的。

证明: 还需要一些证明的工具。对于每一个多项式 $p \in \mathbb{R}\langle Z \rangle$，按如下方式定义映射 $S_p \colon \mathbb{R}^p\langle\langle Z \rangle\rangle \to \mathbb{R}^p\langle\langle Z \rangle\rangle$:

(a) 如果 $p \in Z^\star = \{z_{j_k} \dots z_{j_0} \in \mathbb{R}\langle Z \rangle \colon (j_k \dots j_0) \in I^\star\}$，令

$$[S_{z_{j_k} \dots z_{j_0}}(c)](i_r \dots i_0) = c(j_k \dots j_0\, i_r \dots i_0)$$

则如此定义的 $S_p(c)$ 是一个形式幂级数；

(b) 如果 $\alpha_1, \alpha_2 \in \mathbb{R}$ 且 $p_1, p_2 \in \mathbb{R}\langle Z \rangle$，则

$$S_{\alpha_1 p_1 + \alpha_2 p_2}(c) = \alpha_1 S_{p_1}(c) + \alpha_2 S_{p_2}(c)$$

此外，给定形式幂级数 $s_1, s_2 \in \mathbb{R}\langle\langle Z \rangle\rangle$，假设数值级数和

$$s_1(\emptyset) s_2(\emptyset) + \sum_{k=0}^{\infty} \sum_{i_0, \dots, i_k = 0}^{m} s_1(i_k \dots i_0) s_2(i_k \dots i_0) \tag{3.32}$$

存在。在这种情况下，记该级数和为 $\langle s_1, s_2 \rangle$。

现在关注如何找到 c 的一个实现。为简化记号，假设 $p = 1$ (即考虑单输出系统的情况)。根据假设，在 $\mathcal{L}(Z)$ 中存在 n 个多项式，分别记为 $p_1, \dots, p_n$，使得形式幂级数 $F_c(p_1), \dots, F_c(p_n)$ 是 $\mathbb{R}$-线性无关的。

以多项式 $p_1,\dots,p_n$ 构造一个形式幂级数

$$w=\exp\left(\sum_{i=1}^{n}x_ip_i\right)=1+\sum_{k=1}^{\infty}\frac{1}{k!}\left(\sum_{i=1}^{n}x_ip_i\right)^k \tag{3.33}$$

其中 $x_1,\dots,x_n$ 都是实变量。

用要实现的级数 c 和所定义的级数 w，按以下方式来构造一组定义在零点附近，并以 $I^\star$ 中元素为指标的关于 $x_1,\dots,x_n$ 的解析函数：

$$h(x)=\langle c,w\rangle$$
$$h_{i_k\dots i_0}(x)=\langle S_{z_{i_k}\dots z_{i_0}}(c),w\rangle$$

增长条件 (3.31) 确保了上两式中等号右边的级数对于所有 $x=0$ 邻域中的 x 都收敛。

下面给出一个证明概要，用以表明在零点附近存在 $m+1$ 个向量场 $g_0(x),\dots,g_m(x)$，对于所有的 $(i_k\dots i_0)\in I^\star$ 满足性质

$$L_{g_i}h_{i_k\dots i_0}(x)=h_{i_k\dots i_0 i}(x) \tag{3.34}$$

这实际上将足以证明该定理，因为由构造知，在 $x=0$ 处函数 $h_{i_k\dots i_0}(x)$ 满足

$$h(0)=c(\emptyset)$$
$$h_{i_k\dots i_0}(0)=c(i_k\dots i_0)$$

这表明集合 $\{h,g_0,\dots,g_m\}$ 和初始状态 $x=0$ 一起构成了 c 的一个实现。

为找到向量场 $g_0,\dots,g_m$，可以如下进行。由于 n 个级数 $F_c(p_1),\dots,F_c(p_n)$ 都是 $\mathbb{R}$-线性无关的，所以容易看到在集合 $Z^\star$ 中存在 n 个单项式 $m_1,\dots,m_n$，使得 $(n\times n)$ 阶实数矩阵

$$\begin{pmatrix}[F_c(p_1)](s_1) & \cdots & [F_c(p_n)](s_1)\\ \vdots & \ddots & \vdots\\ [F_c(p_1)](s_n) & \cdots & [F_c(p_n)](s_n)\end{pmatrix} \tag{3.35}$$

的秩为 n (其中 s_j 表示与单项式 m_j 相应的多重指标)。易见

$$[F_c(p_i)](s_j)=\left(\frac{\partial}{\partial x_i}\langle S_{m_j}(c),w\rangle\right)_{x=0}$$

因为，如果 $p_i\in Z^\star$，则根据定义有

$$[F_c(p_i)](s_j)=c(s_jt_i)=[S_{m_j}(c)](t_i)=\left(\frac{\partial}{\partial x_i}\langle S_{m_j}(c),w\rangle\right)_{x=0}$$

(其中 t_i 表示与单项式 p_i 相应的多重指标)。由此，再利用线性特性可得，上述表达式在一般情况下 (即 p_i 是 $Z^\star$ 中元素的 $\mathbb{R}$-线性组合) 也是正确的。

利用这个性质得到，矩阵 (3.35) 的第 j 行与形如 $h_{i_k\dots i_0}$ 的某一个函数在零点处的微分值相等，该函数的多重指标对应于单项式 m_j。

现在考虑关于未知向量 $g_k(x)$ 的线性方程组系统

$$\begin{pmatrix} \dfrac{\partial}{\partial x}\langle S_{m_1}(c), w\rangle \\ \vdots \\ \dfrac{\partial}{\partial x}\langle S_{m_n}(c), w\rangle \end{pmatrix} g_k(x) = \begin{pmatrix} \langle S_{m_1 z_k}(c), w\rangle \\ \vdots \\ \langle S_{m_n z_k}(c), w\rangle \end{pmatrix}$$

对于零点附近的所有 x，系数矩阵是非奇异的，因为正如所看到的，在 $x=0$ 处它等同于矩阵 (3.35)。因而，在零点附近能够找到一个向量场 $g_k(x)$，使得

$$L_{g_k}\langle S_{m_i}(c), w\rangle = \langle S_{m_i z_k}(c), w\rangle$$

这证明至少对那些多重指标相应于单项式 $m_1, \ldots, m_n$ 的 $h_{i_k \ldots i_0}$，式 (3.34) 能够成立。

证明式 (3.34) 对于所有其他的 $h_{i_k \ldots i_0}$ 函数也成立依赖于以下事实：$F_c(\mathcal{L}(Z))$ 中每一个形式幂级数都是 $F_c(p_1), \ldots, F_c(p_n)$ 的一个 $\mathbb{R}$-线性组合。建议读者查阅文献以获得证明的全部细节，这里不再赘述。 $\lhd$

由上述定理可见，如果一个形式幂级数 c 的李秩有限，并且其系数满足增长条件 (3.31)，那么能够找到一个 $\rho_L(c)$ 维的动态系统实现该级数。

由这个事实和之前在引理 3.4.1 中叙述的结果，可导出一些进一步的说明。对于形式幂级数 c 的一个实现 $\{f, g_1, \ldots, g_m, h, x^\circ\}$，如果其维数，即定义 $f, g_1, \ldots, g_m$ 的底层流形的维数小于或等于 c 的任何其他实现的维数，则称该实现是**最小的** (minimal)。因而，由引理 3.4.1 可立即得到如下推论。

推论 3.4.5. 形式幂级数 c 的一个实现 $\{f, g_1, \ldots, g_m, h, x^\circ\}$ 是最小的，当且仅当该实现的维数等于李秩 $\rho_L(c)$。

推论 3.4.6. 形式幂级数 c 的一个实现 $\{f, g_1, \ldots, g_m, h, x^\circ\}$ 是最小的，当且仅当

$$\dim \Delta_{\mathcal{C}}(x^\circ) = \dim \Omega_{\mathcal{O}}(x^\circ) = n$$

或等价地表达为，该实现在 x° 处满足可控性秩条件和可观测性秩条件。

3.5　最小实现的唯一性

本节将证明一个有趣的唯一性结论，即一个形式幂级数的任何两个最小实现都是局部“微分同胚”的。

定理 3.5.1. 令 c 为一个形式幂级数，以 n 表示其李秩。令 c 的两个最小实现 (即两个 n 维实现) 分别为 $\{g_0^a, \ldots, g_m^a, h^a, x^a\}$ 和 $\{g_0^b, \ldots, g_m^b, h^b, x^b\}$。令 g_i^a $(0 \leqslant i \leqslant m)$ 和 h^a 定义在 $\mathbb{R}^n$ 中 x^a 的邻域 U^a 上，g_i^b $(0 \leqslant i \leqslant m)$ 和 h^b 定义在 $\mathbb{R}^n$ 中 x^b 的邻域 U^b 上。那么，存在开子集 $V^a \subset U^a$、$V^b \subset U^b$ 以及一个微分同胚 $F\colon V^a \to V^b$，使得对于所有的 $x \in V^b$，有

$$g_i^b(x) = F_\star g_i^a \circ F^{-1}(x), \qquad 0 \leqslant i \leqslant m \tag{3.36}$$

$$h^b(x) = h^a \circ F^{-1}(x) \tag{3.37}$$

证明: 把证明分为几步。

(i) 回想一下可知，c 的一个最小实现 $\{f, g_1, \ldots, g_m, h, x^\circ\}$ 满足在 x° 处的可观测性秩条件 (见推论 3.4.6)。根据 $\mathcal{O}$ 和 $\Omega_{\mathcal{O}}$ 的定义可推知，存在定义在 x° 某一邻域 U 上的 n 个实值函数 $\lambda_1, \ldots, \lambda_n$，具有以下形式:

$$\lambda_i(x) = L_{v_r} \ldots L_{v_1} h_j(x)$$

其中 $v_1, \ldots, v_r$ 是集合 $\{f, g_1, \ldots, g_m\}$ 中的向量场，r (可能) 依赖于 i，并且 $1 \leqslant j \leqslant p$，这些函数使得余向量 $\mathrm{d}\lambda_1(x^\circ), \ldots, \mathrm{d}\lambda_n(x^\circ)$ 是线性无关的 (即张成余切空间 $T^\star_{x^\circ}U$)。由这个性质，再利用反函数定理可推得，存在 x° 的一个邻域 $U_H \subset U$，使得映射

$$H\colon x \mapsto (\lambda_1(x), \ldots, \lambda_n(x))$$

是从 U_H 到其映像 $H(U_H)$ 上的微分同胚。

根据标记为 “a” 和 “b” 的任意两个最小实现，下面将构造这样的两个映射，分别记为 H^a 和 H^b。

(ii) 令 $\theta_1, \ldots, \theta_n$ 为定义在 x° 某一邻域 U 内的一组向量场，其形式为

$$\theta_i = f + \sum_{j=1}^{m} g_j \bar{u}^i_j$$

其中 $\bar{u}^i_j \in \mathbb{R}$ $(1 \leqslant j \leqslant m)$。以 Φ^i_t 表示 θ_i 的流，以 G 表示定义在零点某一邻域 $(-\varepsilon, \varepsilon)^n$ 上的映射

$$G\colon (t_1, \ldots, t_n) \mapsto \Phi^n_{t_n} \circ \cdots \circ \Phi^1_{t_1}(x^\circ)$$

根据标记为 “a” 和 “b” 的任何两个最小实现，将构造这样的两个映射，分别记其为 G^a 和 G^b (在 G^a 和 G^b 中都使用同一组 $\bar{u}^i_j$)。

回想一下可知，最小实现 $\{f^a, g^a_1, \ldots, g^a_m, h^a, x^a\}$ 在 x^a 处满足可控性秩条件 (见推论 3.4.6)。根据 $\Delta_{\mathcal{C}}$ 和 R 的性质 (见注记 2.2.3) 可知，分布 R 在 x^a 附近是 n 维的非奇异分布。那么，利用在证明定理 1.8.9 中用过的相同论证能够看到，可以选择 $\bar{u}^i_j$ 和 $(0, \varepsilon)^n$ 的一个开子集 W，使得 G^a 对于 W 的限制是从 W 到其映像 $G^a(W)$ 上的一个微分同胚。

(iii) 容易证明，如果

$$\{f^a, g^a_0, \ldots, g^a_m, h^a, x^a\} \qquad \text{和} \qquad \{f^b, g^b_0, \ldots, g^b_m, h^b, x^b\}$$

是同一个形式幂级数 c 的两个实现，则对于所有的 $0 < t_i < \varepsilon$，$1 \leqslant i \leqslant n$ 及充分小的 ε，有

$$H^a \circ G^a(t_1, \ldots, t_n) = H^b \circ G^b(t_1, \ldots, t_n) \tag{3.38}$$

事实上，如果 ε 很小，则 $G(t_1, \ldots, t_n)$ 是始于 x° 且在分段常值控制

$$u_j(t) = \bar{u}^i_j, \qquad t \in [t_1 + \cdots + t_{i-1}, t + \cdots + t_i)$$

作用下 U_H 中的一个可达点。此外 H 的各分量在某一点处的值 (即函数 $\lambda_1, \ldots, \lambda_n$ 的值)，等于在适当的分段常值控制作用下，所产生的输出函数 $y(t)$ 的一些分量在 $t = 0$ 时的某些导数值 (见定理 1.9.7 的证明)。所以，可将 $H \circ G(t_1, \ldots, t_n)$ 的分量视为在适当的分段常值控制下

所得的输出函数 $y(t)$ 在 $t = t_1 + \cdots + t_n$ 时的某些导数值。由定义，同一个幂级数 c 的两个最小实现描述了两个展现出相同输入-输出行为的系统。这两个分别初始化于 x^a 和 x^b 的系统在任意分段常值控制下都产生两个恒等的输出函数，因此式 (3.38) 的两边一定相等。

(iv) 回顾可知，如果实现 "a" 是最小的，并且如果 $(t_1, \ldots, t_n) \in W$ 且 ε 充分小，则映射 $H^a \circ G^a$ 是微分同胚的复合。如果实现 "b" 也是最小的，则 H^b 的确是一个微分同胚，但由于式 (3.38) 以及该式等号左边本身是一个微分同胚，所以 G^b 一定也是从 W 到其映像上的微分同胚。下图是这些微分同胚的一个交换图：

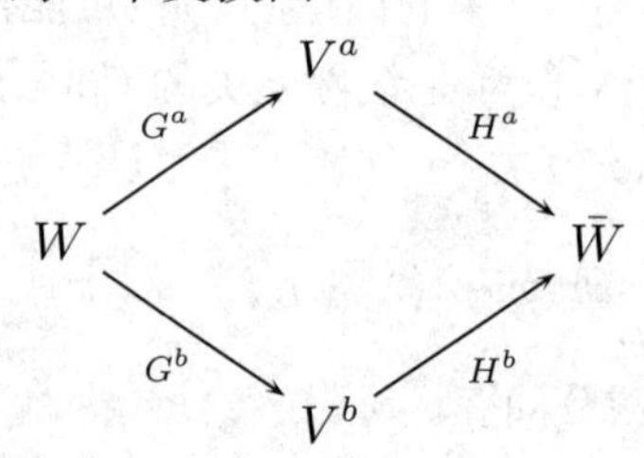

其中 $V^a = G^a(W)$，$V^b = G^b(W)$，$V^a \subset U_H^a$，$V^b \subset U_H^b$，$\bar{W} = H^a \circ G^a(W) = H^b \circ G^b(W)$。于是，可以定义一个微分同胚

$$F\colon V^a \to V^b$$

具体为

$$F = (H^b)^{-1} \circ H^a \tag{3.39}$$

其逆可表示为

$$F^{-1} = G^a \circ (G^b)^{-1} \tag{3.40}$$

(v) 利用 (iii) 中用过的相同论据容易证明式 (3.38) 的一个更一般形式。更确切地说，令

$$\theta^a = f^a + \sum_{i=1}^{m} g_i^a v_i, \qquad \theta^b = f^b + \sum_{i=1}^{m} g_i^b v_i$$

对于充分小的 t 可以推知

$$H^a \circ \Phi_t^{\theta^a} \circ G^a(t_1, \ldots, t_n) = H^b \circ \Phi_t^{\theta^b} \circ G^b(t_1, \ldots, t_n)$$

对上式求关于 t 的导数并令 $t = 0$，得到

$$(H^a)_\star \theta^a \circ G^a(t_1, \ldots, t_n) = (H^b)_\star \theta^b \circ G^b(t_1, \ldots, t_n)$$

因为 $v_1, \ldots, v_m$ 的任意性，所以对于所有的 $0 \leqslant i \leqslant m$ 有

$$(H^a)_\star g_i^a \circ G^a(t_1, \ldots, t_n) = (H^b)_\star g_i^b \circ G^b(t_1, \ldots, t_n)$$

但考虑到定义 (3.39)–(3.40)，对于所有的 $x \in V^b$，这些等式可重新写为

$$g_i^b(x) = F_\star g_i^a \circ F^{-1}(x), \qquad 0 \leqslant i \leqslant m$$

于是式 (3.36) 得证。

(vi) 同样，利用 (ii) 中用过的论据可容易看到

$$h^a \circ G^a(t_1, \ldots, t_n) = h^b \circ G^b(t_1, \ldots, t_n)$$

即对于所有的 $x \in V^b$ 有

$$h^b(x) = h^a \circ F^{-1}(x)$$

因而式 (3.37) 也得证。 $\lhd$

第 4 章　单输入单输出系统非线性反馈的基本理论

4.1　局部坐标变换

从本章开始，将循序渐进地研究非线性系统 (1.2) 的一系列反馈控制律综合问题。首先讨论单输入单输出系统的情况，这种简单的结构使其适宜于相当基础的分析。接着，在下一章中讨论一类特殊的非线性系统，对于单输入单输出系统建立的大多数理论能够被直接扩展到这类系统。之后，在接下来的四章中，将展示一套更强有力的工具用以分析和设计更为一般的非线性控制系统。

这个介绍小节旨在说明单输入单输出非线性系统如何通过状态空间中一个适当的坐标变换被局部变为一个有特殊意义的“标准型”，关于这个标准型有一些重要性质需要阐述。

所有分析的出发点是系统的相对阶概念，可正式描述如下。对于单输入单输出非线性系统

$$
\begin{aligned}
\dot{x} &= f(x) + g(x)u \\
y &= h(x)
\end{aligned}
\tag{4.1}
$$

如果

(i) $L_g L_f^k h(x) = 0$ 对于所有 x° 邻域中的 x 和所有的 $k < r-1$ 都成立；

(ii) $L_g L_f^{r-1} h(x^\circ) \neq 0$；

那么，称系统 (4.1) 在点 x° 处具有**相对阶** (relative degree) r。

注意，可能在一些点处无法定义相对阶。事实上，对于以下不恒等于零 (在 x° 的一个邻域中) 的序列

$$
L_g h(x), L_g L_f h(x), \ldots, L_g L_f^k h(x), \ldots
$$

当第一个函数恰好在 $x = x^\circ$ 处有一个零点时，就会出现这种情况。然而，对于使系统 (4.1) 有定义的集合 U 来说，可定义相对阶的点显然构成了 U 的一个开稠密子集。

例 4.1.1. *考虑受控 Van der Pol 振子的状态空间方程*

$$
\dot{x} = f(x) + g(x)u = \begin{pmatrix} x_2 \\ 2\omega\zeta(1-\mu x_1^2)x_2 - \omega^2 x_1 \end{pmatrix} + \begin{pmatrix} 0 \\ 1 \end{pmatrix} u
$$

假设输出函数选为

$$y = h(x) = x_1$$

这时有

$$L_g h(x) = \frac{\partial h}{\partial x} g(x) = \begin{pmatrix} 1 & 0 \end{pmatrix} \begin{pmatrix} 0 \\ 1 \end{pmatrix} = 0$$

和

$$L_f h(x) = \frac{\partial h}{\partial x} f(x) = \begin{pmatrix} 1 & 0 \end{pmatrix} \begin{pmatrix} x_2 \\ 2\omega\zeta(1 - \mu x_1^2)x_2 - \omega^2 x_1 \end{pmatrix} = x_2$$

并且

$$L_g L_f h(x) = \frac{\partial (L_f h)}{\partial x} g(x) = \begin{pmatrix} 0 & 1 \end{pmatrix} \begin{pmatrix} 0 \\ 1 \end{pmatrix} = 1$$

因而看到，所考虑的系统在任一点 x° 处的相对阶为 2。

但是，如果输出函数是

$$y = h(x) = \sin x_2$$

则有 $L_g h(x) = \cos x_2$。只要 $(x^\circ)_2 \neq (2k+1)\pi/2$，系统在任一点 x° 处的相对阶就为 1。如果点 x° 不满足这个条件，则无法定义相对阶。 $\lhd$

注记 4.1.2. 为了将刚才介绍的概念与一个熟悉的概念进行对比，先来计算一个线性系统

$$\begin{aligned} \dot{x} &= Ax + Bu \\ y &= Cx \end{aligned}$$

的相对阶。这时，由于 $f(x) = Ax$，$g(x) = B$，$h(x) = Cx$，所以易见

$$L_f^k h(x) = CA^k x$$

因此

$$L_g L_f^k h(x) = CA^k B$$

于是，整数 r 由以下条件描述：

$$\begin{aligned} CA^k B &= 0, \qquad \text{对于所有的 } k < r-1 \\ CA^{r-1} B &\neq 0 \end{aligned}$$

众所周知，满足这些条件的整数正好是系统传递函数

$$H(s) = C(sI - A)^{-1} B$$

分母多项式与分子多项式的阶次之差。 $\lhd$

现在给出相对阶概念的一个简单解释，不再局限于之前注记中的线性假设。假设在某一个时刻 t° 系统的状态为 $x(t^\circ) = x^\circ$，并且假设对于 $k = 1, 2, \ldots$，想要计算输出 $y(t)$ 及其各阶导数 $y^{(k)}(t)$ 在 $t = t^\circ$ 时刻的值，可以得到

$$
\begin{aligned}
y(t^\circ) &= h(x(t^\circ)) = h(x^\circ) \\
y^{(1)}(t) &= \frac{\partial h}{\partial x}\frac{\mathrm{d}x}{\mathrm{d}t} = \frac{\partial h}{\partial x}\Big(f(x(t)) + g(x(t))u(t)\Big) \\
&= L_f h(x(t)) + L_g h(x(t))u(t)
\end{aligned}
$$

如果相对阶 r 大于 1，那么对于所有使 $x(t)$ 处于 x° 附近的 t，即所有 t° 附近的 t，有 $L_g h(x(t)) = 0$，因此

$$
y^{(1)}(t) = L_f h(x(t))
$$

由此得到

$$
\begin{aligned}
y^{(2)}(t) = \frac{\partial L_f h}{\partial x}\frac{\mathrm{d}x}{\mathrm{d}t} &= \frac{\partial L_f h}{\partial x}\Big(f(x(t)) + g(x(t))u(t)\Big) \\
&= L_f^2 h(x(t)) + L_g L_f h(x(t))u(t)
\end{aligned}
$$

同样，如果相对阶大于 2，则对于所有 t° 附近的 t，有 $L_g L_f h(x(t)) = 0$，且

$$
y^{(2)}(t) = L_f^2 h(x(t))
$$

如此继续，得到

$$
\begin{aligned}
& y^{(k)}(t) = L_f^k h(x(t)), \qquad \text{对于所有的 } k < r \text{ 和 } t^\circ \text{ 附近的所有 } t \\
& y^{(r)}(t^\circ) = L_f^r h(x^\circ) + L_g L_f^{r-1} h(x^\circ) u(t^\circ)
\end{aligned}
$$

因此，相对阶 r 恰好等于为使输入 $u(t^\circ)$ 明确出现而在 $t = t^\circ$ 时刻对输出 $y(t)$ 的求导次数。

还注意到，如果

$$
L_g L_f^k h(x) = 0, \qquad \text{对于} x^\circ \text{ 邻域中的所有 } x \text{ 及所有的 } k \geqslant 0
$$

此时在 x° 附近的任何点处都不能定义相对阶，那么对于所有邻近 t° 的时间 t，系统的输出不受输入影响。事实上，若是这种情况，则之前的计算表明 $y(t)$ 在 $t = t^\circ$ 处的泰勒级数展式为

$$
y(t) = \sum_{k=0}^{\infty} L_f^k h(x^\circ) \frac{(t - t^\circ)^k}{k!}
$$

即 $y(t)$ 是一个只依赖于初始状态而不依赖于输入的函数。

这些计算表明，函数 $h(x), L_f h(x), \ldots, L_f^{r-1} h(x)$ 一定具有某种特殊的重要性。事实上，能够证明这些函数可用于在 x° 附近 (至少部分地) 定义一个局部坐标变换 (回想一下，在点 x° 处有 $L_g L_f^{r-1} h(x^\circ) \neq 0$)。这一事实基于以下性质。

引理 4.1.1. 行向量

$$
\mathrm{d}h(x^\circ), \mathrm{d}L_f h(x^\circ), \ldots, \mathrm{d}L_f^{r-1} h(x^\circ)
$$

是线性无关的。

为证明此引理，先来阐述另一个性质，它在后面会被多次用到。

引理 4.1.2. 令 ϕ 为一个实值函数，f,g 是向量场，它们全都在 $\mathbb{R}^n$ 的一个开集 U 中有定义。那么，对于任意选择的 $s,k,r \geqslant 0$ 有

$$\langle \mathrm{d}L_f^s\phi(x), \mathrm{ad}_f^{k+r}g(x)\rangle = \sum_{i=0}^{r}(-1)^i\binom{r}{i}L_f^{r-i}\langle \mathrm{d}L_f^{s+i}\phi(x), \mathrm{ad}_f^k g(x)\rangle \tag{4.2}$$

因此，以下两组条件等价

$$\text{(i)}\quad L_g\phi(x) = L_gL_f\phi(x) = \ldots = L_gL_f^k\phi(x) = 0, \quad \text{对于所有的 } x \in U \tag{4.3}$$

$$\text{(ii)}\quad L_g\phi(x) = L_{\mathrm{ad}_f g}\phi(x) = \ldots = L_{\mathrm{ad}_f^k g}\phi(x) = 0, \quad \text{对于所有的 } x \in U \tag{4.4}$$

证明: 对 r 采用数学归纳法可容易得到式 (4.2) 的证明，只要注意到

$$\begin{aligned}\langle \mathrm{d}L_f^s\phi(x), \mathrm{ad}_f^{k+r+1}g(x)\rangle &= \langle \mathrm{d}L_f^s\phi(x), [f, \mathrm{ad}_f^{k+r}g(x)]\rangle \\ &= L_f\langle \mathrm{d}L_f^s\phi(x), \mathrm{ad}_f^{k+r}g(x)\rangle - \langle \mathrm{d}L_f^{s+1}\phi(x), \mathrm{ad}_f^{k+r}g(x)\rangle\end{aligned}$$

式 (4.3) 和式 (4.4) 的等价关系是式 (4.2) 的直接推论。 $\lhd$

现在可以证明引理 4.1.1。

证明: 注意到，根据相对阶的定义并利用式 (4.2) 可得，对于满足 $i+j \leqslant r-2$ 的所有 i,j，有

$$\langle \mathrm{d}L_f^j h(x), \mathrm{ad}_f^i g(x)\rangle = 0, \qquad \text{对于} x^\circ \text{ 附近的所有 } x$$

并且对于满足 $i+j = r-1$ 的所有 i 和 j，有

$$\langle \mathrm{d}L_f^j h(x^\circ), \mathrm{ad}_f^i g(x^\circ)\rangle = (-1)^{r-1-j}L_gL_f^{r-1}h(x^\circ) \neq 0$$

以上条件合起来表明，矩阵

$$\begin{aligned}&\begin{pmatrix} \mathrm{d}h(x^\circ) \\ \mathrm{d}L_f h(x^\circ) \\ \vdots \\ \mathrm{d}L_f^{r-1}h(x^\circ) \end{pmatrix}\begin{pmatrix} g(x^\circ) & \mathrm{ad}_f g(x^\circ) & \cdots & \mathrm{ad}_f^{r-1}g(x^\circ) \end{pmatrix} \\ &= \begin{pmatrix} 0 & \cdots & \langle \mathrm{d}h(x^\circ), \mathrm{ad}_f^{r-1}g(x^\circ)\rangle \\ 0 & \cdots & \star \\ \vdots & \vdots & \star \\ \langle \mathrm{d}L_f^{r-1}h(x^\circ), g(x^\circ)\rangle & \star & \star \end{pmatrix}\end{aligned} \tag{4.5}$$

的秩为 r，因而行向量 $\mathrm{d}h(x^\circ), \mathrm{d}L_f h(x^\circ), \ldots, \mathrm{d}L_f^{r-1}h(x^\circ)$ 是线性无关的。 $\lhd$

引理 4.1.1 表明必然有 $r \leqslant n$，并且 r 个函数 $h(x), L_f h(x), \ldots, L_f^{r-1}h(x)$ 在 x° 附近可作为部分新坐标函数 (见命题 1.2.3)。稍后会看到，选择这些新坐标可使系统方程的结构特别简单。但在此之前，为便于以后讨论，先正式总结一下截至目前所讨论的结果，这也给出了当相对阶 r 严格小于 n 时使新坐标完备化的一种方式。

命题 4.1.3. 假设系统在 x° 处有相对阶 r，则 $r \leqslant n$。令

$$\begin{aligned}\phi_1(x) &= h(x)\\ \phi_2(x) &= L_f h(x)\\ &\vdots\\ \phi_r(x) &= L_f^{r-1} h(x)\end{aligned}$$

若 r 严格小于 n，则总能找到另外 $n-r$ 个函数 $\phi_{r+1}(x),\ldots,\phi_n(x)$，使得映射

$$\Phi(x) = \begin{pmatrix}\phi_1(x)\\ \vdots\\ \phi_n(x)\end{pmatrix}$$

的雅可比矩阵在 x° 处非奇异，从而在 x° 的一个邻域内 $\Phi(x)$ 可作为一个局部坐标变换。这些额外函数在 x° 处的值可任意指定。而且，总能选择 $\phi_{r+1}(x),\ldots,\phi_n(x)$，使得对于所有的 $r+1 \leqslant i \leqslant n$ 和 x° 附近的所有 x，满足

$$L_g \phi_i(x) = 0$$

证明: 根据相对阶的定义，向量 $g(x^\circ)$ 非零，因此分布 $G = \mathrm{span}\{g\}$ 在 x° 附近非奇异。由于它是一维的，该分布也是对合的。因此，由 Frobenius 定理推知，存在定义在 x° 某一个邻域内的 $n-1$ 个实值函数 $\lambda_1(x),\ldots,\lambda_{n-1}(x)$，使得

$$\mathrm{span}\{\mathrm{d}\lambda_1,\ldots,\mathrm{d}\lambda_{n-1}\} = G^\perp \tag{4.6}$$

容易证明在 x° 处有

$$\dim(G^\perp + \mathrm{span}\{\mathrm{d}h, \mathrm{d}L_f h, \ldots, \mathrm{d}L_f^{r-1} h\}) = n \tag{4.7}$$

因为如若不然，那么

$$G(x^\circ) \cap (\mathrm{span}\{\mathrm{d}h, \mathrm{d}L_f h, \ldots, \mathrm{d}L_f^{r-1} h\})^\perp(x^\circ) \neq \{0\}$$

即向量 $g(x^\circ)$ 零化

$$\mathrm{span}\{\mathrm{d}h, \mathrm{d}L_f h, \ldots, \mathrm{d}L_f^{r-1} h\}(x^\circ)$$

中的所有余向量。但这与 $\langle \mathrm{d}L_f^{r-1} h(x^\circ), g(x^\circ)\rangle$ 非零相矛盾。

由式 (4.6)、式 (4.7) 以及 $\mathrm{span}\{\mathrm{d}h, \mathrm{d}L_f h, \ldots, \mathrm{d}L_f^{r-1} h\}$ 维数为 r 的事实，利用引理 4.1.1 得到，在集合 $\{\lambda_1\ldots,\lambda_{n-1}\}$ 中可找到 $n-r$ 个函数，不失一般性，假设为 $\lambda_1\ldots,\lambda_{n-r}$，这些函数使得 n 个微分 $\mathrm{d}h, \mathrm{d}L_f h, \ldots, \mathrm{d}L_f^{r-1} h, \mathrm{d}\lambda_1, \ldots, \mathrm{d}\lambda_{n-r}$ 在 x° 处是线性无关的。根据构造知，由于 $\lambda_1,\ldots,\lambda_{n-r}$ 对于 x° 附近的所有 x 及所有 $1 \leqslant i \leqslant n-r$ 满足

$$\langle \mathrm{d}\lambda_i(x), g(x)\rangle = L_g \lambda_i(x) = 0$$

这就建立了所要的结果。注意，任何形如 $\lambda_i'(x) = \lambda_i(x) + c_i$ 的其他函数集 (其中 c_i 为常数) 都满足同样的条件，这证明这些函数在 x° 处的值可任意选择。 $\triangleleft$

系统在新坐标 $z_i = \phi_i(x)$ $(1 \leqslant i \leqslant n)$ 下的表示非常简单。回顾一开始所做的计算，对于 $z_1, \ldots, z_{r-1}$，有

$$\frac{\mathrm{d}z_1}{\mathrm{d}t} = \frac{\partial \phi_1}{\partial x}\frac{\mathrm{d}x}{\mathrm{d}t} = \frac{\partial h}{\partial x}\frac{\mathrm{d}x}{\mathrm{d}t} = L_f h(x(t)) = \phi_2(x(t)) = z_2(t)$$

$$\vdots$$

$$\frac{\mathrm{d}z_{r-1}}{\mathrm{d}t} = \frac{\partial \phi_{r-1}}{\partial x}\frac{\mathrm{d}x}{\mathrm{d}t} = \frac{\partial (L_f^{r-2}h)}{\partial x}\frac{\mathrm{d}x}{\mathrm{d}t} = L_f^{r-1}h(x(t)) = \phi_r(x(t)) = z_r(t)$$

对于 z_r 可得

$$\frac{\mathrm{d}z_r}{\mathrm{d}t} = L_f^r h(x(t)) + L_g L_f^{r-1} h(x(t)) u(t)$$

现在必须把上式等号右边的 $x(t)$ 的表达式替换为关于 $z(t)$ 的函数，即 $x(t) = \varPhi^{-1}(z(t))$。因此令

$$a(z) = L_g L_f^{r-1} h(\varPhi^{-1}(z))$$
$$b(z) = L_f^r h(\varPhi^{-1}(z))$$

于是关于 z_r 的方程可改写为

$$\frac{\mathrm{d}z_r}{\mathrm{d}t} = b(z(t)) + a(z(t))u(t)$$

注意，根据定义，在 $z^\circ = \varPhi(x^\circ)$ 处 $a(z^\circ) \neq 0$。因而，系数 $a(z)$ 对于 z° 某一个邻域中的所有 z 都不为零。

至于其他新坐标，如果没有特别指定，则不能期望相应的方程有任何特殊结构。但是，如果选择 $\phi_{r+1}(x), \ldots, \phi_n(x)$ 使得 $L_g\phi_i(x) = 0$，则

$$\frac{\mathrm{d}z_i}{\mathrm{d}t} = \frac{\partial \phi_i}{\partial x}\big(f(x(t)) + g(x(t))u(t)\big) = L_f\phi_i(x(t)) + L_g\phi_i(x(t))u(t) = L_f\phi_i(x(t))$$

令

$$q_i(z) = L_f\phi_i(\varPhi^{-1}(z)), \qquad \text{对于所有的 } r+1 \leqslant i \leqslant n$$

则上一方程可写为

$$\frac{\mathrm{d}z_i}{\mathrm{d}t} = q_i(z(t))$$

因而，综上所述，在新坐标下，系统的状态空间描述如下：

$$\begin{aligned}
\dot{z}_1 &= z_2 \\
\dot{z}_2 &= z_3 \\
&\ \vdots \\
\dot{z}_{r-1} &= z_r \\
\dot{z}_r &= b(z) + a(z)u \\
\dot{z}_{r+1} &= q_{r+1}(z) \\
&\ \vdots \\
\dot{z}_n &= q_n(z)
\end{aligned} \tag{4.8}$$

除了这些方程，还必须指定系统的输出与新状态变量的关系。但由于 $y = h(x)$，所以立即可见

$$y = z_1 \tag{4.9}$$

这些方程的结构在图 4.1 所示框图中得到了最好的诠释。这样定义的方程组称为**标准型** (normal form)，标准型有助于理解如何解决某些控制问题。

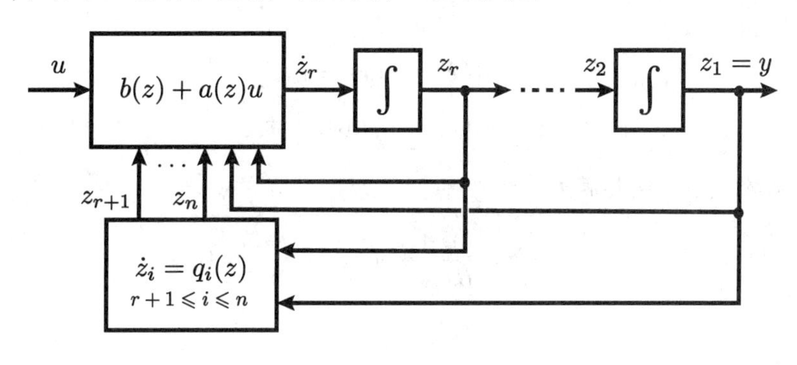

图 4.1

注记 4.1.3. 注意，有时候构造 $n-r$ 个函数 $\phi_{r+1}(x), \ldots, \phi_n(x)$ 使得 $L_g\phi_i(x) = 0$ 并不容易。因为正如命题 4.1.3 的证明所示，这等于求解 $n-r$ 个偏微分方程。通常，仅寻找使 $\Phi(x)$ 的雅可比矩阵在 x° 处非奇异的函数 $\phi_{r+1}(x), \ldots, \phi_n(x)$ 更为简单，这足以定义一个坐标变换。利用这样构造的变换，前 r 个方程的结构和之前一样，即

$$\begin{aligned}
\dot{z}_1 &= z_2 \\
\dot{z}_2 &= z_2 \\
&\vdots \\
\dot{z}_{r-1} &= z_r \\
\dot{z}_r &= b(z) + a(z)u
\end{aligned}$$

但后 $n-r$ 个方程不再有任何特殊结构，因此其形式为

$$\begin{aligned}
\dot{z}_{r+1} &= q_{r+1}(z) + p_{r+1}(z)u \\
&\vdots \\
\dot{z}_n &= q_n(z) + p_n(z)u
\end{aligned}$$

输入 u 在这些方程中显式出现。 $\lhd$

例 4.1.4. 考虑系统

$$\dot{x} = \begin{pmatrix} -x_1 \\ x_1 x_2 \\ x_2 \end{pmatrix} + \begin{pmatrix} \exp(x_2) \\ 1 \\ 0 \end{pmatrix} u$$

$$y = h(x) = x_3$$

对于这个系统，

$$\frac{\partial h}{\partial x}=\begin{pmatrix}0 & 0 & 1\end{pmatrix},\qquad L_gh(x)=0,\qquad L_fh(x)=x_2$$
$$\frac{\partial(L_fh)}{\partial x}=\begin{pmatrix}0 & 1 & 0\end{pmatrix},\qquad L_gL_fh(x)=1$$

为找到标准型，令

$$z_1=\phi_1(x)=h(x)=x_3$$
$$z_2=\phi_2(x)=L_fh(x)=x_2$$

并且寻找一个函数 $\phi_3(x)$ 使其满足

$$\frac{\partial\phi_3}{\partial x}g(x)=\frac{\partial\phi_3}{\partial x_1}\exp(x_2)+\frac{\partial\phi_3}{\partial x_2}=0$$

易见，函数

$$\phi_3(x)=1+x_1-\exp(x_2)$$

满足该条件。这三个函数定义了一个变换 $z=\Phi(x)$，其雅可比矩阵

$$\frac{\partial\Phi}{\partial x}=\begin{pmatrix}0 & 0 & 1\\ 0 & 1 & 0\\ 1 & -\exp(x_2) & 0\end{pmatrix}$$

对于所有的 x 非奇异。逆变换为

$$x_1=-1+z_3+\exp(z_2)$$
$$x_2=z_2$$
$$x_3=z_1$$

还注意到 $\Phi(0)=0$。在新坐标下，系统被描述为

$$\dot z_1=z_2$$
$$\dot z_2=(-1+z_3+\exp(z_2))z_2+u$$
$$\dot z_3=(1-z_3-\exp(z_2))(1+z_2\exp(z_2))$$

因为这是一个全局坐标变换，所以以上方程组是全局有效的。 $\lhd$

例 4.1.5. 考虑系统

$$\dot x=\begin{pmatrix}x_1x_2-x_1^3\\ x_1\\ -x_3\\ x_1^2+x_2\end{pmatrix}+\begin{pmatrix}0\\ 2+2x_3\\ 1\\ 0\end{pmatrix}u$$
$$y=h(x)=x_4$$

对这个系统有

$$\frac{\partial h}{\partial x}=\begin{pmatrix}0 & 0 & 0 & 1\end{pmatrix},\qquad L_gh(x)=0,\qquad L_fh(x)=x_1^2+x_2$$
$$\frac{\partial(L_fh)}{\partial x}=\begin{pmatrix}2x_1 & 1 & 0 & 0\end{pmatrix},\qquad L_gL_fh(x)=2(1+x_3)$$

注意到，如果 $x_3\neq-1$，则 $L_gL_fh(x)\neq0$。这表明仅在 $x_3\neq-1$ 的那些点处才能得到一个局部标准型。

为找到该标准型，首先必须令

$$z_1=\phi_1(x)=h(x)=x_4$$
$$z_2=\phi_2(x)=L_fh(x)=x_2+x_1^2$$

然后再寻找满足 $L_g\phi_3(x)=L_g\phi_4(x)=0$ 的 $\phi_3(x)$ 和 $\phi_4(x)$ 来补全变换。

假设不想寻找这些特殊的函数，而是只选取任意能够补全变换的 $\phi_3(x)$ 和 $\phi_4(x)$。可以这样实现，例如选择

$$z_3=\phi_3(x)=x_3$$
$$z_4=\phi_4(x)=x_1$$

如此定义的变换的雅可比矩阵

$$\frac{\partial\Phi}{\partial x}=\begin{pmatrix}0 & 0 & 0 & 1\\ 2x_1 & 1 & 0 & 0\\ 0 & 0 & 1 & 0\\ 1 & 0 & 0 & 0\end{pmatrix}$$

对于所有的 x 非奇异，逆变换为

$$x_1=z_4$$
$$x_2=z_2-z_4^2$$
$$x_3=z_3$$
$$x_4=z_1$$

注意到同样有 $\Phi(0)=0$。在这些新坐标下，系统被描述为

$$\dot{z}_1=z_2$$
$$\dot{z}_2=z_4+2z_4(z_4(z_2-z_4^2)-z_4^3)+(2+2z_3)u$$
$$\dot{z}_3=-z_3+u$$
$$\dot{z}_4=-2z_4^3+z_2z_4$$

这些方程是全局有效的（因为所考虑的变换是一个全局坐标变换），但由于在 z_3 的方程中出现了输入 u，所以并不是标准型的形式。

如果想要去掉 z_3 方程中的 u，则必须选取一个不同的函数 $\phi_3(x)$，以确保

$$\frac{\partial \phi_3}{\partial x} g(x) = \frac{\partial \phi_3}{\partial x_2}(2 + 2x_3) + \frac{\partial \phi_3}{\partial x_3} = 0$$

简单的计算表明，函数

$$\phi_3(x) = x_2 - 2x_3 - x_3^2$$

满足这个方程。利用这个新函数并且仍然取 $\phi_4(x) = x_1$，能够得到产生所需标准型的变换 (其定义域不包含 $x_3 = -1$ 的那些点)。 $\lhd$

4.2　反馈精确线性化

正如在 4.1 节开始处预先提到的，本书的一个主要目的是对于非线性系统进行分析，并设计反馈控制律。几乎在所有情况下都假设系统的状态 x 是可测的，并令系统的输入依赖于该状态且可能依赖于外部参考信号。如果在时刻 t 的控制值只依赖于同时刻状态 x 的值和外部参考输入的值，则称这样的控制为**静态状态反馈控制** (Static State Feedback Control)，或**无记忆状态反馈控制** (Memoryless State Feedback Control)。否则，如果控制也依赖于另外一组状态变量，即如果该控制本身是一个具有自身内部状态，并由 x 和外部参考输入驱动的某一个动态系统的输出，则称其为**动态状态反馈控制** (Dynamic State Feedback Control)。

在一个单输入单输出系统中，对于**静态状态反馈**，最方便的结构是将输入变量 u 设计为

$$u = \alpha(x) + \beta(x)v \tag{4.10}$$

其中 v 是外部参考输入 (见图 4.2)。事实上，该控制与系统

$$\begin{aligned} \dot{x} &= f(x) + g(x)u \\ y &= h(x) \end{aligned}$$

的复合是一个结构相似的闭环

$$\begin{aligned} \dot{x} &= f(x) + g(x)\alpha(x) + g(x)\beta(x)v \\ y &= h(x) \end{aligned}$$

描述控制 (4.10) 的函数 $\alpha(x)$ 和 $\beta(x)$ 定义在 $\mathbb{R}^n$ 中一个适当的开集上。显然可以假设 $\beta(x)$ 在这个集合内对于所有的 x 非零。

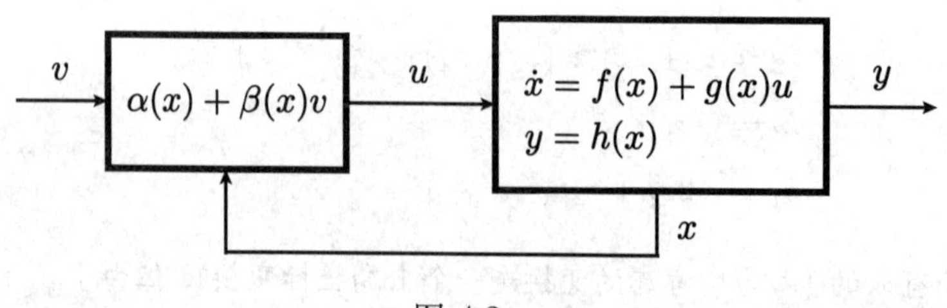

图 4.2

要讨论的第一个应用是利用状态反馈 (及状态空间中的坐标变换) 将一个非线性系统转换为线性可控系统。该研究的出发点就是在 4.1 节中提出并加以阐述的标准型。

假设一个非线性系统具有相对阶 $r = n$，即相对阶在某一个点 $x = x^\circ$ 正好等于状态空间的维数。在这种情况下，构建标准型所需的坐标变换恰好为

$$\Phi(x) = \begin{pmatrix} \phi_1(x) \\ \phi_2(x) \\ \vdots \\ \phi_n(x) \end{pmatrix} = \begin{pmatrix} h(x) \\ L_f h(x) \\ \vdots \\ L_f^{n-1} h(x) \end{pmatrix}$$

即坐标变换由函数 $h(x)$ 及其沿 $f(x)$ 的前 $n-1$ 阶导数给出，无须额外的函数来补全变换。在新坐标下

$$z_i = \phi_i(x) = L_f^{i-1} h(x), \quad 1 \leqslant i \leqslant n$$

系统将由如下方程组描述：

$$\begin{aligned} \dot{z}_1 &= z_2 \\ \dot{z}_2 &= z_3 \\ &\vdots \\ \dot{z}_{n-1} &= z_n \\ \dot{z}_n &= b(z) + a(z)u \end{aligned}$$

其中 $z = (z_1, \ldots, z_n)$。回想一下，在点 $z^\circ = \Phi(x^\circ)$ 处，从而在 z° 某一个邻域内的所有点 z 处，函数 $a(z)$ 都是不等于零的。

现在假设选择如下的状态反馈控制：

$$u = \frac{1}{a(z)}(-b(z) + v) \tag{4.11}$$

该控制在 z° 的某一个邻域内确实存在并且具有唯一定义。所得到的闭环系统受如下方程组控制 (见图 4.3)：

$$\begin{aligned} \dot{z}_1 &= z_2 \\ \dot{z}_2 &= z_3 \\ &\vdots \\ \dot{z}_{n-1} &= z_n \\ \dot{z}_n &= v \end{aligned}$$

即系统是线性可控的。因此可得，任何在某一点 x° 处相对阶为 n 的非线性系统能够在点 $z^\circ = \Phi(x^\circ)$ 的某一个邻域内被变换为线性可控系统。需要着重强调的是，该变换由两个基本要素构成：

(i) 定义在点 x° 附近的局部坐标变换；

(ii) 同样定义在点 x° 附近的局部状态反馈。

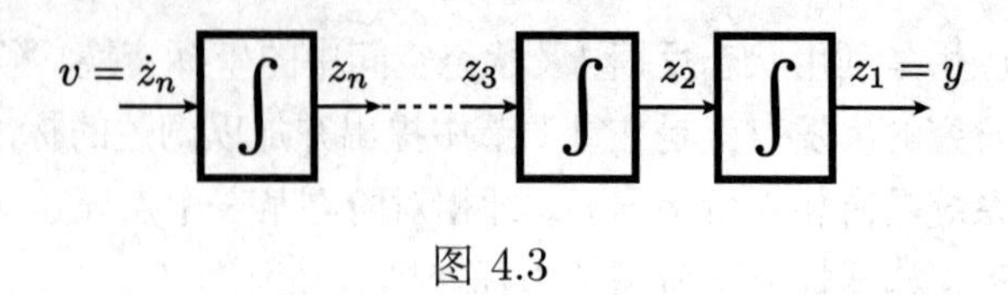

图 4.3

注记 4.2.1. 容易检验，用以得到线性形式的这两个变换的顺序可以互换。可以先使用状态反馈，然后再于状态空间中进行坐标变换，结果相同。为此所需的反馈与之前采用的反馈完全相同，但现在用 x 坐标表示该反馈，即

$$u = \frac{1}{a(\Phi(x))}(-b(\Phi(x)) + v)$$

将其与 4.1 节给出的表达式 $a(z)$ 和 $b(z)$ 进行比较可知，利用描述原系统的函数 $f(x), g(x), h(x)$ 可将该控制表示为

$$u = \frac{1}{L_g L_f^{n-1} h(x)}(-L_f^n h(x) + v) \tag{4.12}$$

计算表明，该反馈连同所用过的同一个坐标变换，恰好产生了与之前一样的线性可控系统。 ◁

注记 4.2.2. 注意，如果 x° 是原非线性系统的一个平衡点，即 $f(x^\circ) = 0$，并且如果还有 $h(x^\circ) = 0$，则 $z^\circ = \Phi(x^\circ) = 0$。事实上

$$\begin{aligned} \phi_1(x^\circ) &= h(x^\circ) \\ \phi_i(x^\circ) &= \frac{\partial(L_f^{i-2}h)}{\partial x} f(x^\circ) = 0, \quad 2 \leqslant \forall i \leqslant n \end{aligned}$$

还注意到，仅需要对输出空间的原点做一个适当的平移，像 $h(x^\circ) = 0$ 这样的条件就总是能够成立。

因而可得，如果 x° 是原系统的一个平衡点，且该系统在 x° 处有相对阶 n，那么存在一个反馈控制律 (定义在 x° 的某一个邻域内) 和一个坐标变换 (同样定义在 x° 的一个邻域内)，可将原系统变换为定义在零点某一个邻域内的线性可控系统。 ◁

注记 4.2.3. 对于这样得到的线性系统，可施加新的反馈控制，比如

$$v = Kz$$

其中

$$K = (c_0 \quad \dots \quad c_{n-1})$$

用于配置一组指定的特征值或满足一个最优性能标准。考虑到 z_i 的表达式是关于 x 的函数，该反馈可改写为

$$v = c_0 h(x) + c_1 L_f h(x) + \cdots + c_{n-1} L_f^{n-1} h(x) \tag{4.13}$$

即可写成依据原系统状态 x 的非线性反馈形式。注意到，式 (4.12) 和式 (4.13) 的复合还是一个状态反馈，其形式为

$$u = \frac{-L_f^n h(x) + \sum_{i=0}^{n-1} c_i L_f^i h(x)}{L_g L_f^{n-1} h(x)} \quad \triangleleft$$

例 4.2.4. 考虑系统

$$\dot{x} = \begin{pmatrix} 0 \\ x_1 + x_2^2 \\ x_1 - x_2 \end{pmatrix} + \begin{pmatrix} \exp(x_2) \\ \exp(x_2) \\ 0 \end{pmatrix} u$$

$$y = x_3$$

对这个系统有

$$\begin{aligned} L_g h(x) &= 0, \qquad L_f h(x) = x_1 - x_2 \\ L_g L_f h(x) &= 0, \qquad L_f^2 h(x) = -x_1 - x_2^2 \\ L_g L_f^2 h(x) &= -(1 + 2x_2)\exp(x_2) \\ L_f^3 h(x) &= -2x_2(x_1 + x_2^2) \end{aligned}$$

于是看到，对于满足 $1 + 2x_2 \neq 0$ 的每一点，系统的相对阶都为 3 (即等于状态空间的维数 n)。在这样的任一点附近，例如在点 $x = 0$ 附近，通过反馈控制

$$u = \frac{-2x_2(x_1 + x_2^2)}{(1 + 2x_2)\exp(x_2)} - \frac{1}{(1 + 2x_2)\exp(x_2)} v$$

和坐标变换

$$\begin{aligned} z_1 &= h(x) = x_3 \\ z_2 &= L_f h(x) = x_1 - x_2 \\ z_3 &= L_f^2 h(x) = -x_1 - x_2^2 \end{aligned}$$

可将原系统变为一个线性可控系统。注意，反馈和坐标变换二者都只定义在 $x = 0$ 附近。特别是，反馈 u 在满足 $1 + 2x_2 = 0$ 的点 x 处没有定义，坐标变换的雅可比矩阵在这些点处是奇异的。

在新坐标下，系统的形式为

$$\dot{z} = \begin{pmatrix} 0 & 1 & 0 \\ 0 & 0 & 1 \\ 0 & 0 & 0 \end{pmatrix} z + \begin{pmatrix} 0 \\ 0 \\ 1 \end{pmatrix} v$$

它是线性可控的。 $\lhd$

当然，系统能被变换为线性可控系统的基本特征是存在一个“输出”函数 $h(x)$，使得系统对其恰有等于 n 的相对阶 (在点 x°)。现在会看到，存在这样的函数，不仅是存在将原系统变为线性可控系统的状态反馈和坐标变换的一个充分条件 (如之前所讨论的)，也是一个必要条件。

更确切地说，考虑一个无输出系统

$$\dot{x} = f(x) + g(x)u$$

并假设设置如下问题：给定一点 x°，找到 (如果可能)x° 的一个邻域 U、一个定义在 U 上的反馈

$$u = \alpha(x) + \beta(x)v$$

以及同样定义在 U 上的坐标变换 $z = \Phi(x)$，使得相应的闭环系统

$$\dot{x} = f(x) + g(x)\alpha(x) + g(x)\beta(x)v$$

在坐标 $z = \Phi(x)$ 下是线性可控的，即对于满足条件

$$\operatorname{rank}(B \quad AB \quad \ldots \quad A^{n-1}B) = n$$

的适当矩阵 $A \in \mathbb{R}^{n\times n}$ 和向量 $B \in \mathbb{R}^n$，使得

$$\left[\frac{\partial \Phi}{\partial x}(f(x) + g(x)\alpha(x))\right]_{x=\Phi^{-1}(z)} = Az \tag{4.14}$$

$$\left[\frac{\partial \Phi}{\partial x}(g(x)\beta(x))\right]_{x=\Phi^{-1}(z)} = B \tag{4.15}$$

此问题就是所谓的**状态空间精确线性化问题** (State Space Exact Linearization Problem) 的“单输入”形式。之前的分析已经就解的存在性建立了一个充分条件，现在来证明这个条件也是必要的。

引理 4.2.1. 状态空间精确线性化问题可解，当且仅当存在 x° 的一个邻域 U 以及定义在 U 上的实值函数 $\lambda(x)$，使得系统

$$\dot{x} = f(x) + g(x)u$$
$$y = \lambda(x)$$

在点 x° 处的相对阶为 n。

证明：显然，只需证明此条件是必要的。开始先证明相对阶的一个有趣特性，即坐标变换和反馈均不改变相对阶。这是因为，令 $z = \Phi(x)$ 为一个坐标变换，设

$$\bar{f}(z) = \left[\frac{\partial \Phi}{\partial x}f(x)\right]_{x=\Phi^{-1}(z)}, \quad \bar{g}(z) = \left[\frac{\partial \Phi}{\partial x}g(x)\right]_{x=\Phi^{-1}(z)}, \quad \bar{h}(z) = h(\Phi^{-1}(z))$$

则

$$\begin{aligned} L_{\bar{f}}\bar{h}(z) &= \frac{\partial \bar{h}}{\partial z}\bar{f}(z) = \left[\frac{\partial h}{\partial x}\right]_{x=\Phi^{-1}(z)} \left[\frac{\partial \Phi^{-1}}{\partial z}\right] \left[\frac{\partial \Phi}{\partial x}f(x)\right]_{x=\Phi^{-1}(z)} \\ &= \left[\frac{\partial h}{\partial x}f(x)\right]_{x=\Phi^{-1}(z)} = [L_f h(x)]_{x=\Phi^{-1}(z)} \end{aligned}$$

诸如此类的迭代计算表明

$$L_{\bar{g}}L_{\bar{f}}^k\bar{h}(z) = [L_g L_f^k h(x)]_{x=\Phi^{-1}(z)}$$

由此容易得到，相对阶在坐标变换下不变。至于反馈，注意到

$$L_{f+g\alpha}^{k}h(x)=L_{f}^{k}h(x),\quad 0\leqslant\forall k\leqslant r-1 \tag{4.16}$$

事实上，该等式对于 $k=0$ 显然是正确的。由归纳法，假设等式对于某一个 $0<k<r-1$ 成立，那么

$$L_{f+g\alpha}^{k+1}h(x)=L_{f+g\alpha}L_{f}^{k}h(x)=L_{f}^{k+1}h(x)+L_{g}L_{f}^{k}h(x)\alpha(x)=L_{f}^{k+1}h(x)$$

这就证明该等式对于 $k+1$ 也成立。由式 (4.16) 可得

$$L_{g\beta}L_{f+g\alpha}^{k}h(x)=0,\quad 0\leqslant\forall k<r-1$$

并且如果 $\beta(x^{\circ})\neq 0$，则有

$$L_{g\beta}L_{f+g\alpha}^{r-1}h(x^{\circ})\neq 0$$

这证明 r 在反馈作用下不变。

现在，令 (A,B) 是一个可达偶对。那么众所周知，根据线性系统理论，存在一个非奇异的 $n\times n$ 阶矩阵 T 和一个 $1\times n$ 维向量 k，使得

$$T(A+Bk)T^{-1}=\begin{pmatrix}0&1&0&\cdots&0\\0&0&1&\cdots&0\\\vdots&\vdots&\vdots&\vdots&\vdots\\0&0&0&\cdots&1\\0&0&0&\cdots&0\end{pmatrix},\qquad TB=\begin{pmatrix}0\\0\\\vdots\\0\\1\end{pmatrix} \tag{4.17}$$

假设式 (4.14) 和式 (4.15) 成立，并令

$$\bar{z}=\bar{\Phi}(x)=T\Phi(x)$$
$$\bar{\alpha}(x)=\alpha(x)+\beta(x)k\Phi(x)$$

则易见

$$\left[\frac{\partial\bar{\Phi}}{\partial x}(f(x)+g(x)\bar{\alpha}(x))\right]_{x=\bar{\Phi}^{-1}(\bar{z})}=\begin{pmatrix}0&1&0&\cdots&0\\0&0&1&\cdots&0\\\vdots&\vdots&\vdots&\vdots&\vdots\\0&0&0&\cdots&1\\0&0&0&\cdots&0\end{pmatrix}\bar{z}$$

$$\left[\frac{\partial\bar{\Phi}}{\partial x}(g(x)\beta(x))\right]_{x=\bar{\Phi}^{-1}(\bar{z})}=\begin{pmatrix}0\\0\\\vdots\\0\\1\end{pmatrix}$$

由此可知，事先假设使式 (4.14)–(4.15) 成立的偶对 (A, B) 具有式 (4.17) 等号右边给出的形式并不有损一般性。

现在定义“输出”函数

$$y = (1\ \ 0\ \ \cdots\ \ 0)\bar{z}$$

直接计算表明，以式 (4.17) 的等号右边的两个矩阵分别作为 A 和 B，并以上式作为输出函数的线性系统，其相对阶恰好为 n。由于相对阶在反馈及坐标变换下不变，因此结论得证。 ◁

寻找一个函数 $\lambda(x)$ 使得系统在 x° 处的相对阶恰好为 n，亦即寻找一个函数使得

$$L_g\lambda(x) = L_gL_f\lambda(x) = \ldots = L_gL_f^{n-2}\lambda(x) = 0, \quad \text{对于所有的 } x \tag{4.18}$$

$$L_gL_f^{n-1}\lambda(x^\circ) \neq 0 \tag{4.19}$$

这个问题显然需要求解一个偏微分系统，即方程组 (4.18)，其中未知函数 $\lambda(x)$ 可 $n-1$ 次求导，并要满足一个条件，即条件 (4.19)，这排除了像 $\lambda(x) = 0$ 这样的平凡解。但是，多亏有引理 4.1.2，这个偏微分系统实际上等价于一个形式相当简单的一阶偏微分系统。事实上，该引理表明方程组 (4.18) 等价于

$$L_g\lambda(x) = L_{\mathrm{ad}_f g}\lambda(x) = \ldots = L_{\mathrm{ad}_f^{n-2} g}\lambda(x) = 0 \tag{4.20}$$

并且非平凡性条件 (4.19) 等价于

$$L_{\mathrm{ad}_f^{n-1} g}\lambda(x^\circ) \neq 0 \tag{4.21}$$

Frobenius 定理的一个简单推论确保了存在一个满足这些关系的函数，这在下述结果的证明中将会看到。

引理 4.2.2. *存在定义在 x° 某一邻域 U 上的一个实值函数 $\lambda(x)$，它是偏微分方程组 (4.20) 的解，并且满足非平凡性条件 (4.21)，当且仅当*

(i) 矩阵 $\big(g(x^\circ)\ \ \mathrm{ad}_f g(x^\circ)\ \ \ldots\ \ \mathrm{ad}_f^{n-2} g(x^\circ)\ \ \mathrm{ad}_f^{n-1} g(x^\circ)\big)$ 的秩为 n；

(ii) 分布 $D = \mathrm{span}\{g, \mathrm{ad}_f g, \ldots, \mathrm{ad}_f^{n-2} g\}$ 在 x° 的某一个邻域中对合。

证明: 假设满足式 (4.20) 和式 (4.21) 的函数 $\lambda(x)$ 存在。那么，根据引理 4.1.1 的证明，特别是由矩阵 (4.5) 的非奇异性可得，n 个向量

$$g(x^\circ), \mathrm{ad}_f g(x^\circ), \ldots, \mathrm{ad}_f^{n-2} g(x^\circ), \mathrm{ad}_f^{n-1} g(x^\circ)$$

线性无关。这证明了条件 (i) 的必要性。如果条件 (i) 成立，则分布 D 非奇异并且在 x° 附近是 $(n-1)$ 维的。方程组 (4.20) 可改写为

$$\mathrm{d}\lambda(x)\big(g(x)\ \ \mathrm{ad}_f g(x)\ \ \ldots\ \ \mathrm{ad}_f^{n-2} g(x)\big) = 0 \tag{4.22}$$

这说明微分 $\mathrm{d}\lambda(x)$ 是一维余分布 $D^\perp$ 在 x° 附近的一组基。所以，根据 Frobenius 定理，分布 D 是对合的，这证明了条件 (ii) 的必要性。反之，假设条件 (i) 成立，那么分布 D 非奇异且在 x° 附近是 $(n-1)$ 维的。如果条件 (ii) 也成立，则由 Frobenius 定理可知，存在定义在 x°

某一邻域 U 上的实值函数 $\lambda(x)$，其微分 $\mathrm{d}\lambda(x)$ 张成 $D^{\perp}$，即 $\lambda(x)$ 是偏微分方程 (4.20) 的解。此外，$\mathrm{d}\lambda(x)$ 也满足式 (4.21)，因为否则 $\mathrm{d}\lambda(x)$ 将被一组 n 个线性无关的向量零化，这是矛盾的。 $\triangleleft$

现在可以正式总结一下至此所得的结果。

定理 4.2.3. 假设系统

$$\dot{x} = f(x) + g(x)u$$

给定。在 x° 附近状态空间精确线性化问题可解 (即存在一个"输出"函数 $\lambda(x)$ 使得系统对于该输出在 x° 处具有相对阶 n)，当且仅当以下条件满足：

(i) 矩阵 $\big(g(x^{\circ})\ \ \mathrm{ad}_f g(x^{\circ})\ \ \ldots\ \ \mathrm{ad}_f^{n-2} g(x^{\circ})\ \ \mathrm{ad}_f^{n-1} g(x^{\circ})\big)$ 的秩为 n；

(ii) 分布 $D = \mathrm{span}\{g, \mathrm{ad}_f g, \ldots, \mathrm{ad}_f^{n-2} g\}$ 在 x° 附近对合。

基于之前的讨论，现在已经清楚，使状态空间精确线性化问题可解的反馈 $u = \alpha(x) + \beta(x)v$ 和坐标变换 $z = \Phi(x)$，其构造由以下步骤组成：

- 由 $f(x)$ 和 $g(x)$ 构造向量场

$$g(x), \mathrm{ad}_f g(x), \ldots, \mathrm{ad}_f^{n-2} g(x), \mathrm{ad}_f^{n-1} g(x)$$

  并检验条件 (i) 和条件 (ii)；

- 如果两个条件都满足，则解微分方程 (4.20) 求 $\lambda(x)$；

- 令

$$\alpha(x) = \frac{-L_f^n \lambda(x)}{L_g L_f^{n-1} \lambda(x)}, \qquad \beta(x) = \frac{1}{L_g L_f^{n-1} \lambda(x)} \tag{4.23}$$

- 令

$$\Phi(x) = \mathrm{col}(\lambda(x), L_f \lambda(x), \ldots, L_f^{n-1} \lambda(x)) \tag{4.24}$$

式 (4.23) 所定义的反馈称为**线性化反馈** (linearizing feedback)，式 (4.24) 所定义的新坐标称为**线性化坐标** (linearizing coordinates)。现在以一个简单例子来解释精确线性化的完整过程。

例 4.2.5. 考虑系统

$$\dot{x} = \begin{pmatrix} x_3(1+x_2) \\ x_1 \\ x_2(1+x_1) \end{pmatrix} + \begin{pmatrix} 0 \\ 1+x_2 \\ -x_3 \end{pmatrix} u$$

为检验是否能利用状态反馈和坐标变换将该系统变为线性可控系统，必须要计算函数 $\mathrm{ad}_f g(x)$ 和 $\mathrm{ad}_f^2 g(x)$，并且检验定理 4.2.3 的条件。

适当的计算表明

$$\mathrm{ad}_f g(x) = \begin{pmatrix} 0 & 0 & 0 \\ 0 & 1 & 0 \\ 0 & 0 & -1 \end{pmatrix} \begin{pmatrix} x_3(1+x_2) \\ x_1 \\ x_2(1+x_1) \end{pmatrix} - \begin{pmatrix} 0 & x_3 & 1+x_2 \\ 1 & 0 & 0 \\ x_2 & 1+x_1 & 0 \end{pmatrix} \begin{pmatrix} 0 \\ 1+x_2 \\ -x_3 \end{pmatrix}$$

$$= \begin{pmatrix} 0 \\ x_1 \\ -(1+x_1)(1+2x_2) \end{pmatrix}$$

并且

$$\mathrm{ad}_f^2 g(x) = \begin{pmatrix} (1+x_2)(1+2x_2)(1+x_1) - x_3 x_1 \\ x_3(1+x_2) \\ -x_3(1+x_2)(1+2x_2) - 3x_1(1+x_1) \end{pmatrix}$$

在点 $x=0$ 处，矩阵

$$(g(x) \quad \mathrm{ad}_f g(x) \quad \mathrm{ad}_f^2 g(x))_{x=0} = \begin{pmatrix} 0 & 0 & 1 \\ 1 & 0 & 0 \\ 0 & -1 & 0 \end{pmatrix}$$

的秩为 3，因此条件 (i) 满足。也容易检验李括号 $[g, \mathrm{ad}_f g](x)$ 的形式为

$$[g, \mathrm{ad}_f g](x) = \begin{pmatrix} 0 \\ \star \\ \star \end{pmatrix}$$

因此条件 (ii) 也满足，因为矩阵

$$(g(x) \quad \mathrm{ad}_f g(x) \quad [g, \mathrm{ad}_f g](x))$$

对于 $x=0$ 附近的所有 x 秩都为 2。

在当前情况下易见，方程

$$\frac{\partial \lambda}{\partial x}(g(x) \quad \mathrm{ad}_f g(x)) = 0$$

的解函数 $\lambda(x)$ 为

$$\lambda(x) = x_1$$

根据之前的讨论可知，将这个 $\lambda(x)$ 视为“输出”将会得到一个在 $x=0$ 处有相对阶 3 (即等于 n) 的系统。再次检验并且注意到

$$L_g\lambda(x) = 0, \quad L_g L_f \lambda(x) = 0, \quad L_g L_f^2 \lambda(x) = (1+x_1)(1+x_2)(1+2x_2) - x_1 x_3$$

以及 $L_g L_f^2 \lambda(0) = 1$。利用状态反馈

$$u = \frac{-L_f^3\lambda(x) + v}{L_g L_f^2 \lambda(x)}$$

$$= \frac{-x_3^2(1+x_2) - x_2 x_3(1+x_2)^2 - x_1(1+x_1)(1+2x_2) - x_1 x_2(1+x_1) + v}{(1+x_1)(1+x_2)(1+2x_2) - x_1 x_3}$$

和坐标变换

$$
\begin{aligned}
z_1 &= \lambda(x) = x_1 \\
z_2 &= L_f\lambda(x) = x_3(1+x_2) \\
z_3 &= L_f^2\lambda(x) = x_3x_1 + (1+x_1)(1+x_2)x_2
\end{aligned}
$$

系统在 $x=0$ 附近变为一个线性可控系统。 $\lhd$

注记 4.2.6. 利用以上结论容易看到，可将任何状态空间维数 $n=2$ 的非线性系统通过状态反馈和坐标变换在点 x° 附近变为线性系统的充要条件是矩阵

$$
(g(x^\circ) \quad \mathrm{ad}_f g(x^\circ))
$$

的秩为 2。事实上，这正好是之前定理的条件 (i)。因为 $D=\mathrm{span}\{g\}$ 是一维的，所以条件 (ii) 总成立。此时，总能找到一个局部定义在 x° 附近的函数 $\lambda(x)=\lambda(x_1,x_2)$，使得

$$
\frac{\partial\lambda}{\partial x}g(x) = \frac{\partial\lambda}{\partial x_1}g_1(x_1,x_2) + \frac{\partial\lambda}{\partial x_2}g_2(x_1,x_2) = 0 \qquad \lhd
$$

注记 4.2.7. 定理 4.2.3 的条件 (i) 有如下有趣解释。假设向量场 $f(x)$ 在 $x^\circ=0$ 处有一个平衡态，即 $f(0)=0$。考虑 $f(x)$ 的如下形式的展开：

$$
f(x) = Ax + f_2(x)
$$

其中

$$
A = \left[\frac{\partial f}{\partial x}\right]_{x=0} \qquad \text{且} \qquad \left[\frac{\partial f_2}{\partial x}\right]_{x=0} = 0
$$

此展式分离了线性近似 Ax 和高阶项 $f_2(x)$。同样考虑 $g(x)$ 的展开

$$
g(x) = B + g_1(x)
$$

其中 $B=g(0)$。这些展式描述了系统在点 $x=0$ 处的**线性近似** (linear approximation)，其定义为

$$
\dot{x} = Ax + Bu
$$

简单的计算表明，可将向量场 $\mathrm{ad}_f^k g(x)$ 以如下方式展开：

$$
\mathrm{ad}_f^k g(x) = (-1)^k A^k B + p_k(x)
$$

其中 $p_k(x)$ 是满足 $p_k(0)=0$ 的函数。事实上，该展式对于 $k=0$ 是平凡的。由归纳法，假设对于某一个 k 该展式正确，那么由定义知

$$
\begin{aligned}
\mathrm{ad}_f^{k+1} g(x) &= \frac{\partial(\mathrm{ad}_f^k g)}{\partial x}f(x) - \frac{\partial f}{\partial x}\mathrm{ad}_f^k g(x) \\
&= \frac{\partial p_k}{\partial x}(Ax + f_2(x)) - (A + \frac{\partial f_2}{\partial x})((-1)^k A^k B + p_k(x)) \\
&= (-1)^{k+1}A^{k+1}B + p_{k+1}(x)
\end{aligned}
$$

其中 $p_{k+1}(x)$ 由构造知在 $x=0$ 处为零。

由此可见，定理 4.2.3 的条件 (i) (在 $x^\circ=0$ 处) 等价于条件

$$\operatorname{rank}(B \quad AB \quad \ldots \quad A^{n-1}B)=n$$

即等价于条件：**系统在 $x=0$ 处的线性近似是可控的**。

换言之，系统在 $x=x^\circ$ 处的线性近似的可控性是状态空间精确线性化问题可解性的必要条件。◁

注记 4.2.8. 一个有趣的事实是，定理 4.2.3 的条件 (i) 和条件 (ii) 意味着对于任意的 $1\leqslant k\leqslant n-3$，分布

$$D_k=\operatorname{span}\{g, \operatorname{ad}_f g, \ldots, \operatorname{ad}_f^k g\}$$

是对合的。事实上，由于条件 (i) 和条件 (ii) 意味着存在一个 $\lambda(x)$，使得式 (4.18) 和式 (4.19) 成立，所以根据引理 4.1.2 有

$$\begin{aligned}
\mathrm{d}\lambda(x)\big(g(x) \quad \operatorname{ad}_f g(x) \quad \cdots \quad \operatorname{ad}_f^k g(x)\big)&=0\\
\mathrm{d}L_f\lambda(x)\big(g(x) \quad \operatorname{ad}_f g(x) \quad \cdots \quad \operatorname{ad}_f^k g(x)\big)&=0\\
&\cdots\\
\mathrm{d}L_f^{n-k-2}\lambda(x)\big(g(x) \quad \operatorname{ad}_f g(x) \quad \cdots \quad \operatorname{ad}_f^k g(x)\big)&=0
\end{aligned}$$

这些等式表明

$$\operatorname{span}\{\mathrm{d}\lambda, \mathrm{d}L_f\lambda, \ldots, \mathrm{d}L_f^{n-k-2}\lambda\}\subset D_k^\perp$$

此外，由于 (见引理 4.1.1) 微分 $\mathrm{d}\lambda, \mathrm{d}L_f\lambda, \ldots, \mathrm{d}L_f^{n-k-2}\lambda$ 在 x° 附近线性无关，且 $D_k^\perp$ 在 x° 附近的维数是 $n-k-1$ [作为假设 (i) 的推论]，因而 $D_k^\perp$ 是由恰当微分张成的分布。于是，根据 Frobenius 定理，D_k 是对合的。

由此性质可见，所有分布 $D_k(1\leqslant k\leqslant n-2)$ 的对合性是状态空间精确线性化问题可解性的一个**必要**条件。◁

注记 4.2.9. 注意到，如果状态空间精确线性化问题可借助于一个反馈和定义在 x° 某一邻域 U 上的坐标变换 $z=\Phi(x)$ 来求解，则相应的线性系统定义在开集 $\Phi(U)$ 上。显然有理由对 $\Phi(U)$ 包含 $\mathbb{R}^n$ 的原点，特别是 $\Phi(x^\circ)=0$ 的情况感兴趣。在这种情况下，事实上，为在 $z=0$ 处渐近镇定变换后的系统，可以利用诸如线性系统的理论概念 (设计镇定控制器)，然后将得到的镇定控制器用于复合回路中，以便在 $x=x^\circ$ 处镇定该非线性系统 (见注记 4.2.3)。

当 x° 是向量场 $f(x)$ 的一个平衡态时确实就是这种情况。实际上，该情况正如本节开始处所示 (见注记 4.2.2)，由于总是能够选择满足附加约束 $\lambda(x^\circ)=0$ 的微分方程的解 $\lambda(x)$，所以可得到 $\Phi(x^\circ)=0$。

如果 x° 不是向量场 $f(x)$ 的平衡态，则可以利用反馈设法使其成为 $f(x)$ 的一个平衡态。事实上，将条件 $\Phi(x^\circ)=0$ 代入式 (4.14) 中，必然有

$$\left[\frac{\partial\Phi}{\partial x}(f(x)+g(x)\alpha(x))\right]_{x=x^\circ}=0$$

亦即

$$f(x^\circ) + g(x^\circ)\alpha(x^\circ) = 0$$

显然，这表明点 x° 是向量场 $f(x) + g(x)\alpha(x)$ 的一个平衡态，该平衡态可得到当且仅当向量 $f(x^\circ)$ 和 $g(x^\circ)$ 满足

$$f(x^\circ) = cg(x^\circ)$$

其中 c 是一个实数。在这种情况下，简单的计算表明线性化坐标在点 x° 处仍然为零 [如果 $\lambda(x)$ 在 x° 处为零]，因为，对于所有的 $2 \leqslant i \leqslant n$，有

$$L_f^{i-1}\lambda(x^\circ) = cL_g L_f^{i-2}\lambda(x^\circ) = 0$$

而且，线性化反馈 $\alpha(x)$ 如所预料，在 x° 处的值为

$$\alpha(x^\circ) = -\frac{L_f^n\lambda(x^\circ)}{L_g L_f^{n-1}\lambda(x^\circ)} = -c \qquad \triangleleft$$

注记 4.2.10. 注意，如果非线性系统

$$\begin{aligned}\dot{x} &= f(x) + g(x)u \\ y &= h(x)\end{aligned}$$

的相对阶严格小于 n，它也能够满足定理 4.2.3 的条件 (i) 和条件 (ii)。如果出现这种情况，则会有一个**不同的**“输出”函数，比如 $\lambda(x)$，对于该输出函数系统的相对阶正好为 n。从这个新函数出发，能够构造一个反馈 $u = \alpha(x) + \beta(x)v$ 和一个坐标变换 $z = \Phi(x)$，将状态方程

$$\dot{x} = f(x) + g(x)u$$

变为线性可控的。但是，通常系统在新坐标下的真实输出

$$y = h(\Phi^{-1}(z))$$

仍然是状态 z 的一个**非线性**函数。$\triangleleft$

如果对于某一个给定的输出 $h(x)$，系统的相对阶 $r < n$，并且，或者引理 4.2.2 的条件不满足 (不存在其他输出使得系统对于该输出的相对阶为 n)，或者只是不想花费时间求解偏微分方程 (4.20) 以获得这样一个输出，则此时仍可能借助状态反馈得到一个部分线性系统。事实上在方程组的标准型上再次令

$$u = \frac{1}{a(z)}(-b(z) + v) \tag{4.25}$$

如果 $r < n$，则得到如下形式的系统：

$$
\begin{aligned}
\dot{z}_1 &= z_2 \\
\dot{z}_2 &= z_3 \\
&\vdots \\
\dot{z}_{r-1} &= z_r \\
\dot{z}_r &= v \\
\dot{z}_{r+1} &= q_{r+1}(z) \\
&\vdots \\
\dot{z}_n &= q_n(z) \\
y &= z_1
\end{aligned} \tag{4.26}
$$

显然，该系统被分解为一个唯一负责系统输入-输出行为的 r 维线性子系统和一个可能非线性但其行为不影响输出的 $n-r$ 维子系统 (见图 4.4)。

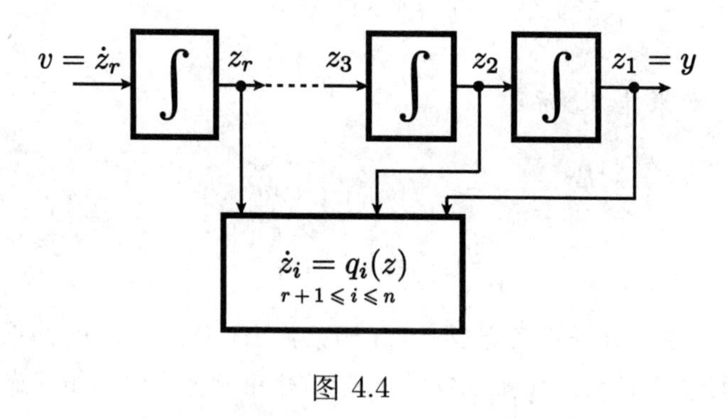

图 4.4

为方便起见，正式总结一下这个结果。为更具有通用性，此处的线性化反馈用描述原系统的函数 $f(x)$、$g(x)$ 和 $h(x)$ 来指定。

命题 4.2.4. 考虑在 x° 处相对阶为 r 的非线性系统。状态反馈

$$
u = \frac{1}{L_g L_f^{r-1} h(x)}(-L_f^r h(x) + v) \tag{4.27}
$$

将此非线性系统变为一个新系统，其输入-输出行为与传递函数为

$$
H(s) = \frac{1}{s^r}
$$

的线性系统的输入-输出行为相同。

4.3 零动态

本节介绍并讨论一个重要概念，在很多情况下，它的作用与线性系统中传递函数的“零点”作用完全类似。已经看到，一个线性系统的相对阶 r 可解释为其传递函数中极点数和零点

数之差。特别是，r 严格小于 n 的任何线性系统在其传递函数中都有零点。相反，如果 $r = n$，则其传递函数没有零点。因而，在 4.2 节开始处考虑的系统在某种意义下类似于没有零点的线性系统。在本节中将会看到，这种类比可进一步推进。

考虑 r 严格小于 n 的一个非线性系统并考查其标准型。为把方程写成更紧凑的形式，引入一个适当的向量记号。特别是，由于无须一直单独跟踪后 $n-r$ 个状态分量的任何一个，所以将其整体表示为

$$\eta = \begin{pmatrix} z_{r+1} \\ \vdots \\ z_n \end{pmatrix}$$

有时候，只要方便且没有其他要求，可将前 r 个分量也整体表示为

$$\xi = \begin{pmatrix} z_1 \\ \vdots \\ z_r \end{pmatrix}$$

利用这些记法，(在某些关注点，例如在平衡点 x° 处) 具有相对阶 $r < n$ 的一个单输入单输出非线性系统，其标准型可重新写为

$$\begin{aligned}
\dot{z}_1 &= z_2 \\
\dot{z}_2 &= z_3 \\
&\vdots \\
\dot{z}_{r-1} &= z_r \\
\dot{z}_r &= b(\xi, \eta) + a(\xi, \eta)u \\
\dot{\eta} &= q(\xi, \eta)
\end{aligned}$$

回忆可知，如果 x° 使得 $f(x^\circ) = 0$ 且 $h(x^\circ) = 0$，那么，前 r 个新坐标 z_i 在点 x° 处必然为 0。还注意到，总是能够任意选择后 $n-r$ 个新坐标在 x° 处的值，于是可特别令其在 x° 处等于 0。因此，可不失一般性地假设在 x° 处 $\xi = 0$ 且 $\eta = 0$。这样，如果 x° 是系统在原坐标下的一个平衡态，则相应点 $(\xi, \eta) = (0, 0)$ 是系统在新坐标下的一个平衡态。由此推知

$$\begin{aligned}
b(\xi, \eta) &= 0, \quad \text{在 } (\xi, \eta) = (0, 0) \text{ 处} \\
q(\xi, \eta) &= 0, \quad \text{在 } (\xi, \eta) = (0, 0) \text{ 处}
\end{aligned}$$

假设现在要分析以下所谓**输出调零问题** (Problem of Zeroing the Output)。找到 (若存在) 由初始状态 x° 及输入函数 $u^\circ(\cdot)$ (它对于 $t = 0$ 某一邻域中的所有 t 都有定义) 构成的偶对 (x°, u°)，使得相应的系统输出对于 $t = 0$ 某一邻域中的所有 t 都恒等于零。当然，兴趣在于找到所有这样的偶对 (x°, u°)，而不仅仅是平凡的 $x^\circ = 0$ 和 $u^\circ = 0$ (这相应于系统初始静止且没有输入作用于其上的情形)。分析在系统的标准型上进行。

回忆，由于在标准型中

$$y(t) = z_1(t),$$

从而可见，对于所有的 t，约束 $y(t)=0$ 意味着

$$\dot{z}_1(t)=\dot{z}_2(t)=\ldots=\dot{z}_r(t)=0$$

即对于所有的 t 都有 $\xi(t)=0$。

于是看到，当系统的输出恒等于零时，其状态演化受到 $\xi(t)$ 恒等于零的约束。而且，输入 $u(t)$ 必定是方程

$$0=b(0,\eta(t))+a(0,\eta(t))u(t)$$

的唯一解 [回想一下，如果 $\eta(t)$ 距离零点很近，则有 $a(0,\eta(t))\neq 0$]。至于变量 $\eta(t)$，由于 $\xi(t)$ 恒为零，所以 η 的行为显然受微分方程

$$\dot{\eta}(t)=q(0,\eta(t)) \tag{4.28}$$

控制。

根据上述分析得到以下事实：如果输出 $y(t)$ 必须为零，那么系统的初始状态必定被设置为使 $\xi(0)=0$ [而 $\eta(0)=\eta^\circ$ 可任意选择] 的值。相应于 η° 的值，输入一定被设置为

$$u(t)=-\frac{b(0,\eta(t))}{a(0,\eta(t))}$$

其中 $\eta(t)$ 表示微分方程

$$\dot{\eta}(t)=q(0,\eta(t))$$

满足初始条件 $\eta(0)=\eta^\circ$ 的解。还注意到，对于每一组初始数据 $\xi=0$ 和 $\eta=\eta^\circ$，如此定义的输入是能够保持 $y(t)$ 一直恒等于零的唯一输入。

当选定输入和初始条件以使输出受到约束一直恒等于零时，微分方程 (4.28) 所描述的动态就相当于原系统的“内部”行为。这些动态特性称为系统的**零动态** (zero dynamics)，对于许多结果的建立非常重要。

注记 4.3.1. 为了理解为何在处理动态系统 (4.28) 时使用术语“零”动态，方便的做法是考查这些动态如何与线性系统传递函数的零点相关。以

$$H(s)=K\frac{b_0+b_1s+\cdots+b_{n-r-1}s^{n-r-1}+s^{n-r}}{a_0+a_1s+\cdots+a_{n-1}s^{n-1}+s^n}$$

表示一个线性系统的传递函数 (其中 r 如所预料的，是对相对阶的描述)。假设分子、分母多项式互质，并考虑 $H(s)$ 的一个最小实现

$$\dot{x}=Ax+Bu$$
$$y=Cx$$

其中

$$A=\begin{pmatrix}0&1&0&\cdots&0\\0&0&1&\cdots&0\\\vdots&\vdots&\vdots&\vdots&\vdots\\0&0&0&\cdots&1\\-a_0&-a_1&-a_2&\cdots&-a_{n-1}\end{pmatrix}\qquad B=\begin{pmatrix}0\\0\\\vdots\\0\\K\end{pmatrix}$$

$$C = \begin{pmatrix} b_0 & b_1 & \cdots & b_{n-r-1} & 1 & 0 & \cdots & 0 \end{pmatrix}$$

现在计算其标准型。对于前 r 个新坐标，已知必须选取

$$\begin{aligned} z_1 &= Cx = b_0x_1 + b_1x_2 + \cdots + b_{n-r-1}x_{n-r} + x_{n-r+1} \\ z_2 &= CAx = b_0x_2 + b_1x_3 + \cdots + b_{n-r-1}x_{n-r+1} + x_{n-r+2} \\ &\vdots \\ z_r &= CA^{r-1}x = b_0x_r + b_1x_{r+1} + \cdots + b_{n-r-1}x_{n-1} + x_n \end{aligned}$$

对其他 $n-r$ 个新坐标有一定的选择自由 (只要命题 4.1.3 中所述条件得以满足)，但最简单的一种选择是

$$\begin{aligned} z_{r+1} &= x_1 \\ z_{r+2} &= x_2 \\ &\vdots \\ z_n &= x_{n-r} \end{aligned}$$

这确实是一个可行的选择，因为相应的坐标变换 $z = \Phi(x)$ 的雅可比矩阵具有如下结构：

$$\frac{\partial \Phi}{\partial x} = \begin{pmatrix} (\cdots) & \begin{pmatrix} 1 & 0 & \cdots & 0 \\ \star & 1 & \cdots & 0 \\ \vdots & \vdots & \vdots & \vdots \\ \star & \star & \cdots & 1 \end{pmatrix} \\ \begin{pmatrix} 1 & 0 & \cdots & 0 \\ 0 & 1 & \cdots & 0 \\ \vdots & \vdots & \vdots & \vdots \\ 0 & 0 & \cdots & 1 \end{pmatrix} & \begin{pmatrix} 0 & 0 & \cdots & 1 \\ 0 & 0 & \cdots & 0 \\ \vdots & \vdots & \vdots & \vdots \\ 0 & 0 & \cdots & 0 \end{pmatrix} \end{pmatrix}$$

因此变换是非奇异的。

由于系统是线性的，所以在新坐标下得到的标准型方程有以下结构：

$$\begin{aligned} \dot{z}_1 &= z_2 \\ \dot{z}_2 &= z_3 \\ &\vdots \\ \dot{z}_{r-1} &= z_r \\ \dot{z}_r &= R\xi + S\eta + Ku \\ \dot{\eta} &= P\xi + Q\eta \end{aligned}$$

其中 R 和 S 是行向量，P 和 Q 是矩阵，都有适当的维数。由之前的定义，系统的零动态为

$$\dot{\eta} = Q\eta$$

特殊选择的后 $n-r$ 个新坐标 (即向量 η 的各分量) 使矩阵 Q 的结构尤为简单。事实上，容易检验

$$
\begin{aligned}
\frac{\mathrm{d}z_{r+1}}{\mathrm{d}t} &= \frac{\mathrm{d}x_1}{\mathrm{d}t} = x_2(t) = z_{r+2}(t) \\
&\ \vdots \\
\frac{\mathrm{d}z_{n-1}}{\mathrm{d}t} &= \frac{\mathrm{d}x_{n-r-1}}{\mathrm{d}t} = x_{n-r}(t) = z_n(t) \\
\frac{\mathrm{d}z_n}{\mathrm{d}t} &= \frac{\mathrm{d}x_{n-r}}{\mathrm{d}t} = x_{n-r+1}(t) = -b_0x_1(t) - \cdots - b_{n-r-1}x_{n-r}(t) + z_1(t) \\
&= -b_0z_{r+1}(t) - \cdots - b_{n-r-1}z_n(t) + z_1(t)
\end{aligned}
$$

由此推出

$$
Q = \begin{pmatrix} 0 & 1 & 0 & \cdots & 0 \\ 0 & 0 & 1 & \cdots & 0 \\ \vdots & \vdots & \vdots & \vdots & \vdots \\ 0 & 0 & 0 & \cdots & 1 \\ -b_0 & -b_1 & -b_2 & \cdots & -b_{n-r-1} \end{pmatrix}
$$

由于矩阵 Q 的特殊形式，显然其特征值与 $H(s)$ 的分子多项式的零点相同，即与传递函数的零点相同。因此可得，一个线性系统的零动态是以该系统传递函数的零点为特征值的线性动态。 $\lhd$

注记 4.3.2. 注记 4.3.1 中所做的计算也可用于证明一个系统的零动态在 $\eta=0$ 处的线性近似与该系统在 $x=0$ 处的线性近似的零动态相同，即取线性近似和计算零动态这两种操作是可互换的。

为检验这个性质，只需说明标准型方程组的线性近似与该系统原始描述的线性近似的标准型相同，这等于仅需证明系统的相对阶与其线性近似的相对阶相同。为此，假设系统在 $x=0$ 处有相对阶 r。考虑在注记 4.2.7 中引入的展开式

$$
\begin{aligned}
f(x) &= Ax + f_2(x) \\
g(x) &= B + g_1(x)
\end{aligned}
$$

并将 $h(x)$ (它在 $x=0$ 处等于 0) 展开为

$$
h(x) = Cx + h_2(x)
$$

其中

$$
C = \left[\frac{\partial h}{\partial x}\right]_{x=0} \quad 且 \quad \left[\frac{\partial h_2}{\partial x}\right]_{x=0} = 0
$$

利用归纳法，简单的计算表明

$$
L_f^k h(x) = CA^k x + d_k(x)
$$

其中函数 $d_k(x)$ 满足

$$\left[\frac{\partial d_k}{\partial x}\right]_{x=0} = 0$$

由此推知

$$CA^k B = L_g L_f^k h(0) = 0, \quad \forall k < r-1$$
$$CA^{r-1} B = L_g L_f^{r-1} h(0) \neq 0$$

即系统在 $x=0$ 处的线性近似的相对阶恰好为 r。

由此事实得到，基于展开式

$$b(\xi,\eta) = R\xi + S\eta + b_2(\xi,\eta)$$
$$a(\xi,\eta) = K + a_1(\xi,\eta)$$
$$q(\xi,\eta) = P\xi + Q\eta + q_2(\xi,\eta)$$

对标准型方程取线性近似产生了一个标准型下的线性系统。因此，雅可比矩阵

$$Q = \left[\frac{\partial q}{\partial \eta}\right]_{(\xi,\eta)=0}$$

描述了原非线性系统的零动态在 $\eta=0$ 处的线性近似，其特征值与系统在 $x=0$ 处的线性近似的传递函数零点相同。 $\lhd$

注记 4.3.3. 假设想要计算在例 4.1.4 中已分析过的系统的零动态。唯一要做的就是在标准型的最后一个方程中令 $z_1=z_2=0$，从而得到

$$\dot{z}_3 = -z_3$$

这就是该系统的零动态。 $\lhd$

例 4.3.4. 假设想要分析系统

$$\dot{x} = \begin{pmatrix} x_3 - x_2^3 \\ -x_2 \\ x_1^2 - x_3 \end{pmatrix} + \begin{pmatrix} 0 \\ -1 \\ 1 \end{pmatrix} u$$
$$y = x_1$$

的零动态。对于此系统，有

$$L_g h(x) = 0, \quad L_f h(x) = x_3 - x_2^3, \quad L_g L_f h(x) = 1 + 3x_2^2$$

取全局坐标变换

$$z_1 = x_1$$
$$z_2 = x_3 - x_2^3$$
$$z_3 = x_2 + x_3$$

可以计算一个标准型。利用这些新坐标，得到如下形式方程组：

$$\begin{aligned}\dot{z}_1 &= z_2 \\ \dot{z}_2 &= b(z_1, z_2, z_3) + a(z_1, z_2, z_3)u \\ \dot{z}_3 &= z_1^2 - z_3\end{aligned}$$

约束 $y(t) = 0$ (对于所有的 t) 使 $z_1(t) = z_2(t) = 0$ (对于所有的 t)，这说明当输出恒为零时，状态必定在曲线 (见图 4.5)

$$M = \{x \in \mathbb{R}^3 \colon x_1 = 0 \text{ 且 } x_3 = x_2^3\}$$

上演化，并受其零动态

$$\dot{z}_3 = -z_3$$

控制。 ◁

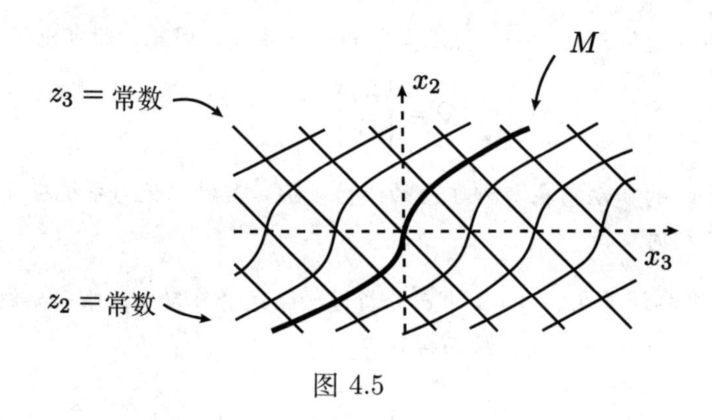

图 4.5

尽管到目前为止阐述的所有性质都是利用标准型来发现和讨论的，但不难从不同形式的方程组得出类似的结论。如果因为难以构造函数 $\phi_{r+1}(x), \ldots, \phi_n(x)$ 满足性质 $L_g\phi_i(x) = 0$ (见注记 4.1.3) 而不能确切地得到标准型，那么通过分析以下形式的方程组：

$$\begin{aligned}\dot{z}_1 &= z_2 \\ \dot{z}_2 &= z_3 \\ &\vdots \\ \dot{z}_{r-1} &= z_r \\ \dot{z}_r &= b(\xi, \eta) + a(\xi, \eta)u \\ \dot{\eta} &= q(\xi, \eta) + p(\xi, \eta)u\end{aligned}$$

仍然能够确定系统的零动态。

事实上已经看到，系统的零动态描述了当系统输出被强制为零时的系统行为。将此条件施加于上述方程组，与之前一样，得到 $\xi(t) = 0$ 和

$$0 = b(0, \eta(t)) + a(0, \eta(t))u(t)$$

解出该方程中的 $u(t)$ 并代入方程组的最后一个方程中，得到一个关于 $\eta(t)$ 的微分方程

$$\dot{\eta} = q(0,\eta) - p(0,\eta)\frac{b(0,\eta)}{a(0,\eta)}$$

此微分方程描述了系统在所选新坐标下的零动态。

例 4.3.5. 假设要计算在例 4.1.5 中分析过的系统的零动态。在这种情况下没有标准型，但零动态的计算仍然非常简单。在第二个方程中令 $z_1 = z_2 = 0$，得到

$$u = -\frac{z_4 - 4z_4^4}{2 + 2z_3}$$

将其代入第三个和第四个方程中，并在这两个方程中令 $z_1 = z_2 = 0$，得到

$$\begin{aligned}\dot{z}_3 &= -z_3 - \frac{z_4 - 4z_4^4}{2 + 2z_3} \\ \dot{z}_4 &= -2z_4^3\end{aligned}$$

此即为系统的零动态。 ◁

也可以根据方程组的原始形式直接分析输出调零问题。鉴于 4.1 节一开始所做的计算，容易推知，对于所有的 $1 \leqslant i \leqslant r$，$y^{i-1}(t) = 0$ 意味着 $L_f^{i-1}h(x(t)) = 0$。于是，如预料的那样，系统必须在子集

$$Z^\star = \{x \in \mathbb{R}^n \colon h(x) = L_f h(x) = \cdots = L_f^{r-1}h(x) = 0\}$$

上演化。该子集在 x° 附近正是新坐标 $z_1, \ldots, z_r$ 为零的点集 (见图 4.6)。如果写出附加约束

$$0 = y^{(r)}(t) = L_f^r h(x(t)) + L_g L_f^{r-1} h(x(t)) u(t)$$

就会发现这正是之前解得 $u(t)$ 的同一约束，但现在是以描述原方程组的函数来表示的。

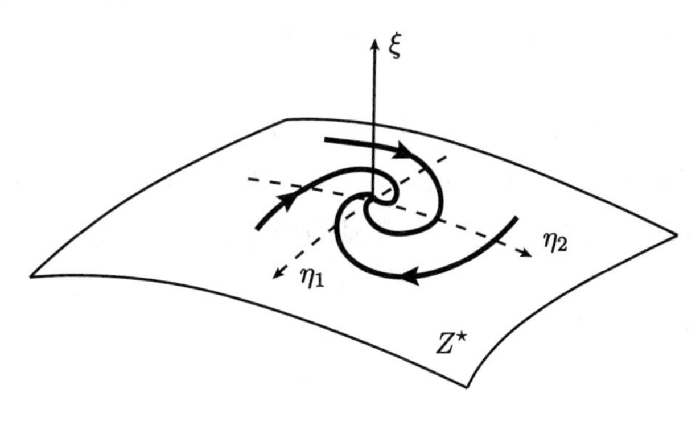

图 4.6

注意到，由于微分 $\mathrm{d}L_f^i h(x)$ $(0 \leqslant i \leqslant r-1)$ 在点 x° 处是线性无关的 (见引理 4.1.1)，所以集合 $Z^\star$ 在点 x° 附近是 $n-r$ 维光滑流形。由构造可知，状态反馈

$$u^\star = \frac{-L_f^r h(x)}{L_g L_f^{r-1} h(x)}$$

满足

$$\begin{pmatrix} dh(x) \\ dL_f h(x) \\ \vdots \\ dL_f^{r-1} h(x) \end{pmatrix} (f(x) + g(x)u^\star(x))$$

$$= \begin{pmatrix} L_f h(x) + L_g h(x) u^\star(x) \\ L_f^2 h(x) + L_g L_f h(x) u^\star(x) \\ \vdots \\ L_f^r h(x) + L_g L_f^{r-1} h(x) u^\star(x) \end{pmatrix} = \begin{pmatrix} L_f h(x) \\ L_f^2 h(x) \\ \vdots \\ L_f^{r-1} h(x) \\ 0 \end{pmatrix}$$

因而,

$$\begin{pmatrix} dh(x) \\ dL_f h(x) \\ \vdots \\ dL_f^{r-1} h(x) \end{pmatrix} (f(x) + g(x)u^\star(x)) = 0$$

对于所有的 $x \in Z^\star$ 都成立 (因为若 $x \in Z^\star$，则 $h(x) = L_f h(x) = \cdots = L_f^{r-1} h(x) = 0$)。因此向量场

$$f^\star(x) = f(x) + g(x)u^\star(x)$$

与 $Z^\star$ 相切。因此，闭环系统

$$\dot{x} = f^\star(x)$$

始于 $Z^\star$ 中的一点的任一轨线始终保持在 $Z^\star$ 中 (对于小的 t 值)。$f^\star$ 在 $Z^\star$ 上的限制 $f^\star(x)|_{Z^\star}$ 是在 $Z^\star$ 上有唯一定义的向量场，它在坐标无关的背景下确切描述了系统的零动态。

接下来会阐述一系列相关主题，在其中零动态概念，特别是它的渐近性质，发挥着重要作用。例如，现在可以说明，对于输入-输出行为已经因状态反馈而线性化了的闭环系统，如何自然地把零动态视为该系统的内部动态。这是因为，再次考虑一个标准型下的系统并假设施加反馈控制律 (4.25) 于该系统。在此控制下系统的输入-输出行为与一个线性系统 [其输入与输出之间有一串 r 个积分器 (见图 4.4)] 的输入-输出行为相同。这样得到的闭环系统由方程组 (4.26) 描述，可重新写为

$$\begin{aligned} \dot{\xi} &= A\xi + Bv \\ \dot{\eta} &= q(\xi, \eta) \\ y &= C\xi \end{aligned}$$

其中

$$A = \begin{pmatrix} 0 & 1 & 0 & \cdots & 0 \\ 0 & 0 & 1 & \cdots & 0 \\ \vdots & \vdots & \vdots & \vdots & \vdots \\ 0 & 0 & 0 & \cdots & 1 \\ 0 & 0 & 0 & \cdots & 0 \end{pmatrix}, \qquad B = \begin{pmatrix} 0 \\ 0 \\ \vdots \\ 0 \\ 1 \end{pmatrix}$$

$$C = (1 \ \ 0 \ \ \cdots \ \ 0)$$

如果这个线性子系统初始静止且无输入作用，则对于所有的 t 值都有 $y(t)=0$，并且整个 (闭环) 系统的相应内部动态正好是系统 (4.28) 的动态，即开环系统的零动态。

作为描述系统内部行为的动态，很容易把对方程

$$\dot{\eta}(t) = q(0, \eta(t))$$

的解释，即强制要求系统的输出精确跟踪输出 $y(t)=0$，推广到跟踪任意输出函数的情况。下面将阐明这一点用以结束本节。考虑所谓的参考输出 $y_R(t)$ 的复制问题：找到 (若存在) 由初始状态 x° 和输入函数 $u^\circ(\cdot)$ (它对于 $t=0$ 某一邻域内的所有 t 都有定义) 构成的偶对 (x°, u°)，使得对于 $t=0$ 的某一个邻域内的所有 t，系统相应的输出 $y(t)$ 与 $y_R(t)$ 完全相同。这里致力于寻找所有这样的偶对 (x°, u°)。像之前一样进行，可推知 $y(t)=y_R(t)$ 必然意味着

$$z_i(t) = y_R^{i-1}(t), \quad \text{对于所有的 } t \text{ 及所有的 } 1 \leqslant i \leqslant r$$

令

$$\xi_R(t) = \mathrm{col}(y_R(t), y_R^{(1)}(t), \ldots, y_R^{(r-1)}(t)) \tag{4.29}$$

则可见 $u(t)$ 一定必然满足

$$y_R^{(r)}(t) = b(\xi_R(t), \eta(t)) + a(\xi_R(t), \eta(t))u(t)$$

其中 $\eta(t)$ 是微分方程

$$\dot{\eta}(t) = q(\xi_R(t), \eta(t)) \tag{4.30}$$

的解。

因此，如果输出 $y(t)$ 必须精确跟踪 $y_R(t)$，那么系统的初始状态一定要设置为 $\xi(0) = \xi_R(0)$，而 $\eta(0) = \eta^\circ$ 可任意选择。根据 η° 的值，输入必须设定为

$$u(t) = \frac{y_R^{(r)}(t) - b(\xi_R(t), \eta(t))}{a(\xi_R(t), \eta(t))} \tag{4.31}$$

其中 $\eta(t)$ 表示微分方程 (4.30) 关于初始条件 $\eta(0)=\eta^\circ$ 的解。还注意到，对于每组初始数据 $\xi(0)=\xi_R(0)$ 和 $\eta(0)=\eta^\circ$，这样定义的输入是任何时间都能保持 $y(t)=y_R(t)$ 的唯一输入。

如果系统的输入和初始状态已被选定用于约束输出以精确跟踪 $y_R(t)$，则受迫动态 (4.30) 显然相当于描述系统“内部”行为的动态。注意到，式 (4.30) 和式 (4.31) 描述了一个输入为 $\xi_R(t)$，输出为 $u(t)$，状态为 $\eta(t)$ 的系统，它可理解为原系统的一个逆实现 (realization of the inverse)。

4.4　局部渐近镇定

本节将说明零动态概念如何能够有助于处理一个非线性系统在给定平衡点处的渐近镇定问题。照例，假设给定一个非线性系统

$$\dot{x} = f(x) + g(x)u$$

其中 $f(x)$ 有一个平衡点 x°，不失一般性，假设 $x^\circ = 0$。所要讨论的问题是寻找一个定义在 $x^\circ = 0$ 附近且保持平衡点不变的光滑状态反馈

$$u = \alpha(x)$$

即满足 $\alpha(0) = 0$ 且使相应的闭环系统

$$\dot{x} = f(x) + g(x)\alpha(x)$$

在 $x = 0$ 处有一个渐近稳定的平衡态。这样的问题称为**局部渐近镇定问题** (Local Asymptotic Stabilization Problem)。

首先，讨论该问题的可解性对于系统在 $x^\circ = 0$ 处的线性近似的性质有多大程度的依赖，以此来回顾一个非常熟知的性质。为此，回想一下，一个在 $x^\circ = 0$ 处具有平衡态的系统，其线性近似的定义可根据 $f(x)$ 和 $g(x)$ 的展开 (见注记 4.2.7)

$$f(x) = Ax + f_2(x)$$
$$g(x) = B + g_1(x)$$

而得到，其中

$$A = \left[\frac{\partial f}{\partial x}\right]_{x=0} \quad 且 \quad B = g(0)$$

从闭环系统的稳定性角度来看，线性近似的重要性本质上与如下结果有关。

命题 4.4.1. *假设线性近似是可渐近镇定的，即或者矩阵对 (A, B) 是可控的，或者在矩阵对 (A, B) 不可控时，不可控模态对应于负实部特征值，则渐近镇定该线性近似的任何线性反馈，至少在局部也能渐近镇定原非线性系统。如果矩阵对 (A, B) 不可控，且存在相应于正实部特征值的不可控模态，则根本无法镇定原非线性系统。*

证明: 假设线性近似可渐近镇定。令 F 为使 $(A + BF)$ 的所有特征值具有负实部的任一矩阵，并且在非线性系统上施加控制

$$u = Fx$$

所得到的闭环系统

$$\dot{x} = f(x) + g(x)Fx = (A + BF)x + f_2(x) + g_1(x)Fx$$

其线性近似的所有特征值位于左半复平面。因而，根据一阶近似稳定性原理可证明此非线性闭环系统在 $x = 0$ 处是局部渐近稳定的。

反过来，假设线性近似有相应于正实部特征值的不可控模态。令 $u=\alpha(x)$ 为任一光滑状态反馈，相应的闭环系统有以下形式的线性近似 [回想一下，$\alpha(0)=0$]:

$$\dot{x}=\left[\frac{\partial[f(x)+g(x)\alpha(x)]}{\partial x}\right]_{x=0}x=\left(A+B\left[\frac{\partial\alpha}{\partial x}\right]_{x=0}\right)x$$

无论 α 是什么，上式都有正实部特征值。因此，再由一阶近似稳定性原理可知，非线性闭环系统在 $x=0$ 处是不稳定的。 $\triangleleft$

注意，以上结论并不覆盖所有情况。事实上，如果 (A,B) 不可控，并且存在相应于零实部特征值 (但不存在相应于正实部特征值) 的不可控模态，那么从线性近似得不到任何结论，因为非线性系统可能是局部可渐近镇定的 (利用非线性反馈)，即使其线性近似并非可渐近镇定的。上述情形出现时称其为局部渐近镇定的**临界问题** (critical problems)。

下面说明零动态概念以何种方式有助于处理局部渐近镇定的临界问题。再次考虑标准型下的系统

$$\begin{aligned}
\dot{z}_1&=z_2\\
\dot{z}_2&=z_3\\
&\vdots\\
\dot{z}_{r-1}&=z_r\\
\dot{z}_r&=b(\xi,\eta)+a(\xi,\eta)u\\
\dot{\eta}&=q(\xi,\eta)
\end{aligned}$$

其中

$$\xi=\mathrm{col}(z_1,\ldots,z_r)$$

并且不失一般性，假设 $(\xi,\eta)=(0,0)$ 是一个平衡点。施加一个以下形式的反馈:

$$u=\frac{1}{a(\xi,\eta)}(-b(\xi,\eta)-c_0z_1-c_1z_2-\cdots-c_{r-1}z_r) \tag{4.32}$$

其中 $c_0,\ldots,c_{r-1}$ 都是实数。

该反馈产生了一个闭环系统

$$\begin{aligned}
\dot{\xi}&=A\xi\\
\dot{\eta}&=q(\xi,\eta)
\end{aligned} \tag{4.33}$$

其中

$$A=\begin{pmatrix}
0 & 1 & 0 & \cdots & 0\\
0 & 0 & 1 & \cdots & 0\\
\vdots & \vdots & \vdots & \vdots & \vdots\\
0 & 0 & 0 & \cdots & 1\\
-c_0 & -c_1 & -c_2 & \cdots & -c_{r-1}
\end{pmatrix}$$

特别是，矩阵 A 的特征多项式为

$$p(s) = c_0 + c_1 s + \cdots + c_{r-1} s^{r-1} + s^r$$

根据这个描述闭环系统的方程组形式，可推知下面的有趣性质。

命题 4.4.2. 假设系统零动态的平衡态 $\eta = 0$ 是局部渐近稳定的，并且多项式 $p(s)$ 的所有根均有负实部，则反馈律 (4.32) 局部渐近镇定平衡态 $(\xi, \eta) = (0, 0)$。

证明: 只需利用 B.2 节中的第一个引理。事实上，闭环系统形如式 (B.8)，并且由假设知，子系统

$$\dot{\eta} = q(0, \eta)$$

在 $\eta = 0$ 处是局部渐近稳定的。 ◁

注意到，矩阵

$$Q = \left[\frac{\partial q(\xi, \eta)}{\partial \eta}\right]_{(\xi,\eta)=(0,0)}$$

描述了零动态在 $\eta = 0$ 处的线性近似 (见注记 4.3.2)。若此矩阵的所有特征值都位于左半复平面，则命题 4.4.2 中陈述的结论将是一阶近似稳定性原理的一个平凡推论，因为式 (4.33) 的线性近似形式为

$$\begin{pmatrix} \dot{\xi} \\ \dot{\eta} \end{pmatrix} = \begin{pmatrix} A & 0 \\ \star & Q \end{pmatrix} \begin{pmatrix} \xi \\ \eta \end{pmatrix}$$

然而，命题 4.4.2 建立了一个更强的结论，因为它只依赖于 $\eta = 0$ 仅是系统零动态的一个渐近稳定平衡态的假设。这并没有像熟知的那样，必须要求一个非线性动态的线性近似是渐近稳定的 (即 Q 的所有特征值具有负实部)。换言之，该结果当 Q 的某些特征值有零实部时也成立。

为了设计镇定控制律，无须明确知道系统的标准型表示，只需了解系统的零动态在平衡态 $\eta = 0$ 处渐近稳定这一事实。回想坐标 $z_1, \ldots, z_r$ 以及函数 $a(\xi, \eta)$ 和 $b(\xi, \eta)$ 如何与系统的原始描述相关，则容易看到，在原坐标下，镇定控制律的形式为

$$u = \frac{1}{L_g L_f^{r-1} h(x)} \big(- L_f^r h(x) - c_0 h(x) - c_1 L_f h(x) - \cdots - c_{r-1} L_f^{r-1} h(x) \big)$$

该表示尤为引人关注，因为表达式中的各项可立即由原始数据计算得到。

利用该方法 也可以渐近镇定这样的系统：其线性近似具有与虚轴上特征值对应的不可控模态。也就是说，只要知道对于某一个选择的 “输出”，系统具有一个渐近稳定的零动态，局部渐近镇定的临界问题就可解。

例 4.4.1. 考虑在例 4.1.5 中讨论过的系统，它在点 $x = 0$ 处的线性近似由以下形式的矩阵 A 和 B 描述：

$$A = \left[\frac{\partial f}{\partial x}\right]_{x=0} = \begin{pmatrix} 0 & 0 & 0 & 0 \\ 1 & 0 & 0 & 0 \\ 0 & 0 & -1 & 0 \\ 0 & 1 & 0 & 0 \end{pmatrix}, \qquad B = g(0) = \begin{pmatrix} 0 \\ 2 \\ 1 \\ 0 \end{pmatrix}$$

它恰好有一个对应于特征值 $\lambda = 0$ 的不可控模态。然而，其零动态 (见例 4.3.5)

$$\dot{z}_3 = -z_3 - \frac{z_4 - 4z_4^4}{2 + 2z_3}$$

$$\dot{z}_4 = -2z_4^3$$

在 $z_3 = z_4 = 0$ 处有一个渐近稳定的平衡态。因此，根据之前的讨论可知，控制律

$$u = \frac{1}{L_g L_f h(x)}\big(-L_f^2 h(x) - c_0 h(x) - c_1 L_f h(x)\big)$$

局部镇定平衡态 $x = 0$。 ◁

若没有定义输出函数，则零动态也无法定义。然而，能够设计一个适当的虚拟输出，使得相应的零动态有一个渐近稳定的平衡态。在这种情况下，前面所讨论的控制律形式会确保渐近稳定性。以下简单例子解释了这个过程。

例 4.4.2. 考虑系统

$$\dot{x}_1 = x_1^2 x_2^3$$

$$\dot{x}_2 = x_2 + u$$

它在 $x = 0$ 处的线性近似有一个对应于特征值 $\lambda = 0$ 的不可控模态。假设能找到一个函数 $\gamma_1(x)$ 使得

$$\dot{x}_1 = x_1^2[\gamma(x_1)]^3$$

在 $x_1 = 0$ 处是渐近稳定的。那么，令

$$y = h(x) = \gamma(x_1) - x_2$$

就得到一个具有渐近稳定零动态的系统。事实上，已经知道零动态就是那些由约束 $y(t) = 0$ (对于所有的 t) 导出的动态。该约束在当前情况下意味着

$$\gamma(x_1) = x_2$$

因而，零动态完全依照

$$\dot{x}_1 = x_1^2[\gamma(x_1)]^3$$

来演化，从而能用以上讨论的过程来局部渐近镇定该系统。例如，$\gamma(x_1)$ 的一个适当的选择是

$$\gamma(x_1) = -x_1$$

相应地，一个局部镇定反馈由下式给出：

$$\alpha(x) = \frac{1}{L_g h(x)}\big(-L_f h(x) - ch(x)\big) = -cx_1 - (1+c)x_2 - x_1^2 x_2^3$$

其中 $c > 0$。 ◁

注记 4.4.3. 不难发现，与系统线性近似不可控模态相应的特征值 (如果存在) 必然对应于雅可比矩阵 Q 的特征值，即对应于零动态的线性近似的特征值。这是因为，标准型方程组的线性近似具有如下结构：

$$
\begin{aligned}
\dot{z}_1 &= z_2 \\
\dot{z}_2 &= z_3 \\
&\vdots \\
\dot{z}_{r-1} &= z_r \\
\dot{z}_r &= R\xi + S\eta + Ku \\
\dot{\eta} &= P\xi + Q\eta
\end{aligned}
$$

其中

$$
\begin{aligned}
R &= \left[\frac{\partial b}{\partial \xi}\right]_{(\xi,\eta)=(0,0)} \qquad S = \left[\frac{\partial b}{\partial \eta}\right]_{(\xi,\eta)=(0,0)} \\
P &= \left[\frac{\partial q}{\partial \xi}\right]_{(\xi,\eta)=(0,0)} \qquad Q = \left[\frac{\partial q}{\partial \eta}\right]_{(\xi,\eta)=(0,0)}
\end{aligned}
$$

且 $K = a(0,0)$。假设这个线性近似是不可控的。那么，对于某一个复数 λ，矩阵

$$
\begin{pmatrix}
\begin{pmatrix}
\lambda & -1 & 0 & \cdots & 0 \\
0 & \lambda & -1 & \cdots & 0 \\
\vdots & \vdots & \vdots & \vdots & \vdots \\
0 & 0 & 0 & \cdots & -1 \\
-r_1 & -r_2 & -r_3 & \cdots & \lambda - r_r
\end{pmatrix}
&
\begin{pmatrix}
0 \\ 0 \\ \vdots \\ 0 \\ -S
\end{pmatrix}
&
\begin{pmatrix}
0 \\ 0 \\ \vdots \\ 0 \\ K
\end{pmatrix}
\\
-P & \lambda I - Q & 0
\end{pmatrix}
$$

有小于 n 的秩，其中

$$
(r_1 \;\; r_2 \;\; \cdots \;\; r_r) = R
$$

更具体地说，使这个矩阵秩小于 n 的 λ 值正是相应于不可控模态的特征值。根据上面矩阵的结构容易看到，由于 K 非零，所以只要 λ 使 $\lambda I - Q$ 的行列式值为零，即如果 λ 是零动态的线性近似的一个特征值，则该矩阵的秩就能小于 n。

因此，如果这个系统有一个线性近似，其不可控模态对应于虚轴上的特征值，并且定义了一个输出使得 (该非线性系统的) 零动态在 $\eta = 0$ 处是局部渐近稳定的，则该系统不能是一阶近似下渐近稳定的。但是，仍然能够用之前描述的方法镇定这个系统，因为正如所看到的，零动态的一阶近似渐近稳定性并不是问题。 ◁

注记 4.4.4. 如果用以下控制：

$$
u = \frac{1}{a(\xi,\eta)}(-b(\xi,\eta) - c_0 z_1 - \ldots - c_{r-1} z_r + v)
$$

代替反馈 (4.32)，其中 v 是一个附加参考输入，则可得到一个闭环系统

$$\begin{aligned}\dot{\xi} &= A\xi + Bv \\ \dot{\eta} &= q(\xi, \eta)\end{aligned} \tag{4.34}$$

其中

$$B = \text{col}(0, \ldots, 0, 1)$$

当然，对于 $v = 0$，这个系统可约简为系统 (4.33)。如果后者在 $(\xi, \eta) = (0, 0)$ 处是局部渐近稳定的，则对于充分小的 v，系统 (4.34) 的轨线是**有界的**。更确切地说，利用 B.2 节的结果可得，对于每一个 $\varepsilon > 0$，存在 $\delta > 0$ 和 $K > 0$，使得由

$$\|x(0)\| < \delta \quad \text{和} \quad |v(t)| < K, \quad \forall t \geqslant 0$$

可推出

$$\|x(t)\| < \varepsilon, \quad \forall t \geqslant 0 \qquad \lhd$$

4.5 渐近输出跟踪

在 4.3 节中已经建立了可精确复制指定参考输出函数 $y_R(t)$ 的条件。正如所看到的那样，为使之成为可能，系统的某些状态分量在 $t = 0$ 时的值必须要与此时的期望输出 $y_R(t)$ 及其前 $r - 1$ 阶导数值完全相同。然而在实际中，能将初始状态预设为一个给定值的情况非常少见，并且，也不能忽略使初始状态不同于期望状态的意外干扰事件。更切合实际的研究问题是：产生一个输出，不论系统的初始状态如何，该输出都能渐近收敛到指定的参考函数 $y_R(t)$。这个问题称为**输出 $y_R(t)$ 的跟踪问题** [Problem of Tracking the Output $y_R(t)$]。通过适当地使用 4.1 节和 4.3 节的结果，同样可以对该问题给出一个基本分析 (正如稍后在注记 4.5.2 中所看到的，尽管这并非针对最一般的情况)。

再次考虑标准型下的系统：

$$\begin{aligned}\dot{z}_1 &= z_2 \\ \dot{z}_2 &= z_3 \\ &\vdots \\ \dot{z}_{r-1} &= z_r \\ \dot{z}_r &= b(\xi, \eta) + a(\xi, \eta)u \\ \dot{\eta} &= q(\xi, \eta) \\ y &= z_1\end{aligned}$$

并选择

$$u = \frac{1}{a(\xi, \eta)}\big(- b(\xi, \eta) + y_R^{(r)} - \sum_{i=1}^{r} c_{i-1}(z_i - y_R^{(i-1)})\big) \tag{4.35}$$

其中 $c_0, \ldots, c_{r-1}$ 都是实数。

定义“误差”函数 $e(t)$ 为真实输出 $y(t)$ 与参考输出 $y_R(t)$ 之差，即

$$e(t) = y(t) - y_R(t)$$

那么，由于根据构造有 $z_i = y^{(i-1)}(t)(1 \leqslant i \leqslant r)$，所以立即可见输入 (4.35) 的表达式为

$$u = \frac{1}{a(\xi, \eta)}\big(- b(\xi, \eta) + y_R^{(r)} - \sum_{i=1}^{r} c_{i-1} e^{(i-1)}\big)$$

注意到，如果对于所有的时间 t 都有 $e(t) = 0$，则以上输入就简化为使输出恰好为 $y_R(t)$ 所需要的输入 (见 4.3 节末尾)。从整体上看，输入 (4.35) 在原坐标下的表示为

$$u = \frac{1}{L_g L_f^{r-1} h(x)}\big(- L_f^r h(x) + y_R^{(r)} - \sum_{i=1}^{r} c_{i-1}(L_f^{(i-1)} h(x) - y_R^{(i-1)})\big) \tag{4.36}$$

施加输入 (4.35)，则有

$$\dot{z}_r = y^{(r)} = y_R^{(r)} - c_{r-1} e^{(r-1)} - \cdots - c_1 e^{(1)} - c_0 e$$

亦即

$$e^{(r)} + c_{r-1} e^{(r-1)} + \cdots + c_1 e^{(1)} + c_0 e = 0 \tag{4.37}$$

误差函数 $e(t)$ 满足一个 r 阶线性微分方程，其系数可任意指定。可任意配置式 (4.37) 的特征方程的根，并得到如下结论：在形如式 (4.35) 的输入作用下，系统的输出会“跟踪”期望输出 $y_R(t)$，跟踪误差随着 $t \to \infty$ 以任意快的指数衰减收敛到零。

当然，在控制律设计中始终关心的问题是，当施加一个具体的控制律时，体现系统内部行为的那些变量要保持有界。在当前状况下，对于因施加控制律 (4.36) 于系统 (4.1) 而得到的闭环系统，可按以下方式对其内部行为进行渐近分析。

首先注意到，如果像默认的那样，认为参考输出 $y_R(t)$ 是时间的一个*确定*函数，那么可将由输入 (4.36) 驱动的系统 (4.1) 视为一个**时变** (time-varying) 非线性系统。特别是，如果在标准型坐标下观察状态变量的行为，则易于检验 $z_1, \ldots, z_r$ 满足恒等式

$$z_i = y_R^{(i-1)} + e^{(i-1)}$$

尽管 η 满足以下形式的微分方程：

$$\dot{\eta} = q(\xi_R(t) + \chi(t), \eta) \tag{4.38}$$

其中，与式 (4.29) 中一样，

$$\xi_R = \operatorname{col}(y_R(t), y_R^{(1)}(t), \ldots, y_R^{(r-1)}(t))$$

且

$$\chi(t) = \operatorname{col}(e(t), e^{(1)}(t), \ldots, e^{(r-1)}(t))$$

鉴于 4.3 节末尾处的注记，可将方程 (4.38) 视为由函数 $y_R(t) + e(t)$ “驱动”的逆系统的“响应”方程。

以下陈述给出了各 $z_i(t)$ 和 $\eta(t)$ 有界性的充分条件。

命题 4.5.1. 假设 $y_R(t), y_R^{(1)}(t), \ldots, y_R^{(r-1)}(t)$ 对于所有的 $t \geqslant 0$ 都有定义并且有界。以 $\eta_R(t)$ 表示方程

$$\dot{\eta} = q(\xi_R(t), \eta) \tag{4.39}$$

满足 $\eta_R(0) = 0$ 的解。假设这个解对于所有的 $t \geqslant 0$ 有定义、有界，并且一致渐近稳定。最后，假设多项式

$$s^r + c_{r-1}s^{r-1} + \cdots + c_1 s + c_0 = 0$$

的根全部具有负实部。那么，对于充分小的 $a > 0$，若

$$|z_i(t^\circ) - y_R^{(i-1)}(t^\circ)| < a,\ 1 \leqslant i \leqslant r, \quad \|\eta(t^\circ) - \eta_R(t^\circ)\| < a$$

则闭环系统 (4.1)–(4.36) 的相应响应 $z_i(t)$，$\eta(t)$ $(t \geqslant t^\circ \geqslant 0)$ 有界。更确切地说，对于所有的 $\varepsilon > 0$，存在 $\delta > 0$，使得

$$|z_i(t^\circ) - y_R^{(i-1)}(t^\circ)| < \delta \Rightarrow |z_i(t) - y_R^{(i-1)}(t)| < \varepsilon, \quad \forall t \geqslant t^\circ \geqslant 0$$
$$\|\eta(t^\circ) - \eta_R(t^\circ)\| < \delta \Rightarrow \|\eta(t) - \eta_R(t)\| < \varepsilon, \quad \forall t \geqslant t^\circ \geqslant 0$$

证明: 注意到，系统 (4.1)–(4.36) 可重新写为以下形式:

$$\dot{\chi} = K\chi \tag{4.40}$$

$$\dot{\eta} = q(\xi_R(t) + \chi, \eta) \tag{4.41}$$

其中矩阵 K 以伴随矩阵形式表示，其特征方程与式 (4.37) 的特征方程一样。令 $w = \eta - \eta_R(t)$ 且 $F(w, \chi, t) = q(\xi_R(t) + \chi, \eta_R(t) + w) - q(\xi_R(t), \eta_R(t))$，则系统

$$\dot{w} = F(w, \chi, t)$$
$$\dot{\chi} = K\chi$$

形如式 (B.13) 并且 $(w, \chi) = (0, 0)$ 是一个平衡态。注意到，由于 $q(\xi, \eta)$ 光滑且 $\xi_R(t), \eta_R(t)$ 都有界，所以 $F(w, \chi, t)$ 是关于 (w, χ) 的一个局部 Lipschitz 函数 (对于 t 一致)。$\dot{w} = F(w, 0, t)$ 的解 $w = 0$ 是一致渐近稳定的，并且 K 的全部特征值都具有负实部。因此，由 B.2 节得到，$(0, \eta_R(t))$ 是系统 (4.40) 的一致稳定解，从而得到上述估计。 ◁

注记 4.5.1. 注意，系统 (4.39) 的解 $\eta_R(t)$ 不必为常数解 [读者容易验证，即使对于线性系统 $\eta_R(t)$ 也不必为常数]。式 (4.39) 的解 $\eta(t)$ 是一致渐近稳定的假设条件可相当自然地解释为在满足 $y_R(t)$ 可**精确复制**的条件下 [此时 $\eta(t)$ 正是系统 (4.39) 的解]，该系统的内部行为就是一个一致渐近稳定系统的内部行为。 ◁

注记 4.5.2. 需要着重指出的是，到目前为止所展现的方法并非是独一无二的，而且，当考虑跟踪问题时，$\eta(t)$ 是式 (4.39) 的一致渐近稳定解的假设**并非**状态变量具有有界响应的**必要**条件。事实上，可能会觉得该假设多少有些必要性，因为它是伴随控制律 (4.35) 的施加而自然产生的。控制律 (4.35) 又被自然地认为是对控制律 (4.31) 在初始状态不匹配情况下的修正，而控制律 (4.31) 被证明是精确复制 $y_R(t)$ 的**必要条件**。此处所遵循的方法 [即控制律 (4.35) 的

选择] 用到了这样的性质：在这个闭环系统中，如果在时间 $t = 0$ 时 $e = 0$，则对于所有的 t 都有 $e(t) = 0$。然而，正如将在第 8 章中看到的更详细的分析 (用更一般的方法来解决这个问题)，如果要一个闭环系统的输出跟踪一个参考输出，同时系统的内部变量还保持有界，那么原则上无须这样的要求。 ◁

参考输出有时候不只是时间的一个确定函数，而是某一个参考模型的输出 (该参考模型又受到某一个输入 w 的作用)，比如由以下方程组描述的线性模型：

$$\dot{\zeta} = A\zeta + Bw \tag{4.42}$$

$$y_R = C\zeta \tag{4.43}$$

针对这种情况可以提出这样的问题：寻找一个反馈控制，不管系统和模型的初始状态如何，对于该模型的每一个输入 $w(t)$，使系统的输出 $y(t)$ 渐近收敛到相应的输出 $y_R(t)$ [它是模型受 $w(t)$ 影响而产生的]。这就是通常所说的**渐近模型匹配** (asymptotic model matching) 问题。

为解决这个问题，大体上可能想到使用在本节开始处所考虑的同一输入 (4.36)，其中 $y_R(t)$ 及其前 r 阶导数可根据参考模型 (4.42)–(4.43) 计算得到。但是，由于

$$y_R^{(i)}(t) = CA^i\zeta(t) + CA^{i-1}Bw(t) + \cdots + CABw^{(i-2)}(t) + CBw^{(i-1)}(t)$$

如此得到的控制律将依赖于参考模型输入 $w(t)$ 的前 $r-1$ 阶导数。如果必须以一个接受 $w(t)$ 作为输入并且产生 $y(t)$ 作为输出的设备来实现该控制律，那么这并不是理想的状况。事实上，$w(t)$ 的微分的确会增加无法避免的加性噪声影响。

如果假设

$$CB = CAB = \ldots = CA^{r-2}B = 0 \tag{4.44}$$

即模型的相对阶等于或可能大于系统的相对阶 r，则有

$$y_R^{(i)}(t) = CA^i\zeta(t), \quad 0 \leqslant \forall i \leqslant r-1$$
$$y_R^{(r)}(t) = CA^r\zeta(t) + CA^{r-1}Bw(t)$$

$y_R(t)$ 的前 $r-1$ 阶导数并不显式依赖于 $w(t)$，第 r 阶导数显式依赖于 $w(t)$，但不显式依赖于它的导数。将上述各量代入 u 的表达式 (4.36) 中，得到

$$u = \frac{1}{L_gL_f^{r-1}h(x)}\Big(-L_f^rh(x) + CA^r\zeta(t) + CA^{r-1}Bw - \sum_{i=1}^{r} c_{i-1}(L_f^{(i-1)}h(x) - CA^{(i-1)}\zeta)\Big) \tag{4.45}$$

根据构造，如果适当地选择系数 $c_0, \ldots, c_{r-1}$，则受此输入作用的系统 (4.1) 将会产生一个输出，它渐近收敛到模型的输出 $y_R(t)$。由于后者的形式为

$$y_R(t) = Ce^{At}\zeta(0) + \int_0^t Ce^{A(t-s)}Bw(s)\mathrm{d}s$$

因而可得，闭环系统 (4.1)–(4.45)(见图 4.7) 的输出形式为

$$y(t) = e(t) + Ce^{At}\zeta(0) + \int_0^t Ce^{A(t-s)}Bw(s)\mathrm{d}s$$

其中 $e(t)$ 是微分方程 (4.37) 的解。

注意到，输入 (4.45) 在每一个时刻 t 显式依赖于系统的状态 $x(t)$、模型的输入 $w(t)$ 以及模型的状态 $\zeta(t)$，模型的状态又服从微分方程 (4.42)。于是，可将 $u(t)$ 视为内部状态为 ζ 的动态系统

$$\begin{aligned}\dot{\zeta} &= \gamma(\zeta, x) + \delta(\zeta, x)w \\ u &= \alpha(\zeta, x) + \beta(\zeta, x)w\end{aligned} \tag{4.46}$$

的“输出”，它由“输入” w 和 x 驱动。事实上，可认为这两个方程中的前一个等同于式 (4.42)，而第二个等同于式 (4.45)。于是看到，求解一个参考模型的输出渐近跟踪问题需要使用的状态反馈类型比截至目前所考虑的反馈类型更为一般，因为它还包含一个内部动态。这种形式的反馈称为*动态状态反馈*。

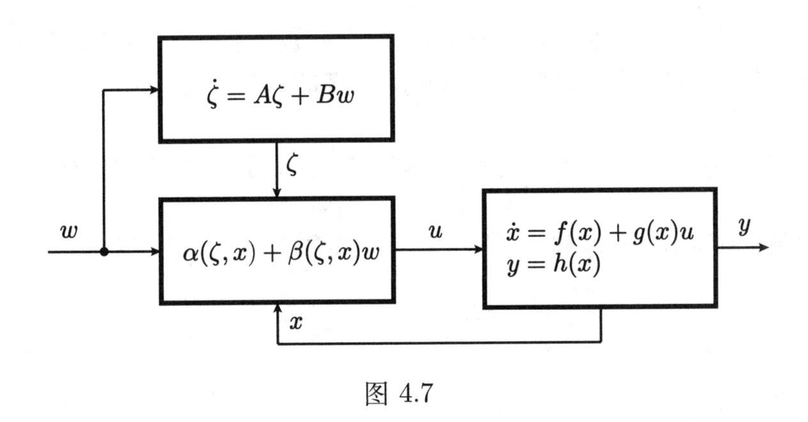

图 4.7

综上所述可得，如果模型 (4.42)–(4.43) 的相对阶大于或等于系统的相对阶，则对于每一个可能的输入 $w(t)$ 和每一个可能的初始状态 $x(0), \zeta(0)$，都存在一个形如式 (4.46) 的动态反馈，使产生的输出 $y(t)$ 渐近收敛到模型的输出 $y_R(t)$。

对这样的系统做内部渐近性质分析与早先对系统 (4.1)–(4.36) 所做的分析类似。事实上可立即检验，在当前情况下，该闭环系统在适当的坐标下能被描述为以下方程组：

$$\begin{aligned}\dot{\zeta} &= A\zeta + Bw \\ \dot{\chi} &= K\chi \\ \dot{\eta} &= q(\Gamma\zeta + \chi, \eta)\end{aligned}$$

其中 $\Gamma = \mathrm{col}(C, CA, \ldots, CA^{r-1})$。上述方程中的第一个描述了模型的动态 (由它自己的输入驱动)，第二个描述了误差动态 (它是一个自治方程)，最后一个是由函数 $C\zeta + \chi_1$ 驱动的逆系统的动态。

4.6　干扰解耦

在 4.1 节中介绍的标准型也有助于理解当一个给定系统的状态受到干扰影响时，如何能使其输出响应免受干扰影响。考虑如下形式的系统：

$$\begin{aligned}\dot{x} &= f(x) + g(x)u + p(x)w \\ y &= h(x)\end{aligned}$$

其中 w 表示意外的输入或干扰。想要考查在什么条件下存在一个静态状态反馈

$$u = \alpha(x) + \beta(x)v$$

以使得到的闭环系统的输出 y 独立于干扰 w，或者说与干扰 w 解耦。这个问题通常称为**干扰解耦问题** (Disturbance Decoupling Problem)。

照例，首先通过考查方程组的标准型来讨论这个问题的求解。令该系统在点 x° 处有相对阶 r，并假设状态方程中与干扰相乘的向量场 $p(x)$ 满足

$$L_p L_f^i h(x) = 0, \quad \text{对于所有的 } 0 \leqslant i \leqslant r-1 \text{ 和 } x^\circ \text{ 附近的所有 } x$$

如果在描述之前标准型方程组的同一坐标下写出状态空间方程，则可得到

$$\begin{aligned}\frac{\mathrm{d}z_1}{\mathrm{d}t} &= \frac{\partial z_1}{\partial x}\frac{\mathrm{d}x}{\mathrm{d}t} = \frac{\partial h}{\partial x}\frac{\mathrm{d}x}{\mathrm{d}t} \\ &= L_f h(x(t)) + L_g h(x(t))u(t) + L_p h(x(t))w(t) \\ &= L_f h(x(t)) = z_2(t)\end{aligned}$$

因为根据假设，对于使 $x(t)$ 邻近 x° 的所有时间 t 都有 $L_p h(x) = 0$。对其他所有的后续方程也有类似情况，因而得到

$$\begin{gathered}\frac{\mathrm{d}z_2}{\mathrm{d}t} = z_3(t) \\ \vdots \\ \frac{\mathrm{d}z_{r-1}}{\mathrm{d}t} = z_r(t)\end{gathered}$$

对于 z_r，同样因为 $L_p L_f^{r-1} h(x) = 0$，所以仍然有

$$\frac{\mathrm{d}z_r}{\mathrm{d}t} = L_f^r h(x(t)) + L_g L_f^{r-1} h(x(t))u(t)$$

因此，这前 r 个方程与无干扰系统标准型的前 r 个方程完全相同。对于其余方程情况不再如此，现在的情况是它们也将依赖于干扰 w。

与之前章节一样，可利用一个向量记号将系统写成以下形式：

$$\begin{aligned}\dot{z}_1 &= z_2\\ \dot{z}_2 &= z_3\\ &\vdots\\ \dot{z}_{r-1} &= z_r\\ \dot{z}_r &= b(\xi,\eta)+a(\xi,\eta)u\\ \dot{\eta} &= q(\xi,\eta)+k(\xi,\eta)w\end{aligned}$$

另外，类似地有

$$y = z_1$$

现在假设选择以下状态反馈：

$$u = -\frac{b(\xi,\eta)}{a(\xi,\eta)}+\frac{v}{a(\xi,\eta)}$$

该反馈产生一个由以下方程组描述的系统：

$$\begin{aligned}\dot{z}_1 &= z_2\\ \dot{z}_2 &= z_3\\ &\vdots\\ \dot{z}_{r-1} &= z_r\\ \dot{z}_r &= v\\ \dot{\eta} &= q(\xi,\eta)+k(\xi,\eta)w\end{aligned}$$

由此易见，输出 (即状态变量 z_1) 已经与干扰 w 完全解耦。

如图 4.8 所示，对于所得到的闭环系统，该框图清楚地解释了所发生的情况。输入的作用是将输出与受干扰影响的那部分系统隔离。

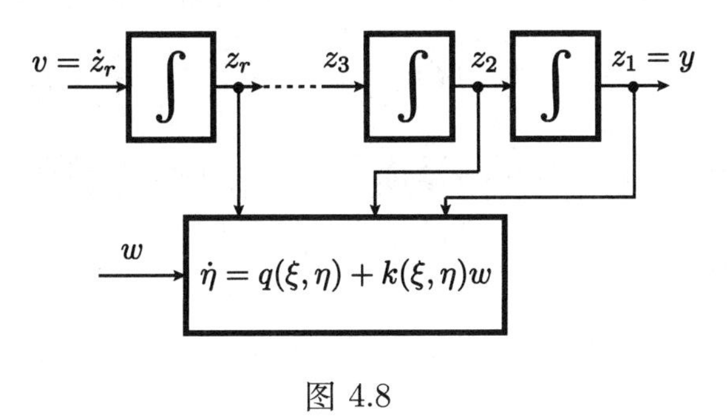

图 4.8

因而，对于系统的输出与干扰解耦的问题，已经发现了解决方案存在的一个充分条件，并显式构造了一个解耦反馈。稍后会看到，不难证明，该条件也是必要的。为方便起见，正式总结一下前面的有趣结果。为使叙述更具一般性，用系统的原始描述函数 $f(x)$、$g(x)$ 和 $h(x)$ 来定义解耦反馈。

命题 4.6.1. 假设系统在 x° 处有相对阶 r。以下问题——找到局部定义在 x° 附近的一个反馈 $u=\alpha(x)+\beta(x)v$，以便系统的输出与干扰解耦——可解的充要条件是

$$L_pL_f^ih(x)=0, \quad \text{对于所有的 } 0\leqslant i\leqslant r-1 \text{ 和邻近 } x^\circ \text{ 的所有 } x \tag{4.47}$$

在这种情况下，解由下式给出：

$$u=-\frac{L_f^rh(x)}{L_gL_f^{r-1}h(x)}+\frac{v}{L_gL_f^{r-1}h(x)}$$

证明：仅需证明必要性。以 $u=\alpha(x)+\beta(x)v$ 表示任一使输出与干扰解耦的反馈，并考虑相应的闭环系统

$$\begin{aligned}\dot{x}&=f(x)+g(x)\alpha(x)+g(x)\beta(x)v+p(x)w\\ y&=h(x)\end{aligned}$$

根据假设，输出 y 一定与 w 无关，且当 $v(t)=0$ (对于所有的 t) 时，即对于系统

$$\begin{aligned}\dot{x}&=f(x)+g(x)\alpha(x)+p(x)w\\ y&=h(x)\end{aligned}$$

这也必须成立。在当前情况下，重复进行类似于 4.1 节中所做的计算，得到

$$y^{(1)}(t)=L_{f+g\alpha}h(x(t))+L_ph(x(t))w(t)$$

从中可见，对于使 $x(t)$ 邻近于 x° 的所有时间 t，只要 $L_ph(x)=0$，$y(t)$ 就与 $w(t)$ 无关。假设该条件成立，计算 $y^{(2)}(t)$ 得到

$$y^{(2)}(t)=L_{f+g\alpha}^2h(x(t))+L_pL_{f+g\alpha}h(x(t))w(t)$$

再次得到 $L_pL_{f+g\alpha}h(x(t))$ 必须为零。可对 $y(t)$ 的所有更高阶导数重复相同的论据，直到获得

$$y^{(r)}(t)=L_{f+g\alpha}^rh(x(t))+L_pL_{f+g\alpha}^{r-1}h(x(t))w(t)$$

并看到，$L_pL_{f+g\alpha}^{r-1}h(x(t))$ 也必须为零。得到的结论是，如果该反馈将 y 与 w 解耦，则必然有

$$L_pL_{f+g\alpha}^ih(x(t))=0, \quad \text{对于所有的 } 0\leqslant i\leqslant r-1 \text{ 和邻近 } x^\circ \text{ 的所有 } x$$

这确实是想要证明的条件，因为正如在引理 4.2.1 的证明中所见，对于所有的 $0\leqslant i\leqslant r-1$，都有 $L_{f+g\alpha}^ih(x)=L_f^ih(x)$。 $\triangleleft$

注记 4.6.1. 注意到，对于这样解耦的系统，能够进一步选择新的控制 v 以获得如渐近稳定性的额外性能。如果原系统有渐近稳定的零动态，则考虑到在 4.4 节中阐述的性质可知，借助于如下形式的反馈：

$$v=-(c_0h(x)+\ldots+c_{r-1}L_f^{r-1}h(x))+\bar{v}$$

能够实现这个目标。不失一般性，假设 $x^\circ = 0$，即 $f(0) = 0$ 且 $h(0) = 0$。令系数

$$c_0, \ldots, c_{r-1}$$

能使向量场 $f(x) + g(x)\alpha(x)$ 在 $x = 0$ 处有一个渐近稳定平衡态。那么，利用 B.2 节中阐述的结果可得 (像注记 4.4.4 中那样)：对于每一个 $\varepsilon > 0$，存在 $\delta > 0$ 及 $K > 0$，使得

$$\|x(0)\| < \delta \text{ 且 } |w(t)| < K, |\bar{v}(t)| < K, \text{ 对于所有的 } t \geqslant 0$$

意味着对于所有的 $t \geqslant 0$，有 $\|x(t)\| < \varepsilon$。 $\triangleleft$

有时候以一种略微不同的方式表示命题 4.6.1 的条件是有用的。回想

$$L_p L_f^k h(x) = \langle \mathrm{d}L_f^k(x), p(x) \rangle$$

并考虑余分布

$$\Omega = \mathrm{span}\{\mathrm{d}h, \mathrm{d}L_f h, \ldots, \mathrm{d}L_f^{r-1} h\}$$

那么，立即意识到条件 (4.47) 等价于以下条件：

$$p(x) \in \Omega^\perp(x), \quad \text{对于所有邻近 } x^\circ \text{ 的 } x \tag{4.48}$$

有时候能够获得关于干扰的“测量”，并将其用于控制律的设计。在这种情况下，则可以考虑利用控制

$$u = \alpha(x) + \beta(x)v + \gamma(x)w$$

其中除了关于 x 的反馈，还包含一个关于干扰 w 的前馈。此时，能够在明显更弱的条件下将输出与干扰解耦。观察下面的闭环系统

$$\begin{aligned} \dot{x} &= f(x) + g(x)\alpha(x) + g(x)\beta(x)v + (g(x)\gamma(x) + p(x))w \\ y &= h(x) \end{aligned}$$

立即意识到，所需做的就是确定能否找到一个函数 $\gamma(x)$，使得下式成立：

$$(g(x)\gamma(x) + p(x)) \in \Omega^\perp(x), \qquad \text{对于邻近 } x^\circ \text{ 的所有 } x \tag{4.49}$$

这个条件等价于对所有的 $0 \leqslant i \leqslant r-1$ 和邻近 x° 的所有 x，都有

$$0 = L_{g\gamma+p} L_f^i h(x) = L_g L_f^i h(x)\gamma(x) + L_p L_f^i h(x)$$

回忆相对阶的定义，这又等价于，对于邻近 x° 的所有 x，有

$$\begin{aligned} L_p L_f^i h(x) &= 0, \quad 0 \leqslant \forall i \leqslant r-2 \\ L_p L_f^{r-1} h(x) &= -L_g L_f^{r-1} h(x)\gamma(x) \end{aligned}$$

选择

$$\gamma(x) = -\frac{L_p L_f^{r-1} h(x)}{L_g L_f^{r-1} h(x)}$$

则上述第二个条件总能成立。因此，解决输出与干扰解耦问题 (利用包含干扰测量的反馈) 的充要条件仅是上述第一个条件。注意到，这个条件弱化了命题 4.6.1 的条件 (4.47)，因为现在 $L_pL_f^ih(x)=0$ 只需对直到 $r-2$ 的所有 i 都成立，而不必对 $i=r-1$ 也成立。

如果是这种情况，那么能够将 y 与 w 解耦的一个控制律显然为

$$u=-\frac{L_f^rh(x)}{L_gL_f^{r-1}h(x)}+\frac{v}{L_gL_f^{r-1}h(x)}-\frac{L_pL_f^{r-1}h(x)}{L_gL_f^{r-1}h(x)}w$$

注意到，条件 (4.49) 有如下的几何解释：在每一点 x 处，向量 $p(x)$ 可分解为

$$p(x)=c_1(x)g(x)+p_1(x)$$

其中 $c_1(x)$ 是一个实值函数且 $p_1(x)$ 是 $\Omega^{\perp}(x)$ 中的向量。这可表示为以下形式：

$$p(x)\in\Omega^{\perp}(x)+\mathrm{span}\{g(x)\},\quad \text{对于邻近 } x^{\circ} \text{ 的所有 } x \tag{4.50}$$

从而，通过允许在一个反馈中包含对干扰的测量而阐明了条件 (4.48) 可减弱到何种程度。

4.7　高增益反馈

本节再次考虑局部镇定反馈的设计问题，并且证明在更强的假设下，即在零动态的一阶近似为渐近稳定的条件下，可利用输出反馈来局部镇定一个非线性系统。首先，考虑系统在 x° 处相对阶为 1 的情况，并证明可利用无记忆线性反馈实现渐近镇定。

命题 4.7.1. 考虑形如式 (4.1) 的系统，满足 $f(0)=0$ 和 $h(0)=0$。假设该系统在 $x=0$ 处有相对阶 1，并假设其零动态的一阶近似是渐近稳定的，即矩阵

$$Q=\left[\frac{\partial q(\xi,\eta)}{\partial\eta}\right]_{(\xi,\eta)=(0,0)}$$

的所有特征值具有负实部。考虑闭环系统

$$\begin{aligned}\dot{x}&=f(x)+g(x)u\\u&=-Kh(x)\end{aligned} \tag{4.51}$$

其中

$$\begin{cases}K>0, & \text{若 } L_gh(0)>0\\K<0, & \text{若 } L_gh(0)<0\end{cases}$$

则存在一个正数 $K_{\circ}$，使得对于满足 $|K|>K_{\circ}$ 的所有 K，系统 (4.51) 的平衡态 $x=0$ 是渐近稳定的。

证明: 利用奇异摄动理论 (见附录 B) 可以得到该结果的一个优雅证明。假设 $L_gh(0)<0$ (对其他情况可采用同样的方式处理)，并设

$$K=\frac{-1}{\varepsilon}$$

注意，把闭环系统 (4.51) 重新写为

$$\varepsilon\dot{x} = \varepsilon f(x) + g(x)h(x) = F(x,\varepsilon) \tag{4.52}$$

则可视为一个形如式 (B.22) 的系统。由于 $F(x,0) = g(x)h(x)$ 且 $g(0) \neq 0$ [因为 $L_g h(0) \neq 0$]，所以在点 $x = 0$ 的一个邻域 V 内，$x' = F(x,0)$ 的平衡点集合等同于集合

$$E = \{x \in V : h(x) = 0\}$$

而且，由于 $\mathrm{d}h(x)$ 在 $x = 0$ 处非零，所以总能选择 V 以使集合 E 是一个光滑的 $n-1$ 维子流形。

这里应用 B.3 节的主要定理来考查这个系统的稳定特性。为此，需要对两个“极限”子系统 (B.23) 和 (B.24) 检验相应的假设。注意到，对于每一点 $x \in E$，

$$T_x E = \ker(\mathrm{d}h(x))$$

此外，容易检验

$$V_x = \mathrm{span}\{g(x)\}$$

事实上，在每一点 $x \in E$ 处，有

$$J_x = \frac{\partial(g(x)h(x))}{\partial x} = g(x)\frac{\partial h(x)}{\partial x}$$

[因为 $h(x) = 0$]，因此

$$J_x g(x) = g(x) L_g h(x)$$

于是，向量 $g(x)$ 是 J_x 的一个特征向量，其对应的特征值为 $\lambda(x) = L_g h(x)$。在每一点 $x \in E$ 处，系统 $x' = F(x,0)$ 有 $n-1$ 个平凡特征值和一个非平凡特征值。由于根据假设有 $\lambda(0) < 0$，所以可见，在零点的某一个邻域的每一点 x 处，J_x 的非平凡特征值 $\lambda(x)$ 都是负的。

现在证明与系统 (4.52) 相应的约化向量场和零动态向量场相同。揭示这一点的最佳途径是将系统 (4.51) 的第一个方程表示为标准型，即

$$\begin{aligned}\dot{z} &= b(z,\eta) + a(z,\eta)u \\ \dot{\eta} &= q(z,\eta)\end{aligned}$$

其中 $z = h(x) \in \mathbb{R}$ 且 $\eta \in \mathbb{R}^{n-1}$。相应地，系统 (4.52) 变为

$$\varepsilon\begin{pmatrix}\dot{z} \\ \dot{\eta}\end{pmatrix} = \begin{pmatrix}\varepsilon b(z,\eta) - a(z,\eta)Kz \\ \varepsilon q(z,\eta)\end{pmatrix}$$

在标准型坐标下，E 是满足 $z = 0$ 的点对 (z,η) 的集合。因此

$$f_R(x) = P_x\left[\frac{\partial F(x,\varepsilon)}{\partial \varepsilon}\right]_{\varepsilon=0, x\in E} = (0 \quad I)\begin{pmatrix}b(0,\eta) \\ q(0,\eta)\end{pmatrix}$$

由此得到约化系统为

$$\dot{\eta} = q(0,\eta)$$

此即为系统 (4.1) 的零动态。由于根据假设，其一阶近似在 $\eta=0$ 处是渐近稳定的，因此可得，存在 $\varepsilon_\circ>0$，使得对于每一个 $\varepsilon\in(0,\varepsilon_\circ)$，系统 (4.52) 在零点附近有一个渐近稳定的孤立平衡点 x_ε。由于对于所有的 $\varepsilon\in(0,\varepsilon)$ 都有 $F(0,\varepsilon)=0$，所以必然有 $x_\varepsilon=0$，从而命题得证。 ◁

注记 4.7.1. 注意，该结果是一个熟知事实的非线性形式：一个相对阶为 1 且所有零点位于左半复平面的传递函数，对于充分大的回路增益值，其根轨迹的所有分支都包含在左半复平面内。 ◁

现在转而关注系统具有更高相对阶的情况。下面将证明，通过将问题简化为系统有相对阶 1 的情况，即可对其求解。因为，假设可以把真实输出替换为一个"虚拟"输出

$$w=k(x)$$

其中 $k(x)$ 的定义为

$$k(x)=L_f^{r-1}h(x)+c_{r-2}L_f^{r-2}h(x)+\ldots+c_1L_fh(x)+c_0h(x)$$

式中，$c_0,\ldots,c_{r-2}$ 均为实数。

以这种方式得到一个新系统

$$\begin{aligned}\dot{x}&=f(x)+g(x)u\\ w&=k(x)\end{aligned}$$

它在零点的相对阶为 1，因为

$$L_gk(0)=L_gL_f^{r-1}h(0)\neq 0$$

为确定这个新系统能否被之前所考虑的输出反馈镇定，即被形式为

$$u=-Kw$$

的输出反馈镇定，考虑到命题 4.7.1，需要考查其零动态的渐近行为。为此回忆，零动态描述的是一个因受到约束而只能产生零输出的系统的内部行为。同样注意到，在可将原系统表示为标准型的坐标下，"虚拟"输出 w 被描述为

$$w=z_r+c_{r-2}z_{r-1}+\ldots+c_1z_2+c_0z_1$$

约束 $w=0$ 意味着

$$z_r=-(c_{r-2}z_{r-1}+\ldots+c_1z_2+c_0z_1)$$

将上式代入原系统的标准型中并选择输入 $u(t)$ 以使 $w(t)=0$，得到 $(n-1)$ 维的动态方程组

$$\begin{aligned}\dot{z}_1&=z_2\\ \dot{z}_2&=z_3\\ &\vdots\\ \dot{z}_{r-1}&=-(c_{r-2}z_{r-1}+\ldots+c_1z_2+c_0z_1)\\ \dot{\eta}&=q(z_1,\ldots,z_{r-1},-(c_{r-2}z_{r-1}+\ldots+c_1z_2+c_0z_1),\eta)\end{aligned}$$

因此它描述了相应于新输出的零动态。

这些方程具有“分块三角”的形式，由此可容易得到 (例如观察相应的雅可比矩阵)，如果原系统的零动态是一阶近似渐近稳定的，并且如果多项式

$$n(s) = s^{r-1} + c_{r-2}s^{r-2} + \ldots + c_1 s^1 + c_0$$

的所有根都有负实部，则上述动态也是一阶近似下渐近稳定的。于是，由命题 4.7.1 可以得到，如果多项式 $n(s)$ 的所有根具有负实部，并且 K 与 $L_g L_f^{r-1}h(0)$ 同号，则反馈

$$u = -K(L_f^{r-1}h(x) + c_{r-2}L_f^{r-2}h(x) + \ldots + c_1 L_f h(x) + c_0 h(x)) \tag{4.53}$$

渐近镇定系统 (4.51)–(4.53) 的平衡态 $x = 0$。

由反馈 (4.53)(实际上这是一个状态反馈) 容易以如下方式得到一个输出反馈。注意到，函数 $L_f^i h(x(t))(0 \leqslant i \leqslant r-1)$ 与函数 $y(t)$ 的第 i 阶时间导数相同。因此，函数 $w(t)$ 与 $y(t)$ 的关系为

$$w(t) = y^{(r-1)}(t) + c_{r-2}y^{(r-2)}(t) + \ldots + c_1 y^{(1)}(t) + c_0 y(t)$$

因而可将 $w(t)$ 解释为一个系统的输出，这个系统由原系统串联一个传递函数恰为多项式 $n(s)$ 的线性滤波器构成。显然，这样一个滤波器并非是物理可实现的，但不难用一个适当的、无损相应闭环系统稳定性特性的物理上可实现的近似来代替它。

为此，需要下面的简单结果。

命题 4.7.2. 假设系统

$$\dot{x} = f(x) - g(x)k(x)K$$

是一阶近似下 (在平衡态 $x = 0$ 处) 渐近稳定的。那么，如果 T 是一个充分小的正数，则系统

$$\begin{aligned}\dot{x} &= f(x) - g(x)\zeta \\ \dot{\zeta} &= (1/T)(-\zeta + k(x)K)\end{aligned}$$

也是一阶近似下 [在 $(x, \zeta) = (0, 0)$ 处] 渐近稳定的。

证明: 此结论的证明是奇异摄动理论的又一个简单应用。这是因为，以坐标变换

$$z = -\zeta + k(x)K$$

将变量 ζ 变为新坐标 z，并且注意到所考虑的系统变为

$$\begin{aligned}\dot{x} &= f(x) - g(x)(-z + k(x)K) \\ T\dot{z} &= -z + TK\frac{\partial k}{\partial x}[f(x) - g(x)(-z + k(x))K] = -z + Tb(z, x)\end{aligned}$$

该系统正好有系统 (B.16) 所示的结构，其中 $\varepsilon = T$。该系统仅存在一个等于 -1 的非平凡特征值，并且据假设，约化系统

$$\dot{x} = f(x) - g(x)k(x)K$$

是一阶近似下渐近稳定的。因此，对于充分小的正数 T，平衡态 $(x, \zeta) = (0, 0)$ 确实是一阶近似下渐近稳定的。 $\lhd$

注意，在此命题中讨论的系统无非就是由系统

$$\dot{x} = f(x) + g(x)u$$
$$y = k(x)$$

和传递函数为

$$H(s) = \frac{-K}{1+Ts}$$

的线性系统共同构成的闭环 (见图 4.9)。因此，可以将这个结果解释为如下事实：在一个稳定的控制回路中引入一个“小时间常数”不损害 (至少在局部) 它的渐近稳定性。应用该性质 $r-1$ 次，可立即得到下面的结果。

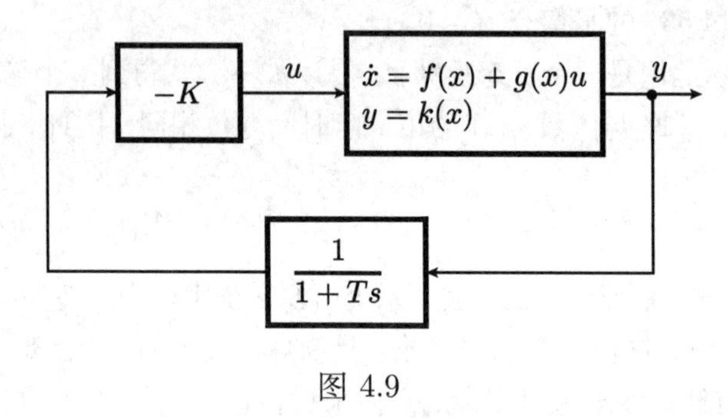

图 4.9

命题 4.7.3. 假设一个系统在点 $x^{\circ} = 0$ 处的相对阶为 r，其零动态是一阶近似下渐近稳定的。还假设多项式

$$n(s) = s^{r-1} + c_{r-2}s^{r-2} + \ldots + c_1 s^1 + c_0$$

的所有根都有负实部。具有传递函数

$$H(s) = \frac{-Kn(s)}{(1+Ts)^{r-1}}$$

的线性动态输出反馈就可以镇定该系统，只要 K 是与 $L_g L_f^{r-1} h(0)$ 符号相同的适当常数，并且 T 是一个充分小的正常数。

4.8　关于精确线性化的其他结果

在 4.2 节已经诠释了一组充要条件，用以确保存在一个 (局部定义的) 状态反馈和坐标变换，可将式 (4.1) 中第一个方程所描述的系统变为一个线性可控系统。当然，如果定理 4.2.3 中的指定条件不能满足，则无法通过反馈和坐标变换得到一个线性可控系统。然而，利用该节末尾给出的构造方式，即利用总能将系统分解为两个子系统且其中之一为线性系统的事实，希望至少能够找到一个反馈和一个坐标变换，用以 (如若可能) 最大化这个线性子系统的维数。鉴于在 4.2 节中建立的其他结果，这个问题显然等价于找到一个合适的“输出”映射 $\lambda(x)$，使系统针对该输出在某一点的相对阶能够最大。事实上，正如之后的讨论结果所示，解决这个问题并不太难。

以下叙述利用了在注记 1.3.9 中引入的分布 Δ 的对合闭包概念，特别是用到了如下性质。

引理 4.8.1. 考虑一个分布 Δ 并且假设 λ 是一个实值函数，使得 $\mathrm{d}\lambda(x^\circ) \neq 0$ 且 $\mathrm{d}\lambda \in \Delta^\perp$。那么，在 x° 的一个邻域中，$\mathrm{d}\lambda \in (\mathrm{inv}(\Delta))^\perp$，其中 $\mathrm{inv}(\Delta)$ 表示 Δ 的对合闭包。

证明: 考虑分布

$$\Gamma = (\mathrm{span}\{\mathrm{d}\lambda\})^\perp$$

该分布在 x° 的一个邻域中是 $(n-1)$ 维的，并且由 Frobenius 定理知该分布也是对合的。此外，由构造知，$\Delta \subset \Gamma$。由于根据定义，$\mathrm{inv}(\Delta)$ 是包含 Δ 的最小对合分布，所以 $\mathrm{inv}(\Delta) \subset \Gamma$，此即

$$\mathrm{span}\{\mathrm{d}\lambda\} \subset (\mathrm{inv}(\Delta))^\perp \quad \lhd$$

定理 4.8.2. 考虑一对向量场 $f(x)$ 和 $g(x)$。假设对于某一个整数 ν，条件

$$\dim(\mathrm{inv}(\mathrm{span}\{g, \mathrm{ad}_f g, \ldots, \mathrm{ad}_f^{\nu-2} g\})) = k < n \tag{4.54}$$

对于 x° 附近的所有 x 都成立，并且在 $x = x^\circ$ 处有

$$\dim(\mathrm{inv}(\mathrm{span}\{g, \mathrm{ad}_f g, \ldots, \mathrm{ad}_f^{\nu-1} g\})) = n \tag{4.55}$$

那么，在 x° 的一个邻域 U° 中，存在一个函数 $\lambda(x)$，使得

$$L_g\lambda(x) = L_g L_f \lambda(x) = \cdots = L_g L_f^{\nu-2}\lambda(x) = 0, \quad \forall x \in U^\circ$$

并且，$L_g L_f^{\nu-1}\lambda(x)$ 在 U° 上不恒等于零。此外，如果 $\bar{\lambda}(x)$ 是在 x° 某一邻域 $\bar{U}^\circ$ 中有定义的任一函数，使得

$$L_g\bar{\lambda}(x) = L_g L_f \bar{\lambda}(x) = \cdots = L_g L_f^{r-2}\bar{\lambda}(x) = 0, \quad \forall x \in \bar{U}^\circ$$

并且 $L_g L_f^{r-1}\bar{\lambda}(x^\circ) \neq 0$，则必然有 $r \leqslant \nu$。

证明: 由构造知，分布

$$\mathrm{inv}(\mathrm{span}\{g, \mathrm{ad}_f g, \ldots, \mathrm{ad}_f^{\nu-2} g\}) \tag{4.56}$$

是对合的，并且已经假设是 k 维的，$k < n$。因此，根据 Frobenius 定理，存在 $n-k$ 个函数 $\lambda_1(x), \ldots, \lambda_{n-k}(x)$，它们的微分局部张成分布 (4.56) 的零化子。例如，如果令 $\lambda(x) = \lambda_1(x)$，则根据构造知，对于 x° 附近的所有 x，有

$$L_g\lambda(x) = L_{\mathrm{ad}_f g}\lambda(x) = \cdots = L_{\mathrm{ad}_f^{\nu-2} g}\lambda(x) = 0$$

并且

$$L_{\mathrm{ad}_f^{\nu-1} g}\lambda(x)$$

在 x° 附近不恒等于零。因为如若不然，则非零余向量 $\mathrm{d}\lambda(x)$ 将是 $(\mathrm{span}\{g, \mathrm{ad}_f g, \ldots, \mathrm{ad}_f^{\nu-1}\}g)^\perp$ 中的一个元素，从而根据引理 4.8.1，它也是 $(\mathrm{inv}(\mathrm{span}\{g, \mathrm{ad}_f g, \ldots, \mathrm{ad}_f^{\nu-1} g\}))^\perp$ 中的一个元素，这是矛盾的，因为根据假设后者的维数为 0。因此，由引理 4.1.2 得到，函数 $\lambda(x)$ 具有所需要的性质。

现在考虑具有本定理所示性质的任一其他函数 $\bar{\lambda}(x)$。由引理 4.1.2，有

$$\mathrm{d}\bar{\lambda} \in (\mathrm{span}\{g, \mathrm{ad}_f g, \ldots, \mathrm{ad}_f^{r-2} g\})^{\perp}$$

因此，根据引理 4.8.1，也有

$$\mathrm{d}\bar{\lambda} \in (\mathrm{inv}(\mathrm{span}\{g, \mathrm{ad}_f g, \ldots, \mathrm{ad}_f^{r-2} g\}))^{\perp}$$

由于 $\mathrm{d}\bar{\lambda}(x^{\circ}) \neq 0$，所以对于 x° 附近的所有 x，可推知

$$\dim(\mathrm{inv}(\mathrm{span}\{g, \mathrm{ad}_f g, \ldots, \mathrm{ad}_f^{r-2} g\})) < n$$

于是，由假设条件 (4.54)–(4.55) 可得 $r \leqslant \nu$。 $\lhd$

注意，上述定理的结论涵盖了定理 4.2.3 的结论。事实上，如果定理 4.2.3 的条件 (i) 和条件 (ii) 得以满足，则之前陈述中定义的整数 ν 就等于 n。如果这两个条件不能满足，那么，为找到“最大化”系统相对阶的输出映射 $\lambda(x)$，必须求解偏微分方程

$$\mathrm{d}\lambda(x)(\tau_1 \quad \cdots \quad \tau_k) = 0 \tag{4.57}$$

其中 $\tau_1, \ldots, \tau_k$ 满足

$$\mathrm{span}\{\tau_1, \ldots, \tau_k\} = (\mathrm{inv}(\mathrm{span}\{g, \mathrm{ad}_f g, \ldots, \mathrm{ad}_f^{\nu-2} g\}))$$

ν 的定义与之前一样。一旦构造出这个解，则反馈 (4.27) 会将系统变成另一个系统，在适当的坐标下，它包含一个维数最大的线性子系统。

例 4.8.1. 考虑系统

$$\dot{x} = \begin{pmatrix} x_2 - x_3^2 \\ x_3 + 2x_1^2 x_3 \\ x_1^2 \\ x_1 + x_3^2 \end{pmatrix} + \begin{pmatrix} 0 \\ 2x_3 \\ 1 \\ 0 \end{pmatrix} u$$

为检验能否通过状态反馈和坐标变换将此系统变为一个线性可控系统，必须计算向量场 $\mathrm{ad}_f g$，$\mathrm{ad}_f^2 g$ 和 $\mathrm{ad}_f^3 g$，并检验定理 4.2.3 的条件。适当的计算表明

$$\mathrm{ad}_f g(x) = \begin{pmatrix} 0 \\ -1 \\ 0 \\ -2x_3 \end{pmatrix}, \quad \mathrm{ad}_f^2 g(x) = \begin{pmatrix} 1 \\ 0 \\ 0 \\ -2x_1^2 \end{pmatrix}$$

由于

$$[g, \mathrm{ad}_f g](x) = \begin{pmatrix} 0 \\ 0 \\ 0 \\ -2 \end{pmatrix}$$

所以可见

$$[g, \mathrm{ad}_f g] \notin \mathrm{span}\{g, \mathrm{ad}_f g\}$$

因此分布 $\mathrm{span}\{g, \mathrm{ad}_f g\}$ 不是对合的。从而，定理 4.2.3 的条件不能满足 (见注记 4.2.8)。但这时有

$$\mathrm{inv}(\mathrm{span}\{g, \mathrm{ad}_f g\}) = \mathrm{span}\{g, \mathrm{ad}_f g, [g, \mathrm{ad}_f g]\} = \mathrm{span}\{\begin{pmatrix}0\\1\\0\\0\end{pmatrix}, \begin{pmatrix}0\\0\\1\\0\end{pmatrix}, \begin{pmatrix}0\\0\\0\\1\end{pmatrix}\}$$

并且

$$\begin{aligned}\mathrm{inv}(\mathrm{span}\{g, \mathrm{ad}_f g, \mathrm{ad}_f^2 g\}) &= \mathrm{inv}(\mathrm{span}\{g, \mathrm{ad}_f g, [g, \mathrm{ad}_f g], \mathrm{ad}_f^2 g\}) \\ &= \mathrm{span}\{\begin{pmatrix}0\\1\\0\\0\end{pmatrix}, \begin{pmatrix}0\\0\\1\\0\end{pmatrix}, \begin{pmatrix}0\\0\\0\\1\end{pmatrix}, \begin{pmatrix}1\\0\\0\\0\end{pmatrix}\}\end{aligned}$$

以至于定理 4.8.2 的条件得到满足，其中 $\nu = 3$ 且 $k = 3$。于是，对于这个系统可得到的最大相对阶是 $r = \nu = 3$。为找到一个相对阶为 3 的输出，必须求解微分方程 (4.57)，在这种情况下得到

$$\lambda(x) = x_1$$

根据之前的讨论，显然可选择反馈

$$u = \frac{-L_f^3 \lambda(x) + v}{L_g L_f^2 \lambda(x)} = -x_1^2 + v$$

和新坐标

$$\begin{aligned} z_1 &= \lambda(x) = x_1 \\ z_2 &= L_f \lambda(x) = x_2 - x_3^2 \\ z_3 &= L_f^2 \lambda(x) = x_3 \end{aligned}$$

所得到的系统包含一个三维的线性子系统。再以

$$\eta = \eta(x) = x_4$$

来补全所选的坐标，则得到

$$\begin{aligned} \dot{z}_1 &= z_2 \\ \dot{z}_2 &= z_3 \\ \dot{z}_3 &= v \\ \dot{\eta} &= z_1 + z_3^2 \qquad \triangleleft \end{aligned}$$

下面再讨论一个问题以结束本节。在注记 4.2.10 中已经看到，如果一个状态空间精确线性化问题已被解决并且系统有一个输出，那么这个输出映射在线性化坐标下未必是一个线性映射。于是，可能会提出这样的问题：何时存在一个反馈和一个坐标变换，将系统整体 (包括输出函数) 描述为某一个线性可控系统？以下论述给出了该问题的一个回答。

定理 4.8.3. 考虑在 $x = x^\circ$ 处相对阶为 r 的一个系统。还假设 $f(x^\circ) = 0$ 且 $h(x^\circ) = 0$。存在形如式 (4.10) 的反馈和局部定义在 x° 附近的坐标变换 $z = \Phi(x)$，将系统 (4.1) 变为线性可控系统

$$\dot{z} = Az + Bv$$
$$y = Cz$$

的充分必要条件是：

(i) 矩阵 $\left(g(x^\circ)\ \ \mathrm{ad}_f g(x^\circ)\ \ \dots\ \ \mathrm{ad}_f^{n-2} g(x^\circ)\ \ \mathrm{ad}_f^{n-1} g(x^\circ)\right)$ 的秩为 n；

(ii) 对于所有的 $0 \leqslant i, j \leqslant n$ 和 x° 附近的所有 x，向量场 $\tilde{f}(x) = f(x) + g(x)\alpha(x)$ 和 $\tilde{g}(x) = g(x)\beta(x)$ 满足条件：

$$[\mathrm{ad}_{\tilde{f}}^i \tilde{g}, \mathrm{ad}_{\tilde{f}}^j \tilde{g}](x) = 0 \tag{4.58}$$

其中 $\alpha(x)$ 和 $\beta(x)$ 被定义为

$$\alpha(x) = \frac{-L_f^r h(x)}{L_g L_f^{r-1} h(x)}, \quad \beta(x) = \frac{1}{L_g L_f^{r-1} h(x)}$$

注记 4.8.2. 注意到，根据命题 4.2.4，系统

$$\dot{x} = f(x) + g(x)\alpha(x) + g(x)\beta(x)v = \tilde{f}(x) + \tilde{g}(x)v \tag{4.59}$$
$$y = h(x) \tag{4.60}$$

其中 $\alpha(x)$ 和 $\beta(x)$ 按条件 (ii) 进行选择，已经具有一个线性的输入-输出响应。那么，这个定理表明，在附加条件 (4.58) 下，利用反馈和坐标变换也能使在状态空间方程中实现线性特性。另一方面，由于条件 (i) 和条件 (ii) **意味着**定理 4.2.3 的条件 (i) 和条件 (ii) (稍后将看到)，所以此定理也描述了为使输入-输出响应也具有线性特性，定理 4.2.3 中实现状态空间方程线性化的充要条件必须要强化到何种程度。事实上，读者容易验证，由于 $\beta(x^\circ) \neq 0$，所以条件 (i) 意味着

$$\mathrm{rank}\left(\tilde{g}(x^\circ)\ \ \mathrm{ad}_{\tilde{f}}\tilde{g}(x^\circ)\ \ \dots\ \ \mathrm{ad}_{\tilde{f}}^{n-1}\tilde{g}(x^\circ)\right) = n$$

并且条件 (ii) 意味着 (见注记 1.3.5) 分布

$$\mathrm{span}\{\tilde{g}, \mathrm{ad}_{\tilde{f}}\tilde{g}, \dots, \mathrm{ad}_{\tilde{f}}^{n-1}\tilde{g}\}$$

是对合的。因而，根据定理 4.2.3，利用状态反馈和坐标变换，可将系统 (4.59) 变换为一个线性可控系统。但由于已经利用一个状态反馈，即 $u = \alpha(x) + \beta(x)v$，由系统 (4.1) 得到了这个系统，于是也能借助于状态反馈和坐标变换将系统 (4.1) 变为一个线性可控系统，即系统 (4.1) 必须满足定理 4.2.3 的条件。 $\lhd$

现在来证明定理 4.8.3。

证明: 充分性。为方便起见，将证明分为几步。

(i) 注意到，由构造知，系统 (4.59)–(4.60) 满足

$$L_{\tilde{g}}L_{\tilde{f}}^k h(x)=0,\quad 0\leqslant\forall k\leqslant r-2 \tag{4.61}$$

(因为相对阶在反馈下不变)，

$$L_{\tilde{g}}L_{\tilde{f}}^{r-1}h(x)=(L_gL_f^{r-1}h(x))\beta(x)=1 \tag{4.62}$$

[因为对于所有的 $k\leqslant r-1$ 有 $L_{\tilde{f}}^k h(x)=L_f^k h(x)$] 以及

$$L_{\tilde{f}}^k h(x)=0,\quad \forall k\geqslant r \tag{4.63}$$

(因为 $L_{\tilde{f}}^r h(x)=L_{f+g\alpha}L_f^{r-1}h(x)=L_f^r h(x)+L_gL_f^{r-1}h(x)\alpha(x)=0$)。利用公式 (4.2)，根据上述等式可得

$$\langle \mathrm{d}L_{\tilde{f}}^s h(x),\mathrm{ad}_{\tilde{f}}^k\tilde{g}(x)\rangle\ 均与\ x\ 无关,\quad 对于所有的\ s,k\geqslant 0 \tag{4.64}$$

(ii) 正如在注记 4.8.2 中所见，系统 (4.59) 满足定理 4.2.3 的条件 (i) 和条件 (ii)。因此，根据引理 4.2.1，存在定义在 x° 某一邻域 U 内的实值函数 $\lambda(x)$，满足

$$\langle \mathrm{d}\lambda(x),\mathrm{ad}_{\tilde{f}}^k\tilde{g}(x)\rangle=0,\quad 对于邻近\ x^\circ\ 的所有\ x,0\leqslant k\leqslant n-2$$

并且函数

$$c(x)=\langle \mathrm{d}\lambda(x),\mathrm{ad}_{\tilde{f}}^{n-1}\tilde{g}(x)\rangle$$

在点 x° 处非零。现在证明，因为假设条件 (4.58)，所以总能选择函数 $\lambda(x)$ 以使 $c(x)=1$。这是因为，根据构造，函数

$$z_i=L_{\tilde{f}}^{i-1}\lambda(x),\quad 1\leqslant i\leqslant n$$

有线性无关的微分，从而可将其作为 x° 附近的新坐标函数。因此，存在函数 $\gamma(z_1,\ldots,z_n)$ 使得

$$\gamma(\lambda(x),L_{\tilde{f}}\lambda(x),\ldots,L_{\tilde{f}}^{n-1}\lambda(x))=c(x)$$

$\gamma(z)$ 就是函数 $c(x)$ 在 z 坐标下的表示。

还注意到，由于假设条件 (4.58)，所以对于所有的 $0\leqslant k\leqslant n-2$，有

$$\begin{aligned}0&=\langle \mathrm{d}\lambda(x),[\mathrm{ad}_{\tilde{f}}^k\tilde{g}(x),\mathrm{ad}_{\tilde{f}}^{n-1}\tilde{g}(x)]\rangle\\&=L_{\mathrm{ad}_{\tilde{f}}^k\tilde{g}}L_{\mathrm{ad}_{\tilde{f}}^{n-1}\tilde{g}}\lambda(x)-L_{\mathrm{ad}_{\tilde{f}}^{n-1}\tilde{g}}L_{\mathrm{ad}_{\tilde{f}}^k\tilde{g}}\lambda(x)=L_{\mathrm{ad}_{\tilde{f}}^k\tilde{g}}c(x)\end{aligned}$$

在之前 $c(x)$ 的表达式中，使用该式 (取 $k=0$) 得到

$$0=L_{\tilde{g}}c(x)=\sum_{i=1}^n\frac{\partial\gamma}{\partial z_i}\frac{\partial L_{\tilde{f}}^{i-1}\lambda(x)}{\partial x}\tilde{g}(x)=(-1)^{n-1}\frac{\partial\gamma}{\partial z_n}c(x)$$

从而推得

$$\frac{\partial \gamma}{\partial z_n}=0$$

递归地[①]，能够证明

$$\frac{\partial \gamma}{\partial z_{n-1}}=\cdots=\frac{\partial \gamma}{\partial z_2}=0$$

即 $\gamma(z)$ 仅依赖于 z_1。换言之，

$$c(x)=\gamma(\lambda(x))$$

其中 $\gamma(\zeta)$ 是关于实变量 ζ 的实值函数，定义在 $\lambda(x^\circ)$ 的一个邻域内。令 $\psi(\zeta)$ 满足

$$\frac{\partial \psi}{\partial \zeta}=\frac{1}{\gamma(\zeta)}$$

则函数 $\tilde{\lambda}(x)=\psi(\lambda(x))$ 对于邻近 x° 的所有 x 满足

$$\begin{aligned}
&\langle \mathrm{d}\tilde{\lambda}(x), \mathrm{ad}_{\tilde{f}}^k \tilde{g}(x)\rangle=0, \quad 0 \leqslant \forall k \leqslant n-2\\
&\langle \mathrm{d}\tilde{\lambda}(x), \mathrm{ad}_{\tilde{f}}^{n-1} \tilde{g}(x)\rangle=\left[\frac{\partial \psi}{\partial \zeta}\right]_{\zeta=\lambda(x)} c(x)=\frac{1}{\gamma(\lambda(x))} c(x)=1
\end{aligned}$$

(iii) 前一步骤考虑的函数 $\tilde{\lambda}(x)$ 对于满足 $0 \leqslant s+k \leqslant n-1$ 的所有 s, k，使得

$$\langle \mathrm{d} L_{\tilde{f}}^s \tilde{\lambda}(x), \mathrm{ad}_{\tilde{f}}^k \tilde{g}(x)\rangle \text{ 与 } x \text{ 无关} \tag{4.65}$$

现在证明，由于假设条件 (4.58)，这个性质对任意的 s, k 值都成立。这是因为，如果存在一组向量场 $v_1, \ldots, v_{n+1}$ 满足

$$\begin{aligned}
&\operatorname{rank}\begin{pmatrix}v_1(x) & \ldots & v_n(x)\end{pmatrix}=n\\
&[v_i(x), v_j(x)]=0, \quad 1 \leqslant \forall i, j \leqslant n+1
\end{aligned}$$

则有

$$v_{n+1}(x)=\sum_{i=1}^n c_i v_i(x)$$

其中 $c_1, \ldots, c_n$ 都是实数。为看到这一点，将 $v_{n+1}(x)$ 表示为

$$v_{n+1}(x)=\sum_{i=1}^n c_i(x) v_i(x)$$

并注意到

$$0=\sum_{i=1}^n[v_j(x), c_i(x) v_i(x)]=\sum_{i=1}^n(L_{v_j} c_i(x)) v_i(x)$$

于是，

$$\begin{pmatrix}L_{v_1} c_i(x) & \ldots & L_{v_n} c_i(x)\end{pmatrix}=\mathrm{d} c_i(x)\begin{pmatrix}v_1(x) & \ldots & v_n(x)\end{pmatrix}=0$$

① 即令 $k=1,2,\ldots$。——译者注

即 $\mathrm{d}c_i(x)=0$，从而对于所有的 $1\leqslant i\leqslant n$ 都有 $c_i(x)$ 与 x 无关。利用此性质推得

$$\mathrm{ad}_{\tilde{f}}^n\tilde{g}(x)=\sum_{i=1}^{n}c_i^n\mathrm{ad}_{\tilde{f}}^{i-1}\tilde{g}(x)$$

并且，利用一个简单的归纳，也得到

$$\mathrm{ad}_{\tilde{f}}^k\tilde{g}(x)=\sum_{i=1}^{n}c_i^k\mathrm{ad}_{\tilde{f}}^{i-1}\tilde{g}(x)$$

对于所有的 $k>n$ 都成立，其中各 c_i^k 均为实数。由此得到

$$\langle\mathrm{d}\tilde{\lambda}(x),\mathrm{ad}_{\tilde{f}}^k\tilde{g}(x)\rangle\ \text{均与 } x \text{ 无关，}\quad \text{对于所有的 } k\geqslant 0$$

再次利用式 (4.2)，容易得出式 (4.65) 对于 s,k 的每一个值都成立。

(iv) 将式 (4.64) 和式 (4.65) 整理成矩阵关系：

$$\begin{pmatrix}\mathrm{d}\tilde{\lambda}(x)\\ \mathrm{d}L_{\tilde{f}}\tilde{\lambda}(x)\\ \vdots\\ \mathrm{d}L_{\tilde{f}}^{n-1}\tilde{\lambda}(x)\\ \mathrm{d}h(x)\end{pmatrix}\begin{pmatrix}\tilde{g}(x) & \mathrm{ad}_{\tilde{f}}\tilde{g}(x) & \cdots & \mathrm{ad}_{\tilde{f}}^{n-1}\tilde{g}(x)\end{pmatrix}=\text{常数矩阵}$$

等号左边乘积矩阵的最后一行与前 n 行是常系数线性相关的 (因为等号右边的恒常性)。于是，由于等号左边的右因子对于 x° 附近的所有 x 都是非奇异的，所以得到

$$\mathrm{d}h(x)=\sum_{i=0}^{n-1}b_i\mathrm{d}L_{\tilde{f}}^i\tilde{\lambda}(x)$$

其中 $b_0,\dots,b_{n-1}$ 均为实数。这意味着

$$h(x)=\sum_{i=0}^{n-1}b_iL_{\tilde{f}}^i\tilde{\lambda}(x)+c \tag{4.66}$$

此处 c 为常数。而且，因为 $h(x^\circ)=0$ 和 $f(x^\circ)=0$ 的假设，如果 $\tilde{\lambda}(x^\circ)=0$，则该常数为零。

(v) 由 4.2 节中建立的理论 [特别是式 (4.23) 和式 (4.24)] 可知，经过反馈

$$v=\frac{-L_{\tilde{f}}^n\tilde{\lambda}(x)}{L_{\tilde{g}}L_{\tilde{f}}^{n-1}\tilde{\lambda}(x)}+\frac{1}{L_{\tilde{g}}L_{\tilde{f}}^{n-1}\tilde{\lambda}(x)}\tilde{v}$$

之后，系统 (4.59) 在新坐标

$$z_i=L_{\tilde{f}}^{i-1}\tilde{\lambda}(x),\quad 0\leqslant i\leqslant n-1$$

下变为一个可控的线性系统。但在这些新坐标下，输出映射 (4.60) 也是线性的，正如式 (4.66) 所示。于是，充分性证毕。

必要性的证明只需要直截了当地计算，留给读者。 ◁

4.9 具有线性误差动态的观测器

本节所考虑的问题在某种意义下是 4.2 节所考虑问题的对偶形式。已经看到，状态空间精确线性化问题的可解性保证了能设计一个状态反馈，在该反馈下，系统在适当的局部坐标下变成具有指定特征值的线性系统。对于一个线性系统来说，可利用静态状态反馈配置其所有特征值与存在具有指定特征值的观测器是相互对偶的。此外还知道一个观测器的动态与观测误差 (即未知状态和估计状态之差) 的动态是相同的。有鉴于此，如果希望将截至目前的所得结果对偶化，就会导致考虑 (非线性) 观测器的综合问题：产生一个误差动态，可通过某一适当的坐标变换将其线性化，并可配置其所有特征值。

为简单起见，仅限于考虑无输入的标量输出系统，即考虑由以下方程组描述的系统：

$$\begin{aligned} \dot{x} &= f(x) \\ y &= h(x) \end{aligned} \tag{4.67}$$

其中 $y \in \mathbb{R}$。

假设存在一个坐标变换 $z = \Phi(x)$，在该变换下向量场 f 和输出映射 h 分别为

$$\begin{aligned} \left[\frac{\partial \Phi}{\partial x} f(x)\right]_{x=\Phi^{-1}(z)} &= Az + k(Cz) \\ h(\Phi^{-1}(z)) &= Cz \end{aligned}$$

其中 (A, C) 是可观测矩阵对，k 是实变量 n 维向量函数。

在这种情况下，观测器

$$\dot{\xi} = (A + GC)\xi - Gy + k(y)$$

产生了一个观测误差 (在 z 坐标下)

$$e = \xi - z = \xi - \Phi(x)$$

它服从线性微分方程

$$\dot{e} = (A + GC)e$$

该方程的特征值谱是可配置的 (利用 n 维实向量 G)。

基于上述考量，研究以下所谓的**观测器线性化问题** (Observer Linearization Problem)：给定一个无输入系统 (4.67) 和初始状态 x°，找到 (如果可能) x° 的一个邻域 U°、定义在 U° 上的一个坐标变换 $z = \Phi(x)$ 以及一个映射 $k\colon h(U^\circ) \to \mathbb{R}^n$，使得对于所有的 $z \in \Phi(U^\circ)$，对于某一个适当的矩阵 A 和行向量 C，有

$$\left[\frac{\partial \Phi}{\partial x} f(x)\right]_{x=\Phi^{-1}(z)} = Az + k(Cz) \tag{4.68}$$

$$h(\Phi^{-1}(z)) = Cz \tag{4.69}$$

并且满足条件

$$\operatorname{rank}\begin{pmatrix} C \\ CA \\ \vdots \\ CA^{n-1} \end{pmatrix} = n \tag{4.70}$$

下面叙述这个问题的可解性条件。

引理 4.9.1. 观测器线性化问题可解，只要

$$\dim(\operatorname{span}\{\mathrm{d}h(x^\circ), \mathrm{d}L_f h(x^\circ), \ldots, \mathrm{d}L_f^{n-1} h(x^\circ)\}) = n \tag{4.71}$$

证明: 可观测性条件 (4.70) 意味着存在一个非奇异 $n \times n$ 阶矩阵 T 和一个 $n \times 1$ 维向量 G，使得

$$\begin{aligned} T(A+GC)T^{-1} &= \begin{pmatrix} 0 & 0 & \cdots & 0 & 0 \\ 1 & 0 & \cdots & 0 & 0 \\ \vdots & \vdots & & \vdots & \vdots \\ 0 & 0 & \cdots & 1 & 0 \end{pmatrix} \\ CT^{-1} &= (0 \;\; 0 \;\; \cdots \;\; 0 \;\; 1) \end{aligned} \tag{4.72}$$

假设式 (4.68) 和式 (4.69) 成立，并设

$$\begin{aligned} \tilde{z} &= \tilde{\Phi}(x) = T\Phi(x) \\ \tilde{k}(y) &= T(k(y) - Gy) \end{aligned}$$

那么容易看到

$$\begin{aligned} h(\tilde{\Phi}^{-1}(\tilde{z})) &= (0 \;\; 0 \;\; \cdots \;\; 0 \;\; 1)\tilde{z} \\ \left[\frac{\partial \tilde{\Phi}}{\partial x} f(x)\right]_{x=\tilde{\Phi}^{-1}(z)} &= \begin{pmatrix} 0 & 0 & \cdots & 0 & 0 \\ 1 & 0 & \cdots & 0 & 0 \\ \vdots & \vdots & \vdots & \vdots & \vdots \\ 0 & 0 & \cdots & 1 & 0 \end{pmatrix} \tilde{z} + \tilde{k}((0 \;\; 0 \;\; \cdots \;\; 0 \;\; 1)\tilde{z}) \end{aligned}$$

由此推知，可以不失一般性地认为满足式 (4.68)、式 (4.69) 的矩阵对 (A, C) 直接具有式 (4.72) 等号右边的指定形式。现在令

$$z = \Phi(x) = \operatorname{col}(z_1(x), \ldots, z_n(x))$$

如果式 (4.68) 和式 (4.69) 成立，则对于所有的 $x \in U^{\circ}$，有

$$\begin{aligned} h(x) &= z_n(x) \\ \frac{\partial z_1}{\partial x} f(x) &= k_1(z_n(x)) \\ \frac{\partial z_2}{\partial x} f(x) &= z_1(x) + k_2(z_n(x)) \\ &\vdots \\ \frac{\partial z_n}{\partial x} f(x) &= z_{n-1}(x) + k_n(z_n(x)) \end{aligned}$$

其中 $k_1, \ldots, k_n$ 表示向量 k 的 n 个分量。

注意到

$$\begin{aligned} L_f h(x) &= \frac{\partial z_n}{\partial x} f(x) = z_{n-1}(x) + k_n(z_n(x)) \\ L_f^2 h(x) &= \frac{\partial z_{n-1}}{\partial x} f(x) + \left[\frac{\partial k_n}{\partial y}\right]_{y=z_n} \frac{\partial z_n}{\partial x} f(x) \\ &= z_{n-2}(x) + \left[\frac{\partial k_n}{\partial y}\right]_{y=z_n} \frac{\partial z_n}{\partial x} f(x) + k_{n-1}(z_n(x)) \\ &= z_{n-2}(x) + \tilde{k}_{n-1}(z_n(x), z_{n-1}(x)) \end{aligned}$$

其中

$$\tilde{k}_{n-1}(z_n, z_{n-1}) = \frac{\partial k_n}{\partial z_n} z_{n-1} + \frac{\partial k_n}{\partial z_n} k_n(z_n) + k_{n-1}(z_n)$$

依此进行，对于每一个 $L_f^i h(x)$ $(1 \leqslant i \leqslant n-1)$，得到如下表达式：

$$L_f^i h(x) = z_{n-i}(x) + \tilde{k}_{n-i+1}(z_n(x), \ldots, z_{n-i+1}(x))$$

将以上各式对 x 求微分并将得到的表达式整理到一起，得到

$$\begin{pmatrix} \dfrac{\partial h}{\partial x} \\ \dfrac{\partial L_f h}{\partial x} \\ \vdots \\ \dfrac{\partial L_f^{n-1} h}{\partial x} \end{pmatrix} = \begin{pmatrix} \dfrac{\partial h}{\partial z} \\ \dfrac{\partial L_f h}{\partial z} \\ \vdots \\ \dfrac{\partial L_f^{n-1} h}{\partial z} \end{pmatrix} \frac{\partial z}{\partial x} = \begin{pmatrix} 0 & 0 & \cdots & 0 & 1 \\ 0 & 0 & \cdots & 1 & \star \\ \vdots & \vdots & \vdots & \vdots & \vdots \\ 1 & \star & \cdots & \star & \star \end{pmatrix} \frac{\partial z}{\partial x}$$

由于第二个等号右边矩阵的非奇异性，这就证明了该结论。 $\lhd$

如果条件 (4.71) 得以满足，那么在 x° 的一个邻域 U° 中存在唯一定义的向量场 τ，使其对于所有的 $x \in U^{\circ}$ 满足条件

$$\begin{aligned} L_\tau h(x) = L_\tau L_f h(x) = \ldots = L_\tau L_f^{n-2} h(x) &= 0 \\ L_\tau L_f^{n-1} h(x) &= 1 \end{aligned}$$

事实上，只需求解下述方程组即可：

$$\begin{pmatrix} \mathrm{d}h(x) \\ \mathrm{d}L_f h(x) \\ \vdots \\ \mathrm{d}L_f^{n-2} h(x) \\ \mathrm{d}L_f^{n-1} h(x) \end{pmatrix} \tau(x) = \begin{pmatrix} 0 \\ 0 \\ \vdots \\ 0 \\ 1 \end{pmatrix} \tag{4.73}$$

所构造的向量场 τ 可用于发现解决问题的充要条件。

引理 4.9.2. 观测器线性化问题可解，当且仅当

(i) $\dim(\mathrm{span}\{\mathrm{d}h(x^\circ), \mathrm{d}L_f h(x^\circ), \ldots, \mathrm{d}L_f^{n-1} h(x^\circ)\}) = n$；

(ii) 存在从 $\mathbb{R}^n$ 的某一个开集 V 到 x° 某一邻域 U° 上的满射 F，它对于所有的 $z \in V$ 满足方程

$$\frac{\partial F}{\partial z} = (\tau(x) \ \ -\mathrm{ad}_f \tau(x) \ \ \ldots \ \ (-1)^{n-1} \mathrm{ad}_f^{n-1} \tau(x))_{x=F(z)} \tag{4.74}$$

其中向量场 τ 是方程组 (4.73) 的唯一解。

证明: 必要性。已经知道条件 (i) 是必要的。假设式 (4.68) 和式 (4.69) 得以满足，并对于所有的 $z \in U^\circ$ 令 $F(z) = \varPhi^{-1}(z)$。再设

$$\theta(x) = \left(\frac{\partial F}{\partial z_1}\right)_{z=F^{-1}(x)} \tag{4.75}$$

对于所有的 $0 \leqslant k \leqslant n-1$，可以断言

$$\mathrm{ad}_f^k \theta(x) = (-1)^k \left(\frac{\partial F}{\partial z_{k+1}}\right)_{z=F^{-1}(x)} \tag{4.76}$$

由定义知，这个等式当 $k=0$ 时成立。利用以下事实：式 (4.68) 和式 (4.69) 蕴涵 (见引理 4.9.1 的证明)

$$f(x) = \left[\frac{\partial F}{\partial z} \tilde{f}(z)\right]_{z=F^{-1}(x)}$$

其中

$$\tilde{f}(z) = \begin{pmatrix} k_1(z_n) \\ z_1 + k_2(z_n) \\ \vdots \\ z_{n-1} + k_n(z_n) \end{pmatrix}$$

则可用归纳法证明该断言。事实上，假设式 (4.76) 对于某一个 $0 \leqslant k < n-1$ 成立，以 e_i 表示 $n \times n$ 阶单位矩阵的第 i 列，则有

$$\begin{aligned} \mathrm{ad}_f^{k+1} \theta(x) &= [f(x), (-1)^k \left(\frac{\partial F}{\partial z} e_{k+1}\right)_{z=F^{-1}(x)}] \\ &= (-1^k) \left(\frac{\partial F}{\partial z} [\tilde{f}(z), e_{k+1}]\right)_{z=F^{-1}(x)} \\ &= (-1)^{k+1} \left(\frac{\partial F}{\partial z} e_{k+2}\right)_{z=F^{-1}(x)} \end{aligned}$$

将式 (4.76) 的所有等式整理到一起，得到

$$\frac{\partial F}{\partial z} = (\theta(x) \quad -\mathrm{ad}_f\theta(x) \quad \cdots \quad (-1)^{n-1}\mathrm{ad}_f^{n-1}\theta(x))_{x=F(z)}$$

如果能够证明 θ 必然与方程组 (4.73) 的唯一解一致，则证明完成，因为偏微分方程 (4.74) 与刚刚得到的偏微分方程相同。

为此，注意到

$$(-1)^k L_{\mathrm{ad}_f^k\theta}h(x) = \frac{\partial h}{\partial x}\left(\frac{\partial F}{\partial z_{k+1}}\right)_{z=F^{-1}(x)} = \left(\frac{\partial h(F(z))}{\partial z_{k+1}}\right)_{z=F^{-1}(x)}$$

但由于 $h(\Phi^{-1}(z)) = z_n$，所以，对于所有的 $0 \leqslant k \leqslant n-2$ 有

$$L_{\mathrm{ad}_f^k\theta}h(x) = 0$$

并且

$$(-1)^{n-1}L_{\mathrm{ad}_f^{n-1}\theta}h(x) = 1$$

利用引理 4.1.2，对于所有的 $0 \leqslant k \leqslant n-2$，可推得

$$L_\theta L_f^k h(x) = 0$$

以及

$$L_\theta L_f^{n-1}h(x) = 1$$

因此，向量场 θ 必然与方程组 (4.73) 的唯一解一致。

充分性。假设条件 (i) 成立并以 τ 表示方程组 (4.73) 的解。利用引理 4.1.1 可立即注意到 [见式 (4.5)] 矩阵

$$\begin{pmatrix} \mathrm{d}h(x) \\ \mathrm{d}L_f h(x) \\ \vdots \\ \mathrm{d}L_f^{n-1}h(x) \end{pmatrix} (\tau(x) \quad \mathrm{ad}_f\tau(x) \quad \cdots \quad \mathrm{ad}_f^{n-1}\tau(x))$$

对于邻近 x° 的所有 x，其秩为 n。因此，向量场 $\{\tau, \mathrm{ad}_f\tau, \ldots, \mathrm{ad}_f^{n-1}\tau\}$ 对于 x° 附近的所有 x 都是线性无关的。

以 F 表示偏微分方程 (4.74) 的一个解，并令点 z° 满足 $F(z^\circ) = x^\circ$。根据偏微方程 (4.74) 等号右边向量场的线性无关性可推知，F 的微分在 z° 处的秩为 n，即 F 是将 z° 的某一个邻域映到 x° 的某一邻域上的微分同胚。设 $\Phi = F^{-1}$ 并设

$$\tilde{f}(z) = \left(\frac{\partial \Phi}{\partial x}f(x)\right)_{x=\Phi^{-1}(z)} \tag{4.77}$$

由定义知，映射 F 满足

$$\left[\frac{\partial F}{\partial z_{k+1}}\right]_{z=F^{-1}(x)} = (-1)^k\mathrm{ad}_f^k\tau(x)$$

所以对于所有的 $0 \leqslant k \leqslant n-1$，有

$$\left[\frac{\partial \Phi}{\partial x} \mathrm{ad}_f^k \tau(x)\right]_{x=\Phi^{-1}(z)} = (-1)^k e_{k+1} \tag{4.78}$$

利用式 (4.77) 和式 (4.78) 可得，对于所有的 $0 \leqslant k \leqslant n-2$，有

$$\begin{aligned}
(-1)^{k+1} e_{k+2} &= \left[\frac{\partial \Phi}{\partial x} \mathrm{ad}_f^{k+1} \tau(x)\right]_{x=\Phi^{-1}(z)} \\
&= \left[\frac{\partial \Phi}{\partial x} [f, \mathrm{ad}_f^k \tau](x)\right]_{x=\Phi^{-1}(z)} \\
&= [\tilde{f}(z), (-1)^k e_{k+1}] \\
&= (-1)^{k+1} \frac{\partial \tilde{f}}{\partial z_{k+1}}
\end{aligned}$$

此即

$$\frac{\partial \tilde{f}_{k+2}}{\partial z_{k+1}} = 1, \qquad \frac{\partial \tilde{f}_i}{\partial z_{k+1}} = 0, \quad 对于\ i \neq k+2$$

由这些等式推知，$\tilde{f}_1$ 只依赖于 z_n，而 $\tilde{f}_i$ $(2 \leqslant i \leqslant n)$ 使得 $\tilde{f}_i - z_{i-1}$ 只依赖于 z_n。这证明式 (4.68) 成立。此外，由于

$$L_{\mathrm{ad}_f^k \tau} h(x) = 0, \quad 对于\ 0 \leqslant k < n-1, \quad L_{\mathrm{ad}_f^{n-1} \tau} h(x) = (-1)^{n-1}$$

可推知

$$\frac{\partial h(F(z))}{\partial z_k} = 0, \quad 对于\ 1 \leqslant k < n, \quad \frac{\partial h(F(z))}{\partial z_n} = 1$$

因此式 (4.69) 得证。 ◁

偏微分方程 (4.74) 的可积性可用向量场 $\tau, \mathrm{ad}_f \tau, \ldots, \mathrm{ad}_f^{n-1}$ 的性质来表示。为此，可以利用 Frobenius 定理的如下推论。

定理 4.9.3. 令 $\tau_1, \ldots, \tau_n$ 为 $\mathbb{R}^n$ 中的向量场。考虑偏微分方程

$$\frac{\partial x}{\partial z_i} = \tau_i(x(z)) \tag{4.79}$$

其中 x 表示从 $\mathbb{R}^n$ 中的一个开集到 $\mathbb{R}^n$ 中另一个开集的映射。令 (z°, x°) 为 $\mathbb{R}^n \times \mathbb{R}^n$ 中的一点，并假设 $\tau_1(x^\circ), \ldots, \tau_n(x^\circ)$ 线性无关。那么，存在 x° 的邻域 U° 和 z° 的邻域 V°，以及可解方程 (4.79) 的微分同胚 $x\colon V^\circ \to U^\circ$，满足 $x(z^\circ) = x^\circ$，当且仅当

$$[\tau_i, \tau_j] = 0 \tag{4.80}$$

对于所有的 $1 \leqslant i, j \leqslant n$ 都成立。

证明：只对充分性的证明做一个概述。为此，令

$$\Delta_i = \mathrm{span}\{\tau_1, \ldots, \tau_{i-1}, \tau_{i+1}, \ldots, \tau_n\}$$

由于式 (4.80)，这个分布是对合的，并且在 x° 的一个邻域内具有常数维 $n-1$。因此，根据 Frobenius 定理，存在一个函数 ϕ_i，其微分张成 $\Delta_i^\perp$，即对于所有的 $j \neq i$，满足

$$\langle \mathrm{d}\phi_i, \tau_j \rangle = 0$$

可以断言，对 x° 某一邻域中的所有 x，微分 $\mathrm{d}\phi_1, \ldots, \mathrm{d}\phi_n$ 线性无关。这是因为，以 $c_i(x)$ 表示实值函数

$$c_i(x) = \langle \mathrm{d}\phi_i(x), \tau_i(x) \rangle$$

注意到 $c_i(x^\circ) \neq 0$ [因为 $\mathrm{d}\phi_i(x^\circ) \neq 0$]，并且 $\mathrm{span}\{\tau_1, \ldots, \tau_n\}$ 在 x° 处的维数为 n。如果微分 $\mathrm{d}\phi_1(x^\circ), \ldots, \mathrm{d}\phi_n(x^\circ)$ 线性相关，则对于满足

$$\sum_{i=1}^{n} \gamma_i \mathrm{d}\phi_i(x^\circ) = 0$$

的某一个非零行向量 γ，将有

$$0 = \sum_{i=1}^{n} \gamma_i \langle \mathrm{d}\phi_i(x^\circ), \tau_j(x^\circ) \rangle = \gamma_j c_j(x^\circ)$$

这意味着对于某一个 j，将有 $c_j(x^\circ) = 0$，与假设相矛盾。

因此，映射 $\xi = \Phi(x) = \mathrm{col}(\phi_1(x), \ldots, \phi_n(x))$ 在 x° 处是一个局部微分同胚。由构造知

$$\frac{\partial \Phi}{\partial x}(\tau_1(x) \quad \cdots \quad \tau_n(x)) = \mathrm{diag}(c_1(x), \ldots, c_n(x))$$

此外，再次利用式 (4.80)，容易看到，$c_i(\Phi^{-1}(\xi))$ 仅依赖于 ξ_i。于是，存在函数 $z_i = \mu_i(\xi_i)$，使得

$$\frac{\partial \mu_i}{\partial \xi_i} = \frac{1}{c_i(\Phi^{-1}(\xi))}$$

[回想一下 $c_i(x^\circ) \neq 0$]。复合函数

$$z = T(x) = (\mathrm{col}(\mu_1(\xi_1), \ldots, \mu_n(\xi_n)))_{\xi = \Phi(x)}$$

使得

$$\left[\frac{\partial T}{\partial x}(\tau_1(x) \quad \cdots \quad \tau_n(x))\right]_{x = T^{-1}(z)} = I$$

因此 $x = T^{-1}(z)$ 是偏微分方程 (4.79) 的解。 $\triangleleft$

综合引理 4.9.2 和定理 4.9.3 的结论，可得到期望的结果。

定理 4.9.4. 观测器线性化问题可解，当且仅当

(i) $\dim(\mathrm{span}\{\mathrm{d}h(x^\circ), \mathrm{d}L_f h(x^\circ), \ldots, \mathrm{d}L_f^{n-1} h(x^\circ)\}) = n$;

(ii) 对于所有的 $0 \leqslant i < j \leqslant n-1$，方程组 (4.73) 的唯一解向量场 τ 满足

$$[\mathrm{ad}_f^i \tau, \mathrm{ad}_f^j \tau] = 0 \tag{4.81}$$

注记 4.9.1. 重复应用雅可比恒等式能够容易证明，条件 (4.81) 可替换为：对于所有的 $k = 1, 3, \ldots, 2n-1$，

$$[\tau, \mathrm{ad}_f^k \tau] = 0 \quad \triangleleft$$

总之，为得到一个具有线性 (所有特征值可配置的) 误差动态的观测器，可以如下进行。如果条件 (i) 成立，则先找到一个可解方程组 (4.73) 的向量场 τ。如果条件 (ii) 也成立，则解偏微分方程 (4.74)，并找到定义在 z° 的一个邻域 V° 上的函数 F，使得 $F(z^\circ) = x^\circ$。然后，设 $\Phi = F^{-1}$。最后，计算映射 k，

$$k(z_n) = \begin{pmatrix} k_1(z_n) \\ k_2(z_n) \\ \vdots \\ k_n(z_n) \end{pmatrix} = \left[\frac{\partial \Phi}{\partial x} f(x)\right]_{x=\Phi^{-1}(z)} - \begin{pmatrix} 0 \\ z_1 \\ \vdots \\ z_{n-1} \end{pmatrix}$$

这时，观测器

$$\dot{\xi} = (A + GC)\xi - Gy + k(y)$$

就是期望的结果，其中 (A, C) 具有式 (4.72) 等号右边的形式。

4.10 实例

本节讨论物理控制系统的两个简单实例，这两个系统可用形如式 (4.1) 的方程组建模，并可以应用本章所阐述的设计方法。

第一个实例是一个直流电动机，其中转子电压保持恒定，而用定子电压作为控制变量 (见图 4.10)。该系统由三个一阶微分方程描述。第一个方程描述了定子绕组中的电气平衡，形式为

$$L_s \frac{\mathrm{d}I_s}{\mathrm{d}t} + R_s I_s = V_s$$

其中 I_s 表示定子电流，V_s 表示定子电压，R_s 和 L_s 分别表示定子绕组的电阻和电感。第二个方程描述了转子绕组的电气平衡，形式为

$$L_r \frac{\mathrm{d}I_r}{\mathrm{d}t} + R_r I_r = V_r - E$$

其中 I_r 表示转子电流，V_r 表示转子电压 (假设为恒定)，R_r 和 L_r 分别表示转子绕组的电阻和电感，E 是所谓的“反电动势”。第三个方程描述了负载的机械平衡，在只有黏性摩擦的假设下 (即摩擦力矩仅与角速度成比例)，其形式为

$$J \frac{\mathrm{d}\Omega}{\mathrm{d}t} + F\Omega = T$$

其中，Ω 表示电动机转轴的角速度，J 表示负载惯性，F 表示黏性摩擦常数，T 表示作用在转轴上的力矩。三个方程间的两两耦和关系为

$$E = K_e \Phi \Omega$$

$$T = K_m \Phi I_r$$

$$\Phi = L_s I_s$$

其中 Φ 表示相应于定子绕组的磁通，K_e 和 K_m 均为常数。在能量转换率为 100% 的理想假设下，$K_e = K_m = K$。

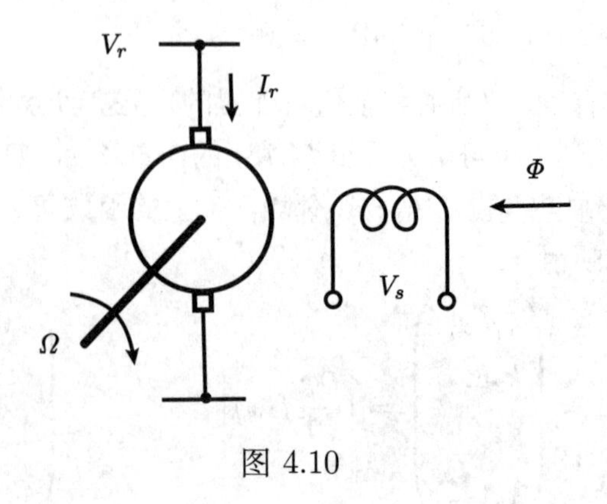

图 4.10

选择

$$x_1 = I_s, \quad x_2 = I_r, \quad x_3 = \Omega$$

作为状态变量，并将电压 V_s 作为输入变量，则所讨论的方程可改写为

$$\dot{x} = f(x) + g(x)u$$

其中

$$f(x) = \begin{pmatrix} -\dfrac{R_s}{L_s}x_1 \\ -\dfrac{R_r}{L_r}x_2 + \dfrac{V_r}{L_r} - \dfrac{KL_s}{L_r}x_1x_3 \\ \dfrac{-F}{J}x_3 + \dfrac{KL_s}{J}x_1x_2 \end{pmatrix}, \qquad g(x) = \begin{pmatrix} \dfrac{1}{L_s} \\ 0 \\ 0 \end{pmatrix}$$

首先要检验的是，这个系统是否可以通过状态反馈和坐标变换来完全线性化。为此，必须检测定理 4.2.3 的条件 (i) 和条件 (ii)。由于

$$[f,g](x) = -\frac{\partial f}{\partial x_1}\frac{1}{L_s} = \begin{pmatrix} \dfrac{R_s}{L_s^2} \\ \dfrac{K}{L_r}x_3 \\ \dfrac{-K}{J}x_2 \end{pmatrix}, \qquad [g,[f,g]](x) = \frac{\partial [f,g]}{\partial x_1}\frac{1}{L_s} = 0$$

所以看到，分布

$$D = \mathrm{span}\{g, [f,g]\}$$

在稠密集

$$U = \{x \in \mathbb{R}^3 \colon x_2 \neq 0 \text{ 或 } x_3 \neq 0\}$$

的每一点处维数均为 2，从而在 U 上是对合的。因此，在 U 的任一点附近，条件 (ii) 都成立。为检验条件 (i)，也要计算向量场 $[f,[f,g]](x)$，而且会发现该条件对于所有的 $x^\circ \in U^\circ$ 均成立，其中 U° 是 U 的一个开稠密子集。

为将该系统变为一个线性可控系统，必须先求解偏微分方程

$$\frac{\partial \lambda}{\partial x}(g(x)\ [f,g](x)) = 0$$

即

$$\begin{pmatrix} \dfrac{\partial \lambda}{\partial x_1} & \dfrac{\partial \lambda}{\partial x_2} & \dfrac{\partial \lambda}{\partial x_3} \end{pmatrix} \begin{pmatrix} \dfrac{1}{L_s} & \dfrac{R_s}{L_s^2} \\ 0 & \dfrac{K}{L_r} x_3 \\ 0 & -\dfrac{K}{J} x_2 \end{pmatrix} = (0\ \ 0)$$

简单的计算表明，一个可能的解为

$$\lambda(x) = L_r x_2^2 + J x_3^2$$

由此，可利用式 (4.23) 和式 (4.24) 计算得到线性化反馈和线性化坐标。

接下来，利用这个系统解释零动态的概念。为此，必须先定义一个输出映射 $h(x)$。在一个电动机中，要观察的一个自然输出变量实际是转轴的角速度。更确切地说，由于在这种情况下所考虑的控制模式 (即保持 V_r 恒定，用 V_s 作为输入) 尤其适合非零标称值附近的速度控制问题，所以可以选择一个输出量为

$$y = h(x) = \varOmega - \varOmega^\circ = x_3 - \varOmega^\circ$$

即角速度 $\varOmega$ 相对于一个确定参考值 $\varOmega^\circ$ 的偏离量。对于这个系统来说，输出调零问题显然就是寻找可使角速度恒等于 $\varOmega^\circ$ 的所有初始状态和输入。

对于这样定义的系统，有

$$L_g h(x) = 0, \quad L_g L_f h(x) = \frac{K}{J} x_2$$

从而可见，在 $x_2 \neq 0$ 的每一点处，相对阶为 $r = 2$。使系统产生零输出意味着状态在集合

$$Z^\star = \{x \in \mathbb{R}^3 \colon h(x) = L_f h(x) = 0\}$$

上演化，即在流形 (见图 4.11)

$$Z^\star = \{x \in \mathbb{R}^3 \colon x_3 = \varOmega^\circ, x_1 x_3 = \frac{F\varOmega^\circ}{L_s K}\}$$

上演化。如 4.3 节所示，这可利用输入

$$u^\star(x) = \frac{-L_f^2 h(x)}{L_g L_f h(x)}$$

来实现。

当设置输入等于 $u^\star(x)$ 并且在流形 $Z^\star$ 上选择初始条件时，一个系统的零动态就描述了它的内部行为。在当前实例中，零动态是一维的，并且很容易获得，例如，在系统方程中代入约束

$$x_3 = \varOmega^\circ, \quad x_1 = \frac{F\varOmega^\circ}{K L_s x_2}$$

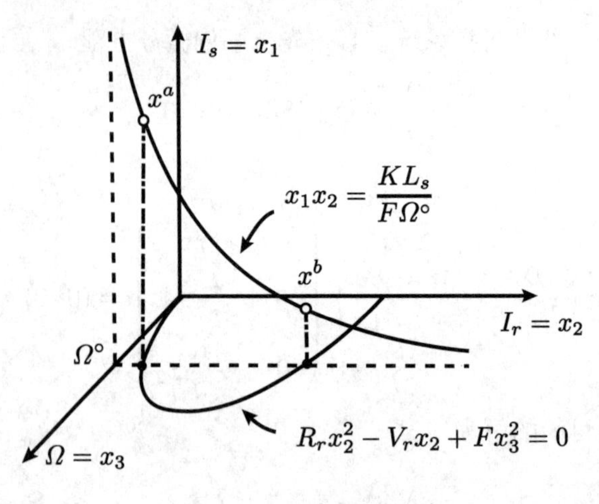

图 4.11

(它们定义了流形 $Z^\star$) 即可得到零动态。施加这些约束，得到

$$\dot{x}_2 = -\frac{R_r}{L_r}x_2 - \frac{F\Omega^{\circ 2}}{L_r x_2} + \frac{V_r}{L_r}$$

如此得到的微分方程描述了在 (定义零动态的) 流形 $Z^\star$ 上的系统运动在 x_2 轴上的投影。注意，$x_2 = 0$ 是上式等号右边表达式的一个奇异值，正如由流形 $Z^\star$ 的自身形状所预料的那样。

假如 $x_2 > 0$，则描述零动态的微分方程有两个平衡态，分别对应于二次方程

$$R_r x_2^2 - V_r x_2 + F\Omega^{\circ 2} = 0$$

的两个根。这些根在 (x_2, x_3) 平面上张成了一个椭圆 (见图 4.11)。这表明只能施加满足条件

$$4R_r F\Omega^{\circ 2} \leqslant V_r^2$$

的角速度，并且，如果 $4R_r F\Omega^{\circ 2} < V_r^2$，则由转子电流的两个不同稳态值能够得到同一个不变的角速度 Ω°。因此，在 $Z^\star$ 上找到了零动态的两个平衡态 x^a 和 x^b，其中

$$x_2^a = \frac{V_r - \sqrt{V_r^2 - 4FR_r\Omega^{\circ 2}}}{2R_r}, \quad x_2^b = \frac{V_r + \sqrt{V_r^2 - 4FR_r\Omega^{\circ 2}}}{2R_r}$$

定义零动态的微分方程，其等号右边的符号当 $0 < x_2 < x_2^a$ 时是负的，当 $x_2^a < x_2 < x_2^b$ 时是正的，并且当 $x_2^b < x_2 < \infty$ 时该符号又是负的。因此容易得到，点 x^b 是零动态的渐近稳定平衡态，而点 x^a 是零动态的不稳定平衡态。

要考虑的第二个例子是一个简单的单连杆机械手臂，通过一个弹性耦合执行器来控制它绕一端旋转运动。执行器与连杆之间的弹性耦合在许多实际情况下都是不可忽视的一种现象，并且经验表明，用长转轴或传动带带动的机械手臂，或者执行器由谐波驱动的机械手臂，会在控制频率的同一范围内产生共振现象。

执行器和连杆之间的弹性耦合效应通常称为**关节弹性** (joint elasticity)，可通过在每一个关节处，即在执行器转轴和连杆的旋转端之间，插入一个线性扭转弹簧来建模。在简单的单连

杆机械手臂情况下，这样做所得的模型如图 4.12 所示。所考虑的系统可用两个二阶微分方程来描述，一个描述执行器转轴的机械平衡，另一个描述连杆的机械平衡。用 q_1 和 q_2 分别表示相对于一个固定参考系的执行器转轴和连杆的转角位置，执行器方程可写为

$$J_1\ddot{q}_1 + F_1\dot{q}_1 + \frac{K}{N}\left(q_2 - \frac{q_1}{N}\right) = T$$

其中，J_1 和 F_1 表示惯性和黏性摩擦常数，K 表示弹簧 (该弹簧表示关节的弹性耦合) 的弹性常数，N 表示齿轮传动比 (transmission gear ratio)。T 表示在执行器轴线上产生的转矩。另一方面，可将连杆方程写成类似的形式

$$J_2\ddot{q}_2 + F_2\dot{q}_2 + K\left(q_2 - \frac{q_1}{N}\right) + mgd\cos q_2 = 0$$

其中，m 和 d 分别表示连杆的质量和连杆的重心位置。

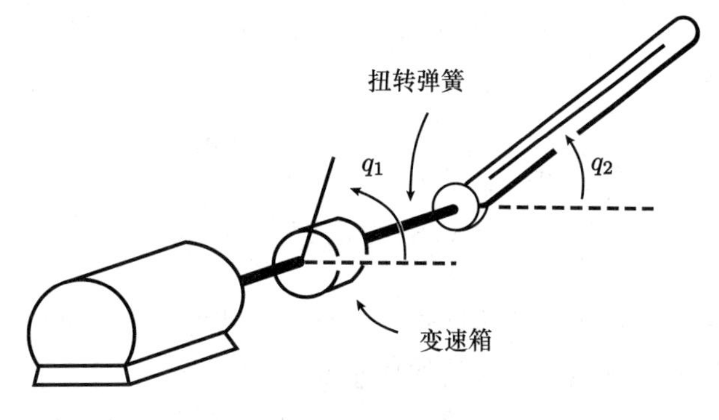

图 4.12

选择状态向量

$$x = \text{col}(q_1,\ q_2,\ \dot{q}_1,\ \dot{q}_2)$$

该系统可表示成系统 (4.1) 的形式，其中输入 $u = T$，并且

$$f(x) = \begin{pmatrix} x_3 \\ x_4 \\ \dfrac{-K}{J_1N^2}x_1 + \dfrac{K}{J_1N}x_2 - \dfrac{F_1}{J_1}x_3 \\ \dfrac{K}{J_2N}x_1 - \dfrac{K}{J_2}x_2 - \dfrac{mgd}{J_2}\cos x_2 - \dfrac{F_2}{J_2}x_4 \end{pmatrix}, \qquad g(x) = \begin{pmatrix} 0 \\ 0 \\ \dfrac{1}{J_1} \\ 0 \end{pmatrix}$$

可自然地选择该系统的输出为连杆相对于固定参考系的转角位置 q_2，即

$$y = h(x) = x_2$$

简单的计算表明

$$\begin{aligned} L_fh(x) &= f_2(x) = x_4 \\ L_f^2h(x) &= f_4(x) \\ L_f^3h(x) &= \frac{\partial f_4}{\partial x_1}x_3 + \frac{\partial f_4}{\partial x_2}x_4 + \frac{\partial f_4}{\partial x_4}f_4(x) \end{aligned}$$

因此，由于 $f_4(x)$ 不依赖于 x_3，所以有

$$L_g h(x) = L_g L_f h(x) = L_g L_f^2 h(x) = 0$$

$$L_g L_f^3 h(x) = \frac{\partial L_f^3 h}{\partial x_3}\frac{1}{J_1} = \frac{\partial f_4}{\partial x_1}\frac{1}{J_1} = \frac{K}{J_1 J_2 N}$$

该系统在状态空间中的每一点 x° 处都有相对阶 $r = 4 = n$。因而，基于 4.2 节开始处建立的结果可得，此系统在状态空间的任一点 x° 处，都能通过状态反馈和坐标变换而精确线性化。线性反馈的形式为

$$u = \frac{-L_f^4 h(x) + v}{L_g L_f^3 h(x)}$$

线性化坐标为

$$z_1 = h(x), \qquad z_2 = L_f h(x)$$
$$z_3 = L_f^2 h(x), \quad z_4 = L_f^3 h(x)$$

注意到，由于根据相对阶的定义有

$$h(x) = y, \qquad L_f h(x) = \frac{\mathrm{d}y}{\mathrm{d}t}$$
$$L_f^2 h(x) = \frac{\mathrm{d}^2 y}{\mathrm{d}t^2}, \qquad L_f^3 h(x) = \frac{\mathrm{d}^3 y}{\mathrm{d}t^3}$$

所以可将输出及其前三阶时间导数作为线性化坐标，这些变量其实是转角的位置、转角速度、转角加速度以及连杆相对于固定参考系的加加速度。

读者或许会对在满足 $x_2^\circ = 0$ 的状态 x° (对应于连杆的一个水平位置) 附近线性化该系统感兴趣。然而，可立即看到，这种类型的状态不可能是向量场 $f(x)$ 的平衡态，因为约束 $f(x^\circ) = 0$ 和 $x_2^\circ = 0$ 是互不相容的，因此相应的线性化系统未必在点 $z = 0$ 的邻域内有定义 (见注记 4.2.9)。在这种情况下，可以如注记 4.2.9 所叙述的那样，尝试利用反馈使这样的点成为一个平衡态。使之成为可能的条件是，在 x° 处，向量 $f(x^\circ)$ 位于 $g(x^\circ)$ 张成的空间中，或者换言之，对于某一个实数 c，条件

$$f(x^\circ) + g(x^\circ)c = 0$$

成立。对于当前状况，此条件对于满足 $x_2^\circ = 0$ 的状态 x° 成立，因为它简化为

$$x_3^\circ = 0$$
$$x_4^\circ = 0$$
$$\frac{-K}{N^2}x_1^\circ + c = 0$$
$$\frac{K}{N}x_1^\circ - mgd = 0$$

从中确实可以 (唯一地) 求解 c 和 x_1°。因而，如果不用之前的线性化反馈而是考虑

$$u = \frac{-L_f^4 h(x) + v}{L_g L_f^3 h(x)} + c$$

其中 c 满足之前的方程，则相应的线性化系统 (在相同的线性化坐标下) 将在点 $z = 0$ 附近有定义。

第 5 章　多输入多输出系统非线性反馈的基本理论

5.1　局部坐标变换

在本章将看到如何将单输入单输出系统的理论扩展到多输入多输出的非线性系统。具体来说，在前三节中将考虑一类特殊的多变量非线性系统，对于这类系统，可以给出相对阶概念在多变量情况下有意义的类似定义，并且易于直接扩展第 4 章所诠释的大多数设计过程。然后，在 5.4 节将继续研究类型更为一般的多变量系统。为避免不必要的复杂化，只对输入和输出通道数均为 m 的系统进行分析。间或会指出如何使所得的结果适于处理系统输入和输出数量不等的情况。所考虑的多变量非线性系统由如下状态空间方程组描述：

$$\begin{aligned}\dot{x} &= f(x) + \sum_{i=1}^{m} g_i(x)u_i \\ y_1 &= h_1(x) \\ &\vdots \\ y_m &= h_m(x)\end{aligned} \tag{5.1}$$

其中，$f(x), g_1(x), \ldots, g_m(x)$ 均为光滑向量场，$h_1(x), \ldots, h_m(x)$ 是定义在 $\mathbb{R}^n$ 中的某一个开集上的光滑函数。为了方便，多数时候都将这些方程重新写为更紧凑的形式

$$\begin{aligned}\dot{x} &= f(x) + g(x)u \\ y &= h(x)\end{aligned}$$

这里已经令

$$\begin{aligned}u &= \mathrm{col}(u_1, \ldots, u_m) \\ y &= \mathrm{col}(y_1, \ldots, y_m)\end{aligned}$$

其中

$$\begin{aligned}g(x) &= \begin{pmatrix} g_1(x) & \cdots & g_m(x) \end{pmatrix} \\ h(x) &= \mathrm{col}\big(h_1(x), \ldots, h_m(x)\big)\end{aligned}$$

分别是 $n \times m$ 阶矩阵和 m 维向量。

分析的出发点是在多变量情况下对相对阶概念进行适当推广，这实际上确定了在本章前三节中将要研究的多变量非线性系统类型。考虑形如式 (5.1) 的多变量非线性系统，如果

(i) 对于所有的 $1 \leqslant j \leqslant m$，所有的 $k < r_i - 1$，所有的 $1 \leqslant i \leqslant m$，以及 x° 某一邻域中的所有 x，都有

$$L_{g_j} L_f^k h_i(x) = 0$$

成立；

(ii) $m \times m$ 阶矩阵

$$A(x) = \begin{pmatrix} L_{g_1} L_f^{r_1-1} h_1(x) & \cdots & L_{g_m} L_f^{r_1-1} h_1(x) \\ L_{g_1} L_f^{r_2-1} h_2(x) & \cdots & L_{g_m} L_f^{r_2-1} h_2(x) \\ \vdots & \vdots & \vdots \\ L_{g_1} L_f^{r_m-1} h_m(x) & \cdots & L_{g_m} L_f^{r_m-1} h_m(x) \end{pmatrix} \tag{5.2}$$

在 $x = x^\circ$ 处非奇异。

那么，称该系统在点 x° 处具有 (向量)**相对阶** (relative degree) $\{r_1, \ldots, r_m\}$。

注记 5.1.1. 立即看到，这个定义包含了在第 4 章开始处给出的关于单输入单输出非线性系统的相对阶定义。注意到，就 $r_1, \ldots, r_m$ 这些数而言，每一个整数 r_i 与系统的第 i 个输出通道相关联。根据定义，对于所有的 $k < r_i - 1$ 和 x° 某一邻域中的所有 x，行向量

$$\begin{pmatrix} L_{g_1} L_f^k h_i(x) & L_{g_2} L_f^k h_i(x) & \cdots & L_{g_m} L_f^k h_i(x) \end{pmatrix}$$

均等于零，而对于 $k = r_i - 1$，该行向量非零 (即在 x° 处至少有一个非零元素)，因为假设矩阵 $A(x^\circ)$ 是非奇异的。因此，同样因为条件 (i)，可看到对于每一个 i，至少可选择一个 j，使得以 y_i 为输出，以 u_j 为输入的 (单输入单输出) 系统在 x° 处的相对阶正好等于 r_i，并且对于可选的任意其他 j (即可选的输入通道)，在 x° 处相应的相对阶 (如果存在) 一定高于或等于 r_i。需要着重强调对于整数 r_i 的描述：这些整数满足

$$L_{g_j} L_f^k h_i(x) = 0, \qquad 1 \leqslant \forall i, j \leqslant m, \ \forall k < r_i - 1, \ \forall x \in x^\circ \text{ 的某一邻域} \tag{5.3}$$

并且

$$L_{g_j} L_f^{r_i-1} h_i(x^\circ) \neq 0, \qquad 1 \leqslant \exists j \leqslant m \tag{5.4}$$

这种描述只是条件 (i) 与条件 (ii) 的推论，而并非与这两个条件等价①。事实上，条件 (ii) 也含有 $A(x)$ 是**非奇异**矩阵的假设。这个假设尽管具有很大限制，但在直接扩展单输入单输出系统的大多数结果方面发挥着重要作用。

最后注意到，r_i 恰好是为使输入向量 $u(t^\circ)$ 至少有一个分量显现 (见 4.1 节) 而必须在 $t = t^\circ$ 时刻对第 i 个输出 $y_i(t)$ 进行求导的次数。 ◁

---

① 即由式 (5.3) 和式 (5.4) 得不出 $A(x)$ 在 x° 的某一邻域中非奇异的结论。比如，由式 (5.4) 有可能得出矩阵 $A(x^\circ)$ 只有 s 列 ($s < n$) 非零，而其他列都为零。——译者注

$A(x^\circ)$ 的非奇异性可解释为针对单输入单输出系统的假设，即系数

$$a(x^\circ) = L_g L_f^{r-1} h(x^\circ)$$

非零在多变量情况下的适当推广。读者将会看到，这极大地简化了标准型的计算问题，并将该问题及一些相关问题简化为对截至目前所诠释理论的一个本质上平凡的扩展。以下叙述指出，标准型的导出基于一个适当选择的新局部坐标，它们是引理 4.1.1 和命题 4.1.3 的多变量版本。

引理 5.1.1. 假设系统在 x° 处有 (向量) 相对阶 $\{r_1, \ldots, r_m\}$，那么行向量

$$\begin{aligned}
&\mathrm{d}h_1(x^\circ), \mathrm{d}L_f h_1(x^\circ), \ldots, \mathrm{d}L_f^{r_1-1} h_1(x^\circ)\\
&\mathrm{d}h_2(x^\circ), \mathrm{d}L_f h_2(x^\circ), \ldots, \mathrm{d}L_f^{r_2-1} h_2(x^\circ)\\
&\quad\vdots\\
&\mathrm{d}h_m(x^\circ), \mathrm{d}L_f h_m(x^\circ), \ldots, \mathrm{d}L_f^{r_m-1} h_m(x^\circ)
\end{aligned}$$

是线性无关的。

证明: 与引理 4.1.1 的证明非常类似。不失一般性，假设 $r_1 \geqslant r_i, 2 \leqslant i \leqslant m$。考虑矩阵

$$Q = \mathrm{col}\big(\mathrm{d}h_1(x), \ldots, \mathrm{d}L_f^{r_1-1} h_1(x), \ldots, \mathrm{d}h_m(x), \ldots, \mathrm{d}L_f^{r_m-1} h_m(x)\big)$$

和

$$P = \mathrm{col}\big(g_1(x), \ldots, g_m(x), \ldots, \mathrm{ad}_f^{r_1-1} g_1(x), \ldots, \mathrm{ad}_f^{r_1-1} g_m(x)\big)$$

利用引理 4.1.2 和相对阶的定义容易看到，矩阵 QP (可能对各行进行了重新排序) 展现出分块三角结构，其中对角块由矩阵 (5.2) 的各行构成。这表明矩阵 QP 的各行是线性无关的，亦即矩阵 Q 的各行线性无关，证毕。 ◁

命题 5.1.2. 假设系统在 x° 处有 (向量) 相对阶 $\{r_1, \ldots, r_m\}$，则有

$$r_1 + \ldots + r_m \leqslant n$$

对于 $1 \leqslant i \leqslant m$，令

$$\begin{aligned}
\phi_1^i(x) &= h_i(x)\\
\phi_2^i(x) &= L_f h_i(x)\\
&\ \ \vdots\\
\phi_{r_i}^i(x) &= L_f^{r_i-1} h_i(x)
\end{aligned}$$

如果 $r_1 + \ldots + r_m$ 严格小于 n，则总能再找到 $n-r$ 个函数 $\phi_{r+1}(x), \ldots, \phi_n(x)$ 使得映射

$$\Phi(x) = \mathrm{col}\big(\phi_1^1(x), \ldots, \phi_{r_1}^1(x), \ldots, \phi_1^m(x), \ldots, \phi_{r_m}^m(x), \phi_{r+1}(x), \ldots, \phi_n(x)\big)$$

的雅可比矩阵在 x° 处非奇异，因而该映射有资格在 x° 的某一个邻域内作为一个局部坐标变换。可以任意指定那些额外函数在点 x° 处的值。而且，如果分布

$$G = \mathrm{span}\{g_1, \ldots, g_m\}$$

在点 x° 附近是对合的，那么总能选择 $\phi_{r+1}(x),\ldots,\phi_n(x)$，使得

$$L_{g_j}\phi_i(x)=0 \tag{5.5}$$

对于所有的 $r+1\leqslant i\leqslant n$，所有的 $1\leqslant j\leqslant m$，以及 x° 附近的所有 x 都成立。

证明: 只需要证明该命题的第二部分，即能够选择剩余 $n-r$ 个新坐标使得式 (5.5) 成立。由于矩阵 $A(x^\circ)$ 可表示为

$$A(x^\circ)=\begin{pmatrix}\mathrm{d}L_f^{r_1-1}h_1(x^\circ)\\ \mathrm{d}L_f^{r_2-1}h_2(x^\circ)\\ \vdots\\ \mathrm{d}L_f^{r_m-1}h_m(x^\circ)\end{pmatrix}\begin{pmatrix}g_1(x^\circ) & g_2(x^\circ) & \cdots & g_m(x^\circ)\end{pmatrix}$$

所以根据该矩阵的非奇异性推知，m 维向量 $(g_1(x^\circ),\ldots,g_m(x^\circ))$ 是线性无关的。因此，分布 G 在 x° 附近维数为 m。由于根据假设该分布也是对合的，所以由 Frobenius 定理推知，存在定义在 x° 某一个邻域内的 $n-m$ 个实值函数 $\lambda_1(x),\ldots,\lambda_{n-m}(x)$，使得

$$\mathrm{span}\{\mathrm{d}\lambda_1,\ldots,\mathrm{d}\lambda_{n-m}\}=G^\perp$$

现在考虑 r 维余分布

$$\varOmega=\mathrm{span}\{\mathrm{d}L_f^k h_i\colon 0\leqslant k\leqslant r_i-1, 1\leqslant i\leqslant m\}$$

并注意到

$$G(x^\circ)\cap\varOmega^\perp(x^\circ)=0 \tag{5.6}$$

这是因为，如若不然，则将存在一个属于 $G(x^\circ)$ 的非零向量，其形式为

$$g=\sum_{i=1}^m c_i g_i(x^\circ)$$

该向量将 $\varOmega(x^\circ)$ 中的所有向量零化，但这自相矛盾，因为由 $A(x^\circ)$ 的非奇异性有

$$\begin{pmatrix}\mathrm{d}L_f^{r_1-1}h_1(x^\circ)\\ \mathrm{d}L_f^{r_2-1}h_2(x^\circ)\\ \vdots\\ \mathrm{d}L_f^{r_m-1}h_m(x^\circ)\end{pmatrix} g=A(x^\circ)\begin{pmatrix}c_1\\ c_2\\ \vdots\\ c_m\end{pmatrix}=0$$

这意味着 $c_1=c_2=\ldots=c_m=0$。由于式 (5.6) 蕴涵着

$$\dim(G^\perp(x^\circ)+\varOmega(x^\circ))=n$$

所以可完全像证明相应命题 4.1.3 那样继续进行。 ◁

注记 5.1.2. 注意到，此结论包含了命题 4.1.3 的结论。需要着重强调的是，能够选择满足条件 (5.5) 的额外函数 $\phi_i(x)$ 的充要条件是，由向量场 $g_1(x),\ldots,g_m(x)$ 张成的分布 G 是**对合的**。当系统只有一个输入时，该条件总能得到满足，因为这个集合[①]只由一个向量场构成，这就是为何之前没有提到类似假设的原因。 ◁

注记 5.1.3. 读者会毫无困难地证明迄今所得的大多数结果能被扩展到输入和输出通道数不同的系统，只要将条件 (ii)，即矩阵 $A(x)$ 的非奇异性假设，替换为该矩阵的秩等于其行数，即等于输出通道数。注意，这意味着所研究系统的输入通道数多于或等于输出通道数。事实上，在此假设下引理 5.1.1 仍然成立，并由此推知，可以考虑在命题 5.1.2 中引入的相同类型的坐标变换。 ◁

在新坐标下为得到系统描述所需要的计算，与之前对单输入单输出非线性系统所做的计算完全相同。事实上，如果对第一组新坐标求关于时间的导数，则得到

$$
\begin{aligned}
\frac{\mathrm{d}\phi_1^1}{\mathrm{d}t} &= \phi_2^1(t) \\
&\vdots \\
\frac{\mathrm{d}\phi_{r_1-1}^1}{\mathrm{d}t} &= \phi_{r_1}^1(t) \\
\frac{\mathrm{d}\phi_{r_1}^1}{\mathrm{d}t} &= L_f^{r_1}h_1(x(t)) + \sum_{j=1}^{m} L_{g_j}L_f^{r_1-1}h_1(x(t))u_j(x)
\end{aligned}
$$

注意到，在最后一个方程中与 $u_j(t)$ 相乘的系数正好等于矩阵 $A(x)$ 在 $(1,j)$ 处的元素。

为与第 4 章中的符号一致，对于 $1 \leqslant i \leqslant m$，现在令

$$
\xi^i = \begin{pmatrix} \xi_1^i \\ \xi_2^i \\ \vdots \\ \xi_{r_i}^i \end{pmatrix} = \begin{pmatrix} \phi_1^i(x) \\ \phi_2^i(x) \\ \vdots \\ \phi_{r_i}^i(x) \end{pmatrix}
$$

$$
\xi = (\xi^1,\ldots,\xi^m)
$$

$$
\eta = \begin{pmatrix} \eta_1 \\ \eta_2 \\ \vdots \\ \eta_{n-r} \end{pmatrix} = \begin{pmatrix} \phi_{r+1}(x) \\ \phi_{r+2}(x) \\ \vdots \\ \phi_n(x) \end{pmatrix}
$$

并且令

$$
\begin{aligned}
a_{ij}(\xi,\eta) &= L_{g_j}L_f^{r_i-1}h_i(\varPhi^{-1}(\xi,\eta)), \quad \text{对于 } 1 \leqslant i,j \leqslant m \\
b_i(\xi,\eta) &= L_f^{r_i}h_i(\varPhi^{-1}(\xi,\eta)), \qquad\quad \text{对于 } 1 \leqslant i \leqslant m
\end{aligned}
$$

① 指由向量场 $g_1,\ldots,g_m$ 构成的集合。——译者注

于是，对于 $1 \leqslant i \leqslant m$，可将所讨论的方程组重写为

$$\begin{aligned}\dot{\xi}_1^i &= \xi_2^i \\ &\vdots \\ \dot{\xi}_{r_i-1}^i &= \xi_{r_i}^i \\ \dot{\xi}_{r_i}^i &= b_i(\xi,\eta) + \sum_{j=1}^{m} a_{ij}(\xi,\eta)u_j \\ y_i &= \xi_1^i\end{aligned} \tag{5.7}$$

至于其他新坐标，不能指望相应的方程有任何特殊形式。如果由向量场 $g_1(x),\ldots,g_m(x)$ 张成的分布为非对合的 (这可能是最普通的情况)，则只能用一个向量记号将其写成一般形式

$$\dot{\eta} = q(\xi,\eta) + \sum_{i=1}^{m} p_i(\xi,\eta)u_i = q(\xi,\eta) + p(\xi,\eta)u \tag{5.8}$$

否则，如果该分布是对合的，那么总能以这样一种方式选择其余的坐标 $\phi_{r+1},\ldots,\phi_n$，以便得到的方程是如下类型:

$$\dot{\eta} = q(\xi,\eta)$$

但正如之前所见，这并非总能轻易办到，因为通常需要求解关于 $\phi_{r+1},\ldots,\phi_n$ 的偏微分方程组。方程组 (5.7) 和 (5.8) 称为标准型方程组，它是对一个非线性系统在点 x° 附近的描述，该系统有 m 个输入和 m 个输出，并在点 x° 具有 (向量) 相对阶 $\{r_1,\ldots,r_m\}$。特别注意到，如果 x° 是 $f(x)$ 的一个平衡点，$h_1(x^\circ) = \ldots = h_m(x^\circ) = 0$，并且 $\phi_{r+1}(x^\circ) = \ldots = \phi_n(x^\circ) = 0$，则所发现的标准型在点 $(\xi,\eta) = (0,0)$ 的某一邻域内有定义。还注意到，在方程组 (5.7) 中，系数 $a_{ij}(\xi,\eta)$ 正好是矩阵 (5.2)(其中 x 被替换为 $\Phi^{-1}(\xi,\eta)$) 的元素，系数 $b_i(\xi,\eta)$ 是向量

$$b(x) = \begin{pmatrix} L_f^{r_1}h_1(x) \\ L_f^{r_2}h_2(x) \\ \vdots \\ L_f^{r_m}h_m(x) \end{pmatrix} \tag{5.9}$$

的元素，其中再次以 $\Phi^{-1}(\xi,\eta)$ 替换了 x。

下面讨论对方程组 (5.8) 的理解，从而阐明 4.3 节所做分析的多变量形式，以此来结束本节。这将对具有相对阶 $\{r_1,\ldots,r_m\}$ 的系统给出零动态概念的一个适当扩展。这种想法总是先求解输出调零问题，即寻找满足约束——输出函数 $y(t)$ 对于 $t=0$ 某一个邻域内的所有时间恒为零——的初始条件和输入，然后分析相应的内部动态。类似于 4.3 节开始处所执行的计算表明，如果对于所有的 t 有 $y(t)=0$，那么

$$\begin{aligned} h_1(x(t)) &= L_f h_1(x(t)) = \ldots = L_f^{r_1-1}h_1(x(t)) = 0 \\ h_2(x(t)) &= L_f h_2(x(t)) = \ldots = L_f^{r_2-1}h_2(x(t)) = 0 \\ &\cdots \end{aligned}$$

亦即对于邻近 0 的所有 t 都有 $\xi(t)=0$。

令 $y_i(t)$ $(1\leqslant \forall i\leqslant m)$ 的第 r_i 阶导数为零，利用一个向量记号，则可将约束 (即输入 $u_1(t),\ldots,u_m(t)$ 是方程组

$$0=y_i^{(r_i)}(t)=b_i(0,\eta(t))+\sum_{j=1}^{m}a_{ij}(0,\eta(t))u_j(t),\quad 1\leqslant i\leqslant m$$

的解) 重新写为

$$b(0,\eta(t))+A(0,\eta(t))u(t)=0$$

现在回忆，由定义知，矩阵 (5.2) 在 $x=x^\circ$ 处非奇异。因此，矩阵 $A(\xi,\eta)$ 在 $(\xi,\eta)=(0,0)$ 处非奇异，从而，如果 $\eta(t)$ 邻近于 0，则由上述方程可解出 $u(t)$。

由这些考虑可推知 (几乎完全类似于 4.3 节所建立的结果)，如果输出 $y(t)$ 不得不对所有的 t 保持为 0，则系统的初始状态必然要设置为满足 $\xi(0)=0$ 的那些值，而 $\eta(0)=\eta^\circ$ 能被任意选取。根据 η° 的取值，输入一定被设置为

$$u(t)=-[A(0,\eta(t))]^{-1}b(0,\eta(t))$$

其中 $\eta(t)$ 是微分方程

$$\dot{\eta}(t)=q_0(0,\eta(t)) \tag{5.10}$$

满足初始条件 $\eta(0)=\eta^\circ$ 的解，$q_0(\xi,\eta)$ 定义为

$$q_0(\xi,\eta)=q(\xi,\eta)-p(\xi,\eta)[A(\xi,\eta)]^{-1}b(\xi,\eta)$$

还注意到，对于每组初始数据 $\xi=0$ 和 $\eta=\eta^\circ$，所定义的输入是能够保持 $y(t)$ 对于所有时间恒为零的唯一输入。式 (5.10) 的动态描述了与约束 $y(t)=0$ 一致的内部动态，称其为系统的**零动态** (zero dynamics)。抛开这些计算转到坐标无关的背景下，读者则会毫无困难地意识到，为了对于所有的时间都有 $y(t)=0$ 成立，系统在输入 $u(t)$ 的作用下，一定在子集

$$Z^\star=\{x\in\mathbb{R}^n\colon L_f^k h_i(x)=0, 0\leqslant k\leqslant r_i-1, 1\leqslant i\leqslant m\}$$

上演化，其中 $u(t)$ 是方程

$$b(x(t))+A(x(t))u(t)=0$$

的解。而且，简单的计算 (类似于 4.3 节将近结束时所作的相应计算) 表明，所得到的状态反馈，即

$$u^\star(x)=-A^{-1}(x)b(x)$$

使向量场

$$f^\star(x)=f(x)+g(x)u^\star(x)$$

与 $Z^\star$ 相切。因此，始于 $Z^\star$ 中的一点的闭环系统

$$\dot{x}=f^\star(x)$$

其任何轨线都将保持在 $Z^\star$ 中 (对于小的 t 值)，并且 $f^\star(x)$ 相对于 $Z^\star$ 的限制 $f^\star(x)|_{Z^\star}$ 是 $Z^\star$ 上有唯一定义的向量场，它在坐标无关的背景下描述了系统的零动态。

可用类似方式处理函数

$$y_R(t) = \mathrm{col}(y_{1R}(t), y_{2R}(t), \ldots, y_{mR}(t))$$

的参考输出复制问题。设

$$\xi_R(t) = \begin{pmatrix} \xi_R^1(t) \\ \xi_R^2(t) \\ \vdots \\ \xi_R^m(t) \end{pmatrix}, \quad \text{其中 } \xi_R^i(t) = \begin{pmatrix} y_{iR}(t) \\ y_{iR}^{(1)}(t) \\ \vdots \\ y_{iR}^{(r_i-1)}(t) \end{pmatrix}, \quad 1 \leqslant i \leqslant m$$

可以发现，该问题可解当且仅当

(i) 系统的初始状态满足 $\xi(0) = \xi_R(0)$，而 $\eta(0) = \eta^\circ$ 可任意选定；

(ii) 输入 $u(t)$ 被设置为

$$u(t) = A^{-1}(\xi_R(t), \eta(t))(-b(\xi_R(t), \eta(t)) + \begin{pmatrix} y_{1R}^{(r_1)}(t) \\ \vdots \\ y_{mR}^{(r_m)}(t) \end{pmatrix}) \tag{5.11}$$

这里 $\eta(t)$ 表示微分方程

$$\dot{\eta} = q(\xi_R(t), \eta) + p(\xi_R(t), \eta)A^{-1}(\xi_R(t), \eta)(-b(\xi_R(t), \eta) + \begin{pmatrix} y_{1R}^{(r_1)}(t) \\ \vdots \\ y_{mR}^{(r_m)}(t) \end{pmatrix}) \tag{5.12}$$

满足初始条件 $\eta(0) = \eta^\circ$ 的解。对于每组初始条件 $\xi(0) = \xi_R(0)$ 和 $\eta(0) = \eta^\circ$，所定义的输入是能够保持 $y(t) = y_R(t)$ 对于所有时间成立的唯一输入。当选择输入和初始条件以约束输出精确跟踪 $y_R(t)$ 时，受迫动态 (5.12) 相当于是对系统内部行为的描述。因此，关系式 (5.11)–(5.12) 描述了一个具有输入 $y_R(t)$、输出 $u(t)$ 及状态 $\eta(t)$ 的系统，可理解为原系统的逆实现。

5.2　反馈精确线性化

本节旨在阐明如何利用反馈和状态空间中的坐标变换将一个 m 输入系统变换为一个线性可控系统，从而将 4.2 节的讨论结果扩展到多输入系统。

相应于单输入单输出问题中所考虑的状态反馈，多变量状态反馈的适当形式是每一个输入 u_i 依赖于系统的状态 x 和新的参考输入 $v_1, \ldots, v_m$，其形式为

$$u_i = \alpha_i(x) + \sum_{j=1}^{m} \beta_{ij}(x) v_j \tag{5.13}$$

其中 $\alpha_i(x)$ 和 $\beta_{ij}(x)$ $(1 \leqslant i, j \leqslant m)$ 均是定义在 $\mathbb{R}^n$ 中某一开集上的光滑函数。注意，为简便起见，已经选择新参考输入

$$v = \text{col}(v_1, \ldots, v_m)$$

使其分量数正好等于原输入 u 的分量数。

反馈 (5.13) 与系统 (5.1) 复合而产生的闭环系统具有同样的结构，由以下方程组描述：

$$\begin{aligned}
\dot{x} &= f(x) + \sum_{i=1}^{m} g_i(x)\alpha_i(x) + \sum_{i=1}^{m}\left(\sum_{j=1}^{m} g_j(x)\beta_{ji}(x)\right) v_i \\
y_1 &= h_1(x) \\
&\vdots \\
y_m &= h_m(x)
\end{aligned} \tag{5.14}$$

利用式 (5.13) 更紧凑的表达式

$$u = \alpha(x) + \beta(x)v \tag{5.15}$$

其中

$$\alpha(x) = \begin{pmatrix} \alpha_1(x) \\ \vdots \\ \alpha_m(x) \end{pmatrix}, \quad \beta(x) = \begin{pmatrix} \beta_{11}(x) & \cdots & \beta_{1m}(x) \\ \vdots & \vdots & \vdots \\ \beta_{m1}(x) & \cdots & \beta_{mm}(x) \end{pmatrix}$$

分别为 m 维向量和 $m \times m$ 阶矩阵，能把闭环系统 (5.14) 重新写为更方便的形式

$$\begin{aligned}
\dot{x} &= f(x) + g(x)\alpha(x) + g(x)\beta(x)v \\
y &= h(x)
\end{aligned} \tag{5.16}$$

这里还系统性地假设矩阵 $\beta(x)$ 对于所有的 x 是非奇异的。相应地，反馈 (5.13) 称为**正则静态状态反馈** (regular static state feedback)。

正如之前所述，本节要处理的主要问题是利用状态反馈和坐标变换将一个非线性系统变为一个线性可控系统。这个问题可正式地叙述如下。

状态空间精确线性化问题 (State Space Exact Linearization Problem) 给定一组向量场 $f(x)$ 和 $g_1(x), \ldots, g_m(x)$ 以及初始状态 x°，找到 (如果可能) x° 的一个邻域 U 和定义在 U 上的一对反馈函数 $\alpha(x)$ 和 $\beta(x)$，以及同样定义在 U 上的坐标变换 $z = \Phi(x)$ 和矩阵 $A \in \mathbb{R}^{n\times n}$、$B \in \mathbb{R}^{n\times m}$，使得

$$\left[\frac{\partial \Phi}{\partial x}(f(x) + g(x)\alpha(x))\right]_{x=\Phi^{-1}(z)} = Az \tag{5.17}$$

$$\left[\frac{\partial \Phi}{\partial x}(g(x)\beta(x))\right]_{x=\Phi^{-1}(z)} = B \tag{5.18}$$

并且

$$\text{rank}(B \quad AB \quad \cdots \quad A^{n-1}B) = n$$

讨论的出发点是在 5.1 节中给出并加以诠释的标准型。考虑在点 x° 具有 (向量) 相对阶 $\{r_1,\ldots,r_m\}$ 的非线性系统，并假设 $r=r_1+r_2+\ldots+r_m$ 恰好等于状态空间的维数 n。如果是这种情况，则函数集

$$\phi_k^i(x)=L_f^{k-1}h_i(x),\quad 1\leqslant k\leqslant r_i, 1\leqslant i\leqslant m$$

在 x° 处定义了一个完备的局部坐标变换。在新坐标下，系统由 m 组如下形式的方程组描述:

$$\begin{aligned}\dot{\xi}_1^i&=\xi_2^i\\&\vdots\\\dot{\xi}_{r_i-1}^i&=\xi_{r_i}^i\\\dot{\xi}_{r_i}^i&=b_i(\xi)+\sum_{j=1}^m a_{ij}(\xi)u_j\end{aligned}$$

$1\leqslant i\leqslant m$，并且不涉及额外的方程组。

现在回想，在点 $\xi^\circ=\Phi^{-1}(x^\circ)$ 的一个邻域中，矩阵 $A(\xi)$ 是非奇异的，因此可由方程组

$$v=\begin{pmatrix}v_1\\v_2\\\vdots\\v_m\end{pmatrix}=b(\xi)+A(\xi)u$$

解出 u。事实上，可解这些方程组的输入 u 具有状态反馈的形式

$$u=A^{-1}(\xi)[-b(\xi)+v]$$

施加该反馈，所产生的系统则由以下 m 组方程组描述:

$$\begin{aligned}\dot{\xi}_1^i&=\xi_2^i\\&\vdots\\\dot{\xi}_{r_i-1}^i&=\xi_{r_i}^i\\\dot{\xi}_{r_i}^i&=v_i\end{aligned}$$

$1\leqslant i\leqslant m$，它们显然是线性可控的。

由这些计算 (它们是对 4.2 节开始处所做计算的简单扩展) 可见，对于输出函数 $h_1(x),\ldots,h_m(x)$ 的某种选择，系统在 x° 处具有 (向量) 相对阶 $\{r_1,\ldots,r_m\}$ 且 $r_1+r_2+\ldots+r_m=n$ 意味着存在定义在 x° 附近的坐标变换和状态反馈，使状态空间精确线性化问题可解。注意到，根据系统的原始描述，**线性化反馈** (linearizing feedback) 的形式为

$$u=\alpha(x)+\beta(x)v$$

其中 $\alpha(x)$ 和 $\beta(x)$ 分别由

$$\alpha(x)=-A^{-1}(x)b(x),\quad \beta(x)=A^{-1}(x)$$

给出，$A(x)$ 和 $b(x)$ 如式 (5.2) 和式 (5.9) 所示，而线性化坐标的定义为

$$\xi_k^i(x) = L_f^{k-1}h_i(x), \quad 1 \leqslant k \leqslant r_i, \ 1 \leqslant i \leqslant m$$

现在证明所讨论的条件也是必要的。

引理 5.2.1. 假设矩阵 $g(x^\circ)$ 的秩为 m。那么，状态空间精确线性化问题可解，当且仅当存在 x° 的一个邻域 U 和定义在 U 上的 m 个实值函数 $h_1(x),\ldots,h_m(x)$，使得系统

$$\begin{aligned} \dot{x} &= f(x) + g(x)u \\ y &= h(x) \end{aligned}$$

在 x° 处具有某一个 (向量) 相对阶 $\{r_1,\ldots,r_m\}$ 且 $r_1 + r_2 + \ldots + r_m = n$。

证明: 只需证明必要性。完全仿照引理 4.2.1 的证明。首先，已知整数 $r_i(1 \leqslant i \leqslant m)$ 在正则反馈下是不变的。回想一下，对于任意的 $\alpha(x)$ 有

$$L_{f+g\alpha}^k h_i(x) = L_f^k h_i(x), \quad \text{对于所有的 } 0 \leqslant k \leqslant r_i - 1, 1 \leqslant i \leqslant m$$

由此推知，对于所有的 $0 \leqslant k < r_i - 1$、所有的 $1 \leqslant i,j \leqslant m$ 和 x° 附近的所有 x，有

$$L_{(g\beta)_j} L_{f+g\alpha}^k h_i(x) = L_{(g\beta)_j} L_f^k h_i(x) = \sum_{s=1}^m L_{g_s} L_f^k h_i(x) \beta_{sj}(x) = 0$$

而且

$$(L_{(g\beta)_1} L_{f+g\alpha}^{r_i-1} h_i(x^\circ) \ \ \cdots \ \ L_{(g\beta)_m} L_{f+g\alpha}^{r_i-1} h_i(x^\circ)) = (L_{g_1} L_f^{r_i-1} h_i(x^\circ) \ \ \cdots \ \ L_{g_m} L_f^{r_i-1} h_i(x^\circ))\beta(x^\circ)$$

因此，如果矩阵 $\beta(x^\circ)$ 非奇异，则有

$$(L_{(g\beta)_1} L_{f+g\alpha}^{r_i-1} h_i(x^\circ) \ \ \cdots \ \ L_{(g\beta)_m} L_{f+g\alpha}^{r_i-1} h_i(x^\circ)) \neq (0 \ \ \cdots \ \ 0)$$

这证明了整数 $r_i(1 \leqslant i \leqslant m)$ 在正则反馈下是不变的。

现在来证明必要性。由于根据假设知，矩阵 $g(x^\circ)$ 的秩为 m，所以从式 (5.18) 可得，满足这一关系的任何矩阵 B，其秩也为 m。因此，如引理 4.2.1 的证明所示，可以不失一般性地假设所考虑的矩阵 A 和 B 具有如下形式 (Brunowsky 规范型)：

$$A = \mathrm{diag}(A_1,\ldots,A_m), \quad B = \mathrm{diag}(b_1,\ldots,b_m)$$

其中 A_i 是 $\kappa_i \times \kappa_i$ 阶矩阵

$$A_i = \begin{pmatrix} 0 & 1 & 0 & \cdots & 0 \\ 0 & 0 & 1 & \cdots & 0 \\ \vdots & \vdots & \vdots & & \vdots \\ 0 & 0 & 0 & \cdots & 1 \\ 0 & 0 & 0 & \cdots & 0 \end{pmatrix}$$

b_i 是 $\kappa_i \times 1$ 维向量

$$b_i = \mathrm{col}(0, \ldots, 0, 1)$$

现在，将向量 $z = \Phi(x)$ 分解为如下形式：

$$z = \mathrm{col}(z^1, \ldots, z^m)$$

并设

$$y_i = (1 \;\; 0 \;\; \ldots \;\; 0) z^i \tag{5.19}$$

其中 $\dim(z^i) = \kappa_i, 1 \leqslant i \leqslant m$。简单的计算表明，输出函数形如式 (5.19) 的线性系统

$$\dot{z} = Az + Bv$$

有向量相对阶 $\{\kappa_1, \ldots, \kappa_m\}$，并且 $\kappa_1 + \kappa_2 + \ldots + \kappa_m = n$。于是，由于向量相对阶在正则反馈和坐标变换下不变，所以引理得证。 $\triangleleft$

注记 5.2.1. 注意到，矩阵 $g(x^\circ)$ 的秩为 m 其实是存在任意一组 m 个“输出”函数，使得系统在点 x° 处具有某一个相对阶的必要条件，因为正如在命题 5.1.2 的证明中所见，此矩阵是矩阵 (5.2) 的一个因子。如果矩阵 $g(x)$ 的秩 $\rho < m$，但其秩对于邻近点 x° 的所有 x **不变**，则状态空间精确线性化问题可解，当且仅当存在定义在 x° 某一邻域 U 内的 ρ 个函数 $h_1(x), \ldots, h_\rho(x)$，使得系统在 x° 处具有某一个 (向量) 相对阶 $\{r_1, \ldots, r_\rho\}$ (见注记 5.1.3)，并且 $r_1 + r_2 + \ldots + r_\rho = n$。事实上，如果矩阵 $g(x)$ 有常数秩 $\rho < m$，则能够找到一个非奇异的矩阵 $\beta(x)$，使得

$$g(x)\beta(x) = (g'(x) \;\; 0)$$

其中 $g'(x)$ 由 ρ 列构成且秩为 ρ。因而，一个如下形式的初级反馈：

$$u = \beta(x) \begin{pmatrix} u' \\ u'' \end{pmatrix}$$

将原系统变为

$$\dot{x} = f(x) + g'(x)u'$$

该系统对于 $m = \rho$ 满足引理 5.2.1 的假设。 $\triangleleft$

基于以上结果，现在叙述如何在关于向量场 $f(x), g_1(x), \ldots, g_m(x)$ 的适当条件下，找到满足引理 5.2.1 要求的 m 个函数 $h_1(x), h_2(x), \ldots, h_m(x)$。扩展第 4 章中所处理的相应问题的解决方法 (见引理 4.2.2)，则可根据某些适当分布 (这些分布由向量场

$$g_1(x), \ldots, g_m(x), \mathrm{ad}_f g_1(x), \ldots, \mathrm{ad}_f g_m(x), \ldots, \mathrm{ad}_f^{n-1} g_1(x), \ldots, \mathrm{ad}_f^{n-1} g_m(x)$$

张成) 的性质来给出这些条件。更确切地说，对于 $i = 0, 1, \ldots, n-1$，令

$$\begin{aligned} G_0 &= \mathrm{span}\{g_1, \ldots, g_m\} \\ G_1 &= \mathrm{span}\{g_1, \ldots, g_m, \mathrm{ad}_f g_1, \ldots, \mathrm{ad}_f g_m\} \\ &\vdots \\ G_i &= \mathrm{span}\{\mathrm{ad}_f^k g_j \colon 0 \leqslant k \leqslant i, 1 \leqslant j \leqslant m\} \end{aligned}$$

则可证明下面的结果。

引理 5.2.2. 假设矩阵 $g(x^\circ)$ 的秩为 m。那么，存在 x° 的一个邻域 U 和定义在 U 上的 m 个实值函数 $\lambda_1(x), \lambda_2(x), \ldots, \lambda_m(x)$，使得系统

$$\begin{aligned}\dot{x} &= f(x) + g(x)u \\ y &= \lambda(x)\end{aligned}$$

在 x° 处具有某一个 (向量) 相对阶 $\{r_1, \ldots, r_m\}$ 并有

$$r_1 + r_2 + \ldots + r_m = n$$

当且仅当

(i) 对于每一个 $0 \leqslant i \leqslant n-1$，分布 G_i 在 x° 附近有常数维；

(ii) 分布 G_{n-1} 的维数为 n；

(iii) 对于每一个 $0 \leqslant i \leqslant n-2$，分布 G_i 是对合的。

注意到，由于这一结果和之前的讨论，因而可用以下方式给出状态空间精确线性化问题的可解性条件。

定理 5.2.3. 假设矩阵 $g(x^\circ)$ 的秩为 m。那么，状态空间精确线性化问题可解，当且仅当

(i) 对于每一个 $0 \leqslant i \leqslant n-1$，分布 G_i 在 x° 附近有常数维；

(ii) 分布 G_{n-1} 的维数为 n；

(iii) 对于每一个 $0 \leqslant i \leqslant n-2$，分布 G_i 是对合的。

现在给出该结果的一个证明，并且在证明的同时也指出如何构造函数 $\lambda_1(x), \ldots, \lambda_m(x)$。

证明: 这些条件的充分性证明在概念上与第 4 章相应结论的证明类似 (见引理 4.2.2)，但遗憾的是，并不像那个证明那么简单。主要的问题是寻找方程组

$$L_{g_j} L_f^k \lambda_i(x) = 0, \quad \text{对于所有的 } 0 \leqslant k \leqslant r_i - 2, 1 \leqslant j \leqslant m \tag{5.20}$$

的解 $\lambda_1(x), \ldots, \lambda_m(x)$ 并使矩阵 (5.2) 具有非奇异性 (这是一个非平凡性条件)。另外，还要确保 $r_1 + r_2 + \ldots + r_m = n$。

方程组 (5.20) 显然等价于 (根据引理 4.1.2) 如下形式的方程组:

$$\langle \mathrm{d}\lambda_i(x), \mathrm{ad}_f^k g_j(x) \rangle = 0, \ \text{对于所有邻近 } x^\circ \text{ 的 } x, \text{ 所有的 } 0 \leqslant k \leqslant r_i - 2, \text{ 所有的 } 1 \leqslant j \leqslant m$$

这表明，对于每一个 i 的取值，微分 $\mathrm{d}\lambda_i(x)$ 一定是属于余分布

$$(\mathrm{span}\{\mathrm{ad}_f^k g_j \colon 0 \leqslant k \leqslant r_i - 2, 1 \leqslant j \leqslant m\})^\perp = G_{r_i-2}^\perp$$

的一个余向量。

上述观察提供了一条便利途径。回想一下，分布 $G_0,\ldots,G_{n-1}$ 都在点 x° 附近具有常数维 [假设 (i)]，并且特别是 G_{n-1} 的维数为 n [假设 (ii)]。因而，存在一个整数，记其为 κ，它小于或等于 n，使得

$$\dim(G_{\kappa-2})<n$$
$$\dim(G_{\kappa-1})=n$$

设

$$m_1=n-\dim(G_{\kappa-2})$$

并注意到，由于 $G_{\kappa-2}$ 是对合的 [假设 (iii)]，所以根据 Frobenius 定理，存在 m_1 个函数，可记其为 $\lambda_i(x),1\leqslant i\leqslant m_1$，使得

$$\mathrm{span}\{\mathrm{d}\lambda_i\colon 1\leqslant i\leqslant m_1\}=G_{\kappa-2}^{\perp}$$

根据构造知，这些函数对于 x° 附近的所有 x，以及 $0\leqslant k\leqslant\kappa-2, 1\leqslant j\leqslant m, 1\leqslant i\leqslant m_1$，均满足

$$\langle \mathrm{d}\lambda_i(x),\mathrm{ad}_f^k g_j(x)\rangle=0$$

由引理 4.1.2，这表明对于 x° 附近的所有 x，以及 $0\leqslant k\leqslant\kappa-2$，$1\leqslant j\leqslant m$，$1\leqslant i\leqslant m_1$，有

$$L_{g_j}L_f^k\lambda_i(x)=0 \tag{5.21}$$

而且可以断言，$m_1\times m$ 阶矩阵

$$A^1(x)=\{a_{ij}^1(x)\}=\{L_{g_j}L_f^{\kappa-1}\lambda_i(x)\}$$

在 x° 处的秩为 m_1。因为如若不然，则利用式 (5.21) 并再次由引理 4.1.2 可得，对于所有的 $1\leqslant j\leqslant m$，对于某一组实数 c_i $(1\leqslant i\leqslant m_1)$，有

$$\sum_{i=1}^{m_1}c_iL_{g_j}L_f^{\kappa-1}\lambda_i(x^\circ)=\sum_{i=1}^{m_1}(-1)^{\kappa-1}c_i\langle \mathrm{d}\lambda_i(x^\circ),\mathrm{ad}_f^{\kappa-1}g_j(x^\circ)\rangle=0$$

但这和式 (5.21) 一起意味着

$$\sum_{i=1}^{m_1}c_i\langle \mathrm{d}\lambda_i(x^\circ),\mathrm{ad}_f^k g_j(x^\circ)\rangle=0,\quad 对于所有的\ 0\leqslant k\leqslant\kappa-1,1\leqslant j\leqslant m$$

这表明

$$\sum_{i=1}^{m_1}c_i\mathrm{d}\lambda_i(x^\circ)\in G_{\kappa-1}^{\perp}(x^\circ)$$

由于 $G_{\kappa-1}$ 的维数为 n，所以上式左边的向量一定为零，这又蕴涵着所有的 c_i 都是零，因为由构造知行向量 $\mathrm{d}\lambda_1(x^\circ),\ldots,\mathrm{d}\lambda_{m_1}(x^\circ)$ 是线性无关的。

所确立的这些性质 [即等式 (5.21) 和 $A^1(x^\circ)$ 满秩的事实] 表明函数 $\lambda_i(x)(1\leqslant i\leqslant m_1)$ 都是该问题的合格候选解。事实上，如果整数 m_1 恰好等于 m [注意，总是有 $m_1\leqslant m$，因为

$A^1(x^\circ)$ 有 m 列且秩为 m_1]，则这些函数确实是问题的解。在这种情况下，式 (5.21) 意味着矩阵 $A^1(x)$ 恰好与

$$r_1 = r_2 = \ldots = r_m = \kappa$$

时的矩阵 (5.2) 相等, 因此以 $\lambda_i(x)(1 \leqslant i \leqslant m)$ 为输出的系统具有 (向量) 相对阶 $\{\kappa, \kappa, \ldots, \kappa\}$。而且，因为

$$m\kappa \leqslant n$$

(见命题 5.1.2)，并且根据构造有

$$n = \dim(G_{\kappa-1}) \leqslant m\kappa$$

所以 $r_1 + r_2 + \ldots + r_m = n$。这说明，所发现的函数满足要求的条件。

如果整数 m_1 严格小于 m，则集合 $\{\lambda_i(x)\colon 1 \leqslant i \leqslant m_1\}$ 只提供了问题的部分解，需要继续寻找另外一组 $m - m_1$ 个新函数。解决办法是后退一步，考查 $G_{\kappa-3}$，并尝试在那些其微分张成 $G_{\kappa-3}^{\perp}$ 的函数中寻找新函数。为了表明这些新函数必须如何构造，首先需要证明一个预备性质。可以断言:

(a) 余分布

$$\Omega_1 = \mathrm{span}\{\mathrm{d}\lambda_1, \ldots, \mathrm{d}\lambda_{m_1}, \mathrm{d}L_f\lambda_1, \ldots, \mathrm{d}L_f\lambda_{m_1}\}$$

在 x° 附近维数为 $2m_1$；

(b) $\Omega_1 \subset G_{\kappa-3}^{\perp}$。

很容易证明断言 (b)。事实上，由构造知，微分 $\mathrm{d}\lambda_i(x)(1 \leqslant i \leqslant m)$ 属于 $G_{\kappa-2}^{\perp}$，它也属于 $G_{\kappa-3}^{\perp}$，因为 $G_{\kappa-3} \subset G_{\kappa-2}$。根据式 (5.21) 和引理 4.1.2，微分 $\mathrm{d}L_f\lambda_i(x)$ $(1 \leqslant i \leqslant m_1)$，对于 x° 附近的所有 x 和所有的 $0 \leqslant k \leqslant \kappa - 3$，$1 \leqslant j \leqslant m$，$1 \leqslant i \leqslant m_1$，使得

$$\langle \mathrm{d}L_f\lambda_i(x), \mathrm{ad}_f^k g_j(x) \rangle = 0$$

成立。因此这些微分都属于 $G_{\kappa-3}^{\perp}$。为证明断言 (a)，设其在 $x = x^\circ$ 处不成立，并且存在实数 c_i 和 d_i $(1 \leqslant i \leqslant m_1)$，使得

$$\sum_{i=1}^{m_1} (c_i \mathrm{d}\lambda_i(x^\circ) + d_i \mathrm{d}L_f\lambda_i(x^\circ)) = 0$$

对于所有的 $1 \leqslant j \leqslant m$，这会推导出

$$\langle \sum_{i=1}^{m_1} (c_i \mathrm{d}\lambda_i(x^\circ) + d_i \mathrm{d}L_f\lambda_i(x^\circ)), \mathrm{ad}_f^{\kappa-2} g_j(x^\circ) \rangle = 0$$

这又蕴涵着

$$\sum_{i=1}^{m_1} d_i \langle \mathrm{d}\lambda_i(x^\circ), \mathrm{ad}_f^{\kappa-1} g_j(x^\circ) \rangle = 0$$

由 $\mathrm{d}\lambda_i(x)$ 的线性无关性及矩阵 $A^1(x)$ 各行的线性无关性可得，所有的 d_i 和 c_i 一定为零。由断言 (a) 和 (b) 可推知，$G_{\kappa-3}^{\perp}$ 的维数大于或等于 $2m_1$。假设该维数大于 $2m_1$，并设

$$m_2 = \dim(G_{\kappa-3}^{\perp}) - 2m_1$$

由于 $G_{\kappa-3}$ 是对合的 [假设 (iii)]，所以回忆 Frobenius 定理可知，$G^{\perp}_{\kappa-3}$ 由 $2m_1+m_2$ 个恰当微分张成。性质 (a) 和 (b) 已经确定了 $2m_1$ 个这样的微分 (即张成 Ω_1 的那些微分), 因此可得，存在 m_2 个其他函数，记其为 $\lambda_i(x), m_1+1\leqslant i\leqslant m_1+m_2$，使得

$$G^{\perp}_{\kappa-3}=\Omega_1+\mathrm{span}\{\mathrm{d}\lambda_i(x), m_1+1\leqslant i\leqslant m_1+m_2\} \tag{5.22}$$

注意到,根据构造知,这些新函数对于 x° 附近的所有 x 和所有的 $0\leqslant k\leqslant \kappa-3, 1\leqslant j\leqslant m$, $m_1+1\leqslant i\leqslant m_1+m_2$，满足

$$L_{g_j}L_f^k\lambda_i(x)=0 \tag{5.23}$$

此外，可以断言：

(c) $(m_1+m_2)\times m$ 阶矩阵

$$A^2(x)=\{a^2_{ij}(x)\}$$

在 $x=x^\circ$ 处的秩等于 m_1+m_2，其中

$$\begin{cases} a^2_{ij}(x)=\langle \mathrm{d}\lambda_i(x), \mathrm{ad}_f^{\kappa-1}g_j(x)\rangle, & 若\ 1\leqslant i\leqslant m_1 \\ a^2_{ij}(x)=\langle \mathrm{d}\lambda_i(x), \mathrm{ad}_f^{\kappa-2}g_j(x)\rangle, & 若\ m_1+1\leqslant i\leqslant m_1+m_2 \end{cases}$$

这是因为，假设存在实数 c_i $(1\leqslant i\leqslant m_1)$ 和 d_i $(m_1+1\leqslant i\leqslant m_1+m_2)$，使得

$$-\sum_{i=1}^{m_1} c_i\langle \mathrm{d}\lambda_i(x^\circ), \mathrm{ad}_f^{\kappa-1}g_j(x^\circ)\rangle+\sum_{i=m_1+1}^{m_1+m_2} d_i\langle \mathrm{d}\lambda_i(x^\circ), \mathrm{ad}_f^{\kappa-2}g_j(x^\circ)\rangle=0$$

那么，利用引理 4.1.2 得到

$$\langle\sum_{i=1}^{m_1} c_i\mathrm{d}L_f\lambda_i(x^\circ)+\sum_{i=m_1+1}^{m_1+m_2} d_i\mathrm{d}\lambda_i(x^\circ), \mathrm{ad}_f^{\kappa-2}g_j(x^\circ)\rangle=0$$

即

$$\sum_{i=1}^{m_1} c_i\mathrm{d}L_f\lambda_i(x^\circ)+\sum_{i=m_1+1}^{m_1+m_2} d_i\mathrm{d}\lambda_i(x^\circ)\in(\mathrm{span}\{\mathrm{ad}_f^{\kappa-2}g_j(x^\circ)\colon 1\leqslant j\leqslant m\})^{\perp}$$

由构造知，上述关系式的左边向量也属于 $G^{\perp}_{\kappa-3}$，因此有

$$\sum_{i=1}^{m_1} c_i\mathrm{d}L_f\lambda_i(x^\circ)+\sum_{i=m_1+1}^{m_1+m_2} d_i\mathrm{d}\lambda_i(x^\circ)\in G^{\perp}_{\kappa-2}$$

由于余分布 $G^{\perp}_{\kappa-2}$ 由 $\mathrm{d}\lambda_1,\dots,\mathrm{d}\lambda_{m_1}$ 张成，所以前一关系表明

$$\sum_{i=1}^{m_1} c_i\mathrm{d}L_f\lambda_i(x^\circ)+\sum_{i=m_1+1}^{m_1+m_2} d_i\mathrm{d}\lambda_i(x^\circ)\in \mathrm{span}\{\mathrm{d}\lambda_i(x^\circ)\colon 1\leqslant i\leqslant m_1\}$$

但这与式 (5.22) 所表示的性质相矛盾，除非所有的 c_i 和 d_i 都为零。

所解释的这些性质能够证明，如果 m_1+m_2 等于 m [注意，因为 $A^2(x^\circ)$ 有 m 列且秩为 m_1+m_2，所以总有 $m_1+m_2\leqslant m$]，则函数集 $\{\lambda_i\colon 1\leqslant i\leqslant m\}$ 是该问题的一个解。事

实上，由式 (5.21)、式 (5.23) 及矩阵 $A^2(x^\circ)$ 的非奇异性立即推知，该系统有 (向量) 相对阶 $\{r_1,\ldots,r_m\}$，满足

$$r_1 = r_2 = \ldots = r_{m_1} = \kappa$$
$$r_{m_1+1} = r_{m_1+2} = \ldots = r_m = \kappa - 1$$

而且 $r_1 + r_2 + \ldots + r_m = n$，因为

$$n = \dim(G_{\kappa-2}) + m_1 \leqslant m(\kappa - 1) + m_1 = m_1\kappa + m_2(\kappa - 1) \leqslant n$$

如果 $m_1 + m_2$ 严格小于 m (注意，这也包括 $m_2 = 0$ 的情况)，则必须继续寻找另外一组函数，使其微分张成 $G^\perp_{\kappa-4}$。

这个过程经过 $\kappa - 1$ 次迭代后，会找到 $m_{\kappa-1}$ 个函数，其微分

$$\begin{cases} \mathrm{d}\lambda_i(x), \mathrm{d}L_f\lambda_i(x), \ldots, \mathrm{d}L_f^{\kappa-2}\lambda_i(x), & 1 \leqslant i \leqslant m_1 \\ \mathrm{d}\lambda_i(x), \mathrm{d}L_f\lambda_i(x), \ldots, \mathrm{d}L_f^{\kappa-3}\lambda_i(x), & m_1 + 1 \leqslant i \leqslant m_1 + m_2 \\ \cdots \\ \mathrm{d}\lambda_i(x), \mathrm{d}L_f\lambda_i(x), & m_1 + \ldots + m_{\kappa-3} + 1 \leqslant i \leqslant m_1 + \ldots + m_{\kappa-2} \\ \mathrm{d}\lambda_i(x), & m_1 + \ldots + m_{\kappa-2} + 1 \leqslant i \leqslant m_1 + \ldots + m_{\kappa-1} \end{cases}$$

构成 $G^\perp_0$ 的一组基。由于假设 G_0 的维数是 m，所以上面列表中的微分总数等于

$$n - m = \dim(G^\perp_0) = (\kappa - 1)m_1 + (\kappa - 2)m_2 + \ldots + m_{\kappa-1} \tag{5.24}$$

利用证明性质 (a) 的类似论据，也能证明 $\kappa m_1 + (\kappa - 1)m_2 + \ldots + 2m_{\kappa-1}$ 个微分

$$\begin{cases} \mathrm{d}\lambda_i(x), \mathrm{d}L_f\lambda_i(x), \ldots, \mathrm{d}L_f^{\kappa-1}\lambda_i(x), & 1 \leqslant i \leqslant m_1 \\ \mathrm{d}\lambda_i(x), \mathrm{d}L_f\lambda_i(x), \ldots, \mathrm{d}L_f^{\kappa-2}\lambda_i(x), & m_1 + 1 \leqslant i \leqslant m_1 + m_2 \\ \cdots \\ \mathrm{d}\lambda_i(x), \mathrm{d}L_f\lambda_i(x), \mathrm{d}L_f^2\lambda_i(x), & m_1 + \ldots + m_{\kappa-3} + 1 \leqslant i \leqslant m_1 + \ldots + m_{\kappa-2} \\ \mathrm{d}\lambda_i(x), \mathrm{d}L_f\lambda_i(x), & m_1 + \ldots + m_{\kappa-2} + 1 \leqslant i \leqslant m_1 + \ldots + m_{\kappa-1} \end{cases}$$

在 x° 的一个邻域内是线性无关的。因而可推知，$n - (\kappa m_1 + (\kappa - 1)m_2 + \ldots + 2m_{\kappa-1}) \geqslant 0$。如果此不等式是严格的，设

$$m_\kappa = n - (\kappa m_1 + (\kappa - 1)m_2 + \ldots + 2m_{\kappa-1})$$

并注意到式 (5.24)，则有

$$m_1 + \ldots + m_\kappa = m$$

显然，存在 m_κ 个函数 $\lambda_i(x)$，$m_1 + \ldots + m_{\kappa-1} + 1 \leqslant i \leqslant m$，使得微分

$$\mathrm{d}\lambda_i(x), \qquad m_1 + \ldots + m_{\kappa-1} + 1 \leqslant i \leqslant m$$

与前面列表中确定的那些微分一起，正好构成一组 n 个线性无关的微分 (在 x° 的一个邻域内)。利用证明性质 (c) 的相似论据，能够证明以 $\lambda_i(x)$ $(1 \leqslant i \leqslant m)$ 为输出的系统在 x° 处有相对阶 $\{r_1, \ldots, r_m\}$，其中

$$\begin{cases} r_i = \kappa, & 1 \leqslant i \leqslant m_1 \\ r_i = \kappa - 1, & m_1 + 1 \leqslant i \leqslant m_1 + m_2 \\ \cdots & \\ r_i = 2, & m_1 + \ldots + m_{\kappa-2} + 1 \leqslant i \leqslant m_1 + \ldots + m_{\kappa-1} \\ r_i = 1, & m_1 + \ldots + m_{\kappa-1} + 1 \leqslant i \leqslant m \end{cases} \tag{5.25}$$

而且 $r_1 + r_2 + \ldots + r_m = n$，这就完成了充分性的证明。必要性的证明相当简单，留给读者作为练习。◁

注记 5.2.2. 或许有趣的发现是，定理 5.2.3 的条件在单输入系统情况下正好简化为定理 4.2.3 的条件。因为在这种情况下，即如果 $m = 1$，则分布 G_i 简化为

$$G_i = \mathrm{span}\{g, \mathrm{ad}_f g, \ldots, \mathrm{ad}_f^i g\}$$

上述条件 (ii)，即 $\dim(G_{n-1}) = n$，意味着 $\dim(G_i) = i + 1$，亦即条件 (i)。在这种情况下，G_{n-2} 的对合性也蕴涵着 (见注记 4.2.8) $G_0, \ldots, G_{n-3}$ 的对合性。◁

注记 5.2.3. 注意到，如果 $m_2 = 0$，则这个过程的第二次迭代找不到可用的函数，必须直接进行第三次迭代。在这种情况下，条件“$G_{\kappa-3}$ 是对合的”[这是条件 (iii) 的一部分] 显然是多余的，因为正如证明所示，它实际上被 $G_{\kappa-2}$ 的对合性蕴涵。类似地，对于使 $m_{i-1} = 0$ 成立的任何 $G_{\kappa-i}$ 当然也为真。因此，严格地说，条件 (iii) 在某种意义下是冗余的，因为在序列 $G_0, \ldots, G_{n-2}$ 中某些分布的对合性可能蕴涵着其他分布的对合性。从另一方面看，该条件的表示方式更为简单，因为无须确认哪些分布必须是对合的，才能让这个过程进行下去。◁

注记 5.2.4. 在证明中解释的论据能够直接根据分布 $G_0, \ldots, G_{n-2}$ (由假设知都有唯一定义) 的维数来确定每一个整数 $r_1, \ldots, r_m$。因为，只要利用式 (5.25) 并记住

$$m_{i-1} = n - \dim(G_{\kappa-i}) - (i-1)m_1 - (i-2)m_2 - \ldots - 2m_{i-2}$$

即可。◁

注记 5.2.5. 注意到，如果系统是线性的，则引理 5.2.2 中的条件 (i) 和 (ii) 会自动得到满足，并且条件 (ii) 会简化为系统可控的条件。在这种情况下，之前的构造过程将以一组**线性**函数 $\lambda_i(x)(1 \leqslant i \leqslant m)$ 结束。将这些函数用于线性化反馈和线性化坐标的表达式中，将产生一个线性反馈和一个线性坐标变换，它们把系统变为 Brunowsky 规范型。◁

现在，以一个简单的例子来解释如何通过反馈和坐标变换将满足定理 5.2.3 条件的系统变为线性可控系统。

例 5.2.6. 考虑系统

$$\dot{x}=\begin{pmatrix}x_2+x_2^2\\x_3-x_1x_4+x_4x_5\\x_2x_4+x_1x_5-x_5^2\\x_5\\x_2^2\end{pmatrix}+\begin{pmatrix}0\\0\\\cos(x_1-x_5)\\0\\0\end{pmatrix}u_1+\begin{pmatrix}1\\0\\1\\0\\1\end{pmatrix}u_2$$

在这个系统中，分布 $G_0=\operatorname{span}\{g_1,g_2\}$ 在 $x^\circ=0$ 的一个邻域内维数为 2。此外，由于

$$[g_1,g_2](x)=0$$

所以利用注记 1.3.5 可看出，该分布也是对合的。现在考虑分布

$$G_1=\operatorname{span}\{g_1,g_2,\operatorname{ad}_f g_1,\operatorname{ad}_f g_2\}$$

其中

$$\operatorname{ad}_f g_1(x)=\begin{pmatrix}0\\-\cos(x_1-x_5)\\-x_2\sin(x_1-x_5)\\0\\0\end{pmatrix},\quad \operatorname{ad}_f g_2(x)=\begin{pmatrix}0\\-1\\-(x_1-x_5)\\-1\\0\end{pmatrix}$$

这个分布在 $x^\circ=0$ 处有最大维数 4。因此，在 x° 附近它有常数维。而且，由于

$$[g_1,\operatorname{ad}_f g_1](x)=[g_1,\operatorname{ad}_f g_2](x)=[g_2,\operatorname{ad}_f g_1](x)=[g_2,\operatorname{ad}_f g_2](x)=0$$

且

$$[\operatorname{ad}_f g_1,\operatorname{ad}_f g_2](x)=\tan(x_1-x_5)g_1(x)$$

所以该分布也是对合的。

最后，类似的计算表明，分布

$$G_2=\operatorname{span}\{g_1,g_2,\operatorname{ad}_f g_1,\operatorname{ad}_f g_2,\operatorname{ad}_f^2 g_1,\operatorname{ad}_f^2 g_2\}$$

在 $x^\circ=0$ 处有最大维数 5，因而在 x° 某一邻域中的每一点 x 处其维数都为 5。

由于根据定义，对于任意的 $i\geqslant 1$ 有 $G_{i-1}\subset G_i$，并且 G_2 的维数等于状态空间的维数 n，所以可见，$G_2=G_3=G_4$ 且 G_2,G_3 是 (平凡) 对合的。该系统满足定理 5.2.3 的假设。

为解决状态空间精确线性化问题，必须依据在证明引理 5.2.2 时指示的过程来构造两个函数 $\lambda_1(x)$ 和 $\lambda_2(x)$。由于此时 $\kappa=3$，必须先考虑余分布 $G_1^\perp$。该余分布的维数为 1，因此，存在一个实值函数 $\lambda_1(x)$，使得

$$\operatorname{span}\{\mathrm{d}\lambda_1\}=G_1^\perp$$

事实上，不难检验，函数

$$\lambda_1(x)=x_1-x_5$$

符合要求。于是，由引理 5.2.2 的证明可知，函数 $L_f\lambda_1(x)$ 的微分与 $\lambda_1(x)$ 的微分线性无关，并且

$$\text{span}\{\mathrm{d}\lambda_1(x), \mathrm{d}L_f\lambda_1(x)\} \subset G_0^{\perp}$$

上述关系式左边的维数为 2，而右边的维数为 3。因此，存在另外一个实值函数 $\lambda_2(x)$，使得

$$\text{span}\{\mathrm{d}\lambda_1(x), \mathrm{d}L_f\lambda_1(x), \mathrm{d}\lambda_2(x)\} = G_0^{\perp}$$

由于

$$\mathrm{d}\lambda_1(x) = (1 \quad 0 \quad 0 \quad 0 \quad -1)$$
$$\mathrm{d}L_f\lambda_1(x) = \mathrm{d}x_2 = (0 \quad 1 \quad 0 \quad 0 \quad 0)$$

因此，函数 $\lambda_2(x)$ [其微分与 $\mathrm{d}\lambda_1(x)$ 和 $\mathrm{d}L_f\lambda_1(x)$ 线性无关且被 G_0 中的向量零化] 的形式其实是函数

$$\lambda_2(x) = x_4$$

至此，在引理 5.2.2 的证明中所阐释的过程就结束了。由构造知，两个函数 $\lambda_1(x)$ 和 $\lambda_2(x)$ 满足

$$L_{g_1}\lambda_1(x) = L_{g_2}\lambda_1(x) = L_{g_1}L_f\lambda_1(x) = L_{g_2}L_f\lambda_1(x) = 0$$
$$L_{g_1}\lambda_2(x) = L_{g_2}\lambda_2(x) = 0$$

并且除此之外，矩阵

$$\begin{pmatrix} L_{g_1}L_f^2\lambda_1(x) & L_{g_2}L_f^2\lambda_1(x) \\ L_{g_1}L_f\lambda_2(x) & L_{g_2}L_f\lambda_2(x) \end{pmatrix}$$

在点 x° 处非奇异。因此，以 $y_1 = \lambda_1(x)$ 和 $y_2 = \lambda_2(x)$ 为虚拟输出的系统有相对阶 $\{r_1, r_2\} = \{3, 2\}$，满足 $r_1 + r_2 = 5 = n$。 $\triangleleft$

5.3　非交互控制

在一个多变量系统中，除了像精确线性化 (已在 5.2 节中讨论过)、渐近镇定、干扰解耦、输出跟踪等标准的综合问题，还希望能使用反馈来简化系统，至少从输入-输出的角度看，希望能将系统简化为一组互不相关的单输入单输出通道。本节将讨论这个问题，此即所谓的**非交互控制** (noninteracting control) 问题。为方便起见，从一个正式的定义开始。假设问题的求解点 x° 是向量场 $f(x)$ 的平衡点，即 $f(x^\circ) = 0$，假设对于所有的 $1 \leqslant i \leqslant m$ 有 $h_i(x^\circ) = 0$，并且反馈 (5.13) 保持该平衡点不变。此外，不失一般性，假设 $x^\circ = 0$。

非交互控制问题 (Noninteracting Control Problem)　给定如下形式的非线性系统：

$$\dot{x} = f(x) + \sum_{i=1}^{m} g_i(x)u_i$$
$$y_1 = h_1(x)$$
$$\vdots$$
$$y_m = h_m(x)$$

找到定义在 $x=0$ 的某一邻域 U 内的正则静态状态反馈控制律

$$u_i = \alpha_i(x) + \sum_{j=1}^{m} \beta_{ij}(x) v_j$$

其中 $\alpha_i(\cdot)$ 满足 $\alpha_i(0)=0$，使得闭环系统

$$\begin{aligned}
\dot{x} &= f(x) + \sum_{i=1}^{m} g_i(x)\alpha_i(x) + \sum_{j=1}^{m} \Big(\sum_{i=1}^{m} g_i(x)\beta_{ij}(x)\Big) v_j \\
y_1 &= h_1(x) \\
&\vdots \\
y_m &= h_m(x)
\end{aligned}$$

在平衡点 $x=0$ 处有一个向量相对阶，并且对于每一个 $1 \leqslant i \leqslant m$，如果 $j \neq i$，则输出 y_i 只受输入 v_i 影响，而不受 v_j 影响。

注记 5.3.1. 可用在 3.3 节中诠释的任何一种替代方式来描述当 $i \neq j$ 时输出 y_i 不受输入 v_j 影响的这个性质。于是，在特殊情况下，系统

$$\begin{aligned}
\dot{x} &= f(x) + g(x)\alpha(x) + g(x)\beta(x)v \\
y &= h(x)
\end{aligned}$$

的输出 y_i 不受输入 v_j 影响，当且仅当对于所有的 $r \geqslant 0$ 和在集合

$$\{f + g\alpha, (g\beta)_1, \ldots, (g\beta)_m\}$$

中任意选择的向量场 $\tau_1, \ldots, \tau_r$，恒等式

$$\begin{aligned}
&L_{(g\beta)_j} h_i(x) = 0 \\
&L_{(g\beta)_j} L_{\tau_1} \cdots L_{\tau_r} h_i(x) = 0
\end{aligned}$$

对于所有的 x 都成立，或者换言之，等式

$$\begin{aligned}
&\langle \mathrm{d}h_i, g_j \rangle (x) = 0 \\
&\langle \mathrm{d}h_i, [\tau_r, [\ldots, [\tau_1, g_j]]] \rangle (x) = 0
\end{aligned}$$

对于所有的 x 都成立。

闭环系统在平衡点 $x=0$ 处具有向量相对阶的性质可以避免平凡解，即使闭环系统的某一个输出根本不受任何输入影响的解。 $\lhd$

对**非交互控制问题**的主要结论是，该问题可解当且仅当系统具有向量相对阶，即该系统属于 5.1 节介绍的那类特殊的多变量系统。首先讨论充分性。

假设系统由 5.1 节所示的标准型给出，并且假设施加如下反馈律：

$$\begin{pmatrix} u_1 \\ u_2 \\ \vdots \\ u_m \end{pmatrix} = -A^{-1}(\xi, \eta) b(\xi, \eta) + A^{-1}(\xi, \eta) \begin{pmatrix} v_1 \\ v_2 \\ \vdots \\ v_m \end{pmatrix} \tag{5.26}$$

直接计算表明，施加该反馈而产生的系统由 m 组方程

$$
\begin{aligned}
\dot{\xi}_1^i &= \xi_2^i \\
&\vdots \\
\dot{\xi}_{r_i-1}^i &= \xi_{r_i}^i \\
\dot{\xi}_{r_i}^i &= v_i \\
y_i &= \xi_1^i
\end{aligned}
$$

$(1 \leqslant i \leqslant m)$ 和另外一组方程

$$
\dot{\eta} = q(\xi,\eta) - p(\xi,\eta)A^{-1}(\xi,\eta)b(\xi,\eta) + p(\xi,\eta)A^{-1}(\xi,\eta)v
$$

共同描述。这些方程的结构 (它们相应于图 5.1 所示的框图) 表明已经实现了非交互性要求。事实上，输入 v_1 通过 r_1 个串联的积分器单独控制输出 y_1，输入 v_2 通过 r_2 个串联的积分器单独控制输出 y_2，以此类推。如果 $r = r_1 + r_2 + \ldots + r_m$ 不等于 n，则在闭环系统中会出现一个不可观测部分，其表现就像一个“汇点”，即它受所有输入和所有状态影响，但不对输出产生影响。另一方面，如果 $r = n$，则“汇点”不会出现，该闭环系统如 5.2 节所述，只由 m 条积分器链构成，其中每条链包含 r_i 个串联的积分器。另外注意到，无论哪种情况，这样获得的闭环的输入-输出行为都是线性系统的输入-输出行为，它由以下传递函数矩阵描述：

$$
H(s) = \begin{pmatrix}
\dfrac{1}{s^{r_1}} & 0 & \cdots & 0 \\
0 & \dfrac{1}{s^{r_2}} & \cdots & 0 \\
\vdots & \vdots & \vdots & \vdots \\
0 & 0 & \cdots & \dfrac{1}{s^{r_m}}
\end{pmatrix}
$$

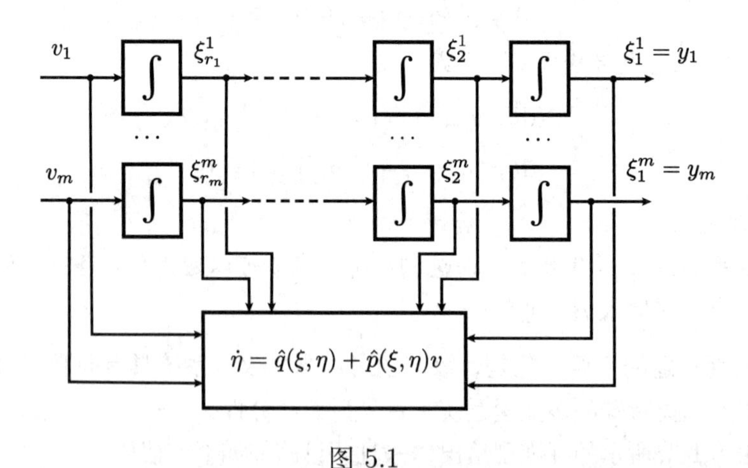

图 5.1

尽管使用标准型非常有助于理解如何解决非交互控制问题，但显然输入-输出非交互行为的实现与状态空间描述所使用的坐标无关。因此推知，给定 $\alpha(x)$ 和 $\beta(x)$ 分别为

$$
\alpha(x) = -A^{-1}(x)b(x), \quad \beta(x) = A^{-1}(x) \tag{5.27}
$$

其中 $A(x)$ 和 $b(x)$ 如式 (5.2) 和式 (5.9) [它是式 (5.26) 在原状态空间坐标下的表示] 所示，则如下形式的反馈：

$$u = \alpha(x) + \beta(x)v \tag{5.28}$$

可解**非交互控制问题**。该反馈称为**标准非交互反馈** (standard noninteractive feedback)。

由之前的讨论显然可知，对于在 $x = 0$ 处矩阵 $A(x)$ **非奇异的**任一系统，即对于在该点有 (向量) 相对阶的任一系统，利用在 $x = 0$ 的某一邻域内、对所有的 x 都有定义的静态状态反馈，可解决非交互控制问题。现在要证明，(向量) 相对阶的存在性也是该问题可解的一个**必要**条件。

命题 5.3.1. 考虑具有 m 个输入和 m 个输出的多变量非线性系统

$$\begin{aligned}
\dot{x} &= f(x) + \sum_{i=1}^{m} g_i(x)u_i \\
y_1 &= h_1(x) \\
&\vdots \\
y_m &= h_m(x)
\end{aligned}$$

非交互控制问题可解，当且仅当矩阵 $A(0)$ 非奇异，即系统在 $x = 0$ 处有向量相对阶 $\{r_1, \ldots, r_m\}$。

证明：假设对于某一个整数 r_i，有

$$L_{g_j} L_f^k h_i(x) = 0$$

对于所有的 $1 \leqslant j \leqslant m$、所有的 $k < r_i - 1$ 和 $x = 0$ 某一邻域中的所有 x 都成立，并且

$$(L_{g_1} L_f^{r_i-1} h_i(x) \ \cdots \ L_{g_m} L_f^{r_i-1} h_i(x))$$

在 $x = 0$ 的某一个邻域中不恒等于零。那么 (见引理 5.2.1) 对于所有的 $1 \leqslant j \leqslant m$、所有的 $k < r_i - 1$ 和属于 $x = 0$ 某一邻域的所有 x，也有

$$L_{(g\beta)_j} L_{f+g\alpha}^k h_i(x) = 0$$

成立。因此，如果非交互控制问题因某一个反馈 $u = \alpha(x) + \beta(x)v$ 可解，并且相应的闭环系统有 (向量) 相对阶 $\{\bar{r}_1, \ldots, \bar{r}_m\}$，则必然有 $\bar{r}_i \geqslant r_i$ (这也表明每一个 r_i 一定是有限的)。

假设 $\bar{r}_i$ 严格大于 r_i，那么

$$\begin{aligned}
0 &= (L_{(g\beta)_1} L_{f+g\alpha}^{r_i-1} h_i(x) \ \cdots \ L_{(g\beta)_m} L_{f+g\alpha}^{r_i-1} h_i(x)) \\
&= (L_{g_1} L_f^{r_i-1} h_i(x) \ \cdots \ L_{g_m} L_f^{r_i-1} h_i(x))\beta(x)
\end{aligned}$$

容易看到，这意味着 $\text{rank}(\beta(0)) < m$。事实上，如果 $\text{rank}(\beta(0)) = m$，则对于 $x = 0$ 某一邻域中的所有 x，有 $\text{rank}(\beta(x)) = m$。这与在 $x = 0$ 的某一个邻域中

$$(L_{g_1} L_f^{r_i-1} h_i(x) \ \cdots \ L_{g_m} L_f^{r_i-1} h_i(x))$$

不恒等于零的假设相矛盾。于是 $\text{rank}(\beta(0)) < m$，因而也有 $\text{rank}(g(0)\beta(0)) < m$。

现在 (回忆命题 5.1.2 的证明)，如果闭环系统有向量相对阶 $\{\bar{r}_1,\ldots,\bar{r}_m\}$，则矩阵

$$\bar{A}(x)=\begin{pmatrix} L_{f+g\alpha}^{\bar{r}_1-1}h_1(x)\\ \vdots \\ L_{f+g\alpha}^{\bar{r}_m-1}h_m(x)\end{pmatrix} g(x)\beta(x)$$

在 $x=0$ 处非奇异。但这与 $\text{rank}(g(0)\beta(0))<m$ 的事实相矛盾，从而得到 $\bar{r}_i=r_i$。

如此得到

$$\bar{A}(x)=A(x)\beta(x)$$

由此推知，$A(x)$ 和 $\beta(x)$ 在 $x=0$ 处非奇异。 $\lhd$

鉴于矩阵 $A(x)$ 对解决非交互控制问题的重要性，有时将其称为系统的**解耦矩阵** (decoupling matrix)，此处"解耦"的意思是"单独的输入-输出通道相互隔离"。从命题 5.3.1 看到，在 $x=0$ 处具有向量相对阶的这类系统，与借助于静态状态反馈使非交互控制问题在点 $x=0$ 附近可解的那类系统实际上是相同的。换言之，可以说本章到目前为止所考虑的这类特殊的多变量非线性系统就是能通过静态状态反馈实现非交互性的那类系统。

注记 5.3.2. 可将之前的分析简单地推广到输入通道数 m 大于输出通道数 p 的系统。在这种情况下，非交互控制问题变为找到一个正则静态状态反馈和将输入向量 v 分为 p 个不相交集合

$$v=\text{col}(v_1,v_2,\ldots,v_p)$$

的一种划分方式，使得在相应的闭环中，每一个输出通道 y_i $(1\leqslant i\leqslant p)$ 只受相应的输入集合 v_i 影响 (而不受 v_j 影响，如果 $j\neq i$)。命题 5.3.1 的一个相当简单的扩展表明，当且仅当矩阵 $A(x^\circ)$ 的秩为 p 时 (即等于输出通道数)，所讨论的问题可解。

必要性的证明几乎与命题 5.3.1 的必要性证明完全相同。至于充分性，其证明基于标准型的一个适当扩展。读者将不难理解，对于输入通道数 m 大于输出通道数 p 的系统，可以在矩阵 $A(x)$ 秩为 p 的假设下给出与目前所用标准型类似的一个标准型，因为在此假设下，命题 5.1.2 指出的局部坐标选择仍然有效 (见注记 5.1.3)。由此推导出的标准型与 5.1 节所讨论的标准型结构相同，只存在形式上的差异，即 m $(m>p)$ 个输入分量出现在恰当的位置上。如果 $A(x)$ 的秩为 p，则方程组

$$\begin{pmatrix} L_f^{r_1}h_1(x)-v_1\\ L_f^{r_2}h_2(x)-v_2\\ \vdots \\ L_f^{r_p}h_p(x)-v_p\end{pmatrix}+A(x)u=0$$

对于任一 p 元组 $v_1,\ldots,v_p$ 都能解出 u。施加相应的反馈后产生一个闭环系统，其中 v_i 只影响 y_i，$1\leqslant i\leqslant p$。 $\lhd$

在本节结束之际，针对一个已利用静态状态反馈实现了非交互性的系统，对其稳定性问题做些讨论。由图 5.1 所示的框图可见，利用反馈 (5.28) 得到的非交互闭环，其内部结构由

一共 m 条 (每条 r_i 个) 积分器链构成，这 m 条积分器链都馈送给 (不可观测的) 子系统

$$\dot{\eta} = q(\xi, \eta) - p(\xi, \eta)A^{-1}(\xi, \eta)b(\xi, \eta) + p(\xi, \eta)A^{-1}(\xi, \eta)v$$

在这个非交互系统上施加额外的反馈

$$v_i = -c_0^i \xi_1^i - c_1^i \xi_2^i - \ldots - c_{r_i-1}^i \xi_{r_i}^i + \bar{v}_i$$

它在原坐标系下为

$$v_i = -c_0^i h_i(x) - c_1^i L_f h_i(x) - \ldots - c_{r_i-1}^i L_f^{r_i-1} h_i(x) + \bar{v}_i \tag{5.29}$$

$1 \leqslant i \leqslant m$，所产生的整个闭环仍然是非交互的，由以下方程组描述：

$$\dot{\xi}^i = \begin{pmatrix} 0 & 1 & 0 & \cdots & 0 \\ 0 & 0 & 1 & \cdots & 0 \\ \vdots & \vdots & \vdots & \vdots & \vdots \\ 0 & 0 & 0 & \cdots & 1 \\ -c_0^i & -c_1^i & -c_2^i & \cdots & -c_{r_i-1}^i \end{pmatrix} \xi^i + \begin{pmatrix} 0 \\ 0 \\ \vdots \\ 0 \\ 1 \end{pmatrix} \bar{v}_i$$

$$y_i = (1 \ \ 0 \ \ 0 \ \ \cdots \ \ 0)\, \xi^i$$

其中 $1 \leqslant i \leqslant m$，且

$$\dot{\eta} = \bar{q}(\xi, \eta) + \bar{p}(\xi, \eta)\bar{v}$$

式中 $\bar{q}(\xi, \eta)$ 和 $\bar{p}(\xi, \eta)$ 为适当的函数。

特别是，这样得到的系统具有线性的输入-输出行为，由以下对角传递函数矩阵描述：

$$H(s) = \begin{pmatrix} \dfrac{1}{d_1(s)} & 0 & \cdots & 0 \\ 0 & \dfrac{1}{d_2(s)} & \cdots & 0 \\ \vdots & \vdots & \vdots & \vdots \\ 0 & 0 & \cdots & \dfrac{1}{d_m(s)} \end{pmatrix}$$

其中

$$d_i(s) = c_0^i + c_1^i s + \ldots + c_{r_i-1}^i s^{r_i-1} + s^{r_i} \tag{5.30}$$

就内部渐近稳定性而言，从前面的方程组可见，该系统的结构与在 4.4 节通过一个类似反馈所得到的结构本质上相同。因此，利用 B.2 节的结论可得，如果该系统的零动态是渐近稳定的，且多项式 (5.30) 的所有根都位于左半复平面，则系统在 $(\xi, \eta) = (0, 0)$ 处是局部渐近稳定的。

注记 5.3.3. 由前面的讨论显然可知，零动态的渐近稳定性是实现非交互控制并保持内部稳定性的一个**充分**条件。然而必须强调，该条件通常**并非**一个必要条件。事实上，有可能存在这样的系统，其零动态并非渐近稳定 (甚至不稳定)，但仍有可能实现具有内部渐近稳定性的非交互控制。对于那些可利用静态状态反馈来实现非交互控制并同时保持内部稳定性的系统，它们的确切描述需要更为复杂巧妙的分析，这些将在下一章中探讨。 ◁

注记 5.3.4. 前面的分析只考虑了 (内部的) 渐近稳定性，即在所有参考输入 $v_1, \ldots, v_m$ 都设置为零的特殊情况下，闭环系统的渐近行为。通常，描述闭环系统的方程组有如下形式：

$$\dot{x}(t) = \tilde{f}(x) + \sum_{i=1}^{m} \tilde{g}_i(x)\bar{v}_i$$

回想一下，根据假设，$x^\circ = 0$ 是系统的一个平衡态，即 $f(0) = 0$ 且 $h(0) = 0$。如果系统的零动态是渐近稳定的，并且反馈被选择为标准非交互反馈 (5.28) 和镇定反馈 (5.29) 的复合 [多项式 (5.30) 的所有根当然都位于左半复平面]，则在 $x = 0$ 处向量场 $\tilde{f}(x)$ 有一个渐近稳定的平衡态。于是，正如 4.4 节所示，利用 B.2 节所述结果可得，对于每一个[①] $\varepsilon > 0$，存在 $\delta > 0$ 和 $K > 0$，使得由

$$\|x(0)\| < \delta, |v_i(t)| < K, \quad \forall t \geqslant 0, 1 \leqslant \forall i \leqslant m$$

可推出 $\|x(t)\| < \varepsilon$，$\forall t \leqslant 0$。 $\lhd$

在结束本节时，注意到，对于在平衡点 x° 处具有 (向量) 相对阶的多变量系统，可用大致相同的方式解决像渐近输出复制、干扰解耦和模型匹配等问题，就像处理单输入单输出系统一样。相应的过程是已诠释过程的简单扩展，其推导可作为练习留给读者。例如，下面的陈述展示了如何解决干扰解耦问题。

命题 5.3.2. 考虑系统

$$\begin{aligned}
\dot{x} &= f(x) + \sum_{i=1}^{m} g_i(x)u_i + p(x)w \\
y_1 &= h_1(x) \\
&\vdots \\
y_m &= h_m(x)
\end{aligned}$$

假设此系统 (视为具有输入 $u_1, \ldots, u_m$ 和输出 $y_1, \ldots, y_m$ 的系统) 有 (向量) 相对阶 $\{r_1, \ldots, r_m\}$ (比如在 $x = 0$ 处)。存在一个反馈 $u = \alpha(x) + \beta(x)v$ 使得输出 y 与干扰 w 无关，当且仅当

$$L_p L_f^k h_i(x) = 0, \quad \text{对于所有的 } 0 \leqslant k \leqslant r_i - 1 \text{ 和所有的 } 1 \leqslant i \leqslant m$$

存在一个反馈 $u = \alpha(x) + \beta(x)v + \gamma(x)w$ 使得输出 y 与干扰 w 无关，当且仅当

$$L_p L_f^k h_i(x) = 0, \quad \text{对于所有的 } 0 \leqslant k \leqslant r_i - 2 \text{ 和所有的 } 1 \leqslant i \leqslant m$$

5.4　扩展动态以获得相对阶

前几节的分析表明，在 x° 处具有 (向量) 相对阶的非线性系统 (5.1) 适宜于实现一些密切相关的控制策略。例如，可通过状态反馈使该系统变为非交互的 (从输入-输出的角度看)。另

① 原文此处没有强调这些数大于零，这里按标准写法加以修正。后面还有类似的改动，不再说明。——译者注

外，如果等式 $r_1 + \ldots + r_m = n$ 成立，则可以通过状态反馈和坐标变换将该系统变成一个完全线性的可控系统。注意，考虑到在 5.1 节中阐释的性质，这后一个条件恰好是定义系统零动态的流形 $Z^\star$ 退化为单个点 x° 的条件。在这种情况下，称该系统具有平凡的零动态。

本节旨在说明，在某些假设下，可利用相较目前所用过的更为一般的控制律来改变一个没有向量相对阶的系统，使之成为确实具有向量相对阶的新系统。当然，这不可能通过静态状态反馈 (5.1) 实现，因为正如引理 5.2.1 的证明所示，一个系统的相对阶在这类反馈之下是不变的。这里将使用包含另外一组状态变量的反馈结构，即动态状态反馈。正如在 4.5 节中所预先指出的 [具体见式 (4.46)]，该类型反馈可由以下方程组建模：

$$\begin{aligned} u &= \alpha(x,\zeta) + \beta(x,\zeta)v \\ \dot{\zeta} &= \gamma(x,\zeta) + \delta(x,\zeta)v \end{aligned} \tag{5.31}$$

借助于一个简单的例子，可以很容易地看出为何增加辅助状态变量有助于获得相对阶。

例 5.4.1. 考虑一个定义在 $\mathbb{R}^4$ 上的形如式 (5.1) 的 2 输入 2 输出系统，其中

$$f(x) = \begin{pmatrix} 0 \\ x_4 \\ \lambda x_3 + x_4 \\ 0 \end{pmatrix}, \qquad g_1(x) = \begin{pmatrix} 1 \\ x_3 \\ 0 \\ 0 \end{pmatrix}, \qquad g_2(x) = \begin{pmatrix} 0 \\ 0 \\ 0 \\ 1 \end{pmatrix}$$

$$\begin{aligned} h_1(x) &= x_1 \\ h_2(x) &= x_2 \end{aligned}$$

此系统没有相对阶，因为这时矩阵 (5.2) 的形式为

$$L_g h(x) = \begin{pmatrix} 1 & 0 \\ x_3 & 0 \end{pmatrix}$$

对于所有 x，其秩都为 1。

该系统没有相对阶的原因在于 y_1 和 y_2 受输入影响的最低阶导数 (在本例中为 $y_1^{(1)}$ 和 $y_2^{(1)}$) 都受输入 u_1 影响，而不受 u_2 影响。因而，为获得相对阶，可尝试让 $y_1^{(1)}$ 和 $y_2^{(1)}$ 与 u_1 无关，即将 u_1 的出现“延迟”到 y_1 和 y_2 的高阶导数，并希望这种情况发生时 u_2 也出现。为使 $y_1^{(1)}$ 和 $y_2^{(1)}$ 与输入无关，特别是与输入的第一个分量 u_1 无关，只要令 u_1 等于另一个 (辅助) 动态系统的输出即可，这个辅助系统具有某一个内部状态 ζ，并且由一个新参考输入 v_1 驱动。如图 5.2 所示，实现此结果的最简单方式是令 u_1 等于一个由 v_1 驱动的“积分器”的输出，即令

$$\begin{aligned} u_1 &= \zeta \\ \dot{\zeta} &= v_1 \end{aligned}$$

为了记法上的一致，对于保持不变的第二个输入通道，也设

$$u_2 = v_2$$

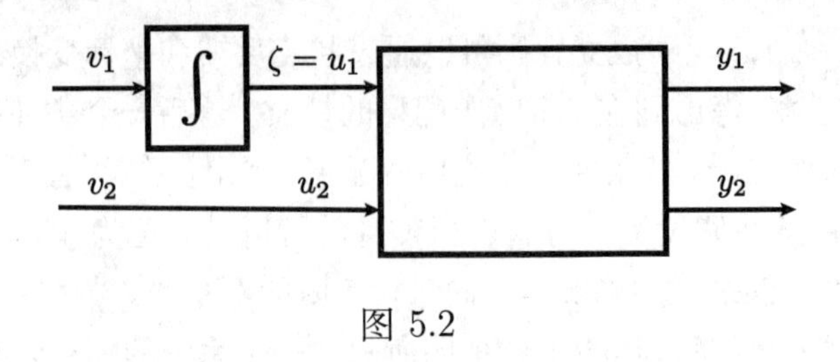

图 5.2

如此得到的复合系统由以下方程组描述:

$$\begin{aligned}\dot{\tilde{x}} &= \tilde{f}(\tilde{x}) + \tilde{g}_1(\tilde{x})v_1 + \tilde{g}_2(\tilde{x})v_2 \\ y &= h(x)\end{aligned}$$

其中 $\tilde{x} = (x, \zeta)$, 并且

$$\tilde{f}(x,\zeta) = \begin{pmatrix} \zeta \\ x_4 + x_3\zeta \\ \lambda x_3 + x_4 \\ 0 \\ 0 \end{pmatrix}, \qquad \tilde{g}_1(x,\zeta) = \begin{pmatrix} 0 \\ 0 \\ 0 \\ 0 \\ 1 \end{pmatrix}, \qquad \tilde{g}_2(x,\zeta) = \begin{pmatrix} 0 \\ 0 \\ 0 \\ 1 \\ 0 \end{pmatrix}$$

简单的计算表明, 现在

$$L_{\tilde{g}}h(x,\zeta) = \begin{pmatrix} 0 & 0 \\ 0 & 0 \end{pmatrix}$$

$$L_{\tilde{g}}L_{\tilde{f}}h(x,\zeta) = \begin{pmatrix} 1 & 0 \\ x_3 & 1 \end{pmatrix}$$

即, 所考虑的系统**具有** (向量) 相对阶 $\{2,2\}$。 ◁

既然已解释了为何增加辅助状态变量, 特别是在某些输入通道中加入**积分**有助于获得相对阶, 那么现在将叙述一个递归过程, 它实质上确定了必须添加积分的那些通道, 以及为获得预期目标, 即获得向量相对阶所需的积分器数量。将会看到, 该过程也包含了对原系统的一个反馈式修正, 因此, 将要确定的整个控制结构就是形如式 (5.31) 的一个动态反馈结构。以下, 正如本书多数章节中那样, 考虑一个输入和输出通道数均为 m 的多变量系统。仍然以符号 r_i 表示对于所有的 $k < r_i - 1$、所有的 $1 \leqslant j \leqslant m$ 和邻近 x° 的所有 x, 使

$$L_{g_j}L_f^k h_i(x) = 0$$

成立的最大整数, 但毫无疑问, 无须假设系统具有相对阶 $\{r_1, \ldots, r_m\}$, 即矩阵 (5.2) 不必为非奇异的。

动态扩展算法 (Dynamic extension algorithm) 考虑由式 (5.2) 定义的矩阵 $A(x)$, 并假设 $A(x)$ 的秩在 x° 的一个邻域中不变。如果该秩等于 m, 则系统在 x° 处有一个 (向量) 相对阶。若情况并非如此, 以 $a_i(x)$ $(1 \leqslant i \leqslant m)$ 表示 $A(x)$ 的第 i 行。不失一般性 (如有必要, 对输出

输出通道重新排序)，能够找到一个整数 $1 \leqslant p \leqslant m$、一组 $p-1$ 个光滑函数 $c_1(x), \ldots, c_{p-1}(x)$ (定义在 x° 的一个邻域内) 以及两个整数 i_0, j_0，使得 $c_{i_0}(x)$ 不恒等于零，

$$a_p(x) = \sum_{i=1}^{p-1} c_i(x) a_i(x)$$

且

$$a_{i_0 j_0}(x^\circ) = L_{g_{j_0}} L_f^{r_{i_0}-1} h_{i_0}(x^\circ) \neq 0$$

定义动态反馈

$$\begin{aligned} u_j &= v_j, \quad \text{对于 } j \neq j_0 \\ u_{j_0} &= \frac{1}{a_{i_0 j_0}(x)} \big(p(x) + q(x)\xi - \sum_{\substack{j=1 \\ j \neq j_0}}^{m} a_{i_0 j}(x) v_j\big) \\ \dot{\xi} &= v_{j_0} \end{aligned} \tag{5.32}$$

其中 $p(x)$ 和 $q(x)$ 是满足 $p(x^\circ) = 0$ 和 $q(x^\circ) = 1$ 的任意函数。

式 (5.1) 与式 (5.32) 的复合定义了一个新系统

$$\begin{aligned} \dot{x} &= f(x) + \sum_{\substack{j=1 \\ j \neq j_0}}^{m} g_j(x) v_j + \frac{g_{j_0}(x)}{a_{i_0 j_0}(x)} \big(p(x) + q(x)\xi - \sum_{\substack{j=1 \\ j \neq j_0}}^{m} a_{i_0 j}(x) v_j\big) \\ \dot{\xi} &= v_{j_0} \\ y_1 &= h_1(x) \\ &\vdots \\ y_m &= h_m(x) \end{aligned} \tag{5.33}$$

以系统 (5.33) 替换系统 (5.1) 并迭代该过程。

注记 5.4.2. 由于 $p(x^\circ) = 0$，所以点 $(x, \xi) = (x^\circ, 0)$ 是系统 (5.33) 的一个平衡态。 $\lhd$

注记 5.4.3. 注意到，动态扩展 (5.33) 的状态 ξ 满足

$$\xi = \frac{1}{q(x)} \left(\sum_{j=1}^{m} a_{i_0 j} u_j - p(x) \right) = \frac{1}{q(x)} \big(a_{i_0}(x) u - p(x)\big) \tag{5.34}$$

后面在证明命题 5.4.1 时会利用这个性质。 $\lhd$

注记 5.4.4. 在 u_{j_0} 的定义中考虑的两个函数 $p(x)$ 和 $q(x)$ 有时会有助于获得复合系统 (5.33) 的更简单的表示。特别注意到，由定义知，$y_{i_0}(t)$ 的第 r_{i_0} 阶导数可表示为

$$y_{i_0}^{(r_{i_0})} = L_f^{r_{i_0}} h_{i_0}(x) + \sum_{j=1}^{m} a_{i_0 j}(x) u_j$$

于是，在控制律 (5.32) 中选择

$$p(x) = -L_f^{r_{i_0}} h_{i_0}(x)$$

和 $q(x)=1$，就得到了 $y_{i_0}(t)$ 第 r_{i_0} 阶导数的一个简单表达式

$$y_{i_0}^{(r_{i_0})}=\xi$$

由上式又可得到

$$y_{i_0}^{(r_{i_0}+1)}=v_{j_0}$$

这说明，在复合系统 (5.33) 中，$y_{i_0}(t)$ 显式依赖于输入的最低阶导数就是其第 $(r_{i_0}+1)$ 阶导数。相应地，对于系统 (5.33) 的矩阵 (5.2) 来说，在其第 i_0 行中，除了第 j_0 个元素等于 1，其他元素均为零。 $\triangleleft$

动态扩展算法的目的是从矩阵 (5.2) 的秩不等于 m 的系统开始，构造一个扩展 (且被反馈修正的) 系统，使该系统中相应矩阵的秩能够更大，从而 (可能在经过若干次迭代之后) 能够等于 m。为了厘清在何种条件下会出现这种情况，有必要详细讨论该算法的一些有趣特征。

首先要说明，利用该算法构建的动态扩展在某种意义上总是“先天内蕴于”使一个系统具有向量相对阶的那些动态扩展之中。为了解释这个重要性质，不失一般性地假设 $x^\circ=0$，考虑形如式 (5.31) 的一个动态反馈律，以 ν 表示其状态向量 ζ 的维数，并假设 $\alpha(0,0)=0$ 且 $\gamma(0,0)=0$。在这种情况下，点 $(x,\zeta)=(0,0)$ 是闭环系统

$$\begin{aligned}\dot{x}&=f(x)+g(x)\alpha(x,\zeta)+g(x)\beta(x,\zeta)v\\ \dot{\zeta}&=\gamma(x,\zeta)+\delta(x,\zeta)v\\ y&=h(x)\end{aligned}\tag{5.35}$$

的一个平衡点。

如果复合系统 (5.35) 在 $(x,\zeta)=(0,0)$ 处有一个向量相对阶，则称动态反馈 (5.31) 为系统 (5.1) 的一个**正则化动态扩展** (regularizing dynamic extension)。

注记 5.4.5. 注意到，如果 $\dim(\zeta)=0$，则一个形如式 (5.31) 的反馈可简化为静态状态反馈

$$u=\alpha(x)+\beta(x)v$$

如果相应的闭环系统在 $x=0$ 处有一个向量相对阶，则 $\beta(x)$ 在 $x=0$ 处必然是非奇异的 (见命题 5.3.1 的证明)。因而，一个具有平凡维数的正则化动态扩展一定是一个正则静态反馈。 $\triangleleft$

命题 5.4.1. 设动态扩展算法已迭代 k 次，每次迭代均产生一个形如式 (5.32) 的反馈律。以

$$\begin{aligned}u&=H(x,\xi)+K(x,\xi)\tilde{v}\\ \dot{\xi}&=F(x,\xi)+G(x,\xi)\tilde{v}\end{aligned}\tag{5.36}$$

表示得到的 k 个反馈律的复合，其中 $\xi\in\mathbb{R}^k$。若存在系统 (5.1) 的任何一个正则化动态扩展

$$\begin{aligned}u&=\alpha(x,\zeta)+\beta(x,\zeta)v\\ \dot{\zeta}&=\gamma(x,\zeta)+\delta(x,\zeta)v\end{aligned}$$

则必然有 $k \leqslant \nu$，并且存在复合系统 (5.35) 状态空间中的一个局部坐标变换，它定义在点 $(x,\zeta)=(0,0)$ 的一个邻域内，使得 x 坐标保持不变，而 ζ 坐标被替换为以下一组坐标：

$$\begin{pmatrix} \xi \\ z \end{pmatrix} = \varPhi(x,\zeta), \quad \xi \in \mathbb{R}^k, z \in \mathbb{R}^{\nu-k}$$

该变换将系统 (5.35) 变换为如下形式：

$$\begin{aligned}
\dot{x} &= f(x) + g(x)\big(H(x,\xi) + K(x,\xi)[\tilde{\alpha}(x,\xi,z) + \tilde{\beta}(x,\xi,z)v]\big) \\
\dot{\xi} &= F(x,\xi) + G(x,\xi)[\tilde{\alpha}(x,\xi,z) + \tilde{\beta}(x,\xi,z)v] \\
\dot{z} &= \tilde{\gamma}(x,\xi,z) + \tilde{\delta}(x,\xi,z)v \\
y &= h(x)
\end{aligned}$$

换言之，可将反馈 (5.31) 视为由动态扩展算法构造的反馈 (5.36) 与一个形式为

$$\begin{aligned}
\tilde{v} &= \tilde{\alpha}(x,\xi,z) + \tilde{\beta}(x,\xi,z)v \\
\dot{z} &= \tilde{\gamma}(x,\xi,z) + \tilde{\delta}(x,\xi,z)v
\end{aligned}$$

的附加正则化动态扩展的复合。

证明：考虑复合系统 (5.35)。定义函数

$$\psi_1(x,\zeta) = \frac{1}{q(x)}\Big(a_{i_0}(x)\big(\alpha(x,\zeta) + \beta(x,\zeta)v\big) - p(x)\Big)$$

为了解释为何使用上式等号左边的记法，先来证明此表达式的等号右边与变量 v 无关。根据构造有

$$y_i^{(r_i)} = L_f^{r_i} h_i(x) + a_i(x)\big(\alpha(x,\zeta) + \beta(x,\zeta)v\big)$$

并且由假设知，复合系统 (5.35) 在 $(x,\zeta)=(0,0)$ 处有向量相对阶 $\{\tilde{r}_1,\ldots,\tilde{r}_m\}$，因此

$$r_i = \tilde{r}_i$$

当且仅当 $a_i(x)\beta(x,\zeta)$ 不恒等于零。

由反证法，假设 $\psi_1(x,\zeta)$ 依赖于 v，那么函数 $a_{i_0}(x)\beta(x,\zeta)$ 不恒等于零，并且相应地有 $r_{i_0} = \tilde{r}_{i_0}$。接下来，回想一下

$$c_{i_0}(x)a_{i_0}(x) = -\sum_{\substack{i=1 \\ i \neq i_0}}^{p} c_i(x)a_i(x)$$

其中 $c_p(x) = -1$。以 $\alpha(x,\zeta) + \beta(x,\zeta)v$ 分别右乘该式两边，并令关于 v 的系数矩阵相等，得到

$$c_{i_0}(x)a_{i_0}(x)\beta(x,\zeta) = -\sum_{\substack{i=1 \\ i \neq i_0}}^{p} c_i(x)a_i(x)\beta(x,\zeta) \tag{5.37}$$

由于 $c_{i_0}(x)$ 不恒等于零，$a_{i_0}(x)\beta(x,\zeta)$ 也不恒等于零，所以推知式 (5.37) 的等号右边不恒等于零，这又意味着对于每一个 $i \in I$ [I 是 $\{1,\ldots,i_0-1,i_0+1,\ldots,p\}$ 的某一个非空子集]，$a_i(x)\beta(x,\zeta)$ 不恒等于零。因而，对于每一个 $i \in I$ 有 $r_i = \tilde{r}_i$。由此得到，对于 $i = i_0$ 和 $i \in I$，$a_i(x)\beta(x,\zeta)$ 是复合系统 (5.35) 的解耦矩阵中的一行。如果式 (5.37) 成立，则该矩阵的秩不能为 m，即产生矛盾，这证明 $\psi_1(x,\zeta)$ 与 v 无关。

下面将证明

$$\left[\frac{\partial \psi_1}{\partial \zeta}\right](0,0) \neq 0 \tag{5.38}$$

再次考虑复合系统 (5.35)，并注意到，由 $\psi_1(x,\zeta)$ 的定义知

$$\begin{aligned} u_{j_0} &= \frac{1}{a_{i_0j_0}(x)}\big(p(x)+q(x)\psi_1(x,\zeta)-\sum_{\substack{j=1\\ j\neq j_0}}^{m} a_{i_0j}(x)u_j\big) \\ &= \frac{1}{a_{i_0j_0}(x)}\big(p(x)+q(x)\psi_1(x,0)-\sum_{\substack{j=1\\ j\neq j_0}}^{m} a_{i_0j}(x)u_j\big)+\phi(x,\zeta) \end{aligned}$$

其中

$$\phi(x,\zeta)=\frac{q(x)}{a_{i_0j_0}(x)}\big(\psi_1(x,\zeta)-\psi_1(x,0)\big)$$

如果式 (5.38) 不成立，则这样定义的函数 $\phi(x,\zeta)$ 满足

$$\phi(0,0)=0, \qquad \left[\frac{\partial \phi}{\partial x}\right](0,0)=0, \qquad \left[\frac{\partial \phi}{\partial \zeta}\right](0,0)=0 \tag{5.39}$$

现在考虑新的动态反馈律

$$\begin{aligned} u_j &= \alpha_j(x,\zeta)+\beta_j(x,\zeta)v, \quad \text{对于 } j \neq j_0 \\ u_{j_0} &= \frac{1}{a_{i_0j_0}(x)}\big(p(x)+q(x)\psi_1(x,0)-\sum_{\substack{j=1\\ j\neq j_0}}^{m} a_{i_0j}(x)u_j\big) \\ \dot{\zeta} &= \gamma(x,\zeta)+\delta(x,\zeta)v \end{aligned} \tag{5.40}$$

并注意到 [由于式 (5.39)]，式 (5.40) 与反馈律 (5.31) 在 $(x,\zeta,v)=(0,0,0)$ 附近具有相同的线性近似。

这意味着复合系统 (5.1)–(5.31) 和复合系统 (5.1)–(5.40) 也在 $(x,\zeta,v)=(0,0,0)$ 附近有相同的线性近似。前者，即系统 (5.35)，根据假设有在 $(x,\zeta)=(0,0)$ 处非奇异的解耦矩阵。因此，后者也有在 $(x,\zeta)=(0,0)$ 处非奇异的解耦矩阵，因为系统的解耦矩阵在一个平衡点处的值只依赖于系统在该点处的线性近似。换言之，已经证明，若式 (5.38) 不成立，则复合系统 (5.1)–(5.40) 在 $(x,\zeta,v)=(0,0,0)$ 附近的线性近似具有非奇异的解耦矩阵。

现在注意到，在反馈律 (5.40) 中，u 的第 j_0 个分量不显式依赖于 ζ，而只依赖于 x 和 u 的其他分量。因而，可将复合系统 (5.1)–(5.40) 视为一个只有 $m-1$ 个输入通道的系统：

$$\dot{x}=\tilde{f}(x)+\sum_{\substack{j=1\\ j\neq j_0}}^{m}\tilde{g}_j(x)u_j$$

[将 u_{j_0} 代入式 (5.1) 而得] 与一个形式为

$$\begin{aligned} u_j &= \alpha_j(x,\zeta) + \beta_j(x,\zeta)v, \quad \text{对于 } j \neq j_0 \\ \dot{\zeta} &= \gamma(x,\zeta) + \delta(x,\zeta)v \end{aligned}$$

的动态反馈复合而成。对这两个系统取线性近似，可看到它们的复合不可能有非奇异的解耦矩阵，因为前一个系统只有 $m-1$ 个输入。因此可知式 (5.38) 一定成立。

由于式 (5.38) 成立，所以可用新变量

$$\xi_1 = \psi_1(x,\zeta)$$

来替换 ζ 的 ν 个分量中的一个，即满足

$$\left[\frac{\partial \psi_1}{\partial \zeta_i}\right](0,0) \neq 0$$

的任一分量 ζ_{i^*}。事实上，映射

$$\begin{aligned} \xi_1 &= \psi_1(x,\zeta) \\ \zeta_i &= \zeta_i, \quad \text{对于 } i \neq i^* \end{aligned}$$

有一个在 $(x,\zeta)=(0,0)$ 处非奇异的雅可比矩阵。

设

$$z = \mathrm{col}(\zeta_1, \ldots, \zeta_{i^*-1}, \zeta_{i^*+1}, \ldots, \zeta_\nu)$$

现在，将要在新坐标 (x,ξ_1,z) 下表示闭环系统 (5.35)。为此注意到，由于 $\psi_1(x,\zeta)$ 不依赖于 v，所以有

$$\begin{aligned} \dot{\xi}_1 &= \frac{\partial \psi_1}{\partial x}\big(f(x) + g(x)\alpha(x,\zeta) + g(x)\beta(x,\zeta)v\big) \\ &\quad + \frac{\partial \psi_1}{\partial \zeta}\big(\gamma(x,\zeta) + \delta(x,\zeta)v\big) \\ &= \tilde{\alpha}_{j_0}(x,\xi_1,z) + \tilde{\beta}_{j_0}(x,\xi_1,z)v \end{aligned}$$

和

$$u_{j_0} = \frac{1}{a_{i_0 j_0}(x)}\Big(p(x) + q(x)\xi_1 - \sum_{\substack{j=1 \\ j\neq j_0}}^{m} a_{i_0 j}(x)u_j\Big)$$

另一方面，对于 $\dot{z}$ 和 u 的其余分量来说，通用表达式

$$\begin{aligned} u_j &= \tilde{\alpha}_j(x,\xi_1,z) + \tilde{\beta}_j(x,\xi_1,z)v, \quad \text{对于 } j \neq j_0 \\ \dot{z} &= \tilde{\gamma}(x,\xi_1,z) + \tilde{\delta}(x,\xi_1,z)v \end{aligned}$$

成立。这证明当 $k=1$ 时命题成立。简单的迭代可完成对任意 k 的证明。 $\lhd$

注记 5.4.6. 在动态扩展算法的描述中指出的且算法每次迭代都需要的条件是矩阵 $A(x)$ 在 $x=0$ 的一个邻域中具有常数秩。因此，假设算法可以迭代 k 次就是假设对于原系统和随后

在每次迭代结束时所构建的复合系统，该条件都成立。实际上，值得说明的是，在上述命题的证明中，需要的是一个更弱的假设，即仅需要

$$a_p(x) = \sum_{i=1}^{p-1} c_i(x) a_i(x)$$

能够成立，其中，对于某些 i_0, j_0，$c_{i_0}(x)$ 不恒等于零，且 $a_{i_0 j_0}(x^\circ) \neq 0$。 ◁

前一结果说明，如果动态扩展算法可以迭代 k 次，并且如果存在任何一个动态反馈使得所产生的复合系统在 $(x,\zeta)=(0,0)$ 处有向量相对阶，那么，作为一个子系统，该反馈必然包含由动态扩展算法构建的 k 维动态反馈 (见图 5.3)。在此意义下，可将该算法视为"攻克"构造正则化动态扩展这个问题的一种"规范"手段，如果这样的扩展真的存在。

命题 5.4.1 还表明，如果动态扩展算法在有限次迭代后成功地产生了一个具有向量相对阶的扩展系统，则由该算法生成的动态反馈 [即在每次迭代中定义的形如式 (5.32) 的简单一维动态扩展的复合] 一定具有最小的可能维数 (相较于任何其他正则化动态扩展而言)。通常，形如式 (5.32) 的简单动态扩展包括许多不确定的选择，比如整数 i_0, j_0 及函数 $p(x), q(x)$ 的选择。这些选择确实会影响算法继续执行的可能性，因为它们在后面的某一阶段可能会影响矩阵 $A(x)$ 在平衡态某一个邻域内具有常数秩这个常用假设。然而，如果对于不同的选择，该算法能够持续进行直到最终成功，则生成的不同正则化动态扩展总是具有相同的维数 (这特别是指，对于不同的成功选择，算法总是由相同的迭代次数构成)。事实上，利用命题 5.4.1，可以认为该算法产生的任何正则化动态扩展是任何其他动态扩展的一个子系统。因此，由该算法产生的任何两个正则化动态扩展一定具有相同的维数，差别仅在于坐标变换和正则静态反馈。

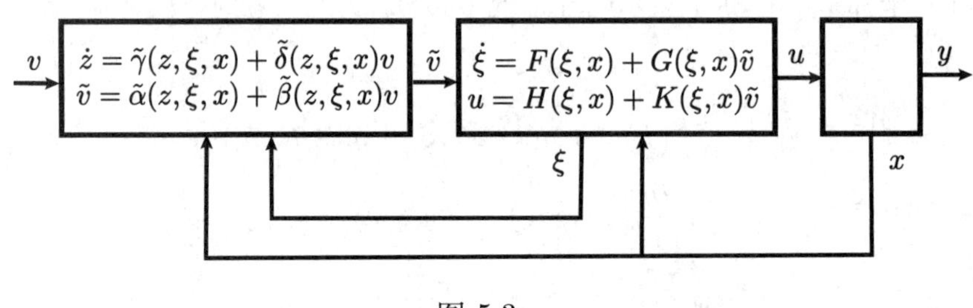

v
$\dot{z} = \tilde{\gamma}(z,\xi,x) + \tilde{\delta}(z,\xi,x)v$
$\tilde{v} = \tilde{\alpha}(z,\xi,x) + \tilde{\beta}(z,\xi,x)v$
$\tilde{v}$
$\dot{\xi} = F(\xi,x) + G(\xi,x)\tilde{v}$
$u = H(\xi,x) + K(\xi,x)\tilde{v}$
u
y
ξ
x

图 5.3

现将命题 5.4.1 的结果表示为如下方式，以备未来在解决非交互控制稳定性问题时使用这些性质。令 $\mathbf{S}$ 是一个形如式 (5.1) 的动态系统，并令 $\mathbf{R}$ 为 $\mathbf{S}$ 的一个正则化动态扩展。以 $\mathbf{S} \circ \mathbf{R}$ 表示 $\mathbf{S}$ 和 $\mathbf{R}$ 的复合，即表示如下定义的系统：

$$\begin{aligned}
\dot{x} &= f(x) + g(x)\alpha(x,\zeta) + g(x)\beta(x,\zeta)v \\
\dot{\zeta} &= \gamma(x,\zeta) + \delta(x,\zeta)v \\
y &= h(x)
\end{aligned}$$

如果用以下方程组表示 $\mathbf{S}$ 的一个正则化动态扩展 $\mathbf{R}_1$：

$$\begin{aligned}
u &= \alpha_1(x,\zeta_1) + \beta_1(x,\zeta_1)v_1 \\
\dot{\zeta}_1 &= \gamma_1(x,\zeta_1) + \delta_1(x,\zeta_1)v_1
\end{aligned}$$

并且用以下方程组表示 $\mathbf{S}\circ\mathbf{R}_1$ 的一个正则化动态扩展 $\mathbf{R}_2$：

$$\begin{aligned}v_1 &= \alpha_2(x,\zeta_1,\zeta_2)+\beta_2(x,\zeta_1,\zeta_2)v\\ \dot{\zeta}_2 &= \gamma_2(x,\zeta_1,\zeta_2)+\delta_2(x,\zeta_1,\zeta_2)v\end{aligned}$$

则由方程组

$$\begin{aligned}u &= \alpha_1(x,\zeta_1)+\beta_1(x,\zeta_1)(\alpha_2(x,\zeta_1,\zeta_2)+\beta_2(x,\zeta_1,\zeta_2)v)\\ \dot{\zeta}_1 &= \gamma_1(x,\zeta_1)+\delta_1(x,\zeta_1)(\alpha_2(x,\zeta_1,\zeta_2)+\beta_2(x,\zeta_1,\zeta_2)v)\\ \dot{\zeta}_2 &= \gamma_2(x,\zeta_1,\zeta_2)+\delta_2(x,\zeta_1,\zeta_2)v\end{aligned}$$

描述的 $\mathbf{R}_2$ 和 $\mathbf{R}_1$ 的复合 $\mathbf{R}_2\circ\mathbf{R}_1$ 确实是 $\mathbf{S}$ 的一个正则化动态扩展。还注意到，如果系统 $\mathbf{S}$ 在 $x=0$ 处具有一个向量相对阶，则任一正则静态反馈 $\mathbf{F}$ 是 $\mathbf{S}$ 的一个 (具有平凡维的) 正则化动态扩展。

以 $\mathcal{R}$ 表示 $\mathbf{S}$ 的所有正则化动态扩展的集合；以 $\mathcal{E}$ 表示 $\mathcal{R}$ 的一个子集，由动态扩展算法生成的所有正则化动态扩展构成，则命题 5.4.1 的结果可用以下方式重新表述。

命题 5.4.2. 假设 $\mathcal{E}$ 非空，则 $\mathcal{R}$ 也非空，并且对于每一个 $\mathbf{R}\in\mathcal{R}$，存在 $\mathbf{E}\in\mathcal{E}$ 和一个 (可能为动态的) 反馈 $\mathbf{R}'$ (它是 $\mathbf{S}\circ\mathbf{E}$ 的一个正则化动态扩展)，使得

$$\mathbf{S}\circ\mathbf{R}\ \text{局部微分同胚于}\ \mathbf{S}\circ\mathbf{E}\circ\mathbf{R}'$$

特别是，对于每对 $\mathbf{E}_1\in\mathcal{E}$，$\mathbf{E}_2\in\mathcal{E}$，存在 $\mathbf{S}\circ\mathbf{E}_2$ 的一个正则静态反馈 $\mathbf{F}$，使得

$$\mathbf{S}\circ\mathbf{E}_1\ \text{局部微分同胚于}\ \mathbf{S}\circ\mathbf{E}_2\circ\mathbf{F}$$

当然，在目前的设定下的一个显而易见的问题是，在确定能否通过动态扩展获得相对阶之前，应该迭代算法多少次？如下结果对这个问题提供了一个回答。

命题 5.4.3. 考虑系统 (5.1)。假设矩阵 (5.2) 对于 $x=0$ 某一邻域中的所有 x 都有常数秩 $q<m$。不失一般性 (如有必要，对输出重新排序)，假设矩阵 (5.2) 的前 q 行在 $x=0$ 某一邻域内的每一点 x 处都线性无关。令 $r^*=\min\{r_j\colon q+1\leqslant j\leqslant m\}$。如果集合 $\mathcal{E}$ 非空，则在最多迭代 $(n-r_1-\ldots-r_q-r^*)q$ 次动态扩展算法之后，会得到一个系统，其中矩阵 (5.2) 的秩在原点任一邻域 U 内的某一点处，大于或等于 $q+1$。

证明：执行该算法首次迭代的一种可能方式实际如下：如有必要，对输入和输出重新排序，然后取 $(i_0,j_0)=(1,1)$，并且按照注记 5.4.4 中所建议的，选择 $p(x)=-L_f^{r_1}h_1(x)$ 和 $q(x)=1$。那么容易看到，这产生了一个扩展系统，其中

$$y_1^{(r_1+1)}=v_1$$

$$\begin{pmatrix}y_2^{(r_2)}\\ \vdots\\ y_m^{(r_m)}\end{pmatrix}=\bar{b}(x,\xi_1)+\bar{A}(x)\bar{v}$$

这里 $\bar{b}(x,\xi_1)$ 是一个 $(m-1)$ 维向量, $\bar{A}(x)$ 是一个 $(m-1)\times(m-1)$ 阶矩阵, $\bar{v}=\mathrm{col}(v_2,\ldots,v_m)$。特别是，矩阵 $\bar{A}(x)$ 根据构造满足

$$A(x)\begin{pmatrix}1/a_{11}(x) & -a_{12}(x)/a_{11}(x) & \cdots & -a_{1m}(x)/a_{11}(x)\\ 0 & 1 & \cdots & 0\\ \vdots & \vdots & \vdots & \vdots\\ 0 & 0 & \cdots & 1\end{pmatrix}=\begin{pmatrix}1 & 0\\ * & \bar{A}(x)\end{pmatrix}$$

它在 $x=0$ 的一个邻域内有常数秩 $q-1$。如果 $q>1$，则在第二次迭代中可以类似地选择 $(i_0,j_0)=(2,2)$ 并得到一个扩展系统，其中

$$\begin{aligned}y_1^{(r_1+1)}&=v_1\\ y_2^{(r_2+1)}&=v_2\end{aligned}$$

而对于 $i>2$，$y_2^{(r_i)}$ 不依赖于 v_1,v_2，但如果 $q>2$，则 $y_2^{(r_i)}$ 有可能依赖于 $v_3,\ldots,v_m$。于是，在 q 次这样的迭代之后，可得到一个扩展系统，其中

$$\begin{aligned}y_1^{(r_1+1)}&=v_1\\ &\vdots\\ y_q^{(r_q+1)}&=v_q\\ y_i^{(r_i)}&=\psi_i(x,\xi_1,\ldots,\xi_q),\quad q+1\leqslant i\leqslant m\end{aligned}$$

检查最后一个方程可推知，对于每一个 $q+1\leqslant i\leqslant m$，使 $y_i^{(\tilde{r}_i)}$ 显式依赖于 v 的最小整数 $\tilde{r}_i$ 严格大于 r_i。为了便于表示，设

$$\tilde{r}_i=r_i+1+s_{i1}$$

其中 $s_{i1}\geqslant 0$。如果对于某一个 $q+1\leqslant i\leqslant m$，$y_i^{(\tilde{r}_i)}$ 显式依赖于输入 $v_{q+1},\ldots,v_m$ 中的任何一个，那么在原点的任一邻域中的某一点处，矩阵 (5.2) 的秩至少增大 1。否则，对于所得的扩展系统 (维数为 $n+q$)，矩阵 (5.2) 的形式为

$$\begin{pmatrix}I_q & 0\\ * & 0\end{pmatrix}$$

对于这个系统，可以再迭代 q 次动态扩展算法，以便获得一个扩展系统 (现在其维数为 $n+2q$)，其中

$$\begin{aligned}y_1^{(r_1+2)}&=v_1\\ &\vdots\\ y_q^{(r_q+2)}&=v_q\end{aligned}$$

并且对于每一个 $q+1\leqslant i\leqslant m$，使 $y_i^{(\tilde{r}_i)}$ 显式依赖于 v 的最小整数 $\tilde{r}_i$ 可表示为

$$\tilde{r}_i=r_i+2+s_{i2}$$

其中 $s_{i2} \geqslant 0$。同样，如果 $y_i^{(\tilde{r}_i)}$ 显式依赖于输入 $v_{q+1}, \ldots, v_m$ 中的任何一个，则矩阵 (5.2) 的秩已经增大，否则可以再迭代 q 次算法。

由于根据假设集合 $\mathcal{E}$ 非空，并且由命题 5.4.1 知 $\mathcal{E}$ 的所有元素都是相互等价的 (取决于正则状态反馈和坐标变换)，所以在有限次迭代之后，该过程一定会产生一个扩展系统，其中矩阵 (5.2) 的秩在原点的任一邻域中的某一点处至少为 $q+1$。

假设需要 kq 次迭代才能得到这样一个系统，为了方便，将其记为

$$\begin{aligned} \dot{\tilde{x}} &= \tilde{f}(\tilde{x}) + \tilde{g}(\tilde{x})\tilde{u} \\ y &= \tilde{h}(\tilde{x}) \end{aligned}$$

对于某一个 $q+1 \leqslant i \leqslant m$ 和某一个 $s_{ik} \geqslant 0$，矩阵

$$\begin{pmatrix} \mathrm{d}L_{\tilde{f}}^{r_1+k}\tilde{h}_1(\tilde{x}) \\ \vdots \\ \mathrm{d}L_{\tilde{f}}^{r_q+k}\tilde{h}_q(\tilde{x}) \\ \mathrm{d}L_{\tilde{f}}^{r_i+k+s_{ik}}\tilde{h}_i(\tilde{x}) \end{pmatrix} \tilde{g}(\tilde{x})$$

在某一点 $\tilde{x}^\circ$ 处的秩为 $q+1$。因此 (见引理 5.1.1 和注记 5.1.3)，在 $\tilde{x}^\circ$ 某一邻域 U° 中的每一点处，函数

$$\{L_{\tilde{f}}^s \tilde{h}_j(\tilde{x})\colon 0 \leqslant s \leqslant r_j + k, 1 \leqslant j \leqslant q, j = i\}$$

的微分是线性无关的。状态变量 $\tilde{x}$ 的维数等于 $n + kq$，而这些函数的数目等于 $(r_1 + \ldots + r_q + r_i) + k(q+1)$。这些函数的微分的线性无关性意味着

$$(r_1 + \ldots + r_q + r_i) + k(q+1) \leqslant n + kq$$

即

$$k \leqslant n - (r_1 + \ldots + r_q + r_i)$$

证毕。 $\triangleleft$

当然，如果存在一个形如式 (5.31) 的反馈，将原系统 (5.1) 变成在扩展状态空间中 $(x, \zeta) = (0, 0)$ 处具有向量相对阶的新系统，其形式为系统 (5.35)，那么，形如

$$v = \bar{\alpha}(x, \zeta) + \bar{\beta}(x, \zeta)\bar{v}$$

的附加静态反馈 (例如，可在 5.3 节所述结果的基础上确定一个标准的非交互反馈) 能够使每一个输出 y_i 仅依赖于新参考输入 $\bar{v}$ 的第 i 个分量，而不依赖于其他分量。换言之，通过*动态*状态反馈可使原系统 (5.1) 成为*非交互*系统。

具有向量相对阶的系统的另一个性质是，如果

$$r_1 + \ldots + r_m = n \tag{5.41}$$

其中 n 是状态空间的维数，则存在一个反馈和一个坐标变换，使原系统变为一个完全的线性可控系统。因此，如果能够利用动态反馈获得相对阶，并且*在扩展系统中*条件 (5.41) 得以满足，则可通过*动态*反馈和坐标变换，将原系统变换为一个完全的线性可控系统。

如果已经利用动态反馈获得相对阶，则前一条件中所包含的数据，即整数 n 和那些 r_i，在动态反馈被构造出来之前 (例如在动态扩展算法的所有次迭代成功完成之前) 是未知的。然而，可以在相当弱的假设下证明，像式 (5.41) 那样的条件得以满足，直接取决于原系统的一个简单性质，即不存在零动态。

为此，考虑形如式 (5.1) 的系统，满足 $f(0)=0$ 和 $h(0)=0$，并假设如果对于所有的 t 都有 $y(t)=0$，则一定有 $x(0)=0$ 和 $u(t)=0$ (对于所有的 t)，即假设由初始状态 $x^\circ=0$ 和输入 $u^\circ(t)=0$ 构成的平凡偶对是输出调零问题的唯一解。若是这种情况，则称系统具有**平凡零动态** (trivial zero dynamics)。还注意到，该性质的定义并不要求系统有任何 (向量) 相对阶。

现在立即意识到，一个具有平凡零动态的系统与一个形如式 (5.32) 的动态反馈的复合还是一个具有平凡零动态的系统。事实上，回想一下，这个动态反馈的状态 ξ 满足等式 (5.34)。根据假设，由于对系统 (5.1) 来说，$y(t)=0$ 意味着 $u(t)=0$、$x(t)=0$，并且函数 $p(x)$ 在 $x=0$ 处为零，因而可知，在复合系统 (5.33) 中，约束 $y(t)=0$ 意味着 $x(t)=0$、$\xi(t)=0$ 以及 $v(t)=0$。

现在假设动态扩展算法已经迭代了，比如 ν 次，用于产生一个在 $(x,\zeta)=(0,0)$ 处具有向量相对阶 $\{\tilde{r}_1,\ldots,\tilde{r}_m\}$ 的 $n+\nu$ 维扩展系统

$$\begin{aligned}\dot{x}&=f(x)+g(x)\alpha(x,\zeta)+g(x)\beta(x,\zeta)v\\ \dot{\zeta}&=\gamma(x,\zeta)+\delta(x,\zeta)v\\ y&=h(x)\end{aligned}\tag{5.42}$$

如果原系统 (5.1) 具有平凡零动态，则系统 (5.42) 也有平凡零动态，这蕴涵着 (实际上是等价于) 性质

$$\tilde{r}_1+\cdots+\tilde{r}_m=n+\nu$$

因为所讨论的系统在 $(x,\zeta)=(0,0)$ 处有一个向量相对阶。因此，通过反馈和坐标变换可使扩展系统 (5.42) 成为一个线性可控系统。

将这个有趣的性质总结如下。

命题 5.4.4. *假设系统 (5.1) 有一个平凡零动态。假设动态扩展算法可迭代，比如 ν 次，以产生一个正则化动态扩展。那么，利用 (局部定义的) 动态反馈和坐标变换，可将系统 (5.1) 变为一个线性可控系统。*

下一节将解释这个性质的应用。

5.5　实例

首先讨论本章所诠释的设计方法的一个简单应用：控制绕质心转动的一个刚体航天器系统。回忆可知 (见 1.5 节)，该系统能用以下方程建模：

$$\begin{aligned}\dot{\omega}&=J^{-1}S(\omega)J\omega+J^{-1}T\\ \dot{R}&=S(\omega)R\end{aligned}$$

其中 R 是一个 3×3 正交矩阵，$\det(R)=1$，描述了航天器相对于一个惯性固定参考系的转动，ω 是表示角速度的一个三维向量 (相对于固定在航天器上的参考系)。像 2.5 节那样，以下假设外部控制力来自一组燃气射流。相应地，设

$$T = Bu$$

其中 u 是表示控制力矩大小的向量，B 是常数矩阵。具体来说，假设可找到 3 个独立的控制力矩，以便矩阵 B 是非奇异的。

本例旨在利用形如式 (5.13) 的反馈来获得一个系统，其中新参考输入的每一个分量各自独立地控制航天器绕其一个参考轴转动。作为飞行器和空间力学中的惯例，需要按照以下方式操纵航天器从初始位置 (其参考轴与固定参考系的轴对齐) 转动到一般姿态 R：绕 a_3 轴转动一个角度 ψ，即**偏航** (yaw)，接着绕当前的 a_2 轴转动一个角度 θ，即**俯仰** (pitch)，之后再绕现在的 a_1 轴转动一个角度 ϕ，即**横滚** (roll)，如图 5.4 所示。

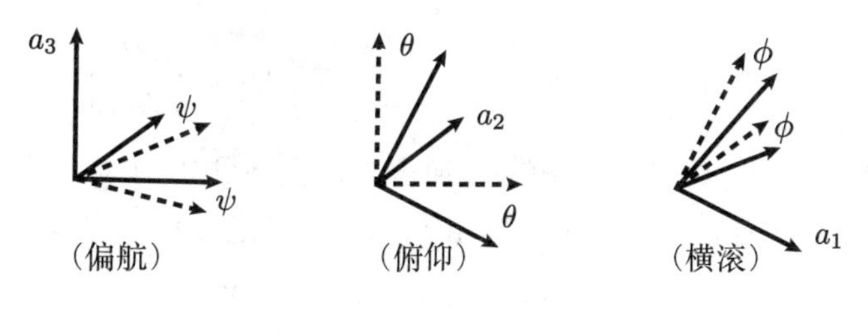

图 5.4

就像任何转动一样，这样描述的三个基本转动可用一个正交矩阵来表示，该矩阵中的每一个元素都是方向余弦。直接的计算表明，相应于这三种基本转动的矩阵分别为

$$R(\psi)=\begin{pmatrix}\cos\psi & \sin\psi & 0\\ -\sin\psi & \cos\psi & 0\\ 0 & 0 & 1\end{pmatrix}$$

$$R(\theta)=\begin{pmatrix}\cos\theta & 0 & -\sin\theta\\ 0 & 1 & 0\\ \sin\theta & 0 & \cos\theta\end{pmatrix}$$

$$R(\phi)=\begin{pmatrix}1 & 0 & 0\\ 0 & \cos\phi & \sin\phi\\ 0 & -\sin\phi & \cos\phi\end{pmatrix}$$

注意到，

$$R(\psi)=\mathrm{e}^{(A_1\psi)},\qquad R(\theta)=\mathrm{e}^{-(A_2\theta)},\qquad R(\phi)=\mathrm{e}^{(A_3\phi)}$$

其中，矩阵 A_1, A_2, A_3 是在 2.5 节中引入的三个矩阵：

$$A_1=\begin{pmatrix}0 & 1 & 0\\ -1 & 0 & 0\\ 0 & 0 & 0\end{pmatrix},\qquad A_2=\begin{pmatrix}0 & 0 & 1\\ 0 & 0 & 0\\ -1 & 0 & 0\end{pmatrix},\qquad A_3=\begin{pmatrix}0 & 0 & 0\\ 0 & 0 & 1\\ 0 & -1 & 0\end{pmatrix}$$

因此，之前描述的操作将航天器的姿态从初始值 $R=I$ (此时航天器自身的参考轴与固定参考系的轴对齐) 调整到由下式给出的终止值 R:

$$R=\mathrm{e}^{(A_3\phi)}\mathrm{e}^{-(A_2\theta)}\mathrm{e}^{(A_1\psi)}$$

这个表达式可解释为一个光滑映射

$$F\colon \mathbb{R}^3 \to SO(3)$$

对每一个三元组 (ψ,θ,ϕ) 都指定 3×3 正交矩阵集合 $SO(3)$ (其行列式值等于 1) 的一个元素

$$R=F(\psi,\theta,\phi)=\mathrm{e}^{(A_3\phi)}\mathrm{e}^{-(A_2\theta)}\mathrm{e}^{(A_1\psi)} \tag{5.43}$$

容易证明，映射 F 在 $R=I$ 的一个邻域内是局部可逆的 [这其实是映射在点 $(\psi,\theta,\phi)=0$ 处秩为 3 的一个推论，因为

$$\left[\frac{\partial F}{\partial \phi}\right]_{(\psi,\theta,\phi)=0}=A_3,\qquad \left[\frac{\partial F}{\partial \theta}\right]_{(\psi,\theta,\phi)=0}=-A_2,\qquad \left[\frac{\partial F}{\partial \psi}\right]_{(\psi,\theta,\phi)=0}=A_1$$

并且这三个矩阵 A_1,A_2,A_3 是线性无关的]。换言之，在 $SO(3)$ 中存在点 $R=I$ 的一个邻域 U，对于每一个 $R\in U$，有且仅有一个三元组 (ψ,θ,ϕ) 满足关系式 (5.43)。除此之外，映射

$$F^{-1}\colon U \to \mathbb{R}^3$$

是一个光滑映射，对每一个 $R\in U$ 指定了 (唯一的) 满足式 (5.43) 的三元组 $(\psi,\theta,\phi)=F^{-1}(R)$。

由这些讨论看到，在点 $R=I$ 附近，可用这三个角度 (ψ,θ,ϕ) 将定义航天器姿态的转动矩阵集合**参数化** (parametrize)。把这三个量视为控制系统的输出，则可以提出这样的问题：找到 (若存在) 形如式 (5.13) 的一个静态状态反馈，即

$$u=\alpha(R,\omega)+\sum_{i=1}^{3}\beta_i(R,\omega)v_i \tag{5.44}$$

使偏航角 ψ 只依赖于输入 v_1，俯仰角 θ 只依赖于输入 v_2，横滚角 ϕ 只依赖于输入 v_3，此即对所讨论的系统求解非交互控制问题。

注意到，描述反馈 (5.44) 的函数在形式上被表示为系统状态 (R,ω) 的函数。然而，如果姿态 R 的值属于集合 U [映射 (5.43) 在该集合中可逆]，则可以用 $F(\psi,\theta,\phi)$ 替换 R，从而将式 (5.44) 的等号右边重新写为关于 6 个变量 $(\psi,\theta,\phi,\omega_1,\omega_2,\omega_3)$ 的函数。

为了检验非交互控制问题是否可解，必须计算整数 r_1，r_2，r_3，并且检验矩阵 (5.2) 是否可逆。但这时不能直接计算表达式

$$L_{g_j}L_f^k h_i(x)$$

因为映射

$$\begin{pmatrix} y_1\\ y_2\\ y_3 \end{pmatrix}=\begin{pmatrix} \psi\\ \theta\\ \phi \end{pmatrix}=F^{-1}(R)$$

的第 i 个分量，即函数 $h_i(x)$ 的显式表达式无法得到。但如果利用 r_i 的含义，即使 y_i 的第 r_i 阶时间导数显式依赖于输入的最小整数，则可以间接地计算 r_1，r_2，r_3，以及矩阵 (5.2)。

现在的问题是对函数 $\phi(t)$，$\theta(t)$，$\phi(t)$ 求关于时间 t 的导数。为此，一种方便的途径是比较表达式

$$\dot{R} = \frac{\mathrm{d}}{\mathrm{d}t}\mathrm{e}^{(A_3\phi(t))}\mathrm{e}^{-(A_2\theta(t))}\mathrm{e}^{(A_1\psi(t))}$$

和

$$\dot{R} = S(\omega(t))R(t)$$

由于

$$\begin{aligned}&\frac{\mathrm{d}}{\mathrm{d}t}\mathrm{e}^{(A_3\phi(t))}\mathrm{e}^{-(A_2\theta(t))}\mathrm{e}^{(A_1\psi(t))}\\&\quad=(\dot{\phi}A_3-\dot{\theta}\mathrm{e}^{(A_3\phi)}A_2\mathrm{e}^{-(A_3\phi)}+\dot{\psi}\mathrm{e}^{(A_3\phi)}\mathrm{e}^{-(A_2\theta)}A_1\mathrm{e}^{(A_2\theta)}\mathrm{e}^{-(A_3\phi)})R\end{aligned}$$

且 R 是一个可逆矩阵，所以由这些表达式得到了一个关系式

$$\dot{\phi}A_3-\dot{\theta}\mathrm{e}^{(A_3\phi)}A_2\mathrm{e}^{-(A_3\phi)}+\dot{\psi}\mathrm{e}^{(A_3\phi)}\mathrm{e}^{-(A_2\theta)}A_1\mathrm{e}^{(A_2\theta)}\mathrm{e}^{-(A_3\phi)}=S(\omega)$$

上式必须对 $\dot{\psi}$，$\dot{\theta}$，$\dot{\phi}$ 求解。

注意到，上式中所有矩阵都是反对称的，具体为

$$\mathrm{e}^{(A_3\phi)}A_2\mathrm{e}^{-(A_3\phi)}=\begin{pmatrix}0 & \sin\phi & \cos\phi\\ -\sin\phi & 0 & 0\\ -\cos\phi & 0 & 0\end{pmatrix}$$

$$\mathrm{e}^{(A_3\phi)}\mathrm{e}^{-(A_2\theta)}A_1\mathrm{e}^{(A_2\theta)}\mathrm{e}^{-(A_3\phi)}=\begin{pmatrix}0 & \cos\theta\cos\phi & -\cos\theta\sin\phi\\ -\cos\theta\cos\phi & 0 & -\sin\theta\\ \cos\theta\sin\phi & \sin\theta & 0\end{pmatrix}$$

对前面的关系式求解 $\dot{\psi}$，$\dot{\theta}$，$\dot{\phi}$，一些简单的计算之后，得到

$$\mathrm{col}(\dot{\psi},\dot{\theta},\dot{\phi})=M(\psi,\theta,\phi)\omega$$

其中，矩阵

$$M(\psi,\theta,\phi)=\begin{pmatrix}0 & \sin\phi\sec\theta & \cos\phi\sec\theta\\ 0 & \cos\phi & -\sin\phi\\ 1 & \sin\phi\tan\theta & \cos\phi\tan\theta\end{pmatrix}$$

只依赖于 (ψ,θ,ϕ)，它对于原点某一个邻域内的所有 (ψ,θ,ϕ) 都可逆。

由于 $y(t)$ 的一阶导数没有分量显式依赖于输入 u，因此继续求二阶导数。显然，

$$y^{(2)}=\frac{\mathrm{d}M}{\mathrm{d}y}\frac{\mathrm{d}y}{\mathrm{d}t}+M\frac{\mathrm{d}\omega}{\mathrm{d}t}=\frac{\mathrm{d}M}{\mathrm{d}y}M\omega+MJ^{-1}S(\omega)J\omega+MJ^{-1}Bu$$

$y(t)$ 的二阶导数的表达式类型为

$$y^{(2)}=b(\psi,\theta,\phi,\omega_1,\omega_2,\omega_3)+A(\psi,\theta,\phi)u$$

由此推知，$r_1 = r_2 = r_3 = 2$。而且，由于矩阵

$$A(\psi,\theta,\phi) = M(\psi,\theta,\phi)J^{-1}B$$

在 $(\psi,\theta,\phi) = (0,0,0)$ 处是可逆的，所以可知，系统在该点有相对阶 $\{2,2,2\}$ 且非交互控制问题可解。可解该问题的一个静态状态反馈为

$$u = A^{-1}(\psi,\theta,\phi)(v - b(\psi,\theta,\phi,\omega_1,\omega_2,\omega_3)) \tag{5.45}$$

还注意到，由于系统的状态空间有六维 (见 1.5 节)，所以也满足条件

$$n = r_1 + r_2 + r_3$$

从而该系统可精确线性化。事实上，在坐标

$$x_1 = \mathrm{col}(\psi,\theta,\phi)$$
$$x_2 = M(\psi,\theta,\phi)\omega$$

之下，借助于反馈 (5.45) 而得到的闭环系统变为

$$\dot{x}_1 = x_2$$
$$\dot{x}_2 = v$$

接下来的两个例子展示 5.4 节中的某些结果如何控制一个通用航空飞行器，以及如何控制具有不可忽略关节弹性的双连杆机械手臂。

一个飞行器的动态模型可用三组一阶微分方程来描述，涉及以下几组状态变量：

- 相对于所谓的 “**风向轴** (wind axes)” 描述飞行器姿态的三个转角 (ψ,ϑ,ϕ)，这三个转角分别称为**偏航角** (yaw angle)、**俯仰角** (pitch angle) 和**横滚角** (roll angle)；

- 角速度向量 ω (相对于固定在飞行器上的参考系) 的分量，记为 (p,q,r)，这三个量分别称为**横滚角速度** (roll rate)、**俯仰角速度** (pitch rate) 和**偏航角速度** (yaw rate)；

- 沿飞行路径的速度幅值 V 以及两个角度 α 和 β，它们确定了相对于飞行器主对称轴的飞行路径的切向量方向。α 是飞行路径的切线与俯仰方向的纵轴之间的夹角，称为**攻角** (angle of attack)，见图 5.5，β 是飞行路径的切线与偏航方向的纵轴之间的夹角，称为**侧滑角** (sideslip angle)。

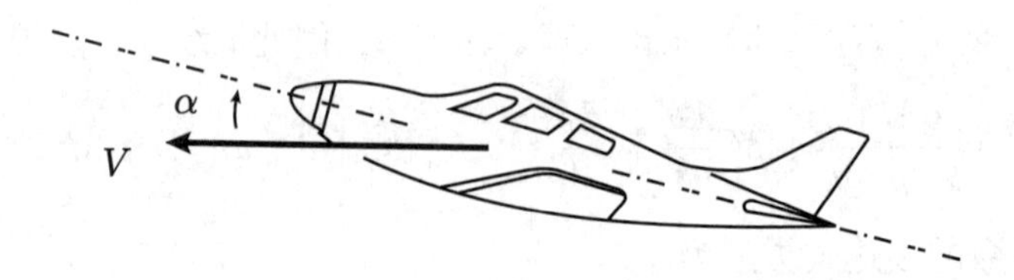

图 5.5

这三个转角 (ψ, ϑ, ϕ) 的时间导数可表示为

$$\mathrm{col}(\dot{\psi}, \dot{\vartheta}, \dot{\phi}) = M(\psi, \vartheta, \phi)\omega^\star$$

其中 $\omega^\star = \mathrm{col}(p^\star, q^\star, r^\star)$ 是角速度向量相对于风向轴的表示，$M(\psi, \vartheta, \phi)$ 是在前面例子中已引入的矩阵。

角速度向量 $\omega = \mathrm{col}(p, q, r)$ 的时间导数可表示为

$$\dot{\omega} = J^{-1}S(\omega)J\omega + J^{-1}T$$

其中 $S(\omega)$ 是 1.5 节中已引入的矩阵，J 是惯性矩阵，当前的形式为

$$J = \begin{pmatrix} I_x & 0 & -I_{xz} \\ 0 & I_y & 0 \\ -I_{xz} & 0 & I_z \end{pmatrix}$$

T 表示外部转矩向量。

最后，V，α 和 β 的时间导数为

$$\begin{aligned} \dot{V} &= -(D/m) - g\sin\vartheta \\ \dot{\alpha} &= q - q^\star \sec\beta - (p\cos\alpha + r\sin\alpha)\tan\beta \\ \dot{\beta} &= r^\star + p\sin\alpha - r\cos\alpha \end{aligned}$$

其中 D 是一个标量，称为**阻力** (drag force)，m 是飞行器质量，g 是重力加速度。

为使模型完备，必须指定在第一组和第三组方程中出现的三个变化率 $(p^\star, q^\star, r^\star)$ 如何与其他状态变量相关。这些关系式为:

$$\begin{aligned} p^\star &= p\cos\alpha\cos\beta + (q - \dot{\alpha})\sin\beta + r\sin\alpha\cos\beta \\ q^\star &= \frac{1}{mV}(L - mg\cos\vartheta\cos\phi) \\ r^\star &= \frac{1}{mV}(-S + mg\cos\vartheta\sin\phi) \end{aligned}$$

其中 S 和 L 是两个标量，分别称为**侧力** (side force) 和**升力** (lift force)。替换之前方程组中的 $(p^\star, q^\star, r^\star)$ 并求解 $\dot{\alpha}$，得到了由 9 个一阶微分方程构成的系统，其状态变量是 ψ，ϑ，ϕ，p，q，r，V，α，β，该系统描述了飞行器的动态。

外部转矩向量 T 和外力向量 $\mathrm{col}(D, L, S)$ 包含了输入变量。前一个向量可近似表示为

$$\begin{aligned} T = V &\begin{pmatrix} a_{12}r + a_{13}p \\ a_{23}q \\ a_{32}r + a_{33}p \end{pmatrix} + V^2 \begin{pmatrix} a_{11}\sin\beta \\ a_{21} + a_{22}\sin\alpha \\ a_{31}\sin\beta \end{pmatrix} \\ &+ V^2 \begin{pmatrix} b_{11}\cos\beta & 0 & b_{13}\cos\beta \\ 0 & b_{22}\cos\alpha & 0 \\ 0 & 0 & b_{33}\cos\beta \end{pmatrix} \begin{pmatrix} \delta_a \\ \delta_e \\ \delta_r \end{pmatrix} \end{aligned}$$

其中 a_{ij} 和 b_{ij} 是确定的空气动力学参数 (依赖于飞行器的几何外形、空气密度等因素)，δ_a，δ_e，δ_r 分别表示**副翼** (aileron)、**升降舵** (elevator) 和**方向舵** (rudder) 的偏角。可以给出向量 $\mathrm{col}(D,L,S)$ 的一个近似表达式

$$\begin{pmatrix} D \\ L \\ S \end{pmatrix} = V^2 \begin{pmatrix} c_{11}+c_{12}\cos\alpha \\ c_{21}+c_{22}\sin 2\alpha \\ c_{31}\sin 2\beta \end{pmatrix} + P \begin{pmatrix} -\cos\alpha\cos\beta \\ \sin\alpha \\ \cos\alpha\cos\beta \end{pmatrix} \delta_P$$

其中 c_{ij} 还是表示确定参数，P 表示最大推力，δ_P 表示**节流阀** (throttle) 设定。注意，在之前的描述中，忽略了推力对外部转矩向量 T 的影响，同样也忽略了偏角 $(\delta_a,\delta_e,\delta_r)$ 对外力向量 $\mathrm{col}(D,L,S)$ 的影响。

这样得到的方程组描述了一个系统，其状态定义在 $\mathbb{R}^9$ 的某一个开邻域 U 内，且受制于四维输入向量

$$u=\mathrm{col}(\delta_P,\delta_a,\delta_e,\delta_r)$$

本例旨在说明，通过动态反馈和坐标变换可将该系统局部修正为一个完全可控的线性系统。为此，首先注意到，如果将九个变量重新组织成如下三个子集：

$$\begin{aligned} x_1 &= (V,\vartheta,\psi) \\ x_2 &= (\phi,\alpha,\beta) \\ x_3 &= (p,q,r) \end{aligned}$$

并将输入变量重新分成如下两个子集：

$$\begin{aligned} u_1 &= \delta_P \\ u_2 &= (\delta_a,\delta_e,\delta_r) \end{aligned}$$

那么，之前的方程组展现出如下结构：

$$\begin{aligned} \dot{x}_1 &= F_1(x_1,x_2)+G_1(x_1,x_2)u_1 \\ \dot{x}_2 &= F_2(x_1,x_2,x_3)+G_2(x_1,x_2)u_1 \\ \dot{x}_3 &= F_3(x_1,x_2,x_3)+G_3(x_1,x_2,x_3)u_2 \end{aligned} \tag{5.46}$$

其中各 F_i 均是 3×1 维向量，G_1，G_2 是 3×1 维向量，G_3 是一个 3×3 阶矩阵 (为节省空间，省略了这些函数的显式表示，确定它们并不困难)。

下面要说明，对于适当选择的输出函数，能够对该系统成功应用 5.4 节中阐述的设计过程。首先，考虑输出

$$y=x_1=\mathrm{col}(V,\vartheta,\psi)$$

(注意，该输出是三维的，而系统的输入是四维的) 并注意到，根据定义，

$$y^{(1)}=\mathrm{col}(y_1^{(1)},y_2^{(1)},y_3^{(1)})=F_1(x_1,x_2)+G_1(x_1,x_2)u_1$$

由于 3×1 维向量 $G_1(x_1, x_2)$ 的三个元素都不恒等于零，所以可得 $r_1 = r_2 = r_3 = 1$，但此系统不可能有相对阶 $\{1, 1, 1\}$，因为矩阵 (5.2) 具有下面的形式：

$$A(x) = \begin{pmatrix} (G_1)_1 & 0 & 0 & 0 \\ (G_1)_2 & 0 & 0 & 0 \\ (G_1)_3 & 0 & 0 & 0 \end{pmatrix}$$

其中 $(G_1)_i$ 表示 G_1 的第 i 个元素。运用一次动态扩展算法。在当前情况下，可以设置 $i_0 = 1$ 和 $j_0 = 1$，并且为了得到 $y_1^{(1)}$ 的简化表达式，选择

$$p(x) = -(F_1)_1(x_1, x_2), \qquad q(x) = 1$$

从而得出

$$\begin{aligned} u_1 &= \frac{1}{(G_1)_1(x_1, x_2)}(-(F_1)_1(x_1, x_2) + \xi_1) \\ u_2 &= v_2 \\ \dot{\xi}_1 &= v_1 \end{aligned}$$

所定义的反馈与式 (5.46) 组成了一个复合系统，其状态方程为

$$\begin{aligned} \dot{x}_1 &= H_1(x_1, x_2) + K_1(x_1, x_2)\xi_1 \\ \dot{\xi}_1 &= v_1 \\ \dot{x}_2 &= H_2(x_1, x_2, x_3) + K_2(x_1, x_2)\xi_1 \\ \dot{x}_3 &= F_3(x_1, x_2, x_3) + G_3(x_1, x_2, x_3)v_2 \end{aligned}$$

(回想一下，v_1 是标量，v_2 是三维向量，并且第一组方程中的第一个方程仅仅是 $\dot{x}_{11} = \xi_1$)。特别是，

$$K_1(x_1, x_2) = \frac{1}{(G_1)_1} G_1(x_1, x_2)$$

为检验扩展系统是否有相对阶，现在重新计算各个 r_i。根据构造知，

$$y^{(1)} = H_1(x_1, x_2) + K_1(x_1, x_2)\xi_1$$

不依赖于输出。为得到 $y^{(2)}$ 的一个简洁表示，设

$$H_1(x_1, x_2) + K_1(x_1, x_2)\xi_1 = B_1(x_1, x_2, \xi_1)$$

从而可得到

$$y^{(2)} = \frac{\partial B_1}{\partial x_1}(H_1 + K_1\xi_1) + \frac{\partial B_1}{\partial x_2}(H_2 + K_2\xi_1) + K_1 v_1$$

由于 3×1 维向量 $K_1(x_1, x_2)$ [正比于 $G_1(x_1, x_2)$] 的所有三个分量均非零，所以可见 $y^{(2)}$ 的所有分量都依赖于 v_1 而不依赖于 v_2。因此 $r_1 = r_2 = r_3 = 2$，但该系统不可能有相对阶 $\{2, 2, 2\}$，因为矩阵 (5.2) 只有一个非零列。再进行一轮动态扩展。这时，矩阵 (5.2) 的第 1 行等于

$$(1 \;\; 0 \;\; 0 \;\; 0)$$

因此，选择 $i_0 = 1, j_0 = 1, p(x) = 0$ 和 $q(x) = 1$，可得到一个动态反馈

$$\begin{aligned} v_1 &= \xi_2 \\ v_2 &= w_2 \\ \dot{\xi}_2 &= w_1 \end{aligned}$$

从而产生了一个扩展系统

$$\begin{aligned} \dot{x}_1 &= H_1(x_1, x_2) + K_1(x_1, x_2)\xi_1 \\ \dot{\xi}_1 &= \xi_2 \\ \dot{\xi}_2 &= w_1 \\ \dot{x}_2 &= H_2(x_1, x_2, x_3) + K_2(x_1, x_2)\xi_1 \\ \dot{x}_3 &= F_3(x_1, x_2, x_3) + G_3(x_1, x_2, x_3)w_2 \end{aligned}$$

在这个新系统中，$y^{(1)}$ 和 $y^{(2)}$ 由构造知均不依赖于输入。为得到 $y^{(3)}$ 的一个简洁表示，设

$$\frac{\partial B_1}{\partial x_1}(H_1 + K_1\xi_1) + \frac{\partial B_1}{\partial x_2}(H_2 + K_2\xi_1) + K_1\xi_2 = B_2(x_1, x_2, x_3, \xi_1, \xi_2)$$

因而得到

$$y^{(3)} = \frac{\partial B_2}{\partial x_1}(H_1 + K_1\xi_1) + \frac{\partial B_2}{\partial x_2}(H_2 + K_2\xi_1) + \frac{\partial B_2}{\partial x_3}(F_3 + G_3 w_2) + \frac{\partial B_2}{\partial \xi_1}\xi_2 + K_1 w_1$$

现在 $r_1 = r_2 = r_3 = 3$，并且输入 w_2 显式出现。矩阵 (5.2) 的形式为

$$A(x, \xi_1) = \begin{pmatrix} K_1 & \dfrac{\partial B_2}{\partial x_3}G_3 \end{pmatrix} = \begin{pmatrix} K_1 & \left(\dfrac{\partial B_2}{\partial x_2}\right)\left(\dfrac{\partial H_2}{\partial x_3}G_3\right) \end{pmatrix}$$

简单却冗长的计算表明，在扩展的状态空间中，该矩阵在任何由 $\zeta = \alpha = \beta = \psi = \vartheta = \phi = 0$ 和 $V \neq 0$ 表征的点处都有常数秩 3。因此，该扩展系统在状态空间的一个开稠密子集的任意点处都有向量相对阶 $\{3, 3, 3\}$。

现在引入第 4 个输出函数

$$y_4 = \phi$$

(它是向量 x_2 的第一个分量) 并注意到，在这个扩展系统中，$y_4^{(1)}$ 不依赖于输入，而 $y_4^{(2)}$ 依赖于输入。更具体地，设

$$(H_2)_1 + (K_2)_1\xi_1 = D_2(x_1, x_2, x_3, \xi_1)$$

则可发现

$$y_4^{(2)} = \frac{\partial D_2}{\partial x_1}(H_1 + K_1\xi_1) + \frac{\partial D_2}{\partial x_2}(H_2 + K_2\xi_1) + \frac{\partial D_2}{\partial x_3}(F_3 + G_3 w_2) + (K_2)_1\xi_2$$

对于这个具有 4 个输出

$$y_1 = V, \qquad y_2 = \vartheta, \qquad y_3 = \psi, \qquad y_4 = \phi \tag{5.47}$$

的扩展系统来说，$r_1 = r_2 = r_3 = 3$ 且 $r_4 = 2$。与之相关的矩阵 (5.2) 形式为

$$A(x,\zeta) = \begin{pmatrix} K_1 & \dfrac{\partial B_2}{\partial x_3} G_3 \\ 0 & \dfrac{\partial (H_2)_1}{\partial x_3} G_3 \end{pmatrix}$$

并且，正如适当的计算所示，该矩阵在 (扩展的状态空间中) $\zeta = \alpha = \beta = \psi = \vartheta = \phi = 0$ 且 $V \neq 0$ 的任一点处都是非奇异的。如此定义的系统在每一个这样的点处都有相对阶 $\{3,3,3,2\}$。

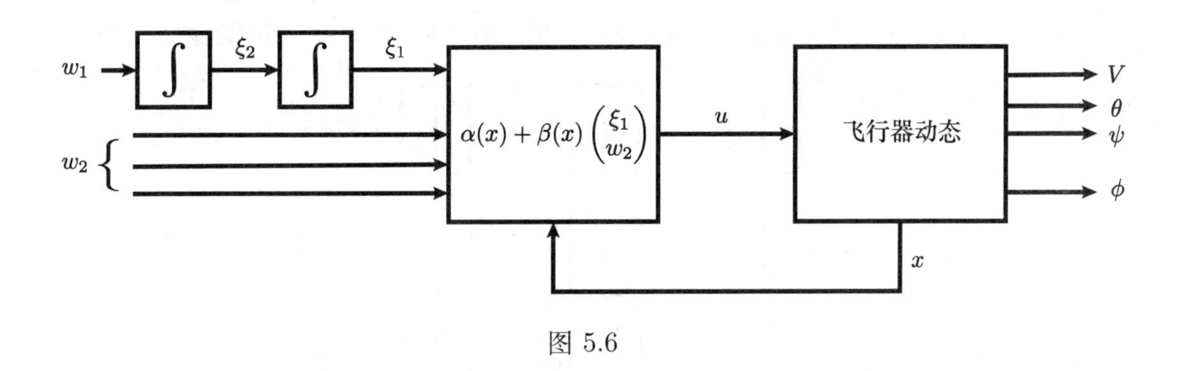

图 5.6

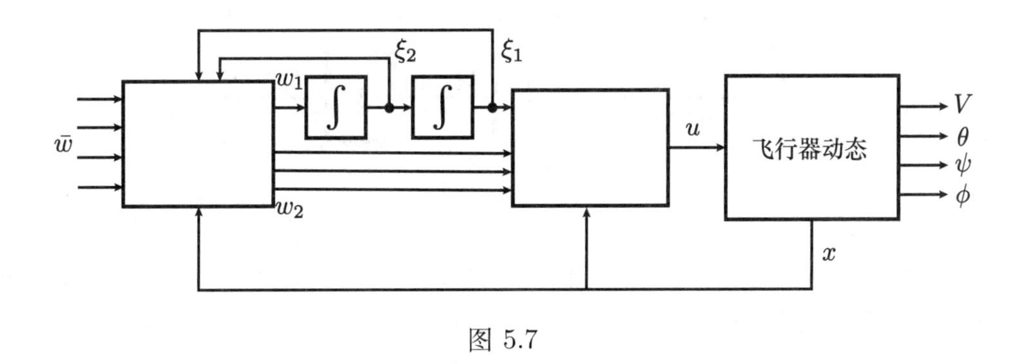

图 5.7

总之，可得到如下结果。由描述飞行器动态的原始方程和如下形式的动态反馈：

$$\begin{pmatrix} \delta_P \\ \delta_a \\ \delta_e \\ \delta_r \end{pmatrix} = \begin{pmatrix} \dfrac{1}{(G_1)_1(x_1,x_2)}(-(F_1)_1(x_1,x_2)+\xi_1) \\ w_{21} \\ w_{22} \\ w_{23} \end{pmatrix}$$

$$\dot{\xi}_1 = \xi_2$$

$$\dot{\xi}_2 = w_1$$

构成的复合系统 (见图 5.6) 相对于所选的输出 (5.47) 具有相对阶 $\{r_1, r_2, r_3, r_4\} = \{3,3,3,2\}$。由于这样定义的扩展系统维数为 $n = 11$，所以条件

$$r_1 + r_2 + r_3 + r_4 = n$$

得以满足，因此可凭借一个附加的静态状态反馈 (见 5.2 节) 将该系统变换为 (见图 5.7) 适当坐标下的线性可控系统 (见图 5.8)。

通过动态反馈使一个系统变为非交互 (从输入-输出的角度看) 线性 (在适当的坐标之下) 系统的第二个例子是在执行器和连杆之间具有明显弹性的多连杆机械手臂。在 4.10 节中，已经简要解释了机械手臂的执行器和连杆之间的弹性耦合现象，说明可利用静态反馈和坐标变换使一个单连杆手臂的简单模型精确线性化。一般来说，当机械手臂由两个或更多连杆构成时，情况并非如此。正如马上要在一个具体事例中看到的，即使在非常简单的结构中，模型的特征也使得不仅是精确线性化问题，甚至是要求更低的非交互控制问题也无法通过静态状态反馈来求解。然而，利用 5.4 节叙述的设计方法，仍然能够通过动态反馈实现这两个目标。

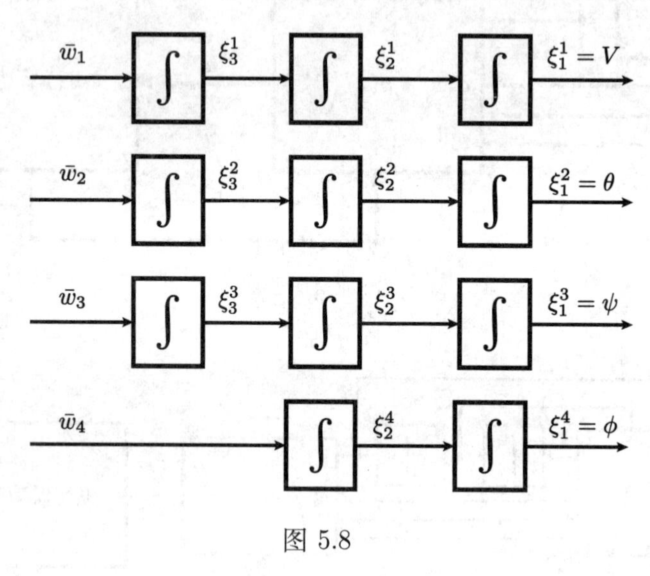

图 5.8

可以阐明这些特征的最简单模型是由两个连杆构成的在水平面上运动的机械手臂。第一个连杆绕基座的某一固定点转动，第二个连杆绕第一个连杆的端点转动。为简单起见，只假设第一个连杆和第二个连杆之间 (即第二个关节) 具有明显的弹性。

描述该系统需要三个角度坐标，可以这样选择：第一个连杆相对于基座的转动 q_1；执行器转轴的转动 q_2 [它带动第二个连杆 (相对于将其自身固定在第一个连杆上的基点) 运动]；第二个连杆相对于第一个连杆的转动 q_3。描述该机械手臂运动的方程组 (其导出不在本书范围之内，可在合适的文献中找到) 的形式为

$$B(q)\ddot{q} + C(q,\dot{q}) + r(q) = T$$

其中 $B(q)$，即所谓的**惯性矩阵** (inertia matrix)，是一个 3×3 阶对称正定矩阵，其形式为

$$B(q) = \begin{pmatrix} A_1 + 2A_3\cos q_3 & A_4 & A_2 + A_3\cos q_3 \\ A_4 & A_4 & 0 \\ A_2 + A_3\cos q_3 & 0 & A_2 \end{pmatrix}$$

$C(q,\dot{q})$ 包含了**科氏力** (Coriolis force) 和**离心力** (centrifugal force)，是一个 3×1 维向量，其

形式为

$$C(q,\dot{q})=\begin{pmatrix}-A_3\sin q_3(2\dot{q}_1\dot{q}_3+\dot{q}_3^2)\\0\\A_3\sin q_3\dot{q}_1^2\end{pmatrix}$$

最后，$r(q)$ 是一个 3×1 维向量，其形式为

$$r(q)=\begin{pmatrix}0\\-\dfrac{K}{N}[q_3-\dfrac{q_2}{N}]\\K[q_3-\dfrac{q_2}{N}]\end{pmatrix}$$

以上各式中出现的系数 A_i $(1\leqslant i\leqslant 4)$ 是与该手臂中质量分布相关的参数。K 是弹性常数，N 表示在第二个执行器和第二个连杆之间的联轴器齿数比 (gear ratio of the coupling)。3×1 维向量 T 包括由两个执行器施加的控制力 u_1 和 u_2，其形式为

$$T=\mathrm{col}(u_1,u_2,0)$$

注意，该向量中的第三个元素是 0，因为对于坐标 q_3，没有可用的独立输入。

选择状态变量 x_i $(1\leqslant i\leqslant 6)$ 为

$$\begin{aligned}x_i&=q_i,&&\text{对于 }1\leqslant i\leqslant 3\\x_i&=\dot{q}_{i-3},&&\text{对于 }4\leqslant i\leqslant 6\end{aligned}$$

则能将这个方程组系统写成惯用的形式

$$\dot{x}=f(x)+g_1(x)+g_2(x)u_2$$

更确切地，容易检验

$$\dot{x}=\begin{pmatrix}x_4\\x_5\\x_6\\f_4(x_2,x_3,x_4,x_6)\\f_5(x_2,x_3,x_4,x_6)\\f_6(x_2,x_3,x_4,x_6)\end{pmatrix}+\begin{pmatrix}0&0\\0&0\\0&0\\g_{41}(x_3)&-g_{41}(x_3)\\g_{51}(x_3)&g_{52}(x_3)\\g_{61}(x_3)&-g_{61}(x_3)\end{pmatrix}\begin{pmatrix}u_1\\u_2\end{pmatrix}$$

对于该系统 (正如对任何机械手臂那样)，一个非常自然的输出选择是定义连杆相对位置的角度坐标集合，即

$$\begin{aligned}y_1&=q_1=x_1\\y_2&=q_3=x_3\end{aligned}$$

系统对于这些输出没有相对阶，因为正如直接的计算所示，

$$L_gh(x)=0$$

并且矩阵

$$A(x) = L_g L_f h(x) = \begin{pmatrix} g_{41}(x_3) & -g_{41}(x_3) \\ g_{61}(x_3) & -g_{61}(x_3) \end{pmatrix}$$

对于所有的 x 秩都为 1。

然而，在两次迭代动态扩展算法之后可以获得相对阶。常规的计算 (作为练习留给读者) 表明，将该系统串联一个如下形式的补偿器：

$$\begin{aligned} u_1 &= \frac{1}{g_{41}(x)}(-f_4(x) + \xi_1) + v_2 \\ u_2 &= v_2 \\ \dot{\xi}_1 &= \xi_2 \\ \dot{\xi}_2 &= v_1 \end{aligned}$$

所产生的系统具有相对阶 $\{r_1, r_2\} = \{4, 4\}$。复合系统的维数为 $n = 8$，因此条件 $r_1 + r_2 = n$ 也得以满足。从而可得，借助于一个附加的静态状态反馈 (见 5.2 节)，该系统可变换为在适当坐标下的线性可控系统。

5.6 输入-输出响应精确线性化

在 5.2 节中已经证明，如果系统在一点 x° 处有相对阶 $\{r_1, \ldots, r_m\}$，且

$$r_1 + r_2 + \ldots + r_m = n$$

则借助于状态反馈和坐标变换可使该系统变为线性系统。如果后一个条件不满足 [但系统在某一点处仍然具有相对阶 $\{r_1, \ldots, r_m\}$]，那么至少能获得一个具有线性输入-输出行为的系统。事实上，在 5.3 节中已经阐明，总是可以凭借所谓的标准非交互反馈

$$u(x) = -A^{-1}(x)b(x) + A^{-1}(x)v$$

来实现这种结果。

通过反馈来获得线性的输入-输出响应并非仅限于在某一个关注点具有 (向量) 相对阶的系统，而是适用于更广泛的一类系统，在本节中会看到如何描述这类更广泛的系统，以及如何设计一个反馈以产生线性的输入-输出行为。为此，需要先精确地表述何谓通过反馈获得“线性输入-输出行为”。仍然考查一个具有相对阶 $\{r_1, \ldots, r_m\}$ 且施加了标准非交互控制反馈的非线性系统。可以发现，系统的输出 $y_i(t)$ $(1 \leqslant i \leqslant m)$ 与输入有如下关系：

$$y_i(t) = \psi_i(t)\xi^i(0) + \int_0^t k_i(t-s)v_i(s)\mathrm{d}s$$

其中

$$\psi_i(t) = \begin{pmatrix} 1 & t & \frac{t^2}{2} & \cdots & \frac{t^{r_i-1}}{(r_i-1)!} \end{pmatrix}, \qquad k_i(t) = \frac{t^{r_i-1}}{(r_i-1)!}$$

$\xi^i(0)$ 表示在标准型坐标下，状态向量的某些分量在时间 $t = 0$ 时的值。

上面的关系式对于输入和初始状态显然是线性的[①]。然而，关于初始状态的线性特性只是由于选择了特殊的坐标，如果将 $\xi^i(0)$ 表示为原始坐标下关于初值 x° 的 (通常为非线性的) 函数，则线性关系不再成立。尽管如此，在任何情况下，输出响应总可以写为两部分之和，一部分是零输入响应，它仅是时间和初始条件的函数；另一部分响应则只依赖于输入，不依赖于初始状态，它关于输入本身是线性的。换言之，输出响应具有下面这种结构：

$$y(t) = Q(t, x^\circ) + \sum_{i=1}^{m} \int_0^t w_i(t - \tau_1) v_i(\tau_1) \mathrm{d}\tau_1 \tag{5.48}$$

将此表达式与非线性系统输入-输出响应的通用 Volterra 级数展式 (3.11) 相比，可得：具有相对阶 $\{r_1, \ldots, r_m\}$ 且受到标准非交互反馈作用的非线性系统可由一个输出响应来描述，其中一阶核函数 $w_i(t, \tau_1)$ 仅依赖于差值 $t - \tau_1$，而不依赖于初始状态 x°，并且所有高于一阶的核函数均为零。

还注意到，如果一个 Volterra 级数展式的一阶核函数仅依赖于差值 $t - \tau_1$，而不依赖于 x°，那么所有的高阶核函数一定都为零，因而，该条件，即 $w_i(t, \tau_1)$ 仅依赖于差值 $t - \tau_1$，而不依赖于 x°，是一个非线性系统的输出响应形如式 (5.48) 的充要条件。

基于这些观察，现在的目标是尝试利用反馈来实现 (对于可能更广泛的一类系统，而不仅是具有向量相对阶的那类系统) 一个输出响应，使得 Volterra 级数展式的所有一阶核函数只依赖于差值 $t - \tau_1$，而不依赖于 x°。为了简化该问题的表述，注意到，如果考虑 $w_i(t, \tau_1)$ 的泰勒级数展式 (3.17)，则容易发现，这个核函数独立于 x° 且仅依赖于 $t - \tau_1$ [换言之，形如式 (5.48) 的响应关系成立] 的一个充要条件是，对于所有的 $k \geqslant 0$ 和所有的 $1 \leqslant i, j \leqslant m$，都有

$$L_{g_i} L_f^k h_j(x) \text{ 与 } x \text{ 无关} \tag{5.49}$$

通常，对于一个具体的非线性系统，不会满足条件 (5.49)。在这种情况下，我们寄希望于通过反馈来使这些条件成立，见下面的叙述。

输入-输出精确线性化问题 (Input-Output Exact Linearization Problem) 给定一组 $m+1$ 个向量场 $f(x), g_1(x), \ldots, g_m(x)$、一组 m 个实值函数 $h_1(x), \ldots, h_m(x)$ 以及一个初始状态 x°，找到 (如果可能) 一个 x° 的邻域 U 和一对定义在 U 上的反馈函数 $\alpha(x)$ 和 $\beta(x)$，使得对于所有的 $k \geqslant 0$ 和所有的 $1 \leqslant i, j \leqslant m$，都有

$$L_{(g\beta)_i} L_{(f+g\alpha)}^k h_j(x) = \text{在 } U \text{上与 } x \text{无关的量} \tag{5.50}$$

首先证明，因为底层系统的维度有限性，所以条件 (5.50) 这个显然的无限集合实际上完全由它的一个有限子集来确定。事实上，能够证明如下结果。

引理 5.6.1. 假设对于所有的 $0 \leqslant k \leqslant 2n-1$ 和所有的 $1 \leqslant i, j \leqslant m$，条件 (5.50) 成立，那么，对于所有的 $k \geqslant 0$ 和所有的 $1 \leqslant i, j \leqslant m$，条件 (5.50) 成立。

证明：对于简化了记号的一组 (无限个) 函数

$$L_{g_i} L_f^k h_j(x) \tag{5.51}$$

① 作者此处的“线性”含义或许是指这个关系式是关于输入和初始状态的一次函数。——译者注

($k \geqslant 0$ 且 $1 \leqslant i,j \leqslant m$)，确实可以证明该结论。首先回想一下 (见引理 1.9.4)，给定 x° 的任一邻域 U，在 U 的一个开稠密子集 U' 上，在向量场 $f, g_1, \ldots, g_m$ 下不变，且包含 $\mathrm{span}\{\mathrm{d}h_1, \ldots, \mathrm{d}h_m\}$ 的最大余分布 Q 局部由如下类型的恰当微分：

$$\omega = \mathrm{d}L_{g_{i_1}} \cdots L_{g_{i_r}} h_j$$

张成，其中 $r \leqslant n-1$，$0 \leqslant i_r \leqslant m$，$g_0 = f$。根据假设，由于对所有的 $0 \leqslant k \leqslant 2n-1$ 和所有的 $1 \leqslant i,j \leqslant m$，函数 (5.51) 在 U' 上均为常数，所以推知

$$\mathrm{d}L_{g_{i_1}} \cdots L_{g_{i_r}} h_j = 0$$

只要 $i_l \neq 0$ $(1 \leqslant l \leqslant r)$。从而 Q 一定由如 $\mathrm{d}L_f^k h_j$ 这种类型的微分张成，$1 \leqslant j \leqslant m$，$0 \leqslant k \leqslant n-1$。以 q 表示 Q 在 U' 中某点处的维数，并在该点的一个邻域 V 中定义新的局部坐标 $(\zeta_1, \zeta_2) = \varPhi(x)$，其中 ζ_2 的 q 个元素从集合 $\{L_f^k h_j(x)\colon 1 \leqslant j \leqslant m, 0 \leqslant k \leqslant n-1\}$ 中选取。那么，根据命题 1.7.2，向量场 $f, g_1, \ldots, g_m$ 和函数 $h_1, \ldots, h_m$ 变为

$$f(\zeta_1,\zeta_2) = \begin{pmatrix} f_1(\zeta_1,\zeta_2) \\ f_2(\zeta_2) \end{pmatrix}, \qquad g_i(\zeta_1,\zeta_2) = \begin{pmatrix} g_{1i}(\zeta_1,\zeta_2) \\ g_{2i}(\zeta_2) \end{pmatrix}, \qquad h_i(\zeta_1,\zeta_2) = h_i(\zeta_2)$$

将获得的表达式代入式 (5.51) 中，得到

$$L_{g_i} L_f^k h_j(\varPhi^{-1}(\zeta_1,\zeta_2)) = L_{g_{2i}} L_{f_2}^k h_j(\zeta_2)$$

因此式 (5.51) 相对于 x (在邻域 V 上) 的定常性等价于上式等号右边函数相对于 ζ_2 的定常性。

现在，再利用对于所有的 $0 \leqslant k \leqslant 2n-1$ 和所有的 $1 \leqslant i,j \leqslant m$ 这些函数定常的假设，并注意到，这意味着 [见式 (4.2)] 对于所有满足 $0 \leqslant r+s \leqslant 2n-1$ 的 r,s，有

$$\langle \mathrm{d}L_{f_2}^s h_j(\zeta_2), \mathrm{ad}_{f_2}^r g_{2i}(\zeta_2) \rangle = (-1)^r L_{g_{2i}} L_{f_2}^{s+r} h_j(\zeta_2) = \text{与 } \zeta_2 \text{ 无关的量}$$

回想一下，根据构造，对于每一个 $1 \leqslant k \leqslant q$，存在某一个 $1 \leqslant j \leqslant m$ 和某一个 $0 \leqslant s \leqslant n-1$，使得

$$(\zeta_2)_k = L_f^s h_j(\varPhi^{-1}(\zeta_1,\zeta_2)) = L_{f_2}^s h_j(\zeta_2)$$

成立，其中 $(\zeta_2)_k$ 表示 ζ_2 的第 k 个分量。将此式代入之前的表达式，则对于所有的 $1 \leqslant i \leqslant m$ 和 $0 \leqslant r \leqslant n$，有

$$\langle \mathrm{d}(\zeta_2)_k, \mathrm{ad}_{f_2}^r g_{2i}(\zeta_2) \rangle = \mathrm{ad}_{f_2}^r g_{2i}(\zeta_2) \text{ 的第 } k \text{ 个分量} = \text{与 } \zeta_2 \text{ 无关的量}$$

换言之，对于所有的 $1 \leqslant i \leqslant m$ 和所有的 $0 \leqslant r \leqslant n$，向量场 $\mathrm{ad}_{f_2}^r g_{2i}(\zeta_2)$ 均为定常向量场。以 P 表示在向量场 $f_2, g_{21}, \ldots, g_{2m}$ 下不变且包含向量场 $g_{21}, \ldots, g_{2m}$ 的最小分布。回忆在 1.8 节中描述过的算法，容易知道，该分布可表示为 [因为向量场 $\mathrm{ad}_{f_2}^k g_{2i}(\zeta_2)$ 的定常性]

$$P = \mathrm{span}\{\mathrm{ad}_{f_2}^k g_{2i}\colon 1 \leqslant i \leqslant m, 0 \leqslant k \leqslant n-1\}$$

并且，对于任何 $1 \leqslant i \leqslant m$，有

$$\mathrm{ad}_{f_2}^n g_{2i} \in P$$

由于 $\mathrm{ad}_{f_2}^n g_{2i}$ 也是一个定常向量场，因此，可知其能表示为集合 $\{\mathrm{ad}_{f_2}^k g_{2i}\colon 1 \leqslant i \leqslant m, 0 \leqslant k \leqslant n-1\}$ 中的向量场的常系数线性组合。对于 $s > 0$，相同的性质对于任何形如 $\mathrm{ad}_{f_2}^{n+s} g_{2i}$ 的向量场也成立 (如一个简单的归纳论证所示)。

恰如定理 4.8.3 的步骤 (iii) 那样，可以利用这个事实证明，对于所有的 $k \geqslant 0$ 和所有的 $1 \leqslant i,j \leqslant m$，有

$$L_{g_{2i}} L_{f_2}^k h_j(\zeta_2) = \text{与 } \zeta_2 \text{ 无关的量}$$

因此，对于 U 的某一稠密子集 U' 中的每一点 x，形如式 (5.51) 的那些函数在 x 的一个邻域 V 中均是定常的。由于光滑性，它们在整个 U 上都是定常的，证毕。 $\triangleleft$

现在回到输入-输出精确线性化问题。目标是找到这个问题可解的充要条件，并且展示如何构造实际求解该问题的一对反馈函数 $\alpha(x)$ 和 $\beta(x)$。首先，由 $f(x)$, $g_j(x)$, $h_i(x)$ $(1 \leqslant i,j \leqslant m)$ 这些数据构造实值函数 $L_{g_j} L_f^k h_i(x)$ $(0 \leqslant k \leqslant 2n-1)$ 的集合，并将所有这些函数排列成一组 $m \times m$ 阶的矩阵形式：

$$T_k(x) = \begin{pmatrix} L_{g_1} L_f^k h_1(x) & \cdots & L_{g_m} L_f^k h_1(x) \\ \vdots & \vdots & \vdots \\ L_{g_1} L_f^k h_m(x) & \cdots & L_{g_m} L_f^k h_m(x) \end{pmatrix}, \quad 0 \leqslant k \leqslant 2n-1$$

事实上，该问题是否可解依赖于所构造的矩阵集合的一个性质。该性质可以用不同的形式表示，具体取决于数据 $T_k(x)$ $(0 \leqslant k \leqslant 2n-1)$ 如何排列。

排列这些数据的一种方式是考虑关于不定元 s 的一个形式幂级数，其定义为

$$T(s,x) = \sum_{k=0}^{\infty} T_k(x) s^{-k-1} \tag{5.52}$$

以下将会看到，该问题可解当且仅当 $T(s,x)$ 满足一个适当的分离条件。解存在的另一个等价条件基于一列 Toeplitz 矩阵的构造，记该序列为 $M_k(x)$，$0 \leqslant k \leqslant 2n-1$，其定义为

$$M_k(x) = \begin{pmatrix} T_0(x) & T_1(x) & \cdots & T_k(x) \\ 0 & T_0(x) & \cdots & T_{k-1}(x) \\ \vdots & \vdots & \vdots & \vdots \\ 0 & 0 & \cdots & T_0(x) \end{pmatrix} \tag{5.53}$$

此时，所关注的特殊情况是，各行的线性相关性可以仅通过取它们的常系数线性组合来判定。

鉴于这个特殊性质与所有的后续分析都密切相关，所以对此再深究一下。令 $M(x)$ 为 $p \times m$ 阶矩阵，其各元均为光滑的实值函数。如果存在 x° 的一个邻域 U，对于所有的 $x \in U$，有以下性质成立：

$$\mathrm{rank}(M(x)) = \mathrm{rank}(M(x^\circ)) \tag{5.54}$$

则称 x° 是 M 的一个**正则点** (regular point)。在这种情况下，将整数 $\mathrm{rank}(M(x^\circ))$ 记为 $r_K(M)$；显然，$r_K(M)$ 依赖于点 x°，因为在另一点 x^1 的一个邻域 V 中，$\mathrm{rank}(M(x^1))$ 有可能不同。

下面将给矩阵 M 关联另一个“秩”概念。令 x° 为 M 的一个正则点，U 是一个开集，式 (5.54) 在 U 上成立，矩阵 $\bar{M}$ 的各元是 M 的相应各元在 U 上的限制。考虑这样的向量空间，

它由矩阵 $\bar{M}$ 的各行在域 $\mathbb{R}$(实数集) 上的线性组合构成，以 $r_R(M)$ 表示其维数 (再次注意到，$r_R(M)$ 可能依赖于 x°)。显然，这两个整数 $r_R(M)$ 和 $r_K(M)$ 满足

$$r_R(M) \geqslant r_K(M) \tag{5.55}$$

用以下方式很容易检测这两个整数是否相等。注意到，如果 M 左乘一个非奇异实矩阵，则这两个整数均保持不变。矩阵 M 的**行约简** (row-reduction) 过程是指将 M 左乘一个非奇异实矩阵 V，以便 VM 中全为零的行数最多 (这里的行约简过程也依赖于点 x°)。那么，显而易见，式 (5.55) 相等关系成立当且仅当 M 的任一行约简过程在 VM 中保留下来的非零行数等于 $r_K(M)$。

现在可以回到起初的综合问题并证明本节的主要结论。

定理 5.6.2. 存在输入-输出精确线性化问题在 x° 处的一个解，当且仅当以下两个等价条件中的任何一个得以满足：

(a) 存在一个形式幂级数

$$K(s) = \sum_{k=0}^{\infty} K_k s^{-k-1}$$

其系数是 $m \times m$ 阶实数矩阵，并且存在一个形式幂级数

$$R(s,x) = R_{-1}(x) + \sum_{k=0}^{\infty} R_k(x) s^{-k-1}$$

其系数是定义在 x° 某一邻域上的 $m \times m$ 阶光滑函数矩阵，$R_{-1}(x)$ 可逆，它们将形式幂级数 $T(s,x)$ 分解为

$$T(s,x) = K(s) \cdot R(s,x) \tag{5.56}$$

(b) 对于所有的 $0 \leqslant i \leqslant 2n-1$，点 x° 是 Toeplitz 矩阵 M_i 的一个正则点，并且

$$r_R(M_i) = r_K(M_i) \tag{5.57}$$

该定理的证明分为以下几步。首先介绍一个称为**结构算法** (Structure Algorithm) 的递归算法，它的运算对象是矩阵序列 $T_k(x)$。然后证明条件 (b) 的充分性，本质上是证明这个假设使结构算法在每一阶段都能继续，并且可用提取到的信息来构造可解该问题的反馈。接下来，完成条件 (a) 的必要性证明和条件 (a) 蕴涵条件 (b) 的证明。

注记 5.6.1. 出于符号紧凑性的考虑，从现在开始，系统地使用如下记法。令 γ 为一个 $s \times 1$ 维光滑函数向量，$\{g_1, \ldots, g_m\}$ 是一组向量场。以 $L_g\gamma$ 表示 $s \times m$ 阶矩阵，其第 i 列是向量 $L_{g_i}\gamma$，即

$$L_g\gamma = (L_{g_1}\gamma \quad \cdots \quad L_{g_m}\gamma) \qquad \lhd$$

结构算法　步骤 1：　令 x° 为 T_0 的一个正则点，并假设 $r_R(T_0) = r_K(T_0)$。那么，存在一个非奇异实矩阵，记为

$$V_1 = \begin{pmatrix} P_1 \\ K_1^1 \end{pmatrix}$$

其中 P_1 执行行排列，使得

$$V_1T_0(x) = \begin{pmatrix} S_1(x) \\ 0 \end{pmatrix}$$

其中 $S_1(x)$ 是 $r_0 \times m$ 阶矩阵且 $\text{rank}(S_1(x^\circ)) = r_0$。设

$$\begin{aligned} \delta_1 &= r_0 \\ \gamma_1(x) &= P_1 h(x) \\ \bar{\gamma}_1(x) &= K_1^1 h(x) \end{aligned}$$

并注意到

$$\begin{aligned} L_g\gamma_1(x) &= S_1(x) \\ L_g\bar{\gamma}_1(x) &= 0 \end{aligned}$$

如果 $T_0(x) = 0$，则必须把 P_1 当成一个零行矩阵，而 K_1^1 是单位矩阵。

步骤 i： 考虑矩阵

$$\begin{pmatrix} L_g\gamma_1(x) \\ \vdots \\ L_g\gamma_{i-1}(x) \\ L_gL_f\bar{\gamma}_{i-1}(x) \end{pmatrix} = \begin{pmatrix} S_{i-1}(x) \\ L_gL_f\bar{\gamma}_{i-1}(x) \end{pmatrix}$$

并令 x° 是该矩阵的一个正则点。假设

$$r_R \begin{pmatrix} S_{i-1} \\ L_gL_f\bar{\gamma}_{i-1} \end{pmatrix} = r_K \begin{pmatrix} S_{i-1} \\ L_gL_f\bar{\gamma}_{i-1} \end{pmatrix} \tag{5.58}$$

那么，存在一个非奇异实矩阵，记为

$$V_i = \begin{pmatrix} I_{\delta_1} & \cdots & 0 & 0 \\ \vdots & \vdots & \vdots & \vdots \\ 0 & \cdots & I_{\delta_{i-1}} & 0 \\ 0 & \cdots & 0 & P_i \\ K_1^i & \cdots & K_{i-1}^i & K_i^i \end{pmatrix}$$

其中 P_i 执行行排列，使得

$$V_i \begin{pmatrix} L_g\gamma_1(x) \\ \vdots \\ L_g\gamma_{i-1}(x) \\ L_gL_f\bar{\gamma}_{i-1}(x) \end{pmatrix} = \begin{pmatrix} S_i(x) \\ 0 \end{pmatrix}$$

其中 $S_i(x)$ 是一个 $r_{i-1} \times m$ 阶矩阵且 $\text{rank}(S_i(x^\circ)) = r_{i-1}$。设

$$\begin{aligned} \delta_i &= r_{i-1} - r_{i-2} \\ \gamma_i(x) &= P_iL_f\bar{\gamma}_{i-1}(x) \\ \bar{\gamma}_i(x) &= K_1^i\gamma_1(x) + \cdots + K_{i-1}^i\gamma_{i-1}(x) + K_i^iL_f\bar{\gamma}_{i-1}(x) \end{aligned}$$

并注意到有

$$\begin{pmatrix} L_g\gamma_1(x) \\ \vdots \\ L_g\gamma_i(x) \end{pmatrix} = S_i(x)$$

$$L_g\bar{\gamma}_i(x) = 0$$

如果条件 (5.58) 得以满足，但该矩阵的后 $m-r_{i-2}$ 行依赖其前 r_{i-2} 行，则此步退化，必须把 P_i 当成一个零行矩阵，而 K_i^i 是单位矩阵，$\delta_i=0$ 且 $S_i(x)=S_{i-1}(x)$。

正如之前所述，该算法在每一阶段都能继续当且仅当假设 (b) 满足，这是因为以下事实。

引理 5.6.3. 令 x° 为 T_0 的一个正则点，并假设 $r_R(T_0)=r_K(T_0)$，则 x° 是

$$\begin{pmatrix} S_{i-1} \\ L_gL_f\bar{\gamma}_{i-1} \end{pmatrix}$$

的一个正则点且条件 (5.58) 对于所有的 $2\leqslant i\leqslant k$ 成立，当且仅当 x° 是 T_i 的一个正则点且条件 (5.57) 对于所有的 $1\leqslant i\leqslant k-1$ 都成立。

证明: 下面概述 $k=2$ 时的证明。回想一下

$$M_1=\begin{pmatrix} T_0 & T_1 \\ 0 & T_0 \end{pmatrix}=\begin{pmatrix} L_gh & L_gL_fh \\ 0 & L_gh \end{pmatrix}$$

此外，如结构算法第一步那样定义 V_1，γ_1 和 $\bar{\gamma}_1$，用

$$V=\begin{pmatrix} V_1 & 0 \\ 0 & V_1 \end{pmatrix}$$

左乘 M_1，得到

$$VM_1=\begin{pmatrix} V_1L_gh & L_gV_1L_fh \\ 0 & V_1L_gh \end{pmatrix}=\begin{pmatrix} L_gP_1h & L_gL_fP_1h \\ 0 & L_gL_fK_1^1h \\ 0 & L_gP_1h \\ 0 & 0 \end{pmatrix}=\begin{pmatrix} S_1 & L_gL_f\gamma_1 \\ 0 & L_gL_f\bar{\gamma}_1 \\ 0 & S_1 \\ 0 & 0 \end{pmatrix}$$

注意到 $r_R(S_1)=r_K(S_1)$。由于 VM_1 的特殊结构，因此 x° 是 M_1 的一个正则点且条件 $r_R(M_1)=r_K(M_1)$ 得以满足当且仅当 x° 是

$$\begin{pmatrix} L_gL_f\bar{\gamma}_1 \\ S_1 \end{pmatrix}$$

的一个正则点，并且

$$r_R\begin{pmatrix} L_gL_f\bar{\gamma}_1 \\ S_1 \end{pmatrix}=r_K\begin{pmatrix} L_gL_f\bar{\gamma}_1 \\ S_1 \end{pmatrix}$$

亦即条件 (5.58) 对于 $i=2$ 成立。对于更大的 k 值，可通过归纳法证明。 $\lhd$

由此可见，结构算法可以持续进行到第 k 步，当且仅当条件 (5.57) 对于直到 $k-1$ 步的所有 i 值都成立。结构算法可以一直进行到第 $2n$ 步，当且仅当假设 (b) 得以满足。因此，可以着手证明定理 5.6.2。

证明: (b) 的充分性证明: 线性化反馈的构造。如果结构算法能够持续执行到第 $2n$ 次迭代，则可能有两种情况出现。一种情况是存在某次迭代 $q \leqslant 2n$，使得矩阵

$$\begin{pmatrix} L_g\gamma_1(x) \\ \vdots \\ L_g\gamma_{q-1}(x) \\ L_gL_f\bar{\gamma}_{q-1}(x) \end{pmatrix}$$

在 x° 处秩为 m，于是算法终止。形式上，仍然可以设 P_q 为单位阵，V_q 为单位阵，则有

$$\gamma_q = P_qL_f\bar{\gamma}_{q-1}(x)$$

$$\begin{pmatrix} S_{q-1}(x) \\ L_g\gamma_q(x) \end{pmatrix} = S_q(x)$$

并且把 $K_1^q,\ldots,K_q^q$ 当成零行矩阵。或者另外的情况是，从某次迭代开始，之后的所有次迭代全都退化。在这种情况下，以 q 表示最后一次非退化迭代的指标。那么，对于所有的 $q<j\leqslant 2n$，P_j 将是一个零行矩阵，K_j^j 为单位阵，$\delta_j=0$。

根据以结构算法产生的函数 $\gamma_1,\ldots,\gamma_q$，可按如下方式构造一个线性化反馈。令

$$\Gamma(x) = \begin{pmatrix} \gamma_1(x) \\ \vdots \\ \gamma_q(x) \end{pmatrix}$$

并回想到 $S_q = L_g\Gamma$ 是一个 $r_{q-1}\times m$ 阶矩阵，它在 x° 处的秩为 r_{q-1}。于是，可用一对光滑函数 $\alpha(x)$ 和 $\beta(x)$ 来解定义在 x° 某一适当邻域 U 上的方程组

$$\begin{aligned} (L_g\Gamma(x))\alpha(x) &= -L_f\Gamma(x) \\ (L_g\Gamma(x))\beta(x) &= -(I_{r_{q-1}} \quad 0) \end{aligned} \tag{5.59}$$

(b) 的充分性证明：证明式 (5.59) 定义的反馈可解该问题。

设 $\tilde{f}(x)=f(x)+g(x)\alpha(x)$，$\tilde{g}(x)=g(x)\beta(x)$。首先证明，对于所有的 $0\leqslant k\leqslant 2n-1$，

$$P_1L_{\tilde{g}}L_{\tilde{f}}^kh(x) = 与\ x\ 无关的量 \tag{5.60}$$

对于所有的 $2\leqslant i\leqslant q$，

$$P_iK_{i-1}^{i-1}\cdots K_1^1L_{\tilde{g}}L_{\tilde{f}}^kh(x) = 与\ x\ 无关的量 \tag{5.61}$$

以及

$$K_q^qK_{q-1}^{q-1}\cdots K_1^1L_{\tilde{g}}L_{\tilde{f}}^kh(x) = 与\ x\ 无关的量 \tag{5.62}$$

为此，注意到式 (5.59) 意味着对于所有的 $1 \leqslant i \leqslant q$，有

$$\begin{aligned} L_{\tilde{f}}\gamma_i &= 0 \\ L_{\tilde{g}}\gamma_i &= \text{与 } x \text{ 无关的量} \end{aligned} \tag{5.63}$$

而且，由于对所有的 $i \geqslant 1$ 有 $L_g\bar{\gamma}_i = 0$，所以对于所有的 $i \geqslant 1$，也有

$$\begin{aligned} L_{\tilde{f}}\bar{\gamma}_i &= L_f\bar{\gamma}_i \\ L_{\tilde{g}}\bar{\gamma}_i &= 0 \end{aligned} \tag{5.64}$$

重复使用式 (5.63) 和式 (5.64)，容易看到，如果 $k \geqslant i$，则有

$$\begin{aligned} K_i^i \cdots K_1^1 L_{\tilde{f}}^k h &= K_i^i \cdots K_2^2 L_{\tilde{f}}^k \bar{\gamma}_1 \\ &= K_i^i \cdots K_3^3 L_{\tilde{f}}^{k-1} \bar{\gamma}_2 \\ &\ \ \vdots \\ &= K_i^i L_{\tilde{f}}^{k-i+2} \bar{\gamma}_{i-1} \\ &= L_{\tilde{f}}^{k-i+1} \bar{\gamma}_i \end{aligned} \tag{5.65}$$

如果 $k < i$，则有

$$K_i^i \cdots K_1^1 L_{\tilde{f}}^k h = K_i^i \cdots K_{k+1}^{k+1} L_{\tilde{f}} \bar{\gamma}_k \tag{5.66}$$

这些表达式对于每一个 $i \geqslant 1$ 都成立 (回想一下，如果 $i > q$，则 K_i^i 是单位阵)。

因此，如果 $i \leqslant q$ 且 $k \geqslant i-1$，则由式 (5.65) 得到

$$P_i K_{i-1}^{i-1} \cdots K_1^1 L_{\tilde{g}} L_{\tilde{f}}^k h = L_{\tilde{g}} P_i L_{\tilde{f}}^{k-i+2} \bar{\gamma}_{i-1} = L_{\tilde{g}} L_{\tilde{f}}^{k-i+1} \gamma_i$$

它或者与 x 无关 (如果 $k = i-1$) 或者等于零，而对于 $i \leqslant q$ 且 $k < i-1$，则由式 (5.66) 得到

$$P_i K_{i-1}^{i-1} \cdots K_1^1 L_{\tilde{g}} L_{\tilde{f}}^k h = P_i \cdots K_{k+2}^{k+2} L_{\tilde{g}} (\bar{\gamma}_{k+1} - \sum_{j=1}^{k} K_j^{k+1} \gamma_j)$$

上式等号右边的表达式又一次与 x 无关，这就完成了式 (5.61) 的证明。

此外，如果 $k \geqslant q$，则由式 (5.65) 有

$$\begin{aligned} K_q^q \cdots K_1^1 L_{\tilde{g}} L_{\tilde{f}}^k h &= K_k^k \cdots K_1^1 L_{\tilde{g}} L_{\tilde{f}}^k h \\ &= L_{\tilde{g}} L_{\tilde{f}} \bar{\gamma}_k \\ &= L_{\tilde{g}} K_{k+1}^{k+1} L_{\tilde{f}} \bar{\gamma}_k \\ &= L_{\tilde{g}} (\bar{\gamma}_{k+1} - \sum_{j=1}^{q} K_j^{k+1} \gamma_j) \end{aligned}$$

它连同式 (5.66)(令 $i = q$，则在 $k < q$ 时成立) 证明了式 (5.62) 也成立。最后，式 (5.60) 也成立，因为 $P_1 L_{\tilde{g}} L_{\tilde{f}}^k h = L_{\tilde{g}} L_{\tilde{f}}^k \gamma_1$，该式或者与 x 无关 (若 $k = 0$)，或者等于零。

现在，假设矩阵

$$H = \begin{pmatrix} P_1 \\ P_2 K_1^1 \\ \vdots \\ P_q K_{q-1}^{q-1} \cdots K_1^1 \\ K_q^q K_{q-1}^{q-1} \cdots K_1^1 \end{pmatrix} \tag{5.67}$$

是非奇异方阵。事实上，该矩阵连同已经证明的式 (5.60)，式 (5.61)，以及式 (5.62) 表明，对于所有的 $0 \leqslant k \leqslant 2n-1$，

$$L_{\tilde{g}} L_{\tilde{f}}^k h(x) = \text{与 } x \text{ 无关的量}$$

考虑到引理 5.6.1，这就证明了 (b) 的充分性。但矩阵 (5.67) 的非奇异性是以下事实的一个简单推论：式 (5.67) 可由对矩阵 $(V_q, \ldots, V_1)$ 施加基本的行操作而得到。

(a) 的必要性证明。令

$$\hat{\beta}(x) = \beta^{-1}(x)$$
$$\hat{\alpha}(x) = -\beta^{-1}(x)\alpha(x)$$

并令

$$\tilde{T}_k(x) = L_{\tilde{g}} L_{\tilde{f}}^k h(x)$$

如果对于所有的 k，反馈函数对 α 和 β 都能使 $\tilde{T}_k(x)$ 与 x 无关 (即可解该问题)，那么

$$L_f^k h = L_{\tilde{f}}^k h + \tilde{T}_{k-1}\hat{\alpha} + \tilde{T}_{k-2} L_f \hat{\alpha} + \ldots + \tilde{T}_0 L_f^{k-1}\hat{\alpha} \tag{5.68}$$

利用归纳法容易证明这个表达式。事实上，有

$$\begin{aligned} L_f^{k+1} h &= L_{(\tilde{f}+\tilde{g}\hat{\alpha})} L_{\tilde{f}}^k h + L_f(\tilde{T}_{k-1}\hat{\alpha} + \ldots + \tilde{T}_0 L_f^{k-1}\hat{\alpha}) \\ &= L_{\tilde{f}}^{k+1} h + L_{\tilde{g}} L_{\tilde{f}}^k h \hat{\alpha} + \tilde{T}_{k-1} L_f \hat{\alpha} + \ldots + \tilde{T}_0 L_f^k \hat{\alpha} \end{aligned}$$

于是由式 (5.68) 推得

$$L_g L_f^k h = (L_{\tilde{g}} L_{\tilde{f}}^k h)\hat{\beta} + \tilde{T}_{k-1} L_g \hat{\alpha} + \tilde{T}_{k-2} L_g L_f \hat{\alpha} + \ldots + \tilde{T}_0 L_g L_f^{k-1}\hat{\alpha}$$

或者

$$T_k(x) = \tilde{T}_k \hat{\beta}(x) + \tilde{T}_{k-1} L_g \hat{\alpha}(x) + \ldots + \tilde{T}_0 L_g L_f^{k-1}\hat{\alpha}(x) \tag{5.69}$$

现在，考虑形式幂级数

$$K(s) = \sum_{k=0}^{\infty} \tilde{T}_k s^{-k-1}$$
$$R(s,x) = \hat{\beta}(x) + \sum_{k=0}^{\infty} (L_g L_f^k \hat{\alpha}(x)) s^{-k-1}$$

并注意到后者是可逆的 (即 s 的零次幂系数是一个可逆矩阵)。此时，表达式 (5.69) 确切表明，这样定义的两个级数的柯西乘积[①]等于级数 (5.52)，这就证明了 (a) 的必要性。

(a) $\Rightarrow$ (b)。如果式 (5.56) 成立，则可将矩阵 $M_k(x)$ 写为

$$M_k(x)=\begin{pmatrix}K_0 & K_1 & \cdots & K_k\\ 0 & K_0 & \cdots & K_{k-1}\\ \vdots & \vdots & \vdots & \vdots\\ 0 & 0 & \cdots & K_0\end{pmatrix}\begin{pmatrix}R_{-1}(x) & R_0(x) & \cdots & R_{k-1}(x)\\ 0 & R_{-1}(x) & \cdots & R_{k-2}(x)\\ \vdots & \vdots & \vdots & \vdots\\ 0 & 0 & \cdots & R_{-1}(x)\end{pmatrix}$$

上式等号右边的第一个矩阵是一个实矩阵，而由于 $R_{-1}(x)$ 的非奇异性，等号右边的第二个矩阵在 x° 处非奇异。因此，x° 是 M_k 的一个正则点，并且条件 (5.57) 成立。 ◁

注记 5.6.2. 再次强调结构算法的重要性：它既是对条件 (a) [或条件 (b)] 是否满足的一个测试，也是构造线性化反馈的一个过程。 ◁

注记 5.6.3. 输入-输出精确线性化问题可解性的一个显然的充分条件是系统在 x° 处有相对阶 $\{r_1,\ldots,r_m\}$。读者很容易验证，在这种情况下，结构算法可以一直继续到步骤 $q=\max\{r_1,\ldots,r_m\}$，这时有 $S_q(x)=A(x)$。 ◁

例 5.6.4. 考虑系统

$$\dot{x}=\begin{pmatrix}x_1^2+x_2\\ x_1x_3\\ -x_1+x_3\\ 0\\ x_5+x_3^2\end{pmatrix}+\begin{pmatrix}0\\0\\1\\1\\x_2\end{pmatrix}u_1+\begin{pmatrix}0\\1\\0\\0\\0\end{pmatrix}u_2$$

$$y=\begin{pmatrix}x_3\\ x_4\end{pmatrix}$$

对于此系统，结构算法按如下进行。构造矩阵

$$T_0(x)=L_gh(x)=\begin{pmatrix}1 & 0\\ 1 & 0\end{pmatrix}$$

该矩阵满足条件 (5.57)，可以设

$$V_1=\begin{pmatrix}1 & 0\\ 1 & -1\end{pmatrix}$$

从而有

$$S_1(x)=(1\ \ 0)$$

$$\gamma_1(x)=x_3$$

$$\bar{\gamma}_1(x)=x_3-x_4$$

① 设两个形式幂级数分别为 $\sum_{n=0}^{\infty}a_nx^n$ 和 $\sum_{n=0}^{\infty}b_nx^n$，则它们的柯西乘积定义为：$\left(\sum_{n=0}^{\infty}a_nx^n\right)\cdot\left(\sum_{n=0}^{\infty}b_nx^n\right)=\left(\sum_{n=0}^{\infty}c_nx^n\right)$，其中 $c_n=\sum_{k=0}^{n}a_kb_{n-k}$，$n=0,1,2,\ldots$。——译者注

现在考虑矩阵

$$\begin{pmatrix} S_1(x) \\ L_gL_f\bar{\gamma}_1(x) \end{pmatrix} = \begin{pmatrix} 1 & 0 \\ 1 & 0 \end{pmatrix}$$

它仍然满足条件 (5.58)。因此，能够执行算法，并设

$$V_2 = \begin{pmatrix} 1 & 0 \\ 1 & -1 \end{pmatrix}$$

这得到

$$\begin{aligned} S_2(x) &= (1 \quad 0) \\ \bar{\gamma}_2(x) &= \gamma_1(x) - L_f\bar{\gamma}_1(x) = x_1 \end{aligned}$$

不存在 $\gamma_2(x)$，因为 $r_1 = r_0 = 1$。在第三步，考虑矩阵

$$\begin{pmatrix} S_2(x) \\ L_gL_f\bar{\gamma}_2(x) \end{pmatrix} = \begin{pmatrix} 1 & 0 \\ 0 & 1 \end{pmatrix}$$

它的秩现在是 $r_2 = 2$。因此，算法终止，$q = 3$，且

$$\gamma_3(x) = P_3L_f\bar{\gamma}_2(x) = x_2 + x_1^2$$

可以借助于反馈 $u = \alpha(x) + \beta(x)v$ 使该系统从输入-输出的角度看具有线性性质，其中 $\alpha(x)$ 和 $\beta(x)$ 是以下方程的解 [见式 (5.59)]：

$$\begin{pmatrix} L_g\gamma_1(x) \\ L_g\gamma_3(x) \end{pmatrix} \alpha(x) = -\begin{pmatrix} L_f\gamma_1(x) \\ L_f\gamma_3(x) \end{pmatrix}$$
$$\begin{pmatrix} L_g\gamma_1(x) \\ L_g\gamma_3(x) \end{pmatrix} \beta(x) = \begin{pmatrix} 1 & 0 \\ 0 & 1 \end{pmatrix}$$

即

$$\alpha(x) = -\begin{pmatrix} -x_1 + x_3 \\ 2x_1^3 + 2x_1x_2 + x_1x_3 \end{pmatrix}$$

且 $\beta(x)$ 为单位阵。

注意到，该系统没有任何相对阶，因为矩阵 (5.2) 此时与 $T_0(x)$ 一致，是奇异的，状态-输入方程也不能通过反馈和坐标变换来精确线性化，因为分布 $G = \text{span}\{g_1, g_2\}$ 并不对合。 ◁

在本节结束之际，给出结构算法的一个应用，即解决一个线性模型的输入-输出行为的匹配问题。考虑如下系统：

$$\begin{aligned} \dot{x} &= f(x) + \sum_{i=1}^{m} g_i(x)u_i \\ y &= h(x) \end{aligned} \tag{5.70}$$

和一个线性参考模型

$$\begin{aligned}\dot{\zeta} &= A\zeta + Bw \\ y_R &= C\zeta\end{aligned} \tag{5.71}$$

假设系统 (5.70) 满足定理 5.6.2 中关于输入-输出精确线性化问题的可解性条件。令 P_i, $K_1^i, \ldots, K_i^i$ 为结构算法 [在数据集 $f(x), g_1(x), \ldots, g_m(x), h(x)$ 上执行] 在第 i 步确定的矩阵集合。设

$$\begin{aligned}C_1 &= P_1 C \\ \bar{C}_1 &= K_1^1 C\end{aligned}$$

并且，对于 $i \geqslant 2$ 有

$$\begin{aligned}C_i &= P_i \bar{C}_{i-1} A \\ \bar{C}_i &= K_1^i C_1 + \ldots + K_{i-1}^i C_{i-1} + K_i^i \bar{C}_{i-1} A\end{aligned}$$

另外，设

$$D = \mathrm{col}(C_1, \ldots, C_q)$$

则以下结果成立 (证明留给读者)。

命题 5.6.4. 当且仅当

$$\bar{C}_i B = 0, \quad \text{对于所有的 } i \geqslant 1 \tag{5.72}$$

则存在一个如下形式的反馈：

$$\begin{aligned}\dot{\zeta} &= \gamma(\zeta, x) + \delta(\zeta, x) w \\ u &= \alpha(\zeta, x) + \beta(\zeta, x) w\end{aligned}$$

使相应的闭环系统产生如下的输入-输出响应：

$$y(t) = Q(t, \zeta^\circ, x^\circ) + \int_0^t C\mathrm{e}^{A(t-\sigma)} B w(\sigma) \mathrm{d}\sigma \tag{5.73}$$

特别是，如果式 (5.72) 成立，则通过选择

$$\begin{aligned}\gamma(\zeta, x) &= A \\ \delta(\zeta, x) &= B \\ \alpha(\zeta, x) &= \alpha(x) - \beta(x) D A \zeta \\ \beta(\zeta, x) &= -\beta(x) D B\end{aligned}$$

可得到一个形如式 (5.73) 的响应，其中 $\alpha(x)$ 和 $\beta(x)$ 是式 (5.59) 的解。

提示：　构造一个“误差”系统

$$\begin{aligned}\dot{x} &= f(x) + \sum_{i=1}^m g_i(x) u_i \\ \dot{\zeta} &= A\zeta + Bw \\ e &= h(x) - C\zeta\end{aligned}$$

对这个系统求解输入-输出精确线性化问题。 ◁

第 6 章　状态反馈的几何理论：工具

6.1　零动态

接下来的两章要在更一般的微分几何 (且坐标无关的) 背景下，对已在第 4 章和第 5 章中介绍过的一些最重要的概念和设计方法进行分析。为方便起见，在本章介绍最基本的几何工具：零动态和受控不变分布，它们是分析的基础，第 7 章再来解释如何使用这些工具来解决具体的控制问题。

首先从相当一般的视角来讨论如下问题：对于输入、输出分量数同为 m 的非线性系统

$$\begin{aligned}\dot{x} &= f(x) + g(x)u \\ y &= h(x)\end{aligned} \tag{6.1}$$

其中状态 x 定义在 $\mathbb{R}^n$ 中的一个开子集 U 上，如何能够利用适当选择的初始状态和输入以使系统的输出为零?

考虑系统 (6.1) 状态空间中的一点 x°，并假设 $f(x^\circ) = 0$，$h(x^\circ) = 0$。于是，如果系统 (6.1) 在 $t = 0$ 时的初始状态等于 x°，并且输入 $u(t)$ 对于所有的 $t \geqslant 0$ 均为零，则输出 $y(t)$ 对于所有的 $t \geqslant 0$ 也为零。这里的目的是，如若可能，确定能产生恒零输出的由所有初始状态和输入函数构成的偶对集合。引入一些术语会为此提供方便。

令 M 为 U 的一个光滑连通子流形，包含点 x°。如果存在一个光滑映射 $u\colon M \to \mathbb{R}^m$ 以及 x° 的一个邻域 U°，使得对于所有的 $x \in M \cap U^\circ$，向量场 $\tilde{f}(x) = f(x) + g(x)u(x)$ 与 M 相切，则称流形 M 在点 x° 是**局部受控不变的** (locally controlled invariant)，或者换言之，M 在向量场 $\tilde{f}$ 下是**局部不变的** (locally invariant)。

系统 (6.1) 的**输出调零子流形** (output zeroing submanifold) 是 U 的一个光滑连通子流形 M，它包含点 x°，并且满足以下条件：

(i) 对于每一点 $x \in M$，$h(x) = 0$；

(ii) M 在 x° 处是局部受控不变的。

换句话说，一个输出调零子流形就是满足如下性质的状态空间的子流形 M：对于某一个选择的反馈控制 $u(x)$，闭环系统

$$\begin{aligned}\dot{x} &= f(x) + g(x)u(x) \\ y &= h(x)\end{aligned}$$

始于 M 中的轨线对于 $t=0$ 的某一邻域中的所有时刻都保持在 M 中，并且与此同时相应的输出恒为零。

假设 M 和 M' 是 U 的两个连通光滑子流形，并且全都包含 x°。那么，如果对于 x° 的某一个邻域 U°，有 $M \cap U^\circ \supset M' \cap U^\circ$ (或 $M \cap U^\circ = M' \cap U^\circ$)，则称 M 局部包含 M' (或 M 与 M' 等同)。如果对于 x° 的某一个邻域 U°，任何其他输出调零子流形 M' 都满足 $M \cap U^\circ \supset M' \cap U^\circ$，则称输出调零子流形 M 是**局部最大的** (locally maximal)。

一般情况下，完全不清楚能否存在一个局部最大输出调零子流形。然而，正如马上要描述的递归构造所示，在某些较弱的正则性假设条件下，可以在 x° 的一个邻域内相当容易地找到满足条件的流形 $Z^\star$。注意到，条件 (i) 意味着 $h(x^\circ)=0$，即对于输出映射 h 来说，点 x° 属于点 $y=0$ 的逆像 [记为 $h^{-1}(0)$]。这促使我们考虑以如下方式定义的嵌套子流形序列 $M_0 \supset M_1 \supset \ldots \supset M_k \supset \ldots$。

零动态算法　步骤 0: 设置 $M_0 = h^{-1}(0)$。步骤 k: 假设对于 x° 的某一个邻域 U_{k-1}，$M_{k-1} \cap U_{k-1}$ 是一个光滑子流形，以 M^c_{k-1} 表示 $M_{k-1} \cap U_{k-1}$ 包含点 x° 的连通部分 [M^c_{k-1} 非空，因为 $f(x^\circ)=0$]，并定义 M_k 为

$$M_k = \{x \in M^c_{k-1} \colon f(x) \in \operatorname{span}\{g_1(x), \ldots, g_m(x)\} + T_x M^c_{k-1}\} \tag{6.2}$$

以下命题描述了在何种条件下定义的序列收敛到一个局部最大输出调零子流形。

命题 6.1.1. 假设对于每一个 $k \geqslant 0$ 都存在 x° 的一个邻域 U_k，使得 $M_k \cap U_k$ 是一个光滑子流形，那么对于某一个 $k^\star < n$ 和 x° 的某一个邻域 $U_{k^\star}$，有 $M_{k^\star+1} = M^c_{k^\star}$。假设还有

$$\dim(\operatorname{span}\{g_1(x^\circ), \ldots, g_m(x^\circ)\}) = m, \tag{6.3}$$

并且子空间 $\operatorname{span}\{g_1(x), \ldots, g_m(x)\} \cap T_x M^c_{k^\star}$ 对于所有的 $x \in M^c_{k^\star}$ 都有常数维，那么流形 $Z^\star = M^c_{k^\star}$ 是系统 (6.1) 的一个局部最大输出调零子流形。

命题 6.1.2. 如果另外假设

$$\operatorname{span}\{g_1(x^\circ), \ldots, g_m(x^\circ)\} \cap T_{x^\circ} Z^\star = 0 \tag{6.4}$$

则存在唯一的光滑映射 $u^\star \colon Z^\star \to \mathbb{R}^m$，使得向量场

$$f^\star(x) = f(x) + g(x)u^\star(x)$$

与 $Z^\star$ 相切。

证明: 命题 6.1.1 的证明

因为所有的 M_k 都是局部光滑子流形且 $M_k \supset M_{k+1}$，所以由维数的有限性可知，对于某一个整数 $k^\star < n$ 及 x° 的某一个邻域 $U_{k^\star}$，有 $M_{k^\star+1} = M^c_{k^\star}$。设 $Z^\star = M^c_{k^\star}$。由于 $M_{k^\star+1} = Z^\star$，则根据构造知，在 $Z^\star$ 的每一点 x 处，存在一个向量 $u \in \mathbb{R}^m$，使得

$$f(x) + g(x)u \in T_x Z^\star \tag{6.5}$$

既然 $Z^\star$ 是一个光滑子流形，所以在 x° 的一个邻域内，能够定义一个浸没映射 $H\colon U' \to \mathbb{R}^q$，其中 $q = n - \dim(Z^\star)$，使得

$$Z^\star \cap U' = \{x \in U' \colon H(x) = 0\}$$

因此，由于在每一点 $x \in (Z^\star \cap U')$ 都有 $T_x Z^\star = \ker(\mathrm{d}H(x))$ 成立，所以条件 (6.5) 可重新表示为等价形式

$$\langle \mathrm{d}H(x), f(x) + g(x)u \rangle = 0$$

从该等式可对 u 求解的事实，可推得

$$\langle \mathrm{d}H(x), f(x) \rangle \in \mathrm{Im}(\langle \mathrm{d}H(x), g(x) \rangle) \tag{6.6}$$

在 $Z^\star \cap U'$ 的每一点 x 处都成立。

如果式 (6.3) 成立且子空间 $\mathrm{span}\{g_1(x), \ldots, g_m(x)\} \cap T_x Z^\star$ 对于所有邻近 x° 的 $x \in Z^\star$ 都有常数维，则矩阵 $\langle \mathrm{d}H(x), g(x) \rangle$ 在 x° 附近的每一点 $x \in Z^\star$ 处有常数秩。从而，由式 (6.6) 推知，在 x° 的某一个邻域 $U'' \subset U'$ 上，存在一个光滑映射 $u^\star\colon Z^\star \to \mathbb{R}^m$，使得

$$f(x) + g(x)u^\star(x) \in T_x Z^\star$$

对于所有的 $x \in Z^\star \cap U''$ 都成立。因此，$Z^\star$ 在 x° 处是局部受控不变的。

根据构造知，$Z^\star$ 也是这样的子流形：对于所有的 $x \in Z^\star$，$h(x) = 0$。现在注意到，任何其他输出调零子流形 Z'，对于所有的 $k \geqslant 0$，在 x° 附近一定有 $Z' \subset M_k$ 成立。可利用归纳法，通过证明 $Z' \subset M_{k-1}^c$ 蕴涵 $Z' \subset M_k$ 来证明这一点。事实上，

$$\begin{aligned}
x \in Z' &\Rightarrow f(x) \in \mathrm{span}\{g_1(x), \ldots, g_m(x)\} + T_x Z' \\
&\Rightarrow f(x) \in \mathrm{span}\{g_1(x), \ldots, g_m(x)\} + T_x M_{k-1}^c \\
&\Rightarrow x \in M_k
\end{aligned}$$

由此推知，$Z^\star$ 包含 Z'，即 $Z^\star$ 是局部最大的。这就完成了命题 6.1.1 的证明。

命题 6.1.2 的证明

注意，如果式 (6.4) 成立，则矩阵 $\langle \mathrm{d}H(x), g(x) \rangle$ 对于 x° 附近的所有 x，秩为 m。这是因为恒等式 $\langle \mathrm{d}H(x), g(x) \rangle \gamma = 0$ 意味着 $g(x)\gamma = 0$ 或者 $g(x)\gamma \in \ker(\mathrm{d}H)$，而前者与式 (6.3) 相矛盾，后者与式 (6.4) 相矛盾。因此，在这种情况下，命题 6.1.1 证明中发现的 $u^\star(x)$ 是唯一的。 $\triangleleft$

假设之前两个命题中列出的前提条件都得以满足。由于向量场 $f^\star(x)$ 与 $Z^\star$ 相切，所以 $f^\star(x)$ 相对于 $Z^\star$ 的限制 $f^\star(x)|_{Z^\star}$ 是 $Z^\star$ 的有唯一定义的向量场 (以下，只要不会引起混淆，为简化记号，经常用 $f^\star$ 来替代 $f^\star|_{Z^\star}$)。子流形 $Z^\star$ 称为 (局部)**零动态子流形** (zero dynamics submanifold)，$Z^\star$ 上的向量场 $f^\star$ 称为**零动态向量场** (zero dynamics vector)。偶对 $(Z^\star, f^\star)$ 称为系统 (6.1) 的**零动态** (zero dynamics)。

根据构造知，当利用适当选择的初始状态和输入迫使系统的输出在某一个时间区间内保持为零时，动态系统

$$\dot{x} = f^\star(x) \qquad x \in Z^\star \tag{6.7}$$

就确定了在该系统上引发的内部动态行为。事实上，令 $x(0)=x^\circ \in Z^\star$ 并令

$$u(t)=u^\star(x(t))$$

其中 $x(t)$ 是系统 (6.7) 初始化于 $x^\circ \in Z^\star$ 的解，则只要 $x(t)$ 一直位于 $Z^\star$ 中 (对于时间轴的某一个开区间来说)，就会得到一个恒为零的输出 $y(t)$。

注记 6.1.1. 这里采用的方法给出了零动态概念的一个**局部**描述。当然，如果确认 $Z^\star$ 是 $h^{-1}(0)$ 满足如下性质的最大 (相对于包含关系) 光滑子流：

对于某一个光滑输入 $u^\star\colon Z^\star \to \mathbb{R}^m$，向量场 $f^\star=f+gu^\star$ 与 $Z^\star$ 相切

那么在原则上，也能得到一个全局描述。$\lhd$

注记 6.1.2. 命题 6.1.1 和命题 6.1.2 的假设 (6.3) 和假设 (6.4) 可解释为系统**可逆性**的一个特性。事实上，由这两个命题的证明容易看到，当 (且仅当) 这两个条件得以满足时，对于每一个初始状态 x' (位于 x° 的某一个邻域中)，产生零输出的任何两对 (x',u^a) 和 (x',u^b) 都必然相等，即 $u^a=u^b$。$\lhd$

注记 6.1.3. 在线性系统情况下，说明前述论据如何简化是大有用处的。就零动态算法而言，读者不难意识到

$$M_0=\ker(C)$$

和

$$M_k=\{x\in M_{k-1}\colon Ax\in \mathrm{Im}(B)+M_{k-1}\}$$

因此，所有的 M_k 都是状态空间的**子空间**。光滑性假设确实得以满足，而且存在一个整数 $k^\star<n$ 使得 $M_{k^\star+1}=M_{k^\star}$。根据构造知，子空间 $V^\star=M_{k^\star}$ 是满足

$$AV^\star\subset V^\star+\mathrm{Im}(B)$$

的 $\ker(C)$ 的最大子空间。

假设 (6.3) 和假设 (6.4) 简化为以下两式：

$$\dim(\mathrm{Im}(B))=m,\qquad V^\star\cap \mathrm{Im}(B)=0$$

根据线性系统理论可知，这些条件正是传递函数矩阵 $C(sI-A)^{-1}B$ (它是方阵，因为假设系统有相同的输入和输出分量) **可逆**的条件 (也见注记 6.1.2)。

这两个条件意味着存在一个唯一的状态反馈 $u^\star(x)$，它现在是 x 的线性函数，即

$$u^\star(x)=Fx$$

使得 $f^\star(x)=Ax+Bu^\star(x)$ 与 $V^\star$ 相切，即对于所有的 $x\in V^\star$ 都使得 $(A+BF)x$ 属于 $V^\star$，亦即

$$(A+BF)V^\star\subset V^\star$$

子空间 $V^\star$ 在线性映射 $(A+BF)$ 之下是**不变的**，并且限制 $(A+BF)|_{V^\star}$ 给出了一个定义在 $V^\star$ 上的动态系统，其动态根据定义正是原系统的零动态。现在将证明 $(A+BF)|_{V^\star}$ [更

确切地说，是其**不变多项式** (invariant polynomials)] 的特征值与系统传递函数矩阵 [更确切地说，是其**传递多项式** (transmission polynomials)] 的所谓**传递零点** (transmission zeros) 等同。根据该性质，可将注记 4.3.1 中给出的解释，即零动态是线性系统“零点”概念的非线性类似，推广到多变量系统的情况。

这是因为，回想一下，一个多变量最小线性系统的传递多项式定义为**系统矩阵** (system matrix)

$$\begin{pmatrix} sI-A & B \\ C & 0 \end{pmatrix} \tag{6.8}$$

的不变因子。下面将证明此矩阵的不变因子与线性映射 $(A+BF)|_{V^\star}$ 的不变因子等同。为此，选择适当的新坐标

$$\bar{x} = \mathrm{col}(x_1, x_2)$$

使得子空间 $V^\star$ 的形式为

$$V^\star = \{(x_1, x_2) \in \mathbb{R}^n \colon x_1 = 0\}$$

并且使得

$$\mathrm{Im}(B) \subset \{(x_1, x_2) \in \mathbb{R}^n \colon x_2 = 0\}$$

这确实可以办到，因为 $V^\star \cap \mathrm{Im}(B) = 0$。相应地，矩阵 A, B, C 有如下表示类型：

$$\begin{pmatrix} A_{11} & A_{12} \\ A_{21} & A_{22} \end{pmatrix}, \qquad \begin{pmatrix} B_1 \\ 0 \end{pmatrix}, \qquad \begin{pmatrix} C_1 & 0 \end{pmatrix}$$

C 的特殊结构源于 $V^\star \subset \ker(C)$ 这个事实。

注意到，由于 $AV^\star \subset V^\star + \mathrm{Im}(B)$，所以矩阵 A_{12} 和 B_1 满足条件

$$\mathrm{Im}(A_{12}) \subset \mathrm{Im}(B_1)$$

因此，存在一个 (唯一的，因为 B_1 秩为 m) 矩阵 F_2，使得

$$B_1 F_2 = -A_{12}$$

设

$$F = (0 \quad F_2)$$

从而得到

$$A + BF = \begin{pmatrix} A_{11} & 0 \\ A_{21} & A_{22} \end{pmatrix}$$

由此可见，$V^\star$ 在 $(A+BF)$ 下是不变的，特别是，A_{22} 是线性映射 $(A+BF)|_{V^\star}$ 的一个表示。而且容易看到，$V^\star$ 的最大性意味着矩阵

$$\begin{pmatrix} sI-A_{11} & B_1 \\ C_1 & 0 \end{pmatrix} \tag{6.9}$$

对于所有的 $s \in \mathbb{C}$ 都具有非奇异性。事实上，假设对于某一个 s°，该矩阵是奇异的，则存在向量 x_1° 和 u，使得

$$s^\circ x_1^\circ - A_{11}x_1^\circ + B_1 u = 0, \qquad C_1 x_1^\circ = 0$$

如果这样，则子空间

$$V = V^\star + \text{span}\{\text{col}(x_1^\circ,\ 0)\}$$

满足

$$AV \subset V + \text{Im}(B), \qquad V \subset \ker(C)$$

这是矛盾的，因为 V 真包含 $V^\star$，并且 $V^\star$ 是满足这些条件的最大子空间。

现在注意到

$$\begin{pmatrix} sI - A - BF & B \\ C & 0 \end{pmatrix} = \begin{pmatrix} sI - A & B \\ C & 0 \end{pmatrix} \begin{pmatrix} I & 0 \\ -F & I \end{pmatrix} \tag{6.10}$$

从而矩阵 (6.8) 的不变因子与式 (6.10) 等号左边矩阵的不变因子相同。在式 (6.10) 中，代入之前为 $A + BF, B, C$ 建立的表达式，然后对行和列进行排列，得到如下形式的矩阵：

$$\begin{pmatrix} sI - A_{11} & B_1 & 0 \\ C_1 & 0 & 0 \\ -A_{21} & 0 & sI - A_{22} \end{pmatrix} \tag{6.11}$$

其不变因子仍然与式 (6.8) 的不变因子相同。

由于子矩阵 (6.9) 对于所有的 $s \in \mathbb{C}$ 都是非奇异的，所以式 (6.11) 的不变因子与 A_{22} 的不变因子相同，这表明式 (6.8) 的不变因子就是 $(A + BF)|_{V^\star}$ 的不变因子。

在结束这个注记之前，还要注意，鉴于一个熟知的可控性条件，矩阵 (6.9) 对于所有 $s \in \mathbb{C}$ 的非奇异性，意味着 (A_{11}, B_1) 是一个**可控**对。由此可立即推知，如果矩阵 A_{22} 的所有特征值都具有负实部，则矩阵对

$$\begin{pmatrix} A_{11} & 0 \\ A_{21} & A_{22} \end{pmatrix} \qquad \begin{pmatrix} B_1 \\ 0 \end{pmatrix}$$

是可镇定的。由于这是从原矩阵对 (A, B) 利用正则反馈推得的，这保持了可镇定性，因此可得，能用静态状态反馈镇定一个线性系统的充分条件是该系统的零动态渐近稳定。在 7.1 节中将发现该条件的一个非线性推广。 $\triangleleft$

现在来解释对于一个形如式 (6.1) 的给定系统，如何在实际中执行零动态算法。并且在此过程中，还将说明如何测试假设 (6.4) 和在算法描述中指出的多种正则性假设，即 $M_k \cap U_k$ (对于所有的 $k \geqslant 1$) 的光滑性。

首先将 M_0 定义为使映射 h 取值为零的点集。如果此映射的微分 $\mathrm{d}h$ 在 x° 的某一个邻域 U_0 内有常数秩，例如 s_0，则集合 $M_0 \cap U_0$ 是一个光滑的 $(n - s_0)$ 维流形。如果 s_0 严格小于 h 的分量个数 m，那么不失一般性，假设 $\mathrm{d}h$ 的前 s_0 行恰好线性无关 (否则，改变 h 各行的顺序)。因此，如果以 S_0 表示选择一个 m 维向量的前 s_0 行的矩阵，即如下的 $s_0 \times m$ 阶矩阵[①]

$$S_0 = (I \ \ 0)$$

① 原文此处 S_0 误为 $s_0 \times s$ 阶矩阵，其无法与 m 维向量 $h(x)$ 相乘。——译者注

则映射

$$H_0(x) = S_0 h(x)$$

显然使下式成立:

$$M_0 \cap U_0 = \{x \in U_0\colon H_0(x) = 0\}$$

以 M_0^c 表示 $M_0 \cap U_0$ 中包含点 x° 的连通部分。零动态算法的第一步，从下式

$$\langle \mathrm{d}H_0(x), f(x) + g(x)u\rangle = L_f H_0(x) + L_g H_0(x)u = 0 \tag{6.12}$$

中解出 u，令使 u 有定义的所有的 $x \in M_0^c$ 的集合为 M_1(也见命题 6.1.1 的证明)。假设矩阵 $L_g H_0(x)$ 对于所有的 $x \in M_0^c$ 有常数秩，比如 r_0 (注意，仅在这个子流形上要求秩为常数，并非要求在整个 U_0 上)，则线性方程

$$\gamma L_g H_0(x) = 0$$

的解空间 (解 γ 的空间) 对于所有的 $x \in M_0^c$ 有常数维 (即 $s_0 - r_0$)。由于 $L_g H_0(x)$ 对于 x° 的某一个邻域 $U_0' \subset U_0$ 是光滑的，因而能够定义一个关于 x 的 $(s_0 - r_0) \times s_0$ 阶的光滑函数矩阵 $R_0(x)$，使得在每一点 $x \in (M_0^c \cap U_0')$ 处，$R_0(x)$ 的各行张成此方程的解空间。特别是

$$R_0(x) L_g H_0(x) = 0$$

对于所有的 $x \in (M_0^c \cap U_0')$ 都成立，并且立即可看到，在每一点 $x \in (M_0^c \cap U_0')$ 处，方程 (6.12) 对 u 可解，当且仅当 x 使

$$R_0(x) L_f H_0(x) = 0$$

设

$$\varPhi_0(x) = R_0(x) L_f H_0(x)$$

则对于 x° 的某一个邻域 U_1，集合 $M_1 \cap U_1$ 可表示成

$$M_1 \cap U_1 = \{x \in U_1\colon H_0(x) = 0 \text{ 且 } \varPhi_0(x) = 0\}$$

如果光滑映射 $\mathrm{col}(H_0(x), \varPhi_0(x))$ 在 x° 附近有常数秩，比如 $s_0 + s_1$，则可再一次迭代之前的构造方式。注意到，由于向量 $\varPhi_0(x)$ 有 $s_0 - r_0$ 行，于是有

$$s_1 \leqslant s_0 - r_0 \tag{6.13}$$

在第 $k+1 \geqslant 2$ 步，迭代开始于映射 $H_{k-1}(x)$ 和 $\varPhi_{k-1}(x)$，其中 H_{k-1} 使得 $\mathrm{d}H_{k-1}$ 的秩正好等于它的行数 $s_0 + \cdots + s_{k-1}$，并且对于 x° 的某一个邻域 U_k 有

$$M_k \cap U_k = \{x \in U_k\colon H_{k-1}(x) = 0 \text{ 且 } \varPhi_{k-1}(x) = 0\}$$

假设映射 $\mathrm{col}(H_{k-1}(x), \varPhi_{k-1}(x))$ 在 x° 附近有常数秩 $s_0 + \ldots + s_k$ (因而，对于适当选择的 U_k，集合 $M_k \cap U_k$ 是一个光滑流形)。不失一般性，假设此映射的微分的前 $s_0 + \ldots + s_k$ 行是线性无关的 (否则，在最后一个行集合，即 $\varPhi_{k-1}$ 中改变各行的顺序)，以 S_{k-1} 表示选择 $\varPhi_{k-1}(x)$ 前 s_k 行的矩阵，并令

$$H_k(x) = \mathrm{col}(H_{k-1}(x), S_{k-1}\varPhi_{k-1}(x))$$

显然有

$$M_k \cap U_k = \{x \in U_k \colon H_k(x) = 0\}$$

现在必须考查方程

$$L_f H_k(x) + L_g H_k(x) u = 0$$

如果矩阵 $L_g H_k(x)$ 对于所有的 $x \in M_k^c$ ($M_k \cap U_k$ 中包含 x° 的连通部分) 有常数秩 r_k，则能够找到一个光滑函数矩阵 $R_k(x)$，其 $s_0 + \ldots + s_k - r_k$ 行 (在 x° 附近) 张成方程

$$\gamma L_g H_k(x) = 0$$

的解空间。显然可以选择

$$R_k(x) = \begin{pmatrix} R_{k-1}(x) & 0 \\ P_{k-1}(x) & Q_{k-1}(x) \end{pmatrix}$$

其中 $P_{k-1}(x)$ 和 $Q_{k-1}(x)$ 均为适当的矩阵，因为由构造知，对于 M_k^c 中 x° 附近的所有 x，$R_{k-1}(x) L_f H_{k-1}(x) = 0$。而且，由于 $R_{k-1}(x)$ 有 $s_0 + \ldots + s_{k-1} - r_{k-1}$ 行，所以 $P_{k-1}(x)$ 和 $Q_{k-1}(x)$ 都有 $s_k - r_k + r_{k-1}$ 行。根据 $R_k(x)$ 的这一选择，可以定义一个新映射 $\Phi_k(x)$

$$\Phi_k(x) = P_{k-1}(x) L_f H_{k-1}(x) + Q_{k-1}(x) L_f S_{k-1} \Phi_{k-1}(x)$$

并继续构造过程。注意到，由于 Φ_k 有 $s_k - r_k + r_{k-1}$ 行，从而

$$s_{k+1} \leqslant s_k - r_k + r_{k-1} \tag{6.14}$$

注记 6.1.4. 注意，在之前计算中引入的整数 s_k 和 r_k 也可描述为

$$\begin{aligned} s_k &= \dim(M_{k-1}) - \dim M_k \\ r_k &= \dim(\text{span}\{g_1(x), \ldots, g_m(x)\}) - \dim(\text{span}\{g_1(x), \ldots, g_m(x)\} \cap T_x M_k) \end{aligned}$$

于是，可逆性假设 (6.3) 和 (6.4) 可特别表示为

$$r_{k^\star} = \text{rank}(L_g H_{k^\star}(x^\circ)) = m \qquad \lhd$$

在进一步分析所述构造的一些性质之前，先借助两个简单的例子对其加以解释。

例 6.1.5. 考虑一个定义在 $\mathbb{R}^4$ 上形如式 (6.1) 的 2 输入 2 输出系统，其中

$$f(x) = \begin{pmatrix} 0 \\ x_4 \\ \lambda x_3 + x_4 \\ 0 \end{pmatrix}, \qquad g_1(x) = \begin{pmatrix} 1 \\ x_3 \\ 0 \\ 0 \end{pmatrix}, \qquad g_2(x) = \begin{pmatrix} 0 \\ 0 \\ 0 \\ 1 \end{pmatrix}$$

$$\begin{aligned} h_1(x) &= x_1 \\ h_2(x) &= x_2 \end{aligned}$$

首先注意到，该系统没有相对阶，因为矩阵 (5.2) 在此情况下形式为

$$L_g h(x) = \begin{pmatrix} 1 & 0 \\ x_3 & 0 \end{pmatrix}$$

对于所有的 x，其秩为 1。执行零动态算法，可见 $\mathrm{d}h$ 对于所有的 x 秩为 2。因而 $s_0 = 2$，$H_0 = h$，并且

$$M_0 = \{x \in \mathbb{R}^4 \colon x_1 = x_2 = 0\}$$

构造矩阵 $L_g H_0(x)$，正如已经看到的，其秩 r_0 对于所有的 x 均为 1。设

$$R_0(x) = (-x_3 \quad 1)$$

于是

$$\varPhi_0(x) = x_4$$

由于映射 $\mathrm{col}(H_0(x), \varPhi_0(x))$ 对所有的 x 秩为 3，所以有 $s_1 = 1$，$H_1(x) = \mathrm{col}(x_1, x_2, x_4)$，并且

$$M_1 = \{x \in \mathbb{R}^4 \colon x_1 = x_2 = x_4 = 0\}$$

矩阵

$$L_g H_1(x) = \begin{pmatrix} 1 & 0 \\ x_3 & 0 \\ 0 & 1 \end{pmatrix}$$

对于所有的 $x \in M_1$ 秩为 $r_1 = 2$，算法终止，从而得到 $Z^\star = M_1$，保持系统状态在 $Z^\star$ 上演化的唯一输入 $u^\star$ 在每一点 $x \in Z^\star$ 处一定是方程

$$L_f H_1(x) + L_g H_1(x) u^\star(x) = \begin{pmatrix} 0 \\ x_4 \\ 0 \end{pmatrix} + \begin{pmatrix} 1 & 0 \\ x_3 & 0 \\ 0 & 1 \end{pmatrix} u^\star(x) = 0$$

的解。因此

$$u^\star(x) = 0$$

相应地，系统的零动态，即 $f^\star(x)|_{Z^\star}$ 的动态，可描述为

$$\dot{x}_3 = \lambda x_3 \qquad \triangleleft$$

例 6.1.6. 考虑一个定义在 $\mathbb{R}^5$ 上形如式 (6.1) 的 2 输入 2 输出系统，其中

$$f(x) = \begin{pmatrix} x_2 \\ x_4 \\ x_1 x_4 \\ x_5 \\ x_3 \end{pmatrix}, \qquad g_1(x) = \begin{pmatrix} 1 \\ x_3 \\ 0 \\ x_5 \\ 1 \end{pmatrix}, \qquad g_2(x) = \begin{pmatrix} 0 \\ x_2 \\ 1 \\ x_2 \\ 1 \end{pmatrix}$$

$$h_1(x) = x_1$$

$$h_2(x) = x_2$$

该系统在 $x^\circ = 0$ 处没有相对阶，因为此时矩阵 (5.2) 形式为

$$L_g h(x) = \begin{pmatrix} 1 & 0 \\ x_3 & x_2 \end{pmatrix}$$

它在 $x^\circ = 0$ 处奇异。执行零动态算法，发现 $s_0 = 2$，$H_0 = h$，并且

$$M_0 = \{x \in \mathbb{R}^5 \colon x_1 = x_2 = 0\}$$

矩阵 $L_g H_0(x)$ 对于所有的 $x \in M_0$ 秩为 $r_0 = 1$，从而算法可以继续。选择

$$R_0(x) = (-x_3 \ \ 1)$$

乘积

$$R_0(x) L_g H_0(x) = (0 \ \ x_2)$$

在每一点 $x \in M_0$ 处为零，于是

$$\varPhi_0(x) = x_4 - x_2 x_3$$

映射 $\mathrm{col}(H_0(x), \varPhi_0(x))$ 对于所有的 x 秩为 3，从而有 $s_1 = 1$，$H_1(x) = \mathrm{col}(x_1, x_2, x_4 - x_2 x_3)$，并且

$$M_1 = \{x \in \mathbb{R}^5 \colon x_1 = x_2 = x_4 = 0\}$$

矩阵

$$L_g H_1(x) = \begin{pmatrix} 1 & 0 \\ x_3 & x_2 \\ x_5 - x_3^2 & -x_2 x_3 \end{pmatrix}$$

在所有的 $x \in M_1$ 处秩仍然为 $r_1 = 1$。现在选择

$$R_1(x) = \begin{pmatrix} -x_3 & 1 & 0 \\ x_3^2 - x_5 & 0 & 1 \end{pmatrix}$$

于是得到

$$\varPhi_1(x) = -x_2 x_5 + x_2 x_3^2 - x_3 x_4 - x_1 x_2 x_4 + x_5$$

映射 $\mathrm{col}(H_1(x), \varPhi_1(x))$ 的秩为 4，可以令

$$H_2(x) = \mathrm{col}(x_1, x_2, x_4 - x_2 x_3, -x_2 x_5 + x_2 x_3^2 - x_3 x_4 - x_1 x_2 x_4 + x_5)$$

并且

$$M_2 = \{x \in \mathbb{R}^5 \colon x_1 = x_2 = x_4 = x_5 = 0\}$$

矩阵 $L_g H_2(x)$ 在 $x^\circ = 0$ 处秩为 2，因而算法终止，从而得到 $Z^\star = M_2$，保持系统状态在 $Z^\star$ 上演化的唯一输入 $u^\star$ 是方程

$$(L_f H_2(x) + L_g H_2(x) u^\star(x))|_{x \in Z^\star} = 0$$

的一个解，即

$$u^\star(x) = \mathrm{col}(0, -x^3)$$

相应地，系统的零动态 (即 $f^\star(x)|_{Z^\star}$ 的动态) 为

$$\dot{x}_3 = -x_3 \qquad \lhd$$

上述构造方式，以及因此关于映射 $\mathrm{col}(H_k(x), \Phi_k(x))$ 的秩和矩阵 $L_gH_k(x)$ 的秩所做的各种正则性假设，显然依赖于在每次迭代中所做的选择，即如何构成消去 $L_gH_k(x)$ 的矩阵 $R_k(x)$。然而，马上会看到，如果设可逆性假设 (6.3) 和 (6.4) 成立，则情况并非如此。以下结果有助于看到这一点。

命题 6.1.3. 假设如下条件成立：

(i) $\mathrm{d}h(x)$ 对于 x° 附近的所有 x 有常数秩，并且对于矩阵 $R_0(x), \ldots, R_{k^\star-1}(x)$ 的某种选择，映射 $\mathrm{col}(H_k(x), \Phi_k(x))$ 的微分，即矩阵 $\mathrm{col}(\mathrm{d}H_k(x), \mathrm{d}\Phi_k(x))$，对于 x° 附近的所有 x 都有常数秩，$0 \leqslant k \leqslant k^\star - 1$；

(ii) 矩阵 $L_gH_k(x)$ 对于 x° 附近的所有 $x \in M_k$ 有常数秩，$0 \leqslant k \leqslant k^\star - 1$；

(iii) 矩阵 $L_gH_{k^\star}(x^\circ)$ 的秩为 m。

那么，$s_0 = m$，$s_1 = s_0 - r_0$，并且对于所有的 $k > 1$，有 $s_{k+1} = s_k - r_k + r_{k-1}$。因此

$$H_0(x) = h(x)$$

并且

$$H_{k+1}(x) = \begin{pmatrix} H_k(x) \\ \Phi_k(x) \end{pmatrix} \tag{6.15}$$

即无须为定义 $H_{k+1}(x)$ 而舍弃 $\Phi_k(x)$ 的一些行。

而且，矩阵 $R_0(x), \ldots, R_{k^\star-1}(x)$ 的任何其他选择都使条件 (i)、条件 (ii) 和条件 (iii) 仍然得以满足。

证明：回想一下，可知

$$s_0 \leqslant m \tag{6.16}$$

根据定义，$s_{k^\star+1} = 0$，并且由假设有 $r_{k^\star} = m$。利用这个条件以及式 (6.13)、式 (6.14) 和式 (6.16)，得到

$$m = r_{k^\star} \leqslant s_{k^\star} + r_{k^\star-1} \leqslant s_{k^\star-1} + r_{k^\star-2} \leqslant \cdots \leqslant s_1 + r_0 \leqslant s_0 \leqslant m$$

因而可得，以上各式中等号必须全都成立。由于 $s_{k+1} = s_k - r_k + r_{k-1}$，所以 $\mathrm{col}(\mathrm{d}H_k(x), \mathrm{d}\Phi_k(x))$ 的所有行都是线性无关的，选择矩阵 S_k 简化为单位阵，这就证明了陈述的第一部分。

为证明第二部分，先用归纳法证明，选择不同的 $R_0(x), \ldots, R_k(x)$，即选择不同的 $R_0(x)$

和 $P_k(x)$，$Q_k(x)$，$k \geqslant 0$，所产生的映射序列 $\tilde{H}_0(x), \tilde{\Phi}_0(x), \ldots, \tilde{\Phi}_k(x)$ 与之前映射的关系为

$$\begin{aligned}
\tilde{H}_0(x) &= H_0(x) \\
\tilde{\Phi}_0(x) &= T_0(x)\Phi_0(x) + V_0(x) \\
&\vdots \\
\tilde{\Phi}_k(x) &= F_k(x)H_k(x) + T_k(x)\Phi_k(x) + V_k(x)
\end{aligned} \tag{6.17}$$

此处，对于所有的 $0 \leqslant i \leqslant k$，矩阵 $T_i(x)$ 在每一点 $x \in M_i$ 处都非奇异，并且 $V_i(x)$ 在 M_i 上等于零。

为此，再次用归纳法来证明，这些关系式意味着对于每一点 $x \in M_k$，有

$$L_{g_i}\tilde{H}_k(x) = S_k(x)L_{g_i}H_k(x)$$

其中 $S_k(x)$ 对于所有的 $0 \leqslant i \leqslant m$ 均为非奇异的。事实上，由于

$$L_{g_i}\tilde{H}_{k+1}(x) = \begin{pmatrix} L_{g_i}\tilde{H}_k(x) \\ L_{g_i}\tilde{\Phi}_k(x) \end{pmatrix} = \begin{pmatrix} L_{g_i}\tilde{H}_k(x) \\ L_{g_i}(F_k(x)H_k(x) + T_k(x)\Phi_k(x) + V_k(x)) \end{pmatrix}$$

并且由于在每一点 $x \in M_{k+1}$ 处，对于某一个适当的矩阵 $G_k(x)$，有

$$\begin{aligned}
(L_{g_i}F_k(x))H_k(x) + (L_{g_i}T_k(x))\Phi_k(x) = 0 \\
L_{g_i}V_k(x) = G_k(x)L_{g_i}H_k(x)
\end{aligned}$$

上述第二个等式成立，是因为在每一点 $x \in M_{k+1}$ 处，$V_k(x)$ 各元素的微分是 $H_k(x)$ 各元素的微分的线性组合，从而有

$$L_{g_i}\tilde{H}_{k+1}(x) = \begin{pmatrix} S_k(x) & 0 \\ F_k(x) + G_k(x) & T_k(x) \end{pmatrix} L_{g_i}H_{k+1}(x) = S_{k+1}(x)L_{g_i}H_{k+1}(x)$$

现在回想一下，在邻近 x° 的每一点 $x \in M_{k+1}$ 处，矩阵 $\tilde{R}_{k+1}(x)$ 的各行是齐次线性方程 $\gamma L_g\tilde{H}_{k+1}(x) = 0$ 的解空间的一组基。因此，考虑到 $L_{g_i}\tilde{H}_{k+1}(x)$ 的表达式可得，$\tilde{R}_{k+1}(x)$ 必然有如下形式：

$$\tilde{R}_{k+1}(x) = M(x)R_{k+1}(x)S_{k+1}^{-1}(x) + L_{k+1}(x)$$

其中 $M(x)$ 对于所有的 $x \in M_{k+1}$ 都非奇异，并且 $L_{k+1}(x)$ 在 M_{k+1} 上取值为零。此外，由于要求矩阵 $\tilde{R}_{k+1}$ 的右上分块为零，从而矩阵 $R_{k+1}(x)$ 的相应分块也为零，因而对于每一点 $x \in M_{k+1}$，$M(x)$ 一定有如下形式：

$$M(x) = \begin{pmatrix} M_{11}(x) & 0 \\ M_{21}(x) & M_{22}(x) \end{pmatrix}$$

在 $\tilde{\Phi}_{k+1}(x)$ 的构造中使用这些表达式，简单的计算表明，其形式为

$$\tilde{\Phi}_{k+1}(x) = F_{k+1}(x)H_{k+1}(x) + T_{k+1}(x)\Phi_{k+1}(x) + V_{k+1}(x)$$

这样就证明了式 (6.17) 的正确性。

根据所证明的表达式，再利用 $H_0(x)$ 和 $\Phi_i(x)$ $(0 \leqslant i \leqslant k-1)$ 都在邻近 x° 的所有 $x \in M_k$ 处等于零的事实，可得

$$\mathrm{d}\tilde{H}_k(x) = S_k(x)\mathrm{d}H_k(x)$$
$$L_g\tilde{H}_k(x) = S_k(x)L_gH_k(x)$$

对于邻近 x° 的每一点 $x \in M_k$ 都成立，其中 $S_k(x)$ 是一个非奇异矩阵。这就完成了命题第二部分的证明。 $\lhd$

此结果实际表明，如果可逆性假设 (iii) 得以满足，那么正则性假设 (i) 和 (ii) 不依赖于在该算法每次迭代中引入矩阵的特定选择。鉴于此性质，如果命题 6.1.3 的条件 (i)、条件 (ii) 和条件 (iii) 都满足，则称点 x° 为零动态算法的一个**正则点** (regular point)。

现在来说明，$h(x)$ 和在零动态算法每一步中构造的映射 $\Phi_k(x)$ 有助于在 x° 附近定义一组新的局部坐标，从而导出系统方程的一种有特殊意义的结构 (尽管不像第 5 章中分析的标准型那么简单)。出发点是以下结论。

命题 6.1.4. 如果点 x° 是零动态算法的一个正则点，则

$$\Phi(x) = \mathrm{col}(h(x), \Phi_0(x), \ldots, \Phi_{k^\star-1}(x)) \tag{6.18}$$

各元素的微分在 x° 处是线性无关的。

证明: 可立即由命题 6.1.3 证得。 $\lhd$

下一步的计划是利用映射 (6.18) 的分量，在状态空间中定义一组新的局部坐标。但在此之前，为便于解释即将给出的构造，先来看一个简单的例子。

例 6.1.7. 考虑一个 $m=3$ 的系统，并假设零动态算法以如下方式进行。

步骤 1：令 $\langle \mathrm{d}h, g\rangle = L_gh$ 的形式为

$$\langle \mathrm{d}h, g\rangle = \begin{pmatrix} L_gh_1 \\ L_gh_2 \\ 0 \end{pmatrix}$$

并在 x° 附近的每一点 $x \in M_0 = \{x\colon h_1(x) = h_2(x) = h_3(x) = 0\}$ 处其秩为 1。那么，存在局部定义在 x° 附近的一个光滑函数 γ，使得

$$L_gh_2(x) = -\gamma(x)L_gh_1(x) + \sigma_2(x)$$

其中 $\sigma_2(x) = 0$ 对于所有的 $x \in M_0$ 都成立。注意，如果 x 不属于 M_0，则 $\sigma_2(x)$ 未必为零，因为在这些点处 $L_gh(x)$ 的秩不一定为 1。可以设

$$R_0(x) = \begin{pmatrix} \gamma(x) & 1 & 0 \\ 0 & 0 & 1 \end{pmatrix}$$

因而

$$\Phi_0(x) = \begin{pmatrix} \gamma L_f h_1 + L_f h_2 \\ L_f h_3 \end{pmatrix} = \begin{pmatrix} \phi_2 \\ \phi_3 \end{pmatrix}$$

步骤 2：考虑 5×3 阶矩阵

$$L_g H_1 = \begin{pmatrix} L_g h \\ L_g \Phi_0 \end{pmatrix}$$

并假设在 x° 附近的每一点 $x \in M_1 = \{x \in M_0 \colon \phi_2(x) = \phi_3(x) = 0\}$ 处其秩为 2，且第一行和第四行是线性无关的 (注意，第二行已经与第一行相关，并且第三行为零)。如果 δ_1 和 δ_2 都是定义在 x° 附近的光滑函数，使得

$$L_g\phi_3(x) = -\delta_1 L_g h_1(x) - \delta_2(x) L_g \phi_2(x) + \sigma_3(x)$$

且对于所有的 $x \in M_1$ 有 $\sigma_3(x) = 0$ 成立，则可以选用

$$R_1(x) = \begin{pmatrix} R_0(x) & (0\ \ 0) \\ (\delta_1(x)\ \ 0\ \ 0) & (\delta_2(x)\ \ 1) \end{pmatrix}$$

然后设

$$\Phi_1(x) = \delta_1(x) L_f h_1(x) + \delta_2(x) L_f \phi_2(x) + L_f \phi_3(x) = \psi_3(x)$$

步骤 3：现在假设 6×3 阶矩阵

$$L_g H_2 = \begin{pmatrix} L_g H_1 \\ L_g \Phi_1 \end{pmatrix}$$

在 x° 处其秩为 3 (因而特别有，其第一行、第四行和第六行将会线性无关)。如果是这种情况，则算法终止，$Z^\star$ 在 x° 的某一邻域 U 内可局部描述为

$$Z^\star = \{x \in U \colon h_1(x) = h_2(x) = h_3(x) = \phi_2(x) = \phi_3(x) = \psi_3(x) = 0\}$$

使向量场 $f^\star(x) = f(x) + g(x)u^\star(x)$ 与 $Z^\star$ 相切的输入 $u^\star(x)$ 在每一点 $z \in Z^\star$ 处一定是方程

$$L_f H_2(x) + L_g H_2(x) u^\star(x) = 0$$

的解，因此其形式为

$$u^\star = -\begin{pmatrix} L_g h_1 \\ L_g \phi_2 \\ L_g \psi_3 \end{pmatrix}^{-1} \begin{pmatrix} L_f h_1 \\ L_f \phi_2 \\ L_f \psi_3 \end{pmatrix}$$

注意，$u^\star(x)$ 的方程显然由 6 个标量方程构成，但其中第二个、第三个和第五个在每一点 $x \in Z^\star$ 处可自动解出。

由命题 6.1.4 知，函数 $h_1, h_2, h_3, \phi_2, \phi_3, \psi_3$ 在 x° 处的微分线性无关，从而可选它们作为新坐标集的一部分。以 η 表示坐标补集 [满足 $\eta(x^\circ) = 0$]，容易检验，该系统在新坐标下的描

述为

$$\begin{aligned}
\dot{y}_1 &= L_f h_1 + L_g h_1 u \\
\dot{y}_2 &= L_f h_2 + L_g h_2 u = L_f h_2 - \gamma L_g h_1 u + \sigma_2 u \\
&= \phi_2 - \gamma(L_f h_1 + L_g h_1 u) + \sigma_2 u \\
\dot{y}_3 &= L_f h_3 + L_g h_3 u = L_f h_3 = \phi_3 \\
\dot{\phi}_2 &= L_f \phi_2 + L_g \phi_2 u \\
\dot{\phi}_3 &= L_f \phi_3 + L_g \phi_3 u = L_f \phi_3 - (\delta_1 L_g h_1 + \delta_2 L_g \phi_2) u + \sigma_3 u \\
&= \psi_3 - \delta_1(L_f h_1 + L_g h_1 u) - \delta_2(L_f \phi_2 + L_g \phi_2 u) + \sigma_3 u \\
\dot{\psi}_3 &= L_f \psi_3 + L_g \psi_3 u \\
\dot{\eta} &= f_0(\eta, y_1, y_2, y_3, \phi_2, \phi_3, \psi_3) + g_0(\eta, y_1, y_2, y_3, \phi_2, \phi_3, \psi_3) u
\end{aligned}$$

注意到，设 $u = u^\star$，则得到

$$\begin{aligned}
\dot{y}_1 &= 0 \\
\dot{y}_2 &= \phi_2 + \sigma_2 u^\star \\
\dot{y}_3 &= \phi_3 \\
\dot{\phi}_2 &= 0 \\
\dot{\phi}_3 &= \psi_3 - \sigma_3 u^\star \\
\dot{\psi}_3 &= 0 \\
\dot{\eta} &= f_0(\eta, y_1, y_2, y_3, \phi_2, \phi_3, \psi_3) + g_0(\eta, y_1, y_2, y_3, \phi_2, \phi_3, \psi_3) u^\star
\end{aligned}$$

由此，由于 σ_2 和 σ_3 在 $Z^\star$ 上都为零，所以可见，在新坐标下零动态被描述为

$$\dot{\eta} = f^\star(\eta) = f_0(\eta, 0, \ldots, 0) + g_0(\eta, 0, \ldots, 0) u^\star(\eta, 0, \ldots, 0) \qquad \triangleleft$$

要扩展此例中描述的构造并不太难。其实所需的就是将 $h(x)$ 和 $\Phi_0(x), \ldots, \Phi_{k^\star-1}(x)$ 的各个元素用适当的记法表示出来。为此，首先不失一般性地假设已重新排列系统的输出，使矩阵

$$\begin{pmatrix} \mathrm{d}H_{k-1}(x) \\ \mathrm{d}\Phi_{k-1}(x) \end{pmatrix} g(x)$$

的后 $s_k - r_k + r_{k-1}$ 行在邻近 x° 的每一点 $x \in M_k$ 处都依赖于前面各行。如果这样，则可选择矩阵 $Q_{k-1}(x)$ 的形式为

$$Q_{k-1}(x) = (\bar{Q}_{k-1}(x) \quad I)$$

现在设 $T_0(x) = h(x)$ [回想一下，根据构造 $\Phi_{k-1}(x)$ 有 s_k 个元素] 并令 $T_k(x)$ 是这样的向量：恰好有 m 个元素，其中前 $m - s_k$ 个元素都为零，而后面那些元素与 $\Phi_{k-1}(x)$ 的元素相同，$1 \leqslant k \leqslant k^\star$。那么，在 $m \times (k^\star + 1)$ 阶非方矩阵

$$T(x) = (T_0(x) \quad T_1(x) \quad \cdots \quad T_{k^\star}(x))$$

中，每行都由一些非零元素 (比如 n_i 个，其中 i 是行指标) 后接一些零元素构成。而且，根据构造知，

$$n_1 \leqslant n_2 \leqslant \ldots \leqslant n_m$$

现在，对于 $1 \leqslant k \leqslant n_i$，$1 \leqslant i \leqslant m$，令 $\xi_k^i(x)$ 等于 $T(x)$ 在第 i 行第 k 列处的元素，并令

$$\xi^i = \mathrm{col}(\xi_1^i, \xi_2^i, \ldots, \xi_{n_i}^i) \tag{6.19}$$

使用这些函数和由 $n - s_0 - \ldots - s_{k^\star}$ 个分量构成的额外一组 η 作为新坐标，能将系统方程变为另一种形式，该形式在一定程度上推广了第 5 章介绍的标准型。注意，由构造知，对于所有的 $1 \leqslant k \leqslant n_i$，$1 \leqslant i \leqslant m$，新坐标 $\xi_k^i(x)$ 都满足 $\xi_k^i(x^\circ) = 0$，从而总可以选择坐标补集 $\eta(x)$，使得 $\eta(x^\circ) = 0$。

命题 6.1.5. 在式 (6.19) 定义的局部坐标 $z = \Phi(x) = (\xi^1, \ldots, \xi^m, \eta)$ 下，系统 (6.1) 的形式为

$$\begin{aligned}
\dot{\xi}_1^1 &= \xi_2^1 \\
&\vdots \\
\dot{\xi}_{n_1-1}^1 &= \xi_{n_1}^1 \\
\dot{\xi}_{n_1}^1 &= b^1(x) + a^1(x)u \\
\dot{\xi}_1^2 &= \xi_2^2 + \delta_{11}^2(x)(b^1(x) + a^1(x)u) + \sigma_1^2(x)u \\
&\vdots \\
\dot{\xi}_{n_2-1}^2 &= \xi_{n_2}^2 + \delta_{n_2-1,1}^2(x)(b^1(x) + a^1(x)u) + \sigma_{n_2-1}^2(x)u \\
\dot{\xi}_{n_2}^2 &= b^2(x) + a^2(x)u \\
&\vdots \\
\dot{\xi}_1^i &= \xi_2^i + \sum_{j=1}^{i-1} \delta_{1j}^i(b^j(x) + a^j(x)u) + \sigma_1^j(x)u \\
&\vdots \\
\dot{\xi}_{n_i-1}^i &= \xi_{n_i}^i + \sum_{j=1}^{i-1} \delta_{n_i-1,j}^i(b^j(x) + a^j(x)u) + \sigma_{n_i-1}^j(x)u \\
\dot{\xi}_{n_i}^i &= b^i(x) + a^i(x)u \\
&\vdots \\
\dot{\eta} &= f_0(\xi^1, \ldots, \xi^m, \eta) + g_0(\xi^1, \ldots, \xi^m, \eta)u
\end{aligned}$$

其中 x 代表 $\Phi^{-1}(z)$，并且

$$y_i = \xi_1^i$$

式中 $i = 1, \ldots, m$。

特别是，

$$\begin{aligned} a^i(x) &= L_g\xi^i_{n_i}(x) \\ b^i(x) &= L_f\xi^i_{n_i}(x) \end{aligned} \tag{6.20}$$

坐标函数 $\xi^i_k(x)$，系数 $\delta^i_{kj}(x)$ 和 $\sigma^i_k(x)$ 满足下面的关系：

$$\begin{aligned} \xi^i_{k+1}(x) &= \sum_{j=1}^{i-1}\delta^i_{k,j}(x)b^j(x) + L_f\xi^i_k(x) \quad & 1 \leqslant k \leqslant n_i-1, 2 \leqslant i \leqslant m \\ L_g\xi^i_k(x) &= -\sum_{j=1}^{i-1}\delta^i_{k,j}(x)a^j(x) + \sigma^i_k(x) \quad & 1 \leqslant k \leqslant n_i-1, 2 \leqslant i \leqslant m \end{aligned} \tag{6.21}$$

在新坐标下，子流形 $Z^\star$ 被描述为

$$Z^\star = \{x \in U : \xi^i(x) = 0, 1 \leqslant i \leqslant m\}$$

且函数 $\sigma^i_k(x)$ 在 $Z^\star$ 上为零。

矩阵

$$A(x) = \mathrm{col}(a^1(x), \ldots, a^m(x)) \tag{6.22}$$

在 x° 处非奇异，并且方程

$$b^i(x) + a^i(x)u^\star(x) = 0, \qquad 1 \leqslant i \leqslant m \tag{6.23}$$

的唯一解 $u^\star(x)$ 使 $f^\star(x) = f(x) + g(x)u^\star(x)$ 与 $Z^\star$ 相切。因此，系统的零动态在新坐标下可描述为

$$\dot\eta = f^\star(\eta) = f_0(0,\ldots,0,\eta) + g_0(0,\ldots,0,\eta)u^\star(0,\ldots,0,\eta) \tag{6.24}$$

证明：证明过程尽管有一点冗长乏味，但相当简单，留给读者作为练习。建议先检验式 (6.21)，基于定义 (6.20)，这可由零动态算法的性质直接得出；然后，会毫无困难地得到系统方程的特殊形式。 ◁

注记 6.1.8. 本节阐述的结果，特别是广义标准型以及零动态的相应描述，完全包含了 5.1 节中讨论的结果，注意到这一点很重要。

事实上，假设存在整数 $r_1, \ldots, r_m$，使得对于所有的 $k < r_i - 1$，向量

$$(L_{g_1}L^k_f h_i(x) \quad L_{g_2}L^k_f h_i(x) \quad \ldots \quad L_{g_m}L^k_f h_i(x))$$

在邻近 x° 的所有 x 处等于零，而当 $k = r_i - 1$ 时该向量在 $x = x^\circ$ 处非零。无须太多努力即可意识到 (可能要对输出重新排序)，所定义的整数 $r_1, \ldots, r_m$ 与相应于广义标准型的整数 $n_1, \ldots, n_m$ 有如下关系：

$$r_1 = n_1, \qquad r_i \leqslant n_i, \qquad 2 \leqslant i \leqslant m$$

并且还有

$$\begin{aligned} \delta^i_{kj}(x) &= 0, \qquad \text{对于所有的 } 1 \leqslant k \leqslant r_i - 1, 1 \leqslant j \leqslant i-1, 2 \leqslant i \leqslant m \\ \sigma^i_k(x) &= 0, \qquad \text{对于所有的 } 1 \leqslant k \leqslant r_i - 1, 2 \leqslant i \leqslant m \end{aligned}$$

如果**除此之外**，矩阵 (5.2) 还是非奇异的，即系统在 x° 处有向量相对阶 $\{r_1,\ldots,r_m\}$，则对于所有的 $1\leqslant i\leqslant m$ 都有 $r_i=n_i$，从而前面给出的标准型恰好简化为 5.1 节介绍过的形式。

6.2　受控不变分布

本章接下来的几节会建立一系列结果，它们对于研究静态状态反馈如何影响形如式 (6.1) 的非线性系统很有帮助。与第 5 章的设定背景一致，考虑形如式 (5.15) 的反馈控制律，即

$$u=\alpha(x)+\beta(x)v \tag{6.25}$$

其中 α 和 β 定义在关注点的某一个邻域 U° 上，有时可能定义在系统 (6.1) 的状态空间 U 上，并且 $\beta(x)$ 对于所有的 x 非奇异。

这个反馈的作用是将原系统 (6.1) 变换为具有同样结构的系统，记其为

$$\dot{x}=\tilde{f}(x)+\sum_{i=1}^{m}\tilde{g}_i(x)v_i$$

其中已经设

$$\tilde{f}(x)=f(x)+\sum_{i=1}^{m}g_i(x)\alpha_i(x)$$

$$\tilde{g}_i(x)=\sum_{j=1}^{m}g_j(x)\beta_{ji}(x)$$

上式几乎总是以更紧凑的形式重新写为

$$\tilde{f}(x)=f(x)+g(x)\alpha(x)$$

$$\tilde{g}(x)=g(x)\beta(x)$$

引入反馈旨在获得某些性质良好的动态，而这些性质是原动态所欠缺的。正如后面将看到的，一种典型情况是，需要改变原向量场以使某一给定分布 Δ 在描述新动态的向量场下不变。通常以如下方式处理这种问题。

如果存在定义在 U 上的反馈函数对 (α,β)，使得分布 Δ 在向量场 $\tilde{f},\tilde{g}_1,\ldots,\tilde{g}_m$ 下不变，亦即，如果

$$\begin{aligned}&[\tilde{f},\Delta](x)\subset\Delta(x)\\&[\tilde{g}_i,\Delta](x)\subset\Delta(x),\qquad \text{对于}1\leqslant i\leqslant m\end{aligned} \tag{6.26}$$

对于所有的 $x\in U$ 都成立，则称分布 Δ 在 U 上是**受控不变的** (controlled invariant)。

如果对于每一点 $x\in U$，存在 x 的一个邻域 U° 使得分布 Δ 在 U° 上是受控不变的，则称分布 Δ 是**局部受控不变的** (locally controlled invariant)。鉴于之前的定义，这要求存在定义在 U° 上的反馈函数对 (α,β)，使得式 (6.26) 对于所有的 $x\in U^\circ$ 都成立。

可以用一个简单的几何测试来检验局部受控不变性。如果设

$$G=\operatorname{span}\{g_1,\ldots,g_m\}$$

则该测试可表述如下。

引理 6.2.1. 令 Δ 为一个对合分布。假设 Δ 和 $\Delta+G$ 在 U 上非奇异，则 Δ 是局部受控不变的，当且仅当

$$[f,\Delta]\subset\Delta+G \tag{6.27}$$

$$[g_i,\Delta]\subset\Delta+G,\qquad \text{对于}1\leqslant i\leqslant m \tag{6.28}$$

证明: 首先证明必要性。假设 Δ 是局部受控不变的。令 U° 为 x° 的一个邻域，且 (α,β) 是定义在 U° 上的一对反馈函数，使得式 (6.26) 在 U° 上成立。令 τ 为 Δ 的一个向量场，则对于 $1\leqslant i\leqslant m$，有

$$[\tilde{f},\tau]=[f+g\alpha,\tau]=[f,\tau]+\sum_{j=1}^{m}[g_j,\tau]\alpha_j-\sum_{j=1}^{m}(L_\tau\alpha_j)g_j$$

$$[\tilde{g}_i,\tau]=\sum_{j=1}^{m}[g_j\beta_{ji},\tau]=\sum_{j=1}^{m}[g_j,\tau]\beta_{ji}-\sum_{j=1}^{m}(L_\tau\beta_{ji})g_j$$

由于 β 是可逆的，所以可对后 m 个等式求解 $[g_j,\tau]$，得到

$$[g_j,\tau]\in\sum_{j=1}^{m}[\tilde{g}_j,\Delta]+G$$

其中 $1\leqslant j\leqslant m$。因此，由式 (6.26) 的第二个方程推得式 (6.28)。而且，由于

$$[f,\tau]\in[\tilde{f},\Delta]+\sum_{j=1}^{m}[g_j,\Delta]+G$$

所以由式 (6.26) 和式 (6.28) 推出式 (6.27)。 $\triangleleft$

注记 6.2.1. 注意，在证明条件 (6.27) 和条件 (6.28) 的必要性时，尚未用到 Δ 和 $\Delta+G$ 均为非奇异分布的假设。

为证明充分性，需要先解释一个确定结构的某些性质。令 d 为一个确定的整数，满足 $1\leqslant d<n$，并考虑在每一点 $x\in\mathbb{R}^n$ 处都有定义的 d 维非奇异分布 K

$$K(x)=\mathrm{Im}\begin{pmatrix}I\\0\end{pmatrix}$$

其中 I 是 $d\times d$ 阶单位阵。

假设 $K+G$ 有常数维，比如 $d+q$ $(q\geqslant 0)$，则容易看到，在每一点 $x\in\mathbb{R}^n$ 的某一个邻域 U° 中，存在一个光滑的 $n\times m$ 阶非奇异函数矩阵 $\beta(x)$，使得对于所有的 $x\in U^\circ$，有

$$\tilde{g}(x)=g(x)\beta(x)=\begin{pmatrix}\tilde{g}_{11}(x)&\cdots&\tilde{g}_{1q}(x)&\tilde{g}_{1,q+1}(x)&\cdots&\tilde{g}_{1m}(x)\\ \vdots&\vdots&\vdots&\vdots&\vdots&\vdots\\ \tilde{g}_{d1}(x)&\cdots&\tilde{g}_{dq}(x)&\tilde{g}_{d,q+1}(x)&\cdots&\tilde{g}_{dm}(x)\\ \tilde{g}_{d+1,1}(x)&\cdots&\tilde{g}_{d+1,q}(x)&0&\cdots&0\\ \vdots&\vdots&\vdots&\vdots&\vdots&\vdots\\ \tilde{g}_{n1}(x)&\cdots&\tilde{g}_{nq}(x)&0&\cdots&0\end{pmatrix}$$

特别是，可以这样选择 $\beta(x)$，使得对于某一组指标 $i_1, i_2, \dots, i_q$ ($d+1 \leqslant i_k \leqslant n$，$1 \leqslant k \leqslant q$)，由 $\tilde{g}(x)$ 的 $i_1, i_2, \dots, i_q$ 行和前 q 列构成的子矩阵，对于所有的 $x \in U^\circ$，等同于一个 $q \times q$ 阶单位阵。

在这种情况下，总能找到一个 m 维的光滑函数向量 $\alpha(x)$，使得在 $\tilde{f}(x) = f(x) + \tilde{g}(x)\alpha(x)$ 中，指标为 $i_1, i_2, \dots, i_q$ 的分量对于所有的 $x \in U^\circ$ 均为零。

如此构造的向量 $\tilde{f}, \tilde{g}_1, \dots, \tilde{g}_m$ 具有如下性质。

命题 6.2.2. 如果

$$[f, K] \subset K + G \tag{6.29}$$

$$[g_i, K] \subset K + G, \qquad \text{对于 } 1 \leqslant i \leqslant m \tag{6.30}$$

则上述定义的向量场 $\tilde{f}, \tilde{g}_1, \dots, \tilde{g}_m$ 满足

$$[\tilde{f}, K] \subset K \tag{6.31}$$

$$[\tilde{g}_i, K] \subset K, \qquad \text{对于 } 1 \leqslant i \leqslant m \tag{6.32}$$

证明: 注意到，在对后 $n-d$ 行重新排序之后，矩阵 $\tilde{g}(x)$ 和向量 $\tilde{f}(x)$ 具有如下形式:

$$\tilde{g}(x) = \begin{pmatrix} g_a(x) & g_b(x) \\ I & 0 \\ g_c(x) & 0 \end{pmatrix}, \qquad \tilde{f}(x) = \begin{pmatrix} f_a(x) \\ 0 \\ f_c(x) \end{pmatrix}$$

因此，对于所有的 $1 \leqslant i \leqslant d$，有

$$[\tilde{f}, \frac{\partial}{\partial x_i}] = \begin{pmatrix} \dfrac{\partial f_a}{\partial x_i} \\ 0 \\ \dfrac{\partial f_c}{\partial x_i} \end{pmatrix}$$

使用证明引理 6.2.1 必要性时用过的相同论据可得，假设条件 (6.29) 和 (6.30) 意味着

$$[\tilde{f}, K] \subset K + G$$

$$[\tilde{g}_i, K] \subset K + G, \qquad \text{对于 } 1 \leqslant i \leqslant m$$

因此，特别有

$$[\tilde{f}, \frac{\partial}{\partial x_i}] = \begin{pmatrix} \dfrac{\partial f_a}{\partial x_i} \\ 0 \\ \dfrac{\partial f_c}{\partial x_i} \end{pmatrix} \in \operatorname{Im} \begin{pmatrix} I & g_a(x) & g_b(x) \\ 0 & I & 0 \\ 0 & g_c(x) & 0 \end{pmatrix}$$

这意味着

$$\frac{\partial f_c}{\partial x_i} = 0$$

此恒等式表明，$\tilde{f}(x)$ 的全部后 $n-d$ 个分量都与 $x_1,\ldots,x_d$ 无关，因而，由于

$$K=\text{span}\{\frac{\partial}{\partial x_1},\ldots,\frac{\partial}{\partial x_d}\},$$

从而得到 (例如见 1.6 节) 式 (6.31) 成立。利用类似的论据很容易证明式 (6.32) 也成立。 $\lhd$

现在，可以轻松地完成引理 6.2.1 的证明。事实上，利用 Δ 非奇异且对合的性质，对于每一点 $x^\circ\in U$，能够在其某一邻域内定义一组新的局部坐标 $\tilde{x}=\Phi(x)$，使得

$$\Delta=\text{span}\{\frac{\partial}{\partial \tilde{x}_1},\ldots,\frac{\partial}{\partial \tilde{x}_d}\}$$

利用 $\Delta+G$ 非奇异的假设，能够构造一个非奇异的 $m\times m$ 阶的光滑函数矩阵 $\bar{\beta}(\tilde{x})$ 和一个 m 维的光滑函数向量 $\bar{\alpha}(\tilde{x})$ 满足上述性质，并且命题 6.2.2 所述的结果对其成立。那么，由于不变性与坐标选择无关，从而可得函数

$$\beta(x)=\bar{\beta}(\Phi(x)),\qquad \alpha(x)=\beta(x)\bar{\alpha}(\Phi(x))$$

使得 Δ 对于 $f+g\alpha$ 和 $g\beta$ 的任意一列都是不变的。

由引理 6.2.1 可见，在合理的假设下 (即 Δ 和 $\Delta+G$ 非奇异)，一个对合分布是局部受控不变的，当且仅当条件 (6.27) 和 (6.28) 得以满足。之所以对这些条件特别关注，是因为其表达式中无须反馈函数 α 和 β 的显式表示 (正如定义所示)，而是只依赖给定控制系统的向量场 $f,g_1,\ldots,g_m$ 及分布的自身结构。满足条件 (6.27) 和 (6.28) 意味着存在一对反馈函数使分布 Δ 在新动态下不变。正如所看到的，实际构造这样一对反馈函数需要确定一个坐标变换，以使 Δ 变为由定常向量场 (一般需要求解一个适当的偏微分方程组) 张成的分布，并且还要解某些线性 (x 相关的) 代数方程组。

下面用一个有趣的结果来结束本节，该结果表明，任何使给定分布具有不变性的反馈都是唯一的。

引理 6.2.3. 令 x° 为向量场 $f(x)$ 的一个平衡点。假设 Δ 是一个非奇异的对合受控不变分布，并假设

$$\dim(G)=m$$
$$\Delta\cap G=\{0\}$$

令 α^1 和 α^2 为任意两个反馈函数，使得 $[f+g\alpha^i,\Delta]\subset\Delta$ $(i=1,2)$，且 $\alpha^1(x^\circ)=\alpha^2(x^\circ)=0$。令 M_{x° 为 Δ 的包含点 x° 的最大积分子流形。那么，对于每一点 $x\in M_{x^\circ}$，都有

$$\alpha^1(x)=\alpha^2(x)\tag{6.33}$$

成立。

证明: 令 $\beta(x)$ 为一个非奇异矩阵，使得 $[g\beta,\Delta]\subset\Delta$。证明式 (6.33) 等价于证明 $\beta(x)\alpha^1(x)=\beta(x)\alpha^2(x)$。利用 $[f+g\alpha^i,\Delta]\subset\Delta$ 这一事实，可以推得

$$[f+(g\beta)\beta^{-1}\alpha^1-f-(g\beta)\beta^{-1}\alpha^2,\Delta]\subset\Delta$$

即，对于 Δ 的所有向量场 τ，有

$$[(g\beta)\beta^{-1}(\alpha^1-\alpha^2),\tau]\in\Delta$$

由此得到

$$\begin{aligned}&[(g\beta)\beta^{-1}(\alpha^1-\alpha^2),\tau]\\&\quad=\sum_{i=1}^{m}((\beta^{-1}(\alpha^1-\alpha^2))_i[(g\beta)_i,\tau]-L_\tau(\beta^{-1}(\alpha^1-\alpha^2))_i(g\beta)_i)\in\Delta\end{aligned}$$

因为对于所有的 $1\leqslant j\leqslant m$，有 $[(g\beta)_j,\tau]\in\Delta$，$\Delta\cap G=\{0\}$，并且各 $(g\beta)_i$ 对于所有的 x 全都线性无关，所以得到

$$L_\tau(\beta^{-1}(\alpha^1-\alpha^2))_j=0,\qquad \text{对于所有的 } \tau\in\Delta$$

这意味着 $\beta^{-1}(\alpha^1-\alpha^2)(x)$ 在 M_{x° 上是常数，因此，由于 $\alpha^1(x^\circ)=\alpha^2(x^\circ)$，所以式 (6.33) 一定成立。 $\triangleleft$

6.3　ker(dh) 中的最大受控不变分布

在利用反馈使一个系统的某些输出独立于某些输入的问题中，受控不变分布的概念特别引人关注。事实上，假设给定如下控制系统：

$$\begin{aligned}\dot{x}&=f(x)+\sum_{i=1}^{m}g_i(x)u_i+p(x)w\\y&=h(x)\end{aligned}$$

其中附加输入 w 表示通过向量场 p 影响系统行为的一个意外干扰。考虑以下问题：找到 (如果可能) 形如式 (6.25) 的一个静态状态反馈，使得在相应的如下闭环系统中：

$$\begin{aligned}\dot{x}&=f(x)+g(x)\alpha(x)+\sum_{i=1}^{m}(g(x)\beta(x))_iv_i+p(x)w\\y&=h(x)\end{aligned}$$

干扰 w 对输出 y 没有影响。

鉴于在第 3 章中建立的一些结果 (见定理 3.3.3 和注记 3.3.3)，此问题有解当且仅当存在一个分布 Δ，该分布

(i) 在描述闭环系统的向量场 $\tilde{f}=f+g\alpha$，$\tilde{g}_i=(g\beta)_i$ $(1\leqslant i\leqslant m)$ 和 p 下是不变的；

(ii) 包含向量场 p；

(iii) 被包含在下面的分布中：

$$\ker(\mathrm{d}h)=\bigcap_{j=1}^{m}\ker(\mathrm{d}h_j)=(\mathrm{span}\{\mathrm{d}h_1,\ldots,\mathrm{d}h_m\})^\perp$$

根据 6.2 节中给出的术语，由条件 (i) 可见，$\varDelta$ 是一个受控不变分布，在向量场 p 下不变，其中 p 如条件 (ii) 和条件 (iii) 所规定的，满足

$$p \in \varDelta \subset \ker(\mathrm{d}h) \tag{6.34}$$

基于这个简单发现可以得出，利用反馈使一个给定系统的输出独立于某一输入，意味着对于系统 (6.1) 找到一个受控不变且满足约束 (6.34) 的分布 $\varDelta$。在该分布必须要满足的条件中，也包括对于向量场 p 的不变性。但正如直接检验的那样，如果该分布本身是对合的，那么这并不是一个真正的附加约束。事实上，如果式 (6.34) 得以满足，则 p 是属于 $\varDelta$ 的一个向量场，如果 $\varDelta$ 还是对合的，那么由定义即可得到它在 p 下的不变性。

另外注意到，如果所讨论的分布是对合的并且非奇异，则在状态空间每一点 x 的某一个邻域内，能够进行坐标变换 (例如见注记 3.3.2)，使得闭环系统

$$\begin{aligned}\dot{x} &= \tilde{f}(x) + \tilde{g}(x)v + p(x)w \\ y &= h(x)\end{aligned}$$

有如下局部表示：

$$\begin{aligned}\dot{x}_1 &= \tilde{f}_1(x_1, x_2) + \tilde{g}_1(x_1, x_2)v + p(x_1, x_2)w \\ \dot{x}_2 &= \tilde{f}_2(x_2) + \tilde{g}_2(x_2)v \\ y &= h(x_2)\end{aligned}$$

由此可见，干扰 w 对于输出 y 没有影响，仅仅是因为反馈使闭环系统不可观测。事实上，x_2 分量相等的每一对状态在任何输入下都会产生相同的输出。于是可见，找到一对函数 α 和 β 使条件 (i) 和条件 (iii) 对于某一个分布成立，在本质上相当于找到一个反馈来给系统引入一定程度的不可观测性。

对于系统 (6.1)，可以按如下方式找到满足约束 (6.34)(可能对合) 的受控不变分布。首先，对于包含在 ker(dh) 中且由系统 (6.1) 的所有受控不变分布构成的分布族，考查其中是否含有一个最大元 (在分布包含关系的意义下，即该元素包含分布族中所有其他成员)。然后，检验所定义的最大元是否对合并且包含向量场 p。在本节中将会看到如何完成这样一个过程。

正如 6.2 节所诠释的，一个分布成为受控不变分布的一个必要条件是条件 (6.27) 和条件 (6.28) 得以满足，并且这些条件 (在某些稍弱的正则性假设下，至少对于局部受控不变性而言，也是充分的) 之所以特别引人关注，是因为它们没有明显地涉及反馈函数 α 和 β。基于此，自然会考虑由所有满足条件 (6.27) 和条件 (6.28) 且包含在 ker(dh) 中的光滑分布构成的分布族，将其记为 $\mathcal{J}(f, g, \ker(\mathrm{d}h))$。这个分布族在分布加法下是封闭的 [事实上，简单的计算表明，如果 $\varDelta_1$ 和 $\varDelta_2$ 满足条件 (6.27) 和 (6.28)，则 $\varDelta_1 + \varDelta_2$ 也满足这些条件]，因此，该分布族的最大元有唯一定义，即族中所有成员之和。鉴于引理 6.2.1，在寻找包含在 ker(dh) 中的最大局部受控不变分布时，$\mathcal{J}(f, g, \ker(\mathrm{d}h))$ 的最大元就是理所当然的候选者。

可通过下面的递归构造来计算 $\mathcal{J}(f, g, \ker(\mathrm{d}h))$ 的最大元。

受控不变分布算法 (Controlled invariant distribution algorithm) 步骤 0：设 $\varOmega_0 =$

$\text{span}\{\mathrm{d}h\}$。步骤 k: 令

$$\Omega_k = \Omega_{k-1} + L_f(\Omega_{k-1} \cap G^{\perp}) + \sum_{i=1}^{m} L_{g_i}(\Omega_{k-1} \cap G^{\perp}) \tag{6.35}$$

注记 6.3.1. 注意，被定义为余分布交集的 $\Omega_{k-1} \cap G^{\perp}$ 可能未必光滑。然而，仍然能够将 $L_f(\Omega_{k-1} \cap G^{\perp})$ 定义为由形如 $L_f\omega$ 的所有余向量场张成的余分布，其中 ω 是 $\Omega_{k-1} \cap G^{\perp}$ 中的光滑余向量场。 $\lhd$

引理 6.3.1. 假设存在一个整数 $k^\star$ 使得 $\Omega_{k^\star+1} = \Omega_{k^\star}$，那么对于所有的 $k > k^\star$ 都有 $\Omega_k = \Omega_{k^\star}$。如果 $\Omega_{k^\star} \cap G^{\perp}$ 和 $\Omega_{k^\star}^{\perp}$ 都是光滑的，则 $\Omega_{k^\star}^{\perp}$ 是 $\mathcal{J}(f, g, \ker(\mathrm{d}h))$ 的最大元。

证明: 陈述的第一部分是定义的一个平凡推论。对于其余陈述，首先注意到，由等式 $\Omega_{k^\star+1} = \Omega_{k^\star}$ 推知，对于所有的 $1 \leqslant i \leqslant m$，都有

$$L_{g_i}(\Omega_{k^\star} \cap G^{\perp}) \subset \Omega_{k^\star}$$

并且，如果像前几次那样令 $f = g_0$，则上式对于 $i = 0$ 也成立。令 ω 是属于 $\Omega_{k^\star} \cap G^{\perp}$ 的余向量场，并令 τ 是属于 $\Omega_{k^\star}^{\perp}$ 的向量场。在如下表达式中:

$$\langle L_{g_i}\omega, \tau\rangle = L_{g_i}\langle\omega, \tau\rangle - \langle\omega, [g_i, \tau]\rangle$$

因为 $L_{g_i}\omega \in \Omega_{k^\star}$，可得

$$\langle L_{g_i}\omega, \tau\rangle = 0$$

并且因为 $\tau \in \Omega_{k^\star}^{\perp}$，所以有

$$\langle\omega, \tau\rangle = 0$$

因此

$$\langle\omega, [g_i, \tau]\rangle = 0$$

由于假设 $\Omega_{k^\star} \cap G^{\perp}$ 是光滑的，所以 $[g_i, \tau]$ 零化 $\Omega_{k^\star} \cap G^{\perp}$ 中的每一个余向量场，即对于所有的 $0 \leqslant i \leqslant m$，有

$$[g_i, \tau] \in \Omega_{k^\star}^{\perp} + G$$

因此，$\Omega_{k^\star}^{\perp}$ 是 $\mathcal{J}(f, g, \ker(\mathrm{d}h))$ 的一个成员。令 $\bar{\Delta}$ 是这些分布中的任一其他元素，下面证明 $\bar{\Delta} \subset \Omega_{k^\star}^{\perp}$。首先注意到，如果 ω 是 $\bar{\Delta}^{\perp} \cap G^{\perp}$ 中的一个余向量场且 τ 是 $\bar{\Delta}$ 中的一个向量场，则有

$$\langle L_{g_i}\omega, \tau\rangle = 0$$

所以 (回想一下，$\bar{\Delta}$ 是一个光滑分布)

$$L_{g_i}(\bar{\Delta}^{\perp} \cap G^{\perp}) \subset \bar{\Delta}^{\perp}$$

假设对于某一个 $k \geqslant 0$ 有

$$\bar{\Delta}^{\perp} \supset \Omega_k$$

则有

$$\varOmega_{k+1} \subset \varOmega_k + L_f(\bar{\varDelta}^{\perp} \cap G^{\perp}) + \sum_{i=1}^{m} L_{g_i}(\bar{\varDelta}^{\perp} \cap G^{\perp}) \subset \bar{\varDelta}^{\perp}$$

于是，由于 $\varOmega_0 = \text{span}\{\mathrm{d}h\} \subset \bar{\varDelta}^{\perp}$，可推知

$$\bar{\varDelta} \subset \varOmega_{k^\star}^{\perp}$$

从而 $\varOmega_{k^\star}^{\perp}$ 是 $\mathcal{J}(f, g, \ker(\mathrm{d}h))$ 的最大元。 ◁

要着重指出的是，算法 (6.35) 在反馈变换之下是不变的。

引理 6.3.2. 设 $f, g_1, \ldots, g_m$ 为一组向量场，$\tilde{f}, \tilde{g}_1, \ldots, \tilde{g}_m$ 是分别定义为 $\tilde{f} = f + g\alpha$, $\tilde{g}_i = (g\beta)_i$ $(1 \leqslant i \leqslant m)$ 的任意一组向量场，则序列 (6.35) 中的每一个余分布 $\varOmega_k$ 满足如下递推关系：

$$\varOmega_k = \varOmega_{k-1} + L_{\tilde{f}}(G^{\perp} \cap \varOmega_{k-1}) + \sum_{i=1}^{m} L_{\tilde{g}_i}(G^{\perp} \cap \varOmega_{k-1})$$

证明: 回想一下，给定余向量场 ω、向量场 τ 和标量函数 γ，有

$$L_{(\tau\gamma)}\omega = (L_\tau \omega)\gamma + \langle \omega, \tau \rangle \mathrm{d}\gamma$$

如果 ω 是 $G^{\perp} \cap \varOmega_{k-1}$ 的一个余向量场，则有

$$L_{\tilde{f}}\omega = L_f\omega + \sum_{i=1}^{m}(L_{g_i}\omega)\alpha_i + \sum_{i=1}^{m}\langle \omega, g_i \rangle \mathrm{d}\alpha_i$$

$$L_{\tilde{g}_i}\omega = \sum_{j=1}^{m}(L_{g_j}\omega)\beta_{ji} + \sum_{j=1}^{m}\langle \omega, g_j \rangle \mathrm{d}\beta_{ji}$$

但 $\langle \omega, g_j \rangle = 0$，因为 $\omega \in G^{\perp}$，因此

$$L_{\tilde{f}}(G^{\perp} \cap \varOmega_{k-1}) + \sum_{i=1}^{m} L_{\tilde{g}_i}(G^{\perp} \cap \varOmega_{k-1}) \subset L_f(G^{\perp} \cap \varOmega_{k-1}) + \sum_{i=1}^{m} L_{g_i}(G^{\perp} \cap \varOmega_{k-1})$$

由于 β 是可逆的，所以也可将 f, g_i 记为 $f = \tilde{f} - \tilde{g}\beta^{-1}\alpha$ 和 $g_i = (\tilde{g}\beta^{-1})_i$，并利用同样的论据来证明相反的包含关系。因此，包含关系的两边相等，引理得证。 ◁

为方便起见，引入一个术语以描述序列 (6.35) 在有限次迭代中的收敛性。设

$$\varDelta^\star = (\varOmega_0 + \varOmega_1 + \ldots + \varOmega_k + \ldots)^{\perp} \tag{6.36}$$

如果存在整数 $k^\star$，使得在序列 (6.35) 中 $\varOmega_{k^\star} = \varOmega_{k^\star+1}$，则称 $\varDelta^\star$ 是**有限可计算的** (finitely computable)。在这种情况下，显然有 $\varDelta^\star = \varOmega_{k^\star}^{\perp}$。

在引理 6.3.1 中已经看到，如果 $\varDelta^\star$ 是有限可计算的，并且 $(\varDelta^\star)^{\perp} \cap G^{\perp}$ 和 $\varDelta^\star$ 均为光滑的，则 $\varDelta^\star$ 是 $\mathcal{J}(f, g, \ker(\mathrm{d}h))$ 的最大元。为使该分布是局部受控不变的，仅需要引理 6.2.1 的假设成立，如下所述。

引理 6.3.3. 假设 $\Delta^\star$ 是有限可计算的，$\Delta^\star$ 和 $\Delta^\star + G$ 均是非奇异的，则 $\Delta^\star$ 是对合的，并且是包含在 $\ker(\mathrm{d}h)$ 中的最大局部受控不变分布。

证明：首先注意到，$\Delta^\star$ 和 $\Delta^\star + G$ 的非奇异性假设其实蕴涵着 $(\Delta^\star)^\perp \cap G^\perp$ 的光滑性，所以只需要证明 $\Delta^\star$ 对合即可。

这是因为，以 d 表示 $\Delta^\star$ 的维数。在任一点 x° 处都可以找到 x° 的一个邻域 U° 和向量场 $\tau_1, \ldots, \tau_d$，使得在 U° 上，有

$$\Delta^\star = \mathrm{span}\{\tau_1, \ldots, \tau_d\}$$

成立。考虑分布

$$D = \mathrm{span}\{\tau_i \colon 1 \leqslant i \leqslant d\} + \mathrm{span}\{[\tau_i, \tau_j] \colon 1 \leqslant i, j \leqslant d\}$$

并假设此时 D 在 U° 上是非奇异的，那么 D 中的每一个向量场 τ 可表示为向量场 $\tau' \in \Delta^\star$ 与向量场 τ'' 之和，其中 τ'' 形如

$$\tau'' = \sum_{i=1}^{d} \sum_{j=1}^{d} c_{ij} [\tau_i, \tau_j]$$

c_{ij} $(1 \leqslant i, j \leqslant d)$ 是定义在 U° 上的光滑实值函数。

下面要证明，对于所有的 $0 \leqslant k \leqslant m$，有

$$[g_k, D] \subset D + G$$

鉴于上面对 D 中任何向量场 τ 所做的分解，这等价于证明

$$[g_k, [\tau_i, \tau_j]] \subset D + G$$

利用雅可比恒等式，由上式左边的向量场得出

$$[g_k, [\tau_i, \tau_j]] = [\tau_i, [g_k, \tau_j]] - [\tau_j, [g_k, \tau_i]]$$

向量场 $[g_k, \tau_j]$ 属于 $\Delta^\star + G$，由于 $\Delta^\star$ 和 $\Delta^\star + G$ 的非奇异性，该向量场可写成向量场 $\tau \in \Delta^\star$ 和向量场 $g \in G$ 之和。对于任何 $g \in G$ 有 $[\tau_i, g] \in \Delta^\star + G$，所以有

$$[\tau_i, [g_k, \tau_j]] = [\tau_i, \tau + g] \in D + \Delta^\star + G = D + G$$

从而可得，对于所有的 $0 \leqslant k \leqslant m$，分布 D 都具有如下性质：

$$[g_k, D] \subset D + G$$

现在回想一下，根据定义 $\ker(\mathrm{d}h)$ 是对合的，因此有

$$D \subset \ker(\mathrm{d}h)$$

由此式及之前的包含关系推知，D 是 $\mathcal{J}(f,g,\ker(\mathrm{d}h))$ 中的一个元素。由于根据构造知 $D\supset\Delta^\star$，并且 $\Delta^\star$ 是 $\mathcal{J}(f,g,\ker(\mathrm{d}h))$ 的最大元，所以有

$$D=\Delta^\star$$

因此，$\Delta^\star$ 中向量场的任何李括号 (由构造知属于 D) 仍然属于 $\Delta^\star$，从而表明 $\Delta^\star$ 是一个对合分布。

若去掉 D 在 U° 上有常数维的假设，则仍可得出 D 与 $\Delta^\star$ 在子集 $\bar{U}\subset U^\circ$ 上相等，其中 $\bar{U}$ 由 D 的所有正则点构成。于是，利用引理 1.3.4，也能证明 $D=\Delta^\star$ 在整个 U° 上成立。 ◁

在实际中，可按照以下方式在确定点 x° 的一个邻域内，计算包含在 ker(dh) 中的最大局部受控不变分布。假设 Ω_{k-1} 在 x° 附近有常数维，比如 σ_{k-1}，并假设此余分布由一个 $\sigma_{k-1}\times n$ 阶的光滑函数矩阵 W_{k-1} 的各行张成。为利用式 (6.35) 计算 Ω_k 的一组基，首先必须确定交集 $\Omega_{k-1}\cap G^\perp$。$\Omega_{k-1}\cap G^\perp(x)$ 中的一个余向量 ω [它零化 $G(x)$ 中的向量]，作为 $W_{k-1}(x)$ 各行的线性组合，形式为 $\omega=\gamma W_{k-1}(x)$，其中 γ 是方程

$$\gamma W_{k-1}(x)g(x)=0 \tag{6.37}$$

的解。如果矩阵

$$A_{k-1}(x)=W_{k-1}(x)g(x)$$

在 x° 附近有常数秩，比如 ρ_{k-1}，则方程 (6.37) 的解空间在 x° 附近有常数维 $\sigma_{k-1}-\rho_{k-1}$，并且存在一个 $(\sigma_{k-1}-\rho_{k-1})\times\sigma_{k-1}$ 阶的光滑函数矩阵，将其记为 $S_{k-1}(x)$，其各行在每一点 x 处张成这个解空间。因此，$\Omega_{k-1}\cap G^\perp(x)$ 由矩阵 $S_{k-1}(x)W_{k-1}(x)$ 的各行张成。据此，利用递归式 (6.35) 并回忆注记 1.6.7，得出 Ω_k 可描述为

$$\begin{aligned}\Omega_k=\Omega_{k-1}&+\mathrm{span}\{L_f(S_{k-1}W_{k-1})_i\colon 1\leqslant i\leqslant\sigma_{k-1}-\rho_{k-1}\}\\&+\mathrm{span}\{L_{g_j}(S_{k-1}W_{k-1})_i\colon 1\leqslant i\leqslant\sigma_{k-1}-\rho_{k-1},1\leqslant j\leqslant m\}\end{aligned}$$

其中 $(S_{k-1}W_{k-1})_i$ 表示 $S_{k-1}W_{k-1}$ 的第 i 行。如果 Ω_k 在 x° 附近有常数维 σ_k，那么根据上式等号右边的余向量场很容易找到 Ω_k 的一组基。

当然，递归构造的初始条件为 $W_0(x)=\mathrm{d}h(x)$。如果对于某一个 k 有 $\sigma_{k-1}=\sigma_k$，则根据定义有

$$\begin{aligned}&L_f(\Omega_{k-1}\cap G^\perp)\subset\Omega_{k-1}\\&L_{g_j}(\Omega_{k-1}\cap G^\perp)\subset\Omega_{k-1},1\leqslant j\leqslant m\end{aligned}$$

从而构造过程终止。换言之，如果满足适当的正则性条件 (即 Ω_k 和 $\Omega_k\cap G^\perp$ 的维数恒定)，那么在有限的 $k^\star$ 次迭代之后，可获得引理 6.3.1 的条件 $\Omega_{k^\star+1}=\Omega_{k^\star}$。

注记 6.3.2. 注意，矩阵 A_k 的秩，即整数 ρ_k，可描述为

$$\rho_k=\dim(\Omega_k)-\dim(\Omega_k\cap G^\perp)\qquad\triangleleft$$

为方便起见，把之前在所有讨论中引入的正则性条件放在一个适当的定义里。如果在 x° 的一个邻域内，余分布 Ω_k 和 $\Omega_k \cap G^\perp$ 对于所有 $k \geqslant 0$ 都是非奇异的，则称点 x° 是受控不变分布算法的一个**正则点** (regular point)。

命题 6.3.4. 假设 x° 是受控不变分布算法的一个正则点。那么，引理 6.3.3 的假设能够局部满足，即在点 x° 的一个邻域 U° 内，$\Delta^\star$ 是有限可计算的，并且 $\Delta^\star$ 和 $\Delta^\star + G$ 都是非奇异的。

证明: 这是之前讨论的直接推论。 ◁

例 6.3.3. 再次考虑在例 6.1.5 中讨论过的系统。在此情况下，

$$W_0(x) = \begin{pmatrix} 1 & 0 & 0 & 0 \\ 0 & 1 & 0 & 0 \end{pmatrix}$$

且

$$A_0(x) = \begin{pmatrix} 1 & 0 \\ x_3 & 0 \end{pmatrix}$$

因此，$\sigma_0 = 2$ 且 $\rho_0 = 1$。可以选择

$$S_0(x) = (-x_3 \quad 1)$$

从而发现

$$\Omega_0 \cap G^\perp(x) = \text{span}\{S_0(x)W_0(x)\} = \text{span}\{\omega\}$$

其中 $\omega = (-x_3 \quad 1 \quad 0 \quad 0)$。现在注意到

$$L_f\omega = f^{\mathrm{T}}(x)\left(\frac{\partial \omega^{\mathrm{T}}}{\partial x}\right)^{\mathrm{T}} + \omega(x)\left(\frac{\partial f}{\partial x}\right) = (-(\lambda x_3 + x_4) \quad 0 \quad 0 \quad 1)$$

并且

$$L_{g_1}\omega = (0 \quad 0 \quad 1 \quad 0)$$
$$L_{g_2}\omega = (0 \quad 0 \quad 0 \quad 0)$$

根据这些表达式，由于

$$\Omega_1 = \Omega_0 + \text{span}\{L_f\omega, L_{g_1}\omega, L_{g_2}\omega\}$$

所以可得，对于所有的 x，$\Omega_{k^\star}(x) = (\mathbb{R}^4)^\star$，$k^\star = 1$。因此，对于所有的 x 都有 $\Delta^\star = 0$。 ◁

例 6.3.4. 考虑定义在 $\mathbb{R}^5$ 上的形如式 (6.1) 的 2 输入 2 输出系统，其中

$$f(x) = \begin{pmatrix} x_2 \\ 0 \\ x_1x_4 \\ x_3^2 \\ x_1 \end{pmatrix}, \qquad g_1(x) = \begin{pmatrix} 1 \\ x_3 \\ 0 \\ x_5 \\ 1 \end{pmatrix}, \qquad g_2(x) = \begin{pmatrix} 0 \\ 0 \\ 1 \\ x_1 \\ x_2x_3 \end{pmatrix}$$

$$h_1(x) = x_1, \qquad h_2(x) = x_2$$

对于这种情况，同样有

$$W_0(x) = \begin{pmatrix} 1 & 0 & 0 & 0 & 0 \\ 0 & 1 & 0 & 0 & 0 \end{pmatrix}$$

且

$$A_0(x) = \begin{pmatrix} 1 & 0 \\ x_3 & 0 \end{pmatrix}$$

因此，$\sigma_0 = 2$ 且 $\rho_0 = 1$。可以使用与前一例中相同的 $S_0(x)$，得到

$$\Omega_0 \cap G^{\perp}(x) = \text{span}\{S_0(x)W_0(x)\} = \text{span}\{\omega\}$$

其中 $\omega = (-x_3 \ \ 1 \ \ 0 \ \ 0 \ \ 0)$。由于

$$\begin{aligned} L_f\omega &= (-x_1x_4 \ \ -x_3 \ \ 0 \ \ 0 \ \ 0) \\ L_{g_1}\omega &= (0 \ \ 0 \ \ 1 \ \ 0 \ \ 0) \\ L_{g_2}\omega &= (-1 \ \ 0 \ \ 0 \ \ 0 \ \ 0) \end{aligned}$$

所以可选择矩阵

$$W_1(x) = \begin{pmatrix} 1 & 0 & 0 & 0 & 0 \\ 0 & 1 & 0 & 0 & 0 \\ 0 & 0 & 1 & 0 & 0 \end{pmatrix}$$

的各行作为 Ω_1 的一组基。现在，计算得到

$$A_1(x) = W_1(x)g(x) = \begin{pmatrix} 1 & 0 \\ x_3 & 0 \\ 0 & 1 \end{pmatrix}$$

对于所有的 x 该矩阵秩为 2。因此，构造过程终止。事实上，可以设

$$S_1(x) = (-x_3 \ \ 1 \ \ 0)$$

从而发现 $S_1(x)W_1(x)$ 的唯一一行与已经找到的 $S_0(x)W_0(x)$ 的唯一一行相等。这显然意味着

$$\begin{aligned} L_f(\Omega_1 \cap G^{\perp}) &\subset \Omega_1 \\ L_{g_j}(\Omega_1 \cap G^{\perp}) &\subset \Omega_1, \qquad 1 \leqslant j \leqslant m \end{aligned}$$

即 $k^\star = 1$。因此，$\Omega_{k^\star}$ 由 $W_1(x)$ 的各行张成，并且

$$\Delta^\star = \ker(W_1) = \text{span}\left\{\begin{pmatrix} 0 \\ 0 \\ 0 \\ 1 \\ 0 \end{pmatrix}, \begin{pmatrix} 0 \\ 0 \\ 0 \\ 0 \\ 1 \end{pmatrix}\right\} \qquad \triangleleft$$

之前已经看到，如果引理 6.3.3 的假设条件成立，则分布 $\Delta^\star$ 是包含在 $\ker(\mathrm{d}h)$ 中的最大局部受控不变分布。这意味着存在定义在每一给定点某一个邻域内的反馈函数 α 和 β，使得该分布在向量场 $\tilde{f} = f + g\alpha$ 和 $\tilde{g}_i = (g\beta)_i$ $(1 \leqslant i \leqslant m)$ 下保持不变。然而，对于这些反馈函数的实际构造，到目前为止，唯一的可用结论是在引理 6.2.1 的证明中描述过的那个结果，通常需要求解一组偏微分方程，以找到一个坐标变换而使 $\Delta^\star$ 变为由定常向量场张成的分布。如果假设一组更强一些的条件，则可以避免求解偏微分方程组，并且可以在递归过程结束的时候找到 α 和 β，这个过程只涉及线性（依赖于 x 的）代数方程组的求解。为方便起见，将此结果总结在以下陈述中。

命题 6.3.5. 假设 x° 是受控不变分布算法的一个正则点，那么在 x° 的一个邻域 U° 内，以下性质成立。对于每一个 $k \geqslant 0$，存在一个 σ_k 维的光滑函数向量

$$\Lambda_k = \mathrm{col}(\lambda_1, \ldots, \lambda_{\rho_k}, \lambda_{\rho_k+1}, \ldots, \lambda_{\sigma_k})$$

使得

$$\Omega_k = \mathrm{span}\{\mathrm{d}\lambda_i \colon 1 \leqslant i \leqslant \sigma_k\} \tag{6.38}$$

且

$$\mathrm{span}\{\mathrm{d}\lambda_i \colon 1 \leqslant i \leqslant \rho_k\} \cap G^\perp = \{0\} \tag{6.39}$$

此外，Ω_{k+1} 可表示成如下形式：

$$\begin{aligned} \Omega_{k+1} = \Omega_k &+ \mathrm{span}\{\mathrm{d}L_{f+g\alpha}\lambda_i \colon \rho_k + 1 \leqslant i \leqslant \sigma_k\} \\ &+ \mathrm{span}\{\mathrm{d}L_{(g\beta)_j}\lambda_i \colon \rho_k + 1 \leqslant i \leqslant \sigma_k, 1 \leqslant j \leqslant m\} \end{aligned} \tag{6.40}$$

其中 α 和 β 是方程组

$$\begin{aligned} \langle \mathrm{d}\lambda_i(x), f(x) + g(x)\alpha(x) \rangle &= 0, \qquad 1 \leqslant i \leqslant \rho_k \\ \langle \mathrm{d}\lambda_i(x), g(x)\beta_j(x) \rangle &= \delta_{ij}, \qquad 1 \leqslant i \leqslant \rho_k \end{aligned} \tag{6.41}$$

的解，$\beta_j(x)$ 表示 $\beta(x)$ 的第 j 列。

因此，包含在 $\ker(\mathrm{d}h)$ 中的最大局部受控不变分布 $\Delta^\star$ 可表示成

$$\Delta^\star = \bigcap_{i=1}^{\sigma_{k^\star}} \ker(\mathrm{d}\lambda_i)$$

当 $k = k^\star$ 时，可解方程组 (6.41) 的一对反馈函数满足

$$\begin{aligned} &[f + g\alpha, \Delta^\star] \subset \Delta^\star \\ &[(g\beta)_i, \Delta^\star] \subset \Delta^\star, \qquad 1 \leqslant i \leqslant m \end{aligned}$$

注记 6.3.5. 注意到，显然有

$$\Lambda_0 = \mathrm{col}(h_1, \ldots, h_m)$$

因为式 (6.39)，所以行向量 $\langle \mathrm{d}\lambda_i, g(x) \rangle$ $(1 \leqslant i \leqslant \rho_k)$ 对于 x° 附近的所有 x 都是线性无关的。因此，方程组 (6.41) 总能求解。特别是，由于方程组 (6.41) 第二个方程等号右边的特殊形式，总能解得一个矩阵 $\beta(x)$，它在 x° 的一个邻域内非奇异。 $\lhd$

注记 6.3.6. 另外，注意到，在引理 6.3.3 更弱的假设下证明了的分布 $\varDelta^\star$ 的对合性，现在可根据 $(\varDelta^\star)^\perp$ 由恰当微分张成的事实而轻易得到。 ◁

现在给出命题 6.3.5 的证明。

证明: 表达式 (6.38) 对于 $k=0$ 当然成立，因为 $\varOmega_0=\mathrm{span}\{\mathrm{d}h_1,\ldots,\mathrm{d}h_m\}$，所以用归纳法进行证明。假设式 (6.38) 成立。根据假设，交集 $\varOmega_k\cap G^\perp$ 有常数维 $\sigma_k-\rho_k$，所以总能对 $\varLambda_k$ 的元素重新排序，使得式 (6.39) 也成立。因为式 (6.39)，所以在 $G^\perp$ 中不存在 $\mathrm{d}\lambda_1,\ldots,\mathrm{d}\lambda_{\rho_k}$ 的线性组合，从而推知 $\varOmega_k\cap G^\perp$ 由如下形式的向量张成:

$$\omega=\mathrm{d}\lambda_i+c_{i1}\mathrm{d}\lambda_1+\ldots+c_{i\rho_k}\mathrm{d}\lambda_{\rho_k}$$

其中 $c_{i1},\ldots,c_{i\rho_k}$ 是适当的函数，且 $(\rho_k+1)\leqslant i\leqslant\sigma_k$。现在回忆，受控不变分布算法在反馈下是不变的 (引理 6.3.2)，因此可以这样计算 $\varOmega_{k+1}$:

$$\varOmega_{k+1}=\varOmega_k+\sum_{i=0}^{m}L_{\tilde{g}_i}(\varOmega_k\cap G^\perp)$$

其中假设反馈函数 α 和 β 恰好由式 (6.41) 给定。ω 沿 $\tilde{g}_j$ $(0\leqslant j\leqslant m)$ 的导数为

$$L_{\tilde{g}_j}\omega=\mathrm{d}L_{\tilde{g}_j}\lambda_i+\sum_{s=1}^{\rho_k}(L_{\tilde{g}_j}c_{is})\mathrm{d}\lambda_s+\sum_{s=1}^{\rho_k}c_{is}\mathrm{d}L_{\tilde{g}_j}\lambda_s$$

由于根据构造知，$\langle\mathrm{d}\lambda_s,\tilde{g}_j\rangle$ 等于 0 或 1，所以这个求和式中的第三项为零。另一方面，第二项亦已属于 $\varOmega_k$，因为它是 $\varOmega_k$ 中余向量的一个线性组合。由此可见

$$L_{\tilde{g}_j}\omega=\mathrm{d}L_{\tilde{g}_j}\lambda_i+\omega',\qquad \omega'\in\varOmega_k \tag{6.42}$$

因此，

$$\varOmega_{k+1}=\varOmega_k+\mathrm{span}\{\mathrm{d}L_{\tilde{g}_j}\lambda_i\colon \rho_k+1\leqslant i\leqslant\sigma_k, 0\leqslant j\leqslant m\}$$

这证明了式 (6.40)。此时，上式第二项由一些函数的微分张成，在由这些函数构成的集合中，显然能够选择另外一组 $(\sigma_{k+1}-\sigma_k)$ 个新函数，记为 $\lambda_{\sigma_k+1},\ldots,\lambda_{\sigma_{k+1}}$，使得

$$\varOmega_{k+1}=\mathrm{span}\{\mathrm{d}\lambda_i\colon 1\leqslant i\leqslant\sigma_{k+1}\}$$

这就证明了式 (6.38) 对 $k+1$ 的有效性。

陈述的最后一部分是之前构造过程的一个简单推论。事实上，再次考虑 $\varOmega_k\cap G^\perp$ 中的一个余向量场沿 $\tilde{g}_j$ $(0\leqslant j\leqslant m)$ 的导数表达式 (6.42)。如果算法在 $k=k^\star$ 时终止，那么

$$L_{\tilde{g}_j}(\varOmega_{k^\star}\cap G^\perp)\subset\varOmega_{k^\star}$$

因此由式 (6.42) 可见

$$L_{\tilde{g}_j}\mathrm{d}\lambda_i\in\varOmega_{k^\star}$$

对于所有的 $(\rho_{k^\star}+1)\leqslant i\leqslant\sigma_{k^\star}$ 都成立。另一方面，此关系式对于 $1\leqslant i\leqslant\rho_{k^\star}$ 也有效，因为这时，根据构造有

$$L_{\tilde{g}_j}\mathrm{d}\lambda_i=\mathrm{d}L_{\tilde{g}_j}\lambda_i=0$$

因此，由于 $\mathrm{d}\lambda_i$ $(1 \leqslant i \leqslant \sigma_{k^\star})$ 张成 $\Omega_{k^\star}$，所以得到

$$L_{\tilde{g}_j} \Omega_{k^\star} \subset \Omega_{k^\star}$$

即 $\Omega_{k^\star}$ 在 $\tilde{g}_j$ $(0 \leqslant j \leqslant m)$ 下是不变的。由于 $\Omega_{k^\star}$ 是非奇异的，因而是光滑的，鉴于引理 1.6.3，可得 $\Delta^\star = \Omega_{k^\star}^\perp$ 在新动态下是不变的。 ◁

在受控不变分布算法和一些之前介绍的概念，如零动态算法之间建立某种关系，是备受关注的。为此注意到，如果 x° 是受控不变分布算法的一个正则点，则分布 $\Delta^\star$ 在 x° 的一个邻域内是非奇异且对合的。因此，根据推论 2.1.6，$\Delta^\star$ 在 U° 上有最大积分流形性质，即 U° 被划分成 $\Delta^\star$ 的最大积分子流形。以 L_{x° 表示 $\Delta^\star$ 包含点 x° 的积分子流形。以下将描述在 L_{x° 和零动态流形 $Z^\star$ 之间存在的关系。

命题 6.3.6. 假设 x° 是受控不变分布算法的一个正则点，并且 $\dim(G(x^\circ)) = m$，再假设

$$\sum_{i=1}^{m} L_{g_i}(\Omega_k \cap G^\perp) \subset \Omega_k \tag{6.43}$$

对于所有的 $k \geqslant 0$ 都成立，则命题 6.1.1 的假设条件成立，并且对于 x° 某一邻域中的所有 $x \in Z^\star$，有

$$\Delta^\star(x) = T_x Z^\star$$

因此，$Z^\star$ 局部等同于 $\Delta^\star$ 的积分子流形 L_{x°。

证明：用归纳法证明：如果假设 (6.43) 成立，那么在 x° 的一个邻域 U° 内，有

$$M_k \cap U^\circ = \{x \in U^\circ \colon \Lambda_k(x) = 0\} \tag{6.44}$$

由定义知，当 $k = 0$ 时上式成立。假设对于某一个 $k \geqslant 0$ 上式成立。由于微分 $\mathrm{d}\lambda_i(x)$ 据假设在 x° 处是线性无关的，并且矩阵

$$\mathrm{col}(\langle \mathrm{d}\lambda_1(x), g(x)\rangle, \ldots, \langle \mathrm{d}\lambda_{\sigma_k}(x), g(x)\rangle) = L_g \Lambda_k(x)$$

在 x° 附近有常数秩 ρ_k，于是根据零动态算法，可用如下方式得到 M_{k+1}。令 $R_k(x)$ 是这样的矩阵，其各行在每一点 x 处是下述空间的一组基：该空间由所有满足 $\gamma L_g \Lambda_k(x) = 0$ 的向量 γ 构成。那么，有

$$M_{k+1} \cap U^\circ = \{x \in U^\circ \colon \Lambda_k(x) = 0, R_k(x) L_f \Lambda_k(x) = 0\}$$

另一方面，如果假设 (6.43) 得以满足，则 Ω_{k+1} 由下式给出 (见命题 6.3.5 的证明)：

$$\Omega_{k+1} = \mathrm{span}\{\mathrm{d}\lambda_i \colon 1 \leqslant i \leqslant \sigma_k\} + \mathrm{span}\{\mathrm{d}L_{f+g\alpha}\lambda_i \colon \rho_k + 1 \leqslant i \leqslant \sigma_k\}$$

注意到，根据 $\alpha(x)$ 和 $R_k(x)$ 的定义有

$$\begin{aligned}
L_{f+g\alpha}\Lambda_k(x) = 0 &\Leftrightarrow \langle \mathrm{d}\lambda_i, f + g\alpha\rangle = 0, 1 \leqslant i \leqslant \rho_k, \\
&\qquad \text{且 } R_k(x) L_{f+g\alpha}\Lambda_k(x) = 0 \\
&\Leftrightarrow 0 = R_k(x) L_{f+g\alpha}\Lambda_k(x) \\
&\qquad = R_k(x) L_f \Lambda_k(x) + R_k(x) L_g \Lambda_k(x)\alpha(x) \\
&\Leftrightarrow 0 = R_k(x) L_f \Lambda_k(x)
\end{aligned}$$

因此，

$$x \in M_{k+1} \cap U^\circ \Leftrightarrow \Lambda_k(x) = 0 \text{ 且 } L_{f+g\alpha}\Lambda_k(x) = 0 \Leftrightarrow \Lambda_{k+1}(x) = 0$$

这就证明了断言 (6.44)。 ◁

注记 6.3.7. 注意到，如果条件 (6.43) 成立，则有

$$s_0 + \ldots + s_k = \sigma_k \text{ 且 } r_k = \rho_k \qquad \triangleleft$$

有两类满足假设 (6.43) 的特殊系统：线性系统，以及在 x° 处具有相对阶的非线性系统。首先讨论线性系统的情形。

推论 6.3.7. 对于线性系统，零动态算法和受控不变分布算法产生同样的结果。更确切地说，令 $V^\star$ 表示满足

$$AV^\star \subset V^\star + \mathrm{Im}(B)$$

的 ker(C) 的最大子空间，则有

$$Z^\star = V^\star$$
$$\Delta^\star(x) = V^\star \text{ 在每一个 } x \in \mathbb{R}^n \text{ 处的取值}$$

证明: 在这种情况下，受控不变分布算法如下进行。注意到，余分布 $\Omega_0 = \mathrm{span}\{\mathrm{d}h\}$ 由定常向量场，即矩阵 C 的各行 $c_1, \ldots, c_m$ 张成。同样假设 Ω_k 由定常余向量场，即矩阵 W_k 的 σ_k 个行张成，则交集 $\Omega_k \cap G^\perp$ 也由定常余向量场，即矩阵 $S_k W_k$ 的 $\sigma_k - \rho_k$ 个行张成，其中矩阵 S_k 的各行张成方程

$$\gamma A_k = \gamma W_k B = 0$$

关于 γ 的解空间。由于 g_j 是一个定常向量场，它是矩阵 B 的第 j 列，所以立即可推得

$$L_{g_j}(S_k W_k)_i = 0$$

这意味着 (也见注记 1.6.7)

$$\sum_{i=1}^{m} L_{g_i}(\Omega_k \cap G^\perp) \subset \Omega_k$$

即条件 (6.43) 成立。此外还有

$$L_f(S_k W_k)_i = (S_k W_k)_i A$$

这说明 Ω_{k+1} 也由定常余向量场张成。对于每一点 x，余分布 Ω_k 和 $\Omega_k \cap G^\perp$ 确实有常数维，并且任一点 x° 都是受控不变分布算法的正则点。命题 6.3.6 的假设成立，从而结论得证。 ◁

现在考虑在点 x° 处具有向量相对阶的非线性系统。对于这些系统，为证明命题 6.3.6 的假设成立，先证明与受控不变分布概念相关的一个性质。

引理 6.3.8. 假设存在整数 $r_1, \ldots, r_m$，使得向量

$$(L_{g_1} L_f^k h_i(x) \ \ L_{g_2} L_f^k h_i(x) \ \ \cdots \ \ L_{g_m} L_f^k h_i(x))$$

对于 x° 附近的所有 x 和所有的 $k < r_i - 1$ 都等于零，而对于 $k = r_i - 1$ 在 $x = x^\circ$ 处非零。那么，在点 x° 的一个邻域 U° 内，包含在 $\ker(\mathrm{d}h)$ 中的每一个受控不变分布也被包含在如下定义的分布 D 中：

$$D = \bigcap_{i=1}^{m} \bigcap_{k=1}^{r_i} \ker(\mathrm{d}L_f^{k-1} h_i) \tag{6.45}$$

假设 D 是一个光滑分布，一对定义在 U 上的反馈函数 (α, β) 使得

$$\begin{aligned} &[f + g\alpha, D] \subset D \\ &[(g\beta)_i, D] \subset D, \qquad 1 \leqslant i \leqslant m \end{aligned} \tag{6.46}$$

成立，当且仅当

$$\begin{aligned} \mathrm{d}(\langle \mathrm{d}L_f^{r_i-1} h_i, f(x) + g(x)\alpha(x) \rangle) \in D^\perp, \ \text{对于所有的 } 1 \leqslant i \leqslant m \\ \mathrm{d}(\langle \mathrm{d}L_f^{r_i-1} h_i, g(x)\beta_j(x) \rangle) \in D^\perp, \ \text{对于所有的 } 1 \leqslant i, j \leqslant m \end{aligned} \tag{6.47}$$

特别是，如果系统在 x° 处有相对阶 $\{r_1, \ldots, r_m\}$，即如果由式 (5.2) 定义的矩阵 $A(x)$ 是非奇异的，则 D 满足条件 (6.46)，其中 $\alpha(x)$ 和 $\beta(x)$ 是方程组

$$\begin{aligned} A(x)\alpha(x) + b(x) = 0 \\ A(x)\beta(x) = I \end{aligned} \tag{6.48}$$

的解，$b(x)$ 是由式 (5.9) 定义的向量。

证明：令 Δ 为包含在 $\ker(\mathrm{d}h)$ 中的局部受控不变分布。那么，根据定义，对于所有的 $1 \leqslant i \leqslant m$，有 $\Delta \subset (\mathrm{span}\{\mathrm{d}h_i\})^\perp$ 成立。而且，对于某一个局部定义的反馈 α，$[\tilde{f}, \Delta] \subset \Delta$。假设对于某一个 $k < r_i - 1$，有 $\Delta \subset (\mathrm{span}\{\mathrm{d}L_f^k h_i\})^\perp$ 成立，则应用性质

$$L_{f+g\alpha} L_f^k h_i = L_f^{k+1} h_i$$

可知对于任何向量场 $\tau \in \Delta$，有

$$0 = \langle \mathrm{d}L_f^k h_i, [\tilde{f}, \tau] \rangle = L_{\tilde{f}} \langle \mathrm{d}L_f^k h_i, \tau \rangle - \langle \mathrm{d}L_{\tilde{f}} L_f^k h_i, \tau \rangle = -\langle \mathrm{d}L_f^{k+1} h_i, \tau \rangle$$

即 $\Delta \subset (\mathrm{span}\{\mathrm{d}L_f^{k+1} h_i\})^\perp$。这证明了 $\Delta \subset D$。

现在，假设存在一对反馈函数使式 (6.46) 得以满足。令 τ 是 D 中的一个向量场，则有

$$\begin{aligned} \langle \mathrm{d}L_f^k h_i, \tau \rangle = 0 \\ \langle \mathrm{d}L_f^k h_i, [\tilde{f}, \tau] \rangle = 0 \\ \langle \mathrm{d}L_f^k h_i, [\tilde{g}_j, \tau] \rangle = 0 \end{aligned}$$

对于所有的 $1 \leqslant i, j \leqslant m$，$0 \leqslant k \leqslant r_i - 1$ 都成立。由第二个等式，当 $k = r_i - 1$ 时，得到

$$0 = L_{\tilde{f}} \langle \mathrm{d}L_f^{r_i-1} h_i, \tau \rangle - \langle \mathrm{d}L_{\tilde{f}} L_f^{r_i-1} h_i, \tau \rangle = -\langle \mathrm{d}(\langle \mathrm{d}L_f^{r_i-1} h_i, f + g\alpha \rangle), \tau \rangle$$

此即式 (6.47) 的第一个条件。类似地，由第三个等式可得式 (6.47) 的第二个条件。反之，如果条件 (6.47) 成立，则之前的等式当 $k = r_i - 1$ 时成立。对于其他值 $k < r_i - 1$，由 r_i 的定义知，这些等式对于任意反馈 (α, β) 都成立。因此，可推知，D 在 $\tilde{f}$ 和 $\tilde{g}_i$ $(1 \leqslant i \leqslant m)$ 下不变，当且仅当 (α, β) 是式 (6.47) 的解。

陈述的第三部分是第二部分的简单推论。事实上，如果矩阵 $A(x)$ 对于 x° 某一邻域中的所有 x 均为非奇异的，则方程组 (6.48) 有 (唯一) 解，且该解平凡地满足式 (6.47)，因为此时

$$\langle \mathrm{d}L_f^{r_i-1}h_i(x), f(x) + g(x)\alpha(x)\rangle, \qquad \langle \mathrm{d}L_f^{r_i-1}h_i(x), (g(x)\beta(x))_j\rangle$$

均为常数。 $\triangleleft$

利用这个引理不难看到，当系统在点 x° 有相对阶 $\{r_1, \ldots, r_m\}$ 时，条件 (6.43) 得以满足。下面的陈述包含了这一性质以及其他令人感兴趣的性质。

推论 6.3.9. 假设系统在点 x° 有相对阶 $\{r_1, \ldots, r_m\}$，则该点是受控不变分布算法的一个正则点，且条件 (6.43) 成立。特别是，$\Delta^\star$ 作为包含在 ker(dh) 中的最大局部受控不变分布，在点 x° 的一个邻域 U° 中可表示为

$$\Delta^\star = \bigcap_{i=1}^{m} \bigcap_{k=1}^{r_i} \ker(\mathrm{d}L_f^{k-1}h_i)$$

并且标准的非交互反馈 (5.28) 可使其具有不变性[①]。使用命题 6.3.6 的结论可得到

$$Z^\star = \{x \in U^\circ \colon L_f^{k-1}h_i(x) = 0, 1 \leqslant k \leqslant r_i, 1 \leqslant i \leqslant m\} \tag{6.49}$$

证明: 作为练习留给读者。 $\triangleleft$

注记 6.3.8. 很容易检验，引理 6.3.8 最后一部分所陈述的结果当系统的输出通道数 p 小于输入通道数 m 时也是有效的，只要矩阵 (5.2) 在点 x° 的秩为 p (也见注记 5.1.3)。因此，在特殊情况下，它们对于只有一个输出 $y_i = h_i(x)$ 的系统也有效，因为此时根据定义，该矩阵简化为一个单独的非零行。作为附带结论，可以发现包含在 ker(dh_i) 中的最大局部受控不变分布，记其为 $\Delta_i^\star$，具有如下形式:

$$\Delta_i^\star = \bigcap_{k=1}^{r_i} \ker(\mathrm{d}L_f^{k-1}h_i) \qquad \triangleleft \tag{6.50}$$

通常，如果条件 (6.43) 不满足，则不能确认零动态流形 $Z^\star$ 与 $\Delta^\star$ 的一个积分子流形相同。换言之，在一般的非线性背景下，利用反馈来约束系统在一段时间内输出为零，与利用反馈来引入一定程度的不可观测性，这两个问题并不等价 (尽管它们对于线性系统来说是等价的，正如推论 6.3.7 的陈述所示)。然而，在 $Z^\star$ 和 $\Delta^\star$ 的积分子流形之间总是存在一种关系，将其叙述如下。

命题 6.3.10. 假设 x° 既是受控不变分布算法的正则点，也是零动态算法的正则点。令 L_{x° 表示 $\Delta^\star$ 的包含点 x° 的积分子流形，则 L_{x° 是一个局部受控不变子流形，且在每一点 $x \in L_{x^\circ}$ 处有 $h(x) = 0$，即 L_{x° 是系统 (6.1) 的一个输出调零流形。因此，L_{x° 局部包含在 $Z^\star$ 中。

① 指该分布在 $\tilde{f}$ 和 $\tilde{g}_j (1 \leqslant j \leqslant m)$ 下不变。——译者注

证明: 回想一下，如果假设成立，则 $(\Delta^\star)^\perp$ 由一些函数 λ_i $(1 \leqslant i \leqslant \sigma_{k^\star})$ 的微分张成。于是，对于 x° 的某一个邻域 U°，有

$$L_{x^\circ} = \{x \in U^\circ \colon \lambda_i(x) = \lambda_i(x^\circ), 1 \leqslant i \leqslant \sigma_{k^\star}\}$$

假设函数 $\alpha(x)$ 当 $k = k^\star$ 时是条件 (6.41) 中第一个方程的解。根据假设，由于 $f(x^\circ) = 0$，所以总可以设 $\alpha(x^\circ) = 0$，因此点 x° 是向量场 $\tilde{f}(x) = f(x) + g(x)\alpha(x)$ 的一个平衡态。命题 6.3.5 的陈述表明，分布 $\Delta^\star$ 在向量场 $\tilde{f}(x)$ 下是不变的，因此，依据 1.6 节对不变性的解释，$\tilde{f}(x)$ 的流将 L_{x° 局部地映入 $\Delta^\star$ 的另一个积分子流形中。但点 x° 在 $\tilde{f}(x)$ 的流映射下是一个不动点，从而得出，$\tilde{f}(x)$ 的流将 L_{x° 映入其自身；换言之，$\tilde{f}(x)$ 与 L_{x° 相切。

这样就已经找到了一个光滑映射 $\alpha(x)$，它在 L_{x° 的邻近 x° 的每一点处都有定义，并且 $f(x) + g(x)\alpha(x)$ 与 L_{x° 相切。因此，L_{x° 是局部受控不变的。其他陈述可立即由此推得。 $\lhd$

注意，之前的分析在一定程度上也澄清了受控不变子流形和受控不变分布这两个概念之间的差异。

6.4　可控性分布

如果分布 Δ 是对合的，且存在定义在 U 上的一对反馈函数 (α, β) 和指标集 $\{1, \ldots, m\}$ 的一个子集 I，使得 $\Delta \cap G = \mathrm{span}\{\tilde{g}_i \colon i \in I\}$，而且 Δ 是在向量场 $\tilde{f}, \tilde{g}_1, \ldots, \tilde{g}_m$ 下不变且包含 $\tilde{g}_i$ (对于所有的 $i \in I$) 的最小分布，则称 Δ 是 U 上的一个**可控性分布** (controllability distribution)。

如果对于每一点 $x^\circ \in U$，存在 x° 的一个邻域 U°，使得 Δ 是 U° 上的一个可控性分布，则称分布 Δ 为**局部可控性分布** (local controllability distribution)。

显然，根据定义，一个 (局部) 可控性分布是 (局部) 受控不变的。因此，根据引理 6.2.1 的结论，这样一个分布必须满足式 (6.27) 和式 (6.28)(回想一下，这些条件的必要性不依赖于引理 6.2.1 中所做的假设，而只依赖于受控不变性特性和 β 的非奇异性)。本节旨在研究在哪些附加条件下，满足式 (6.27) 和式 (6.28) 的一个给定分布能成为局部可控性分布。下面介绍的算法对此非常有用。

可控性分布算法 (Controllability Distribution Algorithm)　令 Δ 为一个确定的分布。步骤 0: 令 $S_0 = \Delta \cap G$。步骤 k：令

$$S_k = \Delta \cap ([f, S_{k-1}] + \sum_{j=1}^{m} [g_j, S_{k-1}] + G) \tag{6.51}$$

引理 6.4.1. 序列 (6.51) 是非减的。如果存在一个整数 $k^\star$ 使得 $S_{k^\star} = S_{k^\star+1}$，则对于所有的 $k > k^\star$ 都有 $S_k = S_{k^\star}$。

证明: 只需证明 $S_k \supset S_{k-1}$。对于 $k = 1$ 这显然成立。如果包含关系对于某一个 k 成立，则有

$$([f, S_k] + \sum_{j=1}^{m} [g_i, S_k]) \supset ([f, S_{k-1}] + \sum_{j=1}^{m} [g_i, S_{k-1}])$$

因此，

$$S_{k+1} \supset S_k \quad \triangleleft$$

注记 6.4.1. 注意，也可以将 S_k 表示为

$$S_k = \varDelta \cap ([f, S_{k-1}] + \sum_{j=1}^{m} [g_j, S_{k-1}] + G) + S_{k-1}$$

或表示为

$$S_k = \varDelta \cap ([f, S_{k-1}] + \sum_{j=1}^{m} [g_j, S_{k-1}] + S_{k-1} + G)$$

这是因为 $S_{k-1} \subset \varDelta$，所以由前一个关系式以及分布的求交集运算对各模块的分配规则，可推出后一个关系式成立。 $\triangleleft$

现在，正如在算法 (6.35) 中所做的，引入一个专用术语，它既可用于表示序列 (6.51) 在有限步骤内的收敛性，也可用于表示序列的最终元对于分布 $\varDelta$ 的依赖性。设

$$\mathcal{S}(\varDelta) = (S_0 + S_1 \ldots + S_k + \cdots) \tag{6.52}$$

如果存在一个整数 $k^\star$，使得在序列 (6.51) 中有 $S_{k^\star} = S_{k^\star+1}$，则称 $\mathcal{S}(\varDelta)$ 是**有限可计算的** (finitely computable)。对于这种情况，显然有 $\mathcal{S}(\varDelta) = S_{k^\star}$。

算法 (6.51) 有如下的一个有趣性质。

引理 6.4.2. 令 $\tilde{f}, \tilde{g}_1, \ldots, \tilde{g}_m$ 为任一组由 $f, g_1, \ldots, g_m$ 导出的向量场，其中 $\tilde{f} = f + g\alpha$，$\tilde{g}_i = (g\beta)_i$，$1 \leqslant i \leqslant m$，且 β 可逆，则序列 (6.51) 中的每一个分布 S_k 满足下面的递推关系：

$$S_k = \varDelta \cap ([\tilde{f}, S_{k-1}] + \sum_{j=1}^{m} [\tilde{g}_j, S_{k-1}] + G)$$

证明: 令 τ 为 S_{k-1} 中的一个向量场，则有

$$[\tilde{f}, \tau] = [f + g\alpha, \tau] = [f, \tau] + \sum_{j=1}^{m} ([g_j, \tau]\alpha_j - (L_\tau \alpha_j) g_j)$$

$$[\tilde{g}_i, \tau] = [(g\beta)_i, \tau] = \sum_{j=1}^{m} ([g_j, \tau]\beta_{ji} - (L_\tau \beta_{ij}) g_j)$$

因此

$$[\tilde{f}, S_{k-1}] + \sum_{j=1}^{m} [\tilde{g}_j, S_{k-1}] + G \subset [f, S_{k-1}] + \sum_{j=1}^{m} [g_j, S_{k-1}] + G$$

但由于 β 可逆，于是 $f = \tilde{f} - \tilde{g}\beta^{-1}\alpha$ 且 $g_i = (\tilde{g}\beta^{-1})_i$，所以经过同样的计算可以发现，逆包含关系成立。因此两边相等，从而引理得证。 $\triangleleft$

由此，现在可以推导出所期望的局部可控性分布的一个“本质”特征。

引理 6.4.3. 令 $\varDelta$ 为一个对合分布。假设 $\varDelta, G, \varDelta+G$ 都是非奇异的，并且 $\mathcal{S}(\varDelta)$ 是有限可计算的，则 $\varDelta$ 是一个局部可控性分布，当且仅当

$$
\begin{aligned}
&[f,\varDelta]\subset\varDelta+G\\
&[g_i,\varDelta]\subset\varDelta+G, \qquad 1\leqslant i\leqslant m\\
&\mathcal{S}(\varDelta)=\varDelta
\end{aligned}
\tag{6.53}
$$

证明: 必要性。假设 $\varDelta$ 是一个局部可控性分布，那么它是局部受控不变的并且条件 (6.27) 和条件 (6.28) 得以满足。此外，在每一点 x 的附近，均存在一对反馈函数 (α,β) 满足性质 $\varDelta\cap G=\mathrm{span}\{\tilde{g}_i, i\in I\}$，其中 I 是 $\{1,\ldots,m\}$ 的一个子集，$\varDelta$ 是在 $\tilde{f},\tilde{g}_1,\ldots,\tilde{g}_m$ 下不变且包含 $\tilde{g}_i$ (对于所有的 $i\in I$) 的最小分布。考虑下式定义的分布序列:

$$
\begin{aligned}
&\varDelta_0=\varDelta\cap G\\
&\varDelta_k=[\tilde{f},\varDelta_{k-1}]+\sum_{i=1}^{m}[\tilde{g}_i,\varDelta_{k-1}]+\varDelta_{k-1}
\end{aligned}
\tag{6.54}
$$

容易看到，由归纳法，对于所有的 $k\geqslant 0$ 均有

$$\varDelta_k\subset\varDelta$$

当 $k=0$ 时上式成立，如果对于某一个 $k>0$ 上式成立，则 $\varDelta$ 在 $\tilde{f},\tilde{g}_1,\ldots,\tilde{g}_m$ 下的不变性表明 $\varDelta_{k+1}\subset\varDelta$。因此有

$$\varDelta_k=\varDelta\cap([\tilde{f},\varDelta_{k-1}]+\sum_{i=1}^{m}[\tilde{g}_i,\varDelta_{k-1}]+\varDelta_{k-1}+G)$$

即，根据引理 6.4.2(也见注记 6.4.1) 有

$$\varDelta_k=S_k \tag{6.55}$$

还注意到，由定义知，$\varDelta_0=\mathrm{span}\{\tilde{g}_i\colon i\in I\}$。于是，由算法 (6.54) 生成的分布序列与产生 $\langle\tilde{f},\tilde{g}_1,\ldots,\tilde{g}_m|\mathrm{span}\{\tilde{g}_i\colon i\in I\}\rangle$ (即在 $\tilde{f},\tilde{g}_1,\ldots,\tilde{g}_m$ 下不变且包含 $\mathrm{span}\{\tilde{g}_i\colon i\in I\}$ 的最小分布) 的分布序列完全相同。根据式 (6.55) 以及 $\mathcal{S}(\varDelta)$ 有限可计算的假设可知，存在一个整数 $k^\star$ 使得 $\varDelta_{k^\star}=\varDelta_{k^\star+1}$。因此，鉴于引理 1.8.2，序列 (6.54) 中的最大分布就是 $\langle\tilde{f},\tilde{g}_1,\ldots,\tilde{g}_m|\mathrm{span}\{\tilde{g}_i\colon i\in I\}\rangle$。由此可得，序列 (6.54) 中的最大分布一定与 $\varDelta$ 相同，即 [再次根据式 (6.55)] 式 (6.53) 的最后一个条件满足。

充分性。由引理 6.2.1 可知，如果 $\varDelta$ 是对合的，$\varDelta$ 和 $\varDelta+G$ 是非奇异的并且条件 (6.27) 和 (6.28) 得以满足，则在每一点 x 的附近都存在一对反馈函数 (α,β)，使得 $\varDelta$ 在 $\tilde{f},\tilde{g}_1,\ldots,\tilde{g}_m$ 下不变。由此事实可以推出

$$
\begin{aligned}
\varDelta\ \cap\ &([\tilde{f},S_{k-1}]+\sum_{i=1}^{m}[\tilde{g}_i,S_{k-1}]+G)+S_{k-1}\\
&=[\tilde{f},S_{k-1}]+\sum_{i=1}^{m}[\tilde{g}_i,S_{k-1}]+\varDelta\cap G+S_{k-1}\\
&=[\tilde{f},S_{k-1}]+\sum_{i=1}^{m}[\tilde{g}_i,S_{k-1}]+S_{k-1}
\end{aligned}
$$

鉴于引理 6.4.2 和注记 6.4.1，这表明

$$S_k = [\tilde{f}, S_{k-1}] + \sum_{i=1}^{m} [\tilde{g}_i, S_{k-1}] + S_{k-1}$$

不失一般性，可以假设对于某一个指标集 I，$\tilde{g}_1, \ldots, \tilde{g}_m$ 使 $\Delta \cap G = \text{span}\{\tilde{g}_i : i \in I\}$。事实上，$\Delta \cap G$ 不等于零，因为否则 $\mathcal{S}(\Delta)$ 将会为零，从而与式 (6.53) 最后的条件相矛盾。由于 $\Delta \cap G$ 是非奇异的，所以可以找到一个新的反馈函数 $\bar{\beta}$ 来构造新向量场 $\bar{g}_i = (\tilde{g}\bar{\beta})_i (1 \leqslant i \leqslant m)$，使得对于某一个指标集 I，$\text{span}\{\bar{g}_i : i \in I\} = \Delta \cap G$，并且对于 $i \notin I$ 有 $\bar{g}_i = \tilde{g}_i$。这组新向量场仍然保持 Δ 的不变性，因为对于 $i \in I$ 有 $\bar{g}_i \in \Delta$ 成立，并且 Δ 是对合的。

因此，$S_0 = G \cap \Delta = \text{span}\{\tilde{g}_i : i \in I\}$，且分布 S_k 的序列与产生 $\langle \tilde{f}, \tilde{g}_1, \ldots, \tilde{g}_m | \text{span}\{\tilde{g}_i : i \in I\} \rangle$ 的分布序列相同。根据假设，由于对于某一个 $k^\star$ 有 $S_{k^\star} = S_{k^\star+1}$，所以由引理 1.8.2 推得，$S_{k^\star}$ 是在 $\tilde{f}, \tilde{g}_1, \ldots, \tilde{g}_m$ 下不变且包含 $\text{span}\{\tilde{g}_i : i \in I\}$ 的最小分布。但式 (6.53) 的最后一个条件表明 $S_{k^\star}$ 与 Δ 相同，这就完成了证明。 ◁

鉴于局部可控性分布概念在解耦问题或非交互控制问题中的用处，在一个给定分布中构造能够包含的“最大”局部可控性分布是有用的。为此，可以利用以下结果。

引理 6.4.4. 令 Δ 为对合分布。假设 $G, \Delta, G + \Delta$ 均为非奇异的，并且

$$\begin{aligned} &[f, \Delta] \subset \Delta + G \\ &[g_i, \Delta] \subset \Delta + G, \qquad 1 \leqslant i \leqslant m \end{aligned}$$

此外，假设 $\mathcal{S}(\Delta)$ 是有限可计算且非奇异的，则 $\mathcal{S}(\Delta)$ 是包含在 Δ 中的最大局部可控性分布。

证明：正如引理 6.4.3 的 (充分性) 证明那样，容易看到，这些假设意味着在每一点 x 的附近均存在一对反馈函数，满足性质 $\Delta \cap G = \text{span}\{\tilde{g}_i : i \in I\}$，并且 $\mathcal{S}(\Delta)$ 是在 $\tilde{f}, \tilde{g}_1, \ldots, \tilde{g}_m$ 下不变且包含 $\text{span}\{\tilde{g}_i : i \in I\}$ 的最小分布。此外，由于

$$\text{span}\{\tilde{g}_i : i \in I\} \subset \mathcal{S}(\Delta) \subset \Delta$$

且 $\Delta \cap G = \text{span}\{\tilde{g}_i : i \in I\}$，因而可见

$$\mathcal{S}(\Delta) \cap G = \text{span}\{\tilde{g}_i : i \in I\}$$

因此 $\mathcal{S}(\Delta)$ 是一个局部可控性分布。

令 $\bar{\Delta}$ 为另一个包含在 Δ 中的局部可控性分布。那么，根据定义，在每一点 x 的一个邻域 U° 中，存在一对反馈函数 $(\bar{\alpha}, \bar{\beta})$，对于 $\{1, \ldots, m\}$ 的某一个子集 $\bar{I}$，满足性质 $\bar{\Delta} \cap G = \text{span}\{\bar{g}_i : i \in \bar{I}\}$，并且 $\bar{\Delta}$ 在 $\bar{f}, \bar{g}_1, \ldots, \bar{g}_m$ 下不变，其中 $\bar{f} = f + g\bar{\alpha}$ 且 $\bar{g}_i = (g\bar{\beta})_i$，$1 \leqslant i \leqslant m$。考虑分布序列

$$\begin{aligned} \bar{\Delta}_0 &= \text{span}\{\bar{g}_i : i \in \bar{I}\} \\ \bar{\Delta}_k &= [\bar{f}, \bar{\Delta}_{k-1}] + \sum_{i=1}^{m} [\bar{g}_i, \bar{\Delta}_{k-1}] + \bar{\Delta}_{k-1} \end{aligned}$$

注意到 $\bar{\Delta}_k \subset \bar{\Delta} \subset \Delta$，因此

$$\bar{\Delta}_k \subset \Delta \cap ([\bar{f}, \bar{\Delta}_{k-1}] + \sum_{i=1}^{m} [\bar{g}_i, \bar{\Delta}_{k-1}] + \bar{\Delta}_{k-1} + G)$$

由于 $\bar{\Delta}_0 = \bar{\Delta} \cap G \subset \Delta \cap G = S_0$，采用归纳法，利用引理 6.4.2 和注记 6.4.1，容易证明，对于所有的 $k \geqslant 0$ 有 $\bar{\Delta}_k \subset S_k$ 成立，即

$$\bar{\Delta}_k \subset \mathcal{S}(\Delta)$$

现在回想一下引理 1.8.3，存在 U° 的一个稠密子集满足如下性质：在每一点 x 处均有 $\bar{\Delta}(x) = \bar{\Delta}_{n-1}(x)$。因此，对于一个稠密子集中的所有 x 均有

$$\bar{\Delta}(x) \subset \mathcal{S}(\Delta)(x)$$

由于 $\bar{\Delta}$ 光滑且 $\mathcal{S}(\Delta)$ 非奇异，这意味着 $\bar{\Delta} \subset \mathcal{S}(\Delta)$。 $\triangleleft$

利用同样的论据，对于包含在一个给定分布 Δ 中的最大可控性分布，也能给出如下描述。

引理 6.4.5. 令 Δ 为一个对合的受控不变分布。令 (α, β) 为一对反馈函数，使得对于 $\{1, \ldots, m\}$ 的某一个适当子集 I，有

$$\begin{aligned} &[\tilde{f}, \Delta] \subset \Delta \\ &[\tilde{g}_i, \Delta] \subset \Delta, \qquad \text{对于 } 1 \leqslant i \leqslant m \\ &\Delta \cap G = \operatorname{span}\{\tilde{g}_i \colon i \in I\} \end{aligned}$$

考虑分布序列

$$\begin{aligned} &\Delta_0 = \operatorname{span}\{\tilde{g}_i \colon i \in I\} \\ &\Delta_k = \Delta_{k-1} + [\tilde{f}, \Delta_{k-1}] + \sum_{i=1}^{m} [\tilde{g}_i, \Delta_{k-1}] \end{aligned}$$

则 $\mathcal{S}(\Delta)$ 是有限可计算的，当且仅当对于某一个 $k^\star$ 有 $\Delta_{k^\star} = \Delta_{k^\star+1}$ 。在这种情况下有 $\mathcal{S}(\Delta) = \Delta_{k^\star}$。而且，如果 $\Delta_{k^\star}$ 是非奇异的，则 $\Delta_{k^\star}$ 是包含在 Δ 中的最大可控性分布。

如果要求在 $\ker(\mathrm{d}h)$ 中找到最大可控性分布，则可以使用之前的结果。为此，利用 6.3 节的结果，先找到 (只要引理 6.3.3 的假设得以满足) $\Delta^\star$，它是包含在 $\ker(\mathrm{d}h)$ 中的最大局部受控不变分布。然后，利用引理 6.4.4 能够得到，如果 $\mathcal{S}(\Delta^\star)$ 满足此引理的条件，则 $\mathcal{S}(\Delta^\star)$ 就是包含在 $\ker(\mathrm{d}h)$ 中的最大局部可控性分布。事实上，$\mathcal{S}(\Delta^\star)$ 不仅是 $\Delta^\star$ 中的最大可控性分布，也是 $\ker(\mathrm{d}h)$ 中的最大可控性分布，因为包含在 $\ker(\mathrm{d}h)$ 中的任何可控性分布，由于是局部受控不变的，所以一定包含在 $\Delta^\star$ 中。一种替代方法是，利用引理 6.4.5 可以计算一对反馈函数 (α, β)，它们使 $\Delta^\star$ 成为不变分布，然后利用算法 (1.39) 找到 $\mathcal{S}(\Delta^\star)$。在这种情况下，存在一个整数 $k^\star$ 使得 $\Delta_{k^\star} = \Delta_{k^\star+1}$，这意味着 $\mathcal{S}(\Delta^\star)$ 的有限可计算性。

第 7 章　非线性系统的几何理论：应用

7.1　利用状态反馈实现渐近镇定

本章将展示如何用第 6 章中引入并阐明的概念来有效地解决一些重要的综合问题。首先考虑在某一平衡点处的局部渐近镇定问题，目的是要证明，如果一个系统的零动态在这一点局部渐近稳定，则系统本身可以通过状态反馈实现局部渐近镇定，以此来扩展在 4.4 节中建立的结论。当然，正如在该节开始处所强调的，只有当系统的线性近似不可镇定时，该结果才特别有价值。

为此，假设系统满足 6.1 节所述的正则性假设，以便在点 x° 附近函数 (6.18) 可作为一组 (部分) 局部坐标，并且可以定义命题 6.1.5 中给出的广义标准型。不失一般性，假设 $x^\circ = 0$，并选择输入 u 以满足如下方程组：

$$b^i(x) + a^i(x)u = v_i, \qquad 1 \leqslant i \leqslant m \tag{7.1}$$

其中 $b^i(x)$ 和 $a^i(x)$ 的定义如式 (6.20)。注意到 [见式 (6.23)]，如此定义的输入与 (唯一的) 输入 $u^\star(x)$ [它使向量场 $f^\star(x) = f(x) + g(x)u^\star(x)$ 与零动态流形 $Z^\star$ 相切] 有如下关系：

$$u = u^\star(x) + A^{-1}(x)v \tag{7.2}$$

其中 $A(x)$ 是矩阵 (6.22)。这个反馈的效果是改变系统方程的标准型，使其具有如下的结构类型 [回想一下，在上式等号右边，x 表示 $\varPhi^{-1}(z)$，$z = (\xi^1, \ldots, \xi^m, \eta)$]：

$$\begin{aligned}
\dot{\xi}^1 &= A_{11}\xi^1 + b_1 v_1 \\
\dot{\xi}^2 &= A_{22}\xi^2 + b_2 v_2 + D_{21}(x)v_1 + S_2(x)(u^\star(x) + A^{-1}(x)v) \\
&\ \ \vdots \\
\dot{\xi}^m &= A_{mm}\xi^m + b_m v_m + \sum_{j=1}^{m-1} D_{mj}(x)v_j + S_m(x)(u^\star(x) + A^{-1}(x)v) \\
\dot{\eta} &= f_0(x) + g_0(x)(u^\star(x) + A^{-1}(x)v)
\end{aligned}$$

其中，

$$A_{ii}=\begin{pmatrix}0&1&0&\cdots&0\\0&0&1&\cdots&0\\\vdots&\vdots&\vdots&&\vdots\\0&0&0&\cdots&1\\0&0&0&\cdots&0\end{pmatrix},\quad b_i=\begin{pmatrix}0\\0\\\vdots\\0\\1\end{pmatrix},\quad 1\leqslant i\leqslant m$$

并且

$$D_{ij}(x)=\begin{pmatrix}\delta^i_{1j}(x)\\\vdots\\\delta^i_{n_i-1,j}(x)\\0\end{pmatrix},\quad S_i(x)=\begin{pmatrix}\sigma^i_1(x)\\\vdots\\\sigma^i_{n_i-1}(x)\\0\end{pmatrix}$$

$2\leqslant i\leqslant m$，$1\leqslant j\leqslant m-1$。由于系数 $\sigma^i_k(x)$ 在每一点 $x\in Z^\star$ 处均为零，所以矩阵 $S_i(x)$ 也为零。鉴于根据构造有 $u^\star(0)=0$ 和 $S_i(0)=0\ (2\leqslant i\leqslant m)$，所以立即看到，这样找到的前 m 组方程在 $z=0$ 处的**线性近似** (linear approximation) 是可控的。事实上，该方程组形式为

$$\begin{aligned}\dot\xi^1&=A_{11}\xi^1+b_1v_1\\\dot\xi^2&=A_{22}\xi^2+b_2v_2+D_{21}(0)v_1+\tilde f_2(z)+\tilde g_2(z)v\\&\vdots\\\dot\xi^m&=A_{mm}\xi^m+b_mv_m+D_{m1}(0)v_1+\cdots+D_{m,m-1}(0)v_{m-1}+\tilde f_m(z)+\tilde g_m(z)v\end{aligned}$$

其中 $\tilde g_i(z)$ 在 $z=0$ 处取值为零，$\tilde f_i(z)$ 及其一阶导数在 $z=0$ 处的取值均为零，并且下面两个矩阵：

$$A=\begin{pmatrix}A_{11}&0&\cdots&0\\0&A_{22}&\cdots&0\\\vdots&\vdots&\vdots&\vdots\\0&0&\cdots&A_{mm}\end{pmatrix},\quad B=\begin{pmatrix}b_1&0&\cdots&0\\D_{21}(0)&b_2&\cdots&0\\\vdots&\vdots&\vdots&\vdots\\D_{m1}(0)&D_{m2}(0)&\cdots&b_m\end{pmatrix}$$

确实是一个可控对。

现在设

$$\xi=\mathrm{col}(\xi^1,\ldots,\xi^m)$$

将上述方程组重新写为更紧凑的形式：

$$\begin{aligned}\dot\xi&=A\xi+Bv+\tilde f(\xi,\eta)+\tilde g(\xi,\eta)v\\\dot\eta&=q(\xi,\eta)+p(\xi,\eta)v\end{aligned}\tag{7.3}$$

并注意到，根据构造，

$$\dot\eta=q(0,\eta)$$

描述了该系统的零动态，而且 $\tilde f(0,\eta)=0$。

由此容易推知，如果系统的零动态是渐近稳定的，则能镇定 $(A+BF)$ 的任何线性反馈

$$v = F\xi$$

也将渐近镇定系统 (7.3) 的平衡态 $(\xi, \eta) = (0, 0)$。事实上，相应的闭环系统将形如方程组 (B.8)，并且满足相应引理的假设。

为方便起见，下面将建立的结论总结在一个正式的命题中。

命题 7.1.1. 考虑形如式 (6.1) 的非线性系统。假设 x° 是零动态算法的一个正则点，并假设 x° 是零动态的一个渐近稳定平衡态，则存在一个矩阵 F 使得反馈

$$u = u^\star(x) + A^{-1}(x)F\xi(x)$$

在平衡点 $x = x^\circ$ 处渐近镇定相应的闭环系统。

再次强调，此结果与 4.4 节所展示的相应结果一样，不要求零动态的一阶近似的渐近稳定性，因此可用于解决局部渐近镇定的临界问题。

注记 7.1.1. 命题 7.1.1 建立的结果，即系统 (7.3) 第一个方程在 $x = 0$ 处的线性近似是可控的，可解释为对于线性系统的一个性质，即式 (6.9) 中的矩阵对 (A_{11}, B_1) 的可控性 (这已在注记 6.1.3 的末尾处见过)，所做的非线性推广。 $\lhd$

注记 7.1.2. 注意到，借助与之前用过的实质相同的论据，可以证明以下结论。令 x° 为系统 (6.1) 的零动态算法的一个正则点，并假设该系统有一个渐近稳定的零动态 (在平衡点 $x = x^\circ$ 处)，则存在一个光滑映射 $k\colon U^\circ \to \mathbb{R}^m$ (其中 U° 是 x° 的一个邻域)，使得以

$$y = k(x)$$

为输出的系统 (6.1) 的动态，在 x° 处有相对阶 $\{1, \ldots, 1\}$，并且有一个在平衡点 $x = x^\circ$ 处仍然渐近稳定的零动态。这个证明留给读者作为练习。 $\lhd$

7.2 干扰解耦

在 6.3 节中提出的受控不变分布理论的一个主要用处是，设计反馈控制律以使一个系统的输出与某些干扰无关。像 4.6 节和 6.3 节那样，给定如下系统：

$$\begin{aligned} \dot{x} &= f(x) + \sum_{i=1}^{m} g_i(x)u_i + p(x)w \\ y &= h(x) \end{aligned} \tag{7.4}$$

要解决如下问题。

干扰解耦问题 (Disturbance Decoupling Problem) 考虑系统 (7.4) 及一点 x°。如若可能，找到定义在 x° 的某一邻域 U 内的形如 $u = \alpha(x) + \beta(x)v$ 的正则反馈，使得输出 y 与干扰 w 无关。

在 6.3 节开始处的讨论以及在引理 6.4.2 中确立的性质已经提供了想要的回答，为方便起见，将其总结在如下命题中。

命题 7.2.1. 假设 $\Delta^\star$ 是有限可计算的，且 $\Delta^\star$ 和 $\Delta^\star + G$ 在 x° 的一个邻域内非奇异。那么，干扰解耦问题可解，当且仅当在 x° 的一个邻域内，总有

$$p \in \Delta^\star \tag{7.5}$$

成立。

注意到，在稍微更强一些的假设下，即假设点 x° 是受控不变分布算法的一个正则点，利用命题 6.3.5 所描述的过程，则可以轻易地构造解决此问题的状态反馈。还可以注意到，此问题的可解性根本无须系统在点 x° 处具有某一个相对阶。当然，如果系统在 x° 处有相对阶，则通过标准的非交互反馈可使 $\Delta^\star$ 成为不变分布 (见推论 6.3.9)，并且如果条件 (7.5) 成立，则该反馈也提供了干扰解耦问题的一个解。这样就重新得到了第 4 章和第 5 章建立的初步结果。

例 7.2.1. 再次考虑在例 6.3.4 中描述的系统，并注意到所讨论的系统在 x° 处没有相对阶。干扰解耦问题可解当且仅当向量场 $p(x)$ 有如下形式：

$$p(x) = \mathrm{col}(0, 0, 0, p_4(x), p_5(x))$$

假设是这种情况，为求解该问题，必须找到一个反馈以使 $\Delta^\star$ 不变。为此，注意到，通过执行受控不变分布算法，已经得到

$$\Delta^{\star\perp}(x) = \Omega_1(x) = \mathrm{span}\{\mathrm{d}\lambda_1, \mathrm{d}\lambda_2, \mathrm{d}\lambda_3\}$$

其中，

$$\lambda_1 = x_1, \qquad \lambda_2 = x_3, \qquad \lambda_3 = x_2$$

并且有

$$\mathrm{span}\{\mathrm{d}\lambda_1, \mathrm{d}\lambda_2\} \cap G^\perp = 0$$

从而，根据命题 6.3.5 最后一部分所阐释的结果，使 $\Delta^\star$ 不变的反馈是方程组

$$\begin{pmatrix} \mathrm{d}\lambda_1 \\ \mathrm{d}\lambda_2 \end{pmatrix} (f(x) + g(x)\alpha(x)) = \begin{pmatrix} 0 \\ 0 \end{pmatrix}$$

$$\begin{pmatrix} \mathrm{d}\lambda_1 \\ \mathrm{d}\lambda_2 \end{pmatrix} g(x)\beta(x) = \begin{pmatrix} 1 & 0 \\ 0 & 1 \end{pmatrix}$$

的解，即

$$\alpha(x) = \begin{pmatrix} -x_2 \\ -x_1 x_4 \end{pmatrix}$$

且 $\beta(x)$ 是单位阵。于是相应的闭环系统为

$$\begin{aligned}
\dot{x}_1 &= v_1 \\
\dot{x}_2 &= -x_2 x_3 + x_3 v_1 \\
\dot{x}_3 &= v_2 \\
\dot{x}_4 &= x_3^2 - x_2 x_5 - x_1^2 x_4 + x_5 v_1 + x_1 v_2 + p_4(x) w \\
\dot{x}_5 &= x_1 - x_2 - x_1 x_2 x_3 x_4 + v_1 + x_2 x_3 v_2 + p_5(x) w
\end{aligned}$$

这个分解结构表明，输出依赖于一组状态变量 (x_1, x_2, x_3)，它们独立于 (x_4, x_5) 且不受干扰影响。 ◁

7.3 静态状态反馈非交互控制稳定性

在 5.3 节已经讨论过这样的问题，即寻找一个反馈律以使具有 m 个输入和 m 个输出的非线性系统等价于 m 个独立的单输入单输出子系统。特别是，已经看到，可利用静态反馈，即反馈

$$u = \alpha(x) + \beta(x)v \tag{7.6}$$

在状态空间中的一点 x° 的附近来求解这个问题，当且仅当矩阵 (5.2) 在 x° 处可逆，即当且仅当系统在这一点有某一个相对阶 $\{r_1, \ldots, r_m\}$。标准的非交互反馈

$$u = A^{-1}(x)(-b(x) + v) \tag{7.7}$$

提供了此问题的一个解，其中 $A(x)$ 和 $b(x)$ 由式 (5.2) 和式 (5.9) 给出。

在 5.3 节的末尾已经指出，如果非线性系统的零动态是渐近稳定的，则容易找到一个反馈，使系统既是非交互的 (从输入-输出的角度看)，同时也是内部渐近稳定的。事实上，在标准的非交互反馈律上再加一个控制 v

$$v = \mathrm{col}(v_1, \ldots, v_m)$$

满足

$$v_i = -c_0^i h_i(x) - c_1^i L_f h_i(x) - \cdots - c_{r_i-1}^i L_f^{r_i-1} h_i(x) + \bar{v}_i$$

就足以实现这个目的。但是，正如注记 5.3.3 所强调的，零动态渐近稳定的假设对于获得非交互控制稳定性来说，或许没有必要。事实上，可以存在这样的情况，系统具有不稳定的零动态，却仍然能够同时实现非交互性和稳定性这两个目标。

下面深入探究一下这个问题。为方便起见，以一个正式定义开始。同 5.3 节一样，假设该问题所要求解的点 x° 是向量场 $f(x)$ 的一个平衡点，假设 $h(x^\circ) = 0$ 并且反馈 (7.6) 保持这个平衡点不变，即 $\alpha(x^\circ) = 0$。而且，不失一般性，假设 $x^\circ = 0$。

静态反馈非交互控制稳定性问题 [Problem of Noninteracting Control with Stability (via Static Feedback)] 考虑一个形如式 (5.1) 的非线性系统。找到一个定义在 $x = 0$ 的某一个邻域内的正则反馈 (7.6)，满足 $\alpha(0) = 0$，使得

(i) 系统

$$\dot{x} = f(x) + g(x)\alpha(x)$$

的平衡点 $x = 0$ 是一阶近似下渐近稳定的；

(ii) 闭环系统

$$\begin{aligned}\dot{x} &= f(x) + g(x)\alpha(x) + g(x)\beta(x)v \\ y &= h(x)\end{aligned}$$

在平衡点 $x = 0$ 处有一个向量相对阶，并且对于每一个 $1 \leqslant i \leqslant m$ 及任意的 $j \neq i$，输出 y_i 只受相应的输入 v_i 影响而不受 v_j 影响。

注记 7.3.1. 注意到，鉴于 B.2 节所阐释的结果 (在注记 5.3.4 中已经以类似的方式使用过)，满足要求 (i) 确保了对于每一个 $\varepsilon > 0$，存在 $\delta > 0$ 和 $K > 0$，使得

$$\|x(0)\| < \delta, \qquad |v_i(t)| \leqslant K, \qquad \text{对于所有的 } t \geqslant 0, 1 \leqslant i \leqslant m$$

这意味着在相应的非交互闭环系统中，对于所有的 $t \geqslant 0$，都有 $\|x(t)\| < \varepsilon$。 $\lhd$

首先寻找解决这个问题的一个必要条件。这里的想法是先确定使非交互控制问题可解的所有反馈律的一些共同特征，即这些反馈满足要求 (ii)，然后再检验满足要求 (i) 与所发现的特征是否相容。

下面要证明，对于具有非交互性质的且在 x° 处有向量相对阶的任一系统 (5.1)，能够对其关联某些对象 (更确切地说，是某些分布)，这些对象不会被保持非交互性质不变的任何正则静态反馈改变。

考虑如下系统：

$$\begin{aligned} \dot{x} &= f(x) + \sum_{j=1}^{m} g_j(x) u_j \\ y_i &= h_i(x), \qquad 1 \leqslant i \leqslant m, \end{aligned} \tag{7.8}$$

假设此系统是非交互的，且在 $x = 0$ 处有向量相对阶 $\{r_1, \ldots, r_m\}$。鉴于 5.3 节所述结论，这等价于假设：对于任意的 $j \neq i$, $L_{g_j} h_i(x) = 0$ 都成立，对于所有的 $r \geqslant 1$ 和从集合 $\{f, g_1, \ldots, g_m\}$ 中任意选择的向量场 $\tau_r, \ldots, \tau_1$，

$$L_{g_j} L_{\tau_r} \ldots L_{\tau_1} h_i(x) = 0$$

都成立，并且对于所有的 $k < r_i - 1$ 和 $L_{g_i} L_f^{r_i - 1} h(0) \neq 0$，

$$L_{g_i} L_f^k h_i(x) \doteq 0$$

都成立。

假设这个系统已经与一个正则静态反馈

$$u = \alpha(x) + \beta(x) v \tag{7.9}$$

复合在一起，产生了一个非交互闭环系统，它必然在 $x = 0$ 处具有向量相对阶 $\{r_1, \ldots, r_m\}$。该系统记为

$$\begin{aligned} \dot{x} &= \bar{f}(x) + \sum_{j=1}^{m} \bar{g}_j(x) v_j \\ y_i &= h_i(x), \qquad 1 \leqslant i \leqslant m \end{aligned} \tag{7.10}$$

其中，

$$\bar{f}(x) = f(x) + \sum_{k=1}^{m} g_k(x)\alpha_k(x), \qquad \bar{g}_j(x) = \sum_{k=1}^{m} g_k(x)\beta_{kj}(x)$$

分别设

$$P_i^\star = \langle f, g_1, \ldots, g_m | \mathrm{span}\{g_j : j \neq i\}\rangle, \qquad 1 \leqslant i \leqslant m$$
$$P^\star = \bigcap_{i=1}^{m} P_i^\star$$

和

$$\bar{P}_i^\star = \langle \bar{f}, \bar{g}_1, \ldots, \bar{g}_m | \mathrm{span}\{\bar{g}_j : j \neq i\}\rangle, \qquad 1 \leqslant i \leqslant m$$
$$\bar{P}^\star = \bigcap_{i=1}^{m} \bar{P}_i^\star$$

则有如下结果成立。

命题 7.3.1. 假设系统 (7.8) 是非交互的，在 $x=0$ 处有向量相对阶 $\{r_1, \ldots, r_m\}$，并且还假设系统 (7.10) 是非交互的，则对于每一个 $1 \leqslant i \leqslant m$，有 $\bar{P}_i^\star = P_i^\star$。因而，$\bar{P}^\star = P^\star$。

为证明此结论，需要一个预备引理。对于保持非交互性质不变的任一正则静态反馈，该引理确立了一些有趣的特征。

引理 7.3.2. 假设系统 (7.8) 是非交互的，在 $x=0$ 处有向量相对阶 $\{r_1, \ldots, r_m\}$，并且系统 (7.10) 是非交互的，则对于所有的 $1 \leqslant i \leqslant m$，有 $\beta_{ii}(0) \neq 0$。而且，对于任意的 $i \neq j$ 有

$$\beta_{ij}(x) = 0, \qquad L_{\bar{g}_j}\beta_{ii}(x) = 0, \qquad L_{\bar{g}_j}\alpha_i(x) = 0$$

并且对于所有的 $r \geqslant 1$ 和从集合 $\{\bar{f}, \bar{g}_1, \ldots, \bar{g}_m\}$ 中任意选择的向量场 $\tau_r, \ldots, \tau_1$，都有

$$L_{\bar{g}_j} L_{\tau_r} \ldots L_{\tau_1}\beta_{ii}(x) = 0, \qquad L_{\bar{g}_j} L_{\tau_r} \ldots L_{\tau_1}\alpha_i(x) = 0$$

证明: 注意到，由于系统 (7.8) 从定义知是非交互的，所以

$$y_i^{(r_i)} = b_i(x) + a_{ii}(x)\alpha_i(x) + a_{ii}(x)\sum_{j=1}^{m}\beta_{ij}(x)v_j,$$

其中 $b_i(x) = L_f^{r_i} h_i(x)$，$a_{ii}(x) = L_{g_i} L_f^{r_i - 1} h_i(x)$，且 $a_{ii}(0) \neq 0$。由于系统 (7.10) 也是非交互的，所以对于 $i \neq j$ 一定有 $\beta_{ij}(x) = 0$。因而，由于 $\beta(0)$ 是非奇异的，所以 $\beta_{ii}(0) \neq 0$。

为证明其他恒等式，应如下进行。首先，利用系统 (7.8) 的非交互性，注意到

$$L_{\bar{g}_i} L_{\bar{f}}^{r_i - 1} h_i = a_{ii}\beta_{ii}$$
$$L_{\bar{g}_i} L_{\bar{g}_i} L_{\bar{f}}^{r_i - 1} h_i = a_{ii}(L_{\bar{g}_i}\beta_{ii}) + (L_{g_i} a_{ii})\beta_{ii}\beta_{ii}$$
$$L_{\bar{f}} L_{\bar{g}_i} L_{\bar{f}}^{r_i - 1} h_i = a_{ii}(L_{\bar{f}}\beta_{ii}) + (L_f a_{ii})\beta_{ii} + (L_{g_i} a_{ii})\alpha_i\beta_{ii}$$

由此，利用归纳法不难看到，对于从集合 $\{\bar{f}, \bar{g}_i\}$ 中任意选择的向量场 $\tau_r, \dots, \tau_1$，有

$$L_{\tau_r} \cdots L_{\tau_1} L_{\bar{g}_i} L_{\bar{f}}^{r_i-1} h_i = a_{ii}(L_{\tau_r} \cdots L_{\tau_1} \beta_{ii}) + \sum_k \phi_k$$

此处 ϕ_k 表示乘积形式

$$\phi_k = (L_{\theta_s} \cdots L_{\theta_1} a_{ii}) \cdots (L_{\tau_p} \cdots L_{\tau_1} \beta_{ii}) \cdots (L_{\sigma_q} \cdots L_{\sigma_1} \alpha_i)$$

其中，$\theta_s, \dots, \theta_1$ 属于集合 $\{f, g_i\}$，$\tau_p, \dots, \tau_1$ 属于集合 $\{\bar{f}, \bar{g}_i\}$，$\sigma_q, \dots, \sigma_1$ 属于集合 $\{\bar{f}, \bar{g}_i\}$。而且，$p < r$，$q < r$。

类似地，从下列等式开始：

$$\begin{aligned} L_{\bar{f}}^{r_i} h_i &= a_{ii}\alpha_i + b_i \\ L_{\bar{g}_i} L_{\bar{f}}^{r_i} h_i &= a_{ii}(L_{\bar{g}_i}\alpha_i) + (L_{g_i} a_{ii})\alpha_i\beta_{ii} + (L_{g_i} b_i)\beta_{ii} \\ L_{\bar{f}} L_{\bar{f}}^{r_i} h_i &= a_{ii}(L_{\bar{f}}\alpha_i) + (L_f a_{ii})\alpha_i + (L_{g_i} a_{ii})\alpha_i\alpha_i + (L_f b_i) + (L_{g_i} b_i)\alpha_i \end{aligned}$$

不难推知，对于从集合 $\{\bar{f}, \bar{g}_i\}$ 中任意选择的向量场 $\tau_r, \dots, \tau_1$，有

$$L_{\tau_r} \cdots L_{\tau_1} L_{\bar{f}}^{r_i} h_i = a_{ii}(L_{\tau_r} \cdots L_{\tau_1} \alpha_i) + \sum_k \phi_k + \sum_k \psi_k$$

其中 ϕ_k 是之前描述的乘积形式，ψ_k 是下面的乘积形式：

$$\psi_k = (L_{\theta_s} \cdots L_{\theta_1} b_i) \cdots (L_{\tau_p} \cdots L_{\tau_1} \beta_{ii}) \cdots (L_{\sigma_q} \cdots L_{\sigma_1} \alpha_i)$$

由这些关系式，利用系统 (7.10) 的非交互性，从而对于任意的 $j \neq i$，有

$$L_{\bar{g}_j} L_{\tau_r} \cdots L_{\tau_1} L_{\bar{g}_i} L_{\bar{f}}^{r_i-1} h_i = 0, \qquad L_{\bar{g}_j} L_{\tau_r} \cdots L_{\tau_1} L_{\bar{f}}^{r_i} h_i = 0$$

成立的事实，可以归纳地证明引理中指出的所有恒等式成立。 ◁

现在开始证明命题。

证明：注意到 $\bar{g}_i = g_i\beta_{ii}$，于是

$$\mathrm{span}\{\bar{g}_j : j \neq i\} = \mathrm{span}\{g_j : j \neq i\}$$

现在，任取一向量场 $\theta \in P_i^\star$。由引理 1.8.4 知，对于使系统 (7.8) 的向量场有定义的集合 U，在它的某一个开稠密子集 $U^\star$ 上，θ 可表示为 $\theta(x) = \sum_{k=1}^{s} c_k(x)\theta_k(x)$，此处向量场 θ_k 的形式为

$$\theta_k = [\tau_r, [\dots, [\tau_1, g_j]]]$$

其中 $\tau_r, \dots, \tau_1$ 属于集合 $\{f, g_1, \dots, g_m\}$ 且 $j \neq i$。

注意到 (例如见 3.3 节)，引理 7.3.2 中建立的恒等式意味着对于 $i \neq j$，有

$$\langle \mathrm{d}\alpha_i, [\tau_r, [\dots, [\tau_1, g_j]]] \rangle(x) = 0$$

成立。从而，$L_\theta\alpha_i(x)$ 在 $U^\star$ 上恒等于零。又因为 $L_\theta\alpha_i(x)$ 是一个光滑函数，所以 $L_\theta\alpha_i(x)$ 在 U 上也恒等于零。

因此有

$$[\bar{f},\theta]=[f,\theta]+\sum_{j=1}^{m}\alpha_j[g_j,\theta]-\sum_{\substack{j=1\\j\neq i}}^{m}(L_\theta\alpha_j)g_j\in P_i^\star$$

以类似的方式可以证明

$$[\bar{g}_k,\theta]\in P_i^\star$$

对于每一个 $1\leqslant k\leqslant m$ 都成立。从而，$P_i^\star$ 在 $\bar{f},\bar{g}_1,\dots,\bar{g}_m$ 下不变且包含 $\mathrm{span}\{\bar{g}_j\colon j\neq i\}$。由此可见

$$\bar{P}_i^\star\subset P_i^\star$$

由于将系统 (7.8) 和系统 (7.10) 联系在一起的反馈是可逆的，所以可互换系统 (7.8) 和系统 (7.10) 的角色来证明

$$P_i^\star\subset\bar{P}_i^\star$$

这样就完成了证明。 ◁

现在考虑一个形如式 (5.1) 的系统，假设其非交互控制问题可用静态反馈求解 (即考虑一个在 $x=0$ 处具有向量相对阶的系统)，并令 $u=\alpha(x)+\beta(x)v$ 为可解该问题的任一反馈。设

$$\tilde{f}(x)=f(x)+\sum_{k=1}^{m}g_k(x)\alpha_k(x),\qquad \tilde{g}_j(x)=\sum_{k=1}^{m}g_k(x)\beta_{kj}(x)\tag{7.11}$$

根据命题 7.3.1 的所述结果可以断言，分布

$$\langle\tilde{f},\tilde{g}_1,\dots,\tilde{g}_m|\mathrm{span}\{\tilde{g}_j\colon j\neq i\}\rangle,\qquad 1\leqslant i\leqslant m$$

均与 $\alpha(x)$ 和 $\beta(x)$ 的选择无关 (只要它们定义的反馈是非交互控制问题的解)。事实上，任何可解该问题的其他反馈律 $u=\alpha'(x)+\beta'(x)v'$ 总能视为用于定义向量场 $\tilde{f}(x),\tilde{g}_1(x),\dots,\tilde{g}_m(x)$ 的控制律 $u=\alpha(x)+\beta(x)v$ 与控制律

$$v=\tilde{\alpha}(x)+\tilde{\beta}(x)v'=\beta^{-1}(x)(-\alpha(x)+\alpha'(x)+\beta(x)v')$$

(由定义知，这是一个保持非交互性质不变的反馈律) 的复合

$$u=\alpha(x)+\beta(x)(\tilde{\alpha}(x)+\tilde{\beta}(x)v')$$

换言之，可以得到，对于形如式 (5.1) 且可利用静态反馈解决非交互控制问题的任一系统，分布

$$\begin{aligned}P_i^\star&=\langle\tilde{f},\tilde{g}_1,\dots,\tilde{g}_m|\mathrm{span}\{\tilde{g}_j\colon j\neq i\}\rangle,\qquad 1\leqslant i\leqslant m\\P^\star&=\bigcap_{i=1}^{m}P_i^\star\end{aligned}\tag{7.12}$$

[对于所选择的使系统具有非交互性的某一个反馈律 $u=\alpha(x)+\beta(x)v$, $\tilde{f}(x), \tilde{g}_1(x), \ldots, \tilde{g}_m(x)$ 的定义如式 (7.11) 所示] 都是有唯一定义的对象，它们独立于所选择的 $\alpha(x)$ 和 $\beta(x)$。下一步要说明，分布 $P^\star$ 有助于发现求解静态反馈非交互控制稳定性问题时遇到的阻碍。

为此，需要说明分布 $P^\star$ 的另外一些性质。

引理 7.3.3. 考虑系统 (5.1) 并假设它在 $x=0$ 处有相对阶 $\{r_1, \ldots, r_m\}$。对于每一个 $1 \leqslant i \leqslant m$，定义分布 $\Delta_i^\star$ 如下：

$$\Delta_i^\star(x)=\bigcap_{k=1}^{r_i} \ker(\mathrm{d}L_f^{k-1}h_i(x)) \tag{7.13}$$

则有 $P_i^\star \subset \Delta_i^\star$ 并且

$$P^\star \subset \bigcap_{i=1}^{m} \Delta_i^\star = \Delta^\star$$

证明：对于使向量场 (7.11) 有定义的集合 U，在它的某一个开稠密子集 $U^\star$ 上，$P_i^\star$ 由如下形式的向量场张成：

$$\theta=[\tau_r,[\ldots,[\tau_1,\tilde{g}_j]]]$$

其中 $\tau_r, \ldots, \tau_1$ 属于集合 $\{\tilde{f}, \tilde{g}_1, \ldots, \tilde{g}_m\}$，且 $j \neq i$。由于向量场 (7.11) 所描述的系统是非交互的，所以任何这种形式的向量场对于所有的 $1 \leqslant k \leqslant r_i$，满足

$$0=\langle \mathrm{d}L_{\tilde{f}}^{k-1}h_i, \theta\rangle(x)=\langle \mathrm{d}L_f^{k-1}h_i, \theta\rangle(x)$$

从而有 $\theta \in \Delta_i^\star$，即对于所有的 $x \in U^\star$，有 $P_i^\star(x) \subset \Delta_i^\star(x)$。但 $\Delta_i^\star$ 是非奇异的 [这是矩阵 (5.2) 具有非奇异性的一个推论]，因此可得 $P_i^\star \subset \Delta_i^\star$。另一个性质可立即得出。 $\triangleleft$

引理 7.3.4. 考虑形如式 (5.1) 的系统并假设它在 $x=0$ 处有相对阶 $\{r_1, \ldots, r_m\}$。令可解非交互控制问题的任一正则状态反馈为 $u=\alpha(x)+\beta(x)v$，$\tilde{f}(x), \tilde{g}_1(x), \ldots, \tilde{g}_m(x)$ 是由式 (7.11) 定义的向量场，$P^\star$ 为式 (7.12) 所定义的分布。假设 $x=0$ 是 $P_1^\star, \ldots, P_m^\star, P^\star$ 的一个正则点，则在点 $x=0$ 的一个邻域 U° 内，$P^\star$ 是对合的，并且 U° 可被划分为 $P^\star$ 的最大积分子流形。以 $S^\star$ 表示 $P^\star$ 的包含点 $x=0$ 的积分子流形，则子流形 $S^\star$ 在向量场 $\tilde{f}(x)$ 下是局部不变的，并且 $\tilde{f}(x)$ 相对于 $S^\star$ 的限制不依赖于 $\alpha(x)$ 的特殊选择。

证明：由于每一个分布 $P_i^\star$ 都是非奇异的，所以也是对合的 (见引理 1.8.5)。从而，$P^\star$ 也是对合的。而且，由于每一个 $P_i^\star$ 在 $\tilde{f}$ 下是不变的，所以 $P^\star$ 在 $\tilde{f}$ 下也是不变的。因此，根据在 1.6 节中给出的不变性的解释，$\tilde{f}(x)$ 的流将积分子流形 $S^\star$ 局部映入 $P^\star$ 的另一个积分子流形中。但点 $x=0$ 是 $\tilde{f}(x)$ 的流的不动点，因而可知，$\tilde{f}(x)$ 的流将 $S^\star$ 映入其自身；换言之，$S^\star$ 在 $\tilde{f}(x)$ 下是局部不变的。陈述的最后一部分可由引理 6.2.3 得到，因为矩阵 (5.2) 的非奇异性意味着

$$\dim(G)=m$$

$$P^\star \cap G \subset \Delta^\star \cap G=\{0\} \quad \triangleleft$$

由所发现的性质可立即推出非交互控制稳定性问题 (通过静态反馈) 可解的一个必要条件。事实上，这个性质在本质上表明，对于非交互控制问题可解的每一个系统，能够确定一个子流形 $S^\star$，即 $P^\star$ 的过 $x=0$ 的积分子流形具有如下性质：在已经通过静态状态反馈获得非交互性的任何闭环系统中，向量场 $\tilde{f}(x)$ 保持 $S^\star$ 不变，并且 $\tilde{f}(x)$ 相对于 $S^\star$ 的限制 $\tilde{f}(x)|_{S^\star}$ 总是一个不变的向量场，与选择何种反馈律来获得非交互性无关。因此，仅当

$$\dot{x}=\tilde{f}(x)|_{S^\star} \tag{7.14}$$

的平衡态 $x=0$ 是一阶近似渐近稳定的，才能获得一阶近似下的渐近稳定性，即要求 (i)。

换言之，我们已经证明了如下结果。

定理 7.3.5. 假设系统 (5.1) 在 $x=0$ 处有相对阶 $\{r_1,\dots,r_m\}$，并且 $x=0$ 是 $P_1^\star,\dots,P_m^\star,P^\star$ 的一个正则点。那么，静态反馈非交互控制稳定性问题可解，仅当向量场 $\tilde{f}(x)$ 对其不变流形 $S^\star$ 的限制在平衡态 $x=0$ 处是一阶近似渐近稳定的。

注记 7.3.2. 在引理 7.3.3 的陈述中已经看到，分布 $P^\star$ 包含在分布 $\varDelta^\star$ 中，而 $\varDelta^\star$ 是包含在 $\ker(\mathrm{d}h)$ 中的最大局部受控不变分布。如果这两个分布都是非奇异的，并且 $\varDelta^\star\supset P^\star$ 是真包含关系，即 $\varDelta^\star$ 的维数超过 $P^\star$ 的维数，则 $P^\star$ 的积分子流形是 $\varDelta^\star$ 的积分子流形的真子流形。更确切地说，$\varDelta^\star$ 的每一个积分子流形都被**划分**成 $P^\star$ 的积分子流形。在系统于 $x=0$ 处有相对阶的情况下，由于 $\varDelta^\star$ 过点 $x=0$ 的积分子流形局部与零动态子流形 $Z^\star$ 相同 (见推论 6.3.9)，所以可知 $S^\star$ 是 $Z^\star$ 的一个真子流形。而且还可知标准的非交互反馈 (5.28) 使子流形 $Z^\star$ 在向量场 $f+g\alpha$ 下不变，因而 $f+g\alpha$ 对 $Z^\star$ 的限制与该系统的零动态向量场相同 (仍参见推论 6.3.9)。因此，向量场 (7.14) 所描述的无非就是系统 (5.1) 的**零动态在其不变流形 $S^\star$ 上的限制**。换言之，动态系统 (7.14) 是系统 (5.1) 的零动态

$$\dot{x}=f^\star(x)|_{Z^\star} \tag{7.15}$$

的一个子系统。当然，如果系统 (5.1) 的零动态是一阶近似渐近稳定的，则零动态 (7.15) 的任何一个子系统的一阶近似也是渐近稳定的，从而定理 7.3.5 的必要性条件自动得以满足。 ◁

为了测试定理 7.3.5 所表述的条件是否满足，方便的做法是引入适当的局部坐标。为此，除了之前定义的分布 $P_1^\star,\dots,P_m^\star,P^\star$，还要考虑在 1.8 节中引入的分布

$$P=\langle f,g_1,\dots,g_m|\mathrm{span}\{g_j\colon 1\leqslant j\leqslant m\}\rangle$$

如果所有这些分布都是非奇异的，则由引理 1.8.5 知，它们也是对合的。因此，由 Frobenius 定理知，它们是完全可积的，并且能找到若干组适当的实值函数，其微分张成 $(P_1^\star)^\perp,\dots,(P_m^\star)^\perp$，$(P^\star)^\perp$，$P^\perp$。以下引理说明，可利用这些函数构造一个局部坐标变换，从而导出 $P_1^\star,\dots,P_m^\star$，$P^\star$，$P$ 中的向量的特殊形式。

引理 7.3.6. 假设对于所有的 $1\leqslant i\leqslant m$，分布 $P_i^\star$，$\bigcap\limits_{j\neq i}P_j^\star$，$P^\star$ 和 P 在点 x° 的一个邻域内都是非奇异的，则存在 x° 的一个邻域 U° 和定义在 U° 上的一个坐标变换

$$\begin{aligned}z&=\mathrm{col}(z^1,\dots,z^m,z^{m+1},z^{m+2})=\varPhi(x)\\&=\mathrm{col}(z^1(x),\dots,z^m(x),z^{m+1}(x),z^{m+2}(x))\end{aligned}$$

使得

$$\begin{aligned} P^{\perp} &= \operatorname{span}\{\mathrm{d}z^{m+2}\} \\ (P_i^{\star})^{\perp} &= \operatorname{span}\{\mathrm{d}z^{i}, \mathrm{d}z^{m+2}\} \\ (P^{\star})^{\perp} &= \operatorname{span}\{\mathrm{d}z^{1}, \ldots, \mathrm{d}z^{m}, \mathrm{d}z^{m+2}\} \end{aligned} \tag{7.16}$$

特别是，对于每一个 $1 \leqslant i \leqslant m$，能够选择如下形式的坐标函数 $z^i(x)$：

$$z^i(x) = \operatorname{col}(\xi^i(x), \phi^i(x)) \tag{7.17}$$

其中

$$\xi^i(x) = \operatorname{col}(h_i(x), L_f h_i(x), \ldots, L_f^{r_i-1} h_i(x))$$

如局部标准型 (5.7) 中所示。

证明：回想一下，如果向量场 f 和 g_i $(1 \leqslant i \leqslant m)$ 被一个正则反馈改变，则分布 P 不变，即

$$P = \langle \tilde{f}, \tilde{g}_1, \ldots, \tilde{g}_m | \operatorname{span}\{\tilde{g}_j \colon 1 \leqslant j \leqslant m\} \rangle$$

考虑分布

$$K_i = P_i^{\star} + \bigcap_{j \neq i} P_j^{\star}$$

根据定义，由于 $P_i^{\star} \subset P$ 对于所有的 $1 \leqslant i \leqslant m$ 都成立，于是也有 $K_i \subset P$。还注意到 K_i 是一个非奇异分布 (因为 $P_i^{\star}$，$\bigcap_{j \neq i} P_j^{\star}$ 和它们的交集 $P^{\star}$ 都是非奇异分布)。

利用引理 1.8.4，不难意识到，在定义这些分布的集合 U 的某一个开稠密子集 $U^{\star}$ 上，分布 K_i 在 $\tilde{f}, \tilde{g}_1, \ldots, \tilde{g}_m$ 下是不变的并且包含所有的 $\tilde{g}_i$。因此，在 $U^{\star}$ 上，K_i 必然与 P 相同。由于 K_i 和 P 都是非奇异的，所以它们相等，即

$$P_i^{\star} + \bigcap_{j \neq i} P_j^{\star} = P$$

由对偶性有

$$(P_i^{\star})^{\perp} \cap (\sum_{j \neq i} (P_j^{\star})^{\perp}) = P^{\perp} \tag{7.18}$$

令 $z^{m+2}(x)$ 为一组函数，其微分张成 $P^{\perp}$。对于每一个 $1 \leqslant i \leqslant m$，由于 $P_i^{\star}$ 和 P 是同时可积的，所以可找到一组函数 $z^i(x)$ 使得 $\mathrm{d}z^i$ 和 $\mathrm{d}z^{m+2}$ 张成 $(P_i^{\star})^{\perp}$，即满足式 (7.16) 的第二式 (因而也满足第三式，见推论 1.4.2)。性质 (7.18) 确保了定义的所有函数的微分在 x° 处是线性无关的，从而在 x° 的一个邻域内，可将这些函数作为一部分局部坐标。因为，若它们在 x° 处线性相关，则将存在行向量 $c_1, \ldots, c_m, c_{m+2}$，其中对于某一个 $1 \leqslant i \leqslant m$ 有 $c_i \neq 0$，使得

$$c_i \mathrm{d}z^i + c_{m+2} \mathrm{d}z^{m+2} = \sum_{\substack{j=1 \\ j \neq i}}^{m} c_j \mathrm{d}z^j$$

上式等号左边的向量由构造知属于 $(P_i^\star)^\perp$，而等号右边的向量属于

$$\sum_{j\neq i}(P_j^\star)^\perp$$

因此，由式 (7.18) 知，等号左边的向量属于 $P^\perp$，从而 c_i 必然为 0，这是矛盾的。

如果这样构造的函数个数并不正好等于 n，那么可以找到另外一组函数 $z^{m+1}(x)$ 来补全 x° 附近的坐标变换。

为证明陈述的最后一部分，注意到

$$(\Delta_i^\star)^\perp \cap P^\perp = \{0\}$$

(因为 $L_{\tilde{g}_i}L_{\tilde{f}}^{r_i-1}h_i(x^\circ)\neq 0$)。此外还有

$$(\Delta_i^\star)^\perp \subset (P_i^\star)^\perp$$

根据定义，$(\Delta_i^\star)^\perp$ 由 $\xi^i(x)$ 各分量的微分张成，所以确实能够 (再次利用推论 1.4.2) 找到 $\phi^i(x)$ 以使式 (7.17) 得到满足。 ◁

现在考虑满足定理 7.3.5 假设条件的一个系统，并假设施加了一个可解非交互控制问题的反馈。利用引理 7.3.6 引入的坐标 $z^1,\ldots,z^m,z^{m+1},z^{m+2}$，能够将相应的闭环系统方程组表示成特别有趣的形式。

命题 7.3.7. 假设系统 (5.1) 在 $x=0$ 处有相对阶 $\{r_1,\ldots,r_m\}$，并且 $x=0$ 是 $P_i^\star$，$\bigcap_{j\neq i}P_j^\star$ (对于所有的 $1\leqslant i\leqslant m$)，$P^\star$ 和 P 的一个正则点。令 $u=\alpha(x)+\beta(x)v$ 为在点 $x=0$ 可解非交互控制问题的任一正则反馈律。在引理 7.3.6 所定义的坐标 $z=\Phi(x)$ 下，闭环系统

$$\begin{aligned}\dot{x}&=f(x)+g(x)\alpha(x)+g(x)\beta(x)v\\ y&=h(x)\end{aligned}$$

可表示为如下方程组：

$$\begin{aligned}\dot{z}^1&=f_1(z^1,z^{m+2})+g_{11}(z^1,z^{m+2})v_1\\ &\vdots\\ \dot{z}^m&=f_m(z^m,z^{m+2})+g_{mm}(z^m,z^{m+2})v_m\\ \dot{z}^{m+1}&=f_{m+1}(z)+g_{m+1,1}(z)v_1+\cdots+g_{m+1,m}(z)v_m\\ \dot{z}^{m+2}&=f_{m+2}(z^{m+2})\\ y_1&=h_1(z^1,z^{m+2})\\ &\vdots\\ y_m&=h_m(z^m,z^{m+2})\end{aligned}\tag{7.19}$$

在这些坐标下，子流形 $S^\star$ 是如下集合：

$$S^\star=\{x\in U^\circ\colon z^1(x)=0,\ldots,z^m(x)=0,z^{m+2}(x)=0\}$$

并且系统 (7.14) 可表示为如下微分方程：

$$\dot{z}^{m+1} = f_{m+1}(0, \ldots, 0, z^{m+1}, 0) \tag{7.20}$$

证明：该证明的论据在本质上与注记 1.6.6 的论据相同。将向量场 $f(x) + g(x)\alpha(x)$ 在新坐标下的表示记为 $f(z) = \mathrm{col}(f_1(z), \ldots, f_{m+2}(z))$，并注意到

$$\mathrm{d}f_i(z) = L_f \mathrm{d}z^i(z)$$

根据构造知，对于 $1 \leqslant i \leqslant m$，$(P_i^\star)^\perp$ 在 $f(z)$ 下不变，于是

$$L_f \mathrm{d}z^i(z) \in \mathrm{span}\{\mathrm{d}z^i, \mathrm{d}z^{m+2}\}$$

从而 $f_i(z)$ 只依赖于 z^i 和 z^{m+2}。出于同样的原因，$P^\perp$ 在 $f(z)$ 下的不变性证明了 $f_{m+2}(z)$ 仅依赖于 z^{m+2}。

$(P_i^\star)^\perp$ $(1 \leqslant i \leqslant m)$ 和 $P^\perp$ 在所有向量场 $(g(x)\beta(x))_j$ 下也是不变的，因而 $(g(x)\beta(x))_j$ 在新坐标下的表示 $\mathrm{col}(g_{1j}(z), \ldots, g_{m+2,j}(z))$ 具有类似的性质，即 $g_{ij}(z)$ 只依赖于 z^i 和 z^{m+2}。而且，对于所有的 $1 \leqslant i \leqslant m$ 且 $i \neq j$，$g_j(z)$ 包含在 $P_i^\star$ 中，从而也包含在 P 中，所以对于所有的 $1 \leqslant i \leqslant m$ 且 $i \neq j$，$i = m+2$，有

$$\langle \mathrm{d}z^i, g_j(z) \rangle = 0$$

这证明 $g_j(z)$ 只在第 j 个和第 $(m+1)$ 个分量块上具有非零元。

最后，根据构造知，$\mathrm{d}h_i$ 属于 $(P_i^\star)^\perp$。因此，$h_i(z)$ 只依赖于 z^i 和 z^{m+2}。陈述的最后一部分是所选择的新坐标的一个直接结论。 ◁

注记 7.3.3. 将命题 7.3.7 中描述的方程组形式与 5.1 节中介绍的局部标准型进行比较或许是件有趣的事。为此，注意到方程组 (5.7) 和 (5.8) 只是系统 (5.1) 在适当坐标下的局部描述，而方程组 (7.19) 则描述了一个因状态反馈而获得非交互性的闭环系统。因此，为比较这两组方程，必须对系统 (5.7) 和系统 (5.8) 施加一个可解非交互控制问题的反馈 (任何一个能实现此目标的均可)。假设对系统 (5.7) 和系统 (5.8) 施加了标准的非交互控制反馈，则可得到以下形式的方程组：

$$\begin{aligned}
\dot{\xi}^1 &= A_{11}\xi^1 + b_{11}v_1 \\
&\vdots \\
\dot{\xi}^m &= A_{mm}\xi^m + b_{mm}v_m \\
\dot{\eta} &= q(\xi, \eta) + p_{m1}(\xi, \eta)v_1 + \cdots + p_{mm}(\xi, \eta)v_m \\
y_1 &= c_1\xi^1 \\
&\vdots \\
y_m &= c_m\xi^m
\end{aligned}$$

其中，对于所有的 $1 \leqslant i \leqslant m$，

$$A_{ii} = \begin{pmatrix} 0 & 1 & \cdots & 0 \\ \vdots & \vdots & \vdots & \vdots \\ 0 & 0 & \cdots & 1 \\ 0 & 0 & \cdots & 0 \end{pmatrix}, \qquad b_{ii} = \begin{pmatrix} 0 \\ \vdots \\ 0 \\ 1 \end{pmatrix}$$

$$c_i = (1 \;\; 0 \;\; \cdots \;\; 0)$$

另一方面，如果按照式 (7.17) 规定的方式选择函数 $z^i(x)$ $(1 \leqslant i \leqslant m)$，即前 r_i 个分量正好是用于导出标准型 (5.7) 的那些函数，则可立即意识到，对于命题 7.3.7 中引入的前 m 组方程，其每一组可分解为如下形式：

$$\begin{aligned} \dot{\xi}^i &= A_{ii}\xi^i + b_{ii}v_i \\ \dot{\phi}^i &= \bar{f}_i(\xi^i, \phi^i, z^{m+2}) + \bar{g}_{ii}(\xi^i, \phi^i, z^{m+2})v_i \end{aligned}$$

换言之，函数 $f_i(z^i, z^{m+2})$，$g_{ii}(z^i, z^{m+2})$，$h_i(z^i, z^{m+2})$ 可表示为

$$\begin{aligned} f_i(z^i, z^{m+2}) &= \begin{pmatrix} A_{ii}\xi^i \\ \bar{f}_i(\xi^i, \phi^i, z^{m+2}) \end{pmatrix} \\ g_{ii}(z^i, z^{m+2}) &= \begin{pmatrix} b_{ii} \\ \bar{g}_{ii}(\xi^i, \phi^i, z^{m+2}) \end{pmatrix} \\ h_i(z^i, z^{m+2}) &= c_i\xi^i \end{aligned}$$

比较得到的两种形式可推知，方程组

$$\begin{aligned} \dot{\phi}^1 &= \bar{f}_1(\xi^1, \phi^1, z^{m+2}) + \bar{g}_{11}(\xi^1, \phi^1, z^{m+2})v_1 \\ &\;\vdots \\ \dot{\phi}^m &= \bar{f}_m(\xi^m, \phi^m, z^{m+2}) + \bar{g}_{mm}(\xi^m, \phi^m, z^{m+2})v_m \\ \dot{z}^{m+1} &= f_{m+1}(z) + g_{m+1,1}(z)v_1 + \cdots + g_{m+1,m}(z)v_m \\ \dot{z}^{m+2} &= f_{m+2}(z^{m+2}) \end{aligned}$$

无非就是方程组

$$\dot{\eta} = q(\xi, \eta) + p_{m1}(\xi, \eta)v_1 + \cdots + p_{mm}(\xi, \eta)v_m$$

的一种分解。特别是，对于所有的 $1 \leqslant i \leqslant m$，令 $v_i = 0$ 和 $\xi^i = 0$，则可发现系统零动态的一种分解描述：

$$\begin{aligned} \dot{\phi}^1 &= \bar{f}_1(0, \phi^1, z^{m+2}) \\ &\;\vdots \\ \dot{\phi}^m &= \bar{f}_m(0, \phi^m, z^{m+2}) \\ \dot{z}^{m+1} &= f_{m+1}(0, \phi^1, \ldots, 0, \phi^m, z^{m+1}, z^{m+2}) \\ \dot{z}^{m+2} &= f_{m+2}(z^{m+2}) \end{aligned}$$

集合 $S^\star$ 就是 $\phi^i = 0$ 和 $z^{m+2} = 0$ 的那些点的集合。这显然是零动态流形 $Z^\star$ 的一个不变集，并且零动态对于该集合的限制是系统 (7.14) 在局部坐标下的一种描述。

下面说明，在定理 7.3.5 中指出的必要条件其实也是所考虑的问题可解的充分条件。这个事实基于如下性质。

引理 7.3.8. 假设命题 7.3.7 的假设条件得以满足，并且假设系统 (5.1) 在平衡点 $x = 0$ 处的线性近似是可镇定的。那么，对于每一个 $1 \leqslant i \leqslant m$，系统 (7.19) 的子系统

$$\dot{z}^i = f_i(z^i, 0) + g_{ii}(z^i, 0)v_i \tag{7.21}$$

在 $z^i = 0$ 处的线性近似是可镇定的。

证明：显然，如果系统 (5.1) 在 $x = 0$ 处的线性近似是可镇定的，则系统 (7.19)[通过对系统 (5.1) 施加正则反馈和坐标变换而得到] 在 $\varPhi(0)$ 处的线性近似也是可镇定的。不失一般性，可以假设 $\varPhi(0) = 0$。系统 (7.19) 在 $z = 0$ 处的线性近似形式为

$$\dot{z} = \begin{pmatrix} A_{11} & \cdots & 0 & 0 & A_{1,m+2} \\ \vdots & \vdots & \vdots & \vdots & \vdots \\ 0 & \cdots & A_{mm} & 0 & A_{m,m+2} \\ \star & \cdots & \star & A_{m+1,m+1} & A_{m+1,m+2} \\ 0 & \cdots & 0 & 0 & A_{m+2,m+2} \end{pmatrix} z + \begin{pmatrix} b_1 & \cdots & 0 \\ \vdots & \vdots & \vdots \\ 0 & \cdots & b_m \\ \star & \cdots & \star \\ 0 & \cdots & 0 \end{pmatrix} v$$

如果上式是可镇定的，则矩阵 $A_{m+2,m+2}$ 的所有特征值均具有负实部，并且矩阵对 (A_{ii}, b_i) 是可镇定的。由于上式定义了系统 (7.21) 在 $z^i = 0$ 处的线性近似，从而结论成立。 $\lhd$

由此引理可推知，如果系统 (5.1) 在 $x = x^\circ$ 处的线性近似是可镇定的，那么能够找到矩阵 $K_1, \ldots, K_m$，使得线性反馈

$$v_i = K_i z^i + \bar{v}_i \tag{7.22}$$

在一阶近似下镇定子系统 (7.21)。这个反馈保持系统 (7.19) 的非交互性结构 (因为 v_i 仅依赖于 z^i 和 $\bar{v}_i$，并且 y_i 仅受 z^i 影响)。

由于系统 (5.1) 在 $x = 0$ 处的线性近似的可镇定性，可以推出子系统

$$\dot{z}^{m+2} = f_{m+2}(z^{m+2})$$

在 $z^{m+2}(0)$ 处的线性近似已是一阶近似下渐近稳定的 (见引理 7.3.8 的证明)。于是，由于方程组 (7.19) 的特殊结构可知，如果系统 (7.20) 在 $z^{m+1}(0)$ 处也是一阶近似下渐近稳定的，那么在系统 (7.19) 上施加反馈 (7.22) 会产生一个闭环系统，它同时满足非交互控制稳定性问题的要求 (i) 和要求 (ii)。换言之，标准的非交互控制反馈 [它导出了系统 (7.19) 所描述的结构] 和附加反馈 (7.22) 的复合能够解决所考虑的问题。将此结论正式陈述如下。

定理 7.3.9. 假设系统 (5.1) 在 $x = 0$ 处有相对阶 $\{r_1, \ldots, r_m\}$，且 $x = 0$ 是 $P_i^\star$、$\bigcap\limits_{j \neq i} P_j^\star$ (对于所有的 $1 \leqslant i \leqslant m$)、$P^\star$ 和 P 的一个正则点，则静态反馈非交互控制稳定性问题可解，当且仅当

(i) 系统 (5.1) 在 $x^\circ = 0$ 处的线性近似是可镇定的；

(ii) 系统 (7.14) 在 $x^\circ = 0$ 处的线性近似是渐近稳定的。

证明: (i) 的必要性可立即由 $f(x) + g(x)\alpha(x)$ 在一阶近似下的渐近稳定性要求得到。(ii) 的必要性和 (i)、(ii) 的充分性已经被证明过了。 $\lhd$

注记 7.3.4. 注意到，标准的非交互反馈使分布 $\Delta^\star$ 在相应闭环系统的向量场下是不变的。但是，这个反馈和控制律 (7.22)(已证明该控制律可解静态反馈非交互控制稳定性问题) 的复合不再保持 $\Delta^\star$ 不变。 $\lhd$

下面举例说明截至目前所讨论结果的一个应用。

例 7.3.5. 考虑系统

$$\begin{aligned}\dot{x} &= \begin{pmatrix} x_1 + x_1 x_4 \\ x_2 \mathrm{e}^{x_3} \\ x_2 + x_3^2 \\ x_1 + x_2 - x_4 + x_1 x_4 \end{pmatrix} + \begin{pmatrix} x_3 \\ 1 \\ 0 \\ 1 + x_3 \end{pmatrix} u_1 + \begin{pmatrix} 1 \\ 0 \\ 0 \\ 1 \end{pmatrix} u_2 \\ y_1 &= x_1 \\ y_2 &= x_2 \end{aligned}$$

简单的计算表明，此系统在 $x = 0$ 处有相对阶 $\{1, 1\}$。事实上，

$$L_g h(x) = A(x) = \begin{pmatrix} x_3 & 1 \\ 1 & 0 \end{pmatrix}$$

系统的零动态定义在下面的子流形上:

$$Z^\star = \{x \in \mathbb{R}^4 \colon x_1 = x_2 = 0\}$$

并且零动态向量场 $f^\star(x)$ 由向量场

$$f(x) + g(x)(-A^{-1}(x) b(x))$$

相对于 $Z^\star$ 的限制给出。由于

$$b(x) = \begin{pmatrix} x_1 + x_1 x_4 \\ x_2 \mathrm{e}^{x_3} \end{pmatrix}$$

从而零动态在 $Z^\star$ 的 (x_3, x_4) 坐标下可表示为

$$\begin{aligned} \dot{x}_3 &= x_3^2 \\ \dot{x}_4 &= -x_4 \end{aligned}$$

注意到，点 $x = 0$ 是这些方程的一个不稳定平衡态，因此在 5.3 节中使用的非交互控制方法将产生一个不稳定的闭环系统。

为检验非交互控制稳定性问题是否可解，必须计算向量场 (7.14)。这需要先计算分布 $P_1^\star$、$P_2^\star$ 和 $P^\star$。此处有

$$P_1^\star = \langle \tilde{f}, \tilde{g}_1, \tilde{g}_2 | \mathrm{span}\{\tilde{g}_2\}\rangle$$
$$P_2^\star = \langle \tilde{f}, \tilde{g}_1, \tilde{g}_2 | \mathrm{span}\{\tilde{g}_1\}\rangle$$

其中 $\tilde{f}(x) = f(x) + g(x)\alpha(x)$，$\tilde{g}_1(x) = (g(x)\beta(x))_1$，$\tilde{g}_2(x) = (g(x)\beta(x))_2$，且 $\alpha(x)$ 和 $\beta(x)$ 是可解非交互控制问题的任意反馈。选择标准的非交互反馈，可以得到

$$\tilde{f}(x) = \begin{pmatrix} 0 \\ 0 \\ x_2 + x_3^2 \\ x_2 - x_2\mathrm{e}^{x_3} - x_4 \end{pmatrix}, \qquad \tilde{g}_1(x) = \begin{pmatrix} 1 \\ 0 \\ 0 \\ 1 \end{pmatrix}, \qquad \tilde{g}_2(x) = \begin{pmatrix} 0 \\ 1 \\ 0 \\ 1 \end{pmatrix}$$

可执行算法 (1.39) 来计算 $P_1^\star$ 和 $P_2^\star$。为得到 $P_1^\star$，令

$$\Delta_0 = \mathrm{span}\{\tilde{g}_2(x)\}$$

然后利用下式进行迭代：

$$\Delta_k = \Delta_{k-1} + [\tilde{f}, \Delta_{k-1}] + [\tilde{g}_1, \Delta_{k-1}] + [\tilde{g}_2, \Delta_{k-1}]$$

常规的计算表明

$$\Delta_2(x) = \mathrm{span}\{\begin{pmatrix} 0 \\ 1 \\ 0 \\ 1 \end{pmatrix}, \begin{pmatrix} 0 \\ 0 \\ -1 \\ \mathrm{e}^{x_3} \end{pmatrix}, \begin{pmatrix} 0 \\ 0 \\ 2x_3 \\ (x_3^2+1)\mathrm{e}^{x_3} \end{pmatrix}\}$$

这就是所需要的分布 $P_1^\star$，它在 $x = 0$ 的一个邻域内是非奇异的，并且在向量场 $\tilde{f}(x), \tilde{g}_1(x), \tilde{g}_2(x)$ 下是不变的。注意，能够简化张成该分布的向量场的表达式，例如可以得到

$$P_1^\star = \mathrm{span}\{\begin{pmatrix} 0 \\ 1 \\ 0 \\ 0 \end{pmatrix}, \begin{pmatrix} 0 \\ 0 \\ 1 \\ 0 \end{pmatrix}, \begin{pmatrix} 0 \\ 0 \\ 0 \\ 1 \end{pmatrix}\}$$

以类似的方式可以得到

$$P_2^\star = \mathrm{span}\{\begin{pmatrix} 1 \\ 0 \\ 0 \\ 0 \end{pmatrix}, \begin{pmatrix} 0 \\ 0 \\ 0 \\ 1 \end{pmatrix}\}$$

从而有

$$P^\star = P_1^\star \cap P_2^\star = \mathrm{span}\{(0 \ \ 0 \ \ 0 \ \ 1)^{\mathrm{T}}\}$$

包含点 $x=0$ 的 $P^\star$ 的积分子流形显然是集合

$$S^\star=\{x\in\mathbb{R}^4\colon x_1=x_2=x_3=0\}$$

这是向量场 $\tilde{f}(x)=f(x)+g(x)\alpha(x)$ 的一个不变流形，并且根据定义，这个向量场相对于 $S^\star$ 的限制是向量场 (7.14)，其性质决定了非交互控制稳定性问题的可解性。注意到，$S^\star$ 也是零动态向量场的一个不变流形 (见注记 7.3.2)，从而在向量场 $f^\star(x)$ 的表示中通过令 $x_3=0$ 可立即得到向量场 (7.14) 的一种表示。这时有

$$\dot{x}_4=-x_4$$

该系统在原点有一个渐近稳定的平衡态，从而由定理 7.3.9 知，所讨论的问题是可解的。

为找到一个解，将闭环系统

$$\dot{x}=\tilde{f}(x)+\tilde{g}_1(x)v_1+\tilde{g}_2(x)v_2$$

(利用标准的非交互反馈而得到) 表示成系统 (7.19) 的形式是方便的。为此，注意到

$$\begin{aligned}(P_1^\star)^\perp&=\mathrm{span}\{\mathrm{d}x_1\}=\mathrm{span}\{\mathrm{d}h_1\}\\(P_2^\star)^\perp&=\mathrm{span}\{\mathrm{d}x_2,\mathrm{d}x_3\}=\mathrm{span}\{\mathrm{d}h_2\}+\mathrm{span}\{\mathrm{d}x_3\}\end{aligned}$$

于是，可以令

$$\begin{aligned}z^1&=x_1\\z^2&=\mathrm{col}(x_2,x_3)\\z^3&=x_4\end{aligned}$$

(不存在变量 z^4，因为 $(P)^\perp=(P_1^\star)^\perp\cap(P_2^\star)^\perp=0$)。可相应地得到一个形如式 (7.19) 的系统

$$\begin{aligned}\dot{x}_1&=v_1\\\dot{x}_2&=v_2\\\dot{x}_3&=x_2+x_3^2\\\dot{x}_4&=x_2-x_2\mathrm{e}^{x_3}-x_4+v_1+v_2\end{aligned}$$

如图 7.1 所示。

此时，采用线性反馈就足以镇定状态变量为 z^1 和 z^2 的两个子系统。例如，可以令

$$\begin{aligned}v_1&=-x_1+\bar{v}_1\\v_2&=-x_2-x_3+\bar{v}_2\end{aligned}$$

这个附加反馈保持非交互性结构不变并镇定该系统。总之，一个使非交互控制稳定性问题可解的反馈律 (它由刚刚确定的反馈和标准的非交互反馈复合而成) 具有如下形式：

$$\begin{aligned}u_1&=-x_2\mathrm{e}^{x_3}-x_2-x_3+\bar{v}_2\\u_2&=-x_1-x_1x_4+x_2x_3\mathrm{e}^{x_3}-x_1+\bar{v}_1+x_3x_2+x_3^2-x_3\bar{v}_2\end{aligned}\qquad\triangleleft$$

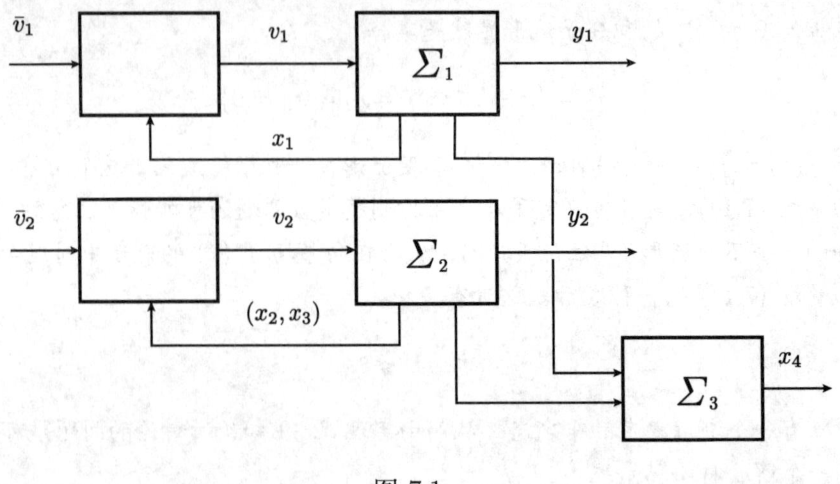

图 7.1

在结束本节之前，讨论分布 $P_i^\star$ 的另一种解释，截至目前给出的主要结果都基于这种解释。并且，另外引入一组分布，它们在 7.5 节中将用于解决动态反馈非交互控制稳定性问题。

下述关于分布 $P_i^\star$ 的另一种解释表明，这些分布在适当假设下可直接描述为系统 (5.1) 的特殊的可控性分布。

命题 7.3.10. 假设系统 (5.1) 在 x° 处有相对阶 $\{r_1,\ldots,r_m\}$。对于所有的 $1\leqslant i\leqslant m$，考虑式 (7.13) 定义的分布 $\Delta_i^\star$。令 $\mathcal{S}(\Delta_i^\star)$ [利用可控性分布算法得到的，见式 (6.52)] 为与 $\Delta_i^\star$ 相对应的分布。假设 $\mathcal{S}(\Delta_i^\star)$ 是有限可计算的且 x° 是其一个正则点，则在 x° 的一个邻域中，$\mathcal{S}(\Delta_i^\star)$ 是包含在 $\ker(\mathrm{d}h_i)$ 中的最大局部可控性分布。

令 $u=\alpha(x)+\beta(x)v$ 为在点 x° 可解非交互控制问题的任一正则反馈。假设

$$\tilde{f}(x)=f(x)+g(x)\alpha(x)$$
$$\tilde{g}_i(x)=(g(x)\beta(x))_i,\qquad 1\leqslant i\leqslant m$$

那么，在 x° 的一个邻域内

$$\mathcal{S}(\Delta_i^\star)=\langle\tilde{f},\tilde{g}_1,\ldots,\tilde{g}_m|\mathrm{span}\{\tilde{g}_j\colon j\neq i\}\rangle=P_i^\star \tag{7.23}$$

证明: 正如在注记 6.3.8 中看到的，分布 (7.13) 是包含在 $\ker(\mathrm{d}h_i)$ 中的最大局部受控不变分布。注意到，在 x° 附近，分布 G 有常数维 m [因为矩阵 (5.2) 是非奇异的]，分布 (7.13) 有常数维 $n-r_i$ (见引理 5.1.1)，并且分布 $\Delta_i^\star\cap G$ 有常数维 $m-1$ [事实上，该分布由形如 $g(x)\gamma$ 的向量场张成，其中对于所有的 $1\leqslant k\leqslant r_i$，$\gamma$ 满足 $\langle\mathrm{d}L_f^{k-1}h_i,g(x)\rangle\gamma=0$，这些 γ 的集合构成 $\mathbb{R}^m$ 的一个 $(m-1)$ 维子空间]。由引理 6.4.4 知，$\mathcal{S}(\Delta_i^\star)$ 是包含在 $\Delta_i^\star$ 中从而包含在 $\ker(\mathrm{d}h_i)$ 中的最大局部可控性分布。

为证明式 (7.23) 成立，回想一下，由相对阶的定义有 (见引理 5.2.1 的证明)

$$L_f^k h_i=L_{\tilde{f}}^k h_i,\qquad \text{对于所有的 } 0\leqslant k\leqslant r_i-1$$

若 (α,β) 是在点 x° 可解非交互控制问题的任一正则反馈，则 [见定理 3.3.2 的条件 (iii)]

$$\langle\tilde{f},\tilde{g}_1,\ldots,\tilde{g}_m|\mathrm{span}\{\tilde{g}_j\colon j\neq i\}\rangle\subset(\mathrm{span}\{\mathrm{d}L_{\tilde{f}}^k h_i\colon 0\leqslant k\leqslant r_i-1\})^\perp=\Delta_i^\star$$

现在考虑由以下算法生成的分布序列 Δ_k:

$$\Delta_0 = \text{span}\{\tilde{g}_j : j \neq i\}$$
$$\Delta_k = \Delta_{k-1} + \sum_{s=0}^{m} [\tilde{g}_s, \Delta_{k-1}]$$

(其中 $\tilde{g}_0 = \tilde{f}$)，并注意到 (回想引理 1.8.2)

$$\Delta_k \subset \langle \tilde{f}, \tilde{g}_1, \ldots, \tilde{g}_m | \text{span}\{\tilde{g}_j : j \neq i\} \rangle \subset \Delta_i^\star$$

现在证明，从 $\Delta_i^\star$ 开始利用可控性分布算法生成的分布 S_k 满足

$$S_k = \Delta_k$$

对于 $k = 0$ 上式肯定成立，因为

$$S_0 = \Delta_i^\star \cap G = \text{span}\{\tilde{g}_j : j \neq i\}$$

假设对于某一个 k,上述结论为真,并注意到 $[\tilde{g}_s, \Delta_k] \subset \Delta_i^\star$,因为分布 $\langle \tilde{f}, \tilde{g}_1, \ldots, \tilde{g}_m | \text{span}\{\tilde{g}_j : j \neq i\} \rangle$ 在 $\tilde{g}_s$ 下是不变的。于是

$$S_{k+1} = \Delta_i^\star \cap (\sum_{s=0}^{m} [\tilde{g}_s, \Delta_k] + \Delta_k + G) = \Delta_{k+1} + \Delta_i^\star \cap G = \Delta_{k+1}$$

以这种方式得到

$$\mathcal{S}(\Delta_i^\star) \subset \langle \tilde{f}, \tilde{g}_1, \ldots, \tilde{g}_m | \text{span}\{\tilde{g}_j : j \neq i\} \rangle \subset \Delta_i^\star$$

然而，根据构造知，$\langle \tilde{f}, \tilde{g}_1, \ldots, \tilde{g}_m | \text{span}\{\tilde{g}_j : j \neq i\} \rangle$ 是包含在 $\Delta_i^\star$ 中的一个可控性分布，且 $\mathcal{S}(\Delta_i^\star)$ 是包含在 $\Delta_i^\star$ 中的最大局部可控性分布，所以必然有

$$\mathcal{S}(\Delta_i^\star) = \langle \tilde{f}, \tilde{g}_1, \ldots, \tilde{g}_m | \text{span}\{\tilde{g}_j : j \neq i\} \rangle$$

即式 (7.23) 成立。 $\lhd$

在 7.5 节中将发现,在研究动态反馈非交互控制稳定性问题时,考虑 m 个分布 $R_1^\star, \ldots, R_m^\star$ 非常方便，对于 $1 \leqslant i \leqslant m$，它们的定义为

$$R_i^\star = \langle \tilde{f}, \tilde{g}_1, \ldots, \tilde{g}_m | \text{span}\{\tilde{g}_i\} \rangle$$

由定义知，对于所有的 $j \neq i$ 有 $R_i^\star \subset P_j^\star$。因此，

$$\sum_{i \neq j} R_i^\star \subset P_j^\star$$

现在假设分布

$$\sum_{i \neq j} R_i^\star \tag{7.24}$$

是非奇异的。由定义知，此分布包含 $\mathrm{span}\{\tilde{g}_i\colon i \neq j\}$。而且 (类似的论据见引理 7.3.6 的证明)，对于定义 $R_i^\star$ 的集合 U，在其某一个开稠密子集 $U^\star$ 上，此分布在 $\tilde{f}, \tilde{g}_1, \ldots, \tilde{g}_m$ 下是不变的。因此，这个分布在 $U^\star$ 上一定与 $P_j^\star$ 相同，并且由于假设这两个分布都是非奇异的，所以它们在 U 上也相同，即

$$\sum_{i \neq j} R_i^\star = P_j^\star \tag{7.25}$$

还注意到

$$R_i^\star \subset \bigcap_{j \neq i} P_j^\star \tag{7.26}$$

所引入的分布适合在命题 7.3.10 中给出的类似解释。特别是，不难看到，在适当的“正则性”假设下，可将 $R_i^\star$ 解释为包含在

$$\mathcal{K}_i = \bigcap_{j \neq i} \ker(\mathrm{d}h_j)$$

中的最大局部可控性分布。证明细节留给读者。

利用式 (7.26) 推知，在引理 7.3.7 所引入的局部坐标下，有

$$R_i^\star + P^\star \subset \mathrm{span}\{\frac{\partial}{\partial z^i}, \frac{\partial}{\partial z^{m+1}}\}$$

而且，如果式 (7.24) 是非奇异的，则由式 (7.25) 可得

$$\sum_{i \neq j} R_i^\star = \mathrm{span}\{\frac{\partial}{\partial z^i}\colon i \neq j, i \neq m+2\}$$

如果 $\sum_{i=1}^{m} R_i^\star$ 也是非奇异的，那么，采用与之前一样的论据可证明

$$\sum_{i=1}^{m} R_i^\star = P = \mathrm{span}\{\frac{\partial}{\partial z^i}\colon i \neq m+2\}$$

从而

$$\mathrm{span}\{\frac{\partial}{\partial z^i}, \frac{\partial}{\partial z^{m+1}}\} \subset R_i^\star + P^\star$$

因此，在引理 7.3.7 所引入的局部坐标下，有

$$R_i^\star + P^\star = \mathrm{span}\{\frac{\partial}{\partial z^i}, \frac{\partial}{\partial z^{m+1}}\}$$

最后，或许值得注意的是，如果 $m = 2$ 且 $i \neq j$，则有

$$R_i^\star = P_j^\star$$

因而，由于 $P_j^\star \supset P^\star$，所以

$$R_i^\star = \mathrm{span}\{\frac{\partial}{\partial z^i}, \frac{\partial}{\partial z^{m+1}}\}$$

然而，如果 $m > 2$，则情况或许并非如此。

7.4 非交互控制稳定性的必要条件

正如在 5.4 节中所见，在某一平衡点 x° 处没有向量相对阶的系统仍然可通过动态反馈获得非交互性。例如，可通过迭代一定次数的动态扩展算法来检验是否存在完成这项任务的一个动态反馈。然而，通常不能基于存在一个仅使系统具有非交互性的动态反馈就得出存在一个同时使系统既非交互又稳定（至少在一阶近似下）的动态反馈。有必要对此进行深入研究，这就是本节的主题。

照例，先对所讨论的问题进行确切的描述。不失一般性，假设 $x^\circ = 0$。

动态反馈非交互控制稳定性问题 [Problem of Noninteracting Control with Stability(via Dynamic Feedback)] 考虑一个形如式 (5.1) 的非线性系统。找到一个形如式 (5.31) 的动态扩展，它定义在 $(x,\zeta)=(0,0)$ 的某一个邻域内，满足 $\alpha(0,0)=0$ 和 $\gamma(0,0)=0$，使得

(i) 系统

$$\begin{aligned}\dot{x} &= f(x)+g(x)\alpha(x,\zeta)\\ \dot{\zeta} &= \gamma(x,\zeta)\end{aligned} \tag{7.27}$$

的平衡点 $(x,\zeta)=(0,0)$ 在一阶近似下渐近稳定；

(ii) 闭环系统

$$\begin{aligned}\dot{x} &= f(x)+g(x)\left(\alpha(x,\zeta)+\beta(x,\zeta)v\right)\\ \dot{\zeta} &= \gamma(x,\zeta)+\delta(x,\zeta)v\\ y &= h(x)\end{aligned} \tag{7.28}$$

在平衡点 $(x,\zeta)=(0,0)$ 处有一个向量相对阶，并且对于所有的 $1\leqslant i\leqslant m$ 和任意的 $j\neq i$，输出 y_i 仅受输入 v_i 影响，而不受 v_j 影响。

静态非交互控制稳定性问题不可解而动态非交互控制稳定性问题可解的一个显而易见的特殊情况是，系统 (5.1) 在 $x=0$ 处没有向量相对阶，却存在一个 [形如式 (5.31) 的] 正则化动态扩展，并且除此之外，相应的形如式 (7.28) 的复合系统满足定理 7.3.9 中指出的各种条件（它们是静态非交互控制稳定性的一组充分条件）。

然而，在这一节中，希望进一步推进分析，讨论在多大程度上可以利用动态反馈，不仅使一个向量相对阶存在，而且如果可能的话，还要弱化定理 7.3.9 中指出的条件。更具体地说，希望研究利用动态反馈来减弱“自治系统 (7.14) 在一阶近似下稳定”这个条件的可能性。事实上，在点 $x=0$ 是某些分布的正则点的假设下，该条件是实现静态非交互控制稳定性所需要的主要条件。

此处分析的出发点与前一节的完全类似。特别要指出，对于形如式 (5.1) 的非交互且在 $x=0$ 处具有某一个向量相对阶的任一系统，有一个分布与其对应，该分布不会被保持非交互性的任何动态反馈改变。

更确切地说，考虑以下系统：

$$\begin{aligned}\dot{x} &= f(x)+\sum_{j=1}^{m} g_j(x)u_j\\ y_i &= h_i(x), \qquad 1\leqslant i\leqslant m\end{aligned} \tag{7.29}$$

并假设该系统在 $x=0$ 处有一个向量相对阶且是非交互的。此外，考虑向量场集合

$$\begin{aligned} L_{\text{mix}} = \{\tau \in V(\mathbb{R}^n) \colon \tau = [\text{ad}_f^{k_q} g_{i_q}, [\ldots, [\text{ad}_f^{k_2} g_{i_2}, \text{ad}_f^{k_1} g_{i_1}]]]; \\ 2 \leqslant q, 0 \leqslant k_i, i_r \neq i_s \text{ 对于某对 } (r,s)\} \end{aligned} \tag{7.30}$$

其中每一个元素都是涉及两个或更多形如 $\text{ad}_f^k g_i$ (k 为任意整数) 的向量场的重复李括号，并且每一个重复李括号中至少涉及两个以下形式的向量场：

$$\text{ad}_f^k g_i \text{ 及 } \text{ad}_f^h g_j$$

其中 $i \neq j$。注意，由 L_{mix} 中向量场的所有 $\mathbb{R}$-线性组合构成的集合 $\mathcal{L}_{\text{mix}}$，是该系统的控制李代数的一个**理想** (ideal)。

现在定义

$$\varDelta_{\text{mix}} = \text{span}\{\tau \colon \tau \in L_{\text{mix}}\} \tag{7.31}$$

注记 7.4.1. 设系统 (7.29) 满足命题 7.3.7 的假设。由于系统 (7.29) 根据假设是非交互的，所以分布 $P_i^\star$ 有如下表示：

$$P_i^\star = \langle f, g_1, \ldots, g_m | \text{span}\{g_j \colon j \neq i\} \rangle$$

容易看到，L_{mix} 的所有向量场都属于分布 $P^\star$，从而有

$$\varDelta_{\text{mix}} \subset P^\star \tag{7.32}$$

此外，如果 $\varDelta_{\text{mix}}$ 非奇异，则它也是对合的，并且在 $f, g_1, \ldots, g_m$ 下不变。

特别是，包含关系 (7.32) 意味着命题 7.3.7 中引入的局部坐标满足

$$\text{span}\{\text{d}z^1, \ldots, \text{d}z^m, \text{d}z^{m+2}\} \subset \varDelta_{\text{mix}}^\perp$$

由于以 z^{m+1} 表示的那些坐标必须满足的唯一要求就是补全集合 $z^1, \ldots, z^m, z^{m+2}$ 以成为一个完整的坐标系统，所以如果 $\varDelta_{\text{mix}}$ 是非奇异的，则总是能够选择 z^{m+1} 为

$$z^{m+1} = \begin{pmatrix} z_a^{m+1} \\ z_b^{m+1} \end{pmatrix}$$

其中 z_b^{m+1} 使

$$\text{span}\{\text{d}z^1, \ldots, \text{d}z^m, \text{d}z_b^{m+1}, \text{d}z^{m+2}\} = \varDelta_{\text{mix}}^\perp$$

在这样定义的坐标下

$$\varDelta_{\text{mix}} = \text{span}\{\frac{\partial}{\partial z_a^{m+1}}\}$$

并且由于 $\varDelta_{\text{mix}}$ 在 $f, g_1, \ldots, g_m$ 下的不变性，式 (7.19) 中的第 $(m+1)$ 组方程被拆分为

$$\begin{aligned} \dot{z}_a^{m+1} &= f_a^{m+1}(\ldots, z_a^{m+1}, z_b^{m+1}, .) + g_a^{m+1}(\ldots, z_a^{m+1}, z_b^{m+1}, .)u \\ \dot{z}_b^{m+1} &= f_b^{m+1}(\ldots, z_b^{m+1}, .) + g_b^{m+1}(\ldots, z_b^{m+1}, .)u \qquad \triangleleft \end{aligned}$$

假设系统 (7.29) 与某一个 ν 维的动态反馈

$$
\begin{aligned}
u &= \alpha(x,\zeta) + \beta(x,\zeta)v \\
\dot{\zeta} &= \gamma(x,\zeta) + \delta(x,\zeta)v
\end{aligned}
\tag{7.33}
$$

复合成一个 (扩展的) 非交互闭环系统，将其记为

$$
\begin{aligned}
\dot{x}^{\mathrm{e}} &= F(x^{\mathrm{e}}) + \sum_{j=1}^{m} G_j(x^{\mathrm{e}})v_j \\
y_i &= H_i(x^{\mathrm{e}}), \qquad 1 \leqslant i \leqslant m
\end{aligned}
\tag{7.34}
$$

其中，

$$
x^{\mathrm{e}} = \begin{pmatrix} x \\ \zeta \end{pmatrix}, \quad F(x^{\mathrm{e}}) = \begin{pmatrix} f(x) + \sum\limits_{k=1}^{m} g_k(x)\alpha_k(x,\zeta) \\ \gamma(x,\zeta) \end{pmatrix}
$$

$$
G_j(x) = \begin{pmatrix} \sum\limits_{k=1}^{m} g_k(x)\beta_{kj}(x,\zeta) \\ \delta_j(x,\zeta) \end{pmatrix}, \quad h_i(x^{\mathrm{e}}) = h_i(x)
$$

可对于这个扩展系统构造两个对象，一个是如式 (7.30) 所定义的集合 (记为 $L_{\mathrm{mix}}^{\mathrm{e}}$)，另一个是如式 (7.31) 所定义的分布 (记为 $\varDelta_{\mathrm{mix}}^{\mathrm{e}}$)。分布 (7.31) 在非交互控制稳定性问题的分析中之所以重要，是因为无论考虑何种动态扩展，分布 $\varDelta_{\mathrm{mix}}^{\mathrm{e}}$ 都可视为分布 $\varDelta_{\mathrm{mix}}$ 的一个“扩展”。

命题 7.4.1. 设系统 (7.29) 是非交互的，在 $x=0$ 处具有向量相对阶。假设系统 (7.34) 也是非交互的并在 $(x,\zeta)=(0,0)$ 处具有向量相对阶。以 π 表示典范投射

$$
\begin{aligned}
\pi\colon \mathbb{R}^n \times \mathbb{R}^\nu &\to \mathbb{R}^n \\
(x,\zeta) &\mapsto x
\end{aligned}
$$

则 $\varDelta_{\mathrm{mix}}^{\mathrm{e}}$ 和 $\varDelta_{\mathrm{mix}}$ 是 π 相关的，即

$$
\pi_\star \varDelta_{\mathrm{mix}}^{\mathrm{e}} = \varDelta_{\mathrm{mix}} \circ \pi
$$

为证明此结论，需要一个预备引理，它是引理 7.3.2 的一个扩展。

引理 7.4.2. 假设系统 (7.29) 是非交互的且在 $x=0$ 处有一个向量相对阶，并假设系统 (7.34) 也是非交互的且在 $(x,\zeta)=(0,0)$ 处有一个向量相对阶。那么，对于任意的 $i \neq j$，对于所有的 $r \geqslant 1$，以及从集合 $\{F, G_1, \ldots, G_m\}$ 中任意选择的向量场 $\tau_r, \ldots, \tau_1$，

$$
\beta_{ij}(x,\zeta) = 0, \quad L_{G_j}\beta_{ii}(x,\zeta) = 0, \quad L_{G_j}\alpha_i(x,\zeta) = 0
$$

和

$$
L_{G_j}L_{\tau_r}\ldots L_{\tau_1}\beta_{ii}(x,\zeta) = 0, \quad L_{G_j}L_{\tau_r}\ldots L_{\tau_1}\alpha_i(x,\zeta) = 0
$$

都成立。若系统 (7.29) 和系统 (7.34) 分别有向量相对阶 $\{r_1, \ldots, r_m\}$ 和 $\{r_1^{\mathrm{e}}, \ldots, r_m^{\mathrm{e}}\}$，则有

$$
\begin{aligned}
r_i^{\mathrm{e}} &= r_i, \qquad\quad \text{当且仅当 } \beta_{ii}(0,0) \neq 0 \\
r_i^{\mathrm{e}} &= r_i + s_i, \quad \text{当且仅当 } \beta_{ii}(x,\zeta) = 0
\end{aligned}
$$

并且

$$L_{G_i}L_F^k\alpha_i(x,\zeta)=0,\ \text{对于所有的}\ 0\leqslant k<s_i-1$$
$$L_{G_i}L_F^{s_i-1}\alpha_i(0,0)\neq 0$$

此引理的证明本质上类似于引理 7.3.2 的证明，这里不再重复。

命题 7.4.1 的证明关键在于通过归纳地使用在引理 7.4.2 中建立的恒等式来证明集合 $L_{\mathrm{mix}}^{\mathrm{e}}$ 中的向量投射为张成 Δ_{mix} 的向量。所涉及的计算简述如下。

证明: 注意到 $i\neq j$ 时有 $\beta_{ij}=0$，描述扩展系统 (7.34) 的向量场 F 和 G_i $(1\leqslant i\leqslant m)$ 可表示为如下形式：

$$F=f+\sum_{j=1}^m g_j\alpha_j+\bar{F},\quad G_i=g_i\beta_{ii}+\bar{G}_i$$

此处存在符号混用，即仍以原来的 f 和 g_i 表示

$$\begin{pmatrix}f\\0\end{pmatrix}\ \text{和}\ \begin{pmatrix}g_i\\0\end{pmatrix}$$

并且

$$\bar{F}=\begin{pmatrix}0\\\gamma\end{pmatrix},\quad \bar{G}=\begin{pmatrix}0\\\delta_i\end{pmatrix}$$

例如，考虑所有 r_i 都各自等于相应的 r_i^{e} 的情况。那么，计算可得

$$\begin{aligned}[F,G_i]&=[F,g_i\beta_{ii}+\bar{G}_i]\\&=(L_F\beta_{ii})g_i+\beta_{ii}[F,g_i]+[F,\bar{G}_i]\\&=(L_F\beta_{ii})g_i+\beta_{ii}[f,g_i]+\beta_{ii}\sum_{j=1}^m[g_j,g_i]\alpha_j+\beta_{ii}[\bar{F},g_i]\\&\quad+[f,\bar{G}_i]+\sum_{j=1}^m[g_j,\bar{G}_i]\alpha_j-\sum_{j=1}^m(L_G\alpha_j)g_j+[\bar{F},\bar{G}_i]\end{aligned}$$

由此，利用在引理 7.4.2 中指出的性质，得到

$$[F,G_i]=(L_F\beta_{ii}+L_{G_i}\alpha_i)g_i+\beta_{ii}[f,g_i]+\sum_{j=1}^m\beta_{ii}\alpha_j[g_j,g_i]+\bar{X}$$

其中 $\bar{X}$ 是属于 $\ker(\pi_\star)$ 的一个向量。

以类似的方式，对于 $k\neq i$ 和 $j\neq i$ 得到

$$\begin{aligned}[G_k,G_i]&=\beta_{ii}\beta_{kk}[g_k,g_i]+\bar{Y}\\ [G_j,[F,G_i]]&=(L_f\beta_{ii}+L_{G_i}\alpha_i)\beta_{jj}[g_j,g_i]+\beta_{ii}(L_{G_j}\alpha_j)[g_j,g_i]\\&\quad+\beta_{ii}\beta_{jj}[g_j,[f,g_i]]+\sum_{k=1}^m\beta_{ii}\alpha_k\beta_{jj}[g_j,[g_k,g_i]]+\bar{Z}\\ [G_j,[G_k,G_i]]&=L_{G_j}(\beta_{ii}\beta_{kk})[g_k,g_i]+\beta_{ii}\beta_{jj}\beta_{kk}[g_j,[g_k,g_i]]+\bar{W}\end{aligned}$$

其中 $\bar{Y}$，$\bar{Z}$ 和 $\bar{W}$ 都是属于 $\ker(\pi_\star)$ 的向量。

由此，利用所有 $\beta_{ii}(0)$ 都非零的事实，可以推得

$$\begin{aligned}&\pi_\star\left(\mathrm{span}\{[G_j,G_i],[G_j,[F,G_i]],[G_j,[G_k,G_i]]: i\neq j, k\neq i\}\right)\\&=\mathrm{span}\{[g_j,g_i],[g_j,[f,g_i]],[g_j,[g_k,g_i]]: i\neq j,k\neq i\}\end{aligned}$$

基于此类计算，适当地归纳论证就证明了该命题。 $\lhd$

既已证明分布 $\varDelta_{\mathrm{mix}}$ 不受任何保持非交互性质不变的动态扩展的影响，现在将表明此分布有助于识别求解动态反馈非交互控制稳定性问题时遇到的阻碍。为方便起见，考虑到 5.4 节所述的结论，只限于关注形如式 (5.1) 的系统。对这类系统来说，由动态扩展算法生成的所有正则化动态扩展的集合 $\mathcal{E}$ 是非空的。这是一个合理的假设，它确保了所处理系统的动态反馈非交互控制问题是可解的。

给定一个系统 **S**，假设其集合 $\mathcal{E}$ 非空。令 **E** 为 $\mathcal{E}$ 的任一元素且 **F** 为可解 $\mathbf{S}\circ\mathbf{E}$ 非交互控制问题的任一正则状态反馈。令复合系统 $\tilde{\mathbf{S}}=\mathbf{S}\circ\mathbf{E}\circ\mathbf{F}$ 由如下方程组描述：

$$\begin{aligned}\dot{\tilde{x}}&=\tilde{f}(\tilde{x})+\sum_{i=1}^{m}\tilde{g}_i(\tilde{x})v_i\\y&=\tilde{h}(\tilde{x})\end{aligned}\tag{7.35}$$

由假设知，该系统是非交互的且在 $\tilde{x}=0$ 处具有向量相对阶。

根据命题 5.4.2 和命题 7.4.1 的结论可以断言，分布

$$\varDelta_{\mathrm{mix}}=\mathrm{span}\{\tilde{\tau}:\tilde{\tau}\in\tilde{L}_{\mathrm{mix}}\}\tag{7.36}$$

其中

$$\begin{aligned}\tilde{L}_{\mathrm{mix}}=\{\tau\in V(\mathbb{R}^n):\tau=[\mathrm{ad}_{\tilde{f}}^{k_q}\tilde{g}_{i_q},[\ldots,[\mathrm{ad}_{\tilde{f}}^{k_2}\tilde{g}_{i_2},\mathrm{ad}_{\tilde{f}}^{k_1}\tilde{g}_{i_1}]]];\\2\leqslant q,0\leqslant k_i,i_r\neq i_s\ \text{对于某一对}\ (r,s)\}\end{aligned}\tag{7.37}$$

与 **E** 和 **F** 的选择 (只要它们定义的反馈是非交互控制问题的解) 无关。

事实上，注意到由命题 5.4.2，任何其他的动态扩展 $\mathbf{E}\in\mathcal{E}$ 一定使

$$\mathbf{S}\circ\mathbf{E}\quad 和\quad \mathbf{S}\circ\mathbf{E}'$$

具有相同的维数，并且它们的区别 (可能要进行状态空间的坐标变换) 仅为保持非交互性质的正则静态反馈。因此，如果 $\mathbf{F}'$ 是可解 $\mathbf{S}\circ\mathbf{E}'$ 非交互控制问题的任何其他正则状态反馈，则这两个系统

$$\mathbf{S}\circ\mathbf{E}\circ\mathbf{F}\quad 和\quad \mathbf{S}\circ\mathbf{E}'\circ\mathbf{F}'$$

具有相同的维数，它们的区别 (可能在状态空间的坐标变换后) 仅在于保持各自非交互性的正则状态反馈不同。

也就是说，系统 $\tilde{\mathbf{S}}' = \mathbf{S} \circ \mathbf{E}' \circ \mathbf{F}'$ 在状态空间的坐标变换后，能够表示为如下方程组：

$$\begin{aligned} \dot{\tilde{x}} &= \tilde{f}'(\tilde{x}) + \sum_{i=1}^{m} \tilde{g}_i'(\tilde{x}) v_i' \\ y &= \tilde{h}(\tilde{x}) \end{aligned} \tag{7.38}$$

其中

$$\tilde{f}'(\tilde{x}) = \tilde{f}(\tilde{x}) + \tilde{g}(\tilde{x})\tilde{\alpha}(\tilde{x}), \quad \tilde{g}'(\tilde{x}) = \tilde{g}(\tilde{x})\tilde{\beta}(\tilde{x})$$

且 $v = \tilde{\alpha}(\tilde{x}) + \tilde{\beta}(\tilde{x})v'$ 是保持非交互性的一个正则状态反馈。由命题 7.4.1 知，系统 (7.35) 和系统 (7.38) 拥有相同的分布 Δ_{mix}。

换言之，可得如下结论，对于形如式 (5.1) 且集合 $\mathcal{E}$ 非空的任一系统，由式 (7.36) 定义的分布是一个有唯一定义的对象，它与 $\mathbf{E}$ 和 $\mathbf{F}$ 的选择无关。

下一结论是引理 7.3.4 的一个扩展。

引理 7.4.3. 考虑形如式 (7.29) 的系统 $\mathbf{S}$ 并假设由动态扩展算法生成的所有正则化动态扩展的集合 $\mathcal{E}$ 非空。令 $\mathbf{E}$ 为 $\mathcal{E}$ 的任一元素，且 $\mathbf{F}$ 为可解复合系统 $\mathbf{S} \circ \mathbf{E}$ 非交互控制问题的任一正则状态反馈。令复合系统 $\tilde{\mathbf{S}} = \mathbf{S} \circ \mathbf{E} \circ \mathbf{F}$ 由形如式 (7.35) 的方程组描述，且 Δ_{mix} 为式 (7.36) 定义的分布。以 $L^\star$ 表示 Δ_{mix} 包含 $\tilde{x} = 0$ 的积分子流形，则子流形 $L^\star$ 在向量场 $\tilde{f}(\tilde{x})$ 下是局部不变的，并且 $\tilde{f}(\tilde{x})$ 对 $L^\star$ 的限制不依赖于 $\mathbf{E}$ 和 $\mathbf{F}$ 的特殊选择。

证明：由构造知，Δ_{mix} 在 $\tilde{f}(\tilde{x})$ 下不变。对于 $\mathbf{E}$ 和 $\mathbf{F}$ 的任何其他选择，可得到一个由方程 (7.38) 描述的系统 $\mathbf{S}'$，其中

$$\tilde{f}'(\tilde{x}) = \tilde{f}(\tilde{x}) + \tilde{g}(\tilde{x})\tilde{\alpha}(\tilde{x})$$

此外，

$$\Delta_{\mathrm{mix}} \cap G \subset P^\star \cap G \subset \Delta^\star \cap G = \{0\}$$

(其中 $G = \mathrm{span}\{\tilde{g}_i \colon 1 \leqslant i \leqslant m\}$)。于是，再利用 (像在引理 7.3.4 中那样) 使某一个分布不变的状态反馈具有唯一性的特性，可证得结论。 $\triangleleft$

注记 7.4.2. 考虑在命题 7.3.7 中引入的局部坐标，其中 z^{m+1} 像注记 7.4.1 中那样划分。除了 z_a^{m+1} 和 z_b^{m+1}，所有其他坐标均为零的点集构成了不变流形 $S^\star$ ($P^\star$ 的包含 $\tilde{x} = 0$ 的最大积分流形)，而除了 z_a^{m+1}，所有其他坐标均为零的点集构成了不变流形 $L^\star$ (Δ_{mix} 的包含 $\tilde{x} = 0$ 的最大积分流形)。系统

$$\begin{aligned} \dot{z}_a^{m+1} &= f_a^{m+1}(0, \ldots, 0, z_a^{m+1}, z_b^{m+1}, 0) \\ \dot{z}_b^{m+1} &= f_b^{m+1}(0, \ldots, 0, z_b^{m+1}, 0) \end{aligned}$$

是 $\tilde{f}(\tilde{x})$ 相对于 $S^\star$ 的限制在这些局部坐标下的描述，而子系统

$$\dot{z}_a^{m+1} = f_a^{m+1}(0, \ldots, 0, z_a^{m+1}, 0, 0)$$

是 $\tilde{f}(\tilde{x})$ 相对于 $L^\star$ 的限制在相同局部坐标下的描述。 $\triangleleft$

现在要针对动态反馈非交互控制稳定性问题的可解性给出一个必要条件。

定理 7.4.4. 考虑一个形如式 (7.29) 的系统 **S**，并假设由动态扩展算法生成的所有正则化动态扩展的集合 $\mathcal{E}$ 非空。令 **E** 为 $\mathcal{E}$ 的任一元素，并且令 **F** 为可解复合系统 $\mathbf{S}\circ\mathbf{E}$ 非交互控制问题的任一正则状态反馈。令复合系统 $\tilde{\mathbf{S}}=\mathbf{S}\circ\mathbf{E}\circ\mathbf{F}$ 由形如式 (7.35) 的方程组描述，并且以 Δ_{mix} 表示由式 (7.36) 定义的分布。假设 $\tilde{x}=0$ 是 Δ_{mix} 的一个正则点。令 $L^{\star}$ 表示 Δ_{mix} 的包含 $\tilde{x}=0$ 的积分子流形，则动态反馈非交互控制稳定性问题可解，当且仅当向量场 $\tilde{f}(\tilde{x})$ 对其不变流形 $L^{\star}$ 的限制在平衡态 $\tilde{x}=0$ 处的一阶近似是渐近稳定的。

证明: 假设该非交互控制稳定性问题已经被某一个 (动态) 反馈 **R** 所解，则由命题 5.4.2 知，存在 $\mathbf{R}'\in\mathcal{R}$ 使得

$$\mathbf{S}\circ\mathbf{R}\ \text{局部微分同胚于}\ \mathbf{S}\circ\mathbf{E}\circ\mathbf{R}'$$

由于正则状态反馈 **F** 有唯一的逆，可推知同样有

$$\mathbf{S}\circ\mathbf{R}\ \text{局部微分同胚于}\ \mathbf{S}\circ\mathbf{E}\circ\mathbf{F}\circ\mathbf{F}^{-1}\circ\mathbf{R}'$$

这表明，具有非交互性且有向量相对阶的系统 $\mathbf{S}\circ\mathbf{R}$ 可由 $\mathbf{S}\circ\mathbf{E}\circ\mathbf{F}$ (它也是通过状态反馈和坐标变换而具有的非交互性和向量相对阶) 得到。换言之，可认为 $\mathbf{S}\circ\mathbf{R}$ (可能经过一个坐标变换) 是 $\mathbf{S}\circ\mathbf{E}\circ\mathbf{F}$ 通过一个保持非交互性不变的 (动态) 反馈得到的。令这两个系统分别由方程组 (7.34) 和方程组 (7.29) 描述。

现在设

$$A=\left[\frac{\partial f}{\partial x}\right]_{x=0},\qquad A^{\mathrm{e}}=\left[\frac{\partial F}{\partial x^{\mathrm{e}}}\right]_{x^{\mathrm{e}}=0}$$

并注意到，仅由定义可知，$\Delta_{\mathrm{mix}}(0)$ 是 A 的一个不变子空间，因而 $\Delta^{\mathrm{e}}_{\mathrm{mix}}(0)$ 是 A^{e} 的一个不变子空间。这是因为，注意到，任一向量场 $\tau\in\Delta_{\mathrm{mix}}$ 都满足 $[f,\tau]\in\Delta_{\mathrm{mix}}$。回想到 $f(0)=0$，从而有

$$A\tau(0)=\left[\frac{\partial f}{\partial x}\right]_{(x=0)}\tau(0)=[f,\tau](0)\in\Delta_{\mathrm{mix}}(0)$$

由定义知，对于任一 $v\in\Delta_{\mathrm{mix}}(0)$，存在 $\tau\in L_{\mathrm{mix}}$，使得 $\tau(0)=v$，因此

$$A\Delta_{\mathrm{mix}}(0)\subset\Delta_{\mathrm{mix}}(0)$$

注意到

$$A^{\mathrm{e}}=\begin{pmatrix}A+\tilde{g}(0)\dfrac{\partial\alpha}{\partial x}(0,0) & \tilde{g}(0)\dfrac{\partial\alpha}{\partial\zeta}(0,0)\\ \star & \star\end{pmatrix}$$

如果 v^{e} 是 $\Delta^{\mathrm{e}}_{\mathrm{mix}}(0)$ 中的任一向量，则存在一个向量场 $\tau^{\mathrm{e}}\in\Delta^{\mathrm{e}}_{\mathrm{mix}}$，使得 $v^{\mathrm{e}}=\tau^{\mathrm{e}}(0)$。由于系统 (7.34) 是非交互的，所以对于每一个 $1\leqslant i\leqslant m$，向量场 τ^{e} 满足 (见引理 7.4.2)

$$L_{\tau^{\mathrm{e}}}\alpha_i(x^{\mathrm{e}})=0$$

于是，特别有

$$\begin{pmatrix}\dfrac{\partial\alpha}{\partial x}(0,0) & \dfrac{\partial\alpha}{\partial\zeta}(0,0)\end{pmatrix}v^{\mathrm{e}}=0$$

因此

$$A^{\mathrm{e}}\Delta_{\mathrm{mix}}^{\mathrm{e}}(0)=\begin{pmatrix}A & 0\\ \star & \star\end{pmatrix}\Delta_{\mathrm{mix}}^{\mathrm{e}}(0)$$

由此，利用在命题 7.4.1 中证明的“不变性投射性质”及线性代数中的标准结果，能够完成定理的证明。 $\lhd$

注记 7.4.3. 注意，对于**线性**系统来说，这个定理的条件是平凡的。事实上，在一个线性系统中，形如 $\mathrm{ad}_f^k g_i$ 的所有向量场都是定常向量场。因此，L_{mix} 的所有向量场都简单为零且 $\Delta_{\mathrm{mix}}=0$。 $\lhd$

7.5　非交互控制稳定性的充分条件

现在来讨论如何构造一个动态反馈律，以解决非交互控制稳定性问题。为此，需要一些合适的假设。首先，考虑到在 5.4 节中阐释的结论，这里假设由动态扩展算法生成的所有正则化动态扩展的集合 $\mathcal{E}$ 非空。然后，注意到 7.4 节末尾处所解释的结果，可任取一元素 $\mathbf{E}\in\mathcal{E}$ 和可解 $\mathbf{S}\circ\mathbf{E}$ 非交互控制问题的任一正则状态反馈 $\mathbf{F}$，并且假设扩展系统 $\tilde{\mathbf{S}}=\mathbf{S}\circ\mathbf{E}\circ\mathbf{F}$ (由构造知，它是非交互的且在 $\tilde{x}=0$ 处有一个向量相对阶) 满足命题 7.3.7 的所有假设，即对于所有的 $1\leqslant i\leqslant m$，$\tilde{x}=0$ 是分布 $P_i^\star$、$\bigcap\limits_{j\neq i}P_j^\star$、$P$ 和 $P^\star$ 的一个正则点。在这些假设下，可借助定义在 $\tilde{x}=0$ 邻域内的坐标变换，将系统 $\tilde{\mathbf{S}}$ 局部地变换为由方程 (7.19) 表示的系统 (注意，所涉及的假设与 $\mathbf{E}$ 和 $\mathbf{F}$ 的特定选择无关)。

在这样构造的系统 $\tilde{\mathbf{S}}$ 上施加一些额外限制。第一个限制是假设分布 P 与整个切空间一致。在这个假设下，系统 (7.19) 的第 $m+2$ 组局部坐标集合是空集，该系统可简化为如下形式：

$$\begin{aligned}
\dot{x}_1&=f_1(x_1)+g_{11}(x_1)u_1\\
&\vdots\\
\dot{x}_m&=f_m(x_m)+g_{mm}(x_m)u_m\\
\dot{x}_{m+1}&=f_{m+1}(x_1,\ldots,x_{m+1})+\sum_{j=1}^{m}g_{m+1,j}(x_1,\ldots,x_{m+1})u_j\\
y_i&=h_i(x_i),\qquad 1\leqslant i\leqslant m
\end{aligned}\tag{7.39}$$

注意，已经用符号 x_i 替换了 (7.19) 中的符号 z^i。

注记 7.5.1. 假设 P 与整个切空间一致实际上并未有失一般性。显然，系统 (7.19) 相应于第 $m+2$ 组局部坐标集的子系统完全不受系统输入的影响。如果该子系统在 $z^{m+2}=0$ 处的一阶近似是稳定的 [这其实是整个系统 (7.19) 可镇定的一个必要条件]，则对于在式 (7.19) 中令 $z^{m+2}=0$ 而得到的系统来说，任一可解其非交互控制稳定性问题的反馈律也是整个系统 (7.19) 的非交互控制稳定性问题的解。 $\lhd$

系统 (7.39) 是开始时所提及的系统 $\tilde{\mathbf{S}}$ 的一个微分同胚副本，这里仍以 7.4 节中表示 $\tilde{\mathbf{S}}$ 的符号来表示它，即

$$\dot{\tilde{x}} = \tilde{f}(\tilde{x}) + \sum_{j=1}^{m} \tilde{g}_j(\tilde{x})u_j$$
$$y_i = \tilde{h}_i(\tilde{x}), \qquad 1 \leqslant i \leqslant m$$

关于系统 $\tilde{\mathbf{S}}$ 的第二个假设是 $\tilde{x}=0$ 为其分布 Δ_{mix} 的一个正则点。那么，正如所期望的，需要假设在定理 7.4.4 中发现的必要条件成立，即满足条件：向量场 $\tilde{f}(\tilde{x})$ 对其不变流形 $L^\star$ 的限制在 $\tilde{x}=0$ 处的一阶近似是渐近稳定的。但是为了简化介绍，先在更强的假设下，即

$$\Delta_{\text{mix}} = 0$$

成立时进行说明，而对于更一般情况的讨论将推迟到本节末尾。

关于系统 $\tilde{\mathbf{S}}$ 的第三个假设是，对于每一个 $1 \leqslant i \leqslant m$，分布

$$R_i^\star = \langle \tilde{f}, \tilde{g}_1, \ldots, \tilde{g}_m | \text{span}\{\tilde{g}_i\} \rangle$$

在点 $\tilde{x}=0$ 的一个邻域内是非奇异的，并且它由向量场 $\tilde{g}_i$ 和形如

$$[\tilde{g}_{j_p}, [\tilde{g}_{j_{p-1}}, [\ldots, [\tilde{g}_{j_1}, \tilde{g}_i]]]]$$

的一组有限个向量场共同张成，其中 $p \geqslant 1$ 且 $0 \leqslant j_k \leqslant m$ (照例设 $\tilde{g}_0 = \tilde{f}_0$)。同样，假设分布 $\sum_{j=1}^m R_j^\star$ 和 (对于所有的 i) $\sum_{j\neq i} R_j^\star$ 在点 $\tilde{x}=0$ 的某一个邻域内是非奇异的。

注记 7.5.2. 在状态空间的一个开稠密子集 $U^\star$ 内的任一点 $\tilde{x}^\circ$ 处，上述假设确实能够满足。这里假设点 $\tilde{x}^\circ = 0$ 属于 $U^\star$。 $\lhd$

关于系统 $\tilde{\mathbf{S}}$ 的第四个假设是一个可镇定性假设，它包括以下内容。回顾可知，如果 $R_i^\star$ 非奇异，那么它也是对合的且在 $\tilde{f}$ 和 $\tilde{g}_i$ 下不变 (特别是，$\tilde{g}_i$ 是 $R_i^\star$ 中的一个向量场)。以 $\tilde{S}_i$ 表示 $R_i^\star$ 的包含点 $\tilde{x}=0$ 的最大积分流形。由于 $\tilde{f}$ 和 $\tilde{g}_i$ 与 $\tilde{S}_i$ 相切，所以系统

$$\dot{\tilde{x}} = \tilde{f}(\tilde{x}) + \tilde{g}_i(\tilde{x})u_i \tag{7.40}$$

对于 $\tilde{S}_i$ 的限制是一个有唯一定义的 (单输入) 子系统。以下将假设，对于所有的 $1 \leqslant i \leqslant m$，系统 (7.40) 对于相应流形 $\tilde{S}_i$ 的限制在 $\tilde{x}=0$ 处有一个可镇定的线性近似。

注记 7.5.3. 举例来说，如果

$$R_i^\star = \text{span}\{\tilde{g}_i, \text{ad}_{\tilde{f}}\tilde{g}_i, \ldots, \text{ad}_{\tilde{f}}^{s_i-1}\tilde{g}_i\}$$

其中 s_i 是 $R_i^\star$ 的维数，则该假设得以满足。事实上，在这种情况下，系统 (7.40) 相对于 $\tilde{S}_i$ 的限制在 $\tilde{x}=0$ 处有一个可控的线性近似。 $\lhd$

在这些假设下，能够构造一个动态反馈以解决非交互控制稳定性问题。下面，为了简化介绍，针对一个 $m=2$ 的特殊系统来介绍动态反馈的构造。读者应该不难将其扩展到一般情况。

当 $m=2$ 时，系统 (7.39) 的形式为

$$\begin{aligned}\dot{\tilde{x}} &= \tilde{f}(\tilde{x}) + \tilde{g}_1(\tilde{x})u_1 + \tilde{g}_2(\tilde{x})u_2 \\ y_1 &= \tilde{h}_1(\tilde{x}) \\ y_2 &= \tilde{h}_2(\tilde{x})\end{aligned} \tag{7.41}$$

其中，

$$\tilde{f}(\tilde{x}) = \begin{pmatrix} f_1(x_1) \\ f_2(x_2) \\ f_3(x_1, x_2, x_3) \end{pmatrix}$$

$$\tilde{g}_1(\tilde{x}) = \begin{pmatrix} g_{11}(x_1) \\ 0 \\ g_{31}(x_1, x_2, x_3) \end{pmatrix}, \qquad \tilde{g}_2(\tilde{x}) = \begin{pmatrix} 0 \\ g_{22}(x_2) \\ g_{32}(x_1, x_2, x_3) \end{pmatrix}$$

且

$$\tilde{h}_1(\tilde{x}) = h_1(x_1), \qquad \tilde{h}_2(\tilde{x}) = h_2(x_2)$$

以 n_1, n_2, n_3 分别表示 x_1, x_2, x_3 的维数。根据构造知，将状态向量 x 分解为 x_1, x_2, x_3 可使分布

$$\begin{aligned}P_1^\star &= \langle \tilde{f}, \tilde{g}_1, \tilde{g}_2 | \mathrm{span}\{\tilde{g}_2\}\rangle \\ P_2^\star &= \langle \tilde{f}, \tilde{g}_1, \tilde{g}_2 | \mathrm{span}\{\tilde{g}_1\}\rangle\end{aligned}$$

具有如下表示：

$$\begin{aligned}P_1^\star &= \mathrm{span}\{\frac{\partial}{\partial x_2}, \frac{\partial}{\partial x_3}\} \\ P_2^\star &= \mathrm{span}\{\frac{\partial}{\partial x_1}, \frac{\partial}{\partial x_3}\}\end{aligned}$$

现在考虑如下定义的扩展系统：

$$\begin{aligned}\dot{x}^{\mathrm{e}} &= F(x^{\mathrm{e}}) + G_1(x^{\mathrm{e}})u_1 + G_2(x^{\mathrm{e}})u_2 \\ y_1 &= H_1(x^{\mathrm{e}}) \\ y_2 &= H_2(x^{\mathrm{e}})\end{aligned} \tag{7.42}$$

其中

$$x^{\mathrm{e}} = \mathrm{col}(x_1, x_2, x_3, \lambda_1, \mu_1, \lambda_2, \mu_2)$$

式中 $\lambda_1 \in \mathbb{R}^{n_1}$，$\lambda_2 \in \mathbb{R}^{n_2}$，$\mu_1 \in \mathbb{R}^{n_3}$，$\mu_2 \in \mathbb{R}^{n_3}$，并且

$$F(x^{\mathrm{e}}) = \begin{pmatrix} f_1(x_1) \\ f_2(x_2) \\ f_3(x_1, x_2, x_3) \\ f_1(x_1) \\ f_3(x_1, 0, \mu_1) \\ f_2(x_2) \\ f_3(0, x_2, \mu_2) \end{pmatrix}$$

$$G_1(x^{\mathrm{e}}) = \begin{pmatrix} g_{11}(x_1) \\ 0 \\ g_{31}(x_1, x_2, x_3) \\ g_{11}(x_1) \\ g_{31}(x_1, 0, \mu_1) \\ 0 \\ 0 \end{pmatrix}, \quad G_2(x^{\mathrm{e}}) = \begin{pmatrix} 0 \\ g_{22}(x_2) \\ g_{32}(x_1, x_2, x_3) \\ 0 \\ 0 \\ g_{22}(x_2) \\ g_{32}(x_2, 0, \mu_2) \end{pmatrix}$$

$$H_1(x^{\mathrm{e}}) = h_1(x_1), \quad H_2(x^{\mathrm{e}}) = h_2(x_2)$$

常规的计算表明，扩展系统 (7.42) 的向量场 F，G_1 和 G_2 有下面指出的性质。

引理 7.5.1. 设 $\varDelta_{\mathrm{mix}} = 0$。以 $D_{j_p j_{p-1} \cdots j_1} \tilde{g}_1$ 表示重复李括号

$$D_{j_p j_{p-1} \cdots j_1} \tilde{g}_1 = [\tilde{g}_{j_p}, [\tilde{g}_{j_{p-1}}, [\ldots, [\tilde{g}_{j_1}, \tilde{g}_1]]]] \tag{7.43}$$

其中 $p \geqslant 1$ 且 $0 \leqslant j_k \leqslant 2$ (照例令 $\tilde{g}_0 = \tilde{f}$)。以 $D^{\mathrm{e}}_{j_p j_{p-1} \cdots j_1} G_1$ 表示重复李括号

$$D^{\mathrm{e}}_{j_p j_{p-1} \cdots j_1} G_1 = [G_{j_p}, [G_{j_{p-1}}, [\ldots, [G_{j_1}, G_1]]]] \tag{7.44}$$

其中 $p \geqslant 1$ 且 $0 \leqslant j_k \leqslant 2$ (且 $G_0 = F$)，则 $D_{j_p j_{p-1} \cdots j_1} \tilde{g}_1$ 的表达式为

$$D_{j_p j_{p-1} \cdots j_1} \tilde{g}_1(\tilde{x}) = \begin{pmatrix} \tau_1(x_1) \\ 0 \\ \tau_{31}(x_1, x_2, x_3) \end{pmatrix} \tag{7.45}$$

并且 $D^{\mathrm{e}}_{j_p j_{p-1} \cdots j_1} G_1$ 的表达式为

$$D^{\mathrm{e}}_{j_p j_{p-1} \cdots j_1} G_1(x^{\mathrm{e}}) = \begin{pmatrix} \tau_1(x_1) \\ 0 \\ \tau_{31}(x_1, x_2, x_3) \\ \tau_1(x_1) \\ \tau_{31}(x_1, 0, \mu_1) \\ 0 \\ 0 \end{pmatrix} \tag{7.46}$$

对于每个确定的下标 $j_p j_{p-1}\cdots j_1$，式 (7.45) 中的函数 $\tau_1(\cdot)$ 和 $\tau_{31}(\cdot,\cdot,\cdot)$ 与式 (7.46) 中的函数 $\tau_1(\cdot)$ 和 $\tau_{31}(\cdot,\cdot,\cdot)$ 完全相同。

相应的表达式对于 $D_{j_p j_{p-1}\cdots j_1}\tilde{g}_2$ 和 $D^{\mathrm{e}}_{j_p j_{p-1}\cdots j_1}G_2$ 也成立。

证明: 采用归纳法证明，只需用到李括号的定义、性质 $f_2(0)=0$，以及如果 $\Delta_{\mathrm{mix}}=0$，则 $j_k=2$ 的任一重复李括号等于零这一事实。 ◁

利用这个性质能够证明下述重要结论。该结论在本节一开始给出的假设下成立，显然，无须再复述这些假设。

引理 7.5.2. 以 s_1 和 s_2 分别表示 $R_1^\star$ 和 $R_2^\star$ 的维数。分布

$$\begin{aligned} R_1^{\mathrm{e}} &= \langle F, G_1, G_2 | \mathrm{span}\{G_1\}\rangle \\ R_2^{\mathrm{e}} &= \langle F, G_1, G_2 | \mathrm{span}\{G_2\}\rangle \end{aligned} \tag{7.47}$$

(由定义知，它们在 F，G_1，G_2 下不变) 在 $x^{\mathrm{e}}=0$ 的一个邻域内分别具有常数维 s_1 和 s_2。因此，它们是对合的。此外，它们是相互独立的，即 $R_1^{\mathrm{e}}\cap R_2^{\mathrm{e}}=\{0\}$，并且

$$\begin{aligned} R_1^{\mathrm{e}} &\subset \mathrm{span}\{\mathrm{d}H_2\}^\perp \\ R_2^{\mathrm{e}} &\subset \mathrm{span}\{\mathrm{d}H_1\}^\perp \end{aligned} \tag{7.48}$$

证明: 由假设知，在 $\tilde{x}=0$ 的一个邻域内，$R_1^\star$ 由 $\tilde{g}_1$ 和 s_1-1 个形如式 (7.43) 的向量场张成。将这些向量场记为 $\theta_1(\tilde{x}),\ldots,\theta_{s_1}(\tilde{x})$。由构造知，$R_1^\star$ 对合，在 $\tilde{f}$，$\tilde{g}_1$ 和 $\tilde{g}_2$ 下不变。从而，对于任意的 $1\leqslant i\leqslant s_1$，

$$[\theta,\theta_i]=\sum_{k=1}^{s_1}c_{ik}\theta_k$$

其中 θ 为 $\tilde{f}$，$\tilde{g}_1$ 和 $\tilde{g}_2$ 三者之一。

能够证明，(有唯一定义的) 系数 c_{ik} 仅依赖于 x_1。事实上，用 $\sigma_1(\tilde{x}),\ldots,\sigma_{s_2}(\tilde{x})$ 表示生成 $R_2^\star$ 的一组向量场。利用假设 $\Delta_{\mathrm{mix}}=0$ ，可见对于每一对 i,j 有

$$0=[[\theta,\theta_i],\sigma_j]=-\sum_{k=1}^{s_1}(L_{\sigma_j}c_{ij})\theta_k$$

鉴于该式及各 θ_k 的线性无关性可得 $L_{\sigma_j}c_{ij}(\tilde{x})=0$。由于这些 σ_j 张成 $R_2^\star$，并且 (见 7.3 节)

$$R_2^\star=\mathrm{span}\{\frac{\partial}{\partial x_2},\frac{\partial}{\partial x_3}\}$$

可知这些 $c_{ij}(\tilde{x})$ 都只是关于 x_1 的函数。

注意到，由引理 7.5.1 知，向量场 θ_i 的形式为

$$\begin{pmatrix} \tau_1^i(x_1) \\ 0 \\ \tau_{31}^i(x_1,x_2,x_3) \end{pmatrix},\qquad 1\leqslant i\leqslant s_1$$

并且再由引理 7.5.1，可知向量

$$\begin{pmatrix} \tau_1^i(x_1) \\ 0 \\ \tau_{31}^i(x_1, x_2, x_3) \\ \tau_1^i(x_1) \\ \tau_{31}^i(x_1, 0, \mu_1) \\ 0 \\ 0 \end{pmatrix}, \qquad 1 \leqslant i \leqslant s_1 \tag{7.49}$$

均属于 $\langle F, G_1, G_2|\mathrm{span}\{G_1\}\rangle$。利用刚刚证明的性质并再次应用引理 7.5.1 容易推出，由 s_1 个形如式 (7.49) 的向量张成的分布在 F, G_1, G_2 下是不变的。从而，该分布与 $\langle F, G_1, G_2|\mathrm{span}\{G_1\}\rangle$ 相同。这 s_1 个向量都是线性无关的，因而分布 R_1^{e} 具有常数维，并且是对合的。同样的论据可证明 R_2^{e} 的相应性质。由 R_1^{e} 和 R_2^{e} 中的向量的结构可以容易地得到 R_1^{e} 和 R_2^{e} 的无关性。性质 (7.48) 是显然的。 $\lhd$

在定义系统 (7.42) 时，已经添加了一组状态变量，个数为

$$\nu = n_1 + n_2 + 2n_3$$

所得到的系统仍然是非交互的，但原系统 (7.41) 的稳定性并未得到改善。为实现可镇定性 (在某种程度上这与非交互性相容，后面将会说明)，下一步要对系统 (7.42) 添加一组新的 ν 个输入函数。更确切地说，考虑如下系统:

$$\begin{aligned} \dot{x}^{\mathrm{e}} &= F(x^{\mathrm{e}}) + G_1(x^{\mathrm{e}})u_1 + G_2(x^{\mathrm{e}})u_2 + Ev \\ y_1 &= H_1(x^{\mathrm{e}}) \\ y_2 &= H_2(x^{\mathrm{e}}) \end{aligned} \tag{7.50}$$

其中 $F(x^{\mathrm{e}})$，$G_1(x^{\mathrm{e}})$，$G_2(x^{\mathrm{e}})$，$H_1(x^{\mathrm{e}})$ 和 $H_2(x^{\mathrm{e}})$ 均与 (7.42) 中各项相同，$v \in \mathbb{R}^{\nu}$，并且矩阵 E 的形式为

$$E = \begin{pmatrix} 0 \\ I \end{pmatrix}$$

式中 I 是 $\nu \times \nu$ 阶单位阵。

注意，仍然可将如此定义的系统视为作用在原系统 (7.41) 上的一个动态反馈，因为新的“辅助”输入向量 v 仅影响在 (7.41) 中增加的额外状态变量的动态，并不影响 $\tilde{x}$ 的动态。

现在看到，分布 R_1^{e} 和 R_2^{e} 是无关且对合的，并且由于 $\varDelta_{\mathrm{mix}} = 0$，所以分布 $R_1^{\mathrm{e}} + R_2^{\mathrm{e}}$ 也是对合的。因而，能够选择新的局部坐标

$$\xi = \begin{pmatrix} \xi_1 \\ \xi_2 \\ \xi_3 \end{pmatrix}$$

其中，

$$\xi_1 \in \mathbb{R}^{s_1}, \qquad \xi_2 \in \mathbb{R}^{s_2}$$

以使

$$\begin{aligned}(R_1^{\mathrm{e}} + R_2^{\mathrm{e}})^{\perp} &= \mathrm{span}\{\mathrm{d}\xi_3\}\\ (R_1^{\mathrm{e}})^{\perp} &= \mathrm{span}\{\mathrm{d}\xi_2, \mathrm{d}\xi_3\}\\ (R_2^{\mathrm{e}})^{\perp} &= \mathrm{span}\{\mathrm{d}\xi_1, \mathrm{d}\xi_3\}\end{aligned}$$

在新坐标下，描述系统 (7.50) 的方程组展现出一个特殊形式。特别是，由于 R_1^{e} 和 R_2^{e} 都在 F，G_1，G_2 下不变、$G_1 \in R_1^{\mathrm{e}}$，$G_2 \in R_2^{\mathrm{e}}$ 以及性质 (7.48) 成立，容易得知，在新坐标下，系统 (7.50) 由如下形式的方程组描述：

$$\begin{aligned}\dot{\xi}_1 &= \varphi_1(\xi_1, \xi_3) + \psi_1(\xi_1, \xi_3)u_1 + \theta_1(\xi)v\\ \dot{\xi}_2 &= \varphi_2(\xi_2, \xi_3) + \psi_2(\xi_2, \xi_3)u_2 + \theta_2(\xi)v\\ \dot{\xi}_3 &= \varphi_3(\xi_3) + \theta_3(\xi)v\\ y_1 &= \chi_1(\xi_1, \xi_3)\\ y_2 &= \chi_2(\xi_2, \xi_3)\end{aligned} \tag{7.51}$$

现在选择附加输入 v 为

$$v = \beta(\xi)v'$$

以此来进一步简化方程组 (7.51)。

引理 7.5.3. 以 s_3 表示系统 (7.51) 中 ξ_3 的维数。矩阵 $\theta_3(\xi)$ 的 s_3 行在 $\xi = 0$ 处是线性无关的 (因此在邻近 $\xi = 0$ 的每一点 ξ 处线性无关)。那么，存在一个非奇异矩阵 $\beta(\xi)$ 使得

$$\theta_3(\xi)\beta(\xi) = (I \quad 0)$$

其中 I 是一个 $s_3 \times s_3$ 阶单位阵。反馈 $v = \beta(\xi)v'$ 将系统 (7.51) 变为如下形式：

$$\begin{aligned}\dot{\xi}_1 &= \varphi_1(\xi_1, \xi_3) + \psi_1(\xi_1, \xi_3)u_1 + \gamma_1(\xi_1, \xi_3)v'\\ \dot{\xi}_2 &= \varphi_2(\xi_2, \xi_3) + \psi_2(\xi_2, \xi_3)u_2 + \gamma_2(\xi_2, \xi_3)v'\\ \dot{\xi}_3 &= \varphi_3(\xi_3) + Kv'\\ y_1 &= \chi_1(\xi_1, \xi_3)\\ y_2 &= \chi_2(\xi_2, \xi_3)\end{aligned} \tag{7.52}$$

其中 $K = (I \quad 0)$，I 是 $s_3 \times s_3$ 阶单位阵。

证明：首先证明矩阵 $\theta_3(\xi)$ 的 s_3 行在 $\xi = 0$ 处是线性无关的。回想一下，在式 (7.51) 中，ξ_1 的维数为 s_1，ξ_2 的维数为 s_2，因此有

$$s_1 + s_2 + s_3 = n + \nu$$

其中 ν 是扩展系统 (7.42) 中增加的状态变量数，它也等于 v 的维数。为了证明矩阵 $\theta_3(0)$ 正好有 s_3 个线性无关行，以 V 表示由系统 (7.50) 中矩阵 E 的各列张成的子空间，并注意到，从分布 R_1^{e} 和 R_2^{e} 的构造可以推知

$$\dim\left((R_1^{\mathrm{e}}(0)+R_2^{\mathrm{e}}(0))\cap V\right)=s_1+s_2-n$$

由定义知，$\ker(\mathrm{d}\xi_3(0))=R_1^{\mathrm{e}}(0)+R_2^{\mathrm{e}}(0)$，因此有

$$\begin{aligned}\operatorname{rank}(\mathrm{d}\xi_3(0)E)&=\dim(V)-\dim\left((R_1^{\mathrm{e}}(0)+R_2^{\mathrm{e}}(0))\cap V\right)\\&=\nu-s_1-s_2+n=s_3\end{aligned}$$

由于 $\theta_3(0)=\mathrm{d}\xi_3(0)E$，这样就证明了 $\theta_3(0)$ 恰好有 s_3 个线性无关行。

现在，以 e_j 表示式 (7.50) 中矩阵 E 的第 j 列，并注意到，对于所有的 $1\leqslant j\leqslant \nu$ 和 $i=1,2$，分布 R_1^{e} 和 R_2^{e} 根据构造满足

$$[e_j,R_i^{\mathrm{e}}]\subset R_i^{\mathrm{e}}+\operatorname{span}\{e_k;1\leqslant k\leqslant \nu\}$$

因而，用于证明命题 6.2.2 的相同论据表明

$$\frac{\partial(\theta_1(\xi)\beta(\xi))}{\partial\xi_2}=0,\qquad \frac{\partial(\theta_2(\xi)\beta(\xi))}{\partial\xi_1}=0$$

这样就完成了证明。 $\triangleleft$

构造的下一步也是最后一步，要证明对于系统 (7.52) 能够这样选择输入：

$$\begin{aligned}u_1&=F_1\xi_1+v_1\\u_2&=F_2\xi_2+v_2\\v'&=F_3\xi_3\end{aligned}\tag{7.53}$$

使得相应的闭环系统在平衡态 $(\xi_1,\xi_2,\xi_3)=(0,0,0)$ 处的一阶近似是稳定的。由于对这样选择的输入，闭环系统仍然是非交互的，所以这样就构造完成了可解非交互控制稳定性问题的一个动态反馈。

引理 7.5.4. *存在一个状态反馈律*

$$\begin{aligned}u_1&=F_1\xi_1\\u_2&=F_2\xi_2\\v'&=F_3\xi_3\end{aligned}$$

它在一阶近似下镇定系统 (7.52) 的平衡态 $x^{\mathrm{e}}=0$。

证明：由于矩阵 K 的特殊结构，系统 (7.52) 的第三个子系统在一阶近似下是平凡可镇定的。

为证明

$$\dot{\xi}_1=\varphi_1(\xi_1,0)+\psi(\xi_1,0)u_1\tag{7.54}$$

在一阶近似下是可镇定的，注意到，由假设知，

$$\dot{x}^{\mathrm{e}} = F(x^{\mathrm{e}}) + G_1(x^{\mathrm{e}})u_1 \tag{7.55}$$

和

$$\begin{aligned}\dot{\xi}_1 &= \varphi_1(\xi_1, \xi_3) + \psi_1(\xi_1, \xi_3)u_1\\ \dot{\xi}_2 &= \varphi_2(\xi_2, \xi_3)\\ \dot{\xi}_3 &= \varphi_3(\xi_3)\end{aligned} \tag{7.56}$$

是微分同胚的。以 L_1^{e} 表示 R_1^{e} 包含 $x^{\mathrm{e}} = 0$ 的积分流形。在新坐标下，L_1^{e} 正好是系统 (7.56) 的 (不变) 流形，在该流形上 $\xi_2 = 0$ 且 $\xi_3 = 0$。因而可得，系统 (7.54) 无非就是在适当的局部坐标下描述了系统 (7.55) 相对于不变流形 L_1^{e} 的限制。

现在回忆，由假设知，系统

$$\dot{\tilde{x}} = \tilde{f}(\tilde{x}) + \tilde{g}_1(\tilde{x})u_1 \tag{7.57}$$

相对于其不变流形 $\tilde{S}_1$ 的限制在 $\tilde{x} = 0$ 处有一个可镇定的线性近似。容易看到，在该系统相对于 $\tilde{S}_1$ 的限制和系统 (7.55) 相对于 L_1^{e} 的限制之间存在着一个自然的微分同胚。事实上，考虑 $\mathbb{R}^{n+\nu}$ 的子流形 M，其定义为

$$M = \{x^{\mathrm{e}} \in \mathbb{R}^{n+\nu} \colon (x_1, x_2, x_3) \in \tilde{S}_1, \lambda_1 = x_1, \mu_1 = x_3, \lambda_2 = 0, \mu_2 = 0\}$$

利用 $\tilde{f}$ 和 $\tilde{g}_1$ 都与 $\tilde{S}_1$ 相切的性质容易看到，F 和 G_1 都与 M 相切。因此，R_1^{e} 的所有向量场都与 M 相切。而且，该流形的维数恰好为 $s_1 = \dim(R_1^{\mathrm{e}})$。因而，该流形是 R_1^{e} 的一个最大积分流形并且一定和 L_1^{e} 一致。微分同胚

$$\begin{aligned}\phi\colon \quad \tilde{S}_1 \quad &\to L_1^{\mathrm{e}}\\ (x_1, x_2, x_3) &\mapsto (x_1, x_2, x_3, x_1, x_3, 0, 0)\end{aligned}$$

将系统 (7.57) 的轨线映入系统 (7.55) 的轨线。从而，由于系统 (7.57) 相对于 $\tilde{S}_1$ 的限制据假设在一阶近似下是可镇定的，所以系统 (7.55) 相对于 L_1^{e} 的限制也是在一阶近似下可镇定的，因而其微分同胚副本 (7.54) 的一阶近似也是可镇定的。

同样的论据确实对于系统 (7.51) 的第二个子系统也有效，这样就完成了证明。 ◁

总之，已经证明，如果本节开始处指出的各假设 (其中包括假设 $\Delta_{\mathrm{mix}} = 0$) 得以满足，则能够找到一个可解系统 $\mathbf{\tilde{S}}$ 非交互控制稳定性问题的动态反馈律。该反馈由先后在式 (7.42)、式 (7.50)、式 (7.53) 中引入的各个控制作用复合而成，表现形式如下：

$$\begin{pmatrix} u_1 \\ u_2 \end{pmatrix} = \begin{pmatrix} F_1\xi_1(x^{\mathrm{e}}) + v_1 \\ F_2\xi_2(x^{\mathrm{e}}) + v_2 \end{pmatrix}$$

$$\begin{pmatrix}\dot{\lambda}_1\\ \dot{\mu}_1\\ \dot{\lambda}_2\\ \dot{\mu}_2\end{pmatrix}=\begin{pmatrix}f_1(x_1)+g_{11}(x_1)F_1\xi_1(x^{\mathrm{e}})\\ f_3(x_1,0,\mu_1)+g_{31}(x_1,0,\mu_1)F_1\xi_1(x^{\mathrm{e}})\\ f_2(x_2)+g_{22}(x_2)F_2\xi_2(x^{\mathrm{e}})\\ f_3(x_2,0,\mu_2)+g_{32}(x_2,0,\mu_2)F_2\xi_2(x^{\mathrm{e}})\end{pmatrix}+\beta(\xi(x^{\mathrm{e}}))F_3\xi_3(x^{\mathrm{e}})$$

$$+\begin{pmatrix}g_{11}(x_1)\\ g_{31}(x_1,0,\mu_1)\\ 0\\ 0\end{pmatrix}v_1+\begin{pmatrix}0\\ 0\\ g_{22}(x_2)\\ g_{32}(x_2,0,\mu_2)\end{pmatrix}v_2$$

这是动态状态反馈的一种标准形式。

可以不太困难地将截至目前所做的分析进行扩展，使得 $\varDelta_{\mathrm{mix}}=0$ 的情况是其一个特例。为简单起见，再次考虑一个 $m=2$ 的系统，必须将系统 (7.41) 替换为 (假设 $\tilde{x}=0$ 是 $\varDelta_{\mathrm{mix}}$ 的一个正则点) 以下系统 (见注记 7.4.1)：

$$\begin{aligned}
\dot{x}_1&=f_1(x_1)+g_{11}(x_1)u_1\\
\dot{x}_2&=f_2(x_2)+g_{22}(x_2)u_2\\
\dot{x}_{3a}&=f_{3a}(x_1,x_2,x_{3a},x_{3b})+\sum_{j=1}^{2}g_{3aj}(x_1,x_2,x_{3a},x_{3b})u_j\\
\dot{x}_{3b}&=f_{3b}(x_1,x_2,x_{3b})+\sum_{j=1}^{2}g_{3bj}(x_1,x_2,x_{3b})u_j\\
y_i&=h_i(x_i),\qquad 1\leqslant i\leqslant 2
\end{aligned}\tag{7.58}$$

其中

$$\varDelta_{\mathrm{mix}}=\mathrm{span}\{\frac{\partial}{\partial x_{3a}}\}$$

在这些坐标下，假设向量场 $\tilde{f}(\tilde{x})$ 相对于 $L^{\star}$ (它是 $\varDelta_{\mathrm{mix}}$ 的积分流形) 的限制在一阶近似下稳定，亦即假设系统

$$\dot{x}_{3a}=f_{3a}(0,0,x_{3a},0)\tag{7.59}$$

在平衡态 $x_{3a}=0$ 处的一阶近似是稳定的。

现在，根据系统 (7.58) 的结构显然可知，如果系统 (7.59) 满足这个假设，则对于系统 (7.58) 的子系统

$$\begin{aligned}
\dot{x}_1&=f_1(x_1)+g_{11}(x_1)u_1\\
\dot{x}_2&=f_2(x_2)+g_{22}(x_2)u_2\\
\dot{x}_{3b}&=f_{3b}(x_1,x_2,x_{3b})+\sum_{j=1}^{2}g_{3bj}(x_1,x_2,x_{3b})u_j\\
y_i&=h_i(x_i)\qquad 1\leqslant i\leqslant 2
\end{aligned}$$

任何可解其非交互控制稳定性问题的动态反馈律也可解整个系统 (7.58) 的非交互控制稳定性问题。为获得这样一个反馈，只需假设与系统 (7.41) 具有完全相同结构的上述子系统满足本节开始时指出的假设，并执行上述构造过程即可。

下面以一个简单的解释性例子来结束本节。

例 7.5.4. 考虑如下系统，它是对例 7.3.5 中讨论过的系统的一个修正：

$$
\begin{aligned}
\dot{x}_1 &= u_1 \\
\dot{x}_2 &= u_2 \\
\dot{x}_3 &= x_2 + x_3^2 \\
\dot{x}_4 &= x_2 - x_2 \mathrm{e}^{x_3} + x_4 + u_1 + u_2 \\
y_1 &= x_1 \\
y_2 &= x_2
\end{aligned}
$$

与例 7.3.5 相同的计算表明

$$
R_1^\star = P_2^\star = \mathrm{span}\{\begin{pmatrix}1\\0\\0\\0\end{pmatrix}, \begin{pmatrix}0\\0\\0\\1\end{pmatrix}\}
$$

$$
R_2^\star = P_1^\star = \mathrm{span}\{\begin{pmatrix}0\\1\\0\\0\end{pmatrix}, \begin{pmatrix}0\\0\\1\\0\end{pmatrix}, \begin{pmatrix}0\\0\\0\\1\end{pmatrix}\}
$$

并且

$$
P^\star = P_1^\star \cap P_2^\star = \mathrm{span}\{(0 \;\; 0 \;\; 0 \;\; 1)^{\mathrm{T}}\}
$$

然而，在当前例子中，向量场 (7.14) 有如下形式：

$$
\dot{x}_4 = x_4
$$

由此推知，**静态**反馈非交互控制稳定性的必要条件没有满足。

为利用动态反馈来找到一个解，计算分布 $\varDelta_{\mathrm{mix}}$。简单的计算表明，对于所有的 $k \geqslant 0$ 和所有的 $h \geqslant 0$，有

$$
[\mathrm{ad}_f^k g_1, \mathrm{ad}_f^h g_2] = 0
$$

于是得到 $\varDelta_{\mathrm{mix}} = 0$，特别是，**动态**反馈非交互控制稳定性的必要条件得以满足。

还注意到，

$$
R_1^\star = \mathrm{span}\{g_1, \mathrm{ad}_f g_1\}, \qquad R_2^\star = \mathrm{span}\{g_2, \mathrm{ad}_f g_2, \mathrm{ad}_f^2 g_2\}
$$

从而本节开始时指出的其他 (充分) 条件也得到满足。

遵循上面给出的构造方式，令

$$F(x^{\mathrm{e}})=\begin{pmatrix}0\\0\\x_2+x_3^2\\x_2-x_2\mathrm{e}^{x_3}+x_4\\0\\x_6\\0\\x_2+x_3^2\\x_2-x_2\mathrm{e}^{x_3}+x_9\end{pmatrix},\qquad G_1(x^{\mathrm{e}})=\begin{pmatrix}1\\0\\0\\1\\1\\1\\0\\0\\0\end{pmatrix},\qquad G_2(x^{\mathrm{e}})=\begin{pmatrix}0\\1\\0\\1\\0\\0\\1\\0\\1\end{pmatrix}$$

对于这个扩展系统，可发现

$$R_1^{\mathrm{e}}=\mathrm{span}\{\begin{pmatrix}1\\0\\0\\0\\1\\0\\0\\0\\0\end{pmatrix},\begin{pmatrix}0\\0\\0\\1\\0\\1\\0\\0\\0\end{pmatrix}\},\qquad R_2^{\mathrm{e}}=\mathrm{span}\{\begin{pmatrix}0\\1\\0\\0\\0\\0\\1\\0\\0\end{pmatrix},\begin{pmatrix}0\\0\\1\\0\\0\\0\\0\\1\\0\end{pmatrix},\begin{pmatrix}0\\0\\0\\1\\0\\0\\0\\0\\1\end{pmatrix}\}$$

增加额外的 5 维输入 v 后得到系统 (7.50)，其形式如下：

$$\begin{aligned}
\dot{x}_1&=u_1\\
\dot{x}_2&=u_2\\
\dot{x}_3&=x_2+x_3^2\\
\dot{x}_4&=x_2-x_2\mathrm{e}^{x_3}+x_4+u_1+u_2\\
\dot{x}_5&=u_1+v_1\\
\dot{x}_6&=x_6+u_1+v_2\\
\dot{x}_7&=u_2+v_3\\
\dot{x}_8&=x_2+x_3^2+v_4\\
\dot{x}_9&=x_2-x_2\mathrm{e}^{x_3}+x_9+u_2+v_5
\end{aligned}$$

可导致式 (7.51) 的坐标变换定义如下：

$$\xi_3=\begin{pmatrix}\xi_{31}\\\xi_{32}\\\xi_{33}\\\xi_{34}\end{pmatrix}=\begin{pmatrix}x_1-x_5\\x_2-x_7\\x_3-x_8\\x_4-x_6-x_9\end{pmatrix}$$

$$\xi_1 = \begin{pmatrix} \xi_{11} \\ \xi_{12} \end{pmatrix} = \begin{pmatrix} x_5 \\ x_6 \end{pmatrix}, \qquad \xi_2 = \begin{pmatrix} \xi_{21} \\ \xi_{22} \\ \xi_{23} \end{pmatrix} = \begin{pmatrix} x_7 \\ x_8 \\ x_9 \end{pmatrix}$$

在新坐标下，扩展系统 (7.50) 可分解为：

$$\begin{aligned}
\dot{\xi}_{11} &= u_1 + v_1 \\
\dot{\xi}_{12} &= \xi_{11} + u_1 + v_2 \\
\dot{\xi}_{21} &= u_2 + v_3 \\
\dot{\xi}_{22} &= \xi_{21} + \xi_{32} + (\xi_{22} + \xi_{33})^2 + v_4 \\
\dot{\xi}_{23} &= \xi_{23} + (\xi_{21} + \xi_{32})(1 - \mathrm{e}^{\xi_{22}+\xi_{33}}) + u_2 + v_5
\end{aligned}$$

以及

$$\begin{aligned}
\dot{\xi}_{31} &= -v_1 \\
\dot{\xi}_{32} &= -v_3 \\
\dot{\xi}_{33} &= -v_4 \\
\dot{\xi}_{34} &= \xi_{34} - v_2 - v_5
\end{aligned}$$

由于与 v 相乘的矩阵都是常数矩阵，所以无须进一步处理此输入[①]。换言之，这个系统已经形如系统 (7.52)。此时，可立即检验，如下形式的附加反馈律：

$$\begin{aligned}
u_1 &= F_1\xi_1 + \bar{u}_1 \\
u_2 &= F_2\xi_2 + \bar{u}_2 \\
v &= F_3\xi_3
\end{aligned}$$

可在一阶近似下镇定上述系统，并且保持非交互性不变。 ◁

① 即无须再对此输入进行动态扩展。——译者注

第 8 章　跟踪与调节

8.1　非线性系统中的稳态响应

本章讨论这样一个问题：如何控制一个非线性系统，以使其输出渐近收敛到一个规定的稳态响应。为此先要说明，在非线性系统的一般背景下，必须在何种特定意义下来理解稳态响应这个“直观”概念，并确定存在这样一个响应的适当条件。然后，从下一节开始，将展示如何实现一个规定的稳态响应。

稳态响应的直观概念是指随着时间增长，系统的任何其他响应都会收敛到这个特殊响应。为了用更严格的术语描述这个概念，考虑系统

$$\dot{x} = f(x, u) \tag{8.1}$$

其中状态 x 定义在 $\mathbb{R}^n$ 中的原点的一个邻域 U 内，输入 $u \in \mathbb{R}^m$，假设 $f(0,0) = 0$，并以 $x(t, x^\circ, u(\cdot))$ 表示 $t > 0$ 时的状态，它始于 $t = 0$ 时刻的初始状态 x°，并受输入 $u(\cdot)$ 的影响。令 $u^*(\cdot)$ 为一个特定的输入函数，并假设存在一个初始状态 x^*，对属于 x^* 某一个邻域 U^* 中的每一点 x°，均满足性质

$$\lim_{t\to\infty} \|x(t, x^\circ, u^*(\cdot)) - x(t, x^*, u^*(\cdot))\| = 0$$

如果是这种情况，则称响应

$$x_{\mathrm{ss}} = x(t, x^*, u^*(\cdot))$$

为系统 (8.1) 对于特定输入 $u^*(\cdot)$ 的**稳态响应** (steady state response)。

当一个系统受到时间上的“持续”输入 [如任何周期函数，当然也是有界函数] 时，稳态响应概念对于分析其响应尤为有用。其实在这些情况下，稳态响应本身就是关于时间的一个持续函数，其特性完全依赖于施加在系统上的特定输入，而不依赖于系统在初始时刻的状态。通常，可认为这种输入是由一个适当的动态系统“生成的”，该系统的模型方程具有如下形式：

$$\begin{aligned} \dot{w} &= s(w) \\ u &= p(w) \end{aligned} \tag{8.2}$$

状态 w 定义在 $\mathbb{R}^r$ 中的原点的一个邻域 W 内，且有 $s(0) = 0$，$p(0) = 0$。为使该系统所产生的输入是有界的，只需要假设点 $w = 0$ 是向量场 $s(w)$ 的一个稳定平衡态 (在常规的 Lyapunov 意义下)，并在原点的某一个适当邻域 $W^\circ \in W$ 内选择 $t = 0$ 时的初始条件。为使输入在时间

上是持续的 (即排除某些输入随时间趋于无穷而衰减到零的可能性)，假设 W° 的每一点均为泊松 (Poisson) 稳定的是很方便的。

回想一下，如果向量场 $s(w)$ 的流 $\Phi^s_t(w^\circ)$ 对于所有的 $t \in \mathbb{R}$ 都有定义，并且对于 w° 的每一邻域 U° 和每一个实数 $T > 0$，均存在时间 $t_1 > T$ 和 $t_2 < -T$，使得有 $\Phi^s_{t_1}(w^\circ) \in U^\circ$ 和 $\Phi^s_{t_2}(w^\circ) \in U^\circ$，则称点 w° 是**泊松稳定的** (Poisson stable)。换言之，如果始于 w° 某一邻域的轨线 $w(t)$ 在任何足够长的时间内可以任意地接近点 w°，不论是前向还是后向的，则点 w° 是泊松稳定的。于是显然，如果每一点 $w^\circ \in W^\circ$ 都是泊松稳定的，则系统 (8.2) 没有轨线随时间趋于无穷而衰减到零。

下面将研究由动态系统 (8.2) 产生的输入所导致的稳态响应，这里假设向量场 $s(w)$ 满足上面指出的两个性质，即点 $w = 0$ 是稳定的平衡态 (在常规意义下)，并且存在点 $w = 0$ 的一个开邻域，其中的每一点都是泊松稳定的。为便于考虑，将这两个性质合称为**中性稳定性** (neutral stability)。

注记 8.1.1. 中性稳定性假设意味着，矩阵

$$S = \left[\frac{\partial s}{\partial w}\right]_{w=0}$$

[它描述了向量场 $s(w)$ 在 $w = 0$ 处的线性近似] 的**所有特征值均在虚轴上**。事实上，S 不可能有正实部特征值，因为否则平衡态 $w = 0$ 将不稳定。而且，在 $w = 0$ 的某一个邻域中假设每一点都是泊松稳定的，这蕴涵着随着时间趋于无穷，这个外部系统没有轨线能够收敛到 $w = 0$，这又蕴涵着 S 没有负实部特征值。事实上，如果 S 具有负实部特征值，那么这个外部系统在该平衡态附近将有一个稳定的不变流形，始于该流形的轨线随着时间趋于无穷将收敛到 $w = 0$。注意到，以实例来说，上述假设包含了每条轨线均为周期轨线的系统，因此由式 (8.2) 生成的输入是一个时间周期函数。 $\lhd$

非常容易证明，如果 $\dot{x} = f(x, 0)$ 的平衡态 $x = 0$ 是一阶近似下渐近稳定的，则对于系统 (8.2) 所产生的任意输入均能定义一个稳态响应，只要系统的初始条件 w° 在原点的一个充分小邻域内变动。

命题 8.1.1. 假设系统 (8.2) 是中性稳定的，并且 $\dot{x} = f(x, 0)$ 的平衡态 $x = 0$ 是一阶近似下渐近稳定的。那么，存在定义在原点某一邻域 $W^\circ \subset W$ 内的映射 $x = \pi(w)$，其中 $\pi(0) = 0$，对于所有的 $w \in W^\circ$，该映射满足

$$\frac{\partial \pi}{\partial w} s(w) = f(\pi(w), p(w)) \tag{8.3}$$

而且，对于每一个 $w^* \in W^\circ$，输入

$$u^*(t) = p(\Phi^s_t(w^*))$$

产生了一个有唯一定义的稳态响应，其形式为

$$x_{\mathrm{ss}}(t) = x(t, \pi(w^*), u^*(\cdot))$$

证明: 复合系统

$$\begin{aligned}\dot{x} &= f(x, p(w)) \\ \dot{w} &= s(w)\end{aligned}$$

在平衡态 $(x, w) = (0, 0)$ 处的雅可比矩阵具有如下形式:

$$\begin{pmatrix} A & \star \\ 0 & S \end{pmatrix}$$

其中，由假设知，A 的所有特征值均具有负实部，而 S 的所有特征值位于虚轴上。于是，该系统 (见 B.1 节) 在 $(x, w) = (0, 0)$ 处有一个中心流形，亦即满足式 (8.3) 的映射 $x = \pi(w)$ 的图形。而且，与之相应的约化系统恰好由 $\dot{w} = s(w)$ 给出。因此，平衡点 $(x, w) = (0, 0)$ 是稳定的 (在常规意义下)。这个中心流形是局部指数吸引的，并且对位于点 $(0, 0)$ 的某一个邻域内的所有点 (x°, w^*)，有

$$\|x(t) - \pi(w(t))\| \leqslant K\mathrm{e}^{-\alpha t}\|x^\circ - \pi(w^*)\|$$

对于所有的 $t \geqslant 0$ 和适当的 $K > 0$、$\alpha > 0$ 都成立。注意到，由定义知，

$$x(t) = x(t, x^\circ, u^*(\cdot))$$

并且，由于 $x = \pi(w)$ 的图形是一个不变流形，所以

$$x(t, \pi(w^*), u^*(\cdot)) = \pi(w(t))$$

因此有

$$\lim_{t\to\infty} \|x(t, x^\circ, u^*(\cdot)) - x(t, \pi(w^*), u^*(\cdot))\| = 0$$

从而结论得证。 ◁

注记 8.1.2. 如果 $f(x, p(w))$ 和 $s(w)$ 都是 C^∞ 的，则复合系统

$$\begin{aligned}\dot{x} &= f(x, p(w)) \\ \dot{w} &= s(w)\end{aligned}$$

对于任意的 $k < \infty$ 都有一个 C^k 中心流形 (见 B.1 节)。因而，对于任意的 $k < \infty$，C^k 映射 $x = \pi(w)$ 满足式 (8.3)。 ◁

下面的简单例子展示了如何用中心流形理论确定一个非线性系统的稳态响应。

例 8.1.3. 考虑非线性系统

$$\begin{aligned}\dot{x}_1 &= -x_1 + u \\ \dot{x}_2 &= -x_2 + x_1 u\end{aligned}$$

其中输入 u 由一个形如式 (8.2) 的系统产生：

$$\begin{aligned}\dot{w}_1 &= aw_2\\ \dot{w}_2 &= -aw_1\\ u &= w_1\end{aligned}$$

由于命题 8.1.1 的假设成立，所以存在一个映射 $x=\pi(w)$ 满足恒等式 (8.3)，在当前情况下，该式简化为

$$\begin{aligned}\frac{\partial\pi_1}{\partial w_1}aw_2-\frac{\partial\pi_1}{\partial w_2}aw_1 &= -\pi_1(w_1,w_2)+w_1\\ \frac{\partial\pi_2}{\partial w_1}aw_2-\frac{\partial\pi_2}{\partial w_2}aw_1 &= -\pi_2(w_1,w_2)+\pi_1(w_1,w_2)w_1\end{aligned}$$

这两个关系式中的第一个是关于 $\pi_1(w_1,w_2)$ 的方程，其解是一个关于 w 的线性函数

$$\pi_1(w_1,w_2)=\frac{1}{1+a^2}(w_1-aw_2)$$

将该函数代入第二个关系式，可得到一个关于 $\pi_2(w_1,w_2)$ 的方程，其解是一个关于 w_1,w_2 的二次多项式。事实上，简单地计算得到

$$\pi_2(w_1,w_2)=\frac{1}{(1+5a^2+4a^4)}((1+a^2)w_1^2-3aw_1w_2+3a^2w_2^2)$$

注意，所发现的解对于所有的 $w\in\mathbb{R}^2$ 都有定义。对于任意的 $(w_1^*,w_2^*)\in\mathbb{R}^2$，输入

$$u^*(t)=w_1^*\cos at+w_2^*\sin at$$

产生了一个有唯一定义的稳态响应 (如图 8.1 所示)，其表示由下式给出：

$$x_{\mathrm{ss}}(t)=\begin{pmatrix}\pi_1(w_1(t),w_2(t))\\ \pi_2(w_1(t),w_2(t))\end{pmatrix}$$

另外注意到，始于每一个初始状态 x° 的任何其他响应都收敛到这个稳态响应。事实上，偏差

$$\begin{aligned}e_1 &= x_1-\pi_1(w_1,w_2)\\ e_2 &= x_2-\pi_2(w_1,w_2)\end{aligned}$$

满足

$$\begin{aligned}\dot{e}_1 &= -e_1\\ \dot{e}_2 &= -e_2+e_1u\end{aligned}$$

由此容易得知，对于所有的 $e_1(0)$ 和 $e_2(0)$，随着时间趋于无穷，$e_1(t)$ 和 $e_2(t)$ 都收敛到零。 ◁

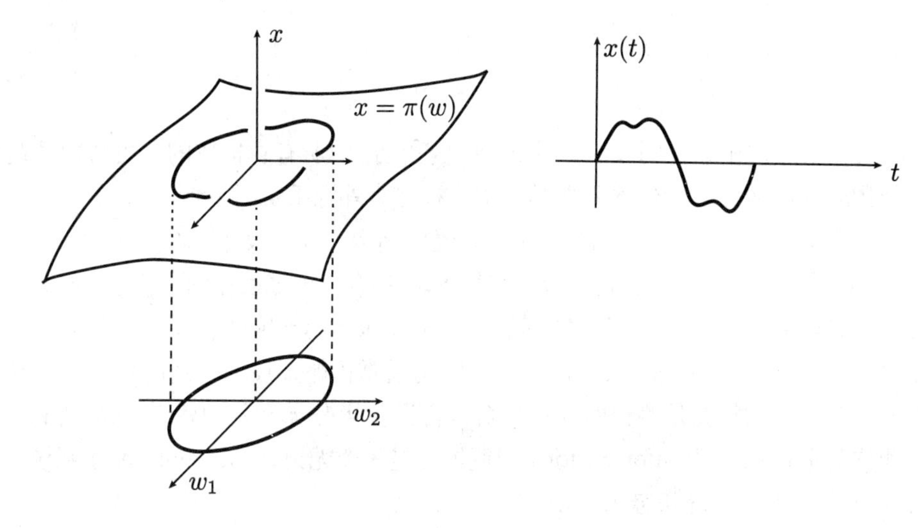

图 8.1

8.2 输出调节问题

控制理论中的一个经典问题是，设计一个反馈律以使某一个规定指令族中的每一个外部指令都对应于同一个事先规定的稳态响应。例如，这个问题可能是使一个受控设备的输出 $y(\cdot)$ 渐近跟踪某一给定函数族中的任一规定参考输出 $y_{\text{ref}}(\cdot)$，也可能是使输出 $y(\cdot)$ 渐近抑制某类干扰中的任何意外干扰 $w(\cdot)$。在这两种情况下，都是对每一个参考输出和在规定函数族中变动的每一个意外干扰，使所谓的**跟踪误差** (tracking error)

$$e(t) = y_{\text{ref}}(t) - y(t)$$

(即参考输出和实际输出之差，是关于时间的函数) 随时间趋于无穷而衰减到零。换言之，该问题的实质是，使控制系统对于给定指令族中的每一个外部指令都展现出一个稳态响应，从而使相应的跟踪误差恒为零。

从具有零稳态误差的视角来看，不用总是区分哪些是必需的输出响应以及哪些是意外干扰，因为二者均可视为一个“增广的”外源指令的分量，都是要用跟踪误差来渐近抑制的。受这些 (标准的) 观点推动，以下考虑由方程组

$$\begin{aligned} \dot{x} &= f(x, w, u) \\ e &= h(x, w) \end{aligned} \tag{8.4}$$

建模的非线性系统。

式 (8.4) 的第一个方程描述了一个**设备** (plant) 的动态，其状态 x 定义在 $\mathbb{R}^n$ 中的原点的某一个邻域 U 内，控制输入 $u \in \mathbb{R}^m$。该设备受到一组**外源输入** (exogenous input) 变量 $w \in \mathbb{R}^r$ 的影响，在这些外源输入中包含了要抑制的干扰和/或要跟踪的参考信号。第二个方程定义了一个误差变量 $e \in \mathbb{R}^m$，表示为关于状态 x 和外源输入 w 的函数。

为了数学上的简洁性，也因为能够涵盖大量密切相关的实际情况，假设产生外源输入 $w(\cdot)$ (这些外源输入会对设备产生影响，要针对它们实现误差信号的渐近衰减) 的函数族是由 (可

能非线性的) 齐次微分方程

$$\dot{w} = s(w) \tag{8.5}$$

(初始条件 $w(0)$ 在 $\mathbb{R}^r$ 中原点的某一个邻域 W 内变动) 的所有解构成的。可将此系统视为所有可能的外源输入函数的"发生器"数学模型，称之为**外源系统** (exosystem)。

照例假设 $f(x, w, u)$、$h(x, w)$ 和 $s(w)$ 都是光滑函数，并假设 $f(0,0,0) = 0$，$s(0) = 0$ 和 $h(0,0) = 0$。于是, 对于 $u = 0$, 复合系统 (8.4)–(8.5) 具有一个零误差的平衡态 $(x, w) = (0, 0)$。

系统 (8.4) 的控制作用由一个**反馈控制器** (feedback controller) 提供，该控制器处理来自设备的信息以产生适当的控制输入。控制器的结构通常依赖于反馈可用的信息量。从反馈设计的角度看，最有利的情况是测得的变量集合包含设备状态 x 和外源输入 w 的所有分量。这时，控制器称为**全信息** (full information) 控制器，是一个**无记忆** (memoryless) 系统，其输出 u 是设备状态 x 和外源系统状态 w 的函数:

$$u = \alpha(x, w) \tag{8.6}$$

式 (8.4) 和式 (8.6) 互连产生了一个如下的闭环系统:

$$\begin{aligned} \dot{x} &= f(x, w, \alpha(x, w)) \\ \dot{w} &= s(w) \end{aligned} \tag{8.7}$$

特别是，假设 $\alpha(0,0) = 0$ 以使闭环系统 (8.7) 在 $(x, w) = (0, 0)$ 处有一个平衡态。

更为现实且相当普遍的情况是只有误差分量 e 可以测得。在这种情况下，控制器称为**误差反馈** (error feedback) 控制器，它是一个动态非线性系统，由以下方程组建模:

$$\begin{aligned} \dot{\xi} &= \eta(\xi, e) \\ u &= \theta(\xi) \end{aligned} \tag{8.8}$$

其内部状态 ξ 定义在 $\mathbb{R}^\nu$ 中的原点的某一个邻域 $\varXi$ 内。式 (8.4) 和式 (8.8) 的互连在这种情况产生了一个由以下方程组描述的闭环系统:

$$\begin{aligned} \dot{x} &= f(x, w, \theta(\xi)) \\ \dot{\xi} &= \eta(\xi, h(x, w)) \\ \dot{w} &= s(w) \end{aligned} \tag{8.9}$$

同样，假设 $\eta(0,0) = 0$ 和 $\theta(0) = 0$，以使三元组 $(x, \xi, w) = (0, 0, 0)$ 是闭环系统 (8.9) 的一个平衡态。

控制的目的是获得一个闭环系统，其中，对于每一个外源输入 $w(\cdot)$ (属于规定的指令族) 和每一个初始状态 (在原点的某一个邻域内)，输出 $e(\cdot)$ 随时间趋于无穷而衰减到零。当这种情况发生时，称该闭环系统具有**输出调节性质** (property of output regulation)。注意，鉴于 8.1 节的讨论, 这一要求其实需要每一个外源输入 $w(\cdot)$ 在闭环系统中导出一个稳态响应 $x_{\mathrm{ss}}(\cdot)$, 使得对于所有的 $t \geqslant 0$，都有

$$h(x_{\mathrm{ss}}(t), w(t)) = 0$$

在这种设定下的一个基本要求是，对于外源系统 (8.5) 产生的每一个输入都有一个唯一定义的稳态响应，所以对于这样一个响应的存在性，需要求助于 8.1 节中给出的充分条件 (见命题 8.1.1)。就外源系统而言，本章始终假设它具有中性稳定性，而对于受控设备和反馈控制器的互连，要探索一阶近似下的稳定性。这产生了上述的两个设计问题的如下正式描述。

全信息输出调节问题 (Full Information Output Regulation Problem) 给定一个形如式 (8.4) 的非线性系统和一个中性稳定的外源系统 (8.5)，如若可能，找到一个映射 $\alpha(x,w)$，使得

$(\mathbf{S})_{\mathrm{FI}}$ 系统

$$\dot{x} = f(x,0,\alpha(x,0)) \tag{8.10}$$

的平衡态 $x=0$ 是一阶近似渐近稳定的；

$(\mathbf{R})_{\mathrm{FI}}$ 存在 $(0,0)$ 的一个邻域 $V \subset U \times W$，使得对于每一个初始条件 $(x(0),w(0)) \in V$，系统 (8.7) 的解满足

$$\lim_{t\to\infty} h(x(t),w(t)) = 0$$

误差反馈输出调节问题 (Error Feedback Output Regulation Problem) 给定一个形如式 (8.4) 的非线性系统和一个中性稳定的外源系统 (8.5)，如若可能，找到一个整数 ν 和两个映射 $\theta(\xi)$ 和 $\eta(\xi,e)$，使得

$(\mathbf{S})_{\mathrm{EF}}$ 系统

$$\begin{aligned}\dot{x} &= f(x,0,\theta(\xi))\\ \dot{\xi} &= \eta(\xi,h(x,0))\end{aligned} \tag{8.11}$$

的平衡态是一阶近似渐近稳定的；

$(\mathbf{R})_{\mathrm{EF}}$ 存在 $(0,0,0)$ 的一个邻域 $V \subset U\times\Xi\times W$，使得对于每一个初始条件 $(x(0),\xi(0),w(0)) \in V$，系统 (8.9) 的解满足

$$\lim_{t\to\infty} h(x(t),w(t)) = 0$$

注记 8.2.1. 注意，$(\mathbf{S})_{\mathrm{FI}}$ 和 $(\mathbf{S})_{\mathrm{EF}}$ 的要求相当强，因为它们要求得到闭环系统一阶近似下的稳定性。这种描述在外源系统具有中性稳定性的假设下保证了存在一个唯一定义的稳态响应。然而，它是相当苛刻的，因为它要求 (见 4.4 节) 受控设备的线性近似具有渐近可镇定性。满足 $(\mathbf{S})_{\mathrm{FI}}$ 和 $(\mathbf{S})_{\mathrm{EF}}$ 这两个要求的可能性完全取决于受控设备在 $x=0$ 处的线性近似的性质，而且要解决能提供这两个性质之中任何一个的反馈律的设计问题只需要利用线性系统理论的标准结果。但是，正如将看到的，解决同时满足 $(\mathbf{S})_{\mathrm{FI}}$ 和 $(\mathbf{R})_{\mathrm{FI}}$ [或者 $(\mathbf{S})_{\mathrm{EF}}$ 和 $(\mathbf{R})_{\mathrm{EF}}$] 的问题需要进行一个具体的非线性分析。 $\lhd$

正如刚才注记中所述，由于受控设备线性近似的性质在求解调节问题中所具有的决定性作用，所以确定一种合适的记法来显式表示该近似的各个参数是有益的。为此，注意到可将闭环系统 (8.7) 写成如下形式：

$$\begin{aligned}\dot{x} &= (A+BK)x + (P+BL)w + \phi(x,w)\\ \dot{w} &= Sw + \psi(w)\end{aligned}$$

其中 $\phi(x,w)$ 和 $\psi(w)$ 及其一阶导数在原点都为零，矩阵 A、B、P、K、L 和 S 的定义分别为

$$\begin{aligned} A &= \left[\frac{\partial f}{\partial x}\right]_{(0,0,0)}, \quad & B &= \left[\frac{\partial f}{\partial u}\right]_{(0,0,0)}, \quad & P &= \left[\frac{\partial f}{\partial w}\right]_{(0,0,0)} \\ K &= \left[\frac{\partial \alpha}{\partial x}\right]_{(0,0)}, \quad & S &= \left[\frac{\partial s}{\partial w}\right]_{(0)}, \quad & L &= \left[\frac{\partial \alpha}{\partial w}\right]_{(0,0)} \end{aligned} \tag{8.12}$$

另一方面，闭环系统 (8.9) 可以写成如下形式：

$$\begin{aligned} \dot{x} &= Ax + BH\xi + Pw + \phi(x,\xi,w) \\ \dot{\xi} &= F\xi + GCx + GQw + \chi(x,\xi,w) \\ \dot{w} &= Sw + \psi(w) \end{aligned}$$

其中 $\phi(x,\xi,w)$、$\chi(x,\xi,w)$、$\psi(w)$ 及其一阶导数在原点都为零，矩阵 C、Q、F、H 和 G 的定义分别为

$$\begin{aligned} C &= \left[\frac{\partial h}{\partial x}\right]_{(0,0)}, \quad & Q &= \left[\frac{\partial h}{\partial w}\right]_{(0,0)} & & \\ F &= \left[\frac{\partial \eta}{\partial \xi}\right]_{(0,0)}, \quad & G &= \left[\frac{\partial \eta}{\partial e}\right]_{(0,0)}, \quad & H &= \left[\frac{\partial \theta}{\partial \xi}\right]_{(0)} \end{aligned} \tag{8.13}$$

利用这种表示，可立即意识到，要求 $(\mathbf{S})_{\mathrm{FI}}$ 就是让系统 (8.10) 在 $x=0$ 处的雅可比矩阵

$$J = A + BK$$

的所有特征值具有负实部，而要求 $(\mathbf{S})_{\mathrm{EF}}$ 就是让系统 (8.11) 在 $(x,\xi)=(0,0)$ 处的雅可比矩阵

$$J = \begin{pmatrix} A & BH \\ GC & F \end{pmatrix}$$

的所有特征值具有负实部。

由线性系统理论容易知道：只要矩阵对 (A,B) 是**可镇定的** (stabilizable)，即存在 K 使得 $(A+BK)$ 的所有特征值具有负实部，$(\mathbf{S})_{\mathrm{FI}}$ 就能实现；只要矩阵对 (A,B) 是可镇定的且矩阵对 (C,A) 是**可检测的** (detectable)，即存在 G 使得 $(A+GC)$ 的所有特征值具有负实部，$(\mathbf{S})_{\mathrm{EF}}$ 就能实现。设备 (8.4) 在 $(x,w,u)=(0,0,0)$ 处的线性近似的这些性质实际上是输出调节问题可解的必要条件。

8.3 全信息输出调节

本节来说明如何求解全信息输出调节问题。为此，首先给出一个简单但却非常重要的预备结果，它在之后的问题解决中具有关键作用。

引理 8.3.1. 假设对于某一个 $\alpha(x,w)$，条件 $(\mathbf{S})_{\mathrm{FI}}$ 得以满足。那么，条件 $(\mathbf{R})_{\mathrm{FI}}$ 也满足当且仅当在原点的一个邻域 $W^{\circ} \subset W$ 内，存在一个映射 $x=\pi(w)$，其中 $\pi(0)=0$，它对于所有的

$w \in W^\circ$，满足条件

$$\begin{aligned} \frac{\partial \pi}{\partial w} s(w) &= f(\pi(w), w, \alpha(\pi(w), w)) \\ 0 &= h(\pi(w), w) \end{aligned} \tag{8.14}$$

证明: 注意到，闭环系统 (8.7) 在平衡态 $(x, w) = (0, 0)$ 处的雅可比矩阵具有如下形式:

$$\begin{pmatrix} A + BK & \star \\ 0 & S \end{pmatrix}$$

根据假设，矩阵 $(A + BK)$ 的特征值具有负实部且矩阵 S 的特征值均位于虚轴上。于是，利用 B.1 节的结论可得，对于系统 (8.7)，在 $(0, 0)$ 处存在一个局部中心流形，该流形可表示为映射

$$x = \pi(w)$$

的图形，其中 $\pi(w)$ 满足形如式 (B.6) 的方程。在当前设定下，该方程恰好简化为式 (8.14) 的第一个方程。

选择一个实数 $R > 0$，并令 w° 是 W° 中的一点，满足 $\|w^\circ\| < R$。根据中性稳定性假设，由于外源系统的平衡态 $w = 0$ 是稳定的，所以能够选择 R 以使系统 (8.5) 满足 $w(0) = w^\circ$ 的解 $w(t)$ 对于所有的 $t \geqslant 0$ 仍然保留在 W° 中。如果 $x(0) = x^\circ = \pi(w^\circ)$，则系统 (8.7) 的相应解 $x(t)$ 对于所有的 $t > 0$ 都满足 $x(t) = \pi(w(t))$，因为由定义知，流形 $x = \pi(w)$ 在系统 (8.7) 的流映射下是不变的。注意到，映射

$$\begin{aligned} \mu \colon W^\circ &\to U \times W^\circ \\ w &\mapsto (\pi(w), w) \end{aligned}$$

(该映射的秩在 W° 的每一点处都等于 W° 的维数 r) 定义了从 W° 的一个邻域到其映像上的一个微分同胚。因此，系统 (8.7) 的流映射对其中心流形的限制是外源系统的流映射的一个微分同胚副本，并且由假设知此中心流形上与原点足够接近的任一点都是泊松稳定的。下面将证明，由这个事实及满足要求 $(\mathbf{R})_{\mathrm{FI}}$ 可以推得式 (8.14) 的第二个方程。

这是因为，假设式 (8.14) 在充分接近 $(0, 0)$ 的某点 $(\pi(w^\circ), w^\circ)$ 处不成立，那么有

$$M = \|h(\pi(w^\circ), w^\circ)\| > 0$$

并且存在 $(\pi(w^\circ), w^\circ)$ 的一个邻域 V，使得在每一点 $(\pi(w), w) \in V$ 处，有

$$\|h(\pi(w), w)\| > M/2$$

如果 $(\mathbf{R})_{\mathrm{FI}}$ 对起始于 $(\pi(w^\circ), w^\circ)$ 的某条轨线成立，那么存在 T 使得

$$\|h(\pi(w(t)), w(t))\| < M/2$$

对于所有的 $t > T$ 都成立。但如果 $(\pi(w^\circ), w^\circ)$ 是泊松稳定的，则对于某一个 $t' > T$，有 $(\pi(w(t')), w(t')) \in V$，这与之前的不等式相矛盾。因此，式 (8.14) 的第二个方程必然成立。

为证明充分性，注意到，如果式 (8.14) 的第一个方程得以满足，则映射 $x = \pi(w)$ 的图形由构造知是系统 (8.7) 的一个中心流形。而且，根据式 (8.14) 的第二个方程，误差满足

$$e(t) = h(x(t), w(t)) - h(\pi(w(t)), w(t))$$

注意到，由假设知，点 $(x, w) = (0, 0)$ 是系统 (8.7) 的一个稳定平衡态。于是，对于充分小的 $(x(0), w(0))$，系统 (8.7) 的解 $(x(t), w(t))$ 对于所有的 $t \geqslant 0$ 都保持在 $(0, 0)$ 的任何一个任意小的邻域内。利用 B.1 节所阐释的中心流形性质推知，存在实数 $M > 0$ 和 $a > 0$，使得对于所有的 $t \geqslant 0$，都有

$$\|x(t) - \pi(w(t))\| \leqslant M\mathrm{e}^{-at}\|x(0) - \pi(w(0))\|$$

成立。由 $h(x, w)$ 的连续性，有 $\lim_{t\to\infty} e(t) = 0$，即条件 $(\mathbf{R})_{\mathrm{FI}}$ 得到满足。 ◁

利用这个结论，非常容易给出求解全信息输出调节问题的一个充要条件。

定理 8.3.2. 全信息输出调节问题可解，当且仅当矩阵对 (A, B) 可镇定，并且存在定义在原点的某一邻域 $W^\circ \subset W$ 内的映射 $x = \pi(w)$ 和 $u = c(w)$，其中 $\pi(0) = 0$，$c(0) = 0$，对于所有的 $w \in W^\circ$，这两个映射满足以下条件：

$$\begin{aligned} \frac{\partial \pi}{\partial w} s(w) &= f(\pi(w), w, c(w)) \\ 0 &= h(\pi(w), w) \end{aligned} \tag{8.15}$$

证明：该条件的必要性，即 (A, B) 是可镇定的，在 8.2 节中已有讨论。为推出式 (8.15) 的必要性，只需注意到，根据引理 8.3.1，可解该问题的任何反馈律必然使恒等式 (8.14) 对于某一个 $\pi(w)$ 成立。现在设

$$c(w) = \alpha(\pi(w), w)$$

则立即可得式 (8.15)。

为证明充分性，注意到，由假设知，存在一个矩阵 K，使得 $(A + BK)$ 具有负实部特征值。假设条件 (8.15) 对于某一个 $\pi(w)$ 和某一个 $c(w)$ 成立，并且以如下方式定义一个反馈律：

$$\alpha(x, w) = c(w) + K(x - \pi(w))$$

可立即检验这是全信息输出调节问题的一个解。事实上，这个选择显然满足要求 $(\mathbf{S})_{\mathrm{FI}}$，因为 $\alpha(x, 0) = Kx$。而且，由构造知

$$\alpha(\pi(w), w) = c(w)$$

因此，式 (8.15) 的第一个方程恒等于式 (8.14) 的第一个方程。另一方面，式 (8.15) 的第二个方程与式 (8.14) 的第二个方程完全相等。于是，再利用引理 8.3.1，可得要求 $(\mathbf{R})_{\mathrm{FI}}$ 也满足。 ◁

注记 8.3.1. 式 (8.15) 中的第一个条件表示这样的事实：对于复合系统

$$\begin{aligned} \dot{x} &= f(x, w, u) \\ \dot{w} &= s(w) \\ e &= h(x, w) \end{aligned} \tag{8.16}$$

存在其状态空间中的一个子流形，即映射 $x=\pi(w)$ 的图形，利用一个适当的反馈律 $u=c(w)$ 可使该流形局部**不变**。式 (8.15) 中的第二个条件表示这样的事实：误差映射，即复合系统 (8.16) 的输出，在该流形的每一点处都为零。条件 (8.15) 合起来表示的性质是：映射 $x=\pi(w)$ 的图形是系统 (8.16) 的一个**输出调零子流形** (output zeroing submanifold)。 $\lhd$

注记 8.3.2. 回想一下 (见 B.1 节)，一个 C^k 向量场具有一个 C^{k-1} 中心流形。如果输出调节问题因某一个 C^k 反馈律 $\alpha(x,w)$ 可解，那么式 (8.15) 对于一对映射 $x=\pi(w)$ 和 $u=c(w)$ 成立。反之，如果式 (8.15) 对于一对 C^k 映射 $x=\pi(w)$ 和 $u=c(w)$ 成立，则输出调节问题可用一个 C^k 反馈律 $\alpha(x,w)$ 解决。 $\lhd$

注记 8.3.3. 如果系统 (8.16) 是一个线性系统，则条件 (8.15) 简化为一个线性矩阵方程组。在这种情况下，所讨论的系统可写成如下形式：

$$\dot{x}=Ax+Pw+Bu$$
$$\dot{w}=Sx$$
$$e=Cx+Qw$$

并且，如果映射 $x=\pi(w)$ 和 $u=c(w)$ 的形式为

$$\pi(w)=\varPi w+\tilde{\pi}(w)$$
$$c(w)=\varGamma w+\tilde{c}(w)$$

其中

$$\varPi=\left[\frac{\partial\pi}{\partial w}\right]_{w=0},\qquad \varGamma=\left[\frac{\partial c}{\partial w}\right]_{w=0}$$

则方程组 (8.15) 有解，当且仅当线性矩阵方程组

$$\varPi S=A\varPi+P+B\varGamma$$
$$0=C\varPi+Q$$

对于某一个 $\varPi$ 和某一个 $\varGamma$ 有解。注意，如果是这种情况，则可解式 (8.15) 的映射 $\pi(w)$ 和 $c(w)$ 实际上都是线性映射，即 $\pi(w)=\varPi w$，$c(w)=\varGamma w$。 $\lhd$

定理 8.3.2 的充分性证明尤其表明，一旦方程组 (8.15) 的一组解 $\pi(w),c(w)$ 已知，则可解输出调节问题的一个控制律由下式给出：

$$\alpha(x,w)=c(w)+K(x-\pi(w)) \tag{8.17}$$

其中 K 是将 $(A+BK)$ 的特征值配置在左半复开平面内的任一矩阵。该反馈律的框图解释如图 8.2 所示。

注记 8.3.4. 将这里得到的结果与 4.5 节中的结果进行比较或许具有指导意义。在 4.5 节中，误差收敛到零蕴藏在 $e(t)$ 是某一齐次线性微分方程的解这一事实之中。这里，在定理 8.3.2 (和引理 8.3.1) 的证明中，已证明误差 $e(t)$ 收敛到零是源于中心流形的一个普遍性质。这里所用方法的前提条件要弱得多，这表明无须要求 $e(t)$ 服从一个齐次微分方程。特别是，$e(t)$ 可以在某一个 t 值处为零，而对于更大的 t 值非零。 $\lhd$

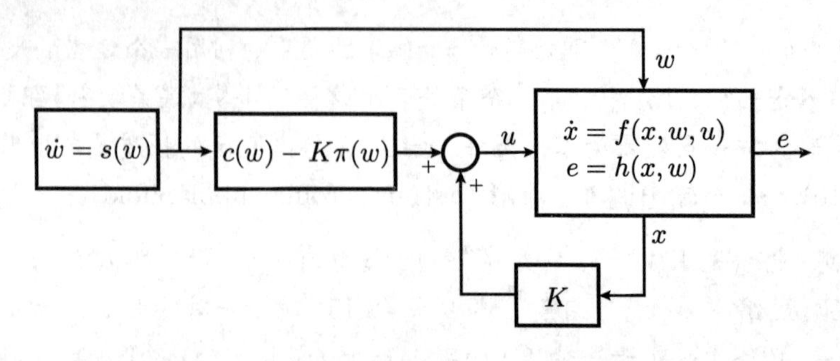

图 8.2

用本节的最后一部分来阐释如何在 $m=1$ (一维控制输入和一维误差) 的特定情况下，并且假设方程组 (8.4) 有如下形式时：

$$
\begin{aligned}
\dot{x} &= f(x)+g(x)u \\
e &= h(x)+p(w)
\end{aligned}
\tag{8.18}
$$

测试存在性条件 (8.15)。这相当于考虑一个单输入单输出系统，要求其输出跟踪由

$$
\begin{aligned}
\dot{w} &= s(w) \\
y_{\mathrm{ref}} &= -p(w)
\end{aligned}
$$

产生的任一参考轨线。

另外，假设三元组 $\{f(x),g(x),h(x)\}$ 在 $x=0$ 处有相对阶 r，从而能够存在将其变为标准型的坐标变换。在新坐标下，该系统的形式为

$$
\begin{aligned}
\dot{z}_1 &= z_2 \\
&\vdots \\
\dot{z}_{r-1} &= z_r \\
\dot{z}_r &= b(\xi,\eta)+a(\xi,\eta)u \\
\dot{\eta} &= q(\xi,\eta) \\
e &= z_1+p(w)
\end{aligned}
$$

为检验方程组 (8.15) 是否可解，方便的做法是设

$$
\pi(w)=\mathrm{col}(k(w),\lambda(w))
$$

其中

$$
k(w)=\mathrm{col}(k_1(w),\ldots,k_r(w))
$$

在这种情况下，该方程组简化为

$$
\frac{\partial k_1(x)}{\partial w}s(w)=k_2(w)
$$

$$\vdots$$

$$\frac{\partial k_{r-1}(x)}{\partial w}s(w) = k_r(w)$$

$$\frac{\partial k_r(x)}{\partial w}s(w) = b(k(w),\lambda(w)) + a(k(w),\lambda(w))c(w)$$

$$\frac{\partial \lambda(x)}{\partial w}s(w) = q(k(w),\lambda(w))$$

$$0 = k_1(w) + p(w)$$

对于所有的 $1 \leqslant i \leqslant r$，由上式中最后一个方程及前 $r-1$ 个方程可立即得到

$$k_i(w) = -L_s^{i-1}p(w) \tag{8.19}$$

从第 r 个方程可解得

$$c(w) = \frac{L_s k_r(w) - b(k(w),\lambda(w))}{a(k(w),\lambda(w))} \tag{8.20}$$

因此可得，方程组 (8.15) 的可解性在这种情况下等价于

$$\frac{\partial \lambda}{\partial w}s(w) = q(k(w),\lambda(w)) \tag{8.21}$$

对于某一个映射 $\eta = \lambda(w)$ 的可解性。

在下面的陈述中将这一点正式化。

推论 8.3.3. 假设系统 (8.4) 形如式 (8.18)，并且三元组 $\{f(x), g(x), h(x)\}$ 在 $x = 0$ 处有相对阶 r。如式 (8.19) 中那样定义 $k_i(w)$，$1 \leqslant i \leqslant r$，则全信息输出调节问题可解，当且仅当矩阵对 (A, B) 是可镇定的，并且存在方程 (8.21) 的某一个解 $\lambda(w)$，满足 $\lambda(0) = 0$。

回想一下，由假设知，外源系统在 $w = 0$ 处的线性近似的所有特征值都位于虚轴上。因而，如果

$$\dot{\eta} = q(0,\eta)$$

在 $\eta = 0$ 处的线性近似没有位于虚轴上的特征值，则方程 (8.21) 就是系统

$$\dot{\eta} = q(k(w),\eta)$$

$$\dot{w} = s(w)$$

的任一中心流形都必须满足的方程 (见 B.1 节)。

因此，有下面的推论成立。

推论 8.3.4. 假设系统 (8.4) 形如式 (8.18)，并且三元组 $\{f(x), g(x), h(x)\}$ 在 $x = 0$ 处有相对阶 r。假设 (A, B) 是可镇定的。如果 $\{f(x), g(x), h(x)\}$ 的零动态在 $x = 0$ 处的线性近似没有位于虚轴上的特征值，则全信息输出调节问题是可解的。

以一个简单的应用实例来结束本节。

例 8.3.5. 考虑处于标准型下的系统

$$
\begin{aligned}
\dot{x}_1 &= x_2 \\
\dot{x}_2 &= u \\
\dot{\eta} &= \eta + x_1 + x_2^2 \\
y &= x_1
\end{aligned}
$$

并假设希望它渐近跟踪任一形式为

$$y_{\mathrm{ref}}(t) = M\sin(at + \phi)$$

的参考输出，其中 a 是一个确定的 (正) 数，M，ϕ 是任意参数。

注意，该系统的零动态是不稳定的，因此不能采用 4.5 节中叙述的方法。另外注意到，该系统不是可以反馈精确线性化的，因为正如简单的计算所示，分布 $\mathrm{span}\{g, \mathrm{ad}_f g\}$ 并不对合。因而，不能以简化该设备为一个线性系统的方式来解决这个问题。

在这种情况下，可将任一期望的输出想象成一个外源系统的输出，这个外源系统的定义为

$$
\begin{aligned}
s(w) &= \begin{pmatrix} aw_2 \\ -aw_1 \end{pmatrix} \\
p(w) &= -w_1
\end{aligned}
$$

因此，可以尝试用本节提出的理论来解决这一问题，即构成一个全信息输出调节问题。

由于这个系统的线性近似是可控的，并且该设备零动态的线性近似的 (唯一) 特征值不在虚轴上，所以推论 8.3.4 的假设得以满足，该问题是可解的。

遵循上面解释的过程，需要令

$$
\begin{aligned}
k_1(w) &= -p(w) = w_1 \\
k_2(w) &= L_s k_1(w) = aw_2
\end{aligned}
$$

然后寻找偏微分方程 (8.21)

$$\frac{\partial \lambda}{\partial w_1} aw_2 - \frac{\partial \lambda}{\partial w_2} aw_1 = \lambda(w_1, w_2) + w_1 + (aw_2)^2$$

的一个解 $\lambda(w_1, w_2)$。

烦琐但简单的计算表明，该方程的解是一个完全的二次多项式

$$\lambda(w_1, w_2) = a_1 w_1 + a_2 w_2 + a_{11} w_1^2 + a_{12} w_1 w_2 + a_{22} w_2^2$$

一旦 $\lambda(w_1, w_2)$ 被计算出来，则根据之前的理论可得，映射

$$\pi(w) = \begin{pmatrix} k_1(w) \\ k_2(w) \\ \lambda(w_1, w_2) \end{pmatrix} = \begin{pmatrix} w_1 \\ aw_2 \\ \lambda(w_1, w_2) \end{pmatrix}$$

和函数

$$c(w) = L_s k_2(w) = -a^2 w_1$$

就是方程组 (8.15) 的解。特别是，这个调节器问题的一个解由下式给出：

$$\alpha(x,w) = c(w) + K(x - \pi(w))$$

其中 $K = (k_1 \quad k_2 \quad k_3)$ 是能够将

$$\begin{pmatrix} 0 & 1 & 0 \\ 0 & 0 & 0 \\ 1 & 0 & 1 \end{pmatrix} + \begin{pmatrix} 0 \\ 1 \\ 0 \end{pmatrix} K$$

的特征值配置于左半复平面的任一矩阵。

正如所预料的，差值

$$\begin{pmatrix} \xi_1 \\ \xi_2 \\ \xi_3 \end{pmatrix} = \begin{pmatrix} x_1 \\ x_2 \\ \eta \end{pmatrix} - \pi(w) = \begin{pmatrix} x_1 - w_1 \\ x_2 - a w_2 \\ \eta - \lambda(w_1, w_2) \end{pmatrix}$$

渐近衰减到零，从而误差 $e(t)$ (在这种情况下它恰好等于 x_1) 也渐近衰减到零。事实上，变量 ξ_1，ξ_2 和 ξ_3 满足

$$\begin{pmatrix} \dot{\xi}_1 \\ \dot{\xi}_2 \\ \dot{\xi}_3 \end{pmatrix} = \begin{pmatrix} 0 & 1 & 0 \\ k_1 & k_2 & k_3 \\ 1 & 0 & 1 \end{pmatrix} \begin{pmatrix} \xi_1 \\ \xi_2 \\ \xi_3 \end{pmatrix} + \begin{pmatrix} 0 \\ 0 \\ \xi_2^2 + 2a\xi_2 w_2(t) \end{pmatrix} \quad \triangleleft$$

8.4 误差反馈输出调节

解决误差反馈输出调节问题的第一步是在当前设定下证明与引理 8.3.1 所述结果精确对应的一个结论。

引理 8.4.1. 假设对于某一个 $\eta(\xi, e)$ 和 $\theta(\xi)$，条件 $(\mathbf{S})_{\mathrm{EF}}$ 成立。那么，条件 $(\mathbf{R})_{\mathrm{EF}}$ 也成立当且仅当存在定义在原点某一邻域 $W \subset W^\circ$ 内的映射 $x = \pi(w)$ 和 $\xi = \sigma(w)$，其中 $\pi(0) = 0$ 且 $\sigma(0) = 0$，对于所有的 $w \in W^\circ$，满足如下条件：

$$\begin{aligned} \frac{\partial \pi}{\partial w} s(w) &= f(\pi(w), w, \theta(\sigma(w))) \\ \frac{\partial \sigma}{\partial w} s(w) &= \eta(\sigma(w), 0) \\ 0 &= h(\pi(w), w) \end{aligned} \tag{8.22}$$

证明：由假设知，矩阵

$$\begin{pmatrix} A & BH \\ GC & F \end{pmatrix}$$

的所有特征值都具有负实部，且矩阵 S 的所有特征值均位于虚轴上。因此，闭环系统 (8.9) 在 $(0,0,0)$ 处有一个中心流形，它是映射

$$\begin{aligned} x &= \pi(w) \\ \xi &= \sigma(w) \end{aligned}$$

的图形，其中 $\pi(w)$ 和 $\sigma(w)$ 满足式 (8.22) 的第一式，并且

$$\frac{\partial \sigma}{\partial w} s(w) = \eta(\sigma(w), h(\pi(w), w)) \tag{8.23}$$

正如引理 8.3.1 的证明所示，中性稳定性的假设和条件 $(\mathbf{R})_{\mathrm{EF}}$ 成立，意味着映射 $x = \pi(w)$ 必须满足式 (8.22) 的最后一式，该式和等式 (8.23) 一起可推出式 (8.22) 的第二式。充分性可以完全像引理 8.3.1 那样来证明。 ◁

根据这个结论可立即推知，在分析全信息输出调节问题时建立的恒等式 (8.15)，仍然是误差反馈输出调节问题可解的一个必要条件。事实上，只要在式 (8.22) 的第一式中令

$$c(w) = \theta(\sigma(w))$$

就可以得知映射 $x = \pi(w)$ 和 $u = c(w)$ 一定满足恒等式 (8.15)。然而，虽然在全信息情况下能够证明该条件和其他 (简单的必要) 条件 [如矩阵对 (A, B) 可镇定] 共同构成了输出调节问题解存在性的充分条件，但在当前设定下情况稍稍更为复杂。事实上，该条件 [即等式 (8.15) 成立] 以及如 (A, B) 可镇定和 (C, A) 可检测这样的 (简单的必要) 条件通常还不能提供解决误差反馈输出调节问题的一组充分性条件。下面将会看到，还有一个附加条件需要满足，可将其表示为方程组 (8.15) 的解 $\pi(w), c(w)$ 的一个特殊性质。

为了表述这个新条件，需要一些预备知识。出于方便性考虑，先来回顾一下全信息输出调节问题，并注意，如果式 (8.15) 成立，则映射 $x = \pi(w)$ 的图形是复合系统

$$\begin{aligned} \dot{x} &= f(x, w, c(w)) \\ \dot{w} &= s(w) \end{aligned} \tag{8.24}$$

的一个不变流形，并且误差映射 $e = h(x, w)$ 在该流形上的每一点处都为零。根据这个解释容易看到，对于外源系统的任一初始 (即在时刻 $t = 0$ 时) 状态 w^*，亦即对于任何外源输入

$$w^*(t) = \Phi_t^s(w^*)$$

如果设备处于初始状态 $x^* = \pi(w^*)$ 并且输入等于

$$u^*(t) = c(w^*(t))$$

那么对于所有的 $t \geqslant 0$ 都有 $e(t) = 0$。换言之，只要适当地设置该设备的初始条件，即 $x^* = \pi(w^*)$，则由自治系统

$$\begin{aligned} \dot{w} &= s(w) \\ u &= c(w) \end{aligned} \tag{8.25}$$

产生的控制输入恰好就是需要施加的控制，对任何外源输入都能产生一个误差恒为零的响应。

这样的响应是否是实际的稳态响应？即当设备的初始条件并非 $x^* = \pi(w^*)$ 时，随时间趋于无穷，误差是否收敛到零？该问题其实依赖于 $f(x,0,0)$ 的平衡态 $x=0$ 的渐近性质。如果此平衡态在一阶近似下不稳定，那么为了获得需要的稳态响应，控制律必须包含一个镇定分量，正如在 8.3 节中给出的控制律 (8.17) 所示。在这个控制律下，复合系统

$$\begin{aligned}\dot{x} &= f(x,w,c(w)) + K(x-\pi(w))\\ \dot{w} &= s(w)\end{aligned}$$

仍然有一个形如 $x=\pi(w)$ 的不变流形，但是该流形现在是指数吸引的。在这样的设置下，始于原点的某一个邻域中的任一初始条件，对于任一外源输入 $w^*(\cdot)$，闭环系统

$$\dot{x} = f(x,w,c(w)) + K(x-\pi(w))$$

的响应均收敛于开环系统

$$\dot{x} = f(x,w,u)$$

的响应。该响应由同样的外源输入 $w^*(\cdot)$ 和控制输入 $u^*(\cdot) = c(w^*(\cdot))$ 产生，初始条件为 $x^* = \pi(w^*)$。

下面说明，误差反馈输出调节问题的可解性，除了其他因素，还依赖于自治系统 (8.25) [之前已经看到，系统 (8.25) 可视为能产生零误差响应的输入函数的发生器] 的一个特殊性质。但在描述该性质之前，需要先就一个系统**浸入** (immersion) 另一系统的概念进行一些初步的题外讨论。

考虑一对带有输入的光滑自治系统

$$\dot{x} = f(x), \qquad y = h(x)$$

和

$$\dot{\tilde{x}} = \tilde{f}(\tilde{x}), \qquad \tilde{y} = \tilde{h}(\tilde{x})$$

它们定义在两个不同的状态空间 X 和 $\tilde{X}$ 上，但输出空间均为 $Y=\mathbb{R}^m$。照例假设 $f(0)=0$，$h(0)=0$ 及 $\tilde{f}(0)=0$，$\tilde{h}(0)=0$，并且为方便起见，分别以 $\{X,f,h\}$ 和 $\{\tilde{X},\tilde{f},\tilde{h}\}$ 表示这两个系统。

如果存在一个 C^k 映射 $\tau\colon X\to\tilde{X}$，其中 $k\geqslant 1$，满足 $\tau(0)=0$，并且

$$h(x)\neq h(z) \Rightarrow \tilde{h}(\tau(x)) \neq \tilde{h}(\tau(z))$$

使得对于所有的 $x\in X$ 均有

$$\begin{aligned}\frac{\partial\tau}{\partial x}f(x) &= \tilde{f}(\tau(x))\\ h(x) &= \tilde{h}(\tau(x))\end{aligned} \tag{8.26}$$

则称系统 $\{X,f,h\}$ 浸入系统 $\{\tilde{X},\tilde{f},\tilde{h}\}$。

容易意识到，此定义中的两个条件表示的无非是这样的性质：任何由 $\{X, f, h\}$ 产生的输出响应也是 $\{\tilde{X}, \tilde{f}, \tilde{h}\}$ 的一个输出响应。事实上，第一个条件意味着两个向量场 f 和 $\tilde{f}$ 的流映射 $\Phi_t^f(x)$ 和 $\Phi_t^{\tilde{f}}$ (它们是 τ-相关的) 对于所有的 $x \in X$ 和所有的 $t \geqslant 0$，满足

$$\tau(\Phi_t^f(x)) = \Phi_t^{\tilde{f}}(\tau(x))$$

由此，对于所有的 $x \in X$ 和所有的 $t \geqslant 0$，第二个条件产生

$$h(\Phi_t^f(x)) = \tilde{h}(\tau(\Phi_t^f(x))) = \tilde{h}(\Phi_t^{\tilde{f}}(\tau(x)))$$

从而说明，$\{X, f, h\}$ 在初始状态为任一 $x \in X$ 时所产生的输出响应，也可以是 $\{\tilde{X}, \tilde{f}, \tilde{h}\}$ 产生的响应，如果后者的初始状态被设置为 $\tau(x) \in \tilde{X}$。

浸入这个概念的重要价值在于，$\{\tilde{X}, \tilde{f}, \tilde{h}\}$ 有时可能具有 $\{X, f, h\}$ 所不具备的某种特殊性质。比如，任何一个线性系统总能浸入一个可观测的线性系统，类似的事情在适当的假设下对于非线性系统也会出现。再比如，有可能会希望使一个非线性系统浸入一个线性系统。浸入概念对于求解误差反馈输出调节问题的重要性在于，能够使自治系统 (8.25) 浸入一个具有特殊性质的系统实际上是该问题有解的一个充要条件。但在讨论这一点之前，要介绍与浸入概念相关的两个结论，后面会用到它们。

命题 8.4.2. 假设存在整数 $p_1, p_2, \ldots, p_m$，使得

$$\dim(\sum_{i=1}^{m} \text{span}\{\mathrm{d}h_i, \mathrm{d}L_f h_i \ldots, \mathrm{d}L_f^{p_i-1} h_i\}) = p_1 + p_2 + \cdots + p_m$$

在 $x = 0$ 处成立，并且

$$\mathrm{d}L_f^{p_i} h_i \in \left(\sum_{i=1}^{m} \text{span}\{\mathrm{d}h_i, \mathrm{d}L_f h_i \ldots, \mathrm{d}L_f^{p_i-1} h_i\}\right)$$

对于所有的 $1 \leqslant i \leqslant p$ 都成立。那么，存在原点的一个邻域 $X^\circ \subset X$ 使得 $\{X^\circ, f, h\}$ 浸入一个 $p_1 + p_2 + \cdots + p_m$ 维系统 $\{\tilde{X}, \tilde{f}, \tilde{h}\}$，该系统在 $\tilde{x} = 0$ 处的线性近似是可观测的。

证明: 为简单起见，考虑 $m = 1$ 的情况，设 $p = p_1$，并且

$$\begin{pmatrix} x_1' \\ x_2' \\ \vdots \\ x_{p-1}' \\ x_p' \end{pmatrix} = \tilde{x} = \tau(x) = \begin{pmatrix} h(x) \\ L_f h(x) \\ \vdots \\ L_f^{p-2} h(x) \\ L_f^{p-1} h(x) \end{pmatrix}$$

将 $\tilde{x}$ 的 p 个分量视为 X 中的一部分新局部坐标，则容易看到，因为由假设知

$$\mathrm{d}L_f^p h \in \text{span}\{\mathrm{d}h, \mathrm{d}L_f h, \ldots, \mathrm{d}L_f^{p-1} h\}$$

所以存在一个函数 $\phi(x_1', x_2', \cdots, x_p')$ 使得

$$L_f^p h = \phi(h, L_f h, \ldots, L_f^{p-1} h)$$

这说明，对于原点的某一个邻域 $X^\circ \subset X$，系统 $\{X^\circ, f, h\}$ 浸入系统 $\{\mathbb{R}^p, \tilde{f}, \tilde{h}\}$，其中

$$\tilde{f}(\tilde{x}) = \begin{pmatrix} x_2' \\ x_3' \\ \vdots \\ x_p' \\ \phi(x_1', x_2', \ldots, x_p') \end{pmatrix}, \qquad \tilde{h}(\tilde{x}) = x_1'$$

系统 $\{\mathbb{R}^p, \tilde{f}, \tilde{h}\}$ 确实在 $\tilde{x} = 0$ 处有一个可观测的线性近似。可直接将这些论据推广到 $m > 1$ 的情况。 $\lhd$

下面的叙述对于浸入一个线性可观测系统提供了一些条件。

命题 8.4.3. 以下陈述是等价的:

(i) $\{X, f, h\}$ 浸入一个有限维的可观测线性系统;

(ii) $\{X, f, h\}$ 的观测空间 $\mathcal{O}$ 具有有限维;

(iii) 存在整数 q 和一组实数 $a_0, a_1, \ldots, a_{q-1}$，使得

$$L_f^q h(w) = a_0 h(w) + a_1 L_f h(w) + \cdots + a_{q-1} L_f^{q-1} h(w)$$

证明: 要证明 (ii) 蕴涵 (i)，为简单起见，考虑 $m = 1$ 的情况并假设 $\{X, f, h\}$ 的观测空间 $\mathcal{O}$ 具有有限维 r。那么，由定义知

$$h(x), L_f h(x), \ldots, L_f^{r-1} h(x)$$

是 $\mathcal{O}$ 的一组基。特别地，对于一组实数 a_k $(0 \leqslant k \leqslant r-1)$，函数 $L_f^r h(x)$ 作为 $\mathcal{O}$ 中的元素可表示为

$$L_f^r h_i(x) = a_0 h(x) + a_1 L_f h(x) + \cdots + a_{r-1} L_f^{r-1} h(x)$$

因此，$\{X, f, h\}$ 确实浸入一个可观测线性系统 $\{\mathbb{R}^r, \tilde{f}, \tilde{h}\}$，其中

$$\tilde{f}(\tilde{x}) = \begin{pmatrix} x_2' \\ x_3' \\ \vdots \\ x_r' \\ a_0 x_1' + a_1 x_2' + \cdots + a_{r-1} x_r' \end{pmatrix}, \qquad \tilde{h}(\tilde{x}) = x_1'$$

是经变换

$$\tau(x) = \begin{pmatrix} h(x) \\ L_f h(x) \\ \vdots \\ L_f^{r-2} h(x) \\ L_f^{r-1} h(x) \end{pmatrix}$$

而得到的。以上论据可简单地推广到 $m>1$ 的情况。

为证明 (i) 蕴涵 (iii)，注意到，由定义知

$$\begin{aligned}\frac{\partial \tau}{\partial x}f(x)&=F\tau(x)\\ h(x)&=H\tau(x)\end{aligned}$$

其中 F 和 H 均为实数矩阵。由此容易推知，对任一 $k\geqslant 0$ 有

$$L_f^k h(x)=HF^k\tau(x)$$

成立。以

$$p(\lambda)=p_0+p_1\lambda+\cdots+p_{q-1}\lambda^{q-1}+\lambda^q$$

表示 F 的最小多项式，则有

$$p_0h(x)+p_1L_fh(x)+\cdots+p_{q-1}L_f^{q-1}h(x)+L_f^qh(x)=Hp(F)\tau(x)=0$$

由此得到结论。

(iii) 蕴涵 (ii) 的证明是显然的。 $\triangleleft$

现在来叙述关于误差反馈输出调节问题求解的一个重要结论。

定理 8.4.4. 误差反馈输出调节问题可解，当且仅当存在映射 $x=\pi(w)$ 和 $u=c(w)$，其中 $\pi(0)=0$ 和 $c(0)=0$，这两个映射都定义在原点的某一个邻域 $W^\circ\subset W$ 内，对于所有的 $w\in W^\circ$ 满足条件

$$\begin{aligned}\frac{\partial \pi}{\partial w}s(w)&=f(\pi(w),w,c(w))\\ 0&=h(\pi(w),w)\end{aligned}\tag{8.27}$$

使得带有输出的自治系统 $\{W^\circ,s,c\}$ 浸入定义在原点的某一个邻域 $\Xi\in\mathbb{R}^\nu$ 内的系统

$$\begin{aligned}\dot{\xi}&=\varphi(\xi)\\ u&=\gamma(\xi)\end{aligned}$$

其中 $\varphi(0)=0$，$\gamma(0)=0$，并且如下两个矩阵：

$$\Phi=\left[\frac{\partial\varphi}{\partial\xi}\right]_{\xi=0},\qquad \Gamma=\left[\frac{\partial\gamma}{\partial\xi}\right]_{\xi=0}\tag{8.28}$$

使得对于所选的某一个矩阵 N，矩阵对

$$\begin{pmatrix}A & 0\\ NC & \Phi\end{pmatrix},\qquad \begin{pmatrix}B\\ 0\end{pmatrix}\tag{8.29}$$

是可镇定的，且矩阵对

$$\begin{pmatrix}C & 0\end{pmatrix},\qquad \begin{pmatrix}A & B\Gamma\\ 0 & \Phi\end{pmatrix}\tag{8.30}$$

是可检测的。

证明: 必要性证明。假设输出调节问题的解是一个形如式 (8.8) 的控制器。那么，根据引理 8.4.1 知，存在映射 $x = \pi(w)$ 和 $\xi = \sigma(w)$，其中 $\pi(0) = 0$ 且 $\sigma(0) = 0$，使得条件 (8.22) 得以满足。设

$$c(w) = \theta(\sigma(w)), \qquad \gamma(\xi) = \theta(\xi), \qquad \varphi(\xi) = \eta(\xi, 0)$$

并注意到 $\pi(w)$ 和 $c(w)$ 满足条件 (8.27)，而 $\varphi(w)$ 和 $\gamma(w)$ 满足

$$\frac{\partial \sigma}{\partial w} s(w) = \varphi(\sigma(w)), \qquad c(w) = \gamma(\sigma(w)),$$

从而证明 $\{W^\circ, s, c\}$ 可浸入 $\{\Xi^\circ, \varphi, \gamma\}$，其中 $\Xi^\circ = \sigma(W^\circ)$。

现在注意到，由定义知 [回想式 (8.13) 和式 (8.28)]，以上引入的映射 $\varphi(\xi))$ 和 $\gamma(\xi)$ 使得

$$F = \Phi, \qquad H = \Gamma$$

因此，由于矩阵

$$\begin{pmatrix} A & BH \\ GC & F \end{pmatrix}$$

的所有特征值都有负实部，所以矩阵

$$\begin{pmatrix} A & B\Gamma \\ GC & \Phi \end{pmatrix}$$

的所有特征值也都具有负实部。这其实意味着矩阵对 (8.29) 对于 $N = G$ 是可镇定的，并且矩阵对 (8.30) 是可检测的。

充分性证明。选择 N 以使矩阵对 (8.29) 是可镇定的。那么注意到，由关于矩阵对 (8.29) 和 (8.30) 的假设可得，三元组

$$\begin{pmatrix} A & B\Gamma \\ NC & \Phi \end{pmatrix}, \qquad \begin{pmatrix} B \\ 0 \end{pmatrix}, \qquad \begin{pmatrix} C & 0 \end{pmatrix}$$

是可镇定和可检测的。选择 K, L, M 以使矩阵

$$\begin{pmatrix} \begin{pmatrix} A & B\Gamma \\ NC & \Phi \end{pmatrix} & \begin{pmatrix} B \\ 0 \end{pmatrix} M \\ L\begin{pmatrix} C & 0 \end{pmatrix} & K \end{pmatrix}$$

的所有特征值都具有负实部。

现在，考虑控制器

$$\begin{aligned} \dot{\xi}_0 &= K\xi_0 + Le \\ \dot{\xi}_1 &= \varphi(\xi_1) + Ne \\ u &= M\xi_0 + \gamma(\xi_1) \end{aligned} \tag{8.31}$$

容易看到，所定义的控制器可解输出调节问题。事实上，立即可见，向量场

$$F(x,\xi_0,\xi_1)=\begin{pmatrix} f(x,0,M\xi_0+\gamma(\xi_1)) \\ K\xi_0+Lh(x,0) \\ \varphi(\xi_1)+Nh(x,0) \end{pmatrix}$$

在 $(x,\xi_0,\xi_1)=(0,0,0)$ 处的雅可比矩阵形式为

$$\begin{pmatrix} A & BM & B\Gamma \\ LC & K & 0 \\ NC & 0 & \Phi \end{pmatrix}$$

其所有特征值都具有负实部。而且，根据假设，存在映射 $x=\pi(w), u=c(w)$ 和 $\xi_1=\tau(w)$ 使得条件 (8.27) 成立，并且

$$\frac{\partial\tau}{\partial w}s(w)=\varphi(\tau(w)), \qquad c(w)=\gamma(\tau(w))$$

这说明，若令

$$\begin{pmatrix} \xi_0 \\ \xi_1 \end{pmatrix}=\sigma(w)=\begin{pmatrix} 0 \\ \tau(w) \end{pmatrix}$$

则引理 8.4.1 的充分条件得以满足，从而充分性得证。 $\lhd$

定理 8.4.4 其实是说误差反馈输出调节问题可解，当且仅当能够找到一个映射 $c(w)$ 以使恒等式 (8.27) 对于某一个 $\pi(w)$ 成立，并使带有输出的自治系统

$$\begin{aligned} \dot{w} &= s(w) \\ u &= c(w) \end{aligned} \tag{8.32}$$

满足某些特殊条件，这些条件表示的是一个有待浸入的“辅助”系统的线性近似的性质。下面将在某些细节方面讨论这些附加条件的作用。首先注意到，矩阵对 (8.29) 的可镇定性条件蕴涵着矩阵对 (A,B) 的可镇定性条件，类似地，矩阵对 (8.30) 的可检测性条件蕴涵着矩阵对 (C,A) 的可检测性条件 (简单地运用标准的可镇定性/可检测性测试就足以检验这个论断)。因此，正如所预料的，定理 8.4.4 的条件包含使 $(\mathbf{S})_{\mathrm{EF}}$ 成立所需要的简单必要条件。

其次注意到，矩阵对 (8.30) 的可检测性条件也蕴涵着矩阵对 (Γ,Φ) 的可检测性条件。因此推知，误差反馈输出调节问题有解的一个必要条件是，对于某一个满足条件 (8.27) 的 $c(w)$，带有输出的自治系统 (8.32) 浸入另一个系统，该系统的线性近似在平衡点 $\xi=0$ 处可检测。如果系统 (8.32) 是一个线性系统，那么这总能够实现，但一般情况下未必可行。为验证系统 (8.32) 所浸入的系统具有可检测的线性近似这一性质，可以利用之前在命题 8.4.2 和命题 8.4.3 中指出的 (充分) 条件，从而得到定理 8.4.4 的一些替代形式 (实际上是一些推论)，在本节末尾处会予以介绍。

最后，或许值得探索的是，要求矩阵对 (8.29) 和 (8.30) 具有的特殊性质能否更直接地表述为三元组 (C,A,B) 的性质 (该三元组描述了受控设备的线性近似)？鉴于以下结论 (及其对偶形式)——证明留给读者作为练习，这其实在一定程度上是能够实现的。

引理 8.4.5. 假设矩阵对 (C, A) 和 (H, F) 都是可检测的。那么，矩阵对

$$\begin{pmatrix} C & 0 \end{pmatrix}, \qquad \begin{pmatrix} A & BH \\ 0 & F \end{pmatrix}$$

可检测的一个充分条件是，对于矩阵 F 的每一个具有非负实部的特征值 λ，矩阵

$$\begin{pmatrix} A - \lambda I & B \\ C & 0 \end{pmatrix} \tag{8.33}$$

的各列相互无关。如果对于矩阵 F 的每一个具有非负实部的特征值 λ，都有

$$BH(\ker(F - \lambda I)) = \mathrm{Im}(B)$$

则该条件也是必要的。特殊情况下，如果 $m = 1$，则该条件也是必要的。

在定理 8.4.4 的充分性证明中所构造的控制器有一个有趣的解释。该控制器事实上是由子控制器

$$\begin{aligned} \dot{\xi}_1 &= \varphi(\xi)_1 + Ne \\ u &= \gamma(\xi)_1 \end{aligned} \tag{8.34}$$

和子控制器

$$\begin{aligned} \dot{\xi}_0 &= K\xi_0 + Le \\ u &= M\xi_0 \end{aligned} \tag{8.35}$$

这两个子系统**并联** (parallel connection) 而成 (见图 8.3)。

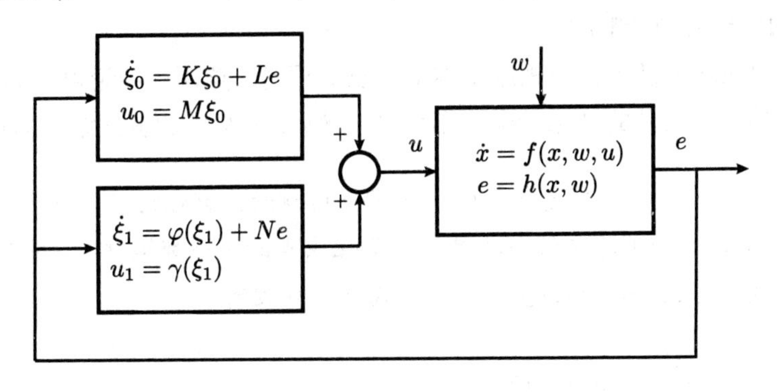

图 8.3

正如在该定理的证明中所明确的，第二个子控制器是一个线性系统，其作用无非是在一阶近似下镇定互连系统 (受控设备和第一个子控制器的互连)

$$\begin{aligned} \dot{x} &= f(x, w, \gamma(\xi_1) + u) \\ \dot{\xi}_1 &= \varphi(\xi_1) + Nh(x, w) \\ e &= h(x, w) \end{aligned}$$

另一方面，第一个子控制器的作用是产生一个输入用以生成一个期望的稳态响应。事实上，恒等式

$$
\begin{aligned}
\frac{\partial \pi}{\partial w}s(w) &= f(\pi(w), w, \gamma(\tau(w))) \\
\frac{\partial \tau}{\partial w}s(w) &= \varphi(\tau(w))
\end{aligned}
$$

(由构造知它们成立) 使子流形

$$
M_c = \{(x, \xi_0, \xi_1, w) \colon x = \pi(w), \xi_0 = 0, \xi_1 = \tau(w)\}
$$

成为复合系统

$$
\begin{aligned}
\dot{x} &= f(x, w, \gamma(\xi_1) + M\xi_0) \\
\dot{\xi}_0 &= K\xi_0 + Lh(x, w) \\
\dot{\xi}_1 &= \varphi(\xi_1) + Nh(x, w) \\
\dot{w} &= s(w)
\end{aligned}
$$

的一个不变流形，即在外源系统驱动下的闭环系统的不变流形，在该流形上误差映射 $e = h(x, w)$ 为零。

子控制器 (8.34) 的作用是，对于 M_c 中的每一个初始条件产生一个输入，以保持该复合系统的轨线一直在 M_c 上演化 (从而产生一个误差为零的响应)。由于这个原因，子控制器 (8.34) 有时称为外源输入发生器的**内模** (internal model)。子控制器 (8.35) 的作用是使 M_c 成为局部指数吸引的，以使初始点在平衡态 $(x, \xi_0, \xi_1, w) = (0, 0, 0, 0)$ 的某一充分小邻域内的每一个运动都指数收敛到期望的稳态响应。

下面以定理 8.4.4 的两个推论来结束本节。正如预料，这两个结论可作为命题 8.4.2 和命题 8.4.3 所给出的浸入条件的推论，也可作为引理 8.4.5 所给出的测试结果的推论。

推论 8.4.6. 如果 (A, B) 是可镇定的，(C, A) 是可检测的，存在映射 $x = \pi(w)$ 和 $u = c(w)$，其中 $\pi(0) = 0$ 和 $c(0) = 0$，这两个映射都定义在原点的一个邻域 $W^\circ \subset W$ 内，满足条件 (8.27) 并使得，对于某组整数 $p_1, p_2, \ldots, p_m$，在 $x = 0$ 处有

$$
\dim(\sum_{i=1}^{m} \mathrm{span}\{\mathrm{d}c_i, \mathrm{d}L_s c_i, \ldots, \mathrm{d}L_s^{p_i-1} c_i\}) = p_1 + p_2 + \cdots + p_m
$$

并且对于所有的 $1 \leqslant i \leqslant p$，

$$
\mathrm{d}L_s^{p_i} c_i \in (\sum_{i=1}^{m} \mathrm{span}\{\mathrm{d}c_i, \mathrm{d}L_s c_i, \ldots, \mathrm{d}L_s^{p_i-1} c_i\})
$$

其中 $c_i(w)$ 是 $c(w)$ 的第 i 个元素，而且，对于 S 的每一个特征值 λ，矩阵 (8.33) 都是非奇异的，则误差反馈输出调节问题可解。

证明: 上面给出的条件意味着 (见命题 8.4.2) $\{W^\circ, s, c\}$ 通过

$$\xi = \tau(w) = \begin{pmatrix} c_1(w) \\ \vdots \\ L_s^{p_1-1}c_1(w) \\ \vdots \\ c_m(w) \\ \vdots \\ L_s^{p_m-1}c_m(w) \end{pmatrix}$$

浸入一个系统，该系统在 $\xi = 0$ 处的线性近似是可观测的。现在注意到，令恒等式

$$\frac{\partial \tau}{\partial w}s(w) = \varphi(\tau(w))$$

两边的一阶项相等，得到

$$TS = \Phi T$$

其中 T 是 $\tau(w)$ 在 $w = 0$ 处的雅可比矩阵，有 p 个线性无关的行，$p = p_1 + \cdots + p_m$。假设 λ 是 Φ 的一个特征值。那么，存在一个行向量 v 使得 $v\Phi = \lambda v$，从而由之前的恒等式得出 $vTS = vT\lambda$，其中 $vT \neq 0$，这样就证明了 λ 一定是 S 的一个特征值。

选择任一 $p \times m$ 阶矩阵 N 使得矩阵对 (Φ, N) 是可镇定的 [这总是可能的，因为根据构造 (Γ, Φ) 是可检测的，并且 Γ 是一个 $m \times p$ 阶矩阵]。那么，利用引理 8.4.5 可得定理 8.4.4 的其余条件成立，因为矩阵 (8.33) 对于 S 的每一个特征值 λ 都是非奇异的，因此矩阵 (8.33) 在特殊情况下对于 Φ 的每一个特征值也都是非奇异的。 $\lhd$

推论 8.4.7. 如果 (A, B) 是可镇定的，(C, A) 是可检测的，存在映射 $x = \pi(w)$ 和 $u = c(w)$，其中 $\pi(0) = 0$ 且 $c(0) = 0$，这两个映射都定义在原点的一个邻域 $W^\circ \subset W$ 内，满足条件 (8.27)，并且使得，对于某一组 q 个实数 $a_0, a_1, \ldots, a_{q-1}$，有

$$L_s^q c(w) = a_0 c(w) + a_1 L_s c(w) + \cdots + a_{q-1} L_s^{q-1} c(w) \tag{8.36}$$

而且，对于多项式

$$p(\lambda) = a_0 + a_1\lambda + \cdots + a_{q-1}\lambda^{q-1} - \lambda^q$$

的每一个非负实部根 λ，矩阵 (8.33) 都是非奇异的，则误差反馈输出调节问题可用**线性**控制器解决。

证明: 该证明在本质上和推论 8.4.6 的证明相同。在当前情况下，条件 (8.36) 意味着 $\{W^\circ, s, c\}$ 浸入一个线性可观测系统。特别是，非常容易检验，$\{W^\circ, s, c\}$ 浸入以下线性系统:

$$\dot{\xi} = \Phi\xi$$
$$u = \Gamma\xi$$

其中

$$\Phi = \mathrm{diag}(\tilde{\Phi}, \ldots, \tilde{\Phi})$$
$$\Gamma = \mathrm{diag}(\tilde{\Gamma}, \ldots, \tilde{\Gamma})$$

且

$$\tilde{\Phi} = \begin{pmatrix} 0 & 1 & 0 & \cdots & 0 \\ 0 & 0 & 1 & \cdots & 0 \\ \vdots & \vdots & \vdots & \vdots & \vdots \\ 0 & 0 & 0 & \cdots & 1 \\ a_0 & a_1 & a_2 & \cdots & a_{q-1} \end{pmatrix}, \qquad \tilde{\Gamma} = (1 \ 0 \ 0 \ \cdots \ 0)$$

在此情况下，Φ 的最小多项式等于 $p(\lambda)$。在选择一个矩阵 N，例如选择

$$N = \mathrm{diag}(\tilde{N}, \ldots, \tilde{N})$$

其中

$$\tilde{N} = \mathrm{col}(0, 0, \ldots, 0, 1)$$

使得矩阵对 (Φ, N) 可镇定之后，则利用引理 8.4.5 可得，定理 8.4.4 的其余条件成立，因为矩阵 (8.33) 对于 Φ 的每一个特征值 λ 是非奇异的。另外注意到，与前一推论考查的情况不同，Φ 的特征值不必是 S 的特征值，这解释了为何在本推论的叙述中明确提到了多项式 $p(\lambda)$。 ◁

注记 8.4.1. 注意，条件 (8.36) 其实是可用**线性**控制器

$$\dot{\xi} = F\xi + Ge$$
$$u = H\xi$$

求解误差反馈输出调节问题的一个**必要**条件。事实上，如果存在一个这样的控制器，则由定理 8.4.4 的必要性证明可推得

$$\frac{\partial \sigma}{\partial w} s(w) = F\sigma(w), \qquad c(w) = G\sigma(w)$$

对于某一个映射 $\xi = \sigma(w)$ 成立。因此 $\{W^\circ, s, c\}$ 浸入一个线性系统，从而由命题 8.4.7 知条件 (8.36) 必定成立。 ◁

8.5　结构稳定调节

本节考虑这样的情况：受控设备的数学模型依赖于一组确定的但实际值未知的参数。这里的目的是对于每一组未知参数值，至少在其标称值的某一个邻域内，设计能够求解误差反馈输出调节问题的控制律。

为方便起见，继续考虑由方程组 (8.4) 描述的设备族，现在在其中显式地引入一个未知参数向量 $\mu \in \mathbb{R}^p$，方程组形式为

$$\begin{aligned} \dot{x} &= f(x, w, u, \mu) \\ e &= h(x, w, \mu) \end{aligned} \tag{8.37}$$

不失一般性，假设 $\mu=0$ 为参数 μ 的标称值，并且，为了与之前的分析一致，假设 $f(x,w,u,\mu)$ 和 $h(x,w,\mu)$ 是其自变量的光滑函数。此外，还假设 $f(0,0,0,\mu)=0$ 和 $h(0,0,\mu)=0$ 对于每一个 μ 值都成立。最后，假设外源系统（它建模了实现调节所需抗衡的外部指令族）不受任何类型的参数不确定性影响，并且继续用式 (8.5) 来表示。在这样的设定下，处理如下的设计问题。

结构稳定输出调节问题 (Structrually Stable Output Regulation Problem) 给定一个形如式 (8.37) 的非线性系统和一个中性稳定的外源系统 (8.5)，如果可能，找到一个整数 ν，两个映射 $\theta(\xi)$ 和 $\eta(\xi,e)$，以及 $\mathbb{R}^p$ 中 $\mu=0$ 的一个邻域 $\mathcal{P}$，使得对于每一个 $\mu\in\mathcal{P}$：

(**S**) 系统

$$\begin{aligned}\dot{x}&=f(x,0,\theta(\xi),\mu)\\ \dot{\xi}&=\eta(\xi,h(x,0,\mu))\end{aligned}\tag{8.38}$$

的平衡态 $(x,\xi)=(0,0)$ 是一阶近似下渐近稳定的；

(**R**) 存在点 $(0,0,0)$ 的一个邻域 $V\subset U\times\Xi\times W$，使得对于每一个初始值 $(x(0),\xi(0),w(0))\in V$，系统

$$\begin{aligned}\dot{x}&=f(x,w,\theta(\xi),\mu)\\ \dot{\xi}&=\eta(\xi,h(x,w,\mu))\\ \dot{w}&=s(w)\end{aligned}\tag{8.39}$$

的解可令

$$\lim_{t\to\infty}e(t)=0$$

很容易用 8.4 节中诠释的结果给出这个问题的解答。事实上，只需将 w 和 μ 视为一个“增广的”外源输入

$$w^{\mathrm{a}}=\begin{pmatrix}w\\ \mu\end{pmatrix}$$

的分量，该输入由“增广的”外源系统

$$\dot{w}^{\mathrm{a}}=s^{\mathrm{a}}(w^{\mathrm{a}})=\begin{pmatrix}s(w)\\ 0\end{pmatrix}$$

生成，并将设备族 (8.37) 视为形如式 (8.4) 的单一设备，由如下方程组建模：

$$\begin{aligned}\dot{x}&=f^{\mathrm{a}}(x,w^{\mathrm{a}},u)\\ e&=h^{\mathrm{a}}(x,w^{\mathrm{a}})\end{aligned}$$

容易意识到，对于这样定义的设备，一个可解其输出调节问题的控制器也可解设备族 (8.37) 的结构稳定输出调节问题。事实上，由构造知，这个控制器会在一阶近似下镇定系统

$$\begin{aligned}\dot{x}&=f^{\mathrm{a}}(x,0,\theta(\xi))\\ \dot{\xi}&=\eta(\xi,h^{\mathrm{a}}(x,0))\end{aligned}$$

的平衡态 $(x,\xi)=(0,0)$，即系统

$$\begin{aligned}\dot{x}&=f(x,0,\theta(\xi),\mu)\\ \dot{\xi}&=\eta(\xi,h(x,0,\mu))\end{aligned}$$

当 $\mu=0$ 时的平衡态 $(x,\xi)=(0,0)$。由于很小的参数变化不会破坏一阶近似下的稳定性特性，所以该控制器可以镇定设备族 (8.37) 中的任意一个设备，只要 μ 保持在参数空间中的原点的某一个开邻域 $\mathcal{P}$ 内。而且，该控制器对属于原点某一邻域的每一点 $(x(0),\xi(0),w^{\mathrm{a}}(0))$，都会使得 $\lim_{t\to\infty}e(t)=0$。由于

$$w^{\mathrm{a}}(0)=\begin{pmatrix}w(0)\\ \mu\end{pmatrix}$$

所以，只要使 μ 保持在参数空间中的原点的某一个开邻域 $\mathcal{P}$ 内，该控制器对于设备族 (8.37) 中的任一设备都会简单地产生需要的输出调节性质。

定理 8.4.4 所提供的条件可以很容易地转换为结构稳定调节问题可解性的充要条件。

为了给出这些条件的显式形式，设

$$A(\mu)=\left[\frac{\partial f}{\partial x}\right]_{(0,0,0,\mu)},\qquad B(\mu)=\left[\frac{\partial f}{\partial u}\right]_{(0,0,0,\mu)},\qquad C(\mu)=\left[\frac{\partial h}{\partial x}\right]_{(0,0,\mu)}$$

而且，注意到，因为向量场 $s^{\mathrm{a}}(w^{\mathrm{a}})$ 的特殊形式，所以有

$$\frac{\partial\pi^{\mathrm{a}}(w,\mu)}{\partial w^{\mathrm{a}}}s^{\mathrm{a}}(w^{\mathrm{a}})=\frac{\partial\pi^{\mathrm{a}}(w,\mu)}{\partial w}s(w)$$

于是，有以下定理。

定理 8.5.1. 结构稳定输出调节问题可解，当且仅当存在映射 $x=\pi^{\mathrm{a}}(w,\mu)$ 和 $u=c^{\mathrm{a}}(w,\mu)$，其中 $\pi^{\mathrm{a}}(0,\mu)=0$ 且 $c^{\mathrm{a}}(0,\mu)=0$，这两个映射都定义在原点的一个邻域 $W^{\circ}\times\mathcal{P}\subset W\times\mathbb{R}^p$ 内，对于所有的 $(w,\mu)\in W^{\circ}\times\mathcal{P}$，满足条件

$$\begin{aligned}\frac{\partial\pi^{\mathrm{a}}(w,\mu)}{\partial w}s(w)&=f(\pi^{\mathrm{a}}(w,\mu),w,c^{\mathrm{a}}(w,\mu),\mu)\\ 0&=h(\pi^{\mathrm{a}}(w,\mu),w,\mu)\end{aligned}\tag{8.40}$$

并使带有输出的自治系统 $\{W^{\circ}\times\mathcal{P},s^{\mathrm{a}},c^{\mathrm{a}}\}$ 浸入到如下系统中：

$$\begin{aligned}\dot{\xi}&=\varphi(\xi)\\ u&=\gamma(\xi)\end{aligned}$$

该系统定义在原点的某一邻域 $\varXi\in\mathbb{R}^{\nu}$ 内，$\varphi(0)=0$，$\gamma(0)=0$，并且如下两个矩阵

$$\varPhi=\left[\frac{\partial\varphi}{\partial\xi}\right]_{\xi=0},\qquad \varGamma=\left[\frac{\partial\gamma}{\partial\xi}\right]_{\xi=0}$$

使矩阵对

$$\begin{pmatrix}A(0)&0\\ NC(0)&\varPhi\end{pmatrix},\qquad\begin{pmatrix}B(0)\\ 0\end{pmatrix}$$

对于选择的某一个矩阵 N 是可镇定的，并且矩阵对

$$(C(0)\ \ 0), \qquad \begin{pmatrix} A(0) & B(0)\Gamma \\ 0 & \Phi \end{pmatrix}$$

是可检测的。

注记 8.5.1. 此定理的必要性证明完全同于定理 8.4.4 的证明。特别是，由 $f(x,w,u,\mu)$ 和 $h(x,w,\mu)$ 都是其自变量的光滑函数的假设，容易推知，如果在一个能解决结构稳定输出调节问题的控制器中，$\eta(\xi,y)$ 和 $\theta(\xi)$ 均为 C^k 函数，则映射 π^{a} 和 c^{a} 都是 C^{k-1} 函数。而且，由假设 $f(0,0,0,\mu)=0$ 和 $h(0,0,\mu)=0$ 知，利用性质：在一个平衡态处定义的中心流形包含距离该平衡态足够近的所有其他平衡态，也可推出，在 $\mu=0$ 的一个邻域中，有 $\pi^{\mathrm{a}}(0,\mu)=0$ 和 $c^{\mathrm{a}}(0,\mu)=0$。 ◁

注记 8.5.2. 注意到，这个定理所指出的第一个条件，即对于 $\mu=0$ 的某一邻域内的每一个 μ 都存在方程组 (8.40) 的一个解 $(\pi^{\mathrm{a}}(w,\mu),\ c^{\mathrm{a}}(w,\mu))$，也是结构稳定输出调节问题可解的一个简单的必要条件。事实上，对于任一**确定的**μ 值，该条件是误差反馈输出调节标准问题有解的必要条件之一 (见定理 8.4.4)。 ◁

注记 8.5.3. 注意到，$\{W^\circ\times\mathcal{P}, s^{\mathrm{a}}, c^{\mathrm{a}}\}$ 在平衡态 $(w,\mu)=(0,0)$ 处的线性近似不能是可检测的。事实上，由于假设 $c^{\mathrm{a}}(0,\mu)=0$，所以

$$\frac{\partial c^{\mathrm{a}}}{\partial\mu}(0,\mu)=0$$

所讨论的线性近似由以下形式的一对矩阵描述：

$$(\star\ \ 0), \qquad \begin{pmatrix} S & 0 \\ 0 & 0 \end{pmatrix}$$

它们确实是不可检测的。因此，这个定理的条件不可能通过 $\{W^\circ\times\mathcal{P}, s^{\mathrm{a}}, c^{\mathrm{a}}\}$ 到其自身的一个平凡浸入而直接得到满足。但如下所示，$\{W^\circ\times\mathcal{P}, s^{\mathrm{a}}, c^{\mathrm{a}}\}$ 可浸入**另一个**系统 $\{\Xi^\circ,\varphi,\gamma\}$，该系统在 $\xi=0$ 处具有可检测的线性近似。 ◁

注记 8.5.4. 系统 $\{W^\circ\times\mathcal{P}, s^{\mathrm{a}}, c^{\mathrm{a}}\}$ 浸入系统 $\{\Xi^\circ,\varphi,\gamma\}$，这个条件即为存在一个映射 $\tau^{\mathrm{a}}(w,\mu)$，使得

$$\frac{\partial\tau^{\mathrm{a}}}{\partial w}s(w)=\varphi(\tau^{\mathrm{a}}(w,\mu)), \qquad c^{\mathrm{a}}(w,\mu)=\gamma(\tau^{\mathrm{a}}(w,\mu))$$

按定理 8.4.4 的证明所提示的那样选择 K,L,M,N，于是，简单的计算 (同样见 8.4 节) 表明

$$M_c=\{(x,\xi_0,\xi_1,w,\mu)\colon x=\pi^{\mathrm{a}}(w,\mu),\xi_0=0,\xi_1=\tau^{\mathrm{a}}(w,\mu)\}$$

是系统

$$\begin{aligned}
\dot{x}&=f(x,w,M\xi_0+\gamma(\xi_1),\mu)\\
\dot{\xi}_0&=K\xi_0+Lh(x,w,\mu)\\
\dot{\xi}_1&=\varphi(\xi_1)+Nh(x,w,\mu)\\
\dot{w}&=s(w)\\
\dot{\mu}&=0
\end{aligned}$$

在平衡态 $(x,\xi_0,\xi_1,w,\mu)=(0,0,0,0,0)$ 处的一个中心流形。由于一个中心流形包含距离这个特殊平衡态充分近的所有其他平衡态，所以可推知，任一点 $(x,\xi_0,\xi_1,w,\mu)=(0,0,0,0,\mu)$ 都属于 M_c。特别有，$\tau^{\mathrm{a}}(0,\mu)=0$。 ◁

显然能够建立类似于推论 8.4.6 和推论 8.4.7 的结果。以下给出相应于推论 8.4.7 的结果。为此注意到，因为向量场 $s^{\mathrm{a}}(w^{\mathrm{a}})$ 的特殊形式，所以任一函数 $\lambda(w,\mu)$ 沿 $s^{\mathrm{a}}(w^{\mathrm{a}})$ 的导数简化为

$$L_{s^{\mathrm{a}}}\lambda(w,\mu)=\frac{\partial\lambda(w,\mu)}{\partial w}s(w)$$

为方便起见，仅以

$$L_s\lambda(w,\mu)$$

来指代它。

推论 8.5.2. 如果矩阵对 $(A(0),B(0))$ 是可镇定的，矩阵对 $(C(0),A(0))$ 是可检测的，存在映射 $x=\pi^{\mathrm{a}}(w,\mu)$ 和 $u=c^{\mathrm{a}}(w,\mu)$，其中 $\pi^{\mathrm{a}}(0,\mu)=0$ 且 $c^{\mathrm{a}}(0,\mu)=0$，这两个映射都定义在原点的一个邻域 $W^\circ\times\mathcal{P}\subset W\times\mathbb{R}^p$ 内，满足条件 (8.40)，并且使得，对于某一组 q 个实数 $a_0,a_1,\ldots,a_{q-1}$，有

$$L_s^q c^{\mathrm{a}}(w,\mu)=a_0c^a(w,\mu)+a_1L_sc^{\mathrm{a}}(w,\mu)+\cdots+a_{q-1}L_s^{q-1}c^{\mathrm{a}}(w,\mu)$$

对于所有的 $(w,\mu)\in W^\circ\times\mathcal{P}$ 都成立，而且，对于多项式

$$p(\lambda)=a_0+a_1\lambda+\cdots+a_{q-1}\lambda^{q-1}-\lambda^q$$

的每一个具有非负实部的根 λ，矩阵

$$\begin{pmatrix}A(0)-\lambda I & B(0)\\ C(0) & 0\end{pmatrix}\tag{8.41}$$

都是非奇异的，那么结构稳定输出调节问题可用一个线性控制器解决。

在本节结束之际，讨论这个推论的一些应用。第一个也是最简单的应用实际上是在线性系统的结构稳定输出调节问题的研究中发现的，该线性系统的方程组模型为

$$\begin{aligned}\dot{x}&=A(\mu)x+P(\mu)w+B(\mu)u\\ e&=C(\mu)x+Q(\mu)w\end{aligned}\tag{8.42}$$

在这种情况下，假设上述推论的条件有如下形式。首先，要求矩阵对 $(A(0),B(0))$ 是可镇定的，并且矩阵对 $(C(0),A(0))$ 是可检测的。然后，要求对属于 $\mu=0$ 某一邻域内的每一个 μ，下面的两个线性方程

$$\begin{aligned}\Pi(\mu)S&=A(\mu)\Pi(\mu)+P(\mu)+B(\mu)\Gamma(\mu)\\ 0&=C(\mu)\Pi(\mu)+Q(\mu)\end{aligned}\tag{8.43}$$

有一组解 $\Pi(\mu),\Gamma(\mu)$。

至于其余的条件，注意到，对于任一 $k \geqslant 0$，有

$$L_s^k c^{\mathrm{a}}(w,\mu) = \Gamma(\mu) S^k w$$

从而，如果以

$$p(\lambda) = p_0 + p_1\lambda + \cdots + p_{q-1}\lambda^{q-1} + \lambda^q$$

表示 S 的最小多项式，则可看到，对于每对 (w,μ) 都有

$$L_s^q c^{\mathrm{a}}(w,\mu) = -p_0 c^{\mathrm{a}}(w,\mu) - p_1 L_s c^{\mathrm{a}}(w,\mu) - \cdots - p_{q-1} L_s^{q-1} c^{\mathrm{a}}(w,\mu)$$

成立。因此，其余的条件就只是矩阵 (8.41) 对于 S 的每一个特征值 λ 非奇异。另外注意到，根据一个关于线性矩阵方程组的熟知结果可知，该条件确保了方程组 (8.43) 对属于 $\mu = 0$ 的某一邻域的每一个 μ 都有解，由此可得，在线性系统的情况下，结构稳定调节问题的解存在的一组充分条件只是矩阵对 $(A(0), B(0))$ 可镇定、矩阵对 $(C(0), A(0))$ 可检测，以及矩阵 (8.41) 对于 S 的每一个特征值 λ 非奇异。

遵循推论 8.4.7 的证明路线可以构造一个解决此问题的控制器，它由系统

$$\begin{aligned} \dot{\xi}_1 &= \Phi\xi_1 + Ne \\ u &= \Gamma\xi_1 \end{aligned} \tag{8.44}$$

和系统

$$\begin{aligned} \dot{\xi}_0 &= K\xi_0 + Le \\ u &= M\xi_0 \end{aligned} \tag{8.45}$$

并联而成 [也见式 (8.34) 和式 (8.35)]，其中 (K, L, M) 使矩阵

$$\begin{pmatrix} \begin{pmatrix} A(0) & B(0)\Gamma \\ NC(0) & \Phi \end{pmatrix} & \begin{pmatrix} B(0) \\ 0 \end{pmatrix} M \\ L(C(0) \;\; 0) & K \end{pmatrix}$$

的特征值配置在左半复开平面内。前一个子系统，如推论 8.4.7 的证明所示，仅是 m 个相同的单输入单输出子系统

$$\begin{aligned} \dot{\xi} &= \begin{pmatrix} 0 & 1 & 0 & \cdots & 0 \\ 0 & 0 & 1 & \cdots & 0 \\ \vdots & \vdots & \vdots & \vdots & \vdots \\ 0 & 0 & 0 & \cdots & 1 \\ -p_0 & -p_1 & -p_2 & \cdots & -p_{q-1} \end{pmatrix} \xi + \begin{pmatrix} 0 \\ 0 \\ \vdots \\ 0 \\ 1 \end{pmatrix} e_i \\ u_i &= (1 \;\; 0 \;\; 0 \;\; \cdots \;\; 0)\xi \end{aligned}$$

集中在一起，其中 $p_0, p_1, \ldots, p_{q-1}$ 是 S 的最小多项式的系数。

在非线性系统情况下，这个结果的第一个有趣应用 (尽管相当基础) 是外源系统只产生恒常指令 [任何一个**设定点控制** (set point control) 问题就是这种情况]。事实上，此时 $s(w)=0$，并且无论式 (8.40) 的解 $c^{\mathrm{a}}(w,\mu)$ 为何，通过令 $a_0=0$ 都可使条件

$$L_s c^{\mathrm{a}}(w,\mu)=a_0 c^{a}(w,\mu)$$

简单地得到满足。如果矩阵 (8.41) 在 $\lambda=0$ 处非奇异，则可用一个线性控制器解决结构稳定调节问题。该控制器由形如式 (8.44) 和式 (8.45) 的两个子系统并联而成，其中前者的形式为

$$\begin{aligned}\dot{\xi}_1&=e\\ u&=\xi_1\end{aligned}$$

这是一个经典的**积分控制器** (integral controller) 形式。

推论 8.5.2 所述结果在非线性系统情况下的另一个更为有趣的应用实例是，外源系统仍然是一个线性系统，而映射 $c^{\mathrm{a}}(w,\mu)$ 对于 $\mu=0$ 某一邻域中的每一个 μ 都是关于 $w_1,\dots,w_r$ (它们是 w 的分量) 的多项式 (其系数依赖于 μ)，其阶次不超过一个确定的整数 k。事实上，注意到如果 $c(w)$ 是关于 w 的一个低于或等于 k 次的多项式，并且 $s(w)=Sw$，则

$$L_s c(w)=\frac{\partial c}{\partial w}Sw$$

也是关于 w 的一个不高于 k 次的多项式。换言之，关于 w 的所有实系数多项式的集合 $\mathcal{P}_k$ 是一个有限维向量空间，它在映射

$$\begin{aligned}L_s\colon \mathcal{P}_k&\to\mathcal{P}_k\\ c(w)&\mapsto\frac{\partial c}{\partial w}Sw\end{aligned}\tag{8.46}$$

的作用下是封闭的。由于 L_s 是将有限维向量空间 $\mathcal{P}_k$ 映入其自身的一个线性映射，所以它的最小多项式

$$p(\lambda)=p_0+p_1\lambda+\cdots+p_{q-1}\lambda^{q-1}+\lambda^q$$

满足

$$L_s^q c(w)=-p_0c(w)-p_1L_sc(w)-\cdots-p_{q-1}L_s^{q-1}c(w)$$

因此，考虑到推论 8.5.2 的结果可得，如果对于 $\mu=0$ 某一邻域中的每一个 μ，映射 $c^{\mathrm{a}}(w,\mu)$ 是关于 w 的分量 $w_1,\dots,w_r$ 的一个多项式，其阶次不超过一个确定的整数 k，那么只要矩阵 (8.41) 对于线性映射 (8.46) 的每一个非负实部特征值 λ 非奇异，结构稳定调节就可以实现。实现结构稳定输出调节的控制器与之前在线性系统情况下描述的控制器具有相同的结构，但是现在矩阵 Φ 中出现的参数是映射 (8.46) 的最小多项式的系数。

以下基本例子说明了可如何使用这个结果。

例 8.5.5. 考虑非线性系统

$$\begin{aligned}\dot{x}_1&=x_2+\mu_1x_1^2\\ \dot{x}_2&=(1+\mu_2)x_1+(1+\mu_3)x_2+u\\ e&=7x_1-w_1\end{aligned}$$

其中 $\mu=\mathrm{col}(\mu_1,\mu_2,\mu_3)$ 是未知参数向量，假设 w_1 由线性外源系统

$$\dot{w}_1=w_2$$
$$\dot{w}_2=-w_1$$

产生。

直接的计算表明，方程组 (8.40) 对于每一个 μ 都有解，即

$$\pi_1^{\mathrm{a}}(w,\mu)=w_1,\qquad \pi_2^{\mathrm{a}}(w,\mu)=w_2-\mu_1w_1^2$$
$$c^{\mathrm{a}}(w,\mu)=-(2+\mu_2)w_1-(1+\mu_3)w_2+(1+\mu_3)\mu_1w_1^2-2\mu_1w_1w_2$$

其中 $c^{\mathrm{a}}(w,\mu)$ 是一个不超过 2 次的多项式。$\mathcal{P}_2$ 是一个 5 维空间，并且 L_s 将多项式

$$c(w)=a_1w_1+a_2w_2+a_{11}w_1^2+a_{12}w_1w_2+a_{22}w_2^2$$

映为多项式

$$L_sc(w)=-a_2w_1+a_1w_2-a_{12}w_1^2+(2a_{11}-2a_{22})w_1w_2+a_{12}w_2^2$$

选择 $\mathcal{P}_2$ 中的一组基 $\{w_1,w_2,w_1^2,w_1w_2,w_2^2\}$，容易看到，$L_s$ 有如下矩阵表示：

$$M=\begin{pmatrix}0&-1&0&0&0\\1&0&0&0&0\\0&0&0&-1&0\\0&0&2&0&-2\\0&0&0&1&0\end{pmatrix}$$

其特征多项式为

$$p(\lambda)=\lambda(\lambda^2+1)(\lambda^2+4)$$

由于矩阵

$$\begin{pmatrix}A(0)-\lambda I & B(0)\\ C(0) & 0\end{pmatrix}=\begin{pmatrix}-\lambda&1&0\\1&-\lambda&1\\1&0&0\end{pmatrix}$$

对于每一个 λ 都是非奇异的，因而可得，存在一个结构稳定调节器，它具有上述结构，其中系统 (8.44) 的具体形式为

$$\dot{\xi}_1=\begin{pmatrix}0&1&0&0&0\\0&0&1&0&0\\0&0&0&1&0\\0&0&0&0&1\\0&-4&0&-5&0\end{pmatrix}\xi_1+\begin{pmatrix}0\\0\\0\\0\\1\end{pmatrix}e$$
$$u=(1\ \ 0\ \ 0\ \ 0\ \ 0)\xi_1$$

注意，构造该控制器无须确切了解 $c^{\mathrm{a}}(w,\mu)$ 和 $\pi^{\mathrm{a}}(w,\mu)$。 $\lhd$

例 8.5.6. 前例中所考查的系统是下述非线性系统的一个特例：

$$
\begin{aligned}
\dot{x}_1 &= a_2(\mu)x_2 + p_1(x_1, w, \mu) \\
\dot{x}_2 &= a_3(\mu)x_3 + p_2(x_1, x_2, w, \mu) \\
&\vdots \\
\dot{x}_{n-1} &= a_n(\mu)x_n + p_{n-1}(x_1, x_2, \ldots, x_{n-1}, w, \mu) \\
\dot{x}_n &= p_n(x_1, x_2, \ldots, x_n, w, \mu) + b(\mu)u \\
e &= c(\mu)x_1 + q(w, \mu)
\end{aligned}
$$

其中 $p_i(x_1, x_2, \ldots, x_i, w, \mu)$ 是关于 (x, w) 的多项式，$q(w, \mu)$ 是关于 w 的阶次不超过确定整数 k 的多项式，$a_2(0), a_3(0), \ldots, a_n(0), b(0), c(0)$ 全都非零。如果外源系统是一个线性系统，那么对于 $\mu = 0$ 某一邻域中的所有 μ，方程组 (8.40) 都有解，其中 $c^{\mathrm{a}}(w, \mu)$ 是阶次不超过某一确定整数的多项式，从而易于应用之前的分析。

还注意到，如果 $a_2(\mu), a_3(\mu), \ldots, a_n(\mu), b(\mu), c(\mu)$ 对于所有的 $\mu \in \mathbb{R}^p$ 均不为零，则方程组 (8.40) 有一个解，它对于所有的 $(w, \mu) \in \mathbb{R}^r \times \mathbb{R}^p$ 都有定义。 $\triangleleft$

第 9 章　单输入单输出系统的全局反馈设计

9.1　全局标准型

在第 4 章和第 5 章中已经介绍了许多重要概念，利用这些概念可以设计反馈律，将一个非线性系统变换为等价的线性系统 (可能需要先进行状态空间的坐标变换)；可以局部渐近镇定一个指定的平衡点 (对于零动态在这一点渐近稳定的那些非线性系统)；以及使某些输出和某些输入无关 (干扰解耦问题和非交互控制问题)。正如多次指出的，在这两章中所阐述的过程都具有*局部*特征，因为遵从这些过程设计的反馈律都只定义在某一个给定的 (平衡) 点附近。现在要讨论的是在什么条件下以及如何扩展这些设计方法，以便对于上面提到的控制问题能够给出全局解答。为简单起见，也出于节省篇幅的考虑，仅限于讨论单输入单输出系统。正如在第 5 章中所见，在大多数情况下，对于更一般的多输入多输出系统进行分析就概念而言并不更难，只不过是表示方法更为复杂罢了。

为此，在这一节中先导出 4.1 节介绍过的坐标变换和标准型的全局形式。考虑由下述方程组描述的单输入单输出系统：

$$
\begin{aligned}
\dot{x} &= f(x) + g(x)u \\
y &= h(x)
\end{aligned}
\tag{9.1}
$$

其中 $f(x)$ 和 $g(x)$ 都是光滑向量场，$h(x)$ 是一个光滑函数，它们都定义在 $\mathbb{R}^n$ 上。照例假设 $f(0) = 0$ 且 $h(0) = 0$。如果该系统在每一点 $x^\circ \in \mathbb{R}^n$ 处都具有相对阶 r，则称其具有一致相对阶 r。

如果系统 (9.1) 具有一致相对阶 r，则 r 个微分

$$
\mathrm{d}h(x), \mathrm{d}L_f h(x), \ldots, \mathrm{d}L_f^{r-1} h(x)
$$

在每一点 $x \in \mathbb{R}^n$ 处都是线性无关的，从而集合

$$
Z^\star = \{x \in \mathbb{R}^n \colon h(x) = L_f h(x) = \ldots = L_f^{r-1} h(x) = 0\}
$$

(它是非空的，因为 $f(0) = 0$ 且 $h(0) = 0$) 是 $\mathbb{R}^n$ 的一个光滑的 $n - r$ 维嵌入子流形。特别是，$Z^\star$ 的每一个连通部分都是 (非奇异对合) 分布

$$
\Delta^\star = (\mathrm{span}\{\mathrm{d}h, \mathrm{d}L_f h, \ldots, \mathrm{d}L_f^{r-1} h\})^\perp
$$

的一个最大积分流形 (见 6.3 节)。

子流形 $Z^\star$ 是将 4.1 节中考虑过的局部坐标变换推广为全局坐标变换的出发点。

命题 9.1.1. 假设系统 (9.1) 有一致相对阶 r。令

$$\alpha(x)=\frac{-L_f^r h(x)}{L_g L_f^{r-1} h(x)},\qquad \beta(x)=\frac{1}{L_g L_f^{r-1} h(x)}$$

并考虑 (全局定义的) 向量场

$$\tilde{f}(x)=f(x)+g(x)\alpha(x),\qquad \tilde{g}(x)=g(x)\beta(x)$$

假设向量场

$$\tau_i=(-1)^{i-1}\mathrm{ad}_{\tilde{f}}^{i-1}\tilde{g}(x),\qquad 1\leqslant i\leqslant r \tag{9.2}$$

是完备的，那么 $Z^\star$ 是连通的。而且，光滑映射

$$\begin{aligned}\Phi:\qquad & Z^\star\times\mathbb{R}^r\to\mathbb{R}^n\\ (z,(\xi_1,\ldots,\xi_r))&\mapsto\Phi_{\xi_r}^{\tau_1}\circ\Phi_{\xi_{r-1}}^{\tau_2}\circ\cdots\circ\Phi_{\xi_1}^{\tau_r}(z)\end{aligned} \tag{9.3}$$

(其中照例以 Φ_t^τ 表示向量场 τ 的流) 有一个全局定义的光滑逆映射

$$(z,(\xi_1,\ldots,\xi_r))=\Phi^{-1}(x) \tag{9.4}$$

其中

$$\begin{aligned}z&=\Phi_{-h(x)}^{\tau_r}\circ\cdots\circ\Phi_{-L_{\tilde{f}}^{r-2}h(x)}^{\tau_2}\circ\Phi_{-L_{\tilde{f}}^{r-1}h(x)}^{\tau_1}(x)\\ \xi_i&=L_{\tilde{f}}^{i-1}h(x),\qquad 1\leqslant i\leqslant r\end{aligned}$$

全局定义的微分同胚 (9.4) 可将系统 (9.1) 变为由如下方程组描述的系统：

$$\begin{aligned}\dot{z}&=f_0(z,\xi_1,\ldots,\xi_r)\\ \dot{\xi}_1&=\xi_2\\ &\vdots\\ \dot{\xi}_{r-1}&=\xi_r\\ \dot{\xi}_r&=b(z,\xi_1,\ldots,\xi_r)+a(z,\xi_1,\ldots,\xi_r)u\\ y&=\xi_1\end{aligned} \tag{9.5}$$

其中

$$\begin{aligned}b(z,\xi_1,\ldots,\xi_r)&=L_f^r h\circ\Phi(z,(\xi_1,\ldots,\xi_r))\\ a(z,\xi_1,\ldots,\xi_r)&=L_g L_f^{r-1}h\circ\Phi(z,(\xi_1,\ldots,\xi_r))\end{aligned}$$

当且仅当向量场 (9.2) 满足

$$[\tau_i,\tau_j]=0,\qquad 1\leqslant i,j\leqslant r$$

时，全局定义的微分同胚 (9.4) 可将系统 (9.1) 变为由如下方程组描述的系统：

$$\begin{aligned}\dot{z} &= f_0(z, \xi_1)\\ \dot{\xi}_1 &= \xi_2\\ &\vdots\\ \dot{\xi}_{r-1} &= \xi_r\\ \dot{\xi}_r &= b(z, \xi_1, \ldots, \xi_r) + a(z, \xi_1, \ldots, \xi_r)u\\ y &= \xi_1\end{aligned} \tag{9.6}$$

证明: 为方便，设

$$\lambda_i(x) = L_{\tilde{f}}^{i-1}h(x), \qquad 1 \leqslant i \leqslant r$$

并注意到，由构造有

$$L_{\tau_k}\lambda_i(x) = \begin{cases}1, & 若\ i + k = r + 1\\ 0, & 其他\end{cases} \tag{9.7}$$

同样容易证明，对于每一点 $x \in \mathbb{R}^n$，点

$$q = \Phi_s^{\tau_k}(x)$$

使得

$$\lambda_i(q) = \begin{cases}\lambda_i(x) + s, & 若\ i + k = r + 1\\ \lambda_i(x), & 其他\end{cases} \tag{9.8}$$

这个性质可由等式

$$\lambda_i(q) - \lambda_i(x) = \int_0^s \frac{\partial}{\partial t}\lambda_i(\Phi_t^{\tau_k}(x))\mathrm{d}t = \int_0^s L_{\tau_k}\lambda_i(\Phi_t^{\tau_k}(x))\mathrm{d}t$$

及性质 (9.7) 得出。

现在令

$$\varphi(x) = \Phi_{-\lambda_1(x)}^{\tau_r} \circ \Phi_{-\lambda_2(x)}^{\tau_{r-1}} \circ \cdots \circ \Phi_{-\lambda_r(x)}^{\tau_1}(x)$$

并注意到由式 (9.8) 递归地有

$$\lambda_i(\varphi(x)) = 0$$

从而有点 $\varphi(x)$ 属于 $Z^\star$。因此，映射

$$\Psi\colon x \mapsto \big(\varphi(x), (\lambda_1(x), \lambda_2(x), \ldots, \lambda_r(x))\big)$$

将 $\mathbb{R}^n$ 映入 $Z^\star \times \mathbb{R}^r$。其实此映射的映像就是 $Z^\star \times \mathbb{R}^r$。事实上，再次利用式 (9.8)，很容易推知，对于每一个 $(z, (\xi_1, \ldots, \xi_r)) \in Z^\star \times \mathbb{R}^r$，有

$$\begin{aligned}\lambda_i(\Phi_{\xi_r}^{\tau_1} \circ \Phi_{\xi_{r-1}}^{\tau_2} \circ \cdots \circ \Phi_{\xi_1}^{\tau_r}(z)) &= \xi_i\\ \varphi(\Phi_{\xi_r}^{\tau_1} \circ \Phi_{\xi_{r-1}}^{\tau_2} \circ \cdots \circ \Phi_{\xi_1}^{\tau_r}(z)) &= z\end{aligned}$$

因此

$$\Psi \circ \Phi(z,(\xi_1,\ldots,\xi_m)) = (z,(\xi_1,\ldots,\xi_m))$$

其中 Φ 是式 (9.3) 所定义的映射。这个关系式也表明 $\Psi = \Phi^{-1}$，并且由于 Ψ 和 Φ 都是光滑映射，$\mathbb{R}^n$ 是连通的，所以可得 $Z^\star$ 是连通的且 Φ 是一个微分同胚。

由定义，对于所有的 $1 \leqslant i \leqslant r-1$，有

$$\dot{\xi}_i = L_f L_{\tilde{f}}^{i-1} h(x) + L_g L_{\tilde{f}}^{i-1} h(x) u = L_{\tilde{f}} L_{\tilde{f}}^{i-1} h(x) = \xi_{i+1}$$

此外，容易检验

$$\Phi_\star\left(\frac{\partial}{\partial \xi_r}\right) = \tilde{g} \circ \Phi$$

因此，微分同胚 (9.4) 可将系统 (9.1) 变为由方程组 (9.5) 描述的系统。

为证明命题的最后一部分，利用证明 Frobenius 定理时所用的同样论据，能够推得

$$\Phi_\star\left(\frac{\partial}{\partial \xi_{r-i}}\right) = \left(\Phi_{\xi_r}^{\tau_1}\right)_\star \cdots \left(\Phi_{\xi_{r-i+1}}^{\tau_i}\right)_\star \tau_{i+1}\left(\Phi_{-\xi_{r-i+1}}^{\tau_i} \circ \cdots \circ \Phi_{-\xi_r}^{\tau_1}(\Phi(x))\right)$$

此外，再利用证明 Frobenius 定理时所用的一个论据，即如果两个向量场 ϑ 和 τ 可交换，则函数

$$V_i(t) = \left(\Phi_{-t}^{\vartheta}\right)_\star \tau \circ \Phi_t^{\vartheta}(x)$$

与 t 无关，亦即

$$\left(\Phi_{-t}^{\vartheta}\right)_\star \tau \circ \Phi_t^{\vartheta}(x) = \tau(x)$$

重复使用这个性质，对于所有的 $0 \leqslant i \leqslant r-1$，由之前的表达式可以得到

$$\Phi_\star\left(\frac{\partial}{\partial \xi_{r-i}}\right) = \tau_{i+1} \circ \Phi = (-1)^i \mathrm{ad}_{\tilde{f}}^i \tilde{g} \circ \Phi \tag{9.9}$$

在方程组 (9.5) 中，向量场 $\tilde{f}$ 和 $\tilde{g}$ 的形式为

$$\bar{f} = \Phi_\star^{-1} \tilde{f} \circ \Phi = f_0(z,\xi_1,\ldots,\xi_r)\frac{\partial}{\partial z} + \xi_2 \frac{\partial}{\partial \xi_1} + \cdots + \xi_r \frac{\partial}{\partial \xi_{r-1}}$$

和

$$\bar{g} = \Phi_\star^{-1} \tilde{g} \circ \Phi = \frac{\partial}{\partial \xi_r}$$

因此，

$$\mathrm{ad}_{\bar{f}} \bar{g} = -\frac{\partial f_0(z,\xi_1,\ldots,\xi_r)}{\partial \xi_r}\frac{\partial}{\partial z} - \frac{\partial}{\partial \xi_{r-1}}$$

另一方面，由式 (9.9) 可得

$$\mathrm{ad}_{\bar{f}} \bar{g} = -\frac{\partial}{\partial \xi_{r-1}}$$

这证明了 $f_0(z,\xi_1,\ldots,\xi_r)$ 与 ξ_r 无关。一个简单的归纳论据就完成了证明。 ◁

该结果的一个直接推论是，如果一个系统有一致相对阶 r 并且向量场 (9.2) 是完备的，则全局定义的反馈律

$$u = \frac{-L_f^r h(x)}{L_g L_f^{r-1} h(x)} + \frac{1}{L_g L_f^{r-1} h(x)} v$$

和全局定义的微分同胚

$$x \mapsto \begin{pmatrix} z \\ \xi_1 \\ \xi_2 \\ \vdots \\ \xi_r \end{pmatrix} = \begin{pmatrix} \Phi^{\tau_r}_{-h(x)} \circ \cdots \circ \Phi^{\tau_2}_{-L_{\tilde{f}}^{r-2} h(x)} \circ \Phi^{\tau_1}_{-L_{\tilde{f}}^{r-1} h(x)}(x) \\ h(x) \\ L_{\tilde{f}} h(x) \\ \vdots \\ L_{\tilde{f}}^{i-1} h(x) \end{pmatrix}$$

可将该系统变为由如下方程组描述的新系统：

$$\begin{aligned} \dot{z} &= f_0(z, \xi_1, \ldots, \xi_r) \\ \dot{\xi}_1 &= \xi_2 \\ &\vdots \\ \dot{\xi}_{r-1} &= \xi_r \\ \dot{\xi}_r &= v \\ y &= \xi_1 \end{aligned} \tag{9.10}$$

另外，如果向量场 (9.2) 是可交换的，则方程组 (9.10) 具有如下特殊形式：

$$\begin{aligned} \dot{z} &= f_0(z, \xi_1) \\ \dot{\xi}_1 &= \xi_2 \\ &\vdots \\ \dot{\xi}_{r-1} &= \xi_r \\ \dot{\xi}_r &= v \\ y &= \xi_1 \end{aligned} \tag{9.11}$$

当然，如果 $r = n$，则该系统是线性的、可控的且可观测的。

还要注意，如果 $r < n$，则子流形 $Z^\star$ 是 $h^{-1}(0)$ 的最大 (相对于包含关系) 光滑子流形，并具有这样的性质：在每一点 $x \in Z^\star$ 处都存在 $u^\star(x)$，使得 $f^\star(x) = f(x) + g(x)u^\star$ 与 $Z^\star$ 相切。实际上，对于每一点 $x \in Z^\star$，只有一个 $u^\star(x)$ 可使该条件得以满足，即

$$u^\star(x) = \frac{-L_f^r h(x)}{L_g L_f^{r-1} h(x)}$$

特别是，可将描述系统零动态的向量场 $f^\star(x)|_{Z^\star}$ 等同为 $Z^\star$ 的向量场

$$f_0(z, 0, \ldots, 0) \frac{\partial}{\partial z}$$

注记 9.1.1. 在之前的分析中，**没有**要求 $n-r$ 维子流形 $Z^\star$ 与 $\mathbb{R}^{n-r}$ 微分同胚。但在随后的每一节中，几乎总是考虑向量场 $f^\star(x)|_{Z^\star}$ 在 $x=0$ 处具有一个全局渐近稳定平衡态的情况。如果是这种情况，那么 $Z^\star$ 必然与 $\mathbb{R}^{n-r}$ 微分同胚 (见 B.2 节)。因此，出于简单性考虑，在方程组 (9.10) 和方程组 (9.11) 中，将始终假设

$$(z,\xi)\in\mathbb{R}^{n-r}\times\mathbb{R}^r \qquad \lhd$$

9.2　全局渐近镇定的实例

本节将讨论一些情况，在这些情况下可以设计一个反馈律来全局渐近镇定系统 (9.1) 的平衡态 $x=0$。这里只关注具有 (某一个) 一致相对阶 r 的系统，对于这些系统，子流形 $Z^\star$ 微分同胚于 $\mathbb{R}^{n-r}$ 并且向量场 (9.2) 是完备的。因此，不失一般性，鉴于 9.1 节所得的结论，可以假设所讨论的系统模型是方程组 (9.10)，或者更特别地，是方程组 (9.11) [如果向量场 (9.2) 也是可交换的]。

以下结论表述了一个简单的“模块化”性质，它在证明所考虑系统的一个影响重大的可镇定性结论时起着重要作用。回想一下，一个光滑函数 $V\colon\mathbb{R}^n\to\mathbb{R}$，如果 $V(0)=0$，且当 $x\neq 0$ 时有 $V(x)>0$，则称该函数为**正定的** (positive definite)；如果对于任意的 $a>0$，集合 $V^{-1}([0,a])=\{x\in\mathbb{R}^n\colon 0\leqslant V(x)\leqslant a\}$ 是紧致的，则称该函数为**适常的** (proper)。

引理 9.2.1. 考虑由以下方程组描述的系统：

$$\begin{aligned}\dot z &= f(z,\xi)\\ \dot\xi &= u\end{aligned} \tag{9.12}$$

其中 $(z,\xi)\in\mathbb{R}^n\times\mathbb{R}$，且 $f(0,0)=0$。假设存在一个光滑的实值函数 $V(z)$，它是正定适常的，使得对于所有的非零 z，有

$$\frac{\partial V}{\partial z}f(z,0)<0$$

那么，存在一个光滑静态反馈律 $u=u(z,\xi)$ 满足 $u(0,0)=0$，以及一个正定适常的光滑实值函数 $W(z,\xi)$，使得对于所有的非零 (z,ξ)，有

$$\begin{pmatrix}\dfrac{\partial W}{\partial z} & \dfrac{\partial W}{\partial \xi}\end{pmatrix}\begin{pmatrix}f(z,\xi)\\ u(z,\xi)\end{pmatrix}<0$$

证明：注意到，可将函数 $f(z,\xi)$ 写为如下形式：

$$f(z,\xi)=f(z,0)+p(z,\xi)\xi \tag{9.13}$$

其中 $p(z,\xi)$ 是光滑函数。这是因为，

$$\bar f(z,\xi):=f(z,\xi)-f(z,0)$$

是在 $\xi=0$ 处为零的光滑函数，并且 $\bar f(z,\xi)$ 可表示为

$$\bar f(z,\xi)=\int_0^1\frac{\partial\bar f(z,s\xi)}{\partial s}\mathrm{d}s=\int_0^1\left[\frac{\partial\bar f(z,\zeta)}{\partial\zeta}\right]_{\zeta=s\xi}\xi\mathrm{d}s$$

现在考虑正定适常函数

$$W(z,\xi)=V(z)+\frac{1}{2}\xi^2 \tag{9.14}$$

并注意到

$$\begin{pmatrix}\frac{\partial W}{\partial z} & \frac{\partial W}{\partial \xi}\end{pmatrix}\begin{pmatrix}f(z,\xi)\\ u\end{pmatrix}=\frac{\partial V}{\partial z}f(z,0)+\frac{\partial V}{\partial z}p(z,\xi)\xi+\xi u$$

选择

$$u=u(z,\xi)=-\xi-\frac{\partial V}{\partial z}p(z,\xi) \tag{9.15}$$

即可得到所要的结果。 ◁

考虑到 Lyapunov 逆定理 (见 B.2 节)，这个引理的假设，即存在一个光滑的正定适常函数 $V(z)$ 使得 $\frac{\partial V}{\partial z}f(z,0)$ 对于每一个非零的 z 都小于零，可由下面的假设推出，即子系统

$$\dot z=f(z,0)$$

在 $z=0$ 处有一个全局渐近稳定的平衡态。另一方面，根据 Lyapunov 定理，这个引理的结论意味着系统

$$\begin{aligned}\dot z&=f(z,\xi)\\ \dot\xi&=u(z,\xi)\end{aligned}$$

在 $(z,\xi)=(0,0)$ 处有一个全局渐近稳定的平衡态。因而，该引理所述结果仅仅是说，如果 $\dot z=f(z,0)$ 在 $z=0$ 处有一个全局渐近稳定的平衡态，则可以利用一个光滑反馈律 $u=u(z,\xi)$ 使系统 (9.12) 的平衡态 $(z,\xi)=(0,0)$ 为全局渐近稳定的。

这个结果在下一引理中 (它包含引理 9.2.1 这个特殊情况) 得到了扩展，它表明只需要假设系统

$$\dot z=f(z,\xi)$$

可被光滑反馈律 $\xi=v^\star(z)$ 镇定，就能够镇定系统 (9.12) 的平衡态 $(z,\xi)=(0,0)$。

引理 9.2.2. 考虑由方程组 (9.12) 描述的系统。假设存在一个光滑实值函数

$$\xi=v^\star(z)$$

满足 $v^\star(0)=0$，并且假设存在一个正定适常的光滑实值函数 $V(z)$，使得

$$\frac{\partial V}{\partial z}f(z,v^\star(z))<0$$

对于所有的非零 z 都成立。那么，存在一个光滑静态反馈律 $u=u(z,\xi)$，满足 $u(0,0)=0$，并存在一个正定适常的光滑实值函数 $W(z,\xi)$，使得

$$\begin{pmatrix}\frac{\partial W}{\partial z} & \frac{\partial W}{\partial \xi}\end{pmatrix}\begin{pmatrix}f(z,\xi)\\ u(z,\xi)\end{pmatrix}<0$$

对于所的有非零 (z,ξ) 都成立。

证明: 只需要考虑 (全局定义的) 变量变换

$$y = \xi - v^\star(z)$$

它将系统 (9.12) 变为

$$\begin{aligned} \dot{z} &= f(z, v^\star(z) + y) \\ \dot{y} &= -\frac{\partial v^\star}{\partial z} f(z, v^\star(z) + y) + u \end{aligned} \tag{9.16}$$

并注意到反馈律

$$u = \frac{\partial v^\star}{\partial z} f(z, v^\star(z) + y) + u'$$

将以上系统变为满足引理 9.2.1 的假设的系统。 $\triangleleft$

反复应用引理 9.2.2 指出的性质，即可简单地导出下面关于系统 (9.11) 的镇定结果。

定理 9.2.3. 考虑如下形式的系统:

$$\begin{aligned} \dot{z} &= f_0(z, \xi_1) \\ \dot{\xi}_1 &= \xi_2 \\ &\vdots \\ \dot{\xi}_{r-1} &= \xi_r \\ \dot{\xi}_r &= u \end{aligned} \tag{9.17}$$

假设存在一个光滑实值函数

$$\xi_1 = v^\star(z)$$

满足 $v^\star(0) = 0$，并假设存在一个正定适常的光滑实值函数 $V(z)$，使得

$$\frac{\partial V}{\partial z} f_0(z, v^\star(z)) < 0$$

对于所有的非零 z 都成立。那么，存在一个光滑的静态反馈律

$$u = u(z, \xi_1, \ldots, \xi_r)$$

满足 $u(0, 0, \ldots, 0) = 0$，能全局渐近镇定相应闭环系统的平衡态 $(z, \xi_1, \ldots, \xi_r) = (0, 0, \ldots, 0)$。

当然，定理 9.2.3 成立的一种特殊情况是 $v^\star(z) = 0$，即 $\dot{z} = f_0(z, 0)$ 在 $z = 0$ 处有一个渐近稳定的平衡态。这种情况表明系统 (9.11) 的零动态在 $z = 0$ 处有一个渐近稳定平衡态，出于完整性考虑，在定理 9.2.3 的以下 (简单) 推论中对其单独描述。

推论 9.2.4. 考虑一个形如式 (9.17) 的系统。假设它的零动态在 $z = 0$ 处有一个全局渐近稳定的平衡态。那么，存在一个光滑的静态反馈律

$$u = u(z, \xi_1, \ldots, \xi_r)$$

满足 $u(0, 0, \ldots, 0) = 0$，能全局渐近镇定相应闭环系统的平衡态 $(z, \xi_1, \ldots, \xi_r) = (0, 0, \ldots, 0)$。

注记 9.2.1. 传统上，如果线性系统所有的传递零点都具有负实部，则称之为“最小相位”系统。类比于这种情况，如果一个形如式 (9.10) 的非线性系统的零动态在 $z=0$ 处具有一个全局渐近稳定的平衡态，也称之为**最小相位** (minimum phase) 系统。

现在给出引理 9.2.1 的一个扩展，其中 $\frac{\partial V}{\partial z}f(z,0)$ 为负定的假设被仅为**半负定** (negative semidefinite) 的假设和一个类似“可控性”的假设所替代。

引理 9.2.5. 考虑由方程组 (9.12) 描述的系统。假设存在一个正定适常的光滑实值函数 $V(z)$，使得对于所有的 z，有

$$\frac{\partial V}{\partial z}f(z,0)\leqslant 0$$

设

$$f^\star(z)=f(z,0),\qquad g^\star(z)=\frac{\partial f}{\partial \xi}(z,0)$$

并设

$$S^\star=\bigcap_{i\geqslant 0}\bigcap_{k\geqslant 0}\{z\in\mathbb{R}^n\colon L^i_{f^\star}L_{\mathrm{ad}^k_{f^\star}g^\star}V(z)=0\}$$

假设 $S^\star=\{0\}$。那么，存在一个光滑的静态反馈律 $u=u(z,\xi)$，满足 $u(0,0)=0$，并且存在一个正定适常的光滑实值函数 $W(z,\xi)$，使得

$$\begin{pmatrix}\dfrac{\partial W}{\partial z} & \dfrac{\partial W}{\partial \xi}\end{pmatrix}\begin{pmatrix}f(z,\xi)\\ u(z,\xi)\end{pmatrix}<0$$

对于所有的非零 (z,ξ) 都成立。

证明: 再次考虑展开式 (9.13) 并注意到，由定义知

$$g^\star(z)=p(z,0)$$

选择输入 (9.15)，则正定函数 (9.14) 满足

$$\begin{pmatrix}\dfrac{\partial W}{\partial z} & \dfrac{\partial W}{\partial \xi}\end{pmatrix}\begin{pmatrix}f(z,\xi)\\ u(z,\xi)\end{pmatrix}=L_{f^\star}V(z)-\xi^2 \tag{9.18}$$

上式对于每一个 (z,ξ) 都是非正的，因此沿闭环系统

$$\begin{aligned}\dot z&=f(z,\xi)\\ \dot\xi&=u(z,\xi)\end{aligned} \tag{9.19}$$

的任一轨线 $(z(t),\xi(t))$，$W(z,\xi)$ 都是非增的。由于 $W(z,\xi)$ 是正定适常的，所以可推知，所有的轨线都是有界的，从而平衡态 $(z,\xi)=(0,0)$ (在 Lyapunov 的意义下) 是稳定的。

令 $(z(t),\xi(t))$ 为这个闭环系统的任一确定轨线，并以 $a^\circ\geqslant 0$ 表示极限

$$a^\circ=\lim_{t\to\infty}W(z(t),\xi(t)) \tag{9.20}$$

这条轨线因为是有界的，所以有非空的 ω-极限集 Ω° (见 B.2 节)。根据 $W(x,\xi)$ 的连续性和 ω-极限集的定义，有

$$W(x,\xi)=a^\circ,\qquad \text{对于所有的 } (x,\xi)\in\Omega^\circ$$

现在，取任意初始条件 $(z^\circ,\xi^\circ)\in\Omega^\circ$。因为 Ω° 在系统 (9.19) 的流映射下是不变的 (再次参见 B.2 节)，所以系统 (9.19) 的相应轨线 $(z^\circ(t),\xi^\circ(t))$ 对于所有的 t 都位于 Ω° 中。从而，对于所有的 t，有 $W(z^\circ(t),\xi^\circ(t))=a^\circ$ 成立，并且由式 (9.18) 有

$$L_{f^\star}V(z^\circ(t))-[\xi^\circ(t)]^2=0$$

由于 $L_{f^\star}V(z)$ 是非正的，这说明 $\xi^\circ(t)$ 沿所讨论的轨线恒等于零。因此，$z^\circ(t)$ 必然是

$$\dot{z}=f^\star(z)$$

满足条件

$$L_{f^\star}V(z^\circ(t))=0 \tag{9.21}$$

的一条轨线。此外，由于 $\dot{\xi}^\circ(t)=u(z^\circ(t),\xi^\circ(t))$ 恒等于零，所以该轨线也满足 [见式 (9.15)]

$$L_{g^\star}V(z^\circ(t))=0 \tag{9.22}$$

下面说明式 (9.21) 和式 (9.22) 这两个条件意味着对于所有的 t 有 $z^\circ(t)\in S^\star$。为此，注意到，由于 $L_{f^\star}V(z)$ 是非正的并且式 (9.21) 成立，所以 $L_{f^\star}V(z)$ 在轨线 $z=z^\circ(t)$ 的任一点处都取最大值，因此，对于所有的 t，都有

$$\frac{\partial L_{f^\star}V}{\partial z}(z^\circ(t))=0$$

利用这个恒等式以及 $z^\circ(t)$ 是 $f^\star(z)$ 的一条积分曲线的事实，可以得到

$$\begin{aligned}L_{[f^\star,g^\star]}V(z^\circ(t))&=L_{f^\star}L_{g^\star}V(z^\circ(t))-L_{g^\star}L_{f^\star}V(z^\circ(t))\\&=\frac{\mathrm{d}L_{g^\star}V(z^\circ(t))}{\mathrm{d}t}-\frac{\partial L_{f^\star}V}{\partial z}g^\star(z^\circ(t))=0\end{aligned}$$

迭代这个论据并利用如下性质：对于任一函数 $U(z)$，恒等式 $U(z^\circ(t))=0$ 意味着

$$0=\frac{\mathrm{d}^iU(z^\circ(t))}{\mathrm{d}t^i}=L^i_{f^\star}U(z^\circ(t))$$

可以推知，对于每一个 $i\geqslant 0$ 和 $k\geqslant 0$，都有

$$L^i_{f^\star}L_{\mathrm{ad}^k_{f^\star}g^\star}V(z^\circ(t))=0$$

既已证明对于所有的 t 有 $z^\circ(t)\in S^\star$，假设 $S^\star=\{0\}$ 就意味着轨线 $(z^\circ(t),\xi^\circ(t))$ 与平凡的平衡态轨线 $(0,0)$ 一致，因而式 (9.20) 中的极限 a_0 为零。由于 $W(z,\xi)$ 是正定连续的，所以能够得到

$$\lim_{t\to\infty}z(t)=0,\qquad \lim_{t\to\infty}\xi(t)=0$$

因此，系统 (9.19) 的平衡态 $(z,\xi)=(0,0)$ 是全局渐近稳定的。根据 Lyapunov 逆定理可以推知，存在一个函数满足引理中指出的性质，它可能不同于截至目前在证明中所考虑的函数 $W(z,\xi)$。 $\triangleleft$

注记 9.2.2. 注意到，特殊情况下，在每一点 $z \in S^\star$ 处都有

$$\frac{\partial V}{\partial z}(g^\star(z) \quad \mathrm{ad}_{f^\star} g^\star(z)) \quad \ldots \quad \mathrm{ad}_{f^\star}^{n-1} g^\star(z) = (0 \quad 0 \quad \ldots \quad 0)$$

因此，举例来说，如果 $\frac{\partial V}{\partial z}$ 仅在 $z = 0$ 处为零，并且对于每一点 z，矩阵

$$(g^\star(z) \quad \mathrm{ad}_{f^\star} g^\star(z) \quad \ldots \quad \mathrm{ad}_{f^\star}^{n-1} g^\star(z))$$

的秩都为 n，则条件 $S^\star = \{0\}$ 得以满足。 $\triangleleft$

由这个结论很容易导出引理 9.2.2、定理 9.2.3 以及推论 9.2.4 的相应扩展形式，推导过程非常简单，因此这里不再赘述。

9.3 半全局镇定实例

在 9.2 节中介绍的全局镇定结果在概念上确实令人感兴趣，但它们的实际执行需要对满足引理 9.2.1 或引理 9.2.2 条件的 Lyapunov 函数 $V(z)$ 具有明确的了解。这个函数实际上明确决定了可全局渐近镇定系统的反馈律结构。而且，在系统的相对阶高于 1 时，反馈律的计算有些烦琐，因为需要对引理 9.2.2 的证明中描述的那些操作进行一定次数的迭代。本节将展示，在降低设计目标的前提下，如何在一定意义下克服这些缺陷，即不寻求全局镇定，而是关注寻找一个反馈律，能将源于一个先验确定的 (从而任意大的) 有界集中的所有轨线渐近地导向指定的平衡点。

可用如下方式直观地阐述具有任意大吸引域的渐近稳定性概念。考虑系统

$$\dot{x} = f(x) + g(x)u$$

如果对于每一个紧子集 $K \subset \mathbb{R}^n$，都存在一个通常依赖于 K 的反馈律 $u = u(x)$，使得相应的闭环系统

$$\dot{x} = f(x) + g(x)u(x)$$

的平衡态 $x = 0$ 是局部渐近稳定的，并且

$$x(0) \in K \quad \Rightarrow \quad \lim_{t \to \infty} x(t) = 0$$

即紧子集 K 包含在平衡态 $x = 0$ 的吸引域中，则称该系统为**半全局可镇定的** (semiglobally stabilizable)。

正如后面将看到的，半全局可镇定性概念具有重要的实用价值。第一个应用实例将说明，借助于一个结构非常简单的反馈 (特别是该反馈律的设计无须确切了解零动态的 Lyapunov 函数)，具有特殊形式 (9.11) 和全局渐近稳定零动态的系统都是半全局可镇定的 (这当然是因为

它们都具有全局可镇定性)。更具体地说，对于以如下方程组描述的系统：

$$
\begin{aligned}
\dot{z} &= f_0(z, \xi_1) \\
\dot{\xi}_1 &= \xi_2 \\
&\vdots \\
\dot{\xi}_{r-1} &= \xi_r \\
\dot{\xi}_r &= u \\
y &= \xi_1
\end{aligned}
\tag{9.23}
$$

能够证明下面的半全局镇定结果成立。

定理 9.3.1. 考虑由方程组 (9.23) 描述的系统。假设它的零动态在 $z = 0$ 处有一个全局渐近稳定的平衡态，令

$$p(\lambda) = \lambda^r + a_{r-1}\lambda^{r-1} + \ldots + a_1\lambda + a_0$$

为所有根具有负实部的任一多项式，并设

$$u = -(k^r a_0 \xi_1 + k^{r-1} a_1 \xi_2 + \ldots + k a_{r-1} \xi_r) \tag{9.24}$$

对于每一个实数 $R > 0$，存在一个实数 $k^\star > 0$，使得如果 $k \geqslant k^\star$，则在闭环系统 (9.23)-(9.24) 中，平衡态 $(z, \xi) = (0, 0)$ 是局部渐近稳定的，并且

$$\|\xi(0)\| \leqslant R, \|z(0)\| \leqslant R \quad \Rightarrow \quad \begin{cases} \lim\limits_{t\to\infty} z(t) = 0 \\ \lim\limits_{t\to\infty} \xi(t) = 0 \end{cases}$$

证明：将证明分成三步。第一步证明平衡态 $(z, \xi) = (0, 0)$ 是局部渐近稳定的。第二步证明如果 k 充分大，则满足

$$\|\xi(0)\| \leqslant R, \ \|z(0)\| \leqslant R$$

的所有轨线都是有界的。最后，在第三步证明所有这样的轨线随着 t 趋于无穷而最终趋于这个平衡态。

(i) 对于任意的 $k > 0$，多项式

$$p_k(\lambda) = \lambda^r + k a_{r-1}\lambda^{r-1} + \ldots + k^{r-1} a_1 \lambda + k^r a_0$$

的所有根都有负实部。因而，如 4.4 节所示，反馈律 (9.24) 局部渐近镇定相应闭环系统的平衡态 $(z, \xi) = (0, 0)$。

(ii) 令

$$\zeta_i = \frac{1}{k^{i-1}} \xi_i, \qquad 1 \leqslant i \leqslant r$$

并注意到，闭环系统 (9.23)–(9.24) 在这个坐标变换之后由如下方程组描述：

$$
\begin{aligned}
\dot{z} &= f_0(z, \zeta_1) \\
\dot{\zeta} &= k A \zeta
\end{aligned}
\tag{9.25}
$$

其中

$$\zeta = \begin{pmatrix} \zeta_1 \\ \zeta_2 \\ \vdots \\ \zeta_{r-1} \\ \zeta_r \end{pmatrix}, \qquad A = \begin{pmatrix} 0 & 1 & \cdots & 0 & 0 \\ 0 & 0 & \cdots & 0 & 0 \\ \vdots & \vdots & \vdots & \vdots & \vdots \\ 0 & 0 & \cdots & 0 & 1 \\ -a_0 & -a_1 & \cdots & -a_{r-2} & -a_{r-1} \end{pmatrix}$$

令 P 为 Lyapunov 方程

$$A^{\mathrm{T}}P + PA = -I$$

的一个正定解，并令 $V(z)$ 为一个正定适常函数，对于所有的非零 z 满足

$$\frac{\partial V}{\partial z} f_0(z, 0) < 0$$

这样的矩阵 P 以及函数 $V(z)$ 的存在性可分别由关于多项式 $p(\lambda)$ 和关于系统 (9.23) 零动态的假设推知。设

$$W(z, \zeta) = V(z) + \zeta^{\mathrm{T}} P \zeta$$

并注意到 [如引理 9.2.1 的证明所示，记 $f_0(z, \zeta_1) = f_0(z, 0) + p(z, \zeta_1)\zeta_1$]

$$\begin{pmatrix} \dfrac{\partial W}{\partial z} & \dfrac{\partial W}{\partial \zeta} \end{pmatrix} \begin{pmatrix} f_0(z, \zeta_1) \\ kA\zeta \end{pmatrix} = \frac{\partial V}{\partial z} f_0(z, 0) + \frac{\partial V}{\partial z} p(z, \zeta_1)\zeta_1 - k\|\zeta\|^2 \tag{9.26}$$

现在考虑紧集

$$K = \{(z, \zeta) \in \mathbb{R}^{n-r} \times \mathbb{R}^r : \|z\| \leqslant R \text{ 且 } \|\zeta\| \leqslant R\}$$

并设

$$a = \max_{(z,\zeta) \in K} W(z, \zeta)$$

同样注意到，集合

$$M_a = \{(z, \zeta) \in \mathbb{R}^{n-r} \times \mathbb{R}^r : W(z, \zeta) \leqslant a\}$$

是一个紧集 [因为 $W(z, \zeta)$ 是一个适常函数]，并且由定义知 $K \subset M_a$。最后，以 ∂M_a 表示 M_a 的边界。

现在要证明，如果 k 足够大，则式 (9.26) 在 ∂M_a 的每一点处都是严格小于零的。为此，注意到，在紧子集

$$\partial M_a \cap \{(z, \zeta) \in \mathbb{R}^{n-r} \times \mathbb{R}^r : \zeta = 0\}$$

的每一点处，这个取值都确实是小于零的。从而，由连续性知，该取值在这个子集的某一开邻域 U 上是负的。注意到，集合 $\partial M_a \setminus U$ 是一个紧集，于是定义

$$b_1 = \max_{(z,\zeta) \in \partial M_a \setminus U} \left| \frac{\partial V}{\partial z} p(z, \zeta_1)\zeta_1 \right|, \qquad b_2 = \min_{(z,\zeta) \in \partial M_a \setminus U} \|\zeta\|^2$$

并且可知 $b_2 > 0$，因为在 $\partial M_a \setminus U$ 上 $\zeta \neq 0$。设

$$k^\star = \frac{2b_1}{b_2}$$

于是，容易得到，如果 $k \geqslant k^\star$，则式 (9.26) 在 ∂M_a 的每一点处都严格小于零。

假设 $k \geqslant k^\star$，选择任一初始条件 $(z(0),\zeta(0)) \in K$，并以 $(z(t),\zeta(t))$ 表示相应的轨线。之前的论据表明，$(z(t),\zeta(t))$ 不能穿越 M_a (M_a 是包含 K 的集合) 的边界 ∂M_a。事实上，如果情况并非如此，则函数 $W(z(t),\zeta(t))$ 的 (时间) 导数在 M_a 的边界上的某一点处将非负，这是矛盾的。因此，所论及的轨线对于所有的 $t > 0$ 都保持在 M_a 中。换言之，

$$(z(0),\zeta(0)) \in K \quad \Rightarrow \quad \text{对于所有的 } t \geqslant 0 \;\; (z(t),\zeta(t)) \in M_a$$

不失一般性，可以假设 $k > 1$。于是，对于所有的 $1 \leqslant i \leqslant r$ 有 $|\zeta_i(0)| < |\xi_i(0)|$，并且

$$(z(0),\xi(0)) \in K \Rightarrow (z(0),\zeta(0)) \in K \Rightarrow \;(z(t),\zeta(t)) \in M_a, \text{对于所有的 } t \geqslant 0$$

注意到，对于每一个初始条件 $\xi(0)$，$\xi(t)$ 都收敛到零，从而能够得到，如果 $k \geqslant k^\star$，则在闭环系统 (9.23)–(9.24) 中

$$(z(0),\xi(0)) \in K \Rightarrow \begin{cases} z(t) \text{ 是有界的} \\ \xi(t) \text{ 是有界的且 } \lim\limits_{t\to\infty} \xi(t) = 0 \end{cases} \tag{9.27}$$

(iii) 选择 $(z(0),\xi(0)) \in K$，并以 Ω° 表示相应轨线的 ω-极限集，它是非空的，因为所论及的轨线是有界的。根据定义，由于随着 t 趋于零有 $\xi(t)$ 趋于无穷，所以有

$$\Omega^\circ \in \{(z,\xi) \in \mathbb{R}^{n-r} \times \mathbb{R}^r \colon \xi = 0\}$$

在 Ω° 中任选一点 $(z^\circ,0)$，并以 $(z^\circ(t),\xi^\circ(t))$ 表示系统 (9.23)–(9.24) 满足 $(z^\circ(0),\xi^\circ(0)) = (z^\circ,0)$ 的轨线。显然，对于所有的 $t \geqslant 0$ 有 $\xi^\circ(t) = 0$ 成立，由于 $z^\circ(t)$ 是 $\dot{z} = f_0(z,0)$ 的一条积分曲线，所以

$$\lim_{t\to\infty} z^\circ(t) = 0 \tag{9.28}$$

由于平衡态 $(z,\xi) = (0,0)$ 是局部渐近稳定的，因而存在点 $(0,0)$ 的一个开邻域 V_1 具有这样的性质：当 t 趋于无穷时，每一条始于 V_1 的曲线都渐近收敛到 $(0,0)$。由式 (9.28) 可见，存在一个实数 $T_1 > 0$，使得

$$(z^\circ(T_1),0) \in \operatorname{int}(V_1)$$

以 $\Phi_t(z,\xi)$ 表示系统 (9.23)–(9.24) 的流。对于每一个确定的 t，$\Phi_t(z,\xi)$ 定义了一个微分同胚，它是 (z,ξ) 的某一个邻域到其映像上的满射。因此，由于 $\Phi_{T_1}(z^\circ,0) \in \operatorname{int}(V_1)$，所以存在 $(z^\circ,0)$ 的一个邻域 V_2，使得对于所有的 $(z,\xi) \in V_2$，有

$$\Phi_{T_1}(z,\xi) \in V_1$$

由 ω-极限集的定义知，存在 $T_2 > 0$ 使得轨线 $(z(t),\xi(t))$ 满足

$$(z(T_2),\xi(T_2)) \in V_2$$

因此，该轨线也满足

$$(z(T_2+T_1),\xi(T_2+T_1)) \in V_1$$

也就是说，该轨线在有限时间内到达一点，从该点开始，可确保该轨线渐近收敛到平衡点。 ◁

注记 9.3.1. 注意到，反馈律 (9.24) 在系统 (9.1) 的原坐标下可简单地表示为

$$u = \alpha(x) - \beta(x)\big(k^r a_0 h(x) + k^{r-1} a_1 L_f h(x) + \cdots + k a_{r-1} L_f^{r-1} h(x)\big)$$

能够在原坐标下表示这个 (半全局镇定) 反馈律确实是半全局镇定概念的另一个优点。 ◁

作为半全局可镇定性概念的第二个应用，现在考虑由以下方程组描述的一类系统：

$$\begin{aligned}\dot{z} &= f_0(z, \xi_j)\\ \dot{\xi}_1 &= \xi_2\\ &\vdots\\ \dot{\xi}_{r-1} &= \xi_r\\ \dot{\xi}_r &= u\\ y &= \xi_1\end{aligned} \tag{9.29}$$

其中 j 是大于 1 的整数，并仍假设其零动态是全局渐近稳定的。这类系统尽管表面上看非常简单，但对其没有通用的全局镇定结果可用。事实上，9.2 节中推导的结果严重依赖于如下假设：支配 z 的流映射的微分方程仅依赖于 ξ_1，而不依赖于向量 ξ 的任何其他分量 $\xi_2, \cdots, \xi_r$。但是，如果 z 的流映射仅受 ξ 的某一个单一分量影响，如系统 (9.29) 所示，则可证明所论及的系统是半全局可镇定的。

使这一结果成为可能的直观想法如下。假设系统 (9.29) 的实际输出映射 $y = \xi_1$ 被替换为一个新的“虚拟”输出映射，其定义为

$$\tilde{h}(\xi) = \xi_j + \varepsilon^{j-1} c_0 \xi_1 + \varepsilon^{j-2} c_1 \xi_2 + \cdots + \varepsilon c_{j-2} \xi_{j-1} \tag{9.30}$$

系统 (9.29) 的动态和“新输出” (9.30) 共同描述了一个具有一致相对阶 $r - j + 1$ 的系统。事实上，

$$L_g L_f^k \tilde{h}(\xi) = 0, \qquad \text{对于所有的 } k < r - j \text{ 和所有的 } \xi$$

且

$$L_g L_f^{r-j} \tilde{h}(\xi) = 1$$

对于如此定义的系统，在经过一个坐标变换并施加一个合适的反馈之后，能够得到一个与系统 (9.11) 有完全相同结构的标准型。这可通过令 z 和 $\xi_1, \ldots, \xi_{j-1}$ 坐标不变，将 $\xi_j, \ldots, \xi_r$ 变为

$$\tilde{h}(\xi), L_f \tilde{h}(\xi), \ldots, L_f^{r-j} \tilde{h}(\xi)$$

并利用反馈律

$$u = -L_f^{r-j+1} \tilde{h}(\xi) + u'$$

完成。容易验证，所定义的新坐标和反馈律同样仅是 $\xi_1, \ldots, \xi_r$ 的函数 (实际上是线性函数)。

既已获得一个与系统 (9.11) 结构相同的系统，或许希望尝试一下定理 9.3.1 的半全局镇定反馈，在当前情况下，它将是如下形式的一个反馈 (见注记 9.3.1)：

$$u' = -(k^{r-j+1} a_0 \tilde{h}(\xi) + k^{r-j} a_1 L_f \tilde{h}(\xi) + \cdots + k a_{r-j} L_f^{r-j} \tilde{h}(\xi))$$

即对于原系统 (9.29)，该反馈具有如下形式：

$$u=-L_f^{r-j+1}\tilde{h}(\xi)-(k^{r-j+1}a_0\tilde{h}(\xi)+k^{r-j}a_1L_f\tilde{h}(\xi)+\cdots+ka_{r-j}L_f^{r-j}\tilde{h}(\xi)) \tag{9.31}$$

其中 $a_0,a_1,\ldots,a_{r-j}$ 是多项式

$$p(\lambda)=\lambda^{r-j+1}+a_{r-j}\lambda^{r-j}+\ldots+a_1\lambda+a_0$$

的系数，该多项式的所有根都具有负实部。当然，要做到这一点，所讨论的系统的零动态必须具有适当的渐近性质。

容易检验，所关注的零动态，即在系统 (9.29) 中，以 $\tilde{y}=\tilde{h}(\xi)$ 替换输出映射 $y=\xi_1$ 后得到的那些方程，可由如下方程组描述：

$$\begin{aligned}\dot{z}&=f_0(z,-\varepsilon^{j-1}c_0\xi_1-\varepsilon^{j-2}c_1\xi_2-\cdots-\varepsilon c_{j-2}\xi_{j-1})\\ \dot{\xi}_1&=\xi_2\\ &\ \ \vdots\\ \dot{\xi}_{j-2}&=\xi_{j-1}\\ \dot{\xi}_{j-1}&=-\varepsilon^{j-1}c_0\xi_1-\varepsilon^{j-2}c_1\xi_2-\cdots-\varepsilon c_{j-2}\xi_{j-1}\end{aligned} \tag{9.32}$$

如果 ε 是正的，且 $c_0,c_1,\ldots,c_{j-2}$ 是所有根具有负实部的多项式

$$q(\lambda)=\lambda^{j-1}+c_{j-2}\lambda^{j-2}+\ldots+c_1\lambda+c_0$$

的系数，那么所论及的动态在 $(z,\xi_1,\ldots,\xi_{j-1})=(0,0,\ldots,0)$ 处有一个渐近稳定的平衡态 (见 4.4 节)。然而，对于当前的目标，需要一个更强的性质，即该平衡态的吸引域包含一个任意大的紧集。这可以通过适当地调整设计参数 ε 来实现，正如下述结果的证明所示。

定理 9.3.2. 考虑由方程组 (9.29) 描述的系统。假设它的零动态在 $z=0$ 处有一个全局渐近稳定的平衡态。对于每一个实数 $R>0$，存在一个实数 $k^\star>0$，并且对于每一个 $k>k^\star$，存在实数 $\varepsilon_k^\star>0$，使得如果 $k\geqslant k^\star$ 且 $0<\varepsilon\leqslant\varepsilon_k^\star$，则在闭环系统 (9.29)–(9.31) 中，平衡态 $(z,\xi)=(0,0)$ 是局部渐近稳定的，而且，

$$\|\xi(0)\|\leqslant R,\|z(0)\|\leqslant R\ \Rightarrow\ \begin{cases}\lim\limits_{t\to\infty}z(t)=0\\ \lim\limits_{t\to\infty}\xi(t)=0\end{cases}$$

证明：既然已知此闭环系统的平衡态 $(z,\xi)=(0)$ 是局部渐近稳定的，则如定理 9.3.1 所述，证明的关键就是建立 $z(t)$ 的有界性。设

$$\begin{aligned}\eta_i&=\varepsilon^{j-i-1}\xi_i, && 1\leqslant i\leqslant j-1\\ \zeta_i&=\frac{1}{k^{i-1}}L_f^{i-1}\tilde{h}(\xi), && 1\leqslant i\leqslant r-j+1\end{aligned}$$

并注意到利用这个坐标变换，闭环系统 (9.29)–(9.31) 可描述为如下方程：

$$\begin{aligned}\dot{z}&=f_0(z,\zeta_1+\varepsilon H\eta)\\ \dot{\eta}&=\varepsilon F\eta+GC\zeta\\ \dot{\zeta}&=kA\zeta\end{aligned} \tag{9.33}$$

其中

$$\eta = \begin{pmatrix} \eta_1 \\ \eta_2 \\ \vdots \\ \eta_{j-1} \end{pmatrix}, \qquad \zeta = \begin{pmatrix} \zeta_1 \\ \zeta_2 \\ \vdots \\ \zeta_{r-j+1} \end{pmatrix}$$

$$H = (-c_0 \quad -c_1 \quad \cdots \quad -c_{j-3} \quad -c_{j-2})$$

$$F = \begin{pmatrix} 0 & 1 & \cdots & 0 & 0 \\ 0 & 0 & \cdots & 0 & 0 \\ \vdots & \vdots & \vdots & \vdots & \vdots \\ 0 & 0 & \cdots & 0 & 1 \\ -c_0 & -c_1 & \cdots & -c_{j-3} & -c_{j-2} \end{pmatrix}, \qquad G = \begin{pmatrix} 0 \\ 0 \\ \vdots \\ 0 \\ 1 \end{pmatrix}$$

$$C = (1 \ \ 0 \ \ \cdots \ \ 0 \ \ 0)$$

$$A = \begin{pmatrix} 0 & 1 & \cdots & 0 & 0 \\ 0 & 0 & \cdots & 0 & 0 \\ \vdots & \vdots & \vdots & \vdots & \vdots \\ 0 & 0 & \cdots & 0 & 1 \\ -a_0 & -a_1 & \cdots & -a_{r-j+1} & -a_{r-j} \end{pmatrix}$$

同样注意到，如果 $0 < \varepsilon < 1$，则有

$$|\eta_i(0)| \leqslant |\xi_i(0)|, \qquad 1 \leqslant i \leqslant j-1$$

并且注意到存在 $M > R$，使得如果 $k \geqslant 1$，则有

$$\|\xi(0)\| \leqslant R \Rightarrow \|\zeta(0)\| \leqslant M$$

对于所有的 $0 < \varepsilon < 1$ 都成立。因而，如果 $k \geqslant 1$ 且 $0 < \varepsilon < 1$，则有

$$\|\xi(0)\| \leqslant R \Rightarrow \|\eta(0)\| \leqslant R, \|\zeta(0)\| \leqslant M$$

在紧集

$$K = \{(z, \eta, \zeta) \in \mathbb{R}^{n-r} \times \mathbb{R}^{j-1} \times \mathbb{R}^{r-j+1} \colon \|z\| \leqslant R, \|\eta\| \leqslant R, \|\zeta\| \leqslant M\}$$

中选择初始条件 $(z(0), \eta(0), \zeta(0)) = (z^\circ, \eta^\circ, \zeta^\circ)$，并以 $(z^\circ(t), \eta^\circ(t), \zeta^\circ(t))$ 表示相应的轨线，则显然有

$$\eta^\circ(t) = \exp(\varepsilon F t)\eta^\circ + \int_0^t \exp(\varepsilon F(t-s)) GC \exp(kAs)\zeta^\circ \mathrm{d}s \tag{9.34}$$

而 $(z^\circ(t), \zeta^\circ(t))$ 可视为时变系统

$$\begin{aligned} \dot{z} &= f_0(z, \zeta_1 + \varepsilon H \eta^\circ(t)) \\ \dot{\zeta} &= kA\zeta \end{aligned} \tag{9.35}$$

的一条积分曲线。

注意到，当 $\varepsilon = 0$ 时，系统 (9.35) 简化为系统

$$\begin{aligned}\dot{z} &= f_0(z, \zeta_1) \\ \dot{\zeta} &= kA\zeta\end{aligned}$$

这正是形式 (9.25)。从而 (见定理 9.3.1 的证明) 存在一个正定适常函数 $W(z, \zeta)$ 以及实数 $k^\star > 1$，使得如果 $k \geqslant k^\star$，则导数 (9.26) 在 ∂M_a 上的每一点处都是负的，其中 ∂M_a 是紧集

$$M_a = \{(z, \zeta) \in \mathbb{R}^{n-r} \times \mathbb{R}^r \colon W(z, \zeta) \leqslant a\}$$

的边界，a 是一个实数，使得

$$M_a \supset \{(z, \zeta) \in \mathbb{R}^{n-r} \times \mathbb{R}^{r-j+1} \colon \|z\| \leqslant R, \|\zeta\| \leqslant M\}$$

固定 $k \geqslant k^\star$ 并注意到 $f_0(z, \zeta_1 + \varepsilon H\eta^\circ(t))$ 可表示为如下形式：

$$f_0(z, \zeta_1 + \varepsilon H\eta^\circ(t)) = f_0(z, \zeta_1) + p(z, \zeta_1 + \varepsilon H\eta^\circ(t))\varepsilon H\eta^\circ(t)$$

于是，$W(z, \zeta)$ 沿系统 (9.35) 轨线的导数可表示为

$$\begin{aligned}&\begin{pmatrix}\dfrac{\partial W}{\partial z} & \dfrac{\partial W}{\partial \zeta}\end{pmatrix}\begin{pmatrix}f_0(z, \zeta_1 + \varepsilon H\eta^\circ(t)) \\ kA\zeta\end{pmatrix} \\ &\quad = M(z, \zeta) + \frac{\partial V}{\partial z} p(z, \zeta_1 + \varepsilon H\eta^\circ(t))\varepsilon H\eta^\circ(t)\end{aligned} \tag{9.36}$$

其中 $M(z, \zeta)$ 是一个函数，它在 ∂M_a 的每一点处都小于零。

观察式 (9.34) 所定义的函数，其中 k 现在是一个确定常数，并注意到存在一个实数 $L > 0$，使得对于每一个 $t \geqslant 0$，每一个 $0 < \varepsilon < 1$，以及满足 $\|\eta^\circ\| \leqslant R$ 和 $\|\zeta^\circ\| \leqslant M$ 的每对 $(\eta^\circ, \zeta^\circ)$，都有

$$\|\eta^\circ(t)\| < L$$

因此，存在一个实数 $\beta_1 > 0$，使得对于每对 $(z, \zeta) \in \partial M_a$，每一个 $t \geqslant 0$，每一个 $0 < \varepsilon < 1$，以及满足 $\|\eta^\circ\| \leqslant R$ 和 $\|\zeta^\circ\| \leqslant M$ 的每对 $(\eta^\circ, \zeta^\circ)$，都有

$$\frac{\partial V}{\partial z} p(z, \zeta_1 + \varepsilon H\eta^\circ(t))H\eta^\circ(t) < \beta_1$$

设

$$\beta_2 = \max_{(z,\zeta)\in\partial M_a} M(z, \zeta)$$

并注意 $\beta_2 < 0$，另外设

$$\varepsilon^\star = -\frac{\beta_2}{2\beta_1}$$

因而，如果 $\varepsilon \leqslant \varepsilon^\star$，则式 (9.36) 在 ∂M_a 上取值为负。正如定理 9.3.1 的证明所示，这意味着系统 (9.35) 的始于 M_a 中任一点的轨线都是有界的，具体而言，轨线 $(z^\circ(t), \zeta^\circ(t))$ 是有界的。

既已证明 $z^\circ(t)$ 是有界的，并且已知随着 t 趋于无穷有 $\xi^\circ(t)$ 渐近衰减到零，那么剩下的证明可以完全像定理 9.3.1 的证明步骤 (iii) 那样继续进行。 ◁

前一结果表明，对处于标准型 (9.10) 的系统来说，如果 z 的流只受向量 ξ 的一个分量影响，则能够实现半全局镇定。但需要重点强调的是，这个限制条件在没有额外假设时，不能再进一步弱化。事实上存在这样的情况，当 z 的流受 ξ 的两个或更多个分量影响时，无法实现半全局镇定，正如下例所示。

例 9.3.2. 考虑如下定义在 $\mathbb{R}^3$ 上的系统：

$$\begin{aligned}\dot{z} &= -z + z^2\xi_1 + \varphi(z,\xi_1,\xi_2)\\ \dot{\xi}_1 &= \xi_2\\ \dot{\xi}_2 &= u\end{aligned}$$

其中 $\varphi(z,\xi_1,\xi_2)$ 是一个待定函数。注意到，变量

$$\eta = z\xi_1$$

满足

$$\dot{\eta} = \dot{z}\xi_1 + z\dot{\xi}_1 = -\eta + \eta^2 + \varphi(z,\xi_1,\xi_2)\xi_1 + z\xi_2$$

从而，如果

$$\varphi(z,\xi_1,\xi_2)\xi_1 + z\xi_2 \geqslant 0 \tag{9.37}$$

则有

$$\dot{\eta} \geqslant -\eta + \eta^2$$

例如，如果

$$\varphi(z,\xi_1,\xi_2) = \frac{1}{4}(\xi_2^2 + z^2)z$$

则条件 (9.37) 在集合

$$S = \{(z,\xi_1,\xi_2) \in \mathbb{R}^3 \colon \eta \geqslant 2)\}$$

的每一点处都得以满足。

还注意到，在集合 S 的每一点处有 $-\eta + \eta^2 \geqslant 2$，从而在 S 的每一点处都有 $\dot{\eta} > 0$。这说明该系统始于 S 内部任一点的轨线，无论如何选择输入，都不能进入集合

$$\bar{S} = \{(z,\xi_1,\xi_2) \in \mathbb{R}^3 \colon \eta < 2\}$$

这证明了半全局镇定不可能实现。 $\lhd$

9.4 Artstein-Sontag 定理

本节叙述全局渐近镇定非线性系统

$$\dot{x} = f(x) + g(x)u \tag{9.38}$$

的另一种方法，它主要在概念上具有重要价值。

回想一下，根据 Lyapunov 逆定理，如果系统 (9.38) 可被某一个光滑反馈律 $u=\alpha(x)$ 全局渐近镇定，则存在一个正定适常的光滑函数 $V(x)$，使得对于每一点 $x\neq 0$，有

$$\frac{\partial V}{\partial x}(f(x)+g(x)\alpha(x))=L_fV(x)+\alpha(x)L_gV(x)<0$$

特别是，这要求在使 $L_gV(x)=0$ 的每一个非零点 x 处函数 $L_fV(x)$ 都小于零。因此能够推知，系统可被全局渐近镇定 (通过一个光滑反馈) 的一个必要条件是，存在一个正定适常的光滑函数 $V(x)$，对于每一点 $x\neq 0$，满足下面的性质：

$$L_gV(x)=0 \quad\Rightarrow\quad L_fV(x)<0$$

这样的函数称为**控制 Lyapunov 函数** (control Lyapunov function)。

控制 Lyapunov 函数这个概念的重要性在于，存在这样一个函数也是存在一个镇定反馈的充分条件。更确切地说，下面会看到，给定一个控制 Lypunov 函数 $V(x)$，就能构造 (利用非常简单的公式) 一个镇定反馈律 $u=\alpha(x)$，它定义在 $\mathbb{R}^n$ 上，满足 $\alpha(0)=0$，在 $\mathbb{R}^n$ 的开 (且稠密) 子集 $\mathbb{R}^n\setminus\{0\}$ 上是光滑的，并且至少在 $x=0$ 处是连续的。具有这些性质的函数有时被称为**殆光滑函数** (almost smooth function)。

事实上，以下结果成立。

定理 9.4.1. *考虑由方程组 (9.38) 描述的系统，其中 $f(x)$ 和 $g(x)$ 是光滑向量场，且 $f(0)=0$。存在一个殆光滑反馈律 $u=\alpha(x)$ 全局渐近镇定系统 (9.38) 的平衡态 $x=0$，当且仅当存在一个正定适常的光滑函数 $V(x)$ 具有如下性质：*

(i) $L_gV(x)=0$ 意味着对于所有的 $x\neq 0$，有 $L_fV(x)<0$；

(ii) 对于每一个 $\varepsilon>0$，存在 $\delta>0$，使得，如果 $x\neq 0$ 满足 $\|x\|<\delta$，则存在某一个 u 满足 $|u|<\varepsilon$，使得

$$L_fV(x)+L_gV(x)u<0$$

证明：条件 (i) 的必要性可由 (如上所述) B.2 节的 Lyapunov 逆定理得出，根据该定理，如果 $f(x)$ 是定义在 $\mathbb{R}^n$ 上的一个向量场，满足 $f(0)=0$，在 $\mathbb{R}^n$ 的开 (稠密) 子集 $\mathbb{R}^n\setminus\{0\}$ 上光滑，在 $x=0$ 处连续，并且 $\dot{x}=f(x)$ 的平衡态 $x=0$ 是全局渐近稳定的，则存在一个定义在 $\mathbb{R}^n$ 上的光滑正定适常函数 $V(x)$，使得对于所有的非零 x，有 $L_fV(x)<0$。条件 (ii) 的必要性是"能够镇定系统 (9.38) 的反馈律在 $x=0$ 处连续"这个假设的简单推论。

为证明充分性，考虑 $\mathbb{R}^2$ 的开子集

$$S=\{(a,b)\in\mathbb{R}^2\colon b>0 \text{ 或 } a<0\}$$

并在 S 上定义函数 $\phi(a,b)$ 为

$$\phi(a,b)=\begin{cases}0, & \text{若 } b=0 \text{ 且 } a<0\\ \dfrac{a+\sqrt{a^2+b^2}}{b}, & \text{其他}\end{cases}$$

能够证明这个函数在 S 上是实解析的。事实上，令

$$F(a,b,p)=bp^2-2ap-b$$

并注意到，对于每一个 $(a,b)\in S$，方程 $F(a,b,p)=0$ 的解是 $p=\phi(a,b)$。现在，函数

$$\left[\frac{\partial F}{\partial p}\right]_{p=\phi(a,b)}=2(b\phi(a,b)-a)$$

在 S 上的值永不为零。因此，根据隐函数定理，由于 $F(a,b,p)$ 是实解析的，所以 $F(a,b,p)=0$ 的解 $p=\phi(a,b)$ 是实解析的。

现在假设函数 $V(x)$ 满足条件 (i)。注意到，对于每一点 x，数对 $(a,b)=(L_fV(x),[L_gV(x)]^2)$ 属于 S，设

$$\alpha(x)=\begin{cases}0, & 若\ x=0\\ -L_gV(x)\phi(L_fV(x),[L_gV(x)]^2), & 其他\end{cases}\tag{9.39}$$

这个反馈律由实解析函数 $\phi(a,b)$ 和光滑函数 $L_fV(x)$、$[L_gV(x)]^2$ 复合而成，确实是 $\mathbb{R}^n\setminus\{0\}$ 上的光滑函数。而且，能够证明性质 (ii) 意味着该函数在 $x=0$ 处连续。因此，$\alpha(x)$ 是殆光滑的。根据构造知，对于所有的 $x\neq 0$，$\alpha(x)$ 都使得

$$\frac{\partial V}{\partial x}(f(x)+g(x)\alpha(x))=-\sqrt{[L_fV(x)]^2+[L_gV(x)]^4}<0$$

从而，该反馈律全局渐近镇定闭环系统 (9.38)–(9.39) 的平衡态 $x=0$。 ◁

注记 9.4.1. 注意，对于以殆光滑反馈律全局渐近镇定系统 (9.38) 的问题，定理 9.4.1 的证明提供了一个简单的显式公式，即

$$\alpha(x)=\begin{cases}0, & 若\ L_gV(x)=0\\ -\dfrac{L_fV(x)+\sqrt{[L_fV(x)]^2+[L_gV(x)]^4}}{L_gV(x)}, & 其他\end{cases}\quad\triangleleft$$

9.5 全局干扰抑制的实例

在 4.6 节已经考虑了使非线性系统

$$\begin{aligned}\dot{x}&=f(x)+g(x)u+p(x)w\\ y&=h(x)\end{aligned}\tag{9.40}$$

的输出 y 与干扰 w 完全无关 (即与之解耦) 的问题。很容易将该节叙述的局部分析推广为全局形式，只需要系统

$$\begin{aligned}\dot{x}&=f(x)+g(x)u\\ y&=h(x)\end{aligned}$$

满足 9.1 节中指出的全局标准型存在条件。如果是这种情况，则实际上存在一个将 y 从 w 中解耦的反馈律当且仅当 [见式 (4.47)]

$$L_pL_f^ih(x)=0,\ \ 对于所有的\ 1\leqslant i\leqslant r\ 和所有的\ x\in\mathbb{R}^n\tag{9.41}$$

然而，必须注意到，形如式 (9.41) 的条件是非常严苛的，只有在非常特殊的情况下才可能考虑。鉴于这个观点，本节处理一个要求较低的问题，即寻求一种反馈律，它并不真正地将系统的输出从给定的干扰 w 中“解耦”出来，而只是让 w 对 y “保持小的”影响。当然，这样的反馈律也要确保相应闭环系统的 (全局) 渐近稳定性。

为了探究这种方法，有必要先建立一个确切标准，用以衡量一个给定输入 (在这种情况下是干扰) 对于系统输出的“影响”。特别是在非线性系统情况下，有一个概念特别适合这一目的，即所谓的L_2 **增益** (L_2 gain)，其定义如下。

考虑由如下方程组描述的单输入单输出系统：

$$
\begin{aligned}
\dot{x} &= f(x) + g(x)u \\
y &= h(x)
\end{aligned}
\tag{9.42}
$$

其中 $f(x)$ 和 $g(x)$ 均为光滑向量场，$h(x)$ 是光滑函数，它们都定义在 $\mathbb{R}^n$ 上。照例假设 $f(0)=0$ 且 $h(0)=0$。以 $\mathcal{L}_2$ 表示由满足

$$
\int_0^\infty u^2(s)\mathrm{d}s < \infty
$$

的所有分段常值输入函数 $u\colon [0,\infty)\to\mathbb{R}$ 构成的集合。以 $x(t,x^\circ,u(\cdot))$ 表示在输入 $u(\cdot)\in\mathcal{L}_2$ 作用下，始于初始状态 x° 且在时间 $t>0$ 处的状态值。如果对于每一个 $u(\cdot)\in\mathcal{L}_2$ 和所有的 $t\geqslant 0$，存在始于初始状态 $x(0)=0$ 的响应 $x(t,0,u(\cdot))$，且对于所有的 $t>0$，满足

$$
\int_0^t \|h(x(s,0,u(\cdot)))\|^2\mathrm{d}s \leqslant \gamma^2\int_0^t \|u(s)\|^2\mathrm{d}s
$$

则称这个系统有小于或等于 γ 的 L_2 增益。

为使一个形如式 (9.42) 的系统具有小于或等于 γ 的 L_2 增益，以下命题给出了一个有用的充分条件。

命题 9.5.1. 考虑一个形如式 (9.42) 的系统。假设存在一个正定适常的光滑函数 $V(x)$，对于所有的非零 x，满足

$$
L_fV(x) + \frac{1}{4\gamma^2}[L_gV(x)]^2 + [h(x)]^2 < 0 \tag{9.43}
$$

那么，系统 (9.42) 在 $x=0$ 处具有全局渐近稳定的平衡态，并且具有一个小于或等于 γ 的 L_2 增益。

证明: 首先，注意到式 (9.43) 对于所有的非零 x 和所有的 $u\in\mathbb{R}$ 等价于以下条件：

$$
\frac{\partial V}{\partial x}(f(x)+g(x)u) + [h(x)]^2 - \gamma^2u^2 < 0 \tag{9.44}
$$

事实上，对于每一个确定的 x，式 (9.44) 的小于号左边是关于 u 的一个二次多项式，它在

$$
u = u^\star(x) = \frac{1}{2\gamma^2}L_gV(x)
$$

处有一个最大值。因此式 (9.44) 对于所有的 u 成立，当且仅当其小于号左边在 $u=u^\star$ 处的值小于零，正如简单的计算所示，这恰好是条件 (9.43)。

选择一个输入 $u^\circ(\cdot) \in \mathcal{L}_2$，以 $x^\circ(\cdot)$ 表示系统 (9.42) 始于初始状态 $x(0)=0$ 的相应响应，并假设 $x^\circ(t)$ 对于所有的 $0 \leqslant t \leqslant T$ 都存在。由于式 (9.44) 意味着

$$\frac{\mathrm{d}V(x^\circ(t))}{\mathrm{d}t} \leqslant \gamma^2[u^\circ(t)]^2 - [h(x^\circ(t))]^2$$

在区间 $[0,t)$ 上对时间积分，其中 $t<T$，因为 $V(0)=0$，所以得到

$$V(x^\circ(t)) \leqslant \gamma^2 \int_0^t [u^\circ(s)]^2 \mathrm{d}s - \int_0^t [h(x^\circ(s))]^2 \mathrm{d}s \tag{9.45}$$

此不等式可用于证明 $x^\circ(t)$ 对于所有的 $t \geqslant 0$ 都存在。这是因为，假设 $[0,T)$ 是使 $x^\circ(t)$ 有定义的最大区间，且 T 有限。由于 $V(x)$ 是一个正定适常函数，所以给定任何 $K>0$，存在一个时间 $a<T$，使得 $V(x^\circ(a))>K$。令 t 为使 $V(x^\circ(t))>A$ 成立的值，其中

$$A = \gamma^2 \int_0^\infty [u^\circ(s)]^2 \mathrm{d}s$$

那么，根据式 (9.45) 得到

$$V(x^\circ(t)) \leqslant \gamma^2 \int_0^t [u^\circ(s)]^2 \mathrm{d}s \leqslant A$$

这与对 t 所做的假设相矛盾。因此，$x^\circ(t)$ 对于所有的 $t \geqslant 0$ 都存在。此时，由式 (9.45) 有

$$\gamma^2 \int_0^t [u^\circ(s)]^2 \mathrm{d}s \geqslant \int_0^t [h(x^\circ(s))]^2 \mathrm{d}s + V(x(t)) \geqslant \int_0^t [h(x^\circ(s))]^2 \mathrm{d}s$$

这表明系统的 L_2 增益为 γ。

最后，注意到 $V(x)$ 是一个正定适常函数，对于所有的非零 x 满足 $L_f V(x) < 0$。因此，$V(x)$ 是自治系统

$$\dot{x} = f(x)$$

的一个 Lyapunov 函数，从而在 $x=0$ 处具有一个全局渐近稳定的平衡态。 $\triangleleft$

注记 9.5.1. 命题 9.5.1 中指出的结果只有部分可逆。事实上，假设系统 (9.42) 在 $x=0$ 处有一个全局渐近稳定的平衡态，并考虑函数 $V_\star\colon \mathbb{R}^n \to \mathbb{R}$

$$V_\star(x) = \inf_{\substack{x(0)=0,x(t)=x \\ u(\cdot)\in\mathcal{L}_2 \\ t\geqslant 0}} \left(\int_0^t (\gamma^2[u(s)]^2 - [h(x(s))]^2) \mathrm{d}s \right) \tag{9.46}$$

该函数对于从 $x=0$ 出发，在控制 $u(\cdot) \in \mathcal{L}_2$ 作用下于有限时间内可达的每一点 $x \in \mathbb{R}^n$ 都有定义。如果系统 (9.42) 具有小于或等于 γ 的 L_2 增益，则该函数必然是非负的。假设对于每一点 x，存在 $u(\cdot) \in \mathcal{L}_2$ 和 $t \geqslant 0$，使得式 (9.46) 的下确界可以获得。那么，根据恒等式

$$\begin{aligned}&\int_0^{t+h} (\gamma^2[u(s)]^2 - [h(x(s))]^2) \mathrm{d}s \\ &\quad = \int_t^{t+h} (\gamma^2[u(s)]^2 - [h(x(s))]^2) \mathrm{d}s + \int_0^t (\gamma^2[u(s)]^2 - [h(x(s))]^2) \mathrm{d}s\end{aligned}$$

由定义可以发现，对于每一个充分小的 $h>0$，不等式

$$V_\star(x(t+h)) - V_\star(x(t)) \leqslant \int_t^{t+h} (\gamma^2[u(s)]^2 - [h(x(s))]^2) \mathrm{d}s \tag{9.47}$$

总成立。

最后，假设 $V_\star$ 是一个光滑函数。那么，将式 (9.47) 的两边除以 h 并令 $h \to 0$，得到下面的不等式：

$$\frac{\mathrm{d}V_\star(x(t))}{\mathrm{d}t} = L_f V_\star(x) + L_g V_\star(x) u \leqslant \gamma^2 u^2 - [h(x)]^2$$

由此，像命题 9.5.1 的证明那样继续进行，可以看到式 (9.43) 的左边是非正的。 ◁

注记 9.5.2. 注意到，在线性系统

$$\begin{aligned} \dot{x} &= Ax + Bu \\ y &= Cx \end{aligned}$$

的情况下，一个正定二次型 $V(x) = x^{\mathrm{T}} P x$ 满足不等式 (9.44)，当且仅当正定 (对称) 矩阵 P 满足

$$PA + A^{\mathrm{T}} P + C^{\mathrm{T}} C + \frac{1}{\gamma^2} P B B^{\mathrm{T}} P < 0$$

这是确保系统渐近稳定且 L_2 增益严格小于 γ 的一个著名的 (充要) 条件，称为**界实引理** (Bounded Real Lemma)。 ◁

满足偏微分不等式 (9.43) [该不等式称为**哈密顿-雅可比** (Hamilton-Jacobi) 不等式] 的正定适常函数 $V(x)$ 的存在性，对于确定一个给定系统是否全局渐近稳定并具有小于或等于 γ 的 L_2 增益来说，既是一种表示方式，在许多情况下也是一种实用手段。如果将这样一个函数的存在性作为判据，以估计一个系统的输入对于输出的影响，就能将实现一个规定水平的干扰抑制问题 [在形如式 (9.40) 的系统中] 描述为寻找一个反馈律 $u = \alpha(x)$，使得对于相应的闭环系统：

$$\begin{aligned} \dot{x} &= f(x) + g(x)\alpha(x) + p(x)w \\ y &= h(x) \end{aligned}$$

存在某一个正定适常函数 $V(x)$ 满足形如式 (9.43) 的不等式。

干扰抑制稳定性问题 (Problem of Disturbance Attenuation with Stability) 考虑一个形如式 (9.40) 的系统。给定一个实数 $\gamma > 0$，如果可能，找到一个反馈律 $u = \alpha(x)$，满足 $\alpha(0) = 0$，并找到一个正定适常的光滑函数 $V(x)$，使得对于所有的非零 x，有

$$L_f V(x) + \alpha(x) L_g V(x) + \frac{1}{4\gamma^2}[L_p V(x)]^2 + [h(x)]^2 < 0 \tag{9.48}$$

下面介绍关于干扰抑制稳定性问题的一系列结果，它们与 9.2 节描述的关于全局镇定问题的结果完全类似。

引理 9.5.2. 考虑以下方程组所描述的系统：

$$\begin{aligned} \dot{z} &= f(z,\xi) + p(z,\xi)w \\ \dot{\xi} &= u + q(z,\xi)w \\ y &= h(z,\xi) \end{aligned} \tag{9.49}$$

其中 $(z,\xi) \in \mathbb{R}^n \times \mathbb{R}$，$f(0,0)=0$ 且 $h(0,0)=0$。假设存在一个正定适常的光滑实值函数 $V(z)$，使得对于所有的非零 z，有

$$\frac{\partial V}{\partial z}f(z,0)+\frac{1}{4\gamma^2}\left[\frac{\partial V}{\partial z}p(z,0)\right]^2+[h(z,0)]^2<0$$

那么，存在一个光滑的静态反馈律 $u=u(z,\xi)$，满足 $u(0,0)=0$，并且存在一个正定适常的光滑实值函数 $W(z,\xi)$，使得对于所有的非零 (z,ξ)，有

$$L_F W(z,\xi)+\frac{1}{4\gamma^2}[L_P W(z,\xi)]^2+[h(z,\xi)]^2<0$$

其中

$$F(z,\xi)=\begin{pmatrix} f(z,\xi) \\ u(z,\xi) \end{pmatrix}, \qquad P(z,\xi)=\begin{pmatrix} p(z,\xi) \\ q(z,\xi) \end{pmatrix}$$

证明: 注意到，函数 $f(z,\xi)$，$p(z,\xi)$ 和 $h(z,\xi)$ 可写成如下形式:

$$\begin{aligned} f(z,\xi) &= f(z,0)+f_1(z,\xi)\xi \\ p(z,\xi) &= p(z,0)+p_1(z,\xi)\xi \\ h(z,\xi) &= h(z,0)+h_1(z,\xi)\xi \end{aligned}$$

考虑正定适常函数

$$W(z,\xi)=V(z)+\frac{1}{2}\xi^2 \tag{9.50}$$

并注意到

$$\begin{aligned} L_F W(z,\xi) &= \frac{\partial V}{\partial z}f(z,0)+\left(\frac{\partial V(z)}{\partial z}f_1(z,\xi)+u(z,\xi)\right)\xi \\ L_P W(z,\xi) &= \frac{\partial V}{\partial z}p(z,0)+\left(\frac{\partial V(z)}{\partial z}p_1(z,\xi)+q(z,\xi)\right)\xi \end{aligned}$$

因而

$$\begin{aligned} & L_F W(z,\xi)+\frac{1}{4\gamma^2}[L_P W(z,\xi)]^2+[h(z,\xi)]^2 \\ &= \frac{\partial V}{\partial z}f(z,0)+\frac{1}{4\gamma^2}\left[\frac{\partial V}{\partial z}p(z,0)\right]^2+[h(z,0)]^2+(u(z,\xi)+M(z,\xi))\xi \end{aligned}$$

其中 $M(z,\xi)$ 是关于 (z,ξ) 的一个适当的光滑函数。那么，选择

$$u(z,\xi)=-\xi-M(z,\xi)$$

即可得到所要的结果。 $\triangleleft$

利用这个引理指出的性质，可立即证明如下结果 (引理 9.5.2 实际是它的一个特例)。

引理 9.5.3. 考虑由式 (9.49) 描述的系统。假设存在一个光滑实值函数

$$\xi = v^\star(z)$$

满足 $v^\star(0) = 0$，并且存在一个正定适常的光滑实值函数 $V(z)$，使得对于所有的非零 z，有

$$\frac{\partial V}{\partial z} f(z, v^\star(z)) + \frac{1}{4\gamma^2}\left[\frac{\partial V}{\partial z} p(z, v^\star(z))\right]^2 + [h(z, v^\star(z)]^2 < 0$$

那么，存在一个光滑的静态反馈律 $u = u(z, \xi)$，满足 $u(0,0) = 0$，并且存在一个正定适常的光滑实值函数 $W(z, \xi)$，使得对于所有的非零 (z, ξ)，有

$$L_F W(z,\xi) + \frac{1}{4\gamma^2}[L_P W(z,\xi)]^2 + [h(z,\xi)]^2 < 0$$

其中

$$F(z,\xi) = \begin{pmatrix} f(z,\xi) \\ u(z,\xi) \end{pmatrix}, \qquad P(z,\xi) = \begin{pmatrix} p(z,\xi) \\ q(z,\xi) \end{pmatrix}$$

证明: 其证明与引理 9.2.2 的证明完全相同。 $\lhd$

于是，反复应用引理 9.5.3 指出的性质能够直接得到下面的重要结论。

定理 9.5.4. 考虑如下系统：

$$\begin{aligned}
\dot{z} &= f_0(z, \xi_1) + p_0(z, \xi_1) w \\
\dot{\xi}_1 &= \xi_2 + p_1(z, \xi_1) w \\
\dot{\xi}_2 &= \xi_3 + p_2(z, \xi_1, \xi_2) w \\
&\vdots \\
\dot{\xi}_{r-1} &= \xi_r + p_{r-1}(z, \xi_1, \xi_2, \ldots, \xi_{r-1}) w \\
\dot{\xi}_r &= u + p_r(z, \xi_1, \xi_2, \ldots, \xi_{r-1}, \xi_r) w \\
y &= h_0(z, \xi_1)
\end{aligned} \tag{9.51}$$

假设存在一个光滑实值函数

$$\xi_1 = v^\star(z)$$

满足 $v^\star(0) = 0$，并且存在一个正定适常的光滑实值函数 $V(z)$，使得对于所有的非零 z，有

$$\frac{\partial V}{\partial z} f_0(z, v^\star(z)) + \frac{1}{4\gamma^2}\left[\frac{\partial V}{\partial z} p_0(z, v^\star(z))\right]^2 + [h_0(z, v^\star(z)]^2 < 0$$

那么，存在一个光滑的静态反馈律

$$u = u(z, \xi_1, \ldots, \xi_r)$$

满足 $u(0,0,\ldots,0) = 0$，可解干扰抑制稳定性问题。

将所建立的结果与该系统零动态的渐近性质联系在一起是令人感兴趣的。为此，再次考虑在引理 9.5.2 中描述的情况并假设 $h(z,\xi)=\xi$ (在这种情况下，将系统视为 $w=0$ 时以 u 为输入和以 y 为输出的系统，其相对阶为 1)。这时，引理 9.5.2 的假设简化为

$$\frac{\partial V}{\partial z}f(z,0)+\frac{1}{4\gamma^2}\left[\frac{\partial V}{\partial z}p(z,0)\right]^2<0$$

由于左边第二项是非负的，所以可推知正定适常函数 $V(z)$ 在每一个非零 z 处使 $\frac{\partial V}{\partial z}f(z,0)<0$ 都成立。换言之，仅当系统的零动态在 $z=0$ 处有一个全局渐近稳定的平衡态时，引理 9.5.2 的假设才能得以满足。

正如马上要看到的，如果满足一个适当的附加条件，那么所确定的必要条件 (即系统零动态的全局渐近稳定性)，对于任意选择的抑制水平 γ，也是函数 $V(z)$ (该函数满足引理 9.5.2 的假设) 存在的充分条件。

引理 9.5.5. 令 $f(z)$ 和 $p(z)$ 为在 $\mathbb{R}^n$ 中取值的光滑向量场，满足 $f(0)=0$。下面两个性质等价。

(i) 存在一个正定适常的光滑函数 $U(z)$，使得对于所有的非零 z，有

$$L_fU(z)+\frac{1}{4\gamma^2}[L_pU(z)]^2<0 \tag{9.52}$$

(ii) 存在一个正定适常的光滑函数 $V(z)$，使得对于所有的非零 z，有

$$L_fV(z)<0$$

并且存在一个光滑函数 $\mu\colon\mathbb{R}\to\mathbb{R}$，满足

$$\mu(0)=0;\qquad \mu(a)>0,\ \text{对于所有的}\ a>0;\qquad \lim_{r\to\infty}\int_0^r\mu(a)\mathrm{d}a=\infty \tag{9.53}$$

使得对于所有的 $a>0$，有

$$\mu(a)<\min_{\{z:\,V(z)=a\}}\frac{|L_fV(z)|}{[L_pV(z)]^2} \tag{9.54}$$

证明: 注意到，式 (9.52) 意味着 $L_fU(z)<0$ 对于所有的非零 z 都成立，从而式 (9.52) 本身等价于

$$L_fU(z)<0,\qquad \text{且}\quad \frac{|L_fU(z)|}{[L_pU(z)]^2}>\frac{1}{4\gamma^2}$$

这其实证明了 (i)⇒ (ii)，其中 $\mu(a)$ 是具有性质 (9.53) 的一个光滑函数，并且使得

$$\mu(a)\leqslant\frac{1}{4\gamma^2}$$

为证明 (ii) ⇒ (i)，设

$$\varphi(r)=4\gamma^2\int_0^r\mu(a)\mathrm{d}a$$

则易见，引理中指出的函数 $\mu(a)$ 的各种性质意味着光滑函数

$$U(z)=\varphi(V(z))$$

是正定适常的，并且有

$$\frac{\partial U}{\partial z} = 4\gamma^2 \mu(V(z)) \frac{\partial V}{\partial z}$$

因此

$$\begin{aligned} L_f U(z) &= 4\gamma^2 \mu(V(z)) L_f V(z) \\ L_p U(z) &= 4\gamma^2 \mu(V(z)) L_p V(z) \end{aligned}$$

由 $\mu(a)$ 的定义知，对于所有的 $z \neq 0$，有

$$\mu(V(z)) < \frac{|L_f V(z)|}{[L_p V(z)]^2}$$

因而

$$\frac{|L_f U(z)|}{[L_p U(z)]^2} = \frac{1}{4\gamma^2 \mu(V(z))} \frac{|L_f V(z)|}{[L_p V(z)]^2} > \frac{1}{4\gamma^2}$$

由此结论得证。 ◁

假设所考虑的非线性系统由如下方程组描述：

$$\begin{aligned} \dot{z} &= f_0(z, \xi_1) + p_0(z, \xi_1) w \\ \dot{\xi}_1 &= \xi_2 + p_1(z, \xi_1) w \\ \dot{\xi}_2 &= \xi_3 + p_2(z, \xi_1, \xi_2) w \\ &\vdots \\ \dot{\xi}_{r-1} &= \xi_r + p_{r-1}(z, \xi_1, \xi_2, \ldots, \xi_{r-1}) w \\ \dot{\xi}_r &= u + p_r(z, \xi_1, \xi_2, \ldots, \xi_{r-1}, \xi_r) w \\ y &= \xi_1 \end{aligned} \tag{9.55}$$

并且具有一个渐近稳定的零动态，则由此引理可得到关于求解该非线性系统干扰抑制稳定性问题的一个有趣结果，它是定理 9.5.4 的一个推论。更确切地说，能够证明，如果有一个相应于之前引理的条件 (ii) 的条件成立，则所讨论的问题对于任意选择的 γ 都有解。

推论 9.5.6. 考虑形如式 (9.55) 的系统。设

$$f^\star(z) = f_0(z, 0), \qquad p^\star(z) = p_0(z, 0)$$

假设存在一个正定适常的光滑函数 $V(z)$，使得对于所有的非零 z，有

$$L_{f^\star} V(z) < 0$$

并且，对于某一个满足式 (9.53) 的光滑函数 $\mu(\cdot)$，使得对于所有的 $a > 0$，有

$$\mu(a) < \min_{\{z:\ V(z)=a\}} \frac{|L_{f^\star} V(z)|}{[L_{p^\star} V(z)]^2} \tag{9.56}$$

那么，对于每一个 $\gamma > 0$，存在一个光滑静态反馈律

$$u = u(z, \xi_1, \ldots, \xi_r)$$

满足 $u(0, 0, \ldots, 0) = 0$，可解干扰抑制稳定性问题。

注记 9.5.3. 注意，任一零动态渐近稳定的线性系统均满足这个推论指出的条件。事实上，在线性系统情况下，$f^\star(z)$ 关于 z 是线性的，且 $p^\star(z)$ 与 z 无关，即存在矩阵 F 和向量 P 使得

$$f^\star(z) = Fz, \qquad p^\star(z) = P$$

如果其零动态是渐近稳定的，则存在一个正定矩阵 X，使得

$$F^{\mathrm{T}}X + XF = -I$$

从而，取 $V(z) = z^{\mathrm{T}}Xz$ 可得，对于所有的非零 z，有

$$\frac{|L_{f^\star}V(z)|}{[L_{p^\star}V(z)]^2} = \frac{\|z\|^2}{4\|XPz\|^2} \geqslant \frac{1}{4\|XP\|^2}$$

因此确实有一个类似于式 (9.56) 的条件成立。 ◁

在本节的最后，我们希望能够容易地应用 9.4 节的方法 (它基于控制 Lyapunov 函数的概念，针对的是一个系统的全局渐近镇定问题) 以得到一个充要条件，从而确保存在一个解决干扰抑制稳定性问题的殆光滑反馈律。为此，只需注意到控制 Lyapunov 函数这个概念在所考虑的问题中可被替换为一个正定适常的光滑函数 $V(x)$，它满足如下性质：对于使 $L_gV(x) = 0$ 的每一个 $x \neq 0$，有

$$L_fV(x) + \frac{1}{4\gamma^2}[L_pV(x)]^2 + [h(x)]^2 < 0$$

利用 Artstein-Sontag 定理可直接得到，当 (且仅当) 这样一个函数存在并且与定理 9.4.1 条件 (ii) 的性质相对应的一个性质成立时，则存在一个殆光滑反馈律可解干扰抑制稳定性问题。该反馈实际上可表示为如下形式：

$$\alpha(x) = \begin{cases} 0, & \text{若 } L_gV(x) = 0 \\ -\dfrac{\vartheta(x) + \sqrt{[\vartheta(x)]^2 + [L_gV(x)]^4}}{L_gV(x)}, & \text{其他} \end{cases}$$

其中

$$\vartheta(x) = (L_fV(x) + \frac{1}{4\gamma^2}[L_pV(x)]^2 + [h(x)]^2)$$

9.6 输出反馈半全局镇定

在 9.2 节至 9.4 节中已经研究了利用形如 $u = \alpha(x)$ 的控制律来全局 (或半全局) 渐近镇定由方程组 (9.1) 描述的非线性系统的平衡态 $x = 0$ 这样的问题。这类控制律的实际执行通常需要实时测量状态向量 x 的所有分量，从实用角度来看，这当然是一个相当苛刻的约束。本节处理更为真实也更有挑战性的情况：用于镇定系统的控制律仅依赖于一个可测变量，可以假设它是系统本身的输出 y。当然，这项任务能否完成取决于当只有系统的输入和输出可测量时能否跟踪系统的状态，这确实需要一些合适的“可观测”性质。因此，先来研究这个问题。

考虑一个形如式 (9.1) 的系统并考虑 $n+1$ 个映射的序列

$$\begin{aligned} \varphi_0 \colon \mathbb{R}^n &\to \mathbb{R} \\ x &\mapsto \varphi_0(x) \end{aligned}$$

和

$$\begin{aligned}\varphi_k\colon \mathbb{R}^n\times\mathbb{R}^k &\to \mathbb{R}^n\\ (x,(v_0,\ldots,v_{k-1}))&\mapsto \varphi_k(x,v_0,\ldots,v_{k-1}),\qquad 1\leqslant k\leqslant n\end{aligned}$$

对于 $1<k\leqslant n$，这些映射可定义为

$$\begin{aligned}\varphi_0(x)&=h(x)\\ \varphi_1(x,v_0)&=\frac{\partial\varphi_0}{\partial x}(f(x)+g(x)v_0)\\ &\vdots\\ \varphi_k(x,v_0,\ldots,v_{k-1})&=\frac{\partial\varphi_{k-1}}{\partial x}(f(x)+g(x)v_0)+\sum_{i=0}^{k-2}\frac{\partial\varphi_{k-1}}{\partial v_i}v_{i+1}\end{aligned}\tag{9.57}$$

很容易看出，如果系统 (9.1) 的输入 $u(t)$ 是 t 的 C^{k-1} 函数，则这些映射所表示的正是(对于每一个 k 和任一给定的时间 t) $y(t)$ 的第 k 阶导数 $y^{(k)}(t)$ 对于 $x(t)$ 和 $u(t),\ldots,u^{(k-1)}(t)$ 的依赖性。事实上，

$$y^{(k)}(t)=\varphi_k(x(t),u(t),\ldots,u^{(k-1)}(t))$$

假设现在把前 n 个映射放在一起，用来定义一个映射

$$\begin{aligned}\Phi\colon \mathbb{R}^n\times\mathbb{R}^{n-1}&\to\mathbb{R}^n\\ (x,v)&\mapsto w=\Phi(x,v)\end{aligned}\tag{9.58}$$

其中

$$v=\begin{pmatrix}v_0\\ v_1\\ \vdots\\ v_{n-2}\end{pmatrix},\qquad \Phi(x,v)=\begin{pmatrix}\varphi_0(x)\\ \varphi_1(x,v_0)\\ \vdots\\ \varphi_{n-1}(x,v_0,v_1,\ldots,v_{n-2})\end{pmatrix}$$

由构造知，

$$\Phi\colon (x(t),u(t),\ldots,u^{(n-2)}(t))\mapsto \mathrm{col}(y(t),\ldots,y^{(n-1)}(t))$$

现在假设，在某一点 $(x^\circ,v^\circ)\in\mathbb{R}^n\times\mathbb{R}^{n-1}$ 处，有

$$\mathrm{rank}\left(\frac{\partial\Phi}{\partial x}\right)(x^\circ,v^\circ)=n\tag{9.59}$$

那么，由隐函数定理知，存在 x° 的一个邻域 $U^\circ\subset\mathbb{R}^n$、$(w^\circ,v^\circ)$ 的一个邻域 $W^\circ\times V^\circ\subset\mathbb{R}^n\times\mathbb{R}^{n-1}$ [其中 $w^\circ=\Phi(x^\circ,v^\circ)$] 和唯一的光滑映射

$$\begin{aligned}\Psi\colon W^\circ\times V^\circ&\to U^\circ\\ (w,v)&\mapsto x=\Psi(w,v)\end{aligned}\tag{9.60}$$

使得对于所有的 $(w,v)\in W^\circ\times V^\circ$，有

$$w=\Phi(\Psi(w,v),v)$$

鉴于之前对映射 Φ 的解释可知，如果在某一个时刻 t°，条件

$$x^\circ = x(t^\circ) \text{ 和 } v^\circ = \operatorname{col}(u(t^\circ), \ldots, u^{(n-2)}(t^\circ))$$

能够使秩条件 (9.59) 成立，则可用映射 Ψ 将 $x(t)$ 的值重构为

$$x(t) = \Psi(w(t), v(t))$$

其中，对于 $t = t^\circ$ 某一邻域中的所有 t 值，有

$$\begin{aligned} w(t) &= \operatorname{col}(y(t), \ldots, y^{(n-1)}(t)) \\ v(t) &= \operatorname{col}(u(t), \ldots, u^{(n-2)}(t)) \end{aligned} \tag{9.61}$$

换言之，如果秩条件 (9.59) 成立，则在充分接近 t° 的任何时刻 t 处，$x(t)$ 的值均可表示为在此时刻关于 $y(t)$ 的前 $n-1$ 阶导数值和 $u(t)$ 的前 $n-2$ 阶导数值的函数。

当然，这个“可观测”特性仅能在使秩条件 (9.59) 成立的时间 t° 的某一个邻域内确定 $x(t)$ 的值。如果要寻找全局重构，则需要一个更强的假设，其描述如下。对于形如式 (9.1) 的系统，如果以下条件得以满足：

(i) 映射

$$\begin{aligned} H\colon \mathbb{R}^n &\to \mathbb{R}^n \\ x &\mapsto \operatorname{col}(h(x), L_f h(x), \ldots, L_f^{n-1} h(x)) \end{aligned}$$

是一个全局微分同胚；

(ii) 秩条件

$$\operatorname{rank}\left(\frac{\partial \Phi}{\partial x}\right)(x, v) = n$$

对于每一个 $(x, v) \in \mathbb{R}^n \times \mathbb{R}^{n-1}$ 都成立；

则称该系统是**一致可观测的** (uniformly observable)。

事实证明，如果一个系统是一致可观测的，则映射 Ψ 是全局定义的。

命题 9.6.1. 假设系统 (9.1) 是一致可观测的。那么，存在唯一的光滑映射

$$\begin{aligned} \Psi\colon \mathbb{R}^n \times \mathbb{R}^{n-1} &\to \mathbb{R}^n \\ (w, v) &\mapsto x = \Psi(w, v) \end{aligned}$$

使得对于所有的 $(w, v) \in \mathbb{R}^n \times \mathbb{R}^{n-1}$ 有 $w = \Phi(\Psi(w, v), v)$，并且对于所有的 $(x, v) \in \mathbb{R}^n \times \mathbb{R}^{n-1}$ 有 $x = \Psi(\Phi(x, v), v)$。

证明：利用性质 (i)，定义一个变量变换

$$\xi_i = L_f^{i-1} h(x), \qquad 1 \leqslant i \leqslant n$$

于是容易看到，向量场 $f(x) + g(x)v_0$ 可变为如下形式：

$$\begin{pmatrix} \xi_2 + g_1(\xi) v_0 \\ \xi_3 + g_2(\xi) v_0 \\ \vdots \\ f_n(\xi) + g_n(\xi) v_0 \end{pmatrix}$$

下面将证明，如果条件 (ii) 成立，则 $g_1(\xi)$ 仅依赖于 ξ_1，$g_2(\xi)$ 仅依赖于 ξ_1, ξ_2，以此类推。这是因为，假设以 $\tilde{\Phi}(\xi, v)$ 表示 $\Phi(x, v)$ 在新坐标下的表达式，并注意到，由构造有

$$\tilde{\Phi}(\xi, v) = \begin{pmatrix} \xi_1 \\ \lambda_2(\xi) + g_1(\xi)v_0 \\ \lambda_3(\xi, v_0) + g_1(\xi)v_1 \\ \vdots \\ \lambda_n(\xi, v_0, \ldots, v_{n-3}) + g_1(\xi)v_{n-2} \end{pmatrix}$$

其中 $\lambda_2(\xi)$, $\lambda_3(\xi, v_0)$ ... 全都是适当的函数，从而对于 $i \geqslant 2$，有

$$\frac{\partial \tilde{\Phi}(\xi, v)}{\partial \xi_i} = \begin{pmatrix} 0 \\ \dfrac{\partial \lambda_2}{\partial \xi_i} + \dfrac{\partial g_1}{\partial \xi_i} v_0 \\ \vdots \\ \dfrac{\partial \lambda_n}{\partial \xi_i} + \dfrac{\partial g_1}{\partial \xi_i} v_{n-2} \end{pmatrix}$$

如果在某一个 ξ° 处，有

$$\frac{\partial g_1}{\partial \xi_i}(\xi^\circ) \neq 0$$

则存在 v° 使得

$$\frac{\partial \tilde{\Phi}(\xi, v)}{\partial \xi_i}(\xi^\circ, v^\circ) = 0$$

这实际与 (ii) 相矛盾。重复应用这个论据，可以得出 $g_i(\xi)$ 与 $\xi_{i+1}, \ldots, \xi_n$ 无关。

利用这个性质容易发现，在新坐标下 $\tilde{\Phi}(\xi, v)$ 的表达式为

$$\tilde{\Phi}(\xi, v) = \begin{pmatrix} \xi_1 \\ \xi_2 + \gamma_2(\xi_1, v_0) \\ \xi_3 + \gamma_3(\xi_1, \xi_2, v_0, v_1) \\ \vdots \\ \xi_n + \gamma_n(\xi_1, \ldots, \xi_{n-1}, v_0, \ldots, v_{n-2}) \end{pmatrix}$$

这表明，对于每一个 $(w, v) \in \mathbb{R}^n \times \mathbb{R}^{n-1}$，方程 $w = \tilde{\Phi}(\xi, v)$ 有唯一解 $\xi = \Psi(w, v)$，它是一个光滑映射。 $\lhd$

注记 9.6.1. 假设系统 (9.1) 是一致可观测的。考虑式 (9.5.7) 中定义的函数 $\varphi_n(x, v_0, \ldots, v_{n-1})$，由构造知，它满足

$$y^{(n)}(t) = \varphi_n(x(t), u(t), \ldots, u^{(n-1)}(t))$$

利用函数 $\Psi(w,v)$ (其存在性在命题 9.6.1 中已证明) 定义系统

$$
\begin{aligned}
\dot{w}_0 &= w_1 \\
\dot{w}_1 &= w_2 \\
&\vdots \\
\dot{w}_{n-2} &= w_{n-1} \\
\dot{w}_{n-1} &= \varphi_n(\Psi(w,v), v_0, \ldots, v_{n-1})
\end{aligned}
\tag{9.62}
$$

于是，根据之前的讨论显然有，如果

$$v_i(t) = u^{(i)}(t), \qquad \text{对于所有的 } t \geqslant 0 \text{ 和所有的 } 0 \leqslant i \leqslant n-1$$

且

$$w_i(0) = y^{(i)}(0), \qquad \text{对于所有的 } 0 \leqslant i \leqslant n-1,$$

则有

$$w_i(t) = y^{(i)}(t), \qquad \text{对于所有的 } t \geqslant 0 \text{ 和所有的 } 0 \leqslant i \leqslant n-1$$

换言之，如果适当地设置初始状态 (在时刻 $t=0$) 和系统 (9.62) 的输入，则该系统状态的各个分量可复制系统 (9.1) 的输出及其前 $n-1$ 阶导数。 $\triangleleft$

现在着手叙述如何才能利用 (动态) 输出反馈来半全局镇定系统 (9.1)。更确切地说，将叙述最近由 Teel 和 Praly 获得的一个重要结果，他们已经证明，如果系统

$$\dot{x} = f(x) + g(x)u$$

的平衡态 $x=0$ 可用一个状态反馈律 $u=\alpha(x)$ 全局渐近镇定，并且该系统是一致可观测的，则这个系统可凭借一个形如

$$
\begin{aligned}
\dot{\xi} &= \eta(\xi, y) \\
u &= \theta(\xi)
\end{aligned}
\tag{9.63}
$$

的动态输出反馈实现半全局镇定。

为此，假设存在一个反馈律 $u=\alpha(x)$，它可全局镇定系统

$$\dot{x} = f(x) + g(x)\alpha(x)$$

的平衡态 $x=0$。由于状态 x 不可直接用于反馈，所以希望利用上面阐释的结果，通过

$$x(t) = \Psi(w(t), v(t))$$

得到 $x(t)$ 的实时估测，其中 $w(t)$ 和 $v(t)$ 的定义如式 (9.61) 所示。但是，不能简单地用 $\Psi(w(t),v(t))$ 替换 $\alpha(x(t))$ 的自变量 $x(t)$，因为这将产生一个需要“微分器”的反馈律。因此，必须设计一个更为精心的镇定方案。

为了避免求 $u(t)$ 的导数，可以按如下方式进行。考虑扩展的 $2n$ 维系统

$$\begin{aligned}\dot{x} &= f(x) + g(x)v_0\\ \dot{v}_0 &= v_1\\ &\vdots\\ \dot{v}_{n-2} &= v_{n-1}\\ \dot{v}_{n-1} &= \bar{u}\end{aligned} \tag{9.64}$$

该系统满足定理 9.2.3 的假设条件。因此，存在一个光滑反馈律

$$\bar{u} = \theta(x, v_0, \ldots, v_{n-1}) \tag{9.65}$$

可以全局渐近镇定平衡态

$$(x, v_0, \ldots, v_{n-1}) = (0, 0, \ldots, 0)$$

可将系统 (9.64) 和反馈 (9.65) 的互连视为原系统 (9.1) 和动态反馈

$$\begin{pmatrix}\dot{v}_0\\ \dot{v}_1\\ \vdots\\ \dot{v}_{n-2}\\ \dot{v}_{n-1}\end{pmatrix} = \begin{pmatrix}v_1\\ v_2\\ \vdots\\ v_{n-1}\\ \theta(x, v_0, \ldots, v_{n-1})\end{pmatrix} \tag{9.66}$$
$$u = v_0$$

的互连。于是，如果以 $\Psi(w(t), v)$ 替换上式中的 x，则可以得到一个动态反馈。如果对于所有的 $0 \leqslant i \leqslant n-1$ 都有 $w_i(t)$ 等于 $y^{(i)}(t)$，则该动态反馈将会镇定系统 (9.1)。这个动态反馈不再需要输入的导数 (它们现在是状态的一部分)，但仍然需要输出的导数。

为了避免显式计算 $y(t)$ 的导数，可以利用在注记 9.6.1 中阐述的性质，通过一个形如式 (9.62) 的"辅助"系统重新生成这些导数。当然，只有当系统 (9.62) 的初始条件被正确设置时才能产生恰当的 $y(t)$ 的导数，而这在现实中不太可能发生。因此，为了克服这个缺陷，可以像设计线性系统的渐近状态观测器那样，在系统 (9.62) 的每个等号右边加上一个"补偿"项，该项与测得的输出 y 和 y 的估计值这二者之间的偏差成比例。这引发了对以下方程组：

$$\begin{pmatrix}\dot{\eta}_0\\ \dot{\eta}_1\\ \vdots\\ \dot{\eta}_{n-2}\\ \dot{\eta}_{n-1}\end{pmatrix} = \begin{pmatrix}\eta_1\\ \eta_2\\ \vdots\\ \eta_{n-1}\\ \varphi_n(\Psi(\eta, v), v_0, \ldots, v_{n-1})\end{pmatrix} + \begin{pmatrix}Lc_{n-1}\\ L^2c_{n-2}\\ \vdots\\ L^{n-1}c_1\\ L^nc_0\end{pmatrix}(y - \eta_0) \tag{9.67}$$

所描述的"估计器"的研究，其中 $L > 0$ 是一个待定常数，$c_0, c_1, \ldots, c_{n-1}$ 是多项式

$$p(\lambda) = \lambda^n + c_{n-1}\lambda^{n-1} + \cdots + c_1\lambda + c_0$$

的系数，它们使该多项式的所有根都具有负实部。

这些想法导致了一个候选的动态 (实际上是 $2n$ 维的) 反馈律，它由式 (9.66) 和式 (9.67) 互连而成，其中式 (9.66) 中的 x 被替换为 $\Psi(\eta, v)$。这个反馈律不包含微分器，并且正如即将看到的，它能够局部渐近镇定闭环系统的平衡点

$$x = 0,\ v_i = 0,\ \eta_i = 0, \qquad 0 \leqslant i \leqslant n-1$$

然而，即便为使式 (9.67) 的估计误差“快速”收敛到零而选择足够大的 L，该反馈律也仅能保证局部稳定性。因此，若要谋求半全局稳定性，则必须对该反馈律做进一步调整。

在说明如何调整之前，先来证明关于局部渐近稳定性的如下断言。为此，定义估计误差向量 e 为

$$e = \mathrm{col}(e_0, e_1, \ldots, e_{n-1})$$

其中

$$\begin{aligned} e_0 &= L^{n-1}(\varphi_0(x) - \eta_0) \\ e_i &= L^{n-i-1}(\varphi_i(x, v_0, \ldots, v_{i-1}) - \eta_i), \qquad 1 \leqslant i \leqslant n-1 \end{aligned}$$

并定义向量

$$z = \mathrm{col}(x, v_0, v_1, \ldots, v_{n-1})$$

于是，常规的计算表明，由系统 (9.1)、动态输出反馈 (9.66) [其中的 x 被替换为 $\Psi(\eta, v)$] 和估计器 (9.67) 组成的闭环系统可描述为下面的方程组：

$$\begin{aligned} \dot{z} &= \phi_1(z, e) \\ \dot{e} &= LAe + \phi_2(z, e) \end{aligned} \tag{9.68}$$

对于该系统有以下性质成立：

(i) 如果 L 充分大，则矩阵

$$LA + \left[\frac{\partial \phi_2}{\partial e}\right](0, 0)$$

的所有特征值都具有负实部；

(ii) 函数 $\phi_2(z, e)$ 满足 $\phi_2(z, 0) = 0$；

(iii) 函数 $\phi_1(z, e)$ 使得系统

$$\dot{z} = \phi_1(z, 0) \tag{9.69}$$

的平衡态 $z = 0$ 是全局渐近稳定的。

实际上，性质 (i) 是以下事实的直接推论：如果矩阵 A 的形式为

$$A = \begin{pmatrix} -c_{n-1} & 1 & 0 & \cdots & 0 \\ -c_{n-2} & 0 & 1 & \cdots & 0 \\ \vdots & \vdots & \vdots & \vdots & \vdots \\ -c_1 & 0 & 0 & \cdots & 1 \\ -c_0 & 0 & 0 & \cdots & 0 \end{pmatrix}$$

则其所有特征值都具有负实部。为检验性质 (ii) 和性质 (iii)，注意到这一点很有用：由构造知，如果 $e=0$，则

$$\begin{aligned}\eta_0 &= \varphi_0(x)\\ \eta_i &= \varphi_i(x, v_0, \ldots, v_{i-1}), \qquad 1 \leqslant i \leqslant n-1\end{aligned}$$

因此有

$$[\Psi(\eta, v)]_{e=0} = \Psi(\Phi(x, v), v) = x$$

由此容易推出性质 (ii)。这也证明了性质 (iii) 中的子系统由构造恰好是

$$\begin{aligned}\dot{x} &= f(x) + g(x)v_0\\ \dot{v}_0 &= v_1\\ &\vdots\\ \dot{v}_{n-2} &= v_{n-1}\\ \dot{v}_{n-1} &= \theta(x, v_0, \ldots, v_{n-1})\end{aligned}$$

由假设知

$$(x, v_0, \ldots, v_{n-1}) = (0, 0, \ldots, 0)$$

是它的一个全局渐近稳定的平衡态，这样就给出了性质 (iii)。

如果 L 足够大，则系统 (9.68) 满足 B.2 节中第一个引理的假设。因此，其平衡态 $(z, e) = (0, 0)$ 是局部渐近稳定的。

所指出的性质也说明，在这个闭环系统中，子集 $e=0$ 是一个不变流形，系统对于该不变流形的限制 [即系统 (9.69)] 在 $z=0$ 处具有一个全局渐近稳定的平衡态。因此，该闭环系统的平衡态 $(z, \eta) = (0, 0)$ 的吸引域包含子集 $e=0$。然而，正如之前所预料的，上述构造的动态反馈律通常并不足以确保平衡态 $(z, \eta) = (0, 0)$ 的吸引域包含任意一个紧集。为了获得这个要求更高的结果，参数 L 的值必须要选得足够大 (与促成 9.3 节所述结果的原因类似)，同时还要防止因 L 选得过大而使输入 u 的值过高，从而令系统 (9.1) 无法承受。

可以通过在上述构造的动态反馈律中以另一个函数 $\Psi^\star(\eta, v)$ 替换 $\Psi(\eta, v)$ 来获得这个结果，其中 $\Psi^\star(\eta, v)$ 定义为

$$\Psi^\star(\eta, v) = \begin{cases}\Psi(\eta, v), & \text{若 } \|\Psi(\eta, v)\| < M\\ \dfrac{\Psi(\eta, v)}{\|\Psi(\eta, v)\|}M, & \text{若 } \|\Psi(\eta, v)\| \geqslant M\end{cases} \tag{9.70}$$

式中 $M > 0$ 是待定的设计参数。换言之，对于使 $\Psi(\eta, v)$ 的范数小于确定的常数 M 的所有 (η, v)，函数 $\Psi^\star(\eta, v)$ 与函数 $\Psi(\eta, v)$ 完全相同，对于其他点，函数 $\Psi^\star(\eta, v)$ 的值则由 M (按范数) 界定。

这样就产生了系统 (9.1) 的一个控制律，由如下方程组描述：

$$\begin{pmatrix} \dot{v}_0 \\ \dot{v}_1 \\ \vdots \\ \dot{v}_{n-2} \\ \dot{v}_{n-1} \end{pmatrix} = \begin{pmatrix} v_1 \\ v_2 \\ \vdots \\ v_{n-1} \\ \theta(\Psi^\star(\eta, v), v_0, \ldots, v_{n-1}) \end{pmatrix} \tag{9.71}$$

$$\begin{pmatrix} \dot{\eta}_0 \\ \dot{\eta}_1 \\ \vdots \\ \dot{\eta}_{n-2} \\ \dot{\eta}_{n-1} \end{pmatrix} = \begin{pmatrix} \eta_1 \\ \eta_2 \\ \vdots \\ \eta_{n-1} \\ \varphi_n(\Psi^\star(\eta, v), v_0, \ldots, v_{n-1}) \end{pmatrix} + \begin{pmatrix} Lc_{n-1} \\ L^2 c_{n-2} \\ \vdots \\ L^{n-1} c_1 \\ L^n c_0 \end{pmatrix} (y - \eta_0) \tag{9.72}$$

$$u = v_0 \tag{9.73}$$

注意，这样定义的系统是一个形如式 (9.63) 的反馈律，其中

$$\xi = \mathrm{col}(v_0, v_1, \ldots, v_{n-1}, \eta_0, \eta_1, \ldots, \eta_{n-1})$$

此反馈律使以下结果成立。

定理 9.6.2. 对于每一个 $R > 0$，存在实数 $R' > 0$，$M^\star > 0$，并且对于每一个 $M > M^\star$，存在实数 $L_M^\star > 0$，使得如果在式 (9.70) 中 $M \geqslant M^\star$，在式 (9.72) 中 $L \geqslant L_m^\star$，则闭环系统 (9.1)-(9.72)-(9.71)-(9.73) 的平衡态 $(z, \xi) = (0, 0)$ 是局部渐近稳定的，并且

$$\|x(0)\| \leqslant R, \|\xi(0)\| \leqslant R' \;\; \Rightarrow \;\; \begin{cases} \lim\limits_{t \to \infty} x(t) = 0 \\ \lim\limits_{t \to \infty} \xi(t) = 0 \end{cases}$$

此处不给出这个结果的证明，建议读者查阅原始文献。这里只强调，在这个证明中，最重要的且更具挑战性的课题是找到实数 M 和 $L_M^\star$，使得对于所有的 $L \geqslant L_M^\star$，闭环系统的满足初始条件 $\|x(0)\| \leqslant R$ 和 $\|\xi(0)\| \leqslant R'$ 的任一轨线都是有界的，而且，对于所有的 $t \geqslant 0$，$x(t)$ 满足 $\|x(t)\| < M$。证明这一点之后，可以考虑该闭环系统的等价描述 (9.68)，并注意到，由于 $\|x\| < M$ 意味着

$$[\Psi^\star(\eta, v)]_{e=0} = \Psi^\star(\Phi(x, v), v) = \Psi(\Phi(x, v), v) = x$$

所以函数 $\phi_2(z, e)$ 满足 [见上述条件 (ii)]

$$\phi_2(z(t), 0) = 0, \qquad \text{对于所有的 } t \geqslant 0$$

因此，$e(t)$ 是系统

$$\dot{e} = LAe + \phi_2(z(t), e)$$

的一条有界积分曲线，其中 $z(t)$ 是有界的，$\phi_2(z(t), e)$ 在 $e = 0$ 处为零。这可用于证明，如果 L 足够大，则当 t 趋于无穷时 $e(t)$ 收敛到零。证明这一点之后，可完全像定理 9.3.1 的证明步骤 (iii) 那样继续证明。

第 10 章　互连非线性系统的稳定性

10.1　预备知识

为方便读者，本节对于**比较函数** (comparison function) 及其在确定稳定性和渐近稳定性的著名的 Lyapunov 判据中所起的作用进行一个快速回顾。

定义 10.1.1. 如果一个连续函数 $\alpha\colon [0,a) \to [0,\infty)$ 严格递增且满足 $\alpha(0)=0$，则称该函数属于 $\mathcal{K}$ 类。如果 $a=\infty$ 且 $\lim_{r\to\infty}\alpha(r)=\infty$，则称该函数属于 $\mathcal{K}_\infty$ 类。

定义 10.1.2. 如果一个连续函数 $\beta\colon [0,a)\times[0,\infty) \to [0,\infty)$ 对于每一个确定的 s，函数

$$\begin{aligned} \alpha\colon [0,a) &\to [0,\infty) \\ r &\mapsto \beta(r,s) \end{aligned}$$

属于 $\mathcal{K}$ 类，并且对于每一个确定的 r，函数

$$\begin{aligned} \varphi\colon [0,\infty) &\to [0,\infty) \\ s &\mapsto \beta(r,s) \end{aligned}$$

递减且 $\lim_{s\to\infty}\varphi(s)=0$，则称函数 β 属于 $\mathcal{KL}$ 类。

$\mathcal{K}$ 类函数和 $\mathcal{KL}$ 类函数有一些有意思的特性，总结如下。两个 $\mathcal{K}$ 类 (或 $\mathcal{K}_\infty$ 类) 函数 $\alpha_1(\cdot)$ 和 $\alpha_2(\cdot)$ 的复合，记为 $\alpha_1(\alpha_2(\cdot))$ 或 $\alpha_1\circ\alpha_2(\cdot)$，是一个 $\mathcal{K}$ 类 (或 $\mathcal{K}_\infty$ 类) 函数。如果 $\alpha(\cdot)$ 是一个 $\mathcal{K}$ 类函数，定义在 $[0,a)$ 上，且 $b=\lim_{r\to a}\alpha(r)$，则存在唯一的函数 $\alpha^{-1}\colon [0,b)\to[0,a)$，使得

$$\begin{aligned} \alpha^{-1}(\alpha(r)) &= r, \quad \text{对于所有的 } r\in[0,a) \\ \alpha(\alpha^{-1}(r)) &= r, \quad \text{对于所有的 } r\in[0,b) \end{aligned}$$

而且，$\alpha^{-1}(\cdot)$ 是一个 $\mathcal{K}$ 类函数。如果 $\alpha(\cdot)$ 是一个 $\mathcal{K}_\infty$ 类函数，那么 $\alpha^{-1}(\cdot)$ 也是。如果 $\beta(\cdot,\cdot)$ 是一个 $\mathcal{KL}$ 类函数且 $\alpha_1(\cdot)$，$\alpha_2(\cdot)$ 都是 $\mathcal{K}$ 类函数，那么如下定义的函数：

$$\begin{aligned} \gamma\colon [0,a)\times[0,\infty) &\to [0,\infty) \\ (r,s) &\mapsto \alpha_1(\beta(\alpha_2(r),s) \end{aligned}$$

是一个 $\mathcal{KL}$ 类函数。正如下述结果所示[①]，任一 $\mathcal{KL}$ 类函数总能用另一个 $\mathcal{K}_\infty$ 类函数和一个指数函数来估计，了解这一点非常有用。

① 该结果的证明可见Sontag (1998)。

引理 10.1.1. 假设 $\beta(\cdot,\cdot)$ 是一个 $\mathcal{KL}$ 类函数，那么存在两个 $\mathcal{K}_\infty$ 类函数 $\gamma(\cdot)$ 和 $\theta(\cdot)$，使得对于所有的 $(r,s)\in[0,a)\times[0,\infty)$，有

$$\beta(r,s)\leqslant\gamma(\mathrm{e}^{-s}\theta(r))$$

最后，下述性质是比较函数的另一个重要特性，经常用来确定一个非线性系统的轨线渐近收敛到零①。

引理 10.1.2. 考虑微分方程

$$\dot{y}=-\alpha(y)$$

其中 $y\in\mathbb{R}$，$\alpha(\cdot)$ 是一个定义在 $[0,a)$ 上满足局部 Lipschitz 条件的 $\mathcal{K}$ 类函数。对于所有的 $0\leqslant y^\circ<a$，此方程有满足 $y(0)=y^\circ$ 的唯一解 $y(t)$，它对所有的 $t\geqslant0$ 有定义，并且

$$y(t)=\varphi(y^\circ,t)$$

此处 $\varphi(\cdot,\cdot)$ 是定义在 $[0,a)\times[0,\infty)$ 上的一个 $\mathcal{KL}$ 类函数。

以下照例以 $\|x\|$ 表示向量 $x\in\mathbb{R}^n$ 的欧几里得范数，并以 B_ε (或 $\bar{B}_\varepsilon$) 表示半径为 ε 的开球 (或闭球)，即

$$B_\varepsilon=\{x\in\mathbb{R}^n\colon\|x\|<\varepsilon\},\quad \bar{B}_\varepsilon=\{x\in\mathbb{R}^n\colon\|x\|\leqslant\varepsilon\}$$

现在，考虑一个非线性系统

$$\dot{x}=f(x)\tag{10.1}$$

其中 $x\in\mathbb{R}^n$，$f(0)=0$ 且 $f(x)$ 满足局部 Lipschitz 条件。该系统平衡态 $x=0$ 的稳定性或渐近稳定性可通过熟知的 Lyapunov 判据来检验，此判据可用比较函数表示如下。

定理 10.1.3. 令 $V\colon B_d\to\mathbb{R}$ 为一个 C^1 函数，使得对于某些定义在 $[0,d)$ 上的 $\mathcal{K}$ 类函数 $\underline{\alpha}(\cdot)$ 和 $\overline{\alpha}(\cdot)$，有

$$\underline{\alpha}(\|x\|)\leqslant V(x)\leqslant\overline{\alpha}(\|x\|),\quad \text{对于所有的 } \|x\|<d\tag{10.2}$$

如果

$$\frac{\partial V}{\partial x}f(x)\leqslant0,\quad \text{对于所有的 } \|x\|<d\tag{10.3}$$

则系统 (10.1) 的平衡态 $x=0$ 是稳定的。

如果对于定义在 $[0,d)$ 上的某一个 $\mathcal{K}$ 类函数 $\alpha(\cdot)$，有

$$\frac{\partial V}{\partial x}f(x)\leqslant-\alpha(\|x\|),\quad \text{对于所有的 } \|x\|<d\tag{10.4}$$

则系统 (10.1) 的平衡态是局部渐近稳定的。

如果 $d=\infty$，且在上述不等式中 $\underline{\alpha}(\cdot)$ 和 $\overline{\alpha}(\cdot)$ 均为 $\mathcal{K}_\infty$ 类函数，则系统 (10.1) 的平衡态是全局渐近稳定的。

① 该结果的证明见Khalil (1996)，第 656 页。

证明：由式 (10.3) 可推知，只要 $x(t)$ 有定义，$V(x(t))$ 就是非增的，即

$$V(x(t)) \leqslant V(x(0))$$

假设①$0 < \varepsilon < d$ 并定义

$$\delta = \overline{\alpha}^{-1}(\underline{\alpha}(\varepsilon))$$

那么，利用式 (10.2)，注意到 $\|x(0)\| \leqslant \delta$ 意味着

$$\underline{\alpha}(\|x(t)\|) \leqslant V(x(t)) \leqslant V(x(0)) \leqslant \overline{\alpha}(\|x(0)\|) \leqslant \overline{\alpha}(\delta) = \underline{\alpha}(\varepsilon)$$

即

$$\|x(t)\| \leqslant \varepsilon$$

由于 $f(x)$ 是局部 Lipschitz 函数，这表明 $x(t)$ 对于所有的 $t \geqslant 0$ 都有定义，从而证明了 Lyapunov 意义下的稳定性。

令 $V(t) = V(x(t))$，$\theta(\cdot) = \alpha(\overline{\alpha}^{-1}(\cdot))$，并注意到如果式 (10.4) 成立，则有

$$\frac{\mathrm{d}V(t)}{\mathrm{d}t} \leqslant -\theta(V(t))$$

不失一般性，假设 $\theta(\cdot)$ 是局部 Lipschitz 函数 [如果并非这种情况，则以下可将其替换为任一满足局部 Lipschitz 条件的 $\mathcal{K}$ 类函数 $\bar{\theta}(\cdot)$，使得 $\theta(r) \geqslant \bar{\theta}(r)$]。那么，由引理 10.1.2 知，微分方程

$$\dot{y} = -\theta(y)$$

有满足 $y(0) = V(0)$ 的唯一解，它对所有的 $t \geqslant 0$ 有定义，并且对某一个 $\mathcal{KL}$ 类函数 $\varphi(\cdot,\cdot)$，有

$$y(t) = \varphi(V(0), t)$$

根据比较引理，有

$$V(t) \leqslant \varphi(V(0), t)$$

从而得到

$$\|x(t)\| \leqslant \underline{\alpha}^{-1}(\varphi(\overline{\alpha}(\|x(0)\|), t))$$

由于上述不等式右边是一个以 $\|x(0)\|$ 和 t 为变量的 $\mathcal{KL}$ 类函数，这就证明了局部渐近稳定性。可用同样的方式证明全局渐近稳定性。 ◁

注记 10.1.1. 注意，式 (10.2) 的右边不等式是多余的，因为从 $V(x)$ 的连续性可直接推出存在函数 $\overline{\alpha}(x)$ 使该不等式成立 [当然，如果 $\underline{\alpha}(\cdot)$ 是 $\mathcal{K}_\infty$ 类函数，则 $\overline{\alpha}(\cdot)$ 一定也是 $\mathcal{K}_\infty$ 类函数]。然而，该不等式可用于确定轨线的界限，正如定理 10.1.3 的证明所示。

另一方面，式 (10.2) 的左边不等式和式 (10.3) 一起，在建立 $x(t)$ 的存在性和有界性方面起着重要作用。假设定理 10.1.3 中考虑的不等式对于 $d = \infty$ 的特殊情况成立。只要 $x(0)$ 使 $\overline{\alpha}(\|x(0)\|)$ 属于 $\underline{\alpha}(\cdot)$ **逆函数**的定义域，$V(x(t))$ 的非增假设式 (10.3) 就确保了 $x(t)$ 对于所有的 $t \geqslant 0$ 有定义并且有界。如果函数 $\underline{\alpha}(\cdot)$ 是一个 $\mathcal{K}_\infty$ 类函数，则其逆函数定义在 $[0, \infty)$ 上，因此对于任意的 $x(0)$ 可保证 $x(t)$ 的存在性和有界性。 ◁

① 原文此处没有明确指出 $\varepsilon > 0$。——译者注

注记 10.1.2. 正如上述定理的证明那样，类似的论据对于建立 $\mathbb{R}^n$ 中某些有界子集的正时间**不变性**非常有用。具体来说，假设定理 10.1.3 中的不等式对于 $d=\infty$ 成立，并以 Ω_c 表示满足 $V(x)\leqslant c$ 的所有 $x\in\mathbb{R}^n$ 的集合，即

$$\Omega_c=\{x\in\mathbb{R}^n\colon V(x)\leqslant c\}$$

注意到，对于函数 $\underline{\alpha}(\cdot)$ 值域中的任一 c，即满足 $c=\underline{\alpha}(r)$(对于某一个 $0\leqslant r<\infty$) 的任一 c，式 (10.2) 的左边不等式给出

$$x\in\Omega_c \quad\Rightarrow\quad \|x\|\leqslant\underline{\alpha}^{-1}(c)$$

即集合 Ω_c 是有界的。如果 $\underline{\alpha}(\cdot)$ 是一个 $\mathcal{K}_\infty$ 类函数，那么这个性质对于所有的 $c>0$ 都成立。

如果在 Ω_c 边界上的每一点 x 处都有

$$\frac{\partial V(x)}{\partial x}f(x)<0$$

则可推断，对任一位于 Ω_c 内部的初始条件，系统 (10.1) 的解 $x(t)$ 对于所有的 $t\geqslant 0$ 都有定义，并且对于所有的 $t\geqslant 0$ 有 $x(t)\in\Omega_c$。实际上，只要 $x(t)\in\Omega_c$，局部 Lipschitz 性质就确保了存在性和唯一性，因为 Ω_c 是一个紧集。$x(t)$ 对于所有的 $t\geqslant 0$ 保持在 Ω_c 中的事实由反证法可得。因为，假如对于某条轨线 $x(t)$，存在时间 t_1 使得 $x(t)$ 在所有的 $t<t_1$ 时刻都处于 Ω_c 的内部，并且 $x(t_1)$ 位于 Ω_c 的边界上。那么，

$$\begin{aligned} V(x(t)) &< c, \quad \text{对于所有的 } t<t_1 \\ V(x(t_1)) &= c \end{aligned}$$

这与之前的不等式相矛盾，这说明 $V(x(t))$ 的导数在 $t=t_1$ 处严格小于零。 $\triangleleft$

注记 10.1.3. 存在一个满足式 (10.2) 左边不等式的 $\mathcal{K}_\infty$ 类函数 $\underline{\alpha}(\cdot)$，等价于函数 $V(x)$ 是**正定的** (positive definite) (即在 $x=0$ 处为零且对所有的非零 x 为正) 和**适常的** (proper)(即对每一个 $c>0$，集合 Ω_c 是一个紧集)。后一性质的必要性是式 (10.2) 的一个直接结果，因为 $x\in\Omega_c$ 意味着

$$\|x\|\leqslant\underline{\alpha}^{-1}(V(x))\leqslant\underline{\alpha}^{-1}(c)$$

这表明 Ω_c 是有界的。而且，由定义知 Ω_c 是闭集，所以它是紧集。反之，假设 Ω_c 是紧集，对于所有的 $c\geqslant 0$，定义

$$\rho(c)=\max_{x\in\Omega_c}\|x\|$$

因为 $V(x)$ 连续，所以该函数在 $c=0$ 处为零、对于任意的非零实数 c 为正、严格增长且 $\lim_{c\to\infty}\rho(c)=\infty$。因此，$\rho(\cdot)$ 是一个 $\mathcal{K}_\infty$ 类函数。令

$$\underline{\alpha}(r)=\rho^{-1}(r)$$

现在任取一 x，令 $c=V(x)$，并注意到实际有

$$\|x\|\leqslant\max_{x\in\Omega_c}\|x\|$$

那么，

$$\underline{\alpha}(\|x\|) \leqslant \underline{\alpha}(\max_{x\in\Omega_c}\|x\|) = \underline{\alpha}(\rho(c)) = V(x)$$

即此函数满足式 (10.2) 的左边不等式。 ◁

注记 10.1.4. 在不等式 (10.4) 中，函数 $\alpha(\cdot)$ 被假设为属于 $\mathcal{K}$ 类。但可以证明，如果某一个 $V(x)$ 在所有的 $x \in \mathbb{R}^n$ 处都有定义，且不等式 (10.2) 和不等式 (10.4) 成立，其中 $\underline{\alpha}(\cdot)$ 和 $\overline{\alpha}(\cdot)$ 属于 $\mathcal{K}_\infty$ 类，$\alpha(\cdot)$ 属于 $\mathcal{K}$ 类，则存在另一个函数 $\widetilde{V}(x)$，它满足类似的不等式，但相关的 $\underline{\alpha}(\cdot)$、$\overline{\alpha}(\cdot)$ 和 $\alpha(\cdot)$ 都属于 $\mathcal{K}_\infty$ 类。换言之，假设 $\alpha(\cdot)$ 为一个 $\mathcal{K}_\infty$ 类函数并未有损一般性。

为了看到这一点，令 $\rho(\cdot)$ 为如下由积分定义的函数：

$$\rho(r) = \int_0^r q(s)\mathrm{d}s$$

其中 $q(\cdot)$ 是一个光滑的 $\mathcal{K}_\infty$ 类函数。函数 $\rho(\cdot)$ 确实也是一个 $\mathcal{K}_\infty$ 类函数。定义 $\widetilde{V}(x)$ 为

$$\widetilde{V}(x) = \rho(V(x))$$

并定义

$$\tilde{\alpha}(r) = q(\underline{\alpha}(r))\alpha(r)$$

由构造知，函数 $\widetilde{V}(x)$ 自动成为 C^1 函数，并且容易检验，它满足形如式 (10.2) 的估计式。此外，函数 $\tilde{\alpha}(r)$ 是一个 $\mathcal{K}_\infty$ 类函数，因为函数 $\underline{\alpha}(\cdot)$ 和 $q(\cdot)$ 都是 $\mathcal{K}_\infty$ 类函数。现在，注意到有

$$\frac{\partial \widetilde{V}}{\partial x}f(x) = q[V(x)]\frac{\partial V}{\partial x}f(x) \leqslant -q[V(x)]\alpha(\|x\|)$$

但是

$$-q[V(x)]\alpha(\|x\|) \leqslant -q(\underline{\alpha}(\|x\|))\alpha(\|x\|) = -\tilde{\alpha}(\|x\|)$$

这样就完成了证明。 ◁

众所周知，定理 10.1.3 提供的渐近稳定性判据有一个逆命题，即系统 (10.1) 的平衡态 $x = 0$ 的渐近稳定性意味着有一个函数 $V(x)$ 满足该定理指出的性质。特别有如下结论成立①。

定理 10.1.4. 假设系统 (10.1) 的平衡态 $x = 0$ 是局部渐近稳定的。那么，存在 $d > 0$、一个 C^1 函数 $V\colon B_d \to \mathbb{R}$ 和 $\mathcal{K}$ 类函数 $\underline{\alpha}(\cdot)$，$\overline{\alpha}(\cdot)$，$\alpha(\cdot)$，使得不等式 (10.2) 和不等式 (10.4) 成立。如果系统 (10.1) 的平衡态 $x = 0$ 是全局渐近稳定的，则存在一个 C^1 函数 $V\colon \mathbb{R}^n \to \mathbb{R}$ 和 $\mathcal{K}_\infty$ 类函数 $\underline{\alpha}(\cdot)$，$\overline{\alpha}(\cdot)$，$\alpha(\cdot)$，使得不等式 (10.2) 和不等式 (10.4) 对于 $d = \infty$ 成立。

注记 10.1.5. 注意到，联合定理 10.1.4 的结论和定理 10.1.3 证明中用到的一个论据能够推得，如果平衡态 $x = 0$ 是全局渐近稳定的，则存在一个 $\mathcal{KL}$ 类函数 $\beta(\cdot,\cdot)$，使得对于任意的 x°，系统 (10.1) 以 $x(0) = x^\circ$ 为初始条件的解 $x(t)$ 对于所有的 $t \geqslant 0$ 满足如下形式的估计：

$$\|x(t)\| \leqslant \beta(\|x^\circ\|, t)$$

① 该结论的证明见Kurzweil (1956)。

还注意到，利用引理 10.1.1，这个估计式可被替换为

$$\|x(t)\| \leqslant \gamma(\mathrm{e}^{-t}\theta(\|x^{\circ}\|))$$

其中 $\gamma(\cdot)$ 和 $\theta(\cdot)$ 都是 $\mathcal{K}_{\infty}$ 类函数。由于 $\gamma(\cdot)$ 的逆定义在 $[0,\infty)$ 上且为 $\mathcal{K}_{\infty}$ 类函数，这表明如果系统 (10.1) 的平衡态 $x=0$ 是全局渐近稳定的，则任一轨线 $x(t)$ 满足估计式

$$\tilde{\gamma}(\|x(t)\|) \leqslant \mathrm{e}^{-t}\theta(\|x(0)\|)$$

其中 $\tilde{\gamma}(\cdot)$ 和 $\theta(\cdot)$ 均为 $\mathcal{K}_{\infty}$ 类函数。 $\lhd$

众所周知，对于一个非线性系统，平衡态 $x=0$ 的渐近稳定性性质并不一定意味着 $\|x(t)\|$ 指数衰减到零。如果系统（10.1）的平衡态 $x=0$ 是全局渐近稳定的，并且除此之外，还存在实数 $d>0$，$M>0$ 以及 $\lambda>0$，使得

$$x(0) \in B_d \quad \Rightarrow \quad \|x(t)\| \leqslant M\mathrm{e}^{-\lambda t}\|x(0)\|, \quad \text{对于所有的 } t \geqslant 0$$

则称该平衡态是全局渐近稳定且局部指数稳定的。以下对拥有全局渐近稳定且局部指数稳定平衡态的系统给出一种描述。该描述和随后可立即看到的另一个有趣性质，对于解决某些渐近镇定问题有很大帮助，这将在下一章中讨论。

引理 10.1.5. 非线性系统 (10.1) 的平衡态 $x=0$ 是全局渐近稳定且局部指数稳定的，当且仅当存在一个光滑函数 $V(x)\colon \mathbb{R}^n \to \mathbb{R}$ 和 $\mathcal{K}_{\infty}$ 类函数 $\underline{\alpha}(\cdot)$，$\overline{\alpha}(\cdot)$，$\alpha(\cdot)$，以及实数 $\delta>0$，$a>0$，$b>0$，使得对于所有的 $x\in\mathbb{R}^n$，有

$$\begin{aligned}\underline{\alpha}(\|x\|) \leqslant V(x) &\leqslant \overline{\alpha}(\|x\|)\\ \frac{\partial V}{\partial x}f(x) &\leqslant -\alpha(\|x\|)\end{aligned}$$

其中

$$\underline{\alpha}(s)=as^2, \qquad \alpha(s)=bs^2$$

对于所有的 $s\in[0,\delta]$ 成立。

证明：非线性系统 (10.1) 的平衡态是局部指数稳定的[①]，当且仅当存在实数 $r>0$，$\underline{a}>0$，$\overline{a}>0$，$\underline{b}>0$，以及一个光滑函数 $U(x)\colon B_r \to \mathbb{R}$，使得对于所有的 $x\in B_r$，有

$$\begin{aligned}\underline{a}\|x\|^2 \leqslant U(x) &\leqslant \overline{a}\|x\|^2\\ \frac{\partial U}{\partial x}f(x) &\leqslant -\underline{b}\|x\|^2\end{aligned} \tag{10.5}$$

因此，为证明定理的充分性，只需要检验对于所有的 $x\in B_\delta$ 和某一个 $\overline{a}$ 有 $V(x)\leqslant\overline{a}\|x\|^2$ 成立。实际上确实如此，因为 $V(x)$ 是光滑函数，在 $x=0$ 处 $V(x)$ 及其一阶导数取值为零。

为证明定理的必要性，令 $U(x)$ 为满足条件 (10.5) 的函数，且函数 $V(x)$ 对于 $d=\infty$ 满足不等式 (10.2) 和不等式 (10.4)。那么可以断言，存在实数 $k>0$，$\delta>0$，$\rho>0$，$c_1>0$ 和 $c_2>0$，使得集合

$$S=\{x\in\mathbb{R}^n\colon c_1\leqslant kV(x)\leqslant c_2\}$$

① 见Khalil (1996)，第 140 页和第 149 页。

满足

$$\bar{B}_\delta \subset S \subset \bar{B}_\rho \subset B_r$$

且

$$kV(x) \geqslant U(x), \qquad 对于所有的\ x \in S \tag{10.6}$$

事实上，选择任一 $\rho < r$ 和 $c_1 = \overline{a}\rho^2$，$c_2 = 2\overline{a}\rho^2$。然后，选择 k 使

$$\{x \in \mathbb{R}^n \colon kV(x) \leqslant c_2\} \subset \bar{B}_\rho$$

这样一个 k 确实存在，因为如果 $k \geqslant c_2/\underline{\alpha}(\rho)$，则

$$kV(x) \leqslant c_2 \quad \Rightarrow \quad \|x\| \leqslant \underline{\alpha}^{-1}(\frac{c_2}{k}) \leqslant \rho$$

这样，有 $S \subset \bar{B}_\rho \subset B_r$ 且

$$x \in S \quad \Rightarrow \quad kV(x) \geqslant c_1 = \overline{a}\rho^2 \geqslant U(x)$$

这证明了式 (10.6)。最后，选择 $\delta < \min_{\{kV(x)=c_1\}} \|x\|$。

现在，令 $\sigma(\cdot)$ 为一个光滑的非减函数，定义在 $[0,\infty)$ 上，并且使得

$$\sigma(s) = \begin{cases} 0, & 若\ s \leqslant c_1 \\ 1, & 若\ c_2 \leqslant s \end{cases}$$

记其导数为 $\sigma'(\cdot)$，它满足

$$\sigma'(s) \begin{cases} = 0, & 若\ s \leqslant c_1 \\ \geqslant 0, & 若\ c_1 < s < c_2 \\ = 0, & 若\ c_2 \leqslant s \end{cases}$$

设

$$\beta(x) = \sigma(kV(x))$$

并考虑函数

$$W(x) = \beta(x)kV(x) + (1 - \beta(x))U(x)$$

由构造知，$\|x\| \geqslant r$ 意味着 $1 - \beta(x) = 0$，所以该函数有唯一定义，从而对于所有的 $x \in \mathbb{R}^n$ 有

$$W(x) \geqslant \beta(x)k\underline{\alpha}(\|x\|) + (1 - \beta(x))\underline{a}\|x\|^2$$

令 $0 < a \leqslant \underline{a}$ 满足

$$as^2 < k\underline{\alpha}(s), \qquad 对于所有的\ s \in [\delta, \rho]$$

于是，由之前的不等式可得，存在一个 $\mathcal{K}_\infty$ 类函数 $\tilde{\underline{\alpha}}(\cdot)$，满足

$$\tilde{\underline{\alpha}}(s) = \begin{cases} as^2, & 若\ s \leqslant \delta \\ k\underline{\alpha}(s), & 若\ s \geqslant \rho \end{cases}$$

使得对于所有的 $x \in \mathbb{R}^n$，有

$$W(x) \geqslant \underline{\tilde{\alpha}}(\|x\|)$$

此外有

$$\frac{\partial W}{\partial x}f(x) = \beta(x)k\frac{\partial V}{\partial x}f(x) + (1-\beta(x))\frac{\partial U}{\partial x}f(x) + (kV(x)-U(x))\frac{\partial \beta}{\partial x}f(x)$$

注意到

$$(kV(x)-U(x))\frac{\partial \beta}{\partial x}f(x) = (kV(x)-U(x))\sigma'(kV(x))k\frac{\partial V}{\partial x}f(x) \tag{10.7}$$

并注意到，由构造知，对于所有的 $x \in \mathbb{R}^n$，有

$$\sigma'(kV(x))(kV(x)-U(x)) \geqslant 0$$

因此，式 (10.7) 总是非正的，从而

$$\begin{aligned}\frac{\partial W}{\partial x}f(x) &\leqslant \beta(x)k\frac{\partial V}{\partial x}f(x) + (1-\beta(x))\frac{\partial U}{\partial x}f(x)\\ &\leqslant -[\beta(x)k\alpha(\|x\|) + (1-\beta(x))\underline{b}\|x\|^2]\end{aligned}$$

由此可见，和之前一样，存在一个实数 $0 < b < \underline{b}$ 和一个对于所有的 $s \in [0,\delta]$ 满足 $\tilde{\alpha}(s) = bs^2$ 的 $\mathcal{K}_\infty$ 类函数 $\tilde{\alpha}(\cdot)$，使得对于所有的 $x \in \mathbb{R}^n$，有

$$\frac{\partial W}{\partial x}f(x) \leqslant -\tilde{\alpha}(\|x\|)$$

这样就完成了必要性的证明。 $\lhd$

在结束本节之前，如下引理对函数 $\sigma(\|x(t)\|)$ [此函数由 $\mathcal{K}$ 类函数 $\sigma(\cdot)$ 和系统 (10.1) 的积分曲线 $x(t)$ 的范数复合而成] 提供了一个有用的估计，前提假设是系统 (10.1) 在 $x=0$ 处有一个全局渐近稳定且局部指数稳定的平衡态。

引理 10.1.6. *考虑系统 (10.1)，假设其平衡态 $x=0$ 是全局渐近稳定且局部指数稳定的。令 $\sigma(\cdot)$ 为在原点可微的 $\mathcal{K}$ 类函数。那么，存在一个 $\mathcal{K}$ 类函数 $\alpha(\cdot)$ 和一个实数 $\lambda>0$，使得对于任一 $x^\circ \in \mathbb{R}^n$，在时刻 $t=0$ 经过点 x° 的积分曲线 $x(t)$ 对于所有的 $t \geqslant 0$ 满足*

$$\sigma(\|x(t)\|) \leqslant \alpha(\|x^\circ\|)\mathrm{e}^{-\lambda t}$$

证明: 设

$$F(t) = \sigma(\|x(t)\|)$$

由假设知，$\|x(t)\|$ 被一个 $\mathcal{KL}$ 类函数 $\beta(\|x^\circ\|, t)$ 界定。考虑到引理 10.1.1，这意味着对于某两个 $\mathcal{K}_\infty$ 类函数 $\gamma(\cdot)$ 和 $\theta(\cdot)$，有

$$\|x(t)\| \leqslant \gamma(\mathrm{e}^{-t}\theta(\|x^\circ\|))$$

注意到 $\gamma(\theta(s)) \geqslant s$。考虑 $\mathcal{K}_\infty$ 类函数 $\tilde{\sigma}(\cdot)$ 和 $\tilde{\gamma}(\cdot)$，其定义为

$$\tilde{\sigma}(s) = 2\max\{s, \sigma(s)\}$$

$$\tilde{\gamma}(s) = \tilde{\sigma} \circ \gamma(s)$$

于是有

$$F(t) \leqslant \tilde{\sigma}(\|x(t)\|) \leqslant \tilde{\gamma}(\mathrm{e}^{-t}\theta(\|x^\circ\|))$$

还注意到，对于所有的 $s>0$ 有 $\tilde{\gamma}(\theta(s))>s$。

由假设知，该系统的平衡态 $x=0$ 也是局部指数稳定的。这意味着存在实数 $M>0, \lambda>0$ 和 $d>0$，使得如果 $\|x^\circ\| \leqslant d$，则在时刻 $t=0$ 时过点 x° 的积分曲线对于所有的 $t \geqslant 0$ 满足

$$\|x(t)\| \leqslant M\|x^\circ\|\mathrm{e}^{-\lambda t}$$

此外，由假设知函数 $\sigma(\cdot)$ 在原点可微。这表明存在实数 $N>0$ 和 $\bar{s}>0$，使得如果 $s \in [0, \bar{s}]$，则有 $\sigma(s) \leqslant Ns$。令

$$R = \min\{d, \frac{\bar{s}}{M}\}$$

那么，如果 $\|x^\circ\| \leqslant R$，则对于所有的 $t \geqslant 0$，有

$$F(t) \leqslant N\|x(t)\| \leqslant NM\|x^\circ\|\mathrm{e}^{-\lambda t} \tag{10.8}$$

不失一般性，假设 $NM>1$，定义

$$A(s) = NM\tilde{\gamma}(\theta(s))\left(\frac{\theta(s)}{\tilde{\gamma}^{-1}(R)}\right)^{\lambda}$$

并考虑 $\|x^\circ\|>R$ 的情况。由于对所有的 $s>0$ 有 $\tilde{\gamma}(\theta(s))>s$，所以有

$$T_1 := \ln\frac{\theta(\|x^\circ\|)}{\tilde{\gamma}^{-1}(R)} > 0$$

并且

$$A(\|x^\circ\|)\mathrm{e}^{-\lambda T_1} = NM\tilde{\gamma}(\theta(\|x^\circ\|))$$

因此，对于所有的 $t \in [0, T_1]$，有

$$\begin{aligned}F(t) &\leqslant \tilde{\gamma}(\theta(\|x^\circ\|)) \\ &\leqslant NM\tilde{\gamma}(\theta(\|x^\circ\|)) = A(\|x^\circ\|)\mathrm{e}^{-\lambda T_1} \leqslant A(\|x^\circ\|)\mathrm{e}^{-\lambda t}\end{aligned}$$

而且，由 T_1 的定义有

$$\|x(T_1)\| \leqslant \gamma(\mathrm{e}^{-T_1}\theta(\|x^\circ\|)) \leqslant \tilde{\gamma}(\mathrm{e}^{-T_1}\theta(\|x^\circ\|)) = R$$

因此，对于所有的 $t \geqslant T_1$，有

$$\begin{aligned}F(t) &\leqslant NM\|x^\circ(T_1)\|\mathrm{e}^{-\lambda(t-T_1)} \\ &\leqslant NMR\mathrm{e}^{-\lambda(t-T_1)} = NM\tilde{\gamma}(\mathrm{e}^{-T_1}\theta(\|x^\circ\|))\mathrm{e}^{-\lambda(t-T_1)} \\ &\leqslant NM\tilde{\gamma}(\theta(\|x^\circ\|))\mathrm{e}^{\lambda T_1}\mathrm{e}^{-\lambda t} \leqslant A(\|x^\circ\|)\mathrm{e}^{-\lambda t}\end{aligned}$$

这表明，对于所有的 $\|x^\circ\|>R$，

$$F(t) \leqslant A(\|x^\circ\|)\mathrm{e}^{-\lambda t}$$

对于所有的 $t \geqslant 0$ 均成立。另一方面，对于所有的 $\|x^\circ\| \leqslant R$ 有不等式 (10.8) 成立。

因而，令 $\mathcal{K}$ 类函数 $\alpha(\cdot)$ 满足

$$\begin{aligned}\alpha(s) &\geqslant NMs, \qquad \text{对于 } s \in [0,R]\\ \alpha(s) &\geqslant A(s), \qquad \text{对于 } s > R\end{aligned}$$

则引理得证。 ◁

10.2 渐近稳定性和小干扰

本节在系统 (10.1) 的平衡态 $x=0$ 局部渐近稳定的假设下，对作用于该系统的一个“小干扰”所产生的影响提供一个分析结果。下面的定理 (经常被称为“整体稳定性”定理) 表明，受扰系统的轨线尽管不一定渐近收敛到平衡态 $x=0$，但只要干扰和初始状态都充分小，就可以保持在距该点任意近的范围内。

定理 10.2.1. 假设系统 (10.1) 的平衡态 $x=0$ 是局部渐近稳定的。假设 $g(x,t)$ 关于 t 是分段连续的，且对于所有的 $t \geqslant 0$ 和所有位于 $x=0$ 的某一个邻域 U 中的 x'，x''，满足 Lipschitz 条件

$$\|g(x',t)-g(x'',t)\| \leqslant L\|x'-x''\|$$

那么，给定任一 $\varepsilon > 0$，存在 $\delta_1 > 0$ 和 $\delta_2 > 0$ (二者可能都依赖于 $\varepsilon > 0$)，使得如果

$$\begin{aligned}&\|x^\circ\| \leqslant \delta_1\\ &\|g(x,t)\| \leqslant \delta_2, \quad \text{对于所有的 } \|x\| \leqslant \varepsilon \text{ 且 } t \geqslant 0\end{aligned}$$

则受扰系统

$$\dot{x} = f(x) + g(x,t) \tag{10.9}$$

满足 $x(0)=x^\circ$ 的解 $x(t)$ 对于所有的 $t \geqslant 0$，都有

$$\|x(t)\| \leqslant \varepsilon$$

证明: 令 $V(x)$ 为满足不等式 (10.2) 和不等式 (10.4) 的 C^1 函数。由于 $\dfrac{\partial V}{\partial x}$ 是 C^0 函数，所以存在实数 $M > 0$，使得

$$\left\|\frac{\partial V}{\partial x}\right\| \leqslant M$$

对于所有 $x \in U$ 都成立。不失一般性，假设存在 ε 使得 $B_\varepsilon \subset U$。给定 $\varepsilon > 0$ 并令 $c > 0$ 满足 $c \leqslant \underline{\alpha}(\varepsilon)$。选择 $\delta_2 > 0$[①]使得

$$-\alpha(\overline{\alpha}^{-1}(c)) + M\delta_2 < 0$$

由构造知，$x \in \Omega_c$ 意味着

$$\|x\| \leqslant \varepsilon$$

① 原文此处没有大于零的要求。——译者注

事实上，

$$\underline{\alpha}(\|x\|) \leqslant V(x) \leqslant c$$

意味着

$$\|x\| \leqslant \underline{\alpha}^{-1}(c) \leqslant \underline{\alpha}^{-1}(\underline{\alpha}(\varepsilon)) = \varepsilon$$

同样，在 Ω_c 边界上的每一点 x 处有

$$\alpha(\|x\|) \geqslant \alpha(\overline{\alpha}^{-1}(V(x))) = \alpha(\overline{\alpha}^{-1}(c))$$

因此，在 Ω_c 边界上的每一点 x 处有

$$\frac{\partial V}{\partial x}[f(x) + g(x,t)] \leqslant -\alpha(\|x\|) + \left\|\frac{\partial V}{\partial x}\right\| \delta_2 \leqslant -\alpha(\overline{\alpha}^{-1}(c)) + M\delta_2 < 0$$

由此可得，对位于 Ω_c 内部的任一初始条件，系统 (10.9) 的解 $x(t)$ 对于所有的 $t \geqslant 0$ 都有定义，并且对于所有的 $t \geqslant 0$ 有 $x(t) \in \Omega_c$ (见注记 10.1.2)。选择 $\delta_1 < \overline{\alpha}^{-1}(c)$ 就足以完成证明，因为这确保了 x° 位于 Ω_c 的内部。事实上，

$$\overline{\alpha}^{-1}(V(x^\circ)) \leqslant \|x^\circ\| \leqslant \delta_1 < \overline{\alpha}^{-1}(c)$$

意味着 $V(x^\circ) < c$。 ◁

注意，并没有假设 $g(x,t)$ 在 $x = 0$ 处为零。换言之，受扰系统未必在 $x = 0$ 处有平衡态。或者说，受扰系统在 $x = 0$ 处有一个不稳定平衡态（如例 10.2.1 所示）。尽管如此，在这两种情况之下，如果干扰足够小，则整体稳定性定理都能确保受扰系统的轨线仍然任意接近无干扰系统的平衡态 $x = 0$。

例 10.2.1. 考虑系统

$$\dot{x} = -x^3 + \gamma x \tag{10.10}$$

其中 $\gamma > 0$ 是一个很小的数。实际上，“无扰”系统 $\dot{x} = -x^3$ 在 $x = 0$ 处有一个全局渐近稳定的平衡态。另一方面，“受扰”系统有三个平衡态，位于 $x = 0$，$x = +\sqrt{\gamma}$，$x = -\sqrt{\gamma}$。基于一阶近似稳定性原理的基本讨论表明，由于 γ 是正的，所以第一个平衡态是不稳定的，而其他两个是渐近稳定的。观察 $-x^3 + \gamma x$ 的图形可发现

$$\begin{array}{rcccl}
0 & < x(0) < & +\sqrt{\gamma} & \Rightarrow & x(t) \to +\sqrt{\gamma} \\
+\sqrt{\gamma} & < x(0) < & +\infty & \Rightarrow & x(t) \to +\sqrt{\gamma} \\
-\sqrt{\gamma} & < x(0) < & 0 & \Rightarrow & x(t) \to -\sqrt{\gamma} \\
-\infty & < x(0) < & -\sqrt{\gamma} & \Rightarrow & x(t) \to -\sqrt{\gamma}
\end{array}$$

注意到，即使受扰系统的平衡态 $x = 0$ 是不稳定的，整体稳定性定理中指出的有界性也仍然成立。具体来说，对于给定的任一 $\varepsilon > 0$，选取 $\delta_1 = \varepsilon$ 和 $\delta_2 = \varepsilon^3$。于是，如果 $\sqrt{\gamma} \leqslant \varepsilon$，则干扰项 γx 满足

$$|\gamma x| \leqslant \delta_2, \qquad \text{对于所有的 } |x| \leqslant \varepsilon$$

在这种情况下，系统的两个非零平衡态位于区间 $[-\varepsilon, +\varepsilon]$ 之中。由之前的分析可见，初始条件为 $|x(0)| \leqslant \delta_1 = \varepsilon$ 的任一轨线仍然局限于集合 $|x| \leqslant \varepsilon$。 ◁

此定理适合于研究一对级联系统的平衡态稳定性。更确切地说，考虑复合系统

$$\begin{aligned}\dot{x} &= f(x,z)\\ \dot{z} &= g(z)\end{aligned} \tag{10.11}$$

其中 $x \in \mathbb{R}^n$，$z \in \mathbb{R}^m$，$f(0,0)=0$，$g(0)=0$，且 $f(x,z)$ 和 $g(z)$ 在 $(x,z)=(0,0)$ 的某一个邻域 U 上都是局部 Lipschitz 的。鉴于式 (10.11) 中 z-子系统的状态 z 为 x-子系统的输入，有时后者称为"从动子系统"，前者称为"驱动子系统"。作为整体稳定性定理的一个直接推论，能够推知，如果 x-子系统的平衡态 $x=0$ (以 $z=0$ 为驱动) 是局部渐近稳定的且 z-子系统的平衡态 $z=0$ 是稳定的，则级联系统的平衡态 $(x,z)=(0,0)$ 是稳定的。

推论 10.2.2. *考虑系统 (10.11)。假设 $\dot{x}=f(x,0)$ 的平衡态 $x=0$ 是局部渐近稳定的，且 $\dot{z}=g(z)$ 的平衡态 $z=0$ 是稳定的，则系统 (10.11) 的平衡态 $(x,z)=(0,0)$ 是稳定的。*

证明: 由假设，对于任意的 $\varepsilon>0$，存在 $\delta>0$，使得如果 $\|z^\circ\|\leqslant\delta$，则 $\dot{z}=g(z)$ 以 $z^\circ(0)=z^\circ$ 为初始点的积分曲线 $z^\circ(t)$ 对于所有的 $t\geqslant 0$ 满足 $\|z^\circ(t)\|\leqslant\varepsilon$。将 $f(x,z^\circ(t))$ 表示为

$$f(x,z^\circ(t)) = f(x,0)+g(x,t) \tag{10.12}$$

其中

$$g(x,t) = f(x,z^\circ(t)) - f(x,0)$$

由于 $f(x,z)$ 是局部 Lipschitz 的，所以存在 $\eta>0$ 和 $M>0$，使得对于所有的 $\|x\|\leqslant\eta$，所有的 $\|z^\circ\|\leqslant\delta$ 和 $t\geqslant 0$，有

$$\|g(x,t)\| \leqslant M\|z^\circ(t)\| \leqslant M\varepsilon$$

选择一个充分小的 δ 可以使 $\|g(x,t)\|$ 的界任意小，从而由定理 10.2.1 可得到要证的结论。 ◁

10.3 级联系统的渐近稳定性

本节要研究一对级联子系统

$$\begin{aligned}\dot{x} &= f(x,z)\\ \dot{z} &= g(z)\end{aligned} \tag{10.13}$$

的平衡态 $(x,z)=(0,0)$ 的渐近稳定性，其中 $x\in\mathbb{R}^n$，$z\in\mathbb{R}^m$，$f(0,0)=0$，$g(0)=0$，且 $f(x,z)$ 和 $g(z)$ 在 $\mathbb{R}^n\times\mathbb{R}^m$ 上都是局部 Lipschitz 的（见图 10.1）。

分析的主要结果是，x-子系统的平衡态 $x=0$ 的局部渐近稳定性 (由输入 $z=0$ 驱动) 和 z-子系统的平衡态 $z=0$ 的局部渐近稳定性，总是意味着级联系统的平衡态 $(x,z)=(0,0)$ 的局部渐近稳定性。然而，以 $z=0$ 驱动的 x-子系统的平衡态 $x=0$ 的全局渐近稳定性和 z-子系统的平衡态 $z=0$ 的全局渐近稳定性，通常并不意味着级联系统平衡态 $(x,z)=(0,0)$ 的全局渐近稳定性。为了推断级联系统的全局渐近稳定性，需要一个 (强) 附加条件，如下所示。

证明这些事实的关键是如下结论。

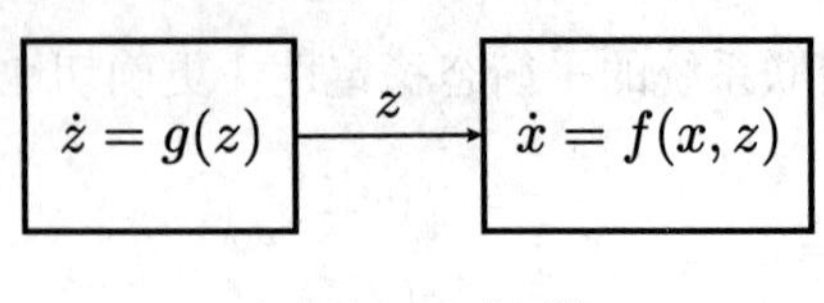

图 10.1　级联

定理 10.3.1. 考虑系统 (10.13)。假设 $\dot{x}=f(x,0)$ 的平衡态 $x=0$ 是局部渐近稳定的。令 $\mathcal{S}$ 为具有下述性质的集合：对于任一 $\tilde{x}^\circ\in\mathcal{S}$，$\dot{\tilde{x}}=f(\tilde{x},0)$ 满足 $\tilde{x}(0)=\tilde{x}^\circ$ 的积分曲线 $\tilde{x}(t)$ 对于所有的 $t\geqslant 0$ 都有定义，并且有

$$\lim_{t\to\infty}\tilde{x}(t)=0$$

选取任一 z° 并以 $z^\circ(t)$ 表示 $\dot{z}=g(z)$ 满足 $z^\circ(0)=z^\circ$ 的积分曲线。假设 $z^\circ(t)$ 对于所有的 $t\geqslant 0$ 都有定义且满足

$$\lim_{t\to\infty}z^\circ(t)=0$$

选取任一 $x^\circ\in\mathcal{S}$，并以 $x^\circ(t)$ 表示 $\dot{x}=f(x,z^\circ(t))$ 满足 $x^\circ(0)=x^\circ$ 的积分曲线。假设 $x^\circ(t)$ 对于所有的 $t\geqslant 0$ 有定义、有界，并且对于所有的 $t\geqslant 0$，有 $x^\circ(t)\in\mathcal{S}$，则有

$$\lim_{t\to\infty}x^\circ(t)=0$$

证明：首先注意到，利用整体稳定性定理容易证明，由于 $\dot{x}=f(x,0)$ 的平衡态是局部渐近稳定的，所以给定任一 $\varepsilon>0$，存在 $\delta_1>0$ 和 $\delta_2>0$①，使得如果 $\|x^\circ\|\leqslant\delta_1$ 且对于所有的 $t\geqslant 0$ 有 $\|z(t)\|\leqslant\delta_2$，则

$$\dot{x}=f(x,z(t))$$

满足 $\bar{x}(0)=\bar{x}^\circ$ 的解 $\bar{x}(t)$ 对于所有的 $t\geqslant 0$ 有 $\|\bar{x}(t)\|\leqslant\varepsilon$。为此，只需像式 (10.12) 那样分解 $f(x,z(t))$ 并利用类似于证明推论 10.2.2 时用到的论据。因此，如果能证明对于任一 $\varepsilon>0$，能够找到一个时间 $T>0$，使得对于所有的 $t\geqslant T$ 有 $\|x^\circ(T)\|\leqslant\delta_1$ 和 $\|z^\circ(t)\|\leqslant\delta_2$，则定理将得到证明。

现在，取 $T_1>0$，设

$$z^\circ_{T_1}(t)=\begin{cases}z^\circ(t), & 若\ t\leqslant T_1\\ 0, & 若\ t>T_1\end{cases}$$

并以 $x^\circ_{T_1}(t)$ 表示

$$\dot{x}=f(x,z^\circ_{T_1}(t))$$

满足 $x^\circ_{T_1}(0)=x^\circ$ 的积分曲线。确实，对于所有的 $0\leqslant t\leqslant T_1$ 有 $x^\circ_{T_1}(t)=x^\circ(t)$。此外，对于 $t>T_1$，$x^\circ_{T_1}(t)$ 是

$$\dot{x}=f(x,0)$$

的一个解，因此随着 t 趋于无穷而趋于零，因为 $x^\circ_{T_1}(T_1)\in\mathcal{S}$。特别是，存在 $T_2>0$②，使得

$$\|x^\circ_{T_1}(T_1+T_2)\|\leqslant\frac{\delta_1}{2}\tag{10.14}$$

① 原文此处没有明确指出 ε，δ_1 和 δ_2 为正数。——译者注

② 原文此处漏写了大于零的要求。——译者注

具有这样特点的时间 T_2 可能依赖于 $x^\circ_{T_1}(T_1)$，因而依赖于 T_1。但是，由于假设 $x^\circ(t)$ 是有界的，所以利用紧致性论据可得，存在一个仅依赖于 x° 的 T_2，使得对于任意的 T_1，不等式 (10.14) 都成立。

设

$$T = T_1 + T_2$$

现在将证明，如果 T_1 足够大，则

(a) 对于所有的 $t \geqslant T$，有 $\|z^\circ(t)\| \leqslant \delta_2$，并且

(b) $\|x^\circ(T) - x^\circ_{T_1}(T)\| \leqslant \dfrac{\delta_1}{2}$，

从而将完成定理证明。

性质 (a) 是 $z^\circ(t)$ 随着 t 趋于无穷而收敛到零的一个直接推论。下面将证明 (b)。注意到，$x^\circ(t)$ 和 $x^\circ_{T_1}(t)$ 分别是

$$\dot{x} = f(x, z^\circ(t))$$

和

$$\dot{x} = f(x, 0)$$

满足 $x^\circ(T_1) = x^\circ_{T_1}(T_1)$ 的积分曲线。因此，对于 $t \geqslant T_1$ 有

$$x^\circ(t) = x^\circ(T_1) + \int_{T_1}^{t} f(x^\circ(s), z^\circ(s))\mathrm{d}s$$

和

$$x^\circ_{T_1}(t) = x^\circ(T_1) + \int_{T_1}^{t} f(x^\circ_{T_1}(s), 0)\mathrm{d}s$$

由于 $x^\circ(s)$，$x^\circ_{T_1}(s)$，$z^\circ(s)$ 对于所有的 $s \geqslant T_1$ 都有定义且有界，并且 $f(x,z)$ 是局部 Lipschitz 的，所以存在 $L > 0$ 和 $M > 0$，使得对于所有的 $s \geqslant T_1$，有

$$\|f(x^\circ(s), z^\circ(s)) - f(x^\circ_{T_1}(s), 0)\| \leqslant L\|x^\circ(s) - x^\circ_{T_1}(s)\| + M\|z^\circ(s)\|$$

因此，

$$\|x^\circ(t) - x^\circ_{T_1}(t)\| \leqslant L\int_{T_1}^{t} \|x^\circ(s) - x^\circ_{T_1}(s)\|\mathrm{d}s + M\int_{T_1}^{t} \|z^\circ(s)\|\mathrm{d}s$$

由于 $z^\circ(s)$ 随着 t 趋于无穷而收敛到零，所以给定任一 $\delta > 0$，存在 T_1 使得对于所有的 $t \geqslant T_1$ 有 $\|z^\circ(s)\| \leqslant \delta$。因而，对于所有的 $t \geqslant T_1$，上式可写为

$$\|x^\circ(t) - x^\circ_{T_1}(t)\| \leqslant L\int_{T_1}^{t} \|x^\circ(s) - x^\circ_{T_1}(s)\|\mathrm{d}s + M\delta(t - T_1)$$

利用 Gronwall-Bellman 引理得到

$$\|x^\circ(t) - x^\circ_{T_1}(t)\| \leqslant \frac{M\delta}{L}(\mathrm{e}^{L(t-T_1)} - 1)$$

于是有

$$\|x^\circ(T) - x^\circ_{T_1}(T)\| \leqslant \frac{M\delta}{L}(\mathrm{e}^{LT_2} - 1)$$

上述不等式右边的 M，L，T_2 都是确定的常数，但可通过选择适当大的 T_1 而使 δ 任意小。这就证明了 (b)，从而完成了定理的证明。 $\triangleleft$

由此定理容易得出如下推论，它们表达了本节开始时所概述的结论。

推论 10.3.2. 考虑系统 (10.13)。假设 $\dot{x}=f(x,0)$ 的平衡态 $x=0$ 和 $\dot{z}=g(z)$ 的平衡态 $z=0$ 都是局部渐近稳定的，则系统 (10.13) 的平衡态 $(x,z)=(0,0)$ 是局部渐近稳定的。

证明: 实际上，对于某一个充分小的 $\delta>0$，可以选择 $\mathcal{S}=B_\delta$。由推论 10.2.2 知，平衡态 $(x,z)=(0,0)$ 是稳定的。于是，存在 $\delta_1>0$ 和 $\delta_2>0$，使得如果 x° 和 z° 满足

$$\|x^\circ\|\leqslant\delta_1,\qquad\|z^\circ\|\leqslant\delta_2$$

则 $x^\circ(t)$ 属于 B_δ。由此得出结论。 $\lhd$

推论 10.3.3. 考虑系统 (10.13)。假设 $\dot{x}=f(x,0)$ 的平衡态 $x=0$ 和 $\dot{z}=g(z)$ 的平衡态 $z=0$ 都是全局渐近稳定的。假设复合系统的积分曲线对于所有的 $t\geqslant0$ 都有定义且有界，则系统 (10.13) 的平衡态 $(x,z)=(0,0)$ 是全局渐近稳定的。

证明: 在这种情况下，$\mathcal{S}=\mathbb{R}^n$。要利用定理 10.3.1 来证明对于任一初始条件 (x°,z°)，轨线 $(x^\circ(t),z^\circ(t))$ 随着 t 趋于无穷而收敛到零，所需的假设仅仅是 $x^\circ(t)$ 的有界性。 $\lhd$

10.4 输入到状态稳定性

10.3 节讨论了当系统

$$\dot{x}=f(x,z)$$

的输入 $z(t)$ 是自治非线性系统

$$\dot{z}=g(z)$$

的响应时，其响应 $x(t)$ 的渐近行为。由于假设 z-系统是局部 (或全局) 渐近稳定的，所以驱动 x-系统的输入 $z(t)$ 是一个时间函数，对于充分小的 $z(0)$ [或对于任意的 $z(0)$]，它随着 t 趋于无穷而渐近衰减到零。

本节将这种类型的分析拓展到驱动前一系统的输入仅是时间的有界函数这一情况。当然，不能再期望状态 $x(t)$ 随着时间 t 趋于无穷而衰减到零；而是关注如下情况：$x(t)$ 保持有界，并且状态的界可表示为关于输入的 (可能非线性的) 有界函数。在输入趋于零的特殊情况下 (特别是当输入恒等于零时)，如之前一样，仍然期望 $x(t)$ 在时间 t 趋于无穷时收敛到零。这些要求导致产生了**输入到状态稳定性** (input-to-state stability) 概念，这个概念由 E. D. Sontag[①]引入，其正式描述如下。

考虑非线性系统

$$\dot{x}=f(x,u)\tag{10.15}$$

其中状态 $x\in\mathbb{R}^n$，输入 $u\in\mathbb{R}^m$，$f(0,0)=0$ 且 $f(x,u)$ 在 $\mathbb{R}^n\times\mathbb{R}^m$ 上是局部 Lipschitz 的。系统 (10.15) 的输入函数 $u\colon[0,\infty)\to\mathbb{R}^m$ 可以是任一分段连续有界函数。对所有这样的函数构成的集合，赋予上确界范数

$$\|u(\cdot)\|_\infty=\sup_{t\geqslant0}\|u(t)\|$$

① 见Sontag (1989b)。

并记其为 L_∞^m。

定义 10.4.1. 对于系统 (10.15)，如果存在一个 $\mathcal{KL}$ 类函数 $\beta(\cdot,\cdot)$ 及一个 $\mathcal{K}$ 类函数 $\gamma(\cdot)$（称为增益函数），使得对于任一输入 $u(\cdot)\in L_\infty^m$ 和任一 $x^\circ\in\mathbb{R}^n$，系统 (10.15) 相应于初始状态 $x(0)=x^\circ$ 的响应 $x(t)$ 对于所有的 $t\geqslant 0$，满足

$$\|x(t)\|\leqslant \beta(\|x^\circ\|,t)+\gamma(\|u(\cdot)\|_\infty) \tag{10.16}$$

则称该系统为输入到状态稳定的。

注记 10.4.1. 因为对于任意一对 $\beta>0$ 和 $\gamma>0$，有 $\max\{\beta,\gamma\}\leqslant\beta+\gamma\leqslant\max\{2\beta,2\gamma\}$，所以可看到，一个输入到状态稳定的系统的另一种描述方式是，存在一个 $\mathcal{KL}$ 类函数 $\beta(\cdot,\cdot)$ 和一个 $\mathcal{K}$ 类函数 $\gamma(\cdot)$，使得对于任一输入 $u(\cdot)\in L_\infty^m$ 和任一 $x^\circ\in\mathbb{R}^n$，系统 (10.15) 相应于初始状态 $x(0)=x^\circ$ 的响应 $x(t)$ 对于所有的 $t\geqslant 0$，满足

$$\|x(t)\|\leqslant \max\{\beta(\|x^\circ\|,t),\gamma(\|u(\cdot)\|)_\infty\} \tag{10.17}$$

本书后面将无差别地使用式 (10.16) 和式 (10.17) 这两个估计式。 $\triangleleft$

以下将说明，对于一个给定系统，能够给出输入到状态稳定性的一种描述，它拓展了著名的 Lyapunov 渐近稳定性判据。分析时用到的关键工具是**ISS-Lyapunov 函数** (ISS-Lyapunov function) 的概念，其定义如下。

定义 10.4.2. 对于一个 C^1 函数 $V\colon\mathbb{R}^n\to\mathbb{R}$，如果存在 $\mathcal{K}_\infty$ 类函数 $\underline{\alpha}(\cdot)$，$\overline{\alpha}(\cdot)$，$\alpha(\cdot)$ 和一个 $\mathcal{K}$ 类函数 $\chi(\cdot)$，使得

$$\underline{\alpha}(\|x\|)\leqslant V(x)\leqslant\overline{\alpha}(\|x\|),\qquad \text{对于所有的 } x\in\mathbb{R}^n \tag{10.18}$$

且

$$\|x\|\geqslant\chi(\|u\|)\Rightarrow\frac{\partial V}{\partial x}f(x,u)\leqslant-\alpha(\|x\|),\qquad \text{对于所有的 } x\in\mathbb{R}^n \tag{10.19}$$

则称该函数是系统 (10.15) 的一个 ISS-Lyapunov 函数。

以这种方式描述的函数，之所以能在输入到状态稳定性的建立中发挥重要作用，其原因可解释如下。首先注意到，如果 $V(x)$ 是系统 (10.15) 的一个 ISS-Lyapunov 函数，那么在 $u=0$ 处计算式 (10.19)，可以得到

$$\frac{\partial V}{\partial x}f(x,0)\leqslant-\alpha(\|x\|),\qquad \text{对于所有的 } x\in\mathbb{R}^n$$

因此 $V(x)$ 对于自治系统 $\dot{x}=f(x,0)$ 来说是一个通常意义上的 Lyapunov 函数。从而，如在 10.1 节中所见，如果对于所有的 $t\geqslant 0$ 有 $u(t)=0$，则系统 (10.15) 对于该输入和任意初始状态 $x(0)=x^\circ$ 的响应满足估计式

$$\|x(t)\|\leqslant\beta(\|x^\circ\|,t),\qquad \text{对于所有的 } t\geqslant 0$$

其中 $\beta(\cdot,\cdot)$ 是一个 $\mathcal{KL}$ 类函数，正如在输入到状态稳定性定义中所期望的那样。

现在考虑非零输入 $u(\cdot) \in L_\infty^m$ 的情况，令

$$M = \|u(\cdot)\|_\infty$$

并令

$$c = \overline{\alpha}(\chi(M))$$

那么，由式 (10.18) 的右边不等式可知，集合

$$\Omega_c = \{x \in \mathbb{R}^n \colon V(x) \leqslant c\}$$

满足

$$B_{\chi(M)} \subset \Omega_c$$

因此，对于 Ω_c 边界上的每一点 x 都有 $\|x\| \geqslant \chi(M)$，从而在使 $x(t)$ 位于 Ω_c 边界上的任一 $t \geqslant 0$ 处，有 $\|x(t)\| \geqslant \chi(\|u(t)\|)$。现在假设关系式 (10.19) 成立。于是，对于使 $x(t)$ 在 Ω_c 边界上的任一 $t \geqslant 0$，有

$$\frac{\partial V(x)}{\partial x} f(x(t), u(t)) < 0$$

并且 (见 10.1 节) 能够得到，对于 Ω_c 内部的任一初始条件 $x'(0)$，系统 (10.15) 的解 $x'(t)$ 对所有的 $t \geqslant 0$ 都有定义，且对于所有的 $t \geqslant 0$ 有 $x'(t) \in \Omega_c$。

特别是，对于所有的 $t \geqslant 0$，$x'(t)$ 满足

$$\|x'(t)\| \leqslant \underline{\alpha}^{-1}(V(x'(t))) \leqslant \underline{\alpha}^{-1}(c) = \underline{\alpha}^{-1}(\overline{\alpha}(\chi(M)))$$

令

$$\gamma(r) = \underline{\alpha}^{-1}(\overline{\alpha}(\chi(r))) = \underline{\alpha}^{-1} \circ \overline{\alpha} \circ \chi(r)$$

可看到，对于所有的 $t \geqslant 0$，$x'(t)$ 满足

$$\|x'(t)\| \leqslant \gamma(\|u(\cdot)\|_\infty) \tag{10.20}$$

或者等价的形式

$$\|x'(\cdot)\|_\infty \leqslant \gamma(\|u(\cdot)\|_\infty)$$

现在令 $x(t)$ 为系统 (10.15) 满足 $x(0) = x^\circ$ 的解。如果 $x^\circ \in \Omega_c$，则之前的论据表明，对于所有的 $t \geqslant 0$ 有 $\|x(t)\| \leqslant \gamma(\|u(\cdot)\|_\infty)$ 成立，这又证明估计式 (10.16) 成立。如若不然，即如果 $V(x^\circ) > c$，那么只要 $V(x(t)) > c$，就有 $\|x(t)\| > \chi(\|u(t)\|)$，从而有

$$\frac{\mathrm{d}V(x(t))}{\mathrm{d}t} = \frac{\partial V}{\partial x} f(x(t), u(t)) \leqslant -\alpha(\|x(t)\|) < 0$$

因此，只要 $V(x(t)) > c$，函数 $V(x(t))$ 就一直减小，特别是这表明 $x(t)$ 有界 [事实上，$\|x(t)\| \leqslant \underline{\alpha}^{-1}(V(x(t))) \leqslant \underline{\alpha}^{-1}V(x(0))$]。此外，能够证明，对于某一个有限的时间 t_0，有

$$V(x(t)) > c, \quad \text{对于所有的 } 0 \leqslant t < t_0$$

$$V(t_0) = c$$

由反证法，假设对于所有的 $t \geqslant 0$ 有 $V(x(t)) > c$，于是对于所有的 $t \geqslant 0$，有

$$\frac{\mathrm{d}V(x(t))}{\mathrm{d}t} \leqslant -\alpha(\overline{\alpha}^{-1}(V(x(t)))) \tag{10.21}$$

换言之，函数 $V(t) = V(x(t))$ 对于所有的 $t \geqslant 0$ 满足

$$\dot{V}(t) \leqslant -\alpha(\overline{\alpha}^{-1}(V(t)))$$

这表明 (见定理 10.1.3 的证明)，对于某一个 $\mathcal{KL}$ 类函数 $\beta(\cdot,\cdot)$ 和所有的 $t \geqslant 0$，有

$$\|x(t)\| \leqslant \beta(\|x^\circ\|, t) \tag{10.22}$$

特别是，$x(t)$ 随着 t 趋于无穷而趋于零，因此 $V(x(t))$ 随着 t 趋于无穷而趋于零，这与假设 $V(x(t))$ 对于所有的 $t \geqslant 0$ 有下界 $c > 0$ 相矛盾。

不等式 (10.21) 对于所有的 $t \in [0, t_0)$ 都成立。于是，对于所有的 $t \in [0, t_0)$，形如式 (10.22) 的估计式均成立。由于对于 $t \geqslant t_0$ 有

$$\|x(t)\| \leqslant \gamma(\|u(\cdot)\|_\infty)$$

所以可得，对于所有的 $t \geqslant 0$ 有

$$\|x(t)\| \leqslant \max\{\beta(\|x^\circ\|, t), \gamma(\|u(\cdot)\|_\infty)\}$$

这就完成了对如下事实的证明：如果 $V(x)$ 是系统 (10.15) 的一个 ISS-Lyapunov 函数，则该系统是输入到状态稳定的。

注记 10.4.2. 之前的论据也说明了如何以描述式 (10.18) 和式 (10.19) 的函数 $\underline{\alpha}(\cdot)$，$\overline{\alpha}(\cdot)$ 以及 $\chi(\cdot)$ 来计算在估计式 (10.17) 中出现的函数 $\gamma(\cdot)$。事实上，$\gamma(\cdot)$ 的表达式可如下给出：

$$\gamma(r) = \underline{\alpha}^{-1} \circ \overline{\alpha} \circ \chi(r) \qquad \triangleleft$$

以上论据表明，存在一个 ISS-Lyapunov 函数，是输入到状态稳定性的一个充分条件。与渐近稳定性的情况一样，此结论也有一个逆命题，即输入到状态稳定性意味着存在一个具有式 (10.18) 和式 (10.19) 所示性质的函数 $V(x)$①。

定理 10.4.1. 系统 (10.15) 是输入到状态稳定的，当且仅当存在一个 ISS-Lyapunov 函数。

在许多情况下，可以用另一种方式来检验一个函数 $V(x)$ 是否为一个给定系统的 ISS-Lyapunov 函数。

引理 10.4.2. 考虑系统 (10.15)。一个 C^1 函数 $V\colon \mathbb{R}^n \to \mathbb{R}$ 是系统 (10.15) 的一个 ISS-Lyapunov 函数，当且仅当存在 $\mathcal{K}_\infty$ 类函数 $\underline{\alpha}(\cdot)$，$\overline{\alpha}(\cdot)$，$\alpha(\cdot)$，以及一个 $\mathcal{K}$ 类函数 $\sigma(\cdot)$，使得式 (10.18) 成立，并且

$$\frac{\partial V}{\partial x} f(x,u) \leqslant -\alpha(\|x\|) + \sigma(\|u\|), \qquad \text{对于所有的 } x \in \mathbb{R}^n \text{ 和所有的 } u \in \mathbb{R}^m \tag{10.23}$$

① 该结论的证明请参见Sontag and Wang (1995)。

证明: 假设式 (10.23) 成立并以 $k > 1$ 定义

$$\chi(r) = \alpha^{-1}(k\sigma(r))$$

于是，$\|x\| \geqslant \chi(\|u\|)$ 意味着

$$\frac{1}{k}\alpha(\|x\|) \geqslant \sigma(\|u\|)$$

这又意味着

$$\frac{\partial V}{\partial x}f(x,u) \leqslant -\alpha(\|x\|) + \sigma(\|u\|) \leqslant -\frac{k-1}{k}\alpha(\|x\|)$$

这表明形如式 (10.19) 的关系式成立。

现在看到，如果式 (10.19) 成立且 $\|x\| \geqslant \chi(\|u\|)$，则对于任一 $\sigma(\cdot)$ 都有式 (10.23) 成立。为完成证明，定义

$$\phi(r) = \max_{\|u\|=r, \|x\| \leqslant \chi(r)} \{\frac{\partial V}{\partial x}f(x,u) + \alpha(\chi(\|u\|))\}$$

于是，对于 $\|x\| \leqslant \chi(\|u\|)$，有

$$\frac{\partial V}{\partial x}f(x,u) \leqslant -\alpha(\|x\|) + \phi(\|u\|)$$

定义

$$\sigma(r) = \max\{0, \phi(r)\}$$

函数 $\sigma(\cdot)$ 是连续非负的，且 $\sigma(0) = 0$。如果 $\sigma(\cdot)$ 不是一个 $\mathcal{K}$ 类函数，则用一个 $\mathcal{K}$ 类函数控制 (majorize)①它，以使性质 (10.23) 得以满足。 ◁

注记 10.4.3. 由引理 10.4.2 的证明能够推断出如何以描述不等式 (10.18)、不等式 (10.23) 的函数 $\underline{\alpha}(\cdot)$，$\overline{\alpha}(\cdot)$ 和 $\sigma(\cdot)$ 来计算在估计式 (10.17) 中出现的增益函数 $\gamma(\cdot)$。事实上，回想一下，如果 $V(x)$ 是一个满足关系 (10.19) 的（正定适常）函数，则有一个形如式 (10.17) 的估计式成立，其增益函数 $\gamma(\cdot)$ 的表达式为

$$\gamma(r) = \underline{\alpha}^{-1} \circ \overline{\alpha} \circ \chi(r)$$

另一方面，引理 10.4.2 的证明表明，如果 $V(x)$ 是一个满足式 (10.23) 的 (正定适常) 函数，则关系 (10.19) 对于 $\chi(r) = \alpha^{-1}(k\sigma(r))$ 成立，此处 $k > 1$。因此，由表达式

$$\gamma(r) = \underline{\alpha}^{-1} \circ \overline{\alpha} \circ \alpha^{-1} \circ k\sigma(r)$$

给出的增益函数 $\gamma(\cdot)$ 使形如式 (10.17) 的估计式成立，其中 k 是满足 $k > 1$ 的任一实数。 ◁

用下面一些简单例子来解释上述概念。

例 10.4.1. 考虑线性系统

$$\dot{x} = Ax + Bu$$

① 关于受控理论 (majorization) 的详细内容请参阅: Albert W. Marshall, Ingram Olkin, Barry C. Arnold (2011), *Inequalities: Theory of Majorization and Its Applications*, *2nd Edition*, Springer, New York, NY.——译者注

并假设矩阵 A 的所有特征值都有负实部。以 $P>0$ 表示 Lyapunov 方程 $PA+A^{\mathrm{T}}P=-I$ 的唯一解。注意到对于适当的 $\underline{a}>0$ 和 $\overline{a}>0$，函数 $V(x)=x^{\mathrm{T}}Px$ 满足

$$\underline{a}\|x\|^2 \leqslant V(x) \leqslant \overline{a}\|x\|^2$$

并且有

$$\frac{\partial V}{\partial x}(Ax+Bu) \leqslant -\|x\|^2 + 2\|x\|\|P\|\|B\|\|u\|$$

选取任一 $0<\varepsilon<1$，并令

$$c=\frac{2}{1-\varepsilon}\|P\|\|B\|, \qquad \chi(r)=cr$$

于是

$$\|x\| \geqslant \chi(\|u\|) \quad \Rightarrow \quad \frac{\partial V}{\partial x}(Ax+Bu) \leqslant -\varepsilon\|x\|^2$$

因而该系统是输入到状态稳定的，增益函数

$$\gamma(r)=(\overline{a}/\underline{a})cr$$

是一个**线性**函数。 $\triangleleft$

例 10.4.2. 令 $n=1$，$m=1$。考虑系统

$$\dot{x}=-ax^k+bx^p\varphi(u)$$

其中 $k\in\mathbb{I}$ 为奇数，$p\in\mathbb{I}$ 满足

$$p<k \tag{10.24}$$

$a>0$，且 $\varphi(\cdot)$ 是一个 C^1 函数，满足 $\varphi(0)=0$。

确实，由于 $a>0$ 且 k 是奇数，所以该系统是全局渐近稳定的。选择 $V(x)=\frac{1}{2}x^2$ 作为一个备选的 ISS-Lyapunov 函数，则有

$$\dot{V}=\frac{\partial V}{\partial x}f(x,u)=-ax^{k+1}+bx^{p+1}\varphi(u)$$

令 $\theta(\cdot)$ 为一个 $\mathcal{K}$ 类函数，对于所有的 $u\in\mathbb{R}$，满足

$$|\varphi(u)| \leqslant \theta(|u|)$$

并注意到，由于 $k+1$ 是偶数，所以有

$$\dot{V} \leqslant -a|x|^{k+1}+|b||x|^{p+1}\theta(|u|)$$

设

$$\nu=k-p$$

从而得到

$$\dot{V} \leqslant |x|^{p+1}\left(-a|x|^{\nu}+|b|\theta(|u|)\right)$$

于是，利用 $\mathcal{K}$ 类函数

$$\alpha(r) = \varepsilon r^{k+1}$$

其中 $\varepsilon > 0$，能够推得，如果

$$-a|x|^{\nu} + |b|\theta(|u|) \leqslant -\varepsilon|x|^{\nu}$$

亦即如果

$$(a-\varepsilon)|x|^{\nu} \geqslant |b|\theta(|u|)$$

则

$$\dot{V} \leqslant -\alpha(|x|)$$

不失一般性，取 $\varepsilon < a$，能够推得，对于如下 $\mathcal{K}$ 类函数：

$$\chi(r) = \left(\frac{|b|\theta(r)}{a-\varepsilon}\right)^{\frac{1}{\nu}}$$

条件 (10.19) 成立。因而，该系统是输入到状态稳定的，增益函数 $\gamma(\cdot)$ 由函数 $\chi(\cdot)$ 界定。 ◁

例 10.4.3. 令 $n=1$，$m=1$。考虑系统

$$\dot{x} = -ax^k\mathrm{sgn}(x) + bx^p\varphi(u)$$

其中 $k \in \mathbb{I}$ 为偶数，$p \in \mathbb{I}$ 满足

$$p < k$$

$a > 0$，且 $\varphi(\cdot)$ 是一个 C^1 函数，满足 $\varphi(0) = 0$。注意，对于任意偶数 $k > 0$，函数 $x^k\mathrm{sgn}(x)$ 是一个 C^1 函数。

选择与例 10.4.2 一样的备选 ISS-Lyapunov 函数，$V(x) = \frac{1}{2}x^2$，得到

$$\dot{V} = \frac{\partial V}{\partial x}f(x,u) = -ax^{k+1}\mathrm{sgn}(x) + bx^{p+1}\varphi(u)$$

由于 $k+1$ 是奇数，这又产生了与例 10.4.2 中同样的不等式，即

$$\dot{V} \leqslant -a|x|^{k+1} + |b||x|^{p+1}\theta(|u|)$$

由此可得出相同的结论。 ◁

例 10.4.4. 在前两个例子中，能证明这两个系统都具有输入到状态稳定性的一个重要特征是不等式 (10.24)。事实上，如果该不等式不成立，则系统可能不会是输入到状态稳定的。例如，通过简单的例子

$$\dot{x} = -x + xu$$

就可看出这一点。事实上，假设对于所有的 $t \geqslant 0$ 都有 $u(t) = 2$。对于这个输入，系统始于初始状态 $x(0) = x^{\circ}$ 的状态响应与自治系统

$$\dot{x} = x$$

的状态响应一致，即 $x(t) = \mathrm{e}^t x^{\circ}$，这表明有界性条件 (10.16) 不可能成立。 ◁

例 10.4.5. 令 $n = 2$，$m = 1$。考虑系统

$$\dot{z} = -z^3 + zy$$
$$\dot{y} = az^2 - y + u$$

其中 a 是一个实参数。为检验该系统是否对于 a 的某一个取值有可能是输入到状态稳定的，选择一个备选的 ISS-Lyapunov 函数

$$V(z,y) = \frac{1}{2}(z^2 + y^2)$$

以得到

$$\dot{V} = \frac{\partial V}{\partial x} f(x,u) = -z^4 + (1+a)z^2 y - y^2 + yu$$

回想到

$$z^2 y \leqslant \frac{1}{2}z^4 + \frac{1}{2}y^2$$

以及对于任一实数 $\delta > 0$，有

$$yu \leqslant \frac{\delta}{2}y^2 + \frac{1}{2\delta}u^2$$

于是可得

$$\dot{V} \leqslant (-1 + \frac{|1+a|}{2})z^4 + (-1 + \frac{|1+a|}{2} + \frac{\delta}{2})y^2 + \frac{1}{2\delta}u^2$$

由此容易推得，如果 $|a| < 1$ 则系统是输入到状态稳定的。事实上，在这种情况下，上式中 z^4 的系数

$$-1 + \frac{|1+a|}{2}$$

为负，从而能够找到 $\delta > 0$，使得 y^2 的系数

$$-1 + \frac{|1+a|}{2} + \frac{\delta}{2}$$

也为负。换言之，存在实数 $d_1 > 0$ 和 $d_2 > 0$，使得

$$\dot{V} \leqslant -(d_1 z^4 + d_2 y^2) + \frac{1}{2\delta}u^2$$

现在考虑函数

$$W(z,y) = d_1 z^4 + d_2 y^2$$

此函数是正定适常的，因为 (见注记 10.1.3) 对于任一 $c > 0$，闭集

$$\Omega_c = \{(z,y) \in \mathbb{R}^2 \colon W(z,y) \leqslant c)\}$$

是有界的。事实上

$$W(z,y) \leqslant c \quad \Rightarrow \quad |z| \leqslant \left(\frac{c}{d_1}\right)^{\frac{1}{4}}, |y| \leqslant \left(\frac{c}{d_2}\right)^{\frac{1}{2}}$$

因此，存在一个 $\mathcal{K}$ 类函数 $\alpha(\cdot)$，使得对于所有的 $x \in \mathbb{R}^2$，有

$$\alpha(\|x\|) \leqslant W(z,y)$$

因此,

$$\dot{V} \leqslant -\alpha(\|x\|) + \frac{1}{2\delta}|u|^2$$

从而得知，对于

$$\sigma(r) = \frac{1}{2\delta}r^2$$

有形如式 (10.23) 的不等式成立。这表明，如果 $|a| < 1$，则该系统是输入到状态稳定的。 $\lhd$

正如例 10.4.4 所示，在一个形如式 (10.15) 的系统中，$\dot{x} = f(x,0)$ 的平衡态 $x = 0$ 的全局渐近稳定性并不意味着输入到状态稳定性。然而，利用一个形如

$$u = \beta(x)v$$

的**反馈变换** (feedback transformation)，总能使这样的系统成为输入到状态稳定的，其中 $\beta(x)$ 是由关于 x 的光滑函数构成的一个 $m \times m$ 阶矩阵，该矩阵对于所有的 $x \in \mathbb{R}^n$ 有定义且可逆。注意到，之前在非线性控制系统设计中已经数次遇到这类反馈变换，它实际上相当于输入值空间中依赖于 x 的坐标变换。

定理 10.4.3. 考虑系统 (10.15)。假设 $\dot{x} = f(x,0)$ 的平衡态 $x = 0$ 是全局渐近稳定的。那么，存在一个由 x 的光滑函数构成的 $m \times m$ 阶矩阵 $\beta(x)$，该矩阵对于所有的 $x \in \mathbb{R}^n$ 有定义，并且对于所有的 x 是非奇异的，使得

$$\dot{x} = f(x, \beta(x)u) \tag{10.25}$$

是输入到状态稳定的。

证明: 由 Lyapunov 逆定理，存在一个 C^1 正定适常函数 $V(x)$ 和一个 $\mathcal{K}_\infty$ 类函数 $\alpha(\cdot)$，使得

$$\frac{\partial V}{\partial x} f(x,0) < -\alpha(\|x\|), \qquad \text{对于所有的非零 } x \in \mathbb{R}^n$$

对具有上述性质的某一个 $\beta(x)$ 和某一个 $\mathcal{K}$ 类函数 $\chi(\cdot)$，可证明

$$\|x\| \geqslant \chi(\|u\|) \;\Rightarrow\; \frac{\partial V}{\partial x} f(x, \beta(x)u) \leqslant -\frac{1}{2}\alpha(\|x\|), \qquad \text{对于所有的 } x \in \mathbb{R}^n$$

这说明 $V(x)$ 是系统 (10.25) 的一个 ISS-Lyapunov 函数，以此来证明定理。

为此，令 $g(\cdot)$ 为任一光滑函数 $g\colon [0,\infty) \to [0,\infty)$，它对于所有的 $s \geqslant 0$ 为正，并在区间 $[0,1]$ 上恒等于 1。设

$$\beta(x) = g(\|x\|)I$$

这样定义的 $\beta(x)$ 是由关于 x 的光滑函数构成的矩阵，该矩阵对于所有的 $x \in \mathbb{R}^n$ 均可逆。

定义

$$\delta(s,r) = \max_{\|x\|=s, \|v\|=r} \left\{ \frac{\partial V}{\partial x} f(x,v) + \frac{1}{2}\alpha(s) \right\}$$

并注意到，对于任意选取的 $g(\cdot)$，对于所有的 x 和 u，有

$$\frac{\partial V}{\partial x} f(x, \beta(x)u) + \frac{1}{2}\alpha(\|x\|) \leqslant \delta(\|x\|, g(\|x\|)\|u\|) \tag{10.26}$$

函数 $\delta(s,r)$ 是对于所有的 $(s,r)\in[0,\infty)\times[0,\infty)$ 有定义的连续函数，根据假设对于每一个 $s>0$ 有 $\delta(s,0)<0$。于是，利用连续性能够证明存在一个对所有的 $s\geqslant 0$ 有定义的连续函数 $\rho(s)$，满足 $\rho(0)=0$ 并对于所有的 $s>0$ 有 $\rho(s)>0$，从而使得对于所有的 $s>0$，有

$$r\leqslant\rho(s)\ \Rightarrow\ \delta(s,r)<0$$

鉴于式 (10.26)，如果能够证明存在一个函数 $\chi(\cdot)$ 并完成 $g(\cdot)$ 的定义，使得

$$\|x\|\geqslant\chi(\|u\|)\ \Rightarrow\ g(\|x\|)\|u\|\leqslant\rho(\|x\|)\tag{10.27}$$

成立，则结论得证。

令 $\theta(\cdot)$ 为满足

$$\begin{aligned}\theta(s)&<\rho(s),\qquad &\text{对于 } s\leqslant 2\\ \theta(s)&<s,\qquad &\text{对于 } s\geqslant 2\end{aligned}$$

的任一 $\mathcal{K}_\infty$ 类函数，并设

$$\chi(s)=\theta^{-1}(s)$$

此外，令 $g(\cdot)$ 满足

$$\begin{aligned}g(s)&\leqslant 1,\qquad &\text{对于所有的 } s\\ g(s)&<\frac{\rho(s)}{s},\qquad &\text{对于 } s\geqslant 2\end{aligned}$$

由构造知，函数 $\theta(\cdot)$ 和 $g(\cdot)$ 满足

$$g(s)\theta(s)\leqslant\rho(s),\qquad \text{对于所有的 } s>0$$

现在注意到

$$\|x\|\geqslant\chi(\|u\|)\ \Rightarrow\ \theta(\|x\|)\geqslant\|u\|$$

因此，

$$\|x\|\geqslant\chi(\|u\|)\ \Rightarrow\ g(\|x\|)\|u\|\leqslant g(\|x\|)\theta(\|x\|)\leqslant\rho(\|x\|)$$

这证明式 (10.27) 成立，从而完成了证明。 $\lhd$

输入到状态稳定性概念有许多替代的等价描述，其中最密切相关的一个可如下导出。回想一下 (见注记 10.4.1)，如果对于一个输入 $u(\cdot)\in L_\infty^m$，响应 $x(\cdot)$ 满足一个形如式 (10.17) 的估计式，则系统是输入到状态稳定的。注意到，对于任一 $t\geqslant 0$，有

$$\beta(\|x^\circ\|,t)\leqslant\beta(\|x^\circ\|,0)$$

且 $\beta(\cdot,0)$ 是一个 $\mathcal{K}$ 类函数。于是，利用式 (10.17) 可见，在一个输入到状态稳定的系统中，对于任一输入 $u(\cdot)\in L_\infty^m$，响应 $x(\cdot)$ 是有界的。特别是，对于某一个 $\mathcal{K}$ 类函数 $\gamma_0(\cdot)$ 和使估计式 (10.17) 成立的同一个 $\gamma(\cdot)$，有

$$\|x\|_\infty\leqslant\max\{\gamma_0(\|x^\circ\|),\gamma(\|u(\cdot)\|_\infty)\}\tag{10.28}$$

此外，由于

$$\lim_{t\to\infty}\beta(\|x^\circ\|,t)=0$$

所以在一个输入到状态稳定的系统中，对于任一输入 $u(\cdot)\in L_\infty^m$，响应 $x(t)$ 满足

$$\limsup_{t\to\infty}\|x(t)\|\leqslant\gamma(\|u(\cdot)\|_\infty) \tag{10.29}$$

其中 $\gamma(\cdot)$ 还是使估计式 (10.17) 成立的同一个 $\mathcal{K}$ 类函数。

可对估计式 (10.29) 给出一个替代描述，它只涉及 t 取大值时 $\|u(t)\|$ 的行为。事实上，有如下结论成立。

引理 10.4.4. 性质 (10.29) 等价于性质

$$\limsup_{t\to\infty}\|x(t)\|\leqslant\gamma(\limsup_{t\to\infty}\|u(t)\|) \tag{10.30}$$

证明：由于

$$\gamma(\limsup_{t\to\infty}\|u(t)\|)\leqslant\gamma(\|u(\cdot)\|_\infty)$$

那么，实际上对于同一个 $\gamma(\cdot)$ 函数，式 (10.30) 蕴涵式 (10.29)。反之，假设式 (10.29) 成立，并选取任一 $x^\circ\in\mathbb{R}^n$、任一 $u(\cdot)\in L_\infty^m$ 和 $\varepsilon>0$。令

$$r=\limsup_{t\to\infty}\|u(t)\|$$

令 $h>0$ 满足

$$\gamma(r+h)-\gamma(r)<\varepsilon$$

由 r 的定义，存在 $T>0$，使得对于所有的 $t\geqslant T$ 有 $\|u(t)\|\leqslant r+h$。

以 $\tilde{x}(t)$ 表示系统 (10.15) 由初始状态 $\tilde{x}^\circ=x(T)$ 和输入 $\tilde{u}(\cdot)$ 得到的响应，定义 $\tilde{u}(\cdot)$ 为

$$\tilde{u}(t)=u(t+T)$$

显然，$\tilde{x}=x(t+T)$，其中 $x(\cdot)$ 是对于初始状态 x° 和输入 $u(\cdot)$ 的响应。由 T 的定义有

$$\|\tilde{u}(t)\|\leqslant r+h,\qquad \text{对于所有的 } t\geqslant 0$$

即 $\|\tilde{u}(\cdot)\|_\infty\leqslant r+h$。于是式 (10.29) 意味着

$$\limsup_{t\to\infty}\|x(t)\|=\limsup_{t\to\infty}\|\tilde{x}(t)\|\leqslant\gamma(\|\tilde{u}(\cdot)\|_\infty)\leqslant\gamma(r+h)<\gamma(r)+\varepsilon$$

令 $\varepsilon\to 0$ 可得出式 (10.30)，具有和式 (10.29) 相同的 $\gamma(\cdot)$。 $\triangleleft$

注记 10.4.4. 由此引理的证明推断出，如果式 (10.17) 成立，则式 (10.28) 和式 (10.30) 也成立，具有**同一个**$\mathcal{K}$ 类函数 $\gamma(\cdot)$。特别是，如果已知 $V(x)$ 是系统 (10.15) 的一个 ISS-Lyapunov 函数，则根据注记 10.4.2 可得，对于任一输入 $u(\cdot)\in L_\infty^m$，响应 $x(\cdot)$ 可使估计式 (10.28) 和估计式 (10.30) 成立，增益函数为 $\gamma(\cdot)=\underline{\alpha}^{-1}\circ\overline{\alpha}\circ\chi(\cdot)$。 $\triangleleft$

以上论据表明，如果估计式 (10.17) 成立，则对于同一个 $\mathcal{K}$ 类函数 $\gamma(\cdot)$ 以及 $\mathcal{K}$ 类函数 $\gamma_0(\cdot)=\beta(\cdot,0)$，式 (10.28) 和式 (10.30) 必然成立。然而，事实证明，由这两个不等式表述的性质不仅是输入到状态稳定性性质的导出结果，还是它的等价描述①。

定理 10.4.5. 系统 (10.15) 是输入到状态稳定的，当且仅当存在 $\mathcal{K}$ 类函数 $\gamma_0(\cdot)$ 和 $\gamma(\cdot)$，使得对于任一输入 $u(\cdot)\in L_\infty^m$ 和任一 $x^\circ\in\mathbb{R}^n$，对应于初始状态 $x(0)=x^\circ$ 的响应 $x(t)$ 满足

$$\begin{aligned}\|x(\cdot)\|_\infty &\leqslant \max\{\gamma_0(\|x^\circ\|),\gamma(\|u(\cdot)\|_\infty)\}\\ \limsup_{t\to\infty}\|x(t)\| &\leqslant \gamma(\limsup_{t\to\infty}\|u(t)\|)\end{aligned}$$

注意到，如果式 (10.17) 成立，那么如之前所示，式 (10.28) 和式 (10.29) 也成立，并具有相同的 $\mathcal{K}$ 类函数 $\gamma(\cdot)$。定理 10.4.5 表明，形如式 (10.28) 和式 (10.30) 的估计式得以满足就意味着输入到状态稳定性，即形如式 (10.17) 的估计式成立。然而，要着重强调的是，在这两种情况下函数 $\gamma(\cdot)$ 可能是不同的。例如，在以下例子中可看到这一点。

例 10.4.6. 考虑系统

$$\dot{x}=-\frac{1}{1+u^2}x$$

对于此系统有

$$x(t)=x(0)\exp(-\int_0^t\frac{1}{1+u^2(\tau)}\mathrm{d}\tau)$$

显然，对于任一 $u(\cdot)\in L_\infty$ 和任一 $x(0)$，有

$$|x(t)|\leqslant|x(0)| \qquad 且 \qquad \lim_{t\to\infty}x(t)=0$$

所以式 (10.28) 和式 (10.30) 对于 $\gamma_0(s)=s$ 和 $\gamma(s)=0$ 成立。然而，形如式 (10.17) 的估计式对于 $\gamma(\cdot)=0$ 不成立，因为 $|x(t)|$ 收敛到零的速度随 $\|u(\cdot)\|_\infty$ 增大而减小。

容易看到 $V(x)=x^4$ 是该系统的一个 ISS-Lyapunov 函数。事实上，注意到，对于任一 $\varepsilon>0$，有

$$|x|\geqslant\varepsilon|u| \qquad\Rightarrow\qquad \frac{4\varepsilon^2x^4}{\varepsilon^2+x^2}\leqslant\frac{4x^4}{1+u^2}$$

于是，两个 $\mathcal{K}_\infty$ 类函数

$$\chi(r)=\varepsilon r,\qquad \alpha(r)=\frac{4\varepsilon^2r^4}{\varepsilon^2+r^2}$$

使得以下关系成立：

$$|x|\geqslant\chi(|u|)\qquad\Rightarrow\qquad\frac{\partial V}{\partial x}(-\frac{1}{1+u^2}x)=-\frac{4x^4}{1+u^2}\leqslant-\alpha(|x|)$$

因此，有一个形如式 (10.17) 的估计式成立，其中 $\gamma(\cdot)$ 可由表达式 $\gamma(r)=\underline{\alpha}^{-1}\circ\overline{\alpha}\circ\chi(r)$ 给出。由于可以选取 $\underline{\alpha}(r)=\overline{\alpha}(r)=r^4$，所以得到

$$\gamma(r)=\varepsilon r$$

此处 ε 是一个任意小的（非零）正数。 ◁

① 该结论的证明参见Sontag and Wang (1996)。

10.5 级联系统的输入到状态稳定性

本节讨论在 10.3 节中考虑过的类似问题，这次涉及输入到状态稳定性。更确切地说，将考虑两个输入到状态稳定的子系统的级联，并将证明这个复合系统仍然是输入到状态稳定的。作为分析的第一步，首先讨论输入到状态稳定系统的一个性质，后面在证明本节主要结果时将用到它，其自身也有独立存在的意义。

回想一下，根据在 10.4 节中讨论的结果，特别是根据引理 10.4.2，对于系统

$$\dot{x} = f(x, u)$$

如果存在一个满足不等式 (10.18) 的连续可微函数 $V(x)$、一个 $\mathcal{K}_\infty$ 类函数 $\alpha(\cdot)$ 和一个 $\mathcal{K}$ 类函数 $\sigma(\cdot)$，使得对于所有的 $x \in \mathbb{R}^n$ 和所有的 $u \in \mathbb{R}^m$，有

$$\frac{\partial V}{\partial x} f(x, u) \leqslant -\alpha(\|x\|) + \sigma(\|u\|) \tag{10.31}$$

则称该系统是输入到状态稳定的。

式 (10.31) 的主要意义基本如下。考虑一个有界输入 $u(\cdot)$，令 $\varepsilon > 0$ 为任一实数，设

$$d = \alpha^{-1}(\sigma(\|u(\cdot)\|_\infty) + \varepsilon)$$

且

$$c(d) = \max_{\|x\| \leqslant d} V(x)$$

由定义知 (见注记 10.1.2)，

$$\Omega_{c(d)} \supset \bar{B}_d$$

如果式 (10.31) 成立，则 $V(x(t))$ 的导数在使 $\|x(t)\| \geqslant d$ (因而，特别是在 $\Omega_{c(d)}$ 的边界上) 的每一点 $x(t)$ 处都严格小于零。事实上，在所有这些点处，有

$$\frac{\mathrm{d}V(x(t))}{\mathrm{d}t} \leqslant -\alpha(\|x(t)\|) + \sigma(\|u(t)\|) \leqslant -\alpha(d) + \sigma(\|u(\cdot)\|_\infty) = -\varepsilon$$

这表明，在这个输入下，对于任一轨线 $x(t)$ 都存在一个时间 t_0，使得对于所有的 $t \geqslant t_0$ 有 $V(x(t)) \leqslant c(d)$。换言之，复合 $\mathcal{K}$ 类函数 $\alpha^{-1}(\sigma(\cdot))$ 描述了输入函数的上界 $\|u(\cdot)\|_\infty$ 如何决定了这个（有限的）实数 $c(d)$，以此来保证 $V(x(t))$ 对于适当大的时间 t 有界。

有鉴于此，在建立输入界和状态界之间的关系时，看来只有两个函数 $\alpha^{-1}(\cdot)$ 和 $\sigma(\cdot)$ 的复合才重要。当然，无数其他这样的函数对都可能产生同样的结果。这一发现促使接下来考虑如下问题：对于一个给定的输入到状态稳定系统，构造如 $\alpha(\cdot)$ 和 $\sigma(\cdot)$ 这样的函数对全体，使得对应于每一对函数都有一个形如式 (10.31) 的不等式成立。如果对于函数对 $\{\alpha(\cdot), \sigma(\cdot)\}$ [其中 $\alpha(\cdot)$ 是一个 $\mathcal{K}_\infty$ 类函数，$\sigma(\cdot)$ 是一个 $\mathcal{K}$ 类函数] 和满足估计式 (10.18) 的某一个 C^1 函数 $V(x)$，不等式 (10.31) 对于所有的 $x \in \mathbb{R}^n$ 和所有的 $u \in \mathbb{R}^n$ 都成立，则称这个函数对是系统 (10.15) 的一个**ISS 对** (ISS-pair)。

引理 10.5.1. 假设 $\{\alpha(\cdot), \sigma(\cdot)\}$ 是系统 (10.15) 的一个 ISS 对。

(i) 令 $\tilde{\sigma}(\cdot)$ 为一个 $\mathcal{K}$ 类函数，使得随 $r \to \infty$ 有 $\sigma(r) = \mathcal{O}[\tilde{\sigma}(r)]$。那么，存在一个 $\mathcal{K}_\infty$ 类函数 $\tilde{\alpha}(\cdot)$，使得 $\{\tilde{\alpha}(\cdot), \tilde{\sigma}(\cdot)\}$ 是一个 ISS 对。

(ii) 令 $\tilde{\alpha}(\cdot)$ 为一个 $\mathcal{K}_\infty$ 类函数，使得随 $r \to 0^+$ 有 $\tilde{\alpha}(r) = \mathcal{O}[\alpha(r)]$。那么，存在一个 $\mathcal{K}$ 类函数 $\tilde{\sigma}(\cdot)$，使得 $\{\tilde{\alpha}(\cdot), \tilde{\sigma}(\cdot)\}$ 是一个 ISS 对。

证明: 通过考虑一个形如

$$W(x) = \rho(V(x))$$

的备选 ISS-Lyapunov 函数 $W(x)$ 来证明此定理的两个部分。这里 $\rho(\cdot)$ 是一个 $\mathcal{K}_\infty$ 类函数，以积分形式定义为

$$\rho(s) = \int_0^s q(t)\mathrm{d}t$$

其中 $q(\cdot)$ 是一个光滑函数 $[0,\infty) \to [0,\infty)$，它非减且对于所有的 $t > 0$ 有 $q(t) > 0$(经常将这样的函数全体记为 $\mathcal{SN}$ 类)。对于这个函数，希望得到一个形如式 (10.31) 的不等式。为此，注意到

$$\frac{\partial W}{\partial x} f(x,u) = q[V(x)] \frac{\partial V}{\partial x} f(x,u) \leqslant q[V(x)][-\alpha(\|x\|) + \sigma(\|u\|)] \tag{10.32}$$

设 $\theta(r) = \overline{\alpha}(\alpha^{-1}(2\sigma(r)))$，于是容易看到，式 (10.32) 的小于等于号右边以

$$-\frac{1}{2} q[V(x)]\alpha(\|x\|) + q[\theta\|u\|]\sigma(\|u\|) \tag{10.33}$$

为界。事实上，如果 $\alpha(\|x\|) \geqslant 2\sigma(\|u\|)$，则情况确实如此 [不论 $\theta(\cdot)$ 是什么]。如果 $\alpha(\|x\|) \leqslant 2\sigma(\|u\|)$，那么注意到 $V(x) \leqslant \overline{\alpha}(\|x\|) \leqslant \theta(\|u\|)$，此时式 (10.32) 的小于等于号右边的上界为 $-q[V(x)]\alpha(\|x\|) + q[\theta(\|u\|)]\sigma(\|u\|)$。

式 (10.33) 又以

$$-\frac{1}{2} q[\underline{\alpha}(\|x\|)]\alpha(\|x\|) + q[\theta(\|u\|)]\sigma(\|u\|)$$

为界，因此如果能证明可以找到 $q(\cdot)$ 和 $\tilde{\alpha}(\cdot)$，使得

$$\begin{aligned} q[\underline{\alpha}(s)]\alpha(s) &\geqslant 2\tilde{\alpha}(s) \\ q[\theta(r)]\sigma(r) &\leqslant \tilde{\sigma}(r) \end{aligned} \tag{10.34}$$

则结论 (i) 得证。

不失一般性，假设 $\sigma(\cdot)$ 是一个 $\mathcal{K}_\infty$ 类函数 (如若不然，用一个 $\mathcal{K}_\infty$ 类函数来控制它) 以使 $\theta(\cdot)$ 也是一个 $\mathcal{K}_\infty$ 类函数，并定义

$$\beta(r) = \sigma(\theta^{-1}(r)), \qquad \tilde{\beta}(r) = \tilde{\sigma}(\theta^{-1}(r))$$

这两个函数都是 $\mathcal{K}_\infty$ 类函数，且由于随着 r 趋于无穷有 $\sigma(r) = \mathcal{O}[\tilde{\sigma}(r)]$，所以随着 r 趋于无穷也有 $\beta(r) = \mathcal{O}[\tilde{\beta}(r)]$。利用这一性质容易看到，存在一个 $\mathcal{SN}$ 类函数 $q(\cdot)$，使得对于所有的 $r \in [0,\infty)$，有

$$q(r)\beta(r) \leqslant \tilde{\beta}(r)$$

因而有

$$q[\theta(r)]\sigma(r) \leqslant \tilde{\sigma}(r) \tag{10.35}$$

定义

$$\tilde{\alpha}(s) = \frac{1}{2}q[\underline{\alpha}(s)]\alpha(s) \tag{10.36}$$

因为 $\alpha(\cdot)$ 是 $\mathcal{K}_\infty$ 类函数且 $q(\cdot)$ 是 $\mathcal{SN}$ 类函数，所以 $\tilde{\alpha}(\cdot)$ 是一个 $\mathcal{K}_\infty$ 类函数。式 (10.35) 和式 (10.36) 实际证明了式 (10.34)，这就完成了结论 (i) 的证明。

为证结论 (ii)，需要找到 $q(\cdot)$ 和 $\tilde{\sigma}(\cdot)$ 使得式 (10.34) 成立。为此，定义

$$\beta(r) = \frac{1}{2}\alpha(\underline{\alpha}^{-1}(r)), \qquad \tilde{\beta}(r) = \tilde{\alpha}(\underline{\alpha}^{-1}(r))$$

这两个函数随着 $r \to 0^+$ 满足 $\tilde{\beta}(r) = \mathcal{O}[\beta(r)]$。利用这一性质容易看到，存在一个 $\mathcal{SN}$ 函数 $q(\cdot)$，使得对于所有的 $s \in [0, \infty)$，有

$$\tilde{\beta}(s) \leqslant q(s)\beta(s)$$

于是有

$$-\frac{1}{2}q[\underline{\alpha}(s)]\alpha(s) \leqslant -\tilde{\alpha}(s) \tag{10.37}$$

定义

$$\tilde{\sigma}(r) = q[\theta(r)]\sigma(r) \tag{10.38}$$

它是一个 $\mathcal{K}$ 类函数。式 (10.37) 和式 (10.38) 实际证明了式 (10.34)，从而结论 (ii) 得证。 ◁

作为此结果的一个应用，证明以下性质：两个输入到状态稳定的系统的级联还是输入到状态稳定的。更确切地说，考虑如下形式的系统 (见图 10.2)：

$$\begin{aligned} \dot{x} &= f(x, z) \\ \dot{z} &= g(z, u) \end{aligned} \tag{10.39}$$

其中 $x \in \mathbb{R}^n$，$z \in \mathbb{R}^m$，$f(x, z)$ 和 $g(z, u)$ 都是局部 Lipschitz 的，并且 $f(0, 0) = 0$，$g(0, 0) = 0$。

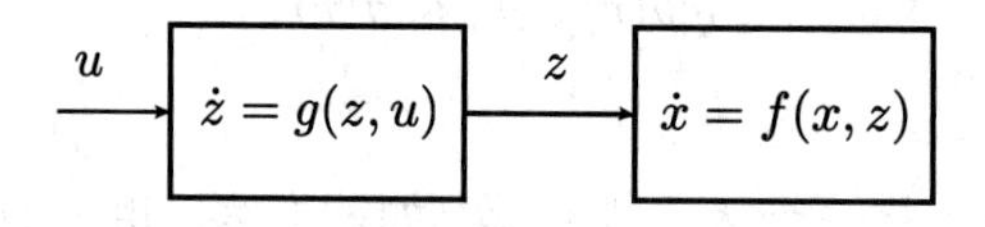

图 10.2　具有输入的级联系统

定理 10.5.2. 将系统

$$\dot{x} = f(x, z) \tag{10.40}$$

视为输入为 z 且状态为 x 的系统。假设该系统是输入到状态稳定的，并且输入为 u 且状态为 z 的系统

$$\dot{z} = g(z, u) \tag{10.41}$$

也是输入到状态稳定的。那么，系统 (10.39) 是输入到状态稳定的。

证明: 根据假设，对于系统 (10.40) 存在一个 ISS 对 $\{\alpha(\cdot),\sigma(\cdot)\}$，并且对于系统 (10.41) 存在一个 ISS 对 $\{\beta(\cdot),\zeta(\cdot)\}$。以如下方式定义一个函数 $\tilde{\beta}(\cdot)$:

$$\tilde{\beta}(s)=\begin{cases}\beta(s), & \text{对于小的 } s\\ \sigma(s), & \text{对于大的 } s\end{cases}$$

于是，由引理 10.5.1 的结论 (ii) 知，存在 $\tilde{\zeta}(\cdot)$，使得 $\{\tilde{\beta}(\cdot),\tilde{\zeta}(\cdot)\}$ 是系统 (10.41) 的一个 ISS 对。同样，定义函数 $\tilde{\sigma}(\cdot)$ 为

$$\tilde{\sigma}(s)=\frac{1}{2}\tilde{\beta}(s)$$

于是，由引理 10.5.1 的结论 (i) 知，存在 $\tilde{\alpha}(\cdot)$，使得 $\{\tilde{\alpha}(\cdot),\frac{1}{2}\tilde{\beta}(\cdot)\}$ 是系统 (10.40) 的一个 ISS 对。

因此，存在正定适常函数 $V(x)$ 和 $U(z)$，使得

$$\frac{\partial V}{\partial x}f(x,z)\leqslant-\tilde{\alpha}(\|x\|)+\frac{1}{2}\tilde{\beta}(\|z\|)$$

$$\frac{\partial U}{\partial x}g(z,u)\leqslant-\tilde{\beta}(\|z\|)+\tilde{\zeta}(\|u\|)$$

复合函数 $W(x,z)=V(x)+U(z)$ 满足

$$\frac{\partial W}{\partial x}f(x,z)+\frac{\partial W}{\partial z}g(z,u)\leqslant-\tilde{\alpha}(\|x\|)-\frac{1}{2}\tilde{\beta}(\|z\|)+\tilde{\zeta}(\|u\|)$$

因此 $W(x,z)$ 是复合系统 (10.39) 的一个 ISS-Lyapunov 函数。 $\triangleleft$

作为此定理的一个直接推论，能够导出一个类似于推论 10.3.3 的结果。

推论 10.5.3. *考虑系统 (10.13)。将系统*

$$\dot{x}=f(x,z)$$

视为输入为 z 且状态为 x 的系统。假设该系统是输入到状态稳定的，且 $z=0$ 是系统

$$\dot{z}=g(z)$$

的全局渐近稳定的平衡态，则系统 (10.13) 的平衡态 $(x,z)=(0,0)$ 是全局渐近稳定的。

证明: 证明驱动系统的输入到状态稳定性很简单，从而由定理 10.5.2 知，级联系统 (10.13) 也是输入到状态稳定的。由于此级联系统没有输入，因此是全局渐近稳定的。 $\triangleleft$

下面是定理 10.5.2 的另一个应用。假设系统

$$\dot{x}=f(x,u)$$

有一个 ISS 对 $\{\alpha(\cdot),\sigma(\cdot)\}$，其中对于某一个整数 $q>0$，有

$$\sigma(r)=\mathcal{O}[r^q],\qquad \text{当 } r\to\infty$$

那么，对于任一 $K>0$，所讨论的系统有一个 ISS 对 $\{\tilde{\alpha}(\cdot),\tilde{\sigma}(\cdot)\}$，其中 $\tilde{\sigma}(r)=Kr^q$。相应地，对于某一个正定适常 C^1 函数 $V(x)$，有

$$\frac{\partial V}{\partial x}f(x,u)\leqslant -\tilde{\alpha}(\|x\|)+K\|u\|^q \tag{10.42}$$

现在假设输入函数 $u\colon[0,\infty)\to\mathbb{R}^m$ 是一个分段连续函数，满足

$$\lim_{T\to\infty}\int_0^T\|u(t)\|^q\mathrm{d}t<\infty$$

对满足上式的函数的集合赋以范数

$$\|u(\cdot)\|_q=\left(\int_0^\infty\|u(t)\|^q\mathrm{d}t\right)^{\frac{1}{q}}$$

并记其为 L_q^m。

在区间 $[0,t]$ 上积分式 (10.42)，可以得到

$$V(x(t))-V(x^\circ)\leqslant K\int_0^t\|u(s)\|^q\mathrm{d}s\leqslant K\int_0^\infty\|u(s)\|^q\mathrm{d}s$$

因此有

$$V(x(t))\leqslant V(x^\circ)+K[\|u(\cdot)\|_q]^q$$

利用估计式 (10.18) 又有

$$\|x(t)\|\leqslant\underline{\alpha}^{-1}\Big(\overline{\alpha}(\|x^\circ\|)+K[\|u(\cdot)\|_q]^q\Big)$$

这表明，对于任一输入 $u(\cdot)\in L_q^m$，以任一 x° 为初始状态的响应 $x(t)$ 对于所有的 $t\geqslant 0$ 都存在，并且其上界是一个依赖于初始状态范数和输入函数范数的量。

10.6　输入到状态稳定系统的“小增益”定理

本节研究**反馈互连** (feedback interconnected) 非线性系统的稳定性。将会看到，输入到状态稳定性性质有助于对一个重要的充分条件给出简单描述，该充分条件能够保证两个全局渐近稳定系统的反馈互连仍然是全局渐近稳定的。

考虑如下反馈互连系统：

$$\begin{aligned}\dot{x}_1&=f_1(x_1,x_2)\\ \dot{x}_2&=f_2(x_1,x_2,u)\end{aligned} \tag{10.43}$$

其中 $x\in\mathbb{R}^{n_1}$，$x_2\in\mathbb{R}^{n_2}$，$u\in\mathbb{R}^m$，且有 $f_1(0,0)=0$，$f_2(0,0,0)=0$ (见图 10.3)。假设式 (10.43) 中的 x_1-子系统是输入到状态稳定的，其状态为 x_1，把 x_2 视为输入。类似地，假设式 (10.43) 中的 x_2-子系统也是输入到状态稳定的，内部状态为 x_2，输入为 x_1 和 u。

鉴于在 10.4 节末尾处讨论的结果，x_1-子系统的输入到状态稳定性假设等价于存在两个 $\mathcal{K}$ 类函数 $\gamma_{01}(\cdot)$，$\gamma_1(\cdot)$，使得对于任何输入 $x_2(\cdot)\in L_\infty^{n_2}$，响应 $x_1(\cdot)$ 对于所有的 $t\geqslant 0$ 满足

$$\|x_1(t)\|\leqslant\max\{\gamma_{01}(\|x_1^\circ\|),\gamma_1(\|x_2(\cdot)\|_\infty)\} \tag{10.44}$$

和

$$\limsup_{t\to\infty}\|x_1(t)\| \leqslant \gamma_1(\limsup_{t\to\infty}\|x_2(t)\|) \tag{10.45}$$

类似地，x_2-子系统的输入到状态稳定性假设等价于存在三个 $\mathcal{K}$ 类函数 $\gamma_{02}(\cdot), \gamma_2(\cdot), \gamma_u(\cdot)$，使得对于任意输入 $x_1(\cdot) \in L_\infty^{n_1}$，$u(\cdot) \in L_\infty^m$，响应 $x_2(\cdot)$ 对于所有的 $t \geqslant 0$ 满足

$$\|x_2(t)\| \leqslant \max\{\gamma_{02}(\|x_2^\circ\|), \gamma_2(\|x_1(\cdot)\|_\infty), \gamma_u(\|u(\cdot)\|_\infty)\} \tag{10.46}$$

和

$$\limsup_{t\to\infty}\|x_2(t)\| \leqslant \max\{\gamma_2(\limsup_{t\to\infty}\|x_1(t)\|), \gamma_u(\limsup_{t\to\infty}\|u(t)\|)\} \tag{10.47}$$

以下将证明，如果复合函数 $\gamma_1 \circ \gamma_2(\cdot)$ 是单纯收缩的，即如果

$$\gamma_1(\gamma_2(r)) < r, \qquad \text{对于所有的 } r > 0 \tag{10.48}$$

则复合系统是输入到状态稳定的。该结果通常称为**小增益** (small-gain) 定理。

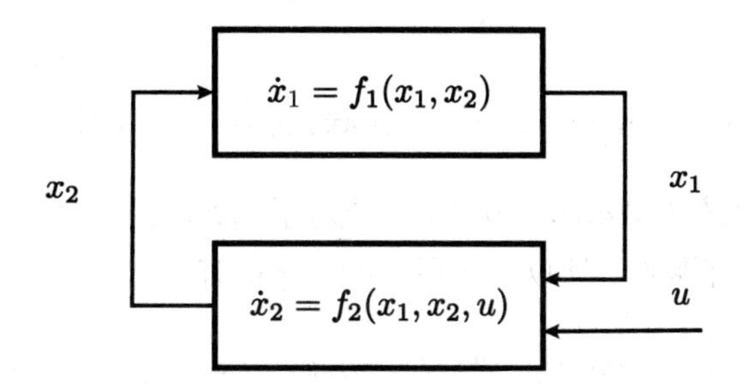

图 10.3 具有输入的反馈连接系统

定理 10.6.1. 如果条件 (10.48) 成立，则系统 (10.43) 是输入到状态稳定的，其中状态为 $x = (x_1, x_2)$，输入为 u。特别是，$\mathcal{K}$ 类函数

$$\begin{aligned}\gamma_0(r) &= \max\{2\gamma_{01}(r), 2\gamma_{02}(r), 2\gamma_1 \circ \gamma_{02}(r), 2\gamma_2 \circ \gamma_{01}(r)\}\\ \gamma(r) &= \max\{2\gamma_1 \circ \gamma_u(r), 2\gamma_u(r)\}\end{aligned}$$

使得响应 $x(t)$ 对于任一输入 $u(\cdot) \in L_\infty^m$ 都是有界的，并且

$$\begin{aligned}\|x(\cdot)\|_\infty &\leqslant \max\{\gamma_0(\|x^\circ\|), \gamma(\|u(\cdot)\|_\infty)\}\\ \limsup_{t\to\infty}\|x(t)\| &\leqslant \gamma(\limsup_{t\to\infty}\|u(t)\|)\end{aligned}$$

证明: 选取 $x_1^\circ \in \mathbb{R}^{n_1}$，$x_2^\circ \in \mathbb{R}^{n_2}$，$u(\cdot) \in L_\infty^m$。首先证明相应轨线 $x_1(t)$ 和 $x_2(t)$ 对于所有的 $t \geqslant 0$ 存在且有界。因为，假若不然，则对于每一个实数 $R > 0$，存在一个时间 $T > 0$，使得轨线在 $[0, T]$ 上有定义，并且

$$\|x_1(T)\| > R \ \text{或者}\ \|x_2(T)\| > R \tag{10.49}$$

选择 R 使得

$$\begin{aligned} R &> \max\{\gamma_{01}(\|x_1^\circ\|), \gamma_1 \circ \gamma_{02}(\|x_2^\circ\|), \gamma_1 \circ \gamma_u(\|u(\cdot)\|_\infty)\} \\ R &> \max\{\gamma_{02}(\|x_2^\circ\|), \gamma_2 \circ \gamma_{01}(\|x_1^\circ\|), \gamma_u(\|u(\cdot)\|_\infty)\} \end{aligned} \tag{10.50}$$

并令 T 满足式 (10.49)。对于 $i=1,2$，定义

$$x_i^T(t) = \begin{cases} x_i(t), & \text{若 } t \in [0,T] \\ 0, & \text{若 } t > T \end{cases}$$

并以 $\tilde{x}_1(t)$ 表示系统 (10.43) 中 x_1-子系统对于初始状态 x_1° 和输入 $x_2^T(\cdot)$ 的响应。由于输入在 $[0,\infty)$ 上是有界的，所以对于所有的 $t \geqslant 0$ 有

$$\|\tilde{x}_1(t)\| \leqslant \max\{\gamma_{01}(\|x_1^\circ\|), \gamma_1(\|x_2^T(\cdot)\|_\infty)\}$$

根据因果性有

$$\tilde{x}_1(t) = x_1(t), \qquad \text{对于所有的 } t \in [0,T]$$

所以可推得

$$\|x_1^T(\cdot)\|_\infty = \max_{t\in[0,T]} \|x_1(t)\| \leqslant \max\{\gamma_{01}(\|x_1^\circ\|), \gamma_1(\|x_2^T(\cdot)\|_\infty)\} \tag{10.51}$$

类似地，以 $\tilde{x}_2(t)$ 表示系统 (10.43) 中 x_2-子系统对于初始状态 x_2° 和输入 $x_1^T(\cdot)$，$u(\cdot)$ 的响应。由于输入在 $[0,\infty)$ 上是有界的，所以对于所有的 $t \geqslant 0$ 有

$$\|\tilde{x}_2(t)\| \leqslant \max\{\gamma_{02}(\|x_2^\circ\|), \gamma_2(\|x_1^T(\cdot)\|_\infty), \gamma_u(\|u(\cdot)\|_\infty)\}$$

由于

$$\tilde{x}_2(t) = x_2(t), \qquad \text{对于所有的 } t \in [0,T]$$

所以又得到

$$\|x_2^T(\cdot)\|_\infty = \max_{t\in[0,T]} \|x_2(t)\| \leqslant \max\{\gamma_{02}(\|x_2^\circ\|), \gamma_2(\|x_1^T(\cdot)\|_\infty), \gamma_u(\|u(\cdot)\|_\infty)\} \tag{10.52}$$

现在看到，如果 $a \leqslant \max\{b, c, \theta(a)\}$ 且 $\theta(a) < a$，则必然有 $\max\{b, c, \theta(a)\} = \max\{b, c\}$。因此，将估计式 (10.52) 代入式 (10.51) 并利用 $\gamma_1 \circ \gamma_2(r) < r$ 的假设，得到

$$\|x_1^T(\cdot)\|_\infty \leqslant \max\{\gamma_{01}(\|x_1^\circ\|), \gamma_1 \circ \gamma_{02}(\|x_2^\circ\|), \gamma_1 \circ \gamma_u(\|u(\cdot)\|_\infty)\}$$

还注意到，如果 $\gamma_1 \circ \gamma_2(\cdot)$ 是单纯收缩的，则 $\gamma_2 \circ \gamma_1(\cdot)$ 也是单纯收缩的。事实上，令 $\gamma_1^{-1}(\cdot)$ 表示函数 $\gamma_1(\cdot)$ 的逆，它定义在形如 $[0, r_1^*)$ 的区间上，此处

$$r_1^* = \lim_{r\to\infty} \gamma_1(r)$$

如果 $\gamma_1 \circ \gamma_2$ 是单纯收缩的，则有

$$\gamma_2(r) < \gamma_1^{-1}(r), \quad \text{对于所有的 } 0 < r < r_1^*$$

这表明

$$\gamma_2(\gamma_1(r)) < r, \quad \text{对于所有的 } r > 0$$

即 $\gamma_2 \circ \gamma_1(\cdot)$ 是单纯收缩的。

因此，和之前完全相同的论据表明

$$\|x_2^T(\cdot)\|_\infty \leqslant \max\{\gamma_{02}(\|x_2^\circ\|), \gamma_2 \circ \gamma_{01}(\|x_1^\circ\|), \gamma_u(\|u(\cdot)\|_\infty)\}$$

特别是，利用式 (10.50) 有

$$\begin{aligned}
\|x_1(T)\| &\leqslant \max\{\gamma_{01}(\|x_1^\circ\|), \gamma_1 \circ \gamma_{02}(\|x_2^\circ\|), \gamma_1 \circ \gamma_u(\|u(\cdot)\|_\infty)\} < R \\
\|x_2(T)\| &\leqslant \max\{\gamma_{02}(\|x_2^\circ\|), \gamma_2 \circ \gamma_{01}(\|x_1^\circ\|), \gamma_u(\|u(\cdot)\|_\infty)\} \qquad < R
\end{aligned}$$

这与假设 (10.49) 相矛盾。

既然已经证明了轨线对于所有的 $t \geqslant 0$ 都是有定义且有界的，则由不等式 (10.44) 和不等式 (10.46) 可得

$$\begin{aligned}
\|x_1(\cdot)\|_\infty &\leqslant \max\{\gamma_{01}(\|x_1^\circ\|), \gamma_1(\|x_2(\cdot)\|_\infty)\} \\
\|x_2(\cdot)\|_\infty &\leqslant \max\{\gamma_{02}(\|x_2^\circ\|), \gamma_2(\|x_1(\cdot)\|_\infty), \gamma_u(\|u(\cdot)\|_\infty)\}
\end{aligned}$$

结合以上两式，并利用 $\gamma_1 \circ \gamma_2(\cdot)$ 的单纯收缩性质，可得

$$\begin{aligned}
\|x_1(\cdot)\|_\infty &\leqslant \max\{\gamma_{01}(\|x_1^\circ\|), \gamma_1 \circ \gamma_{02}(\|x_2^\circ\|), \gamma_1 \circ \gamma_u(\|u(\cdot)\|_\infty)\} \\
\|x_2(\cdot)\|_\infty &\leqslant \max\{\gamma_{02}(\|x_2^\circ\|), \gamma_2 \circ \gamma_{01}(\|x_1^\circ\|), \gamma_u(\|u(\cdot)\|_\infty)\}
\end{aligned}$$

以类似的方法，现在结合式 (10.45) 和式 (10.47) [其中由于 $x_1(\cdot)$ 和 $x_2(\cdot)$ 都有界，所以极限都是有限的] 并利用 $\gamma_1 \circ \gamma_2(\cdot)$ 的单纯收缩性质，得到

$$\begin{aligned}
\limsup_{t\to\infty} \|x_1(t)\| &\leqslant \gamma_1 \circ \gamma_u(\limsup_{t\to\infty} \|u(t)\|) \\
\limsup_{t\to\infty} \|x_2(t)\| &\leqslant \gamma_u(\limsup_{t\to\infty} \|u(t)\|)
\end{aligned} \tag{10.53}$$

由此，注意到

$$\|x(\cdot)\|_\infty \leqslant \max\{2\|x_1(\cdot)\|_\infty, 2\|x_2(\cdot)\|_\infty\}$$

和

$$\limsup_{t\to\infty} \|x(t)\| \leqslant \max\{2\limsup_{t\to\infty} \|x_1(t)\|, 2\limsup_{t\to\infty} \|x_2(t)\|\}$$

则结论得证。 ◁

条件 (10.48) 即复合函数 $\gamma_1 \circ \gamma_2(\cdot)$ 是一个收缩映射，通常称为**小增益条件** (small gain condition)。当然，依赖于如何对函数 $\gamma_1(\cdot)$ 和 $\gamma_2(\cdot)$ 进行估计，这个条件可写成不同的替代形式。例如，如果已知 $V(x_1)$ 是系统 (10.43) 中 x_1-子系统的一个 ISS-Lyapunov 函数，即满足条件

$$\underline{\alpha}_1(\|x_1\|) \leqslant V_1(x_1) \leqslant \overline{\alpha}_1(\|x_1\|)$$

$$\|x_1\| \geqslant \chi_1(\|x_2\|) \;\Rightarrow\; \frac{\partial V_1}{\partial x_1} f_1(x_1, x_2) \leqslant -\alpha(\|x_1\|)$$

那么 (见注记 10.4.4)，对于

$$\gamma_1(r) = \underline{\alpha}_1^{-1} \circ \overline{\alpha}_1 \circ \chi_1(r)$$

有形如式 (10.44) 和式 (10.45) 的估计式成立。

同样，如果函数 $V_2(x_2)$ 满足

$$\underline{\alpha}_2(\|x_2\|) \leqslant V_2(x_2) \leqslant \overline{\alpha}_2(\|x_2\|)$$

$$\|x_2\| \geqslant \max\{\chi_2(\|x_1\|), \chi_u(\|u\|)\} \ \Rightarrow \ \frac{\partial V_2}{\partial x_2} f_2(x_1, x_2, u) \leqslant -\alpha(\|x_2\|)$$

则借助于 10.4 节用过的类似论据，容易推出形如式 (10.46) 和式 (10.47) 的估计式对于

$$\gamma_2(r) = \underline{\alpha}_2^{-1} \circ \overline{\alpha}_2 \circ \chi_2(r)$$

$$\gamma_u(r) = \underline{\alpha}_2^{-1} \circ \overline{\alpha}_2 \circ \chi_u(r)$$

成立。

在这种情况下，小增益条件可写为

$$\underline{\alpha}_1^{-1} \circ \overline{\alpha}_1 \circ \chi_1 \circ \underline{\alpha}_2^{-1} \circ \overline{\alpha}_2 \circ \chi_2(r) < r$$

下面用一个简单的例子来结束本节。

例 10.6.1. 考虑系统

$$\begin{aligned} \dot{x}_1 &= -x_1^3 + x_1 x_2 \\ \dot{x}_2 &= a x_1^2 - x_2 + u \end{aligned} \tag{10.54}$$

其中 a 是一个是实参数，状态为 $(x_1, x_2) \in \mathbb{R}^2$，输入为 u。将此系统视为两个一维子系统的互连，并利用定理 10.6.1 的结论确定是否存在一个 a 值，使得该系统是输入到状态稳定的。

系统 (10.54) 中的 x_1-子系统

$$\dot{x}_1 = -x_1^3 + x_1 x_2$$

可视为以 x_1 为状态，以 x_2 为输入。考虑 ISS-Lyapunov 函数 $V(x_1) = \frac{1}{2}x_1^2$，可以得到

$$\dot{V} = \frac{\partial V}{\partial x_1} f_1(x_1, x_2) \leqslant -|x_1|^4 + |x_1|^4 |x_2|$$

选择任一 $0 < \varepsilon < 1$ 并注意到

$$(1-\varepsilon)|x_1|^2 \geqslant |x_2|$$

这意味着对于 $\mathcal{K}_\infty$ 类函数 $\alpha(r) = \varepsilon r^4$ 有

$$\dot{V} \leqslant -\alpha(|x_1|)$$

因而，不等式 (10.19) 对于

$$\chi(r) = \frac{\sqrt{r}}{\sqrt{1-\varepsilon}}$$

成立。

由于可以取

$$\underline{\alpha}(r) = \overline{\alpha}(r) = \frac{1}{2}r^2$$

因而可推知系统 (10.54) 中的 x_1-子系统是输入到状态稳定的，估计式 (10.44) 和估计式 (10.45) 对于

$$\gamma_1(r) = \frac{\sqrt{r}}{\sqrt{1-\varepsilon}}$$

成立。

对于系统 (10.54) 中的 x_2-子系统

$$\dot{x}_2 = ax_1^2 - x_2 + u$$

将 x_2 作为状态，(x_1, u) 作为输入，仍然考虑一个二次的 ISS-Lyapunov 函数 $V(x_2) = \frac{1}{2}x_2^2$，从而得到

$$\dot{V} = \frac{\partial V}{\partial x_2} f_2(x_1, x_2, u) \leqslant |x_2|(|a||x_1|^2 - |x_2| + ||u)$$

再次选择任一 $0 < \varepsilon < 1$ 并注意到

$$(1-\varepsilon)|x_2| \geqslant |a||x_1|^2 + |u|$$

这意味着对于 $\mathcal{K}_\infty$ 类函数 $\alpha(r) = \varepsilon r^2$ 有

$$\dot{V} \leqslant -\alpha(|x_2|)$$

因而，$\mathcal{K}$ 类函数

$$\chi_2(r) = \frac{2|a|r^2}{1-\varepsilon}, \qquad \chi_u(r) = \frac{2r}{1-\varepsilon}$$

使得

$$|x_2| \geqslant \max\{\chi_2(|x_1|), \chi_u(|u|)\} \quad \Rightarrow \quad \dot{V} \leqslant -\alpha(|x_2|)$$

成立。因此，对于

$$\gamma_2(r) = \frac{2|a|r^2}{1-\varepsilon}, \qquad \chi_u(r) = \frac{2r}{1-\varepsilon}$$

有形如式 (10.46) 和式 (10.47) 的估计式成立。

对于这些估计式，检查小增益条件可以得到

$$\gamma_2(\gamma_1(r)) = \frac{2|a|r}{(1-\varepsilon)^2} < r$$

如果 $|a| < 1/2$，则对于所有的 $r > 0$ 上式都能够满足。 ◁

10.7 耗散系统

10.6 节描述了在一个给定的输入到状态稳定的系统中，输入函数的上界如何决定了相应状态响应的上界，并且描述了如何利用这种刻画来研究多个子系统所构成的互连系统的渐近稳定性。本节和下一节要做的分析与此有些类似，但所处理的情况中系统的输出也被纳入其中。为此，考虑由如下方程组描述的系统：

$$\begin{aligned} \dot{x} &= f(x,u) \\ y &= h(x,u) \end{aligned} \tag{10.55}$$

状态 $x \in \mathbb{R}^n$，输入 $u \in \mathbb{R}^m$，输出 $y \in \mathbb{R}^p$，$f(0,0)=0$，$h(0,0)=0$，并且 $f(x,u)$ 和 $h(x,u)$ 都是局部 Lipschitz 的。对于这样的系统，与输入到状态稳定性概念具有很多相似性的**耗散性** (dissipativity) 概念发挥了作用，其定义实质上是以一个任意的 (因而不必为正的) 关于输入 u 和输出 y 的连续函数 $q(u,y)$ [满足 $q(0,0)=0$] 来替代 $\mathcal{K}$ 类函数 $\sigma(\|u\|)$。通常称这一函数为**供给率** (supply rate)。

定义 10.7.1. 如果存在一个 C^1 函数 $V(x)$，对于所有的 $x \in \mathbb{R}^n$ 和 $\mathcal{K}_\infty$ 类函数 $\underline{\alpha}(\cdot)$，$\overline{\alpha}(\cdot)$ 满足

$$\underline{\alpha}(\|x\|) \leqslant V(x) \leqslant \overline{\alpha}(\|x\|) \tag{10.56}$$

使得对于所有的 $x \in \mathbb{R}^n$，$u \in \mathbb{R}^m$ 和所有的 $y = h(x,u)$，有

$$\frac{\partial V}{\partial x} f(x,u) \leqslant q(u,y) \tag{10.57}$$

则称系统 (10.55) 相对于供给率 $q(u,y)$ 是耗散的。

如果对于某一个 $\mathcal{K}_\infty$ 类函数 $\alpha(\cdot)$ 而非不等式 (10.57)，有

$$\frac{\partial V}{\partial x} f(x,u) \leqslant -\alpha(\|x\|) + q(u,y) \tag{10.58}$$

成立，则称该系统为严格耗散的。

满足式 (10.56) 并使式 (10.57) 或式 (10.58) 成立的函数 $V(x)$ 称为系统 (10.55) 的一个**存储函数** (storage function)。式 (10.57) 和式 (10.58) 称为耗散不等式。

为方便起见，也针对**无记忆系统** (memoryless system) 定义耗散性概念，此时系统的形式是一个输入-输出映射

$$y = \varphi(u) \tag{10.59}$$

其中 $\varphi\colon \mathbb{R}^m \to \mathbb{R}^p$ 是连续的且 $\varphi(0)=0$。

定义 10.7.2. 如果系统 (10.59) 对于所有的 $u \in \mathbb{R}^m$ 和所有的 $y = \varphi(u)$，有

$$q(u,y) \geqslant 0$$

则称该系统相对于供给率 $q(u,y)$ 是耗散的。

当然，一个具有 ISS 对 $\{\alpha(\cdot),\sigma(\cdot)\}$ 的输入到状态稳定的系统相对于供给率

$$q(u,y)=\sigma(\|u\|)$$

是严格耗散的。反之，如果一个系统相对于供给率 $q(u,y)$ 是严格耗散的，其中 $q(u,y)$ 对于某一个 $\mathcal{K}$ 类函数 $\sigma(\cdot)$ 满足

$$q(u,y)\leqslant\sigma(\|u\|),\qquad \text{对于所有的 } u\in\mathbb{R}^m, y\in\mathbb{R}^p$$

则该系统是输入到状态稳定的。

如果一个系统相对于供给率 $q(u,y)$ 是严格耗散的，其中 $q(u,y)$ 满足

$$q(0,y)\leqslant 0,\qquad \text{对于所有的 } y\in\mathbb{R}^p \tag{10.60}$$

则该系统是全局渐近稳定的，事实上以 $V(x)$ 为 Lyapunov 函数。

如果一个系统相对于供给率 (10.60) 只是耗散的 (可能并非严格耗散的)，则 $V(x)$ 仅保证

$$\frac{\partial V}{\partial x}f(x,0)\leqslant 0$$

因而仅可保证所考虑的系统是 Lyapunov 意义下稳定的，不一定是全局渐近稳定的。如果式 (10.60) 在更强的意义下得到满足，即

$$q(0,y)<0,\qquad \text{对于所有的 } y\neq 0 \tag{10.61}$$

且系统具有如下的**零状态可检测性** (zero-state detectability)，则全局渐近稳定性成立。

定义 10.7.3. 假设存在 x° 使得 $\dot{x}=f(x,0)$ 满足 $x^\circ(0)=x^\circ$ 的解 $x^\circ(t)$ 对于所有的 $t\geqslant 0$ 都有定义。如果对于所有的 $t\geqslant 0$，由条件 $h(x^\circ(t),0)=0$ 可推出 $\lim_{t\to\infty}x^\circ(t)=0$，则称系统 (10.55) 是零状态可检测的。

注记 10.7.1. 换言之，一个系统每当输入在区间 $[0,\infty)$ 上恒等于零时，如果对于所有的 $t\in[0,\infty)$ 都有定义且使得相应的输出在 $[0,\infty)$ 上恒为零的任一状态轨线，随着 t 趋于无穷而收敛到零，则系统是零状态可检测的。 $\triangleleft$

下面讨论这一性质为什么对于供给率满足式 (10.61) 的耗散系统意味着全局渐近稳定性。首先注意到，

$$\frac{\partial V}{\partial x}f(x,0)\leqslant q(0,y)\leqslant 0 \tag{10.62}$$

因此，$V(x(t))$ 是非增的。由于 $V(x)$ 是正定适常的，所以这意味着所有的轨线都是有界的。设

$$V_\infty=\lim_{t\to\infty}V(x(t))$$

利用常规的论据，选取任一轨迹 $x(t)$ 并以 $\mathit{\Gamma}$ 表示其 ω-极限集。由于该轨线有界，所以其 ω-极限集是非空、紧致且不变的。根据 ω-极限集的定义，在每一点 $x\in\mathit{\Gamma}$ 处都有 $V(x)=V_\infty$。由

于 Γ 在 $\dot{x} = f(x,0)$ 下是不变的，所以 $\dot{x} = f(x,0)$ 始于初始条件 $x^\circ \in \Gamma$ 的任一轨线 $x^\circ(t)$ 都使 $V(x^\circ(t))$ 恒等于 V_∞，从而由式 (10.62) 有

$$0 \leqslant q(0, h(x^\circ(t), 0)) \leqslant 0$$

因为式 (10.61)，可知对于所有的 $t \geqslant 0$ 必然有 $h(x^\circ(t), 0) = 0$。利用零状态可检测性可得 $\lim_{t\to\infty} x^\circ(t) = 0$，从而又有 $V_\infty = 0$。由于 $V(x)$ 连续且只在 $x = 0$ 处为零，这就证明了轨线 $x(t)$ 随着 $t \to \infty$ 也趋于零。

除了输入到状态稳定的系统，还有其他密切相关的耗散系统。其中之一就是所谓的**有限 L_q 增益系统** (finite L_q gain system)，定义如下。

定义 10.7.4. 对于某一个 $K > 0$ 和某一个 $L > 0$，如果一个系统相对于供给率

$$q(u, y) = K\|u\|^q - L\|y\|^q \tag{10.63}$$

是耗散的，则称其具有有限 L_q 增益。

注意到，在一个有限 L_q 增益系统中，供给率满足式 (10.61)。因此，如果一个有限 L_q 增益系统是零状态可检测的，则它是全局渐近稳定的。

术语“有限 L_q 增益”与下列性质有关。首先注意到，如果一个系统对形如式 (10.63) 的供给率是耗散的，则它相对于供给率

$$\tilde{q}(u, y) = \gamma^q\|u\|^q - \|y\|^q \tag{10.64}$$

也是耗散的。事实上可立即看到，如果对于供给率 (10.63)，$V(x)$ 满足耗散不等式 (10.57)，则对于

$$\tilde{V}(x) = \frac{1}{L}V(x), \qquad \gamma^q = \frac{K}{L}$$

有不等式

$$\frac{\partial \tilde{V}}{\partial x} f(x, u) \leqslant \gamma^q\|u\|^q - \|y\|^q \tag{10.65}$$

成立，这表明该系统相对于形如式 (10.64) 的供给率是耗散的。

在区间 $[0, T]$ 上积分不等式 (10.65) 可得 (也见 10.5 节末尾)，对于任一 $u(\cdot) \in L_q^m$ 和任一初始状态 x°，有

$$\begin{aligned} V(x(T)) &\leqslant V(x^\circ) + \gamma^q \int_0^T \|u(t)\|^q \mathrm{d}t - \int_0^T \|y(t)\|^q \mathrm{d}t \\ &\leqslant V(x^\circ) + \gamma^q \int_0^\infty \|u(t)\|^q \mathrm{d}t \end{aligned}$$

由此可得该系统的响应 $x(t)$ 对于所有的 $t \in [0, \infty)$ 都有定义且有界。现在，假设 $x^\circ = 0$ 并注意到，对于任一 $T > 0$ 由上式可得

$$V(x(T)) \leqslant \gamma^q \int_0^T \|u(t)\|^q \mathrm{d}t - \int_0^T \|y(t)\|^q \mathrm{d}t$$

由于 $V(x(T)) \geqslant 0$，所以对于任一 $T > 0$ 可推知

$$\int_0^T \|y(t)\|^q \mathrm{d}t \leqslant \gamma^q \int_0^T \|u(t)\|^q \mathrm{d}t \leqslant \gamma^q \Big[\|u(\cdot)\|_q\Big]^q$$

因此

$$\left[\|y(\cdot)\|_q\right]^q \leqslant \gamma^q \left[\|u(\cdot)\|_q\right]^q$$

即

$$\|y(\cdot)\|_q \leqslant \gamma \|u(\cdot)\|_q$$

换言之，对于任一 $u(\cdot) \in L_q^m$，该系统始于 $x(0) = 0$ 的响应对于所有的 $t \geqslant 0$ 都有定义，产生的输出 $y(\cdot)$ 是 L_q^p 中的一个函数，并且输出的 L_q 范数和输入的 L_q 范数之间的比率以 γ 为界。出于这个原因，称该系统有一个有限的 L_q 增益，以数 γ 为上界。

$q = 2$ 的情况有特殊意义，因为 L_2^m 和 L_2^p 中的函数代表在无限时间区间 $[0, \infty)$ 上具有有限能量的信号，因此耗散不等式 (10.65) 中的数 γ 可解释为输出能量和输入能量之间的比率。此外，还有不必要求输入具有有限能量的另一种解释。假设输入是一个周期为 T 的时间周期函数，即对于某一个定义在 $[0, T)$ 上的分段连续函数 $u^\circ(t)$，有

$$u(t + kT) = u^\circ(t), \qquad \text{对于所有的 } t \in [0, T), k \geqslant 0$$

还假设，对于某一个适当的初始状态 $x(0) = x^\circ$，系统的状态响应 $x^\circ(t)$ 对于所有的 $t \in [0, T]$ 都有定义并满足

$$x^\circ(T) = x^\circ$$

于是，$x^\circ(t)$ 显然对于所有的 $t \geqslant 0$ 都存在，并且是一个与输入具有同样周期的周期函数，即

$$x^\circ(t + kT) = x^\circ(t), \qquad \text{对于所有的 } t \in [0, T), k \geqslant 0$$

从而相应的输出响应 $y(t) = h(x^\circ(t), u(t))$ 也是具有同样周期的周期函数。

对于这样定义的三元组 $\{u(t), x^\circ(t), y(t)\}$，对于任意的 $t_0 \geqslant 0$，在区间 $[t_0, t + T]$ 上积分不等式 (10.65)(其中 $q = 2$)，可以得到

$$V(x^\circ(t_0 + T)) - V(x^\circ(t_0)) \leqslant \gamma^2 \int_{t_0}^{t_0+T} \|u(s)\|^2 \mathrm{d}s - \int_{t_0}^{t_0+T} \|y(s)\|^2 \mathrm{d}s$$

由于 $V(x^\circ(t_0 + T)) = V(x^\circ(t_0))$，所以有

$$\int_{t_0}^{t_0+T} \|y(s)\|^2 \mathrm{d}s \leqslant \gamma^2 \int_{t_0}^{t_0+T} \|u(s)\|^2 \mathrm{d}s \tag{10.66}$$

注意，这个不等式两边的积分都与 t_0 无关，因为积分项是周期为 T 的周期函数，并回想到任一（有可能是向量值的）周期函数 $f(t)$ 的**均方根** (root mean square) 值 [通常简写为 r.m.s.，描述了信号 $f(t)$ 的平均功率] 定义为

$$\|f(\cdot)\|_{\text{r.m.s.}} = \left(\frac{1}{T} \int_{t_0}^{t_0+T} \|f(s)\|^2 \mathrm{d}s\right)^{\frac{1}{2}}$$

考虑到这一点，由式 (10.66) 得到

$$\|y(\cdot)\|_{\text{r.m.s.}} \leqslant \gamma \|u(\cdot)\|_{\text{r.m.s.}} \tag{10.67}$$

换言之，在一个有限 L_2 增益系统中，当一个周期输入产生 (始于适当的初始状态) 一个周期的 (状态和输出) 响应时，则 [在耗散不等式 (10.65) 中出现的] 数 γ 恰好也是输出均方根值与输入均方根值之间比率的一个上界。

因此可得结论，在一个满足形如

$$\frac{\partial V}{\partial x}f(x,u)\leqslant\gamma^2\|u\|^2-\|y\|^2$$

的耗散不等式的系统中，可对数 γ 给出两种解释。如果输入表示在无限区间 $[0,\infty)$ 上的一个能量有限信号，则始于初始状态 $x(0)=0$ 的相应输出是一个在区间 $[0,\infty)$ 上的能量有限函数，并且输出能量与输入能量之间的比率上界为 γ。另一方面，如果输入是一个周期函数，它从适当的初始状态 $x(0)=x^\circ$ 产生了一个周期的状态和输出响应，则数 γ 给出了输出平均功率和输入平均功率之间比率的一个上界。

例 10.7.1. 作为对 γ 的含义的解释，假设一个形如式 (10.55) 的系统是严格耗散的，供给率为

$$q(u,y)=\gamma^2\|u\|^2-\|y\|^2\tag{10.68}$$

由定义知，此系统是全局渐近稳定的，且具有有限 L_2 增益。

另外，假设对于某一个 $\delta>0$，$a>0$，$b>0$，刻画估计式 (10.56) 和耗散不等式 (10.58) 的函数 $\underline{\alpha}(\cdot)$ 和 $\alpha(\cdot)$ 对于所有的 $s\in[0,\delta]$ 为

$$\underline{\alpha}(s)=as^2,\qquad\alpha(s)=bs^2\tag{10.69}$$

那么，该系统的平衡态 $x=0$ 也是局部指数稳定的 (见引理 10.1.5)。

令输入是一个关于时间的正弦函数，周期 $T=2\pi/\omega_0$，比如

$$\tilde{u}(t)=Uu_0\cos(\omega_0 t)\tag{10.70}$$

其中 $U>0$ 且 $u_0\in\mathbb{R}^m$ 具有单位范数。考虑到在 8.1 节中讨论的结果，很容易认识到，如果 U 足够小，并且初始状态设置得当，则系统表现出的响应是一个周期为 T 的周期函数。事实上，可将如此定义的输入视为由一个形如式 (8.2) 的自治系统生成，其中 $w\in\mathbb{R}^2$，

$$s(w)=\begin{pmatrix}0&\omega_0\\-\omega_0&0\end{pmatrix}w$$

$$p(w)=u_0(1\quad 0)w$$

初始状态为

$$w(0)=\begin{pmatrix}1\\0\end{pmatrix}U$$

由于此系统是中性稳定的，且 $\dot{x}=f(x,0)$ 的平衡态 $x=0$ 是局部指数稳定的，所以命题 8.1.1 的假设条件得以满足，从而存在一个映射 $x=\pi(w)$，它在 $\mathbb{R}^2$ 中原点的一个邻域 W° 内有定义，满足 $\pi(0)=0$，并且有

$$\frac{\partial\pi}{\partial w}s(w)=f(\pi(w),p(w))\tag{10.71}$$

如果 U 充分小，则对于所有的 $t \geqslant 0$ 有 $w(t) \in W^\circ$，并且系统 (10.55) 以初始状态

$$x^\circ(0) = \pi(\begin{pmatrix} 1 \\ 0 \end{pmatrix} U) \tag{10.72}$$

产生的响应由

$$x^\circ(t) = \pi(w(t)) \tag{10.73}$$

给出，这实际上是一个周期函数 (周期为 T)。事实上，上式正是该系统对于输入 (10.70) 的稳态响应表达式。

因此，考虑到上面给出的解释，可以得到结论，对于任一充分小的 U，以式 (10.72) 为初始状态的系统 (10.55) 对于输入 (10.70) 的 (输出) 响应 $\tilde{y}(t)$ 满足

$$\|\tilde{y}(\cdot)\|_{\mathrm{r.m.s.}} \leqslant \gamma \|\tilde{u}(\cdot)\|_{\mathrm{r.m.s.}} \qquad \lhd$$

另一类密切相关的耗散系统是所谓的“**无源系统** (passive system)”，其定义如下。

定义 10.7.5. 如果一个系统 (其中 $m = p$) 相对于供给率

$$q(u, y) = y^{\mathrm{T}} u \tag{10.74}$$

是耗散的 (或严格耗散的)，则称该系统为无源 (或严格无源) 系统。如果一个系统相对于供给率

$$q(u, y) = y^{\mathrm{T}} u - \varepsilon \|y\|^2, \qquad \text{对于某一个 } \varepsilon > 0 \tag{10.75}$$

是耗散的，则称该系统为输出严格无源系统。

注意，无源系统的供给率满足式 (10.60)，输出严格无源系统的供给率满足式 (10.61)。因此，严格无源系统是全局渐近稳定的，并且如果零状态可检测，则输出严格无源系统是全局渐近稳定的。

同样容易看到，输出严格无源系统一定是有限 L_2 增益系统。事实上，注意到，对于任一 $\delta > 0$ 有

$$y^{\mathrm{T}} u \leqslant \|y\| \cdot \|u\| \leqslant \frac{1}{2\delta}\|u\|^2 + \frac{\delta}{2}\|y\|^2$$

假设一个系统是严格无源的，供给率为式 (10.75)，选择 $\delta = \varepsilon$ 以得到

$$q(u, y) \leqslant \frac{1}{2\varepsilon}\|u\|^2 - \frac{\varepsilon}{2}\|y\|^2$$

因而，该系统相对于供给率

$$\tilde{q}(u, y) = \frac{1}{2\varepsilon}\|u\|^2 - \frac{\varepsilon}{2}\|y\|^2$$

是耗散的，因此也相对于形如式 (10.68) 的供给率 (取 $\gamma = \varepsilon^{-1}$) 耗散。

注意到，对于一个严格无源系统来说，存在一个正定适常 C^1 函数 $V(x)$，对于某一个 $\mathcal{K}_\infty$ 类函数 $\alpha(\cdot)$ 满足

$$\frac{\partial V}{\partial x} f(x, u) - y^{\mathrm{T}} u \leqslant -\alpha(\|x\|)$$

即使 $V(x)$ 沿轨线的导数与供给率 $y^{\mathrm{T}}u$ 之间的差值以一个 (关于任一非零 x 的) 负函数为上界。此概念的一个更弱形式是输出严格无源性，其中上界被一个仅关于 x 和 u 的非正函数，$-\varepsilon\|h(x,u)\|^2$ 所替换。为完整起见，下面回顾此概念的另一种形式，其中所讨论的界限仍然是一个关于 x 和 u 的非正函数，但不一定与输出的范数平方成比例。

定义 10.7.6. 对于形如式 (10.55) 的系统 (其中 $m=p$)，如果存在一个正定适常的 C^1 函数 $V(x)$ 和一个定义在 $\mathbb{R}^n\times\mathbb{R}^m$ 上，满足

$$d(0,0)=0;\qquad d(x,u)\geqslant 0,\ \text{对于所有的}\ (x,u)\in\mathbb{R}^n\times\mathbb{R}^m$$

的连续函数 $d(x,u)$，使得对于所有的 $x\in\mathbb{R}^n$，$u\in\mathbb{R}^m$ 有

$$\frac{\partial V}{\partial x}f(x,u)\leqslant -d(x,u)+y^{\mathrm{T}}u \tag{10.76}$$

此外，若还存在 x° 和 $u^\circ(\cdot)$，使得 $\dot{x}=f(x,u^\circ)$ 满足 $x^\circ(0)=x^\circ$ 的解 $x(t)$ 对于所有的 $t\geqslant 0$ 都有定义，并且

$$d(x^\circ(t),u^\circ(t))=0,\ \text{对于所有的}\ t\geqslant 0\quad\Rightarrow\quad\lim_{t\to\infty}x^\circ(t)=0$$

则称该系统为弱严格无源系统。

注记 10.7.2. 显然，在上述定义下，任何严格无源系统也是弱严格无源的。假设存在 x° 和 $u^\circ(\cdot)$，使得 $\dot{x}=f(x,u^\circ)$ 满足 $x^\circ(0)=x^\circ$ 的解 $x(t)$ 对于所有的 $t\geqslant 0$ 都有定义，并且

$$y(t)=0,\ \text{对于所有的}\ t\geqslant 0\quad\Rightarrow\quad\lim_{t\to\infty}x^\circ(t)=0$$

则一个输出严格无源系统是弱严格无源的。

同样容易看到，一个弱严格无源系统在 $x=0$ 处有一个全局渐近稳定的平衡态。事实上，由定义，该系统的存储函数 $V(x)$ 满足

$$\frac{\partial V}{\partial x}f(x,0)\leqslant -d(x,0)\leqslant 0$$

如前所述，这意味着所有的轨线有界。以 $\varGamma$ 表示任一轨线 $x(t)$ 的 ω-极限集，并回想一下，对于每一点 $x\in\varGamma$，$V(x)=V_\infty=\lim_{t\to\infty}V(x(t))$。由于 $\varGamma$ 在 $\dot{x}=f(x,0)$ 下是不变的，所以 $\dot{x}=f(x,0)$ 以 $x^\circ\in\varGamma$ 为初始点的任一轨线 $x^\circ(t)$ 使 $V(x^\circ(t))$ 恒等于 V_∞，从而由之前的不等式得到

$$d(x^\circ(t),0)=0$$

因此，$x^\circ(t)$ 随着 t 趋于无穷一定收敛到零。这表明 $V_\infty=0$，从而证明 $x(t)$ 随着 t 趋于无穷而趋于零。 $\lhd$

第三类密切相关的耗散系统是所谓的**扇区有界系统** (sector bounded system)。

定义 10.7.7. 如果一个系统 (其中 $m=p$) 对于某对实数 $a\leqslant b$ 和供给率

$$q(u,y)=(y-au)^{\mathrm{T}}(bu-y) \tag{10.77}$$

是耗散的，则称该系统为扇区有界系统。

注记 10.7.3. 对于形如映射 (10.59) 的一个单输入单输出无记忆系统模型，称该系统相对于形如式 (10.77) 的供给率是耗散的，意为

$$(\varphi(u)-au)(bu-\varphi(u))\geqslant 0, \qquad \text{对于所有的 } u\in\mathbb{R}$$

上式等价于

$$a\leqslant\frac{\varphi(u)}{u}\leqslant b$$

此即称一个相对于供给率 (10.77) 的耗散系统为“扇区有界系统”的原因。 $\triangleleft$

注意到，形如式 (10.68)、式 (10.74)、式 (10.75) 和式 (10.77) 的供给率都是关于 u 和 y 的**二次型** (quadratic form)，即函数

$$q(u,y)=(u^{\mathrm{T}}\quad y^{\mathrm{T}})\begin{pmatrix}R & S^{\mathrm{T}}\\ S & Q\end{pmatrix}\begin{pmatrix}u\\ y\end{pmatrix}=u^{\mathrm{T}}Ru+2y^{\mathrm{T}}Su+y^{\mathrm{T}}Qy \tag{10.78}$$

的特殊情况，其中 R,Q 都是对称矩阵。事实上，有限 L_2 增益系统相应于

$$R=\gamma^2 I,\quad S=0,\quad Q=-I$$

无源系统相应于

$$R=0,\quad S=\frac{1}{2}I,\quad Q=0$$

输出严格无源系统相应于

$$R=0,\quad S=\frac{1}{2}I,\quad Q=-\varepsilon I$$

扇区有界系统相应于

$$R=-abI,\quad S=\frac{1}{2}(a+b)I,\quad Q=-I$$

如果一个系统相对于一个二次供给率是耗散的，且系统 (10.55) 的右端函数 $f(x,u)$ 和 $h(x,u)$ 都是关于 u 的**仿射形式** (affine form)，则可给出耗散不等式 (10.57) 的一个更明确的描述。更确切地说，考虑如下形式的非线性系统：

$$\begin{aligned}\dot{x}&=f(x)+g(x)u\\ y&=h(x)+k(x)u\end{aligned} \tag{10.79}$$

其中 $f(0)=0$ 且 $h(0)=0$。

如果相对于一个给定的供给率 $q(u,y)$，存在一个正定适常的 C^1 函数 $V(x)$，对于所有的 $x\in\mathbb{R}^n$ 和 $u\in\mathbb{R}^m$，满足

$$\frac{\partial V}{\partial x}[f(x)+g(x)u]-q(u,h(x)+k(x)u)\leqslant 0 \tag{10.80}$$

则此系统相对于该供给率是耗散的。如果 $q(u,y)$ 是形如式 (10.78) 的供给率，则式 (10.80) 小于等于号的左端可视为一个关于 u 的系数依赖于 x 的（完全）二次型，事实上它等于

$$\begin{aligned}&\frac{\partial V}{\partial x}f(x)-h^{\mathrm{T}}(x)Qh(x)+[\frac{\partial V}{\partial x}g(x)-2h^{\mathrm{T}}(x)(Qk(x)+S)]u\\ &+u^{\mathrm{T}}[-R-k^{\mathrm{T}}(x)S-S^{\mathrm{T}}k(x)-k^{\mathrm{T}}(x)Qk(x)]u\end{aligned} \tag{10.81}$$

因此，输入仿射系统 (10.79) 相对于供给率 (10.78) 是耗散的，当且仅当存在一个正定适常的 C^1 函数 $V(x)$，使得对每一 x，式 (10.81) 都是关于 u 的半负定形式。这个发现产生了如下的耗散性判据。

命题 10.7.1. 系统 (10.79) 相对于供给率 (10.78) 是耗散的，当且仅当

(i) 对称矩阵

$$W(x) = R + k^{\mathrm{T}}(x)S + S^{\mathrm{T}}k(x) + k^{\mathrm{T}}(x)Qk(x)$$

对于所有的 $x \in \mathbb{R}^n$ 是半正定的；

(ii) 存在一个正定适常的 C^1 函数 $V(x)$，使得对于所有的 $x \in \mathbb{R}^n$，集合

$$\mathcal{U}(x) = \{u \in \mathbb{R}^m \colon W(x)u = \frac{1}{2}[\frac{\partial V}{\partial x}g(x) - 2h^{\mathrm{T}}(x)(Qk(x) + S)]^{\mathrm{T}}\}$$

是非空的，并且对于所有的 $u \in \mathcal{U}(x)$，有

$$\frac{\partial V}{\partial x}f(x) - h^{\mathrm{T}}(x)Qh(x) + u^{\mathrm{T}}W(x)u \leqslant 0 \tag{10.82}$$

证明: 设

$$A(x) = \frac{\partial V}{\partial x}f(x) - h^{\mathrm{T}}(x)Qh(x)$$

$$B(x) = \frac{\partial V}{\partial x}g(x) - 2h^{\mathrm{T}}(x)(Qk(x) + S)$$

鉴于上述讨论，系统 (10.79) 相对于供给率 (10.78) 是耗散的，当且仅当对于某一个 $V(x)$，在每一给定的 $x \in \mathbb{R}^n$ 处，

$$A(x) + B(x)u - u^{\mathrm{T}}W(x)u \tag{10.83}$$

都是 u 的半负定函数。为证明必要性，注意到，如果式 (10.83) 是半负定的，则必然有 $W(x)$ 是半正定的，即条件 (i) 成立。而且，使 $W(x)u = 0$ 的任一 u 一定满足 $B(x)u = 0$，这表明向量 $B^{\mathrm{T}}(x)$ 位于矩阵 $W(x)$ 的值域。因此，集合 $\mathcal{U}(x)$ 非空。式 (10.83) 在任一 $u \in \mathcal{U}(x)$ 处取值为

$$A(x) + u^{\mathrm{T}}W(x)u$$

由于后者必定是一个非正数，这就完成了条件 (ii) 的必要性证明。

至于充分性，令 x 给定，例如取 $x = \bar{x}$。选取任一 $\bar{u} \in \mathcal{U}(\bar{x})$，使得 $B(\bar{x}) = 2\bar{u}^{\mathrm{T}}W(\bar{x})$，则由标准的配方法可得，对于所有的 $u \in \mathbb{R}^m$，有

$$\begin{aligned} A(\bar{x}) + B(\bar{x})u - u^{\mathrm{T}}W(\bar{x})u &= A(\bar{x}) + 2\bar{u}^{\mathrm{T}}W(\bar{x})u - u^{\mathrm{T}}W(\bar{x})u \\ &= A(\bar{x}) + \bar{u}^{\mathrm{T}}W(\bar{x})\bar{u} - (u - \bar{u})^{\mathrm{T}}W(\bar{x})(u - \bar{u}) \end{aligned}$$

上式是非正的，因为由假设 (i) 知 $W(\bar{x})$ 是半正定的，并且由假设 (ii) 有

$$A(\bar{x}) + \bar{u}^{\mathrm{T}}W(\bar{x})\bar{u} \leqslant 0$$

由于 $\bar{x}$ 是 $\mathbb{R}^n$ 中任意一点，这就完成了充分性的证明。 $\triangleleft$

注记 10.7.4. 注意，对于严格耗散性质可以给出一个非常类似的描述。读者很容易检验，系统 (10.79) 相对于供给率 (10.78) 是严格耗散的，当且仅当命题 10.7.1 的条件 (i) 和条件 (ii) 在以

$$\frac{\partial V}{\partial x}f(x) - h^{\mathrm{T}}(x)Qh(x) + u^{\mathrm{T}}W(x)u \leqslant -\alpha(\|x\|)$$

替换式 (10.82) 时成立，其中 $\alpha(\cdot)$ 是一个 $\mathcal{K}_\infty$ 类函数。 ◁

命题 10.7.1 给出的判据在两种极端情况下有更为简单的形式，一种情况是 $W(x)$ 对于所有的 x 都非奇异，另一种情况是 $W(x)$ 对于所有的 x 都恒等于零。

推论 10.7.2. 考虑系统 (10.79) 并设供给率 (10.78) 给定。假设 $W(x)$ 对于所有的 x 非奇异，则该系统是耗散的，当且仅当 $W(x)$ 是正定的，并且存在一个正定适常的 C^1 函数 $V(x)$，使得对于所有的 $x \in \mathbb{R}^n$ 有

$$\begin{aligned}&\frac{\partial V}{\partial x}f(x) - h^{\mathrm{T}}(x)Qh(x) + \frac{1}{4}[\frac{\partial V}{\partial x}g(x) - 2h^{\mathrm{T}}(x)(Qk(x)+S)]\cdot\\&\qquad W^{-1}(x)[\frac{\partial V}{\partial x}g(x) - 2h^{\mathrm{T}}(x)(Qk(x)+S)]^{\mathrm{T}} \leqslant 0\end{aligned} \tag{10.84}$$

假设对于所有的 x 有 $W(x) = 0$，则该系统是耗散的，当且仅当存在一个正定适常的 C^1 函数 $V(x)$，使得对于所有的 $x \in \mathbb{R}^n$，有

$$\frac{\partial V}{\partial x}g(x) - 2h^{\mathrm{T}}(x)(Qk(x)+S) = 0 \tag{10.85}$$

和

$$\frac{\partial V}{\partial x}f(x) - h^{\mathrm{T}}(x)Qh(x) \leqslant 0 \tag{10.86}$$

证明: 如果 $W(x)$ 是非奇异的，则集合 $\mathcal{U}(x)$ 对于所有的 $x \in \mathbb{R}^n$ 非空，并且等同于单个元素

$$u = \frac{1}{2}W^{-1}(x)[\frac{\partial V}{\partial x}g(x) - 2h^{\mathrm{T}}(x)(Qk(x)+S)]^{\mathrm{T}}$$

将其代入式 (10.82) 则得到式 (10.84)，这证明了推论的第一部分。

另一方面，如果 $W(x) = 0$，则集合 $\mathcal{U}(x)$ 非空当且仅当式 (10.85) 成立，此时该集合本身等同于 $\mathbb{R}^m$。由于式 (10.82) 简化为式 (10.86)，这就证明了推论的第二部分。 ◁

在输入和输出之间没有馈通的情况下，即 $k(x) = 0$ 时，命题 10.7.1 和推论 10.7.2 的条件得到进一步简化。事实上，此时

$$W(x) = R$$

且

$$\mathcal{U}(x) = \{u \in \mathbb{R}^m \colon Ru = \frac{1}{2}[\frac{\partial V}{\partial x}g(x) - 2h^{\mathrm{T}}(x)S]^{\mathrm{T}}\}$$

例如，考虑供给率

$$q(u,y) = \gamma^2\|u\|^2 - \|y\|^2$$

在此情况下，$W(x)=R=\gamma^2 I$ 是非奇异正定的。因此，该系统是耗散的 (亦即是一个有限 L_2 增益系统)，当且仅当存在一个正定适常的 C^1 函数 $V(x)$，使得对于所有的 $x \in \mathbb{R}^n$，有

$$\frac{\partial V}{\partial x} f(x)+h^{\mathrm{T}}(x) h(x)+\frac{1}{4 \gamma^2}[\frac{\partial V}{\partial x} g(x)][\frac{\partial V}{\partial x} g(x)]^{\mathrm{T}} \leqslant 0$$

亦或考虑供给率

$$q(u, y)=y^{\mathrm{T}} u$$

此时 $W(x)=0$，该系统是耗散的 (亦即为一个无源系统)，当且仅当存在一个正定适常的 C^1 函数 $V(x)$，使得对于所有的 $x \in \mathbb{R}^n$，有

$$\frac{\partial V}{\partial x} g(x)=h^{\mathrm{T}}(x), \qquad \frac{\partial V}{\partial x} f(x) \leqslant 0$$

10.8　反馈互连耗散系统的稳定性

本节讨论反馈互连耗散系统的稳定性性质。特别是，考虑互连发生在输入和输出层面上的情况 [对应于互连发生在状态层面上的情况，例如系统 (10.43)]，并且将研究负反馈互连这一最被频繁考虑的情况。更确切地说，考虑由如下方程组描述的两个系统 Σ_1 和 Σ_2：

$$\begin{aligned} \dot{x}_i &= f_i(x_i, u_i) \\ y_i &= h_i(x_i, u_i) \end{aligned}$$

其中 $i=1,2$。除了目前为止对这类系统所做的标准假设，特别是 $f_i(0,0)=0$ 和 $h_i(0,0)=0$，还假设

$$\begin{aligned} \dim(u_2) &= \dim(y_1) \\ \dim(u_1) &= \dim(y_2) \end{aligned}$$

假设函数 $h_1(x_1, u_1)$ 和 $h_2(x_2, u_2)$ 使约束

$$\begin{aligned} u_2 &= y_1 \\ u_1 &= -y_2 \end{aligned}$$

有意义。换言之，对每一对 x_1, x_2，假设存在唯一一对 u_1, u_2 满足

$$\begin{aligned} u_2 &= h_1(x_1, u_1) \\ u_1 &= -h_2(x_2, u_2) \end{aligned}$$

在这种情况下，通过施加约束 $u_2=y_1$ 和 $u_1=-y_2$ 而得到的互连系统是 Σ_1 和 Σ_2 的 (负) 反馈互连 (见图 10.4)。

注记 10.8.1. 当然，即使 $h_i(x_i, u_i)$ 中的任何一个与 u_i 无关，反馈互连也总是有意义的。在输入仿射系统的情况下，即当下式成立时：

$$h_i(x_i, u_i)=h_i(x_i)+k_i(x_i) u_i$$

如果线性系统

$$u_2 = h_1(x_1) + k_1(x_1)u_1$$
$$u_1 = -h_2(x_2) - k_2(x_2)u_2$$

有唯一解 u_1, u_2，则负反馈互连有意义，该情况出现当且仅当矩阵

$$\begin{pmatrix} -k_1(x_1) & I \\ I & k_2(x_2) \end{pmatrix}$$

可逆，即矩阵

$$I + k_2(x_2)k_1(x_1)$$

对于所有的 x_1, x_2 非奇异。 ◁

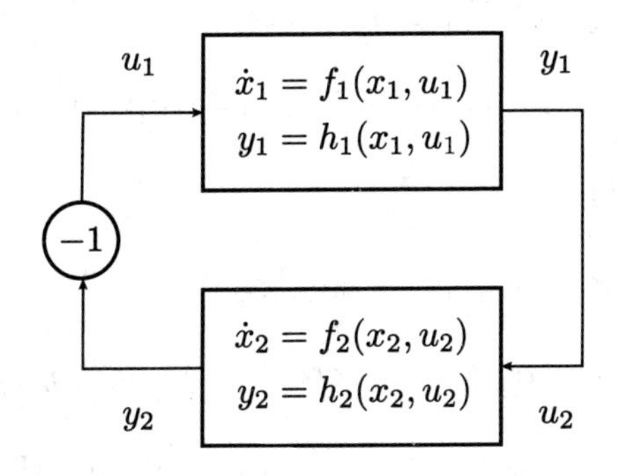

图 10.4 负反馈连接

现在假设 Σ_1 和 Σ_2 分别相对于二次供给率 $q_1(u_1, y_1)$ 和 $q_2(u_2, y_2)$ 都是严格耗散的。那么，如果在描述这些供给率的参数之间存在某种关系，则 Σ_1 和 Σ_2 的负反馈互连是全局渐近稳定的。如果这两个系统只是耗散的，则需要对于这两个系统的每一个，或者对于它们的开环互连 $\Sigma_2 \circ \Sigma_1$

$$\dot{x}_1 = f_1(x_1, u_1)$$
$$\dot{x}_2 = f_2(x_2, h_1(x_1, u_1))$$
$$y_2 = h_2(x_2, h_1(x_1, y_1))$$

附加零状态可检测性条件。

定理 10.8.1. 给定两个供给率

$$q_i(u_i, y_i) = u_i^{\mathrm{T}} R_i u_i + 2y_i^{\mathrm{T}} S_i u_i + y_i^{\mathrm{T}} Q_i y_i, \qquad i = 1, 2$$

并假设对于某一个 $a > 0$，对称矩阵

$$M = \begin{pmatrix} Q_1 + aR_2 & -S_1 + aS_2^{\mathrm{T}} \\ -S_1^{\mathrm{T}} + aS_2 & R_1 + aQ_2 \end{pmatrix}$$

满足下面的任一条件：

(i) 半负定；

(ii) 半负定，$S_1 = aS_2^{\mathrm{T}}$ 且 $R_1 + aQ_2$ 非奇异；

(iii) 负定。

那么，如果 Σ_1 和 Σ_2 都是严格耗散的且条件 (i) 成立，则负反馈互连是全局渐近稳定的。如果 Σ_1 和 Σ_2 都是耗散的，条件 (ii) 成立且 $\Sigma_1 \circ \Sigma_2$ 是零状态可检测的，则负反馈互连是全局渐近稳定的。如果 Σ_1 和 Σ_2 都是耗散的，条件 (iii) 成立且 Σ_1 和 Σ_2 都是零状态可检测的，则负反馈互连是全局渐近稳定的。

证明：如果 Σ_1 和 Σ_2 相对于给定的供给率都是严格耗散的，则存在正定适常的 C^1 函数 $V_1(x_1)$ 和 $V_2(x_2)$ 使得

$$\frac{\partial V_i}{\partial x_i} f_i(x_i, u_i) \leqslant -\alpha_i(\|x_i\|) + q_i(u_i, y_i)$$

其中 $\alpha_i(\cdot)$ 是一个 $\mathcal{K}_\infty$ 类函数。如果 $a > 0$，则函数

$$W(x_1, x_2) = V_1(x_1) + aV_2(x_2)$$

仍然是正定适常的，并且使得

$$\begin{aligned}
\frac{\partial W}{\partial x_1}\dot{x}_1 + \frac{\partial W}{\partial x_2}\dot{x}_2 &\leqslant -\alpha(\|x_1\|) - a\alpha_2(\|x_2\|) + q_1(u_1, y_1) + aq_2(u_2, y_2) \\
&= -\alpha_1(\|x_1\|) - a\alpha_2(\|x_2\|) + q_1(-y_2, y_1) + aq_2(y_1, y_2) \\
&= -\alpha_1(\|x_1\|) - a\alpha_2(\|x_2\|) + (y_1^{\mathrm{T}} \quad y_2^{\mathrm{T}}) M \begin{pmatrix} y_1 \\ y_2 \end{pmatrix}
\end{aligned}$$

如果 $M \leqslant 0$，则有

$$\frac{\partial W}{\partial x_1}\dot{x}_1 + \frac{\partial W}{\partial x_2}\dot{x}_2 \leqslant -\alpha_1(\|x_1\|) - a\alpha_2(\|x_2\|)$$

这就证明了全局渐近稳定性。

如果 Σ_1 和 Σ_2 只是耗散的 (即并非严格耗散)，则代之有

$$\frac{\partial W}{\partial x_1}\dot{x}_1 + \frac{\partial W}{\partial x_2}\dot{x}_2 \leqslant (y_1^{\mathrm{T}} \quad y_2^{\mathrm{T}}) M \begin{pmatrix} y_1 \\ y_2 \end{pmatrix} \tag{10.87}$$

因此，如果 $M \leqslant 0$，则可得 (Σ_1 和 Σ_2 负反馈互连的) 所有轨线都是有界的且平衡态 $(x_1, x_2) = (0, 0)$ 是稳定的。利用 La Salle 不变性定理的标准论据可证明渐近稳定性。已知在每一条轨线上 $\lim_{t\to\infty} W(x_1(t), x_2(t)) = W_\infty \geqslant 0$，并且在这条轨线的 ω-极限集 Γ 上有 $W(x_1, x_2) = W_\infty$，因而利用式 (10.87) 和 $M \leqslant 0$ 的事实可得，沿着以 $(x_1^\circ, x_2^\circ) \in \Gamma$ 为初始条件的任一轨线，有

$$(y_1^{\mathrm{T}}(t) \quad y_2^{\mathrm{T}}(t)) M \begin{pmatrix} y_1(t) \\ y_2(t) \end{pmatrix} = 0$$

如果条件 (ii) 成立，则必然有 $y_2(t) = 0$。因此，Γ 中的每一初始条件都产生一条有界轨线 $(x_1^\circ(t), x_2^\circ(t))$，对于该轨线有 $y_2(t) = u_1(t) = 0$。由于 $\Sigma_1 \circ \Sigma_2$ 是零状态可检测的，所以这条轨线必然收敛到 $(0, 0)$，因此 $W_\infty = 0$。这就证明了全局渐近稳定性。

如果条件 (iii) 成立，则必然有 $y_1(t) = 0$ 和 $y_2(t) = 0$，这次利用 Σ_1 和 Σ_2 都是零状态可检测的，又能得到全局渐近稳定性。 ◁

注记 10.8.2. 注意到，如果这两个系统中的一个 (例如 Σ_2) 是一个无记忆系统，亦即如果对于某一个满足 $\varphi(0) = 0$ 的光滑函数 $\varphi(\cdot)$ 有 $y_2 = \varphi(u_2)$，则此定理的结论在适当调整之后仍然有效。回想一下，在这种情况下，如果对于所有的 u_2，有

$$q_2(u_2, \varphi_2(u_2)) \geqslant 0$$

则 Σ_2 相对于供给率 $q_2(u_2, y_2)$ 是耗散的。现在容易检验，函数 $V_1(x_1)$ 使得

$$\begin{aligned}\frac{\partial V_1}{\partial x_1}\dot{x}_1 &\leqslant -\alpha_1(\|x_1\|) + q_1(u_1, y_1) + aq_2(u_2, y_2) - aq_2(u_2, y_2)\\ &= -\alpha_1(\|x_1\|) - aq_2(u_2, \varphi(u_2)) + (y_1^{\mathrm{T}} \quad y_2^{\mathrm{T}})M\begin{pmatrix} y_1 \\ y_2 \end{pmatrix}\end{aligned}$$

因而，如果下列条件之一成立，则该负反馈互连是全局渐近稳定的。

(i) Σ_1 是严格耗散的且 M 是半负定的；

(ii) Σ_1 是耗散的、零状态可检测的，M 是半负定的，且

$$q_2(u_2, \varphi_2(u_2)) = 0 \quad \Rightarrow \quad u_2 = 0$$

(iii) Σ_1 是耗散的、零状态可检测的，且 M 是负定的。 ◁

这一结果有许多有趣的推论，这里仅讨论其中几个。第一个重要的特殊情况发生在这两个系统均有有限 L_2 增益时，从而导出了该性质的一个替代形式，即反馈互连中的“小增益”不破坏稳定性，这在 10.6 节已经见过。

推论 10.8.2. 假设 Σ_1 和 Σ_2 相对于形如

$$q_i(u_i, y_i) = \gamma_i^2 u_i^{\mathrm{T}} u_i - y_i^{\mathrm{T}} y_i, \qquad i = 1, 2$$

的供给率都是耗散的。如果 Σ_1 和 Σ_2 都是零状态可检测的，且有

$$\gamma_1\gamma_2 < 1 \tag{10.88}$$

则该负反馈互连是全局渐近稳定的。

证明: 为证明此结果，注意到，此时有

$$M = \begin{pmatrix} (-1 + a\gamma_2^2)I & 0 \\ 0 & (\gamma_1^2 - a)I \end{pmatrix}$$

如果

$$-1 + a\gamma_2^2 < 0, \qquad \gamma_1^2 - a < 0$$

亦即如果

$$\gamma_1^2 < a < \frac{1}{\gamma_2^2}$$

则该矩阵是负定的。如果条件 (10.88) 成立，则存在一个 $a > 0$ 可使上式得以满足。因此，根据定理 10.8.1 的条件 (iii) 可得到该推论。 ◁

另一个重要的特殊情况发生在两个系统都是无源系统时。例如，可立即得到如下结论。

推论 10.8.3. 假设 Σ_1 和 Σ_2 相对于形如

$$q_i(u_i, y_i) = u_i^{\mathrm{T}} y_i - \varepsilon_i y_i^{\mathrm{T}} y_i, \qquad i = 1, 2$$

的供给率是耗散的，其中 $\varepsilon_i \geqslant 0$。如果 $\varepsilon_1 > 0$，$\varepsilon_2 > 0$，且 Σ_1 和 Σ_2 都是零状态可检测的，则该负反馈互连系统是全局渐近稳定的。如果 $\varepsilon_1 = 0$，$\varepsilon_2 > 0$ 且 $\Sigma_2 \circ \Sigma_1$ 是零状态可检测的，则该负反馈互连系统是全局渐近稳定的。

证明：设定理 10.8.1 中的 $a = 1$，以得到

$$M = \begin{pmatrix} -\varepsilon_1 I & 0 \\ 0 & -\varepsilon_2 I \end{pmatrix}$$

如果既有 $\varepsilon_1 \neq 0$ 又有 $\varepsilon_2 \neq 0$，则条件 (iii) 适用。如果 $\varepsilon_1 = 0$ 而 $\varepsilon_2 > 0$，则条件 (i) 适用。 ◁

推论 10.8.4. 考虑由

$$\begin{aligned} \dot{x} &= f(x, u) \\ y &= h(x) \end{aligned} \tag{10.89}$$

和 $u = -\varphi(y)$ 构成的互连系统 (见图 10.5)。假设系统 (10.89) 是无源的且零状态可检测，映射 $\varphi(\cdot)$ 满足 $\varphi(0) = 0$，并且

$$y^{\mathrm{T}} \varphi(y) > 0, \qquad \text{对于所有的 } y \neq 0$$

那么，此互连系统是全局渐近稳定的。

证明：由假设，无记忆系统 $y_2 = \varphi(u_2)$ 对于所有的 $u_2 \neq 0$ 满足 $y_2^{\mathrm{T}} u_2 = \varphi^{\mathrm{T}}(u_2) u_2 > 0$。因此，此系统相对于供给率 $q_2(u_2, y_2) = y_2^{\mathrm{T}} u_2$ 是耗散的，从而由注记 10.8.2 的条件 (ii) 所示性质可得到推论结果。 ◁

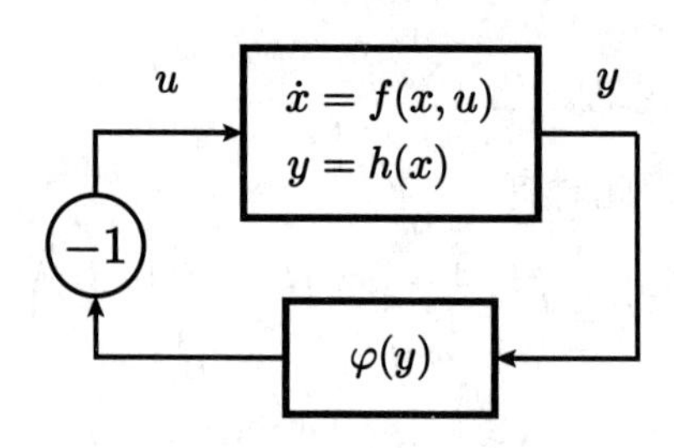

图 10.5　无记忆负反馈

第三种情况考虑更为复杂的供给率。

推论 10.8.5. 假设 Σ_1 相对于形如

$$q_1(u_1, y_1) = u_1^{\mathrm{T}} u_1 + k u_1^{\mathrm{T}} y_1 \tag{10.90}$$

的供给率是耗散的，Σ_2 相对于形如

$$q_2(u_2, y_2) = (y_2 - \varepsilon u_2)^{\mathrm{T}}((k - \varepsilon)u_2 - y_2) \tag{10.91}$$

的供给率是耗散的，其中 $k > 2\varepsilon > 0$。如果 Σ_1 和 Σ_2 都是零状态可检测的，则负反馈互连系统是全局渐近稳定的。

证明：为证明此结果，注意到此时

$$M = \begin{pmatrix} (-a\varepsilon k + a\varepsilon^2)I & \frac{1}{2}(a-1)kI \\ \frac{1}{2}(a-1)kI & (1-a)I \end{pmatrix}$$

如果

$$\begin{aligned} a &> 1 \\ \varepsilon(k - \varepsilon) &> \frac{(a-1)k^2}{4a} \end{aligned}$$

则此矩阵是负定的。如果 $a = 1 + \delta$ 且 $\delta > 0$ 充分小，则可满足这两个条件。因此，根据定理 10.8.1 的条件 (iii) 可得到推论结果。 $\lhd$

注意，在上一推论中关于系统 Σ_1 的假设可用一个略微不同的形式给出。设

$$\tilde{y}_1 = y_1 + \frac{1}{k}u_1$$

并看到

$$q_1(u_1, y_1) = u_1^{\mathrm{T}}u_1 + ku_1^{\mathrm{T}}y_1 = ku_1^{\mathrm{T}}(\frac{1}{k}u_1 + y_1) = ku_1^{\mathrm{T}}\tilde{y}_1$$

由此容易推知，系统 Σ_1 相对于供给率 (10.90) 是耗散的，当且仅当如下定义的系统 $\widetilde{\Sigma}_1$：

$$\begin{aligned} \dot{x}_1 &= f_1(x_1, u_1) \\ \tilde{y}_1 &= h_1(x_1, u_1) + \frac{1}{k}u_1 \end{aligned}$$

相对于供给率

$$\tilde{q}_1(u_1, \tilde{y}_1) = u_1^{\mathrm{T}}\tilde{y}_1 \tag{10.92}$$

是耗散的。

事实上，由构造知，函数 $\widetilde{V}_1(x) = \frac{1}{k}V(x_1)$ 满足如下耗散不等式：

$$\frac{\partial \widetilde{V}_1}{\partial x_1}f_1(x_1, u_1) \leqslant \tilde{q}_1(u_1, \tilde{y}_1)$$

因此，推论 10.8.5 中关于 Σ_1 的假设可重新叙述为假设辅助系统 $\widetilde{\Sigma}_1$ 具有相对于供给率 (10.92) 的耗散性这一性质。换言之，假设系统 $\widetilde{\Sigma}_1$ 是无源的。

在两个系统都为单输入单输出系统且系统 Σ_2 为无记忆系统的情况下，最后一个推论特殊化为下面的在无记忆、扇区有界、负反馈条件下著名的全局渐近稳定性判据。

推论 10.8.6. 考虑由

$$\begin{aligned}\dot{x} &= f(x,u)\\ y &= h(x)\end{aligned}\tag{10.93}$$

和 $u=-\varphi(y)$ 互连而成的系统。假设系统 (10.93) 是零状态可检测的，且对于某一个 $k>2\varepsilon>0$，系统

$$\begin{aligned}\dot{x} &= f(x,u)\\ y &= h(x)+\frac{1}{k}u\end{aligned}\tag{10.94}$$

是无源的。假设映射 $\varphi(\cdot)$ 满足 $\varphi(0)=0$ 且

$$\varepsilon<\frac{\varphi(y)}{y}<k-\varepsilon,\qquad 对于所有的\ y\neq 0$$

那么，该互连系统是全局渐近稳定的。

注记 10.8.3. 假设在上述推论中 $f(x,u)$ 关于 u 是仿射的，即 $f(x,u)=f(x)+g(x)u$，则可利用推论 10.7.2 给出的判据来检验系统 (10.94) 的无源性性质。事实上，此时

$$W(x)=\frac{1}{k}$$

从而该系统无源，当且仅当存在一个正定适常的 C^1 函数 $V(x)$，使得对于所有的 $x\in\mathbb{R}^n$，有

$$\frac{\partial V}{\partial x}f(x)+\frac{k}{4}[\frac{\partial V}{\partial x}g(x)-h^{\mathrm{T}}(x)][\frac{\partial V}{\partial x}g(x)-h^{\mathrm{T}}(x)]^{\mathrm{T}}\leqslant 0$$

特别是，如果系统 (10.93) 是一个无源系统，则上式对于任一 k 都成立 (见 10.7 节末尾)。在这种情况下，$\varphi(y)/y$ 的上界可以是一个任意大的数。 $\lhd$

10.9　线性耗散系统

在线性系统的情况下，10.8 节所展示的耗散性条件有另外的描述方法，特别是涉及系统的频率响应矩阵时。本节对这些描述方法加以总结，最开始的性质是一个线性系统所具有的 L_2 增益不超过一个确定常数 γ。

作为例 10.7.1 的延续，考虑由如下方程组建模的一个渐近稳定的线性系统：

$$\begin{aligned}\dot{x} &= Ax+Bu\\ y &= Cx+Du\end{aligned}\tag{10.95}$$

在这种情况下，式 (10.71) 的解函数 $\pi(w)$ 是 w 的一个线性函数，即对于某一个矩阵

$$\Pi=(\Pi_1\ \ \Pi_2)$$

有 $\pi(w)=\Pi w$。该方程简化为如下的 Sylvester 方程：

$$\Pi\begin{pmatrix}0 & \omega_0\\ -\omega_0 & 0\end{pmatrix}=A\Pi+Bu_0(1\ \ 0)$$

由于 A 的所有特征值都有负实部 (因为假设该系统是渐近稳定的)，所以此方程有唯一解 Π。基本的计算 [以向量 $(1\quad j)^{\mathrm{T}}$ 右乘方程两边] 产生

$$\Pi_1 + j\Pi_2 = (j\omega_0 I - A)^{-1}Bu_0$$

即

$$\Pi = (\mathrm{Re}[(j\omega_0 I - A)^{-1}B]u_0 \quad \mathrm{Im}[(j\omega_0 I - A)^{-1}B]u_0)$$

如例 10.7.1 所示，如果系统的初始状态为

$$x^\circ(0) = \Pi \begin{pmatrix} 1 \\ 0 \end{pmatrix} = \mathrm{Re}[(j\omega_0 I - A)^{-1}B]u_0$$

则周期输入

$$\tilde{u}(t) = u_0 \cos(\omega_0 t)$$

产生周期状态响应

$$x^\circ(t) = \Pi w(t) = \Pi_1 \cos(\omega_0 t) - \Pi_2 \sin(\omega_0 t) \tag{10.96}$$

和周期输出响应

$$\begin{aligned} \tilde{y}(t) &= Cx^\circ(t) + Du_0 \cos(\omega_0 t) \\ &= \mathrm{Re}[T(j\omega_0)]u_0 \cos(\omega_0 t) - \mathrm{Im}[T(j\omega_0)]u_0 \sin(\omega_0 t) \end{aligned} \tag{10.97}$$

其中

$$T(j\omega) = C(j\omega I - A)^{-1}B + D$$

现在注意到

$$\int_0^{\frac{2\pi}{\omega_0}} \|\tilde{u}(s)\|^2 \mathrm{d}s = \frac{\pi}{\omega_0}\|u_0\|^2$$

以及（考虑到 Π 的特殊形式）

$$\int_0^{\frac{2\pi}{\omega_0}} \|\tilde{y}(s)\|^2 \mathrm{d}s = \frac{\pi}{\omega_0}\|T(j\omega_0)u_0\|^2$$

换言之，有

$$\begin{aligned} \|\tilde{u}(\cdot)\|^2_{\mathrm{r.m.s.}} &= \frac{1}{2}\|u_0\|^2 \\ \|\tilde{y}(\cdot)\|^2_{\mathrm{r.m.s.}} &= \frac{1}{2}\|T(j\omega_0)u_0\|^2 \end{aligned}$$

因此，根据例 10.7.1 中的解释，如果该系统相对于供给率 (10.68) 是严格耗散的，则有

$$\|T(j\omega_0)u_0\|^2 = 2\|\tilde{y}(\cdot)\|^2_{\mathrm{r.m.s.}} \leqslant \gamma^2 2\|\tilde{u}(\cdot)\|^2_{\mathrm{r.m.s.}} = \gamma^2\|u_0\|^2$$

即

$$\|T(j\omega_0)u_0\| \leqslant \gamma\|u_0\|$$

注意到 u_0 和 ω_0 都是任意的，由此可见

$$\sup_{\omega\in\mathbb{R}}\max_{\|u\|=1}\|T(j\omega)u\|\leqslant\gamma \tag{10.98}$$

由定义，上式小于等于号左边的量称为矩阵 $T(j\omega)$ 的H_∞ **范数** (H_∞ norm)。因而可得，一个相对于供给率 (10.68) 为严格耗散的线性系统是渐近稳定的，并且其频率响应矩阵的 H_∞ 范数以数 γ 为上界。

现在证明逆性质也成立。为此，利用命题 10.7.1 的条件 (i)，注意到线性系统 (10.95) 相对于 $R=\gamma^2 I$ 和 $Q=-I$ 的供给率 (10.78)，即相对于如下供给率：

$$q(u,y)=\gamma^2\|u\|^2-\|y\|^2 \tag{10.99}$$

是耗散的，仅当矩阵

$$W=\gamma^2 I-D^{\mathrm{T}}D$$

是半正定的。假设 γ 足够大，使得该矩阵是正定的，因而是非奇异的。那么，利用推论 10.7.2 可知，线性系统 (10.95) 相对于供给率 (10.99) 是严格耗散的，当且仅当存在一个正定适常的 C^1 函数 $V(x)$，使得对于所有的 $x\in\mathbb{R}^n$，有

$$\frac{\partial V}{\partial x}Ax+x^{\mathrm{T}}C^{\mathrm{T}}Cx+\frac{1}{4}[\frac{\partial V}{\partial x}B+2x^{\mathrm{T}}C^{\mathrm{T}}D]W^{-1}[\frac{\partial V}{\partial x}B+2x^{\mathrm{T}}C^{\mathrm{T}}D]^{\mathrm{T}}\leqslant-\alpha(\|x\|) \tag{10.100}$$

其中 $\alpha(\cdot)$ 是一个 $\mathcal{K}_\infty$ 类函数。

现在，假设 $V(x)$ 是关于 x 的二次型，即函数形式为

$$V(x)=x^{\mathrm{T}}Px$$

其中 P 是一个对称矩阵 [如果式 (10.56) 成立则 P 必然正定]。还假设对于某一个 $\delta>0$ 有 $\alpha(r)=\delta r^2$。在这种情况下，简单的计算表明不等式 (10.100) 可简化为矩阵不等式

$$PA+A^{\mathrm{T}}P+C^{\mathrm{T}}C+[PB+C^{\mathrm{T}}D]W^{-1}[PB+C^{\mathrm{T}}D]^{\mathrm{T}}<0 \tag{10.101}$$

这已然证明，如果 γ 足够大，使得矩阵 W 是正定的，并且如果存在矩阵不等式 (10.101) 的一个对称正定解 P，则正定适常函数 $V(x)=x^{\mathrm{T}}Px$ 满足条件 (10.100)，因而该系统相对于供给率 (10.99) 是严格耗散的。通常称这种不等式为**代数 Riccati 不等式** (algebraic Riccati inequality)。换言之，可以得知，存在代数 Riccati 不等式 (10.101) 的一个正定解意味着相对于供给率 (10.99) 的严格耗散性。考虑到本节开始时得到的结论，这又意味着式 (10.98) 成立，即 γ 是系统频率响应矩阵的 H_∞ 范数的一个上界。

以下要证明，如果 γ 是系统频率响应矩阵的 H_∞ 范数的一个上界，则存在代数 Riccati 不等式 (10.101) 的一个正定解，从而证明所讨论的这些性质实际上是等价的。这将通过一个循环论证来完成，其中涉及 γ 是系统频率响应矩阵的 H_∞ 范数的一个上界这个性质的另一种等价形式，因为该形式相当容易验证，所以在实际中非常有用。

更确切地说，γ 是系统频率响应矩阵的 H_∞ 范数的一个上界这一事实可通过观察矩阵

$$H=\begin{pmatrix}A_0 & R_0\\ -Q_0 & -A_0^{\mathrm{T}}\end{pmatrix} \tag{10.102}$$

的谱得到检验，其中 R_0 和 Q_0 都是对称矩阵，它们和 A_0 都依赖于描述系统的矩阵 A, B, C, D 和数 γ。具有这样结构的矩阵称为**哈密顿矩阵** (Hamiltonian matrix)，它的谱相对于虚轴是对称的。事实上，由于

$$\begin{pmatrix} 0 & -I \\ I & 0^{\mathrm{T}} \end{pmatrix}^{-1} H \begin{pmatrix} 0 & -I \\ I & 0^{\mathrm{T}} \end{pmatrix} = \begin{pmatrix} -A_0^{\mathrm{T}} & Q_0 \\ -R_0 & A_0 \end{pmatrix} = -H^{\mathrm{T}}$$

所以矩阵 H 和 $-H^{\mathrm{T}}$ 相似。因而，如果 λ 是 H 的一个特征值，则 $-\lambda$ 也是 H 的一个特征值。由于 H 的各元素都是实数，这表明如果 $a + jb$ 是 H 的一个特征值，则 $-a + jb$ 也是 H 的特征值①。

定理 10.9.1. 考虑线性系统 (10.95)。令 $\gamma > 0$ 为一个确定数。下述结论相互等价：

(i) 存在一个实数 $\tilde{\gamma} < \gamma$，使得该系统相对于供给率

$$q(u, y) = \tilde{\gamma}^2 \|u\|^2 - \|y\|^2$$

是严格耗散的；

(ii) A 的所有特征值都有负实部，并且系统的频率响应矩阵 $T(j\omega) = C(j\omega I - A)^{-1}B + D$ 满足

$$\sup_{\omega \in \mathbb{R}} \max_{\|u\|=1} \|T(j\omega)u\| < \gamma \tag{10.103}$$

(iii) A 的所有特征值都有负实部，矩阵 $W = \gamma^2 I - D^{\mathrm{T}} D$ 是正定的，且哈密顿矩阵

$$H = \begin{pmatrix} A + BW^{-1}D^{\mathrm{T}}C & BW^{-1}B^{\mathrm{T}} \\ -C^{\mathrm{T}}C - C^{\mathrm{T}}DW^{-1}D^{\mathrm{T}}C & -A^{\mathrm{T}} - C^{\mathrm{T}}DW^{-1}B^{\mathrm{T}} \end{pmatrix} \tag{10.104}$$

在虚轴上没有特征值；

(iv) 矩阵 $W = \gamma^2 I - D^{\mathrm{T}} D$ 是正定的，并且存在一个对称矩阵 $P > 0$ 使得

$$PA + A^{\mathrm{T}}P + C^{\mathrm{T}}C + [PB + C^{\mathrm{T}}D]W^{-1}[PB + C^{\mathrm{T}}D]^{\mathrm{T}} < 0 \tag{10.105}$$

证明：本节开头已经证明结论 (i) 意味着系统 (10.95) 是一个渐近稳定系统，且其频率响应矩阵满足

$$\sup_{\omega \in \mathbb{R}} \max_{\|u\|=1} \|T(j\omega)u\| \leqslant \tilde{\gamma}$$

因此，(i)⇒ (ii)。

为证 (ii)⇒ (iii)，首先注意到，由于

$$\lim_{\omega \to \infty} T(j\omega) = D$$

所以对于满足 $\|u\| = 1$ 的所有 u，必然有 $\|Du\| < \gamma$，这意味着 $\gamma^2 I > D^{\mathrm{T}} D$，即矩阵 W 是正定的。

---

① 令 $Q = \begin{pmatrix} 0 & -I \\ I & 0^{\mathrm{T}} \end{pmatrix}$。设 λ 是 H 的一个特征值，其对应的特征向量为 $x = Qy$，则有 $HQy = Hx = \lambda x = \lambda Qy$，从而有 $H^{\mathrm{T}}y = -\lambda y$。因为 H 和 H^{T} 有相同的特征值，所以 $-\lambda$ 也是 H 的一个特征值。若 $a + jb$ 是 H 的一个特征值，则 $a - jb$ 也是 H 的特征值，从而 $-(a - jb) = -a + jb$ 也是 H 的特征值。——译者注

现在注意到哈密顿矩阵 (10.104) 可以表示为

$$H = L + MN$$

其中

$$L = \begin{pmatrix} A & 0 \\ -C^{\mathrm{T}}C & -A^{\mathrm{T}} \end{pmatrix}, \quad M = \begin{pmatrix} B \\ -C^{\mathrm{T}}D \end{pmatrix}$$

$$N = (W^{-1}D^{\mathrm{T}}C \quad W^{-1}B^{\mathrm{T}})$$

由反证法，假设矩阵 H 在虚轴上有特征值。根据定义，存在一个 $2n$ 维向量 x_0 和数 $\omega_0 \in \mathbb{R}$，使得

$$(j\omega_0 I - L)x_0 = MNx_0$$

现在看到，矩阵 L 在虚轴上没有特征值，因为它的特征值与 A 和 $-A^{\mathrm{T}}$ 的特征值完全相同，且由假设知 A 是渐近稳定的①。因此，$(j\omega_0 I - L)$ 是非奇异的。还注意到，向量 $u_0 = Nx_0$ 非零，因为否则 x_0 将为 L 的一个特征向量，对应一个等于 $j\omega_0$ 的特征值，这是矛盾的。通过简单的变形得到

$$u_0 = N(j\omega_0 I - L)^{-1}Mu_0 \tag{10.106}$$

容易检验

$$N(j\omega_0 I - L)^{-1}M = W^{-1}[T^{\mathrm{T}}(-j\omega_0)T(j\omega_0) - D^{\mathrm{T}}D] \tag{10.107}$$

其中 $T(s) = C(sI - A)^{-1}B + D$。事实上，只要计算

$$\begin{aligned} \dot{x} &= Lx + Mu \\ y &= Nx \end{aligned}$$

的传递函数并注意到 $N(sI - L)^{-1}M = W^{-1}[T^{\mathrm{T}}(-s)T(s) - D^{\mathrm{T}}D]$ 即可②。

对式 (10.107) 左乘 $u_0^{\mathrm{T}}W$，右乘 u_0，并利用 (10.106)，得到

$$u_0^{\mathrm{T}}Wu_0 = u_0^{\mathrm{T}}[T^{\mathrm{T}}(-j\omega_0)T(j\omega_0) - D^{\mathrm{T}}D]u_0$$

考虑到 W 的定义，又有

$$\gamma^2\|u_0\|^2 = \|T(j\omega_0)u_0\|^2$$

这与结论 (ii) 相矛盾，因而完成了证明。

为证 (iii) $\Rightarrow$ (iv)，设

$$\begin{aligned} F &= (A + BW^{-1}D^{\mathrm{T}}C)^{\mathrm{T}} \\ Q &= -BW^{-1}B^{\mathrm{T}} \\ GG^{\mathrm{T}} &= C^{\mathrm{T}}(I + DW^{-1}D^{\mathrm{T}})C \end{aligned}$$

---

① 原文此处为“稳定的”。——译者注

② 此系统可视为两个子系统的级联，即子系统 $\dot{x}_1 = Ax_1 + Bu, y_1 = Cx_1 + Du$ 和子系统 $\dot{x}_2 = -A^{\mathrm{T}}x_2 - C^{\mathrm{T}}y_1, y_2 = B^{\mathrm{T}}x_2 + D^{\mathrm{T}}y_1$ 的级联，整个系统的输出为 $y = W^{-1}y_2 - W^{-1}D^{\mathrm{T}}Du$。——译者注

上面最后一式确实是可能的，因为 $I + DW^{-1}D^{\mathrm{T}}$ 是一个正定矩阵，即对于某一个非奇异 M 有 $I + DW^{-1}D^{\mathrm{T}} = M^{\mathrm{T}}M$ 成立。

这样定义的矩阵对 (F, G) 是可镇定的。事实上，若不然，则存在一个向量 $x \neq 0$，使得对于某一个有非负实部的 λ，有

$$x^{\mathrm{T}}(F - \lambda I \quad G) = 0$$

于是

$$0 = \begin{pmatrix} A + BW^{-1}D^{\mathrm{T}}C - \lambda I \\ MC \end{pmatrix} x$$

这意味着 $Cx = 0$，又可推出 $Ax = \lambda x$，这是矛盾的，因为 A 的所有特征值有负实部。

此外，容易检验

$$H^{\mathrm{T}} = \begin{pmatrix} F & -GG^{\mathrm{T}} \\ -Q & -F^{\mathrm{T}} \end{pmatrix}$$

且由假设知此矩阵在虚轴上没有特征值。

因此，由引理 13.6.2 知，存在

$$Y^{-}F + F^{\mathrm{T}}Y^{-} - Y^{-}GG^{\mathrm{T}}Y^{-} + Q = 0, \quad \sigma(F - GG^{\mathrm{T}}Y^{-}) \subset \mathbb{C}^{-} \tag{10.108}$$

的唯一解 Y^{-}，不等式

$$YF + F^{\mathrm{T}}Y - YGG^{\mathrm{T}}Y + Q > 0 \tag{10.109}$$

的解集非空，并且该解集中的任一 Y 满足 $Y < Y^{-}$。

现在注意到

$$\begin{aligned} 0 &= Y^{-}F + F^{\mathrm{T}}Y^{-} - Y^{-}GG^{\mathrm{T}}Y^{-} + Q \\ &= Y^{-}(A^{\mathrm{T}} + C^{\mathrm{T}}DW^{-1}B^{\mathrm{T}}) + (A + BW^{-1}D^{\mathrm{T}}C)Y^{-} \\ &\qquad - Y^{-}C^{\mathrm{T}}(I + DW^{-1}D^{\mathrm{T}})CY^{-} - BW^{-1}B^{\mathrm{T}} \\ &= Y^{-}A^{\mathrm{T}} + AY^{-} - [Y^{-}C^{\mathrm{T}}D - B]W^{-1}[D^{\mathrm{T}}CY^{-} - B^{\mathrm{T}}] - Y^{-}C^{\mathrm{T}}CY^{-} \end{aligned}$$

由此得到

$$Y^{-}A^{\mathrm{T}} + AY^{-} \geqslant 0$$

令 $V(x) = x^{\mathrm{T}}Y^{-}x$，上面的不等式表明，沿

$$\dot{x} = A^{\mathrm{T}}x \tag{10.110}$$

的轨线，函数 $V(x(t))$ 是非减的，即对于任一 $x(0)$ 和任一 $t \geqslant 0$ 有 $V(x(t)) \geqslant V(x(0))$。另一方面，系统 (10.110) 被假设为渐近稳定的，即 $\lim_{t\to\infty} x(t) = 0$。因此必然有 $V(x(0)) \leqslant 0$，即矩阵 Y^{-} 是半负定的。由此得到，不等式 (10.109) 的任一解 Y，即不等式

$$YA^{\mathrm{T}} + AY - [YC^{\mathrm{T}}D - B]W^{-1}[D^{\mathrm{T}}CY - B^{\mathrm{T}}] - YC^{\mathrm{T}}CY > 0 \tag{10.111}$$

的任一解 (它必然满足 $Y < Y^{-} \leqslant 0$) 是一个负定矩阵。

取不等式 (10.111) 的任一解 Y 并考虑 $P=-Y^{-1}$。由构造知，该矩阵是结论 (iv) 中不等式的一个正定解。

为证明 (iv) $\Rightarrow$ (i)，注意到不等式 (10.105) 的小于号左边是负定的。如果 γ 被替换为 $\tilde{\gamma}=\gamma-\varepsilon$ 且 ε 充分小，则由连续性知式 (10.105) 的小于号左边仍然保持负定。因此，对于某一个 $\delta>0$，矩阵 P 满足

$$PA+A^{\mathrm{T}}P+C^{\mathrm{T}}C+[PB+C^{\mathrm{T}}D][\tilde{\gamma}^2I-D^{\mathrm{T}}D]^{-1}[PB+C^{\mathrm{T}}D]<-\delta I$$

因此，正定适常函数 $V(x)=x^{\mathrm{T}}Px$ 满足不等式 (10.100)。 $\lhd$

严格无源性对一个线性系统的频率响应矩阵也有重要的影响。以下特别提到**弱严格无源性** (weak strict passivity)。注意到 (见注记 10.7.2)，在一个弱严格无源线性系统 (10.95) 中，矩阵 A 的所有特征值都有负实部，因此如本节开头所示，周期输入

$$\tilde{u}(t)=u_0\cos(\omega_0 t)$$

从初始状态

$$x^{\circ}(0)=\mathrm{Re}[(j\omega_0 I-A)^{-1}B]u_0$$

开始，产生周期状态响应 (10.96) 和周期输出响应 (10.97)。假设

$$\mathrm{rank}(B)=m$$

使得对于任一非零 u_0 有 $Bu_0\neq 0$ 且 $x^{\circ}(t)$ 不恒等于零。

由于 $x^{\circ}(t)$ 对于所有的 $t\geqslant 0$ 有定义，所以根据弱严格无源性的定义，约束

$$d(x^{\circ}(t),\tilde{u}(t))=0$$

意味着 $\lim_{t\to\infty}x^{\circ}(t)=0$，这是矛盾的，因为 $x^{\circ}(t)$ 是一个非零周期函数。因而，$d(x^{\circ}(t),\tilde{u}(t))$ 不能恒等于零。因此，由于 $d(x,u)\geqslant 0$ 且 $d(x^{\circ}(t),\tilde{u}(t))$ 是一个周期为 $\frac{2\pi}{\omega_0}$ 的周期函数，所以可得

$$\int_0^{\frac{2\pi}{\omega_0}} d(x^{\circ}(t),\tilde{u}(t))\mathrm{d}t>0$$

在区间 $[0,\frac{2\pi}{\omega_0}]$ 上积分耗散不等式

$$\frac{\partial V}{\partial x}f(x,\tilde{u})\leqslant \tilde{y}^{\mathrm{T}}\tilde{u}-d(x,\tilde{u})$$

并鉴于

$$x^{\circ}(0)=x^{\circ}(\frac{2\pi}{\omega_0})$$

从而得到不等式

$$\int_0^{\frac{2\pi}{\omega_0}}\tilde{y}^{\mathrm{T}}(t)\tilde{u}(t)\mathrm{d}t\geqslant\int_0^{\frac{2\pi}{\omega_0}} d(x^{\circ}(t),\tilde{u}(t))\mathrm{d}t>0$$

考虑到 $\tilde{u}(t)$ 和 $\tilde{y}(t)$ 的特殊形式，此不等式又产生

$$u_0^{\mathrm{T}}\mathrm{Re}[T(j\omega_0)]u_0>0$$

它确实对于每一个非零 u_0 和每一个 ω_0 都成立。由此，鉴于 $T(s)$ 是一个实系数有理函数矩阵，一些常规的运算证明，一个弱无源线性系统的频率响应矩阵 $T(j\omega)$ 对于所有的 $\omega \in \mathbb{R}$ 满足

$$T(j\omega) + T^{\mathrm{T}}(-j\omega) > 0$$

下述结果表明逆性质也成立。

定理 10.9.2. 考虑线性系统 (10.95)。假设 B 的秩为 m，还假设矩阵对 (A, B) 可控且 (C, A) 可观测。以下结论相互等价：

(i) 该系统是弱严格无源的；

(ii) A 的所有特征值都有负实部，且系统的频率响应矩阵 $T(j\omega) = C(j\omega I - A)^{-1}B + D$ 对于所有的 $\omega \in \mathbb{R}$ 满足

$$T(j\omega) + T^{\mathrm{T}}(-j\omega) > 0$$

(iii) 存在一个 $n \times n$ 阶对称正定矩阵 P，一个 $m \times m$ 阶矩阵 K 和一个 $m \times n$ 阶矩阵 L，使得

$$\begin{aligned} &A^{\mathrm{T}}P + PA = -L^{\mathrm{T}}L \\ &C = B^{\mathrm{T}}P + K^{\mathrm{T}}L \\ &D + D^{\mathrm{T}} = K^{\mathrm{T}}K \end{aligned} \tag{10.112}$$

并且对于所有满足 $\mathrm{Re}[s] \geqslant 0$ 的 s，使得

$$\det \begin{pmatrix} A - sI & B \\ L & K \end{pmatrix} = n + m$$

证明：蕴涵关系 (i) ⇒ (ii) 已经证明。为证 (ii) ⇒ (iii)，先来回忆①，如果在线性系统 (10.95) 中矩阵 A 的所有特征值具有负实部，且传递矩阵 $T(s)$ 对于所有的 $\omega \in \mathbb{R}$ 满足

$$T(j\omega) + T^{\mathrm{T}}(-j\omega) \geqslant 0$$

则存在一个 $r \times m$ 阶正则有理函数矩阵 $V(s)$，其中 r 是 $T(s) + T^{\mathrm{T}}(-s)$ 在关于 s 的有理函数域上的秩，使得对于所有的 $s \in \mathbb{C}^+$ 有 $\mathrm{rank}[V(s)] = r$，$V(s)$ 的所有极点都位于 $\mathbb{C}^-$，且对于所有的 $s \in \mathbb{C}$，有

$$T(s) + T^{\mathrm{T}}(-s) = V^{\mathrm{T}}(-s)V(s) \tag{10.113}$$

在当前情况下，条件 (ii) 意味着矩阵 $T(s) + T^{\mathrm{T}}(-s)$ 对于所有的 $s \in \mathbb{C}^0$ 非奇异，因此必然有 $r = m$ 及 $\mathrm{rank}[V(s)] = m$ 对于满足 $\mathrm{Re}[s] \geqslant 0$ 的所有 s 成立。

令 F, G, H, K 是 $V(s)$ 的一个最小实现。由于 $V(s)$ 的所有极点都位于 $\mathbb{C}^-$，所以矩阵 F 的所有特征值位于 $\mathbb{C}^-$，并且由于矩阵对 (F, H) 是可观测的，所以 Lyapunov 方程

$$\overline{P}F + F^{\mathrm{T}}\overline{P} = -H^{\mathrm{T}}H \tag{10.114}$$

① 见Youla (1961)。

有唯一解 $\overline{P} > 0$。

注意到传递函数矩阵 $V^{\mathrm{T}}(-s)V(s)$ 有一个状态空间实现

$$\begin{pmatrix} \dot{z}_1 \\ \dot{z}_2 \end{pmatrix} = \begin{pmatrix} F & 0 \\ -H^{\mathrm{T}}H & -F^{\mathrm{T}} \end{pmatrix} \begin{pmatrix} z_1 \\ z_2 \end{pmatrix} + \begin{pmatrix} G \\ -H^{\mathrm{T}}K \end{pmatrix} v$$

$$w = (K^{\mathrm{T}}H \quad G^{\mathrm{T}}) \begin{pmatrix} z_1 \\ z_2 \end{pmatrix} + K^{\mathrm{T}}Kv$$

由于式 (10.114)，该实现通过坐标变换

$$\tilde{z}_2 = z_2 - \overline{P}z_1$$

可变为

$$\begin{pmatrix} \dot{z}_1 \\ \dot{\tilde{z}}_2 \end{pmatrix} = \begin{pmatrix} F & 0 \\ 0 & -F^{\mathrm{T}} \end{pmatrix} \begin{pmatrix} z_1 \\ \tilde{z}_2 \end{pmatrix} + \begin{pmatrix} G \\ -H^{\mathrm{T}}K - \overline{P}G \end{pmatrix} v$$

$$w = (K^{\mathrm{T}}H + G^{\mathrm{T}}\overline{P} \quad G^{\mathrm{T}}) \begin{pmatrix} z_1 \\ \tilde{z}_2 \end{pmatrix} + K^{\mathrm{T}}Kv$$

这表明

$$V^{\mathrm{T}}(-s)V(s) = K^{\mathrm{T}}K + (K^{\mathrm{T}}H + G^{\mathrm{T}}\overline{P})(sI - F)^{-1}G + [(K^{\mathrm{T}}H + G^{\mathrm{T}}\overline{P})(-sI - F)^{-1}G]^{\mathrm{T}}$$

从而由式 (10.113) 得到

$$\begin{aligned} & D + D^{\mathrm{T}} + C(sI - A)^{-1}B + [C(-sI - A)^{-1}B]^{\mathrm{T}} = \\ & K^{\mathrm{T}}K + (K^{\mathrm{T}}H + G^{\mathrm{T}}\overline{P})(sI - F)^{-1}G + [(K^{\mathrm{T}}H + G^{\mathrm{T}}\overline{P})(-sI - F)^{-1}G]^{\mathrm{T}} \end{aligned} \tag{10.115}$$

令此恒等式两边常数项相等并令极点位于 $\mathbb{C}^-$ 的项相等，得到 [这正是方程组 (10.112) 中的最后一式]

$$D + D^{\mathrm{T}} = K^{\mathrm{T}}K$$

和

$$C(sI - A)^{-1}B = (K^{\mathrm{T}}H + G^{\mathrm{T}}\overline{P})(sI - F)^{-1}G \tag{10.116}$$

能够证明矩阵对 $(F, K^{\mathrm{T}}H + G^{\mathrm{T}}\overline{P})$ 是可观测的。为此注意到，由于矩阵

$$V(s) = K + H(sI - F)^{-1}G$$

对于满足 $\mathrm{Re}[s] \geqslant 0$ 的所有 s，矩阵的秩为 m，且

$$\begin{pmatrix} F - sI & G \\ H & K \end{pmatrix} = \begin{pmatrix} I & 0 \\ H(F - sI)^{-1} & I \end{pmatrix} \begin{pmatrix} F - sI & G \\ 0 & V(s) \end{pmatrix}$$

所以对于满足 $\mathrm{Re}[s] \geqslant 0$ 的所有 s，有

$$\mathrm{rank} \begin{pmatrix} F - sI & G \\ H & K \end{pmatrix} = n + m$$

现在假设矩阵对 $(F, K^{\mathrm{T}}H + G^{\mathrm{T}}\overline{P})$ 不可观测，则存在一个非零向量 v，使得对于某一个 λ 有

$$\begin{pmatrix} F+\lambda I \\ K^{\mathrm{T}}H + G^{\mathrm{T}}\overline{P} \end{pmatrix} v = 0$$

即

$$Fv = -\lambda v$$
$$K^{\mathrm{T}}Hv + G^{\mathrm{T}}\overline{P}v = 0$$

这必然有 $\mathrm{Re}[\lambda] > 0$，因为 F 的所有特征值都有负实部。注意到

$$\begin{pmatrix} F^{\mathrm{T}} - \lambda I & H^{\mathrm{T}} \\ G^{\mathrm{T}} & K^{\mathrm{T}} \end{pmatrix} \begin{pmatrix} \overline{P}v \\ Hv \end{pmatrix} = \begin{pmatrix} F^{\mathrm{T}}\overline{P}v - \lambda\overline{P}v + H^{\mathrm{T}}Hv \\ K^{\mathrm{T}}Hv + G^{\mathrm{T}}\overline{P}v \end{pmatrix} = \begin{pmatrix} 0 \\ 0 \end{pmatrix}$$

这表明（注意 $\overline{P}v \neq 0$）矩阵

$$\begin{pmatrix} F^{\mathrm{T}} - \lambda I & H^{\mathrm{T}} \\ G^{\mathrm{T}} & K^{\mathrm{T}} \end{pmatrix}$$

在 $\mathrm{Re}[\lambda] > 0$ 的某一个 λ 处奇异，这与之前的结论相矛盾。

恒等式 (10.116) 表明 $\{A, B, C\}$ 和 $\{F, G, K^{\mathrm{T}}H + G^{\mathrm{T}}\overline{P}\}$ 都是同一个传递函数矩阵的最小实现，因此一定存在一个非奇异矩阵 T，使得

$$TAT^{-1} = F, \quad TB = G, \quad CT^{-1} = K^{\mathrm{T}}H + G^{\mathrm{T}}\overline{P}$$

定义 $P = T^{\mathrm{T}}\overline{P}T$ 和 $L = HT$，这表明

$$PA + A^{\mathrm{T}}P = -L^{\mathrm{T}}L$$
$$C = K^{\mathrm{T}}L + B^{\mathrm{T}}P$$

这就完成了 (10.112) 的证明。

由于对于 $\mathrm{Re}[s] \geqslant 0$ 的所有 s，矩阵

$$V(s) = K + H(sI - F)^{-1}G = K + L(sI - A)^{-1}B$$

的秩为 m，与之前完全相同，这表明对于 $\mathrm{Re}[s] \geqslant 0$ 的所有 s，有

$$\mathrm{rank}\begin{pmatrix} A - sI & B \\ L & K \end{pmatrix} = n + m$$

这就完成了 (iii) 的证明。

为证 (iii) $\Rightarrow$ (i)，定义 $V(x) = \frac{1}{2}x^{\mathrm{T}}Px$，并利用式 (10.112) 可得

$$\begin{aligned} 2\dot{V} &= 2x^{\mathrm{T}}PAx + 2x^{\mathrm{T}}PBu \\ &= -x^{\mathrm{T}}L^{\mathrm{T}}Lx + 2u^{\mathrm{T}}(C - K^{\mathrm{T}}L)x \\ &= -x^{\mathrm{T}}L^{\mathrm{T}}Lx + 2u^{\mathrm{T}}(C - K^{\mathrm{T}}L)x + 2u^{\mathrm{T}}Du - 2u^{\mathrm{T}}Du \\ &= -x^{\mathrm{T}}L^{\mathrm{T}}Lx + 2u^{\mathrm{T}}y - 2u^{\mathrm{T}}K^{\mathrm{T}}Lx - u^{\mathrm{T}}K^{\mathrm{T}}Ku \end{aligned}$$

因而有

$$\dot{V} = y^{\mathrm{T}}u - d(x,u)$$

其中

$$d(x,u) = \frac{1}{2}\|Lx + Ku\|^2$$

现在，$d(x,u) = 0$ 意味着 $Lx + Ku = 0$。因此，如果满足

$$\begin{aligned} \dot{x}(t) &= Ax(t) + Bu(t) \\ 0 &= Lx(t) + Ku(t) \end{aligned}$$

的任意一对 $x(\cdot)\ u(\cdot)$ 使 $\lim_{t\to\infty} x(t) = 0$，则该系统是弱严格无源的。这样一对 $x(\cdot)$ 和 $u(\cdot)$ 的 Laplace 变换 $\mathcal{X}(s)$，$\mathcal{U}(s)$ 是方程组

$$\begin{pmatrix} A - sI & B \\ L & K \end{pmatrix} \begin{pmatrix} \mathcal{X}(s) \\ \mathcal{U}(s) \end{pmatrix} = \begin{pmatrix} -x(0) \\ 0 \end{pmatrix}$$

的解，且矩阵

$$\begin{pmatrix} A - sI & B \\ L & K \end{pmatrix}$$

仅在有负实部的 s 值处秩才变小。因此，$\mathcal{X}(s)$ 和 $\mathcal{U}(s)$ 是所有极点都位于 $\mathbb{C}^-$ 的有理函数向量，从而 $\lim_{t\to\infty} x(t) = 0$。这证明了系统 (10.95) 的弱严格无源性。 $\lhd$

下面以线性无源系统的另一个有趣性质来结束本节。

引理 10.9.3. 考虑一个线性系统

$$\begin{aligned} \dot{x} &= Ax + Bu \\ y &= Cx \end{aligned} \tag{10.117}$$

假设存在一个对称矩阵 $P > 0$，使得

$$\begin{aligned} PA + A^{\mathrm{T}}P &\leqslant 0 \\ C &= B^{\mathrm{T}}P \end{aligned}$$

则该系统是无源的。此外，矩阵对 (C, A) 可检测当且仅当矩阵对 (A, B) 可镇定。

证明: 设 $V(x) = \frac{1}{2}x^{\mathrm{T}}Px$，$f(x) = Ax$，$g(x) = B$，$h(x) = Cx$，并注意到 $V(x)$ 满足

$$\frac{\partial V}{\partial x}f(x) \leqslant 0, \qquad \frac{\partial V}{\partial x}g(x) = h^{\mathrm{T}}(x)$$

因此，如 10.7 节末尾所示，该系统是无源的。

现在看到，如果矩阵对 (C, A) 可检测，则该系统确实是零状态可检测的，因此，利用推论 10.8.4 的结论，取 $\varphi(y) = y$ 可得，该系统被 (线性) 反馈律 $u = -Cx$ 全局渐近镇定。这简单地证明了矩阵对 (A, B) 是可镇定的。

为证明其逆也为真，注意到，如 10.8 节所述，反馈律

$$\bar{u}(x) = -Cx = -B^{\mathrm{T}}Px$$

使得

$$\begin{aligned}\frac{\partial V}{\partial x}[Ax + B\bar{u}(x)] &= \frac{1}{2}x^{\mathrm{T}}(PA + A^{\mathrm{T}}P)x - x^{\mathrm{T}}PBB^{\mathrm{T}}Px \\ &\leqslant -x^{\mathrm{T}}PBB^{\mathrm{T}}Px = -\|\bar{u}(x)\|^2\end{aligned} \tag{10.118}$$

因此，系统

$$\dot{x} = Ax + B\bar{u}(x) = (A - BC)x \tag{10.119}$$

是 Lyapunov 意义下稳定的，且任一轨线的 ω-极限集 Γ 满足 $\Gamma \subset \{x \in \mathbb{R}^n \colon B^{\mathrm{T}}Px = 0\}$。

任一初始条件 $\tilde{x} \in \Gamma$ 都产生一条使 $V(x(t))$ 为常值的轨线 $x(t)$，因此有

$$\begin{aligned}&x^{\mathrm{T}}(t)(PA + A^{\mathrm{T}}P)x(t) = 0 \\ &\bar{u}(x(t)) = 0\end{aligned}$$

由于 $(PA + A^{\mathrm{T}}P)$ 是对称半负定的，所以由上面第一个等式得到 $(PA + A^{\mathrm{T}}P)x(t) = 0$，即

$$PAx(t) = -A^{\mathrm{T}}Px(t) \tag{10.120}$$

注意到 $x(t)$ 必然是 $\dot{x} = Ax$ 的一条轨线 [因为 $\bar{u}(x(t)) = 0$]，所以由上面第二个等式得到，对于任一 $k \geqslant 0$ 有

$$0 = \frac{\mathrm{d}^k \bar{u}(x(t))}{\mathrm{d}t^k} = \frac{\mathrm{d}^{k-1}}{\mathrm{d}t^{k-1}}\left[\frac{\partial \bar{u}}{\partial x}\right]Ax(t) = -\frac{\mathrm{d}^{k-1}}{\mathrm{d}t^{k-1}}B^{\mathrm{T}}PAx(t) = -B^{\mathrm{T}}PA^k x(t)$$

重复使用等式 (10.120)，因此有

$$B^{\mathrm{T}}(A^{\mathrm{T}})^k Px(t) = 0$$

把所有这些约束放在一起，得到

$$x^{\mathrm{T}}(t)P(B \quad AB \quad \cdots \quad A^k B) = 0 \tag{10.121}$$

现在假设矩阵对 (A, B) 可镇定，把系统分解成可控/不可控部分

$$\begin{pmatrix}\dot{x}_1 \\ \dot{x}_2\end{pmatrix} = \begin{pmatrix}A_{11}x_1 + A_{12}x_2 + B_1 u \\ A_{22}x_2\end{pmatrix}$$

并对矩阵 P 也做相应分解。由可镇定性假设知，A_{22} 的所有特征值都有负实部，从而 (A_{11}, B_1) 是一个可控对。

由于

$$A^k B = \begin{pmatrix}A_{11}^k B_1 \\ 0\end{pmatrix}$$

且 (A_{11}, B_1) 是一个可控对，所以约束 (10.121) 意味着

$$x_1^{\mathrm{T}}(t)P_{11} + x_2^{\mathrm{T}}(t)P_{12} = 0$$

即 (注意 P_{11} 正定，因此非奇异)

$$x_1^{\mathrm{T}}(t) = -x_2^{\mathrm{T}}(t)P_{12}P_{11}^{-1}$$

由于随着 t 趋于无穷有 $x_2(t)$ 趋于零，这表明随着 t 趋于无穷也有 $x_1(t)$ 趋于零。因此，在系统 (10.119) 任一轨线的 ω-极限集 Γ 上都有 $V(x) = 0$，且系统 (10.119) 的平衡态 $x = 0$ 是全局渐近稳定的。

现在假设存在系统 $\dot{x} = Ax$ 的一条轨线，对于该轨线 $y = Cx$ 恒等于零。由于 Cx 与产生闭环系统 (10.119) 的反馈律相同 (对符号取模运算)，所以该轨线一定也是系统 (10.119) 的一条轨线，因此随着 t 趋于无穷而收敛到零。这证明了系统 (10.117) 是零状态可检测的。 $\triangleleft$

第 11 章　鲁棒全局稳定性反馈设计

11.1　预备知识

本章要介绍一些重要的工具，用于在参数不确定的情况下设计能使非线性系统全局渐近稳定的反馈律。这里考虑的情况是，被控系统的数学模型依赖于一个参数向量 $\mu \in \mathbb{R}^p$，假设该参数为常量，其实际值设计人员并不知道。未知参数向量 μ 可以是某一个先验给定集合 $\mathcal{P}$ 中的任一向量，设计目标是找到一个反馈律（不显式依赖于 μ），对于每一个 $\mu \in \mathcal{P}$，该反馈律都能使系统全局渐近稳定。这类问题通常称为**鲁棒** (robust) 镇定问题。

在 9.2 节中已经看到，对于某些非线性系统，可用一个递归过程来解决全局镇定问题。这个强有力的方法重复使用了引理 9.2.2 的结果，需要求解一系列维数递增的子系统的全局渐近镇定问题。这个递归过程通常称为**反推法** (backstepping method)。有鉴于此，将引理 9.2.1 和引理 9.2.2 的结果推广到受参数不确定性影响的系统，似乎是分析鲁棒镇定问题的一个自然出发点。本节概述了使这种推广成为可能的基本思想，在后续章节中将循序渐进地讨论一些具体情况。

考虑一个由如下方程组建模的系统：

$$\begin{aligned} \dot{z} &= f(z, \xi, \mu) \\ \dot{\xi} &= q(z, \xi, \mu) + u \end{aligned} \tag{11.1}$$

状态 $(z, \xi) \in \mathbb{R}^n \times \mathbb{R}$，输入 $u \in \mathbb{R}$，$\mu \in \mathcal{P} \subset \mathbb{R}^p$ 是一个未知参数向量，$\mathcal{P}$ 是一个紧集。照例假设 $f(z, \xi, \mu)$ 和 $q(z, \xi, \mu)$ 都是其变量的光滑函数，对于每一个 $\mu \in \mathcal{P}$ 也同样有 $f(0, 0, \mu) = 0$ 和 $q(0, 0, \mu) = 0$，以便对于每一个 μ，点 $(z, \xi) = (0, 0)$ 都是一个平衡态 (在 $u = 0$ 的情况下)。

如果参数 μ 完全已知，则可利用引理 9.2.2 的结果来解决这样的镇定问题。该引理表明，根据一个满足 $v^\star(0) = 0$ 的光滑函数 $v^\star(z)$ 的信息 (它能全局渐近镇定

$$\dot{z} = f(z, v^\star(z), \mu) \tag{11.2}$$

的平衡态 $z = 0$) 和系统 (11.2) 的 Lyapunov 函数 $V(z)$ 的信息，能够构造一个满足 $u(0, 0) = 0$ 的反馈律 $u = u(z, \xi)$，使系统 (11.1) 的平衡态 $(z, \xi) = (0, 0)$ 得到全局渐近镇定。此结果在本质上基于如下两点考虑：

(i) (全局定义的) 变量变换

$$y = \xi - v^\star(z) \tag{11.3}$$

将系统 (11.1) 变为具有同样结构的系统，其形式为

$$\begin{aligned}\dot{z} &= \tilde{f}(z,y,\mu)\\ \dot{y} &= \tilde{q}(z,y,\mu)+u\end{aligned} \tag{11.4}$$

其中

$$\begin{aligned}\tilde{f}(z,y,\mu) &= f(z,v^\star(z)+y,\mu)\\ \tilde{q}(z,y,\mu) &= q(z,v^\star(z)+y,\mu)-\frac{\partial v^\star}{\partial z}f(z,v^\star(z)+y,\mu)\end{aligned}$$

但由对系统 (11.2) 做的假设可推知，子系统

$$\dot{z} = \tilde{f}(z,0,\mu) \tag{11.5}$$

的平衡态 $z=0$ 是全局渐近稳定的，有 Lyapunov 函数 $V(z)$。

(ii) 利用 Lyapunov 函数 $V(z)$，一旦知道系统 (11.5) 的平衡态 $z=0$ 是全局渐近稳定的，则很容易确定一个反馈律 $u=\tilde{u}(z,y)$ 来全局渐近镇定系统 (11.4) 的平衡态 $(z,y)=(0,0)$。

事实上，若已知 $V(z)$ 是系统 (11.5) 的 Lyapunov 函数，则容易确定一个反馈律 $u=\tilde{u}(z,y)$ 的表达式，使得

$$W(z,y)=V(z)+\frac{1}{2}y^2$$

是系统

$$\begin{aligned}\dot{z} &= \tilde{f}(z,y,\mu)\\ \dot{y} &= \tilde{q}(z,y,\mu)+\tilde{u}(z,y)\end{aligned} \tag{11.6}$$

的 Lyapunov 函数。为此，只需将 $\tilde{f}(z,y,\mu)$ 展开为

$$\tilde{f}(z,y,\mu)=\tilde{f}(z,0,\mu)+p(z,y,\mu)y$$

并使得（回想一下引理 9.2.1 的证明）

$$\begin{aligned}\dot{W} &= \frac{\partial V}{\partial z}\tilde{f}(z,y,\mu)+y\left(\tilde{q}(z,y,\mu)+\tilde{u}(z,y)\right)\\ &= \frac{\partial V}{\partial z}\tilde{f}(z,0,\mu)+\frac{\partial V}{\partial z}yp(z,y,\mu)+y\tilde{q}(z,y,\mu)+y\tilde{u}(z,y)\\ &= \frac{\partial V}{\partial z}\tilde{f}(z,0,\mu)-y^2\end{aligned}$$

这可通过选择 $\tilde{u}(z,y)$ 为

$$\tilde{u}(z,y)=-\frac{\partial V}{\partial z}p(z,y,\mu)-\tilde{q}(z,y,\mu)-y$$

来实现。此反馈律使 $\dot{W}$ 负定，因而全局渐近镇定系统 (11.4) 的平衡态 $(z,y)=(0,0)$。

对式 (11.3) 所示的变量变换进行逆变换，可得到一个反馈律

$$u(z,\xi)=\tilde{u}(z,\xi-v^\star(z))$$

它全局渐近镇定系统 (11.1) 的平衡态 $(z,\xi)=(0,0)$。

将此过程推广到参数 μ 未知情况的一个直接障碍是，上述方法需要精确地抵消在备选 Lyapunov 函数 $W(z\ y)$ 的导数中出现的某些项。如果 μ 的实际值未知，则不能再这样抵消，此过程无法应用。因此，当 μ 未知时，诸如系统 (11.4) 之类的镇定问题必须采取不同的方法解决。关键问题是确定一个反馈律 $\tilde{u}(z,y)$ 来全局渐近镇定系统 (11.6) 的平衡态 $(z,y)=(0,0)$。由于 $\tilde{u}(z,y)$ 项无论如何不能用于"抵消" $\tilde{q}(z,y,\mu)$ 项和 $p(z,y,\mu)$ 项对备选 Lyapunov 函数 $W(z,y)$ 的导数产生的影响，所以下面的方法似乎是最佳选择。回想一下，系统 (11.5) 是通过在系统 (11.6) 的 z-子系统中令 $y=0$ 而得到的，由假设知它是全局渐近稳定的。并注意到，系统

$$\dot{y}=\tilde{q}(0,y,\mu)+\tilde{u}(0,y) \tag{11.7}$$

是通过在系统 (11.6) 的 y-子系统中令 $z=0$ 而得到的。如果不确定参数 μ 的变动集合 $\mathcal{P}$ 是一个紧集，则该系统可被适当选择的 $\tilde{u}(0,y)$ 全局渐近镇定。为此注意到，由假设知函数 $\tilde{q}(0,y,\mu)$ 在 $y=0$ 处取值为零，并且是 y 和 μ 的光滑函数，所以可用某一个 $k(y,\mu)$ 表示为

$$\tilde{q}(0,y,\mu)=k(y,\mu)y$$

并且，如果 $\mathcal{P}$ 是紧集，则存在一个连续函数 $\rho(y)$，它对于所有的 y 都大于零，使得对于所有的 y 和 μ 有

$$|k(y,\mu)|\leqslant\rho(y)$$

在这种情况下能够立即验证，输入

$$\tilde{u}(0,y)=-2y\rho(y)$$

全局渐近镇定系统 (11.7) 的平衡态 $y=0$，实际的 Lyapunov 函数为 y^2。事实上，对该 Lyapunov 函数沿系统 (11.7) 的轨线求导，有

$$\frac{\mathrm{d}y^2}{\mathrm{d}t}=2y^2k(y,\mu)-4y^2\rho(y)\leqslant-2y^2\rho(y)$$

对于这种情况，可以将系统 (11.6) 视为两个稳定系统的互连，并尝试利用小增益定理。当然，子系统 (11.5) 和子系统 (11.7) 的全局渐近稳定性仅仅是应用小增益定理的先决条件。接下来要做的是检验系统 (11.6) 的 z-子系统 (视为输入为 y，状态为 z 的系统) 实际上是输入到状态稳定的，并确定一个"增益"函数的上限估计，即一个 $\mathcal{K}$ 类函数 $\gamma(\cdot)$，使估计式

$$\|z(t)\|\leqslant\max\{\beta(\|z^\circ\|,t),\gamma(\|y(\cdot)\|_\infty)\}$$

得到满足 [对于某一个 $\mathcal{KL}$ 类函数 $\beta(\cdot,\cdot)$]。然后，应当设计一个反馈律 $\tilde{u}(z,y)$ 以得到一个输入到状态稳定的 y-子系统，并令其"增益"函数满足"小增益"条件。尽管乍看起来很困难，但事实证明，这种方法非常有效，有助于成功解决鲁棒镇定问题。

这一过程概括了在系统 (11.1) 的 z-子系统为输入到状态稳定时如何解决鲁棒镇定问题。在某种意义上，该过程如果能够成功，则将产生引理 9.2.1 的一个鲁棒形式的结果。如果 z-子系统不是输入到状态稳定的，则需要一个预备步骤。幸运的是，如果所关注的子系统可全局渐

近镇定的 (即如果类似于引理 9.2.2 的假设成立)，那么这一步骤总能完成。事实上，假设存在一个满足 $v^\star(0)=0$ 的光滑函数 $v^\star(z)$ 可全局渐近镇定系统 (11.2) 的平衡态 $z=0$，则利用定理 10.4.3 可知，也存在一个处处不为零的光滑函数 $\beta^\star(z)$，使得系统

$$\dot{z} = f(z, v^\star(z) + \beta^\star(z)y, \mu)$$

是输入到状态稳定的 (视为状态为 z，输入为 y 的系统)。由于 $\beta^\star(z)$ 处处不为零，所以可重复执行步骤 (i)。利用如下变量变换：

$$y = [\beta^\star(z)]^{-1}[\xi - v^\star(z)]$$

可将系统 (11.1) 变成类似结构的系统，即

$$\begin{aligned}\dot{z} &= \bar{f}(z, y, \mu)\\ \dot{y} &= \bar{q}(z, y, \mu) + [\beta^\star(z)]^{-1}u\end{aligned}$$

但其中 z-子系统由构造知是输入到状态稳定的。这样，此问题可以归结为之前所考虑的问题，即设计一个能使 y-子系统为输入到状态稳定的控制 $u=\tilde{u}(z,y)$，并伴以一个使“小增益”条件得以满足的“增益”函数。

本章描述能够成功应用这一设计过程的一些重要情况。首先分析一些简单情况，其中由于系统的特殊结构和一些假设，z-子系统已经是输入到状态稳定的，而且，确保 y-子系统具有适当“增益”函数的所需操作将自动嵌入检验某一备选 Lyapunov 函数能否成为实际 Lyapunov 函数 (可能需要施加一个适当的反馈律) 的过程中。在此之后，将处理更一般的情况。

11.2　部分状态反馈镇定：一种特殊情况

本节首先研究由如下方程组建模的系统：

$$\begin{aligned}\dot{z} &= F(\mu)z + G(y,\mu)y\\ \dot{y} &= H(y,\mu)z + K(y,\mu)y + b(y,\mu)u\end{aligned} \tag{11.8}$$

其中 $z\in\mathbb{R}^n$，$y\in\mathbb{R}$，$u\in\mathbb{R}$，且 $\mu\in\mathcal{P}\subset\mathbb{R}^p$ 是一个未知参数向量，$\mathcal{P}$ 为一个紧集。函数 $F(\mu)$，$G(y,\mu)$，$H(y,\mu)$，$K(y,\mu)$ 和 $b(y,\mu)$ 都是其变量的光滑函数。

在 (辅以适当假设) 能实现全局鲁棒镇定的非线性系统中，这类系统可能是最简单的一例，实际上，可以通过反馈律

$$u = \alpha(y)$$

来实现控制目标。注意到，如果系数 $b(y,\mu)$ 处处不为零，则可认为该系统在输入 u 和输出 y 之间具有一致相对阶 1，且零动态可表示为

$$\dot{z} = F(\mu)z \tag{11.9}$$

鲁棒镇定方法所依据的假设是零动态 (11.9) 的渐近稳定性，以及 $b(y,\mu)$ 存在一个正的下界。在开始进行正式证明之前，为理解为何这些假设在 11.1 节中提出的一般框架下能获得成

功，注意到，如果动态 (11.9) 渐近稳定，则 z-子系统自动是输入到状态稳定的。事实上，可将该系统视为由输入 $v = G(y,\mu)y$ 驱动的线性系统

$$\dot{z} = F(\mu)z + v$$

因此，如果零动态 (11.9) 是渐近稳定的，则其状态响应 $z(t)$ 可以如下界定：

$$\|z(t)\| \leqslant M\mathrm{e}^{-at}\|z(0)\| + N \max_{0\leqslant s\leqslant t} \|G(y(s),\mu)y(s)\|$$

这确实保证了输入到状态稳定性。另一方面，$b(y,\mu)$ 距零有界的性质使得能够对 y-子系统施加适当的强控制作用，以便实现输入到状态稳定性和规定的增益。

引理 11.2.1. 考虑系统 (11.8)。假设：

(i) 对于每一个 μ，$F(\mu)$ 的特征值都有负实部，或者，存在一个对称矩阵 $P(\mu) > 0$（连续依赖于 μ），使得

$$P(\mu)F(\mu) + F^{\mathrm{T}}(\mu)P(\mu) = -I$$

(ii) 存在一个实数 $b_0 > 0$，使得对于所有的 $y \in \mathbb{R}$ 和所有的 $\mu \in \mathcal{P}$，有

$$b(y,\mu) \geqslant b_0$$

如果系统 (11.8) 受输入

$$u = -y\gamma(y) \tag{11.10}$$

控制，则存在一个光滑函数 $\gamma(y)$，使得正定函数

$$V(z,y) = z^{\mathrm{T}}P(\mu)z + y^2$$

对于某一个 $\varepsilon > 0$ 满足

$$\frac{\partial V}{\partial z}\dot{z} + \frac{\partial V}{\partial y}\dot{y} < -\varepsilon(\|z\|^2 + y^2)$$

因此，对于任一 $\mu \in \mathcal{P}$，反馈律 (11.10) 全局渐近镇定该系统。

证明：注意到，

$$\begin{aligned}
&\frac{\partial V}{\partial z}\dot{z} + \frac{\partial V}{\partial y}\dot{y} = \\
&-z^{\mathrm{T}}z + 2z^{\mathrm{T}}P(\mu)G(y,\mu)y + 2yH(y,\mu)z + 2[K(y,\mu) - b(y,\mu)\gamma(y)]y^2 = \\
&-\begin{pmatrix} z \\ y \end{pmatrix}^{\mathrm{T}} \begin{pmatrix} I & -P(\mu)G(y,\mu) - H^{\mathrm{T}}(y,\mu) \\ -G^{\mathrm{T}}(y,\mu)P(\mu) - H(y,\mu) & 2[b(y,\mu)\gamma(y) - K(y,\mu)] \end{pmatrix} \begin{pmatrix} z \\ y \end{pmatrix}
\end{aligned}$$

容易看到，如果适当选取 $\gamma(y)$，则对于某一个 $\varepsilon > 0$ 有

$$\begin{pmatrix} I & -P(\mu)G(y,\mu) - H^{\mathrm{T}}(y,\mu) \\ -G^{\mathrm{T}}(y,\mu)P(\mu) - H(y,\mu) & 2[b(y,\mu)\gamma(y) - K(y,\mu)] \end{pmatrix} - \varepsilon I > 0 \tag{11.11}$$

为此回忆，如果 Q_0 和 R_0 都是对称矩阵且 Q_0 非奇异，则有

$$\begin{pmatrix} Q_0 & S_0 \\ S_0^{\mathrm{T}} & R_0 \end{pmatrix} = \begin{pmatrix} I & 0 \\ S_0^{\mathrm{T}} Q_0^{-1} & I \end{pmatrix} \begin{pmatrix} Q_0 & 0 \\ 0 & R_0 - S_0^{\mathrm{T}} Q_0^{-1} S_0 \end{pmatrix} \begin{pmatrix} I & Q_0^{-1} S_0 \\ 0 & I \end{pmatrix}$$

所以上式等号左端的矩阵正定，当且仅当 $Q_0 > 0$ 且 $R_0 - S_0^{\mathrm{T}} Q_0^{-1} S_0 > 0$。

现在令 ε 为满足 $0 < \varepsilon < 1$ 的任一实数，则式 (11.11) 中的矩阵正定当且仅当

$$\begin{aligned} & 2[b(y,\mu)\gamma(y) - K(y,\mu)] - \varepsilon \\ & \qquad > [P(\mu)G(y,\mu) + H^{\mathrm{T}}(y,\mu)]^{\mathrm{T}} \frac{1}{1-\varepsilon}[P(\mu)G(y,\mu) + H^{\mathrm{T}}(y,\mu)] \end{aligned}$$

显然，此不等式成立需要 $\gamma(y)$ 满足

$$2b(y,\mu)\gamma(y) > \frac{1}{1-\varepsilon}(\|P(\mu)G(y,\mu) + H^{\mathrm{T}}(y,\mu)\|)^2 + 2K(y,\mu) + \varepsilon \tag{11.12}$$

现在看到，由于假设 μ 在一个紧集内变动，所以存在连续函数 $g(y)$，$h(y)$，$k(y)$ 和一个实数 $P_M > 0$，使得对于所有的 y 和所有的 μ，有

$$\begin{aligned} \|G(y,\mu)\| &\leqslant g(y) \\ \|H(y,\mu)\| &\leqslant h(y) \\ |K(y,\mu)| &\leqslant k(y) \\ \|P(\mu)\| &\leqslant P_M \end{aligned} \tag{11.13}$$

于是，如果

$$\gamma(y) > \frac{1}{2b_0(1-\varepsilon)}[(P_M g(y) + h(y))^2 + 2k(y) + \varepsilon]$$

则不等式 (11.12) 成立。

对于这样选择的 $\gamma(y)$，有

$$\frac{\partial V}{\partial z}\dot{z} + \frac{\partial V}{\partial y}\dot{y} < -\varepsilon(\|z\|^2 + y^2)$$

证毕。 $\triangleleft$

注记 11.2.1. 当然，如果以

$$b(y,\mu) \leqslant -b_0 < 0$$

替代条件 (ii)，其中 b_0 为一个确定的数，则有类似的结论成立，此情况下的镇定律为 $u = y\gamma(y)$。

如果集合 $\mathcal{P}$ 并非紧致的，则必须明确要求估计式 (11.13) 成立。 $\triangleleft$

注记 11.2.2. 注意，对于更一般的情况，即若系统有如下形式：

$$\begin{aligned} \dot{z} &= F(y,\mu)z + G(y,\mu)y \\ \dot{y} &= H(y,\mu)z + K(y,\mu)y + b(y,\mu)u \end{aligned}$$

只要存在一个仅依赖于 μ 而不依赖于 y 的对称矩阵 $P(\mu)>0$，使得对于所有的 $y\in\mathbb{R}$ 和所有的 $\mu\in\mathcal{P}$，有

$$P(\mu)F(y,\mu)+F^{\mathrm{T}}(y,\mu)P(\mu)=-I$$

成立，则此结果仍然有效。 $\lhd$

注记 11.2.3. 引理 11.2.1 的证明背后的一个简单的基本机制是，选择一个大的 $\gamma(y)$ 有助于 (鲁棒地) 抵消矩阵 (11.11) 中非对角项的影响，以使该矩阵正定。这其实是“小增益”的观点，因为这样做削弱了系统 (11.8) 的两个子系统之间的耦合。

以下可直接利用输入到状态稳定系统的小增益定理给出引理 11.2.1 的另一种证明。设

$$V_1(z)=z^{\mathrm{T}}P(\mu)z,\qquad V_2(y)=y^2$$

注意到，对于任一 $\delta>0$，有

$$\frac{\partial V_1}{\partial z}\dot{z}=-z^{\mathrm{T}}z+2z^{\mathrm{T}}P(\mu)G(y,\mu)y\leqslant -z^{\mathrm{T}}z+\delta z^{\mathrm{T}}P(\mu)P(\mu)z+\frac{1}{\delta}\|G(y,\mu)\|^2y^2$$

另外回想一下，如果 $\underline{\lambda}>0$ 和 $\overline{\lambda}>0$ 分别是一个对称矩阵 $M>0$ 的最小、最大特征值，则对于所有的 x，有

$$\underline{\lambda}\|x\|^2\leqslant x^{\mathrm{T}}Mx\leqslant\overline{\lambda}\|x\|^2$$

如果 M 连续依赖于参数 μ 且 μ 在一个紧集 $\mathcal{P}$ 内变动，则估计式

$$\underline{c}\|x\|^2\leqslant x^{\mathrm{T}}Mx\leqslant\overline{c}\|x\|^2$$

对于所有的 x 和所有的 $\mu\in\mathcal{P}$ 成立，其中 $0<\underline{c}<\overline{c}$ 与 μ 无关。

鉴于这一事实和估计式 (11.13)，所以选择 δ 使得矩阵 $I-\delta P(\mu)P(\mu)$ 对于所有的 μ 正定，并注意到由之前的不等式有

$$\frac{\partial V_1}{\partial z}\dot{z}\leqslant -a\|z\|^2+bg^2(y)y^2$$

其中 $a>0$ 和 $b>0$ 都是确定的常数，并且对于满足 $0<\underline{a}<\overline{a}$ 的两个常数 $\underline{a}$ 和 $\overline{a}$，有

$$\underline{a}\|z\|^2\leqslant V_1(z)\leqslant\overline{a}\|z\|^2$$

不失一般性，假设 $g(y)=g(-y)$ 且 $g(|y|)$ 非减，使得

$$\frac{\partial V_1}{\partial z}\dot{z}\leqslant -a\|z\|^2+\sigma(|y|)$$

其中 $\sigma(\cdot)$ 是一个 $\mathcal{K}_\infty$ 类函数，其形式为

$$\sigma(r)=b[g(r)r]^2$$

因此 (见注记 10.4.3)，对于任一有界的 $y(\cdot)$，响应 $z(\cdot)$ 对于一个 $\mathcal{KL}$ 类函数 $\beta_1(\cdot,\cdot)$ 满足

$$\|z(t)\|\leqslant\max\{\beta_1(\|z^\circ\|,t),\gamma_1(\|y\|_\infty)\}$$

其中 $\gamma_1(\cdot)$ 是一个 $\mathcal{K}_\infty$ 类函数，其形式为

$$\gamma_1(r) = \sqrt{\frac{\overline{a}}{\underline{a}}}\sqrt{\frac{k\sigma(r)}{a}}$$

式中 $k > 1$。特别是，对于某一个 $d > 0$，有

$$\gamma_1(r) = dg(r)r$$

令 $\varphi(y)$ 为满足 $\varphi(y) = \varphi(-y)$ 的连续函数，使得 $\varphi(|y|)$ 正定非减，并选择 $\gamma(y)$ 以使下式成立：

$$2b_0\gamma(y) > h^2(y) + 2k(y) + \varphi^2(y)$$

那么，注意到

$$\begin{aligned}\frac{\partial V_2}{\partial y}\dot{y} &= 2yH(y,\mu)z + 2K(y,\mu)y^2 - 2b(y,\mu)\gamma(y)y^2 \\ &\leqslant z^{\mathrm{T}}z + h^2(y)y^2 + 2k(y)y^2 - 2b_0\gamma(y)y^2 \\ &\leqslant -\alpha(|y|) + \|z\|^2\end{aligned}$$

其中 $\alpha(\cdot)$ 是一个 $\mathcal{K}_\infty$ 类函数，其形式为

$$\alpha(r) = [\varphi(r)r]^2$$

因此可见，对于任一有界的 $z(\cdot)$，响应 $y(\cdot)$ 对于某一个 $\mathcal{KL}$ 类函数 $\beta_2(\cdot,\cdot)$ 满足

$$|y(t)| \leqslant \max\{\beta_2(|y^\circ|, t), \gamma_2(\|z(\cdot)\|_\infty)\}$$

其中 $\gamma_2(\cdot)$ 是形式为

$$\gamma_2(r) = \alpha^{-1}(kr^2)$$

的 $\mathcal{K}_\infty$ 类函数，式中 $k > 1$。

于是，以式 (11.10) 为输入的系统 (11.8) 可视为两个输入到状态稳定系统的互连。如果“小增益”条件

$$\gamma_1(r) < \gamma_2^{-1}(r)$$

对于所有的 $r > 0$ 成立，则此系统是全局渐近稳定的。这一条件可简化为

$$dg(r)r < \frac{1}{\sqrt{k}}\varphi(r)r$$

通过适当地选择 $\varphi(r)$ 确实能使其成立。 ◁

已经证明了如何镇定一个形如式 (11.8) 的系统，就可以使用 11.1 节叙述的方法来证明一个基本引理，利用该引理能够迭代镇定具有“链式”结构的系统。

引理 11.2.2. 考虑如下形式的系统：

$$\begin{aligned}\dot{z} &= F(\mu)z + G_1(x_1,\mu)x_1\\ \dot{x}_1 &= H_1(x_1,\mu)z + K_1(x_1,\mu)x_1 + b_1(x_1,\mu)y\\ \dot{y} &= H_2(x_1,y,\mu)z + K_{21}(x_1,y,\mu)x_1 + K_{22}(x_1,y,\mu)y + b_2(x_1,y,\mu)u\end{aligned} \tag{11.14}$$

其中 $z \in \mathbb{R}^n, x_1 \in \mathbb{R}^i, y \in \mathbb{R}, u \in \mathbb{R}$, 且 $\mu \in \mathcal{P} \subset \mathbb{R}^p$ 是一个未知参数向量, $\mathcal{P}$ 是一个紧集。函数 $F(\mu)$, $G(x_1,\mu)$, $H_1(x_1,\mu)$, $K_1(x_1,\mu)$, $b_1(x_1,\mu)$, $H_2(x_1,y,\mu)$, $K_{21}(x_1,y,\mu)$, $K_{22}(x_1,y,\mu)$ 和 $b_2(x_1,y,\mu)$ 都是其变量的光滑函数。假设：

(i) 存在一个连续依赖于 μ 的对称矩阵 $P(\mu)>0$、一个对于所有 x_1 非奇异的 $i\times i$ 阶光滑函数矩阵 $M_1(x_1)$，以及一个 $1\times i$ 维光滑函数向量 $\gamma_1(x_1)$，使得

$$\|M_1(x_1)x_1\|^2 \geqslant \underline{\alpha}(\|x_1\|), \qquad \text{对于所有的 } x_1 \in \mathbb{R}^i$$

对于某一个 $\mathcal{K}_\infty$ 类函数 $\underline{\alpha}(\cdot)$ 成立，并且使得正定函数

$$V_1(z,z_1) = z^{\mathrm{T}}P(\mu)z + \|M_1(x_1)x_1\|^2$$

对于某一个 $\varepsilon>0$ 满足

$$\begin{pmatrix}\dfrac{\partial V_1}{\partial z} & \dfrac{\partial V_1}{\partial x_1}\end{pmatrix}\begin{pmatrix}F(\mu)z + G(x_1,\mu)x_1\\ H_1(x_1,\mu)z + K_1(x_1,\mu)x_1 + b_1(x_1,\mu)\gamma_1(x_1)x_1\end{pmatrix} \leqslant -\varepsilon(\|z\|^2 + \|M_1(x_1)x_1\|^2) \tag{11.15}$$

(ii) 存在一个实数 $b_{20}>0$，使得对于所有的 $(x_1,y)\in\mathbb{R}^{i+1}$ 和所有的 $\mu\in\mathcal{P}$，有

$$b_2(x_1,y,\mu) \geqslant b_{20}$$

那么，存在一个光滑函数 $\gamma_2(x_1,y)$，使得如果系统 (11.14) 受输入

$$u = -\gamma_2(x_1,y)[y - \gamma_1(x_1)x_1] \tag{11.16}$$

控制，则正定函数

$$V_2(z,x_1,y) = z^{\mathrm{T}}P(\mu)z + \|M_1(x_1)x_1\|^2 + [y-\gamma_1(x_1)x_1]^2$$

满足

$$\frac{\partial V_2}{\partial z}\dot{z} + \frac{\partial V_2}{\partial x_1}\dot{x}_1 + \frac{\partial V_2}{\partial y}\dot{y} \leqslant -\frac{\varepsilon}{2}(\|z\|^2 + \|M_1(x_1)x_1\|^2 + [y-\gamma_1(x_1)x_1]^2)$$

证明: 为了便于表示，设

$$U_1(x_1) = \|M_1(x_1)x_1\|^2$$

且

$$\dot{V}_2 = \frac{\partial V_2}{\partial z}\dot{z} + \frac{\partial V_2}{\partial x_1}\dot{x}_1 + \frac{\partial V_2}{\partial y}\dot{y}$$

另外，注意到，存在一个光滑函数矩阵 $W(x_1)$，使得

$$\frac{\partial U_1}{\partial x_1} = 2x_1^{\mathrm{T}} W(x_1)$$

利用假设 (i) 容易得到

$$\begin{aligned}
\dot{V}_2 \leqslant & -\varepsilon(\|z\|^2 + \|M_1(x_1)x_1\|^2 + [y - \gamma_1(x_1)x_1]\frac{\partial U_1}{\partial x_1} b_1(x_1, \mu) \\
& + 2[y - \gamma_1(x_1)x_1]\left(\dot{y} - \gamma_1(x_1)\dot{x}_1 - x_1^{\mathrm{T}} \frac{\partial \gamma_1^{\mathrm{T}}}{\partial x_1}\dot{x}_1\right) \\
= & -\varepsilon(\|z\|^2 + \|M_1(x_1)x_1\|^2) \\
& + 2[y - \gamma_1(x_1)x_1](x_1^{\mathrm{T}} W(x_1) b_1(x_1, \mu) + \dot{y} - \tilde{\gamma}_1(x_1)\dot{x}_1)
\end{aligned}$$

其中已设

$$\tilde{\gamma}_1(x_1) = \gamma_1(x_1) + x_1^{\mathrm{T}} \frac{\partial \gamma_1^{\mathrm{T}}}{\partial x_1}$$

考虑到 $\dot{x}_1$ 和 $\dot{y}$ 的表达式，记

$$\begin{aligned}
& x_1^{\mathrm{T}} W(x_1) b_1(x_1, \mu) + \dot{y} - \tilde{\gamma}_1(x_1)\dot{x}_1 = \\
& A(x_1, y, \mu)z + B(x_1, y, \mu)x_1 + C(x_1, y, \mu)[y - \gamma_1(x_1)x_1] + b_2(x_1, y, \mu)u
\end{aligned}$$

式中

$$\begin{aligned}
A(x_1, y, \mu) &= H_2(x_1, y, \mu) - \tilde{\gamma}_1(x_1) H_1(x_1, \mu) \\
B(x_1, y, \mu) &= b_1^{\mathrm{T}}(x_1, \mu) W^{\mathrm{T}}(x_1) + K_{21}(x_1, y, \mu) \\
&\quad - \tilde{\gamma}_1(x_1)\left(K_1(x_1, \mu) + b_1(x_1, \mu)\gamma_1(x_1)\right) \\
&\quad + K_{22}(x_1, y, \mu)\gamma_1(x_1) \\
C(x_1, y, \mu) &= K_{22}(x_1, y, \mu) - \tilde{\gamma}_1(x_1) b_1(x_1, \mu)
\end{aligned}$$

像式 (11.16) 那样选择控制 u，得到

$$\dot{V}_2 \leqslant -\begin{pmatrix} z \\ x_1 \\ [y - \gamma_1(x_1)x_1] \end{pmatrix}^{\mathrm{T}} Q(x_1, y, \mu) \begin{pmatrix} z \\ x_1 \\ [y - \gamma_1(x_1)x_1] \end{pmatrix}$$

其中

$$Q(x_1, y, \mu) = \begin{pmatrix} \varepsilon I & 0 & -A^{\mathrm{T}}(x_1, y, \mu) \\ 0 & \varepsilon M_1^{\mathrm{T}}(x_1) M_1(x_1) & -B^{\mathrm{T}}(x_1, y, \mu) \\ -A(x_1, y, \mu) & -B(x_1, y, \mu) & 2[b_2(x_1, y, \mu)\gamma_2(x_1, y) - C(x_1, y, \mu)] \end{pmatrix}$$

由于假设 μ 在一个紧集上变动，所以存在连续函数 $a(x_1, y)$，$b(x_1, y)$ 和 $c(x_1, y)$，使得矩阵 $A(x_1, y, \mu)$，$B(x_1, y, \mu)$ 和 $C(x_1, y, \mu)$ 对于所有的 $(x_1, y) \in \mathbb{R}^{i+1}$ 和所有的 $\mu \in \mathcal{P}$，满足

$$\begin{aligned}
\|A(x_1, y, \mu)\| &\leqslant a(x_1, y) \\
\|B(x_1, y, \mu)\| &\leqslant b(x_1, y) \\
\|C(x_1, y, \mu)\| &\leqslant c(x_1, y)
\end{aligned}$$

因此，利用引理 11.2.1 所用过的同样论据可推断，存在一个光滑函数 $\gamma_2(x_1, y)$ 使得

$$Q(x_1, y, \mu) > \frac{\varepsilon}{2}\begin{pmatrix} I & 0 & 0 \\ 0 & M_1^{\mathrm{T}}(x_1)M_1(x_1) & 0 \\ 0 & 0 & 1 \end{pmatrix}$$

证毕。 ◁

注记 11.2.4. 注意到，设

$$x_2 = \mathrm{col}(x_1, y)$$

$$M_2(x_2) = \begin{pmatrix} M_1(x_1) & 0 \\ -\gamma_1(x_1) & 1 \end{pmatrix}$$

则函数 $V_2(z, x_1, y)$ 可写为

$$\tilde{V}_2(z, x_2) = z^{\mathrm{T}}P(\mu)z + \|M_2(x_2)x_2\|^2$$

这表明该函数的结构与函数 $V_1(z, x_1)$ 的结构相同。而且，由于假设 $M_1(x_1)$ 对于某一个 $\mathcal{K}_\infty$ 类函数 $\underline{\alpha}(\cdot)$ 满足

$$\underline{\alpha}(\|x_1\|) \leqslant \|M_1(x_1)x_1\|^2$$

所以能证明 $M_2(x_2)$ 对于所有的 x_2 也非奇异，并且对于某一个 $\mathcal{K}_\infty$ 类函数 $\tilde{\underline{\alpha}}(\cdot)$ 有

$$\tilde{\underline{\alpha}}(\|x_2\|) \leqslant \|M_2(x_2)x_2\|^2$$

为此，只需利用如下性质 (见注记 10.1.3)：一个正定函数 $V(x)$ 满足估计式 $\underline{\alpha}(\|x\|) \leqslant V(x)$ [$\underline{\alpha}(\cdot)$ 是一个 $\mathcal{K}_\infty$ 类函数] 当且仅当对于任一 $c > 0$，满足 $V(x) \leqslant c$ 的所有 x 的集合是一个紧集。具体来说，假设

$$\|M_2(x_2)x_2\|^2 \leqslant c \tag{11.17}$$

则必然有

$$\|M_1(x_1)x_1\|^2 \leqslant c$$

$$|y| \leqslant |\gamma_1(x_1)x_1| + \sqrt{c}$$

由于假设 $\|M_1(x_1)x_1\|^2$ 以一个关于 $\|x_1\|$ 的 $\mathcal{K}_\infty$ 类函数为下界，所以上面第一式意味着 x_1 属于一个紧集，比如 Ω_c^1。于是，由第二式有

$$|y| \leqslant \max_{x_1 \in \Omega_c^1}[|\gamma_1(x_1)x_1| + \sqrt{c}]$$

由于 x_1 和 $|y|$ 都有界，所以使式 (11.17) 成立的所有 x_2 的集合是紧集，因此存在一个关于 $\|x_2\|$ 的 $\mathcal{K}_\infty$ 类函数作为 $\|M_2(x_2)x_2\|^2$ 的下界。 ◁

注记 11.2.4 中用到的论据表明，函数

$$z^{\mathrm{T}}P(\mu)z + \|M_1(x_1)x_1\|^2 + [y - \gamma_1(x_1)x_1]^2$$

对于某一个 $\mathcal{K}_\infty$ 类函数 $\alpha(\cdot)$ 也是以 $\alpha(\|\mathrm{col}(z,x_1,y)\|)$ 为下界的。因此，由此引理可得，如果系统 (11.14) 受输入 (11.16) 控制，则函数 $V_2(z,x_1,y)$ 满足

$$\frac{\partial V_2}{\partial z}\dot{z}+\frac{\partial V_2}{\partial x_1}\dot{x}_1+\frac{\partial V_2}{\partial y}\dot{y}\leqslant-\frac{\varepsilon}{2}\alpha(\|\mathrm{col}(z,x_1,y)\|)$$

因而能够断言反馈 (11.16) 正在全局渐近镇定该系统。而且，函数

$$V(t)=V_2(z(t),x_1(t),y(t))$$

对于某一个 $a>0$ 满足

$$\frac{\mathrm{d}V}{\mathrm{d}t}\leqslant-aV$$

根据常用的比较引理，这证明

$$V(t)\leqslant\mathrm{e}^{-at}V(0)$$

即 $V(t)$ 按指数衰减到零。

利用引理 11.2.1 和引理 11.2.2 可立即推知，系统

$$\begin{aligned}
\dot{z}&=F(\mu)z+G(\xi_1,\mu)\xi_1\\
\dot{\xi}_1&=H_1(\xi_1,\mu)z+K_1(\xi_1,\mu)\xi_1+b_1(\xi_1,\mu)\xi_2\\
\dot{\xi}_2&=H_2(\xi_1,\xi_2,\mu)z+\sum_{i=1}^{2}K_{2i}(\xi_1,\xi_2,\mu)\xi_i+b_2(\xi_1,\xi_2,\mu)\xi_3\\
&\ \ \vdots\\
\dot{\xi}_r&=H_r(\xi_1,\ldots,\xi_r,\mu)z+\sum_{i=1}^{r}K_{ri}(\xi_1,\ldots,\xi_r,\mu)\xi_i+b_r(\xi_1,\ldots,\xi_r,\mu)u
\end{aligned}\tag{11.18}$$

存在一个全局镇定反馈律，其中 $z\in\mathbb{R}^n$，$\xi_i\in\mathbb{R}$，$i=1,\ldots,r$，$u\in\mathbb{R}$，$\mu\in\mathcal{P}\subset\mathbb{R}^p$ 是一个未知参数向量。

定理 11.2.3. 考虑系统 (11.18)，其中 μ 在一个紧集 $\mathcal{P}$ 中变动。假设：

(i) 对于每一 μ，$F(\mu)$ 的特征值都有负实部；

(ii) 存在实数 $b_{i0}>0$，使得对于所有的 $1\leqslant i\leqslant r$，对于所有的 $(\xi_1,\ldots,\xi_i)\in\mathbb{R}^i$ 和所有的 $\mu\in\mathcal{P}$，有

$$b_i(\xi_1,\ldots,\xi_i,\mu)\geqslant b_{i0}$$

那么，存在一个光滑反馈律

$$u=u(\xi_1,\ldots,\xi_r)$$

满足 $u(0,\ldots,0)=0$，对于任一 $\mu\in\mathcal{P}$ 都能全局渐近镇定该系统。

证明：如果 $r=1$，则定理的假设与引理 11.2.1 的假设相同，因此可以断言存在一个光滑函数 $\gamma_1(\xi_1)$，使得正定函数

$$V_1(z,\xi_1)=z^{\mathrm{T}}P(\mu)z+\xi_1^2$$

对于某一个 $\varepsilon > 0$ 满足

$$\begin{pmatrix}\dfrac{\partial V_1}{\partial z} & \dfrac{\partial V_1}{\partial \xi_1}\end{pmatrix}\begin{pmatrix}F(\mu)z + G(\xi_1,\mu)\xi_1 \\ H_1(\xi_1,\mu)z + K_1(\xi_1,\mu)\xi_1 + b_1(\xi_1,\mu)\gamma_1(\xi_1)\xi_1\end{pmatrix} < -\varepsilon(\|z\|^2 + \|\xi_1\|^2)$$

下面进行归纳。假设 $r > 1$，设

$$x_1 = \mathrm{col}(\xi_1, \ldots, \xi_i), \qquad y = \xi_{i+1}$$

把系统 (11.18) 的前 $n+i+1$ 个方程重新写为式 (11.14) 的形式，以 u 替代 ξ_{i+2}，并假设引理 11.2.2 中的假设 (i) 成立。换言之，假设存在一个 $1 \times i$ 维光滑函数向量和一个 $i \times i$ 阶光滑函数矩阵，使得正定函数

$$V_1(z, x_1) = z^{\mathrm{T}}P(\mu)z + \|M_1(x_1)x_1\|^2$$

对于某一个 $\varepsilon > 0$ 满足不等式 (11.15)(如上所述，在 $i = 1$ 时就是这种情况)。于是，由引理 11.2.2 知，存在一个光滑函数 $\gamma_2(x_1, y)$ 使得正定函数

$$V_2(z, x_1, y) = z^{\mathrm{T}}P(\mu)z + \|M_1(x_1)x_1\|^2 + [y - \gamma_1(x_1)x_1]^2$$

当 $u = -\gamma_2(x_1, y)[y - \gamma_1(x_1)x_1]$ 时满足

$$\dot{V}_2 < -\frac{\varepsilon}{2}(\|z\|^2 + \|M_1(x_1)x_1\|^2 + [y - \gamma_1(x_1)x_1]^2)$$

记

$$\|M_1(x_1)x_1\|^2 + [\xi_{i+1} - \gamma_1(x_1)x_1]^2 = \left\|\begin{pmatrix}M_1(x_1) & 0 \\ -\gamma_1(x_1) & 1\end{pmatrix}\begin{pmatrix}x_1 \\ \xi_{i+1}\end{pmatrix}\right\|^2$$

并记

$$-\gamma_2(x_1, \xi_{i+1})[\xi_{i+1} - \gamma_1(x_1)x_1] = \begin{pmatrix}\gamma_2(x_1, \xi_{i+1})\gamma_1(x_1) & -\gamma_2(x_1, \xi_{i+1})\end{pmatrix}\begin{pmatrix}x_1 \\ \xi_{i+1}\end{pmatrix}$$

考虑到注记 11.2.4 可得，对于由式 (11.18) 前 $n+i+2$ 个方程构成的系统来说，引理 11.2.2 的假设 (i) 成立。因此，由归纳法可得，存在一个反馈律

$$u = u(\xi_1, \ldots, \xi_r)$$

满足 $u(0, \ldots, 0) = 0$；还存在一个正定函数 $V(z, \xi_1, \ldots, \xi_r)$，对于一个 $\mathcal{K}_\infty$ 类函数 $\underline{\alpha}(\cdot)$ 满足

$$\underline{\alpha}(\|\mathrm{col}(z, \xi_1, \ldots, \xi_r)\|) \leqslant V(z, \xi_1, \ldots, \xi_r)$$

且对于某一个 $\mathcal{K}_\infty$ 类函数 $\alpha(\cdot)$，具有性质

$$\dot{V} \leqslant -\alpha(\|\mathrm{col}(z, \xi_1, \ldots, \xi_r)\|)$$

定理得证。 $\lhd$

下面以有关系统 (11.18) 结构的一些补充说明来结束本节。可以看出，此系统的状态可分为两个子集，即 z 和 $\xi_1,\dots,\xi_r$，并且模型的非线性项以三角型的方式依赖于单个变量 ξ_i，这使得基于引理 11.2.2 实现一个递归设计过程成为可能。当然，以方程组 (11.18) 建模的这类系统包含了在适当选择的坐标系下对于所有状态变量都有三角型依赖关系的特殊系统。就这方面来说，式 (11.18) 中的前 n 个方程，即

$$\dot{z} = F(\mu)z + g(\xi_1, \mu)\xi_1$$

应视为状态变量各分量之间没有三角型依赖关系的某一个子系统。为了应对这个子系统可能不存在三角型内部结构这一事实，已经假设式 (11.18) 右端的表达式是关于 z 的仿射函数，在前述论据中明显可见，这简化了镇定反馈律的综合设计。

关于系统 (11.18) 的另一个重要假设是 z-子系统的内部动态的稳定性。鉴于本章开头所说明的一般性原理，如果 z-子系统可用某种反馈律 $\xi_1 = v^\star(z)$ 镇定，则似乎能够取消这一假设。然而，必须注意的是，将该系统的 z-子系统变为稳定系统所需的变量变换

$$y = \xi_1 - v^\star(z)$$

通常会破坏系统 (11.18) 的特殊结构，因为变换之后右端各种表达式可能不再是 z 的仿射形式。正因为如此，所做的假设在目前的情况下有几分必要性。但在 11.4 节将看到如何借助于输入到状态稳定系统的小增益定理，最终取消这种假设。

11.3　输出反馈镇定：一种特殊情况

本节讨论仅使用输出反馈的非线性系统的鲁棒全局镇定问题。如果一个系统具有一致相对阶 1 和系统 (11.18) 的特殊结构，则由引理 11.2.1 可知，利用仅依赖于 y 的反馈，即一个无记忆的输出反馈，能够实现全局镇定。本节考虑一致相对阶大于 1 的一类特殊系统，将利用定理 11.2.3 的结论来说明如何以动态输出反馈实现全局镇定。

这种镇定方法所依据的基本思想如下。不失一般性，假设系统 (由假设条件相对阶 $r \geqslant 2$) 的模型为如下方程组：

$$\begin{aligned}\dot{x} &= f(x, y, \mu) + g(x, y, \mu)u \\ \dot{y} &= h(x, y, \mu)\end{aligned} \tag{11.19}$$

其中 $x \in \mathbb{R}^n$，$y \in \mathbb{R}$，$\mu \in \mathcal{P} \subset \mathbb{R}^p$ 是一个未知参数向量。假设为扩张其动态，增加如下一组 $r-1$ 个方程：

$$\begin{aligned}\dot{\xi}_2 &= -\lambda_1\xi_2 + \xi_3 \\ \dot{\xi}_3 &= -\lambda_2\xi_3 + \xi_4 \\ &\vdots \\ \dot{\xi}_r &= -\lambda_{r-1}\xi_r + \gamma(y)u\end{aligned}$$

其中 λ_i $(i=1,\ldots,r-1)$ 都是正数，u 和 y 是系统 (11.19) 的输入和输出，$\gamma(y)$ 是一个距零有界的光滑函数。换言之，考虑“增广”系统

$$\begin{aligned}\dot{x} &= f(x,y,\mu)+g(x,y,\mu)u\\ \dot{y} &= h(x,y,\mu)\\ \dot{\xi} &= A\xi+B\gamma(y)u\end{aligned}\tag{11.20}$$

其中

$$\xi=\mathrm{col}(\xi_2,\ldots,\xi_r)$$

且

$$A=\begin{pmatrix}-\lambda_1 & 1 & \cdots & 0 & 0\\ 0 & -\lambda_2 & \cdots & 0 & 0\\ \vdots & \vdots & \vdots & \vdots & \vdots\\ 0 & 0 & \cdots & -\lambda_{r-2} & 1\\ 0 & 0 & \cdots & 0 & -\lambda_{r-1}\end{pmatrix},\ B=\begin{pmatrix}0\\0\\\vdots\\0\\1\end{pmatrix}$$

另外，设

$$C=(1\ \ 0\ \ \cdots\ \ 0\ \ 0)$$

所以有 $\xi_2=C\xi$。

现在，假设存在一个坐标变换

$$\tilde{x}=x-D(\mu)\xi\tag{11.21}$$

将增广系统 (11.20) 变为

$$\begin{aligned}\dot{\tilde{x}} &= F(\mu)\tilde{x}+G(y,\mu)y+d(\mu)C\xi\\ \dot{y} &= H(\mu)\tilde{x}+K(y,\mu)y+b(\mu)C\xi\\ \dot{\xi} &= A\xi+B\gamma(y)u\end{aligned}\tag{11.22}$$

其中 $b(\mu)$ 对于所有的 μ 满足

$$b(\mu)\geqslant b_0>0$$

在这种情况下，附加坐标变换

$$z=\tilde{x}-\frac{1}{b(\mu)}d(\mu)y$$

将系统 (11.22) 变为

$$\begin{aligned}\dot{z} &= \tilde{F}(\mu)z+\tilde{G}(y,\mu)y\\ \dot{y} &= \tilde{H}(\mu)z+\tilde{K}(y,\mu)y+b(\mu)\xi_2\\ \dot{\xi}_2 &= -\lambda_1\xi_2+\xi_3\\ \dot{\xi}_3 &= -\lambda_2\xi_3+\xi_4\\ &\ \ \vdots\\ \dot{\xi}_r &= -\lambda_{r-1}\xi_r+\gamma(y)u\end{aligned}\tag{11.23}$$

其中

$$\tilde{F}(\mu) = F(\mu) - \frac{1}{b(\mu)} d(\mu) H(\mu)$$
$$\tilde{G}(y,\mu) = G(y,\mu) + \frac{1}{b(\mu)} \left[F(\mu)d(\mu) - \frac{1}{b(\mu)} d(\mu)H(\mu)d(\mu) - d(\mu)K(y,\mu) \right]$$
$$\tilde{H}(\mu) = H(\mu)$$
$$\tilde{K}(y,\mu) = K(y,\mu) + \frac{1}{b(\mu)} H(\mu)d(\mu)$$

结果表明系统 (11.23) 与系统 (11.18) 具有相同的结构。如果它满足定理 11.2.3 的假设，则通过反馈律

$$u = u(y,\xi)$$

可以实现全局鲁棒镇定。

当然，该反馈也同样镇定系统 (11.20)，它与系统 (11.23) 的不同之处仅为一个简单的坐标变换。但是，称这个 (无记忆) 反馈律镇定了系统 (11.20) 即表明以下系统：

$$\begin{aligned} \dot{\xi} &= A\xi + B\gamma(y)u(y,\xi) \\ u &= u(y,\xi) \end{aligned} \tag{11.24}$$

(视为输入为 y，输出为 u，内部状态 $\xi \in \mathbb{R}^{r-1}$ 的系统) 是镇定系统 (11.19) 的一个动态反馈律，而这正是想要实现的设计目标。

总之，鉴于定理 11.2.3 的条件，如果：

(i) 通过形如式 (11.21) 的坐标变换，可以将系统 (11.20) 转换为系统 (11.22) 的形式；

(ii) 对于每一个 μ，矩阵 $\tilde{F}(\mu)$ 的特征值都具有负实部；

(iii) 存在一个实数 $b_0 > 0$，使得对于所有的 $y \in \mathbb{R}$ 和所有的 $\mu \in \mathcal{P}$，有

$$b(\mu) \geqslant b_0$$
$$\gamma(y) \geqslant b_0$$

则系统 (11.19) 可通过动态输出反馈实现全局镇定。

现在分别讨论这几点。为满足条件 (i)，注意，这意味着

$$\begin{aligned} f(\tilde{x} + D(\mu)\xi, y, \mu) + g(\tilde{x} + D(\mu)\xi, y, \mu)u - D(\mu)A\xi - D(\mu)B\gamma(y)u \\ = F(\mu)\tilde{x} + G(y,\mu)y + d(\mu)C\xi \end{aligned}$$

因此，必然有

$$f(\tilde{x} + D(\mu)\xi, y, \mu) - D(\mu)A\xi = F(\mu)\tilde{x} + G(y,\mu)y + d(\mu)C\xi \tag{11.25}$$

和

$$g(\tilde{x} + D(\mu)\xi, y, \mu)u = D(\mu)B\gamma(y) \tag{11.26}$$

由第一式可见，必然有

$$f(x,0,\mu)=F(\mu)x$$
$$f(0,y,\mu)=G(y,\mu)y$$

和

$$f(x,y,\mu)=F(\mu)x+G(y,\mu)y$$

如果上式成立，则式 (11.25) 成立当且仅当

$$F(\mu)D(\mu)-D(\mu)A=d(\mu)C$$

另一方面，式 (11.26) 意味着

$$g(x,y,\mu)=\bar{g}(\mu)\gamma(y)$$

其中

$$\bar{g}(\mu)=D(\mu)B$$

再来看

$$h(\tilde{x}+D(\mu)\xi,y,\mu)=H(\mu)\tilde{x}+K(y,\mu)y+b(\mu)C\xi$$

同样的论据表明，必然有

$$h(x,y,\mu)=H(\mu)x+K(y,\mu)y$$

和

$$H(\mu)D(\mu)=b(\mu)C$$

总之，条件 (i) 得以满足当且仅当系统 (11.19) 有特殊形式

$$\begin{aligned}\dot{x}&=F(\mu)x+G(y,\mu)y+\bar{g}(\mu)\gamma(y)u\\ \dot{y}&=H(\mu)x+K(y,\mu)y\end{aligned}\tag{11.27}$$

并且存在 $D(\mu)$，$d(\mu)$ 和 $b(\mu)$，使得

$$\begin{aligned}F(\mu)D(\mu)-D(\mu)A&=d(\mu)C\\ D(\mu)B&=\bar{g}(\mu)\\ H(\mu)D(\mu)&=b(\mu)C\end{aligned}\tag{11.28}$$

结果表明，这一组方程总能求解，因此可以得到结论：为使条件 (i) 成立，系统必须满足的充要条件仅是具有式 (11.27) 的特殊形式。为方便起见，单独陈述并证明方程组 (11.28) 的可解性。

引理 11.3.1. 假设系统 (11.27) 有一致相对阶 r，则方程组 (11.28) 有唯一解 $(D(\mu),d(\mu),b(\mu))$。具体为

$$d(\mu)=p(F(\mu))\bar{g}(\mu)\tag{11.29}$$

其中 $p(\lambda)$ 是多项式

$$p(\lambda) = (\lambda + \lambda_1) \cdots (\lambda + \lambda_{r-1}) \tag{11.30}$$

并且

$$b(\mu) = H(\mu)F^{r-2}(\mu)\bar{g}(\mu) \tag{11.31}$$

证明: 将 $D(\mu)$ 分成 $r-1$ 列

$$D(\mu) = (d_1(\mu) \;\; d_2(\mu) \;\; \cdots \;\; d_{r-1}(\mu))$$

并注意到方程组 (11.28) 的第二式简化为

$$d_{r-1}(\mu) = \bar{g}(\mu)$$

将第一个条件逐列写出，对于 $i = r-1, r-2, \ldots, 2$，产生

$$d_{i-1}(\mu) = [F(\mu) + \lambda_i I]d_i(\mu)$$

和

$$d(\mu) = [F(\mu) + \lambda_1 I]d_1(\mu)$$

因而递归地得到

$$\begin{aligned}
d_{r-1}(\mu) &= \bar{g}(\mu) \\
d_{r-2}(\mu) &= [F(\mu) + \lambda_{r-1} I]\bar{g}(\mu) \\
&\;\;\vdots \\
d(\mu) &= [F(\mu) + \lambda_1 I] \cdots [F(\mu) + \lambda_{r-1} I]\bar{g}(\mu)
\end{aligned}$$

上面最后一式证明了式 (11.29)。

到目前为止，可看出方程组 (11.28) 中的前两个方程有唯一解 $(D(\mu), d(\mu))$。还需要证明这个解对于某一个 $b(\mu)$ 能够满足最后一个方程。为此，利用系统 (11.27) 有相对阶 r 的假设，计算 y 的前 r 阶导数可推知，必然有

$$H(\mu)\bar{g}(\mu) = H(\mu)F(\mu)\bar{g}(\mu) = \cdots = H(\mu)F^{r-3}(\mu)\bar{g}(\mu) = 0$$

和

$$H(\mu)F^{r-2}(\mu)\bar{g}(\mu) \neq 0$$

利用这些条件，并考虑到之前求得的 $d_i(\mu)$ 的表达式，可见

$$H(\mu)(d_2(\mu) \;\; \cdots \;\; d_{r-1}(\mu)) = (0 \;\; \cdots \;\; 0)$$

和

$$H(\mu)d_1(\mu) = H(\mu)F^{r-2}(\mu)\bar{g}(\mu)$$

这证明了方程组 (11.28) 的最后一式。 ◁

现在来讨论上述条件 (ii)。为此回想一下，由假设知系统 (11.27) 有一致相对阶 r。因此，该系统的**零动态** (zero dynamics) 有唯一定义，可用以下方式来确定。简单的计算表明，约束 $y=0$ 意味着

$$
\begin{aligned}
0 &= H(\mu)x \\
0 &= H(\mu)F(\mu)x \\
&\ \ \vdots \\
0 &= H(\mu)F^{r-2}(\mu)x \\
0 &= H(\mu)F^{r-1}(\mu)x + H(\mu)F^{r-2}(\mu)\bar{g}(\mu)\gamma(0)u
\end{aligned}
$$

由此可见，系统 (11.27) 的零动态流形 Z^* 是如下子空间：

$$
Z^* = \{x \in \mathbb{R}^n \colon H(\mu)F^i(\mu)x = 0, i = 0, \ldots, r-2\} \tag{11.32}
$$

并且该流形同样因控制

$$
u = -\frac{1}{H(\mu)F^{r-2}(\mu)\bar{g}(\mu)\gamma(0)} H(\mu)F^{r-1}(\mu)x
$$

而不变。不失一般性，假设 $\gamma(0)=1$ [如果并非如此，则只需重新定义 $\bar{g}(\mu)$ 和 $\gamma(y)$ 即可满足此条件]，并考虑到式 (11.31)，该控制可重新写为

$$
u = -\frac{1}{b(\mu)} H(\mu)F^{r-1}(\mu)x
$$

因此可得，系统 (11.27) 的零动态就是线性映射

$$
F(\mu) - \frac{1}{b(\mu)}\bar{g}(\mu)H(\mu)F^{r-1}(\mu) \tag{11.33}
$$

在其不变子空间 Z^* 上的限制。

能够证明，条件 (ii) 实际上等价于线性映射

$$
\left.[F(\mu) - \frac{1}{b(\mu)}\bar{g}(\mu)H(\mu)F^{r-1}(\mu)]\right|_{Z^*} \tag{11.34}
$$

的特征值都有负实部这个性质。

引理 11.3.2. 假设 $\lambda_1 > 0, \ldots, \lambda_{r-1} > 0$。矩阵 $\tilde{F}(\mu)$ 的特征值都具有负实部当且仅当映射 (11.34) 的特征值都有负实部。

证明：此结果的证明本质上基于以下性质。令 A 为一个线性映射 $\mathbb{R}^n \to \mathbb{R}^n$，并令 $\mathcal{V}$ 为一个 k 维不变子空间。那么，众所周知，如果选择坐标系使 $\mathcal{V}$ 中向量的后 $n-k$ 个分量为零，则 A 的矩阵表示形如

$$
\begin{pmatrix} A_{11} & A_{12} \\ 0 & A_{22} \end{pmatrix} \tag{11.35}
$$

且 A_{11} 是 A 限制在 $\mathcal{V}$ 上的矩阵表示。另外，注意到，由于 $\mathcal{V}$ 对于 A 是不变的，所以映射

$$\begin{aligned} A^*\colon \mathbb{R}^n/\mathcal{V} &\to \mathbb{R}^n/\mathcal{V} \\ \{x\} &\mapsto \{Ax\} \end{aligned}$$

[其中 $\{x\}$ 表示 x 的等价类，即满足 $(x'-x)\in\mathcal{V}$ 的所有 x' 的集合] 具有唯一定义，且 A_{22} 是矩阵 A^* 的一个矩阵表示。因此，$A|_{\mathcal{V}}$ 的谱和 A^* 的谱合起来构成了 A 的谱。

现在考虑要处理的情况，设

$$\mathcal{V}=\operatorname{span}\{\bar{g}(\mu),F(\mu)\bar{g}(\mu),\ldots,F^{r-2}(\mu)\bar{g}(\mu)\}$$

这个子空间是 $\tilde{F}(\mu)$ 的一个不变子空间。为看出这一点，将多项式 (11.30) 表示为如下形式：

$$p(\lambda)=\lambda^{r-1}+a_{r-2}\lambda^{r-2}+\ldots+a_1\lambda+a_0$$

并注意到通过简单的计算有

$$\begin{aligned} &\tilde{F}(\mu)(\bar{g}(\mu)\;\; F(\mu)\bar{g}(\mu)\;\;\cdots\;\; F^{r-2}(\mu)\bar{g}(\mu)) \\ &=(\bar{g}(\mu)\;\; F(\mu)\bar{g}(\mu)\;\;\cdots\;\; F^{r-2}(\mu)\bar{g}(\mu))\begin{pmatrix} 0 & 0 & \cdots & -a_0 \\ 1 & 0 & \cdots & -a_1 \\ 0 & 1 & \cdots & -a_2 \\ \vdots & \vdots & \vdots & \vdots \\ 0 & 0 & \cdots & -a_{r-2} \end{pmatrix} \end{aligned}$$

这证明 $\mathcal{V}$ 对 $\tilde{F}(\mu)$ 不变，并且

$$A_{11}=\begin{pmatrix} 0 & 0 & \cdots & -a_0 \\ 1 & 0 & \cdots & -a_1 \\ 0 & 1 & \cdots & -a_2 \\ \vdots & \vdots & \vdots & \vdots \\ 0 & 0 & \cdots & -a_{r-2} \end{pmatrix} \tag{11.36}$$

是 $\tilde{F}(\mu)|_{\mathcal{V}}$ 的一个矩阵表示。

现在考虑子空间

$$Z^*=\ker\begin{pmatrix} H(\mu) \\ H(\mu)F(\mu) \\ \vdots \\ H(\mu)F^{r-2}(\mu) \end{pmatrix}$$

这个子空间未必对于 $\tilde{F}(\mu)$ 不变。然而，它与 $\mathcal{V}$ 互补。事实上，不存在能被所有的 $H(\mu)$，$H(\mu)F(\mu)$，$\cdots$，$H(\mu)F^{r-2}(\mu)$ 零化的关于 $\bar{g}(\mu)$，$F(\mu)\bar{g}(\mu)$，$\ldots$，$F^{r-2}(\mu)\bar{g}(\mu)$ 的非平凡线性组合，因为否则将同 $H(\mu)F^{r-2}(\mu)\bar{g}(\mu)$ 非零这一事实相矛盾。

因此可见，对于每一点 $x \in \mathbb{R}^n$，存在唯一的 $z \in Z^*$，使得

$$\{x\} = z + \mathcal{V}$$

特别是，映射

$$\tilde{F}^*\colon \{x\} \mapsto \{\tilde{F}(\mu)x\}$$

满足

$$\tilde{F}^*\{x\} = \{\tilde{F}(\mu)z\}$$

现在由构造知，对于所有的 $z \in Z^*$，有

$$\tilde{F}(\mu)z = [F(\mu) - \frac{1}{b(\mu)}\bar{g}(\mu)H(\mu)F^{r-1}(\mu)]z \quad \mod \quad \mathcal{V}$$

因此，

$$\{\tilde{F}(\mu)z\} = \{[F(\mu) - \frac{1}{b(\mu)}\bar{g}(\mu)H(\mu)F^{r-1}(\mu)]z\}$$

这表明映射 $\tilde{F}^*$ 和映射

$$[F(\mu) - \frac{1}{b(\mu)}\bar{g}(\mu)H(\mu)F^{r-1}(\mu)]\Big|_{Z^*} \tag{11.37}$$

是同构的。因此可见，在 $\tilde{F}(\mu)$ 的矩阵表示 (11.35) 中，右下角矩阵 A_{22} 事实上也是映射 (11.37) 的一个矩阵表示。

于是可得，$\tilde{F}(\mu)$ 的谱是矩阵 (11.36) 的谱和映射 (11.37) 的谱的并集，结论得证。 ◁

综上所述，上述论据表明，条件 (i) 和条件 (ii) 能得到满足，当且仅当系统 (假设具有一致相对阶 r) 具有特殊形式 (11.27) 且其零动态渐近稳定。因此，可以得出以下结论。

命题 11.3.3. 考虑系统

$$\begin{aligned}\dot{x} &= F(\mu)x + G(y,\mu)y + \bar{g}(\mu)\gamma(y)u \\ \dot{y} &= H(\mu)x + K(y,\mu)y\end{aligned}$$

其中 $x \in \mathbb{R}^n$，$y \in \mathbb{R}$，$u \in \mathbb{R}$，$\mu \in \mathcal{P} \subset \mathbb{R}^p$ 是一个未知参数向量，$\mathcal{P}$ 是一个紧集。假设如下条件成立：

(i) 对于 $i = 1, \ldots, r-3$ 有 $H(\mu)F^i(\mu)\bar{g}(\mu) = 0$，且对于某一个 $b_0 > 0$，条件

$$\begin{aligned}&H(\mu)F^{r-2}(\mu)\bar{g}(\mu) \geqslant b_0 \\ &\gamma(y) \geqslant b_0\end{aligned}$$

对于所有的 y 和 $\mu \in \mathcal{P}$ 都成立；

(ii) 对于每一个 $\mu \in \mathcal{P}$，映射

$$[F(\mu) - \frac{1}{b(\mu)}\bar{g}(\mu)H(\mu)F^{r-1}(\mu)]\Big|_{Z^*}$$

的特征值都具有负实部。

那么，此系统可被动态输出反馈全局渐近镇定。

11.4　下三角型系统的镇定

本节对由**下三角型** (lower-triangular) 方程组描述的系统提供一种鲁棒全局镇定方法。例如，设所考虑的模型结构为

$$
\begin{aligned}
\dot{z} &= f(z, \xi_1, \mu) \\
\dot{\xi}_1 &= q_1(z, \xi_1, \mu) + b_1(z, \xi_1, \mu)\xi_2 \\
\dot{\xi}_2 &= q_2(z, \xi_1, \xi_2, \mu) + b_2(z, \xi_1, \xi_2, \mu)\xi_3 \\
&\ \ \vdots \\
\dot{\xi}_r &= q_r(z, \xi_1, \ldots, \xi_r, \mu) + b_r(z, \xi_1, \ldots, \xi_r, \mu)u
\end{aligned}
\tag{11.38}
$$

其中 $z \in \mathbb{R}^n$，$\xi_i \in \mathbb{R}$，$i = 1, \ldots, r$，$u \in \mathbb{R}$，$\mu \in \mathcal{P} \subset \mathbb{R}^p$ 是一个未知参数向量。

这类系统通常称为反馈型系统，因为它们对应于 $r+1$ 个子系统的级联互连，起始于系统 (11.38) 的 ξ_r-子系统，终止于系统 (11.38) 的 z-子系统，其中级联中前 $i-1$ 个子系统的“输出” $\xi_{i-1}, \ldots, \xi_1, z$ 全都馈送给第 i 个子系统 (见图 11.1)。特别是，因为不再假设式 (11.38) 的等号右边的表达式为 z 的仿射函数，所以可将这类系统视为方程组 (11.18) 所建模系统的扩展类。而且，也去除了 $\xi_1 = 0$ 时 z-子系统在 $z = 0$ 处有渐近稳定平衡态的假设。

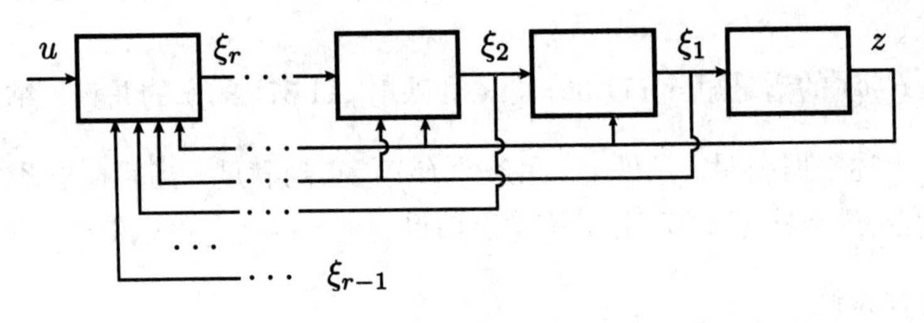

图 11.1　反馈型系统

系统 (11.38) 能被鲁棒镇定基于一个基本引理，可视为引理 9.2.1 的一个鲁棒版本。

引理 11.4.1. 考虑系统

$$
\begin{aligned}
\dot{z} &= f(z, \xi, \mu) \\
\dot{\xi} &= \phi(z, \xi, \mu) + b(z, \xi, \mu)u
\end{aligned}
\tag{11.39}
$$

其中 $(z, \xi) \in \mathbb{R}^n \times \mathbb{R}$，$f(0, 0, \mu) = 0$ 且 $\phi(0, 0, \mu) = 0$。假设以下条件成立：

(i) 对于每一个 μ，系统 (11.39) 的 z-子系统是输入到状态稳定的，特别是，已知一个与 μ 无关的 $\mathcal{K}_\infty$ 类函数 $\gamma(\cdot)$，使得对于任一有界的 $\xi(\cdot)$，响应 $z(\cdot)$ 对于某一个 $\mathcal{KL}$ 类函数 $\beta(\cdot, \cdot)$ 满足

$$
\begin{aligned}
\|z(\cdot)\|_\infty &\leqslant \max\{\beta(\|z^\circ\|, t), \gamma(\|\xi(\cdot)\|_\infty)\} \\
\limsup_{t\to\infty} \|z(t)\| &\leqslant \gamma(\limsup_{t\to\infty} \|\xi(t)\|)
\end{aligned}
\tag{11.40}
$$

(ii) 存在一个实数 $b_0 > 0$，使得对于所有的 (z, ξ) 和所有的 μ，有 $b(z, \xi, \mu) \geqslant b_0$；

(iii) 存在 $\mathcal{K}$ 类函数 $\rho_0(\cdot)$ 和 $\rho_1(\cdot)$，它们在原点处是局部 Lipschitz 的，使得对于所有的 (z,ξ) 和所有的 μ，满足

$$\max\{|\phi(z,\xi,\mu)|, |\xi||b(z,\xi,\mu)|^2\} \leqslant \max\{\rho_0(|\xi|), \rho_1(\|z\|)\}$$

(iv) 函数 $\rho_1(\gamma(\cdot))$ 在原点处是局部 Lipschitz 的。

那么，存在一个光滑函数 $k(\xi)$，满足 $k(0)=0$，使得在控制律

$$u = k(\xi) + v \tag{11.41}$$

作用下，闭环系统 (11.39)– (11.41)(视为输入为 v，状态为 (z,ξ) 的系统) 是输入到状态稳定的。特别是，可以找到一个与 μ 无关的 $\mathcal{K}_\infty$ 类函数 $\tilde{\gamma}(\cdot)$，使得对于任一有界的 $v(\cdot)$，响应 $x(\cdot)=(z(\cdot),\xi(\cdot))$ 对于某一个 $\mathcal{KL}$ 类函数 $\beta(\cdot,\cdot)$ 满足

$$\begin{aligned} \|x(\cdot)\|_\infty &\leqslant \max\{\beta(\|x^\circ\|,t), \tilde{\gamma}(\|v(\cdot)\|_\infty)\} \\ \limsup_{t\to\infty} \|x(t)\| &\leqslant \tilde{\gamma}(\limsup_{t\to\infty} \|v(t)\|) \end{aligned} \tag{11.42}$$

证明: 证明此引理的第一步是，说明对于一个任意给定的 $\mathcal{K}_\infty$ 类函数 $g(\cdot)$，如何能够找到一个光滑函数 $k(\xi)$，使得系统

$$\dot{\xi} = \phi(z,\xi,\mu) + b(z,\xi,\mu)[k(\xi)+v] \tag{11.43}$$

(视为输入为 (z,v)，状态为 ξ 的系统) 是输入到状态稳定的，特别是，使任一有界的 $z(\cdot)$ 和有界的 $v(\cdot)$ 所产生的响应，对于某一个与 μ 无关的 $\mathcal{K}$ 类函数 $\gamma_v(\cdot)$ 和某一个 $\mathcal{KL}$ 类函数 $\beta(\cdot,\cdot)$，满足

$$|\xi(t)| \leqslant \max\{\beta(|\xi^\circ|,t), g(\|z(\cdot)\|_\infty), \gamma_v(\|v(\cdot)\|_\infty)\} \tag{11.44}$$

为了方便，下面独立陈述并证明这一事实。

引理 11.4.2. 考虑系统

$$\dot{x} = \phi(z,x,\mu) + b(z,x,\mu)[u+v]$$

其中 $x\in\mathbb{R}$，$z\in\mathbb{R}^n$，$v\in\mathbb{R}$，$u\in\mathbb{R}$。假设存在一个实数 $b_0>0$，使得对于所有的 (z,x) 和所有的 μ，有 $b(z,x,\mu)\geqslant b_0$。假设存在 $\mathcal{K}$ 类函数 $\rho_0(\cdot)$ 和 $\rho_1(\cdot)$，它们在原点处是局部 Lipschitz 的，使得对于所有的 (z,x) 和所有的 μ，有

$$\max\{|\phi(z,x,\mu)|, |x||(z,x,\mu)|^2\} \leqslant \max\{\rho_0(|x|), \rho_1(\|z\|)\}$$

令 $g(\cdot)$ 为某一个确定的 $\mathcal{K}_\infty$ 类函数，并假设 $\rho_1(g^{-1}(\cdot))$ 在原点处是局部 Lipschitz 的。那么，存在一个光滑反馈律 $u=k(x)$，使得正定函数 $V(x)=x^2$ 对于某一个 $d>0$ 和某一个 $\varepsilon>0$，满足

$$|x| \geqslant \max\{d|v|, g(\|z\|)\} \quad \Rightarrow \quad \frac{\partial V}{\partial x}[\phi(z,x,\mu)+b(z,x,\mu)[k(x)+v]] \leqslant -\varepsilon|x|^2 \tag{11.45}$$

引理 11.4.2 的证明: 选择

$$k(x) = -x - \alpha(x)$$

其中 $\alpha(x)$ 是一个光滑的严格增长函数，满足 $\alpha(0) = 0$，且有 $\alpha(-x) = -\alpha(x)$。因此，$x\alpha(x) = |x|\alpha(|x|)$。注意到

$$\begin{aligned}
&\frac{\partial V}{\partial x}[\phi(z,x,\mu) + b(z,x,\mu)k(x) + b(x,z,\mu)v] \\
&= 2x\phi(z,x,\mu) - 2x^2 b(z,x,\mu) - 2x\alpha(x)b(z,x,\mu) + 2xvb(z,x,\mu) \\
&\leqslant 2|x||\phi(z,x,\mu)| - 2b_0|x|^2 - 2b_0|x|\alpha(|x|) + |x|^2|b(z,x,\mu)|^2 + |v|^2 \\
&= |x|[2|\phi(z,x,\mu)| - 2b_0\alpha(|x|) + |x||b(z,x,\mu)|^2] - 2b_0|x|^2 + |v|^2
\end{aligned}$$

如果对于某一个 $\varepsilon > 0$，下面两个条件成立:

$$-2b_0|x|^2 + |v|^2 \leqslant -\varepsilon|x|^2$$

$$2b_0\alpha(|x|) \geqslant 2|\phi(z,x,\mu)| + |x||b(z,x,\mu)|^2$$

则可得到式 (11.45) 中的不等式。

选择 $\varepsilon < 2b_0$，如果 $|x| \geqslant d|v|$，其中 $d = 1/\sqrt{2b_0 - \varepsilon}$，则第一个条件确实满足。如果

$$2b_0\alpha(|x|) \geqslant 3\max\{\rho_0(|x|), \rho_1(\|z\|)\}$$

则第二个条件满足。

根据上式可选择

$$\alpha(|x|) \geqslant \frac{3}{2b_0}\max\{\rho_0(|x|), \rho_1(g^{-1}(|x|))\} \tag{11.46}$$

以便有 $2b_0\alpha(|x|) \geqslant 3\rho_0(|x|)$ 和

$$|x| \geqslant g(\|z\|) \quad \Rightarrow \quad 2b_0\alpha(|x|) \geqslant 3\rho_1(\|z\|)$$

这样选择的 $\alpha(|x|)$ 可使式 (11.45) 得以成立。最后，$\rho_0(\cdot)$ 和 $\rho_1(g^{-1}(\cdot))$ 在原点处均为局部 Lipschitz 的假设确保了能够选择一个光滑的 $\alpha(x)$ 使得不等式 (11.46) 成立。引理 11.4.2 证毕。 $\triangleleft$

引理 11.4.1 的证明 (续): 性质 (11.45) 表明，$V(\xi) = \xi^2$ 是系统

$$\dot{\xi} = \phi(z,\xi,\mu) + b(z,\xi,\mu)[k(\xi) + v] \tag{11.47}$$

(视为输入为 (z,v)，状态为 ξ 的系统) 的一个 ISS-Lyapunov 函数。因此 (见注记 10.4.2)，对于任一有界的 $z(\cdot)$ 和任一有界的 $v(\cdot)$，该系统的响应对于一个 $\mathcal{KL}$ 类函数 $\beta(\cdot,\cdot)$ 满足估计式

$$|\xi(t)| \leqslant \max\{\beta(|\xi^\circ|,t), \gamma_z(\|z(\cdot)\|_\infty), \gamma_v(\|v(\cdot)\|_\infty)\}$$

其中

$$\gamma_z(r) = \underline{\alpha}^{-1} \circ \overline{\alpha} \circ g(r)$$

且 $\underline{\alpha}(\cdot)$ 和 $\overline{\alpha}(\cdot)$ 满足

$$\underline{\alpha}(|\xi|) \leqslant V(\xi) \leqslant \overline{\alpha}(|\xi|)$$

在当前情况下，可以简单地选择 $\underline{\alpha}(r) = \overline{\alpha}(r) = r^2$，因此 $\gamma_z(r) = g(r)$，这证明了有一个形如式 (11.44) 的估计式成立。同样的论据也证明了 $\gamma_v(r) = dr$，由此可见该函数与 μ 无关。

根据不等式 (11.44)，如 10.4 节所示，对于有界的 $z(\cdot)$ 和 $v(\cdot)$，系统 (11.47) 的响应满足

$$\begin{aligned} \|\xi(\cdot)\|_\infty &\leqslant \max\{\beta(\|\xi^\circ\|, t), g(\|z(\cdot)\|_\infty), \gamma_v(\|v(\cdot)\|_\infty)\} \\ \limsup_{t\to\infty} \|\xi(t)\| &\leqslant \max\{g(\limsup_{t\to\infty} \|z(t)\|), \gamma_v(\limsup_{t\to\infty} \|v(t)\|)\} \end{aligned} \tag{11.48}$$

现在考虑系统

$$\begin{aligned} \dot{z} &= f(z, \xi, \mu) \\ \dot{\xi} &= \phi(z, \xi, \mu) + b(z, \xi, \mu)[k(\xi) + v] \end{aligned} \tag{11.49}$$

假设引理 11.4.1 中的各种假设条件成立。特别是，假设 (i) 表明在系统 (11.49) 的 z-子系统中，对于有界的 $\xi(\cdot)$，响应 $z(\cdot)$ 满足估计式 (11.40)。定义 $\mathcal{K}_\infty$ 类函数 $g(\cdot)$ 为

$$g(r) = \frac{1}{2}\gamma^{-1}(r)$$

考虑到假设 (iv)，所以函数

$$g^{-1}(r) = \gamma(2r)$$

满足引理 11.4.2 的假设，因此能够选择 $k(\xi)$ 以便在 ξ-子系统中，有界的 $z(\cdot)$ 和有界的 $v(\cdot)$ 产生的响应 $\xi(\cdot)$ 满足估计式 (11.48)。

还注意到 $g^{-1}(r) > \gamma(r)$，即

$$\gamma \circ g(r) < r, \qquad \text{对于所有的 } r > 0$$

因而，系统 (11.49) 满足小增益定理的假设，因此该系统 [视为状态为 $x = (z, \xi)$，输入为 v 的系统] 是输入到状态稳定的。特别是 (见定理 10.6.1)，对于任一有界的 $v(\cdot)$，响应 $x(\cdot) = (z(\cdot), \xi(\cdot))$ 满足形如式 (11.42) 的估计式，其中

$$\tilde{\gamma}(r) = \max\{2\gamma \circ \gamma_v(r), 2\gamma_v(r)\}$$

引理 11.4.1 证毕。 ◁

注记 11.4.1. 证明这个引理所依赖的主要论据是，在适当的技术假设 (ii)、(iii) 和 (iv) 下，可以使系统 (11.49) 的一维 ξ-子系统对于**规定的增益函数** $g(\cdot)$，在输入 z 和状态 ξ 之间实现输入到状态稳定，这是值得强调的。因此，无论 z-子系统的增益函数 $\gamma(\cdot)$ 是什么样，总能选择 $g(\cdot)$ 使小增益条件得以满足，从而可立即由小增益定理得到此引理的结论。正如所看到的，同样的论据也是证明引理 11.2.1 的主要组成部分，该引理是当前结果的一个特例。 ◁

引理 11.4.1 包含了对系统 (11.38) 建立递归设计过程以使其鲁棒镇定所需的全部要素。事实上，该引理表明，在技术假设 (ii)、(iii) 和 (iv) 之下，如果系统 (11.39) 的 z-子系统是输入到状态稳定的，特别是，对于一个与 μ 无关的函数 $\gamma(\cdot)$，有估计式 (11.40) 成立，则可以找到一个反馈律 $k(\xi)$，使得在控制

$$u = k(\xi) + v$$

作用下，整个系统，即系统 (11.49) 是输入到状态稳定的。特别是，对于一个与 μ 无关的函数 $\tilde{\gamma}(\cdot)$ 有估计式 (11.42) 成立。

为了看清楚这个递归过程如何进行，假设系统由如下方程组建模：

$$\begin{aligned}\dot{z} &= f(z,\xi,\mu)\\ \dot{\xi} &= \phi(z,\xi,\mu) + b(z,\xi,\mu)\zeta\\ \dot{\zeta} &= \psi(z,\xi,\zeta,\mu) + d(z,\xi,\zeta,\mu)u\end{aligned} \tag{11.50}$$

变量变换

$$v = \zeta - k(\xi)$$

将系统 (11.50) 变为如下形式：

$$\begin{aligned}\dot{z} &= f(z,\xi,\mu)\\ \dot{\xi} &= \phi(z,\xi,\mu) + b(z,\xi,\mu)k(\xi) + b(z,\xi,\mu)v\\ \dot{v} &= \bar{\psi}(z,\xi,v,\mu) + \bar{d}(z,\xi,v,\mu)u\end{aligned} \tag{11.51}$$

其中，由系统 (11.51) 的前两个方程构成的子系统 [视为状态为 (z,ξ)，输入为 v 的系统] 满足与引理 11.4.1 的假设 (i) 完全对应的条件。于是，如果增益函数 $\tilde{\gamma}(\cdot)$ 和 v-子系统方程中的函数 $\bar{\psi}(z,\xi,v,\mu)$ 和 $\bar{d}(z,\xi,v,\mu)$ 满足与引理 11.4.1 的技术假设 (ii)、(iii) 和 (iv) 相对应的条件，则能够找到一个控制律

$$u = \bar{k}(v) + w$$

使得相应闭环系统 [视为输入为 w，状态为 $x = (z,\xi,v)$ 的系统] 是输入到状态稳定的。特别是，其状态 $x(\cdot)$ 对于任一有界的 $w(\cdot)$ 满足估计式

$$\begin{aligned}\|x(\cdot)\|_\infty &\leqslant \max\{\beta(\|x^\circ\|,t), \tilde{\tilde{\gamma}}(\|w(\cdot)\|_\infty)\}\\ \limsup_{t\to\infty}\|x(t)\| &\leqslant \tilde{\tilde{\gamma}}(\limsup_{t\to\infty}\|w(t)\|)\end{aligned}$$

其中 $\tilde{\tilde{\gamma}}(\cdot)$ 是一个与 μ 无关的 $\mathcal{K}$ 类函数。

在结束本节之前，看一下在如下情况下，即假设存在一个反馈律 $\xi = v^\star(z)$，使得系统

$$\dot{z} = f(z, v^\star(z), \mu)$$

是鲁棒全局渐近稳定的，并且有一个与 μ 无关的 Lyapunov 函数，如何减弱引理 11.4.1 的假设 (i)，以及如何使一个额外的技术条件得到满足。

更确切地说，假设存在一个光滑函数 $v^\star(z)$，满足 $v^\star(0)=0$，还假设存在一个光滑函数 $V(z)$，满足

$$\underline{\alpha}(\|z\|) \leqslant V(z) \leqslant \overline{\alpha}(\|z\|) \tag{11.52}$$

使得

$$\frac{\partial V(z)}{\partial z} f(z, v^\star(z), \mu) \leqslant -\alpha(\|z\|)$$

其中 $\underline{\alpha}(\cdot)$，$\overline{\alpha}(\cdot)$，$\alpha(\cdot)$ 都是 $\mathcal{K}_\infty$ 类函数（与 μ 无关）。

然后，考虑函数 $\delta\colon \mathbb{R}_{\geqslant 0} \times \mathbb{R} \to \mathbb{R}$，其定义为

$$\delta(s, r) = \max_{\|z\|=s} \left[\frac{\partial V(z)}{\partial z} f(z, v^\star(z)+r, \mu) + \frac{1}{2}\alpha(s)\right]$$

由假设知，此函数在 $r=0$ 处的值对于任何 $s>0$ 都为负。下面要假设的是，在形如

$$\mathcal{R} = \{(s, r) \in \mathbb{R}_{\geqslant 0} \times \mathbb{R} \colon s > 0, |r| \leqslant \rho(s)\}$$

的区域中，此函数对于某一个与 μ 无关且对于所有的 $s \geqslant 0$ 都有定义的连续函数 $\rho(s)$ 仍然为负，其中要求 $\rho(0)=0$，并且 $\rho(s)>0$ 对于所有的 $s>0$ 都成立。

引理 11.4.3. 考虑系统

$$\dot{z} = f(z, \xi, \mu) \tag{11.53}$$

假设存在一个满足 $v^\star(0)=0$ 的光滑函数 $v^\star(z)=0$、一个光滑函数 $V(z)$、$\mathcal{K}_\infty$ 类函数 $\underline{\alpha}(\cdot)$，$\overline{\alpha}(\cdot)$ 和 $\alpha(\cdot)$，以及一个对于所有的 $s \geqslant 0$ 都有定义的连续函数 $\rho(s)$ [满足 $\rho(0)=0$，且对于所有的 $s>0$ 有 $\rho(s)>0$]，它们全都与 μ 无关，使得条件 (11.52) 成立，并且对于所有的 $s>0$ 和所有的 $|r| \leqslant \rho(s)$，有

$$\max_{\|z\|=s} \left[\frac{\partial V(z)}{\partial z} f(z, v^\star(z)+r, \mu) + \frac{1}{2}\alpha(s)\right] < 0 \tag{11.54}$$

则存在一个对于所有的 z 满足

$$0 < \beta^\star(z) \leqslant 1$$

的光滑（正值）函数 $\beta^\star(z)$ 和一个 $\mathcal{K}_\infty$ 类函数 $\chi(\cdot)$，二者都与 μ 无关，使得对于所有的 z 有

$$\|z\| \geqslant \chi(|v|) \quad \Rightarrow \quad \frac{\partial V(z)}{\partial z} f(z, v^\star(z) + \beta^\star(z)v, \mu) \leqslant -\frac{1}{2}\alpha(\|z\|)$$

证明：由定理 10.4.3 的证明可知，从函数 $\rho(\cdot)$ 出发，能够构造一个满足 $0<\beta^\star(z)\leqslant 1$ 的光滑函数 $\beta^\star(z)$ 和一个 $\mathcal{K}_\infty$ 类函数 $\chi(\cdot)$，使得

$$\|z\| \geqslant \chi(|v|) \quad \Rightarrow \quad |\beta^\star(z)v| \leqslant \rho(\|z\|)$$

因为函数 $\rho(\cdot)$ 与 μ 无关，所以如此构造的函数 $\beta^\star(z)$ 和 $\chi(\cdot)$ 与 μ 无关。于是此引理的结果是假设 (11.54) 的一个直接推论。 $\lhd$

此结果可以直接用于系统 (11.39) [或更一般的系统 (11.38)] 的鲁棒镇定问题。假设系统 (11.39) 的 z-子系统满足此引理的假设，考虑变量变换

$$v = [\beta^\star(z)]^{-1}[\xi - v^\star(z)]$$

从而得到如下系统方程：

$$\begin{aligned}\dot{z} &= f(z, v^\star(z) + \beta^\star(z)v, \mu)\\ \dot{v} &= \bar{\phi}(z, v, \mu) + \bar{b}(z, v, \mu)u\end{aligned} \tag{11.55}$$

其中，z-子系统满足的条件与引理 11.4.1 的假设 (i) 完全对应。事实上，鉴于引理 11.4.3 的结论，能够断定此子系统 (视为状态为 z，输入为 v 的系统) 是输入到状态稳定的，特别是满足形如式 (11.40) 的估计式，其中 $\gamma(\cdot) = \underline{\alpha}^{-1} \circ \overline{\alpha} \circ \chi(\cdot)$ 与 μ 无关。如果 $b(z, \xi, \mu) > b_0$，则与引理 11.4.1 的假设 (ii) 相对应的条件也成立，因为

$$\bar{b}(z, v, \mu) = [\beta^\star(z)]^{-1} b(z, v^\star(z) + \beta^\star(z)v, \mu)$$

且 $\beta^\star \leqslant 1$。因此，如果引理 11.4.1 的假设 (iii) 和假设 (iv) 也成立，则可得到一个相应于引理 11.4.1 的结论。

以下面的简单例子来说明本节所展示的内容。

例 11.4.1. 考虑由如下方程组建模的系统：

$$\begin{aligned}\dot{z} &= -az^2\mathrm{sgn}(z) + bz(\xi + \xi^2)\\ \dot{\xi} &= z + u\end{aligned} \tag{11.56}$$

其中，参数 a 和 b 满足

$$0 < a_0 \leqslant a \leqslant a_1, \qquad |b| \leqslant b_0$$

作为例 10.4.3 所考虑系统的一个特例，系统 (11.56) 的 z-子系统是输入到状态稳定的。特别是，根据该例的结论，能够推断此子系统对于增益函数

$$\gamma(r) = \frac{|b|}{a - \varepsilon}(r + r^2)$$

满足引理 11.4.1 的条件 (11.40)，其中 $0 < \varepsilon < a$。由于假设不确定参数 a 和 b 在给定界内变动 (特别是前者总是正的)，所以能够选择 ε 并找到一个数 $k > 0$，使得对于 a 和 b 的所有容许值，有

$$\frac{|b|}{a - \varepsilon} < k$$

因此引理 11.4.1 的条件 (11.40) 对于一个与 a 和 b 无关的增益函数

$$\gamma(r) = k(r + r^2)$$

成立。换言之，引理 11.4.1 的假设 (i) 得到满足。

该引理的条件 (ii) 简单成立，条件 (iii) 也如此，对于 $\rho_0(r) = \rho_1(r) = r$，该条件为

$$\max\{|z|, |\xi|\} \leqslant \max\{\rho_0(|\xi|), \rho_1(|z|)\}$$

最后，由于函数 $\rho_1(\gamma(r)) = \gamma(r)$ 在 $r = 0$ 处是局部 Lipschitz 的，所以条件 (iv) 也成立。遵照引理 11.4.1 的证明，选择一个 $\mathcal{K}_\infty$ 类函数 $g(\cdot)$ 使 (小增益) 条件

$$\gamma \circ g(r) < r, \qquad \text{对于所有的 } r > 0$$

成立，或等价地，使条件

$$\gamma(r) < g^{-1}(r), \qquad \text{对于所有的 } r > 0$$

成立。例如，选择

$$g^{-1}(r) = 2k(r + r^2)$$

不失一般性，假设 $2k > 1$，以便有

$$2k(r + r^2) \geqslant r$$

并定义

$$\alpha(\xi) = \begin{cases} 3k(\xi + \xi^2), & \text{若 } \xi \geqslant 0 \\ -\alpha(-\xi), & \text{若 } \xi \leqslant 0 \end{cases}$$

由构造知，此函数满足条件 (11.46)。因此，鉴于引理 11.4.1 可得，控制律

$$u = -\xi - \alpha(\xi) + v$$

使系统 (11.56) 输入到状态稳定。 $\lhd$

例 11.4.2. 考虑由如下方程组建模的系统：

$$\begin{aligned} \dot{z} &= az + b(1 + z^2)\xi \\ \dot{\xi} &= \xi z + u \end{aligned} \tag{11.57}$$

其中参数 a 和 b 满足

$$0 < a_0 \leqslant a \leqslant a_1, \qquad 0 < b_0 \leqslant b \leqslant b_1$$

系统 (11.57) 的 z-子系统是不稳定的，因此对于系统 (11.57) 设计镇定反馈的第一步是，寻找一个控制律 $\xi = v^\star(z)$ 使该子系统鲁棒全局渐近稳定。显然，如果 $k > 0$ 足够大，则控制律 $v^\star(z) = -kz$ 可实现这个目标。事实上，这能得到如下系统：

$$\dot{z} = -c_1 z - c_3 z^3$$

其中，如果 $k > 0$ 足够大，则对于 a 和 b 的任意取值

$$c_1 = bk - a, \qquad c_3 = bk$$

都是正的。

设计的第二步是将状态变量 ξ 变为

$$v = \xi - v^\star(z)$$

这将 z-子系统变为

$$\dot{z} = -c_1 z - c_3 z^3 + b(1+z^2)v$$

为使设计过程能够继续进行，此系统必须是输入到状态稳定的，但这并不是显然的，因为出现了 $(1+z^2)$ 与输入 v 的乘积项。尽管如此，通过把 v 变为 $\beta^\star(z)v$，其中

$$\beta^\star(z) = \frac{1}{1+z^2}$$

很容易使此系统成为输入到状态稳定的。

换言之，对系统 (11.57) 考虑变量变换

$$v = [\beta^\star(z)]^{-1}[\xi - v^\star(z)] = (1+z^2)(\xi + kz) \tag{11.58}$$

从而得到如下系统：

$$\begin{aligned}\dot{z} &= -c_1 z - c_3 z^3 + bv \\ \dot{v} &= \phi(z,v,a,b,k) + (1+z^2)u\end{aligned} \tag{11.59}$$

其中，c_1 和 c_3 有上面给出的形式，且

$$\phi(z,v,a,b,k) = zv + (1+z^2)k\dot{z} - kz^2 + \frac{v}{1+z^2}2z\dot{z}$$

在这个系统中，z-子系统现在是输入到状态稳定的，因此存在一个二次型 ISS-Lyapunov 函数 $V(z) = z^2$ 和一个以线性函数（这个线性函数与 a 和 b 无关）为界的增益函数。事实上，常规的计算表明，

$$\dot{V} \leqslant -2c_1 z^2 + 2bzv$$

由此推得，如果

$$|z| \geqslant \frac{|b|}{c_1 - \varepsilon}|v|$$

则有

$$\dot{V} \leqslant -2\varepsilon z^2$$

其中 $0 < \varepsilon < c_1$。因此，该子系统的增益以函数

$$\gamma(r) = dr$$

为界，其中 d 为满足

$$d > \frac{|b|}{c_1 - \varepsilon}$$

的任意数。

从这里开始，如前例一样进行设计。注意到，在系统 (11.59) 中，引理 11.4.1 的假设 (i) 成立，从而假设 (ii) 也成立。为检验假设 (iii)，注意到 $|\phi(z,v,a,b,k)|$ 可用一个关于 $|z|$ 和 $|v|$ 的多项式来界定（对于所有的 a 和 b）。类似的性质对于 $|v||1+z^2|^2$ 项也成立。因此，能够找到多项式形式的 $\mathcal{K}_\infty$ 类函数 $\rho_0(\cdot)$ 和 $\rho_1(\cdot)$，使假设 (iii) 对其成立。最后，由于函数 $\rho_1(\gamma(r)) = \rho_1(dr)$ 在 $r = 0$ 处光滑，所以条件 (iv) 也成立。

遵照引理 11.4.1 的证明，选择一个 $\mathcal{K}_\infty$ 类函数 $g(\cdot)$，使得 (小增益) 条件

$$\gamma(r) < g^{-1}(r), \qquad \text{对于所有的 } r > 0$$

成立。例如选择

$$g^{-1}(r) = 2dr$$

然后，选择一个函数 $\alpha(\cdot)$ 以便满足条件 (11.46)。

考虑到引理 11.4.1 的结果可得，控制律

$$u = -v - \alpha(v)$$

能鲁棒全局渐近镇定系统 (11.59)。对变换 (11.58) 进行逆变换，可得到一个控制律

$$u = -(1+z^2)(\xi + kz) - \alpha((1+z^2)(\xi + kz))$$

它能鲁棒全局渐近镇定系统 (11.57)。 $\lhd$

11.5 多输入系统的设计

本节要研究如何将 9.2 节描述的镇定过程推广到具有 $m > 1$ 个输入的系统。当然，出发点是研究在什么条件下考虑的系统存在类似于 9.1 节所述的全局标准型。为方便起见，跳过具有向量相对阶的多变量系统这一中间阶段，即跳过以适当的全局微分同胚将系统变为 5.1 节所研究的由标准型方程描述的系统，而是直接处理更一般的问题——能产生 6.1 节所示标准型的全局微分同胚的存在性问题。具有向量相对阶的系统会作为一个特例，在例 11.5.1 中简要地加以讨论。

这里谈论的标准型的存在性依赖于 6.1 节阐释的描述多变量非线性系统的零动态算法，在该算法的叙述中既涉及了与坐标无关的术语，也涉及了实际的系统坐标。这里首先总结这个算法的基本步骤，并借此机会强化已在 6.1 节中考虑过的各种“正则性”假设，以便为随后导出全局定义的标准型做准备。

考虑由如下方程组描述的非线性系统：

$$\begin{aligned} \dot{x} &= f(x) + g(x)u \\ y &= h(x) \end{aligned} \tag{11.60}$$

该系统具有相同的输入和输出维数 m，状态 x 定义在 $\mathbb{R}^n$ 中。假设 $f(x)$ 和 $g(x)$ 的 m 列都是光滑向量场，$h(x)$ 的 m 个分量都是光滑函数，并假设有 $f(0)=0$ 和 $h(0)=0$。

步骤 0：假设 $\mathrm{d}h$ 对于所有的 x 有常数秩，比如 s_0，并假设 (可能需要重新排序) $\mathrm{d}h$ 的前 s_0 行在每一 x 处都线性无关。定义 $H_0(x)$ 为由 $h(x)$ 的前 s_0 行构成的向量。

步骤 1：假设 $L_gH_0(x)$ 对于所有的 x 有常数秩，比如 r_0，并假设 (可能要重新排序) $L_gH_0(x)$ 的前 r_0 行在每一 x 处都线性无关。于是，存在唯一的 $(s_0 - r_0) \times r_0$ 阶 (x 的光滑函数) 矩阵 $\bar{R}_0(x)$，使得对于所有的 x，有

$$(\bar{R}_0(x) \;\; I)L_gH_0(x) = 0$$

设

$$R_0(x) = (\bar{R}_0(x) \;\; I)$$

并定义向量 $\Phi_0(x)$ 为

$$\Phi_0(x) = R_0(x) L_f H_0(x)$$

假设 $\mathrm{col}(\mathrm{d}H_0, \mathrm{d}\Phi_0)$ 对于所有的 x 有常数秩，比如 $s_0 + s_1$，并假设 (可能要对 $\mathrm{d}\Phi_0$ 的各行重新排序) $\mathrm{col}(\mathrm{d}H_0, \mathrm{d}\Phi_0)$ 的前 $s_0 + s_1$ 行在每一 x 处都线性无关。定义 $H_1(x)$ 为由 $\mathrm{col}(H_0, \Phi_0)$ 的前 $s_0 + s_1$ 行构成的向量。

步骤 2：假设 $L_g H_1(x)$ 对于所有的 x 有常数秩 r_1，并假设 [可能要对 $L_g H_1(x)$ 的后 s_1 行重新排序] 由 $L_g H_0(x)$ 的前 r_0 行和 $L_g \Phi_0(x)$ 的前 $r_1 - r_0$ 行构成的 $r_1 \times m$ 阶矩阵在每一 x 处的秩都为 r_1。那么，存在唯一的 $(s_1 - r_1 + r_0) \times (r_1 - r_0)$ 阶矩阵 $\bar{Q}_0(x)$ 和一个 $(s_1 - r_1 + r_0) \times s_0$ 阶 (x 的光滑函数) 矩阵 $P_0(x)$，使得对于所有的 x，有

$$\begin{pmatrix} R_0(x) & 0 \\ P_0(x) & (\bar{Q}_0(x) \;\; I) \end{pmatrix} L_g H_1(x) = 0$$

设

$$R_1(x) = \begin{pmatrix} R_0(x) & 0 \\ P_0(x) & (\bar{Q}_0(x) \;\; I) \end{pmatrix}$$

并定义向量 $\Phi_1(x)$ 为

$$\Phi_1(x) = (P_0(x) \;\; (\bar{Q}_0(x) \;\; I)) L_f H_1(x)$$

假设 $\mathrm{col}(\mathrm{d}H_1, \mathrm{d}\Phi_1)$ 对于所有的 x 有常数秩，比如 $s_0 + s_1 + s_2$，并假设 (可能要对 $\mathrm{d}\Phi_1$ 的各行重新排序) $\mathrm{col}(\mathrm{d}H_1, \mathrm{d}\Phi_1)$ 的前 $s_0 + s_1 + s_2$ 行在每一 x 处都线性无关。定义 $H_2(x)$ 为由 $\mathrm{col}(H_1, \Phi_1)$ 的前 $s_0 + s_1 + s_2$ 行构成的向量。

步骤 $k+1 \geqslant 3$：假设 $L_g H_k(x)$ 对于所有的 x 有常数秩 r_k，并假设 [可能要对 $L_g H_k(x)$ 的后 s_k 行重新排序] 由 $L_g H_0(x)$ 的前 r_0 行，$L_g \Phi_0(x)$ 的前 $r_1 - r_0$ 行，$\ldots$，以及 $L_g \Phi_{k-1}(x)$ 的前 $r_k - r_{k-1}$ 行构成的 $r_k \times m$ 阶矩阵在每一 x 处的秩都为 r_k。那么，存在唯一的 $(s_k - r_k + r_{k-1}) \times (r_k - r_{k-1})$ 阶矩阵 $\bar{Q}_{k-1}(x)$ 和一个 $(s_k - r_k + r_{k-1}) \times (s_0 + \cdots + s_{k-1})$ 阶 (x 的光滑函数) 矩阵 $P_{k-1}(x)$，使得对于所有的 x，有

$$\begin{pmatrix} R_{k-1}(x) & 0 \\ P_{k-1}(x) & (\bar{Q}_{k-1}(x) \;\; I) \end{pmatrix} L_g H_k(x) = 0$$

设

$$R_k(x) = \begin{pmatrix} R_{k-1}(x) & 0 \\ P_{k-1}(x) & (\bar{Q}_{k-1}(x) \;\; I) \end{pmatrix}$$

并定义向量 $\Phi_k(x)$ 为

$$\Phi_k(x) = (P_{k-1}(x) \;\; (\bar{Q}_{k-1}(x) \;\; I)) L_f H_k(x)$$

假设 $\mathrm{col}(\mathrm{d}H_k, \mathrm{d}\Phi_k)$ 对于所有的 x 有常数秩，比如 $s_0 + s_1 + \cdots + s_{k+1}$，并假设 (可能要对 $\mathrm{d}\Phi_k$ 的各行重新排序) $\mathrm{col}(\mathrm{d}H_k, \mathrm{d}\Phi_k)$ 的前 $s_0 + s_1 + \cdots + s_{k+1}$ 行在每一 x 处都线性无关。定义 $H_{k+1}(x)$ 为由 $\mathrm{col}(H_k, \Phi_k)$ 的前 $s_0 + s_1 + \cdots + s_{k+1}$ 行构成的向量。

如 6.1 节所示，此构造过程在某一步 $k^\star < n$ 结束。假设

$$r_{k^\star} = \text{rank}[L_g H_{k^\star}(x)] = m$$

可以推知 (也见 6.1 节) $s_0 = m, s_1 = s_0 - r_0$，且对于所有的 $k \geqslant 1$ 有 $s_{k+1} = s_k - r_k + r_{k-1}$，这又意味着

$$H_0(x) = h(x)$$

和

$$H_{k+1}(x) = \text{col}(H_k(x), \varPhi_k(x))$$

此外，集合

$$Z^\star = \{x \in \mathbb{R}^n \colon H_{k^\star}(x) = 0\}$$

是 $\mathbb{R}^n$ 的一个余维为

$$r = s_0 + s_1 + \cdots + s_{k^\star}$$

的光滑嵌入子流形。方程

$$L_f H_{k^\star}(x) + L_g H_{k^\star}(x) u^\star(x) = 0$$

的唯一解 $u^\star(x)$ 使 $Z^\star$ 对于向量场 $f^\star(x) = f(x) + g(x)u^\star(x)$ 不变。

和 6.1 节一样，定义 $T_0(x) = h(x)$ 和 $m \times 1$ 维向量 $T_k(x)$，其中前 $m - s_k$ 个元素为零，后 s_k 个元素恰为 $\varPhi_{k-1}$ 的元素，$1 \leqslant k \leqslant k^\star$。以 $T(x)$ 表示 $m \times (k^\star + 1)$ 阶矩阵，其定义为

$$T(x) = \begin{pmatrix} T_0(x) & T_1(x) & \cdots & T_{k^\star}(x) \end{pmatrix}$$

以 n_i 表示矩阵 $T(x)$ 第 i 行的非零元素数，注意到有 (还是见 6.1 节) $n_1 \leqslant n_2 \leqslant \cdots \leqslant n_m$。此外还有

$$n_1 + n_2 + \cdots + n_m = s_0 + s_1 + \cdots + s_{k^\star} = r$$

令 $\xi_k^i(x)$ 为矩阵 $T(x)$ 的第 i 行第 k 列处的元素，$1 \leqslant k \leqslant n_i$，$1 \leqslant i \leqslant m$。设

$$\begin{aligned} a^i(x) &= L_g \xi_{n_i}^i(x) \\ b^i(x) &= L_f \xi_{n_i}^i(x) \end{aligned}$$

其中 $i = 1, \ldots, m$。冗长但简单的计算表明

$$\begin{aligned} L_g \xi_k^1(x) &= 0 \\ L_f \xi_k^1(x) &= \xi_{k+1}^1(x) \end{aligned} \tag{11.61}$$

其中 $1 \leqslant k \leqslant n_1 - 1$，并且存在函数 $\delta_{k,j}^i(x)$ 满足

$$L_g \xi_k^i(x) = \sum_{j=1}^{i-1} \delta_{k,j}^i(x) a^j(x) \tag{11.62}$$

和

$$L_f \xi_k^i(x) = \sum_{j=1}^{i-1} \delta_{k,j}^i(x) b^j(x) + \xi_{k+1}^i(x) \tag{11.63}$$

其中 $1 \leqslant k \leqslant n_i - 1$，$2 \leqslant i \leqslant m$。

最后，定义

$$A(x) = \begin{pmatrix} a^1(x) \\ \vdots \\ a^m(x) \end{pmatrix}, \qquad b(x) = \begin{pmatrix} b^1(x) \\ \vdots \\ b^m(x) \end{pmatrix}$$

由构造知，矩阵 $A(x)$ 对于所有 x 都可逆。利用这样定义的矩阵 $A(x)$ 和向量 $b(x)$，设

$$\begin{aligned} \tilde{f}(x) &= f(x) - g(x)A^{-1}(x)b(x) \\ \tilde{g}(x) &= g(x)A^{-1}(x) \\ Y_m^k(x) &= (-1)^{k-1}\mathrm{ad}_{\tilde{f}}^{k-1}\tilde{g}_m(x) \end{aligned}$$

其中 $1 \leqslant k \leqslant n_m$，并设

$$\begin{aligned} Y_j^1(x) &= \tilde{g}_j(x) - \sum_{l=j+1}^{m}\sum_{i=2}^{n_l}\delta_{n_l-i+1,j}^l(x)Y_l^i(x) \\ Y_j^k(x) &= (-1)^{k-1}\mathrm{ad}_{\tilde{f}}^{k-1}Y_j^1(x) \end{aligned}$$

其中 $1 \leqslant j \leqslant m-1$，$1 < k \leqslant n_j$，于是有如下结果成立，它是命题 6.1.5 的全局形式。

命题 11.5.1. 假设向量场

$$Y_j^k(x), \qquad 1 \leqslant j \leqslant m, \qquad 1 \leqslant k \leqslant n_j$$

是完备的，则 $Z^\star$ 是连通的，并且存在一个全局微分同胚

$$\Psi\colon \mathbb{R}^n \to Z^\star \times \mathbb{R}^r$$

可将系统 (11.60) 变为由如下方程组描述的系统：

$$\begin{aligned} \dot{z} &= f_0(z,(\xi^1,\ldots,\xi^m)) + g_0(z,(\xi^1,\ldots,\xi^m))u \\ \dot{\xi}_1^1 &= \xi_2^1 \\ &\vdots \\ \dot{\xi}_{n_1-1}^1 &= \xi_{n_1}^1 \\ \dot{\xi}_{n_1}^1 &= b^1(x) + a^1(x)u \\ \dot{\xi}_1^2 &= \xi_2^2 + \delta_{11}^2(x)(b^1(x) + a^1(x)u) \\ &\vdots \\ \dot{\xi}_{n_2-1}^2 &= \xi_{n_2}^2 + \delta_{n_2-1,1}^2(x)(b^1(x) + a^1(x)u) \\ \dot{\xi}_{n_2}^2 &= b^2(x) + a^2(x)u \\ &\vdots \end{aligned} \tag{11.64}$$

$$
\begin{aligned}
\dot{\xi}_1^i &= \xi_2^i + \sum_{j=1}^{i-1} \delta_{1j}^i(x)(b^j(x) + a^j(x)u) \\
&\vdots \\
\dot{\xi}_{n_i-1}^i &= \xi_{n_i}^i + \sum_{j=1}^{i-1} \delta_{n_i-1,j}^i(b^j(x) + a^j(x)u) \\
\dot{\xi}_{n_i}^i &= b^i(x) + a^i(x)u \\
&\vdots
\end{aligned}
$$

输出方程为

$$
y_i = \xi_1^i
$$

其中 $i = 1, \dots, m$，$\xi^i = (\xi_1^i, \dots, \xi_{n_i}^i)$，且 $x = \Psi^{-1}(z, (\xi^1, \dots, \xi^m))$。

注记 11.5.1. 注意，与命题 6.1.5 中展示的局部标准型相比，没有了诸如 $\sigma_k^i(x)u$ 的项。这是由于在当前情况下，假设矩阵 $L_gH_k(x)$ 对于所有的 $x \in \mathbb{R}^n$ 都有常数秩，而非 6.1 节那样仅在集合 M_k^c 上有常数秩。 ◁

证明: 由向量场 $\tilde{f}$ 和 $\tilde{g}$ 的定义并根据式 (11.61) 和式 (11.62)，有

$$
\begin{aligned}
L_{\tilde{f}}\xi_k^i(x) &= \xi_{k+1}^i(x), \quad 1 \leqslant i \leqslant m, \; 1 \leqslant k \leqslant n_i - 1 \\
L_{\tilde{f}}\xi_{n_i}^i(x) &= 0, \qquad\qquad 1 \leqslant i \leqslant m
\end{aligned}
$$

$$
\begin{aligned}
L_{\tilde{g}}\xi_k^i(x) &= [\delta_{k,1}^i(x) \;\; \delta_{k,2}^i(x) \;\; \cdots \;\; \delta_{k,i-1}^i(x) \;\; 0_{1\times(m-i+1)}], \quad 2 \leqslant i \leqslant m, \; 1 \leqslant k \leqslant n_i - 1 \\
L_{\tilde{g}}\xi_{n_i}^i(x) &= [0_{1\times(i-1)} \;\; 1 \;\; 0_{1\times(m-i)}], \quad 1 \leqslant i \leqslant m \\
L_{\tilde{g}}\xi_k^1(x) &= 0_{1\times m}, \quad 1 \leqslant k \leqslant n_i - 1
\end{aligned}
$$

设 $\phi_i^k(x) = L_{\tilde{f}}^{k-1}h_i(x)$，$1 \leqslant i \leqslant m$，$1 \leqslant k \leqslant n_i$。于是，由恒等式

$$
\langle \mathrm{d}L_f^s\phi(x), [f,g](x)\rangle = L_f\langle \mathrm{d}L_f^s\phi(x), g(x)\rangle - \langle \mathrm{d}L_f^{s+1}\phi(x), g(x)\rangle
$$

和前面的等式以及向量场 Y_j^k $(1 \leqslant j \leqslant m, \; 1 \leqslant k \leqslant n_j)$ 的定义可得

$$
L_{Y_j^k}\phi_i^s(x) = \begin{cases} 1, & i = j \text{ 且 } s + k = n_j + 1 \\ 0, & \text{其他} \end{cases} \tag{11.65}
$$

其中 $1 \leqslant i, j \leqslant m$，$1 \leqslant k \leqslant n_j$，且 $1 \leqslant s \leqslant n_i$。

以 $\Phi_t^Y(x)$ 表示向量场 Y 的流，并定义映射

$$
\Phi\colon Z^\star \times \mathbb{R}^r \to \mathbb{R}^n
$$

为

$$
(z, (\xi^1, \xi^2, \dots, \xi^m)) \mapsto \Phi_{\xi_{n_1}^1}^{Y_1^1} \circ \cdots \circ \Phi_{\xi_{n_m}^m}^{Y_m^1} \circ \Phi_{\xi_{n_1-1}^1}^{Y_1^2} \circ \Phi_{\xi_{n_2-1}^2}^{Y_2^2} \circ \cdots \circ \Phi_{\xi_1^m}^{Y_m^{n_m}}(z)
$$

其中 $\xi^i = (\xi_1^i, \xi_2^i, \ldots, \xi_{n_i}^i)$。$\varPhi$ 显然是光滑的，因为它是光滑映射的复合。

令 $x \in \mathbb{R}^n$ 并令 $q = \varPhi_{\bar{t}}^{Y_j^k}(x)$，因而有

$$\begin{aligned}\phi_i^s(q) - \phi_i^s(x) &= \int_0^{\bar{t}} \frac{\partial}{\partial t}\phi_i^s(\varPhi_t^{Y_j^k}(x))\mathrm{d}t\\ &= \int_0^{\bar{t}} L_{Y_j^k}\phi_i^s(\varPhi_t^{Y_j^k}(x))\mathrm{d}t\end{aligned}$$

因此，由等式 (11.65) 有

$$\phi_i^s(q) - \phi_i^s(x) = \begin{cases} \bar{t}, & i = j \text{ 且 } s + k = n_j + 1 \\ 0, & \text{其他} \end{cases}$$

和

$$\phi_i^s(q) = \begin{cases} \bar{t} + \phi_i^s(x), & i = j \text{ 且 } s + k = n_j + 1 \\ \phi_i^s(x), & \text{其他} \end{cases}$$

现在，令

$$\varphi(x) = \varPhi_{-\phi_m^1(x)}^{Y_m^{n_m}} \circ \cdots \circ \varPhi_{-\phi_2^{n_2-1}(x)}^{Y_2^2} \circ \varPhi_{-\phi_1^{n_1-1}(x)}^{Y_1^2} \circ \varPhi_{-\phi_m^{n_m}(x)}^{Y_m^1} \circ \cdots \circ \varPhi_{-\phi_1^{n_1}(x)}^{Y_1^1}(x)$$

并注意到对于 $1 \leqslant i \leqslant m$，$1 \leqslant s \leqslant n_i$，有

$$\phi_i^s(\varphi(x)) = -\phi_i^s(x) + \phi_i^s(x) = 0$$

但由于 $\phi_i^k(x) = \xi_i^k(x)$ 和 $Z^\star$ 的定义，所以这意味着 $\varphi(x) \in Z^\star$。因此，映射

$$\varPsi\colon x \mapsto (\varphi(x), \phi_1^1(x), \ldots, \phi_1^{n_1}(x), \phi_2^1(x), \ldots, \phi_2^{n_2}(x), \ldots, \phi_m^1(x), \ldots, \phi_m^{n_m}(x))$$

将 $\mathbb{R}^n$ 映入 $Z^\star \times \mathbb{R}^r$，它显然是光滑的。进而，对于 $(z, (\xi^1, \xi^2, \ldots, \xi^m)) \in Z^\star \times \mathbb{R}^r$，由于 $z \in Z^\star$，所以有

$$\phi_i^s(\varPhi_{\xi_{n_1}^1}^{Y_1^1} \circ \cdots \circ \varPhi_{\xi_{n_m}^m}^{Y_m^1} \circ \varPhi_{\xi_{n_1-1}^1}^{Y_1^2} \circ \varPhi_{\xi_{n_2-1}^2}^{Y_2^2} \circ \cdots \circ \varPhi_{\xi_1^m}^{Y_m^{n_m}}(z)) = \xi_{n_i+1-(n_i+1-s)}^i - \phi_i^s(z) = \xi_s^i$$

并且

$$\varphi(\varPhi_{\xi_{n_1}^1}^{Y_1^1} \circ \cdots \circ \varPhi_{\xi_{n_m}^m}^{Y_m^1} \circ \varPhi_{\xi_{n_1-1}^1}^{Y_1^2} \circ \varPhi_{\xi_{n_2-1}^2}^{Y_2^2} \circ \cdots \circ \varPhi_{\xi_1^m}^{Y_m^{n_m}}(z)) = z$$

这意味着 $\varPsi \circ \varPhi(z, (\xi^1, \xi^2, \ldots, \xi^m)) = (z, (\xi^1, \xi^2, \ldots, \xi^m))$。同样，由构造有 $\varPhi \circ \varPsi(x) = x$。

因此，$\varPsi = \varPhi^{-1}$，且由于 $\varPhi$ 和 $\varPsi$ 都是光滑映射以及 $\mathbb{R}^n$ 是连通的，可知 $Z^\star$ 是连通的，并且 $\varPsi$ 是一个全局微分同胚。正如 6.1 节，由特殊选择的坐标函数 $\xi_k^i(x)$ 可导出标准型 (11.64) 的特殊结构。 ◁

命题 11.5.2. 除了命题 11.5.1 的假设条件，还假设向量场

$$Y_j^k(x), \quad 1 \leqslant j \leqslant m, \quad 1 \leqslant k \leqslant n_j$$

是可交换的，即

$$[Y_i^s, Y_j^k] = 0$$

其中 $1 \leqslant i, j \leqslant m$，$1 \leqslant s \leqslant n_i$，$1 \leqslant k \leqslant n_j$，那么，系统 (11.60) 与一个标准型为式 (11.64) 但具有特殊结构

$$\dot{z} = f_0(z, (\xi_1^1, \xi_1^2, \ldots, \xi_1^m))$$

的系统全局微分同胚。而且，在新坐标下，该系统的零动态由如下方程描述：

$$\dot{z} = f^\star(z) = f_0(z, (0, 0, \ldots, 0))$$

证明：首先注意到，

$$\frac{\partial}{\partial \xi_{n_1}^1} \Phi(z, (\xi^1, \xi^2, \ldots, \xi^m)) = Y_1^1 \circ \Phi(z, (\xi^1, \xi^2, \ldots, \xi^m))$$

因此，根据流映射的性质有

$$\Phi_\star(\frac{\partial}{\partial \xi_{n_1}^1}) = Y_1^1 \circ \Phi$$

现在记

$$\Phi_\star\left(\frac{\partial}{\partial \xi_{n_i}^i}\right) = \left(\Phi_{\xi_{n_1}^1}^{Y_1^1}\right)_\star \circ \cdots \circ \left(\Phi_{\xi_{n_{i-1}}^{i-1}}^{Y_{i-1}^1}\right)_\star Y_i^1 \left(\Phi_{\xi_{n_i}^i}^{Y_i^1} \circ \cdots \circ \Phi_{\xi_1^m}^{Y_m^{n_m}}(z)\right) =$$
$$\left(\Phi_{\xi_{n_1}^1}^{Y_1^1}\right)_\star \circ \cdots \circ \left(\Phi_{\xi_{n_{i-1}}^{i-1}}^{Y_{i-1}^1}\right)_\star Y_i^1 \left(\Phi_{-\xi_{n_{i-1}}^{i-1}}^{Y_{i-1}^1} \circ \cdots \circ \Phi_{-\xi_{n_1}^1}^{Y_1^1}(\Phi(z, (\xi^1, \ldots, \xi^m)))\right)$$

其中 $1 \leqslant i \leqslant m$。回想一下，如果向量场 τ 和 X 可交换，则函数 $v(t) = (\Phi_{-t}^\tau)_\star X \circ \Phi_t^\tau(x)$ 是恒定的且等于 $X(x)$。因此，对于 $1 \leqslant i \leqslant m$，有

$$\Phi_\star(\frac{\partial}{\partial \xi_{n_i}^i}) = Y_i^1 \circ \Phi$$

或者一般情况下，有

$$\Phi_\star(\frac{\partial}{\partial \xi_k^i}) = Y_i^{n_k - k + 1} \circ \Phi$$

其中 $1 \leqslant i \leqslant m$，$1 \leqslant k \leqslant n_i$。

由于 $D\Psi\left(\Phi\left(z, (\xi^1, \xi^2, \ldots, \xi^m)\right)\right) D\Phi\left(z, (\xi^1, \xi^2, \ldots, \xi^m)\right) = I$，所以由之前的方程显然有

$$D\Psi(\Phi(z, (\xi^1, \xi^2, \ldots, \xi^m)))Y_i^{n_i - k + 1} \circ \Phi(z, (\xi^1, \xi^2, \ldots, \xi^m))$$
$$= (0 \ \cdots \ 0 \ 0 \ 1 \ \cdots \ 0)^\mathrm{T}$$

其中元素 1 出现在第 $n - r + (n_1 + n_2 + \cdots + n_{i-1}) + k$ 个位置处。但由构造知

$$\tilde{g}_m(x) = Y_m^1(x)$$

且

$$\tilde{g}_j(x) = Y_j^1(x) + \sum_{l=j+1}^{m} \sum_{i=2}^{n_l} \delta_{n_l - i + 1, j}^l(x) Y_l^i(x)$$

其中 $1 \leqslant j \leqslant m - 1$。

因此，矩阵 $(D\Psi)\tilde{g}\circ\Phi$ 的前 $n-r$ 行恒等于零，并且矩阵

$$(D\Psi)\tilde{g}\circ\Phi=(D\Psi)\tilde{g}A\circ\Phi$$

的前 $n-r$ 行也恒等于零，即在新坐标下前 $n-r$ 个方程与输入 u 无关。

最后，由构造知，对于 $1\leqslant i\leqslant m$，$1\leqslant k\leqslant n_i$，有

$$\Phi_\star(\frac{\partial}{\partial\xi_k^i})=Y_i^{n_i-k+1}\circ\Phi=(-1)^{n_i-k}\mathrm{ad}_{\tilde{f}}Y_i^1$$

令

$$\bar{f}=\Phi_\star^{-1}\tilde{f}\circ\Phi$$

并令

$$\bar{Y}_i^k=\Phi_\star^{-1}Y_i^k\circ\Phi$$

于是

$$\bar{f}=f_0(z,(\xi^1,\xi^2,\ldots,\xi^m))\frac{\partial}{\partial z}+\sum_{i=1}^{m}\sum_{k=2}^{n_i}\xi_k^i\frac{\partial}{\partial\xi_{k-1}^i}$$

且

$$\bar{Y}_i^{n_i-k+1}=\frac{\partial}{\partial\xi_k^i}$$

因此，

$$\mathrm{ad}_{\bar{f}}\bar{Y}_m^1=-\frac{\partial f_0(z,(\xi^1,\xi^2,\ldots,\xi^m))}{\partial\xi_{n_m}^m}\frac{\partial}{\partial z}-\frac{\partial}{\partial\xi_{n_m-1}^m}$$

但是由于 Φ 是李括号的一个态射，所以有

$$\mathrm{ad}_{\bar{f}}\bar{Y}_m^1=\Phi_\star^{-1}(-Y_m^2\circ\Phi)=-\frac{\partial}{\partial\xi_{n_m-1}^m}$$

这意味着

$$\frac{\partial f_0(z,(\xi^1,\xi^2,\ldots,\xi^m))}{\partial\xi_{n_m}^m}=0$$

即 f_0 与 $\xi_{n_m}^m$ 无关，所以现在有

$$\mathrm{ad}_{\bar{f}}^2\bar{Y}_m^1=\frac{\partial f_0(z,(\xi^1,\xi^2,\ldots,\xi^m))}{\partial\xi_{n_m-1}^m}\frac{\partial}{\partial z}+\frac{\partial}{\partial\xi_{n_m-2}^m}$$

但是，由

$$\mathrm{ad}_{\bar{f}}^2\bar{Y}_m^1=\Phi_\star^{-1}(Y_m^3\circ\Phi)=\frac{\partial}{\partial\xi_{n_m-2}^m}$$

可推得

$$\frac{\partial f_0(z,(\xi^1,\xi^2,\ldots,\xi^m))}{\partial\xi_{n_m-1}^m}=0$$

即 f_0 与 $\xi_{n_m-1}^m$ 无关。这样归纳下去，能证明 f_0 与 $\xi_{n_1}^1,\ldots,\xi_2^1$，$\xi_{n_2}^2,\ldots,\xi_2^2$，$\ldots$，$\xi_{n_m}^m,\ldots,\xi_2^m$ 都无关，即 f_0 恰好可表示为 $f_0(z,(\xi_1^1,\xi_1^2,\ldots,\xi_1^m))$。 ◁

考虑到注记 6.1.8 容易看到，前两个命题所述的结论正如所料想的那样包含了原系统 (11.60) 具有一致向量相对阶的特殊情况，即在每一点 $x^\circ \in \mathbb{R}^n$ 处具有向量相对阶 $\{r_1, \ldots, r_m\}$。在这种情况下，在零动态算法中假设的正则性条件自动得以满足，特别是有 $n_i = r_i$ (对于所有的 $1 \leqslant i \leqslant m$) 和 $\delta^i_{k,j}(x) = 0$ (对于所有的 $1 \leqslant k \leqslant n_i - 1$，$1 \leqslant j \leqslant i-1$，$2 \leqslant i \leqslant m$)。因此，如果向量场 Y^k_j 是完备的，则该系统与方程组 (5.7)–(5.8) 所描述的系统全局微分同胚。如果这些向量场还是可交换的，则该系统与如下方程组所描述的系统全局微分同胚：

$$
\begin{aligned}
\dot{z} &= f_0(z, (\xi^1_1, \xi^2_1, \ldots, \xi^m_1)) \\
\dot{\xi}^1_1 &= \xi^1_2 \\
&\vdots \\
\dot{\xi}^1_{n_1-1} &= \xi^1_{n_1} \\
\dot{\xi}^1_{n_1} &= b^1(x) + a^1(x)u \\
\dot{\xi}^2_1 &= \xi^2_2 \\
&\vdots \\
\dot{\xi}^2_{n_2-1} &= \xi^2_{n_2} \\
\dot{\xi}^2_{n_2} &= b^2(x) + a^2(x)u \\
&\vdots \\
\dot{\xi}^i_1 &= \xi^i_2 \\
&\vdots \\
\dot{\xi}^i_{n_i-1} &= \xi^i_{n_i} \\
\dot{\xi}^i_{n_i} &= b^i(x) + a^i(x)u \\
&\vdots
\end{aligned}
\tag{11.66}
$$

输出方程为

$$
y_i = \xi^i_1
$$

其中 $i = 1, \ldots, m$，且 z-子系统仅由 $\xi^1_1, \ldots, \xi^m_1$ 驱动。

确实，反馈律

$$
u = A^{-1}(x)(-b(x) + v)
$$

将系统 (11.66) 变为一个新系统，该系统可分解成 m 条积分器链 (其中 m 是输入/输出通道数)，这 m 条积分器链驱动 $n - r$ 维子系统

$$
\dot{z} = f_0(z, (y_1, \ldots, y_m))
$$

该子系统的自治动态恰好是原系统的零动态。这种分解的直接附带结果是可以实现 9.1 节和本章中描述的各种镇定技术。因此，举例来说，如果存在满足 $v^\star_1(0) = \cdots = v^\star_m(0) = 0$ 的光

滑函数 $v_1^\star(z),\ldots,v_m^\star(z)$ 能够全局镇定系统

$$\dot{z}=f_0(z,(v_1^\star(z),\ldots,v_m^\star(z)))$$

的平衡态 $z=0$，则可以“反退”穿过 m 条积分器链找到反馈律 $u^\star(x)$，用以全局渐近镇定整个系统的平衡态 $x=0$。

例 11.5.1. 作为一个简单的例子，考虑 (见图 11.2) 具有两个输入 u_1，u_2 和两个输出 $y_1=\xi_1^1$，$y_2=\xi_1^2$ 的系统，其方程如下：

$$\begin{aligned}\dot{z}&=f(z,y_1,y_2)\\\dot{y}_1&=v_1\\\dot{y}_2&=\xi_2^2\\\dot{\xi}_2^2&=v_2\end{aligned}\tag{11.67}$$

假设存在满足 $v_1^\star(0)=v_2^\star(0)=0$ 的函数 $v_1^\star(z)$ 和 $v_2^\star(z)$，能全局渐近镇定系统

$$\dot{z}=f(z,v_1^\star(z),v_2^\star(z))$$

的平衡态 $z=0$。为找到系统 (11.67) 的一个全局镇定反馈律，先利用引理 9.2.2 构造一个反馈律 $u_1^\star(z,y_1)$，用以全局渐近镇定系统

$$\begin{aligned}\dot{z}&=f(z,y_1,v_2^\star(z))\\\dot{y}_1&=u_1^\star(z,y_1)\end{aligned}$$

的平衡态 $(z,y_1)=(0,0)$，然后将系统

$$\begin{aligned}\dot{z}&=f(z,y_1,y_2)\\\dot{y}_1&=u_1^\star(z,y_1)\\\dot{y}_2&=\xi_2^2\\\dot{\xi}_2^2&=v_2\end{aligned}\tag{11.68}$$

视为一个 2-积分器链，通过 y_2 来驱动子系统

$$\begin{aligned}\dot{z}&=f(z,y_1,y_2)\\\dot{y}_1&=u_1^\star(z,y_1)\end{aligned}$$

而由假设知该子系统被 $y_2=v_2^\star(z)$ 全局渐近镇定。利用定理 9.2.3，能够找到系统 (11.68) 的一个全局渐近镇定反馈 $v_2=u_2^\star(z,y_1,y_2,\xi_2^2)$，这样就完成了设计过程。 ◁

然而，如果系统没有向量相对阶，即不与形如式 (11.66) 的系统全局微分同胚，而是微分同胚于命题 11.5.2 所考虑的一个更一般的标准型系统，即该系统形如式 (11.64) 且受限于附加约束

$$\dot{z}=f_0(z,(\xi_1^1,\xi_1^2,\ldots,\xi_1^m))$$

则反推技术并不容易实现。事实上，正如下述简单例子给出的解释，需要有额外的假设。

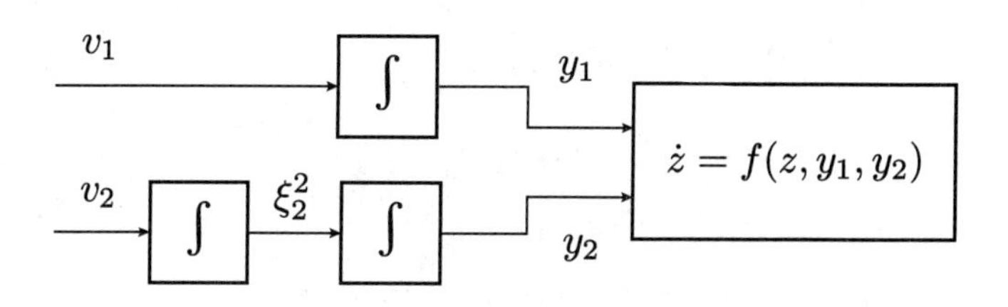

图 11.2 具有向量相对阶的二输入系统

例 11.5.2. 考虑具有两个输入 u_1，u_2 和两个输出 $y_1 = \xi_1^1$，$y_2 = \xi_1^2$ 的系统 (见图 11.3)，其方程描述如下：

$$\begin{aligned}
\dot{z} &= f(z, y_1, y_2) \\
\dot{y}_1 &= v_1 \\
\dot{y}_2 &= \xi_2^2 + \delta(z, y_1, y_2, \xi_2^2) v_1 \\
\dot{\xi}_2^2 &= v_2
\end{aligned} \tag{11.69}$$

显然，如果 $\delta(z, y_1, y_2, \xi_2^2) \neq 0$，则该系统没有向量相对阶，这是由于输入 u_1 在输出 y_2 的导数中出现得“太早”(见例 5.4.1)。因此，如何将为 $\dot{z} = f(z, y_1, y_2)$ 设计的反馈律一路“反推”到实际输入 u_1 和 u_2 并非显而易见。事实上，一般情况下，像系统 (11.69) 这样的标准型并不具备实现反推设计过程的可能性。然而，在一种特殊的情况下这是可能的。

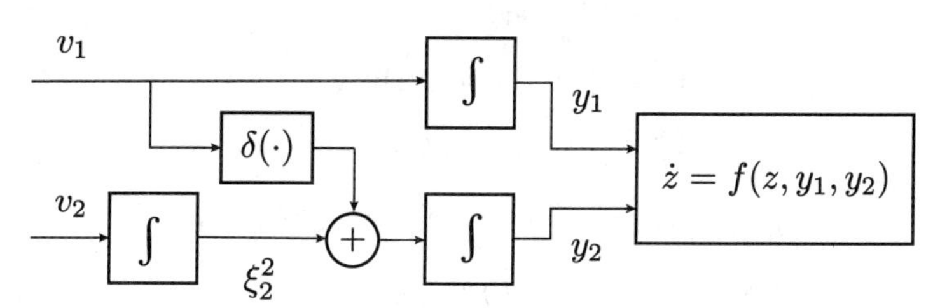

图 11.3 没有向量相对阶的二输入系统

假设

$$\delta(z, y_1, y_2, \xi_2^2) = \delta(z, y_1, y_2)$$

与前例一样，假设存在满足 $v_1^\star(0) = v_2^\star(0) = 0$ 的函数 $v_1^\star(z)$ 和 $v_2^\star(z)$，从而可以全局渐近镇定系统

$$\dot{z} = f(z, v_1^\star(z), v_2^\star(z))$$

的平衡态 $z = 0$。从镇定系统

$$\dot{z} = f(z, y_1, v_2^\star(z))$$

的一个反馈 $y_1 = v_1^\star(z)$ 开始反推一次，可以像前例那样确定一个镇定系统

$$\begin{aligned}
\dot{z} &= f(z, y_1, v_2^\star(z)) \\
\dot{y}_1 &= u_1^\star(z, y_1)
\end{aligned}$$

的反馈律 $u_1^\star(z,y_1)$。设 $v_1=u_1^\star(z,y_1)$，得到系统

$$\begin{aligned}\dot z&=f(z,y_1,y_2)\\\dot y_1&=u_1^\star(z,y_1)\\\dot y_2&=\xi_2^2+\delta(z,y_1,y_2)u_1^\star(z,y_1)\\\dot\xi_2^2&=v_2\end{aligned}$$

根据假设可将其视为子系统

$$\begin{aligned}\dot z&=f(z,y_1,y_2)\\\dot y_1&=u_1^\star(z,y_1)\end{aligned}$$

以 $y_2=v_2^\star(z)$ 实现全局渐近镇定，由

$$\begin{aligned}\dot y_2&=\xi_2^2+\delta(z,y_1,y_2)u_1^\star(z,y_1)\\\dot\xi_2^2&=u_2\end{aligned}$$

驱动。后者不再（像前例那样）是一个 2-积分器链，而是具有使反推法成为可能的下三角型结构。于是，从 $y_2=v_2^\star(z)$ 开始，通过两次迭代能够找到镇定系统

$$\begin{aligned}\dot z&=f(z,y_1,y_2)\\\dot y_1&=u_1^\star(z,y_1)\\\dot y_2&=\xi_2^2+\delta(z,y_1,y_2)u_1^\star(z,y_1)\\\dot\xi_2^2&=u_2^\star(z,y_1,y_2,\xi_2^2)\end{aligned}$$

的一个反馈律 $v_2=u_2^\star(z,y_1,y_2,\xi_2^2)$，这样就完成了设计过程。 $\lhd$

通常，如果一个系统满足命题 11.5.2 的假设并因此具有形如式 (11.64) 的标准型，且满足附加性质：z-子系统仅由 $\xi_1^1,\dots,\xi_1^m$ 驱动，即被 $y_1,\dots,y_m$ 驱动，则一个初步控制律

$$u=A^{-1}(x)(-b(x)+v)$$

会产生如下结构的标准型：

$$\begin{aligned}\dot z&=f_0(z,y_1,\dots,y_m)\\\dot\xi_1^1&=\xi_2^1\\&\vdots\\\dot\xi_{n_1-1}^1&=\xi_{n_1}^1\\\dot\xi_{n_1}^1&=v_1\\\dot\xi_1^2&=\xi_2^2+\delta_{11}^2(x)v_1\\&\vdots\\\dot\xi_{n_2-1}^2&=\xi_{n_2}^2+\delta_{n_2-1,1}^2(x)v_1\\\dot\xi_{n_2}^2&=v_2\end{aligned}$$

$$
\begin{aligned}
&\vdots\\
\dot{\xi}_1^i &= \xi_2^i + \sum_{j=1}^{i-1} \delta_{1j}^i(x)v_j\\
&\vdots\\
\dot{\xi}_{n_i-1}^i &= \xi_{n_i}^i + \sum_{j=1}^{i-1} \delta_{n_i-1,j}^i(x)v_j\\
\dot{\xi}_{n_i}^i &= v_i\\
&\vdots
\end{aligned}
$$

输出方程为

$$
y_i = \xi_1^i
$$

其中 $i = 1, \ldots, m$。

在这个系统中，如果各系数 $\delta_{k,j}^i$ 以“三角型”方式依赖于状态变量，则能够将反馈律

$$
y_1 = v_1^\star(z), \ldots, y_m = v_m^\star(z)
$$

“反推”到反馈律

$$
\begin{aligned}
v_1 &= u_1^\star(z, \xi_1^1, \ldots, \xi_1^m, \xi^1)\\
v_2 &= u_2^\star(z, \xi_1^1, \ldots, \xi_1^m, \xi^1, \xi^2)\\
&\vdots\\
v_m &= u_m^\star(z, \xi_1^1, \ldots, \xi_1^m, \xi^1, \xi^2, \ldots, \xi^m)
\end{aligned}
$$

就是说，如果函数 $\delta_{k,j}^i$ 所依赖的变量 $\xi_{\ell_b}^{\ell_p}$ 仅为上标等于或小于 $i-1$ $(\ell_p \leqslant i-1)$ 的变量，或者为上标等于 i 但下标小于或等于 k $(\ell_p = i \ \& \ \ell_b \leqslant k)$ 的变量，或者为某一组中的任一“起始”变量，即任一变量 $\xi_1^{\ell_p}(1 \leqslant \ell_p \leqslant m)$，亦即

$$
\begin{aligned}
&\delta_{1,1}^2(z, \xi_1^1, \ldots, \xi_1^m, \xi^1, \xi_1^2)\\
&\delta_{2,1}^2(z, \xi_1^1, \ldots, \xi_1^m, \xi^1, \xi^2, \xi_2^2)\\
&\vdots\\
&\delta_{n_2-1,1}^2(z, \xi_1^1, \ldots, \xi_1^m, \xi^1, \xi_1^2, \xi_2^2, \ldots, \xi_{n_2-1}^2)\\
&\vdots\\
&\delta_{1,j}^i(z, \xi_1^1, \ldots, \xi_1^m, \xi^1, \ldots, \xi^{i-1}, \xi_1^i)\\
&\delta_{2,j}^i(z, \xi_1^1, \ldots, \xi_1^m, \xi^1, \ldots, \xi^{i-1}, \xi_1^i, \xi_2^i)\\
&\vdots\\
&\delta_{n_i-1,j}^i(z, \xi_1^1, \ldots, \xi_1^m, \xi^1, \ldots, \xi^{i-1}, \xi_1^i, \xi_2^i, \ldots, \xi_{n_i-1}^i)
\end{aligned}
$$

容易看到，如果这种“三角型”性质成立，则反推设计方法能直接应用于标准型系统。反推设计以子系统

$$
\dot{z} = f_0(z, (v_1^\star(z), v_2^\star(z), \ldots, v_m^\star(z)))
$$

开始，首先反推 n_1 次通过第一组变量 (以上标 1 标识的变量) 以得到反馈律

$$u_1^\star(z,\xi_1^i,v_2^\star(z),\ldots,v_m^\star(z),\xi^1)$$

然后，反推 n_2 次通过第二组变量 (以上标 2 标识的变量) 以得到反馈律

$$u_2^\star(z,\xi_1^1,\xi_1^2,v_3^\star(z),\ldots,v_m^\star(z),\xi^1,\xi^2)$$

从 1 到 m 依次进行，反推 n_i 次通过第 i 组变量 (以上标 i 标识的变量) 以得到反馈律

$$u_i^\star(z,\xi_1^1,\xi_1^2,\ldots,\xi_1^i,v_{i+1}^\star(z),\ldots,v_m^\star(z),\xi^1,\xi^2,\ldots,\xi^i)$$

当然，在考虑第 i 组变量的反推时，起始变量 $\xi_1^{i+1},\ldots,\xi_1^m$ 分别设定为函数 $v_{i+1}^\star(z),\ldots,v_m^\star(z)$。

很容易检查函数 $\delta_{k,j}^i$ 的上述特殊依赖性是否成立。对于 $l>i,s\neq 1$ 和 $l=i,k<s$，该依赖性可表示为几何条件

$$L_{Y_l^{n_l-s+1}}\delta_{k,j}^i(x)=0$$

这些条件要求对于 $j=1,\ldots,i-1$ 有

$$\delta_{k,j}^i(\Phi(z,(\xi^1,\ldots,\xi^m)))=\delta_{k,j}^i(z,\xi_1^1,\ldots,\xi_1^m,\xi^1,\ldots,\xi^{i-1},\xi_1^i,\xi_2^i,\ldots,\xi_k^i)$$

其中 $Y_l^{n_l-s+1}$ 是本节前面引入的向量场，$\Phi(z,(\xi^1,\ldots,\xi^m))$ 是命题 11.5.2 中考虑的全局微分同胚。注意，这样找到的条件与坐标无关，因为函数 $\delta_{k,j}^i$ 是通过零动态算法得到的。

第 12 章　鲁棒半全局稳定性反馈设计

12.1　实现半全局实用稳定性

9.3 节引入了半全局稳定性的概念，并以形如式 (9.23) 的系统为例解释了在其零动态平衡点 $z=0$ 全局渐近稳定的假设下，如何能够利用一个线性反馈在半全局意义下 (即让平衡态的吸引域包含一个指定紧集) 镇定该系统 (见定理 9.3.1)。为以后研究输出反馈鲁棒半全局镇定问题，在这一节中，将定理 9.3.1 的结果推广到由如下方程建模的系统：

$$
\begin{aligned}
\dot{z} &= f_0(z,\xi_1) \\
\dot{\xi}_1 &= \xi_2 \\
\dot{\xi}_2 &= \xi_3 \\
&\vdots \\
\dot{\xi}_r &= q(z,\xi_1,\ldots,\xi_r,\mu) + b(z,\xi_1,\ldots,\xi_r,\mu)u
\end{aligned}
\tag{12.1}
$$

其中 $z\in\mathbb{R}^n$，$\xi_i\in\mathbb{R}$，$i=1,\ldots,r$，$u\in\mathbb{R}$，并且 $\mu\in\mathcal{P}\subset\mathbb{R}^p$ 是在紧集 $\mathcal{P}$ 上变动的未知参数向量。

与定理 9.3.1 一样，假设

(i) $f_0(0,0)=0$ 且子系统

$$\dot{z} = f_0(z,0)$$

的平衡态 $z=0$ 是全局渐近稳定的。

此外，还假设

(ii) 对于某一个 $b_0>0$，有

$$b(z,\xi_1,\ldots,\xi_r,\mu) \geqslant b_0$$

注意，除了标准的光滑性，没有对 $q(z,\xi_1,\ldots,\xi_r,\mu)$ 做任何特殊的假设。因此，不要求 $q(0,0,\ldots,0,\mu)$ 对于所有的 μ 为 0，这意味着 $(z,\xi_1,\ldots,\xi_r)=(0,0,\ldots,0)$ 不必是系统 (12.1) 在 $u=0$ 时的一个平衡态。

半全局可镇定性概念在本质上要求对于任何给定的紧集，存在一个反馈律，使得在相应的闭环系统中，初始条件属于该紧集的每条轨线都渐近收敛到指定的平衡态。但是，对于式 (12.1) 这样的不确定系统，其平衡点可能依赖于某一个未知参数值，这一概念不得不被

弱化，因为无论未知参数取何值，所有轨线都收敛到同一点的这种情况不可能再发生。因此，退而求其次的选择是要求所有轨线都收敛到一个指定的集合，希望这个集合是指定点，例如点 $(z,\xi_1,\ldots,\xi_r)=(0,0,\ldots,0)$ 的某一个 (小) 邻域。为正式给出这个概念，通常会用到以下术语：如果一条轨线对于所有的 $t\in[0,\infty)$ 都有定义，在某一有限时刻 T 进入集合 Q 并对于所有的 $t\geqslant T$ 都保持在该集合中，则称该轨线被集合 Q 捕获。如果一个系统对于任一任意大的集合 K 和任一任意小的集合 Q，存在一个反馈律，它一般既依赖于 K 也依赖于 Q，使得初始条件属于 K 的任一轨线被集合 Q 捕获，则称该系统是**半全局实用可镇定的** (semiglobally practically stabilizable)。

以下将证明，借助于一个线性反馈律，系统 (12.1) 是半全局实用可镇定的。为方便，将 $\mathbb{R}^n$ 中的以原点为中心，边长为 $2c$ 的闭立方体记为 $\bar{Q}^n_c$，即

$$\bar{Q}^n_c=\{x\in\mathbb{R}^n\colon |x_i|\leqslant c, i=1,\ldots,n\}$$

定理 12.1.1. 考虑系统 (12.1) 并设假设条件 (i) 和假设条件 (ii) 成立。给定任一任意大数 $R>0$ 和任一任意小数 $\varepsilon>0$，则存在一个形如

$$u=k_1\xi_1+\cdots+k_r\xi_r \tag{12.2}$$

的反馈律 (其中数 $k_1,\ldots,k_r$ 依赖于 R 和 ε 的选择)，使得在闭环系统 (12.1)–(12.2) 中，初始条件属于 $\bar{Q}^{n+r}_R$ 的轨线被集合 $\bar{Q}^{n+r}_\varepsilon$ 捕获。

证明：设 $a_0,a_1,\ldots,a_{r-2}$ 可使多项式

$$\lambda^{r-1}+a_{r-2}\lambda^{r-2}+\cdots+a_1\lambda+a_0$$

的所有根有负实部，并设

$$x=\mathrm{col}(z,\xi_1,\ldots,\xi_{r-1})$$

$$\zeta=\xi_r+k^{r-1}a_0\xi_1+k^{r-2}a_1\xi_2+\cdots+ka_{r-2}\xi_{r-1}$$

其中 $k>0$ 是一个待定数。

将系统 (12.1) 重写为以下形式：

$$\begin{aligned}\dot{x}&=F(x)+G\zeta\\ \dot{\zeta}&=\bar{q}(x,\zeta,\mu)+\bar{b}(x,\zeta,\mu)u\end{aligned} \tag{12.3}$$

其中

$$F(x)=\begin{pmatrix}f_0(z,\xi_1)\\ \xi_2\\ \vdots\\ \xi_{r-1}\\ -k^{r-1}a_0\xi_1-k^{r-2}a_1\xi_2-\cdots-ka_{r-2}\xi_{r-1}\end{pmatrix},\quad G=\begin{pmatrix}0\\0\\ \vdots\\0\\1\end{pmatrix}$$

且

$$\begin{aligned}\bar{q}(x,\zeta,\mu) &= q(z,\xi_1,\ldots,\xi_{r-1},\zeta - k^{r-1}a_0\xi_1 - \cdots - ka_{r-2}\xi_{r-1},\mu)\\ &\quad + k^{r-1}a_0\xi_2 + \cdots + k^2a_{r-3}\xi_{r-1}\\ &\quad + ka_{r-2}(\zeta - k^{r-1}a_0\xi_1 - k^{r-2}a_1\xi_2 - \cdots - ka_{r-2}\xi_{r-1})\\ \bar{b}(x,\zeta,\mu) &= b(z,\xi_1,\ldots,\xi_{r-1},\zeta - k^{r-1}a_0\xi_1 - \cdots - ka_{r-2}\xi_{r-1},\mu)\end{aligned}$$

由定理 9.3.1 得知，给定任一 $R>0$，存在一个实数 $k^*>0$，使得如果 $k \geqslant k^*$，则系统

$$\dot{x} = F(x) \tag{12.4}$$

的平衡态 $x=0$ 是局部渐近稳定的，而且由任一初始条件 $x^\circ \in \bar{Q}_R^{n+r-1}$ 发出的轨线随着 t 趋于无穷而收敛到该平衡态。换言之，$\bar{Q}_R^{n+r-1}$ 是该系统平衡态 $x=0$ 的吸引域 $\mathcal{A}$ 的一个子集。选取并固定任一大于或等于 k^* 的 k。回想一下，$\mathcal{A}$ 是一个开集且存在一个满足 $\Phi(0)=0$ 的微分同胚

$$\begin{aligned}\Phi\colon \mathcal{A} &\to \mathbb{R}^{n+r-1}\\ x &\mapsto \tilde{x}\end{aligned}$$

将系统 (12.4) 在 $\mathcal{A}$ 上的限制变为一个定义在 $\mathbb{R}^{n+r-1}$ 上的系统

$$\dot{\tilde{x}} = \tilde{F}(\tilde{x}) = \Phi_* F(\Phi^{-1}(\tilde{x}))$$

其平衡态 $\tilde{x}=0$ 全局渐近稳定。因此，由 Lyapunov 逆定理，存在一个光滑的正定适常函数 $\tilde{V}(\tilde{x})$，对于所有的非零 $\tilde{x}$，有

$$\frac{\partial \tilde{V}}{\partial \tilde{x}}\tilde{F}(\tilde{x}) < 0$$

可以看到，集合 $\bar{Q}_R^{n+r-1} \subset \mathcal{A}$ 在映射 Φ 下的映像 $\tilde{Q}$ 是一个紧集。因此，存在数 $c>1$ 使得

$$\tilde{x} \in \tilde{Q} \quad \Rightarrow \quad \tilde{V}(\tilde{x}) \leqslant c$$

现在考虑定义在 $\mathcal{A}$ 上的光滑函数

$$V(x) = \tilde{V}(\Phi(x))$$

并以 Δ_c 表示集合

$$\Delta_c = \{x \in \mathbb{R}^{n+r-1}\colon V(x) \leqslant c\}$$

显然，由构造有

$$\bar{Q}_R^{n+r-1} \subset \Delta_c \subset \Delta_{c+1} \subset \mathcal{A}$$

且

$$\frac{\partial V}{\partial x}F(x) < 0, \qquad 对于所有的\ x \in \Delta_{c+1}, x \neq 0$$

由于 k 和所有的 a_i 都是正数，可设

$$\ell = (1 + k^{r-1}a_0 + \cdots + ka_{r-2})$$

并设

$$d = \ell^2 R^2$$

不失一般性，假设 $R > 1$ 以使 $d > 1$，并注意到

$$\begin{aligned} &|\xi_i| \leqslant R, && \text{对于所有的 } i = 1, \ldots, r && \Rightarrow \quad |\zeta|^2 \leqslant d \\ &|\zeta| \leqslant \delta, |\xi_i| \leqslant \delta, && \text{对于所有的 } i = 1, \ldots, r-1 && \Rightarrow \quad |\xi_r| \leqslant \ell\delta \leqslant \sqrt{d}\delta \end{aligned}$$

现在，考虑函数

$$W(x, \zeta) = \frac{cV(x)}{c + 1 - V(x)} + \frac{d\zeta^2}{d + 1 - \zeta^2} \tag{12.6}$$

它定义在集合 $\varDelta_{c+1} \times \{\zeta \in \mathbb{R}\colon \zeta^2 \leqslant d + 1\}$ 的内部并是正定的。照例设

$$\varOmega_a = \{(x, \zeta) \in \mathbb{R}^{n+r}\colon W(x, \zeta) \leqslant a\}$$

注意到，如果 $W(x, \zeta) \leqslant c^2 + d^2 + 1$，则有

$$V(x) \leqslant (c+1)\frac{c^2 + d^2 + 1}{c^2 + d^2 + 1 + c}, \qquad \zeta^2 \leqslant (d+1)\frac{c^2 + d^2 + 1}{c^2 + d^2 + 1 + d} \tag{12.7}$$

这表明

$$(x, \zeta) \in \varOmega_{c^2+d^2+1} \quad \Rightarrow \quad V(x) < c + 1,\ \text{且}\ \zeta^2 < d + 1 \tag{12.8}$$

还注意到

$$V(x) \leqslant c \text{ 和 } \zeta^2 \leqslant d \quad \Rightarrow \quad W(x, \zeta) \leqslant c^2 + d^2$$

现在，对于式 (12.3) 选择 $u = -\bar{k}\zeta$，并计算函数 $W(x, \zeta)$ 沿所获向量场方向，即沿系统

$$\begin{aligned} \dot{x} &= F(x) + G\zeta \\ \dot{\zeta} &= \bar{q}(x, \zeta, \mu) - \bar{b}(x, \zeta, \mu)\bar{k}\zeta \end{aligned} \tag{12.9}$$

轨线的导数，得到

$$\begin{aligned} \dot{W}(x, \zeta) = &\frac{c(c+1)}{(c + 1 - V(x))^2}\frac{\partial V}{\partial x}[F(x) + G\zeta] \\ &+ \frac{d(d+1)}{(d + 1 - \zeta^2)^2} 2\zeta[\bar{q}(x, \zeta, \mu) - \bar{b}(x, \zeta, \mu)\bar{k}\zeta] \end{aligned}$$

由式 (12.7) 得到

$$\begin{aligned} \frac{d}{c+1} \ &\leqslant\ \frac{c(c+1)}{(c + 1 - V(x))^2} \ \leqslant\ \frac{(c^2 + d^2 + 1 + c)^2}{c(c+1)} \\ \frac{d}{d+1} \ &\leqslant\ \frac{d(d+1)}{(d + 1 - \zeta^2)^2} \ \leqslant\ \frac{(c^2 + d^2 + 1 + d)^2}{d(d+1)} \end{aligned}$$

于是，如果 $(x, \zeta) \in \varOmega_{c^2+d^2+1}$，则有

$$\begin{aligned} \dot{W}(x, \zeta) \leqslant &\frac{c(c+1)}{(c + 1 - V(x))^2}\frac{\partial V}{\partial x}F(x) - 2b_0\frac{d}{d+1}\bar{k}\zeta^2 + \\ &\left[\frac{(c^2 + d^2 + 1 + c)^2}{c(c+1)}\left|\frac{\partial V}{\partial x}\right| + 2\frac{(c^2 + d^2 + 1 + d)^2}{d(d+1)}|\bar{q}(x, \zeta, \mu)|\right]|\zeta| \end{aligned}$$

现在，选择任一任意小的数 $\rho > 0$ 并考虑紧集

$$\begin{aligned} S &= \{(x,\zeta)\colon \rho \leqslant W(x,\zeta) \leqslant c^2 + d^2 + 1\} \\ S_0 &= S \cap \{(x,\zeta)\colon \zeta = 0\} \end{aligned}$$

由构造可知，$(x,\zeta) = (0,0)$ 不属于 S_0，因为 $(x,\zeta) = (0,0) \notin S$，且 (见式 (12.8))

$$S_0 \subset \{(x,\zeta)\colon V(x) < c+1, \zeta = 0\} \subset \Delta_{c+1} \times \{0\}$$

注意到，根据假设，如果 $x \in \Delta_{c+1}$ 且 $x \neq 0$，则有

$$\dot{W}(x,0) = \frac{c(c+1)}{(c+1-V(x))^2}\frac{\partial V}{\partial x}F(x) < 0$$

因此，函数 $\dot{W}(x,\zeta)$ 在紧集 S_0 的每一点处都小于零。由连续性，$\dot{W}(x,\zeta)$ 在某一个开集 $U \supset S_0$ 的每一点处都为负。

现在考虑紧集 $\tilde{S} = S \setminus U$。由于在 $\tilde{S}$ 的每一点处都有 $\zeta \neq 0$，所以存在 $m > 0$，使得对于所有的 $(x,\zeta) \in \tilde{S}$，有

$$\zeta^2 > m$$

同样，存在 $M > 0$，使得对于所有的 $(x,\zeta) \in \tilde{S}$ 和所有的 $\mu \in \mathcal{P}$，有

$$\left[\frac{(c^2+d^2+1+c)^2}{c(c+1)}\left|\frac{\partial V}{\partial x}\right| + 2\frac{(c^2+d^2+1+d)^2}{d(d+1)}|\bar{q}(x,\zeta,\mu)|\right]|\zeta| \leqslant M$$

因此，在每一点 $(x,\zeta) \in \tilde{S}$ 处都有

$$\dot{W}(x,\zeta) \leqslant -2b_0\frac{d}{d+1}\bar{k}m + M$$

如同定理 9.3.1 的证明那样，这表明存在数 $\bar{k}^* > 0$，使得如果 $\bar{k} > \bar{k}^*$，则函数 $\dot{W}(x,\zeta)$ 在 S 的每一点处都为负。注意 $\bar{k}^*$ 依赖于 ρ 的选取。

由于

$$\begin{aligned} (z,\xi_1,\ldots,\xi_r) \in \bar{Q}_R^{n+r} &\Rightarrow x \in \bar{Q}_R^{n+r-1} \text{ 且 } |\xi_i| \leqslant R,\ \text{对于所有的 } 1 \leqslant i \leqslant r \\ &\Rightarrow V(x) \leqslant c \quad \text{ 且 } |\zeta|^2 \leqslant d \end{aligned}$$

所以有

$$(z,\xi_1,\ldots,\xi_r) \in \bar{Q}_R^{n+r} \quad \Rightarrow \quad W(x,\zeta) \leqslant c^2 + d^2$$

即

$$\bar{Q}_R^{n+r} \subset \Omega_{c^2+d^2}$$

因此，如果系统 (12.9) 的初始条件属于 $\bar{Q}_R^{n+r}$，则相应轨线对于所有的 $t \geqslant 0$ 都保持在 $\Omega_{c^2+d^2+1}$ 中，因为 $\dot{W}(x(t),\zeta(t))$ 在 $\Omega_{c^2+d^2+1}$ 边界的每一点处都小于零。而且能够看到，在某一有限时刻 T，轨线进入 Ω_ρ 并对于所有的 $t \geqslant T$ 保持在 Ω_ρ 中。因为如若不然，则之前的讨论表明 $W(x(t),\zeta(t))$ 总是减小并收敛到一个非负极限 $W_0 \geqslant \rho$。以 Γ 表示该轨线的 ω-极限

集，注意到有 $\Gamma \subset S$。已知在该集合中每一点处都有 $W(x,\zeta)=W_0$，在 Γ 中选取任一初始条件，可见函数 $W(x,\zeta)$ 沿相应轨线为常值。因此，沿该轨线 $\dot{W}(x,\zeta)=0$，产生矛盾，因为假设 Γ 属于 S 且在 S 上 $\dot{W}(x,\zeta)<0$。因此，$(x(t),\zeta(t))$ 一定在有限时间内进入 Ω_ρ，并且之后永远不能离开该集合，因为 $\dot{W}(x,\zeta)$ 在其边界的每一点处都小于零。

总之，已经证明，给定任一 $\rho>0$，存在数 $\bar{k}^*$，使得如果 $\bar{k}\geqslant\bar{k}^*$，以 $\bar{Q}_R^{n+r}$ 中的点为初始条件的任一轨线被集合

$$\Omega_\rho=\{(x,\zeta)\colon W(x,\zeta)\leqslant\rho\}$$

捕获。为完成证明，还要证明如果 ρ 足够小，则有

$$\Omega_\rho\subset\bar{Q}_\varepsilon^{n+r}$$

现在看到

$$W(x,\zeta)\leqslant\rho\quad\Rightarrow\quad V(x)\leqslant\frac{(c+1)\rho}{c+\rho}\ \text{且}\ |\zeta|^2\leqslant\left(\frac{(d+1)\rho}{d+\rho}\right)$$

由于 $V(x)$ 是正定的，所以存在一个 $\mathcal{K}$ 类函数 $\underline{\alpha}(\cdot)$，使得

$$\underline{\alpha}(\|x\|)\leqslant V(x)$$

因而，如果 ρ 足够小，以至于 $(c+1)\rho/(c+\rho)$ 属于 $\underline{\alpha}(\cdot)$ 的值域，则

$$W(x,\zeta)\leqslant\rho\quad\Rightarrow\quad\|x\|\leqslant\underline{\alpha}^{-1}(\frac{(c+1)\rho}{c+\rho})\ \text{且}\ |\zeta|^2\leqslant\left(\frac{(d+1)\rho}{d+\rho}\right)$$

上式右端对于 $\|x\|$ 和 $|\zeta|$ 的两个估计式随 ρ 趋于无穷都收敛到零。因此，存在数 ρ，使得 $W(x,\zeta)\leqslant\rho$ 意味着

$$\|x\|\leqslant\underline{\alpha}^{-1}(\frac{(c+1)\rho}{c+\rho})\leqslant\frac{\varepsilon}{\sqrt{d}}\ \text{且}\ |\zeta|\leqslant\left(\frac{(d+1)\rho}{d+\rho}\right)^{\frac{1}{2}}\leqslant\frac{\varepsilon}{\sqrt{d}}$$

利用式 (12.5) 的第二个条件和 $d>1$ 的事实，这表明 $|\xi_r|\leqslant\varepsilon$，即

$$W(x,\zeta)\leqslant\rho\quad\Rightarrow\quad(x,\xi_r)\in\bar{Q}_\varepsilon^{n+r}$$

从而完成了证明。注意到，可解此问题的反馈律有如下形式：

$$u=-\bar{k}[\xi_r+k^{r-1}a_0\xi_1+k^{r-2}a_1\xi_2+\cdots+ka_{r-2}\xi_{r-1}]\tag{12.10}$$

这正是一个形如式 (12.2) 的反馈律。◁

注记 12.1.1. 这个定理的结果可以推广到系统 (12.1) 的 z-子系统包含一个不确定参数 μ 的情形，即 z-子系统具有如下形式：

$$\dot{z}=f_0(z,\xi_1,\mu)$$

只要已知存在一个与 μ 无关的函数 $V(z)$，对于所有的 z 和 μ，满足

$$\underline{\alpha}(\|z\|)\leqslant V(z)\leqslant\overline{\alpha}(\|z\|)$$
$$\frac{\partial V}{\partial z}f(z,0,\mu)\leqslant-\alpha(\|z\|)$$

其中 $\underline{\alpha}(\cdot)$，$\overline{\alpha}(\cdot)$ 和 $\alpha(\cdot)$ 都是 $\mathcal{K}_\infty$ 类函数。◁

如本节引言中所见，不能保证闭环系统 (12.1)–(12.2) 在 $(z,\xi_1,\ldots,\xi_r)=(0,0,\ldots,0)$ 处具有平衡态，这只是因为没有假设 $q(z,\xi_1,\ldots,\xi_r,\mu)$ 对于所有的 μ 在 $(z,\xi_1,\ldots,\xi_r)=(0,0,\ldots,0)$ 处为零。相反，如果

$$q(0,0,\ldots,0,\mu)=0 \tag{12.11}$$

则点 $(z,\xi_1,\ldots,\xi_r)=(0,0,\ldots,0)$ 确实是闭环系统的一个平衡态。在这种情况下，闭环系统的轨迹 [能够在有限时间内进入原点的任意小邻域 (该邻域是正时间不变的)] 很可能会实际随着 t 趋于无穷而收敛到所讨论的平衡态。换言之，反馈律 (12.2) 可能使平衡态 $(z,\xi_1,\ldots,\xi_r)=(0,0,\ldots,0)$ 局部渐近稳定，其吸引域包含集合 $\bar{Q}_R^{n+r}$。以下将证明，为使这种情况发生，只要假设

$$\dot{z}=f_0(z,0)$$

的平衡态 $z=0$ 不仅是全局渐近稳定的，也是局部指数稳定的，即矩阵

$$F_0=\left[\frac{\partial f_0}{\partial z}\right]_{(0,0)}$$

的特征值全都位于左半平面。

事实上，在这个额外假设下，反馈律 (12.10) 对于大的 k 和 $\bar{k}$ 可渐近镇定系统 (12.1) 在平衡态 $(z,\xi_1,\ldots,\xi_r,u)=(0,0,\ldots,0)$ 处的线性近似，读者基于简单的计算很容易验证这一点。因此，上述证明的论据可用来证明该反馈律实际上解决了半全局镇定问题 (而不只是半全局实用镇定问题)。

推论 12.1.2. 考虑系统 (12.1) 并设假设条件 (i) 和假设条件 (ii) 成立。还假设上述矩阵 F_0 的所有特征值都有负实部且式 (12.11) 成立。给定任意大的数 $R>0$，存在一个形如式 (12.2) 的反馈律，其中数 $k_1,\ldots,k_r$ 依赖于 R 的选择，使得在闭环系统 (12.1)–(12.2) 中，平衡态 $(z,\xi)=(0,0)$ 是局部指数稳定的，此外，以 $\bar{Q}_R^{n+r}$ 中的点为初始条件的任一轨线随着 t 趋于无穷而收敛到 $(0,0)$。

证明: 考虑闭环系统 (12.1)–(12.2)，注意到向量场 $F(x)$ 在 $x=0$ 处的雅可比矩阵有分块三角结构

$$\left[\frac{\partial F}{\partial x}\right]_{x=0}=\begin{pmatrix}\left[\frac{\partial f_0}{\partial z}\right]_{(0,0)} & * \\ 0 & A\end{pmatrix} \tag{12.12}$$

其中由假设知矩阵 A 的特征值实部为负。因此，矩阵 (12.12) 的所有特征值都具有负实部，从而 $\dot{x}=F(x)$ 的平衡态 $x=0$ 是局部指数稳定的。

考虑在定理 12.1.1 的证明中用到的微分同胚 $\tilde{x}=\Phi(x)$，容易看到，同样的性质对于系统

$$\dot{\tilde{x}}=\tilde{F}(\tilde{x}) \tag{12.13}$$

的平衡态 $\tilde{x}=0$ 也成立。事实上，由于

$$\left[\frac{\partial \tilde{F}}{\partial \tilde{x}}\right]_{\tilde{x}=0}=\Phi_*(0)\left[\frac{\partial F}{\partial x}\right]_{x=0}\Phi_*^{-1}(0)$$

且 $\Phi_*(0)$ 非奇异，因此该矩阵的所有特征值具有负实部。因此，考虑到引理 10.1.5，能够断定存在一个函数 $\tilde{V}(\tilde{x})$，使得对于所有的 $\tilde{x} \in \mathbb{R}^n$ 有

$$\underline{\tilde{\alpha}}(\|x\|) \leqslant \tilde{V}(\tilde{x}), \quad \frac{\partial \tilde{V}}{\partial \tilde{x}} \tilde{F}(\tilde{x}) \leqslant -\tilde{\alpha}(\|\tilde{x}\|)$$

成立，其中 $\underline{\tilde{\alpha}}(\cdot)$ 和 $\tilde{\alpha}(\cdot)$ 都是 $\mathcal{K}_\infty$ 类函数，对于某些 $\tilde{s}_0 > 0$，$\tilde{a} > 0$ 和 $\tilde{b} > 0$，有

$$\underline{\tilde{\alpha}}(s) = \tilde{a}s^2, \quad \tilde{\alpha}(s) = \tilde{b}s^2, \quad \forall s \in [0, \tilde{s}_0]$$

不难检验，类似的性质对于函数 $V(x) = \tilde{V}(\Phi(x))$ 也成立。例如，考虑不等式

$$\tilde{a}\|\Phi(x)\|^2 = \tilde{a}\|\tilde{x}\|^2 \leqslant \tilde{V}(\Phi(x)) = V(x)$$

上式对于充分小的 $\|x\|$ 成立，并注意到 $\Phi(x)$ 可展开为

$$\Phi(x) = Tx + R(x)$$

其中 T 是一个非奇异矩阵，$R(x)$ 是余项，其各元素及一阶导数在 $x = 0$ 处的值都为零。于是

$$\|\Phi(x)\|^2 = x^{\mathrm{T}}Qx + S(x)$$

此处 $Q > 0$，且函数 $S(x)$ 满足

$$\lim_{\|x\| \to 0} \frac{S(x)}{\|x\|^2} = 0$$

因此，容易看到，对于某一个 $a > 0$ 和某一个充分小的 s_0，

$$a\|x\|^2 \leqslant V(x)$$

对于满足 $\|x\| \leqslant s_0$ 的所有 x 都成立。同样的论据表明，对于某一个 $b > 0$，

$$\frac{\partial V}{\partial x} F(x) \leqslant -b\|x\|^2$$

对于满足 $\|x\| \leqslant s_0$ 的所有 x 都成立。

再次考虑在定理 12.1.1 的证明中引入的 Lyapunov 函数 $W(x, \zeta)$ 并注意到，对于所有的 $\|x\| \leqslant s_0$，有

$$\frac{cV(x)}{c + 1 - V(x)} \geqslant \frac{c}{c+1} V(x) \geqslant \frac{c}{c+1} a\|x\|^2$$

类似地，对于所有的 $|\zeta|^2 < d + 1$ 有

$$\frac{d\zeta^2}{d + 1 - \zeta^2} \geqslant \frac{d}{d+1} \zeta^2$$

因此，存在数 $\hat{a}$，使得对于范数不超过 s_0 的所有 (x, ζ)，函数 $W(x, \zeta)$ 有下界

$$\hat{a}\|(x, \zeta)\|^2 \leqslant W(x, \zeta) \tag{12.14}$$

$W(x,\zeta)$ 沿闭环系统轨线的导数对于范数不超过 s_0 的所有 (x,ζ) 满足

$$\dot{W}(x,\zeta) \leqslant -cb\|x\|^2 - 2b_0\frac{d}{d+1}\bar{k}\zeta^2 + M(x,\zeta,\mu)\zeta$$

其中

$$M(x,\zeta,\mu) = \left[\frac{c(c+1)}{(c+1-V(x))^2}\frac{\partial V}{\partial x}G + 2\frac{d(d+1)}{d+1-\zeta^2}\bar{q}(x,\zeta,\mu)\right]$$

由于

$$\left[\frac{\partial V}{\partial x}G\right](0) = 0, \quad \bar{q}(0,0,\mu) = 0$$

所以函数 $M(x,\zeta,\mu)$ 是关于 (x,ζ,μ) 的光滑函数，可表示为

$$2L_1(x,\zeta,\mu)x + L_2(x,\zeta,\mu)\zeta$$

其中 $L_1(x,\zeta,\mu)$ 和 $L_2(x,\zeta,\mu)$ 都是光滑函数。因此，对于范数不超过 s_0 的所有 (x,ζ)，$\dot{W}(x,\zeta)$ 有上界

$$\dot{W}(x,\zeta) \leqslant -\begin{pmatrix} x \\ \zeta \end{pmatrix}^{\mathrm{T}} \begin{pmatrix} cbI & -L_1^{\mathrm{T}}(x,\zeta,\mu) \\ -L_1(x,\zeta,\mu) & \dfrac{2b_0 d}{d+1}\bar{k} - L_2(x,\zeta,\mu) \end{pmatrix} \begin{pmatrix} x \\ \zeta \end{pmatrix}$$

由于 μ 在一个紧集上变动，所以给定任一正数 $\hat{b} < cb$，存在数 $\bar{k}^*$，使得对于所有的 $\bar{k} \geqslant \bar{k}^*$ 和范数不超过 s_0 的所有 (x,ζ)，有

$$\begin{pmatrix} cbI & -L_1^{\mathrm{T}}(x,\zeta,\mu) \\ -L_1(x,\zeta,\mu) & \dfrac{2b_0 d}{d+1}\bar{k} - L_2(x,\zeta,\mu) \end{pmatrix} \geqslant \hat{b}I$$

即

$$\dot{W}(x,\zeta) \leqslant -\hat{b}\|(x,\zeta)\|^2 \tag{12.15}$$

由引理 10.1.5 知，不等式 (12.14) 和不等式 (12.15) 证明了：如果 $\bar{k}$ 足够大，则闭环系统 (12.1)–(12.2) 的平衡态 $(x,\zeta) = (0,0)$ 是局部指数稳定的。特别是，这些不等式对于范数不超过 s_0 的所有 (x,ζ) 成立，而 s_0 是与 $\bar{k}$ 无关的。令 $c_0 > 0$ 满足

$$\Omega_{c_0} \subset B_{s_0}$$

由于 $\dot{W}(x,\zeta)$ 在集合 Ω_{c_0} 边界的每一点处都为负，所以集合 Ω_{c_0} [仅依赖于函数 $W(x,\zeta)$ 和 c_0，并不依赖于 $\bar{k}$ 的实际值] 是正时间不变的。此外，由于 $W(x,\zeta) \leqslant \hat{c}\|(x,\zeta)\|^2$ 对于某一个 $\hat{c}$ 和所有的 $(x,\zeta) \in B_{s_0}$ 成立，所以沿着以 Ω_{c_0} 中的点为初始条件的任一轨线有

$$\dot{W}(x(t),\zeta(t)) \leqslant -\frac{\hat{b}}{\hat{c}}W(x(t),\zeta(t)) := -a_0 W(x(t),\zeta(t))$$

因此，任一这样的轨线满足

$$W(x(t),\zeta(t)) \leqslant \mathrm{e}^{-a_0 t}W(x(0),\zeta(0))$$

即对于所有的 $t \geqslant 0$ 满足

$$\|(x(t), \zeta(t))\| \leqslant \frac{1}{\hat{a}} \mathrm{e}^{-a_0 t} W(x(0), \zeta(0))$$

特别是，任一这样的轨线随着 t 趋于无穷而收敛到 $(0,0)$。现在令 ε 满足

$$\bar{Q}_{\varepsilon}^{n+r} \subset \Omega_{c_0}$$

定理 12.1.1 表明，如果 $\bar{k}$ 足够大，则初始条件位于 $\bar{Q}_R^{n+r}$ 的任一轨线在有限时间内进入集合 $\bar{Q}_{\varepsilon}^{n+r}$，因此进入集合 Ω_{c_0}。因此可得，初始条件属于 $\bar{Q}_R^{n+r}$ 的任一轨线随着 t 趋于无穷而收敛到 $(0,0)$。推论证毕。 ◁

12.2　部分状态反馈实现半全局镇定

12.1 节在证明定理 12.1.1 中用到的关键论据其实是，对于形如

$$\begin{aligned} \dot{x} &= F(x) + G\zeta \\ \dot{\zeta} &= q(x, \zeta) - b(x, \zeta) k \zeta \end{aligned} \tag{12.16}$$

的系统 ($x \in \mathbb{R}^n$ 且 $\zeta \in \mathbb{R}$)，假设它满足以下两个条件:

(i) $\dot{x} = F(x)$ 的平衡态 $x = 0$ 是局部渐近稳定的，并且其吸引域 $\mathcal{A}$ 包含集合 $\bar{Q}_R^n$;

(ii) $b(x, \zeta) \geqslant b_0$ 对于某一个 b_0 成立。

给定任意小的 $\varepsilon > 0$，存在数 $k^* > 0$，使得如果 $k \geqslant k^*$，则初始条件属于 $\bar{Q}_R^{n+1}$ 的所有轨线被集合 $\bar{Q}_{\varepsilon}^{n+1}$ 捕获。

正如在该定理之后所见，这并不能保证所有的轨线一定渐近收敛到点 $(x, \zeta) = (0,0)$。即使假设该点是系统的平衡点 [因此有 $q(0,0) = 0$]，也需要额外的假设才能得出初始条件属于 $\bar{Q}_R^{n+1}$ 的所有轨线最终收敛到平衡态 $(x, \zeta) = (0,0)$ 的结论。例如，如推论 12.1.2 所示，若 $\dot{x} = F(x)$ 的平衡态 $x = 0$ 满足局部指数稳定这一额外假设就属于这种情况。然而，该推论的证明仅使用这个额外假设来确保系统 (12.16) 的平衡态 $(x, \zeta) = (0,0)$ 是局部渐近稳定的，其吸引域包含平衡态的一个并不依赖于 k 的邻域 (事实上，就该推论证明的结论而言，并不需要平衡态具有局部指数稳定的性质，其实如果 k 足够大则此性质在所述假设下是成立的)。于是，或许有人会认为，如推论 12.1.2 所示的结果，即对于指定吸引域的渐近稳定性，在更弱的假设下可能也成立。本节希望进一步阐述这一主题，并对具有互连结构的系统 (12.16) 讨论何时平衡态 $(x, \zeta) = (0,0)$ 是局部渐近稳定的且其吸引域包含一个指定的集合。

借助于两个简单的例子，能更好地理解为何需要额外假设以及推论 12.1.2 中的额外假设可被弱化的事实。

例 12.2.1. 考虑系统

$$\begin{aligned} \dot{x} &= -x^3 + \zeta \\ \dot{\zeta} &= x - k\zeta \end{aligned} \tag{12.17}$$

在该系统中，不论 k 如何选取，平衡态 $(x,\zeta)=(0,0)$ 都不可能是局部渐近稳定的。事实上，其线性近似

$$\begin{pmatrix}\dot{x}\\ \dot{\zeta}\end{pmatrix}=\begin{pmatrix}0 & 1\\ 1 & -k\end{pmatrix}\begin{pmatrix}x\\ \zeta\end{pmatrix}$$

的特征多项式 $\lambda^2+k\lambda-1$ 对于任意 k 都有一个正实根。

注意到，这并不违背定理 12.1.1 的结论。事实上，系统 (12.17) 对于 $k>0$ 有三个平衡态

$$\begin{aligned}(x,\zeta)&=(0,0)\\ (x,\zeta)&=(1/\sqrt{k},1/\sqrt{k^3})\\ (x,\zeta)&=(-1/\sqrt{k},-1/\sqrt{k^3})\end{aligned}$$

第一个平衡态是不稳定的，而另两个平衡态是局部渐近稳定的，对于任一 $\varepsilon>0$，存在数 $k^*>0$，使得如果 $k>k^*$，则这两个平衡态就都位于 $\bar{Q}_\varepsilon^2$ 中 (见图 12.1)。

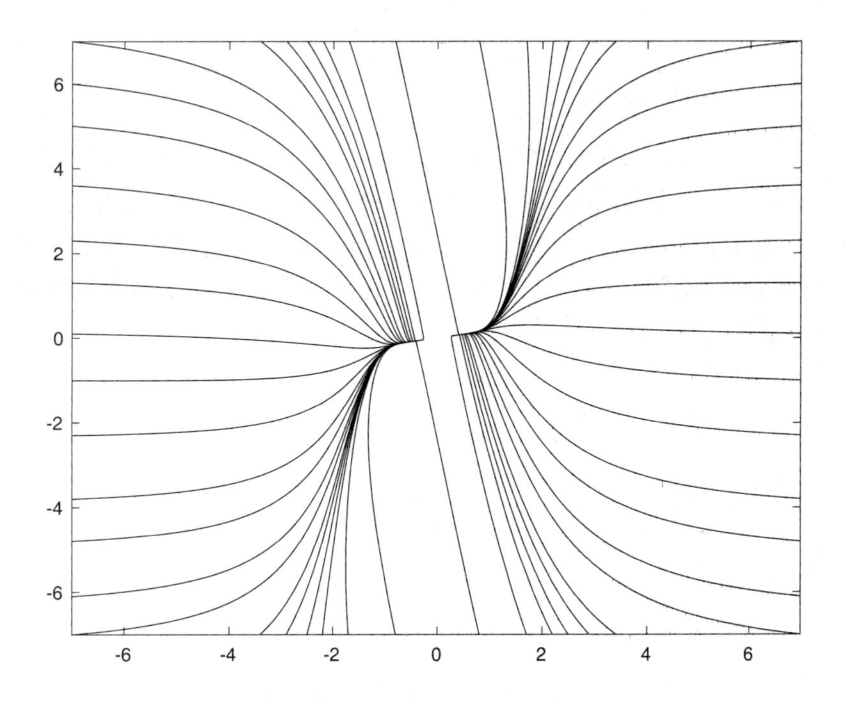

图 12.1　系统 (12.17) 的相轨迹

为何在系统 (12.16) 中，$\dot{x}=F(x)$ 的平衡态的渐近稳定性不足以保证 (即使对于很大的 $k>0$) 平衡态 $(x,\zeta)=(0,0)$ 的局部渐近稳定性？此例可能提供了一个最简单的解释。为找到一个例子，以说明推论 12.1.2 的额外条件是充分的而非必要的，只需要关注如下系统：

$$\begin{aligned}\dot{x}&=-x^3+\zeta\\ \dot{\zeta}&=x^3-k\zeta\end{aligned}\tag{12.18}$$

考虑正定函数

$$V(x,\zeta)=\frac{1}{4}x^4+\frac{1}{2}\zeta^2$$

它沿系统 (12.18) 的轨线的导数为

$$\dot V=-x^6+x^3\zeta+\zeta x^3-k\zeta^2=-(x^3\quad\zeta)\begin{pmatrix}1&-1\\-1&k\end{pmatrix}\begin{pmatrix}x^3\\ \zeta\end{pmatrix}$$

且对于 $k>1$ 负定。因此，对于 $k>1$，系统 (12.18) 的平衡态 $(x,\zeta)=(0,0)$ 是全局渐近稳定的。

检验这一结论的另一种方法是使用小增益定理。将式 (12.18) 的 x-子系统视为状态为 x，输入为 ζ 的系统，它是输入到状态稳定的，增益函数为

$$\gamma_1(r)=r^{\frac{1}{3}}$$

当 $k>0$ 时，可将 ζ-子系统视为状态为 ζ，输入为 x 的系统，它是输入到状态稳定的，增益函数为

$$\gamma_2(r)=\frac{1}{k}r^3$$

于是，如果 $k>1$，则小增益条件满足。 ◁

这个例子的第二部分提示我们，在 $\dot x=F(x)$ 的平衡态 $x=0$ 不具有局部指数稳定性的情况下，可用小增益定理来检验系统 (12.16) 的渐近稳定性。然而，在当前情况下，只关心局部渐近稳定性，因为该系统收敛到平衡态的一个任意小邻域内可通过其他的论据得到保证。因此，期望有一种局部形式的输入到状态稳定性，这也是小增益定理的基础，下面将介绍这一概念及其在当前问题中的应用。

考虑一个非线性系统

$$\dot x=f(x,u) \tag{12.19}$$

状态 $x\in\mathbb{R}^n$，输入 $u\in\mathbb{R}^m$，其中 $f(0,0)=0$ 且 $f(x,u)$ 在 $\mathbb{R}^n\times\mathbb{R}^m$ 上是局部 Lipschitz 的。令 X 为 $\mathbb{R}^n$ 中的一个包含原点的开集，并令 U 为一个正数。

定义 12.2.1. 对于系统 (12.19)，如果存在 $\mathcal{K}$ 类函数 $\gamma_0(\cdot)$ 和 $\gamma_u(\cdot)$，使得对于任一 $x^\circ\in X$ 和任一输入 $u(\cdot)\in L_\infty^m$，其中 $\|u(\cdot)\|_\infty<U$，初始状态为 $x(0)=x^\circ$ 的响应 $x(t)$ 满足

$$\|x(\cdot)\|_\infty\leqslant\max\{\gamma_0(\|x^\circ\|),\gamma_u(\|u(\cdot)\|_\infty)\}$$
$$\limsup_{t\to\infty}\|x(t)\|\leqslant\gamma_u(\limsup_{t\to\infty}\|u(t)\|)$$

则称该系统在 x° 受限于 X 且 $u(\cdot)$ 受限于 U 的情况下是输入到状态稳定的。

因为相关估计式仅适用于 L_∞ 范数不超过数 U 的那些 $u(\cdot)$，所以有时称使上述估计式成立的函数 $\gamma_u(\cdot)$ 为局部增益函数。

与 10.6 节中的研究极为类似，这里将证明，如果小增益条件得以满足，则两个输入到状态稳定的非线性系统 (它们的状态和输入受到限制) 的反馈互连在初始状态和输入均受限的情况下也是输入到状态稳定的。

更确切地，考虑如下互连系统：

$$\begin{aligned}\dot{x}_1 &= f_1(x_1, x_2)\\ \dot{x}_2 &= f_2(x_1, x_2, u)\end{aligned} \tag{12.20}$$

其中 $x_1 \in \mathbb{R}^{n_1}$，$x_2 \in \mathbb{R}^{n_2}$，$u \in \mathbb{R}^m$ 且 $f_1(0,0)=0$，$f_2(0,0,0)=0$。假设第一个子系统 (视为内部状态为 x_1，输入为 x_2 的系统) 在 x_1° 受限于 X_1 且 $x_2(\cdot)$ 受限于 $\varDelta_2$ 的情况下是输入到状态稳定的。即假设存在 $\mathcal{K}$ 类函数 $\gamma_{01}(\cdot)$ 和 $\gamma_1(\cdot)$，使得对于任一 $x_1^\circ \in X_1$ 和任一 $\|x_2(\cdot)\|_\infty < \varDelta_2$，响应 $x_1(t)$ 满足

$$\begin{aligned}\|x_1(\cdot)\|_\infty &\leqslant \max\{\gamma_{01}(\|x_1^\circ\|), \gamma_1(\|x_2(\cdot)\|_\infty)\}\\ \limsup_{t\to\infty}\|x_1(t)\| &\leqslant \gamma_1(\limsup_{t\to\infty}\|x_2(t)\|)\end{aligned}$$

类似地，假设第二个子系统 (视为内部状态为 x_2，输入为 x_1 和 u 的系统) 在 x_2° 受限于 X_2、$x_1(\cdot)$ 受限于 $\varDelta_1$ 且 $u(\cdot)$ 受限于 U 情况下是输入到状态稳定的。即假设存在 $\mathcal{K}$ 类函数 $\gamma_{02}(\cdot)$、$\gamma_2(\cdot)$ 和 $\gamma_u(\cdot)$，使得对于任一 $x_2^\circ \in X_2$、任一 $\|x_1(\cdot)\|_\infty < \varDelta_1$ 和任一 $\|u(\cdot)\|_\infty < U$，响应 $x_2(t)$ 满足

$$\begin{aligned}\|x_2(\cdot)\|_\infty &\leqslant \max\{\gamma_{02}(\|x_2^\circ\|), \gamma_2(\|x_1(\cdot)\|_\infty), \gamma_u(\|u(\cdot)\|_\infty)\}\\ \limsup_{t\to\infty}\|x_2(t)\| &\leqslant \max\{\gamma_2(\limsup_{t\to\infty}\|x_1(t)\|), \gamma_u(\limsup_{t\to\infty}\|u(t)\|)\}\end{aligned}$$

在定理 10.6.1 的证明中用过的同样论据表明，如果复合函数 $\gamma_1 \circ \gamma_2(\cdot)$ 是一个单纯收缩，即如果

$$\gamma_1(\gamma_2(r)) < r, \quad \text{对于所有的 } r > 0 \tag{12.21}$$

则复合系统 (12.20) 在初始状态 x_1°，x_2° 和输入 $u(\cdot)$ 受适当限制的情况下是输入到状态稳定的。为利用以上刻画输入到状态稳定性性质的不等式，这里仅需额外关注施加的限制。为此，回忆相关证明的关键 (先用其来证明所有轨线的有界性，再用于证明输入到状态稳定性性质)，是将第二组不等式提供的估计代入第一组 (反之亦然)。现在，假设 $x_2^\circ \in X_2$，$\|x_1(\cdot)\|_\infty < \varDelta_1$ 且 $\|u(\cdot)\|_\infty < U$，以使

$$\|x_2(\cdot)\|_\infty \leqslant \max\{\gamma_{02}(\|x_2^\circ\|), \gamma_2(\|x_1(\cdot)\|_\infty), \gamma_u(\|u(\cdot)\|_\infty)\} \tag{12.22}$$

另外假设 $x_1^\circ \in X_1$ 且 $\|x_2(\cdot)\|_\infty < \varDelta_2$，以使

$$\|x_1(\cdot)\|_\infty \leqslant \max\{\gamma_{01}(\|x_1^\circ\|), \gamma_1(\|x_2(\cdot)\|_\infty)\} \tag{12.23}$$

将式 (12.22) 代入式 (12.23) 中，得到

$$\|x_1(\cdot)\|_\infty \leqslant \max\{\gamma_{01}(\|x_1^\circ\|), \gamma_1 \circ \gamma_{02}(\|x_2^\circ\|), \gamma_1 \circ \gamma_2(\|x_1(\cdot)\|_\infty), \gamma_1 \circ \gamma_u(\|u(\cdot)\|_\infty)\}$$

利用小增益条件 (12.21)，上式可简化为

$$\|x_1(\cdot)\|_\infty \leqslant \max\{\gamma_{01}(\|x_1^\circ\|), \gamma_1 \circ \gamma_{02}(\|x_2^\circ\|), \gamma_1 \circ \gamma_u(\|u(\cdot)\|_\infty)\}$$

由于假设 $x_1(\cdot)$ 满足 $\|x_1(\cdot)\|_\infty < \varDelta_1$，所以需要设

$$\begin{aligned}\gamma_{01}(\|x_1^\circ\|) &< \varDelta_1\\ \gamma_1\circ\gamma_{02}(\|x_2^\circ\|) &< \varDelta_1\\ \gamma_1\circ\gamma_u(\|u(\cdot)\|_\infty) &< \varDelta_1\end{aligned}$$

类似地，将式 (12.23) 代入式 (12.22)，可知条件 $\|x_2(\cdot)\|_\infty < \varDelta_2$ 要求有

$$\begin{aligned}\gamma_{02}(\|x_2^\circ\|) &< \varDelta_2\\ \gamma_2\circ\gamma_{01}(\|x_1^\circ\|) &< \varDelta_2\\ \gamma_u(\|u(\cdot)\|_\infty) &< \varDelta_2\end{aligned}$$

如果这些约束必须成立，则 x_1° 一定受限于集合

$$\tilde{X}_1 = \{x_1 \in X_1 \colon \gamma_{01}(\|x_1\|) < \varDelta_1, \gamma_2\circ\gamma_{01}(\|x_1\|) < \varDelta_2\}$$

且 x_2° 一定受限于集合

$$\tilde{X}_2 = \{x_2 \in X_2 \colon \gamma_{02}(\|x_2\|) < \varDelta_2, \gamma_1\circ\gamma_{02}(\|x_2\|) < \varDelta_1\}$$

此外，对于满足

$$\tilde{U} \leqslant U,\ \ \gamma_u(\tilde{U}) \leqslant \varDelta_2,\ \ \gamma_1\circ\gamma_u(\tilde{U}) \leqslant \varDelta_1$$

的某一个 $\tilde{U}$，$u(\cdot)$ 必须满足

$$\|u(\cdot)\|_\infty < \tilde{U}$$

如此找到的关系式确定了对系统 (12.20) 的初始状态 x_1°, x_2° 和输入 $u(\cdot)$ 的可能限制。形式上，和证明定理 10.6.1 的过程完全一样，可以证明如下结论。

定理 12.2.1. 如果条件 (12.21) 成立，则系统 (12.20) [视为状态为 $x = (x_1, x_2)$，输入为 u 的系统] 在 x_1° 受限于 $\tilde{X}_1$，x_2° 受限于 $\tilde{X}_2$ 和 $u(\cdot)$ 受限于 $\tilde{U}$ 的情况下是输入到状态稳定的。特别是，$\mathcal{K}$ 类函数

$$\begin{aligned}\gamma_0(r) &= \max\{2\gamma_{01}(r), 2\gamma_{02}(r), 2\gamma_1\circ\gamma_{02}(r), 2\gamma_2\circ\gamma_{01}(r)\}\\ \gamma(r) &= \max\{2\gamma_1\circ\gamma_u(r), 2\gamma_u(r)\}\end{aligned}$$

使响应 $x(t)$ 满足

$$\begin{aligned}\|x(\cdot)\|_\infty &\leqslant \max\{\gamma_0(\|x^\circ\|), \gamma(\|u(\cdot)\|_\infty)\}\\ \limsup_{t\to\infty}\|x(t)\| &\leqslant \gamma(\limsup_{t\to\infty}\|u(t)\|)\end{aligned}$$

注记 12.2.1. 通过寻找适当的 Lyapunov 函数，也可以检验受限制的输入到状态稳定性性质。事实上，令 $V\colon \mathbb{R}^n \to \mathbb{R}$ 为一个 C^1 函数，对于某两个 $\mathcal{K}_\infty$ 类函数 $\underline{\alpha}(\cdot)$ 和 $\overline{\alpha}(\cdot)$，它满足

$$\underline{\alpha}(\|x\|) \leqslant V(x) \leqslant \overline{\alpha}(\|x\|)$$

假设存在数 δ_x 和 δ_u，以及一个 $\mathcal{K}$ 类函数 $\chi(\cdot)$，使得

$$\|x\| \geqslant \chi(\|u\|) \quad \Rightarrow \quad \frac{\partial V}{\partial x} f(x,u) \leqslant -\alpha(\|x\|), \quad \text{对于所有的 } \|x\| \leqslant \delta_x, \|u\| \leqslant \delta_u \tag{12.24}$$

其中 $\alpha(\cdot)$ 是一个 $\mathcal{K}_\infty$ 类函数。

定义

$$c^* = \underline{\alpha}(\delta_x)$$

设

$$X = \varOmega_{c^*}$$

并令 U 满足

$$\overline{\alpha} \circ \chi(U) < c^* \quad \text{且} \quad U < \delta_u$$

于是，容易看到

$$\varOmega_{c^*} \subset B_{\delta_x}$$

此外，如果 u 满足 $\|u\| < U$ 且 x 在 $\varOmega_{c^*}$ 的边界上，则有

$$\overline{\alpha} \circ \chi(\|u\|) < c^* \leqslant \overline{\alpha}(\|x\|)$$

即 $\|x\| \geqslant \chi(\|u\|)$，因此 $\dot{V}$ 在 $\varOmega_{c^*}$ 的边界上的每一点处都为负。因此，由与 10.4 节开头完全一样的论据可得，对于任一 $x^\circ \in X$ 和满足 $\|u(\cdot)\|_\infty < U$ 的任一 $u(\cdot)$，有

$$\|x(t)\| \leqslant \max\{\beta(\|x^\circ\|, t), \gamma(\|u(\cdot)\|_\infty)\}$$

对于某一个 $\mathcal{KL}$ 类函数 $\beta(\cdot,\cdot)$ 成立，其中

$$\gamma(r) = \underline{\alpha}^{-1} \circ \overline{\alpha} \circ \chi(r)$$

从而可得系统在 x° 受限于 X 且 $u(\cdot)$ 受限于 U 的情况下是输入到状态稳定的。 $\lhd$

受限情况下的输入到状态稳定性概念有助于弱化推论 12.1.2 的假设。事实上，将系统 (12.1)–(12.2) 重写为形式 (12.9)，即

$$\begin{aligned} \dot{x} &= F(x) + G\zeta \\ \dot{\zeta} &= \bar{q}(x,\zeta,\mu) - \bar{b}(x,\zeta,\mu)\bar{k}\zeta \end{aligned} \tag{12.25}$$

假设式 (12.25) 的 x-子系统 (视为状态为 x，输入为 ζ 的系统) 对于 $x=0$ 的某一个邻域 X 和某一个 $\varDelta_\zeta > 0$，在 x° 受限于 X 且 $\zeta(\cdot)$ 受限于 $\varDelta_\zeta$ 的情况下是输入到状态稳定的。此外，假设式 (12.25) 的 ζ-子系统 (视为状态为 ζ，输入为 x 的系统) 对于 $\zeta=0$ 的某一个邻域 Z 和某一个 $\varDelta_x > 0$，在 ζ° 受限于 Z 和 $x(\cdot)$ 受限于 $\varDelta_x$ 的情况下是输入到状态稳定的。另外，假设这些限制以及描述输入到状态稳定性性质的估计式与 $\bar{k}$ 和 μ 无关。如果这两个子系统的 (局部) 增益函数满足小增益条件 (12.21)，则平衡态 $(x,\zeta)=(0,0)$ 是局部渐近稳定的，该平衡态的吸引域一定包含原点的某一个不依赖于 $\bar{k}$ 的邻域 $\mathcal{A}_0$。因此，如推论 12.1.2 的证明末

尾所示，如果 $\bar{k}$ 足够大，则初始条件属于 $\bar{Q}_R^{n+r}$ 的所有轨线随着 t 趋于无穷而渐近收敛到平衡态 $(x,\zeta)=(0,0)$。

读者很容易检验这样的假设弱于推论 12.1.2 的假设。事实上，如果 $\dot{x}=F(x)$ 的平衡态 $x=0$ 是局部指数稳定的，则系统 (12.25) 的 x-子系统对于 $x=0$ 的某一个邻域 X 和某一个 $\Delta_\zeta>0$，在受限于 X 和 Δ_ζ 的情况下确实是输入到状态稳定的，并且 (局部) 增益函数 $\gamma_1(\cdot)$ 的形式为

$$\gamma_1(r)=cr$$

系统 (12.25) 的 ζ-子系统对于 $\zeta=0$ 的某一个邻域 Z 和某一个 $\Delta_x>0$ (二者均与 $\bar{k}$ 和 μ 无关)，在受限于 Z 和 Δ_x 的情况下也是输入到状态稳定的，并且其 (局部) 增益函数，对于大的 $\bar{k}$ 以一个形如

$$\gamma_2(r)\leqslant\frac{1}{2c}r$$

的函数 $\gamma_2(\cdot)$ 为界。因此，小增益条件 (12.21) 对于大的 $\bar{k}$ 得以满足。

12.3　定理 9.6.2 的证明

在叙述如何利用输出反馈解决几类非线性不确定系统的半全局实用镇定问题之前，详细研究如何在参数确定的情况下解决该问题是有益的。回想一下，在 9.6 节讨论过这个问题时曾证明过，如果系统

$$\begin{aligned}\dot{x}&=f(x)+g(x)u\\ y&=h(x)\end{aligned}\tag{12.26}$$

可被一个无记忆的光滑状态反馈全局渐近镇定，并且还是一致可观测的，则可利用动态输出反馈实现半全局镇定 (见定理 9.6.2)。本节对这个结果提供详细的证明，除了其本身饶有趣味，也由于在证明中引入了一些观点，之后还将用它们处理不确定系统的类似镇定问题。

考虑一个形如式 (12.26) 的系统，状态 $x\in\mathbb{R}^n$，输入 $u\in\mathbb{R}$，输出 $y\in\mathbb{R}$，设 $f(x)$，$g(x)$ 和 $h(x)$ 都是其变量的光滑函数，且 $f(0)=0$，$h(0)=0$。假设存在一个光滑反馈律 $u=\alpha(x)$，满足 $\alpha(0)=0$，使系统

$$\dot{x}=f(x)+g(x)\alpha(x)$$

的平衡态 $x=0$ 是全局渐近稳定的。因此 (见定理 9.2.3)，存在一个光滑反馈律

$$\bar{u}=\theta(x,v_0,\ldots,v_{n-1})\tag{12.27}$$

可全局渐近镇定扩展的 $2n$ 维系统

$$\begin{aligned}\dot{x}&=f(x)+g(x)v_0\\ \dot{v}_0&=v_1\\ &\;\vdots\\ \dot{v}_{n-2}&=v_{n-1}\\ \dot{v}_{n-1}&=\bar{u}\end{aligned}\tag{12.28}$$

此外，假设系统 (12.26) 是一致可观测的，并回想一下，如 9.6 节所示，这个性质保证了式 (9.58) 所定义的映射 $w=\Phi(x,v)$ 有全局逆映射 $x=\Psi(w,v)$。

9.6 节给出的声称可以半全局镇定系统 (12.26) 控制器是一个具有如下模型的动态系统：

$$\begin{pmatrix}\dot{v}_0\\ \dot{v}_1\\ \vdots\\ \dot{v}_{n-2}\\ \dot{v}_{n-1}\end{pmatrix}=\begin{pmatrix}v_1\\ v_2\\ \vdots\\ v_{n-1}\\ \theta(\Psi^*(\eta,v),v_0,\ldots,v_{n-1})\end{pmatrix} \tag{12.29}$$

$$\begin{pmatrix}\dot{\eta}_1\\ \dot{\eta}_2\\ \vdots\\ \dot{\eta}_{n-1}\\ \dot{\eta}_n\end{pmatrix}=\begin{pmatrix}\eta_2\\ \eta_3\\ \vdots\\ \eta_n\\ \varphi_n(\Psi^*(\eta,v),v_0,\ldots,v_{n-1})\end{pmatrix}+\begin{pmatrix}gc_{n-1}\\ g^2c_{n-2}\\ \vdots\\ g^{n-1}c_1\\ g^nc_0\end{pmatrix}(y-\eta_1) \tag{12.30}$$

且

$$u=v_0 \tag{12.31}$$

其中

(i) $v=\mathrm{col}(v_0,v_1,\ldots,v_{n-2})$，$\eta=\mathrm{col}(\eta_1,\eta_2,\ldots,\eta_n)$；

(ii) $\theta(x,v_0,v_1,\ldots,v_{n-1})$ 是函数 (12.27)；

(iii) $\varphi_n(x,v_0,v_1,\ldots,v_{n-1})$ 是序列 (9.57) 中的第 n 个函数；

(iv) $g>0$ 是一个设计参数，依赖于初始条件集合的大小 (这些初始条件都必须被渐近地引导到平衡态)，$c_0,c_1,\ldots,c_{n-1}$ 是 Hurwitz 多项式

$$p(\lambda)=\lambda^n+c_{n-1}\lambda^{n-1}+\cdots+c_1\lambda+c_0$$

的系数；

(v) 函数 $\Psi^*(\eta,v)$ 的定义如下：

$$\Psi^*(\eta,v)=\begin{cases}\Psi(\eta,v), & 若\ \|\Psi(\eta,v)\|<M\\ \dfrac{\Psi(\eta,v)}{\|\Psi(\eta,v)\|}M, & 若\ \|\Psi(\eta,v)\|\geqslant M\end{cases} \tag{12.32}$$

其中 $M>0$ 是另一个依赖于初始条件集合大小 (这些初始条件都必须被渐近地引导到平衡态) 的设计参数。注意到，对于使 $\Phi(\eta,v)$ 的范数小于一个确定的数 M 的所有 (η,v)，函数 $\Psi^*(\eta,v)$ 与 $\Psi(\eta,v)$ 一致，在其他处 (按范数) 以 M 为界。

为证明定理 9.6.2，考虑闭环系统 (12.26)–(12.29)–(12.30)–(12.31)，定义

$$e=\mathrm{col}(e_1,e_2,\ldots,e_n)$$

其中

$$\begin{aligned}e_1&=g^{n-1}(\varphi_0(x)-\eta_1)\\ e_i&=g^{n-i}(\varphi_{i-1}(x,v_0,\ldots,v_{i-2})-\eta_i),\qquad 2\leqslant i\leqslant n\end{aligned}$$

并注意到

$$e = D_g(\Phi(x,v) - \eta)$$

其中

$$D_g = \mathrm{diag}\{g^{n-1}, \ldots, g, 1\}$$

最后设

$$z = \mathrm{col}(x, v_0, v_1, \ldots, v_{n-1})$$

这样就可得到如下形式的方程组:

$$\begin{aligned} \dot{z} &= F(z) + p_1(z,e) \\ \dot{e} &= gAe + p_2(z,e) \end{aligned} \tag{12.33}$$

其中

$$A = \begin{pmatrix} -c_{n-1} & 1 & 0 & \cdots & 0 \\ -c_{n-2} & 0 & 1 & \cdots & 0 \\ \vdots & \vdots & \vdots & \vdots & \vdots \\ -c_1 & 0 & 0 & \cdots & 1 \\ -c_0 & 0 & 0 & \cdots & 0 \end{pmatrix}$$

$$p_1(z,e) = \begin{pmatrix} 0 \\ \vdots \\ 0 \\ \phi_1(z,e) \end{pmatrix}, \quad p_2(z,e) = \begin{pmatrix} 0 \\ \vdots \\ 0 \\ \phi_2(z,e) \end{pmatrix}$$

且

$$\begin{aligned} \phi_1(z,e) &= \theta(\Psi^*(\Phi(x,v) - D_g^{-1}e, v), v_0, \ldots, v_{n-1}) - \theta(x, v_0, \ldots, v_{n-1}) \\ \phi_2(z,e) &= \varphi_n(x, v_0, \ldots, v_{n-1}) - \varphi_n(\Psi^*(\Phi(x,v) - D_g^{-1}e, v), v_0, \ldots, v_{n-1}) \end{aligned}$$

由构造知，系统

$$\dot{z} = F(z)$$

在 $z = 0$ 处有一个全局渐近稳定的平衡态。因此，存在一个光滑实值函数 $V(z)$，它对于所有的 z 满足

$$\begin{aligned} \underline{\alpha}(\|z\|) \leqslant V(z) &\leqslant \overline{\alpha}(\|z\|) \\ \frac{\partial V}{\partial z}F(z) &\leqslant -\alpha(V(z)) \end{aligned}$$

其中 $\underline{\alpha}(\cdot)$，$\overline{\alpha}(\cdot)$ 和 $\alpha(\cdot)$ 都是 $\mathcal{K}_\infty$ 类函数。

由假设，

$$\{z(0), \eta(0)\} \in \mathcal{S}_z \times \mathcal{S}_\eta$$

其中 $\mathcal{S}_z$ 和 $\mathcal{S}_\eta$ 都是确定的紧集。选择 c，使得

$$\Omega_c = \{z\colon V(z) \leqslant c\} \supset \mathcal{S}_z$$

然后选择函数 $\Psi^*(\eta,v)$ 中的参数 M 为

$$M=\max_{z\in\Omega_{c+1}}\|x\|+1$$

很容易检验，只要 $z\in\Omega_{c+1}$，则之前的定义两个向量 $p_1(z,e)$ 和 $p_2(z,e)$ 在 $e=0$ 处就为零。事实上，由于 $x=\Psi(\Phi(x,v),v)$，因而若 $z\in\Omega_{c+1}$，则有 $\|\Psi(\Phi(x,v),v)\|<M$。因此，如果 $z\in\Omega_{c+1}$，则

$$[\Psi^*(\eta,v)]_{e=0}=\Psi^*(\Phi(x,v),v)=\Psi(\Phi(x,v),v)=x$$

这表明如果 $z\in\Omega_{c+1}$，则有

$$p_1(z,0)=0,\quad p_2(z,0)=0$$

注意到，对于所有的 $(z,e)\in\Omega_{c+1}\times\mathbb{R}^n$ 和所有的 $g>0$，有

$$\|\Psi^*(\Phi(x,v)-D_g^{-1}e,v)\|\leqslant M$$

因此，存在与 g 无关的正数 β_1,β_2，使得

$$\|p_i(z,e)\|\leqslant\beta_i,\ \text{对于所有的}\ (z,e)\in\Omega_{c+1}\times\mathbb{R}^n \tag{12.34}$$

令 k_1 满足

$$\left\|\frac{\partial V(z)}{\partial z}\right\|\leqslant k_1,\ \text{对于所有的}\ z\in\Omega_{c+1}$$

则对于所有的 $(z,e)\in\Omega_{c+1}\times\mathbb{R}^n$，有

$$\frac{\partial V(z)}{\partial z}(F(z)+p_1(z,e))\leqslant-\alpha(V(z))+k_1\beta_1 \tag{12.35}$$

令 P 为 $PA+A^{\mathrm{T}}P=-I$ 的正定解，并令 $k_2=\|P\|$。于是，利用标准的不等式，注意到对于所有的 $(z,e)\in\Omega_{c+1}\times\mathbb{R}^n$，函数 $Q(e)=e^{\mathrm{T}}Pe$ 满足

$$\frac{\partial Q}{\partial e}(gAe+p_2(z,e))\leqslant-g\|e\|^2+2\|e^{\mathrm{T}}P\|\beta_2\leqslant-\left(g-\frac{k_2}{\nu}\right)\|e\|^2+\nu k_2\beta_2^2$$

其中 ν 为大于零的任一数。令 $k_3>0$ 和 $k_4>0$ 满足

$$k_3\|e\|^2\leqslant Q(e)\leqslant k_4\|e\|^2$$

并设

$$a(g)=\left(g-\frac{k_2}{\nu}\right)\frac{1}{k_4}$$

假设 $g>0$ 足够大，以使 $a(g)>0$，对于所有的 $(z,e)\in\Omega_{c+1}\times\mathbb{R}^n$，则有

$$\frac{\partial Q}{\partial e}(gAe+p_2(z,e))\leqslant-a(g)Q(e)+\nu k_2\beta_2^2 \tag{12.36}$$

不等式 (12.35) 和不等式 (12.36) 表明，如果 $z(t)\in\Omega_{c+1}$ 且 g 足够大，则对于与 g 无关的 k_1，β_1，νk_2 和 β_2 有

$$\frac{\mathrm{d}V(z(t))}{\mathrm{d}t}\leqslant k_1\beta_1,\quad\frac{\mathrm{d}Q(e(t))}{\mathrm{d}t}\leqslant\nu k_2\beta_2^2 \tag{12.37}$$

由这些不等式可见，存在一个确定的时刻 $T>0$ (与 g 无关)，使得对于每一初始条件 $(z(0),\eta(0))\in\mathcal{S}_z\times\mathcal{S}_\eta$，解 $(z(t),\eta(t))$ 对于所有的 $t\in[0,T]$ 都有定义，特别是，对于所有的 $t\in[0,T]$ 有 $z(t)\in\Omega_{c+1}$。事实上，在区间 $[0,t]$ 上对不等式 (12.37) 的第一式积分，有

$$V(z(t))-V(z(0))\leqslant k_1\beta_1 t$$

选择 $T=(2k_1\beta_1)^{-1}$，可以得到，对于所有的 $t\in[0,T]$ 必然有 $V(t)\leqslant V(0)+1/2$，即对于所有的 $t\in[0,T]$ 有 $z(t)\in\Omega_{c+1/2}$ 成立，因为否则将与此不等式相矛盾。于是，不等式 (12.37) 的第二式表明 $e(t)$ 也对所有的 $t\in[0,T]$ 有定义，因而 $\eta(t)$ 也如此。

现在证明如下引理。

引理 12.3.1. 对于任一 $\epsilon>0$ 存在数 $g^*>0$ [与 $z(0)$ 和 $\eta(0)$ 无关]，使得如果 $g>g^*$，则有

$$\|e(T)\|\leqslant\epsilon$$

而且，对于所有的 $T'>T$，有

$$z(t)\in\Omega_{c+1},\ \text{对于所有的}\ t\in[T,T']\ \Rightarrow\ \|e(t)\|\leqslant\epsilon,\ \text{对于所有的}\ t\in[T,T']$$

证明：再次考虑不等式 (12.36)。利用比较引理可以推得

$$Q(e(t))\leqslant \mathrm{e}^{-a(g)t}Q(e(0))+\frac{1-\mathrm{e}^{-a(g)t}}{a(g)}\nu k_2\beta_2^2$$

由此得到

$$\|e(t)\|^2\leqslant\frac{1}{k_3}\left[k_4\mathrm{e}^{-a(g)t}\|e(0)\|^2+\frac{1-\mathrm{e}^{-a(g)t}}{a(g)}\nu k_2\beta_2^2\right]$$

固定 ϵ，并选择 ν 以满足 $2k_2\beta_2^2\nu\leqslant k_3\epsilon^2$，以便如果 $a(g)>1$ 则有

$$\|e(t)\|^2\leqslant\frac{k_4}{k_3}\mathrm{e}^{-a(g)t}\|e(0)\|^2+\frac{\epsilon^2}{2}$$

注意到，对于任一选定的初始条件 $(x(0),v(0),\eta(0))$，有

$$\lim_{g\to\infty}\mathrm{e}^{-a(g)T}\|e(0)\|^2=0$$

因为 $\|e(0)\|=\|D_g(\varPhi(x(0),v(0))-\eta(0))\|$ 以一个关于 g 的 $n-1$ 次多项式为界。特别是，由于 $(x(0),v(0),\eta(0))$ 在一个紧集内变动，所以存在数 $g^*>0$，使得

$$\frac{k_4}{k_3}\mathrm{e}^{-a(g)T}\|e(0)\|^2\leqslant\frac{\epsilon^2}{2}$$

对于每一个 $g>g^*$ 和每一个 $(x(0),v(0),\eta(0))$ 都成立，从而结论得证。 ◁

利用这个引理能够证明系统的轨线有界且实际收敛到原点的一个任意小邻域。为此，首先注意到，如果 $g>1$，则存在一个与 g 无关的正的非减函数 $\gamma\colon[0,\infty)\to[0,\infty)$，满足 $\gamma(0)=0$，使得

$$\|p_1(z,e)\|\leqslant\gamma(\|e\|),\ \text{对于所有的}\ (z,e)\in\Omega_{c+1}\times\mathbb{R}^n \tag{12.38}$$

事实上，设

$$\tilde{\phi}_1(z,e)=\theta(\Psi(\Phi(x,v)-D_g^{-1}e,v),v_0,\ldots,v_{n-1})-\theta(x,v_0,\ldots,v_{n-1})$$

并注意到，由于它是一个关于 z,e 的光滑函数且在 $e=0$ 处为零，所以如果 $g>1$，则存在一个与 g 无关的正的非减函数 $\tilde{\gamma}\colon[0,\infty)\to[0,\infty)$，满足 $\tilde{\gamma}(0)=0$，使得对于所有的 $z\in\Omega_{c+1}$ 和所有的 $e\in\mathbb{R}^n$，有

$$|\tilde{\phi}_1(z,e)\leqslant\tilde{\gamma}(\|e\|)|$$

对于任一 $z\in\Omega_{c+1}$，以 $\mathcal{E}_z$ 表示使

$$\phi_1(z,e)=\tilde{\phi}_1(z,e)$$

成立的所有 $e\in\mathbb{R}^n$ 的集合，并注意到，由于特殊选取的 M，点 $e=0$ 位于 $\mathcal{E}_z$ 内部。因此，对于所有的 $z\in\Omega_{c+1}$ 和所有的 $e\in\mathcal{E}_z$，有如下估计式成立：

$$\|p_1(z,e)\|\leqslant\tilde{\gamma}(\|e\|)$$

另一方面又知，存在数 β_1 使得对于所有的 $z\in\Omega_{c+1}$ 和所有的 $e\in\mathbb{R}^n$ 有 $\|p_1(z,e)\|\leqslant\beta_1$ 成立。于是，能够找到一个满足上述性质的函数 $\gamma(\cdot)$，使得估计式（12.38）成立。

现在，令 $\delta>0$ 和 $\rho>0$ 使集合

$$\bar{B}_\delta=\{z\colon\|z\|\leqslant\delta\}$$

满足

$$\Omega_\rho\subset\bar{B}_\delta\subset\Omega_c$$

那么，利用使式（12.38）成立的函数 $\gamma(\cdot)$，选择 ϵ 以使

$$k_1\gamma(\epsilon)<\alpha(\rho)$$

并考虑集合

$$S=\{z\in\Omega_{c+1}\colon V(z)\geqslant\rho\}$$

由构造知，只要

$$z(t)\in S,\ \text{且}\ \|e(t)\|\leqslant\epsilon$$

函数 $V(z(t))$ 就满足

$$\frac{\mathrm{d}V(z(t))}{\mathrm{d}t}\leqslant-\alpha(V(z(t)))+k_1\gamma(\epsilon)<0 \tag{12.39}$$

即 $V(z(t))$ 减小。

已经证明，对于所有的 $t\in[0,T]$，解 $(z(t),\eta(t))$ 对于所有的 $z(t)\in\mathrm{int}(\Omega_{c+1})$ 有定义。如果 $g>g^*$，则由前面的引理可知 $\|e(T)\|\leqslant\epsilon$。于是，再次利用该引理，可见 $z(t)$ 不能离开集合 Ω_{c+1}，并且 $\|e(t)\|$ 对于所有的 $t\geqslant T$ 都以 ϵ 为界。事实上，$z(t)$ 无法到达集合 Ω_{c+1} 的边界，因为在那里有 $V(z)>V(z(T))$，与不等式 (12.39) 相矛盾。

还能证明，$z(t)$ 在有限时间内进入集合 Ω_ρ，并且在随后的所有时间内一直保持在该集合中。因为，假若不然，那么 $V(z(t))$ 总是减小并收敛到一个非负极限 $V_0 \geqslant \rho$。以 Γ 表示所讨论轨线的 ω-极限集。已知在 Γ 中的每一点处都有 $V(z) = V_0$。在 Γ 中选取任一初始条件，可看到函数 $V(z)$ 沿相应的轨线为常值，因此有

$$0 \leqslant -\alpha(V_0) + k_1\gamma(\varepsilon)$$

即

$$V_0 < \rho$$

这是相矛盾的。因此，一旦 $z(t)$ 进入 Ω_ρ，它就永远不能离开这个集合，因为 $\dot{V}(z(t))$ 在 Ω_ρ 边界的每一点处都小于零。

至此已经证明，$(z(t), e(t))$ 在有限时间内进入平衡态 $(z, e) = (0, 0)$ 的一个任意小邻域。为完成证明，注意到如果 $g > 1$，则有 $\|D_g^{-1}e\| \leqslant \|e\|$。因此，如果 ϵ 和 δ 都充分小，则有

$$\Psi^*(\Phi(x, v) - D_g^{-1}e, v) = \Psi(\Phi(x, v) - D_g^{-1}e, v)$$

因此，对于所有的 $\|z\| \leqslant \delta$，$\|e\| \leqslant \epsilon$ 和 $g > 1$，函数 $p_2(z, e)$ (它在 $e = 0$ 取值为零) 能用下式界定：

$$\|p_2(z, e)\| \leqslant k_5\|e\|$$

一旦 $z(t)$ 进入集合 B_δ，则函数 $Q(e)$ 满足

$$\frac{\partial Q}{\partial e}\dot{e} \leqslant -g\|e\|^2 + 2k_2k_5\|e\|^2$$

因此，如果 g 足够大，则有

$$\lim_{t\to\infty} e(t) = 0$$

至此直接应用定理 10.3.1 可证明随着 t 趋于无穷有 $z(t)$ 趋于零，这就完成了证明。

12.4　下三角型最小相位系统的镇定

本节考虑具有如方程组 (11.38) 所示的下三角结构系统的鲁棒镇定问题。为方便起见，将其重写为

$$\begin{aligned}
\dot{z} &= f_0(z, \xi_1)\\
\dot{\xi}_1 &= q_1(z, \xi_1, \mu) + b_1(z, \xi_1, \mu)\xi_2\\
\dot{\xi}_2 &= q_2(z, \xi_1, \xi_2, \mu) + b_2(z, \xi_1, \xi_2, \mu)\xi_3\\
&\vdots\\
\dot{\xi}_r &= q_r(z, \xi_1, \ldots, \xi_r, \mu) + b_r(z, \xi_1, \ldots, \xi_r, \mu)u
\end{aligned} \tag{12.40}$$

假设 $z \in \mathbb{R}^n$，$\xi_i \in \mathbb{R}$ $(i = 1, \ldots, r)$，$u \in \mathbb{R}$，且 $\mu \in \mathcal{P} \subset \mathbb{R}^p$ 是未知参数向量。特别是要确定在什么条件下，仅利用系统的输出

$$y = \xi_1$$

的 (有可能是动态的) 反馈律能实现这类系统的半全局实用镇定。

分析的第一步是证明存在全局定义的部分坐标变换，将系统 (12.40) 转换为由一组更简单的方程

$$
\begin{aligned}
\dot{z} &= f_0(z, \zeta_1) \\
\dot{\zeta}_1 &= \zeta_2 \\
\dot{\zeta}_2 &= \zeta_3 \\
&\vdots \\
\dot{\zeta}_r &= q(z, \zeta_1, \ldots, \zeta_r, \mu) + b(z, \zeta_1, \ldots, \zeta_r, \mu)u
\end{aligned}
\tag{12.41}
$$

建模的系统，其中

$$\zeta_1 = y$$

该坐标变换之所以有用，是因为由构造知，对于每一个 $i = 1, \ldots, r$，(新) 状态变量 ζ_i 与输出 y 的 $i-1$ 阶时间导数一致。而且，这些方程恰好形如式 (12.1)，在 12.1 节中已证明可用一个关于变量 $\zeta_1, \ldots, \zeta_r$ 的线性反馈来解决它的半全局实用镇定问题。

为得到式 (12.41)，设

$$
\begin{aligned}
\chi_0 &= 0 \\
\psi_0 &= 1
\end{aligned}
$$

定义

$$
\begin{aligned}
\chi_1(z, \xi_1, \mu) &= q_1(z, \xi_1, \mu) \\
\psi_1(z, \xi_1, \mu) &= b_1(z, \xi_1, \mu)
\end{aligned}
$$

并对于 $i = 2, \ldots, r-1$ 递归地定义

$$
\begin{aligned}
\chi_i(z, \xi_1, \ldots, \xi_i, \mu) &= \frac{\partial[\chi_{i-1} + \psi_{i-1}\xi_i]}{\partial z} f_0(z, \xi_1) \\
&+ \frac{\partial[\chi_{i-1} + \psi_{i-1}\xi_i]}{\partial \xi_1}[q_1(z, \xi_1, \mu) + b_1(z, \xi_1, \mu)\xi_2] + \cdots \\
&+ \frac{\partial[\chi_{i-1} + \psi_{i-1}\xi_i]}{\partial \xi_{i-1}}[q_{i-1}(z, \xi_1, \ldots, \xi_{i-1}, \mu) + b_{i-1}(z, \xi_1, \ldots, \xi_{i-1}, \mu)\xi_i] \\
&+ \psi_{i-1}(z, \xi_1, \ldots, \xi_{i-1}, \mu) q_i(z, \xi_1, \ldots, \xi_i, \mu)
\end{aligned}
$$

和

$$\psi_i(z, \xi_1, \ldots, \xi_i, \mu) = \psi_{i-1}(z, \xi_1, \ldots, \xi_{i-1}, \mu) b_i(z, \xi_1, \ldots, \xi_i, \mu)$$

这些式子的构造方式是沿着系统 (12.40) 的轨线，使得

$$\frac{\mathrm{d}\,[\chi_{i-1} + \psi_{i-1}\xi_i]}{\mathrm{d}t} = \chi_i + \psi_i \xi_{i+1}$$

因此，对于所有的 $i = 1, \ldots, r-1$，变量

$$\zeta_i = \chi_{i-1}(z, \xi_1, \ldots, \xi_{i-1}, \mu) + \psi_{i-1}(z, \xi_1, \ldots, \xi_{i-1}, \mu)\,\xi_i$$

满足

$$\dot{\zeta}_i = \zeta_{i+1}$$

这正是所需要的方程组 (12.41) 的形式。

鉴于所定义的函数的特殊结构，如果所有的 $\psi_i(z,\xi_1,\ldots,\xi_i,\mu)$ 处处不为零，状态变量 $\xi_1,\ldots,\xi_r$ 的如下变换：

$$\begin{aligned}
\zeta_1 &= \xi_1 \\
\zeta_2 &= \chi_1(z,\xi_1,\mu) + \psi_1(z,\xi_1,\mu)\,\xi_2 \\
\zeta_3 &= \chi_2(z,\xi_1,\xi_2,\mu) + \psi_2(z,\xi_1,\xi_2,\mu)\,\xi_3 \\
&\vdots \\
\zeta_r &= \chi_{r-1}(z,\xi_1,\ldots,\xi_{r-1},\mu) + \psi_{r-1}(z,\xi_1,\ldots,\xi_{r-1},\mu)\,\xi_r
\end{aligned} \tag{12.42}$$

就是全局的。这需要如第 11 章那样，假设存在 $b_{i0}>0$，使得对于所有的 $i=1,\ldots,r$，都有

$$b_i(z,\xi_1,\ldots,\xi_i,\mu) > b_{i0} \tag{12.43}$$

在这种情况下，变量 $\xi_1,\ldots,\xi_r$ 可唯一地表示为

$$\xi_i = \theta_i(z,\zeta_1,\ldots,\zeta_i,\mu)$$

此处所有的 $\theta_i(z,\zeta_1,\ldots,\zeta_i,\mu)$ 都是其变量的光滑函数。因此，很容易看到

$$\dot{\zeta}_r = q(z,\zeta_1,\ldots,\zeta_r,\mu) + b(z,\zeta_1,\ldots,\zeta_r,\mu)\,u$$

这正是式 (12.41) 的最后一个方程。而且，对于某一个 $b_0>0$ 有

$$b(z,\zeta_1,\ldots,\zeta_r,\mu) > b_0 \tag{12.44}$$

总之，已经证明，如果存在数 $b_{i0}>0$，使得式 (12.43) 对于所有的 $i=1,\ldots,r$ 都成立，则存在一个微分同胚

$$\begin{aligned}
\mathbb{R}^r &:\ \to\ \mathbb{R}^r \\
\xi &:\ \mapsto\ \Phi(z,\xi,\mu)
\end{aligned}$$

使方程组 (12.40) 转换为式 (12.41) 的形式，其中性质 (12.44) 成立。

如 12.1 节所示，如果子系统

$$\dot{z} = f_0(z,0)$$

在 $z=0$ 处有一个全局渐近稳定的平衡态，则可针对式 (12.41) 设计一个非常简单的状态反馈律，实际上就是一个形如 $u=K\zeta$ 的线性反馈律，用以解决半全局实用镇定问题。此外，需要着重强调的是，能产生特殊形式 (12.41) 的坐标变换 (12.42) 显式依赖于系统 (12.40) 的状态向量 z 和未知参数向量 μ。换言之，反馈律 $u=K\zeta$，在原状态坐标 (z,ξ) 下，是如下形式的一个函数：

$$u = K\Phi(z,\xi,\mu)$$

它不能在实际中执行，因为向量 μ 未知 (还可能是由于无法获得状态 z 用于反馈)。然而，在本节的后半部分将看到，这种明显的不便是可以克服的，因为执行该反馈律所需的向量 ζ 的各分量与系统的输出 y 的若干阶时间导数相同，即

$$\begin{pmatrix} \zeta_1(t) \\ \zeta_2(t) \\ \vdots \\ \zeta_r(t) \end{pmatrix} = \begin{pmatrix} y(t) \\ y^{(1)}(t) \\ \vdots \\ y^{(r-1)}(t) \end{pmatrix}$$

并且正如 12.3 节所示，利用一个仅用到实际输出 y 的辅助动态系统，就可以合理地估计这些导数。

以下将证明，以一个动态输出反馈可实现系统 (12.40) 的半全局实用镇定，控制器形式为

$$\begin{pmatrix} \dot{\eta}_1 \\ \dot{\eta}_2 \\ \vdots \\ \dot{\eta}_{r-1} \\ \dot{\eta}_r \end{pmatrix} = \begin{pmatrix} \eta_2 \\ \eta_3 \\ \vdots \\ \eta_r \\ 0 \end{pmatrix} + \begin{pmatrix} gc_{r-1} \\ g^2c_{r-2} \\ \vdots \\ g^{r-1}c_1 \\ g^rc_0 \end{pmatrix}(y-\eta_1) \tag{12.45}$$

$$u = -\sigma_\ell\left(\bar{k}\left[\eta_r + k^{r-1}a_0\eta_1 + k^{r-2}a_1\eta_2 + \cdots + ka_{r-2}\eta_{r-1}\right]\right) \tag{12.46}$$

其中，函数 $\sigma_\ell(\cdot)$ 是一个饱和函数，其定义为

$$\sigma_\ell(r) = \begin{cases} r, & 若\ |r| < \ell \\ \mathrm{sgn}(r)\ell, & 若\ |r| \geqslant \ell \end{cases}$$

c_i 和 a_i 是以下两个所有的根都具有负实部的多项式的 (确定) 系数:

$$\lambda^r + c_{r-1}\lambda^{r-1} + \cdots + c_1\lambda + c_0$$
$$\lambda^{r-1} + a_{r-2}\lambda^{r-2} + \cdots + a_1\lambda + a_0$$

其中 $\bar{k}$, k, g, ℓ 都是设计参数，将根据设计问题的数据进行调整。

为设计控制器以确保系统 (12.40) 具有半全局实用稳定性，需要如下假设:

(i) $f_0(0,0) = 0$ 且子系统

$$\dot{z} = f_0(z, 0)$$

的平衡态 $z = 0$ 是全局渐近稳定的;

(ii) 对于 $i = 1, \ldots, r$，存在 $b_{i0} > 0$，使得

$$b_i(z, \xi_1, \ldots, \xi_i, \mu) > b_{i0}$$

对于所有的 $(z, \xi_1, \ldots, \xi_i)$ 和所有的 $\mu \in \mathcal{P}$ 都成立;

(iii) 对于 $i = 1, \ldots, r$,

$$q_i(0, 0, \ldots, \mu) = 0$$

对于所有的 $\mu \in \mathcal{P}$ 都成立。

定理 12.4.1. 考虑系统 (12.40) 并设假设条件 (i)，条件 (ii) 和条件 (iii) 成立。给定任意大的数 $R>0$ 和任意小的数 $\varepsilon>0$，存在数 $\bar{k}>0$，$k>0$，$g>0$，$\ell>0$，使得在闭环系统 (12.40)–(12.45)–(12.46) 中，以 $\bar{Q}_R^{n+2r}$ 中的点为初始状态的任一轨线均被集合 $\bar{Q}_\varepsilon^{n+2r}$ 捕获。

证明: 定义新状态变量

$$\zeta_i=\chi_{i-1}(z,\xi_1,\ldots,\xi_{i-1},\mu)+\psi_{i-1}(z,\xi_1,\ldots,\xi_{i-1},\mu)\,\xi_i$$

和

$$e_i=g^{r-i}(\zeta_i-\eta_i)$$

其中 $i=1,\ldots,r$。这些关系式可以按更方便的记法重新写为

$$\begin{aligned}\zeta&=\Phi(z,\xi,\mu)\\ e&=D_g(\zeta-\eta)\end{aligned}$$

此处 $\Phi(z,\xi,\mu)$ 是由系统 (12.42) 定义的映射，且

$$D_g=\operatorname{diag}\left\{g^{r-1},\ldots,g,1\right\}$$

设

$$K=-\begin{pmatrix}\bar{k}k^{r-1}a_0 & \bar{k}k^{r-2}a_1 & \cdots & \bar{k}ka_{r-2} & \bar{k}\end{pmatrix}$$

所以式 (12.46) 变为

$$u=\sigma_\ell(K\eta)=\sigma_\ell\left(K\left(\zeta-D_g^{-1}e\right)\right)$$

最后，设 $x=\mathrm{col}(z,\zeta)$。这样就得到了如下方程:

$$\begin{aligned}\dot{x}&=F(x,\mu)+p_1(x,e,\mu)\\ \dot{e}&=gAe+p_2(x,e,\mu)\end{aligned}\tag{12.47}$$

其中

$$F(x,\mu)=\begin{pmatrix}f_0(z,\zeta_1)\\ \zeta_2\\ \vdots\\ \zeta_r\\ q(z,\zeta_1,\ldots,\zeta_r,\mu)+b(z,\zeta_1,\ldots,\zeta_r,\mu)K\zeta\end{pmatrix}$$

$$A=\begin{pmatrix}-c_{r-1} & 1 & 0 & \cdots & 0\\ -c_{r-2} & 0 & 1 & \cdots & 0\\ \vdots & \vdots & \vdots & \vdots & \vdots\\ -c_1 & 0 & 0 & \cdots & 1\\ -c_0 & 0 & 0 & \cdots & 0\end{pmatrix}\tag{12.48}$$

$$p_1(x,e,\mu)=\begin{pmatrix}0\\ \vdots\\ 0\\ \phi_1(x,e,\mu)\end{pmatrix},\quad p_2(x,e,\mu)=\begin{pmatrix}0\\ \vdots\\ 0\\ \phi_2(x,e,\mu)\end{pmatrix}$$

且

$$\begin{aligned}\phi_1(x,e,\mu)&=b\left(z,\zeta_1,\ldots,\zeta_r,\mu\right)\left[\sigma_\ell\left(K\left(\zeta-D_g^{-1}e\right)\right)-K\zeta\right]\\ \phi_2(x,e,\mu)&=q\left(z,\zeta_1,\ldots,\zeta_r,\mu\right)+b\left(z,\zeta_1,\ldots,\zeta_r,\mu\right)\sigma_\ell\left(K\left(\zeta-D_g^{-1}e\right)\right)\end{aligned}$$

现在注意到，作为假设 (iii) 的结果，函数 $\chi_i(z,\xi_1,\ldots,\xi_i,\mu)$ 满足

$$\chi_i(0,0,\ldots,0,\mu)=0$$

因此，映射 $\varPhi(z,\xi,\mu)$ 满足

$$\varPhi(0,0,\mu)=0$$

由于映射 $\varPhi(z,\xi,\mu)$ 是一个光滑映射且未知参数向量 μ 在一个紧集内变动，所以给定任一 $R>0$，存在 $R'>0$ 使得

$$(z,\xi)\in\bar{Q}_R^{n+r}\quad\Rightarrow\quad x\in\bar{Q}_{R'}^{n+r}$$

同样，给定任一 $\varepsilon>0$，存在 $\varepsilon'>0$ 使得

$$x\in\bar{Q}_{\varepsilon'}^{n+r}\quad\Rightarrow\quad(z,\xi)\in\bar{Q}_\varepsilon^{n+r}\ \text{且}\ \|\zeta\|\leqslant\frac{\varepsilon}{2}$$

有鉴于此，则定理的证明等同于证明对于每一个初始条件 $x^\circ\in\bar{Q}_{R'}^{n+r}$ 和 $\eta^\circ\in\bar{Q}_R^r$，系统 (12.47) 的轨线满足 $x(t)$ 被集合 $\bar{Q}_{\varepsilon'}^{n+r}$ 捕获且 $e(t)$ 被集合 $\bar{Q}_{\varepsilon/2}^r$ 捕获。注意，事实上由于

$$\eta=\zeta-D_g^{-1}e$$

所以对 $e(t)$ 的这个要求，保证了如果 $g>1$，$\eta(t)$ 就被集合 $\bar{Q}_\varepsilon^r$ 捕获。

考虑系统

$$\dot{x}=F(x,\mu)$$

并注意该系统的渐近性质在定理 12.1.1 的证明中已研究过。根据该证明可以断言，给定 $R'>0$，存在 $k>0$，并且存在一个正定函数 [即函数 (12.6)，为与当前上下文一致将其记为 $W(x)$]，它定义在一个将 $\bar{Q}_{R'}^{n+r}$ 包含在内部的有界集合上，使得对于某一个满足

$$\bar{Q}_{R'}^{n+r}\subset\varOmega_a$$

的 $a>0$，性质

$$\frac{\partial W}{\partial x}F(x,\mu)<0\tag{12.49}$$

在集合

$$S=\{x:\rho\leqslant W(x)\leqslant a+1\}\tag{12.50}$$

上的每一点处都成立，此处可通过增大 $\bar{k}$ 的值而使数 ρ 任意小。鉴于 $W(x)$ 正定，选择 $\rho > 0$，使得对于某一个 $\delta > 0$ 和某一个 $\rho' > 0$，有

$$\Omega_\rho \subset \bar{B}_\delta \subset \Omega_{\rho'} \subset \bar{Q}_{\varepsilon'}^{n+r}$$

相应地确定 $\bar{k}$ 的值，即使不等式 (12.49) 在集合 (12.50) 上成立。如此选择的 k 和 $\bar{k}$ 在余下的证明中保持不变。

另外注意到，存在一个 $\mathcal{K}$ 类函数 $\alpha(\cdot)$，使得

$$\frac{\partial W}{\partial x} F(x,\mu) \leqslant -\alpha(\|x\|),\quad \text{对于所有 } x \in \Omega_{a+1} \setminus B_\delta \tag{12.51}$$

现在选择 ℓ 为

$$\ell = \max_{x \in \Omega_{a+1}} |K\zeta| + 1$$

对于这一选择，容易检验存在与 g 无关的正数 β_1 和 β_2，满足

$$\|p_i(x,e,\mu)\| \leqslant \beta_i,\quad \text{对于所有的 } (x,e) \in \Omega_{a+1} \times \mathbb{R}^r$$

此外，只要 $x \in \Omega_{a+1}$，则之前定义的向量 $p_1(x,e,\mu)$ 在 $e = 0$ 处为零，并且存在一个正的非减函数 $\gamma(\cdot)$，满足 $\gamma(0) = 0$，与 g 无关 (如果 $g > 1$)，使得

$$\|p_1(x,e,\mu)\| \leqslant \gamma(\|e\|),\quad \text{对于所有的 } (x,e) \in \Omega_{a+1} \times \mathbb{R}^r$$

令 k_1 满足

$$\left\|\frac{\partial W}{\partial x}\right\| \leqslant k_1,\quad \text{对于所有的 } x \in \Omega_{a+1}$$

于是对于所有的 $(x,e) \in (\Omega_{a+1} \setminus B_\delta) \times \mathbb{R}^r$ 有

$$\frac{\partial W}{\partial x}\left(F(x,\mu) + p_1(x,e,\mu)\right) \leqslant -\alpha(\|x\|) + k_1\beta_1 \tag{12.52}$$

令 P 为 $PA + A^{\mathrm{T}}P = -I$ 的正定解，并令 $k_2 = \|P\|$。于是，像定理 9.6.2 的证明那样，可得，对于任一 $\nu > 0$，

$$\frac{\partial Q}{\partial e}\left(gAe + p_2(x,e,\mu)\right) \leqslant -a(g)Q(e) + \nu k_2 \beta_2^2 \tag{12.53}$$

对于所有的 $(x,e) \in \Omega_{a+1} \times \mathbb{R}^r$ 都成立，此处有

$$a(g) = \left(g - \frac{k_2}{\nu}\right)\frac{1}{k_4}$$

不等式 (12.52) 和不等式 (12.53) 表明 (见定理 9.6.2 的证明)，存在一个确定的时刻 $T > 0$ (与 g 无关)，使得系统 (12.47) 的解 $(x(t), e(t))$ 对于所有的 $t \in [0,T]$ 都有定义，特别是对于所有的 $t \in [0,T]$ 有 $x(t) \in \Omega_{a+1}$。

实际上，有一个与引理 12.3.1 相同的引理成立，因而能够断言，对于任一 $\epsilon > 0$ ，存在数 $g^* > 0$ [与 $x(0)$ 和 $\eta(0)$ 无关]，使得如果 $g > g^*$，则有

$$\|e(T)\| \leqslant \epsilon$$

并且除此之外，对于所有的 $T' > T$，有

$$x(t) \in \Omega_{a+1},\ \text{对于所有的}\ t \in [T, T'] \ \Rightarrow\ \|e(t)\| \leqslant \epsilon,\ \text{对于所有的}\ t \in [T, T']$$

和定理 9.6.2 的证明一样，这表明轨线都是有界的。事实上，只要

$$x(t) \in \{x : \rho' \leqslant W(x) \leqslant a+1\} \quad \text{且} \quad \|e(t)\| \leqslant \epsilon$$

函数 $W(x(t))$ 就满足

$$\frac{\mathrm{d}W(x(t))}{\mathrm{d}t} \leqslant -\alpha(\|x\|) + k_1\gamma(\epsilon)$$

选取 ϵ 使得 $\alpha(\delta) > k_1\gamma(\epsilon)$。于是，只要

$$x(t) \in \{x : \rho' \leqslant W(x) \leqslant a+1\}\ \text{且}\ \|e(t)\| \leqslant \epsilon$$

就有

$$\frac{\mathrm{d}W(x(t))}{\mathrm{d}t} < 0$$

即 $W(x(t))$ 减小。和定理 9.6.2 的证明一样，这表明 $x(t)$ 在有限时间内被集合 $\Omega_{\rho'}$ 捕获，因此被集合 $\bar{Q}^{n+r}_{\varepsilon'}$ 捕获。如果 $\epsilon < \varepsilon/2$，则 $e(t)$ 也被集合 $\bar{Q}^{r}_{\varepsilon/2}$ 捕获，如前所述。证毕。 $\lhd$

同 12.1 节一样，能够证明，如果矩阵

$$F_0 = \left[\frac{\partial f_0}{\partial z}\right]_{(0,0)}$$

的特征值全都位于左半平面，则设计的反馈律能够局部指数镇定该系统。

推论 12.4.2. 考虑系统 (12.40)，设假设条件 (i)、(ii) 和 (iii) 成立。还假设上述矩阵 F_0 的所有特征值都具有负实部。给定任意大的数 $R > 0$，存在数 $\bar{k} > 0$，$k > 0$，$g > 0$，$\ell > 0$，使得闭环系统 (12.40)-(12.45)-(12.46) 的平衡态 $(z, \xi, \eta) = (0, 0, 0)$ 是局部指数稳定的，而且，任一以 $\bar{Q}^{n+2r}_{R}$ 中的点为初始条件的轨线随着 t 趋于无穷而渐近收敛到 $(0, 0, 0)$。

12.5 无须分离原理的输出反馈镇定

本节介绍一种通过输出反馈镇定线性系统的简单递归设计方法，该方法既不使用任何极点配置技术，也不使用分离原理，但所用概念能让人联想到某些基于根轨迹性质的经典设计方法。当然，这并不会导致线性系统的任何具体突破，因为利用极点配置或求解丢番图方程就足以实现输出反馈镇定。但 12.6 节要介绍的该方法的非线性版本提供了一种设计工具，可用于对一个可能不稳定的非最小相位非线性系统实现输出反馈鲁棒镇定。

考虑一个单输入单输出线性系统

$$\begin{aligned}\dot{x} &= Ax + Bu \\ y &= Cx\end{aligned} \tag{12.54}$$

以 n 表示其状态空间的维数，以 r 表示其相对阶。众所周知，特别是作为命题 9.1.1 的推论可以推知 [因为在线性系统的情况下，关于向量场 (9.2) 的完备性和可交换性假设总可以满足]，这样的系统总能表示为

$$\begin{aligned}\dot{z} &= F_0 z + G_0 \xi_1 \\ \dot{\xi}_1 &= \xi_2 \\ &\vdots \\ \dot{\xi}_{r-1} &= \xi_r \\ \dot{\xi}_r &= H_0 z + a_1\xi_1 + \cdots + a_r\xi_r + bu \\ y &= \xi_1\end{aligned} \tag{12.55}$$

其中 $z \in \mathbb{R}^{n-r}$，$b \neq 0$。设

$$\zeta = \operatorname{col}(z, \xi_1, \ldots, \xi_{r-1}), \quad v = \xi_r$$

$$F = \begin{pmatrix} F_0 & G_0 & 0 & \cdots & 0 \\ 0 & 0 & 1 & \cdots & 0 \\ \vdots & \vdots & \vdots & \vdots & \vdots \\ 0 & 0 & 0 & \cdots & 1 \\ 0 & 0 & 0 & \cdots & 0 \end{pmatrix}, \quad G = \begin{pmatrix} 0 \\ 0 \\ \vdots \\ 0 \\ 1 \end{pmatrix}$$

$$H = \begin{pmatrix} H_0 & a_1 & a_2 & \cdots & a_{r-1} \end{pmatrix}, \quad J = a_r$$

$$K = \begin{pmatrix} 0 & 1 & 0 & 0 & \cdots & 0 \end{pmatrix}$$

并将系统重新写为

$$\begin{aligned}\dot{\zeta} &= F\zeta + Gv \\ \dot{v} &= H\zeta + Jv + bu \\ y &= K\zeta\end{aligned} \tag{12.56}$$

其中 $\zeta \in \mathbb{R}^{n-1}$，$v$ 等于 $y^{(r-1)}$，即等于输出的第 $(r-1)$ 阶时间导数。

为这个系统关联一个输入为 u_a，输出为 y_a 的辅助子系统，状态为 ζ，其定义为

$$\begin{aligned}\dot{\zeta} &= F\zeta + Gu_{\mathrm{a}} \\ y_{\mathrm{a}} &= H\zeta + Ju_{\mathrm{a}}\end{aligned} \tag{12.57}$$

本节旨在说明，如果这样定义的辅助子系统可以通过 (动态) 输出反馈来镇定，那么整个系统 (12.56) 也可以如此。这一结果是两个引理的直接结果。第一个引理说明了如何使用以 v 为输入的动态输出反馈来镇定系统 (12.56)。

引理 12.5.1. 假设系统

$$\begin{aligned}\dot{\varphi} &= L\varphi + My_{\mathrm{a}} \\ u_{\mathrm{a}} &= N\varphi\end{aligned}$$

可镇定系统 (12.57)。那么，存在数 k^*，使得对于所有的 $k > k^*$，反馈律

$$\begin{aligned}\dot{\varphi} &= L\varphi + Mk(v - N\varphi)\\ u &= \frac{1}{b}[N[L\varphi + Mk(v - N\varphi)] - k(v - N\varphi)]\end{aligned} \tag{12.58}$$

可镇定系统 (12.56)。

证明: 考虑系统 (12.56) 与系统 (12.58) 的互连系统，并将状态变量 v 变为状态变量 θ，该变换的定义为

$$\theta = v - N\varphi$$

由此得到

$$\begin{aligned}\dot{\zeta} &= F\zeta + G(N\varphi + \theta)\\ \dot{\varphi} &= L\varphi + Mk\theta\\ \dot{\theta} &= H\zeta + J(N\varphi + \theta) - k\theta\end{aligned}$$

现在将状态变量 φ 变为新状态变量 σ

$$\sigma = \varphi + M\theta$$

得到如下系统:

$$\begin{aligned}\begin{pmatrix}\dot{\zeta}\\ \dot{\sigma}\end{pmatrix} &= \begin{pmatrix}F & GN\\ MH & L + MJN\end{pmatrix}\begin{pmatrix}\zeta\\ \sigma\end{pmatrix} + \begin{pmatrix}G - GNM\\ MJ - (L + MJN)M\end{pmatrix}\theta\\ \dot{\theta} &= -(k - J + JNM)\theta + \begin{pmatrix}H & JN\end{pmatrix}\begin{pmatrix}\zeta\\ \sigma\end{pmatrix}\end{aligned} \tag{12.59}$$

该系统可视为两个子系统的反馈互连。由假设知，(ζ,σ)-子系统 [状态为 (ζ,σ)，输入为 θ] 是稳定的，且具有与 k 无关的有限 L_2 增益 γ；θ-子系统 [状态为 θ，输入为 (ζ,σ)] 对于大的 k 是稳定的，且其 L_2 增益随 k 趋于无穷而减小到零。因此，由小增益定理知，如果 k 足够大，则该系统是稳定的。 ◁

第二个引理说明，在之前的镇定控制器中，如何用一个以 y 为输入的滤波器所生成的估计值来代替 v。定义

$$P = \begin{pmatrix}-gc_{r-1} & 1 & 0 & \cdots & 0\\ -g^2c_{r-2} & 0 & 1 & \cdots & 0\\ \vdots & \vdots & \vdots & \vdots & \vdots\\ -g^{r-1}c_1 & 0 & 0 & \cdots & 1\\ -g^r c_0 & 0 & 0 & \cdots & 0\end{pmatrix}, \quad Q = \begin{pmatrix}gc_{r-1}\\ g^2c_{r-2}\\ \vdots\\ g^{r-1}c_1\\ g^r c_0\end{pmatrix} \tag{12.60}$$

$$R = \begin{pmatrix}0 & 0 & 0 & \cdots & 1\end{pmatrix}$$

此处 $c_0, c_1, \ldots, c_{r-1}$ 是一个所有的根都具有负实部的多项式的系数，$g > 0$ 是待定参数。

引理 12.5.2. 假设系统

$$\begin{aligned}\dot{\varphi} &= A\varphi + Bv\\ u &= C\varphi + Dv\end{aligned}$$

能镇定系统 (12.56)，则存在数 g^*，使得对于所有的 $g > g^*$，反馈律

$$\begin{aligned}\dot{\eta} &= P\eta + Qy\\ \dot{\varphi} &= A\varphi + BR\eta\\ u &= C\varphi + DR\eta\end{aligned} \tag{12.61}$$

能镇定系统 (12.55)。

证明: 对于 $r = 1, 2, \ldots, r$，定义 $e_i = g^{r-i}(\xi_i - \eta_i)$，并注意到 $R\eta = v - e_r$，所以系统 (12.55) 和反馈律 (12.61) 构成的互连系统为

$$\begin{aligned}\dot{\zeta} &= F\zeta + Gv\\ \dot{v} &= H\zeta + Jv + b(C\varphi + Dv) - bDe_r\\ \dot{\varphi} &= A\varphi + Bv - Be_r\\ \dot{e} &= gAe + B\left(H\zeta + Jv + b(C\varphi + Dv) - bDe_r\right)\end{aligned} \tag{12.62}$$

其中 A 是矩阵 (12.48)，所有特征值位于 $\mathbb{C}^-$，$B = \mathrm{col}(0, 0, \ldots, 0, 1)$。这可以视为两个子系统的反馈互连。由构造知，前三个方程所建模的子系统是稳定的，输入为 e_r，内部状态为 (ζ, v, φ)，并且其 L_2 增益以一个与 g 无关的确定的数为界。另一个子系统由最后一个方程建模，输入为 (ζ, v, φ)，内部状态为 e，对于大的 g 是稳定的，并且如简单的计算所示，其 L_2 增益随 g 趋于无穷而减小到零。因此，再次由小增益定理知，互连系统对于大的 g 是稳定的。 ◁

其实，这两个引理合起来表明，如果系统

$$\begin{aligned}\dot{\varphi} &= L\varphi + My_{\mathrm{a}}\\ u_{\mathrm{a}} &= N\varphi\end{aligned}$$

是辅助系统 (12.57) 的一个动态输出反馈镇定器，则系统

$$\begin{aligned}\dot{\eta} &= P\eta + Qy\\ \dot{\varphi} &= L\varphi + Mk(R\eta - N\varphi)\\ u &= \frac{1}{b}\big[N[L\varphi + Mk(R\eta - N\varphi)] - k(R\eta - N\varphi)\big]\end{aligned}$$

是系统 (12.54) 的一个动态输出反馈镇定器。

这种镇定方案能奏效的前提条件是辅助系统 (12.57) 可被输出反馈镇定。因此，在使用输出反馈镇定线性系统的情况下，自然要考虑这样的假设的局限性有多大。事实证明，这一假设的局限性并不大，因为能够证明 (可能依赖于一个无记忆的输出反馈变换)，如果原系统 (12.56) 可被输出反馈镇定，则该假设必然成立。

命题 12.5.3. 假设系统 (12.56) 可被输出反馈镇定。考虑无记忆反馈变换

$$u \mapsto u + ky$$

它将系统 (12.56) 变为系统

$$\begin{aligned}\dot{\zeta} &= F\zeta + Gv \\ \dot{v} &= (H + bkK)\zeta + Jv + bu \\ y &= K\zeta\end{aligned} \tag{12.63}$$

那么，除了可能的单个值 k_0，对于每一个 $k \in \mathbb{R}$，与系统 (12.63) 相伴的辅助子系统，即系统

$$\begin{aligned}\dot{\zeta} &= F\zeta + Gu_{\mathrm{a}} \\ y_{\mathrm{a}} &= (H + bkK)\zeta + Ju_{\mathrm{a}}\end{aligned}$$

可被输出反馈镇定。

证明：利用在本节开始提到的标准型，此时有

$$\begin{pmatrix} A & B \\ C & 0 \end{pmatrix} = \begin{pmatrix} F & G & 0 \\ H & J & b \\ K & 0 & 0 \end{pmatrix} = \begin{pmatrix} F_0 & G_0 & 0 & \cdots & 0 & 0 \\ 0 & 0 & 1 & \cdots & 0 & 0 \\ 0 & 0 & 0 & \cdots & 0 & 0 \\ \vdots & \vdots & \vdots & \vdots & \vdots & \vdots \\ 0 & 0 & 0 & \cdots & 1 & 0 \\ H_0 & a_1 & a_2 & \cdots & a_r & b \\ 0 & 1 & 0 & \cdots & 0 & 0 \end{pmatrix}$$

直接应用标准的可镇定性/可检测性测试表明，如果矩阵对 (A, B) 是可镇定的，则矩阵对 (F_0, G_0) 也可镇定，类似地有，如果矩阵对 (A, C) 可检测，则矩阵对 (F_0, H_0) 也可检测。

现在考虑与系统 (12.63) 相关联的辅助系统，并定义

$$\begin{pmatrix} F & G \\ \tilde{H} & J \end{pmatrix} = \begin{pmatrix} F & G \\ H + bkK & J \end{pmatrix} = \begin{pmatrix} F_0 & G_0 & 0 & \cdots & 0 & 0 \\ 0 & 0 & 1 & \cdots & 0 & 0 \\ 0 & 0 & 0 & \cdots & 0 & 0 \\ \vdots & \vdots & \vdots & \vdots & \vdots & \vdots \\ 0 & 0 & 0 & \cdots & 0 & 1 \\ H_0 & a_1 + kb & a_2 & \cdots & a_{r-1} & a_r \end{pmatrix}$$

利用矩阵对 (F_0, G_0) 的可镇定性不难证明，对于任一具有非负实部的 λ，有

$$\mathrm{rank}(F - \lambda I \quad G) = n - 1 \tag{12.64}$$

因此矩阵对 (F, G) 是可镇定的。利用矩阵对 (F_0, H_0) 的可检测性不难证明，如果 λ 具有非负实部且 $\lambda \neq 0$，则对于任一 k 都有

$$\mathrm{rank}\begin{pmatrix} F - \lambda I \\ \tilde{H} \end{pmatrix} = n - 1 \tag{12.65}$$

式 (12.65) 中的矩阵在 $\lambda=0$ 处的秩为 $n-1$ [因此矩阵对 $(F,\tilde{H})$ 可检测] 当且仅当

$$\det\begin{pmatrix} F_0 & G_0 \\ H_0 & a_1+kb \end{pmatrix} \neq 0$$

注意到,

$$\det\begin{pmatrix} F_0 & G_0 \\ H_0 & a_1+kb \end{pmatrix} = (a_1+kb)\det(F_0) + \det\begin{pmatrix} F_0 & G_0 \\ H_0 & 0 \end{pmatrix}$$

此恒等式的等号右边是 k 的一次多项式，不能恒等于零，因为否则将有

$$\det(F_0)=0 \quad 和 \quad \det\begin{pmatrix} F_0 & G_0 \\ H_0 & 0 \end{pmatrix}=0$$

这与三元组 (F_0,G_0,H_0) 可镇定可检测相矛盾。因此, 至多有一个 k 值使 $(F,\tilde{H})$ 不可检测。 $\triangleleft$

注记 12.5.1. 系统 (12.63) 是通过一个无记忆输出反馈 $u\mapsto u+ky$ 由系统 (12.56) 得到的, 这确实使输出反馈可镇定性性质保持不变。命题 12.5.3 表明，当与系统 (12.56) 相关联的辅助系统**不能**通过输出反馈镇定时，与系统 (12.63) 相关联的辅助系统**对于每一个非零**的 k 都可通过输出反馈镇定。 $\triangleleft$

命题 12.5.3 表明, 用上述方法处理输出反馈镇定问题, 即把问题“简化”为辅助低维子系统的镇定问题, 并没有丧失一般性。实际上, 该过程可以一直迭代到辅助子系统维数为 1(在这种情况下，一个简单的增益就足以用于镇定)。这给出了输出反馈镇定的一种系统化方法，既无须任何极点配置技术，也无须分别独自解决状态反馈镇定问题和渐近状态重构问题，而是基于一系列“动态”输出反馈镇定器的递归更新，用以镇定一系列维数增加的子系统。

12.6　非最小相位系统的输出反馈镇定

到目前为止，利用部分状态反馈实现非线性系统鲁棒镇定的许多方法都依赖于系统具有稳定的零动态这一假设。该假设存在的主要原因是，这些方法使用“高增益”反馈来抵消闭环系统动态中出现的某些多余项。高增益控制的结果是迫使系统的渐近性质直接受零动态渐近性质的影响。特别是，只有后者渐近稳定，即系统是最小相位系统时，才能实现渐近镇定。例如，在镇定形如

$$\begin{aligned}\dot{z} &= f_0(z,y,\mu)\\ \dot{y} &= f_1(z,y,\mu)+u\end{aligned}$$

的系统时，如果备选 Lyapunov 函数的形式为

$$U(z,y)=V(z)+(y-y^*(z))^2$$

其中 $V(z)$ 是一个正定适常函数，对于所有的 $z\neq 0$ 满足

$$\frac{\partial V}{\partial z}f_0(z,y^*(z),\mu)<0 \tag{12.66}$$

则能通过选择控制 u 来抵消在备选 Lyapunov 函数的导数中与 $f_1(z,y,\mu)$ 关联的一些不希望出现的项，以实现 (关于不确定参数 μ 的) 鲁棒稳定性。如果输入 u 只能依赖于 y (不依赖于 z)，那么这个目标，即

$$\frac{\partial V}{\partial z}f_0(z,y,\mu)+2\left(y-y^*(z)\right)\left[f_1(z,y,\mu)+u-\frac{\partial y^*}{\partial z}f_0(z,y,\mu)\right]<0 \tag{12.67}$$

只有在 $y^*(z)=0$ 且 $V(z)$ 是零动态

$$\dot{z}=f_0(z,0,\mu)$$

的 Lyapunov 函数的情况下才能实现。在这种情况下，即如果式 (12.66) 对于 $y^*(z)=0$ 成立，则线性律 $u=-ky$ 可解半全局实用镇定问题，其中 k 为一充分大的数。根本原因是式 (12.67) 中的 $-ky^2$ 项能控制所有其他非负项。如果情况相反，零动态是不稳定的，则需要对 $y^*(z)$ 做 (基于输出的) 非平凡的估计。这可能与控制作用不相容，因为后者对 $f_1(z,y,\mu)$ 项的控制将使 z 难以由 y 来观测。

12.5 节所述的方法完全不依赖于类似的步骤，而是旨在明确地利用 $f_1(z,y,\mu)$ 项来确定所谓的“辅助子系统”，它在当前情况下为系统

$$\begin{aligned}\dot{z}&=f_0\left(z,u_{\rm a},\mu\right)\\ \dot{y}_{\rm a}&=f_1\left(z,u_{\rm a},\mu\right)\end{aligned}$$

的一个镇定器。本节叙述该方法的一种非线性版本。

考虑由如下方程建模的系统：

$$\begin{aligned}\dot{z}&=f_0\left(z,\xi_1,\mu\right)\\ \dot{\xi}_1&=q_1\left(z,\xi_1,\mu\right)+b_1\left(\xi_1\right)\xi_2\\ \dot{\xi}_2&=q_2\left(z,\xi_1,\xi_2,\mu\right)+b_2\left(\xi_1\right)\xi_3\\ &\ \ \vdots\\ \dot{\xi}_r&=q_r\left(z,\xi_1,\ldots,\xi_r,\mu\right)+b_r\left(\xi_1\right)u\\ y&=\xi_1\end{aligned} \tag{12.68}$$

其中 $z\in\mathbb{R}^{n-r}$，μ 是在紧集 $\mathcal{P}$ 上变动的（可能为向量值的）未知参数。

假设：

(i) $f_0(0,0,\mu)=0$；

(ii) 对于 $i=1,\ldots,r$，存在 $b_{i0}>0$ 使得

$$b_i(\xi_1)>b_{i0}$$

(iii) 对于 $i=1,\ldots,r$，

$$q_i(0,0,\ldots,0,\mu)=0$$

对于所有的 $(z,\xi_1,\ldots,\xi_i)$ 和所有的 $\mu\in\mathcal{P}$ 都成立。

于是，如 12.4 节所示，存在一个全局微分同胚

$$\xi \mapsto \zeta = \Phi(z, \xi, \mu)$$

满足 $\Phi(0,0,\mu)=0$，将系统 (12.68) 变为以如下方程表示的系统：

$$\begin{aligned}
\dot{z} &= f_0(z, \zeta_1, \mu) \\
\dot{\zeta}_1 &= \zeta_2 \\
\dot{\zeta}_2 &= \zeta_3 \\
&\vdots \\
\dot{\zeta}_r &= q(z, \zeta_1, \ldots, \zeta_r, \mu) + b(\zeta_1) u \\
y &= \zeta_1
\end{aligned} \tag{12.69}$$

此外，

$$q(0,0,\ldots,0,\mu) = 0$$

且对于某一个 $b_0>0$ 有

$$b(\zeta_1) > b_0$$

如前所述，将系统 (12.68) 转化为系统 (12.69) 的全局微分同胚依赖于 μ 和 z，但这并非以输出反馈实现半全局实用镇定的障碍。

对系统 (12.69) 关联一个**辅助系统** (auxiliary system)

$$\begin{aligned}
\dot{x}_{\mathrm{a}} &= f_{\mathrm{a}}(x_{\mathrm{a}}, u_{\mathrm{a}}, \mu) \\
y_{\mathrm{a}} &= h_{\mathrm{a}}(x_{\mathrm{a}}, u_{\mathrm{a}}, \mu)
\end{aligned} \tag{12.70}$$

其中

$$x_{\mathrm{a}} = \begin{pmatrix} z \\ \zeta_1 \\ \vdots \\ \zeta_{r-2} \\ \zeta_{r-1} \end{pmatrix}, \qquad f_{\mathrm{a}}(x_{\mathrm{a}}, u_{\mathrm{a}}, \mu) = \begin{pmatrix} f_0(z, \zeta_1, \mu) \\ \zeta_2 \\ \vdots \\ \zeta_{r-1} \\ u_{\mathrm{a}} \end{pmatrix}$$

且

$$h_{\mathrm{a}}(x_{\mathrm{a}}, \mu) = q(z, \zeta_1, \ldots, \zeta_{r-1}, u_{\mathrm{a}}, \mu)$$

受 12.6 节的论据启发，对辅助系统 (12.70) 做如下假设：

(iv) 假设存在一个如下形式的动态系统：

$$\begin{aligned}
\dot{\varphi} &= L(\varphi) + M y_{\mathrm{a}} \\
u_{\mathrm{a}} &= N(\varphi)
\end{aligned} \tag{12.71}$$

其中 $\varphi \in \mathbb{R}^{\nu}$，还假设存在一个正定适常的光滑函数 $V(x_{\mathrm{a}}, \varphi)$，它沿互连系统 (12.70)–(12.71)，即沿系统

$$\begin{aligned}
\dot{x}_{\mathrm{a}} &= f_{\mathrm{a}}(x_{\mathrm{a}}, N(\varphi), \mu) \\
\dot{\varphi} &= L(\varphi) + M h_{\mathrm{a}}(x_{\mathrm{a}}, N(\varphi), \mu)
\end{aligned} \tag{12.72}$$

轨线的导数是负定的，即对于所有的 $(x_{\mathrm{a}},\varphi)\neq(0,0)$ 有

$$\frac{\partial V}{\partial x_{\mathrm{a}}}f_{\mathrm{a}}\left(x_{\mathrm{a}},N(\varphi),\mu\right)+\frac{\partial V}{\partial\varphi}\left[L(\varphi)+Mh_{\mathrm{a}}\left(x_{\mathrm{a}},N(\varphi),\mu\right)\right]<0$$

换言之，假设系统 (12.71) 可以全局渐近镇定辅助系统 (12.70)，且互连系统 (12.70)-(12.71) 具有一个与 μ 无关的 Lyapunov 函数 $V(x_{\mathrm{a}}\ \varphi)$。

现在考虑原系统 (12.69) 的动态反馈律

$$\begin{aligned}\dot{\varphi}&=L(\varphi)+Mk\left[\zeta_r-N(\varphi)\right]\\u&=\frac{1}{b\left(\zeta_1\right)}\left[\frac{\partial N}{\partial\varphi}\left(L(\varphi)+Mk\left[\zeta_r-N(\varphi)\right]\right)-k\left[\zeta_r-N(\varphi)\right]\right]\end{aligned}\tag{12.73}$$

其中 k 是一个正数。

可以断言，这种结构的控制器能够鲁棒半全局实用镇定系统 (12.69)。为此，注意到，将系统 (12.69) 和系统 (12.73) 的反馈互连，即系统

$$\begin{aligned}\dot{x}_{\mathrm{a}}&=f_{\mathrm{a}}\left(x_{\mathrm{a}},\zeta_r,\mu\right)\\\dot{\zeta}_r&=h_{\mathrm{a}}\left(x_{\mathrm{a}},\zeta_r,\mu\right)+\frac{\partial N}{\partial\varphi}\left(L(\varphi)+Mk\left[\zeta_r-N(\varphi)\right]\right)-k\left[\zeta_r-N(\varphi)\right]\\\dot{\varphi}&=L(\varphi)+Mk\left[\zeta_r-N(\varphi)\right]\end{aligned}\tag{12.74}$$

的状态变量 ζ_r 换为新变量

$$\theta=\zeta_r-N(\varphi)$$

可得到

$$\begin{aligned}\dot{x}_{\mathrm{a}}&=f_{\mathrm{a}}\left(x_{\mathrm{a}},\theta+N(\varphi),\mu\right)\\\dot{\theta}&=h_{\mathrm{a}}\left(x_{\mathrm{a}},\theta+N(\varphi),\mu\right)-k\theta\\\dot{\varphi}&=L(\varphi)+Mk\theta\end{aligned}\tag{12.75}$$

这一系统可视为两个系统的互连，其中一个系统的输出为 θ，输入为 v，其模型方程为

$$\begin{aligned}\dot{x}_{\mathrm{a}}&=f_{\mathrm{a}}\left(x_{\mathrm{a}},\theta+N(\varphi),\mu\right)\\\dot{\theta}&=h_{\mathrm{a}}\left(x_{\mathrm{a}},\theta+N(\varphi),\mu\right)+v\\\dot{\varphi}&=L(\varphi)-Mv\end{aligned}\tag{12.76}$$

另一个是无记忆系统 (其输入为 θ，输出为 v)

$$v=-k\theta\tag{12.77}$$

系统 (12.76) 在输入 v 和输出 θ 之间有一致相对阶 1，且其“高频增益”系数等于 1。因此，该系统有一个 (全局定义的) 零动态流形，集合

$$Z^*=\{(x_{\mathrm{a}},\theta,\varphi):\theta=0\}$$

在输入

$$v=v^*\left(x_{\mathrm{a}},\varphi\right)=-h_{\mathrm{a}}\left(x_{\mathrm{a}},N(\varphi),\mu\right)$$

的作用下不变。因此，系统 (12.76) 的零动态为

$$\begin{aligned}\dot{x}_{\mathrm{a}} &= f_{\mathrm{a}}\left(x_{\mathrm{a}}, N(\varphi), \mu\right) \\ \dot{\varphi} &= L(\varphi) + M h_{\mathrm{a}}\left(x_{\mathrm{a}}, N(\varphi), \mu\right)\end{aligned} \tag{12.78}$$

由假设知，上述动态在 $(x_{\mathrm{a}}, \varphi) = (0,0)$ 处有一个全局渐近稳定的平衡态。因而，鉴于 12.1 节的讨论结果，形如式 (12.77) 的反馈律就能够解决半全局实用稳定性问题。

事实上，考虑正定适常函数

$$W\left(x_{\mathrm{a}}, \varphi, \theta\right) = V\left(x_{\mathrm{a}}, \varphi + M\theta\right) + \theta^2$$

并用 Ω_a 表示集合

$$\Omega_a = \left\{\left(x_{\mathrm{a}}, \varphi, \theta\right) : W\left(x_{\mathrm{a}}, \varphi, \theta\right) \leqslant a\right\}$$

以下结论成立。

引理 12.6.1. 对于任一 $R > 0$ 和 $\varepsilon > 0$，且对于满足

$$\Omega_\rho \subset \bar{Q}_{\varepsilon}^{n+\nu} \subset \bar{Q}_{R}^{n+\nu} \subset \Omega_c$$

的任一 $\rho > 0$ 和任一 $c > 0$，存在数 k^*，使得如果 $k > k^*$，则函数 $W(x_{\mathrm{a}}, \varphi, \theta)$ 沿系统 (12.75) 轨线的导数在集合

$$S = \left\{\left(x_{\mathrm{a}}, \varphi, \theta\right) : \rho \leqslant W\left(x_{\mathrm{a}}, \varphi, \theta\right) \leqslant c\right\}$$

的每一点处都小于零。

证明：以 $\dot{W}(x_{\mathrm{a}}, \varphi, \theta)$ 表示函数 $W(x_{\mathrm{a}}, \varphi, \theta)$ 沿系统 (12.75) 轨线的导数，则有

$$\begin{aligned}\dot{W}\left(x_{\mathrm{a}}, \varphi, \theta\right) = & \frac{\partial V}{\partial x_{\mathrm{a}}} f_{\mathrm{a}}\left(x_{\mathrm{a}}, \theta + N(\varphi), \mu\right) + 2\theta\left[h_{\mathrm{a}}\left(x_{\mathrm{a}}, \theta + N(\varphi), \mu\right) - k\theta\right] + \\ & \left[\frac{\partial V}{\partial \varphi}\right]_{\varphi + M\theta}\left[L(\varphi) + Mk\theta + M h_{\mathrm{a}}\left(x_{\mathrm{a}}, \theta + N(\varphi), \mu\right) - Mk\theta\right]\end{aligned}$$

右端的表达式可以写成下面的形式：

$$\frac{\partial V}{\partial x_{\mathrm{a}}} f_{\mathrm{a}}\left(x_{\mathrm{a}}, N(\varphi), \mu\right) + \frac{\partial V}{\partial \varphi}\left[L(\varphi) + M h_{\mathrm{a}}\left(x_{\mathrm{a}}, N(\varphi), \mu\right)\right] - 2k\theta^2 + R\left(x_{\mathrm{a}}, \varphi, \theta\right)\theta$$

其中 $R\left(x_{\mathrm{a}}, \varphi, \theta\right)$ 是一个适当的光滑函数。在此表达式中，前两项之和是关于 $(x_{\mathrm{a}}, \varphi)$ 的一个负定函数，因而在集合

$$S_0 = S \cap \left\{\left(x_{\mathrm{a}}, \varphi, \theta\right) : \theta = 0\right\}$$

上 $\dot{W}(x_{\mathrm{a}}, \varphi, \theta)$ 是负的。所以，如定理 12.1.1 的证明所示，可以得出，函数 $\dot{W}(x_{\mathrm{a}}, \varphi, \theta)$ 在某一个开子集 $U \supset S_0$ 的每一点处都为负。另一方面，θ^2 在集合 $\tilde{S} = S \setminus U$ 上处处不为零。因而，对于大的 k，$\dot{W}(x_{\mathrm{a}}, \varphi, \theta)$ 在整个集合 S 上为负。 $\triangleleft$

动态控制器 (12.73) 使用状态变量 ζ_r，即系统 (12.69) 的输出 y 的第 $r-1$ 阶导数作为输入。因此，为找到一个输出反馈控制器，必须以一个适当的估计量替换该变量，如在 12.5 节所见，这可由如下形式的系统：

$$\dot{\eta} = P\eta + Qy$$

提供，其中矩阵 P 和 Q 形如式 (12.60)。然而，在这种情况下，正如 12.4 节所示，应该使所得的控制律具有饱和机制，以避免对于大的 g 值发生有限时间逃逸。因而，在控制器 (12.73) 中，

$$k\left[\zeta_r - N(\varphi)\right]$$

被替换为

$$\sigma_\ell\left(k\left[\eta_r - N(\varphi)\right]\right)$$

其中 $\sigma_\ell(\cdot)$ 为饱和函数

$$\sigma_\ell(r) = \begin{cases} r, & 若\ |r| < \ell \\ \operatorname{sgn}(r)\bar{M}, & 若\ |r| \geqslant \ell \end{cases}$$

这样就产生了一个由以下方程组建模的控制器：

$$\begin{aligned}
\dot{\eta} &= P\eta + Qy \\
\dot{\varphi} &= L(\varphi) + M\sigma_\ell\left(k\left[\eta_r - N(\varphi)\right]\right) \\
u &= \frac{1}{b(y)}\left[\frac{\partial N}{\partial \varphi}\left(L(\varphi) + M\sigma_\ell\left(k\left[\eta_r - N(\varphi)\right]\right)\right) - \sigma_\ell\left(k\left[\eta_r - N(\varphi)\right]\right)\right]
\end{aligned} \tag{12.79}$$

这种类型的控制器能够鲁棒半全局实用镇定系统 (12.69)。为了确认这种情况，考虑相应的闭环系统

$$\begin{aligned}
\dot{x}_{\mathrm{a}} &= f_{\mathrm{a}}\left(x_{\mathrm{a}}, \zeta_r, \mu\right) \\
\dot{\zeta}_r &= h_{\mathrm{a}}\left(x_{\mathrm{a}}, \zeta_r, \mu\right) + \frac{\partial N}{\partial \varphi}\left(L(\varphi) + M\sigma_\ell\left(k\left[\eta_r - N(\varphi)\right]\right)\right) - \sigma_\ell\left(k\left[\eta_r - N(\varphi)\right]\right) \\
\dot{\varphi} &= L(\varphi) + M\sigma_\ell\left(k\left[\eta_r - N(\varphi)\right]\right) \\
\dot{\eta} &= P\eta + Q\zeta_1
\end{aligned} \tag{12.80}$$

并再次做变量变换 $\theta = \zeta_r - N(\varphi)$，可以得到

$$\begin{aligned}
\dot{x}_{\mathrm{a}} &= f_{\mathrm{a}}\left(x_{\mathrm{a}}, \theta + N(\varphi), \mu\right) \\
\dot{\theta} &= h_{\mathrm{a}}\left(x_{\mathrm{a}}, \theta + N(\varphi), \mu\right) - \sigma_\ell\left(k\left[\eta_r - N(\varphi)\right]\right) \\
\dot{\varphi} &= L(\varphi) + M\sigma_\ell\left(k\left[\eta_r - N(\varphi)\right]\right) \\
\dot{\eta} &= P\eta + Q\zeta_1
\end{aligned} \tag{12.81}$$

对于 $i = 1, \ldots, r$，定义

$$e_i = g^{r-i}\left(\zeta_i - \eta_i\right)$$

(回想一下，$\zeta_1, \ldots, \zeta_{r-1}$ 都是向量 x_{a} 的分量)，即

$$e = D_g(\zeta - \eta)$$

其中矩阵 D_g 之前用过，形式为

$$D_g = \operatorname{diag}\{g^{r-1}, \ldots, g, 1\}$$

于是，系统 (12.81) 可重新写为

$$\begin{aligned}
\dot{x}_{\mathrm{a}} &= f_{\mathrm{a}}(x_{\mathrm{a}}, \theta + N(\varphi), \mu) \\
\dot{\theta} &= h_{\mathrm{a}}(x_{\mathrm{a}}, \theta + N(\varphi), \mu) - k\theta + \phi_1(\theta, e) \\
\dot{\varphi} &= L(\varphi) + Mk\theta - M\phi_1(\theta, e) \\
\dot{e} &= gAe + B\phi_2(x_{\mathrm{a}}, \theta, \varphi, e)
\end{aligned} \tag{12.82}$$

其中 A 是矩阵 (12.48)，其所有特征值位于 $\mathbb{C}^-$，$B = \operatorname{col}(0, 0, \ldots, 0, 1)$，

$$\begin{aligned}
\phi_1(\theta, e) &= k\theta - \sigma_\ell(k\theta - ke_r) \\
\phi_2(x_a, \theta, \varphi, e) &= h_{\mathrm{a}}(x_{\mathrm{a}}, \theta + N(\varphi), \mu) + \frac{\partial N}{\partial \varphi}[L(\varphi) + M\sigma_\ell(k\theta - ke_r)] \\
&\quad - \sigma_\ell(k\theta - ke_r)
\end{aligned}$$

由此，利用引理 12.6.1 的结论，可以得到以下定理。

定理 12.6.2. 考虑系统 (12.68) 并设假设条件 (i)，条件 (ii)，条件 (iii) 和条件 (iv) 均成立。给定任意大的数 $R > 0$ 和任意小的数 $\varepsilon > 0$，存在数 $k > 0$，$g > 0$，$\ell > 0$，使得在闭环系统 (12.68)-(12.79) 中，任一初始条件属于 $\bar{Q}_R^{n+\nu+r}$ 的轨线均被集合 $\bar{Q}_\varepsilon^{n+\nu+r}$ 捕获。

证明: 由于将系统 (12.68)–(12.79) 变为系统 (12.81) 的坐标变换是全局定义的微分同胚，原点保持不变，所以只要对于系统 (12.81) 证明该定理即可。证明所需的论据与证明定理 12.4.1 的论据相同，这里仅述其概要。令 $W(x_{\mathrm{a}}, \varphi, \theta)$ 和 Ω_a 如引理 12.6.1 中所定义，选择 ρ，δ，ρ'，c 使得

$$\Omega_\rho \subset \bar{Q}_\delta^{n+\nu} \subset \Omega_{\rho'} \subset \bar{Q}_\varepsilon^{n+\nu} \subset \bar{Q}_R^{n+\nu} \subset \Omega_c \subset \Omega_{c+1}$$

并利用引理 12.6.1 的结论，确定一个数 k，使得函数 $W(x_{\mathrm{a}}, \varphi, \theta)$ 沿系统 (12.75) 轨线的导数在集合

$$S = \{(x_{\mathrm{a}}, \varphi, \theta) : \rho \leqslant W(x_{\mathrm{a}}, \varphi, \theta) \leqslant c + 1\}$$

的每一点处都小于零。

然后，选择饱和水平值为

$$\ell = \max_{(x_{\mathrm{a}}, \varphi, \theta) \in \Omega_{c+1}} |k\theta| + 1$$

注意到，对于所有的 $((x_a, \varphi, \theta), e) \in \Omega_{c+1} \times \mathbb{R}^r$ 有

$$\begin{aligned}
|\phi_1(\theta, e)| &\leqslant \beta_1 \\
|\phi_2(x_{\mathrm{a}}, \theta, \varphi, e)| &\leqslant \beta_2 \\
|\phi_1(\theta, e)| &\leqslant \gamma(\|e\|)
\end{aligned}$$

其中 β_1，β_2 都是确定的数，$\gamma(\cdot)$ 是一个正定非减函数，满足 $\gamma(0) = 0$，它们全都与 g 无关。

由此开始，证明所用到的论据与定理 12.4.1 的证明中用过的论据相同。 $\triangleleft$

在结束本节之前，对用于镇定“辅助子系统”(12.70) 的控制器结构做一些说明。前面的定理考虑了系统 (12.70) 的镇定器为严格正则系统的情况，即该系统没有 $y_{\rm a}$ 和 $u_{\rm a}$ 之间的馈通，而是具有特殊结构 (12.71)，其中等号右端是输入 $y_{\rm a}$ 的仿射形式，且与 $y_{\rm a}$ 相乘的向量是一个常值向量。然而，能够证明，从这里考虑的视角来看，这种假设结构的局限性并不大。

事实上，可以证明，如果一个非线性系统，例如系统 (12.70)，可被一个一般结构的非线性输出反馈控制器全局渐近镇定，则它也能被具有特殊结构 (12.71) 的系统半全局镇定。

考虑两个子系统

$$\begin{aligned}\dot{x} &= f(x,u)\\ y &= h(x,u)\end{aligned} \tag{12.83}$$

$$\begin{aligned}\dot{\varphi} &= \theta(\varphi,v)\\ u &= \kappa(\varphi,v)\end{aligned} \tag{12.84}$$

其中 $x\in\mathbb{R}^n$，$\varphi\in\mathbb{R}^\nu$，$y\in\mathbb{R}$，$u\in\mathbb{R}$，$v\in\mathbb{R}$，$f(0,0)=0$，$h(0,0)=0$，$\theta(0,0)=0$，且 $\kappa(0,0)=0$。假设对于每一个 x,φ，方程

$$h(x,\kappa(\varphi,v))=v$$

有唯一解

$$v=v(x,\varphi)$$

它是关于 (x,φ) 的光滑函数 [必然满足 $v(0,0)=0$]。另外假设

$$u=\kappa(\varphi,v(x,\varphi))$$

是方程

$$\kappa(\varphi,h(x,u))=u$$

的唯一解。

在上述假设条件下，系统 (12.83) 和系统 (12.84) 通过 $v=y$ 的反馈互连有唯一定义，并可写为

$$\begin{aligned}\dot{x} &= f(x,\kappa(\varphi,v(x,\varphi)))\\ \dot{\varphi} &= \theta(\varphi,v(x,\varphi))\end{aligned} \tag{12.85}$$

命题 12.6.3. 假设互连系统 (12.85) 的平衡态 $(x,\varphi)=(0,0)$ 是全局渐近稳定且局部指数稳定的。另外假设，对于所有的 $(x,\varphi)\in\mathbb{R}^n\times\mathbb{R}^\nu$ 和所有的 $\xi\in\mathbb{R}$，有

$$\xi[\xi+v(x,\varphi)-h(x,\kappa(\varphi,\xi+v(x,\varphi)))]\geqslant\alpha(\xi)$$

其中 $\alpha(\cdot)$ 是一个 $\mathcal{K}$ 类函数，对于某一个 $a>0$ 和某一个 $\delta>0$，满足

$$\alpha(s)=as^2,\quad 对于所有的\ s\in[0,\delta]$$

考虑 (严格正则) 系统

$$\begin{aligned}\dot{\varphi} &= \theta(\varphi,v)\\ \dot{v} &= -Mv+My\\ u &= \kappa(\varphi,v)\end{aligned} \tag{12.86}$$

于是，给定任意大的数 $R>0$，存在数 M，使得在闭环系统 (12.83)–(12.86) 中，平衡态 $(x,\varphi,v)=(0,0,0)$ 是局部指数稳定的，此外，初始条件属于 $\bar{Q}_R^{n+\nu+1}$ 的任一轨线随着 t 趋于无穷而渐近收敛到 $(0,0,0)$。

证明: 为证明该结论，将 v 变为

$$\xi = v - v(x,\varphi)$$

以得到

$$\begin{aligned}
\dot{x} &= f(x,\kappa(\varphi,\xi+v(x,\varphi))) \\
\dot{\varphi} &= \theta(\varphi,\xi+v(x,\varphi)) \\
\dot{\xi} &= -M[\xi+v(x,\varphi)-h(x,\kappa(\varphi,\xi+v(x,\varphi)))] \\
&\quad -\frac{\partial v}{\partial x}f(x,\kappa(\varphi,\xi+v(x,\varphi)))-\frac{\partial v}{\partial \varphi}\theta(\varphi,\xi+v(x,\varphi))
\end{aligned} \tag{12.87}$$

对于 $\xi=0$，上面的前两个方程简化为子系统 (12.83) 和子系统 (12.84) 的反馈互连，由假设知它是全局渐近稳定且局部指数稳定的。另一方面，容易看到，对于某一个光滑函数 $q(x,\varphi,\xi)$ 有

$$\frac{\mathrm{d}\xi^2}{\mathrm{d}t} \leqslant -2M\alpha(\xi)+\left(\xi^2+|\xi||x|+|\xi||\varphi|\right)q(x,\varphi,\xi)$$

于是，利用与之前在定理 12.1.1 和推论 12.1.2 的证明中所用的同样论据可得出结论。 ◁

换言之，命题 12.6.3 确定了诸如式 (12.70) 的非线性系统 (它可被非线性一般结构的输出反馈控制器全局渐近镇定) 也能被特殊结构系统 (12.71) 半全局镇定的 (充分) 条件。

注意，反馈互连 (12.83)–(12.86) 区别于反馈互连 (12.83)–(12.84) 的是，在 y 和 v 之间“插入”了一个传递函数为

$$T(s)=\frac{1}{1+\tau s}$$

的系统，其中如命题 12.6.3 的证明所示，时间常数 $\tau=1/M$ 要适当地小 (见图 12.2)。

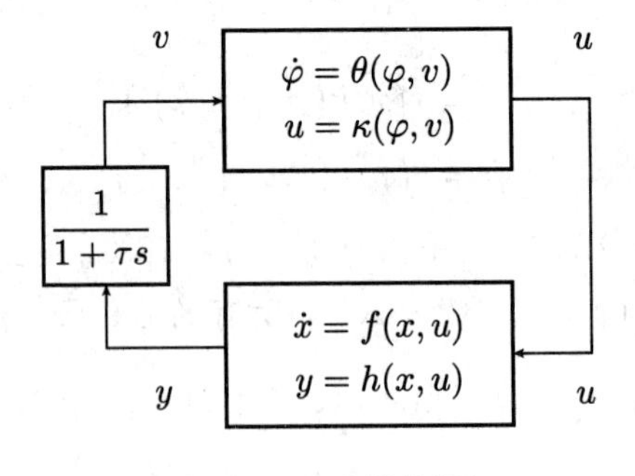

图 12.2　系统框图

12.7　实例

下面的例子用于说明存在一些系统，它们可被静态状态反馈全局渐近镇定并且是一致可观测的，但它们不能被任何连续的、静态的或动态的输出反馈全局渐近镇定。对于这些系统，

定理 9.6.2 的结论在这方面或许是最佳的可用镇定结果：可能永远无法通过输出反馈实现全局渐近稳定性，但是能够实现吸引域包含一个任意大的有界集的局部渐近稳定性。

例 12.7.1. 考虑系统

$$\begin{aligned}\dot{y} &= x\\ \dot{x} &= 2x^3 + u\end{aligned} \tag{12.88}$$

输入 $u \in \mathbb{R}$，输出 $y \in \mathbb{R}$，状态 $(y, x) \in \mathbb{R}^2$。

此系统可被静态状态反馈全局渐近镇定 (有效的反馈律为 $u = -2x^3 - x - y$)，并且是一致可观测的 [事实上，映射 (9.58) 是恒等映射]。将证明，不论如何选择一个局部 Lipschitz 的 (静态或动态的) 输出反馈

$$\begin{aligned}\dot{\xi} &= \eta(\xi, y)\\ u &= \theta(\xi, y)\end{aligned} \tag{12.89}$$

对于一些初始条件，总是能够发生有限时间逃逸。

为此，考虑微分方程

$$\dot{x} = cx^3$$

假设 $c > 0$，且 $x(0) > 0$，注意到相应的积分曲线

$$x(t) = \frac{x(0)}{(1 - 2c[x(0)]^2 t)^{\frac{1}{2}}}$$

是单调增长的，从而在时刻

$$T = \frac{1}{2c[x(0)]^2}$$

存在有限逃逸时间。

还注意到，如果 $x \geqslant 1$ 且 $|u| \leqslant 1$，则有

$$x^3 \leqslant 2x^3 + u \leqslant 3x^3 \tag{12.90}$$

因此，如果系统 (12.88) 的输入 $u(t)$ 满足

$$|u(t)| \leqslant 1, \qquad \text{对于所有的 } t \geqslant 0$$

并且 $x(0) \geqslant 1$，则系统 (12.88) 的响应 $x(t)$ 对于所有有定义的 t 总是增长的，并满足

$$\dot{x}(t) \geqslant x^3(t)$$

因此，考虑到比较引理，有

$$x(t) \geqslant \frac{x(0)}{(1 - 2[x(0)]^2 t)^{\frac{1}{2}}}$$

由此易见，在某一个时刻

$$T^* \leqslant \frac{1}{2[x(0)]^2} \tag{12.91}$$

$x(t)$ 逃逸到无穷远。

另一方面，利用式 (12.90) 的右边不等式，可知在区间 $[0, T^*)$ 上，$x(t)$ 满足

$$\dot{x}(t) \leqslant 3x^3(t)$$

因而，对于任一 $0 < \tau < T^*$，

$$x(t) \leqslant \frac{x(\tau)}{[1 - 6[x(\tau)]^2(t - \tau)]^{\frac{1}{2}}}$$

对于满足

$$t - \tau < \frac{1}{6[x(\tau)]^2}$$

的所有 $t \geqslant \tau$ 都成立。

此不等式可用于证明 $x(t)$ 在区间 $[0, T^*)$ 上的积分有限。为此，以如下递归方式定义一个时间序列 $t_0 = 0 < t_1 < \ldots < t_k < \ldots$。以 x_k 表示 $x(t)$ 在 $t = t_k$ 时的值，即

$$x_k = x(t_k)$$

定义 t_{k+1} 为

$$t_{k+1} = t_k + T_k$$

其中 $t_k + T_k$ 是函数

$$U_k(t) = \frac{x_k}{[1 - 6x_k^2(t - t_k)]^{\frac{1}{2}}}$$

的有限逃逸时间，即

$$T_k = \frac{1}{6x_k^2}$$

注意到，由于 $U_k(t)$ 是函数 $x(t)$ 在时间区间 $[t_k, t_{k+1})$ 上的一个上界，所以 x_{k+1} 有唯一定义，递归有意义。显然有

$$\lim_{k \to \infty} t_k = T^*$$

由于函数 $x(t)$ 在时间区间 $[t_k, t_{k+1})$ 上有一个下界

$$L_k(t) = \frac{x_k}{[1 - 2x_k^2(t - t_k)]^{\frac{1}{2}}}$$

所以可得

$$x_{k+1}^2 \geqslant \frac{x_k^2}{[1 - 2x_k^2 T_k]} = \frac{3}{2}x_k^2 =: \frac{1}{a^2}x_k^2$$

其中 $a = \sqrt{2/3} < 1$，因此

$$x_k \geqslant \frac{1}{a^k}x(0) \tag{12.92}$$

现在注意到

$$A_k = \int_{t_k}^{t_{k+1}} x(t)\mathrm{d}t \leqslant \int_0^{T_k} \frac{x_k}{[1 - 6x_k^2 t]^{\frac{1}{2}}}\mathrm{d}t = \frac{1}{3x_k}$$

因而，利用不等式 (12.92) 有

$$A_k \leqslant \frac{a^k}{3x(0)}$$

这又产生

$$\int_0^{T^*} x(t)\mathrm{d}t = \sum_{k=0}^{\infty} A_k \leqslant \sum_{k=0}^{\infty} \frac{a^k}{3x(0)} = \frac{1}{3x(0)} \frac{a}{1-a}$$

这证明 $x(t)$ 的积分在区间 $[0, T^*)$ 上是有限的。

因此，如果 $y(0) = 0$，则对于所有的 $t \in [0, T^*)$，有

$$y(t) = \int_0^t x(s)\mathrm{d}s \leqslant \frac{1}{3x(0)} \frac{a}{1-a} \leqslant d$$

其中 $d = \sqrt{2/3}/3(1 - \sqrt{2/3})$ [回忆 $x(0) \geqslant 1$ 的假设]。总之，存在与 $x(0)$ 无关的数 $d > 0$，使得如果 $y(0) = 0$，$x(0) \geqslant 1$ 且 $|u(t)| \leqslant 1$，则只要 $x(t)$ 有定义，就有

$$|y(t)| \leqslant d$$

假设系统 (12.88) 受控于一个形如式 (12.89) 的输出反馈，不失一般性，假设 $\eta(0,0) = 0$ 且 $\theta(0,0) = 0$。令 $x(0) \geqslant 1$，$y(0) = 0$，$\xi(0) = 0$。由于 $u(0) = 0$，利用连续性和“只要 $|u(t)| \leqslant 1$，则 $|y(t)|$ 以一个与 $x(0)$ 无关的量为界”这一事实，可以推断，存在一个与 $x(0)$ 无关的时刻 $T_0 \geqslant 0$，使得 $|u(t)| \leqslant 1$ 对于所有的 $t \in [0, T_0)$ 都成立。如果 $x(0)$ 满足

$$\frac{1}{2x^2(0)} < T_0$$

则之前的分析 [见式 (12.91)] 表明 $x(t)$ 在有限时间内逃逸到无穷远。因此，反馈 (12.89) 不能全局渐近镇定平衡态 $(y, x, \xi) = (0, 0, 0)$。

无法通过输出反馈全局渐近镇定系统 (12.88) 的原因在于，存在使轨线在某一个有限时刻 $t = T$ 逃逸到无穷远处的内部状态，而相应的输出在有界区间 $[0, T)$ 上仍保持有界。因此，无法观察到有限逃逸时间现象，控制器不能对此做出反应。 $\triangleleft$

例 12.7.2 将 12.6 节介绍的镇定方法应用到一个非最小相位系统。

例 12.7.2. 考虑非线性 Moore-Greitzer 压气机模型[①]的三状态近似

$$\begin{aligned}
\dot{R} &= \sigma R\left(1 - \varPhi^2 - R\right), \quad R(0) > 0 \\
\dot{\varPhi} &= -\varPsi + \varPsi_C(\varPhi) - 3\varPhi R \\
\dot{\varPsi} &= \frac{1}{\beta^2}(\varPhi + 1 - \gamma\sqrt{\varPsi})
\end{aligned} \tag{12.93}$$

其中 $R = A^2/4$, A 是旋转失速幅值 (rotating stall amplitude), $\varPhi$ 是比例环周平均流量 (scaled annulus-average flow), $\varPsi$ 是压升系数 (plenum pressure rise)，$\sigma > 0$ 和 β 是确定参数，γ 是用作控制的节流阀开度 (throttle opening)，并且

$$\varPsi_C(\varPhi) = \varPsi_{C0} + 1 + \frac{3}{2}\varPhi - \frac{1}{2}\varPhi^3$$

① 细节见Krstić et al. (1998)。

是压气机特征。

对于任一 Φ_0，该系统在点

$$(0, \Phi_0, \Psi_C(\Phi_0))$$

处有一个平衡态，如果 $|\Phi_0| < 1$，则系统在点

$$\left(1-\Phi_0^2, \Phi_0, \Psi_C(\Phi_0) - 3\Phi_0\left(1-\Phi_0^2\right)\right)$$

处还有一个平衡态。这些平衡态是用恒定输入

$$\gamma = \frac{\Phi_0 + 1}{\sqrt{\Psi}}$$

来维持的。

例如，考虑 $\Phi_0 = 1$ 的情况，设

$$\gamma = \frac{2+u}{\sqrt{\Psi}}$$

并平移坐标，以便将平衡点 $(0, 1, \Psi_C(1))$ 移到原点，即设

$$\begin{aligned}\phi &= \Phi - 1\\ \psi &= \Psi - \Psi_C(1)\end{aligned}$$

这样就得到了

$$\begin{aligned}\dot{R} &= -\sigma R^2 - \sigma R\left(2\phi + \phi^2\right)\\ \dot{\phi} &= -(3/2)\phi^2 - (1/2)\phi^3 - 3R\phi - 3R - \psi\\ \dot{\psi} &= \frac{1}{\beta^2}(\phi - u)\end{aligned} \tag{12.94}$$

注意，半空间 $R \geqslant 0$ 对于选择的每一个 u 都是不变的。

假设以 Ψ，即模型 (12.94) 中的 ψ 作为系统的**输出**。对于这样的输出 (和输入)，该系统的相对阶为 1，零动态为

$$\begin{aligned}\dot{R} &= -\sigma R^2 - \sigma R\left(2\phi + \phi^2\right)\\ \dot{\phi} &= -(3/2)\phi^2 - (1/2)\phi^3 - 3R\phi - 3R\end{aligned}$$

该动态即使在不变半空间 $R \geqslant 0$ 中也不是全局渐近稳定的。对于 $\sigma = 1$，在 $(R, \phi) = (0, 0)$ 和 $(R, \phi) = (0, -3)$ 处存在两个平衡态，相轨迹见图 12.3。

为应用前面介绍的设计方法，考虑辅助系统

$$\begin{aligned}\dot{R} &= -\sigma R^2 - \sigma R\left(2\phi + \phi^2\right)\\ \dot{\phi} &= -(3/2)\phi^2 - (1/2)\phi^3 - 3R\phi - 3R - u_{\mathrm{a}}\\ y_{\mathrm{a}} &= \frac{1}{\beta^2}(\phi)\end{aligned} \tag{12.95}$$

利用不等式

$$R\left(2\phi + \phi^2\right) \leqslant \frac{1}{2}R^2 + \frac{1}{2}\left(2\phi + \phi^2\right)^2$$

注意到

$$\dot{R} \leqslant -\frac{\sigma}{2}R^2 + \frac{\sigma}{2}\left(2\phi + \phi^2\right)^2$$

这表明，只要

$$R > 2\phi + \phi^2$$

$R(t)$ 就会减小。

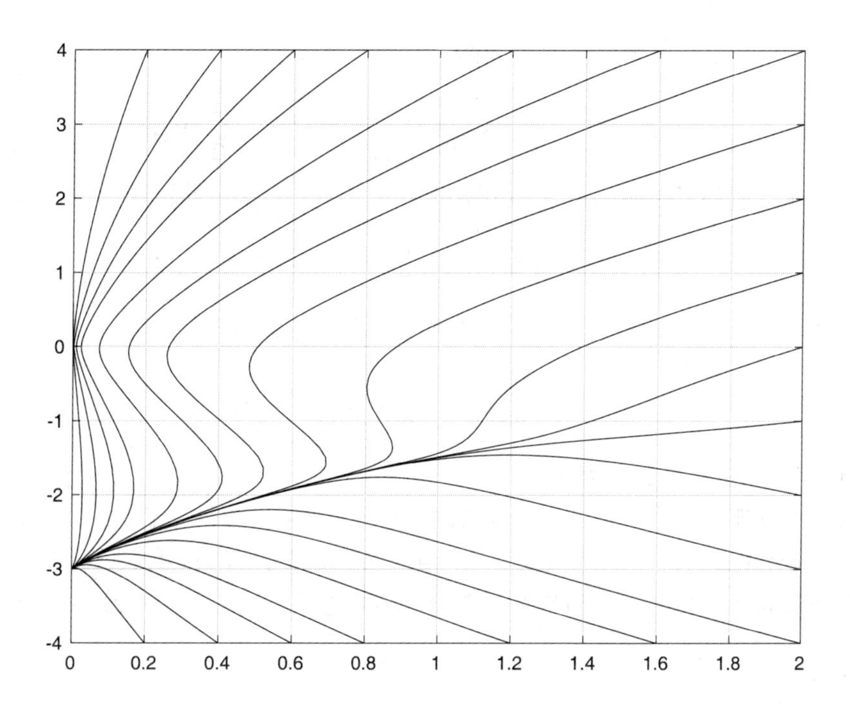

图 12.3 压气机（不稳定）零动态的相轨迹

因此，系统 (12.95) 的 R-子系统 (视为输入为 ϕ，状态为 R 的系统) 是输入到状态稳定的，增益函数为

$$\gamma(r) = 2r + r^2$$

因此，可以考虑将引理 11.4.1 的结果用于系统 (12.95) 的全局渐近镇定。该引理的条件 (i) 刚刚检查过，条件 (ii) 简单成立，条件 (iii) 成立是由于

$$\left|-(3/2)\phi^2 - (1/2)\phi^3 - 3R\phi - 3R\right| + |\phi|$$

在原点是局部 Lipschitz 的，条件 (iv) 成立也是因为 $\gamma(\cdot)$ 在原点是局部 Lipschitz 的。因而，该系统能被一个形如 $u_{\mathrm{a}} = k(\phi)$ 的反馈律 (关于 ϕ 的非线性函数) 全局渐近镇定。如果仅需要半全局镇定，一个线性律就足够了。

若要了解为何会这样，注意到，给定任一数 $M > 0$，能够找到数 $a > 0$，使得

$$\left(2\phi + \phi^2\right)^2 \leqslant a^2\phi^2, \quad \text{对于所有的 } |\phi| \leqslant M$$

所以，对于所有的 ϕ，有

$$\dot{R} \leqslant -\frac{\sigma}{2}R^2 + \frac{\sigma}{2}a^2\phi^2$$

因此，只要 $R > a|\phi|$，$R(t)$ 就会减小。由此可推断 (见 12.2 节)，系统 (12..95) 的 R-子系统在 $R(0)$ 受限于 $X_R = \{R \in \mathbb{R}\colon R \geqslant 0\}$ 且 $\phi(\cdot)$ 受限于 M 的情况下是输入到状态稳定的，线性增益函数为 $\gamma_\phi(r) = ar$。注意，数 a 依赖于 M。

现在考虑系统 (12.95) 的 ϕ-子系统，设 $u_{\mathrm{a}} = K\phi + v$，备选 ISS-Lyapunov 函数 $V(\phi) = \frac{1}{2}\phi^2$ 满足

$$\begin{aligned}\dot{V} &= -\frac{3}{2}\phi^3 - \frac{1}{2}\phi^4 - 3R\phi^2 - 3R\phi - K\phi^2 - \phi v \\ &\leqslant -\frac{3}{2}\phi^3 + \frac{9}{b^2}\left[\phi^4 + \phi^2\right] + \left(\frac{1}{2} - K\right)\phi^2 + \frac{b^2}{2}R^2 + \frac{1}{2}v^2\end{aligned}$$

其中 b 为任意数。能够再次找到数 $L > 0$ 使得

$$-\frac{3}{2}\phi^3 + \frac{9}{b^2}\left[\phi^4 + \phi^2\right] \leqslant L\phi^2, \quad \text{对于所有的 } |\phi| \leqslant M$$

因此，选择 K 满足 $L + \frac{1}{2} - K \leqslant -1$，从而对于所有这样的 ϕ 有

$$\dot{V} \leqslant -\phi^2 + \frac{b^2}{2}R^2 + \frac{1}{2}v^2$$

注意 b 是任意的，K 依赖于 b 和 M。

根据这个性质可推断 (见 12.2 节)，在控制 $u_{\mathrm{a}} = K\phi + v$ 的作用下，系统 (12.95) 的 ϕ-子系统 [视为输入为 (R, v)，状态为 ϕ 的系统] 在 $\phi(0)$ 受限于 $X_\phi = \{\phi \in \mathbb{R}\colon |\phi| \leqslant M\}$，$R(\cdot)$ 受限于 M/b 且 $v(\cdot)$ 受限于 M 的情况下是输入到状态稳定的，线性增益函数为 $\gamma_R(r) = br$，$\gamma_v(r) = r$。

选择 b 以使

$$b < 1, \qquad ab < 1$$

并相应地确定 K。于是，利用定理 12.2.1 能够得到，在控制 $u_{\mathrm{a}} = K\phi + v$ 的作用下，系统 (12.95) [视为输入为 v，状态为 (R, ϕ) 的系统] 在 $(R(0), \phi(0))$ 受限于

$$X = \left\{(R, \phi) \in \mathbb{R}^2 : \|(R, \phi)\| \leqslant M\right\}$$

且 $v(\cdot)$ 受限于 M 的情况下是输入到状态稳定的，线性增益函数为 $\gamma_v(r) = cr$ (对于某一个 $c > 0$)。

特别是，这证明了对于任一 $M > 0$[①]，存在 K，使得在控制 $u_{\mathrm{a}} = K\phi$ 的作用下，系统 (12.95) 是局部渐近稳定的，其吸引域包含集合 $\{(R, \phi) \in \mathbb{R}^2\colon \|(R, \phi)\| \leqslant M\}$。

以这种方式已找到了系统 (12.95) 的一个“半全局”镇定器。然而，这还不是所需要的形式。为找到一个形如式 (12.71) 的控制器，还需要一个额外的步骤。再次考虑系统 (12.95) 并在输入端增加一个积分器，即设

$$\begin{aligned} u_{\mathrm{a}} &= \varphi \\ \dot{\varphi} &= u \end{aligned} \tag{12.96}$$

① 原文缺少大于零的限制。——译者注

照例将变量 φ 变换为 $v=\varphi-K\phi$，得到

$$\dot{\phi}=-(3/2)\phi^2-(1/2)\phi^3-3R\phi-3R-K\phi-v$$

[这与式 (12.95) 的第二个方程在 $u_a=K\phi+v$ 时完全一样] 以及

$$\dot{v}=-K\dot{\phi}+u \tag{12.97}$$

从前面的分析中可以清楚地看出，选择 $u=-Hv$，应该能使 v-子系统 [视为状态为 v，输入为 (R,ϕ) 的系统] 具有所期望的输入到状态稳定性性质，其线性增益函数由任意小的增益因子描述。更确切地说，设 $U(v)=v^2$，并注意到

$$\dot{U}=3K\phi^2v+K\phi^3v+6KR\phi v+6KRv+2K^2\phi v+(2K-2H)v^2$$

和之前一样，可以看到，给定任一数 $N>0$ 和任一 (任意小的) 数 ε，存在 H 的一种选择 (数 K 已被确定)，使得如果 $\|(R(t),\phi(t))\|\leqslant N$ (对于所有的 $t\geqslant 0$)，则有

$$\dot{U}\leqslant -v^2+\frac{\varepsilon^2}{2}R^2+\frac{\varepsilon^2}{2}\phi^2$$

因此系统 (12.97)(控制取为 $u=-Hv$) 在 $v(0)$ 不受限制，$(R(\cdot),\phi(\cdot))$ 受限于 N 的情况下是输入到状态稳定的，线性增益函数为 $\gamma_{(R,\phi)}(r)=\varepsilon r$。注意，$H$ 依赖于 N 和 ε。

选择正数 ε 以使

$$0<\varepsilon<1,\quad \varepsilon c<1$$

于是再次利用定理 12.2.1，能够证明系统 (12.95)–(12.96)(控制取为 $u=-Hv$) 是局部渐近稳定的，其吸引域包含集合 $\{(R,\phi,v)\colon \|(R,\phi,v)\|<M\}$。

在式 (12.96) 中进行坐标逆变换，这证明系统 (12.95) 的半全局稳定性可通过一个动态控制器获得，其形式为

$$\begin{aligned}\dot{\varphi}&=-H\varphi+HK\beta^2y_{\rm a}\\ u_{\rm a}&=\varphi\end{aligned} \tag{12.98}$$

这正是所需要的结构。相应互连系统 (12.95)–(12.98) 的相轨迹图如图 12.4 所示。

既已确定了辅助系统 (12.95) 的镇定器，则 12.6 节中介绍的理论表明，可以为原系统 (12.94) 构造动态输出反馈镇定器。由于系统 (12.94) 的相对阶为 1 且无须估计 y 的导数，所以引理 12.6.1 的结论对于这一情况是充分的。最终的镇定器形式为

$$\begin{aligned}\dot{\varphi}&=-H\varphi+HK\beta^2k(y-\varphi)\\ u&=\beta^2H\varphi-\beta^2\left(HK\beta^2-1\right)k(y-\varphi)\end{aligned} \tag{12.99}$$

其中

$$y=\psi$$

图 12.5 显示了系统 (12.94) 在系统 (12.99) 控制下的一条轨线 ($\sigma=1$，$\beta=1$，$K=6$，$H=10$，$k=0.5$)。 $\lhd$

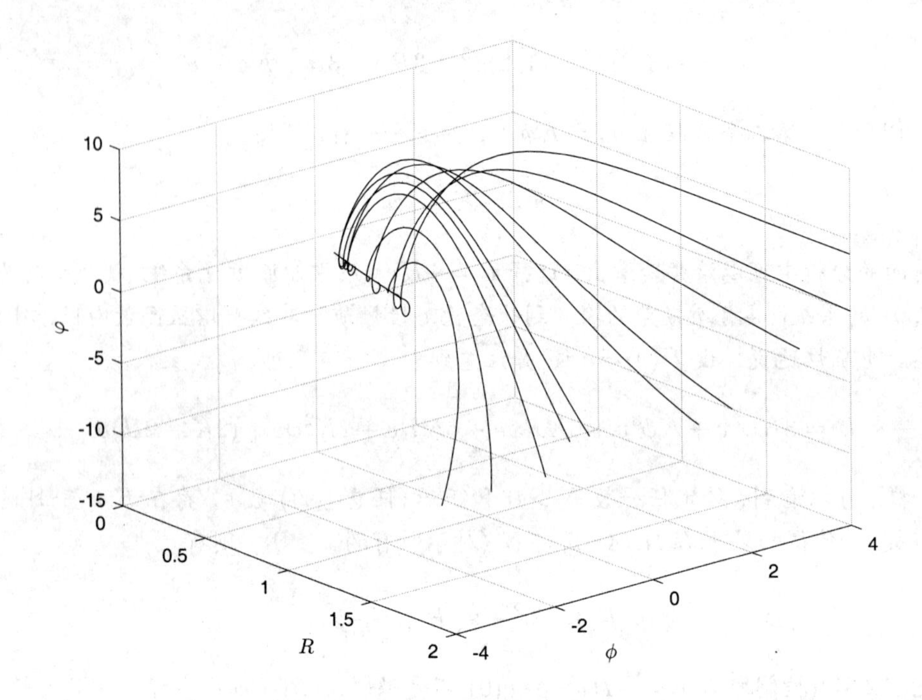

图 12.4　镇定控制下辅助子系统的相轨迹

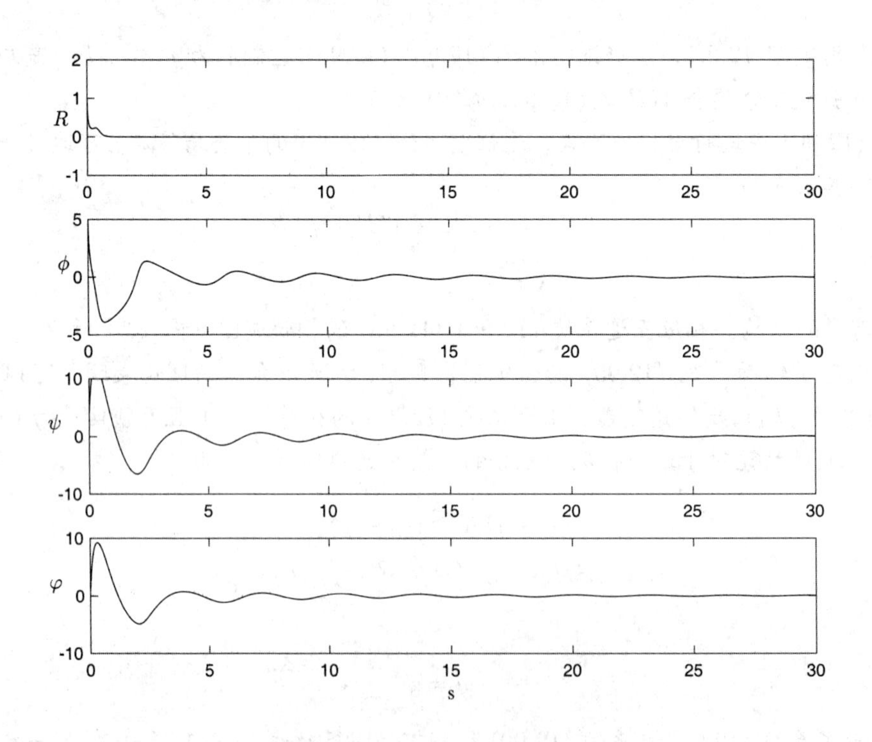

图 12.5　镇定控制下压气机的时间演化曲线

第 13 章　干扰抑制

13.1　利用干扰抑制实现鲁棒稳定性

本章将研究互连系统的全局镇定问题，该系统由两个子系统反馈连接而成，其中一个精确已知，另一个不确定，但具有有限 L_2 增益且可获得其上界。更确切地说，考虑由如下方程建模的系统：

$$
\begin{aligned}
\dot{x}_1 &= f_1\left(x_1, h_2\left(x_2\right), u\right) \\
\dot{x}_2 &= f_2\left(x_2, h_1\left(x_1\right)\right)
\end{aligned} \tag{13.1}
$$

它描述了两个系统的反馈互连：一个系统为

$$
\begin{aligned}
\dot{x}_1 &= f_1\left(x_1, w, u\right) \\
y &= h_1\left(x_1\right)
\end{aligned} \tag{13.2}
$$

$x_1 \in \mathbb{R}^{n_1}$，$w \in \mathbb{R}$，$u \in \mathbb{R}$，$y \in \mathbb{R}$，$f_1(0,0,0)=0$，$h_1(0)=0$；另一个系统为

$$
\begin{aligned}
\dot{x}_2 &= f_2\left(x_2, y\right) \\
w &= h_2\left(x_2\right)
\end{aligned} \tag{13.3}
$$

$x_2 \in \mathbb{R}^{n_2}$，$f_2(0,0)=0$，$h_2(0)=0$。

假设系统 (13.2) 的模型精确已知，而系统 (13.3) 的模型可能未知，但已知对于某一个 γ_2，该系统相对于供给率

$$
q_2(w, y)=\gamma_2^2 y^2-w^2
$$

是严格耗散的。

可用如下方式实现不确定系统 (13.1) 的全局渐近稳定性。假设反馈律 $u=u(x_1)$ [照例设 $u(0)=0$] 使系统

$$
\begin{aligned}
\dot{x}_1 &= f_1\left(x_1, w, u\left(x_1\right)\right) \\
y &= h_1\left(x_1\right)
\end{aligned} \tag{13.4}
$$

相对于供给率

$$
q_1(y, w)=\gamma_1^2 w^2-y^2
$$

是严格耗散的，并且有

$$
\gamma_1 \gamma_2<1
$$

那么，由定理 10.8.1 知，系统 (见图 13.1)

$$\begin{aligned}\dot{x}_1 &= f_1\left(x_1, h_2\left(x_2\right), u\left(x_1\right)\right) \\ \dot{x}_2 &= f_2\left(x_2, h_1\left(x_1\right)\right)\end{aligned} \tag{13.5}$$

是全局渐近稳定的。换言之，反馈律 $u = u(x_1)$ 已经全局鲁棒镇定了不确定系统 (13.1)。

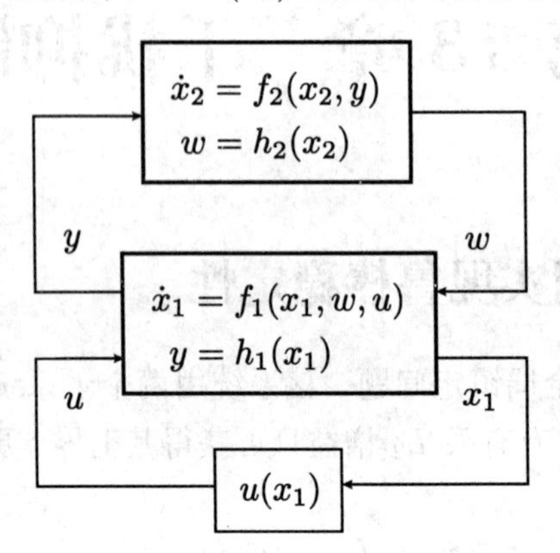

图 13.1　利用干扰抑制实现鲁棒镇定

这一发现引出了如下问题：给定以方程组

$$\begin{aligned}\dot{x} &= f(x, w, u) \\ y &= h(x)\end{aligned} \tag{13.6}$$

建模的系统，其中 $x \in \mathbb{R}^n$，$w \in \mathbb{R}$，$u \in \mathbb{R}$，$y \in \mathbb{R}$，且 $f(0,0,0) = 0$，$h(0) = 0$，数 $\gamma > 0$。如果可能，找到一个反馈律 $u = u(x)$，使得到的闭环系统相对于供给率

$$q(w, y) = \gamma^2 w^2 - y^2 \tag{13.7}$$

是严格耗散的。此即 (L_2 增益意义下的)**干扰抑制稳定性问题** (Problem of Disturbance Attenuation with Stability)。在此设定下，系统 (13.6) 的输入 w 称为**干扰输入** (disturbance input)，而输入 u 称为**控制输入** (control input)。下面给出一系列结果，可用于解决一类重要的非线性系统的干扰抑制稳定性问题。考虑到相对于供给率 (13.7) 的耗散性定义，当前的问题是找到一个反馈律 $u = u(x)$，使得某一个对于 $\mathcal{K}_\infty$ 类函数 $\underline{\alpha}(\cdot)$ 和 $\overline{\alpha}(\cdot)$ 满足估计式

$$\underline{\alpha}(\|x\|) \leqslant V(x) \leqslant \overline{\alpha}(\|x\|)$$

的正定适常函数 $V(x)$，耗散不等式

$$\frac{\partial V}{\partial x} f(x, w, u(x)) \leqslant -\alpha(\|x\|) + \gamma^2 w^2 - h^2(x) \tag{13.8}$$

对于所有的 $x \in \mathbb{R}^n$ 和所有的 $w \in \mathbb{R}$ 都成立，其中 $\alpha(\cdot)$ 为 $\mathcal{K}_\infty$ 类函数。

以下将证明，对于能以一种特殊的下三角结构方程组描述的非线性系统，可以利用反推 (backstepping) 技术 (该技术严格遵循 9.2 节所述的全局镇定步骤，即递归地求解一系列维数增加的系统的全局镇定问题) 来处理干扰抑制稳定性问题。出发点是引理 9.2.1 和引理 9.2.2 的适当形式。

引理 13.1.1. 考虑由如下方程组描述的系统:

$$\begin{aligned} \dot{z} &= f(z,\xi,w) \\ \dot{\xi} &= q(z,\xi,w)+u \\ y &= h(z,\xi) \end{aligned} \tag{13.9}$$

其中 $(z,\xi)\in\mathbb{R}^n\times\mathbb{R}$，$f(0,0,0)=0$，$q(0,0,0)=0$ 且 $h(0,0)=0$。假设

$$f(z,\xi,w)-f(z,\xi,0)$$

与 ξ 无关。还假设，对于某一个光滑实值函数 $R_1(z,\xi)$，

$$|q(z,\xi,w)-q(z,\xi,0)|\leqslant R_1(z,\xi)|w|$$

对于所有的 (z,ξ) 和所有的 w 都成立。

假设存在数 $\gamma>0$，并且存在一个正定适常的光滑实值函数 $V(z)$ 和一个 $\mathcal{K}_\infty$ 类函数 $\alpha_0(\cdot)$，使得对于所有的 z 和所有的 w，有

$$\frac{\partial V}{\partial z}f(z,0,w)\leqslant -\alpha_0(\|z\|)+\gamma^2w^2-h^2(z,0)$$

那么，对于每一个 $\varepsilon>0$，存在一个光滑反馈律 $u=u(z,\xi)$、一个正定适常的光滑实值函数 $W(z,\xi)$，以及一个 $\mathcal{K}_\infty$ 类函数 $\alpha(\cdot)$，使得对于所有的 (z,ξ) 和所有的 w，有

$$\frac{\partial W}{\partial z}f(z,\xi,w)+\frac{\partial W}{\partial \xi}[q(z,\xi,w)+u(z,\xi)]\leqslant -\alpha(\|x\|)+(\gamma+\varepsilon)^2w^2-h^2(z,\xi) \tag{13.10}$$

其中 $x=\mathrm{col}(z,\xi)$。

证明: 设 $f_0(z,\xi)=f(z,\xi,0)$，$p_0(z,w)=f(z,\xi,w)-f(z,\xi,0)$。设 $f_1(z,\xi)=q(z,\xi,0)$ 并将 $q(z,\xi,w)$ 表示为

$$q(z,\xi,w)=f_1(z,\xi)+p_1(z,\xi,w)$$

其中，由假设知 $|p_1(z,\xi,w)|\leqslant R_1(z,\xi)|w|$。系统 (13.9) 变为

$$\begin{aligned} \dot{z} &= f_0(z,\xi)+p_0(z,w) \\ \dot{\xi} &= f_1(z,\xi)+p_1(z,\xi,w)+u \\ y &= h(z,\xi) \end{aligned} \tag{13.11}$$

设

$$W(z,\xi)=V(z)+\frac{1}{2}\xi^2$$

并注意到

$$\begin{aligned} \frac{\partial W}{\partial z}f(z,\xi,w) &= \frac{\partial W}{\partial z}f_0(z,\xi)+\frac{\partial W}{\partial z}p_0(z,w) \\ &= \frac{\partial W}{\partial z}f_0(z,0)+\frac{\partial W}{\partial z}p_0(z,w)+A(z,\xi)\xi \\ &= \frac{\partial W}{\partial z}f(z,0,w)+A(z,\xi)\xi \end{aligned}$$

其中 $A(z,\xi)$ 是一个适当的光滑函数，并且

$$\frac{\partial W}{\partial \xi}[q(z,\xi,w)+u]=f_1(z,\xi)\xi+p_1(z,\xi,w)\xi+u\xi$$

最后注意到

$$h^2(z,\xi)=h^2(z,0)+B(z,\xi)\xi$$

其中 $B(z,\xi)$ 是一个适当的光滑函数。

因此，式 (13.10) 的小于等于号的左边 (以下记为 $\dot{W}$) 满足

$$\begin{aligned}\dot{W}&=\frac{\partial W}{\partial z}f(z,0,w)+A(z,\xi)\xi+f_1(z,\xi)\xi+p_1(z,\xi,w)\xi+u\xi\\&\leqslant-\alpha_0(\|z\|)+\gamma^2w^2-h^2(z,0)-B(z,\xi)\xi+B(z,\xi)\xi\\&\quad+A(z,\xi)\xi+f_1(z,\xi)\xi+p_1(z,\xi,w)\xi+u\xi\end{aligned}$$

选择

$$u=-d\xi-B(z,\xi)-A(z,\xi)-f_1(z,\xi)+v$$

其中 $d>0$，以得到

$$\dot{W}\leqslant-\alpha_0(\|z\|)+\gamma^2w^2-h^2(z,\xi)-d\xi^2+p_1(z,\xi,w)\xi+v\xi$$

为证明此引理，现在选择 v 以使

$$v\xi+p_1(z,\xi,w)\xi\leqslant\varepsilon^2w^2 \tag{13.12}$$

为此，注意到对于任一 $\varepsilon>0$ 有

$$v\xi+p_1(z,\xi,w)\xi\leqslant v\xi+R_1(z,\xi)|w\|\xi|\leqslant v\xi+\frac{R_1^2(z,\xi)\xi^2}{4\varepsilon^2}+\varepsilon^2w^2$$

因此，为得到式 (13.12)，选择

$$v=-\frac{R_1^2(z,\xi)\xi}{4\varepsilon^2}$$

这时有

$$\begin{aligned}\dot{W}&\leqslant-\alpha_0(\|z\|)-d\xi^2+\gamma^2w^2+\varepsilon^2w^2-h^2(z,\xi)\\&\leqslant-\alpha_0(\|z\|)-d\xi^2+(\gamma+\varepsilon)^2w^2-h^2(z,\xi)\end{aligned} \tag{13.13}$$

注意到，由于 $\alpha_0(\cdot)$ 是一个 $\mathcal{K}_\infty$ 类函数，所以函数 $\alpha_0(\|z\|)+d\xi^2$ 是关于 $x=\mathrm{col}(z,\xi)$ 的正定适常函数。因此 (见注记 10.1.3)，存在一个 $\mathcal{K}_\infty$ 类函数 $\alpha(\cdot)$，使得

$$\alpha(\|x\|)\leqslant\alpha_0(\|z\|)+d\xi^2$$

考虑到式 (13.13)，这样就完成了证明。 $\triangleleft$

引理 13.1.2. *考虑由方程组 (13.9) 描述的系统。假设*

$$f(z,\xi,w)-f(z,\xi,0)$$

与 ξ 无关。还假设，对于两个光滑实值函数 $R_0(z)$ 和 $R_1(z,\xi)$，以下两式：

$$
\begin{aligned}
\|f(z,\xi,w)-f(z,\xi,0)\| &\leqslant R_0(z)|w| \\
|q(z,\xi,w)-q(z,\xi,0)| &\leqslant R_1(z,\xi)|w|
\end{aligned}
\tag{13.14}
$$

对于所有的 (z,ξ) 和所有的 w 都成立。

假设存在数 $\gamma>0$，存在一个满足 $v(0)=0$ 的光滑实值函数 $v(z)$、一个正定适常的光滑实值函数 $V(z)$，以及一个 $\mathcal{K}_\infty$ 类函数 $\alpha_0(\cdot)$，使得对于所有的 z 和所有的 w，有

$$
\frac{\partial V}{\partial z}f(z,v(z),w)\leqslant -\alpha_0(\|z\|)+\gamma^2w^2-h^2(z,v(z)) \tag{13.15}
$$

那么，对于每一个 $\varepsilon>0$，存在一个光滑反馈律 $u=u(z,\xi)$、一个正定适常的光滑实值函数 $W(z,\xi)$，以及一个 $\mathcal{K}_\infty$ 类函数 $\alpha(\cdot)$，使得对于所有的 (z,ξ) 和所有的 w，有

$$
\frac{\partial W}{\partial z}f(z,\xi,w)+\frac{\partial W}{\partial \xi}[q(z,\xi,w)+u(z,\xi)]\leqslant -\alpha(\|x\|)+(\gamma+\varepsilon)^2w^2-h^2(z,\xi)
$$

其中 $x=\mathrm{col}(z,\xi)$。

证明：考虑全局坐标变换 $\eta=\xi-v(z)$，并注意到，在新坐标下，系统 (13.9) 变为

$$
\begin{aligned}
\dot z &= f(z,\eta+v(z),w):=\bar f(z,\eta,w) \\
\dot\eta &= q(z,\eta+v(z),w)-\frac{\partial v}{\partial z}f(z,\eta+v(z),w)+u:=\tilde q(z,\eta,w)+u \\
y &= h(z,\eta+v(z))
\end{aligned}
$$

确实有

$$
|\tilde q(z,\eta,w)-\tilde q(z,\eta,0)|\leqslant R_1(z,\eta+v(z))|w|+\left\|\frac{\partial v}{\partial z}\right\|R_0(z)|w|
$$

因此，此系统满足引理 13.1.1 的假设条件，结果成立。 ◁

对于具有下三角结构的系统：

$$
\begin{aligned}
\dot z &= f\left(z,\xi_1,w\right) \\
\dot\xi_1 &= \xi_2+q_1\left(z,\xi_1,w\right) \\
\dot\xi_2 &= \xi_3+q_2\left(z,\xi_1,\xi_2,w\right) \\
&\ \ \vdots \\
\dot\xi_{r-1} &= \xi_r+q_{r-1}\left(z,\xi_1,\ldots,\xi_{r-1},w\right) \\
\dot\xi_r &= u+q_r\left(z,\xi_1,\ldots,\xi_r,w\right) \\
y &= h\left(z,\xi_1\right)
\end{aligned}
\tag{13.16}
$$

可重复使用该引理来证明，只要某些假设成立，形如式 (13.15) 的不等式就足以确定该系统的干扰抑制稳定性问题的一个解。更确切地说，同之前一样，假设 $f(z,\xi_1,w)-f(z,\xi,0)$ 与 ξ_1

无关，并将系统 (13.16) 重新写为

$$
\begin{aligned}
\dot{z} &= f_0(z,\xi_1) + p_0(z,w) \\
\dot{\xi}_1 &= \xi_2 + f_1(z,\xi_1) + p_1(z,\xi_1,w) \\
\dot{\xi}_2 &= \xi_3 + f_2(z,\xi_1,\xi_2) + p_2(z,\xi_1,\xi_2,w) \\
&\vdots \\
\dot{\xi}_{r-1} &= \xi_r + f_{r-1}(z,\xi_1,\ldots,\xi_{r-1}) + p_{r-1}(z,\xi_1,\ldots,\xi_{r-1},w) \\
\dot{\xi}_r &= u + f_r(z,\xi_1,\ldots,\xi_r) + p_r(z,\xi_1,\ldots,\xi_r,w) \\
y &= h(z,\xi_1)
\end{aligned}
\tag{13.17}
$$

其中

$$
\begin{aligned}
f_0(z,\xi) &:= f(z,\xi_1,0) \\
p_0(z,w) &:= f(z,\xi_1,w) - f(z,\xi_1,0)
\end{aligned}
$$

且对于 $i=1,\ldots,r$，有

$$
\begin{aligned}
f_i(z,\xi_1,\ldots,\xi_i) &:= q_i(z,\xi_1,\ldots,\xi_i,0) \\
p_i(z,\xi_1,\ldots,\xi_i,w) &:= q_i(z,\xi_1,\ldots,\xi_i,w) - q_i(z,\xi_1,\ldots,\xi_i,0)
\end{aligned}
$$

于是，有如下结论。

定理 13.1.3. 考虑系统 (13.17)，其中 $f_0(0,0)=0$，$f_1(0,0)=0$，…，$f_r(0,0,\ldots,0)=0$。假设对于某些光滑函数 $R_0(z)$，$R_1(z,\xi_1)$，…，$R_r(z,\xi_1,\ldots,\xi_r)$，有

$$
\|p_0(z,w)\| \leqslant R_0(z)|w| \tag{13.18}
$$

和

$$
|p_i(z,\xi_1,\ldots,\xi_i,w)| \leqslant R_i(z,\xi_1,\ldots,\xi_i)|w| \tag{13.19}
$$

其中 $i=1,\ldots,r$。

假设存在数 $\gamma>0$，存在一个满足 $v(0)=0$ 的光滑实值函数 $\xi_1=v(z)$、一个正定适常的光滑实值函数 $V(z)$，以及一个 $\mathcal{K}_\infty$ 类函数 $\alpha_0(\cdot)$，使得对于所有的 z 和 w，有

$$
\frac{\partial V}{\partial z}[f_0(z,v(z)) + p_0(z,w)] \leqslant -\alpha_0(\|z\|) + \gamma^2 w^2 - h^2(z,v(z)) \tag{13.20}
$$

那么，对于每一个 $\varepsilon>0$，存在一个光滑反馈律 $u=u(z,\xi_1,\ldots,\xi_r)$，使得到的闭环系统相对于供给率

$$
q(w,y) = (\gamma+\varepsilon)^2 w^2 - y^2
$$

是严格耗散的。

证明: 对任一 $1\leqslant i<r$，定义

$$
\tilde{z} = \begin{pmatrix} z \\ \xi_1 \\ \vdots \\ \xi_i \end{pmatrix}, \quad \tilde{f}_0(\tilde{z},\xi_{i+1}) = \begin{pmatrix} f_0(z,\xi_1) \\ \xi_2 + f_1(z,\xi_1) \\ \vdots \\ \xi_{i+1} + f_i(z,\xi_1,\ldots,\xi_i) \end{pmatrix}
$$

$$\tilde{p}_0(\tilde{z}, w) = \begin{pmatrix} p_0(z, w) \\ p_1(z, \xi_1, w) \\ \vdots \\ p_i(z, \xi_1, \ldots, \xi_i, w) \end{pmatrix}$$

并定义

$$\begin{aligned} \tilde{f}_1(\tilde{z}, \xi_{i+1}) &= f_{i+1}(z, \xi_1, \ldots, \xi_{i+1}) \\ \tilde{p}_1(\tilde{z}, \xi_{i+1}, w) &= p_{i+1}(z, \xi_1, \ldots, \xi_{i+1}, w) \\ \tilde{h}(\tilde{z}, \xi_{i+1}) &= h(z, \xi_1) \end{aligned}$$

注意到，系统

$$\begin{aligned} \dot{\tilde{z}} &= \tilde{f}_0(\tilde{z}, \xi_{i+1}) + \tilde{p}_0(\tilde{z}, w) \\ \dot{\xi}_{i+1} &= u + \tilde{f}_1(\tilde{z}, \xi_{i+1}) + \tilde{p}_1(\tilde{z}, \xi_{i+1}, w) \\ y &= h(\tilde{z}, \xi_{i+1}) \end{aligned}$$

对于某一个 $(\tilde{z}, \xi_{i+1})$ 和某两个函数 $\tilde{R}_0(\tilde{z}), \tilde{R}_1(\tilde{z}, \xi_{i+1})$，满足

$$\begin{aligned} \|\tilde{p}_0(\tilde{z}, w)\| &\leqslant \tilde{R}_0(\tilde{z})|w| \\ |\tilde{p}_1(\tilde{z}, \xi_{r+1}, w)| &\leqslant \tilde{R}_1(\tilde{z}, \xi_{i+1})|w| \end{aligned}$$

因此，基于引理 13.1.2，通过简单的归纳论证可得到结论。 ◁

注记 13.1.1. 注意，如果所有的 $p_i(z, \xi_1, \ldots, \xi_i, w)$（由定义知，在 $w = 0$ 处取值为零）都线性依赖于干扰输入 w，则假设条件 (13.18)–(13.19) 简单满足。这些假设自动满足的另一种情况是对于某一个确定的数 $K > 0$，已知 $|w(t)| \leqslant K$ 对于所有的 $t \geqslant 0$ 都成立。事实上，由于 $p_i(z, \xi_1, \ldots, \xi_i, w)$ 光滑且在 $w = 0$ 处为零，所以存在 $S_i(z, \xi_1, \ldots, \xi_i, w)$ 使得

$$p_i(z, \xi_1, \ldots, \xi_i, w) = S_i(z, \xi_1, \ldots, \xi_i, w)\, w$$

并且存在 $R_i(z, \xi_1, \ldots, \xi_i)$，使得对于所有的 $|w| \leqslant K$ 有

$$|S_i(z, \xi_1, \ldots, \xi_i, w)| \leqslant R_i(z, \xi_1, \ldots, \xi_i)$$

总之，由此定理可见，在一个形如式 (13.17) 的系统中，为能求解干扰抑制稳定性问题，需要解决的一个基本问题是找到满足 $v(0) = 0$ 的光滑实值函数 $v(z)$ 和使不等式 (13.20) 对于所有的 z 和 w 都成立的正定适常的光滑实值函数 $V(z)$。

将耗散不等式 (13.20) 与原耗散不等式 (13.8)(使该式得以满足是干扰抑制稳定性问题的基本目标) 进行比较是有趣的。为此，将 $f_0(z, \xi_1) + p_0(z, w)$ 重新写为 $f(z, \xi_1, w)$，并注意到，不等式 (13.20) 可重写为

$$\frac{\partial V}{\partial z} f(z, v(z), w) \leqslant -\alpha(\|z\|) + \gamma^2 w^2 - h^2(z, v(z)) \tag{13.21}$$

这恰好表示了如下性质：在反馈律 $v = v(z)$ 作用下，“子系统”

$$\begin{aligned} \dot{z} &= f(z, v, w) \\ y &= h(z, v) \end{aligned} \tag{13.22}$$

相对于供给率 (13.7) 是严格耗散的。定理 13.1.3 的结论表明，对于一个形如式 (13.17) 的系统，找到一个反馈律使耗散不等式 (13.8) 得以满足的问题，可转化成寻找一个反馈律 $v = v(z)$ 以使耗散不等式 (13.21) 成立的问题，即该反馈律使子系统 (13.22) 相对于供给率 (13.7) 是严格耗散的。与子系统 (13.6) 相比，这一子系统的结构更为一般，因为除了维数更低，它允许输出依赖于控制输入 v [对于系统 (13.6) 来说并非如此]。

在本章接下来的各节中，经常考虑系统的特殊情况，比如以方程组 (13.22) 建模的系统的等号右边是干扰输入和控制输入的仿射函数。在这些场合下，可给出不等式 (13.21) 的一个更简单的表达形式，它不要求反馈律 [如 $v(z)$] 显式存在，而仅要求存在一个函数 $V(z)$。事实上，考虑以如下方程建模的系统：

$$\dot{x} = f(x) + g(x)u + p(x)w$$

其中 $f(0) = 0$，设

$$y = \begin{pmatrix} h(x) \\ 0 \end{pmatrix} + \begin{pmatrix} 0 \\ r(x) \end{pmatrix} u$$

$h(0) = 0$ 且对于所有的 x 有 $r(x) \neq 0$。反馈律 $u = u(x)$ 使这一系统相对于供给率 (13.7) 是严格耗散的，当且仅当存在一个正定适常函数 $V(x)$，使得

$$\frac{\partial V}{\partial x}[f(x) + g(x)u(x) + p(x)w] \leqslant -\alpha(\|x\|) + \gamma^2 w^2 - h^2(x) - r^2(x)u^2(x) \tag{13.23}$$

并且如下结论成立。

引理 13.1.4. 一个函数 $V(x)$ 对于某一个 $u(x)$ 满足不等式 (13.23) 当且仅当

$$\frac{\partial V}{\partial x}f(x) + h^2(x) - \frac{1}{4r^2(x)}\left[\frac{\partial V}{\partial x}g(x)\right]^2 + \frac{1}{4\gamma^2}\left[\frac{\partial V}{\partial x}p(x)\right]^2 \leqslant -\alpha(\|x\|) \tag{13.24}$$

证明：注意到，对于任一 $(v, w) \in \mathbb{R}^2$，有

$$\begin{aligned} &\frac{\partial V}{\partial x}[f(x) + g(x)u + p(x)w] + h^2(x) + r^2(x)u^2 - \gamma^2 w^2 \\ &= \frac{\partial V}{\partial x}f(x) + h^2(x) - \frac{1}{4r^2(x)}\left[\frac{\partial V}{\partial x}g(x)\right]^2 + \frac{1}{4\gamma^2}\left[\frac{\partial V}{\partial x}p(x)\right]^2 \\ &\quad + \left[r(x)u + \frac{1}{2r(x)}\frac{\partial V}{\partial x}g(x)\right]^2 - \left[\gamma w - \frac{1}{2\gamma}\frac{\partial V}{\partial x}p(x)\right]^2 \end{aligned}$$

假设对于某一个 $u(x)$，$V(x)$ 对于所有的 x 和 w 满足不等式 (13.23)。那么，选择

$$w = \frac{1}{2\gamma^2}\frac{\partial V}{\partial x}p(x)$$

可见不等式 (13.24) 必然成立。反之，如果后者成立，则

$$u(x) = -\frac{1}{2r^2(x)}\frac{\partial V}{\partial x}g(x)$$

使条件 (13.23) 对于所有的 x 和 w 都成立。 $\triangleleft$

13.2 线性系统的干扰抑制

本节旨在说明，用于求解干扰抑制稳定性问题的定理 13.1.3 的充分条件在线性系统情况下也是必要的，并且可利用这一事实来确定所能实现的干扰抑制最优值，即具有如下性质的数 γ^*：对于每一 $\gamma > \gamma^*$ 干扰抑制稳定性问题可解，而对于每一 $\gamma < \gamma^*$ 该问题无解。

考虑一个线性系统

$$\begin{aligned} \dot{x} &= Ax + Pw + Bu \\ y &= Cx \end{aligned} \tag{13.25}$$

其中 $x \in \mathbb{R}^n$，$w \in \mathbb{R}$，$u \in \mathbb{R}$，$y \in \mathbb{R}$。由定理 10.9.1 可知，存在一个线性反馈律 $u = Kx$，使所得的闭环系统 (对于某一个 $\tilde{\gamma} < \gamma$) 相对于供给率

$$q(w, y) = \tilde{\gamma}^2 w^2 - y^2$$

是严格耗散的，当且仅当不等式

$$(A + BK)^{\mathrm{T}} S + S(A + BK) + \frac{1}{\gamma^2} SPP^{\mathrm{T}} S + C^{\mathrm{T}} C < 0 \tag{13.26}$$

对于某一个对称矩阵 $S > 0$ 成立。因而，此矩阵不等式的可解性 (对于某一个 K 和某一个对称的 $S > 0$) 决定了系统 (13.25) 的干扰抑制稳定性问题可由一个线性反馈律解决的可能性。

以下将证明，不等式 (13.26) 可解当且仅当 γ 大于一个确定的数 γ^*，一旦将系统 (13.25) 在特殊的新坐标下表示，就能相当容易地确定该数。为此，回想一下 [见式 (12.55)]，任一形如式 (13.25) 的线性系统总能通过适当的坐标变换变为

$$\begin{aligned} \dot{z} &= Fz + G\xi_1 + Qw \\ \dot{\xi}_1 &= \xi_2 + p_1 w \\ \dot{\xi}_2 &= \xi_3 + p_2 w \\ &\;\vdots \\ \dot{\xi}_{r-1} &= \xi_r + p_{r-1} w \\ \dot{\xi}_r &= Hz + a_1 \xi_1 + \cdots + a_r \xi_r + bu + p_r w \\ y &= \xi_1 \end{aligned} \tag{13.27}$$

其中 $z \in \mathbb{R}^{n-r}$，这个形式是式 (13.17) 的线性对应形式。分析的第一步是证明干扰抑制可实现的最优水平值 γ^* 仅依赖于描述 z-子系统的参数。

引理 13.2.1. 考虑线性系统 (13.27)，并令 γ 为一个确定的数。以下结论等价：

(i) 存在一个线性反馈律，使得对于某一个 $\tilde{\gamma} < \gamma$，所得的闭环系统相对于供给率

$$q(w, y) = \tilde{\gamma}^2 w^2 - y^2$$

是严格耗散的；

(ii) 存在一个矩阵 K 和一个对称矩阵 $S > 0$，使得不等式 (13.26) 成立；

(iii) 存在矩阵 L 和一个对称矩阵 $Y>0$，使得

$$Y(F+GL)+(F+GL)^{\mathrm{T}}Y+\frac{1}{\gamma^2}YQQ^{\mathrm{T}}Y+L^{\mathrm{T}}L<0 \tag{13.28}$$

(iv) 存在对称矩阵 $Z>0$，使得

$$FZ+ZF^{\mathrm{T}}+\frac{1}{\gamma^2}QQ^{\mathrm{T}}-GG^{\mathrm{T}}<0 \tag{13.29}$$

证明: 如之前所见，由定理 10.9.1 可得 (i) ⇒ (ii)。

(ii) ⇒ (iii)。对于 $i=1,\ldots,r$，设

$$A_i=\begin{pmatrix}0&1&0&\cdots&0\\0&0&1&\cdots&0\\\vdots&\vdots&\vdots&\vdots&\vdots\\0&0&0&\cdots&1\\0&0&0&\cdots&0\end{pmatrix}_{i\times i},\quad B_i=\begin{pmatrix}0\\0\\\vdots\\0\\1\end{pmatrix}_{i\times 1}$$

$$C_i=\begin{pmatrix}1&0&0&\cdots&0\end{pmatrix}_{1\times i},\quad P_i=\begin{pmatrix}p_1\\p_2\\\vdots\\p_i\end{pmatrix}$$

并且设

$$F_i=\begin{pmatrix}F&GC_i\\0&A_i\end{pmatrix},\quad G_i=\begin{pmatrix}0\\B_i\end{pmatrix},\quad Q_i=\begin{pmatrix}Q\\P_i\end{pmatrix},\quad H_i=\begin{pmatrix}0&C_i\end{pmatrix}$$

及

$$\bar{K}=\begin{pmatrix}H&a_1&\cdots&a_r\end{pmatrix}$$

对于这样的选择，系统 (13.27) 可重写为

$$\begin{aligned}\dot{x}&=F_rx+Q_rw+G_r(bu+\bar{K}x)\\y&=H_rx\end{aligned}$$

其中 $x=\mathrm{col}(z,\xi_1,\ldots,\xi_r)$。

设条件 (ii) 成立，则容易看到，存在矩阵 K_r 和矩阵 $X_r=X_r^{\mathrm{T}}>0$，满足

$$X_r\left(F_r+G_rK_r\right)+\left(F_r+G_rK_r\right)^{\mathrm{T}}X_r+\frac{1}{\gamma^2}X_rQ_rQ_r^{\mathrm{T}}X_r+H_r^{\mathrm{T}}H_r=-M_r$$

其中 $M_r=M_r^{\mathrm{T}}>0$。由此，用归纳法可证，对于 $1\leqslant i<r$，存在矩阵 K_i，矩阵 $X_i=X_i^{\mathrm{T}}>0$ 和 $M_i=M_i^{\mathrm{T}}>0$，使得

$$X_i\left(F_i+G_iK_i\right)+\left(F_i+G_iK_i\right)^{\mathrm{T}}X_i+\frac{1}{\gamma^2}X_iQ_iQ_i^{\mathrm{T}}X_i+H_i^{\mathrm{T}}H_i=-M_i \tag{13.30}$$

为此，假设式 (13.30) 成立，设 $d_i = n - r + i$，并考虑关于未知矩阵 K_{i-1} 的线性方程

$$\begin{pmatrix} 0_{1\times(d_i-1)} & 1 \end{pmatrix} X_i \begin{pmatrix} I_{(d_i-1)\times(d_i-1)} \\ K_{i-1} \end{pmatrix} = 0_{1\times(d_i-1)}$$

由于 $X_i > 0$，所以其右下位置元素非零，从而该方程有唯一解。定义

$$X_{i-1} = \begin{pmatrix} I_{(d_i-1)\times(d_i-1)} & K_{i-1}^{\mathrm{T}} \end{pmatrix} X_i \begin{pmatrix} I_{(d_i-1)\times(d_i-1)} \\ K_{i-1} \end{pmatrix}$$

$$M_{i-1} = \begin{pmatrix} I_{(d_i-1)\times(d_i-1)} & K_{i-1}^{\mathrm{T}} \end{pmatrix} M_i \begin{pmatrix} I_{(d_i-1)\times(d_i-1)} \\ K_{i-1} \end{pmatrix}$$

以矩阵

$$T_i = \begin{pmatrix} I_{(d_i-1)\times(d_i-1)} & K_{i-1}^{\mathrm{T}} \\ 0_{1\times(d_i-1)} & 1 \end{pmatrix}$$

和 T_i^{T} 分别左乘和右乘式 (13.30)，并取乘得的结果的左上分块。由于

$$T_i X_i T_i^{\mathrm{T}} = \begin{pmatrix} X_{i-1} & 0_{(d_i-1)\times 1} \\ 0_{1\times(d_i-1)} & * \end{pmatrix}$$

且对于 $i > 1$ 有

$$\begin{pmatrix} I_{(d_i-1)\times(d_i-1)} & K_{i-1}^{\mathrm{T}} \end{pmatrix} H_i = H_{i-1}$$

这样就产生了一个形如式 (13.30) 的恒等式，其中 i 被替换为 $i-1$。

这一过程的最后一次迭代，即 $i = 1$ 时的式 (13.30)，表明不等式 (13.28) 成立。

(iii) ⇒ (i)。正如所见，系统 (13.27) 具有系统 (13.17) 的结构，并且

$$f_0(z, \xi_1) + p_0(z, w) = Fz + G\xi_1 + Qw$$

定义

$$V(z) = z^{\mathrm{T}} Y z, \qquad v(z) = Lz$$

假设不等式 (13.28) 成立并注意到，由于其小于号左边的符号是确定的，所以若将 γ 替换为 $\tilde{\gamma} = \gamma - \varepsilon$ 且 $\varepsilon > 0$ 充分小，则同样的不等式依然成立。因此，函数 $V(z)$ 和 $v(z)$ 对于某一个 $c > 0$ 满足

$$\frac{\partial V}{\partial z}[Fz + Gv(z)] + \frac{1}{4\tilde{\gamma}^2}\frac{\partial V}{\partial z} Q Q^{\mathrm{T}} \left(\frac{\partial V}{\partial z}\right)^{\mathrm{T}} + [v(z)]^2 \leqslant -c\|z\|^2$$

即对于所有的 z 和 w 使得 (回忆推论 10.7.2 和随后所述)

$$\frac{\partial V}{\partial z}[Fz + Gv(z) + Qw] \leqslant -c\|z\|^2 + \tilde{\gamma}^2 w^2 - [v(z)]^2$$

换言之，形如式 (13.20) 的不等式成立。由于定理 13.1.3 的所有其他假设都满足，因而，存在反馈律 $u = u(z, \xi_1, \ldots, \xi_r)$，使得最终的闭环系统相对于供给率

$$q(w, y) = \tilde{\gamma}^2 w^2 - y^2$$

是严格耗散的。特别是，在定理 13.1.3 证明中所用各引理的基本构造表明 $u = u(z, \xi_1, \ldots, \xi_r)$ 是一个线性反馈律。因而可得 (i) 一定成立。

(iii) $\Leftrightarrow$ (iv)。在不等式 (13.28) 的小于号的左边加减 $YGG^{\mathrm{T}}Y$，得到

$$YF + F^{\mathrm{T}}Y + \frac{1}{\gamma^2}YQQ^{\mathrm{T}}Y - YGG^{\mathrm{T}}Y + \left(YG + L^{\mathrm{T}}\right)\left(YG + L^{\mathrm{T}}\right)^{\mathrm{T}} < 0$$

于是，$Z = Y^{-1}$ 满足不等式 (13.29)。反之，假设 Z 满足不等式 (13.29)。设 $Y = Z^{-1}$ 且 $L = -G^{\mathrm{T}}Y$，则可得到不等式 (13.28)。 $\lhd$

此引理 (ii) $\Rightarrow$ (iii) 的蕴涵关系表明，在线性系统情况下，定理 13.1.3 的基本条件，即存在满足不等式 (13.20) [它在这种情况下等价于一个形如式 (13.28) 的不等式] 的函数 $V(z)$ (在这种情况下是一个二次型 $z^{\mathrm{T}}Yz$) 和函数 $v(z)$ (在这种情况下是一个线性函数 Lz)，也是干扰抑制稳定性问题可解的一个必要条件。因此，可实现的干扰抑制最优值恰好是使不等式 (13.28) 得以满足的所有 γ 值的下确界。此引理还表明，在这种特殊设定下，二次型矩阵不等式 (13.28) 实际上可替换为一个更简单的线性矩阵不等式。事实上，该引理表明，存在 Sylvester 不等式 (13.29) 的一个对称解 $Z > 0$，是存在一个线性反馈律，产生内部稳定性且在系统 (13.27) 的干扰输入 w 和输出 y 之间实现抑制水平 $\tilde{\gamma} < \gamma$ 的一个充要条件。因此，可实现的干扰抑制最优值再次与能使不等式 (13.29) 得以满足的所有 γ 值的下确界一致。

还能进一步简化。不失一般性，假设系统 (13.27) 的 z-子系统在适当的坐标变换之后有如下形式：

$$\begin{aligned}\dot{z}_1 &= F_1 z_1 + G_1 \xi_1 + Q_1 w\\ \dot{z}_2 &= F_2 z_2 + G_2 \xi_1 + Q_2 w\\ \dot{z}_3 &= F_3 z_3 + G_3 \xi_1 + Q_3 w\end{aligned} \tag{13.31}$$

其中 $\sigma(F_1) \subset \mathbb{C}^-$，$\sigma(F_2) \subset \mathbb{C}^0$ 且 $\sigma(F_3) \subset \mathbb{C}^+$。那么，容易知道如下引理成立。

引理 13.2.2. *存在一个对称矩阵 $Z > 0$ 使不等式 (13.29) 成立，当且仅当存在一个对称矩阵 $\tilde{Z} > 0$，使*

$$\tilde{F}\tilde{Z} + \tilde{Z}\tilde{F}^{\mathrm{T}} + \frac{1}{\gamma^2}\tilde{Q}\tilde{Q}^{\mathrm{T}} - \tilde{G}\tilde{G}^{\mathrm{T}} < 0 \tag{13.32}$$

成立，此处

$$\tilde{F} = \begin{pmatrix} F_2 & 0\\ 0 & F_3\end{pmatrix}, \quad \tilde{Q} = \begin{pmatrix} Q_2\\ Q_3\end{pmatrix}, \quad \tilde{G} = \begin{pmatrix} G_2\\ G_3\end{pmatrix}$$

证明：假设不等式 (13.29) 成立，设

$$Z = \begin{pmatrix} Z_1 & S\\ S^{\mathrm{T}} & \tilde{Z}\end{pmatrix}$$

其中 $\dim(Z_1) = \dim(F_1)$。那么 $\tilde{Z} > 0$ 必然满足不等式 (13.32)。反之，假设后者成立。设

$$Z = \begin{pmatrix} Z_1 & 0\\ 0 & \tilde{Z}\end{pmatrix}$$

其中矩阵 Z_1 待定。将不等式 (13.29) 的小于号的左边重新写为

$$\begin{pmatrix} M_1 & N \\ N^{\mathrm{T}} & \tilde{M} \end{pmatrix}$$

此处

$$\tilde{M} = \tilde{F}\tilde{Z} + \tilde{Z}\tilde{F}^{\mathrm{T}} + \frac{1}{\gamma^2}\tilde{Q}\tilde{Q}^{\mathrm{T}} - \tilde{G}\tilde{G}^{\mathrm{T}} < 0$$

$$M_1 = F_1 Z_1 + Z_1 F_1^{\mathrm{T}} + \frac{1}{\gamma^2}Q_1 Q_1^{\mathrm{T}} - G_1 G_1^{\mathrm{T}}$$

且 N 不包含 Z_1。由恒等式

$$\begin{pmatrix} I & -N\tilde{M}^{-1} \\ 0 & I \end{pmatrix}\begin{pmatrix} M_1 & N \\ N^{\mathrm{T}} & \tilde{M} \end{pmatrix}\begin{pmatrix} I & 0 \\ -\tilde{M}^{-1}N^{\mathrm{T}} & I \end{pmatrix} = \begin{pmatrix} M_1 - N\tilde{M}^{-1}N^{\mathrm{T}} & 0 \\ 0 & \tilde{M} \end{pmatrix} \tag{13.33}$$

容易看到，不等式 (13.29) 成立当且仅当 $M_1 - N\tilde{M}^{-1}N^T$ 负定，即

$$F_1 Z_1 + Z_1 F_1^{\mathrm{T}} < -\frac{1}{\gamma^2}Q_1 Q_1^{\mathrm{T}} + G_1 G_1^{\mathrm{T}} + N\tilde{M}^{-1}N^{\mathrm{T}}$$

令 $R > 0$ 为满足

$$R > \frac{1}{\gamma^2}Q_1 Q_1^{\mathrm{T}} - G_1 G_1^{\mathrm{T}} - N\tilde{M}^{-1}N^{\mathrm{T}}$$

的任一对称矩阵。由于 $\sigma(F_1) \subset \mathbb{C}^-$，所以 Lyapunov 方程

$$F_1 Z_1 + Z_1 F_1^{\mathrm{T}} = -R$$

的唯一解 Z_1 是正定的。这样的 Z_1 使式 (13.33) 的左上分块负定，从而完成了证明。 $\lhd$

由上述引理可见，可实现一个干扰抑制水平值 γ 当且仅当对于此 γ 有一个正定解 $\tilde{Z}$。可用这一结论计算使干扰抑制稳定性问题有解的所有 γ 值的下确界的显式表达式。为此，定义

$$\begin{aligned} U_3 &= \int_0^{\infty} \mathrm{e}^{-F_3 s}\left(G_3 G_3^{\mathrm{T}}\right)\mathrm{e}^{-(F_3 s)^{\mathrm{T}}}\mathrm{d}s \\ V_3 &= \int_0^{\infty} \mathrm{e}^{-F_3 s}\left(Q_3 Q_3^{\mathrm{T}}\right)\mathrm{e}^{-(F_3 s)^{\mathrm{T}}}\mathrm{d}s \end{aligned} \tag{13.34}$$

这里因为假设 $-F_3$ 的所有特征值位于 $\mathbb{C}^-$，所以积分有唯一定义。于是，有如下结果。

命题 13.2.3. *存在可解不等式 (13.32) 的对称矩阵 $\tilde{Z} > 0$ 当且仅当*

$$\frac{1}{\gamma^2}V_3 < U_3 \tag{13.35}$$

且[①]

$$\frac{1}{\gamma^2}x^{\mathrm{H}}Q_2 Q_2^{\mathrm{T}}x < x^{\mathrm{H}}G_2 G_2^{\mathrm{T}}x \tag{13.36}$$

对于 $-F_2^{\mathrm{T}}$ 的 (可能为复数的) 任一特征向量 x 都成立。

① 下式原文用 $x^\star$ 来表示 x 的共轭转置，为避免符号混淆，改为用 x^{H} 表示。——译者注

证明: 将不等式 (13.32) 重新写为

$$\bar{Y}\begin{pmatrix} \bar{F}_1 & 0 \\ 0 & \bar{F}_2 \end{pmatrix} + \begin{pmatrix} \bar{F}_1^{\mathrm{T}} & 0 \\ 0 & \bar{F}_2^{\mathrm{T}} \end{pmatrix}\bar{Y} + \begin{pmatrix} \bar{Q}_1 & \bar{Q}_{12} \\ \bar{Q}_{12}^{\mathrm{T}} & \bar{Q}_2 \end{pmatrix} > 0 \tag{13.37}$$

其中

$$\bar{F}_1 = -F_3^{\mathrm{T}}, \quad \bar{F}_2 = -F_2^{\mathrm{T}}$$

且

$$\bar{Q}_1 = -\frac{1}{\gamma^2}Q_3Q_3^{\mathrm{T}} + G_3G_3^{\mathrm{T}}, \qquad \bar{Q}_2 = -\frac{1}{\gamma^2}Q_2Q_2^{\mathrm{T}} + G_2G_2^{\mathrm{T}}$$

将定理 13.6.3 中的条件在这种情况下具体化，容易看到，存在一个解 $\bar{Y} > 0$ 当且仅当

$$Y_1\bar{F}_1 + \bar{F}_1^{\mathrm{T}}Y_1 + \bar{Q}_1 = 0 \tag{13.38}$$

的唯一解 Y_1 是正定的，并且

$$x^{\mathrm{H}}\bar{Q}_2x > 0$$

对于 $\bar{F}_2$ 的 (可能为复数的) 任一特征向量 x 都成立。现在，方程 (13.38) 有唯一解

$$Y_1 = \int_0^{\infty} \mathrm{e}^{\bar{F}_1^{\mathrm{T}}s}\bar{Q}_1\mathrm{e}^{\bar{F}_1s}\mathrm{d}s$$

考虑到所给出的各个定义，上式正定当且仅当不等式 (13.35) 成立。第二个条件就是条件 (13.36)。 ◁

第一个条件可进一步简化。为此，注意到如果不等式 (13.32) 对于某一个 γ 必须满足，则需要矩阵 U_3 可逆。事实上，不等式 (13.32) 等价于不等式 (13.29)，而不等式 (13.29) 又等价于不等式 (13.28)。如果后者对于某一个 $Y > 0$，某一个 L 和某一个 γ 成立，则矩阵 $F + GL$ 的所有特征值一定属于 $\mathbb{C}^-$，因为 Y 是 Lyapunov 不等式 $Y(F + GL) + (F + GL)^{\mathrm{T}}Y < 0$ 的一个解。因此，矩阵对 (F, G) 一定是可镇定的。考虑到形如式 (13.31) 的分解，其中由假设知 F_3 的所有特征值属于 $\mathbb{C}^+$，这表明，需要 (F_3, G_3) 是一个可控对。因此 (根据一些熟知的性质)，要求矩阵 U_3 可逆。

有鉴于此，可将条件 (13.35) 改写为

$$\gamma > \rho\left(U_3^{-1}V_3\right) \tag{13.39}$$

其中记号 $\rho(\cdot)$ 表示一个矩阵的谱半径。

可将全部讨论总结如下。设

$$\gamma^* := \max\left\{\rho\left(U_3^{-1}V_3\right), \max_{\|x\|=1:\ x \text{ 是 } -F_2^{\mathrm{T}} \text{ 的特征向量}} \left\{\frac{x^{\mathrm{H}}Q_2Q_2^{\mathrm{T}}x}{x^{\mathrm{H}}G_2G_2^{\mathrm{T}}x}\right\}\right\} \tag{13.40}$$

干扰抑制稳定性问题对于每一个 $\gamma > \gamma^*$ 可解，对于每一个 $\gamma < \gamma^*$ 不可解。

13.3 干扰抑制

现在回到特殊形式的非线性系统 (13.16) 的干扰抑制稳定性问题，并进一步讨论满足定理 13.1.3 主要条件的可能性，即存在一个满足 $v(0)=0$ 的光滑实值函数 $v(z)$ 和一个正定适常的光滑实值函数 $V(z)$，使得对于所有的 z 和所有的 w，有

$$\frac{\partial V}{\partial z}f(z,v(z),w) \leqslant -\alpha(\|z\|)+\gamma^2 w^2 - h^2(z,v(z)) \tag{13.41}$$

其中 $\alpha(\cdot)$ 是一个 $\mathcal{K}_\infty$ 类函数。

基于 13.2 节对线性系统的分析，现在考虑的情况为

$$h(z,\xi_1)=\xi_1$$

并假设 z-子系统

$$\dot{z}=f(z,\xi_1,w)$$

可分解为

$$\begin{aligned}\dot{z}_1&=f_1(z_1,z_2,\xi_1,w)\\ \dot{z}_2&=f_2(z_2,\xi_1,w)\end{aligned} \tag{13.42}$$

这里将 z_1-子系统视为“稳定部分”，其意为 $z_1=0$ 是在 $z_2=0$，$\xi_1=0$ 和 $w=0$ 时的一个全局渐近稳定平衡态，而 z_2-子系统代表可能“不稳定”但“可镇定的部分”，其意为对于某一个光滑函数 $v(z_2)$，子系统 $\dot{z}_2=f_2(z_2,v(z_2),0)$ 在 $z_2=0$ 处有一个全局渐近稳定的平衡态。分解式 (13.42) 可视为分解式 (13.31) 的非线性形式。此处旨在确定在何等条件下，可实现的干扰抑制水平值下界取决于式 (13.42) 的不稳定部分 (即 z_2-子系统) 的性质。

引理 13.3.1. 考虑系统 (13.42)。假设：

(i) 存在一个正定适常的光滑实值函数 $V_1(z_1)$，使得对于某一个 $\mathcal{K}_\infty$ 类函数 $\alpha_1(\cdot)$ 和某一个正实数 γ_0，有

$$\frac{\partial V_1}{\partial z_1}f_1(z_1,z_2,\xi_1,w) \leqslant -\alpha_1(\|z_1\|)+\gamma_0^2 w^2+\gamma_0^2\|z_2\|^2+\gamma_0^2\xi_1^2 \tag{13.43}$$

(ii) 存在一个光滑实值函数 $v_2(z_2)$ [满足 $v_2(0)=0$] 和一个正定适常的光滑实值函数 $V_2(z_2)$，使得对于某一个 $\mathcal{K}_\infty$ 类函数 $\alpha_2(\cdot)$ 和某一个正实数 γ，有

$$\frac{\partial V_2}{\partial z_2}f_2(z_2,v_2(z_2),w) \leqslant -\alpha_2(\|z_2\|)+\gamma^2 w^2 - v_2^2(z_2) \tag{13.44}$$

(iii) 对于某一个 $r_1>0$ 和某一个常数 a，有

$$\frac{r^2}{\alpha_2(r)} \leqslant a, \quad \forall r\in[r_1,\infty)$$

则对于每一个 $\varepsilon>0$，存在一个光滑函数 $v(z)$ [满足 $v(0)=0$] 和一个正定适常的光滑实值函数 $V(z)$，使得对于所有的 z 和 w，有

$$\frac{\partial V}{\partial z}f(z,v(z),w) \leqslant -\alpha(\|z\|)+(\gamma+\varepsilon)^2 w^2 - v^2(z)$$

其中 $\alpha(\cdot)$ 是一个 $\mathcal{K}_\infty$ 类函数。

证明：假设对于某一个 γ_0 条件 (i) 得以满足，在式 (13.43) 两边都乘以 ε^2/γ_0^2 (ε 为任一正数)，以得到一个相似的不等式，其中 γ_0 被替换为 ε。这表明，可以不失一般性地假设，当以任一数 $\varepsilon > 0$ 替换 γ_0 时式 (13.43) 成立。

定义

$$\bar{\alpha}_2(r) = \begin{cases} \alpha_2(r), & \text{若 } \alpha_2(r) \leqslant \varepsilon^2 r^2 \\ \varepsilon^2 r^2, & \text{若 } \alpha_2(r) > \varepsilon^2 r^2 \end{cases} \tag{13.45}$$

由于 $\bar{\alpha}_2(\cdot)$ 是一个 $\mathcal{K}_\infty$ 类函数，满足

$$\bar{\alpha}_2(r) \leqslant \varepsilon^2 r^2, \quad -\alpha_2(r) \leqslant -\bar{\alpha}_2(r) \tag{13.46}$$

所以能在式 (13.44) 中用此 $\bar{\alpha}_2(\cdot)$ 替换 $\alpha_2(\cdot)$。

同样也有

$$\frac{r^2}{\bar{\alpha}_2(r)} = \begin{cases} \dfrac{r^2}{\alpha_2(r)}, & \text{若 } \alpha_2(r) \leqslant \varepsilon^2 r^2 \\ 1/\varepsilon^2, & \text{若 } \alpha_2(r) > \varepsilon^2 r^2 \end{cases} \tag{13.47}$$

利用假设 (iii)，这又意味着

$$\frac{r^2}{\bar{\alpha}_2(r)} \leqslant \max\left\{a, 1/\varepsilon^2\right\}, \quad \forall r \in [r_1, \infty) \tag{13.48}$$

所以可由引理 10.5.1 推出存在一个 $\mathcal{K}_\infty$ 类函数 $\tilde{\alpha}_1(\cdot)$ 和一个光滑正定适常函数 $\tilde{V}_1(z_1)$，满足

$$\frac{\partial \tilde{V}_1}{\partial z_1} f_1(z_1, z_2, \xi_1, w) \leqslant -\tilde{\alpha}_1(\|z_1\|) + \frac{1}{2}\bar{\alpha}_2(|w|) + \frac{1}{2}\bar{\alpha}_2(\|z_2\|) + \frac{1}{2}\bar{\alpha}_2(|\xi_1|) \tag{13.49}$$

令 $\tilde{V}_2(z_2) = \left(1 + \dfrac{\varepsilon^2}{2}\right) V_2(z_2)$。因此，由式 (13.44) 可得

$$\begin{aligned} &\frac{\partial \tilde{V}_2}{\partial z_2} f_2(z_2, v_2(z_2), w) \\ &\quad \leqslant -\left(1 + \frac{\varepsilon^2}{2}\right)\bar{\alpha}_2(\|z_2\|) + \gamma^2\left(1 + \frac{\varepsilon^2}{2}\right)|w|^2 - \left(1 + \frac{\varepsilon^2}{2}\right)|v_2(z_2)|^2 \end{aligned} \tag{13.50}$$

令 $V(z) = \tilde{V}_1(z_1) + \tilde{V}_2(z_2)$，则有

$$\begin{aligned} &\frac{\partial V}{\partial z} f(z, v_2(z), w) \\ &\quad \leqslant -\tilde{\alpha}_1(\|z_1\|) + \frac{1}{2}\bar{\alpha}_2(|w|) + \frac{1}{2}\bar{\alpha}_2(\|z_2\|) + \frac{1}{2}\bar{\alpha}_2(|v_2(z_2)|) \\ &\quad - \left(1 + \frac{\varepsilon^2}{2}\right)\bar{\alpha}_2(\|z_2\|) + \gamma^2\left(1 + \frac{\varepsilon^2}{2}\right)|w|^2 - \left(1 + \frac{\varepsilon^2}{2}\right)|v_2(z_2)|^2 \\ &\quad \leqslant -\tilde{\alpha}_1(\|z_1\|) + \frac{1}{2}\bar{\alpha}_2(|w|) - \frac{1}{2}\bar{\alpha}_2(\|z_2\|) + \frac{1}{2}\bar{\alpha}_2(|v_2(z_2)|) \\ &\quad - \frac{\varepsilon^2}{2}\bar{\alpha}_2(\|z_2\|) + \gamma^2\left(1 + \frac{\varepsilon^2}{2}\right)|w|^2 - \left(1 + \frac{\varepsilon^2}{2}\right)|v_2(z_2)|^2 \\ &\quad \leqslant -\tilde{\alpha}_1(\|z_1\|) + \frac{\varepsilon^2}{2}|w|^2 - \frac{1}{2}\bar{\alpha}_2(\|z_2\|) + \frac{\varepsilon^2}{2}|v_2(z_2)|^2 \end{aligned}$$

$$
\begin{aligned}
&+\gamma^2\left(1+\frac{\varepsilon^2}{2}\right)|w|^2-\left(1+\frac{\varepsilon^2}{2}\right)\left|v_2\left(z_2\right)\right|^2 \\
&\leqslant -\tilde{\alpha}_1\left(\left\|z_1\right\|\right)-\frac{1}{2}\bar{\alpha}_2\left(\left\|z_2\right\|\right)+\left[\gamma^2+\frac{\varepsilon^2}{2}\left(1+\gamma^2\right)\right]|w|^2-\left|v_2\left(z_2\right)\right|^2
\end{aligned}
$$

证毕。 ◁

注意到，条件 (i) 表示的是系统 (13.42) 中前一个子系统 (视为状态为 z_1，输入为 w，z_2 和 ξ_1 的系统) 因输入到状态稳定性而具有的一个特殊性质。适才证明的引理表明，该子系统对于确定干扰抑制可实现水平值的下界没有影响。另外注意到，使式 (13.43) 得以满足的 γ_0 值在这种情况下并不重要。

对于由方程组 (13.16) 建模且其 z-子系统允许像式 (13.42) 那样分解的非线性系统来说，此引理的所述结果在某种程度上对应于引理 13.2.2 的所述结果，它将可实现的干扰抑制水平值与 z-子系统“不稳定”部分的性质关联起来。稍后，在 13.5 节中将致力于寻找 γ 的一个明确界限 (这将与 13.2 节末尾对于线性系统所确定的界限形成对照)。同时将讨论一个特殊情况：对于任意小的 γ 值，干扰抑制稳定性问题都能求解。

13.4 几乎干扰解耦

考虑如下设计问题。对于一个形如式 (13.6) 的给定系统，对于任一 (因此可任意小的) γ 值，何时能够找到一个可解决干扰抑制稳定性问题的反馈律 (它实际上依赖于所选择的 γ)? 这种情况通常称为**几乎干扰解耦 (稳定性) 问题** [Problem of Almost Disturbance Decoupling (with Stability)]。

13.2 节中的分析立即给出了该问题在线性系统情况下可解的充要条件。事实上，由命题 13.2.3 可见，对于任一任意小的 γ 值，干扰抑制稳定性问题可解当且仅当由式 (13.40) 给出的数 γ^* 为 0，此情况发生当且仅当 $V_3=0$，而这又意味着 $Q_3=0$，以及对于 $-F_2^{\mathrm{T}}$ 的任一特征向量 x 有 $Q_2^{\mathrm{T}}x=0$。换言之，几乎干扰解耦稳定性是可能的，当且仅当分解式 (13.31) 有特殊形式

$$
\begin{aligned}
\dot{z}_1 &= F_1z_1+G_1\xi_1+Q_1w \\
\dot{z}_2 &= F_2z_2+G_2\xi_1+Q_2w \\
\dot{z}_3 &= F_3z_3+G_3\xi_1
\end{aligned}
\tag{13.51}
$$

其中 $\sigma(F_1)\subset\mathbb{C}^-$，$\sigma(F_2)\subset\mathbb{C}^0$，$\sigma(F_3)\subset\mathbb{C}^+$，且 $-F_2^{\mathrm{T}}$ 的每一个特征向量 x 都被 Q_2^{T} 零化。

在矩阵 F 没有特征值属于 $\mathbb{C}^0$ 的特殊情况下，几乎干扰解耦稳定性的充要条件仅为 z-子系统的不稳定部分完全不受干扰 w 影响。

对于本章所考虑的这类非线性系统来说，一种类似的情形是，系统 (13.42) 的 z_2-子系统与干扰 w 无关，即系统 (13.42) 有如下特殊形式：

$$
\begin{aligned}
\dot{z}_1 &= f_1\left(z_1,z_2,\xi_1,w\right) \\
\dot{z}_2 &= f_2\left(z_2,\xi_1\right)
\end{aligned}
\tag{13.52}
$$

在此情况下，可由引理 13.3.1 得出以下结果，这为几乎干扰解耦稳定性提供了一个充分条件。

推论 13.4.1. 考虑系统 (13.52)。假设引理 13.3.1 的条件 (i) 成立，并且

(ii) 存在一个满足 $v_2(0)=0$ 的光滑实值函数 $v_2(z_2)$ 和一个正定适常的光滑实值函数 $V_2(z_2)$，使得对于某一个 $\mathcal{K}_\infty$ 类函数 $\alpha_2(\cdot)$ 有

$$\frac{\partial V_2}{\partial z_2} f_2\left(z_2, v_2\left(z_2\right)\right)+v_2^2\left(z_2\right) \leqslant -\alpha_2\left(\left\|z_2\right\|\right) \tag{13.53}$$

那么，对于每一个 $\gamma>0$，存在一个满足 $v(0)=0$ 的光滑实值函数 $v(z)$ 和一个正定适常的光滑实值函数 $V(z)$，使得对于所有的 z 和 w，有

$$\frac{\partial V}{\partial z} f(z, v(z), w) \leqslant -\alpha(\|z\|)+\gamma^2 w^2-v^2(z)$$

其中 $\alpha(\cdot)$ 是一个 $\mathcal{K}_\infty$ 类函数。

证明: 令 $\tilde{\alpha}(\cdot)$ 为任一 $\mathcal{K}_\infty$ 类函数，满足

$$\tilde{\alpha}_2(r)=\begin{cases}\alpha_2(r), & \text{对于小的 } r \\ r^2/a^2, & \text{对于大的 } r\end{cases}$$

注意到随 $r \rightarrow 0^+$ 有 $\tilde{\alpha}_2(r)=\mathcal{O}\left(\alpha_2(r)\right)$。因此，如引理 10.5.1 的证明所示，存在一个正值非减的光滑函数 $q: \mathbb{R}_{\geqslant 0} \rightarrow \mathbb{R}_{\geqslant 0}$，满足

$$q\left(V_2\left(z_2\right)\right) \alpha_2\left(\left\|z_2\right\|\right) \geqslant \tilde{\alpha}_2\left(\left\|z_2\right\|\right)$$

不失一般性，假设 $q(r) \geqslant 1$。

定义

$$\rho(r)=\int_0^r q(s) \mathrm{d} s$$

并设 $\widetilde{V}_2(z_2)=\rho(V_2(z_2))$。鉴于条件 (ii)，这产生

$$\begin{aligned}
\frac{\partial \widetilde{V}_2}{\partial z_2} f_2\left(z_2, v_2\left(z_2\right)\right) & =q\left(V_2\left(z_2\right)\right) \frac{\partial V_2}{\partial z_2} f_2\left(z_2, v_2\left(z_2\right)\right) \\
& \leqslant-\tilde{\alpha}_2\left(\left\|z_2\right\|\right)-q\left(V_2\left(z_2\right)\right)\left|v_2\left(z_2\right)\right|^2 \\
& \leqslant-\tilde{\alpha}_2\left(\left\|z_2\right\|\right)-\left|v_2\left(z_2\right)\right|^2
\end{aligned}$$

这证明，对于某一个函数 $\tilde{\alpha}_2(r)$ [由构造知它满足引理 13.3.1 的条件 (iii)]，引理 13.3.1 的条件 (ii) 在 $\gamma=0$ 时成立。因而结论得证。 ◁

在本节结束之前，考虑一个特殊情况，其中函数 $f_2(z_2,\xi_1)$ 是关于 ξ_1 的仿射形式，即假设系统 (13.52) 的形式为

$$\begin{aligned}
& \dot{z}_1=f_1\left(z_1, z_2, \xi_1, w\right) \\
& \dot{z}_2=f_2\left(z_2\right)+g_2\left(z_2\right) \xi_1
\end{aligned}$$

在这种情况下，考虑到引理 13.1.4，由推论 13.4.1 条件 (ii) 中的不等式可得出以下表达式:

$$\frac{\partial V_2}{\partial z_2} f_2\left(z_2\right)-\frac{1}{4}\left[\frac{\partial V_2}{\partial z_2} g_2\left(z_2\right)\right]^2 \leqslant-\alpha_2\left(\left\|z_2\right\|\right)$$

为简化记法，将上式改写为

$$\frac{\partial V}{\partial x}f(x)-\frac{1}{4}\left[\frac{\partial V}{\partial x}g(x)\right]^2\leqslant-\alpha(\|x\|) \tag{13.54}$$

注意到，这是不等式 (13.24) 在 $h(x)=0,\rho(x)=0$ 和 $r(x)=1$ 时具有的特殊形式。可以看到，如果这种形式的不等式成立，则 $V(x)$ 一定满足

$$\frac{\partial V}{\partial x}g(x)=0 \quad\Rightarrow\quad \frac{\partial V}{\partial x}f(x)\leqslant-\alpha(\|x\|) \tag{13.55}$$

换言之，满足式 (13.54) 的函数 $V(z)$ 必然是系统

$$\dot{x}=f(x)+g(x)u \tag{13.56}$$

的一个控制 Lyapunov 函数 (见 9.4 节)。

有鉴于此，一个自然出现的问题是，何时，即在何假设下，由一个已知的控制 Lyapunov 函数 $V(x)$ 能够确定一个满足不等式 (13.54) 的函数 [可能与 $V(x)$ 本身不同]。以下结论部分回答了这一问题。

引理 13.4.2. 假设 $V(x)$ 是系统 (13.56) 的一个光滑控制 Lyapunov 函数，即它是对于某一个正定函数 $\alpha(\cdot)$，满足条件 (13.55) 的一个正定适常的光滑实值函数。假设存在 $x=0$ 的一个邻域 S 和一个实数 $K>0$，使得对于所有的 $x\in S\setminus\{0\}$，有

$$\frac{\partial V}{\partial x}f(x)-K\left[\frac{\partial V}{\partial x}g(x)\right]^2<0 \tag{13.57}$$

则存在一个正定适常的光滑实值函数 $U(x)$，对于所有的 x 和某一个正定函数 $\tilde{\alpha}(\cdot)$，满足

$$\frac{\partial U}{\partial x}f(x)-\frac{1}{4}\left[\frac{\partial U}{\partial x}g(x)\right]^2\leqslant-\tilde{\alpha}(\|x\|) \tag{13.58}$$

如果条件 (13.55) 中的 $\alpha(\cdot)$ 是一个 $\mathcal{K}_\infty$ 类函数，则存在一个正定适常的光滑实值函数 $U(x)$，对于某一个 $\mathcal{K}_\infty$ 类函数 $\tilde{\alpha}(\cdot)$，满足式 (13.58)。

证明: 由假设知，式 (13.57) 的左边在 $x=0$ 的一个邻域中负定。因此，可能需要重新定义函数 $\alpha(\cdot)$ 以使条件 (13.55) 成立，则能够看到，对于某一个 $\bar{a}>0$，有

$$\|x\|<\bar{a} \quad\Rightarrow\quad \frac{\partial V}{\partial x}f(x)-K\left[\frac{\partial V}{\partial x}g(x)\right]^2\leqslant-\alpha(\|x\|) \tag{13.59}$$

设

$$M=\left\{x\in\mathbb{R}^n\colon \frac{\partial V}{\partial x}f(x)+\alpha(\|x\|)\geqslant 0\right\}$$

并注意到在 $M\setminus\{0\}$ 上 $\dfrac{\partial V}{\partial x}g(x)\neq 0$。对于每一个 $a\in(0,\infty)$，定义

$$\sigma(a)=\max_{\{x:\|x\|=a\}\cap M}\frac{\dfrac{\partial V}{\partial x}f(x)+\alpha(\|x\|)}{\left[\dfrac{\partial V}{\partial x}g(x)\right]^2}$$

由式 (13.59) 知，对于小的 a 有 $\sigma(a) \leqslant K$。令 $\underline{\alpha}(\cdot)$ 为满足 $\underline{\alpha}(|x|) \leqslant V(x)$ 的任一 $\mathcal{K}_\infty$ 类函数。令 $q\colon \mathbb{R}_{\geqslant 0} \to \mathbb{R}_{\geqslant 0}$ 为满足 $q(r) > 4\sigma \circ \underline{\alpha}^{-1}(r)$ 的任一光滑正值非减函数，则由构造知，在每一点 $M \setminus \{0\}$ 处，有

$$q(V(x)) > 4\sigma(\|x\|) \geqslant 4\frac{\dfrac{\partial V}{\partial x}f(x) + \alpha(\|x\|)}{\left[\dfrac{\partial V}{\partial x}g(x)\right]^2} \tag{13.60}$$

考虑在推论 13.4.1 的证明中定义的 $\mathcal{K}_\infty$ 类函数 $\rho(\cdot)$ 并设 $U(x) = \rho(V(x))$，则有

$$\frac{\partial U}{\partial x}f(x) - \frac{1}{4}\left[\frac{\partial U}{\partial x}g(x)\right]^2 = q(V(x))\frac{\partial V}{\partial x}f(x) - \left[\frac{q(V(x))}{2}\frac{\partial V}{\partial x}g(x)\right]^2 \tag{13.61}$$

由此，容易检验

$$\frac{\partial U}{\partial x}f(x) - \frac{1}{4}\left[\frac{\partial U}{\partial x}g(x)\right]^2 \leqslant -q(V(x))\alpha(\|x\|) \tag{13.62}$$

事实上，如果 $x \notin M$，则

$$q(V(x))\frac{\partial V}{\partial x}f(x) < -q(V(x))\alpha(\|x\|)$$

而如果 $x \in M \setminus \{0\}$，则由式 (13.60) 得

$$-\left[\frac{q(V(x))}{2}\frac{\partial V}{\partial x}g(x)\right]^2 < -q(V(x))\frac{\partial V}{\partial x}f(x) - q(V(x))\alpha(\|x\|)$$

由于 $-q(V(x))\alpha(\|x\|) \leqslant -[q \circ \underline{\alpha}](\|x\|)\alpha(\|x\|)$ 且 $[q \circ \underline{\alpha}](\cdot)\alpha(\cdot)$ 是一个正定函数，所以式 (13.62) 成立，这样就完成了证明。 $\lhd$

在处理几乎干扰解耦稳定性问题时，这一结果可用于检验推论 13.4.1 的条件 (ii) 是否满足。事实上，如果系统 (13.52) 的第二个方程是关于 ξ_1 的仿射形式，且已知一个控制 Lyapunov 函数满足形如式 (13.57) 的条件，则该推论的条件 (ii) 成立。

从不同的角度看，可能值得注意的是，如果 $V(x)$ 是系统 (13.56) 满足特殊条件 (13.57) 的一个控制 Lyapunov 函数，则该系统可被一个光滑反馈全局渐近镇定 (回想一下，由 9.4 节知，若不做特殊假设，则已知一个控制 Lyapunov 函数意味着实现镇定的反馈律仅在 $\mathbb{R}^n \setminus \{0\}$ 上能保证光滑性)。

推论 13.4.3. 如果存在一个控制 Lyapunov 函数 $V(x)$，满足引理 13.4.2 的条件 (13.57)，则存在一个正定适常的光滑实值函数 $U(x)$，使得对于任一 $k \geqslant 1$，光滑反馈律

$$u(x) = -\frac{k}{4}\frac{\partial U}{\partial x}g(x) \tag{13.63}$$

全局渐近镇定系统 (13.56) 的平衡态 $x = 0$。

证明：对于任一 $k \geqslant 1$，有

$$\frac{\partial U}{\partial x}[f(x) + g(x)u(x)] = \frac{\partial U}{\partial x}f(x) - \frac{k}{4}\left[\frac{\partial U}{\partial x}g(x)\right]^2 < 0$$

对于所有的非零 x 都成立，这样就完成了证明。 $\lhd$

注记 13.4.1. 注意，系统 (13.56) 的一个光滑镇定反馈可在比式 (13.57) 更弱的假设下存在。因为，假设存在 $x=0$ 的一个邻域 S 和一个光滑函数 $k\colon S\to\mathbb{R}$，满足 $k(0)=0$，使得对于所有的 $x\in S\setminus\{0\}$，有

$$\frac{\partial V}{\partial x}f(x)+k(x)\frac{\partial V}{\partial x}g(x)<0 \tag{13.64}$$

则容易证明，存在一个光滑反馈律 $u=u^*(x)$ 全局渐近镇定系统 (13.56) 的平衡态 $x=0$。事实上，在 9.4 节已经证明，如果 $V(x)$ 是系统 (13.56) 的一个控制 Lyapunov 函数，则存在一个光滑函数 $\bar{k}\colon\mathbb{R}^n\setminus\{0\}\to\mathbb{R}$，使得对于所有的非零 x，有

$$\frac{\partial V}{\partial x}[f(x)+g(x)\bar{k}(x)]<0$$

令 $c\colon\mathbb{R}^n\to\mathbb{R}$ 为满足

$$\begin{aligned}
&c(x)=1, && \text{对于 } x\in S'\subset S\\
&0\leqslant c(x)\leqslant 1\\
&c(x)=0, && \text{对于 } x\notin S
\end{aligned}$$

的光滑函数，其中 S' 为 $x=0$ 的某一邻域，则

$$u^*(x)=c(x)k(x)+(1-c(x))\bar{k}(x)$$

在 $\mathbb{R}^n$ 上定义了一个光滑函数。反馈律 $u=u^*(x)$ 对于所有的非零 x，满足

$$\frac{\partial V}{\partial x}\left[f(x)+g(x)u^*(x)\right]=[1-c(x)]\frac{\partial V}{\partial x}[f(x)+g(x)\bar{k}(x)]+c(x)\frac{\partial V}{\partial x}[f(x)+g(x)k(x)]<0$$

因此，如果 $V(x)$ 是系统 (13.56) 的一个控制 Lyapunov 函数，满足式 (13.64)，则存在一个光滑反馈全局渐近镇定系统 (13.56) 的平衡态 $x=0$。还注意到，由不等式 (13.57) 可简单推出不等式 (13.64)。但如之前推论所述，不等式 (13.57) 还意味着存在一个特殊形式的光滑镇定反馈 (13.63)。 $\lhd$

13.5 干扰抑制最小水平值的估计

本节部分解决了如下问题：如何估计可解不等式 (13.44) 的“最小” γ 值。如 13.3 节所释，这也将对系统 (13.17) 可实现的干扰抑制最小水平值给出估计。为简单起见，考虑系统 (13.42) 的 z_2-子系统

$$\dot{z}_2=f_2\left(z_2,\xi_1,w\right)$$

关于 ξ_1 和 w 都为仿射的情况，即系统 (13.42) 的形式为

$$\begin{aligned}
\dot{z}_1&=f_1\left(z_1,z_2,\xi_1,w\right)\\
\dot{z}_2&=f_2\left(z_2\right)+g_2\left(z_2\right)\xi_1+p_2\left(z_2\right)w
\end{aligned}$$

鉴于引理 13.1.4，不等式 (13.44) 等价于

$$\frac{\partial V_2}{\partial z_2}f_2\left(z_2\right)-\frac{1}{4}\left[\frac{\partial V_2}{\partial z_2}g_2\left(z_2\right)\right]^2+\frac{1}{4\gamma^2}\left[\frac{\partial V_2}{\partial z_2}p_2\left(z_2\right)\right]^2\leqslant-\alpha_2\left(\|z_2\|\right)$$

为简化记法，将其重写为

$$\frac{\partial V}{\partial x}f(x)-\frac{1}{4}\left[\frac{\partial V}{\partial x}g(x)\right]^2+\frac{1}{4\gamma^2}\left[\frac{\partial V}{\partial x}p(x)\right]^2\leqslant-\alpha(\|x\|)\tag{13.65}$$

注意，这是不等式 (13.24) 在 $h(x)=0$ 和 $r(x)=1$ 时的特殊形式。

以下要根据一个类似不等式 (针对一个维数更低的系统) 的已知解构造不等式 (13.65) 的解 $V(x)$。然而，这种“维数”减小所付出的代价是，所得到的解不能对于所有的 $x\in\mathbb{R}^n$ 都有效，而只在 $\mathbb{R}^n$ 的某一个紧子集上有效。稍后会看到，从某一角度来看，如果该集合可以任意大，则这一限制是可接受的。该方法在某种程度上类似于以具有任意大吸引域的渐近稳定性条件来替换全局稳定性条件的方法。在渐近镇定问题中，所需要的条件是通过反馈，使初始条件属于任一给定 (但任意大) 紧集的所有轨线都收敛到零。在干扰抑制问题中，相应的想法是通过反馈，对于 $L_2[0,\infty)$ 中的任一有界干扰集，得到一个“干扰抑制”的规定水平。

对于 $L_2[0,\infty)$ 中的一个有界子集内的所有干扰实现干扰抑制，实际上相当于对属于 $\mathbb{R}^n$ 的某一个适当紧集的所有 x 求解一个耗散不等式。为看到这一点，再次考虑如下 (一般) 形式的系统：

$$\begin{aligned}\dot{x}&=f(x,w,u)\\y&=h(x,u)\end{aligned}$$

并假设，对于某一个光滑反馈律 $u=u(x)$，用于估计 L_2 增益的基本耗散不等式，即

$$\frac{\partial V}{\partial x}f(x,w,u(x))\leqslant-\alpha(\|x\|)+\gamma^2w^2-h^2(x,u(x))\tag{13.66}$$

对于所有的 $w\in\mathbb{R}$ 但仅对所有的 $x\in\Omega_{\gamma^2K}$ 成立，其中

$$\Omega_{\gamma^2K}=\left\{x\in\mathbb{R}^n\colon V(x)\leqslant\gamma^2K\right\}$$

且 $K>0$ 为一个确定的数。另外，假设干扰输入满足

$$\int_0^\infty|w(\tau)|^2\mathrm{d}\tau\leqslant K$$

于是，很容易知道，系统

$$\begin{aligned}\dot{x}&=f(x,w,u(x))\\y&=h(x,u(x))\end{aligned}$$

始于 $x(0)=0$ 的任一轨线对于 $t\geqslant0$ 仍然保持在 Ω_{γ^2K} 中，因此有

$$\int_0^\infty|y(\tau)|^2\mathrm{d}\tau\leqslant\gamma^2\int_0^\infty|w(\tau)|^2\mathrm{d}\tau\tag{13.67}$$

事实上，沿任一这样的轨线对式 (13.66) 积分，可以得到

$$V(x(t))\leqslant\gamma^2\int_0^t|w(\tau)|^2\mathrm{d}\tau-\int_0^t|y(\tau)|^2\mathrm{d}\tau\leqslant\gamma^2\int_0^t|w(\tau)|^2\mathrm{d}\tau\leqslant\gamma^2K$$

这表明 $x(t)$ 不能离开 Ω_{γ^2K}，因而由不等式 (13.66) 再次得到了不等式 (13.67)。此外，不等式 (13.66) 也表明，如果 $w=0$，则 $x(0)\in\Omega_{\gamma^2K}$ 的任一轨线 $x(t)$ 对于所有的 $t\geqslant0$ 仍然保持在 Ω_{γ^2K} 中，且随着 t 趋于无穷而收敛到零。

因此，存在一个输入 $u(x)$ 使不等式 (13.66) 对于所有的 w 和所有的 $x \in \Omega_{\gamma^2 K}$ 得以满足，这保证了在最终的闭环系统中：

(i) 平衡态 $x=0$ 是渐近稳定的，其吸引域包含 $\Omega_{\gamma^2 K}$；

(ii) 对于 $L_2[0,\infty)$ 范数不超过 K 的任一干扰输入，$w(\cdot)$ 和 $y(\cdot)$ 之间的 L_2 增益不超过 γ。

鉴于这一点以及本章先前发展的所有结果，现在考虑如下问题。令 $\gamma>0$ 为任一确定的数。给定任一 $K>0$，寻找一个正定适常的光滑函数 $V(x)$，使得对于所有满足

$$V(x) \leqslant \gamma^2 K$$

的 x，不等式 (13.65) 成立。

定理 13.5.1. 考虑系统

$$\begin{aligned} \dot{x}_1 &= f_1(x_1,x_2) + p_1(x_1,x_2)\,w \\ \dot{x}_2 &= f_2(x_1,x_2) + p_2(x_1,x_2)\,w + u \end{aligned} \tag{13.68}$$

其中 $x_1 \in \mathbb{R}^{n-1}$，$x_2 \in \mathbb{R}$，$f_1(x_1,x_2)$，$f_2(x_1,x_2)$，$p_1(x_1,x_2)$，$p_2(x_1,x_2)$ 都是光滑函数，且 $f_1(0,0)=0$，$f_2(0,0)=0$。

设

$$\delta(x_1,x_2) = 1 - \frac{p_2^2(x_1,x_2)}{\gamma^2}$$

$$f_1(x_1,x_2) = f_{11}(x_1) + f_{12}(x_1,x_2)\,x_2$$

$$f_2(x_1,x_2) = f_{21}(x_1) + f_{22}(x_1,x_2)\,x_2$$

$$\begin{aligned} p_1^\star(x_1) &= p_1(x_1,0) \\ p_2^\star(x_1) &= p_2(x_1,0) \\ \delta^\star(x_1) &= \delta(x_1,0) \end{aligned}$$

以及

$$f_{11}^\star(x_1) = \delta^\star(x_1)\,f_{11}(x_1) + \frac{1}{\gamma^2} f_{21}(x_1)\,p_2^\star(x_1)\,p_1^\star(x_1)$$

假设对于某一个 $\bar{\epsilon}>0$，有

$$\delta(x_1,x_2) \geqslant \bar{\epsilon} \tag{13.69}$$

对于所有的 x_1 和 x_2 都成立，并且存在一个正定适常的光滑函数 $V_1(x_1)$ 和一个 $\mathcal{K}$ 类函数 $\alpha_1(\cdot)$，满足不等式

$$\frac{\partial V_1}{\partial x_1} f_{11}^\star(x_1) + \frac{1}{4\gamma^2}\left(\frac{\partial V_1}{\partial x_1} p_1^\star(x_1)\right)^2 + (f_{21}(x_1))^2 \leqslant -\alpha_1(\|x_1\|) \tag{13.70}$$

且使得对于某一个 $c>0$，有

$$\max\left\{|f_{21}|^2, \left|f_{21}\frac{\partial V_1}{\partial x_1}\right|, \left|\frac{\partial V_1}{\partial x_1} f_{11}\right|, \left|\frac{\partial V_1}{\partial x_1}\right|^2\right\} \leqslant c\alpha_1(\|x_1\|) \tag{13.71}$$

对于所有的 x_1 成立。

那么，给定任一 $K>0$，存在一个光滑的正定适常函数 $V(x)$ 和一个 $\mathcal{K}$ 类函数 $\alpha(\cdot)$，使得对于所有的 $x\in\{x\in\mathbb{R}^n\colon V(x)\leqslant\gamma^2K\}$，有

$$\frac{\partial V}{\partial x}f(x)-\frac{1}{4}\left[\frac{\partial V}{\partial x}g(x)\right]^2+\frac{1}{4\gamma^2}\left[\frac{\partial V}{\partial x}p(x)\right]^2\leqslant-\alpha(\|x\|)\tag{13.72}$$

其中 $x=(x_1,x_2)$，且

$$f(x)=\begin{pmatrix}f_1(x_1,x_2)\\ f_2(x_1,x_2)\end{pmatrix},\ p(x)=\begin{pmatrix}p_1(x_1,x_2)\\ p_2(x_1,x_2)\end{pmatrix},\ g(x)=\begin{pmatrix}0\\1\end{pmatrix}$$

证明: 给定任一 $K>0$。令 $V(x)=V_1(x_1)+\beta x_2^2$，$\beta\geqslant1$。令 $\mathcal{B}_1$ 为满足

$$\left\{x_1\in\mathbb{R}^{n-1}\colon V_1(x_1)\leqslant\gamma^2K\right\}\subset\mathcal{B}_1$$

的任一紧集，并令

$$\mathcal{B}_2=\left\{x_2\in\mathbb{R}:|x_2|\leqslant\gamma\sqrt{K}\right\}$$

于是，容易看到 $V(x)\leqslant\gamma^2K$ 意味着对于所有的 $\beta\geqslant1$ 有 $x_1\in\mathcal{B}_1$ 和 $x_2\in\mathcal{B}_2$，因此

$$\left\{x\in\mathbb{R}^n\colon V(x)\leqslant\gamma^2K\right\}\subset\mathcal{B}_1\times\mathcal{B}_2$$

简单而冗长的运算表明[①]，存在一个数 β^*，使得对于所有的 $\beta>\beta^*$，这样定义的函数 $V(x)$ 对于所有的 $x\in\mathcal{B}_1\times\mathcal{B}_2$ 满足式 (13.72)。 $\lhd$

正如预期的那样，此定理将求解不等式 (13.72) 简化为求解辅助不等式 (13.70)。后者作为一个不等式，所表述的性质为 $n-1$ 维辅助系统

$$\begin{aligned}\dot{x}_1&=f_{11}^\star(x_1)+p_1^\star(x_1)u\\ y&=f_{21}(x_1)\end{aligned}$$

有一个小于或等于 γ 的 L_2 增益。

注记 13.5.1. 注意到，条件 $\delta^\star(x_1)>0$ 且函数 $V_1(x_1)$ 对于 $x_1\neq0$ 满足不等式

$$\frac{\partial V_1}{\partial x_1}f_{11}^\star(x_1)+\frac{1}{4\gamma^2}\left(\frac{\partial V_1}{\partial x_1}p_1^\star(x_1)\right)^2+(f_{21}(x_1))^2<0\tag{13.73}$$

意味着对于 $x_1\neq0$ 有

$$\begin{aligned}&\delta^\star(x_1)\frac{\partial V_1}{\partial x_1}f_{11}(x_1)\\ &\quad+\left(f_{21}(x_1)+\frac{p_2^\star(x_1)}{2\gamma^2}\frac{\partial V_1}{\partial x_1}p_1^\star(x_1)\right)^2+\frac{\delta^\star(x_1)}{4\gamma^2}\left(\frac{\partial V_1}{\partial x_1}p_1^\star(x_1)\right)^2<0\end{aligned}$$

特别是有

$$\frac{\partial V_1}{\partial x_1}f_{11}(x_1)<0,\ \text{对于}\ x_1\neq0\tag{13.74}$$

这表明子系统

$$\dot{x}_1=f_{11}(x_1)$$

的渐近稳定性是式 (13.70) 成立的一个先决条件。 $\lhd$

① 细节见Isidori et al. (1999)。

定理 13.5.1 也包含了技术条件 (13.71)。然而容易看到，如果在式 (13.70) 中出现的 $\mathcal{K}$ 类函数 $\alpha_1(\cdot)$ 是二次的，则这样的条件是无关紧要的。事实上，由于式 (13.70) 左边的所有函数及其一阶导数在 $x_1=0$ 处都为零，所以容易看到，对于任一紧子集 $\mathcal{S}\in\mathbb{R}^{n-1}$，存在 $c>0$，使得对于所有的 $x_1\in\mathcal{S}$，有

$$\max\left\{|f_{21}|^2, \left|f_{21}\frac{\partial V_1}{\partial x_1}\right|, \left|\frac{\partial V_1}{\partial x_1}f_{11}\right|, \left|\frac{\partial V_1}{\partial x_1}\right|^2\right\}\leqslant c\|x_1\|^2$$

由此可得到定理 13.5.1 的简化形式。

推论 13.5.2. *考虑系统 (13.68)。假设对于某一个 $\bar{\epsilon}>0$ 有 $\delta(x_1,x_2)\geqslant\bar{\epsilon}$ 对于所有的 x 都成立。假设存在一个光滑正定适常函数 $V_1(x_1)$ 满足不等式 (13.70)，其中 $\alpha_1(\|x_1\|)=\epsilon_1\|x_1\|^2$。*

那么，给定任一 $K>0$，存在一个光滑正定适常函数 $V(x)$ 和数 $a>0$，使得对于所有的 $x\in\{x\in\mathbb{R}^n\colon V(x)\leqslant\gamma^2K\}$，有

$$\frac{\partial V}{\partial x}f(x)-\frac{1}{4}\left[\frac{\partial V}{\partial x}g(x)\right]^2+\frac{1}{4\gamma^2}\left[\frac{\partial V}{\partial x}p(x)\right]^2\leqslant -a\|x\|^2$$

为举例说明如何成功地利用定理 13.5.1 的结果对可实现的干扰抑制最小值给出一个更低估计，考虑 $n=2$ 的简单情况。

记

$$f_{11}(x_1)=a_{11}(x_1)x_1$$
$$f_{21}(x_1)=a_{21}(x_1)x_1$$

令 $V_1(x_1)=2\int_0^{x_1}A(s)\mathrm{d}s$，其中 $A(s)$ 是连续的正值函数且距零有界。由此得到

$$\frac{\partial V_1}{\partial x_1}f_{11}(x_1)=2A(x_1)a_{11}(x_1)x_1^2$$

为满足必要条件 (13.74)，设 $a_{11}(x_1)<0$。如果

$$\begin{aligned}&2A(x_1)\left(-\delta^\star(x_1)a_{11}(x_1)-a_{21}(x_1)p_1^\star(x_1)p_2^\star(x_1)\gamma^{-2}\right)\\&\quad-\gamma^{-2}p_1^{\star 2}(x_1)A^2(x_1)-a_{21}^2(x_1)>\epsilon_1^2\end{aligned}\tag{13.75}$$

则取 $\alpha_1(r)=\epsilon_1^2r^2$ 可使条件 (13.70) 得以满足。

仅当式 (13.75) 存在相异正实根时才能找到一个正值解 $A(x_1)$。由此条件及 $\delta^\star(x_1)$ 必须大于零的条件可得出如下对于 γ 的显式估计：

$$\gamma>\frac{|p_1^\star(x_1)a_{21}(x_1)|}{2|a_{11}(x_1)|}+\frac{1}{2}\left|\frac{p_1^\star(x_1)a_{21}(x_1)}{|a_{11}(x_1)|}+2p_2^\star(x_1)\right|+\frac{|p_1^\star(x_1)|}{|a_{11}(x_1)|}\epsilon_1\tag{13.76}$$

13.6 线性系统的 L_2 增益设计

之前几节考虑了耗散不等式 (13.23)，或者与不等式 (13.23) 等价的 [如果 $r(x)\neq 0$ 对于所有的 x 都成立] Hamilton-Jacobi 不等式 (13.24) 的一些特殊情况：不等式 (13.8)，相应于 $r(x)=0$ 的特殊情况；不等式 (13.54)，相应于 $h(x)=0$，$p(x)=0$ 且 $r(x)=1$ 的特殊情况；

以及不等式 (13.65)，相应于 $h(x) = 0$ 且 $r(x) = 1$ 的特殊情况。本节和下一节要讨论目前尚未研究的更一般情况下耗散不等式 (13.23) 的可解性，其中 $h(x)$ 和 $r(x)$ 均非零。换言之，考虑由如下方程组建模的系统：

$$\begin{aligned} \dot{x} &= f(x) + g(x)u + p(x)w \\ y &= \begin{pmatrix} h(x) \\ r(x)u \end{pmatrix} \end{aligned} \tag{13.77}$$

状态 $x \in \mathbb{R}^n$，控制输入 $u \in \mathbb{R}$，干扰输入 $w \in \mathbb{R}^r$ 及输出 $y \in \mathbb{R}^2$，满足 $f(0) = 0$，$h(0) = 0$ 和 $r(x) \neq 0$ (对于所有的 x)。要寻找一个反馈律 $u = u(x)$，使系统相对于供给率

$$q(w, y) = \gamma^2 w^2 - \|y\|^2 \tag{13.78}$$

是严格耗散的，其中 γ 是一个确定的数。换言之，对于某一个正定适常函数 $V(x)$，使不等式 (13.23) 对于所有的 w 和 x 都成立。

为方便起见，也为了展现一些后面会用到的内容，首先研究的情况是，系统 (13.77) 为线性系统，且使其相对于供给率 (13.78) 为耗散的反馈律为线性反馈。可以假设在所处理的系统中 $u \in \mathbb{R}^m$，$w \in \mathbb{R}^r$，$y \in \mathbb{R}^{p+m}$，这并不增加任何额外的复杂性，即考虑由如下方程组建模的系统：

$$\begin{aligned} \dot{x} &= Ax + Bu + Pw \\ y &= \begin{pmatrix} Cx \\ Ru \end{pmatrix} \end{aligned} \tag{13.79}$$

其中假设 $m \times m$ 阶矩阵 R 是非奇异的。

首先，值得注意的是，由定理 10.9.1 和引理 13.1.4 很容易得出以下结果。

引理 13.6.1. 考虑系统 (13.79) 并令 γ 为一个确定的数。以下结论等价：

(i) 存在一个线性反馈律，使得对于某一个 $\tilde{\gamma} > \gamma$，闭环系统相对于供给率

$$q(w, y) = \tilde{\gamma}^2 \|w\|^2 - \|y\|^2$$

是严格耗散的；

(ii) 存在一个矩阵 K 和一个对称矩阵 $X > 0$，使得

$$(A + BK)^{\mathrm{T}} X + X(A + BK) + C^{\mathrm{T}} C + K^{\mathrm{T}} R^{\mathrm{T}} R K + \frac{1}{\gamma^2} X P P^{\mathrm{T}} X < 0 \tag{13.80}$$

(iii) 存在一个对称矩阵 $X > 0$，使得

$$A^{\mathrm{T}} X + XA + C^{\mathrm{T}} C - XB \left(R^{\mathrm{T}} R\right)^{-1} B^{\mathrm{T}} X + \frac{1}{\gamma^2} X P P^{\mathrm{T}} X < 0 \tag{13.81}$$

证明：蕴涵关系 (i) $\Leftrightarrow$ (ii) 是定理 10.9.1 的直接结果。此外，引理 13.1.4 的证明表明，如果对于某一个矩阵 K 和某一个对称矩阵 $X > 0$，式 (13.80) 成立且 R 是非奇异矩阵，则 X 必然满足式 (13.81)。反之，如果一个对称矩阵 $X > 0$ 满足式 (13.81)，则此 X 对于

$$K = -\left(R^{\mathrm{T}} R\right)^{-1} B^{\mathrm{T}} X$$

满足式 (13.80)，证毕。 $\triangleleft$

因此，所考虑的问题可解当且仅当存在一个对称矩阵 $X>0$，满足 Riccati 不等式 (13.81)。以下叙述的一组充要条件容易验证这类矩阵不等式的解存在性。为方便起见，设

$$F=-A^{\mathrm{T}},\quad G=C^{\mathrm{T}},\quad Q=B\left(R^{\mathrm{T}}R\right)^{-1}B^{\mathrm{T}}-\frac{1}{\gamma^2}PP^{\mathrm{T}}$$

并设 [回想一下，式 (13.81) 所要求的解 X 是非奇异的]

$$Y=X^{-1}$$

从而将所考虑的不等式重写为标准形式。于是，寻找不等式 (13.81) 的解 $X>0$，简化为寻找不等式

$$YF+F^{\mathrm{T}}Y-YGG^{\mathrm{T}}Y+Q>0 \tag{13.82}$$

的解 $Y>0$。

现在，如果矩阵对 (F,G) 可镇定，则很容易利用以下引理[1]来确定此不等式解的存在性。该引理在定理 10.9.1 的证明中曾用于证明确保 L_2 增益不超过一个给定数 $\gamma>0$ 的不同条件之间的等价性。

引理 13.6.2. 假设矩阵对 (F,G) 是可镇定的。以下三个性质等价：

(i) 存在一个对称矩阵 Y 可解不等式 (13.82)；

(ii) 存在一个对称矩阵 Y^-，使得

$$Y^-F+F^{\mathrm{T}}Y^--Y^-GG^{\mathrm{T}}Y^-+Q=0,\quad \sigma\left(F-GG^{\mathrm{T}}Y^-\right)\subset\mathbb{C}^- \tag{13.83}$$

(iii) 哈密顿矩阵

$$H=\begin{pmatrix} F & -GG^{\mathrm{T}} \\ -Q & -F^{\mathrm{T}} \end{pmatrix} \tag{13.84}$$

在虚轴上没有特征值。

假设上述条件之一成立，则性质 (ii) 中的解 Y^- 是唯一的，且 H 的稳定不变子空间可表示为

$$\mathcal{V}_{\mathrm{s}}=\operatorname{span}\begin{pmatrix} I \\ Y^- \end{pmatrix} \tag{13.85}$$

而且，式 (13.82) 的任一解满足 $Y<Y^-$。最后，存在数 $\varepsilon_0>0$ 和一族对称矩阵 Y_ε [对于 $\varepsilon\in(0,\varepsilon_0)$ 有定义且连续依赖于 ε，使得 $\lim_{\varepsilon\to0}Y_\varepsilon=Y^-$]，满足

$$Y_\varepsilon F+F^{\mathrm{T}}Y_\varepsilon-Y_\varepsilon GG^{\mathrm{T}}Y_\varepsilon+Q>0$$

因此，如果矩阵对 (F,G) 可镇定，则式 (13.82) 存在一个正定对称解 Y 当且仅当哈密顿矩阵 H 在虚轴上没有特征值，并且其稳定不变子空间可用正定矩阵 Y^- 表示为式 (13.85)。

对于矩阵对 (F,G) 不可镇定的更一般情况，需要进行更细致的检测，叙述如下。首先看到，不等式 (13.82) 在变换

$$F\mapsto SFS^{-1},\quad G\mapsto SG,\quad Q\mapsto\left(S^{-1}\right)^{\mathrm{T}}QS^{-1},\quad Y\mapsto\left(S^{-1}\right)^{\mathrm{T}}YS^{-1}$$

① 证明见Knobloch et al. (1993)，附录 A。

下保持不变，其中 S 为一个非奇异矩阵。

于是，可按如下方式选择 S：

$$SFS^{-1} = \begin{pmatrix} F_1 & G_1K_2 & G_1K_3 \\ 0 & F_2 & 0 \\ 0 & 0 & F_3 \end{pmatrix}, \quad SG = \begin{pmatrix} G_1 \\ 0 \\ 0 \end{pmatrix} \tag{13.86}$$

其中矩阵对 (F_1, G_1) 可镇定，F_2 的特征值属于 $\mathbb{C}^0$，F_3 的特征值属于 $\mathbb{C}^+$，K_2 和 K_3 为适当矩阵。为此，选取能将矩阵 F 分解为可控/不可控部分的任一变换 T

$$TFT^{-1} = \begin{pmatrix} F_{\mathrm{c}} & F_{\mathrm{cu}} \\ 0 & F_{\mathrm{u}} \end{pmatrix}, \quad TG = \begin{pmatrix} G_{\mathrm{c}} \\ 0 \end{pmatrix}$$

那么，利用 $(F_{\mathrm{c}}, G_{\mathrm{c}})$ 可控的事实，选择矩阵 L，使得 $F_{\mathrm{c}} + G_{\mathrm{c}}L$ 的特征值没有一个是 F_{u} 的特征值，并求解关于 M 的 Sylvester 方程

$$F_{\mathrm{cu}} + MF_{\mathrm{u}} = (F_{\mathrm{c}} + G_{\mathrm{c}}L)\,M$$

则容易看到

$$\begin{pmatrix} I & M \\ 0 & I \end{pmatrix}\begin{pmatrix} F_{\mathrm{c}} & F_{\mathrm{cu}} \\ 0 & F_{\mathrm{u}} \end{pmatrix}\begin{pmatrix} I & -M \\ 0 & I \end{pmatrix} = \begin{pmatrix} F_{\mathrm{c}} & G_{\mathrm{c}}LM \\ 0 & F_{\mathrm{u}} \end{pmatrix}$$

以这种方式可以找到一个变换 $\overline{T}$，使得对于某一个 K，有

$$\overline{T}F\overline{T}^{-1} = \begin{pmatrix} F_c & G_cK \\ 0 & F_u \end{pmatrix}, \quad \overline{T}G = \begin{pmatrix} G_c \\ 0 \end{pmatrix} \tag{13.87}$$

现在，根据特征值是属于 $\mathbb{C}^-$，$\mathbb{C}^0$ 还是 $\mathbb{C}^+$，将 F_{u} 的 Jordan 标准型分为三块。将第一块和分解式 (13.87) 中第一行的块组合在一起，恰好产生形如式 (13.86) 且具有所需性质的分解。

令 Q_1，Q_{12} 和 Q_2 为 $(S^{-1})^{\mathrm{T}}QS^{-1}$ 做相应划分后所得分块矩阵的 $(1,1)$ 块、$(1,2)$ 块和 $(2,2)$ 块，则以下定理[①]提供了不等式 (13.82) 可解性的一个通用的检测方式。

定理 13.6.3. 存在一个对称矩阵 Y 可解不等式 (13.82)，当且仅当存在一个对称矩阵 Y_1 和矩阵 Y_{12}，使得

$$Y_1F_1 + F_1^{\mathrm{T}}Y_1 - Y_1G_1G_1^{\mathrm{T}}Y_1 + Q_1 = 0, \quad \sigma\left(F_1 - G_1G_1^{\mathrm{T}}Y_1\right) \subset \mathbb{C}^- \tag{13.88}$$

$$\left(F_1 - G_1G_1^{\mathrm{T}}Y_1\right)Y_{12} + Y_{12}F_2 + Y_1G_1K_2 + Q_{12} = 0 \tag{13.89}$$

且对于 F_2 的 (可能为复数的) 任一特征向量 x，有

$$x^{\mathrm{H}}\left[Q_2 + K_2^{\mathrm{T}}K_2 - \left(K_2 - G_1^{\mathrm{T}}Y_{12}\right)^{\mathrm{T}}\left(K_2 - G_1^{\mathrm{T}}Y_{12}\right)\right]x > 0 \tag{13.90}$$

存在一个对称矩阵 $Y > 0$ 可解不等式 (13.82)，当且仅当存在一个对称矩阵 $Y_1 > 0$ 和矩阵 Y_{12}，使得上述条件成立。

① 证明见Scherer (1992)。

正如预先所指出的，此定理中的条件不难验证。首先注意到，由于假设矩阵对 (F_1, G_1) 是可镇定的，所以可用引理 13.6.2 来检验满足式 (13.88) 的 Y_1 是否存在。Y_1 存在当且仅当哈密顿矩阵

$$\begin{pmatrix} F_1 & -G_1G_1^{\mathrm{T}} \\ -Q_1 & -F_1^{\mathrm{T}} \end{pmatrix}$$

在虚轴上没有特征值。如果是这种情况，则 Y_1 唯一，且可根据该哈密顿矩阵的稳定不变子空间的表示

$$\mathcal{V}_{\mathrm{s}} = \mathrm{span}\begin{pmatrix} I \\ Y_1 \end{pmatrix}$$

来计算。于是，由于 $(F_1 - G_1G_1^{\mathrm{T}}Y_1)$ 的所有特征值都属于 $\mathbb{C}^-$ 且 F_2 的所有特征值属于 $\mathbb{C}^0$，所以 Sylvester 方程 (13.89) 有唯一解 Y_{12}。利用这个矩阵 Y_{12}，一定可以检验第三个条件 (13.90)，这仅需要有限次的检测。

13.7 一类非线性系统的全局 L_2 增益设计

现在回到非线性系统的情况，考虑由形如式 (13.77) 的方程组建模的系统，其中状态 $x \in \mathbb{R}^n$，控制 $u \in \mathbb{R}$，干扰输入 $w \in \mathbb{R}$，输出 $y \in \mathbb{R}^2$，$f(0) = 0$，$h(0) = 0$ 且对于所有的 x 有 $r(x) \neq 0$。要寻找一个反馈律 $u = u(x)$，使该系统相对于供给率 (13.78) 是严格耗散的，其中 γ 是一个确定的数。即对于某一个正定适常函数 $V(x)$，使不等式 (13.23) 对于所有的 w 和 x 成立。如之前所示，这等于寻找一个偶对 $\{u(x), V(x)\}$，使不等式

$$\frac{\partial V(x)}{\partial x}[f(x) + g(x)u(x)] + \frac{1}{4\gamma^2}\left[\frac{\partial V(x)}{\partial x}p(x)\right]^2 + h^2(x) + r^2(x)u^2(x) \leqslant -\alpha(\|x\|) \tag{13.91}$$

对于所有的 x 都成立。

找到偶对 $\{u(x), V(x)\}$ 以使上述不等式对于点 $x = 0$ 的某一 (可能不大) 邻域中的所有 x 有解，这并不十分困难，可通过解一个适当的 Riccati 不等式 [该不等式由描述系统 (13.77) 在该点的线性近似的参数构成] 来实现。

事实上，令

$$\begin{aligned} \dot{x} &= Ax + Bu + Pw \\ y &= \begin{pmatrix} Cx \\ Ru \end{pmatrix} \end{aligned} \tag{13.92}$$

为所讨论系统在 $x = 0$ 处的线性近似，其中

$$\begin{aligned} A &= \left[\frac{\partial f}{\partial x}\right]_{x=0}, \quad B = g(0), \quad P = p(0) \\ C &= \left[\frac{\partial h}{\partial x}\right]_{x=0}, \quad R = r(0) \end{aligned}$$

假设存在 $1 \times n$ 阶矩阵 K 和 $n \times n$ 阶对称正定矩阵 X，使严格的 Riccati 不等式

$$X(A + BK) + (A + BK)^{\mathrm{T}}X + \frac{1}{\gamma^2}XPP^{\mathrm{T}}X + C^{\mathrm{T}}C + R^2K^{\mathrm{T}}K < 0 \tag{13.93}$$

得以满足，则基本的计算表明，反馈律 $u(x)=Kx$ 和正定适常函数 $V(x)=x^{\mathrm{T}}Xx$ 对于 $x=0$ 的某一邻域中的所有的 x 满足式 (13.91)，其中 $\alpha(r)=cr^2$，$c>0$。

显然，这样确定的线性反馈律 $u(x)=Kx$ 和二次型函数 $V(x)=x^{\mathrm{T}}Xx$ 通常不能提供式 (13.91) 的全局解。然而，读者或许会猜想，在某些特殊情况下，根据从 Riccati 不等式 (13.93) 的解所获得的信息能够确定一个反馈律 (确实期望它是关于 x 的非线性函数)，使得对于某一个适当的 $V(x)$，它能提供不等式 (13.91) 的一个全局解。本节旨在表明，如果在式 (13.77) 的输出 y 中，控制 u 的加权系数 $r(x)$ 满足某些有界性条件，则此猜想对于一类特殊的非线性系统是正确的。更具体地说，将证明，对于该类非线性系统，如果 $|r(x)|$ 不超过一个适当的界 $r^*(x)$，其中 $r^*(\cdot)$ 是一个连续函数，在 $x=0$ 的某一邻域中 $r^*(\cdot)$ 等于 R (这是当然的) 但可能随 x 的增长而衰减到零，则由严格 Riccati 不等式 (13.93) 的一个解对 $\{K,X\}$ 开始，总能构造出不等式 (13.91) 的一个解对 $\{u(x),V(x)\}$。

更确切地说，假设所考虑的系统由如下方程组描述：

$$\begin{aligned}
\dot{x}_1 &= x_2 + p_1(x_1)\,w \\
\dot{x}_2 &= x_3 + p_2(x_1,x_2)\,w \\
&\vdots \\
\dot{x}_{n-1} &= x_n + p_{n-1}(x_1,x_2,\dots,x_{n-1})\,w \\
\dot{x}_n &= f_n(x_1,x_2,\dots,x_n) + u + p_n(x_1,x_2,\dots,x_n)\,w
\end{aligned} \tag{13.94}$$

其中 $p_1(x_1)$，…，$p_n(x_1,x_2,\dots,x_n)$，$f_n(x_1,x_2,\dots,x_n)$ 均为光滑函数，$f_n(0,0,\dots,0)=0$ 且

$$h(x)=x_1$$

为方便，将该系统表示为如下形式：

$$\begin{aligned}
\dot{x} &= Ex + Bf_n(x) + Bu + p(x)w \\
y &= Cx
\end{aligned} \tag{13.95}$$

其中

$$E=\begin{pmatrix} 0 & 1 & 0 & \cdots & 0 \\ 0 & 0 & 1 & \cdots & 0 \\ \vdots & \vdots & \vdots & \vdots & \vdots \\ 0 & 0 & 0 & \cdots & 1 \\ 0 & 0 & 0 & \cdots & 0 \end{pmatrix},\qquad B=\begin{pmatrix} 0 \\ 0 \\ \vdots \\ 0 \\ 1 \end{pmatrix}$$

$$C=\begin{pmatrix} 1 & 0 & 0 & \cdots & 0 \end{pmatrix},\qquad p(x)=\begin{pmatrix} p_1(x_1) \\ p_2(x_1,x_2) \\ \vdots \\ p_n(x_1,x_2,\dots,x_n) \end{pmatrix}$$

并且系统 (13.95) 在 $x=0$ 处的线性近似形式为

$$\begin{aligned}\dot{x} &= (E+BF)x+Bu+Pw \\ y &= Cx\end{aligned} \tag{13.96}$$

其中

$$F=\left[\frac{\partial f_n}{\partial x}\right]_{x=0}, \quad P=p(0)$$

将要证明，如果 Riccati 不等式

$$X(E+BF+BK)+(E+BF+BK)^{\mathrm{T}}X+\frac{1}{\gamma^2}XPP^{\mathrm{T}}X+C^{\mathrm{T}}C+R^2K^{\mathrm{T}}K<0 \tag{13.97}$$

有某一解对 $\{K,X\}$，则只要 $|r(x)|$ 便于界定，就能够找到解对 $\{u(x),V(x)\}$，从而可解 Hamilton-Jacobi 不等式

$$\frac{\partial V(x)}{\partial x}\left[Ex+Bf_n(x)+Bu(x)\right]+\frac{1}{4\gamma^2}\left[\frac{\partial V(x)}{\partial x}p(x)\right]^2+h^2(x)+r^2(x)u^2(x)\leqslant 0 \tag{13.98}$$

为此，需要一些预备结果。

对于 $i=1,\ldots,n$，设

$$A_i=\begin{pmatrix}0&1&0&\cdots&0\\0&0&1&\cdots&0\\\vdots&\vdots&\vdots&&\vdots\\0&0&0&\cdots&1\\0&0&0&\cdots&0\end{pmatrix}_{i\times i}, \quad B_i=\begin{pmatrix}0\\0\\\vdots\\0\\1\end{pmatrix}_{i\times 1}$$

$$C_i=\begin{pmatrix}1&0&0&\cdots&0\end{pmatrix}_{1\times i}, \quad P_i=\begin{pmatrix}p_1\\p_2\\\vdots\\p_i\end{pmatrix}$$

并注意到 $A_n=E$，$B_n=B$，$C_n=C$，$P_n=P$，由归纳法容易证明，如果不等式 (13.97) 成立，则对于每一个 $i=n-1,n-2,\ldots,1$，存在 K_i 和对称矩阵 $X_i>0$，$Q_i>0$，使得

$$X_i\left(A_i+B_iK_i\right)+\left(A_i+B_iK_i\right)^{\mathrm{T}}X_i+\frac{1}{\gamma^2}X_iP_iP_i^{\mathrm{T}}X_i+C_i^{\mathrm{T}}C_i=-Q_i \tag{13.99}$$

这有赖于下面的引理，其证明所用的论据在证明引理 13.2.1 的蕴涵关系 (ii) ⇒ (iii) 时已经用过，此处不再重复。

引理 13.7.1. 假设存在 $1\times i$ 阶矩阵 K_i 和 $i\times i$ 阶矩阵 $X_i=X_i^{\mathrm{T}}>0$ 与 $Q_i=Q_i^{\mathrm{T}}>0$，使得式 (13.99) 成立。令 K_{i-1} 为

$$\begin{pmatrix}0_{1\times(i-1)} & 1\end{pmatrix}X_i\begin{pmatrix}I_{(i-1)\times(i-1)}\\K_{i-1}\end{pmatrix}=0_{1\times(i-1)}$$

的唯一解。定义

$$X_{i-1} = \begin{pmatrix} I_{(i-1)\times(i-1)} & K_{i-1}^{\mathrm{T}} \end{pmatrix} X_i \begin{pmatrix} I_{(i-1)\times(i-1)} \\ K_{i-1} \end{pmatrix}$$

$$Q_{i-1} = \begin{pmatrix} I_{(i-1)\times(i-1)} & K_{i-1}^{\mathrm{T}} \end{pmatrix} Q_i \begin{pmatrix} I_{(i-1)\times(i-1)} \\ K_{i-1} \end{pmatrix}$$

则 K_{i-1}，$X_{i-1} > 0$，$Q_{i-1} > 0$，满足

$$\begin{aligned} & X_{i-1}\left(A_{i-1} + B_{i-1}K_{i-1}\right) + \left(A_{i-1} + B_{i-1}K_{i-1}\right)^{\mathrm{T}} X_{i-1} \\ & \quad + \frac{1}{\gamma^2} X_{i-1} P_{i-1} P_{i-1}^{\mathrm{T}} X_{i-1} + C_{i-1}^{\mathrm{T}} C_{i-1} = -Q_{i-1} \end{aligned} \tag{13.100}$$

对于在 $x=0$ 处取值为零的任一 C^1 函数 $v(x)$，以 $v^{[1]}$ 表示其在 $x=0$ 处的一阶近似：

$$v^{[1]}(x) = \left[\frac{\partial v}{\partial x}\right]_{x=0} x$$

类似地，对于本身及其所有一阶偏导数在 $x=0$ 处取值为零的 C^2 实值函数 $V(x)$，以 $V^{[2]}(x)$ 表示其在 $x=0$ 处的二阶近似，即

$$V^{[2]}(x) = x^{\mathrm{T}} \frac{1}{2} \left[\frac{\partial}{\partial x}\left(\frac{\partial V}{\partial x}\right)^{\mathrm{T}}\right]_{x=0} x$$

另外，设

$$\mathbf{x}_i = \begin{pmatrix} x_1 \\ x_2 \\ \vdots \\ x_i \end{pmatrix}$$

和

$$\mathbf{p}_i\left(\mathbf{x}_i\right) = \begin{pmatrix} p_1\left(x_1\right) \\ p_2\left(x_1, x_2\right) \\ \vdots \\ p_i\left(x_1, \ldots, x_i\right) \end{pmatrix}$$

则有如下结果成立。

引理 13.7.2. 假设 K_i，$X_i = X_i^{\mathrm{T}} > 0$，$Q_i = Q_i^{\mathrm{T}} > 0$，使得式 (13.99) 成立，令 K_{i-1}，X_{i-1}，Q_{i-1} 如引理 13.7.1 所定义。假设：

(i) 存在一个正定适常光滑函数 $V_{i-1}\left(\mathbf{x}_{i-1}\right)$，使得

$$V_{i-1}^{[2]}\left(\mathbf{x}_{i-1}\right) = \mathbf{x}_{i-1}^{\mathrm{T}} X_{i-1} \mathbf{x}_{i-1}$$

(ii) 存在一组光滑函数 $\varphi_1\left(x_1\right), \varphi_2\left(\mathbf{x}_2\right), \ldots, \varphi_{i-2}\left(\mathbf{x}_{i-2}\right)$，其本身及其一阶偏导数在零处取值为零；

(iii) 存在一个在零处取值为零且使得 $v_{i-1}^{[1]}(\mathbf{x}_{i-1}) = K_{i-1}\mathbf{x}_{i-1}$ 的光滑函数 $v_{i-1}(\mathbf{x}_{i-1})$，对于所有 $\mathbf{x}_{i-1}$ 满足

$$\begin{aligned}&\frac{\partial V_{i-1}}{\partial \mathbf{x}_{i-1}}(A_{i-1}\mathbf{x}_{i-1} + B_{i-1}v_{i-1}(\mathbf{x}_{i-1})) + (C_{i-1}\mathbf{x}_{i-1})^2 + \\ &\qquad \frac{1}{4\gamma^2}\left(\frac{\partial V_{i-1}}{\partial \mathbf{x}_{i-1}}\mathbf{p}_{i-1}(\mathbf{x}_{i-1})\right)^2 = -S_{i-1}(\mathbf{x}_{i-1})\end{aligned} \tag{13.101}$$

其中

$$S_{i-1}(\mathbf{x}_{i-1}) = \begin{pmatrix} x_1 \\ x_2 - \varphi_1(x_1) \\ \vdots \\ x_{i-1} - \varphi_{i-2}(\mathbf{x}_{i-2}) \end{pmatrix}^{\mathrm{T}} Q_{i-1} \begin{pmatrix} x_1 \\ x_2 - \varphi_1(x_1) \\ \vdots \\ x_{i-1} - \varphi_{i-2}(\mathbf{x}_{i-2}) \end{pmatrix}$$

则

(iv) 存在一个正定适常的光滑函数 $V_i(\mathbf{x}_i)$，使得

$$V_i^{[2]}(\mathbf{x}_i) = \mathbf{x}_i^{\mathrm{T}} X_i \mathbf{x}_i$$

(v) 存在一个本身及其一阶偏导数在零点处取值为零的光滑函数 $\varphi_{i-1}(\mathbf{x}_{i-1})$；

(vi) 存在一个在零处取值为零且使得 $v_i^{[1]}(\mathbf{x}_i) = K_i\mathbf{x}_i$ 的光滑函数 $v_i(\mathbf{x}_i)$，对于所有的 $\mathbf{x}_i$ 满足

$$\frac{\partial V_i}{\partial \mathbf{x}_i}(A_i\mathbf{x}_i + B_i v_i(\mathbf{x}_i)) + \frac{1}{4\gamma^2}\left(\frac{\partial V_i}{\partial \mathbf{x}_i}\mathbf{p}_i(\mathbf{x}_i)\right)^2 + (C_i\mathbf{x}_i)^2 = -S_i(\mathbf{x}_i) \tag{13.102}$$

其中

$$S_i(\mathbf{x}_i) = \begin{pmatrix} x_1 \\ x_2 - \varphi_1(x_1) \\ \vdots \\ x_i - \varphi_{i-1}(\mathbf{x}_{i-1}) \end{pmatrix}^{\mathrm{T}} Q_i \begin{pmatrix} x_1 \\ x_2 - \varphi_1(x_1) \\ \vdots \\ x_i - \varphi_{i-1}(\mathbf{x}_{i-1}) \end{pmatrix} \tag{13.103}$$

证明: 设

$$Z = \begin{pmatrix} 0_{1\times(i-1)} & 1 \end{pmatrix} X_i \begin{pmatrix} 0_{1\times(i-1)} & 1 \end{pmatrix}^{\mathrm{T}}$$

$$T_i = \begin{pmatrix} I_{(i-1)\times(i-1)} & K_{i-1}^{\mathrm{T}} \\ 0_{1\times(i-1)} & 1 \end{pmatrix}$$

并注意到有

$$T_i X_i T_i^{\mathrm{T}} = \begin{pmatrix} X_{i-1} & 0_{(i-1)\times 1} \\ 0_{1\times(i-1)} & Z \end{pmatrix} \tag{13.104}$$

证明过程包括选择

$$V_i(\mathbf{x}_i) = V_{i-1}(\mathbf{x}_{i-1}) + Z(x_i - v_{i-1}(\mathbf{x}_{i-1}))^2$$

并说明能够找到 $v_i(\mathbf{x}_i)$ 和 $\varphi_{i-1}(\mathbf{x}_{i-1})$，使得式 (13.102) 成立。

首先，利用式 (13.104) 可见，如此定义的函数 $V_i(\mathbf{x}_i)$ 满足 (iv) 中指出的性质。为证明能使式 (13.102) 成立，注意到，对于这样选择的 $V_i(\mathbf{x}_i)$，有

$$\begin{aligned}
&\frac{\partial V_i}{\partial \mathbf{x}_i}\left(A_i\mathbf{x}_i + B_i v_i\left(\mathbf{x}_i\right)\right) = \\
&\frac{\partial V_{i-1}}{\partial \mathbf{x}_{i-1}}\left(A_{i-1}\mathbf{x}_{i-1} + B_{i-1}v_{i-1}\left(\mathbf{x}_{i-1}\right)\right) + \frac{\partial V_{i-1}}{\partial \mathbf{x}_{i-1}}B_{i-1}\left(x_i - v_{i-1}\left(\mathbf{x}_{i-1}\right)\right) \\
&\quad +2Z\left(x_i - v_{i-1}\left(\mathbf{x}_{i-1}\right)\right)\left(v_i\left(\mathbf{x}_i\right) - \frac{\partial v_{i-1}}{\partial \mathbf{x}_{i-1}}\left(A_{i-1}\mathbf{x}_{i-1} + B_{i-1}x_i\right)\right)
\end{aligned}$$

和

$$\begin{aligned}
\frac{\partial V_i}{\partial \mathbf{x}_i}\mathbf{p}_i\left(\mathbf{x}_i\right) = &\frac{\partial V_{i-1}}{\partial \mathbf{x}_{i-1}}\mathbf{p}_{i-1}\left(\mathbf{x}_{i-1}\right) \\
&+2Z\left(x_i - v_{i-1}\left(\mathbf{x}_{i-1}\right)\right)\left(p_i\left(\mathbf{x}_i\right) - \frac{\partial v_{i-1}}{\partial \mathbf{x}_{i-1}}\mathbf{p}_{i-1}\left(\mathbf{x}_{i-1}\right)\right)
\end{aligned}$$

因此，式 (13.102) 的等号左边简化为如下表达式：

$$\begin{aligned}
&\frac{\partial V_{i-1}}{\partial \mathbf{x}_{i-1}}\left(A_{i-1}\mathbf{x}_i + B_{i-1}v_{i-1}\left(\mathbf{x}_{i-1}\right)\right) + \frac{1}{4\gamma^2}\left(\frac{\partial V_{i-1}}{\partial \mathbf{x}_{i-1}}\mathbf{p}_{i-1}\left(\mathbf{x}_{i-1}\right)\right)^2 \\
&\quad + \left(C_{i-1}\mathbf{x}_{i-1}\right)^2 + \left(x_i - v_{i-1}\left(\mathbf{x}_{i-1}\right)\right)\left(2Zv_i\left(\mathbf{x}_i\right) - a\left(\mathbf{x}_i\right)\right)
\end{aligned}$$

其中 $a(\mathbf{x}_i)$ 是一个光滑函数，在 $\mathbf{x}_i = 0$ 处取值为零。

设

$$S_i\left(\mathbf{x}_i\right) = \begin{pmatrix} x_1 \\ x_2 - \varphi_1\left(x_1\right) \\ \vdots \\ x_{i-1} - \varphi_{i-2}\left(\mathbf{x}_{i-2}\right) \\ x_i - v_{i-1}\left(\mathbf{x}_{i-1}\right) \end{pmatrix}^{\mathrm{T}} T_i Q_i T_i^{\mathrm{T}} \begin{pmatrix} x_1 \\ x_2 - \varphi_1\left(x_1\right) \\ \vdots \\ x_{i-1} - \varphi_{i-2}\left(\mathbf{x}_{i-2}\right) \\ x_i - v_{i-1}\left(\mathbf{x}_{i-1}\right) \end{pmatrix}$$

并看到，由于 T_i 的特殊形式，此函数具有所要求的结构 (13.103)，其中

$$\varphi_{i-1}\left(\mathbf{x}_{i-1}\right) = v_{i-1}\left(\mathbf{x}_{i-1}\right) - K_{i-1}\mathbf{x}_{i-1} + K_{i-1}\begin{pmatrix} 0 \\ \varphi_1\left(x_1\right) \\ \vdots \\ \varphi_{i-2}\left(\mathbf{x}_{i-2}\right) \end{pmatrix}$$

是一个光滑函数，其本身及其一阶导数在 $\mathbf{x}_{i-1} = 0$ 处取值为零。另外，注意到 $S_i(\mathbf{x}_i)$ 能写为如下形式：

$$S_i\left(\mathbf{x}_i\right) = S_{i-1}\left(\mathbf{x}_{i-1}\right) + \left(x_i - v_{i-1}\left(\mathbf{x}_{i-1}\right)\right)b\left(\mathbf{x}_i\right)$$

其中 $b(\mathbf{x}_i)$ 是在 $\mathbf{x}_i = 0$ 处取值为零的光滑函数。因此，

$$v_i\left(\mathbf{x}_i\right) = \frac{1}{2Z}\left(a\left(\mathbf{x}_i\right) - b\left(\mathbf{x}_i\right)\right)$$

使式 (13.102) 得以满足。

为完成证明，还要证明 (v) 中指出的性质成立。设 $v_i^{[1]}(\mathbf{x}_i) = H_i\mathbf{x}_i$ 并考虑式 (13.102) 两边在 $\mathbf{x}_i = 0$ 附近的二阶近似，从而有

$$X_i(A_i + B_iH_i) + (A_i + B_iH_i)^{\mathrm{T}} X_i + \frac{1}{\gamma^2}X_iP_iP_i^{\mathrm{T}}X_i + C_i^{\mathrm{T}}C_i = -Q_i$$

从式 (13.99) 中减去上式，得到

$$X_iB_i(H_i - K_i) + (H_i - K_i)^{\mathrm{T}} B_i^{\mathrm{T}}X_i = 0$$

因为 X_i 是正定的，所以这是一个具有唯一解 $H_i = K_i$ 的 Sylvester 方程，证毕。 ◁

利用这两个引理可以证明下面的中间结果。

引理 13.7.3. *考虑系统 (13.95)。假设对于某一个 $\gamma > 0$，存在 $1 \times n$ 阶矩阵 K 和 $n \times n$ 阶矩阵 $X = X^{\mathrm{T}} > 0$ 与 $Q = Q^{\mathrm{T}} > 0$，使得*

$$X(E + BF + BK) + (E + BF + BK)^{\mathrm{T}}X + \frac{1}{\gamma^2}XPP^{\mathrm{T}}X + C^{\mathrm{T}}C = -Q \tag{13.105}$$

则存在一个光滑反馈律 $u(x)$、一个正定适常的光滑函数 $V(x)$，以及一个正定的光滑函数 $S(x)$，使得

$$\begin{aligned} u^{[1]}(x) &= Kx \\ V^{[2]}(x) &= x^{\mathrm{T}}Xx \\ S^{[2]}(x) &= x^{\mathrm{T}}Qx \end{aligned} \tag{13.106}$$

这使恒等式

$$\frac{\partial V}{\partial x}[Ex + Bf_n(x) + Bu(x)] + \frac{1}{4\gamma^2}\left[\frac{\partial V}{\partial x}p(x)\right]^2 + [Cx]^2 = -S(x) \tag{13.107}$$

对于所有的 x 成立。

证明: 从式 (13.105) 开始，利用引理 13.7.1 “反推” n 次，得到恒等式

$$2X_1(A_1 + B_1K_1) + \frac{1}{\gamma^2}X_1^2P_1^2 + 1 = -Q_1$$

设 $V_1(x_1) = X_1x_1^2$，并注意到，存在一个函数 $v_1(x_1)$ [它在 $x_1 = 0$ 处取值为零且使得 $v_1^{[1]}(x_1) = K_1x_1$] 满足

$$\frac{\partial V_1}{\partial x_1}[A_1x_1 + B_1v_1(x_1)] + \frac{1}{4\gamma^2}\left[\frac{\partial V_1}{\partial x_1}p_1(x_1)\right]^2 + [C_1x_1]^2 = -Q_1x_1^2$$

由此，利用引理 13.7.2 “前进” n 次，得到恒等式

$$\frac{\partial V}{\partial x}[Ex + Bv(x)] + \frac{1}{4\gamma^2}\left[\frac{\partial V}{\partial x}p(x)\right]^2 + [Cx]^2 = -S(x)$$

其中 $V(x)$ 是正定适常的，$S(x)$ 是正定的，且

$$
\begin{aligned}
v^{[1]}(x) &= (F+K)x \\
V^{[2]}(x) &= x^{\mathrm{T}}Xx \\
S^{[2]}(x) &= x^{\mathrm{T}}Qx
\end{aligned}
$$

设

$$u(x) = v(x) - f_n(x)$$

则引理得证。 ◁

现在要导出期望的结论。

定理 13.7.4. 考虑系统 (13.95)。假设对于某对实数 $\gamma > 0$ 和 $R > 0$，存在 $1 \times n$ 阶矩阵 K 和 $n \times n$ 阶矩阵 $X = X^{\mathrm{T}} > 0$ 与 $Y = Y^{\mathrm{T}} > 0$，使得

$$
\begin{aligned}
X(E+BF+BK) + (E+BF+BK)^{\mathrm{T}}X + \frac{1}{\gamma^2}XPP^{\mathrm{T}}X \\
+ C^{\mathrm{T}}C + R^2K^{\mathrm{T}}K = -Y
\end{aligned} \tag{13.108}
$$

设 $Q = Y + R^2K^{\mathrm{T}}K$ 并 (基于引理 13.7.3) 寻找一个光滑状态反馈 $u(x)$、一个光滑正定适常函数 $V(x)$，以及一个光滑正定函数 $S(x)$，使得对于所有的 x，式 (13.106) 成立，且恒等式 (13.107) 得以满足。

设

$$
\begin{aligned}
r^*(x) &= R, & \text{若 } R^2u^2(x) \leqslant S(x) \\
r^*(x) &= \frac{\sqrt{S(x)}}{|u(x)|}, & \text{若 } R^2u^2(x) > S(x)
\end{aligned} \tag{13.109}
$$

则函数 $r^*(x)$ 有唯一定义，在每一点 $x \in \mathbb{R}^n$ 处连续，并且满足

$$r^*(0) = R, \quad 0 \leqslant r^*(x) \leqslant R$$

此外，如果 $|r(x)| \leqslant r^*(x)$，则对于所有的 x，有

$$\frac{\partial V}{\partial x}[Ex + Bf_n(x) + Bu(x)] + \frac{1}{4\gamma^2}\left[\frac{\partial V}{\partial x}p(x)\right]^2 + [Cx]^2 + r^2(x)u^2(x) \leqslant 0 \tag{13.110}$$

证明: 以 $\varGamma$ 表示集合

$$\varGamma = \left\{x \in \mathbb{R}^n \colon R^2u^2(x) \leqslant S(x)\right\}$$

首先证明 $\varGamma$ 包含 $x = 0$ 的一个开邻域。事实上，由构造有

$$
\begin{aligned}
S^{[2]}(x) &= x^{\mathrm{T}}\left(Y + R^2K^{\mathrm{T}}K\right)x \\
u^{[1]}(x) &= Kx
\end{aligned}
$$

因此，函数 $S(x) - R^2u^2(x)$ 在 $x = 0$ 的某一个邻域中是正定的 (回想一下，Y 假设为正定的) 且 $x = 0$ 位于 $\varGamma$ 的内部。

由此，由于对任一非零 x 有 $S(x)>0$，可推知整个集合

$$\Gamma_0=\{x\in\mathbb{R}^n:u(x)=0\}$$

位于 Γ 的内部。

因此，函数 $r^*(x)$ 在每一点 $x\in\mathbb{R}^n$ 处都有确切定义。同理可证，函数

$$\frac{\sqrt{S(x)}}{|u(x)|}$$

在某一个开集 $\Gamma_1\supset\mathbb{R}^n-\Gamma$ 上是连续的，且由于其在 $\partial\Gamma$ 上的取值等于 R，所以函数 $r^*(x)$ 在每一点 $x\in\mathbb{R}^n$ 处都连续。实际上 $r^*(0)=R$ 且 $0\leqslant r^*(x)\leqslant R$。

最后，由构造知，$u(x)$，$V(x)$ 和 $Q(x)$ 对于任一函数 $r^*(x)$ 满足

$$\begin{aligned}&\frac{\partial V}{\partial x}\left[Ex+Bf_n(x)+Bu(x)\right]+\frac{1}{4\gamma^2}\left[\frac{\partial V}{\partial x}p(x)\right]^2+[Cx]^2+r^{*2}(x)u^2(x)\\&=-S(x)+r^{*2}(x)u^2(x)\end{aligned}$$

对于所有的 x，定理中给出的 $r^*(x)$ 满足

$$-S(x)+r^{*2}(x)u^2(x)\leqslant 0$$

这样就完成了证明。 $\lhd$

注记 13.7.1. 注意，在上面的定理中，已求得不等式 (13.91) 对于 $\alpha(\cdot)=0$ 时的解。因此，所得的闭环系统，即系统

$$\begin{aligned}\dot{x}&=Ex+Bf_n(x)+Bu(x)+p(x)w\\y&=\begin{pmatrix}Cx\\r(x)u(x)\end{pmatrix}\end{aligned}$$

相对于供给率 $q(w,y)=\gamma^2w^2-\|y\|^2$ 是耗散的，但可能并非**严格**耗散。尽管如此，可保证该系统是全局渐近稳定的，因为正如简单的检验所示 (见 10.7 节)，它是零状态可检测的。 $\lhd$

第 14 章 小输入镇定

14.1 小输入实现全局稳定性

本章介绍在控制输入的幅值不超过一个确定界限的前提下，利用无记忆反馈实现非线性系统全局 (鲁棒) 镇定的方法。当然，如果对控制输入的幅值施加这样的硬约束，通常不能期望实现全局渐近稳定性，除非不受控制的系统在一定程度上已经具有这一性质。发生这种情况的最简单例子是，存在一个正定适常函数，它沿不受控系统轨线的导数是半负定的 (可能并非负定)。其实对于这种情况，可在比较温和的假设下找到一个光滑反馈律，其幅值不超过任何 (任意小的) 先验确定常数，用以实现全局渐近稳定性。本章先讨论这一特殊情况，随后的章节会对更一般的结构进行分析。

为引入本节的主要结果，先叙述一个简单而重要的稳定性结果，它是推论 10.8.4 的特例。

命题 14.1.1. *考虑系统*

$$\dot{x} = f(x) + g(x)u \tag{14.1}$$

其中 $x \in \mathbb{R}^n$，$u \in \mathbb{R}$，$f(x)$ *和* $g(x)$ *均为光滑向量场，且* $f(0) = 0$。*假设存在一个光滑的正定适常函数* $V(x)$，*满足*

$$L_f V(x) \leqslant 0, \quad \text{对于所有的 } x \tag{14.2}$$

另外假设系统

$$\begin{aligned} \dot{x} &= f(x) \\ y &= L_g V(x) \end{aligned} \tag{14.3}$$

是零状态可检测的，则对于任一 $\varepsilon > 0$，*反馈律*

$$u = -\varepsilon L_g V(x) \tag{14.4}$$

全局渐近镇定平衡态 $x = 0$。

证明: 注意到，由构造知，具有输出

$$y = L_g V(x)$$

的系统 (14.1) 是无源的 (见 10.7 节末尾) 且零状态可检测的。因此，由推论 10.8.4 知，取 $\varphi(y) = \varepsilon y$，即可得到该结论。 ◁

反馈律 (14.4) 由一个任意小的"增益因子" ε 刻画，但不一定能满足幅值约束。不过，依旧使用推论 10.8.4，可立即找到一个反馈律，其幅值由一个任意小的数界定。

命题 14.1.2. 考虑系统 (14.1) 并设命题 14.1.1 的假设条件成立。考虑函数

$$\begin{aligned} \sigma\colon \mathbb{R} &\to \mathbb{R} \\ s &\mapsto \frac{s}{\sqrt{1+s^2}} \end{aligned} \tag{14.5}$$

则对于任一 $\varepsilon > 0$，反馈律

$$u = -\varepsilon\sigma\left(L_g V(x)\right) \tag{14.6}$$

全局渐近镇定平衡态 $x = 0$。

证明: 这次取 $\varphi(y) = \varepsilon\sigma(y)$，则再次可由推论 10.8.4 得到这一结果。 $\lhd$

此命题中的反馈律满足

$$|u(x)| < \varepsilon, \quad \text{对于所有的 } x$$

因此特别适合于要求系统 (14.1) 的控制输入 u 对于所有的 t 满足约束

$$|u(t)| < U$$

的各种实际情况。

无须任何额外努力，即可将此命题的结果推广到系统方程未必对控制输入为仿射形式的情况，即系统方程具有一般形式

$$\dot{x} = f(x, u)$$

其中 $x \in \mathbb{R}^n$，$u \in \mathbb{R}$，$f(x, u)$ 是一个光滑函数，且 $f(0, 0) = 0$。

为此注意到，不失一般性，函数 $f(x, u)$ 可表示为

$$f(x, u) = f(x) + g_1(x)u + g_2(x, u)u^2$$

其中 $f(x)$ 和 $g_1(x)$ 均为光滑向量场，$g_2(x, u)$ 是一个光滑函数，并且 $f(0) = 0$。于是有如下结果。

定理 14.1.3. 考虑系统

$$\dot{x} = f(x) + g_1(x)u + g_2(x, u)u^2 \tag{14.7}$$

其中 $x \in \mathbb{R}^n, u \in \mathbb{R}$，$f(x)$ 和 $g_1(x)$ 均为光滑向量场，$g_2(x, u)$ 为光滑函数，且 $f(0) = 0$。假设存在一个光滑的正定适常函数 $V(x)$，满足

$$L_f V(x) \leqslant 0, \quad \text{对于所有的 } x \tag{14.8}$$

另外，假设系统

$$\begin{aligned} \dot{x} &= f(x) \\ y &= L_{g_1} V(x) \end{aligned} \tag{14.9}$$

是零状态可检测的。

令 $\sigma(\cdot)$ 为命题 14.1.2 中定义的函数，设 ε 为一个确定的数，满足 $0<\varepsilon<1$，并令 $\rho(x)$ 为任一光滑函数，满足

$$\rho(x) \geqslant \max_{|u|\leqslant\varepsilon} \|g_2(x,u)\|$$

令

$$\lambda(x) = \frac{\varepsilon}{\left(1+\rho^2(x)\left\|\frac{\partial V}{\partial x}\right\|^2\right)}$$

则反馈律

$$u(x) = -\lambda(x)\sigma\left(L_{g_1}V(x)\right)$$

全局渐近镇定平衡态 $x=0$。

证明：假设 $\lambda(x)$ 是一个光滑函数，对于所有的 x 满足

$$0<\lambda(x)\leqslant\varepsilon$$

并设

$$u(x) = -\lambda(x)\sigma\left(L_{g_1}V(x)\right) = -\lambda(x)\frac{L_{g_1}V(x)}{\sqrt{1+[L_{g_1}V(x)]^2}}$$

因为对于所有的 s 有 $|\sigma(s)|<1$，所以对于所有的 x，有

$$|u(x)|<\varepsilon$$

和 $\|g_2(x,u(x))\|\leqslant\rho(x)$。

沿此闭环系统的轨线有

$$\begin{aligned}
\dot V &= L_fV(x) + L_{g_1}V(x)u(x) + \frac{\partial V}{\partial x}g_2(x,u(x))u^2(x)\\
&\leqslant L_fV(x) - \lambda(x)\frac{[L_{g_1}V(x)]^2}{\sqrt{1+[L_{g_1}V(x)]^2}} + \left\|\frac{\partial V}{\partial x}\right\|\rho(x)\lambda^2(x)\frac{[L_{g_1}V(x)]^2}{1+[L_{g_1}V(x)]^2}\\
&= L_fV(x) + \lambda(x)\frac{[L_{g_1}V(x)]^2}{\sqrt{1+[L_{g_1}V(x)]^2}}\left(-1+\frac{\lambda(x)}{\sqrt{1+[L_{g_1}V(x)]^2}}\left\|\frac{\partial V}{\partial x}\right\|\rho(x)\right)
\end{aligned}$$

如果

$$\lambda(x)\left\|\frac{\partial V}{\partial x}\right\|\rho(x)<1 \tag{14.10}$$

则对于所有的 x，有

$$\lambda(x)\left(-1+\frac{\lambda(x)}{\sqrt{1+[L_{g_1}V(x)]^2}}\left\|\frac{\partial V}{\partial x}\right\|\rho(x)\right) := \chi(x) < 0$$

因此，对于所有的 x 有

$$\dot{V} \leqslant L_f V(x) + \chi(x) \frac{[L_{g_1} V(x)]^2}{\sqrt{1 + [L_{g_1} V(x)]^2}} \leqslant 0 \tag{14.11}$$

对于

$$\lambda(x) = \frac{\varepsilon}{\left(1 + \rho^2(x) \left\| \frac{\partial V}{\partial x} \right\|^2\right)}$$

条件 (14.10) 确实满足，这证明定理中给出的反馈律能使式 (14.11) 得以满足。

由于 $V(x)$ 是一个适常函数，这就证明了所有轨线的有界性及 Lyapunov 意义下的稳定性。因此，任一轨线 $x(t)$ 都有一个非空的 ω-极限集 Γ，函数 $V(x)$ 在其上为常数。由式 (14.11) 可见，必然有

$$L_{g_1} V(x) = 0, \quad 对于所有的\ x \in \Gamma$$

这又意味着在 Γ 的每一点处有 $u(x) = 0$。这也表明，完全包含在 Γ 中的任一轨线 $\tilde{x}(t)$ 一定是系统

$$\dot{x} = f(x)$$

满足

$$L_{g_1} V(\tilde{x}(t)) = 0$$

的一条轨线。系统 (14.9) 零状态可检测的假设意味着随着 t 趋于无穷有 $\tilde{x}(t)$ 趋于零，这证明在 Γ 上 $V(x)$ 为零。因此，在 t 趋于无穷时也有 $x(t)$ 趋于零，因为 $V(x)$ 仅在 $x = 0$ 处取值为零。 $\lhd$

注意到，此定理中给出的控制律也满足

$$|u(x)| < \varepsilon, \quad 对于所有的\ x$$

注记 14.1.1. 可立即将命题 14.1.1 和命题 14.1.2 的结论拓展到有 $m > 1$ 个输入的系统

$$\dot{x} = f(x) + g(x)u \tag{14.12}$$

事实上，在此情况下，如果不假设系统 (14.3) 是零状态可检测的，而是假设系统

$$\begin{aligned} \dot{x} &= f(x) \\ y &= [L_g V(x)]^{\mathrm{T}} \end{aligned} \tag{14.13}$$

是零状态可检测的，则由构造知，因为系统 (14.12) 以 $y = [L_g V(x)]^{\mathrm{T}}$ 为输出时是无源的，所以推论 10.8.4 的结论仍然可以应用。因此，系统 (14.2) 可被反馈律

$$u = -\varepsilon \left[L_g V(x)\right]^{\mathrm{T}}$$

或有界反馈律

$$u = -\varepsilon\sigma\left(\left[L_g V(x)\right]^{\mathrm{T}}\right)$$

镇定，其中函数 $\sigma(\cdot)$ 的定义为

$$\begin{aligned}\sigma\colon \mathbb{R}^m &\to \mathbb{R}^m \\ (s_1,\ldots,s_m) &\mapsto \left(\frac{s_1}{\sqrt{1+s_1^2}},\cdots,\frac{s_m}{\sqrt{1+s_m^2}}\right)\end{aligned} \tag{14.14}$$

定理 14.1.3 的多输入形式也成立，其推导留给读者。 ◁

上述结果的一个关键假设是系统 (14.3) 或系统 (14.9) 的零状态可检测性。下面的简单性质有时可能有助于检验该假设。

引理 14.1.4. 令 $f(x)$ 和 $g(x)$ 为 $\mathbb{R}^n$ 上的光滑向量场，满足 $f(0)=0$，并假设存在一个光滑的正定适常函数 $V(x)$，使得对于所有的 x 有 $L_fV(x)\leqslant 0$，则系统

$$\begin{aligned}\dot{x} &= f(x) \\ y &= L_gV(x)\end{aligned} \tag{14.15}$$

是零状态可检测的，当且仅当系统

$$\begin{aligned}\dot{x} &= f(x) \\ y &= \begin{pmatrix} L_gV(x) \\ L_fV(x)\end{pmatrix}\end{aligned}$$

也是零状态可检测的。

证明: 由定义知“必要性”部分简单成立。为证“充分性”，注意到，利用证明定理 14.1.3 所用的相同论据，可知系统

$$\dot{x} = f(x) - g(x)L_gV(x) \tag{14.16}$$

是全局渐近稳定的。事实上，

$$\frac{\partial V}{\partial x}\left[f(x)-g(x)L_gV(x)\right] = L_fV(x) - \left[L_gV(x)\right]^2 \leqslant 0$$

并且在每条轨线的 ω-极限集上，有

$$L_gV(x) = L_fV(x) = 0$$

现在考虑系统 (14.15) 的任一条使 $L_gV(\tilde{x}(t))=0$ 的轨线 $\tilde{x}(t)$。这确实是系统 (14.16) 的一条轨线，因此随着 t 趋于无穷有 $\tilde{x}(t)$ 趋于零。这证明了系统 (14.15) 是零状态可检测的。 ◁

在结束本节之前，介绍一些附加结果，它们在系统 (14.1) 为线性系统的特殊情况下成立。考虑输入数 $m\geqslant 1$ 的系统，其模型方程为

$$\dot{x} = Ax + Bu \tag{14.17}$$

假设 (A,B) 是可镇定的，且存在一个对称矩阵 $P>0$，使得

$$A^{\mathrm{T}}P + PA \leqslant 0 \tag{14.18}$$

由引理 10.9.3 可知，这个以 $y = B^{\mathrm{T}}Px$ 为输出的系统是可检测的。因此，由命题 14.1.2 及其多输入形式 (见注记 14.1.1)，该系统可被反馈律

$$u(x) = -\varepsilon\sigma\left(B^{\mathrm{T}}Px\right) = \varepsilon\sigma\left(-B^{\mathrm{T}}Px\right) \tag{14.19}$$

全局渐近镇定，其中 $\sigma : \mathbb{R}^m \to \mathbb{R}^m$ 为函数

$$\sigma(y)\colon\ (y_1, \ldots, y_m) \mapsto \left(\frac{y_1}{\sqrt{1+y_1^2}}, \ldots, \frac{y_m}{\sqrt{1+y_m^2}}\right)$$

$\varepsilon > 0$ 为任一确定的数。

能够证明，反馈律 (14.19) 对于系统 (14.17) 的镇定性质不仅适用于上述特殊函数 $\sigma(\cdot)$，也同样适用于更一般的函数——任何一个饱和函数。此外还可证明，所得的闭环系统对于加性干扰 (在定义 12.2.1 的意义下) 在受限情况下具有输入到状态稳定性。

事实上，首先要注意的是，函数 $\sigma(\cdot)$ 在下面定义的函数类中只是一个特殊成员。

定义 14.1.1. 如果一个局部 Lipschitz 函数 $\sigma(\cdot)\colon \mathbb{R} \to \mathbb{R}$ 满足如下条件：

- $\sigma(0) = 0$ 且对于所有的 $s \neq 0$ 有 $s\sigma(s) > 0$；
- 存在 $\underline{k}$ 和 $\overline{k}$，使得

$$|\sigma(s)| \leqslant \overline{k}, \quad \text{对于所有的 } s \in \mathbb{R}$$
$$\liminf_{|s|\to\infty} |\sigma(s)| \geqslant \underline{k}$$

- $\sigma(s)$ 在 $s = 0$ 的某一个邻域中是可微的，并且

$$\sigma'(0) = 1$$

则该函数称为饱和函数。

如果函数 $\sigma\colon \mathbb{R}^m \to \mathbb{R}^m$ 定义为

$$\sigma\colon\ (x_1, \ldots, x_m) \mapsto (\sigma_1(x_1), \ldots, \sigma_m(x_m))$$

且对于所有的 $i = 1, \ldots, m$，$\sigma_i(\cdot)$ 是一个饱和函数，则该函数称为 $\mathbb{R}^m$-值饱和函数。

注记 14.1.2. 容易验证，如果 $\sigma(\cdot)$ 是一个饱和函数，则存在数 $K > 0$，使得对于所有的 $s \in \mathbb{R}$，有

$$|\sigma(s) - s| \leqslant Ks\sigma(s) \tag{14.20}$$

成立。事实上，由于 $\sigma'(0) = 1$ 且对于所有的 $s \neq 0$ 有 $s\sigma(s) > 0$，所以存在 $\delta > 0$ 和 $A > 0$，使得

$$|\sigma(s) - s| \leqslant As\sigma(s), \quad \text{对于所有的 } |s| < \delta$$

此外有，

$$|\sigma(s) - s| \leqslant \overline{k} + |s|, \quad \text{对于所有的 } s$$

并且存在 $\varepsilon > 0$，使得

$$|\sigma(s)| \geqslant \varepsilon, \quad \text{对于所有的 } |s| \geqslant \delta$$

从而对于任一 $K > 0$，有

$$K\sigma(s)s \geqslant K\varepsilon|s|, \quad \text{对于所有的 } |s| \geqslant \delta$$

选择 K 以使 $K \geqslant A$ 且 $K\varepsilon|\delta| \geqslant \overline{k} + |\delta|$，这样就完成了式 (14.20) 的证明。

利用式 (14.20) 容易看到，存在数 $H \geqslant 1$，使得对于所有的 $s \in \mathbb{R}$，有

$$|\sigma(s)| \leqslant \min\{H|s|, \overline{k}\} \tag{14.21}$$

成立。 ◁

接下来可证明如下结果。

命题 14.1.5. 考虑系统 (14.17)。假设 (A, B) 可镇定，且存在一个对称矩阵 $P > 0$ 使不等式 (14.18) 成立。令 $\sigma(\cdot)$ 为任一 $\mathbb{R}^m$-值饱和函数，并考虑闭环系统

$$\dot{x} = Ax + B\sigma\left(-B^{\mathrm{T}}Px + v\right) + w \tag{14.22}$$

那么，存在数 $\delta > 0$，使系统 (14.22) 在 x° 处不受限制且在 $w(\cdot)$ 受限于 δ 的情况下为输入到状态稳定的。特别是，存在一个 $\mathcal{K}$ 类函数 $\gamma_0(\cdot)$ 和数 $g_v > 0$，$g_w > 0$，使得对于任一 $x^\circ \in \mathbb{R}^n$、满足 $\|v(\cdot)\|_\infty < \delta$ 的任一输入 $v(\cdot) \in L_\infty^m$ 和满足 $\|w(\cdot)\|_\infty < \delta$ 的任一输入 $w(\cdot) \in L_\infty^n$，以 $x(0) = x^\circ$ 为初始状态的响应 $x(t)$ 满足

$$\|x(\cdot)\|_\infty \leqslant \max\left\{\gamma_0\left(\|x^\circ\|\right), \gamma_v\left(\|v(\cdot)\|_\infty\right), \gamma_w\left(\|w(\cdot)\|_\infty\right)\right\}$$
$$\limsup_{t\to\infty}\|x(t)\| \leqslant \max\left\{\gamma_v\left(\limsup_{t\to\infty}\|v(t)\|\right), \gamma_w\left(\limsup_{t\to\infty}\|w(t)\|\right)\right\}$$

其中，对于所有的 r，有

$$\gamma_v(r) = g_v r, \quad \gamma_w(r) = g_w r$$

证明：由之前的讨论可知，系统

$$\dot{x} = \left(A - BB^{\mathrm{T}}P\right)x$$

是渐近稳定的。因此，存在一个对称矩阵 $Q > 0$，使得

$$\left(A - BB^{\mathrm{T}}P\right)^{\mathrm{T}}Q + Q\left(A - BB^{\mathrm{T}}P\right) = -2I$$

设

$$z = -B^{\mathrm{T}}Px + v$$

沿系统 (14.22) 的轨线，二次型

$$V_0(x) = \frac{1}{2}x^{\mathrm{T}}Qx$$

满足

$$\begin{aligned}\dot{V}_0 &= x^{\mathrm{T}}Q\left[\left(A - BB^{\mathrm{T}}P\right)x + BB^{\mathrm{T}}Px + B\sigma(z) + w\right] \\ &= -\|x\|^2 + x^{\mathrm{T}}Q[B\sigma(z) - Bz + Bv + w] \\ &= -\|x\|^2 + x^{\mathrm{T}}QB[\sigma(z) - z] + x^{\mathrm{T}}QBv + x^{\mathrm{T}}Qw\end{aligned}$$

利用 $\|\sigma(z) - z\| \leqslant Kz^{\mathrm{T}}\sigma(z)$ 对于某一个 $K > 0$ 成立的事实 [见式 (14.20)] 和对二次型的标准估计，可推知存在仅依赖于 Q 和 B 的正数 a_1，a_2 和 a_3，使得

$$\dot{V}_0 \leqslant -\|x\|^2 + a_1K\|x\|z^{\mathrm{T}}\sigma(z) + a_2\|x\|\|v\| + a_3\|x\|\|w\|$$

现在考虑正定适常函数

$$V_1(x) = \frac{1}{3}\left(x^{\mathrm{T}}Px\right)^{3/2}$$

沿系统 (14.22) 的轨线有

$$\begin{aligned}\dot{V}_1 &= \left|x^{\mathrm{T}}Px\right|^{1/2}x^{\mathrm{T}}P[Ax + B\sigma(z) + w] \\ &= \frac{1}{2}\left|x^{\mathrm{T}}Px\right|^{1/2}x^{\mathrm{T}}\left(PA + A^{\mathrm{T}}P\right)x + \left|x^{\mathrm{T}}Px\right|^{1/2}\left[x^{\mathrm{T}}PB\sigma(z) + x^{\mathrm{T}}Pw\right] \\ &\leqslant \left|x^{\mathrm{T}}Px\right|^{1/2}\left[-z^{\mathrm{T}}\sigma(z) + v^{\mathrm{T}}\sigma(z) + x^{\mathrm{T}}Pw\right]\end{aligned}$$

利用 $z^{\mathrm{T}}\sigma(z) \geqslant 0$ 和 $\|\sigma(z)\| \leqslant \overline{k}$ 对于某一个 $\overline{k} > 0$ 成立这两个事实，以及对于二次型的标准估计，可推知存在仅依赖于 P 的正数 b_1，b_2 和 b_3，使得

$$\dot{V}_1 \leqslant -b_1\|x\|z^{\mathrm{T}}\sigma(z) + b_2\overline{k}\|x\|\|v\| + b_3\|x\|^2\|w\|$$

设

$$V(x) = V_0(x) + \lambda V_1(x)$$

其中 $\lambda > 0$，则沿系统 (14.22) 的轨线有

$$\begin{aligned}\dot{V} \leqslant& (-1 + \lambda b_3\|w\|)\|x\|^2 + (a_1K - \lambda b_1)\|x\|z^{\mathrm{T}}\sigma(z) \\ &+ \left(a_2 + \lambda b_2\overline{k}\right)\|x\|\|v\| + a_3\|x\|\|w\|\end{aligned}$$

选择 λ 以使

$$a_1K - \lambda b_1 = 0$$

并选择 δ，使得

$$-1 + \lambda b_3\delta = -\frac{1}{2}$$

于是，如果

$$\|w(t)\| \leqslant \delta, \quad \text{对于所有的 } t \geqslant 0$$

则有

$$\dot{V} \leqslant \|x\|\left(-\frac{1}{2}\|x\| + \left(a_2 + \lambda b_2\overline{k}\right)\|v\| + a_3\|w\|\right)$$

以这种方式已经证明，若

$$c_v = 8\left(a_2 + \lambda b_2 \overline{k}\right), \quad c_w = 8a_3$$

则对于所有的 $x \in \mathbb{R}^n$，所有的 $v \in \mathbb{R}^m$，以及满足 $\|w\| \leqslant \delta$ 的所有 $w \in \mathbb{R}^n$，函数 $V(x)$ 满足

$$\begin{aligned} &\|x\| \geqslant \max\left\{c_v\|v\|, c_w\|w\|\right\} \\ &\quad \Rightarrow \frac{\partial V}{\partial x}\left[Ax + B\sigma\left(-B^{\mathrm{T}}Px + v\right) + w\right] \leqslant -\frac{\|x\|^2}{4} \end{aligned} \tag{14.23}$$

注意到，存在正数 $\underline{a}_0$，$\overline{a}_0$ 和 $\overline{a}_1$，使得函数 $V(x)$ 满足

$$\underline{\alpha}(\|x\|) \leqslant V(x) \leqslant \overline{\alpha}(\|x\|)$$

其中

$$\underline{\alpha}(r) = \underline{a}_0 r^2, \quad \overline{\alpha}(r) = \overline{a}_0 r^2 + \overline{a}_1 r^3$$

因此，上述不等式 (14.23) 表明系统在 x° 和 $v(\cdot)$ 不受限制，而 $w(\cdot)$ 受限于 δ 的情况下是输入到状态稳定的，“增益” 函数为

$$\gamma_v(r) = \underline{\alpha}^{-1} \circ \overline{\alpha}\left(c_v r\right), \quad \gamma_w(r) = \underline{\alpha}^{-1} \circ \overline{\alpha}\left(c_w r\right)$$

由于对任一 $d > 0$，存在 $\tilde{a}_0 > 0$，使得对于所有的 $r \leqslant d$ 有

$$\overline{\alpha}(r) \leqslant \tilde{a}_0 r^2$$

所以可得，对于 $r \in [0, d]$，函数 $\gamma_v(\cdot)$ 和 $\gamma_w(\cdot)$ 可用线性函数来估计。如果 $v(\cdot)$ 也受限于 δ，即 $\|v(\cdot)\|_\infty \leqslant \delta$，则命题得证。 $\lhd$

14.2　上三角型系统的镇定

第 11 章和第 12 章针对由下三角结构方程组描述的几类非线性系统 [即系统模型如式 (11.38) 所示] 讨论了全局渐近镇定问题。本节考虑系统方程具有上三角结构的情况，例如

$$\begin{aligned} \dot{x}_1 &= f_1\left(x_1, x_2, \ldots, x_n, u\right) \\ \dot{x}_2 &= f_2\left(x_2, x_3, \ldots, x_n, u\right) \\ &\vdots \\ \dot{x}_{n-1} &= f_{n-1}\left(x_{n-1}, x_n, u\right) \\ \dot{x}_n &= f_n\left(x_n, u\right) \end{aligned} \tag{14.24}$$

其中，假设函数 $f_i\left(x_i, x_{i+1}, \ldots, x_n, u\right)$ 满足一些适当的条件 (将在详述过程中予以介绍)。考虑到它们相应于 n 个子系统的级联互连，起始于式 (14.24) 的 x_n-子系统，终止于式 (14.24) 的 x_1-子系统，级联中第 i 个子系统的馈入由其前面所有子系统的 “输出” $x_{i+1}, \ldots, x_n$ 提供 (见图 14.1)，这样的系统经常称为**前馈型** (feedforward form) 系统。

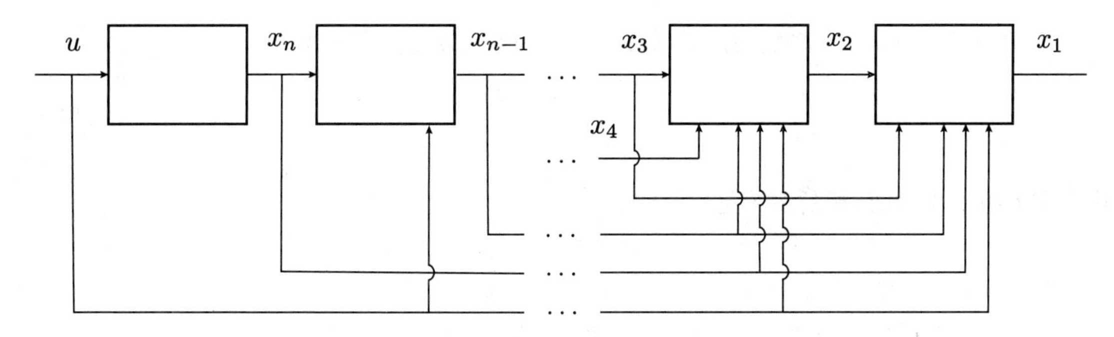

图 14.1 前馈型系统

由于这种三角结构，基于以下过程，能够以递归方式实现镇定反馈设计。假设已知反馈律 $u=\alpha_n(x)$ 镇定了积分器链中的 x_n-子系统

$$\dot{x}_n=f_n\left(x_n,u\right)$$

并设

$$u=\alpha_n\left(x_n\right)+u_n \tag{14.25}$$

这样得到的系统与方程组 (14.24) 结构相同，其中 u 被替换为 u_n，但如果 $u_n=0$，则由构造知，对应于链中最后一个方程的子系统是稳定的。现在考虑由后两个方程构成的子系统，其形式为

$$\begin{aligned}
\dot{x}_{n-1}&=f_{n-1}\left(x_{n-1},x_n,\alpha_n\left(x_n\right)+u_n\right):=\tilde{f}_{n-1}\left(x_{n-1},x_n,u_n\right)\\
\dot{x}_n&=f_n\left(x_n,\alpha_n(x)+u_n\right):=\tilde{f}_n\left(x_n,u_n\right)
\end{aligned}$$

并假设能设计一个反馈律 $u_n=\alpha_{n-1}\left(x_n,x_{n-1}\right)$ 使上述子系统稳定。设

$$u_n=\alpha_{n-1}\left(x_n,x_{n-1}\right)+u_{n-1}$$

实际上这等于在原系统 (14.24) 中令

$$u=\alpha_n\left(x_n\right)+\alpha_{n-1}\left(x_n,x_{n-1}\right)+u_{n-1}$$

而得到的系统，其中前 $n-2$ 个方程与系统 (14.24) 的相应方程具有相同的结构，u 被替换为 u_{n-1}，由构造知，对应于链中最下两个方程的子系统在 $u_{n-1}=0$ 时是稳定的。

此时，链中后两个方程可视为一个单独的子系统，状态为 $\tilde{x}_{n-1}=(x_n,x_{n-1})$，输入为 u_{n-1}，当 $u_{n-1}=0$ 时稳定。整个系统仍能视为由形如式 (14.24) 的方程组建模的一个系统，n 被替换为 $n-1$，x_{n-1} 被替换为 $\tilde{x}_{n-1}$，u 被替换为 u_{n-1}，此外由构造知，链中最后的子系统在输入为零时是稳定的。换言之，在施加控制 (14.25) 之后，整个系统处于与原系统 (14.24) 完全相同的条件下，可以以同样的方式继续进行设计。

基于这些考虑，对于一个由方程组 (14.24) 建模的系统，如果

- 已知如何镇定链中的 x_n-子系统；

- 在输入为零时 x_n-子系统稳定的前提下，已知如何镇定如下系统：

$$\begin{aligned}\dot{z} &= \psi(z,\xi,u)\\ \dot{\xi} &= \phi(\xi,u)\end{aligned} \tag{14.26}$$

则由方程组 (14.24) 建模的系统是可镇定的。

本节讨论在何种条件下系统 (14.26) 的镇定问题能得以解决。照例假设 $\psi(z,\xi,u)$ 和 $\phi(z,u)$ 均为其自变量的光滑函数，$\psi(0,0,0)=0$，$\phi(0,0)=0$，并且还假设它们对于控制输入 u 是仿射的。在本节的最后，将使用定理 14.1.3 的结果来处理对于 u 有任意非线性依赖关系的更一般情况。在这种情况下，为方便起见，将系统 (14.26) 重写为

$$\begin{aligned}\dot{z} &= a(z)+p(z,\xi)+b(z,\xi)u\\ \dot{\xi} &= \varphi(\xi)+\theta(\xi)u\end{aligned} \tag{14.27}$$

其中 $z\in\mathbb{R}^n$，$\xi\in\mathbb{R}^\nu$，$u\in\mathbb{R}$，并且有 $a(0)=0$，$p(z,0)=0$，$\varphi(0)=0$。根据前面的讨论，假设系统

$$\dot{\xi}=\varphi(\xi) \tag{14.28}$$

的平衡态 $\xi=0$ 是全局渐近稳定的。

注意到，设

$$x=\begin{pmatrix} z\\ \xi\end{pmatrix},\quad f(x)=\begin{pmatrix} a(z)+p(z,\xi)\\ \varphi(\xi)\end{pmatrix},\quad g(x)=\begin{pmatrix} b(z,\xi)\\ \theta(\xi)\end{pmatrix}$$

则系统 (14.27) 可视为形如

$$\dot{x}=f(x)+g(x)u \tag{14.29}$$

因此，系统 (14.27) 的镇定问题似乎与任何其他非线性镇定问题一样困难。然而，在当前的设定下，可以利用 $f(x)$ 的上三角结构以及系统 (14.28) 被假设为全局渐近稳定的事实。当然，假设整个系统

$$\dot{x}=f(x)$$

全局渐近稳定是不足为道的 (在此情况下 $u=0$ 是镇定问题的解)，但考虑“次最简情况的”假设：假设存在一个适当的 Lyapunov 函数，并因此能保证系统的轨线有界且在 Lyapunov 意义下稳定 (但可能并非全局渐近稳定)，却并不平凡，并且也与许多重要情况密切相关。在这种情况下，实际上可以利用命题 14.1.1 的结果，该结果表明，如果已知一个正定适常函数 $V(x)$ 对于所有的 x 使 $L_fV(x)\leqslant 0$，那么，只要适当的附加条件成立，实现系统 (14.29) 的全局镇定就不太困难。

有鉴于此，现在要讨论的问题是确定命题 14.1.1 的主要假设 [即存在一个光滑函数 $V(x)$，使得式 (14.2) 成立，系统 (14.3) 为零状态可检测的] 得以满足的条件。如下所示，如果在系统 (14.27) 中：

- 函数 $a(z)$ 关于 z 是线性的，即 $a(z)=Az$，并且存在一个对称矩阵 $P>0$，使得

$$PA+A^{T}P\leqslant 0$$

即相关联的线性系统 $\dot{\tilde{z}}=A\tilde{z}$ 的平衡态 $\tilde{z}=0$ 在 Lyapunov 意义下是稳定的；

- 系统 $\dot{\xi} = \varphi(\xi)$ 的平衡态 $\xi = 0$ 既是全局渐近稳定的也是局部指数稳定的；

- 函数 $p(z, \xi)$ 关于 z 线性增长，即满足

$$\|p(z,\xi)\| \leqslant \gamma(\|\xi\|)(1 + \|z\|), \qquad \text{对于所有的 } z, \xi$$

其中 $\gamma(\cdot)$ 是一个 $\mathcal{K}$ 类函数，在原点可微。

那么，可保证存在一个满足式 (14.2) 的函数 $V(x)$。

后面要讨论在上述假设下是否存在 (以及能如何构造) 这样的函数。在此之前，有必要先分析一种特殊情况。此时，在系统 (14.27) 中，

$$\begin{aligned} a(z) =&\ Az \ \text{ 且 } \ A + A^{\mathrm{T}} = 0 \ \ (\text{即 } A \text{ 是一个反对称矩阵}) \\ p(z,\xi) =&p(\xi) \ \text{ 且 } \ p(\xi) \text{ 是关于 } \xi \text{ 分量的一个多项式} \\ \varphi(\xi) =&\ F\xi \ \text{ 且 } \ F \text{ 的所有特征值都具有负实部} \end{aligned}$$

换言之，所考虑的特殊情况是系统 $\dot{x} = f(x)$ 具有如下形式：

$$\begin{aligned} \dot{z} &= Az + p(\xi) \\ \dot{\xi} &= F\xi \end{aligned} \tag{14.30}$$

其中 A，$p(\xi)$ 和 F 满足上述假设条件。在这种情况下，可通过下面的有趣结果[①]来构造满足 $L_f V(z) \leqslant 0$ 的适常函数 $V(z)$。

引理 14.2.1. 令 $A \in \mathbb{R}^{n\times n}$ 且 $F \in \mathbb{R}^{\nu\times\nu}$ 为给定矩阵。以 $\mathcal{Q}$ 表示所有以 $\xi_1, \xi_2, \ldots, \xi_\nu$ 为变量、系数属于 $\mathbb{R}$、在 $\xi = 0$ 处取值为零的 ρ 次多项式所构成的向量空间。以 $\mathcal{F}$ 表示线性算子

$$\begin{aligned} \mathcal{F} \qquad \mathcal{Q}^n &\rightarrow \mathcal{Q}^n \\ q(\xi) &\mapsto \frac{\partial q}{\partial \xi} F\xi \end{aligned}$$

假设 $\mathcal{F}$ 的特征值没有一个是 A 的特征值，则给定 $\mathcal{Q}^n$ 中的任一元素 $p(\xi)$，存在 $\mathcal{Q}^n$ 中的唯一元素 $\pi(\xi)$，使得

$$\frac{\partial \pi}{\partial \xi} F\xi = A\pi(\xi) + p(\xi) \tag{14.31}$$

利用函数 $\pi(\xi)$，能够将系统 (14.30) 变为一个解耦系统。事实上，设

$$\zeta = z - \pi(\xi)$$

并利用式 (14.31)，可看到系统 (14.30) 变为

$$\begin{aligned} \dot{\zeta} &= A\zeta \\ \dot{\xi} &= F\xi \end{aligned}$$

① 证明见Byrnes et al. (1997a)，第 13 页。

此系统在 Lyapunov 意义下是稳定的。特别是，如果 $U(\xi)$ 是 ξ-子系统的任一 Lyapunov 函数，即一个正定适常函数，满足

$$\frac{\partial U}{\partial \xi}F\xi < 0,\ \text{对于所有的}\ \xi \neq 0$$

则如下定义的 (正定适常) 函数

$$\overline{W}(\zeta,\xi) = \zeta^{\mathrm{T}}\zeta + U(\xi)$$

满足 (回想一下，由假设知 $A = -A^{\mathrm{T}}$)

$$\frac{\partial \overline{W}}{\partial \zeta}\dot{\zeta} + \frac{\partial \overline{W}}{\partial \xi}\dot{\xi} = \frac{\partial U}{\partial \xi}F\xi \leqslant 0,\ \text{对于所有的}\ (\zeta,\xi) \tag{14.32}$$

现在考虑对 $\overline{W}(z,\xi)$ 进行坐标逆变换得到的 (正定适常) 函数，即函数

$$W(z,\xi) = \overline{W}(z - \pi(\xi),\xi)$$

这可重新写为

$$W(z,\xi) = z^{\mathrm{T}}z + U(\xi) + \Psi(z,\xi) \tag{14.33}$$

定义“交叉项” $\Psi(z,\xi)$ 为

$$\Psi(z,\xi) = -2\pi^{\mathrm{T}}(\xi)z + \pi^{\mathrm{T}}(\xi)\pi(\xi)$$

实际上，期望这个 (正定适常) 函数沿系统 (14.30) 轨线的导数等于式 (14.32) 等号右边进行坐标逆变换后而得到的表达式，即希望它正好等于

$$\frac{\partial U(\xi)}{\partial \xi}F\xi$$

因此，由于

$$\frac{\partial\left(z^{\mathrm{T}}z\right)}{\partial z}Az = 0$$

所以期望交叉项 $\Psi(z,\xi)$ 满足

$$\frac{\partial\left(z^{\mathrm{T}}z\right)}{\partial z}p(\xi) + \frac{\partial \Psi}{\partial z}[Az + p(\xi)] + \frac{\partial \Psi}{\partial \xi}F\xi = 0 \tag{14.34}$$

利用式 (14.31) 和性质 $A = -A^{\mathrm{T}}$，直接计算可见，情况确实如此。

注记 14.2.1. 注意到，如果系统 (14.30) 的 ξ-子系统并非一个线性系统，而是非线性系统，即 ξ-子系统为

$$\dot{\xi} = \varphi(\xi)$$

那么，只要存在

$$\frac{\partial \pi(\xi)}{\partial \xi}\varphi(\xi) = A\pi(\xi) + p(\xi) \tag{14.35}$$

的一个 (全局) 解 $\pi(\xi)$，同样的结论就仍然有效。集合

$$\mathcal{M} = \{(z,\xi) \in \mathbb{R}^n \times \mathbb{R}^\nu \colon z = \pi(\xi)\}$$

是系统

$$\begin{aligned}\dot{z} &= Az + p(\xi) \\ \dot{\xi} &= \varphi(\xi)\end{aligned} \tag{14.36}$$

的稳定流形。因此，方程 (14.35) 有全局解等价于系统 (14.36) 的稳定流形可以表示为上述形式，即表示为一个全局函数 $\pi(\xi)$ 的图形。 $\lhd$

在这种特殊情况下，能够找到系统 (14.30) 的一个 Lyapunov 函数，其交叉项 $\Psi(z,\xi)$ 沿轨线的导数可抵消如下符号不定项：

$$\frac{\partial\left(z^{\mathrm{T}}z\right)}{\partial z}p(\xi)$$

受这一事实启发，假设系统 $\dot{x}=f(x)$ 具有更一般的形式：

$$\begin{aligned}\dot{z} &= Az + p(z,\xi) \\ \dot{\xi} &= \varphi(\xi)\end{aligned} \tag{14.37}$$

我们来寻找一个类似的结论。

对于该系统，假设存在一个对称矩阵 $P>0$，使得

$$PA + A^{\mathrm{T}}P \leqslant 0$$

并且假设存在一个正定适常函数 $U(\xi)$，使得

$$\frac{\partial U}{\partial \xi}\varphi(\xi) < 0, \quad 对于所有的 \ \xi \neq 0$$

此外，假设存在一个交叉项 $\Psi(z,\xi)$，使得函数

$$W(z,\xi) = z^{\mathrm{T}}Pz + U(\xi) + \Psi(z,\xi) \tag{14.38}$$

是正定适常的，且满足

$$\frac{\partial\left(z^{\mathrm{T}}Pz\right)}{\partial z}p(z,\xi) + \frac{\partial \Psi}{\partial z}[Az + p(z,\xi)] + \frac{\partial \Psi}{\partial \xi}\varphi(\xi) = 0 \tag{14.39}$$

那么，函数 $W(z,\xi)$ 沿系统 (14.37) 轨线的导数将满足

$$\frac{\partial W}{\partial z}[Az + p(z,\xi)] + \frac{\partial W}{\partial \xi}\varphi(\xi) = z^{\mathrm{T}}\left(PA + A^{\mathrm{T}}P\right)z + \frac{\partial U}{\partial \xi}\varphi(\xi)$$

即在 $\mathbb{R}^n \times \mathbb{R}^\nu$ 上将为半负定的，因此符合命题 14.1.1 的假设 (14.2)。如果该函数也使系统 (14.3) 是零状态可检测的，则可以使用命题 14.1.1 提供的镇定反馈。

当然，作为一个附带结论，存在这样的交叉项意味着系统 (14.37) 的轨迹对于任何初始条件都是有界的，因此，先检查这个性质是否成立。分析所用的工具是系统 (14.37) 中耦合项关于 z 的线性增长假设和 ξ-子系统平衡态 $\xi=0$ 的局部指数稳定性假设 (另外，已经假设了 $P>0$ 和 $U(\xi)$ 的存在性，这反映了 $\dot{z}=Az$ 在 Lyapunov 意义下的稳定性，还假设了 ξ-子系统的全局渐近稳定性)。

引理 14.2.2. 考虑系统 (14.37)。假设：

(i) 存在一个对称矩阵 $P > 0$，使得 $PA + A^{\mathrm{T}}P \leqslant 0$；

(ii) 系统 $\dot{\xi} = \varphi(\xi)$ 的平衡态 $\xi = 0$ 既是全局渐近稳定的，也是局部指数稳定的；

(iii) 函数 $p(z,\xi)$ 满足

$$\|p(z,\xi)\| \leqslant \gamma(\|\xi\|)(1+\|z\|), \quad \text{对于所有的 } z,\xi$$

其中 $\gamma(\cdot)$ 是一个 $\mathcal{K}$ 类函数，在原点可微。那么，对于每一个 $(z^\circ,\xi^\circ) \in \mathbb{R}^n \times \mathbb{R}^\nu$，系统 (14.37) 在 $t=0$ 时过点 (z°,ξ°) 的积分曲线在 $[0,\infty)$ 上是有界的。

证明：当然，只需要建立 $z(t)$ 的有界性。令

$$V(t) = z^{\mathrm{T}}(t)Pz(t)$$

并注意到，由假设有

$$\begin{aligned}\dot{V}(t) &= 2z^{\mathrm{T}}(t)P[Az(t) + p(z(t),\xi(t))]\\ &\leqslant 2\|z(t)\|\|P\|\|p(z(t),\xi(t))\| \leqslant 2\|z(t)\|P\|\gamma(\|\xi(t)\|)(1+\|z(t)\|)\end{aligned}$$

根据假设 (ii)，利用引理 10.1.6 中指出的性质可知，存在一个 $\mathcal{K}$ 类函数 $\theta(\cdot)$ 和数 $b>0$，使得对于所有的 $t \geqslant 0$，有

$$\gamma(\|\xi(t)\|) \leqslant \theta\left(\|\xi^\circ\|\right)\mathrm{e}^{-bt}$$

不失一般性，假设 $\|z(t)\| \geqslant 1$，并利用对于某一个 $c>0$ 有 $\|z\|^2 \leqslant cz^{\mathrm{T}}Pz$ 的事实，可得，对于某一个 $d>0$ 有

$$\dot{V}(t) \leqslant 4\|P\|\|z\|^2\theta\left(\|\xi^\circ\|\right)\mathrm{e}^{-bt} \leqslant V(t)d\theta\left(\|\xi^\circ\|\right)\mathrm{e}^{-bt}$$

由 Gronwall-Bellman 不等式得到

$$V(t) \leqslant V(0)\mathrm{e}^{d\theta\left(\|\xi^0\|\right)\int_0^t \mathrm{e}^{-bs}\mathrm{d}s} \leqslant V(0)\mathrm{e}^{(d/b)\theta(\|\xi^\circ\|)}$$

这表明 $V(t)$ 在 $[0,\infty)$ 上有上界。由于 $z^{\mathrm{T}}Pz$ 的下界为 $(1/c)\|z\|^2$，所以 $z(t)$ 也是有界的。 $\triangleleft$

既已证明在此引理的假设下，系统 (14.37) 的轨线是有界的，接下来就要确定满足式 (14.39) 的函数 $\Psi(z,\xi)$。为说明如何实现这个目标，和之前一样，再次设

$$x = \begin{pmatrix} z \\ \xi \end{pmatrix}, \quad f(x) = \begin{pmatrix} Az + p(z,\xi) \\ \varphi(\xi) \end{pmatrix}$$

且设

$$G(x) = \Psi(z,\xi), \quad F(x) = 2z^{\mathrm{T}}Pp(z,\xi)$$

在这些记法下，式 (14.39) 简化为关于未知函数 $G(x)$ 的偏微分方程

$$\frac{\partial G}{\partial x}f(x) = -F(x) \tag{14.40}$$

以 $\overline{x}(x,t)$ 表示 $\dot{x} = f(x)$ 以 $t=0$ 时的点 x 为初始状态的积分曲线在时刻 $t \geqslant 0$ 时的值。如之前所示，函数 $\overline{x}(x,t)$ 对于所有的 $(x,t) \in (\mathbb{R}^n \times \mathbb{R}^\nu) \times [0,\infty)$ 都有定义。能够证明函数 $F(\overline{x}(x,t))$ 具有如下有趣性质。

引理 14.2.3. 设引理 14.2.2 的假设条件 (i)、(ii)、(iii) 成立。那么，对于所有的 $x \in (\mathbb{R}^n \times \mathbb{R}^\nu)$，函数 $F(\overline{x}(x,t))$ 满足

$$\lim_{t\to\infty} F(\overline{x}(x,t)) = 0 \tag{14.41}$$

$$\int_0^\infty F(\overline{x}(x,s))\mathrm{d}s < \infty \tag{14.42}$$

而且，函数

$$G(x) = \int_0^\infty F(\overline{x}(x,s))\mathrm{d}s \tag{14.43}$$

是一个光滑函数。

证明：以 $\overline{z}(z,\xi,t)$ 和 $\overline{\xi}(\xi,t)$ 分别表示 $\overline{x}(x,t)$ 的上、下分量 [注意，变量 z 并不在 $\overline{x}(x,t)$ 的下分量中出现，因为系统 (14.37) 的 ξ-子系统与 z 无关]，并注意到

$$|F(\overline{x}(x,t))| \leqslant 2\|P\|\|\overline{z}(z,\xi,t)\|(1+\|\overline{z}(z,\xi,t)\|)\gamma(\|\overline{\xi}(\xi,t)\|)$$

在引理 14.2.2 中已经证明，对于每一个 (z,ξ)，存在依赖于 (z,ξ) 的数 $M>0$，使得对于所有的 $t \geqslant 0$ 有 $\|\overline{z}(z,\xi,t)\| \leqslant M$。另外，对于某一个 $b>0$ 和一个 $\mathcal{K}$ 类函数 $\theta(\cdot)$，$\gamma(\|\overline{\xi}(\xi,t)\|) \leqslant \theta(\|\xi\|)\mathrm{e}^{-bt}$ 对于所有的 $t \geqslant 0$ 和所有的 ξ 都成立，因此有

$$|F(\overline{x}(x,t))| \leqslant 2\|P\|M(1+M)\theta(\|\xi\|)\mathrm{e}^{-bt}$$

并立即得到式 (14.41) 和式 (14.42)①。 ◁

现在设

$$x^\circ(t) = \overline{x}\left(x^\circ, t\right)$$

并利用 $\overline{x}(x^\circ,t)$ 所熟知的半群性质，有

$$G\left(x^\circ(t)\right) = \int_0^\infty F\left(\overline{x}\left(x^\circ(t),s\right)\right)\mathrm{d}s = \int_0^\infty F\left(\overline{x}\left(x^\circ,t+s\right)\right)\mathrm{d}s = \int_t^\infty F\left(\overline{x}\left(x^\circ,s'\right)\right)\mathrm{d}s'$$

取时间导数，得到

$$\left[\frac{\partial G}{\partial x}f(x)\right]_{x=x^\circ(t)} = -F\left(\overline{x}\left(x^\circ,t\right)\right) = -F\left(x^\circ(t)\right)$$

由于 x° 是任意的，这表明

$$\frac{\partial G}{\partial x}f(x) = -F(x)$$

即函数 (14.43) 是偏微分方程 (14.40) 的解。

已经以这种方式找到了一个满足条件 (14.39) 的函数。该函数可用变量 z 和 ξ 表示为

$$\varPsi(z,\xi) = \int_0^\infty 2[\overline{z}(z,\xi,s)]^{\mathrm{T}} Pp(\overline{z}(z,\xi,s),\overline{\xi}(\xi,s))\mathrm{d}s \tag{14.44}$$

另外，还能证明所得的函数 (14.38) 是正定适常的②。

---

① $G(x)$ 为光滑函数的证明可在Janković et al. (1996) 中找到。

② 证明见Janković et al. (1996)。

引理 14.2.4. 设引理 14.2.2 的假设条件 (i)、(ii)、(iii) 成立，则函数

$$W(z,\xi) = z^{\mathrm{T}}Pz + U(\xi) + \Psi(z,\xi) \tag{14.45}$$

是正定适常的。

注记 14.2.2. 作为练习，请读者注意，如果以非线性项 $a(z)$ 代替系统 (14.37) 中的线性项 Az，则只要存在一个正定适常函数 $V(z)$，使得 $L_aV(z) \leqslant 0$ 且

$$\left\|\frac{\partial V}{\partial z}\right\|\|z\| \leqslant cV(z)$$

对于某一个 $c>0$ 成立，就可利用前面讨论所用的相同论据，得出类似的结论。在这种情况下，交叉项 $\Psi(z,\xi)$ 将有表达式

$$\Psi(z,\xi) = \int_0^\infty \left[\frac{\partial V}{\partial z}\right]_{z=\overline{z}(z,\xi,s)} p(\overline{z}(z,\xi,s),\overline{\xi}(\xi,s))\mathrm{d}s$$

然而，为建立 $\Psi(z,\xi)$ 的连续可微性，需要对 $a(z)$ 做适当的额外假设①。

为使命题 14.1.1 的结果可应用于这一问题，下一步 (也是最后一步) 需要通过选择 $V(x) = W(z,\xi)$ [其中 $W(z,\xi)$ 如式 (14.45) 所示] 来检验该命题的零状态可检测性假设是否成立。这需要对系统 (14.27) 做一些额外的假设。

为方便起见，在此情况下使用引理 14.1.4 的结论，并且以检验系统

$$\begin{aligned}\dot{x} &= f(x)\\ y &= \begin{pmatrix} L_gV(x)\\ L_fV(x)\end{pmatrix}\end{aligned}$$

的可检测性来代替检验系统 (14.3) 的可检测性。注意到，所处理的系统，即系统 (14.27) 在当前情况下，即 $a(z) = Az$ 时，可重新写为

$$\begin{aligned}\dot{z} &= Az + p(z,\xi) + b(z,\xi)u\\ \dot{\xi} &= \varphi(\xi) + \theta(\xi)u\end{aligned} \tag{14.46}$$

因此，要确定的问题是系统

$$\begin{aligned}\dot{z} &= Az + p(z,\xi)\\ \dot{\xi} &= \varphi(\xi)\\ y_1 &= \frac{\partial W}{\partial z}b(z,\xi) + \frac{\partial W}{\partial \xi}\theta(\xi)\\ y_2 &= \frac{\partial W}{\partial z}[Az + p(z,\xi)] + \frac{\partial W}{\partial \xi}\varphi(\xi)\end{aligned} \tag{14.47}$$

是否可检测。

以下将证明，如果

① 进一步的细节见Sepulchre et al. (1997)。

- 系统 (14.46) 在平衡态 $(z,\xi,u)=(0,0,0)$ 处的线性近似是可镇定的；
- 函数 $p(z,\xi)$ 和 $b(z,\xi)$ 满足

$$\left[\frac{\partial p}{\partial \xi}\right]_{(z,0)} = M = \text{ 常数}, \quad b(z,0)=B=\text{ 常数} \tag{14.48}$$

则系统 (14.47) 确实是可检测的。为达到此目的，注意到，系统 (14.46) 在平衡态 $(z,\xi,u)=(0,0,0)$ 处的线性近似是形如

$$\begin{aligned} \dot{z} &= Az + M\xi + Bu \\ \dot{\xi} &= F\xi + Gu \end{aligned} \tag{14.49}$$

的线性系统，其中

$$M = \left[\frac{\partial p}{\partial \xi}\right]_{(0,0)}, \quad B = b(0,0), \quad F = \left[\frac{\partial \varphi}{\partial \xi}\right]_{(0)}, \quad G = \theta(0)$$

引理 14.2.5. 考虑系统 (14.46)。设引理 14.2.2 的假设条件 (i)、(ii)、(iii) 成立。另外，假设系统 (14.46) 在平衡态 $(z,\xi,u)=(0,0,0)$ 处的线性近似 (14.49) 是可镇定的，且条件 (14.48) 成立，则系统 (14.47) 是零状态可检测的。

证明: 考虑线性系统 (14.49) 并注意到它满足引理 14.2.4 的所有假设。因此，式 (14.45) 提供了一个正定函数的表达式，该函数的导数 [沿系统 (14.49) 当 $u=0$ 时的轨线] 是半负定的。特别是，选择 $U(\xi)$ 为一个二次函数 (这确实可以，因为所讨论的系统是线性的) 并注意到交叉项简化为函数

$$\Psi_L(z,\xi) = \int_0^\infty 2\left[\bar{z}_L(z,\xi,s)\right]^{\mathrm{T}} PM\mathrm{e}^{Fs}\xi \mathrm{d}s$$

其中 $\bar{z}(z,\xi,t)$ 是

$$\dot{z}(t) = Az(t) + M\mathrm{e}^{Ft}\xi, \quad z(0)=z$$

的解。由于 $\bar{z}(z,\xi,t)$ 是关于 (z,ξ) 的一个线性函数，所以交叉项 $\Psi(z,\xi)$ 是二次的。因此，整个函数 (14.45) 是一个二次型，可以写为

$$W_L(z,\xi) = \begin{pmatrix} z \\ \xi \end{pmatrix}^{\mathrm{T}} P_L \begin{pmatrix} z \\ \xi \end{pmatrix}$$

其中 $P_L>0$。由构造知，该函数的导数 [沿系统 (14.49) 当 $u=0$ 时的轨线] 是一个半负定二次型。因此，系统 (14.49)(事先假设为可镇定的) 满足引理 10.9.3 的假设。因此，系统

$$\begin{aligned} \dot{z} &= Az + M\xi \\ \dot{\xi} &= F\xi \\ y &= \begin{pmatrix} B^{\mathrm{T}} & G^{\mathrm{T}} \end{pmatrix} P_L \begin{pmatrix} z \\ \xi \end{pmatrix} \end{aligned} \tag{14.50}$$

是可检测的。注意，此系统的特殊轨线是那些形如 $(z(t), 0)$ 的轨线，其中 $z(t)$ 满足 $\dot{z} = Az$。因此，由于系统 (14.50) 是可检测的，所以系统

$$\begin{aligned} \dot{z} &= Az \\ w &= \begin{pmatrix} B^{\mathrm{T}} & G^{\mathrm{T}} \end{pmatrix} P_L \begin{pmatrix} z \\ 0 \end{pmatrix} \end{aligned} \tag{14.51}$$

也是可检测的。

现在回到非线性系统 (14.46)，并回想一下，所讨论的问题是确定系统 (14.47) 是零状态可检测的。因为由构造有

$$y_2 = z^{\mathrm{T}} \left(PA + A^{\mathrm{T}} P \right) z + \frac{\partial U}{\partial \xi} \varphi(\xi) \leqslant \frac{\partial U}{\partial \xi} \varphi(\xi)$$

且等号和小于等于号之间的项是关于 ξ 的负定函数，所以 $y_2 = 0$ 意味着 $\xi = 0$。回想一下，$p(z, 0) = 0$，因此，研究系统 (14.47) 的零状态可检测性简化为研究

$$\begin{aligned} \dot{z} &= Az \\ y &= \left[\frac{\partial W}{\partial z} \right]_{(z,0)} b(z, 0) + \left[\frac{\partial W}{\partial \xi} \right]_{(z,0)} \theta(0) \end{aligned} \tag{14.52}$$

的零状态可检测性。

现在容易检验，系统 (14.52) 的输出与系统 (14.51) 的输出一致 (在模一个常数因子的意义下)，而已证明系统 (14.51) 是可检测的，因而系统 (14.52) 也是可检测的，从而引理得证。要看到这点成立，注意，系统 (14.51) 的输出 w 为

$$w = \begin{pmatrix} z^{\mathrm{T}} & 0 \end{pmatrix} P_L \begin{pmatrix} B \\ G \end{pmatrix} = \frac{1}{2} \left[\frac{\partial W_L}{\partial z} \right]_{(z,0)} B + \frac{1}{2} \left[\frac{\partial W_L}{\partial \xi} \right]_{(z,0)} G$$

因此，鉴于条件 (14.48) 的第二个假设以及 B 和 G 的定义，有

$$2w = \left[\frac{\partial W_L}{\partial z} \right]_{(z,0)} b(z, 0) + \left[\frac{\partial W_L}{\partial \xi} \right]_{(z,0)} \theta(0)$$

与系统 (14.52) 的输出相比，可见只需要检验

$$\left[\frac{\partial W}{\partial z} \right]_{(z,0)} = \left[\frac{\partial W_L}{\partial z} \right]_{(z,0)}, \quad \left[\frac{\partial W}{\partial \xi} \right]_{(z,0)} = \left[\frac{\partial W_L}{\partial \xi} \right]_{(z,0)}$$

第一个等式显然成立，因为

$$W_L(z, 0) = W(z, 0) = z^{\mathrm{T}} P z$$

至于第二个等式，需要检验

$$\left[\frac{\partial \Psi_L}{\partial \xi} \right]_{(z,0)} = \left[\frac{\partial \Psi}{\partial \xi} \right]_{(z,0)} \tag{14.53}$$

利用条件 (14.48) 的第一个假设，可见

$$\left[\frac{\partial \Psi}{\partial \xi}\right]_{(z,0)} = \int_0^\infty 2[\overline{z}(z,0,s)]^{\mathrm{T}} P \left[\frac{\partial p}{\partial \xi}\right]_{(z,0)} \left[\frac{\partial \overline{\xi}}{\partial \xi}\right]_{(0)} \mathrm{d}s$$

$$= \int_0^\infty 2[\overline{z}(z,0,s)]^{\mathrm{T}} PM \left[\frac{\partial \overline{\xi}}{\partial \xi}\right]_{(0)} \mathrm{d}s = \int_0^\infty 2[\overline{z}(z,0,s)]^{\mathrm{T}} PM\mathrm{e}^{Fs}\mathrm{d}s$$

上式中用到了如下事实：

$$\left[\frac{\partial \overline{\xi}}{\partial \xi}\right]_{(0)} = \mathrm{e}^{Fs}$$

另一方面，有

$$\left[\frac{\partial \Psi_L}{\partial \xi}\right]_{(z,0)} = \int_0^\infty 2\left[\overline{z}_L(z,0,s)\right]^{\mathrm{T}} PM\mathrm{e}^{Fs}\mathrm{d}s$$

由于 $\overline{z}(z,0,s) = \overline{z}_L(z,0,s)$，这表明式 (14.53) 成立，证毕。 ◁

这样就证明了，在此引理的假设下，由于命题 14.1.1 的结果，系统 (14.46) 可被全局渐近镇定，从而实现了本节开始提出的一个主要设计目标，即镇定形如式 (14.26) 的系统。上述引理的一个假设是，系统 (14.46) 的 ξ-子系统的平衡态 $\xi = 0$，在 $u = 0$ 时也是局部指数稳定的。因此，考虑到要寻求递归运用之前的结果从而能镇定形如式 (14.24) 的系统，应该检验系统 (14.46) 的全局渐近镇定律也能实现局部指数稳定性。以下结果指出了这一点，为方便起见，在其中再次列出了之前的分析中引入的所有假设。

定理 14.2.6. 考虑系统

$$\begin{aligned} \dot{z} &= Az + p(z,\xi) + b(z,\xi)u \\ \dot{\xi} &= \varphi(\xi) + \theta(\xi)u \end{aligned} \tag{14.54}$$

假设：

(i) 存在对称矩阵 $P > 0$ 使得 $PA + A^{\mathrm{T}}P \leqslant 0$；

(ii) 系统 $\dot{\xi} = \varphi(\xi)$ 的平衡态 $\xi = 0$ 既是全局渐近稳定的也是局部指数稳定的；

(iii) 函数 $p(z,\xi)$ 满足

$$\|p(z,\xi)\| \leqslant \gamma(\|\xi\|)(1 + \|z\|), \quad \text{对于所有的 } z,\xi$$

其中 $\gamma(\cdot)$ 是一个 $\mathcal{K}$ 类函数，在原点可微；

(iv) 函数 $p(z,\xi)$ 和 $b(z,\xi)$ 满足

$$\left[\frac{\partial p}{\partial \xi}\right]_{(z,0)} = \text{常数}, \quad b(z,0) = \text{常数}$$

(v) 系统 (14.54) 在平衡态 $(z,\xi,u) = (0,0,0)$ 处的线性近似是可镇定的。

令 $U(\xi)$ 为一个光滑函数，对于所有的 ξ 满足

$$\begin{gathered} \underline{\alpha}(\|\xi\|) \leqslant U(\xi) \leqslant \overline{\alpha}(\|\xi\|) \\ L_\varphi U(\xi) < -\alpha(\|\xi\|) \end{gathered}$$

其中 $\underline{\alpha}(\cdot)$，$\overline{\alpha}(\cdot)$ 和 $\alpha(\cdot)$ 均为 $\mathcal{K}_\infty$ 类函数，对于某些 $\delta>0$，$a>0$，$b>0$ 和所有的 $s\in[0,\delta]$，有 $\underline{\alpha}(s)=as^2$ 和 $\alpha(s)=bs^2$。

令 $\Psi(z,\xi)$ 为式 (14.44) 中定义的函数，并设

$$u^*(z,\xi)=2z^{\mathrm{T}}Pb(z,\xi)+\frac{\partial\Psi}{\partial z}b(z,\xi)+\frac{\partial\Psi}{\partial\xi}\theta(\xi)+\frac{\partial U}{\partial\xi}\theta(\xi) \tag{14.55}$$

那么，反馈律

$$u=-\varepsilon u^*(z,\xi)$$

对于任一 $\varepsilon>0$，全局渐近稳定且局部指数镇定系统 (14.54) 的平衡态 $(z,\xi)=(0,0)$。

证明：除了局部指数稳定性，其他所有内容都已证明。而这一点可由引理 14.2.5 的证明中用过的类似论据得出。该引理的证明表明

$$u^*(z,0)=\left[\frac{\partial W}{\partial z}\right]_{(z,0)}b(z,0)+\left[\frac{\partial W}{\partial\xi}\right]_{(z,0)}\theta(0)$$

上式是 z 的线性函数，可表示为

$$2\begin{pmatrix}B^{\mathrm{T}} & G^{\mathrm{T}}\end{pmatrix}P_L\begin{pmatrix}z\\0\end{pmatrix}$$

以类似的方式能够证明，函数 $u^*(0,\xi)$ 在 $\xi=0$ 处的线性近似的形式为

$$2\begin{pmatrix}B^{\mathrm{T}} & G^{\mathrm{T}}\end{pmatrix}P_L\begin{pmatrix}0\\\xi\end{pmatrix}$$

由此易见，$-\varepsilon u^*(z,\xi)$ 在 $(z,\xi)=0$ 处的线性近似与反馈律

$$u_L(z,\xi)=-2\varepsilon\begin{pmatrix}B^{\mathrm{T}} & G^{\mathrm{T}}\end{pmatrix}P_L\begin{pmatrix}z\\\xi\end{pmatrix}$$

一致，而该反馈律已知 [利用命题 14.1.1 和系统 (14.50) 可检测的性质] 可渐近镇定系统 (14.54) 在平衡态 $(z,\xi,u)=(0,0,0)$ 处的线性近似。结论得证。 $\triangleleft$

正如本节开头部分所述，这类结论适合于用一个递归设计过程对如下系统：

$$\begin{aligned}
\dot{x}_1&=A_1x_1+p_1(x_1,x_2,\ldots,x_n)+b_1(x_1,x_2,\ldots,x_n)u\\
\dot{x}_2&=A_2x_2+p_2(x_2,x_3,\ldots,x_n)+b_2(x_2,x_3,\ldots,x_n)u\\
&\vdots\\
\dot{x}_{n-1}&=A_{n-1}x_{n-1}+p_{n-1}(x_{n-1},x_n)+b_{n-1}(x_{n-1},x_n)u\\
\dot{x}_n&=\varphi(x_n)+\theta(x_n)u
\end{aligned} \tag{14.56}$$

实现镇定反馈律的综合设计，其中假设矩阵 $A_i(i=1,\ldots,n-1)$ 使伴随系统 $\dot{\tilde{x}}=A_i\tilde{x}_i$ 是 Lyapunov 意义下稳定的 (但可能并非渐近稳定)，并且 $p_i(x_i,0,\ldots,0)=0$。

如果积分器链的 x_n 系统在 $u=0$ 时是全局渐近稳定且局部指数稳定的，$p_{n-1}(x_{n-1},x_n)$ 项和 $b_{n-1}(x_{n-1},x_n)$ 项满足假设 (iii) 和假设 (iv)，并且系统

$$\begin{aligned}\dot{x}_{n-1} &= A_{n-1}x_{n-1}+p_{n-1}(x_{n-1},x_n)+b_{n-1}(x_{n-1},x_n)u\\ \dot{x}_n &= \varphi(x_n)+\theta(x_n)u\end{aligned}$$

的线性近似是可镇定的，则能够找到一个反馈律 $u_{n-1}(x_{n-1},x_n)$，使系统

$$\begin{aligned}\dot{x}_{n-1} &= A_{n-1}x_{n-1}+p_{n-1}(x_{n-1},x_n)+b_{n-1}(x_{n-1},x_n)(u_{n-1}(x_{n-1},x_n)+u)\\ \dot{x}_n &= \varphi(x_n)+\theta(x_n)(u_{n-1}(x_{n-1},x_n)+u)\end{aligned}$$

在 $u=0$ 时全局渐近稳定且局部指数稳定。然后，迭代这个过程。注意到，由于以 $u(x_{n-1},x_n)+u$ 替换 u，互连项 $p_i(x_i,\ldots,x_1)$ 和 $b_i(x_i,\ldots,x_1)$ 均被改变，因此必须重新检验假设 (iii) 和假设 (iv) 是否满足。在每一阶段，假设 (v) 的满足可由整个系统 (14.56) 的线性近似是可镇定的这个假设保证，这归功于三角型结构及状态反馈不破坏可镇定性的事实。

能保证事先满足假设 (iii) 和假设 (iv) 的一种情况是，对于适当的 $\mathcal{K}$ 类函数 $\gamma_i(\cdot)$ 和 $\chi_i(\cdot)$，互连项满足

$$\begin{aligned}\|p_i(x_i,x_{i+1},\ldots,x_n)\| &\leqslant \gamma_i(\|(x_{i+1},\ldots,x_n)\|)(1+\|x_i\|)\\ \|b_i(x_i,x_{i+1},\ldots,x_n)\| &\leqslant \chi_i(\|(x_{i+1},\ldots,x_n)\|)(1+\|x_i\|)\\ \left[\frac{\partial p_i}{\partial(x_{i+1},\ldots,x_n)}\right]_{(x_i,0,\ldots,0)} &= \text{常数}\\ b_i(x_i,0,\ldots,0) &= \text{常数}\end{aligned}$$

事实上，以 $n=3$ 的情况为例，设计好反馈律 $u_2(x_2,x_3)$ 且用 $u_2(x_2,x_3)+u$ 替换 u 之后，可得到如下形式的系统：

$$\begin{aligned}\dot{x}_1 &= A_1x_1+\tilde{p}_1(x_1,x_2,x_3)+\tilde{b}_1(x_1,x_2,x_3)u\\ \dot{x}_2 &= A_2x_2+\tilde{p}_2(x_2,x_3)+\tilde{b}_2(x_2,x_3)u\\ \dot{x}_3 &= \tilde{f}_3(x_2,x_3,u)\end{aligned}$$

其中

$$\begin{aligned}\tilde{p}_1(x_1,x_2,x_3) &= p_1(x_1,x_2,x_3)+b_1(x_1,x_2,x_3)u_2(x_2,x_3)\\ \tilde{b}_1(x_1,x_2,x_3) &= b_1(x_1,x_2,x_3)\end{aligned}$$

显然，如果 $b_1(x_1,0,0)$ 是常数则 $\tilde{b}_1(x_1,0,0)$ 也是常数。此外，由于 $u_2(0,0)=0$，也有

$$\left[\frac{\partial\tilde{p}_1}{\partial(x_2,x_3)}\right]_{(x_1,0,0)} = \left[\frac{\partial p_1}{\partial(x_2,x_3)}\right]_{(x_1,0,0)} + b_1(x_1,0,0)\left[\frac{\partial u_2}{\partial(x_2,x_3)}\right]_{(0,0)}$$

是常数。最后，还有

$$\begin{aligned}&\|\tilde{p}_1(x_1,x_2,x_3)\|\\ &\quad\leqslant \gamma_1(\|(x_2,x_3)\|)(1+\|x_1\|)+\chi_1(\|(x_2,x_3)\|)(1+\|x_1\|)\|u_1(x_2,x_3)\|\end{aligned}$$

这为 $\tilde{p}_1(x_1, x_2, x_3)$ 确立了期望的增长条件。

在结束本节时，注意上述结果也能用于全局渐近镇定由如下形式方程组描述的系统：

$$\begin{aligned}
\dot{x}_1 &= A_1 x_1 + g_1(x_1, x_2, \ldots, x_n, u) \\
\dot{x}_2 &= A_2 x_2 + g_2(x_2, x_3, \ldots, x_n, u) \\
&\vdots \\
\dot{x}_{n-1} &= A_{n-1} x_{n-1} + g_{n-1}(x_{n-1}, x_n, u) \\
\dot{x}_n &= g_n(x_n, u)
\end{aligned}$$

其中以上各式等号右边并非控制输入 u 的仿射函数。为看到这一点，实际只需将 $g_i(x_i, \ldots, x_n, u)$ 分解为

$$g_i(x_i, \ldots, x_n, u) = p_i(x_i, \ldots, x_n) + b_i(x_i, \ldots, x_n) u + q_i(x_i, \ldots, x_n, u) u^2$$

其中

$$\begin{aligned}
p_i(x_i, \ldots, x_n) &= g_i(x_i, \ldots, x_n, 0) \\
b_i(x_i, \ldots, x_n) &= \left[\frac{\partial g_i}{\partial u}\right]_{(x_i, \ldots, x_n, 0)}
\end{aligned}$$

并利用定理 14.1.3 的结果。递归过程的每一次迭代必须处理一个如下形式的系统：

$$\begin{aligned}
\dot{z} &= Az + p(z,\xi) + b(z,\xi)u + q(z,\xi,u)u^2 \\
\dot{\xi} &= \varphi(\xi) + \theta(\xi)u + \gamma(\xi,u)u^2
\end{aligned} \tag{14.57}$$

如果 A，$p(z,\xi)$，$b(z,\xi)$，$\varphi(\xi)$，$\theta(\xi)$ 使定理 14.2.6 的假设成立，则能够找到一个正定适常函数 $W(z,\xi)$，使得

$$\frac{\partial W}{\partial z}[Az + p(z,\xi)] + \frac{\partial W}{\partial \xi}\varphi(\xi) \leqslant 0$$

并且使系统

$$\begin{aligned}
\dot{z} &= Az + p(z,\xi) \\
\dot{\xi} &= \varphi(\xi) \\
y &= \frac{\partial W}{\partial z} b(z,\xi) + \frac{\partial W}{\partial \xi}\theta(\xi)
\end{aligned}$$

零状态可检测。因此，利用定理 14.1.3，能够找到一个反馈律全局渐近镇定系统 (14.57)。如之前所示，在迭代的每一阶段，定理 14.2.6 的假设都必须被重新检验，除非对于描述系统的各个函数设置特殊的假设，以便预先保证这些性质。关于如何实现的细节留给读者作为练习。

14.3　使用饱和函数实现镇定

14.2 节中所分析的基本结构 [见式 (14.26)] 是非线性系统

$$\dot{\xi} = \phi(\xi, u)$$

[假设在 $(\xi, u) = (0, 0)$ 处有一个全局渐近稳定且局部指数稳定的平衡态] 和系统

$$\dot{z} = \psi(z, \xi, u)$$

的级联，其中

$$\psi(z, 0, 0) = Az$$

在不等式 $PA + A^{\mathrm{T}}P \leqslant 0$ 对于某一个对称矩阵 $P > 0$ 成立的假设下，以及函数 $\psi(z, \xi, u)$ 满足适当的附加条件下，已证明能够利用幅值有界的控制输入全局渐近镇定该类系统。

本节介绍一种不同的方法来镇定具有这种结构的系统，这在某种意义上更有吸引力，因为产生的控制律并不像在 14.2 节中确定反馈律 (14.55) 那样，基于一个可明确得到的 Lyapunov 函数。事实上，必须强调的是，反馈律 (14.55) 的显式计算需要先通过积分式 (14.44) 确定交叉项 $\Psi(z, \xi)$，这通常会导致计算非常困难。

分析的第一阶段是研究线性系统

$$\dot{z} = Az + Bu$$

的动态受一个相加的非线性项 $g(\xi, u)$ 干扰的情况，其中矩阵对 (A, B) 可镇定，且对于某一个对称矩阵 $P > 0$ 有 $PA + A^{\mathrm{T}}P \leqslant 0$，$\xi$ 是非线性系统

$$\dot{\xi} = f(\xi, u)$$

的状态。也就是说，所研究的系统具有如下结构：

$$\begin{aligned} \dot{z} &= Az + Bu + g(\xi, u) \\ \dot{\xi} &= f(\xi, u) \end{aligned} \tag{14.58}$$

实际上，如果假设式 (14.57) 中的 $b(z, \xi)$ 和 $q(z, \xi, u)$ 都与 z 无关，则可视为上述系统。

以下将阐述如何利用反馈律

$$u = u(z, v) \tag{14.59}$$

镇定系统 (14.58)，其中 v 代表一个附加的控制输入，这里引入它的目的是为递归设计具有前馈结构的系统搭建舞台。注意到，这个反馈只依赖于状态 z 而不依赖于状态 ξ，这与 14.2 节中导出的反馈全然不同，该反馈同时依赖于 z 和 ξ。然而，将会看到，如果系统 (14.58) 的 ξ-子系统在 $(\xi, u) = (0, 0)$ 处具有一个全局渐近稳定的平衡态，则正如自然直觉所提示的那样，这种控制结构的局限性并不太大。

控制律 (14.59) 引入了两个子系统之间的反馈耦合，否则它们将仅是级联耦合。事实上，具有反馈律 (14.59) 的系统 (14.58) 可视为由两个子系统互连而成，其中一个子系统的输入为 u_1 和 v，状态为 x_1，输出为 y_1，模型方程为

$$\begin{aligned} \dot{x}_1 &= f_1(x_1, u_1, v) \\ y_1 &= h_1(x_1, v) \end{aligned} \tag{14.60}$$

另一个子系统的输入为 u_2，状态为 x_2，输出为 y_2，其模型方程为

$$\begin{aligned} \dot{x}_2 &= f_2(x_2, u_2) \\ y_2 &= h_2(x_2, u_2) \end{aligned} \tag{14.61}$$

互连由以下方式实现 (见图 14.2):

$$u_2 = y_1 \quad u_1 = y_2 \tag{14.62}$$

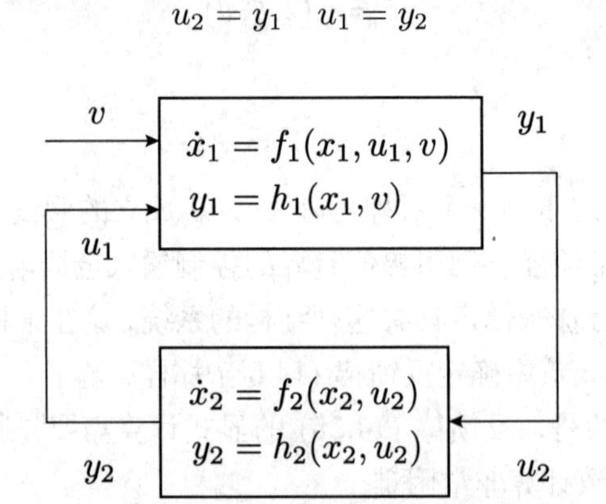

图 14.2　带有输入 v 的反馈连接

为了看到确实如此，只需设 $x_1 = z$，$x_2 = \xi$，并设

$$\begin{aligned} f_1(x_1, u_1, v) &= Ax_1 + Bu(x_1, v) + u_1 \\ h_1(x_1, v) &= u(x_1, v) \\ f_2(x_2, u_2) &= f(x_2, u_2) \\ h_2(x_2, u_2) &= g(x_2, u_2) \end{aligned} \tag{14.63}$$

可通过小增益定理来研究这种互连系统的稳定性。在当前情况下，利用要使用的控制律幅值有界的事实，可以方便地使用该定理的一种修正形式 (将在下文中予以阐述并用到了 A. Teel① 引入的"增益"概念)，它只考虑 t 趋于无穷时响应的渐近行为边界。

对于一个分段连续函数 u: $[0, \infty) \to \mathbb{R}^m$，定义

$$\|u(\cdot)\|_a = \limsup_{t\to\infty} \left\{ \max_{1 \leqslant i \leqslant m} |u_i(t)| \right\}$$

这个引入量称为 $u(\cdot)$ 的渐近"范数"。

对于具有输入和输出且模型方程为

$$\begin{aligned} \dot{x} &= f(x, u) \\ y &= h(x, u) \end{aligned} \tag{14.64}$$

的系统，其中 $x \in \mathbb{R}^n$，$u \in \mathbb{R}^m$，$y \in \mathbb{R}^p$，且 $f(0,0) = 0$，$h(0,0) = 0$，如下定义依据输入的渐近界和相应输出响应的渐近界描述了"增益"的概念。

定义 14.3.1. 如果存在一个 $\mathcal{K}$ 类函数 $\gamma_u(\cdot)$，称之为增益函数，使得系统 (14.64) 对于任一 $x^\circ \in X$ 和满足 $\|u(\cdot)\|_a < U$ 的任一分段连续输入 $u(\cdot)$，初始状态为 $x(0) = x^\circ$ 的响应 $x(t)$ 对于所有的 $t \geqslant 0$ 都存在，并且使 $y(t) = h(x(t), u(t))$ 满足

$$\|y(\cdot)\|_a \leqslant \gamma_u(\|u(\cdot)\|_a)$$

① 见Teel (1996a)。

则称该系统在 x° 受限于 X 且 $u(\cdot)$ 受限于 U 的情况下满足一个渐近的 (输入-输出) 界。

注记 14.3.1. 显然，上述定义的表述方式只是描述了输入的渐近界如何影响输出的渐近界，而没有特别考虑状态的渐近界 (如果有)。为便于将状态的渐近界与之前的定义进行比较，将状态特殊化为 $h(x,u)=x$，即系统 (14.64) 的输出与其状态一致。在这种情况下，该定义表明，对于任一 $x^\circ \in X$，有

$$\|x(\cdot)\|_a \leqslant \gamma_u\left(\|u(\cdot)\|_a\right)$$

但没有 (像受限情况下输入到状态稳定性的定义那样) 规定 $\|x(t)\|$ 和 $\|x^\circ\|$ 之间的任何特殊关系。如果在特殊情况下，X 是原点的一个邻域且 $u(t)=0$，则此定义意味着

$$\lim_{t\to\infty}\|x(t)\|=0$$

但它不一定意味着原点的局部渐近稳定性，因为并未要求该点在 Lyapunov 意义下稳定。正是因为这一事实，在后续应用中，为检验某些系统具有一个 (全局) 渐近稳定的平衡态，将单独采用其他方法 (特别是一阶近似下的稳定性原理) 来解决局部渐近稳定性问题。 ◁

现在假设系统 (14.60) 在 x_1° 受限于 X_1、$u_1(\cdot)$ 受限于 U_1 且 $v(\cdot)$ 受限于 V 的情况下满足一个渐近的输入-输出界，即假设存在增益函数 $\gamma_1(\cdot)$ 和 $\gamma_v(\cdot)$，使得对于任一 $x_1(0)\in X_1$，对于分段连续的 $u_1(\cdot)$ 和 $v(\cdot)$ (全都满足给定的限制)，响应 $x_1(t)$ 对于所有的 $t\geqslant 0$ 都存在，且

$$\|y_1(\cdot)\|_a \leqslant \max\left\{\gamma_1\left(\|u_1(\cdot)\|_a\right),\gamma_v\left(\|v(\cdot)\|_a\right)\right\}$$

类似地，假设系统 (14.61) 在 x_2° 受限于 X_2 且 $u_2(\cdot)$ 受限于 U_2 的情况下满足一个渐近的输入-输出界，即假设存在一个增益函数 $\gamma_2(\cdot)$，使得对于任一 $x_2(0)\in X_2$，对于分段连续的 $u_2(\cdot)$ (满足给出的限制)，响应 $x_2(t)$ 对于所有的 $t\geqslant 0$ 都存在，且

$$\|y_2(\cdot)\|_a \leqslant \gamma_2\left(\|u_2(\cdot)\|_a\right)$$

下面的定理表明，如果增益函数 $\gamma_1(\cdot)$ 和 $\gamma_2(\cdot)$ 满足小增益条件，则互连系统 (14.60)–(14.61)–(14.62) 在受适当限制的情况下满足一个渐近的输入-输出界。

定理 14.3.1. 考虑图 14.2 所示的互连系统，并假设两个子系统在具有上述限制和增益函数的情况下满足渐近的输入-输出界。假设 $U_1=\infty$，还假设

$$\lim_{r\to\infty}\gamma_1(r)<\infty,\quad \lim_{r\to\infty}\gamma_1(r)\leqslant U_2$$

令 $\tilde V$ 为任一数，满足

$$\tilde V\leqslant V,\quad \gamma_v(\tilde V)\leqslant U_2$$

假设对于所有的 $(x_1(0),x_2(0))\in X_1\times X_2$ 和满足 $\|v(\cdot)\|_a\leqslant \tilde V$ 的任一分段连续的 $v(\cdot)$，响应 $(x_1(t),x_2(t))$ 对于所有的 $t\geqslant 0$ 都存在。

那么，如果对于所有的 $r>0$ 有

$$\gamma_1\circ\gamma_2(r)<r$$

则互连系统在 (x_1°, x_2°) 受限于 $(X_1 \times X_2)$ 且 $v(\cdot)$ 受限于 $\tilde{V}$ 的情况下满足一个渐近的输入-输出界，并且

$$\begin{aligned}\|y_1(\cdot)\|_a &\leqslant \gamma_v\left(\|v(\cdot)\|_a\right)\\ \|y_2(\cdot)\|_a &\leqslant \gamma_2 \circ \gamma_v\left(\|v(\cdot)\|_a\right)\end{aligned} \tag{14.65}$$

证明: 如果 $\|v(\cdot)\|_a \leqslant \tilde{V} \leqslant V$，则由于对 $\|u_1(\cdot)\|_a$ 没有限制，所以有

$$\|y_1(\cdot)\|_a \leqslant \max\left\{\gamma_1\left(\|y_2(\cdot)\|_a\right), \gamma_v\left(\|v(\cdot)\|_a\right)\right\}$$

假设 $\|v(\cdot)\|_a$ 是有限的 (否则无须证明), 鉴于对 $\gamma_1(\cdot)$ 所做的假设和 $\tilde{V}$ 的定义, 这表明 $\|y_1(\cdot)\|_a$ 有限且

$$\|y_1(\cdot)\|_a \leqslant U_2$$

因此

$$\|y_2(\cdot)\|_a \leqslant \gamma_2\left(\|y_1(\cdot)\|_a\right)$$

从而有 $\|y_2(\cdot)\|_a$ 也是有限的。

结合这些不等式并利用小增益条件即得到式 (14.65)。 ◁

下面将用这个特殊形式的小增益定理对系统 (14.58) 证明所期望的镇定结果。为此，需要一个辅助性质，这是命题 14.1.5 的简单推论。

推论 14.3.2. 考虑线性系统 (14.17)。假设 (A, B) 可镇定，且存在一个对称矩阵 $P > 0$ 使得式 (14.18) 成立，则矩阵 $A - BB^{\mathrm{T}}P$ 的所有特征值属于 $\mathbb{C}^-$。令 $\sigma(\cdot)$ 为任一 $\mathbb{R}^m$-值饱和函数，并考虑系统

$$\begin{aligned}\dot{x} &= Ax + B\sigma\left(-B^{\mathrm{T}}Px + v\right) + w\\ y &= x\end{aligned} \tag{14.66}$$

则存在数 $\delta' > 0$，使得系统 (14.66) 在 x° 不受限制且 $v(\cdot)$ 和 $w(\cdot)$ 受限于 δ' 的情况下，满足一个渐近的 (输入-输出) 界，线性增益函数为 $\gamma_v(\cdot)$ 和 $\gamma_w(\cdot)$。

证明: 如果 $v(\cdot)$ 和 $w(\cdot)$ 都是分段连续的，则对于任一 $x(0)$，响应 $x(t)$ 对于所有的 $t \geqslant 0$ 都存在。设 $c = \max\{\sqrt{m}, \sqrt{n}\}$ 且 $\delta' = \delta/2c$，则对于满足

$$\max\left\{\|v(\cdot)\|_a, \|w(\cdot)\|_a\right\} \leqslant \delta'$$

的任一 $v(\cdot)$ 和 $w(\cdot)$，存在 $T > 0$，使得

$$\|v(t)\| \leqslant \delta, \quad \|w(t)\| \leqslant \delta, \qquad \text{对于所有的 } t \in [T, \infty)$$

命题 14.1.5 中的估计式对于任一 x° 都成立。因此，不论 $x(T)$ 取值为何，由 $v(\cdot)$ 和 $w(\cdot)$ 在区间 $[T, \infty)$ 上的限制满足给定的界限，即可得到要证的结论。 ◁

换言之，此推论说明，如果 (A, B) 可镇定且存在一个对称矩阵 $P > 0$ 使得式 (14.18) 成立，那么，使 $A + BK$ 的所有特征值属于 $\mathbb{C}^-$ 且系统

$$\begin{aligned}\dot{x} &= Ax + B\sigma(Kx + v) + w\\ y &= x\end{aligned} \tag{14.67}$$

在 x° 不受限制且 $v(\cdot)$ 和 $w(\cdot)$ 受限于 $\delta'>0$ 的情况下，满足一个增益函数为线性的渐近 (输入-输出) 界的矩阵 K 的集合是非空的。这一事实将用于推导下一个结果，它描述了如何仅使用线性函数和饱和函数有效地设计系统 (14.58) 的控制律。

定理 14.3.3. 考虑系统

$$\begin{aligned}\dot{z} &= Az + Bu + g(\xi,u)\\ \dot{\xi} &= f(\xi,u)\end{aligned} \tag{14.68}$$

其中 $x\in\mathbb{R}^n$，$\xi\in\mathbb{R}^\nu$，$u\in\mathbb{R}^m$，$g(\xi,u)$ 和 $f(\xi,u)$ 均满足局部 Lipschitz 条件，且 $g(0,0)=0$，$f(0,0)=0$。假设：

(i) (A,B) 可镇定且存在一个对称矩阵 $P>0$，使得 $PA+A^{\mathrm{T}}P\leqslant 0$；

(ii) 系统

$$\begin{aligned}\dot{\xi} &= f(\xi,u)\\ y &= \xi\end{aligned}$$

在 ξ° 受限于 $\varXi$ 和 $u(\cdot)$ 受限于 $U>0$ 的情况下，满足一个增益函数为线性的渐近 (输入-输出) 界；

(iii) 函数 $g(\xi,\mu)$ 满足

$$\lim_{\|(\xi,u)\|\to 0}\frac{\|g(\xi,u)\|}{\|(\xi,u)\|}=0$$

令 $\sigma(\cdot)$ 为任一 $\mathbb{R}^m$-值饱和函数。选取一个 $n\times m$ 阶矩阵 K 使得 $A+BK$ 的所有特征值位于 $\mathbb{C}^-$，且对于某一个 $\delta'>0$，系统 (14.67) 在 x° 不受限制且和 $v(\cdot)$ 和 $w(\cdot)$ 受限于 δ' 的情况下，满足一个增益函数为线性的渐近 (输入-输出) 界。选取两个 $m\times m$ 阶矩阵 $\varGamma$ 和 $\varOmega$。

那么，存在数 $\lambda>0$ 和 $V>0$，使得具有控制

$$u^*(z,v)=\lambda\sigma\left(\frac{Kz+\varGamma v}{\lambda}\right)+\varOmega v \tag{14.69}$$

和输出 $y=\mathrm{col}(z,\xi)$ 的系统 (14.68) 在 (z°,ξ°) 受限于 $\mathbb{R}^n\times\varXi$ 且 $v(\cdot)$ 受限于 V 的情况下，满足一个增益函数为线性的渐近 (输入-输出) 界。

证明: 反馈律 (14.69) 所产生的闭环系统如图 14.3 所示，这是小增益定理 14.3.1 能够应用的结构。为方便起见，将证明分成几步。

(a) 首先证明，如果 $v(\cdot)$ 是分段连续的，则轨线对所于有的 t 都有定义。为此，假设轨线定义在 $[0,T)$ 上，并注意到，根据饱和函数的性质，有

$$\|y_1(t)\|\leqslant m\lambda\bar{k}+\|\varOmega v(t)\|$$

因此 $y_1(t)$ 在 $[0,T)$ 上有界。现在对于图 14.3 中的 ξ-子系统考虑如下定义的输入：

$$\begin{aligned}u_2(t) &= y_1(t), &&\text{若 } t\in[0,T)\\ &= \ 0, &&\text{若 } t\geqslant T\end{aligned}$$

并以 $\tilde{\xi}(t)$ 表示由初始状态 ξ° 产生的响应。依据假设 (ii)，由于 $\|u_2(\cdot)\|_a=0$，所以 $\tilde{\xi}(t)$ 对于所有的 $t\geqslant 0$ 有定义，因此在 $[0,T)$ 上有界。由因果性，对于所有的 $t\in[0,T)$ 有 $\tilde{\xi}(t)=\xi(t)$，因此 $\xi(t)$ 在 $[0,T)$ 上有界。

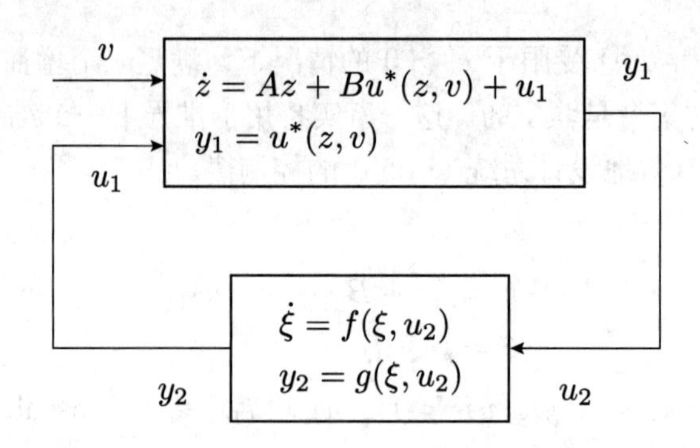

图 14.3　带有输入 v 的反馈连接

现在，考虑图 14.3 中的 z-子系统。由于 $v(\cdot)$ 和 $y_2(t)$ 均在 $[0,T)$ 上有界，所以同样的论据表明 $z(t)$ 在 $[0,T)$ 上有界。这说明不可能存在有限逃逸时间，即轨线对于所有的 $t \geqslant 0$ 都有定义。

(b) 注意到，如果选择定理中给出的 K，则对于每一个 $\lambda > 0$，系统

$$\begin{aligned}\dot{z} &= Az + B\lambda\sigma\left(\frac{Kz+v}{\lambda}\right) + w\\ y &= z\end{aligned} \tag{14.70}$$

在 z° 不受限制且 $v(\cdot)$ 和 $w(\cdot)$ 受限于 $\lambda\delta'$ 的情况下，满足一个增益函数为线性的渐近 (输入-输出) 界，例如

$$\gamma_v(r) = L_v r, \quad \gamma_w(r) = L_w r$$

想要检验这种情况，只要定义新坐标为 $x = z/\lambda$，这将之前的系统变为

$$\begin{aligned}\dot{x} &= Ax + B\sigma\left(Kx + \frac{v}{\lambda}\right) + \frac{w}{\lambda}\\ y &= \lambda x\end{aligned}$$

因此，如果对于任一 z° 有

$$\|\varGamma v(\cdot)\|_a \leqslant \lambda\delta', \quad \|B\varOmega v(\cdot) + u_1(\cdot)\|_a \leqslant \lambda\delta'$$

则图 14.3 中的 z-子系统的响应 $z(t)$ 满足

$$\|z(\cdot)\|_a \leqslant \max\{L_v\|\varGamma v(\cdot)\|_a, L_w\|B\varOmega v(\cdot) + u_1(\cdot)\|_a\}$$

确实，能够找到数 $\delta'' > 0$ 和数 $N > 0$，使得如果对于任一 z° 有

$$\|v(\cdot)\|_a \leqslant \lambda\delta'', \quad \|u_1(\cdot)\|_a \leqslant \lambda\delta''$$

则图 14.3 中的 z-子系统的响应 $z(t)$ 满足

$$\|z(\cdot)\|_a \leqslant N\max\{\|v(\cdot)\|_a, \|u_1(\cdot)\|_a\} \tag{14.71}$$

现在看到，利用性质 (14.21)，对于每一个 $i=1,\ldots,m$，有

$$\begin{aligned}|[u^*(z,v)]_i| &\leqslant \lambda|\sigma_i\left(\frac{[Kz+\Gamma v]_i}{\lambda}\right)|+|[\Omega v]_i|\\ &\leqslant \lambda\min\left\{H\frac{|[Kz+\Gamma v]_i|}{\lambda},\bar{k}\right\}+|[\Omega v]_i| \\ &\leqslant \max\left\{\min\left\{2\lambda\bar{k},L\max_{1\leqslant j\leqslant n}|z_j|\right\},L\max_{1\leqslant j\leqslant m}|v_j|\right\}\end{aligned} \tag{14.72}$$

其中 $L>0$ 是依赖于 H，Γ 和 Ω 的常数。应用式 (14.71)，这表明，如果对于任一 z° 有

$$\|v(\cdot)\|_a \leqslant \lambda\delta'', \quad \|u_1(\cdot)\|_a \leqslant \lambda\delta'' \tag{14.73}$$

则图 14.3 中的 z-子系统的输出响应 $y_1(\cdot)$ 满足

$$\|y_1(\cdot)\|_a \leqslant \max\left\{\min\left\{2\lambda\bar{k},LN\max\left\{\|u_1(\cdot)\|_a,\|v(\cdot)\|_a\right\}\right\},L\|v(\cdot)\|_a\right\}$$

由于对于任何非负实数 a，b 和 c 所构成的三元组，有

$$\min\{a,\max\{b,c\}\} \leqslant \max\{c,\min\{a,b\}\}$$

所以由上述估计式可得

$$\|y_1(\cdot)\|_a \leqslant \max\left\{\min\left\{2\lambda\bar{k},LN\|u_1(\cdot)\|_a\right\},L(N+1)\|v(\cdot)\|_a\right\} \tag{14.74}$$

如果式 (14.73) 成立则该估计式成立，其中 $\|u_1(\cdot)\|_a\leqslant\lambda\delta''$。为证明对于任意的 $\|u_1(\cdot)\|_a$ 该式都成立，只需不失一般性地假设 $N\geqslant 2\bar{k}/L\delta''$，从而得到

$$\|u_1(\cdot)\|_a \geqslant \lambda\delta'' \quad \Rightarrow \quad \min\left\{2\lambda\bar{k},LN\|u_1(\cdot)\|_a\right\}=2\lambda\bar{k}$$

在这种情况下，式 (14.74) 实际上简化为

$$\|y_1(\cdot)\|_a \leqslant \max\left\{2\lambda\bar{k},L(N+1)\|v(\cdot)\|_a\right\}$$

这确实成立，因为式 (14.72) 意味着

$$|[u^*(z,v)]_i| \leqslant \max\left\{2\lambda\bar{k},L\max_{1\leqslant j\leqslant m}|v_j|\right\}$$

因此可得，对于任意的 x°、任意的 $\|u_1(\cdot)\|_a$ 以及 $\|v(\cdot)\|_a\leqslant\lambda\delta''$，式 (14.74) 成立。

现在考虑满足

$$\begin{aligned}\gamma_1(r)&=LNr, \qquad \text{若 } r\leqslant 2\lambda\bar{k}/LN\\ \gamma_1(r)&\leqslant LNr, \qquad \text{对于所有的 } r\\ \lim_{r\to\infty}\gamma_1(r)&=3\lambda\bar{k}\end{aligned}$$

的 $\mathcal{K}$ 类函数 $\gamma_1(\cdot)$ 并设

$$\bar{\gamma}_v(r)=L(N+1)r$$

则可得，图 14.3 中的 z-子系统在 z° 不受限制，$u_1(\cdot)$ 受限于 $U_1=\infty$ 且 $v(\cdot)$ 受限于 $\lambda\delta''$ 的情况下，满足一个渐近的输入-输出界，增益函数为 $\gamma_1(\cdot)$ 和 $\bar{\gamma}_v(\cdot)$，其中

$$\lim_{r\to\infty}\gamma_1(r)=3\lambda\bar{k}$$

且 $\bar{\gamma}_v(\cdot)$ 是一个线性函数。

(c) 由假设 (ii)，对于任一 $\xi^\circ\in\Xi$ 和满足 $\|u_2(\cdot)\|_a\leqslant U$ 的任一 $u_2(\cdot)$，图 14.3 中的 ξ-子系统的响应 $\xi(\cdot)$ 对于某一个 $G>0$ 满足

$$\|\xi(\cdot)\|_a\leqslant G\|u_2(\cdot)\|_a \tag{14.75}$$

此外，利用假设 (iii)，给定任一数 $\epsilon>0$，存在 $\delta>0$，使得

$$\max_{\substack{1\leqslant i\leqslant\nu\\1\leqslant j\leqslant m}}\{|\xi_i|,|u_j|\}\leqslant\delta\quad\Rightarrow\quad\max_{1\leqslant i\leqslant n}|[g(\xi,u)]_i|\leqslant\epsilon\max_{\substack{1\leqslant i\leqslant\nu\\1\leqslant j\leqslant m}}\{|\xi_i|,|u_j|\}$$

因此，利用式 (14.75) 可得，给定任一数 $M>0$，存在 $U_2>0$，使得图 14.3 中的 ξ-子系统的响应 $y_2(\cdot)$，对于任一 $\xi^\circ\in\Xi$ 和满足 $\|u_2(\cdot)\|_a\leqslant U_2$ 的任一 $u_2(\cdot)$，满足

$$\|y_2(\cdot)\|_a\leqslant\gamma_2\left(\|u_2(\cdot)\|_a\right)$$

其中

$$\gamma_2(r)=Mr$$

选择 M 使得

$$MLN<1 \tag{14.76}$$

并相应地确定 U_2。

(d) 在前两步中已证明，图 14.3 中的两个子系统满足对系统 (14.60) 和系统 (14.61) 所做的假设。为了能够利用定理 14.3.1 的结果，必须选择 $\tilde{V}$ 使得 $\tilde{V}\leqslant\lambda\delta''$，且

$$\max\left\{\lim_{r\to\infty}\gamma_1(r),\bar{\gamma}_v(\tilde{V})\right\}\leqslant\max\left\{3\lambda\bar{k},L(N+1)\lambda\delta''\right\}\leqslant U_2$$

这其实总能实现。

根据式 (14.76)，由于小增益条件

$$\gamma_1\circ\gamma_2(r)<r$$

对于所有的 $r>0$ 都成立，所以定理 14.3.1 表明，对于任意的 $(z^\circ,\xi^\circ)\in\mathbb{R}^n\times\Xi$ 和满足 $\|v(\cdot)\|_a\leqslant\tilde{V}$ 的所有 $v(\cdot)$，有

$$\begin{aligned}\|y_1(\cdot)\|_a&\leqslant\bar{\gamma}_v\left(\|v(\cdot)\|_a\right)\\\|y_2(\cdot)\|_a&\leqslant\gamma_2\circ\bar{\gamma}_v\left(\|v(\cdot)\|_a\right)\end{aligned}$$

上述两个不等式右边的增益函数均为线性函数。由这些不等式再结合假设 (ii) 和不等式 (14.71)，可见存在数 $V\leqslant\tilde{V}$ 和线性增益函数，使此定理的结论成立。 ◁

如果图 14.3 中的 ξ-子系统在 $(\xi,u)=(0,0)$ 处有一个平衡态，且在该处的一阶近似是渐近稳定的，则在反馈律 (14.69) 中取 $v=0$ 时，相应闭环系统的平衡态 $(z,\xi)=(0,0)$ 是渐近稳定的，且初始条件属于 $\mathbb{R}^n\times\Xi$ 的所有轨线随着 t 趋于无穷而收敛到零。特别是，如果 $\Xi=\mathbb{R}^\nu$，则该平衡态是全局渐近稳定的。

推论 14.3.4. 考虑系统 (14.68)。设定理 14.3.3 的假设条件对于 $\Xi=\mathbb{R}^\nu$ 成立，并选择该定理给出的 K。另外，假设 $f(\xi,u)$ 在 $(\xi,u)=(0,0)$ 处可微，且 $\dot{\xi}=f(\xi,0)$ 的平衡态 $\xi=0$ 是一阶近似下渐近稳定的，则互连系统 (14.68)–(14.69) 在 $v=0$ 时是全局渐近稳定的。

证明: 注意到，该系统在平衡态 $(z,\xi,v)=(0,0,0)$ 处的线性近似由如下矩阵描述:

$$\begin{pmatrix} A+BK & 0 \\ * & F \end{pmatrix}$$

其中 $A+BK$ 和 F 的所有特征值都位于 $\mathbb{C}^-$。因此，该平衡态是局部渐近稳定的。由定理 14.3.3 知，如果 $v(t)=0$，则对于任一 $(x(0),\xi(0))$，有

$$\lim_{t\to\infty}(x(t),\xi(t))=(0,0)$$

因而得出结论。 $\lhd$

定理 14.3.3 的结果也可用于递归镇定前馈型系统。为此，需要做一些额外的假设，如以下结果所述。

引理 14.3.5. 考虑系统

$$\begin{aligned} \dot{z} &= Az+g_i(\xi_i,u) \\ \dot{\xi}_i &= f_i(\xi_i,u) \end{aligned} \tag{14.77}$$

其中 $z\in\mathbb{R}^n$, $\xi_i\in\mathbb{R}^\nu$, $u\in\mathbb{R}^m$, $g_i(\xi_i,u)$ 和 $f_i(\xi_i,u)$ 满足局部 Lipschitz 条件，在 $(\xi_i,u)=(0,0)$ 处可微，并且 $g_i(0,0)=0$，$f_i(0,0)=0$。假设:

(i) 存在一个对称矩阵 $P>0$，使得 $PA+A^{\mathrm{T}}P\leqslant 0$;

(ii) 系统 (14.77) 在平衡态 $(z,\xi_i,u)=(0,0,0)$ 处的线性近似是可镇定的。

此外，假设存在一个函数

$$\begin{aligned} \alpha_i:\mathbb{R}^\nu\times\mathbb{R}^m &\to \mathbb{R}^m \\ (\xi_i,v) &\mapsto \alpha_i(\xi_i,v) \end{aligned}$$

满足 $\alpha_i(0,0)=0$，它是局部 Lipschitz 的，在 $(\xi_i,v)=(0,0)$ 处可微，具有如下性质:

(iiia) 矩阵

$$\left[\frac{\partial\alpha_i(\xi_i,v)}{\partial v}\right]_{(0,0)}$$

是非奇异的;

(iiib) 矩阵

$$\left[\frac{\partial f_i(\xi_i,\alpha_i(\xi_i,v))}{\partial\xi_i}\right]_{(0,0)}$$

的所有特征值都位于 $\mathbb{C}^-$；

(iiic) 系统

$$\begin{aligned}\dot{\xi}_i &= f_i\left(\xi_i, \alpha_i\left(\xi_i, v\right)\right)\\ y &= \xi_i\end{aligned}$$

在 ξ_i° 受限于 X_i 且 $v(\cdot)$ 受限于 $V>0$ 的情况下，满足一个增益函数为线性的渐近 (输入-输出) 界。

设 $\xi_{i+1}=\operatorname{col}\left(z, \xi_i\right), \tilde{\nu}=n+\nu$,

$$f_{i+1}\left(\xi_{i+1}, u\right)=\begin{pmatrix} Az+g_i\left(\xi_i, u\right) \\ f_i\left(\xi_i, u\right)\end{pmatrix}$$

以及

$$\begin{aligned}F_{i+1} &= \left[\frac{\partial f_{i+1}\left(\xi_{i+1}, \alpha_i\left(\xi_i, v\right)\right)}{\partial \xi_{i+1}}\right]_{(0,0)}\\ G_{i+1} &= \left[\frac{\partial f_{i+1}\left(\xi_{i+1}, \alpha_i\left(\xi_i, v\right)\right)}{\partial v}\right]_{(0,0)}\end{aligned}$$

则矩阵对 (F_{i+1}, G_{i+1}) 满足推论 14.3.2 的假设。令 $\sigma(\cdot)$ 为任一 $\mathbb{R}^m$-值饱和函数。选取一个 $\tilde{\nu}\times m$ 阶矩阵 K_{i+1}，使得 $(F_{i+1}+G_{i+1}K_{i+1})$ 的所有特征值位于 $\mathbb{C}^-$，并且对于某一个 $\delta'>0$，系统

$$\begin{aligned}\dot{x} &= F_{i+1}x+G_{i+1}\sigma\left(K_{i+1}x+v\right)+w\\ y &= x\end{aligned}\tag{14.78}$$

在 x° 不受限制且 $v(\cdot)$ 和 $w(\cdot)$ 受限于 δ' 的情况下，满足一个增益函数为线性的渐近 (输入-输出) 界。选取两个 $m\times m$ 阶矩阵 $\varGamma$ 和 $\varOmega$，使得 $\varGamma+\varOmega$ 非奇异。

考虑函数

$$\begin{aligned}\alpha_{i+1}\colon \mathbb{R}^\nu\times\mathbb{R}^m &\rightarrow \mathbb{R}^m\\ \left(\xi_{i+1}, v\right) &\mapsto \alpha_i\left(\xi_i, \lambda\sigma\left(\frac{K_{i+1}\xi_{i+1}+\varGamma v}{\lambda}\right)+\varOmega v\right)\end{aligned}\tag{14.79}$$

则存在数 $\lambda>0$ 和 $\tilde{V}>0$，使得

(a) 矩阵

$$\left[\frac{\partial \alpha_{i+1}\left(\xi_{i+1}, v\right)}{\partial v}\right]_{(0,0)}$$

是非奇异的；

(b) 矩阵

$$\left[\frac{\partial f_{i+1}\left(\xi_{i+1}, \alpha_{i+1}\left(\xi_{i+1}, v\right)\right)}{\partial \xi_{i+1}}\right]_{(0,0)}$$

的所有特征值都位于 $\mathbb{C}^-$；

(c) 系统

$$\begin{aligned}\dot{\xi}_{i+1} &= f_{i+1}\left(\xi_{i+1}, \alpha_{i+1}\left(\xi_{i+1}, v\right)\right)\\ y &= \xi_{i+1}\end{aligned}\tag{14.80}$$

在 ξ_{i+1}° 受限于 $X_{i+1}=\mathbb{R}^n\times X_i$，$v(\cdot)$ 受限于 $\tilde{V}>0$ 的情况下，满足一个增益函数为线性的渐近 (输入-输出) 界。

证明: 容易检验，矩阵 F_{i+1} 的结构为

$$F_{i+1}=\begin{pmatrix} A & R_i \\ 0 & \left[\dfrac{\partial f_i}{\partial \xi_i}\right]_{(0,0)} \end{pmatrix}+\begin{pmatrix} Q_i \\ \left[\dfrac{\partial f_i}{\partial u}\right]_{(0,0)} \end{pmatrix}\begin{pmatrix} 0 & \left[\dfrac{\partial \alpha_i}{\partial \xi_i}\right]_{(0,0)} \end{pmatrix}$$

矩阵 G_{i+1} 的结构为

$$G_{i+1}=\begin{pmatrix} Q_i \\ \left[\dfrac{\partial f_i}{\partial u}\right]_{(0,0)} \end{pmatrix}\left[\dfrac{\partial \alpha_i}{\partial v}\right]_{(0,0)}$$

并且

$$\left[\frac{\partial f_i}{\partial \xi_i}\right]_{(0,0)}+\left[\frac{\partial f_i}{\partial u}\right]_{(0,0)}\left[\frac{\partial \alpha_i}{\partial \xi_i}\right]_{(0,0)}=\left[\frac{\partial f_i\left(\xi_i,\alpha_i\left(\xi_i,v\right)\right)}{\partial \xi_i}\right]_{(0,0)}$$

因此，利用假设 (i)、(ii)、(iiia) 和 (iiib)，可立即检验矩阵对 (F_{i+1},G_{i+1}) 是可镇定的，并且存在一个对称矩阵 $P_{i+1}>0$ 使得 $P_{i+1}F_{i+1}+F_{i+1}^{\mathrm{T}}P_{i+1}\leqslant 0$，即矩阵对 (F_{i+1},G_{i+1}) 满足推论 14.3.2 的假设条件。

由于

$$\left[\frac{\partial \alpha_{i+1}}{\partial v}\right]_{(0,0)}=\left[\frac{\partial \alpha_i}{\partial v}\right]_{(0,0)}(\varGamma+\varOmega)$$

所以性质 (a) 确实成立。由于

$$\left[\frac{\partial f_{i+1}\left(\xi_{i+1},\alpha_{i+1}\left(\xi_{i+1},v\right)\right)}{\partial \xi_{i+1}}\right]_{(0,0)}=F_{i+1}+G_{i+1}K_{i+1}$$

于是性质 (b) 也成立。为证性质 (c)，设

$$g_{i+1}\left(\xi_i,w\right)=f_{i+1}\left(\xi_{i+1},\alpha_i\left(\xi_i,w\right)\right)-F_{i+1}\xi_{i+1}-G_{i+1}w$$

这里等号左边的记法反映了等号右边的函数仅依赖于 ξ_i 和 w 而不依赖于 ξ_{i+1} 的 z 分量的事实。考虑辅助系统

$$\begin{aligned}\dot{\zeta}&=F_{i+1}\zeta+G_{i+1}w+g_{i+1}(\xi,w)\\ \dot{\xi}&=f_i\left(\xi,\alpha_i(\xi,w)\right)\end{aligned}\tag{14.81}$$

它由

$$w=\lambda\sigma\left(\frac{K_{i+1}\zeta+\varGamma v}{\lambda}\right)+\varOmega v$$

驱动，初始条件为 $(\zeta^{\circ},\xi^{\circ})=\left(\xi_{i+1}^{\circ},\xi_i^{\circ}\right)$。

由构造知，响应 $\zeta(t)$ 与系统 (14.80) 的响应 $\xi_{i+1}(t)$ 一致。现在，系统 (14.81) 恰好与定理 14.3.3 所考虑的系统结构相同。由于

$$\lim_{\|(\xi,w)\|\to 0}\frac{\|g_{i+1}(\xi,w)\|}{\|(\xi,w)\|}=0$$

所以该定理的全部假设都成立，从而得出性质 (c)。 $\lhd$

显然，可以重复使用该结论来全局渐近镇定一个前馈型系统，例如系统模型由如下方程组描述：

$$\begin{aligned}\dot{x}_1 &= A_1 x_1 + g_1(x_2, \ldots, x_n, u) \\ \dot{x}_2 &= A_2 x_2 + g_2(x_3, \ldots, x_n, u) \\ &\vdots \\ \dot{x}_{n-1} &= A_{n-1} x_{n-1} + g_{n-1}(x_n, u) \\ \dot{x}_n &= f_n(x_n, u)\end{aligned} \tag{14.82}$$

所需满足的假设为：前 $n-1$ 个子系统中的每一个，当相应的输入 [即第 i 个子系统的输入 $(x_{i+1}, \ldots, x_n, u)$] 为零时是 Lyapunov 意义下稳定的，并且可利用反馈律 $u = \alpha_n(x_n, v)$，使第 n 个子系统在 $v(\cdot)$ 受到某些非零限制的情况下，满足一个增益函数为线性的渐近的输入-输出界。

定理 14.3.6. 考虑系统 (14.82)，其中 $x_i \in \mathbb{R}^{n_i}$，$u \in \mathbb{R}^m$，所有 $g_i(x_{i+1}, \ldots, x_n, u)$ 均满足局部 Lipschitz 条件，在 $(x_{i+1}, \ldots, x_n, u) = (0, \ldots, 0, 0)$ 处可微，且 $g_i(0, \ldots, 0, 0) = 0$。假设：

(i) 对于每一个 $i = 1, \ldots, n-1$，存在一个对称矩阵 $P_i > 0$，使得 $P_i A_i + A_i^{\mathrm{T}} P_i \leqslant 0$；

(ii) 系统 (14.82) 在平衡态 $(x_1, \ldots, x_n, u) = (0, \ldots, 0, 0)$ 处的线性近似是可镇定的。

如果存在函数

$$\begin{aligned}\alpha_n \colon \mathbb{R}^{n_n} \times \mathbb{R}^m &\to \mathbb{R}^m \\ (x_n, v) &\mapsto \alpha_n(x_n, v)\end{aligned}$$

满足 $\alpha_n(0,0) = 0$，它是局部 Lipschitz 的，在 $(x_n, v) = (0, 0)$ 处可微，且具有如下性质：

(iiia) 矩阵

$$\left[\frac{\partial \alpha_n(x_n, v)}{\partial v}\right]_{(0,0)}$$

是非奇异的；

(iiib) 矩阵

$$\left[\frac{\partial f_n(x_n, \alpha_n(x_n, v))}{\partial x_n}\right]_{(0,0)}$$

的所有特征值都位于 $\mathbb{C}^-$；

(iiic) 系统

$$\begin{aligned}\dot{x}_n &= f_n(x_n, \alpha_n(x_n, v)) \\ y &= x_n\end{aligned}$$

在 x_n° 不受限制且 $v(\cdot)$ 受限于 $V > 0$ 的情况下，满足一个增益函数为线性的渐近 (输入-输出) 界。

那么，存在一个反馈律

$$u = u^*(x_1, x_2, \ldots, x_n)$$

全局渐近镇定平衡点 $(x_1, \ldots, x_n) = (0, \ldots, 0)$。

14.4 应用和扩展

前几节叙述的设计方法有许多应用和扩展。例如，可用定理 14.3.6 的结论证明线性系统

$$\dot{x} = Ax + Bu$$

[其中 (A, B) 可镇定] 在矩阵 A 没有正实部特征值的情况下，能被幅值不超过任一 (任意小) 确定界的反馈律全局镇定。对于矩阵 A 的所有纯虚特征值的几何重数都为 1 的特殊情况，由于存在满足 $PA + A^{\mathrm{T}}P \leqslant 0$ 的矩阵 $P > 0$，可利用命题 14.1.5 中给出的反馈律进行处理。如果矩阵 A 不存在正实部特征值并且纯虚特征值的几何重数更高，则预先在状态空间中进行坐标变换，能将系统简化为定理 14.3.6 直接适用的形式。

例如，考虑镇定一个单输入系统的情况，其中矩阵 A 在零处有一个 $r-1$ 重特征值，其余特征值均具有负实部。于是，在适当的坐标下，该系统可用如下方程组描述：

$$\begin{aligned} \dot{x}_1 &= A_1 x_1 + A_{12} x_2 + \cdots + A_{1r} x_r + B_1 u \\ \dot{x}_2 &= x_3 \\ &\vdots \\ \dot{x}_{r-1} &= x_r \\ \dot{x}_r &= u \end{aligned} \tag{14.83}$$

其中 A_1 的所有特征值都位于 $\mathbb{C}^-$。此系统可视为形如式 (14.82) 的系统，其中 $A_2 = \cdots = A_{r-1} = 0$。定理 14.3.6 的假设 (i) 和假设 (ii) 确实成立。至于假设 (iii)，注意到，最后一个方程所描述的子系统适用于推论 14.3.2。特别是，反馈律

$$\alpha_r(x_r, v) = \sigma(-x_r + v)$$

其中 $\sigma(\cdot)$ 为任一饱和函数，使系统

$$\begin{aligned} \dot{x}_r &= \alpha_r(x_r, v) \\ y &= x_r \end{aligned}$$

在 x_r° 不受限制，$v(\cdot)$ 受限于 $V > 0$ 的情况下，满足一个增益函数为线性的渐近 (输入-输出) 界。因此，该反馈律使定理 14.3.6 的三个假设 (iiia)、(iiib) 和 (iiic) 全部成立。因此，可通过反馈律

$$u = \sigma(-x_r + v(x_r, \ldots, x_2))$$

实现该系统的全局渐近镇定。如引理 14.3.5 的证明所示，函数 $v(x_r, \ldots, x_2)$ 是饱和函数的复合，其形式为

$$v(x_r, \ldots, x_2) = \lambda_1 \sigma\left(\frac{k_0^1 x_r + k_1^1 x_{r-1}}{\lambda_1} + \frac{\lambda_2}{\lambda_1}\sigma\left(\cdots + \frac{\lambda_{r-2}}{\lambda_{r-3}}\sigma\left(\frac{k_0^{r-2} x_r + \cdots + k_{r-2}^{r-2} x_2}{\lambda_{r-2}}\right)\right)\right)$$

注意，递归过程无须涉及第一个子系统，因为它是一个线性稳定系统，其输入受指定反馈律驱动，并且随着 t 趋于无穷而渐近衰减到零。

注记 14.4.1. 值得注意的是，上面考虑的这类系统是可用有界反馈实现全局镇定的最大一类线性系统。事实上，如果矩阵 A 有一个特征值具有正实部且控制量有界，则存在永远也不能被驱动到原点的初始状态。例如，很容易看到，如果系统有一个正特征值，则通过坐标变换可分离出一个一维子系统

$$\dot{x} = ax + bu$$

其中 $a > 0$。如果 $|u| \leqslant U$，则满足 $x^\circ \geqslant (|bU|/a)$ 的任一初始状态 x° 所产生的轨线随着 t 趋于无穷而发散。 $\triangleleft$

这里以方程组 (14.56) 的一个“干扰”形式为例来说明如何将前两节的结果扩展到类型更为一般的系统。所考虑的系统模型为

$$\begin{aligned}
\dot{x}_1 &= a_1(x_1, x_2, \ldots, x_n) + b_1(x_1, x_2, \ldots, x_n)u + q_1(x_1, x_2, \ldots, x_n, u)u^2 \\
\dot{x}_2 &= a_2(x_2, x_3, \ldots, x_n) + b_2(x_2, x_3, \ldots, x_n)u + q_2(x_1, x_2, \ldots, x_n, u)u^2 \\
&\vdots \\
\dot{x}_{n-1} &= a_{n-1}(x_{n-1}, x_n) + b_{n-1}(x_{n-1}, x_n)u + q_{n-1}(x_1, x_2, \ldots, x_n, u)u^2 \\
\dot{x}_n &= a_n(x_n) + b(x_n)u + q_n(x_1, x_2, \ldots, x_n, u)u^2
\end{aligned} \tag{14.84}$$

其中 $u \in \mathbb{R}$ 且函数 $a_i(x_i, \ldots, x_n)$ 和 $b_i(x_i, \ldots, x_n)$ 满足的假设与式 (14.56) 中对相应函数所做的假设类似。这些方程不再有上三角型结构，但破坏该结构的额外项包含因子 u^2。因此，有理由期待，通过选择幅值足够小的输入，可以使它们的出现在某种程度上“不起作用”[这可以通过明确利用以下事实来实现：在这种情况下，根据对描述系统 (14.84) 上三角部分的各个函数所做的假设知，输入允许任意小]。

作为如何在更一般的情况下进行递归设计的一个例子，为简单起见，将分析限定在式 (14.84) 的分解形式只包含两个子系统且第二个子系统为一维的情况。更确切地说，考虑以如下方程组建模的系统：

$$\begin{aligned}
\dot{z} &= Az + M\xi + Bu + p(\xi) + g(\xi)u + q(z, \xi, u)u^2 \\
\dot{\xi} &= u + \phi(z, \xi, u)u^2
\end{aligned} \tag{14.85}$$

其中 $z \in \mathbb{R}^n$，$\xi \in \mathbb{R}$，A 对于某一个 $P > 0$ 满足 $PA + A^{\mathrm{T}}P \leqslant 0$，$p(\xi)$ 及其一阶导数 $p'(\xi)$ 在 $\xi = 0$ 处取值为零，$g(\xi)$ 在 $\xi = 0$ 处为零。此外，假设对于某一个 $K > 0$ 和某一个连续正值函数 $\gamma(\xi)$，有

$$\|q(z, \xi, u)\| \leqslant K\gamma(\xi)(1 + \|z\|) \tag{14.86}$$

和

$$|\phi(z, \xi, u)| \leqslant K(1 + |\xi|) \tag{14.87}$$

对于所有的 $(z, \xi) \in \mathbb{R}^n \times \mathbb{R}$ 和所有的 $|u| \leqslant 1$ 都成立。

令 ε 为满足 $0 < \varepsilon < 1$ 的任一数，令 $f(\cdot)\colon \mathbb{R} \to \mathbb{R}$ 为满足

$$0 < f(s) \leqslant 1, \quad \text{对于所有的 } s \in \mathbb{R}$$

的任一连续函数，以 $\mu\colon \mathbb{R}\to\mathbb{R}$ 表示函数

$$\mu(s)=\frac{1}{\sqrt{1+s^2}}$$

设 $x=(z,\xi)$ 并定义

$$\lambda(x)=\varepsilon f(\|z\|)\mu(\xi)$$

下面讨论控制律

$$u=\lambda(x)\sigma\left(\frac{-\xi}{\lambda(x)}+v\right) \tag{14.88}$$

对系统 (14.85) 的影响，其中函数 $\lambda(x)$ 就是上面给出的类型，而饱和函数 $\sigma(\cdot)$

$$\sigma(s)=\frac{s}{\sqrt{1+s^2}}$$

已在 14.1 节中考虑过。如下所示，对于系统 (14.85) 的 ξ-子系统，这一输入在 v 受限制的情况下，能导出输入到状态稳定性的某些性质。

引理 14.4.1. *存在仅依赖于 K 的输入 $\varepsilon_1<1$，使得对于所有的 $\varepsilon\leqslant\varepsilon_1$，存在数 $M>0$，对于所有的 $(z,\xi)\in\mathbb{R}^n\times\mathbb{R}$ 和所有的 $|v|\leqslant 1$，满足*

$$2K|\xi|(1+|\xi|)\leqslant\sqrt{1+\left(\frac{-\xi}{\lambda(x)}+v\right)^2}\leqslant\frac{M\left(1+\xi^2\right)}{f(\|z\|)} \tag{14.89}$$

证明：左边的不等式等价于下列不等式：

$$1+(a-v)^2\geqslant b^2$$

其中

$$a=\frac{\xi}{\lambda(x)},\quad b=2K|\xi|(1+|\xi|)$$

如果 $b\leqslant 1$ 则无须证明。因此，存在仅依赖于 K 的 $\xi_0>0$，使式 (14.89) 的左边不等式对于所有的 $|\xi|\leqslant\xi_0$ 成立。对于 $b>1$，简单的计算表明，如果 $|a|\geqslant\sqrt{b^2-1}$ 且 $\left|a\pm\sqrt{b^2-1}\right|\geqslant 1$，则对于所有的 $|v|\leqslant 1$ 该不等式成立。后一条件可由 $|a|\geqslant|b|+1$ 推出，即

$$\frac{|\xi|}{\lambda(x)}\geqslant 2K|\xi|(1+|\xi|)+1,\qquad \text{对于所有的 } |\xi|\geqslant\xi_0$$

由于 $|f(\|z\|)|\leqslant 1$，所以如果

$$|\xi|\geqslant\varepsilon\frac{2K|\xi|(1+|\xi|)+1}{\sqrt{1+\xi^2}},\qquad \text{对于所有的 } |\xi|\geqslant\xi_0$$

则上式成立，而这在 ε 足够小时确实成立。式 (14.89) 的右边不等式在 $|v|\leqslant 1$ 显然成立。 $\triangleleft$

引理 14.4.2. *考虑系统*

$$\dot{\xi}=u+\phi(z(t),\xi,u)u^2 \tag{14.90}$$

其中 $\phi(z,\xi,u)$ 对于所有的 $(z,\xi)\in\mathbb{R}^n\times\mathbb{R}$ 和所有的 $|u|\leqslant 1$ 满足假设 (14.87)。此外，假设 $z(t)$ 是对于所有的 $t\geqslant 0$ 有定义的连续函数。选择输入 (14.88)，取 $\varepsilon\leqslant\varepsilon_1$。那么，如果 $|v|\leqslant 1$，则函数 $U(\xi)=\xi^2$ 满足

$$|\xi|\geqslant\sqrt{2}\lambda(x)|v| \quad\Rightarrow\quad \dot{U}\leqslant -\frac{f(\|z\|)}{2M}\alpha(\xi) \tag{14.91}$$

其中

$$\alpha(\xi)=\frac{\xi^2}{1+\xi^2}$$

是一个 $\mathcal{K}$ 类函数。特别是，由于 $\lambda(x)\leqslant\varepsilon$，所以

$$|\xi(t)|\leqslant\max\{|\xi(0)|,\sqrt{2}\varepsilon\} \tag{14.92}$$

而且，如果 $f(\|z(t)\|)$ 在 $[0,\infty)$ 上是距零有界的，则对于满足 $\|v(\cdot)\|_\infty\leqslant 1$ 的任一 $v(\cdot)$，有

$$|\xi(t)|\leqslant\max\left\{\theta(|\xi(0)|)\mathrm{e}^{-bt},\sqrt{2}\varepsilon\|v(\cdot)\|_\infty\right\} \tag{14.93}$$

其中 $\theta(\cdot)$ 是一个 $\mathcal{K}$ 类函数且 $b>0$。

证明: 注意，考虑到函数 $\sigma(\cdot)$ 的特殊形式，有

$$\dot{U}\leqslant 2\frac{-\xi^2+\lambda(x)v\xi}{\sqrt{1+\left(\dfrac{-\xi}{\lambda(x)}+v\right)^2}}+2\frac{K|\xi|(1+|\xi|)}{\sqrt{1+\left(\dfrac{-\xi}{\lambda(x)}+v\right)^2}}\frac{(-\xi+\lambda(x)v)^2}{\sqrt{1+\left(\dfrac{-\xi}{\lambda(x)}+v\right)^2}}$$

考虑到式 (14.89) 的左边不等式，可得

$$\dot{U}\leqslant\frac{(-\xi^2/2-\xi^2/2+\lambda^2(x)v^2)}{\sqrt{1+\left(\dfrac{-\xi}{\lambda(x)}+v\right)^2}}$$

再利用式 (14.89) 的右边不等式，这样就得到了式 (14.91)。

由式 (14.91) 可立即推出式 (14.92)。最后，如果 $f(\|z(t)\|)$ 在 $[0,\infty)$ 上是距零有界的，则对于某一个确定的 $c>0$，有

$$|\xi|\geqslant\sqrt{2}\varepsilon|v| \quad\Rightarrow\quad \dot{U}\leqslant -c\alpha(\xi)$$

由于 $\alpha(\xi)$ 在 $\xi=0$ 的某一个邻域内对于某一个 $a>0$ 以 $a\xi^2$ 为下界，这表明 (考虑到引理 10.1.5 和引理 10.1.6)，如果 $v=0$，则有

$$|\xi(t)|\leqslant\theta(|\xi(0)|)\mathrm{e}^{-bt}$$

考虑到 10.4 节所描述的输入到状态稳定系统的性质，这就完成了证明。 ◁

下面证明的镇定结论是此引理的第一个推论。

命题 14.4.3. 考虑系统 (14.85)。假设对于某一个 $P>0$ 有 $PA+A^{\mathrm{T}}P\leqslant 0$，假设 $p(\xi)$，$p'(\xi)$ 和 $g(\xi)$ 在 $\xi=0$ 处为零，并且对于所有的 $(z,\xi)\in\mathbb{R}^n\times\mathbb{R}$ 和所有的 $|u|\leqslant 1$，估计式 (14.86) 和估计式 (14.87) 成立。另外，假设矩阵对

$$\begin{pmatrix} A & M \\ 0 & 0 \end{pmatrix},\quad \begin{pmatrix} B \\ 1 \end{pmatrix}$$

可镇定，则存在可全局渐近镇定平衡态 $(z,\xi)=(0,0)$ 的反馈律 $u=u^*(z,\xi)$。

证明：设

$$u(\xi)=\varepsilon\mu(\xi)\sigma\left(\frac{-\xi}{\varepsilon\mu(\xi)}\right)$$

并考虑反馈律为

$$u=u(\xi)+v$$

的系统 (14.85)，则可得到如下系统：

$$\begin{aligned}\dot z&=Az+p(z,\xi)+b(z,\xi)v+\tilde q(z,\xi,v)v^2\\ \dot\xi&=\varphi(z,\xi)+\theta(z,\xi)v+\tilde\phi(z,\xi,v)v^2\end{aligned}\tag{14.94}$$

其中

$$\begin{aligned}p(z,\xi)&=M\xi+Bu(\xi)+p(\xi)+g(\xi)u(\xi)+q(z,\xi,u(\xi))u^2(\xi)\\ b(z,\xi)&=B+g(\xi)+\left[\frac{\partial q}{\partial u}\right]_{u=u(\xi)}u^2(\xi)+q(z,\xi,u(\xi))2u(\xi)\\ \varphi(z,\xi)&=u(\xi)+\phi(z,\xi,u(\xi))u^2(\xi)\\ \theta(z,\xi)&=1+\left[\frac{\partial\phi}{\partial u}\right]_{u=u(\xi)}u^2(\xi)+\phi(z,\xi,u(\xi))2u(\xi)\end{aligned}$$

在式 (14.94) 中省略掉 v 的高于 1 阶项，所得到的系统为

$$\begin{aligned}\dot z&=Az+p(z,\xi)+b(z,\xi)v\\ \dot\xi&=\varphi(z,\xi)+\theta(z,\xi)v\end{aligned}\tag{14.95}$$

可通过说明此系统满足的假设与定理 14.2.6 的假设相同 (或等价) 来证明命题的结论。因此，存在一个正定适常函数 $W(z,\xi)$，使得

$$\frac{\partial W}{\partial z}[Az+p(z,\xi)]+\frac{\partial W}{\partial\xi}\varphi(z,\xi)\leqslant 0$$

并且使系统

$$\begin{aligned}\dot z&=Az+p(z,\xi)\\ \dot\xi&=\varphi(z,\xi)\\ y&=\frac{\partial W}{\partial z}b(z,\xi)+\frac{\partial W}{\partial\xi}\theta(z,\xi)\end{aligned}$$

零状态可检测。因此，利用定理 14.1.3，能够找到一个反馈律全局渐近镇定系统 (14.94)。

直接的检验表明定理 14.2.6 的假设 (i)、(iii)、(iv) 和 (v) 成立。至于假设 (ii) 的检验，注意到，$u(\xi)$ 可视为形如式 (14.88) 的输入，其中 $v=0$，$f(z)=1$。因此，对于系统

$$\begin{aligned}\dot{z}&=Az+p(z,\xi)\\ \dot{\xi}&=\varphi(z,\xi)\end{aligned}\tag{14.96}$$

只要 $z(t)$ 有定义，响应 $\xi(t)$ 就满足引理 14.4.2 的估计式。特别是，$\xi(t)$ 以 $\max\{|\xi(0)|,\sqrt{2}\varepsilon\}$ 为界。考虑到增长条件

$$\|p(z,\xi)\|\leqslant\gamma(|\xi|)(1+\|z\|)$$

这表明，只要 $z(t)$ 有定义，则对于某一个 $C_0>0$ 和某一个 $C_1>0$，有

$$\|Az(t)+p(z(t),\xi(t))\|\leqslant C_0+C_1\|z(t)\|$$

因此

$$\|z(t)\|\leqslant\|z(0)\|+\int_0^t[C_0+C_1\|z(s)\|]\,\mathrm{d}s$$

由此，利用 Gronwall-Bellman 不等式可得，$z(t)$ 不能在有限时间内逃逸。换言之，$z(t)$ 对于所有的 t 有定义。因此，由引理 14.4.2 知，对于某一个 $c>0$，函数 $U(\xi)=\xi^2$ 满足

$$\frac{\partial U}{\partial\xi}\varphi(z,\xi)\leqslant-c\frac{\xi^2}{1+\xi^2}$$

且对于某一个 $b>0$ 和某一个 $\mathcal{K}$ 类函数 $\theta(\cdot)$，有

$$|\xi(t)|\leqslant\theta(|\xi(0)|)\mathrm{e}^{-bt}$$

这证明系统 (14.95) 满足的假设等价于定理 14.2.6 的假设 (ii)，并且函数 $U(\xi)$ 也具有该定理指出的性质。

由此，通过调整 14.2 节中的论据以适应当前情况，则不难证明，函数

$$W(z,\xi)=z^{\mathrm{T}}Pz+U(\xi)+\Psi(z,\xi)$$

是一个光滑正定适常函数，拥有上述性质，其中交叉项 $\Psi(z,\xi)$ 的表达式为

$$\Psi(z,\xi)=\int_0^{\infty}2[\overline{z}(z,\xi,s)]^{\mathrm{T}}Pp(\overline{z}(z,\xi,s),\overline{\xi}(z,\xi,s))\mathrm{d}s$$

其中 $\overline{z}(z,\xi,s)$ 和 $\overline{\xi}(z,\xi,s)$ 表示系统 (14.96) 在时刻 $t=0$ 过点 (z,ξ) 的积分曲线在 $t=s$ 时的取值。 ◁

镇定反馈律的实际构造 (其存在性在之前的命题中已得到证明) 需要显式计算 Lyapunov 函数 $W(z,\xi)$，而这又需要对常微分方程组 (14.96) 以任一初始条件 (z,ξ) 进行显式积分。可以证明这是一个困难的计算任务。回避的一个方法是沿用 14.3 节给出的想法，研究递归使用饱和控制的可能性。以下将说明如何在系统 (14.85) 的 z-子系统是一维系统的 (简单) 情况下做到这一点。对于更一般的情况，可以进行适当的扩展。

命题 14.4.4. 考虑系统

$$\begin{aligned}\dot{z} &= \xi + u + p(\xi) + g(\xi)u + q(z,\xi,u)u^2 \\ \dot{\xi} &= u + \phi(z,\xi,u)u^2\end{aligned} \tag{14.97}$$

其中 $z \in \mathbb{R}$, $\xi \in \mathbb{R}$, $p(\xi)$, $p'(\xi)$ 和 $g(\xi)$ 在 $\xi = 0$ 处取值为零，并且对于所有的 $(z,\xi) \in \mathbb{R} \times \mathbb{R}$ 和所有的 $|u| \leqslant 1$, $q(z,\xi,u)$ 和 $\phi(z,\xi,u)$ 满足假设 (14.86) 和假设 (14.87)。选择输入

$$u = \lambda(x)\sigma\left(-\frac{\xi}{\lambda(x)} + \frac{1}{4}\sigma\left(-\frac{z}{\mu(z)}\right)\right)$$

其中

$$\lambda(x) = \varepsilon\mu(z)\mu(\xi) = \varepsilon\frac{1}{\sqrt{1+z^2}}\frac{1}{\sqrt{1+\xi^2}} \tag{14.98}$$

那么，存在数 $\varepsilon^* > 0$，使得对于所有的 $0 < \varepsilon \leqslant \varepsilon^*$，闭环系统 (14.97)–(14.98) 的平衡态是全局渐近稳定的。

证明: 首先注意到，控制 (14.98) 的形式为

$$u = \lambda(x)\sigma\left(-\frac{\xi}{\lambda(x)} + v\right), \quad \text{其中 } v = \frac{1}{4}\sigma\left(-\frac{z}{\mu(z)}\right)$$

为方便起见，将证明分为三步。

(a) 第一步将证明，如果 ε 足够小，则 $\xi(t)$ 和 $z(t)$ 对于所有的 $t \geqslant 0$ 有定义，并且存在一个有限时间 $T^* > 0$，使得

$$|\xi(t)| \leqslant \lambda(x(t)), \qquad \text{对于所有的 } t \geqslant T^* \tag{14.99}$$

为此，假设 $\varepsilon < \varepsilon_1$ 并注意，只要 $z(t)$ 有定义，由于 $|v| \leqslant 1$，根据引理 14.4.2 的证明，令 $f(s) = \mu(s)$，则对于某一个 $L > 0$，有

$$|\xi(t)| \leqslant L$$

成立。因此，利用 $|u| < 1$，$\mu(\xi) \leqslant 1$ 和 $|\sigma(s)| \leqslant 1$ 的事实，以及式 (14.86)，有

$$\begin{aligned}\dot{z} &\leqslant |\xi| + 1 + |p(\xi)| + |g(\xi)| + K\gamma(\xi)(1+|z|)\varepsilon^2\mu^2(\xi)\mu^2(z) \\ &\leqslant C_1 + C_2(1+|z|)\mu^2(z)\end{aligned}$$

其中 C_1 和 C_2 对于所有的 $|\xi| \leqslant L$，满足

$$\begin{aligned}&|\xi| + 1 + |p(\xi)| + |g(\xi)| \leqslant C_1 \\ &K\gamma(\xi)\varepsilon^2\mu^2(\xi) \leqslant C_2\end{aligned}$$

因此，对于适当的 $\overline{C}_0$ 和 $\overline{C}_1$，有

$$|z(t)| \leqslant |z(0)| + C_1 t + \int_0^t \frac{1+|z(s)|}{1+z^2(s)}\mathrm{d}s \leqslant \overline{C}_0 + \overline{C}_1 t$$

这证明 $z(t)$ 不能在有限时间内逃逸到无穷。

注意到，如果 $|s| \geqslant 1$ 且 $|v| < \frac{1}{4}$，则对于某一个 $\delta > 0$ 有

$$\operatorname{sgn}(s)\sigma(-s+v) < -\frac{1}{2} - \delta$$

还注意到，由于 $|\sigma(s)| \leqslant 1$，$\mu(z) \leqslant 1$ 且 $(1+|\xi|)\mu(\xi) \leqslant \sqrt{2}$，于是

$$\left|\phi(z,\xi,u)u^2\right| \leqslant K(1+|\xi|)\varepsilon^2\lambda^2(x) \leqslant K(1+|\xi|)\varepsilon^2\mu(\xi)\mu(z)\lambda(x) \leqslant \sqrt{2}K\varepsilon^2\lambda(x)$$

现在假设

$$|\xi(t)| \geqslant \lambda(x(t)), \quad 对于所有的\ t \geqslant 0 \tag{14.100}$$

则有

$$\begin{aligned}\frac{\mathrm{d}|\xi|}{\mathrm{d}t} = \operatorname{sgn}(\xi)\dot{\xi} &\leqslant \operatorname{sgn}(\xi)\lambda(x)\sigma\left(-\frac{\xi}{\lambda(x)}+v\right) + \sqrt{2}K\varepsilon^2\lambda(x)\\ &\leqslant \lambda(x)\left(-\frac{1}{2} - \delta + \sqrt{2}K\varepsilon^2\right)\end{aligned}$$

令 ε_2 满足 $\sqrt{2}K\varepsilon_2^2 = \delta$，则对于所有的 $\varepsilon \leqslant \min\{\varepsilon_1, \varepsilon_2\}$，有

$$\frac{\mathrm{d}|\xi|}{\mathrm{d}t} \leqslant -\frac{1}{2}\lambda(x(t)) \tag{14.101}$$

这意味着

$$|\xi(t)| - |\xi(0)| \leqslant -\frac{1}{2}\int_0^t \lambda(x(s))\mathrm{d}s \tag{14.102}$$

现在回想一下，对于所有的 $t \geqslant 0$ 有 $|\xi(t)| \leqslant L$，并且还有

$$\lambda(x(t)) = \varepsilon\frac{1}{\sqrt{1+\xi^2(t)}}\frac{1}{\sqrt{1+z^2(t)}} \geqslant \frac{1}{\sqrt{1+L^2}}\frac{1}{\sqrt{1+\left(\overline{C}_0+\overline{C}_1 t\right)^2}}$$

由此得到

$$\lim_{t\to\infty}\int_0^t \lambda(x(s))\mathrm{d}s = \infty$$

于是，式 (14.102) 不能对于所有的 $t \geqslant 0$ 成立，即式 (14.100) 不能对于所有的 $t \geqslant 0$ 成立。

在此情况下，令 T 为满足 $|\xi(T)| = \lambda(x(T))$ 的任一时间，注意到

$$\left[\frac{\mathrm{d}}{\mathrm{d}t}\left(\frac{|\xi(t)|}{\lambda(x(t))}\right)\right]_{t=T} = \frac{1}{\lambda(x(T))}\left[\frac{\mathrm{d}|\xi|}{\mathrm{d}t}\right]_{t=T} - \frac{|\xi(T)|}{\lambda(x(T))}\frac{\dot{\lambda}(x(T))}{\lambda(x(T))}$$

因此，利用式 (14.101) 有

$$\left[\frac{\mathrm{d}}{\mathrm{d}t}\left(\frac{|\xi(t)|}{\lambda(x(t))}\right)\right]_{t=T} \leqslant -\frac{1}{2} + \left|\frac{\dot{\lambda}(x(T))}{\lambda(x(T))}\right| \tag{14.103}$$

另一方面，有

$$\left|\frac{\dot{\lambda}(x(t))}{\lambda(x(t))}\right| \leqslant \frac{|\xi\dot{\xi}|}{1+\xi^2} + \frac{|z\dot{z}|}{1+z^2}$$

利用函数 $p(\xi)$ 和 $g(\xi)$ 在 $\xi = 0$ 处为零的假设及估计式 (14.86) 和估计式 (14.87)，容易检验，存在数 $\varepsilon_3 > 0$，使得如果 $|\xi| \leqslant \varepsilon_3$ 和 $|u| \leqslant \varepsilon_3$，则有

$$\frac{|\xi||u + \phi(z, \xi, u)u|}{1 + \xi^2} + \frac{|z|\,|\xi + u + p(\xi) + g(\xi)u + q(z, \xi, u)u^2|}{1 + z^2} < \frac{1}{2}$$

利用 $|u| \leqslant \varepsilon$ 和在时刻 T 有 $|\xi(T)| = \lambda(x(T)) \leqslant \varepsilon$ 的事实，可以推知，如果 $\varepsilon \leqslant \min\{\varepsilon_1, \varepsilon_2, \varepsilon_3\}$，则有

$$\left[\left|\frac{\dot{\lambda}(x(t))}{\lambda(x(t))}\right|\right]_{t=T} < \frac{1}{2}$$

因此，利用式 (14.103)，有

$$\left[\frac{\mathrm{d}}{\mathrm{d}t}\left(\frac{|\xi(t)|}{\lambda(x(t))}\right)\right]_{t=T} < 0$$

由此可得，对于某一个 $T^* \geqslant 0$，式 (14.99) 必然成立。

(b) 现在在区间 $[T^*, \infty)$ 上考虑式 (14.97) 的第一个方程。加减 $-\lambda(x)v$，得到

$$\dot{z} = \lambda(x)v + [\xi - \lambda(x)v + u] + p(\xi) + g(\xi)u + q(z, \xi, u)u^2 \tag{14.104}$$

注意，利用饱和函数的性质 (14.20)，有

$$\begin{aligned}
|\xi - \lambda(x)v + u| &= \left|\xi - \lambda(x)v + \lambda(x)\sigma\left(\frac{-\xi}{\lambda(x)} + v\right)\right| \\
&= \lambda(x)\left|\sigma\left(\frac{-\xi}{\lambda(x)} + v\right) - \left(\frac{-\xi}{\lambda(x)} + v\right)\right| \\
&\leqslant \lambda(x)\sigma\left(\frac{-\xi}{\lambda(x)} + v\right)\left(\frac{-\xi}{\lambda(x)} + v\right) \leqslant \lambda(x)\left(\frac{-\xi}{\lambda(x)} + v\right)^2
\end{aligned}$$

由于 $p(\xi)$，$p'(\xi)$ 和 $g(\xi)$ 在 $\xi = 0$ 处为零，所以存在函数 $\tilde{p}(\xi)$ 和 $\tilde{g}(\xi)$，使得

$$p(\xi) + g(\xi)u = \tilde{p}(\xi)\xi^2 + \tilde{g}(\xi)\xi u$$

因此，利用 $|\xi| \leqslant \lambda(x)$ 和 $|u| \leqslant \lambda(x)$ 的事实，有

$$|p(\xi) + g(\xi)u| \leqslant \lambda(x)(|\tilde{p}(\xi)| + |\tilde{g}(\xi)|)|\xi|$$

凭借类似的讨论和估计式 (14.86)，还可看到

$$\begin{aligned}
|q(z, \xi, u)|u^2 &\leqslant K\gamma(\xi)(1 + |z|)\varepsilon^2\mu(z)\mu(\xi)\lambda(x)\sigma^2\left(\frac{-\xi}{\lambda(x)} + v\right) \\
&\leqslant \sqrt{2}K\gamma(\xi)\varepsilon^2\lambda(x)\left(\frac{-\xi}{\lambda(x)} + v\right)^2
\end{aligned}$$

最后，利用 $|\xi| \leqslant \lambda(x)$ 和 $\lambda(x) \leqslant \varepsilon$ 的事实，有

$$\lambda(x)\left(\frac{-\xi}{\lambda(x)} + v\right)^2 = (-\xi + \lambda(x)v)^2 \leqslant \lambda(x)\left[|\xi| + 2\varepsilon|v| + \varepsilon v^2\right]$$

将这些估计式代入式 (14.104) 中，得到

$$\dot{z} = \lambda(x)v + \varphi(z, \xi, v) \tag{14.105}$$

其中

$$|\varphi(z, \xi, v)| \leqslant \lambda(x)\left[a(\xi, \varepsilon)|v| + b(\xi, \varepsilon)v^2 + c(\xi, \varepsilon)|\xi|\right]$$

且

$$\begin{aligned} a(\xi, \varepsilon) &= \left[1 + \sqrt{2}K\gamma(\xi)\varepsilon^2\right] 2\varepsilon \\ b(\xi, \varepsilon) &= \left[1 + \sqrt{2}K\gamma(\xi)\varepsilon^2\right] \varepsilon \\ c(\xi, \varepsilon) &= 1 + \sqrt{2}K\gamma(\xi)\varepsilon^2 + |\tilde{p}(\xi)| + |\tilde{g}(\xi)| \end{aligned}$$

显然，给定任一 $\delta > 0$ 和任一 $k > 1 + |\tilde{p}(0)| + |\tilde{g}(0)|$，存在 $\varepsilon_4 > 0$，使得对于所有的 $\varepsilon \leqslant \varepsilon_4$，有

$$|\xi| \leqslant \varepsilon \quad \Rightarrow \quad |\varphi(z, \xi, v)| \leqslant \lambda(x)\left[(1/2)|v| + \delta v^2 + k|\xi|\right]$$

现在回想一下，

$$v = \frac{1}{4}\sigma\left(\frac{-z}{\mu(z)}\right)$$

设 $\varepsilon \leqslant \min\limits_{1 \leqslant i \leqslant 4}\{\varepsilon_i\}$，以使如果 $|z(t)| > 0$，则有

$$\frac{\mathrm{d}|z|}{\mathrm{d}t} \leqslant \frac{\lambda(x)}{8}\left[-\sigma\left(\frac{|z|}{\mu(z)}\right) + \frac{1}{2}(\delta + 8k\varepsilon)\right]$$

注意到饱和函数 $\sigma(\cdot)$ 在区间 $(-1, 1)$ 上存在逆 $\sigma^{-1}(\cdot)$，选择 δ 和 ε 使得

$$\delta + 8k\varepsilon < 1$$

于是对于所有的 $\dfrac{|z|}{\mu(z)} > \sigma^{-1}(1/2) = \sqrt{1/3}$，即对于所有的

$$|z|\sqrt{1 + z^2} > \sqrt{1/3}$$

有

$$\frac{\mathrm{d}|z|}{\mathrm{d}t} < 0$$

这说明只要 $|z(t)|$ 开始变大，$|z(t)|$ 就开始减小，因此 $|z(t)|$ 有界。此外，容易看到，存在一个有限时间 $T^\circ \geqslant T^*$，使得

$$|z(t)| \leqslant 1$$

对于所有的 $t \geqslant T^\circ$ 成立。事实上，如果对于所有的 $t \geqslant T^*$ 有 $|z(t)| > 1$，则有

$$\sigma\left(\frac{|z(t)|}{\mu(z(t))}\right) > \sigma(1)$$

且

$$\frac{\mathrm{d}|z|}{\mathrm{d}t} \leqslant \frac{\lambda(x)}{8}[-\sigma(1) + 1/2]$$

由于函数 $\lambda(x(t))$ 是距零有界的 [因为 $\xi(t)$ 和 $z(t)$ 都有界]，所以上一不等式的右边为负且在 $[T^*,\infty)$ 上是距零有界的。在 $[T^*,\infty)$ 上积分会产生一个矛盾，因为左边在此区间上的积分是有限的。

(c) 既已证明 $z(t)$ 有界，则函数 $\mu(z(t))$ 是距零有界的。因此，引理 14.4.2 的结论 (14.93) 对于 $\xi(t)$ 成立。至于 $z(t)$，注意到，如果像前一步那样选择 δ 和 ε，则由于 v 是 z 的奇函数，函数 $V(z)=\frac{1}{2}z^2$ 满足

$$\begin{aligned}\dot{V} &\leqslant \lambda(x)\left[-\frac{1}{2}|z||v|+|z|\delta v^2\right]+\lambda(x)|z|k|\xi| \\ &\leqslant \frac{\varepsilon\mu(\xi)}{\sqrt{1+\left(\dfrac{z}{\mu(z)}\right)^2}}\left[-\frac{1}{8}z^2+\frac{\delta}{16}z^2\sigma\left(\frac{|z|}{\mu(z)}\right)\right]+\lambda(x)|z|k|\xi| \\ &\leqslant \frac{\varepsilon\mu(\xi)}{\sqrt{1+\left(\dfrac{z}{\mu(z)}\right)^2}}\left[\left(-\frac{1}{8}+\frac{\delta}{16}\right)z^2+|z|k|\xi|\sqrt{\mu^2(z)+z^2}\right]\end{aligned}$$

由于对于某一个 $\bar{k}>0$ 有

$$k\sqrt{\mu^2(z)+z^2}\leqslant k\sqrt{1+z^2}\leqslant \bar{k}(1+|z|)$$

和 $|\xi|\leqslant\varepsilon$，所以有

$$|z|k|\xi|\sqrt{\mu^2(z)+z^2}\leqslant \bar{k}|z||\xi|+\varepsilon\bar{k}z^2$$

从而得到

$$\dot{V}\leqslant \frac{\varepsilon\mu(\xi)}{\sqrt{1+\left(\dfrac{z}{\mu(z)}\right)^2}}\left[-az^2+\bar{k}|z||\xi|\right]$$

其中

$$a=\frac{1}{8}-\frac{\delta}{16}-\bar{k}\varepsilon$$

如果 δ 和 ε 足够小，则 $a>0$。此外，在时间区间 $[T^\circ,\infty)$ 上有

$$1\leqslant\sqrt{1+\left(\frac{z}{\mu(z)}\right)^2}\leqslant\sqrt{3}\quad 且\quad \frac{1}{\sqrt{1+\varepsilon^2}}\leqslant\mu(\xi)\leqslant 1$$

因此，前一不等式表明 (例如见引理 14.4.2 的证明)

$$|z(t)|\leqslant\max\left\{\theta(|z(0)|)\mathrm{e}^{-ct},L\|\xi(\cdot)\|_\infty\right\} \tag{14.106}$$

其中 $\theta(\cdot)$ 是一个 $\mathcal{K}$ 类函数，$c>0$ 和 $L>0$ 为确定数。

上式与式 (14.93) 及 $v(\cdot)$ 受限于 $|v(t)|\leqslant 1$，以及在区间 $[T^\circ,\infty)$ 上 $|v(t)|\leqslant|z(t)|$ 的事实共同表明，根据小增益定理，如果 ε 足够小 (以至于 $\sqrt{2}\varepsilon L<1$)，则闭环系统的所有轨线随着 t 趋于无穷而收敛到平衡态 $(z,\xi)=(0,0)$，并且该平衡态在 Lyapunov 意义下是稳定的，证毕。 $\triangleleft$

附录 A　微分几何预备知识

A.1　高等微积分中的若干事实

令 A 为 $\mathbb{R}^n$ 的一个开子集，$f\colon A \to \mathbb{R}^n$ 是一个函数。f 在 $x=(x_1,\ldots,x_n)$ 处的取值记为 $f(x)=f(x_1,\ldots,x_n)$。如果函数 f 关于 $x_1,\ldots,x_n$ 的任意阶偏导数存在且连续，则称其为一个 C^∞ 类函数，简称为 C^∞ 函数，或**光滑** (smooth) 函数。如果函数 f 是 C^∞ 的，并且对于每一点 $x^\circ \in A$，存在 x° 的一个邻域 U，使得对于所有的 $x \in U$，f 在 x° 处的泰勒级数展式收敛到 $f(x)$，则称其为**解析的** (analytic)，有时记其为 C^ω。

例. 如下定义的函数 $f\colon \mathbb{R} \to \mathbb{R}$

$$\begin{cases} f(x)=0, & 若\ x \leqslant 0 \\ f(x)=\exp(-\dfrac{1}{x}), & 若\ x > 0 \end{cases}$$

是一个典型的例子，它是一个 C^∞ 函数，但并非解析函数。 $\lhd$

一个映射 $F\colon A \to \mathbb{R}^m$ 就是一些函数 $f_i\colon A \to \mathbb{R}$ 的集中表示 $(f_1,\ldots,f_m)$。如果所有的 f_i 都是 C^∞ 函数，则映射 F 是 C^∞ 映射。

令 $U \in \mathbb{R}^n$ 和 $V \in \mathbb{R}^n$ 为开集。如果映射 $F\colon U \to V$ 是双射 (既是单射又是满射) 并且 F 和 F^{-1} 都是 C^∞ 映射，则 F 是一个**微分同胚** (diffeomorphism)。F 在点 x 处的**雅可比矩阵** (Jacobian matrix) 指的是矩阵

$$\frac{\partial F}{\partial x} = \begin{pmatrix} \dfrac{\partial f_1}{\partial x_1} & \cdots & \dfrac{\partial f_1}{\partial x_n} \\ \vdots & \vdots & \vdots \\ \dfrac{\partial f_n}{\partial x_1} & \cdots & \dfrac{\partial f_n}{\partial x_n} \end{pmatrix}$$

$\frac{\partial F}{\partial x}$ 在点 $x=x^\circ$ 处的值有时被记为 $[\frac{\partial F}{\partial x}]_{x^\circ}$。

定理 (反函数定理). 令 A 为 $\mathbb{R}^n$ 的一个开集，$F\colon A \to \mathbb{R}^n$ 是一个 C^∞ 映射。如果 $[\frac{\partial F}{\partial x}]_{x^\circ}$ 在某一个 $x^\circ \in A$ 处是非奇异的，则在 A 中存在 x° 的一个开邻域 U，使得 $V=F(U)$ 是 $\mathbb{R}^n$ 中的开集，并且 F 相对于 U 的限制是到 V 上的一个微分同胚。

定理 (秩定理). 令 $A \subset \mathbb{R}^n$ 和 $B \subset \mathbb{R}^m$ 为开集，$F\colon A \to B$ 是一个 C^∞ 映射。假设对于所有的 $x \in A$，$[\frac{\partial F}{\partial x}]_x$ 的秩都为 k。那么，对于每一点 $x^\circ \in A$，存在 x° 的一个邻域 $A_\circ \subset A$ 和

$F(x^\circ)$ 的一个邻域 $B_\circ \subset B$，存在两个开集 $U \subset \mathbb{R}^n$，$V \subset \mathbb{R}^m$ 和两个微分同胚 $G\colon U \to A_\circ$，$H\colon B_\circ \to V$，使得 $H \circ F \circ G(U) \subset V$，并且对于所有的 $(x_1, \ldots, x_n) \in U$，使得

$$(H \circ F \circ G)(x_1, \ldots, x_n) = (x_1, \ldots, x_k, 0, \ldots, 0)$$

注记. 以 P_k 表示映射 $P_k\colon \mathbb{R}^n \to \mathbb{R}^m$，其定义为

$$P_k(x_1, \ldots, x_n) = (x_1, \ldots, x_k, 0, \ldots, 0)$$

那么，由于 H 和 G 都是可逆的，所以可将之前的表达式重新表述为

$$F = H^{-1} \circ P_k \circ G^{-1}$$

它在 $A_\circ$ 的所有点处都成立。 $\lhd$

定理 (隐函数定理). 设 $A \subset \mathbb{R}^m$ 和 $B \subset \mathbb{R}^n$ 都是开集，$F\colon A \times B \to \mathbb{R}^n$ 是一个 C^∞ 映射。以

$$(x, y) = (x_1, \ldots, x_m, y_1, \ldots, y_n)$$

表示 $A \times B$ 中的一点。假设对于某一个 $(x^\circ, y^\circ) \in A \times B$，有

$$F(x^\circ, y^\circ) = 0$$

且矩阵

$$\frac{\partial F}{\partial y} = \begin{pmatrix} \dfrac{\partial f_1}{\partial y_1} & \cdots & \dfrac{\partial f_1}{\partial y_n} \\ \vdots & \vdots & \vdots \\ \dfrac{\partial f_n}{\partial y_1} & \cdots & \dfrac{\partial f_n}{\partial y_n} \end{pmatrix}$$

在 (x°, y°) 处是非奇异的，则存在 x° 的一个邻域 $A_\circ \subset A$ 和 y° 的一个邻域 $B_\circ \subset B$，以及唯一的 C^∞ 映射 $G\colon A_\circ \to B_\circ$，使得对于所有的 $x \in A_\circ$，有

$$F(x, G(x)) = 0$$

注记. 作为隐函数定理的一个应用，考虑下面的推论。令 A 为 $\mathbb{R}^n$ 的一个开集，令 M 为一个 $k \times n$ 阶矩阵，每一个元素都是定义在 A 上的实值 C^∞ 函数，b 是一个 k 元向量，其各元素也是定义在 A 上的实值 C^∞ 函数。假设对于某一个 $x^\circ \in A$，有

$$\operatorname{rank} M(x^\circ) = k$$

那么，存在 x° 的一个开邻域 U 和一个 C^∞ 映射 $G\colon U \to \mathbb{R}^n$，使得对于所有的 $x \in U$，有

$$M(x)G(x) = b(x)$$

换言之，方程

$$M(x)y = b(x)$$

在 x° 的一个邻域内至少有一个解，它是关于 x 的 C^∞ 函数。若 $k = n$，则该解是唯一的。 $\lhd$

A.2 拓扑学中的若干基本概念

本节回顾下文将用到的最基础的拓扑学概念。令 S 为一个集合。S 上的一个**拓扑结构** (topological structure)，又称为**拓扑** (topology)，是 S 的一族子集，称为**开集** (open sets)，它们满足如下公理：

(i) 任意个开集的并集是开集；

(ii) 任何有限个开集的交集是开集；

(iii) 集合 S 和集合 $\emptyset$ 都是开集。

一个具有拓扑的集合 S 称为一个**拓扑空间** (topological space)。

一个拓扑的一组**基** (basis) 是一族开集，其中的元素称为**基本开集** (basic open sets)，它们具有下面的性质：

(i) S 是基本开集的并集；

(ii) 两个基本开集的一个非空交集是基本开集的一个并集。

拓扑空间中的一点 p 的**邻域** (neighborhood) 是包含 p 的任一开集。

令 S_1 和 S_2 为拓扑空间，且 F 是一个映射 $F\colon S_1 \to S_2$。如果 S_2 中每一个开集的逆像都是 S_1 中的开集，则映射 F 是**连续的** (continuous)。如果 S_1 中的一个开集的映像是 S_2 中的开集，则映射 F 是**开的** (open)。如果映射 F 是一个双射，并且既是连续的也是开的，则它是一个**同胚** (homeomorphism)。

如果 F 是一个同胚，则逆映射 F^{-1} 也是一个同胚。

若存在一个同胚 $F\colon S_1 \to S_2$，则这两个拓扑空间 S_1 和 S_2 是**同胚的** (homeomorphic)。

设 U 是拓扑空间 S 的一个子集。如果它在 S 中的补集 $\bar{U}$ 是开的，则称 U 是**闭的** (closed)。容易看到，任意个闭集的交集是闭集，任何有限个闭集的并集是闭集，S 和 $\emptyset$ 都是闭集。

如果 $S_\circ$ 是拓扑空间 S 的一个子集，那么存在唯一的开集，记为 $\mathrm{int}(S_\circ)$ 并称之为 $S_\circ$ 的**内部** (interior)，它是 $S_\circ$ 的子集且包含 $S_\circ$ 中的任何其他开集。实际上 $\mathrm{int}(S_\circ)$ 是 $S_\circ$ 中其他所有开集的并集。类似地，存在唯一的闭集，记为 $\mathrm{cl}(S_\circ)$ 并称之为 $S_\circ$ 的**闭包** (closure)，它包含 $S_\circ$ 并且是其他任何包含 $S_\circ$ 的闭集的子集。实际上 $\mathrm{cl}(S_\circ)$ 是包含 $S_\circ$ 的所有闭集的交集。

如果 S 的一个子集的闭包与 S 相同，则称该子集在 S 中是**稠密的** (dense)。

如果 S_1 和 S_2 是两个拓扑空间，则可赋予笛卡儿乘积 $S_1 \times S_2$ 一种拓扑，方法是取所有形如 $U_1 \times U_2$ 的子集族作为一组基，其中 U_1 是 S_1 的一个基本开集，U_2 是 S_2 的一个基本开集。在 $S_1 \times S_2$ 上的这种拓扑有时称为**乘积拓扑** (product topology)。

如果 S 是一个拓扑空间，S_1 是 S 的一个子集，则可赋予 S_1 一种拓扑，方法是取形如 $S_1 \cap U$ 的子集作为开集，其中 U 是 S 中的任一开集。这种拓扑有时称为**子集拓扑** (subset topology)。

令 $F\colon S_1 \to S_2$ 为拓扑空间的连续映射，并以 $F(S_1)$ 表示 S_1 在 F 下的映像。显然，具有子集拓扑的 $F(S_1)$ 是一个拓扑空间。由于 F 是连续的，所以 $F(S_1)$ 中的任一开集的逆像都是 S_1 中的一个开集。然而，并非 S_1 的所有开集都被映到 $F(S_1)$ 的开集上。换言之，映射 $F'\colon S_1 \to F(S_1)$，其定义为 $F'(p) = F(p)$，是连续的但不一定是开的。可以赋予集合 $F(S_1)$ 另一种拓扑，取 S_1 的开集的映像作为 $F(S_1)$ 的开集。这种新拓扑有时称为**导出拓扑** (induced topology)，容易看到，它包含了子集拓扑 (即子集拓扑下的任一开集也是导出拓扑下的开集)，同时可见映射 F' 是开的。如果 F 是一个单射，则赋予导出拓扑的 S_1 与 $F(S_1)$ 是同胚的。

如果一个拓扑空间 S 的任意两个不同点 p_1 和 p_2 都有不相交的邻域，则称 S 满足**Hausdorff 分离公理** (Hausdorff separation axiom)，或简称为一个 Hausdorff 空间。

A.3 光滑流形

定义. 一个 n 维**局部欧几里得空间** (locally Euclidean space) X 是一个拓扑空间，使得对于每一点 $p \in X$，都存在一个同胚 ϕ 将点 p 的某一个开邻域映到 $\mathbb{R}^n$ 的一个开集上。

定义. 一个 n 维**流形** (manifold) N 是一个 n 维的局部欧几里得拓扑空间，它是 Hausdorff 空间且具有一组可数基。

如果 $n \neq m$，则 $\mathbb{R}^n$ 的开集 U 不可能同胚于 $\mathbb{R}^m$ 的开集 V (Brouwer 区域不变性定理①)。因此，一个局部欧几里得空间的维数是一个有唯一定义的对象。

流形 N 上的**坐标卡** (coordinate chart) 是一个偶对 (U, ϕ)，其中 U 是 N 的一个开集，ϕ 是将 U 映到 $\mathbb{R}^n$ 的一个开集上的同胚。有时将 ϕ 表示为一个集合 $(\phi_1, \ldots, \phi_n)$，称 $\phi_i \colon U \to \mathbb{R}$ 为第 i 个**坐标函数** (coordinate function)。如果 $p \in U$，则称实数 n 元组 $(\phi_1(p), \ldots, \phi_n(p))$ 为在坐标卡 (U, ϕ) 下 p 的**局部坐标** (local coordinates) 集。如果 $\phi(U)$ 是 $\mathbb{R}^n$ 中的原点附近的一个开立方体，则称坐标卡 (U, ϕ) 为一个**立方体** (cube) 坐标卡。如果 $p \in U$ 且 $\phi(p) = 0$，则称该坐标卡以点 p 为**中心** (center)。

令 (U, ϕ) 和 (V, ψ) 是流形 N 上的两个坐标卡，满足 $U \cap V \neq 0$。令 $(\psi_1, \ldots, \psi_n)$ 为相应于映射 ψ 的坐标函数集。同胚

$$\psi \circ \phi^{-1} \colon \phi(U \cap V) \to \psi(U \cap V)$$

对于每一点 $p \in U \cap V$，将局部坐标集 $(\phi_1(p), \ldots, \phi_n(p))$ 映入局部坐标集 $(\psi_1(p), \ldots, \psi_n(p))$，称为 $U \cap V$ 上的一个**坐标变换** (coordinates transformation)。显然，$\phi \circ \psi^{-1}$ 是其逆映射，将 $(\psi_1(p), \ldots, \psi_n(p))$ 映为 $(\phi_1(p), \ldots, \phi_n(p))$。

我们经常将集合 $(\phi_1(p), \ldots, \phi_n(p))$ 表示为 n 维向量 $x = \mathrm{col}(x_1, \ldots, x_n)$，并将集合 $(\psi_1(p), \ldots, \psi_n(p))$ 表示为 n 维向量 $y = \mathrm{col}(y_1, \ldots, y_n)$。坐标变换 $\psi \circ \phi^{-1}$ 可一致地表示为

$$y = \begin{pmatrix} y_1 \\ \vdots \\ y_n \end{pmatrix} = \begin{pmatrix} y_1(x_1, \ldots, x_n) \\ \vdots \\ y_n(x_1, \ldots, x_n) \end{pmatrix} = y(x)$$

逆变换 $\phi \circ \psi^{-1}$ 的形式为

$$x = x(y)$$

如果坐标变换 $\psi \circ \phi^{-1}$ 是一个微分同胚 (只要 $U \cap V \neq 0$)，即如果 $y(x)$ 和 $x(y)$ 都是 C^∞ 映射 (见图 A.1)，则两个坐标卡 (U, ϕ) 和 (V, ψ) 是 C^∞ **相容的** (C^∞-compatible)。

① 曼斯勒斯，流形上的分析，谢孔彬，谢云鹏，译. 北京：科学出版社，2012(56)。——译者注

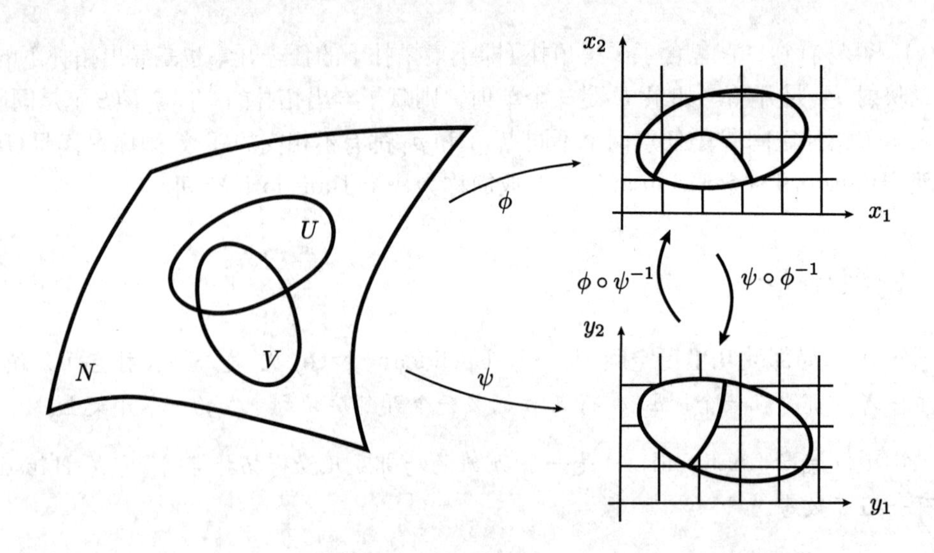

图 A.1

流形 N 上的坐标卡集 $\mathcal{A} = \{(U_i, \phi_i) \colon i \in I\}$ 如果具有性质 $\bigcup_{i \in I} U_i = N$，且 $\mathcal{A}$ 中的每两个坐标卡都是 C^∞ 相容的，则称该坐标卡集是一个**图册** (atlas)。如果一个图册不真包含于任何其他图册，则称该图册是**完备的** (complete)。

定义. 一个**光滑流形** (smooth manifold)[或称为 C^∞ **流形** (C^∞-manifold)] 是一个配有完备的 C^∞ 图册的流形。

注记. 如果 $\mathcal{A}$ 是流形 N 上的任一 C^∞ 图册，则存在**唯**一包含 $\mathcal{A}$ 的完备 C^∞ 图册 $\mathcal{A}^\star$。它被定义为与 $\mathcal{A}$ 的每一个坐标卡 (U_i, ϕ_i) 均相容的所有坐标卡 (U, ϕ) 的集合。该集合包含 $\mathcal{A}$，是一个 C^∞ 图册，并且根据构造可知是完备的。 ◁

下面叙述光滑流形的一些基本例子。

例. $\mathbb{R}^n$ 中的任一开集 U 均是 n 维光滑流形。因为，考虑由 (单一) 坐标卡 (U, U 上的恒等映射) 构成的图册 $\mathcal{A}$，并以 $\mathcal{A}^\star$ 表示包含 $\mathcal{A}$ 的唯一完备图册。特别是，$\mathbb{R}^n$ 就是一个光滑流形。 ◁

注记. 可以在同一个流形上定义不同的 C^∞ 图册，如下例所示。令 $N = \mathbb{R}$，并考虑坐标卡 $(\mathbb{R}, \phi)$ 和 $(\mathbb{R}, \psi)$，其中

$$\phi(x) = x$$
$$\psi(x) = x^3$$

由于 $\phi^{-1}(x) = x$ 且 $\psi^{-1}(x) = x^{1/3}$，所以

$$\phi \circ \psi^{-1}(x) = x^{1/3}$$

并且这两个坐标卡是不相容的。因此，包含 $(\mathbb{R}, \phi)$ 的唯一完备图册 $\mathcal{A}_\phi^\star$ 和包含 $(\mathbb{R}, \psi)$ 的唯一完备图册 $\mathcal{A}_\psi^\star$ 是不同的。这意味着，可将同样的流形 N 认为是两个不同对象 (两个**光滑**流形，一个源于图册 $\mathcal{A}_\phi^\star$，另一个源于图册 $\mathcal{A}_\psi^\star$) 的同一底层。 ◁

例. 令 U 为 $\mathbb{R}^m$ 的一个开集并令 $\lambda_1,\ldots,\lambda_{m-n}$ 为定义在 U 上的实值 C^∞ 函数。以 N 表示使所有函数 $\lambda_1,\ldots,\lambda_{m-1}$ 取值为零的 U 的 (闭) 子集，即令

$$N=\{x\in U\colon \lambda_i(x)=0, 1\leqslant i\leqslant m-n\}$$

假设雅可比矩阵

$$\begin{pmatrix} \dfrac{\partial\lambda_1}{\partial x_1} & \cdots & \dfrac{\partial\lambda_1}{\partial x_m} \\ \vdots & \vdots & \vdots \\ \dfrac{\partial\lambda_{m-n}}{\partial x_1} & \cdots & \dfrac{\partial\lambda_{m-n}}{\partial x_m} \end{pmatrix}$$

在所有 $x\in N$ 处的秩为 $m-n$，则 N 是一个 n 维光滑流形。

该结论的证明在本质上依赖于隐函数定理，利用了如下论据。

令 $x^\circ=(x_1^\circ,\ldots,x_n^n,x_{n+1}^\circ,\ldots,x_m^\circ)$ 为 N 中的一点。不失一般性，假设矩阵

$$\begin{pmatrix} \dfrac{\partial\lambda_1}{\partial x_{n+1}} & \cdots & \dfrac{\partial\lambda_1}{\partial x_m} \\ \vdots & \vdots & \vdots \\ \dfrac{\partial\lambda_{m-n}}{\partial x_{n+1}} & \cdots & \dfrac{\partial\lambda_{m-n}}{\partial x_m} \end{pmatrix}$$

在 x° 处非奇异，则存在 $(x_1^\circ,\ldots,x_n^\circ)$ 的邻域 $A_\circ\subset\mathbb{R}^n$、$(x_{n+1}^\circ,\ldots,x_m^\circ)$ 的邻域 $B_\circ\subset\mathbb{R}^{m-n}$ 和一个 C^∞ 映射 $G\colon A_\circ\to B_\circ$，使得对于所有的 $1\leqslant i\leqslant m-n$，有

$$\lambda_i(x_1,\ldots,x_n,g_1(x_1,\ldots,x_n),\ldots,g_{m-n}(x_1,\ldots,x_n))=0$$

这就能够将 x° 的邻域 N 中的点描述为 m 元组 $(x_1,\ldots,x_m)$，使得对于所有的 $1\leqslant i\leqslant m-n$ 有 $x_{n+i}=g_i(x_1,\ldots,x_n)$。以这种方式可以在 N 中每一点 x° 的附近构造一个坐标卡，如此定义的坐标卡构成了一个 C^∞ 图册。

这类流形有时称为 $\mathbb{R}^m$ 中的一个光滑**超曲面** (hypersurface)。超曲面的一个重要例子是**球面** (sphere) S^{m-1}，其定义为取 $n=m-1$ 并令

$$\lambda_1=x_1^2+x_2^2+\ldots+x_m^2-1$$

$\mathbb{R}^m$ 中的使 $\lambda_1(x)=0$ 的点集由半径为 1 且中心位于原点的球面上的所有点构成。由于

$$\begin{pmatrix} \dfrac{\partial\lambda_1}{\partial x_1} & \cdots & \dfrac{\partial\lambda_1}{\partial x_m} \end{pmatrix}$$

在这个集合上永不为零，因而所要求的条件得以满足，该集合是一个 $m-1$ 维的光滑流形。 ◁

例. 光滑流形 N 的一个开子集 N' 本身是一个光滑流形。N' 的拓扑是子集拓扑。如果 (U,ϕ) 是 N 的一个完备的 C^∞ 图册中的坐标卡，使得 $U\cap N'\neq\emptyset$，则定义为

$$U'=U\cap N'$$

$$\phi'=\phi \text{ 相对于 } U' \text{ 的限制}$$

的偶对 (U',ϕ') 是 N' 的一个坐标卡。以这种方式可以定义 N' 的一个完备 C^∞ 图册。N' 的维数与 N 的维数相同。 ◁

例. 令 M 和 N 为光滑流形，维数分别为 m 和 n，则笛卡儿乘积 $M \times N$ 是一个光滑流形，$M \times N$ 的拓扑是乘积拓扑。如果 (U, ϕ) 和 (V, ψ) 是 M 和 N 的坐标卡，则偶对 $(U \times V, (\phi, \psi))$ 是 $M \times N$ 的坐标卡。$M \times N$ 的维数显然是 $m + n$。

这类流形的一个重要例子是**环面** (torus) $T^2 = S^1 \times S^1$，它是两个圆周的笛卡儿乘积。 ◁

令 λ 为定义在流形 N 上的一个实值函数。如果 (U, ϕ) 是 N 的一个坐标卡，则复合函数

$$\hat{\lambda} = \lambda \circ \phi^{-1} \colon \phi(U) \to \mathbb{R}$$

对于每一点 $p \in U$，将 p 的局部坐标集 $(x_1, \dots, x_n)$ 映为一个实数 $\lambda(p)$，称为 λ 在局部坐标下的表示。

在实际中，只要不引起混淆，经常用同一个符号 λ 来表示 $\lambda \circ \phi^{-1}$，并以 $\lambda(x_1, \dots, x_n)$ 表示 λ 在局部坐标为 $(x_1, \dots, x_n)$ 的点 p 处的取值。

如果 N 和 M 都是流形，维数为 n 和 m，$F \colon N \to M$ 是一个映射，(U, ϕ) 为 N 的一个坐标卡，(V, ψ) 为 M 的一个坐标卡，则复合映射

$$\hat{F} = \psi \circ F \circ \phi^{-1}$$

称为 F 在局部坐标下的一个表示。注意，这个定义仅当 $F(U) \cap V \neq \emptyset$ 时才有意义。在这种情况下，$\hat{F}$ 对于所有的 n 元组 $(x_1, \dots, x_n)$ 都有唯一定义，$(x_1, \dots, x_n)$ 在 $F \circ \phi^{-1}$ 下的映像是 V 中的一点。

这里往往用 F 来表示 $\psi \circ F \circ \phi^{-1}$，以 $y_i = f_i(x_1, \dots, x_n)$ 来表示 $F(p)$ 的第 i 个坐标值，点 p 的局部坐标为 $(x_1, \dots, x_n)$，并且同样有

$$y = \begin{pmatrix} y_1 \\ \vdots \\ y_m \end{pmatrix} = \begin{pmatrix} f_1(x_1, \dots, x_n) \\ \vdots \\ f_m(x_1, \dots, x_n) \end{pmatrix} = F(x)$$

定义. 令 N 和 M 为光滑流形，$F \colon N \to M$ 是一个映射。如果对于每一点 $p \in N$，存在 N 的坐标卡 (U, ϕ) 和 M 的坐标卡 (V, ψ)，满足 $p \in U$ 和 $F(p) \in V$，使得 F 在局部坐标下的表示是 C^∞ 的，则称 F 是一个**光滑**映射。

注记. 注意，光滑性与在 N 和 M 上选择的坐标卡无关。由定义知，不同的坐标卡 (U', ϕ') 和 (V', ψ') 与之前的坐标卡是 C^∞ 相容的，并且 C^∞ 函数的复合

$$\begin{aligned} \hat{F}' &= \psi' \circ F \circ \phi'^{-1} \\ &= \psi' \circ \psi^{-1} \circ \psi \circ F \circ \phi^{-1} \circ \phi \circ \phi'^{-1} \\ &= (\psi' \circ \psi^{-1}) \circ \hat{F} \circ (\phi' \circ \phi^{-1})^{-1} \end{aligned}$$

仍然是 C^∞ 的。 ◁

定义. 令 N 和 M 都是 n 维光滑流形。如果映射 $F \colon N \to M$ 是双射，并且 F 和 F^{-1} 都是光滑映射，则称 F 是一个微分同胚。如果存在一个微分同胚 $F \colon N \to M$，则两个流形 N 和 M 是微分同胚的。

映射 $F: N \to M$ 在点 $p \in N$ 处的**秩** (rank) 就是雅可比矩阵

$$\begin{pmatrix} \dfrac{\partial f_1}{\partial x_1} & \cdots & \dfrac{\partial f_1}{\partial x_n} \\ \vdots & \vdots & \vdots \\ \dfrac{\partial f_m}{\partial x_1} & \cdots & \dfrac{\partial f_m}{\partial x_n} \end{pmatrix}$$

在点 $x = \phi(p)$ 处的秩。必须强调，尽管明显依赖于局部坐标的选择，但这样定义的秩概念实际上是坐标无关的。读者可以容易地验证，对于 F 在局部坐标下的两个不同表示，它们的雅可比矩阵有相同的秩。

定理. 令 N 和 M 均为 n 维光滑流形。映射 $F: N \to M$ 是一个微分同胚，当且仅当 F 是双射、F 光滑且在 N 的所有点处都有 $\operatorname{rank}(F) = n$。

注记. 在某些情况下，可将诸如函数、映射等对象是 C^∞ 类的假设替换为更强的假设，即假设诸如函数、映射等的对象是解析的。用这种方式可以定义解析流形、流形的解析映射，等等。只要有必要，将明确地做出这一假设。

A.4 子流形

定义. 令 $F: N \to M$ 为流形的一个光滑映射。

(i) 如果对于所有的 $p \in N$ 有 $\operatorname{rank}(F) = \dim(N)$，则 F 是一个**浸入** (immersion)。

(ii) 如果 F 是浸入并且是单射，则 F 是一个**单值浸入** (univalent immersion)。

(iii) 如果 F 是单值浸入，并且由 N 的拓扑在 $F(N)$ 上导出的 $F(N)$ 的导出拓扑，与作为 M 的子集的 $F(N)$ 的拓扑相同，则 F 是一个**嵌入** (embedding)。

注记. 由于映射 F 是光滑的，所以是拓扑空间的一个连续映射。因此 (见 A.2 节)，由 N 的拓扑在 $F(N)$ 上导出的 $F(N)$ 的导出拓扑，可以真包含作为 M 的子集的 $F(N)$ 的拓扑。这就是提出定义 (iii) 的原因。

以下例子阐明了定义 (i)、定义 (ii) 和定义 (iii) 之间的区别。

例. 令 $N = \mathbb{R}$ 且 $M = \mathbb{R}^2$，用 t 表示 N 中的一点，用 (x_1, x_2) 表示 M 中的一点。映射 F 定义为 (见图 A.2)

$$x_1(t) = at - \sin t$$

$$x_2(t) = \cos t$$

于是，

$$\operatorname{rank}(F) = \operatorname{rank}\begin{pmatrix} a - \cos t \\ -\sin t \end{pmatrix}$$

如果 $a = 1$，则此映射**不是**一个浸入，因为在 $t = 2k\pi$ 处 (对于任意一个整数 k) 有 $\operatorname{rank}(F) = 0$。如果 $0 < a < 1$，则此映射是一个浸入，因为对于所有的 t 都有 $\operatorname{rank}(F) = 1$，但它**不是**一个

单值浸入，因为对于满足关系 $t_1 = 2k\pi - \tau$，$t_2 = 2k\pi + \tau$ 和 $\sin\tau = a\tau$ 的所有的 t_1 和 t_2，都有 $F(t_1) = F(t_2)$。

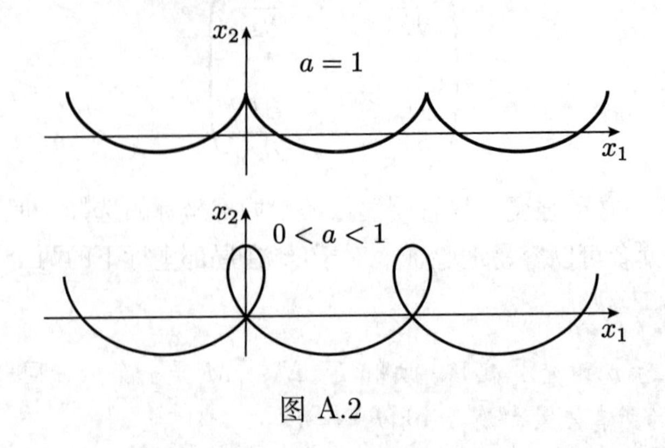

图 A.2

作为第二个例子，考虑所谓的“8”字形图 (见图 A.3)。令 N 为实直线上的开区间 $(0, 2\pi)$ 且 $M = \mathbb{R}^2$。用 t 表示 N 中的一点，并用 (x_1, x_2) 表示 M 中的一点。映射 F 定义为

$$x_1(t) = \sin 2t$$

$$x_2(t) = \sin t$$

此映射是一个浸入，因为对于所有的 $0 < t < 2\pi$，有

$$\operatorname{rank}(F) = \operatorname{rank}\begin{pmatrix} \dfrac{\mathrm{d}x_1}{\mathrm{d}t} \\ \dfrac{\mathrm{d}x_2}{\mathrm{d}t} \end{pmatrix} = \operatorname{rank}\begin{pmatrix} 2\cos 2t \\ \cos t \end{pmatrix} = 1$$

此映射也是单值的，因为

$$F(t_1) = F(t_2) \Rightarrow t_1 = t_2$$

然而，此映射**不是**一个嵌入。因为，考虑 F 的映像可知，映射 F 将 N 的开集 $(\pi - \varepsilon, \pi + \varepsilon)$ 映到 $F(N)$ 的一个子集 U' 上，**由定义知**，它在由 N 的拓扑导出的 $F(N)$ 的导出拓扑下是开集，但在 $F(N)$ (作为 M 的子集) 的子集拓扑下不是开集。这是因为 U' 不能视为 $F(N)$ 与 $\mathbb{R}^2$ 中某一个开集的交集。

作为第三个例子，可以考虑映射 $F\colon \mathbb{R} \to \mathbb{R}^3$，其定义为

$$x_1(t) = \cos 2\pi t$$

$$x_2(t) = \sin 2\pi t$$

$$x_3(t) = t$$

其映像是在无限圆柱体 (对称轴为 x_3 坐标轴) 上缠绕的一条“螺旋线”。读者很容易检验这是一个嵌入。 $\triangleleft$

下面的定理说明，每一个浸入在局部都是一个嵌入。

定理. 令 $F\colon N \to M$ 为一个浸入。对于每一点 $p \in N$，存在 p 的一个邻域 U，具有性质：F 相对于 U 的限制是一个嵌入。

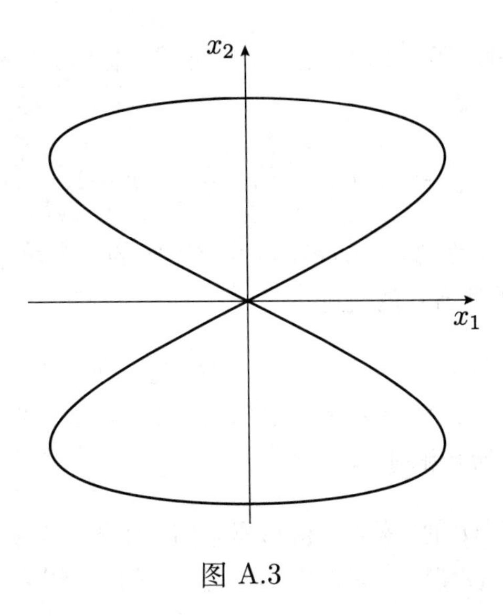

图 A.3

例. 再次考虑上面讨论过的“8”字形图。如果 U 是类型如 $(\delta, 2\pi-\delta)$ 的任一区间，则之前遇到的临界状况不再出现，并且 $(\pi-\varepsilon, \pi+\varepsilon)$ 的映像 U' 在 $F(N)$ 作为 $\mathbb{R}^2$ 的一个子集的拓扑下也是开集。 ◁

单值浸入和嵌入的概念以如下方式使用。

定义. 一个单值浸入的映像 $F(N)$ 称为 M 的一个**浸入子流形** (immersed submanifold)。一个嵌入的映像 $F(N)$ 称为 M 的一个**嵌入子流形** (embedded submanifold)。

注记. 反之，对于 M 的一个子集 M'，如果存在另一个流形 N 和一个单值浸入 (或嵌入) $F\colon N \to M$，使得 $F(N) = M'$，则称该子集 M' 是一个浸入 (或嵌入) 子流形。 ◁

上述定义用“子流形”这个词明确指出了赋予 $F(N)$ 一个光滑流形结构的可能性，并且这实际上能以如下方式实现。令 $M' = F(N)$，并用 $F'\colon N \to M'$ 表示对于所有的 $p \in N$ 由

$$F'(p) = F(p)$$

定义的映射。显然，F' 是一个双射。如果 M' 的拓扑是由 N 的拓扑导出的，即 M' 的开集都是 N 的开集在 F' 下的映像，则 F' 是一个同胚。因此，N 的任一坐标卡 (U, ϕ) 均导出 M' 的一个坐标卡 (V, ψ)，其定义为

$$V = F'(U), \qquad \psi = \phi \circ (F')^{-1}$$

N 的 C^∞ 相容坐标卡导出了 M' 的 C^∞ 相容坐标卡，所以 N 的完备 C^∞ 图册导出了 M' 的完备 C^∞ 图册。这就赋予了 M' 一个光滑流形结构。

这样定义的光滑流形 M' 微分同胚于光滑流形 N。M' 和 N 之间的一个微分同胚就是 F' 本身，它是光滑的双射，并且在每一点 $p \in N$ 处的秩都等于 N 的维数。

基于如下考虑，也能以一种不同的方式来描述嵌入子流形。

令 M 为一个 m 维光滑流形，(U,ϕ) 是一个立方体坐标卡。令 n 为一个整数，$0<n<m$，p 为 U 中的一点。U 的子集

$$S_p=\{q\in U: x_i(q)=x_i(p), i=n+1,\ldots,m\}$$

称为 U 的经过点 p 的一个 n 维**切片** (slice)。换言之，U 的一个切片就是 U 中的一些坐标 (比如后 $m-n$ 个) 保持不变的所有点的轨迹。

定理. 令 M 为 m 维光滑流形。M 的一个子集 M' 是一个 n $(n<m)$ 维嵌入子流形，当且仅当对于每一点 $p\in M'$，存在 M 的一个立方体坐标卡 (U,ϕ)，其中 $p\in U$，使得 $U\cap M'$ 与 U 的经过点 p 的一个 n 维切片相同。

这个定理提供了 (流形 M 的) 嵌入子流形概念的一个更“本质”的描述，直接与 (M 的) 特殊坐标卡的存在性相关。注意到，如果 (U,ϕ) 是 M 的一个坐标卡，使得 $U\cap M'$ 是 U 的一个 n 维切片，则定义为

$$U'=U\cap M'$$
$$\phi'(p)=(x_1(p),\ldots,x_n(p))$$

的偶对 (U',ϕ') 就是 M' 的一个坐标卡，如图 A.4 所示 (其中 $M=\mathbb{R}^3$ 且 $n=2$)。

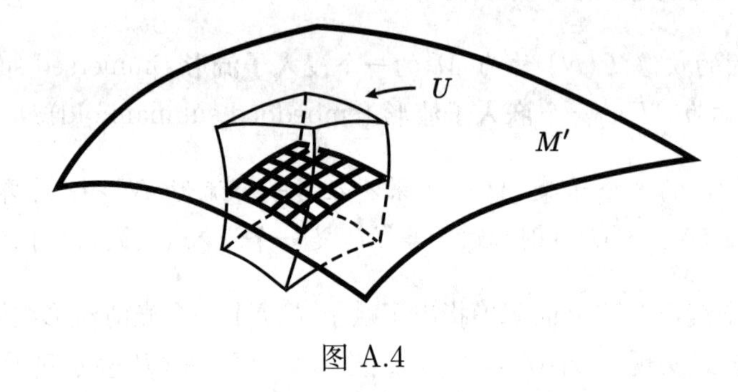

图 A.4

注记. 注意，M 的一个开子集 M' 的确是 M 的一个嵌入子流形，具有相同的维数 m。因此，M 的一个子流形 M' 可以是 M 的一个**真**子集，尽管作为流形它与 M 具有相同的维数。◁

注记. 能够证明，$\mathbb{R}^m$ 的任一光滑超曲面是 $\mathbb{R}^m$ 的一个嵌入子流形。而且也已证明，如果 N 是一个 n 维光滑流形，则存在一个整数 $m\geqslant n$ 和一个嵌入映射 $F\colon N\to\mathbb{R}^m$ (见 Whitney 嵌入定理)。换言之，对于一个足够大的 m，任一流形微分同胚于 $\mathbb{R}^m$ 的一个嵌入子流形。◁

注记. 令 V 为 $\mathbb{R}^m$ 的一个 n 维子空间。设 x° 是 $\mathbb{R}^m$ 的某一个确定点，则 $\mathbb{R}^m$ 的形如

$$x^\circ+V=\{x\in\mathbb{R}^m: x=x'+x^\circ; x'\in V\}$$

的任一子集其实是一个光滑超曲面，从而是 $\mathbb{R}^m$ 的一个 n 维嵌入子流形。有时称其为 $\mathbb{R}^m$ 的一个**平整** (flat) 子流形。◁

A.5 切向量

令 N 为一个 n 维光滑流形。如果实值函数 λ 的定义域包括一个含有点 p 的开集 $U \subset N$ 且 λ 相对于 U 的限制是一个光滑函数，则称 λ 在点 p 的一个邻域内光滑。将 p 的一个邻域内的所有光滑函数记为 $C^\infty(p)$。注意到，$C^\infty(p)$ 构成了实数域 $\mathbb{R}$ 上的一个向量空间，因为如果 λ, γ 均为属于 $C^\infty(p)$ 的函数，且 a, b 均为实数，则对于 p 的某一邻域内的所有 q，定义为

$$(a\lambda + b\gamma)(q) = a\lambda(q) + b\gamma(q)$$

的函数 $a\lambda + b\gamma$ 还是属于 $C^\infty(p)$ 的函数。还注意到，两个函数 $\lambda, \gamma \in C^\infty(p)$ 可以通过相乘来给出 $C^\infty(p)$ 中的另一个元素，记为 $\lambda\gamma$，对于 p 的某一邻域内的所有 q，其定义为

$$(\lambda\gamma)(q) = \lambda(q) \cdot \gamma(q)$$

定义. 在点 p 处的一个切向量是一个映射 $v\colon C^\infty(p) \to \mathbb{R}$，它具有如下性质：

(i) (线性特性)：对于所有的 $\lambda, \gamma \in C^\infty(p)$ 和 $a, b \in \mathbb{R}$，有 $v(a\lambda + b\gamma) = av(\lambda) + bv(\gamma)$；

(ii) (莱布尼茨法则)：对于所有的 $\lambda, \gamma \in C^\infty(p)$，有 $v(\lambda\gamma) = \gamma(p)v(\lambda) + \lambda(p)v(\gamma)$。

定义. 令 N 为一个光滑流形。N 在 p 处的切空间，记为 T_pN，是 p 处所有切向量的集合。

注记. 满足性质 (i) 和 (ii) 的映射称为**导子** (derivation)。 ◁

注记. 集合 T_pN 构成了实数域 $\mathbb{R}$ 上的一个向量空间，该向量空间内元素的运算基于标量乘法规则和加法规则，按如下方式定义。如果 v_1, v_2 是切向量且 c_1, c_2 为实数，则 $c_1v_1 + c_2v_2$ 是一个新的切向量，它将函数 $\lambda \in C^\infty(p)$ 映为实数

$$(c_1v_1 + c_2v_2)(\lambda) = c_1v_1(\lambda) + c_2v_2(\lambda) \qquad \triangleleft$$

注记. 后面会看到，如果流形 N 是 $\mathbb{R}^m$ 中的一个光滑超曲面，则之前定义的对象可以自然地等同为在一点处的“切超平面”这个直观概念。 ◁

令 (U, ϕ) 为点 p 附近的一个 (确定的) 坐标卡。对于这个坐标卡，可伴之以 n 个在点 p 处的切向量，记为

$$\left(\frac{\partial}{\partial \phi_1}\right)_p, \ldots, \left(\frac{\partial}{\partial \phi_n}\right)_p$$

对于 $1 \leqslant i \leqslant n$，它们按如下方式定义：

$$\left(\frac{\partial}{\partial \phi_i}\right)_p (\lambda) = \left[\frac{\partial(\lambda \circ \phi^{-1})}{\partial x_i}\right]_{x=\phi(p)}$$

等号右边是函数 $\lambda \circ \phi^{-1}(x_1, \ldots, x_n)$ 对于 x_i 的偏导数在点 $x = (x_1, \ldots, x_n) = \phi(p)$ 处的取值 (回想一下，函数 $\lambda \circ \phi^{-1}$ 是 λ 在局部坐标下的一种表示)。

定理. 令 N 为一个 n 维光滑流形，p 为 N 中的任一点。N 在 p 处的切空间 T_pN 是实数域 $\mathbb{R}$ 上的一个 n 维向量空间。如果 (U, ϕ) 是点 p 附近的一个坐标卡，则切向量 $(\frac{\partial}{\partial \phi_1})_p, \ldots, (\frac{\partial}{\partial \phi_n})_p$ 构成了 T_pN 的一组基。

T_pN 的基 $\{(\frac{\partial}{\partial\phi_1})_p,\ldots,(\frac{\partial}{\partial\phi_n})_p\}$ 有时称为由坐标卡 (U,ϕ) 导出的**自然基** (natural basis)。

令 v 为 p 处的一个切向量，由上述定理可见

$$v=\sum_{i=1}^{n}v_i\left(\frac{\partial}{\partial\phi_i}\right)_p$$

其中 $v_1,\ldots,v_n$ 都是实数。可按以下方式明确地计算各个 v_i。令 ϕ_i 为第 i 个坐标函数。显然有 $\phi_i\in C^\infty(p)$，于是，因为 $\phi_i\circ\phi^{-1}(x_1,\ldots,x_n)=x_i$，所以

$$v(\phi_i)=\sum_{j=1}^{n}v_j\left(\frac{\partial}{\partial\phi_j}\right)_p(\phi_i)=\sum_{j=1}^{n}v_j\left[\frac{\partial(\phi_i\circ\phi^{-1})}{\partial x_j}\right]_{x=\phi(p)}=v_i$$

因此，实数 v_i 与 v 在第 i 个坐标函数 ϕ_i 处的取值相同。

点 p 附近的一个坐标变换显然导出了 T_pN 中的一个**基变换** (change of basis)，所涉及的计算如下。令 (U,ϕ) 和 (V,ψ) 为点 p 附近的坐标卡，令 $\{(\frac{\partial}{\partial\psi_1})_p,\ldots,(\frac{\partial}{\partial\psi_n})_p\}$ 表示由坐标卡 (V,ψ) 导出的 T_pN 的自然基，于是有

$$\begin{aligned}\left(\frac{\partial}{\partial\psi_i}\right)_p(\lambda)=\left[\frac{\partial(\lambda\circ\psi^{-1})}{\partial y_i}\right]_{y=\psi(p)}&=\left[\frac{\partial(\lambda\circ\phi^{-1}\circ\phi\circ\psi^{-1})}{\partial y_i}\right]_{y=\psi(p)}\\&=\sum_{j=1}^{n}\left[\frac{\partial(\lambda\circ\phi^{-1})}{\partial x_j}\right]_{x=\phi(p)}\cdot\left[\frac{\partial(\phi_j\circ\psi^{-1})}{\partial y_i}\right]_{y=\psi(p)}\\&=\sum_{j=1}^{n}\left[\left(\frac{\partial}{\partial\phi_j}\right)_p(\lambda)\right]\left[\frac{\partial(\phi_j\circ\psi^{-1})}{\partial y_i}\right]_{y=\psi(p)}\end{aligned}$$

换言之，

$$\left(\frac{\partial}{\partial\psi_i}\right)_p=\sum_{j=1}^{n}\left[\frac{\partial(\phi_j\circ\psi^{-1})}{\partial y_i}\right]_{y=\psi(p)}\left(\frac{\partial}{\partial\phi_j}\right)_p$$

注意到，偏导数

$$\frac{\partial(\phi_j\circ\psi^{-1})}{\partial y_i}$$

是坐标变换

$$x=x(y)$$

的雅可比矩阵的第 j 行第 i 列处的元素。

因此 $x=x(y)$ 的雅可比矩阵的各列元素都是一些系数，它们将“新”基向量表示为“旧”基向量的线性组合。

如果 v 是一个切向量，并且 $(v_1,\ldots,v_n),(w_1,\ldots,w_n)$ 为实数 n 元组，它们将 v 表示为

$$v=\sum_{i=1}^{n}v_i\left(\frac{\partial}{\partial\phi_i}\right)_p=\sum_{i=1}^{n}w_i\left(\frac{\partial}{\partial\psi_i}\right)_p$$

则有

$$\begin{pmatrix}v_1\\\vdots\\v_n\end{pmatrix}=\begin{pmatrix}\dfrac{\partial x_1}{\partial y_1}&\cdots&\dfrac{\partial x_1}{\partial y_n}\\\vdots&\vdots&\vdots\\\dfrac{\partial x_n}{\partial y_1}&\cdots&\dfrac{\partial x_n}{\partial y_n}\end{pmatrix}\begin{pmatrix}w_1\\\vdots\\w_n\end{pmatrix}$$

定义. 令 N 和 M 为光滑流形。令 $F\colon N \to M$ 为一个光滑映射。F 在 $p \in N$ 处的微分是映射

$$F_\star\colon T_pN \to T_{F(p)}M$$

其定义如下。对于 $v \in T_pN$ 和 $\lambda \in C^\infty(F(p))$,

$$(F_\star(v))(\lambda) = v(\lambda \circ F)$$

注记. $F_\star$ 是一个映射，将 N 在点 p 的切空间映入 M 在点 $F(p)$ 的切空间。如果 $v \in T_pN$，则 $F_\star$ 在 v 处的值 $F_\star(v)$ 是 $T_{F(p)}M$ 中的一个切向量。所以必须把 $F_\star(v)$ 将集合 $C^\infty(F(p))$ [由 $F(p)$ 的某一邻域中的所有光滑函数构成] 映入 $\mathbb{R}$ 的方式表示出来。这实际上就是定义所规定的内容。注意到，对于每一点 $p \in N$ 都存在一个这样的映射 (见图 A.5)。 ◁

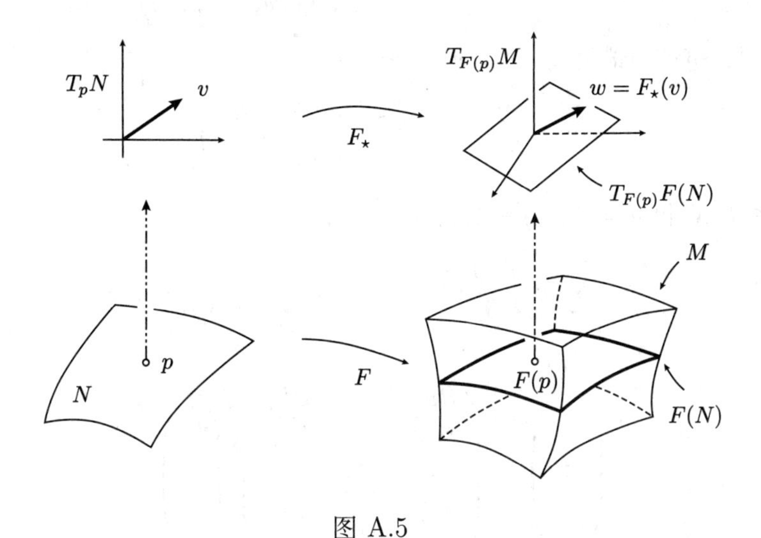

图 A.5

定理. 微分 $F_\star$ 是一个线性映射。

由于 $F_\star$ 是一个线性映射，所以给定 T_pN 的一组基和 $T_{F(p)}M$ 的一组基，希望可以找到它的矩阵表示。令 (U,ϕ) 为点 p 附近的一个坐标卡，(V,ψ) 为 $q = F(p)$ 附近的一个坐标卡，$\{(\frac{\partial}{\partial\phi_1})_p, \cdots, (\frac{\partial}{\partial\phi_n})_p\}$ 是 T_pN 的自然基，$\{(\frac{\partial}{\partial\psi_1})_q, \cdots, (\frac{\partial}{\partial\psi_m})_q\}$ 是 T_qM 的自然基。为了找到 $F_\star$ 的矩阵表示，对于所有的 $1 \leqslant i \leqslant n$，只需要观察 $F_\star$ 如何映射 $(\frac{\partial}{\partial\phi_i})_p$ 即可。

注意到，

$$\begin{aligned}
\left[F_\star\left(\frac{\partial}{\partial\phi_i}\right)_p\right](\lambda) &= \left(\frac{\partial}{\partial\phi_i}\right)_p(\lambda\circ F) = \left[\frac{\partial(\lambda\circ F\circ\phi^{-1})}{\partial x_i}\right]_{x=\phi(p)} \\
&= \left[\frac{\partial(\lambda\circ\psi^{-1}\circ\psi\circ F\circ\phi^{-1})}{\partial x_i}\right]_{x=\phi(p)} \\
&= \sum_{j=1}^m \left[\frac{\partial(\lambda\circ\psi^{-1})}{\partial y_j}\right]_{y=\psi(q)} \left[\frac{\partial(\psi_j\circ F\circ\phi^{-1})}{\partial x_i}\right]_{x=\phi(p)} \\
&= \sum_{j=1}^m \left(\left(\frac{\partial}{\partial\psi_j}\right)_q(\lambda)\right)\left[\frac{\partial(\psi_j\circ F\circ\phi^{-1})}{\partial x_i}\right]_{x=\phi(p)}
\end{aligned}$$

因而有，

$$F_\star\left(\frac{\partial}{\partial\phi_i}\right)_p=\sum_{j=1}^{m}\left[\frac{\partial(\psi_j\circ F\circ\phi^{-1})}{\partial x_i}\right]_{x=\phi(p)}\left(\frac{\partial}{\partial\psi_j}\right)_q$$

现在回想一下，$\psi\circ F\circ\phi^{-1}$ 是 F 在局部坐标下的一种表示。于是，偏导数

$$\frac{\partial(\psi_j\circ F\circ\phi^{-1})}{\partial x_i}$$

是 $\psi\circ F\circ\phi^{-1}$ 的**雅可比矩阵**的第 j 行第 i 列处的元素。再次用

$$F(x)=F(x_1,\ldots,x_n)=\begin{pmatrix}F_1(x_1,\ldots,x_n)\\ \vdots\\ F_m(x_1,\ldots,x_n)\end{pmatrix}$$

表示 $\psi\circ F\circ\phi^{-1}$，可简单地得到

$$F_\star\left(\frac{\partial}{\partial\phi_i}\right)_p=\sum_{j=1}^{m}\left[\frac{\partial F_j}{\partial x_i}\right]\left(\frac{\partial}{\partial\psi_j}\right)_q$$

如果将 $v\in T_pN$ 和 $w=F_\star(v)\in T_{F(p)}M$ 表示为

$$v=\sum_{i=1}^{n}v_i\left(\frac{\partial}{\partial\phi_i}\right)_p,\qquad w=\sum_{i=1}^{n}w_i\left(\frac{\partial}{\partial\psi_i}\right)_q$$

则有

$$\begin{pmatrix}w_1\\ \vdots\\ w_m\end{pmatrix}=\begin{pmatrix}\dfrac{\partial F_1}{\partial x_1} & \cdots & \dfrac{\partial F_1}{\partial x_n}\\ \vdots & \vdots & \vdots\\ \dfrac{\partial F_m}{\partial x_1} & \cdots & \dfrac{\partial F_m}{\partial x_n}\end{pmatrix}\begin{pmatrix}v_1\\ \vdots\\ v_n\end{pmatrix}$$

注记. $F_\star$ 的矩阵表示正是局部坐标下 $F_\star$ 的雅可比矩阵。由此可见，一个映射的秩与相应微分的秩相同。 $\lhd$

注记 (链法则). 容易看到，如果 F 和 G 是光滑映射，则有

$$(G\circ F)_\star=G_\star F_\star\qquad\lhd$$

以下例子会阐明切空间和微分的概念。

例 ($\mathbb{R}^n$ 上的切向量). 令 $\mathbb{R}^n$ 配有之前例子中考虑过的“自然”完备图册，即包含坐标卡 ($\mathbb{R}^n$, $\mathbb{R}^n$上的恒等映射) 的图册。那么，如果 v 是在点 x 处的一个切向量且 λ 是一个光滑函数，则有

$$v(\lambda)=\sum_{i=1}^{n}v_i\left(\frac{\partial}{\partial x_i}\right)_x(\lambda)=\sum_{i=1}^{n}\left[\frac{\partial\lambda}{\partial x_i}\right]_x v_i$$

所以，$v(\lambda)$ 只是 λ 在点 x 处**沿着**向量**方向**

$$\mathrm{col}(v_1,\ldots,v_n)$$

的**导数**值。 $\lhd$

注记. 令 $F\colon N \to M$ 为一个单值浸入。令 $n = \dim(N)$ 且 $m = \dim(M)$。由定义知，$F_\star$ 在每一点处的秩均为 n。因此 $F_\star$ 在每一点 p 处的映像 $F_\star(T_pN)$ 是 $T_{F(p)}M$ 的一个子空间，它同构于 T_pN。实际上可以认为子空间 $F_\star(T_pN)$ 与子流形 $M' = F(N)$ 在 $F(p)$ 处的切空间**相同**。为了理解这一点，用 F' 表示映射 $F'\colon N \to M'$，对于所有的 $p \in N$，其定义为

$$F'(p) = F(p)$$

F' 是一个微分同胚，所以 $F'_\star$ 是一个同构。因此映像 $F'_\star(T_pN)$ 就是 M' 在 $F'(p)$ 处的切空间。$T_{F(p)}M'$ 中的任一切向量都是 (唯一) 向量 $v \in T_pN$ 的映像 $F'_\star(v)$，可将其等同于 $F_\star(T_pN)$ 的 (唯一) 向量 $F_\star(v)$。

换言之，M 的**子流形** M' 在 p 处的切空间可等同为 M 在 p 处的切空间的一个**子空间**。

可以在局部坐标下重复同样的讨论。已知一个浸入从局部看是一个嵌入。因此，在每一点 $p \in M'$ 附近能够找到 M 的一个坐标卡 (U, ϕ)，满足这样的性质：定义为

$$\begin{aligned} U' &= \{q \in U\colon \phi_i(q) = \phi_i(p), i = n+1, \ldots, m\} \\ \phi' &= (\phi_1, \ldots, \phi_n) \end{aligned}$$

的偶对 (U', ϕ') 是 M' 的一个坐标卡。依照这种选择，M' 在 p 处的切空间等同为 T_pM 的一个 n 维子空间，它由切向量 $\{(\frac{\partial}{\partial \phi_1})_p, \ldots, (\frac{\partial}{\partial \phi_n})_p\}$ 张成。 ◁

例 ($\mathbb{R}^n$ 中的光滑曲线的切向量)**.** 先定义 $\mathbb{R}^n$ 中的光滑曲线的概念。令 $U = (t_1, t_2)$ 为实直线上的一个开区间。$\mathbb{R}^n$ 中的一条**光滑曲线** (smooth curve) 是一个单值浸入 $\sigma\colon U \to \mathbb{R}^n$ 的映像。因此，一条光滑曲线就是 $\mathbb{R}^n$ 的一个浸入子流形。在 U 和 $\mathbb{R}^n$ 中照例可以选择自然局部坐标，并且可将 σ 表示为关于 t (t 表示 U 中一个元素) 的实值函数 $\sigma_1, \ldots, \sigma_n$ 的一个 n 元组。

一条光滑曲线就是 $\mathbb{R}^n$ 的一个一维浸入子流形。在点 $\sigma(t_\circ)$ 处，该曲线的切空间是一个一维向量空间，正如所看到的，它可等同为 $\mathbb{R}^n$ 在此点的切空间的一个子空间。该曲线在 $\sigma(t_\circ)$ 处的切空间的一组基由 $\left(\frac{\mathrm{d}}{\mathrm{d}t}\right)_{t_\circ}$ (是 U 在 $t_\circ$ 处的一个切向量) 在 $\sigma_\star$ 下的映像给出。该映像可如下计算：

$$\sigma_\star\left(\frac{\mathrm{d}}{\mathrm{d}t}\right)_{t_\circ} = \sum_{i=1}^{n} \left(\frac{\mathrm{d}\sigma_i}{\mathrm{d}t}\right)_{t_\circ} \left(\frac{\partial}{\partial x_i}\right)_{\sigma(t_\circ)}$$

将 $t \in U$ 视为时间，将 $\sigma(t)$ 视为在 $\mathbb{R}^n$ 中运动的点，则可以将向量

$$\mathrm{col}(\left(\frac{\mathrm{d}\sigma_1}{\mathrm{d}t}\right)_{t_\circ}, \ldots, \left(\frac{\mathrm{d}\sigma_n}{\mathrm{d}t}\right)_{t_\circ})$$

解释为在点 $\sigma(t_\circ)$ 处沿曲线的速度。所以，曲线上一点处的速度向量张成了曲线在此点的切空间。从这个角度讲，一维流形的切空间可等同为欧几里得空间中的曲线切线 (见图 A.6)。 ◁

例. 令 h 为一个光滑函数 $h\colon \mathbb{R}^2 \to \mathbb{R}$ 且 $F\colon \mathbb{R}^2 \to \mathbb{R}^3$ 是定义为

$$F(x_1, x_2) = (x_1, x_2, h(x_1, x_2))$$

的映射。该映射是一个嵌入，因此 $F(\mathbb{R}^2)$ (是 $\mathbb{R}^3$ 中的一个曲面) 是 $\mathbb{R}^3$ 的一个嵌入子流形。在这个曲面的每一点 $F(x)$ 处，切空间 (等同为 $\mathbb{R}^3$ 在该点的切空间的一个子空间) 可计算为

$$\mathrm{span}\{F_\star\left(\frac{\partial}{\partial x_1}\right)_x, F_\star\left(\frac{\partial}{\partial x_2}\right)_x\}$$

现在,

$$F_\star\left(\frac{\partial}{\partial x_1}\right)_x=\sum_{i=1}^{3}\left[\frac{\partial F_i}{\partial x_1}\right]\left(\frac{\partial}{\partial x_i}\right)_{F(x)}=\left(\frac{\partial}{\partial x_1}\right)_{F(x)}+\left[\frac{\partial h}{\partial x_1}\right]\left(\frac{\partial}{\partial x_3}\right)_{F(x)}$$

$$F_\star\left(\frac{\partial}{\partial x_2}\right)_x=\left(\frac{\partial}{\partial x_2}\right)_{F(x)}+\left[\frac{\partial h}{\partial x_2}\right]\left(\frac{\partial}{\partial x_3}\right)_{F(x)}$$

$F(\mathbb{R}^2)$ 在某一点 $(x_1^\circ,x_2^\circ,h(x_1^\circ,x_2^\circ))$ 处的切空间是如下表示的切向量集合:

$$v=\begin{pmatrix}\alpha\\ \beta\\ \left(\frac{\partial h}{\partial x_1}\right)\alpha+\left(\frac{\partial h}{\partial x_2}\right)\beta\end{pmatrix}$$

其中 α,β 为实数,$\frac{\partial h}{\partial x_1},\frac{\partial h}{\partial x_2}$ 在 $x_1=x_1^\circ$ 和 $x_2=x_2^\circ$ 处取值。从这个角度讲,二维流形的切空间可等同为欧几里得空间中曲面的切平面。 ◁

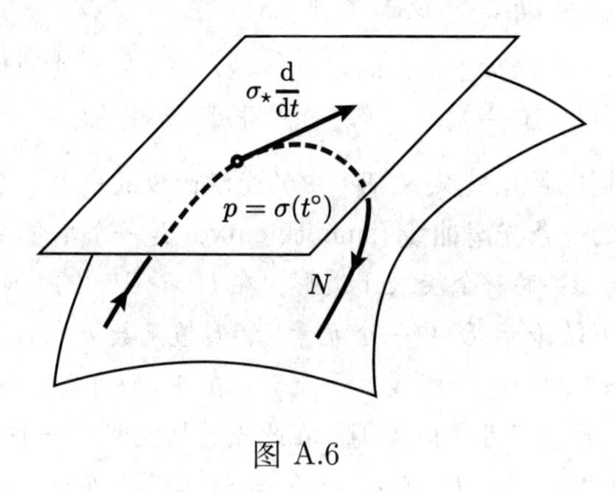

图 A.6

例. 令 $\lambda_1,\ldots,\lambda_{m-n}$ 为定义在 $\mathbb{R}^m$ 上的实值 C^∞ 函数,并设

$$\Lambda(x)=\mathrm{col}(\lambda_1,\ldots,\lambda_{m-n})$$

正如之前所解释的,如果雅可比矩阵 $\frac{\partial\Lambda}{\partial x}$ 在所有 $x\in\mathbb{R}^m$ 处的秩都是 $m-n$,则集合

$$N=\{x\in\mathbb{R}^m\colon\Lambda(x)=0\}$$

是一个 n 维光滑流形 ($\mathbb{R}^m$ 中的一个光滑超曲面)。现在考虑光滑映射 $\sigma\colon U\to\mathbb{R}^m$,其中 U 是 $\mathbb{R}$ 中的一个开区间,对于所有的 $t\in U$ 都有 $\sigma(t)\in U$,即光滑曲线 $\sigma(U)$ 是 N 的一个子集。由定义知,σ 满足

$$\Lambda(\sigma(t))=0,\qquad 对于所有的\ t\in U$$

因而,由链法则得到

$$\Lambda_\star\sigma_\star(\frac{\mathrm{d}}{\mathrm{d}t})_t=0,\qquad 对于所有的\ t\in U$$

换言之,切向量 $\sigma_\star(\frac{\mathrm{d}}{\mathrm{d}t})_t$ 是 $\ker(\Lambda_\star)$ 在 $\sigma(t)$ 处的一个元素。

现在，任一向量 $v \in T_pN$ 对于某一个 σ 和某一个 t 可表示为

$$v = \sigma_\star(\frac{\mathrm{d}}{\mathrm{d}t})_t$$

因此得知，T_pN 可表示为

$$T_pN = \ker(\Lambda_\star)_p \qquad \lhd$$

可以对截至目前所考虑的这些对象定义对偶对象。

定义. 令 N 为一个光滑流形。N 在 p 处的余切空间记为 $T_p^\star N$，是 T_pN 的对偶空间。余切空间中的元素称为**余切向量** (tangent covector)。

注记. 回想一下，一个向量空间 V 的对偶空间 $V^\star$ 是从 V 到 $\mathbb{R}$ 的所有线性函数构成的空间。如果 $v^\star \in V^\star$，则 $v^\star\colon V \to \mathbb{R}$ 并记 $v^\star$ 在 $v \in V$ 处的值为 $\langle v^\star, v\rangle$。$V^\star$ 构成了实数域 $\mathbb{R}$ 上的一个向量空间，利用标量乘法和标量加法的规则可如下定义 $c_1v_1^\star + c_2v_2^\star$：

$$\langle c_1v_1^\star + c_2v_2^\star, v\rangle = c_1\langle v_1^\star, v\rangle + c_2\langle v_2^\star, v\rangle$$

如果 $e_1, \ldots, e_n$ 是 V 的一组基，则 $V^\star$ 中满足

$$\langle e_i^\star, e_j\rangle = \delta_{ij}$$

的唯一一组基 $e_1^\star, \ldots, e_n^\star$ 称为**对偶基** (dual basis)。

如果 V 和 W 都是向量空间，$F\colon V \to W$ 是一个线性映射，$v \in V$ 且 $w^\star \in W^\star$，则称由

$$\langle F^\star(w^\star), v\rangle = \langle w^\star, F(v)\rangle$$

定义的映射 $F^\star\colon W^\star \to V^\star$ 为 (F 的)**对偶** (dual) 映射。 $\lhd$

令 λ 为一个光滑函数 $\lambda\colon N \to \mathbb{R}$。存在一种自然的方式将 λ 在 p 处的微分 $\lambda_\star$ 等同为 $T_p^\star N$ 的一个元素，原因如下。注意到 $\lambda_\star$ 是一个线性映射

$$\lambda_\star\colon T_pN \to T_{\lambda(p)}\mathbb{R}$$

并且 $T_{\lambda(p)}\mathbb{R}$ 同构于 $\mathbb{R}$。$\mathbb{R}$ 和 $T_{\lambda(p)}\mathbb{R}$ 之间的自然同构是使 $\mathbb{R}$ 中元素 c 对应于切向量 $c(\frac{\mathrm{d}}{\mathrm{d}t})_t$ 的映射。如果 $c(\frac{\mathrm{d}}{\mathrm{d}t})_t$ 是在点 p 处微分 $\lambda_\star$ 在 v 处的取值，则 c 一定线性依赖于 v，即存在一个余向量 $(\mathrm{d}\lambda)_p$，使得

$$\lambda_\star(v) = \langle(\mathrm{d}\lambda)_p, v\rangle \left(\frac{\mathrm{d}}{\mathrm{d}t}\right)_t$$

给定 T_pN 的一组基，可将余向量 $(\mathrm{d}\lambda)_p$ (像任何其他余向量一样) 表示为矩阵形式。令 $\{(\frac{\partial}{\partial\phi_1})_p, \ldots, (\frac{\partial}{\partial\phi_n})_p\}$ 为由坐标卡 (U, ϕ) 导出的 T_pN 的自然基。向量

$$v = \sum_{i=1}^{n} v_i \left(\frac{\partial}{\partial\phi_i}\right)_p$$

在 $\lambda_\star$ 下的映像是向量

$$\lambda_\star(v) = \left(\sum_{i=1}^{n} \frac{\partial \lambda}{\partial x_i} v_i\right) \left(\frac{\mathrm{d}}{\mathrm{d}t}\right)_t$$

这表明

$$\langle (\mathrm{d}\lambda)_p, v\rangle = \begin{pmatrix} \dfrac{\partial \lambda}{\partial x_1} & \cdots & \dfrac{\partial \lambda}{\partial x_n} \end{pmatrix} \begin{pmatrix} v_1 \\ \vdots \\ v_n \end{pmatrix}$$

注记. 同样注意到，切向量 v 在 λ 处的值等于余切向量 $(\mathrm{d}\lambda)_p$ 在 v 处的值，即

$$v(\lambda) = \langle (\mathrm{d}\lambda)_p, v\rangle \qquad \triangleleft$$

可以按如下方式计算 $\{(\frac{\partial}{\partial \phi_j})_p, \ldots, (\frac{\partial}{\partial \phi_n})_p\}$ 的对偶基。由 $v(\lambda) = \langle (\mathrm{d}\lambda)_p, v\rangle$ 可以推得

$$\langle (\mathrm{d}\phi_i)_p, \left(\frac{\partial}{\partial \phi_j}\right)_p \rangle = \left(\frac{\partial}{\partial \phi_j}\right)_p (\phi_i) = \frac{\partial(\phi_i \circ \phi^{-1})}{\partial x_j} = \frac{\partial x_i}{\partial x_j} = \delta_{ij}$$

因此，所期望的对偶基恰好由余切向量集合 $\{(\mathrm{d}\phi_1)_p, \ldots, (\mathrm{d}\phi_n)_p\}$ 给出。

如果 $v^\star$ 是任一余切向量，表示为

$$v^\star = \sum_{i=1}^{n} v_i^\star (\mathrm{d}\phi_i)_p$$

则实数 $v_1^\star, \ldots, v_n^\star$ 可按下式确定：

$$v_i^\star = \langle v^\star, \left(\frac{\partial}{\partial \phi_i}\right)_p \rangle$$

还注意到，如果 v 是任一切向量，表示为

$$v = \sum_{i=1}^{n} v_i \left(\frac{\partial}{\partial \phi_i}\right)_p$$

则实数 $v_1, \ldots, v_n$ 由下式确定：

$$v_i = \langle (\mathrm{d}\phi_i)_p, v\rangle$$

A.6　向量场

定义. 令 N 为一个 n 维光滑流形。N 上的一个**向量场** (vector field) f 是一个映射，它对每一点 $p \in N$ 指定一个属于 T_pN 的切向量 $f(p)$。如果对于每一点 $p \in N$，都存在一个点 p 附近的坐标卡 (U, ϕ) 和 n 个定义在 U 上的实值光滑函数 $f_1, \ldots, f_n$，使得对于所有的 $q \in U$，有

$$f(q) = \sum_{i=1}^{n} f_i(q) \left(\frac{\partial}{\partial \phi_i}\right)_q$$

则称向量场 f 是**光滑的** (smooth)。

注记. 因为坐标卡的 C^∞ 相容性，所以给定任意点 p 附近的有别于 (U,ϕ) 的任一坐标卡 (V,ψ)，可以找到点 p 的一个邻域 $V' \subset V$ 和定义在 V' 上的 n 个实值光滑函数 $f_1',\ldots,f_n'$，使得对于所有的 $q \in V'$，有

$$f(q) = \sum_{i=1}^{n} f_i'(q)\left(\frac{\partial}{\partial \psi_i}\right)_q$$

因此，光滑向量场的概念与所用坐标无关。 ◁

注记. 如果 (U,ϕ) 是 N 上的一个坐标卡，那么在**子流形** $U \subset N$ 上可以定义一组特殊的光滑向量场，以 $(\frac{\partial}{\partial \phi_1}),\ldots,(\frac{\partial}{\partial \phi_n})$ 表示，其定义方式为

$$\left(\frac{\partial}{\partial \phi_i}\right) : p \mapsto \left(\frac{\partial}{\partial \phi_i}\right)_p$$

但必须强调，这样一组向量场仅在 U 中才有定义。 ◁

对于任一确定的坐标卡 (U,ϕ)，切向量集合

$$\{\left(\frac{\partial}{\partial \phi_1}\right)_q,\ldots,\left(\frac{\partial}{\partial \phi_n}\right)_q\}$$

是 T_qN 在每一 $q \in U$ 处的一组基，从而存在唯一一组光滑函数 $\{f_1,\ldots,f_n\}$，使向量场 f 在 q 处的值可表示为

$$f(q) = \sum_{i=1}^{n} f_i(q)\left(\frac{\partial}{\partial \phi_i}\right)_q$$

通过在局部坐标下将每一 f_i 表示为

$$\hat{f}_i = f_i \circ \phi^{-1}$$

可给出向量场 f 在局部坐标下的一种表示方式。所以，如果点 p 在坐标卡 (U,ϕ) 中的坐标为 $(x_1,\ldots,x_n)$，则 $f(p)$ 是一个切向量，其在由 (U,ϕ) 导出的 T_pN 的自然基 $\{(\frac{\partial}{\partial \phi_1})_p,\ldots,(\frac{\partial}{\partial \phi_n})_p\}$ 下的系数为 $(\hat{f}_1(x_1,\ldots,x_n),\ldots,\hat{f}_n(x_1,\ldots,x_n))$。多数情况下，只要可能，就用符号 f_i 代替 $f_i \circ \phi^{-1}$，从而 f 在局部坐标下可表示为一个 n 维向量 $f = \mathrm{col}(f_1,\ldots,f_n)$。

注记. 令 f 为一个光滑向量场，(U,ϕ) 和 (V,ψ) 是点 p 附近的两个坐标卡，并且 $f(x) = f(x_1,\ldots,x_n)$ 和 $f'(y) = f'(y_1,\ldots,y_n)$ 是 f 在局部坐标下的相应表示，则有

$$f'(y) = \left[\frac{\partial y}{\partial x} f(x)\right]_{x=x(y)} \qquad \lhd$$

向量场的概念使得引入流形 N 上的微分方程这个设想成为可能，原因如下。令 f 为一光滑向量场，如果光滑曲线 $\sigma\colon (t_1,t_2) \to N$ 对于所有的 $t \in (t_1,t_2)$，有

$$\sigma_\star(\frac{\mathrm{d}}{\mathrm{d}t})_t = f(\sigma(t))$$

则称该曲线 σ 是 f 的一条积分曲线。上式等号左边是子流形 $\sigma((t_1,t_2))$ 在点 $\sigma(t)$ 处的一个切向量，等号右边是 N 在 $\sigma(t)$ 处的一个切向量。照例，将 N 的一个子流形在一点处的切空间等同为 N 在该点的切空间的一个子空间。

在局部坐标下，将 $\sigma(t)$ 表示为一个 n 元组 $(\sigma_1(t),\ldots,\sigma_n(t))$，并将 $f(\sigma(t))$ 表示为

$$f(\sigma(t))=\sum_{i=1}^{n} f_i(\sigma_1(t),\ldots,\sigma_n(t))\left(\frac{\partial}{\partial\phi_i}\right)_{\sigma(t)}$$

而且

$$\sigma_\star(\frac{\mathrm{d}}{\mathrm{d}t})_t=\sum_{i=1}^{n}\frac{\mathrm{d}\sigma_i}{\mathrm{d}t}\left(\frac{\partial}{\partial\phi_i}\right)_{\sigma(t)}$$

因此，对于所有的 $1\leqslant i\leqslant n$，σ 在局部坐标下的表示都满足

$$\frac{\mathrm{d}\sigma_i}{\mathrm{d}t}=f_i(\sigma_1(t),\ldots,\sigma_n(t))$$

这表明一个向量场的积分曲线对应于一组 n 个一阶常微分方程的解。

由于这个原因，所以常用

$$\dot{\sigma}(t)=\sigma_\star(\frac{\mathrm{d}}{\mathrm{d}t})_t$$

来表示 t 时刻 $(\frac{\mathrm{d}}{\mathrm{d}t})_t$ 在微分 $\sigma_\star$ 下的映像。

关于向量场积分曲线的性质，下面的定理包含了全部密切相关的信息。

定理. 令 f 为流形 N 上的一个光滑向量场。对于每一点 $p\in N$，存在一个依赖于点 p 的 $\mathbb{R}$ 的开区间 (记其为 I_p)，使得 $0\in I_p$，并且存在定义在子集 $W\subset\mathbb{R}\times N$ 上的一个光滑映射

$$\varPhi\colon W\to N$$

其中 W 为

$$W=\{(t,p)\in\mathbb{R}\times N\colon t\in I_p\}$$

该映射满足如下性质：

(i) $\varPhi(0,p)=p$；

(ii) 对于每一点 p，定义为

$$\sigma_p(t)=\varPhi(t,p)$$

的映射 $\sigma_p\colon I_p\to N$ 是 f 的一条积分曲线；

(iii) 如果 $\mu\colon(t_1,t_2)\to N$ 是 f 的另一条满足条件 $\mu(0)=p$ 的积分曲线，则 $(t_1,t_2)\subset I_p$ 并且 σ_p 相对于 (t_1,t_2) 的限制与 μ 相同；

(iv) $\varPhi(s,\varPhi(t,p))=\varPhi(s+t,p)$，只要等号两边都有定义；

(v) 只要 $\varPhi(t,p)$ 有定义，就存在 p 的一个开邻域 U，使得定义为

$$\varPhi_t(q)=\varPhi(t,q)$$

的映射 $\varPhi_t\colon U\to N$ 是到其映像上的一个微分同胚，并且

$$\varPhi_t^{-1}=\varPhi_{-t}$$

注记. 性质 (i) 性质和 (ii) 表明 σ_p 是 f 的一条积分曲线，它在时刻 $t=0$ 经过点 p。性质 (iii) 表明这条积分曲线是唯一的，并且 σ_p 的定义域 I_p 是最大的。性质 (iv) 和性质 (v) 表明映射族 $\{\varPhi_t\}$ 在复合运算下是局部微分同胚的一个 (关于参数 t 的) 单参数群。 $\lhd$

例. 令 $N=\mathbb{R}$ 并用 x 表示 $\mathbb{R}$ 中的一点。考虑向量场

$$f(x)=(x^2+1)\left(\frac{\partial}{\partial x}\right)_x$$

因而

$$\frac{\mathrm{d}\sigma}{\mathrm{d}t}=\sigma^2+1$$

该方程的一个解有如下形式：

$$\sigma(t)=\tan(t+\arctan(x^\circ))$$

其中 x° 其实是 σ 在 $t=0$ 时的值。显然，对于每一点 x°，这个解的定义域是

$$-\frac{\pi}{2}<t+\arctan(x^\circ)<\frac{\pi}{2}$$

因此，W 是如下集合：

$$W=\{(t,x^\circ)\colon t\in(-\frac{\pi}{2}-\arctan(x^\circ),\frac{\pi}{2}-\arctan(x^\circ))\}$$

其图形如图 A.7 所示。 ◁

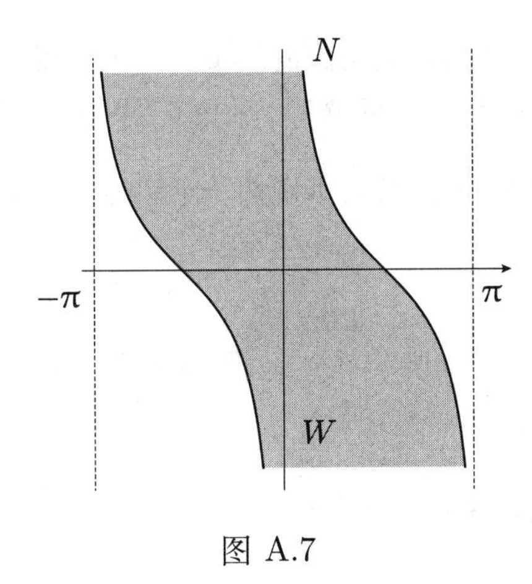

图 A.7

映射 $\varPhi$ 称为 f 的**流** (flow)。出于实用目的，经常用记号 $\varPhi_t$ 替代 $\varPhi$，将 t 理解为一个变量。为了强调对于 f 的依赖性，有时将 $\varPhi_t$ 写为 $\varPhi_t^f$。

定义. 如果对于所有的 $p\in N$，区间 I_p 与 $\mathbb{R}$ 等同，即如果向量场 f 的流 $\varPhi$ 定义在整个笛卡儿乘积 $\mathbb{R}\times N$ 上，则称向量场 f 是**完备的** (complete)。

对于所有的 $t\in\mathbb{R}$，这样就定义了一个完备向量场的积分曲线，无论 p 为何种初始点。

定义. 令 f 是 N 上的一个光滑向量场，且 λ 是 N 上的一个光滑实值函数。λ 沿 f 的导数是一个函数 $N\to\mathbb{R}$，记为 $L_f\lambda$，其定义为

$$(L_f\lambda)(p)=(f(p))(\lambda)$$

即 $(L_f\lambda)(p)$ 是 p 处的切向量 $f(p)$ 在 λ 处的取值。

函数 $L_f\lambda$ 是一个光滑函数。在局部坐标下，$L_f\lambda$ 表示为

$$(L_f\lambda)(x_1,\ldots,x_n)=\begin{pmatrix}\dfrac{\partial\lambda}{\partial x_1} & \cdots & \dfrac{\partial\lambda}{\partial x_n}\end{pmatrix}\begin{pmatrix}f_1\\ \vdots\\ f_n\end{pmatrix}$$

如果 f_1,f_2 均为向量场，且 λ 为一个实值函数，记

$$L_{f_1}L_{f_2}\lambda=L_{f_1}(L_{f_2}\lambda)$$

将流形 N 上由所有光滑向量场构成的集合记为 $V(N)$。它是 $\mathbb{R}$ 上的一个向量空间，这是因为如果 f,g 是向量场，a,b 是实数，则线性组合 $af+bg$ 是一个定义为

$$(af+bg)(p)=af(p)+bg(p)$$

的向量场。如果 a,b 是 N 上的光滑实值函数，则仍可定义线性组合 $af+bg$ 为

$$(af+bg)(p)=a(p)f(p)+b(p)g(p)$$

这在由定义在 N 上的所有光滑实值函数构成的环 $C^\infty(N)$ 上赋予了 $V(N)$ 一个**模** (module) 结构。然而，用这种方式可以赋予集合 $V(N)$ 一个更有趣的代数结构。

定义. 如果在 $\mathbb{R}$ 的一个向量空间 V 上还能够定义一个称为积的二元运算 $V\times V\to V$，记为 $[\cdot,\cdot]$，具有以下性质：

(i) 是反交换的，即

$$[v,w]=-[w,v]$$

(ii) 在 $\mathbb{R}$ 上是双线性的，即

$$[\alpha_1v_1+\alpha_2v_2,w]=\alpha_1[v_1,w]+\alpha[v_2,w]$$

其中 α_1,α_2 都是实数；

(iii) 满足所谓的**雅可比恒等式** (Jacobi identity)，即

$$[v,[w,z]]+[w,[z,v]]+[z,[v,w]]=0$$

则称 V 是一个**李代数** (Lie algebra)。

集合 $V(N)$ 如果具有上述向量空间结构和按如下方式定义的积运算 $[\cdot,\cdot]$，就成为了一个李代数。如果 f 和 g 都是向量场，则 $[f,g]$ 是一个新的向量场，它在点 p 的取值是 T_pN 中的一个切向量，按照以下规则将 $C^\infty(p)$ 映入 $\mathbb{R}$：

$$([f,g](p))(\lambda)=(L_fL_g\lambda)(p)-(L_gL_f\lambda)(p)$$

换言之，$[f,g](p)$ 将 λ 映为实数 $(L_fL_g\lambda)(p)-(L_gL_f\lambda)(p)$。注意到，可将其更简洁地记为

$$L_{[f,g]}\lambda=L_fL_g\lambda-L_gL_f\lambda$$

定理. 具有上述定义的积运算 $[f,g]$ 的 $V(N)$ 是一个李代数。

积 $[f,g]$ 称为两个向量场 f 和 g 的**李括号** (Lie bracket)。

不难检验，$[f,g]$ 在局部坐标下的表示由如下 n 维向量给出：

$$\begin{pmatrix} \dfrac{\partial g_1}{\partial x_1} & \cdots & \dfrac{\partial g_1}{\partial x_n} \\ \vdots & \vdots & \vdots \\ \dfrac{\partial g_n}{\partial x_1} & \cdots & \dfrac{\partial g_n}{\partial x_n} \end{pmatrix} \begin{pmatrix} f_1 \\ \vdots \\ f_n \end{pmatrix} - \begin{pmatrix} \dfrac{\partial f_1}{\partial x_1} & \cdots & \dfrac{\partial f_1}{\partial x_n} \\ \vdots & \vdots & \vdots \\ \dfrac{\partial f_n}{\partial x_1} & \cdots & \dfrac{\partial f_n}{\partial x_n} \end{pmatrix} \begin{pmatrix} g_1 \\ \vdots \\ g_n \end{pmatrix} = \frac{\partial g}{\partial x} f - \frac{\partial f}{\partial x} g$$

事实上，

$$\begin{aligned} L_f L_g \lambda &= \sum_{j=1}^{n} \frac{\partial}{\partial x_j} \left(\sum_{i=1}^{n} \frac{\partial \lambda}{\partial x_i} g_i \right) f_j \\ &= \sum_{j=1}^{n} \sum_{i=1}^{n} \left(\frac{\partial^2 \lambda}{\partial x_j \partial x_i} g_i f_j + \frac{\partial \lambda}{\partial x_i} \frac{\partial g_i}{\partial x_j} f_j \right) \\ &= \sum_{j=1}^{n} \sum_{i=1}^{n} \frac{\partial^2 \lambda}{\partial x_j \partial x_i} g_i f_j + \sum_{i=1}^{n} \frac{\partial \lambda}{\partial x_i} \left(\frac{\partial g}{\partial x} f \right)_i \end{aligned}$$

且

$$L_g L_f \lambda = \sum_{j=1}^{n} \sum_{i=1}^{n} \frac{\partial^2 \lambda}{\partial x_j \partial x_i} g_i f_j + \sum_{i=1}^{n} \frac{\partial \lambda}{\partial x_i} \left(\frac{\partial f}{\partial x} g \right)_i$$

特别是，如果 $N = \mathbb{R}^n$，并且

$$f(x) = Ax, \qquad g(x) = Bx$$

则有

$$[f,g](x) = (BA - AB)x$$

矩阵 $[A,B] = (BA - AB)$ 称为 A, B 的**交换子** (commutator)。

向量场的李括号概念之所以重要，与它在非线性控制系统研究中的应用有很大关系。下面给出两个有趣的性质。

定理. 令 N' 为 N 的一个嵌入子流形。令 U' 为 N' 的一个开集，并且 f,g 是 N 上的两个光滑向量场，使得对于所有的 $p \in U'$，有

$$f(p) \in T_p N' \qquad 且 \qquad g(p) \in T_p N'$$

那么，对于所有的 $p \in U'$，也有

$$[f,g](p) \in T_p N'$$

换言之，与某一个确定子流形“相切”的两个向量场，它们的李括号仍然与该子流形相切。

定理. 令 f,g 为 N 上的两个光滑向量场。以 Φ_t^f 表示 f 的流。对于每一点 $p \in N$，有

$$\lim_{t \to 0} \frac{1}{t} [(\Phi_{-t}^f)_\star g(\Phi_t^f(p)) - g(p)] = [f,g](p)$$

注记. 可按如下方式解释这个方括号内的表达式。取一点 p，令 $q=\Phi_t^f(p)$ 是因映射 Φ_t^f (对于充分小的 t 总有定义) 而与 p 唯一对应的点，并考虑向量场 g 在 q 处的值，即 $g(q)$。思路是比较 $g(q)$ 和该向量场在 p 处的值 $g(p)$。这不能直接实现，因为 $g(p)$ 和 $g(q)$ 属于不同的切空间 T_pN 和 T_qN。因此，先用微分 $(\Phi_{-t}^f)_\star$ (它将点 q 的切空间映到点 $p=\Phi_{-t}^f(q)$ 的切空间上) 将切向量 $g(q)\in T_qN$ 带回 T_pN。然后，就可以形成等号左边的差值并对其取极限。

为了看到此定理指出的结果成立，注意到 (例如利用涉及的所有量的局部坐标表示)

$$\Phi_t^f(x)=x+f(x)t+P(x,t)$$
$$g(x+y)=g(x)+\frac{\partial g}{\partial x}y+Q(x,y)$$
$$(\Phi_{-t}^f)_\star=I-\frac{\partial f}{\partial x}t+R(x,t)$$

其中余项 $P(x,t),Q(x,y)$ 和 $R(x,t)$ 满足

$$\lim_{t\to0}\frac{\|P(x,t)\|}{t}=0,\qquad \lim_{\|y\|\to0}\frac{\|Q(x,y)\|}{\|y\|}=0,\qquad \lim_{t\to0}\frac{\|R(x,t)\|}{t}=0$$

因而，

$$g(\Phi_t^f(x))=g(x)+\frac{\partial g}{\partial x}f(x)t+P'(x,t),\qquad \lim_{t\to0}\frac{\|P'(x,t)\|}{t}=0$$

且

$$(\Phi_{-t}^f)_\star g(\Phi_t^f(x))=g(x)+\frac{\partial g}{\partial x}f(x)t-\frac{\partial f}{\partial x}g(x)t+R'(x,t)$$
$$\lim_{t\to0}\frac{\|R'(x,t)\|}{t}=0$$

因此

$$\lim_{t\to0}\frac{1}{t}[(\Phi_{-t}^f)_\star g(\Phi_t^f(x))-g(x)]=\frac{\partial g}{\partial x}f(x)-\frac{\partial f}{\partial x}g(x)\qquad\triangleleft$$

令 f 为 N 上的一个光滑向量场，g 为 M 上的一个光滑向量场，$F\colon N\to M$ 是一个光滑函数。如果

$$F_\star f=g\circ F$$

则称向量场 f 和 g 是 F **相关的** (F-related)。注意到，上述注记中考虑的向量场 $(\Phi_{-t}^f)_\star g(\Phi_t^f(p))$ 与 g 是 Φ_t^f 相关的。

注记. 如果 $\bar f$ 与 f 是 F 相关的，$\bar g$ 与 g 是 F 相关的，则 $[\bar f,\bar g]$ 与 $[f,g]$ 也是 F 相关的。 $\triangleleft$

注记. 可将 g 和 f 的李括号解释为函数

$$W(t)=(\Phi_{-t}^f)_\star g(\Phi_t^f(p))$$

的时间导数在 $t=0$ 处的取值。而且能够证明，对于任意的 $k\geqslant0$，有

$$\left(\frac{\mathrm{d}^kW(t)}{\mathrm{d}t^k}\right)_{t=0}=\mathrm{ad}_f^kg(p)$$

其中 ad_f^kg 是以递归方式

$$\mathrm{ad}_f^0g=g,\qquad \mathrm{ad}_f^kg=[f,\mathrm{ad}_f^{k-1}g]$$

定义的向量场。如果 $W(t)$ 在 $t=0$ 的一个邻域内是解析的，则可将 $W(t)$ 展开为

$$W(t)=\sum_{k=0}^{\infty}\mathrm{ad}_f^k g(p)\frac{t^k}{k!}$$

上式称为**Campbell-Baker-Hausdorff 公式**。 ◁

下面定义向量场概念的对偶对象。

定义. 令 N 为 n 维光滑流形。N 上的一个**余向量场** (covector field)(又称为 1-形式) ω 是一个映射，它对每一点 $p\in N$ 指定 $T_p^\star N$ 中的一个余切向量。如果对于每一点 $p\in N$，存在一个点 p 附近的坐标卡 (U,ϕ) 和定义在 U 上的 n 个实值光滑函数 $\omega_1,\ldots,\omega_n$，使得对于所有的 $q\in U$，有

$$\omega(q)=\sum_{i=1}^{n}\omega_i(q)(\mathrm{d}\phi_i)_q$$

则称余向量场 ω 是**光滑的** (smooth)。

光滑余向量场的概念显然与所用的坐标无关。一个余向量场在局部坐标下的表示经常由一个行向量 $\omega=\mathrm{row}(\omega_1,\ldots,\omega_n)$ 给出，其中各 ω_i 均为关于 $x_1,\ldots,x_n$ 的实值函数。

如果 ω 是一个余向量场，f 是一个向量场，则 $\langle\omega,f\rangle$ 表示光滑的实值函数，其定义为

$$\langle w,f\rangle(p)=\langle\omega(p),f(p)\rangle$$

对于任一光滑函数 $\lambda\colon N\to\mathbb{R}$，可构造一个余向量场，方法是在每一点 p 处取余切向量 $(\mathrm{d}\lambda)_p$。通常仍用符号 $\mathrm{d}\lambda$ 表示这样定义的余向量场。然而，反之并非总成立[1]。

定义. 如果存在一个光滑实值函数 $\lambda\colon N\to\mathbb{R}$，使得

$$\omega=\mathrm{d}\lambda$$

则称余向量场 ω 是**恰当的** (exact)。

用符号 $V^\star(N)$ 表示流形 N 上所有光滑余向量场的集合。

在之前的一个定理中，向量场 f 和 g 的李括号在一个适当的意义下可解释为 g 沿 f 的“导数”。以类似的方式可以定义余向量场 ω 沿向量场 f 的“导数”概念。为便于实现此目的，先对余向量场引入一个概念，它相应于向量场之间 F 相关的概念。令 p 为 Φ_t^f 定义域中的一点。回想一下，$(\Phi_f^f)_\star\colon T_pN\to T_{\Phi_t^f(p)}N$ 是一个线性映射，并以 $(\Phi_t^f)^\star\colon T^\star_{\Phi_t^f(p)}\to T_p^\star N$ 表示对偶映射，则可根据 ω 和 Φ_t^f 构造一个新的余向量场，它在 Φ_t^f 的定义域中的点 p 处的值定义为

$$(\Phi_t^f)^\star\omega(\Phi_t^f(p))$$

这样定义的余向量场称为与 ω 是 Φ_t^f 相关的。

① 即对于任一余向量场不一定能找到一个光滑函数，使其微分张成该余向量场。——译者注

引理. 令 f 为 N 上的一个光滑向量场，ω 为 N 上的一个光滑余向量场。对于每一点 $p\in N$，极限

$$\lim_{t\to 0}\frac{1}{t}[(\Phi_t^f)^\star\omega(\Phi_t^f(p))-\omega(p)]$$

均存在。

定义. ω 沿 f 的导数是 N 上的一个余向量场，记为 $L_f\omega$，它在点 p 的值等于极限值

$$\lim_{t\to 0}\frac{1}{t}[(\Phi_t^f)^\star\omega(\Phi_t^f(p))-\omega(p)]$$

凭借如上述对李括号 $[f,g]$ 的类似讨论，可以得到 $L_f\omega$ 在局部坐标下的表达式，它由 n 维 (行) 向量给出：

$$\begin{aligned}&(f_1\ \cdots\ f_n)\begin{pmatrix}\dfrac{\partial\omega_1}{\partial x_1} & \cdots & \dfrac{\partial\omega_n}{\partial x_1}\\ \vdots & \vdots & \vdots\\ \dfrac{\partial\omega_1}{\partial x_n} & \cdots & \dfrac{\partial\omega_n}{\partial x_n}\end{pmatrix}+(\omega_1\ \cdots\ \omega_n)\begin{pmatrix}\dfrac{\partial f_1}{\partial x_1} & \cdots & \dfrac{\partial f_1}{\partial x_n}\\ \vdots & \vdots & \vdots\\ \dfrac{\partial f_n}{\partial x_1} & \cdots & \dfrac{\partial f_n}{\partial x_n}\end{pmatrix}\\ &=\left[\frac{\partial\omega^{\mathrm{T}}}{\partial x}f\right]^{\mathrm{T}}+\omega\frac{\partial f}{\partial x}\end{aligned}$$

其中，上标“T”表示“转置”。

令 ω 为一个光滑余向量场，且 g 为一个光滑向量场。那么，考虑光滑函数 $\langle\omega,g\rangle$ 沿一个新向量场 f 的导数是有意义的。能够证明 (例如，观察上述局部坐标下的表达式) 以下的“莱布尼茨”型法则成立：

$$L_f\langle\omega,g\rangle=\langle L_f\omega,g\rangle+\langle\omega,[f,g]\rangle$$

附录 B　中心流形与奇异摄动理论初步

B.1　中心流形理论

考虑一个非线性系统

$$\dot{x} = f(x) \tag{B.1}$$

其中 f 是一个 C^r 向量场 $(r \geqslant 2)$，定义在 $\mathbb{R}^n$ 的一个开子集 U 上。令 $x^\circ \in U$ 为 f 的一个**平衡点** (point of equilibrium)，即在该点有 $f(x^\circ) = 0$。不失一般性，可以假设 $x^\circ = 0$。众所周知，该点的 (局部) 渐近稳定性在一定程度上可根据 f 在 $x = 0$ 处的线性近似的行为来确定，因为如果令

$$F = \left[\frac{\partial f}{\partial x}\right]_{x=0}$$

表示 f 在 $x = 0$ 处的雅可比矩阵，那么

(i) 如果 F 的所有特征值都位于 (开的) 左半复平面，则 $x = 0$ 是系统 (B.1) 的一个渐近稳定平衡态；

(ii) 如果 F 的一个或更多个特征值位于开的右半复平面，则 $x = 0$ 是系统 (B.1) 的一个不稳定平衡态。

以上重要结果通常称为**一阶近似稳定性原理** (Principle of Stability in the First Approximation)。此原理并没有完全涵盖平衡态 $x = 0$ 处的局部稳定性分析，这也是很好理解的，因为当 F 的某一个特征值具有零实部时，关于系统 (B.1) 的渐近性质一般得不出什么结论。系统的矩阵 F 具有零实部特征值的情况通常称为渐近分析的**临界情况** (critical case)。

本节介绍一组有趣的结论——称为中心流形理论，在许多问题中对于临界情况的分析具有很大帮助。首先从一些定义开始。

定义. 令 S 为 U 的一个 C^r 子流形。如果对于每一点 $x^\circ \in S$，存在 t_1 和 t_2 满足 $t_1 < 0 < t_2$，使得系统 (B.1) 满足初始条件 $x(0) = x^\circ$ 的积分曲线 $x(t)$ 对于所有的 $t \in (t_1, t_2)$ 都有 $x(t) \in S$，则称 S 对于系统 (B.1) 为**局部不变的** (locally invariant)。

假设矩阵 F 有 n^{c} 个特征值具有零实部，n^{s} 个特征值具有负实部，以及 n^{u} 个特征值具有正实部。那么，由线性代数可知，线性映射 F 的定义域可分解为三个不变子空间的直和，分别记为 E^{c}、E^{s} 和 E^{u} (它们的维数分别为 n^{c}、n^{s} 和 n^{u})，并具有这样的性质：$F|_{E^{\mathrm{c}}}$ 的所有特征值都具有零实部，$F|_{E^{\mathrm{s}}}$ 的所有特征值都具有负实部，$F|_{E^{\mathrm{u}}}$ 的所有特征值都具有正实部。如果将线性映射 F 视为非线性映射 $f\colon x \in U \to f(x) \in \mathbb{R}^n$ (在 $x = 0$ 处) 的微分的一个表示，

则其定义域是 U 在 $x=0$ 处的切空间 $T_{\circ}U$，并且所论及的三个子空间可视为 $T_{\circ}U$ 的子空间，满足

$$T_{\circ}U = E^{\mathrm{c}} \oplus E^{\mathrm{s}} \oplus E^{\mathrm{u}}$$

定义. 令 $x=0$ 为系统 (B.1) 的一个平衡态。如果经过 $x=0$ 的一个流形 S 是局部不变的，并且 S 在 0 处的切空间就是 E^{c}，则称 S 为系统 (B.1) 在 $x=0$ 处的**一个中心流形** (center manifold)。

以下将只考虑矩阵 F 的所有特征值具有非正实部的情况，因为只有在这些情况下 $x=0$ 才可能是一个稳定的平衡态。在这些情况下，总能在 U 中选择坐标，使得系统 (B.1) 可表示为如下形式：

$$\begin{aligned} \dot{y} &= Ay + g(y,z) \\ \dot{z} &= Bz + f(y,z) \end{aligned} \tag{B.2}$$

其中 A 是所有特征值都具有负实部的 $(n^{\mathrm{s}} \times n^{\mathrm{s}})$ 阶矩阵，B 是所有特征值都具有零实部的 $(n^{\mathrm{c}} \times n^{\mathrm{c}})$ 阶矩阵，函数 g 和 f 都是 C^r 向量函数，其自身及其全部一阶导数在 $(y,z)=(0,0)$ 处取值为零。事实上，只需将系统 (B.1) 的等号右边展开为

$$f(x) = Fx + \tilde{f}(x)$$

其中 $\tilde{f}$ 及其所有一阶导数都在 $x=0$ 处取值为零，再利用线性坐标变换

$$\begin{pmatrix} y \\ z \end{pmatrix} = Tx$$

将 F 化为分块对角形式

$$TFT^{-1} = \begin{pmatrix} A & 0 \\ 0 & B \end{pmatrix}$$

即可。

今后将只考虑形如式 (B.2) 的系统。对于系统 (B.2)，中心流形的存在性可解释如下。

定理. 存在 $z=0$ 的一个邻域 $V \subset \mathbb{R}^{n^{\mathrm{c}}}$ 和一个 C^{r-1} 映射 $\pi\colon V \to \mathbb{R}^{n^{\mathrm{s}}}$，使得

$$S = \{(y,z) \in \mathbb{R}^{n^{\mathrm{s}}} \times V \colon y = \pi(z)\}$$

是系统 (B.2) 的一个中心流形。

根据定义，系统 (B.2) 的一个中心流形经过点 $(0,0)$ 且正切于 y 坐标为 0 的点所构成的子集。因此，映射 π 满足

$$\pi(0) = 0, \qquad \frac{\partial \pi}{\partial z}(0) = 0 \tag{B.3}$$

而且，该流形对于系统 (B.2) 是局部不变的，这给映射 π 施加了一个约束，能按如下方式简单地导出。令 $(y(t), z(t))$ 为系统 (B.2) 的一条解曲线，并假设该曲线属于流形 S，即满足 $y(t) = \pi(z(t))$。对该式求时间导数，得到关系式

$$\frac{\mathrm{d}y}{\mathrm{d}t} = A\pi(z(t)) + g(\pi(z(t)), z(t)) = \frac{\partial \pi}{\partial z}\frac{\mathrm{d}z}{\mathrm{d}t} = \frac{\partial \pi}{\partial z}(Bz(t) + f(\pi(z(t)), z(t))$$

由于包含在 S 中的系统 (B.2) 的任一解曲线一定满足这种类型的关系式，所以可得，映射 π 满足偏微分方程

$$\frac{\partial\pi}{\partial z}(Bz + f(\pi(z), z)) = A\pi(z) + g(\pi(z), z) \tag{B.4}$$

注记. 考虑如下系统 [而非系统 (B.2)]:

$$\begin{aligned} \dot{y} &= Ay + Pz + g(y, z) \\ \dot{z} &= Bz + f(y, z) \end{aligned} \tag{B.5}$$

其中 A 是所有特征值都具有负实部的 $n^{\mathrm{s}} \times n^{\mathrm{s}}$ 阶矩阵，B 是所有特征值都具有零实部的 $n^{\mathrm{c}} \times n^{\mathrm{c}}$ 阶矩阵。假设 $\pi\colon V \to \mathbb{R}^{n^{\mathrm{s}}}$ 是满足 $\pi(0) = 0$ 的映射。如果映射 π 满足偏微分方程

$$\frac{\partial\pi}{\partial z}(Bz + f(\pi(z), z)) = A\pi(z) + Pz + g(\pi(z), z) \tag{B.6}$$

则子流形

$$S = \{(y, z) \in \mathbb{R}^{n^{\mathrm{s}}} \times V\colon y = \pi(z)\}$$

对于系统 (B.5) 是局部不变的。比较等式两边的一阶项，容易看到，矩阵

$$\Pi = \frac{\partial\pi}{\partial z}(0)$$

满足

$$\begin{pmatrix} A & P \\ 0 & B \end{pmatrix} \begin{pmatrix} \Pi \\ I \end{pmatrix} = \begin{pmatrix} \Pi \\ I \end{pmatrix} B$$

由此可得

$$\mathrm{Im}(\begin{pmatrix} \Pi \\ I \end{pmatrix}) = E^{\mathrm{c}}$$

从而，考虑到上述定义可得，S 是系统 (B.5) 的一个中心流形当且仅当式 (B.6) 成立。 $\lhd$

前面的陈述描述的是系统 (B.2) 的中心流形的存在性，而非唯一性。事实上，一个系统可能有许多中心流形，如下例所示。

例. 考虑系统

$$\begin{aligned} \dot{y} &= -y \\ \dot{z} &= -z^3 \end{aligned}$$

对于每一个 $c \in \mathbb{R}$，定义 $\pi(z)$ 为

$$\begin{cases} \pi(z) = c\exp(-\frac{1}{2}z^{-2}), & \text{若 } z \neq 0 \\ \pi(z) = 0, & \text{若 } z = 0 \end{cases}$$

则 C^∞ 函数 $y = \pi(z)$ 是一个中心流形。 $\lhd$

另外注意到，如果 g 和 f 均为 C^∞ 函数，则系统 (B.2) 对于任意的 $k \geqslant 1$ 都有一个 C^k 中心流形，但未必是一个 C^∞ 中心流形。

引理. 假设 $y=\pi(z)$ 是系统 (B.2) 在 $(0,0)$ 处的一个中心流形。令 $(y(t),z(t))$ 为系统 (B.2) 的一个解。存在 $(0,0)$ 的一个邻域 U° 和实数 $M>0,K>0$，使得如果 $(y(0),z(0))\in U^\circ$，那么，对于所有的 $t\geqslant 0$，只要 $(y(t),z(t))\in U^\circ$，就有

$$\|y(t)-\pi(z(t))\|\leqslant M\mathrm{e}^{-Kt}\|y(0)-\pi(0))\|$$

该引理表明，如果系统 (B.2) 的任一轨线的初始点距离 $(0,0)$ 足够近 (即初始点与定义中心流形的点足够近)，则随着 t 趋于无穷该轨线以指数衰减收敛到这个中心流形 (见图 B.1)。特别是，这表明如果 (y°,z°) 是系统 (B.2) 的一个平衡点并充分接近点 $(0,0)$，则该点一定属于系统 (B.2) 过点 $(0,0)$ 的任一中心流形。事实上，在此情况下，系统 (B.2) 满足 $(y(0),z(0))=(y^\circ,z^\circ)$ 的解曲线就是

$$y(t)=y^\circ,\qquad z(t)=z^\circ,\qquad \text{对于所有的 } t\geqslant 0$$

仅当 $y^\circ=\pi(z^\circ)$ 时它才与引理给出的估计相容。同理，如果系统 (B.2) 的一条周期轨道 Γ 完全包含在点 $(0,0)$ 的一个充分小邻域内，则 Γ 一定位于系统 (B.2) 在 $(0,0)$ 处的任一中心流形上。因此，尽管中心流形具有非唯一性，但对于任一中心流形，有些点总是一定属于它。

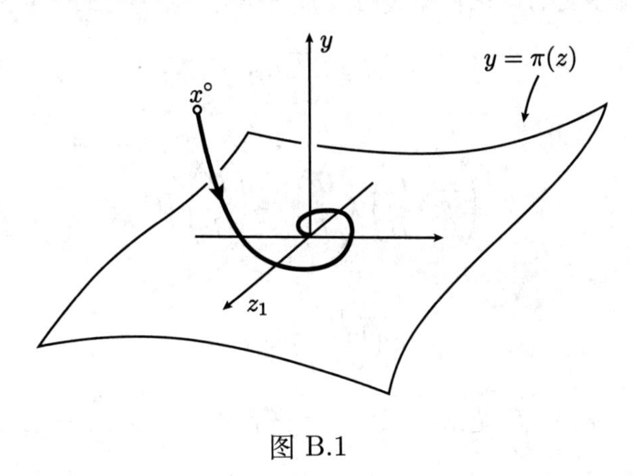

图 B.1

下面的定理更详细地描绘了在分析系统 (B.2) 于点 (0,0) 附近的渐近性质时，中心流形所起的作用。回想一下，由定义，如果 $(y(0),z(0))$ 是位于中心流形 $y=\pi(z)$ 上的任一初始条件，则对于 $t=0$ 的某一个邻域中的所有 t，必然有 $y(t)=\pi(z(t))$。因此，系统 (B.2) 始于该中心流形上一点 $y^\circ=\pi(z^\circ)$ 的任一轨线可描述为以下形式：

$$y(t)=\pi(\zeta(t)),\qquad z(t)=\zeta(t)$$

其中 $\zeta(t)$ 是微分方程

$$\dot{\zeta}=B\zeta+f(\pi(\zeta),\zeta) \tag{B.7}$$

满足初始条件 $\zeta(0)=z^\circ$ 的解。对于很小的初始条件，下述约化原理的实质是，系统 (B.2) 的渐近行为完全由初始条件在其中心流形上的渐近行为决定，即由系统 (B.7) 的渐近行为决定。

定理 (约化原理 (reduction principle)**).** 假设 $\zeta=0$ 是系统 (B.7) 的一个稳定 (或渐近稳定、不稳定) 平衡态，则 $(y,z)=(0,0)$ 是系统 (B.2) 的一个稳定 (或渐近稳定、不稳定) 平衡态。

例. 作为利用约化原理分析临界情况的一个直接应用，考虑形如式 (B.2) 的系统，其中

$$g(0,z)=0$$

在这种情况下，中心流形方程 (B.4) 有一个平凡解 $\pi(z)=0$，从而约化原理保证了系统 (B.2) 在 $(0,0)$ 处的稳定性特性能够完全由约化系统

$$\dot{\zeta}=B\zeta+f(0,\zeta)$$

决定。 ◁

约化原理相当重要，因为它将一个 n 维系统的稳定性分析简化为对一个低维 (即 n^{c} 维) 系统的稳定性分析，但其实际应用需要求解中心流形方程，而这 (除了上例所述情况) 通常非常困难。然而，总能以任意精度逼近方程 (B.4) 的解 $y=\pi(z)$，然后在约化方程 (B.4) 中使用找到的近似解。以这种方式，仍可确定系统 (B.7) 的平衡态 $\zeta=0$ 的渐近性质。

定理. 令 $y=\pi_k(z)$ 为一个 k 次多项式，$1<k<r$，满足

$$\pi_k(0)=0, \qquad \frac{\partial\pi_k}{\partial z}(0)=0$$

并假设

$$\frac{\partial\pi_k}{\partial z}(Bz+f(\pi_k(z),z))-A\pi_k(z)-g(\pi_k(z),z)=R_k(z)$$

其中 $R_k(z)$ 是某一个 (可能未知的) 函数，该函数及其小于或等于 k 阶的所有偏导数在 0 处取值为零，则中心流形方程 (B.4) 的任一解都使差值

$$D_k(z)=\pi(z)-\pi_k(z)$$

及其小于或等于 k 阶的所有偏导数在 0 处取值为零。

下面的几个例子解释了上述定理的实际应用。在这些例子中，约化方程 (B.7) 是一维的，其稳定性很容易基于以下性质来确定。

命题. 考虑一维系统

$$\dot{x}=ax^m+Q_m(x)$$

其中 $m\geqslant 2$，$Q_m(x)$ 是一个函数，其本身及其小于或等于 m 阶的所有偏导数在 0 处取值为零。如果 m 是奇数且 $a<0$，则平衡点 $x=0$ 是渐近稳定的。如果 m 是奇数且 $a>0$，或者 m 是偶数，则该平衡态是不稳定的。

例. 考虑系统

$$\dot{y}=-y+z^2$$
$$\dot{z}=azy$$

中心流形方程 (B.4) 在这种情况下为

$$\frac{\partial\pi}{\partial z}(az\pi(z))=-\pi(z)+z^2$$

可用二次多项式对 $\pi(z)$ 做最简单的近似，即 $\pi_2(z)=\alpha z^2$，其中 α 至少要使中心流形方程满足到 2 次项。这样可得到

$$\frac{\partial \pi_2}{\partial z}(az\pi_2(z))-(-\pi_2(z)+z^2)=(\alpha-1)z^2+2a\alpha^2z^4$$

令 $\alpha=1$，在这个表达式的等号右边得到一个余项 $R_3(z)$，该项本身及其所有小于或等于 3 阶的导数在零点都为零。因此可以设

$$\pi(z)=z^2+D_3(z)$$

其中 $D_3(z)$ 是关于 z 的某一个待定函数 (该函数及其所有小于或等于 3 阶的导数在零点为零)。以上式替换式 (B.7) 中的 $\pi(z)$，得到

$$\dot{\zeta}=a\zeta^3+Q_4(\zeta)$$

其中 $Q_4(\zeta)$ 是未知余项，该项及其所有小于或等于 4 阶的导数在零点都为零。基于之前的命题可推知，约化方程 (B.7) 的平衡态 $\zeta=0$ 是渐近稳定的，当且仅当 $a<0$。这时，基于约化原理可得，整个系统在平衡态 $(y,z)=(0,0)$ 处是渐近稳定的，当且仅当 $a<0$。 ◁

例. 考虑系统

$$\dot{y}=-y+y^2-z^3$$
$$\dot{z}=az^3+z^my$$

其中 m 是任意正整数。中心流程方程 (B.4) 在这种情况下为

$$\frac{\partial \pi}{\partial z}(az^3+z^m\pi(z))=-\pi(z)+\pi^2(z)-z^3$$

首先尝试 $\pi(z)$ 的二次近似，即 $\pi_2(z)=\alpha z^2$，其中 α 要使中心流形方程至少满足到二次项。然而，由于

$$\frac{\partial \pi_2}{\partial z}(az^3+z^m\pi_2(z))-(-\pi_2(z)+\pi_2^2(z)-z^3)=\alpha z^2+R_2(z)$$

所以推知必有 $\alpha=0$。因此，二次近似没有意义，必须尝试三次多项式。因为已经知道 z^2 的系数一定为零，所以令 $\pi_3(z)=\beta z^3$。在这种情况下有

$$\frac{\partial \pi_3}{\partial z}(az^3+z^m\pi_3(z))-(-\pi_3(z)+\pi_3^2(z)-z^3)=(\beta+1)z^3+R_3(z)$$

并且中心流形方程 (B.4) 直到三次项都将满足。因此可以设

$$\pi(z)=-z^3+D_3(z)$$

以上式替换式 (B.7) 中的 $\pi(\zeta)$，得到

$$\dot{\zeta}=a\zeta^3-\zeta^{m+3}+Q_{m+3}(\zeta)$$

其中 $Q_{m+3}(\zeta)$ 是未知余项，该项及其所有小于或等于 $m+3$ 阶的导数在零点都为零。由于 $m\geqslant 1$，所以可以利用之前的命题并得到，对于任一 m，方程 (B.7) 在 $\zeta=0$ 处是渐近稳定的，当且仅当 $a<0$。作为约化原理的一个推论，该结果对于整个系统的平衡态 $(y,z)=(0,0)$ 也成立。 ◁

例. 考虑系统

$$\dot{y} = -y + ayz + bz^2$$
$$\dot{z} = cyz - z^3$$

仍首先尝试 $\pi(z)$ 的近似 $\pi_2(z) = \alpha z^2$。在这种情况下，有

$$\frac{\partial \pi_2}{\partial z}(cz\pi_2(z) - z^3) - (-\pi_2(z) + az\pi_2(z) + bz^2) = (\alpha - b)z^2 + R_2(z)$$

从而有 $\alpha = b$。在方程 (B.7) 中代入

$$\pi(\zeta) = b\zeta^2 + D_2(\zeta)$$

得到

$$\dot{\zeta} = (cb - 1)\zeta^3 + Q_3(\zeta)$$

基于之前的命题再次可得，如果 $(cb-1) < 0$，则约化方程 (从而整个系统) 是渐近稳定的；如果 $(cb-1) > 0$，则该方程是不稳定的；如果 $cb = 1$，则该方程的等号右边完全未定，因此必须寻找中心流形的一个更好近似。选择 $\pi_3(z) = bz^2 + \beta z^3$，现在看到

$$\frac{\partial \pi_3}{\partial z}(cz\pi_3(z) - z^3) - (-\pi_3(z) + az\pi_3(z) + bz^2) = (\beta - ab)z^3 + R_3(z)$$

所以 $\beta = ab$。将

$$\pi(\zeta) = b\zeta^2 + ab\zeta^3 + D_3(\zeta)$$

代入方程 (B.7) 中，得到 (假设 $cb = 1$)

$$\dot{\zeta} = a\zeta^4 + Q_4(\zeta)$$

并且可得，如果 $a \neq 0$，则该系统是不稳定的；如果 $a = 0$，则该系统是否稳定仍然不清楚，因为方程的等号右边是未定的。因此，留待解决的唯一情况就是 $cb = 1$ 且 $a = 0$。但在这种特殊情况下，函数 $\pi(z) = bz^2$ **恰好**满足中心流形方程 (B.4)，于是约化系统为

$$\dot{\zeta} = 0$$

它的平衡态 $\zeta = 0$ 是稳定的 (非渐近)，所以整个系统的平衡态也是稳定的。 $\lhd$

例. 考虑系统

$$\dot{y} = az + u(y)$$
$$\dot{z} = -z^3 + byz^m$$

其中 $m \geqslant 0$，$u(y)$ 表示只依赖于状态变量 y 的反馈。选择

$$u(y) = -Ky$$

并证明：

若 $m=0$ 且 $ab<0$，则对于所有的 $K>0$，系统的平衡态 $(y,z)=(0,0)$ 是渐近稳定的；
若 $m=1$，则系统的平衡态 $(y,z)=(0,0)$ 总是不稳定的；
若 $m=2$，则对于所有的 $K>\max(0,ab)$，系统的平衡态 $(y,z)=(0,0)$ 是渐近稳定的；
若 $m\geqslant 3$，则对于所有的 $K>0$，系统的平衡态 $(y,z)=(0,0)$ 是渐近稳定的。
如果

$$u(y)=-Ky+f(y)$$

其中函数 $f(y)$ 及其一阶导数在零点取值为零，证明上述结论保持不变。 ◁

B.2　若干有用性质

本节介绍本书中多次用到的关于某些非线性系统渐近性质的一些有趣结果。

引理. 考虑系统

$$\begin{aligned}\dot{z}&=f(z,y)\\ \dot{y}&=Ay+p(z,y)\end{aligned}\tag{B.8}$$

并假设对于 0 附近的所有 z 有 $p(z,0)=0$ 和

$$\frac{\partial p}{\partial y}(0,0)=0$$

如果 $\dot{z}=f(z,0)$ 在 $z=0$ 处有一个渐近稳定的平衡态，并且 A 的所有特征值都具有负实部，则系统 (B.8) 在 $(z,y)=(0,0)$ 处有一个渐近稳定的平衡态。

证明: 将 $f(z,y)$ 展开为

$$f(z,y)=Fz+Gy+g(z,y)$$

利用线性坐标变换 $(z_1,z_2)=Tz+Ky$ 可将系统 (B.8) 重新写为以下形式：

$$\begin{aligned}\dot{z}_1&=F_1z_1+g_1(z_1,z_2,y)\\ \dot{z}_2&=F_2z_2+G_2y+g_2(z_1,z_2,y)\\ \dot{y}&=Ay+p(z_1,z_2,y)\end{aligned}$$

其中 F_2 的所有特征值都具有负实部，F_1 的所有特征值都具有零实部。而且，函数 g_1，g_2 及其一阶偏导数在 $(0,0,0)$ 处取值为零。

由假设知，系统

$$\begin{aligned}\dot{z}_1&=F_1z_1+g_1(z_1,z_2,0)\\ \dot{z}_2&=F_2z_2+g_2(z_1,z_2,0)\end{aligned}\tag{B.9}$$

的平衡态 $(0,0)$ 是渐近稳定的。令 $z_2=\pi_2(z_1)$ 为系统 (B.9) 在 $(0,0)$ 处的一个中心流形。根据假设，π_2 满足

$$\left[\frac{\partial\pi_2}{\partial z_1}\right](F_1z_1+g_1(z_1,\pi_2(z_1),0))=F_2\pi_2(z_1)+g_2(z_1,\pi_2(z_1),0)$$

于是由约化原理，约化动态

$$\dot{x} = F_1 x + g_1(x, \pi_2(x), 0)$$

在 $x = 0$ 处一定有一个渐近稳定的平衡态。现在考虑整个系统 (B.8)。该系统的一个中心流形是一对函数

$$z_2 = k_2(z_1), \qquad y = k_1(z_1)$$

使得

$$\left[\frac{\partial k_2}{\partial z_1}\right](F_1 z_1 + g_1(z_1, k_2(z_1), k_1(z_1))) = F_2 k_2(z_1) + G_2 k_1(z_1) + g_2(z_1, k_2(z_1), k_1(z_1))$$
$$\left[\frac{\partial k_1}{\partial z_1}\right](F_1 z_1 + g_1(z_1, k_2(z_1), k_1(z_1))) = A k_1(z_1) + p(z_1, k_2(z_1), k_1(z_1))$$

简单的计算表明

$$k_2(z_1) = \pi_2(z_1), \qquad k_1(z_1) = 0$$

是上述方程的一个解。因此，再次利用约化原理，可知如果约化动态

$$\dot{x} = F_1 x + g_1(x, \pi_2(x), 0)$$

在 $(0,0)$ 处有一个渐近稳定的平衡态，则动态 (B.8) 在 $(0,0)$ 处是渐近稳定的。但这个约化动态正是 (B.9) 的约化动态，从而结论成立。 $\lhd$

注记. 要强调的是，此引理的结果只要求系统

$$\dot{z} = f(z, 0)$$

的动态具有渐近稳定性，而不必是**一阶近似下**的渐近稳定性，即不要求雅可比矩阵

$$\left[\frac{\partial f(z,0)}{\partial z}\right]_{z=0}$$

的所有特征值位于开的左半平面内。 $\lhd$

用类似的方式可以证明如下结果。

引理. 考虑系统

$$\begin{aligned}\dot{z} &= f(z, y)\\ \dot{y} &= p(y)\end{aligned} \tag{B.10}$$

并假设 $\dot{y} = p(z)$ 在 $y = 0$ 处具有一个渐近稳定的平衡态。如果 $\dot{z} = f(z, 0)$ 在 $z = 0$ 处有一个渐近稳定的平衡态，则系统 (B.10) 在 $(z, y) = (0, 0)$ 处具有一个渐近稳定的平衡态。

下一引理阐释了时变系统的渐近性质。为此回想一下，如果对于所有的 $\varepsilon > 0$，存在 $\delta > 0$（可能依赖于 ε 但不依赖于 t°），使得时变系统

$$\dot{x} = f(x, t) \tag{B.11}$$

的初值为 $x(t^\circ,t^\circ,x^\circ)=x^\circ$ 的解 $x(t,t^\circ,x^\circ)$ 满足

$$\|x^\circ\|<\delta \Rightarrow \|x(t,t^\circ,x^\circ)\|<\varepsilon,\ \text{对于所有的}\ \ t\geqslant t^\circ\geqslant 0$$

则称该系统的平衡态 $x=0$ 是**一致稳定的** (uniformly stable)。如果系统 (B.11) 的平衡态 $x=0$ 是一致稳定的，并且除此之外，存在 $\gamma>0$，以及对于所有的 $M>0$，存在 $T>0$ (可能依赖于 M，但不依赖于 x° 和 t°)，使得

$$\|x^\circ\|<\gamma \Rightarrow \|x(t,t^\circ,x^\circ)\|<M,\ \text{对于所有的}\ \ t\geqslant t^\circ+T,\ t^\circ\geqslant 0$$

则称平衡态 x° 是**一致渐近稳定的** (uniformly asymptotically stable)。

引理. 考虑系统

$$\dot{x}=f(x,t)+p(x,t) \tag{B.12}$$

假设 $\dot{x}=f(x,t)$ 的平衡态 $x=0$ 是一致渐近稳定的，$f(x,t)$ 关于 x 是局部 Lipschitz 的，关于 t 是一致的，即存在 L (不依赖于 t)，使得对于 $x=0$ 某一邻域中的所有 x' 和 x'' 及所有的 $t\geqslant 0$，有

$$\|f(x',t)-f(x'',t)\|<L(\|x'-x''\|)$$

那么，对于所有的 $\varepsilon>0$，存在 $\delta_1>0$ 和 $\delta_2>0$ (δ_1 和 δ_2 可能依赖于 ε，但都不依赖于 t°)，使得如果 $\|x^\circ\|<\delta_1$，且对于满足 $\|x\|<\varepsilon$ 和 $t\geqslant t^\circ$ 的 (x,t) 都有 $\|p(x,t)\|<\delta_2$ 成立，则系统 (B.12) 的解 $x(t,t^\circ,x^\circ)$ 满足

$$\|x(t,t^\circ,x^\circ)\|<\varepsilon,\ \text{对于所有的}\ \ t\geqslant t^\circ\geqslant 0$$

有时称上面这段陈述所表达的性质为**整体稳定性** (total stability)，或**持续干扰稳定性** (stability under persistent disturbances)。注意，函数 $p(x,t)$ 在 $x=0$ 处无须为零。根据这个引理，对于具有三角型结构的系统很容易推导出一些有趣应用。

推论. 考虑系统

$$\begin{aligned}\dot{z}&=q(z,y,t)\\ \dot{y}&=g(y)\end{aligned} \tag{B.13}$$

假设

(i) $(z,y)=(0,0)$ 是系统 (B.13) 的一个平衡态，并且函数 $q(z,y,t)$ 关于 (z,y) 是局部 Lipschitz 的，对于 t 是一致的，即存在 L (不依赖于 t) 使得对于 $z=0$ 的一个邻域中的所有 z' 和 z''，对于 $y=0$ 的一个邻域中的所有 y' 和 y''，以及所有的 $t\geqslant 0$，有

$$\|q(z',y',t)-q(z'',y'',t)\|<L(\|z'-z''\|+\|y'-y''\|)$$

(ii) $\dot{z}=q(z,0,t)$ 的平衡态 $z=0$ 是一致渐近稳定的；

(iii) $\dot{y}=g(y)$ 的平衡态 $y=0$ 是稳定的。

那么，系统 (B.13) 的平衡态 $(z,y)=(0,0)$ 是一致稳定的。

证明: 这是前一引理的简单推论。因为，设

$$f(z,t)=q(z,0,t)$$
$$p(z,t)=q(z,y(t),t)-q(z,0,t)$$

其中 $y(t)$ 是 $\dot{y}=g(y)$ 满足 $y(t^\circ)=y^\circ$ 的解。因此，系统 (B.13) 的第一个方程形如式 (B.12)。注意，如果对于所有的 $t\geqslant t^\circ$ 有 $\|y(t)\|<\varepsilon_y$，则由假设 (i) 知，对于 $z=0$ 的某一邻域中的所有 z 和所有的 $t\geqslant t^\circ$，$p(z,t)$ 满足

$$\|p(z,t)\|=\|q(z,y(t),t)-q(z,0,t)\|<L\varepsilon_y$$

由假设 (ii) 和前一引理知，对于所有的 $\varepsilon_z>0$，存在 $\delta_1>0$ 和 $\delta_2>0$，使得 $\|z^\circ\|<\delta_1$ 和 $\|p(z,t)\|<\delta_2$ [对于满足 $\|z\|<\varepsilon$ 和 $t\geqslant t^\circ$ 的所有 (z,t)] 意味着

$$\|z(t,t^\circ,z^\circ)\|<\varepsilon_z,\quad \text{对于所有的}\ \ t\geqslant t^\circ\geqslant 0$$

由假设 (iii) 知，可以找到 δ_y 使得 $\|y^\circ\|<\delta_y$，这意味着，对于所有的 $t\geqslant t^\circ$，有 $\|y(t)\|<\delta_2/L$，证毕。 ◁

注记. 这一结果在微分方程 (非平衡态) **解的稳定性**研究中有一个明显的对应情况。设 $x^\star(t)$ 为系统 (B.11) 的一个解 (对于所有的 $t\geqslant 0$ 都有定义)。如果对于所有的 $\varepsilon>0$，存在一个 $\delta>0$ (可能依赖于 ε 但不依赖于 t°)，使得系统 (B.11) 的初值为 $x(t^\circ,t^\circ,x^\circ)=x^\circ$ 的解 $x(t,t^\circ,x^\circ)$ 满足

$$\|x^\circ-x^\star(t^\circ)\|<\delta\Rightarrow\|x(t,t^\circ,x^\circ)-x^\star(t)\|<\varepsilon,\quad \text{对于所有的}\ t\geqslant t^\circ\geqslant 0$$

则称 $x^\star(t)$ 为**一致稳定的** (uniformly stable)。如果系统 (B.11) 的解 $x^\star(t)$ 是一致稳定的，并且存在 $\gamma>0$ 和 (对于所有的 $M>0$) $T>0$ (可能依赖于 M，但不依赖于 x° 和 t°)，使得

$$\|x^\circ-x^\star(t^\circ)\|<\gamma\Rightarrow\|x(t,t^\circ,x^\circ)-x^\star(t)\|<M,\quad \text{对于所有的}\ t\geqslant t^\circ+T, t^\circ\geqslant 0$$

则称 $x^\star(t)$ 为**一致渐近稳定的** (uniformly asymptotically stable)。 ◁

研究系统 (B.11) 的解 $x^\star(t)$ 的稳定性可简化为对一个适当的微分方程研究其平衡态的稳定性，只要令

$$w=x-x^\star$$

并讨论系统

$$\dot{w}=f(w+x^\star(t),t)-f(x^\star(t),t)$$

的平衡态 $w=0$ 的稳定性即可。

因此，前一推论也有助于确定方程组 (B.13) 的某一非平衡态解的一致稳定性。例如，假设 $\dot{z}=q(z,0,t)$ 对于所有的 t 有一个一致渐近稳定解 $z^\star(t)$。设

$$F(w,y,t)=q(w+z^\star(t),y,t)-q(z^\star(t),0,t)$$

则 $w=0$ 是 $\dot{w}=F(w,0,t)$ 的一个一致渐近稳定的平衡态。如果 $q(z,y,t)$ 关于 (z,y) 是局部 Lipschitz 的，关于 t 是一致的，则 $F(w,y,t)$ 也如此，只要对于所有的 $t \geqslant 0$ 满足 $z^\star(t)$ 足够小。假设 (i)、假设 (ii) 和假设 (iii) 都成立，从而知系统 (B.13) 的解 $(z^\star(t),0)$ 是一致稳定的。

如果系统 (B.13) 是时不变的，则前一推论的结果有如下更简单的表示形式。

推论. 考虑系统

$$\begin{aligned}\dot{z}&=q(z,y)\\\dot{y}&=g(y)\end{aligned}\tag{B.14}$$

假设 $(z,y)=(0,0)$ 是系统 (B.14) 的一个平衡态，$\dot{z}=q(z,0)$ 的平衡态 $z=0$ 是渐近稳定的，$\dot{y}=g(y)$ 的平衡态 $y=0$ 是稳定的，则系统 (B.14) 的平衡态 $(z,y)=(0,0)$ 是稳定的。

以下陈述是前一引理的另一个有趣应用。

推论. 考虑系统

$$\dot{x}=f(x)+g(x)u(t)\tag{B.15}$$

假设 $x=0$ 是系统 $\dot{x}=f(x)$ 的一个渐近稳定平衡态。那么，对于所有的 $\varepsilon>0$，存在 $\delta_1>0$ 和 $K>0$，使得如果 $\|x^\circ\|<\delta_1$ 且对于所有的 $t\geqslant t^\circ$ 有 $|u(t)|<K$，则系统 (B.15) 的解 $x(t,t^\circ,x^\circ)$ 满足

$$\|x(t,t^\circ,x^\circ)\|<\varepsilon,\quad 对于所有的\ t\geqslant t^\circ\geqslant 0$$

证明: 由于 $g(x)$ 是光滑的，所以存在一个实数 $M>0$，使得对于满足 $\|x\|<\varepsilon$ 的所有 x，有 $\|g(x)\|<M$。选择 $K=\delta_2/M$，则得到 $\|g(x)u(t)\|<\delta_2$，从而可由之前引理得出该结论。 ◁

下面对于形如式 (B.1) 的系统的轨线，也总结一些有关其“全局”渐近性质的重要概念和结论。假设系统 (B.1) 对于所有的 $x\in\mathbb{R}^n$ 都有定义。回想一下，一个光滑函数 $V\colon\mathbb{R}^n\to\mathbb{R}$ 如果满足：$V(0)=0$ 且对于 $x\neq 0$ 有 $V(x)>0$，则称 V 为**正定的** (positive definite)；如果对于任一 $a\in\mathbb{R}$，集合 $V^{-1}([0,a])=\{x\in\mathbb{R}^n\colon 0\leqslant V(x)\leqslant a\}$ 是紧致的，则称 V 为**适常的** (proper)。

下面的两个定理是众所周知的 Lyapunov 全局稳定性判据及其逆定理。

定理 (Lyapunov 定理). 考虑如下形式的系统：

$$\dot{x}=f(x)$$

其中 $x\in\mathbb{R}^n$，$f(x)$ 是一个光滑函数，满足 $f(0)=0$。如果存在一个正定适常的光滑函数 $V(x)$，使得对于所有的非零 x，有

$$\frac{\partial V}{\partial x}f(x)<0$$

则该系统的平衡态 $x=0$ 是全局渐近稳定的。

定理 (Lyapunov 逆定理). 考虑如下形式的系统：

$$\dot{x}=f(x)$$

其中 $x \in \mathbb{R}^n$，$f(x)$ 是 $\mathbb{R}^n \setminus \{0\}$ 上的光滑函数且在 $x=0$ 处连续，满足 $f(0)=0$。如果该系统的平衡态 $x=0$ 是全局渐近稳定的，则存在一个正定适常的光滑函数 $V(x)$，使得对于所有的非零 x，有

$$\frac{\partial V}{\partial x} f(x) < 0$$

对于可定义全局渐近稳定向量场的任一光滑流形，下述定理解释了一个有趣的全局性质。

定理 (**Milnor 定理**). 考虑如下形式的系统：

$$\dot{x} = f(x)$$

其中 $x \in M$，M 是一个 n 维光滑流形，并且 $f(x)$ 是一个光滑向量场。如果该系统的平衡态 $x=0$ 是全局渐近稳定的，则 M 全局微分同胚于 $\mathbb{R}^n$。

最后，回顾一条轨线的 ω-极限集的定义和一些其他性质。用 $x^\circ(t)$ 表示系统 (B.1) 的一条积分曲线，假设它对于所有的 $0 \leqslant t < \infty$ 有定义。如果存在 t 的一个增长序列

$$0 \leqslant t_1 < t_2 < \ldots < t_k < \ldots, \lim_{k \to \infty} t_k = \infty$$

使得

$$\lim_{k \to \infty} x^\circ(t_k) = \bar{x}$$

则称点 $\bar{x}$ 是 $x^\circ(t)$ 的 **ω-极限点** (ω-limit point)，$x^\circ(t)$ 的所有 ω-极限点的集合 Ω° 称为 $x^\circ(t)$ 的 **ω-极限集** (ω-limit set)。

定理 (**G. D. Birkhoff 定理**). 假设 $x^\circ(t)$ 是一条有界轨线。它的 ω-极限集 Ω° 是非空的、闭的，并且在系统 (B.1) 的流映射下是不变的。

B.3 奇异摄动的局部几何理论

考虑具有如下微分方程形式的系统：

$$\begin{aligned} \varepsilon \dot{y} &= g(y, z, \varepsilon) \\ \dot{z} &= f(y, z, \varepsilon) \end{aligned} \tag{B.16}$$

其中 (y, z) 定义在 $\mathbb{R}^\nu \times \mathbb{R}^\mu$ 的一个开子集上，ε 是一个小的正实数参数。这类系统称为**奇异摄动系统** (singular perturbed system)。事实上，在 $\varepsilon = 0$ 的情况下，该系统退化为一组 μ 个微分方程

$$\dot{z} = f(y, z, 0) \tag{B.17}$$

它受制于如下约束：

$$0 = g(y, z, 0) \tag{B.18}$$

以 K 表示方程 (B.18) 的解集，并假设在 K 中的某一点 (y°, z°) 处有

$$\text{rank}\left(\frac{\partial g}{\partial y}\right) = \nu$$

由隐函数定理知，存在 z° 的邻域 A° 和 y° 的邻域 B°，以及唯一的光滑映射 $h\colon A^\circ \to B^\circ$，使得对于所有的 $z \in A^\circ$ 有 $g(h(z), z, 0) = 0$。因此，在点 (y°, z°) 附近，退化系统 (B.17)–(B.18) 等价于一个 μ 维微分系统，该系统定义在映射 h 的图形上，即定义域为如下集合：

$$S = \{(y, z) \in B^\circ \times A^\circ\colon y = h(z)\}$$

从而，该系统可表示为

$$\dot{z} = f(h(z), z, 0) \tag{B.19}$$

这一系统称为**约化系统** (reduced system)。

注意到，经过一个变量变换

$$w = y - h(z)$$

集合 S 与 $w = 0$ 时由点对 (w, z) 构成的集合相同。在新变量下，系统 (B.16) 可表示为

$$\begin{aligned} \varepsilon\dot{w} &= g(w + h(z), z, \varepsilon) - \varepsilon\frac{\partial h}{\partial z} f(w + h(z), z, \varepsilon) = g_\circ(w, z, \varepsilon) \\ \dot{z} &= f(w + h(z), z, \varepsilon) = f_\circ(w, z, \varepsilon) \end{aligned}$$

由于根据构造有 $g_\circ(0, z, 0) = 0$，所以约化系统现在可描述为

$$\dot{z} = f_\circ(0, z, 0)$$

系统 (B.16) 的奇异性形式表明，也存在一个时间轴的变量变换，即用一个重新“标度”的定义为

$$\tau = t/\varepsilon$$

的时间变量 τ 来替代 t。由于 ε 是一个很小的数，所以变量 t 和 τ 通常分别称为“慢”时间和“快”时间。除此之外，使用上标“$'$”来表示对 τ 的微分。

用 τ 替代 t，并且用 w 替代 y，可得到如下系统：

$$\begin{aligned} w' &= g_\circ(w, z, \varepsilon) \\ z' &= \varepsilon f_\circ(w, z, \varepsilon) \end{aligned} \tag{B.20}$$

其中，由于 $g_\circ(0, z, 0) = 0$，所以任一点 $(0, z)$ (即集合 S 中的每一点) 都是 $\varepsilon = 0$ 时的一个平衡点。注意到，当 $\varepsilon = 0$ 时系统 (B.20) 的行为由一族 ν 维的微分方程

$$w' = g_\circ(w, z, 0) \tag{B.21}$$

描述 (其中 z 可视为一个常参数)。

式 (B.19) 和式 (B.21) 这两个方程 (必须强调，它们定义在两个不同的时间轴上) 在某种意义下代表与原系统 (B.16) 相关的两种“极端”行为。奇异摄动理论的主旨是对于小的 (非零) ε 值研究奇异摄动系统的行为，并且如果可能，根据对两个“极限”系统 (B.19) 和 (B.21) 的渐近行为的了解来推测该系统的渐近性质。

在深入探讨之前，容易看到，形如式 (B.16) 的系统是一类更一般系统的特殊情况，其描述可采用一种坐标无关的方式，而无须明确地将变量分成 z 和 y 两组，原因如下。考虑系统

$$x' = F(x, \varepsilon) \tag{B.22}$$

其中 x 定义在开集 $U \subset \mathbb{R}^n$ 上，ε 是在区间 $(-\varepsilon_\circ, +\varepsilon_\circ) \subset \mathbb{R}$ 内变动的"参数"，$F\colon U \times (-\varepsilon_\circ, +\varepsilon_\circ) \to \mathbb{R}^n$ 是一个 C^r 映射。另外，假设存在一个 μ 维 $(\mu < n)$ 子流形 $E \subset U$，它完全由 $x' = F(x, 0)$ 的平衡点组成，即满足

$$F(x, 0) = 0, \quad \text{对于所有的 } x \in E$$

所定义的这类系统通过重新标度时间，可将系统 (B.16) 作为一种特殊情况包含在内；事实上，集合 S 正是 $\mathbb{R}^\nu \times \mathbb{R}^\mu$ 的一个 μ 维子流形，由重新标度过的系统在 $\varepsilon = 0$ 时的平衡点组成。鉴于此事实，下面将研究这类更一般的系统 (B.22)。

以

$$J_x = \left[\frac{\partial F(x, 0)}{\partial x}\right]$$

表示 $F(x, 0)$ 在一点 $x \in E$ 处的雅可比矩阵。容易验证，E 在点 x 处的切空间 T_xE 包含在该矩阵的核空间中。因为，令 $\sigma\colon \mathbb{R} \to E$ 为满足 $\sigma(0) = x$ 的一条光滑曲线，并注意到，由于在 E 的每一点处 $F(x, 0)$ 都取值为零，所以由定义知，对于所有的 t 有 $F(\sigma(t), 0) = 0$。对此式两边求时间导数，得到

$$\left[\frac{\partial F(x, 0)}{\partial x}\right]_{x=\sigma(t)} \dot{\sigma}(t) = 0$$

当 $t = 0$ 时，有 $J_x\dot{\sigma}(0) = 0$，再注意到 σ 的任意性，从而证明了 $T_xE \subset \ker(J_x)$。

由这个性质推知，0 至少是 J_x 的 μ 重特征值。这 μ 个 J_x 的特征值称为 J_x 的**平凡特征值** (trivial eigenvalues)，相对应的特征向量张成了子空间 T_xE，而其余 $n - \mu$ 个特征值称为**非平凡特征值** (nontrivial eigenvalues)。

从现在起，假设 J_x 的所有非平凡特征值都具有负实部。因此，平凡特征值和非平凡特征值这两个集合是互不相交的，并且根据线性代数得出，存在 T_xU 的唯一子空间，记为 V_x，它在 J_x 下不变并且是 T_xE 的补集，即满足

$$T_xU = T_xE \oplus V_x$$

事实上，V_x 就是由 J_x 的非平凡特征值张成的 T_xU 的子空间。以 P_x 表示 T_xU 沿 V_x 到 T_xE 上的投射，即满足

$$\ker(P_x) = V_x \qquad \text{和} \qquad \mathrm{Im}(P_x) = T_xE$$

的唯一线性映射。

用 P_x 定义 E 上的一个向量场，即设

$$f_R\colon x \in E \to f_R(x) = P_x \left[\frac{\partial F(x, \varepsilon)}{\partial \varepsilon}\right]_{\varepsilon=0}$$

此向量场称为系统 (B.22) 的**约化向量场** (reduced vector field)。注意到，这个定义与在开始处给出的定义一致。事实上，如果系统处于特殊形式 (B.20) 下，满足 $g_\circ(0,z,0)=0$，则雅可比矩阵 J_x 的形式为

$$J_x = \begin{pmatrix} G & 0 \\ 0 & 0 \end{pmatrix}, \qquad 其中\ \ G = \frac{\partial g_\circ}{\partial w}$$

并且它的非平凡特征值就是 G 的特征值。子空间 T_xE 是由前 ν 个坐标为零的所有向量构成的集合，子空间 V_x 是由后 μ 个坐标为零的所有向量构成的集合，并且 P_x 的矩阵表示为

$$P_x = (0 \quad I)$$

于是，显然有

$$P_x\left[\frac{\partial F(x,\varepsilon)}{\partial \varepsilon}\right]_{\substack{\varepsilon=0\\ x\in E}} = \left[\frac{\partial \varepsilon f_\circ(w,z,\varepsilon)}{\partial \varepsilon}\right]_{\substack{\varepsilon=0\\ w=0}} = f_\circ(0,z,0)$$

以下定理解释了在何种条件下，对于小的非零 ε，系统 (B.22) 的局部渐近行为，特别是它在某一个平衡点处的渐近稳定性，可根据两个“极限”系统

$$x' = F(x,0) \tag{B.23}$$

$$\dot{x} = f_R(x), \qquad x\in E \tag{B.24}$$

的性质来描述。

定理. 令 E° 为 E 的一个子集，使得对于所有的 $x\in E^\circ$，J_x 的非平凡特征值都具有负实部。假设 $x^\circ\in E^\circ$ 是约化系统 (B.24) 的一个平衡点，并假设雅可比矩阵

$$A_R = \left[\frac{\partial f_R(x)}{\partial x}\right]_{x=x^\circ}$$

的所有特征值都具有负实部，则存在 $\varepsilon_\circ>0$，使得对于每一个 $\varepsilon\in(0,\varepsilon_\circ)$，系统 (B.22) 在 x° 附近具有一个平衡点 x_ε，满足如下性质：

(i) x_ε 是 $x'=F(x,\varepsilon)$ 的唯一平衡态，包含在 x° 的一个适当邻域内；

(ii) x_ε 是 $x'=F(x,\varepsilon)$ 的一个渐近稳定平衡态。

证明暂搁置，首先说明，通过适当的 (局部) 坐标变换，可将满足前一定理假设的系统 (B.22) 变为与开始时考虑的系统 (B.20) 非常相似的形式。为此，先在 U 上选择局部坐标 (ξ,η)，以使 E 在点 x° 附近表示为 $E=\{(\xi,\eta)\colon \xi=0\}$，其中 $x^\circ=(0,0)$。相应地，系统 (B.22) 变为

$$\xi' = g(\xi,\eta,\varepsilon)$$
$$\eta' = f(\xi,\eta,\varepsilon)$$

依据构造，由于 E 由 $F(x,0)$ 的平衡点构成，所以对于所有的 η，有

$$g(0,\eta,0) = 0$$
$$f(0,\eta,0) = 0$$

因此，能够在 $(0,0,0)$ 附近将 f 和 g 展开为

$$
\begin{aligned}
g(\xi,\eta,\varepsilon) &= G\xi + g_\circ\varepsilon + g_2(\xi,\eta,\varepsilon)\\
f(\xi,\eta,\varepsilon) &= F\xi + f_\circ\varepsilon + f_2(\xi,\eta,\varepsilon)
\end{aligned}
$$

其中 f_2 和 g_2 及其一阶导数在点 $(0,0,0)$ 取值为零，并且对于所有的 η，有 $f_2(0,\eta,0)=0$ 和 $g_2(0,\eta,0)=0$。由构造知，G 的特征值是 J_x 在 $x=x^\circ$ 处的非平凡特征值。

这个系统方程可通过中心流形理论进行简化。因为，考虑“扩展”系统

$$
\begin{aligned}
\xi' &= G\xi + g_\circ\varepsilon + g_2(\xi,\eta,\varepsilon)\\
\eta' &= F\xi + f_\circ\varepsilon + f_2(\xi,\eta,\varepsilon)\\
\varepsilon' &= 0
\end{aligned}
$$

并注意到，经过一个线性变量变换

$$
\begin{aligned}
y &= \xi + \lambda\varepsilon\\
z &= \eta + K\xi
\end{aligned}
$$

其中 $K=-FG^{-1}$ 且 $\lambda=G^{-1}g_\circ$，该系统可重新写为如下形式：

$$
\begin{aligned}
y' &= Gy + q(y,z,\varepsilon)\\
\begin{pmatrix} z' \\ \varepsilon' \end{pmatrix} &= \begin{pmatrix} 0 & k \\ 0 & 0 \end{pmatrix}\begin{pmatrix} z \\ \varepsilon \end{pmatrix} + \begin{pmatrix} p(y,z,\varepsilon) \\ 0 \end{pmatrix}
\end{aligned}
$$

由构造知，q、p 及其一阶导数在 $(0,0,0)$ 处为零，并且 $q(0,z,0)=0, p(0,z,0)=0$。注意到，在新坐标下，集合 E 中的点相应于那些 $y=0$ 的点。

现在，为这个系统在 $(0,0,0)$ 处选择一个中心流形 $y=\pi(z,\varepsilon)$，并注意到，如果 z 充分小，则形如 $(0,z,0)$ 的点，作为扩展系统的平衡点，属于经过 $(0,0,0)$ 的任何中心流形。因此，对于小的 z，有

$$
0 = \pi(z,0)
$$

经过一个新的变量变换

$$
w = y - \pi(z,\varepsilon)
$$

这个扩展系统变为

$$
\begin{aligned}
w' &= a(w,z,\varepsilon)\\
z' &= b(w,z,\varepsilon)\\
\varepsilon' &= 0
\end{aligned}
\tag{B.25}
$$

由构造知，对于小的 (z,ε)[①]，有

$$
\begin{aligned}
a(0,z,\varepsilon) &= G\pi(z,\varepsilon) + q(\pi(z,\varepsilon),z,\varepsilon) - \frac{\partial\pi}{\partial z}(k\varepsilon + p(\pi(z,\varepsilon),z,\varepsilon)) = 0\\
b(0,z,0) &= p(0,z,0) = 0
\end{aligned}
$$

① 这里指每一个分量都很小。——译者注

注意到，在新坐标下，中心流形是坐标分量 $w=0$ 的点集，并注意到 $b(w,z,\varepsilon)$ 可用如下方式表示：

$$
\begin{aligned}
b(w,z,\varepsilon) &= \int_0^1 \frac{\partial}{\partial\alpha} b(\alpha w, z, \alpha\varepsilon)\mathrm{d}\alpha \\
&= \varepsilon \int_0^1 b_\varepsilon(\alpha w, z, \alpha\varepsilon)\mathrm{d}\alpha + \int_0^1 b_w(\alpha w, z, \alpha\varepsilon)\mathrm{d}\alpha \cdot w \\
&= \varepsilon f_\circ(w,z,\varepsilon) + F_1(w,z,\varepsilon)w
\end{aligned}
$$

因此可得，通过选择适当的局部坐标，系统 (B.22) 可写成如下形式：

$$
\begin{aligned}
w' &= a(w,z,\varepsilon) \\
z' &= \varepsilon f_\circ(w,z,\varepsilon) + F_1(w,z,\varepsilon)w
\end{aligned}
$$

其中 $a(0,z,\varepsilon)=0$。

注意，还没有用到关于雅可比矩阵 A_R 的假设。现在可以着手证明定理。

证明：假设 $f_\circ(0,0,0)=0$，并且雅可比矩阵

$$
\left[\frac{\partial f_\circ(0,z,0)}{\partial z}\right]_{z=0} \tag{B.26}
$$

的所有特征值均位于左半平面 (将在最后证明，这可由关于约化向量场 f_R 的相应假设推出)。那么，如果 ε 充分小，则方程 $f_\circ(0,z,\varepsilon)=0$ 对于 0 附近的每一个 ε 都有一个根 z_ε (其中 $z_\circ=0$)。点 $(0,z_\varepsilon)$ 是系统 (B.25)

$$
\begin{aligned}
w' &= a(w,z,\varepsilon) \\
z' &= \varepsilon f_\circ(w,z,\varepsilon) + F_1(w,z,\varepsilon)w
\end{aligned}
$$

的一个平衡态。

注意到，点 $(0,z_\varepsilon)$ 就是点 x_ε，其原始坐标为

$$
\begin{aligned}
\xi_\varepsilon &= \pi(z_\varepsilon,\varepsilon) - \lambda\varepsilon \\
\eta_\varepsilon &= z_\varepsilon - K\pi(z_\varepsilon,\varepsilon) + K\lambda\varepsilon
\end{aligned}
$$

显然，对于很小的确定的 ε，在 x° (即约化系统的平衡点) 的一个邻域内，x_ε 是 $F(x,\varepsilon)$ 的唯一可能平衡点。事实上，假设 x_1 是系统 (B.22) 的邻近 x° 的另一个平衡点，则点 (x_1,ε) (是扩展系统的一个平衡态) 一定属于经过 $(x^\circ,0)$ 的 (该扩展系统的) 任一中心流形。由于在坐标 (w,z,ε) 下，满足坐标分量 $w=0$ 的点集正好描述了一个这样的中心流形，所以可推知，在这些坐标下，点 (x_1,ε) 一定可表示成 $(0,z_1,\varepsilon)$ 的形式。作为两个平衡态，$(0,z_1,\varepsilon)$ 和 $(0,z_\varepsilon,\varepsilon)$ 这两个点一定满足

$$
b(0,z_1,\varepsilon) = b(0,z_\varepsilon,\varepsilon)
$$

即

$$
f_\circ(0,z_1,\varepsilon) = f_\circ(0,z_\varepsilon,\varepsilon)
$$

但是，如果 ε 充分小，考虑到矩阵 (B.26) 的非奇异性，这意味着 $z_1 = z_\varepsilon$，从而有 $x_1 = x_\varepsilon$。

由于矩阵 (B.26) 的所有特征值都具有负实部，所以对于小的 ε，矩阵

$$\left[\frac{\partial f_\circ(w,z,\varepsilon)}{\partial z}\right]_{\substack{w=0\\z=z_\varepsilon}}$$

的全部特征值也都具有负实部。而且，由于

$$\left[\frac{\partial a(w,z,0)}{\partial w}\right]_{\substack{w=0\\z=0}} = G$$

所以对于小的 ε，矩阵

$$\left[\frac{\partial a(w,z,\varepsilon)}{\partial w}\right]_{\substack{w=0\\z=z_\varepsilon}}$$

的全部特征值也都具有负实部。

如果 ε 是正的，则系统 (B.25) 的平衡态 $(0, z_\varepsilon)$ 是渐近稳定的。事实上，在该平衡态处计算系统 (B.25) 的雅可比矩阵，其形式为

$$\begin{pmatrix} \left[\dfrac{\partial a(w,z,\varepsilon)}{\partial w}\right]_{\substack{w=0\\z=z_\varepsilon}} & 0 \\ \star & \varepsilon\left[\dfrac{\partial f_\circ(w,z,\varepsilon)}{\partial z}\right]_{\substack{w=0\\z=z_\varepsilon}} \end{pmatrix}$$

上述矩阵的所有特征值都位于左半平面。

为完成证明，必须证明矩阵 (B.26) 的所有特征值都位于左半平面。为此，回想一下，在 (w,z,ε) 坐标下，集合 E 中的点相应于坐标分量 $w=0$ 和 $\varepsilon=0$ 的点。注意到

$$\left[F(x,\varepsilon)\frac{\partial}{\partial x}, \frac{\partial}{\partial \varepsilon}\right]_{\substack{\varepsilon=0\\x\in E}} = -\left[\frac{\partial F(x,\varepsilon)}{\partial \varepsilon}\right]_{\substack{\varepsilon=0\\x\in E}}$$

并注意到此式等号右边在 (w,z,ε) 坐标下变为

$$\left[b(w,z,\varepsilon)\frac{\partial}{\partial z}, \frac{\partial}{\partial \varepsilon}\right]_{\substack{\varepsilon=0\\z\in E}} = -f_\circ(0,z,0)\frac{\partial}{\partial z}$$

因此容易推得，切向量

$$f_\circ(0,z,0)\frac{\partial}{\partial z}$$

表示的正是在点 $(0,z,0)\in E$ 处的向量场 f_R。由此可立即得到结论。 $\triangleleft$

注记. 注意，对于由简化形式 (B.16) 给出的系统，之前的定理指出，如果点 $(h(z^\circ), z^\circ)$ 满足

$$g(h(z^\circ), z^\circ, 0) = 0$$
$$f(h(z^\circ), z^\circ, 0) = 0$$

系统

$$w' = g(w + h(z^\circ), z^\circ, 0)$$

在 $w=0$ 处是一阶近似下渐近稳定的，并且约化系统

$$\dot{z}=f(h(z),z,0)$$

在 $z=z^{\circ}$ 处是一阶近似下渐近稳定的，则对于每一个充分小的 $\varepsilon>0$，在 $(h(z^{\circ}),z^{\circ})$ 附近存在系统 (B.16) 的一个平衡态，它是一阶近似下渐近稳定的。 ◁

注记. 注意到，在 $(x^{\circ},0)$ 的一个充分小邻域内，扩展系统

$$\begin{aligned} x' &= F(x,\varepsilon) \\ \varepsilon' &= 0 \end{aligned} \tag{B.27}$$

的平衡点仅是集合 E° 中的点，以及位于函数 $\psi\colon\varepsilon\to x_{\varepsilon}$ 图形上的那些点。 ◁

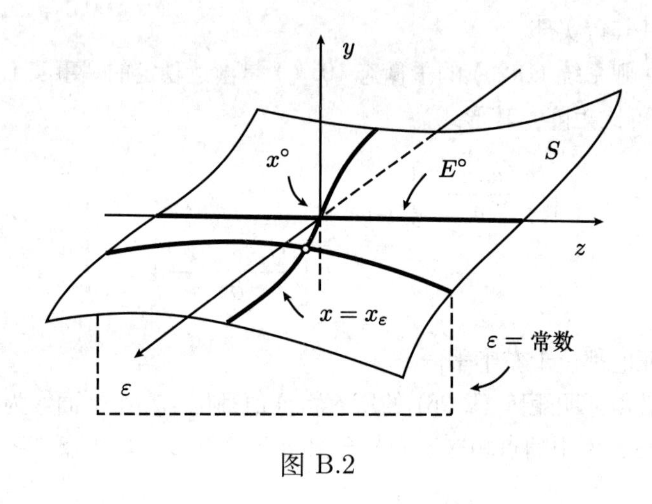

图 B.2

图 B.2 在特殊情况下 (对于一个 $n=2$，$\mu=1$ 的系统) 解释了之前讨论中介绍的一些要素。在 (y,z,ε) 坐标下，该图展示了集合 E°，扩展系统的中心流形 S，以及平衡点 $(x_{\varepsilon},\varepsilon)$ 的位置。扩展系统的轨线包含在平行于 (y,z) 平面的平面内，并且在每一个这样的平面上，这些轨线显然与系统 (B.22) 在特定 ε 值下的轨线相同。注意到，由于根据定义，中心流形 S 是一个不变流形，所以 S 与平行于 (y,z) 平面的那些平面的交集都是系统 (B.22) 在相应 ε 值下的不变流形：E° 是由多个平衡点构成的不变流形，其他的不变流形只包含一个渐近稳定的平衡态。图 B.3 显示了这些轨线对某一个 $\varepsilon>0$ 的一种可能行为。显然，对于 $\varepsilon=0$，不同的轨线收敛到 E° 上不同的平衡点，而对于 $\varepsilon>0$，所有的轨线都局部收敛到平衡态 x_{ε}。

注意，如果约化系统是渐近稳定的而非一阶近似下 (在点 x° 处) 渐近稳定的，即 A_R 不是所有的特征值都位于左半平面，则上述结果不再成立。例如，这种情况在下面的简单例子中得到了诠释。

例. 考虑系统

$$\begin{aligned} \varepsilon\dot{y} &= -y+\varepsilon z^2 \\ \dot{z} &= (y^2-z^5) \end{aligned}$$

在这种情况下，集合 S 是由坐标分量 $y=0$ 的点构成的集合，并且约化系统

$$\dot{z}=-z^5$$

在 $z=0$ 处是渐近稳定的。为了研究整个系统的行为，重新标度时间后得到

$$\begin{aligned}y'&=-y+\varepsilon z^2\\z'&=\varepsilon(y^2-z^5)\end{aligned}$$

注意到，重新标度的系统有两个平衡态，一个位于 $(y,z)=(0,0)$，另一个位于 $(y,z)=(\varepsilon^5,\varepsilon^2)$。第一个平衡态是一个临界点，其稳定性可通过中心流形理论进行分析。函数 $y=\pi(z)$ 是在 $(0,0)$ 处的一个中心流形，满足

$$\frac{\partial\pi}{\partial z}\varepsilon(\pi^2(z)-z^5)=-\pi(z)+\varepsilon z^2$$

容易看到，

$$\pi(z)=\varepsilon z^2+R_5(z)$$

其中 $R_5(z)$ 是一个 5 次余项。在这个中心流形上的流由下式给出：

$$z'=\varepsilon(\varepsilon^2z^4-z^5)+R_7(z)$$

其中 $R_7(z)$ 是一个 7 次余项，上式在 $z=0$ 处对于任意的 ε 都是不稳定的。因此，根据中心流形理论可知，点 $(0,0)$ 是系统的一个不稳定平衡态。在 $(\varepsilon^5,\varepsilon^2)$ 处的稳定性分析更为简单，因为读者很容易验证，这个系统在该点的线性近似是渐近稳定的，所以该点是系统的一个渐近稳定平衡态。

于是可知，对于任意小的 $\varepsilon>0$，在约化系统的平衡态附近，总存在该系统的两个平衡态，一个是不稳定的，而另一个是渐近稳定的。 ◁

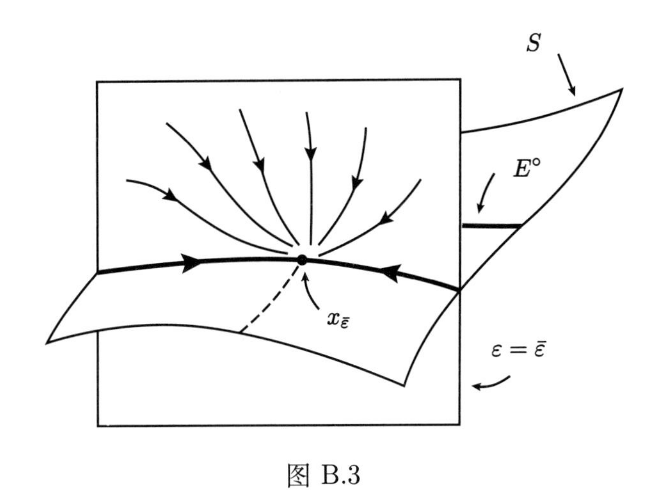

图 B.3

在结束本节之前，叙述另一个有趣的结果，它对之前的分析提供了一种额外的“几何上的”洞察方式。

定理. 假设之前定理的条件满足。那么，在点 $(x^\circ, 0) \in U \times (-\varepsilon_\circ, +\varepsilon_\circ)$ 的一个邻域内，存在一个光滑可积分布 $\varDelta$ 满足如下性质：

(i) $\dim(\varDelta) = n - \mu$；

(ii) 如果 S 是扩展系统 (B.27) 在 $(x^\circ, 0)$ 处的一个中心流形，则在 S 的每一点 x 处，有

$$T_x S \cap \varDelta(x) = 0$$

(iii) $\varDelta$ 在向量场

$$f(x, \varepsilon) = \begin{pmatrix} F(x, \varepsilon) \\ 0 \end{pmatrix}$$

下是不变的。

换言之，这个定理表明，在点 $(x^\circ, 0)$ 的一个邻域内，存在将 $U \times (-\varepsilon_\circ, +\varepsilon_\circ)$ 划分为 $n - \mu$ 维子流形 ($\varDelta$ 的积分子流形) 的一个分划，并且这些流形中的每一个正好与 S 横截相交于一点。而且，由性质 (iii) 知，每一个这样的子流形都包含在形如 $U \times \{\varepsilon\}$ 的一个子集里，$F(x, \varepsilon)$ 的流将这些子流形映入子流形中 [这个分划在 $f(x, \varepsilon)$ 的流映射下不变]。特别是，属于集合 $U \times \{0\}$ 的每一个子流形都是 $F(x, 0)$ 的一个局部不变子流形。

文 献 说 明

第 1 章 这里用到的分布定义源自Sussmann (1973)；在附录 A 引用的大多数文献中，如果没有进一步规定，术语“分布”就是指“非奇异分布”。Frobenius 定理的证明不止一种，这里使用的根据Lobry (1970) 和Sussmann (1973) 做了适当改动。关于分布同时可积性的其他结果可在Respondek (1982) 中找到。

在Hirschorn (1981) 和Isidori et al. (1981a) 中指出了向量场下的分布不变性概念对于控制理论的重要性。更一般的微分同胚群下的不变性概念之前由Sussmann (1973) 给出。1.7 节描述的局部分解是Krener (1977) 中思想的延伸。

定理 1.8.9 和定理 1.8.10 最先在Sussmann and Jurdjevic (1972) 中给出。这里描述的证明源自Krener (1974)。定理 1.8.9 的一个更早的形式，在正负时间方向上处理横截轨线问题，在Chow (2002)[①]中给出。关于局部可控性的其他更完整结果可以在Sussmann (1983) 和Sussmann (1987) 中找到。在李群上演化的系统可控性在Brockett (1972b) 中得到了研究。多项式系统的可控性在Baillieul (1981) 中和Jurdjević and Kupka (1985) 中得到了研究。定理 1.9.7 源自Hermann and Krener (1977)，尽管形式上稍有不同。关于可观测性的其他结果，比如在确定输入函数下处理响应来辨识初始状态的问题，可在Sussmann (1976) 中找到。

第 2 章 定理 2.1.2 和定理 2.1.3 的证明可在Sussmann (1973) 中找到。定理 2.1.5 的一个独立证明之前在Hermann (1962) 中给出，推论 2.1.7 的独立证明参见Nagano (1966)。控制李代数在全局可达性分析中的重要性源自Chow (2002)，随后在Lobry (1970)、Haynes and Hermes (1970)、Elliott (1971) 和Sussmann and Jurdjevic (1972) 中得到了进一步阐述。观测空间的性质在Hermann and Krener (1977) 中得到了研究，Sontag (1979) 研究了离散时间系统的情况。双线性系统的可达性、可观测性以及分解，在Brockett (1972a)、Goka et al. (1973) 和D’Alessandro et al. (1974) 中得到了研究。飞行器姿态控制的应用研究取自Crouch (1984) 并做了改动。

第 3 章 3.1 节中介绍的泛函展式源自 Fliess 的一系列工作；关于该主题的全面讨论和一些其他结果可在Fliess (1981) 中找到。引理 3.1.2 的完整证明可参见Wang and Sontag (1992)。Volterra 级数展开的核函数表达式在Lesiak and Krener (1978) 中给出；展式 (3.17) 源自Fliess et al. (1983)。对于 Volterra 核函数结构的早期分析可参考Brockett (1976)，其中证明了任一单核 (individual kernel) 函数总能被解释为一个适当的双线性系统的核函数，相关结果也可见Gilbert (1977)。在Bruni et al. (1971) 中首先计算了双线性系统核函数的表达式。Volterra

① 原著中给出的文献与引用处的文献时间不一致，这里给出的是原文献的重印版。——译者注

核函数的多变量拉普拉斯变换及其性质在Rugh (1981) 中得到了大力研究。非线性离散时间系统的泛函展式在Sontag (1979) 和Monaco and Normand-Cyrot (1986) 中得到了研究。

系统输出不受指定输入通道影响的条件在Isidori et al. (1981b) 和Claude (1982) 中得到了研究；特别是，前者包含了定理 3.3.3 的一个不同证明。

广义汉克尔矩阵的定义和性质在Fliess (1974) 中得到了发展。定理 3.4.3 分别由Isidori (1973) 和 Fliess 独立得到。李秩的概念和定理 3.4.4 源自Fliess (1983)。最小实现的等价性在Sussmann (1976) 中得到了大力研究；这里给出的唯一性定理形式其实是发展了Hermann and Krener (1977) 的思想；相关结果也可在Fliess (1983) 中找到。实现理论的一个独立方法在Jakubczyk (1986) 中给出。定理 3.4.4 的完整证明可在Sussmann (1994) 中发现。关于该主题的其他结果可参见Celle and Gauthier (1986)。有限 Volterra 级数在Crouch (1981) 中得到了研究。根据 Volterra 核函数的拉普拉斯变换的构造性实现方法在Rugh (1983) 中可以找到。离散时间响应映射的实现理论在Sontag (1979) 中得到了大力研究。

第 4 章 在Isidori et al. (1981b) 中首次明确指出了在 4.1 节和 5.1 节考虑的特殊局部坐标下描述系统的便利性。关于该主题及相似主题的其他材料可在Zeitz (1983)、Bestle and Zeitz (1983) 和Krener (1987) 中找到。在Brockett (1978) 中提出并解决了单输入系统的精确状态空间线性化问题。多输入系统的完整解决方案参见Jakubczyk (1980b)。Su (1982) 和Hunt et al. (1983a) 都独立得到了线性化变换的构造过程，虽然表述形式略微不同。Isidori et al. (1981b) 指出了利用非交互控制技术获得线性化变换的可能性。关于该主题的其他结果可参见Sommer (1980) 和Marino (1985)。全局变换的存在性在Dayawansa et al. (1985) 中得到了研究。Lee et al. (1987) 和Jakubczyk (1987) 研究了离散时间系统的精确线性化。

零动态概念源自Byrnes and Isidori (1984)。Byrnes and Isidori (1988) 描述了零动态概念在解决渐近镇定临界问题中的应用。关于该主题的其他材料可在Aeyels (1985) 和Marino and Kokotović (1988) 中找到，其中前一文献指出了可用中心流形理论解决渐近镇定临界问题。离散时间系统的零动态概念在Glad (1987) 和Monaco and Normand-Cyrot (1988) 中得到了发展。

状态反馈渐近镇定的主题在本书中只是略微触及，一些重要问题这里没有涉及，例如，可镇定性和可控性的等价性问题 [见Jurdjević and Quinn (1978) 和Brockett (1983)]，镇定反馈的光滑性特性 [见Sussmann (1979) 和Sontag and Sussmann (1980)]，反馈系统稳定性的输入-输出方法 [见Hammer (1986)、Hammer (1987) 和Sontag (1989a)]，以及 Coron 关于可镇定性和可控性之间联系的研究 [见Coron (1992)]。

Byrnes and Isidori (1984) 和Marino (1985) 分别独立研究了高增益反馈系统的奇异摄动分析。与Utkin (1977) 中发展的所谓变结构控制理论的联系可在Marino (1985) 中找到。奇异摄动理论在自适应控制设计中的应用可在Khalil and Saberi (1987) 中见到；被称为几乎干扰解耦问题的一个应用，参见Marino et al. (1989)。

在单输入系统中寻找最大可线性化子系统的问题在Krener et al. (1983) 中被提出并解决。多输入系统的相应问题在Marino (1986) 中得以解决。非线性系统输出精确线性化问题在Cheng et al. (1988) 中得到了大力研究。Krener and Isidori (1983) 和Bestle and Zeitz (1983) 分别针对单输出系统，独立研究了利用输出反馈以获得具有线性误差动态观测器的问题。Krener and Respondek (1985) 给出了多输出系统相应问题的完整分析。Hammouri and Gauthier (1988) 建议利用输出反馈来得到双线性误差动态。关于非线性观测器设计的其他结果可在Zeitz (1987) 中找到。

第 5 章 非交互控制问题的解决源自Porter (1970)。其他结果可参见Singh and Rugh (1972) 和Kreund (1975)。Isidori et al. (1981b) 展示了如何从微分几何的角度分析非交互控制问题。相关结果可在Knobloch (1988) 中找到。Grizzle (1985) 和Monaco and Normand-Cyrot (1986) 针对离散时间非线性系统，对这一问题进行了研究。

利用动态反馈获得相对阶的可能性最初见于Singh (1980)，后续在Descusse and Moog (1985)、Descusse and Moog (1987)、Nijmeijer and Respondek (1986) 和Nijmeijer and Respondek (1988) 中得到了发展。这里展示的方法基于Zhan et al. (1991) 中给出的“规范”动态反馈算法。该方法特别有助于理解不同动态扩展之间的关系，并因而有助于描述 7.4 节所述动态反馈稳定性非交互控制的必要条件。

左、右可逆性的概念在Fliess (1986) 中提出，它与控制系统分析中引入的微分代数方法一起提供了一个精确的概念框架，(右) 可逆性和能利用动态反馈实现非交互控制这二者之间的等价性在该框架下得以确立。在控制理论中利用微分代数的其他结果可在Pommaret (1986) 中发现。关于系统可逆性主题的另外结果可参见Hirschorn (1979a)、Hirschorn (1979b)、Singh (1981)、Isidori and Moog (1988)、Moog (1988) 和Di Benedetto and Isidori (1986)。

正如 5.4 节末尾所述，没有零动态以及能用动态反馈获得相对阶这两个性质意味着系统具有这样的性质：存在一个反馈和一个坐标变换能将系统变成完全线性可控系统。在Isidori et al. (1986) 中认识到了这个性质，并在此之后，多次在文献中被“重新发现”，并在飞行器的非线性动态控制和弹性关节机械手臂的控制中找到了自然的应用场景。首先在Meyer and Cicolani (1980) 和Lane and Stengel (1988) 中得到了研究，其次在De Luca et al. (1985) 中得以发展。第 5 章中所述理论在过程控制中的其他应用探索可参见Hoo and Kantor (1986) 和Lévine and Rouchon (1991)。

输入-输出响应的精确线性化在Isidori (1984) 中得到了研究，该文献在Silverman (1969) 关于线性系统逆和Van Dooren et al. (1979) 关于在无穷远处计算所谓的零结构 (zero structure) 等工作的启发下，提出了一种方法 (在 5.6 节中已展示)。对于离散时间系统，相应的问题在Monaco and Normand-Cyrot (1983) 和Lee et al. (1987) 中得到了研究。除了精确线性化，另一种有趣方法是基于工作点附近的近似线性化 (该工作点被认为是一个光滑变化的参数)。该方法 (由于篇幅原因没有在这里介绍) 在Baumann and Rugh (1986)、Reboulet et al. (1986)、Wang and Rugh (1987)、Sontag (1987a) 和Sontag (1987b) 中得到了研究。Isidori (1985) 和Di Benedetto and Isidori (1986) 探讨了一个规定系统的输入-输出行为的匹配问题。

第 6 章 受控不变子空间概念分别在Basile and Marro (1969) 和Wonham and Morse (1970) 中独立引入，而受控不变子流形和受控不变分布是受控不变子空间概念的非线性形式。如 6.3 节所示，这两个概念在非线性背景下并不等价，前者适合定义类似于传递零点的非线性概念，而后者特别适合研究解耦和非交互控制问题。

早期研究了受控不变分布的性质。受控不变分布的概念在Isidori et al. (1981a) 中提出，也在Hirschorn (1981) 中单独 (尽管是以不太一般的形式) 引入。这里介绍的引理 6.2.1 的证明与本书第 1 卷第二版中包含的证明不同，得益于 Scherer 的建议 (个人交流)。利用受控不变分布算法计算包含在 ker(dh) 中的最大可控性分布得益于文献Isidori et al. (1981a)。命题 6.3.5 中描述的更简单的过程源自Krener (1985)。引理 6.3.8 源自Claude (1982) 和Nijmeijer (1982)。全局受控不变分布的理论可在Dayawansa et al. (1988) 中发现。

通过零动态算法计算最大输出调零子流形源自Isidori and Moog (1988)。文献Byrnes and Isidori (1988) 中的工作说明了该算法如何有助于导出命题 6.1.5 中所示的标准型。

一般非线性系统 (即控制不以线性方式进入) 的受控不变性在Nijmeijer and van der Schaft (1982) 中得到了研究。离散时间非线性系统的受控不变性在Grizzle (1985) 和Monaco and Normand-Cyrot (1986) 中得到了研究。

第 7 章 作为4.4 节所述结果的非线性形式, 7.1 节中所述结果已经根据Byrnes and Isidori (1988) 做了适当改动。文献Hirschorn (1981) 和Isidori et al. (1981b) 指出了微分几何方法对于解决非线性干扰解耦问题的帮助。

静态反馈非交互控制稳定性问题的解决源自Isidori and Grizzle (1988)。引理 7.3.2 和引理 7.3.4 的证明利用了Nijmeijer and Schumacher (1986) 和Ha and Gilbert (1986) 的早期结果。线性系统的一个重要性质是，通过动态反馈实现非交互控制的可能性，意味着实现渐近稳定的非交互控制的可能性 [参见Wonham (1979)]。在非线性背景下，这一性质不再成立。换言之，存在非线性系统 [如Isidori and Grizzle (1988) 中所示]，对其能够实现非交互控制，但不存在 (无论静态还是动态) 能使非交互闭环稳定的反馈。文献Wagner (1991) 研究了在实现动态反馈非交互稳定性控制时遇到的困难，解决这些困难依赖于描述非交互系统的向量场的某些李括号。该文献证明了引理 7.4.2 和命题 7.4.1。定理 7.4.4 的必要条件是文献Wagner (1991) 和Zhan et al. (1991) 中结果的推论。7.5 节介绍的关于动态反馈非交互控制稳定性的结果源自Battilotti (1991)。为了全面了解非交互控制稳定性主题，建议读者参考Battilotti (1994)。

第 8 章 这一章描述的非线性调节器理论源自Isidori and Byrnes (1990) 和Byrnes et al. (1997b)。一个系统浸入另一个系统的概念是本章的一个基本工具，在Fliess (1982) 中得到了发展。文献Huang and Rugh (1990) 研究了恒定参考信号这个特殊情况。其他结果和输出调节的近似方法可在Huang and Rugh (1992) 中找到。存在误差反馈非线性调节器的必要条件之前在Hepburn and Wonham (1984) 中研究过。解决结构稳定非线性调节问题的充分条件在Huang and Lin (1991) 和Huang and Lin (1993) 中建立。文献Knobloch (1988) 研究了输出调节问题的非局部分析。

第 9 章 9.1 节描述的非线性系统全局标准型的存在性证明源自 Sussmann(个人交流)。至于其他的相关内容，见Marino et al. (1985) 和Byrnes and Isidori (1991a)。在Byrnes and Isidori (1989) 和Tsinias (1989) 中分别独立证明了引理 9.2.1 和引理 9.2.2。推论 9.2.4 最初见于Byrnes and Isidori (1991a)。在Byrnes et al. (1991) 中证明了引理 9.2.5，文中将Jurdjević and Quinn (1978) 和Lee et al. (1987) 中的一些早期结果作为特殊情况讨论。实际上, Lee et al. (1987) 中的一个关键思想是证明引理 9.2.5 的主要因素。

半全局可镇定性概念，就作者所知，在Bacciotti (1989) 中就已经出现了，当时被称为“潜在的全局”可镇定性性质。但是，在文献中好像更经常用到的是“半全局”可镇定性。在文献Byrnes and Isidori (1991a) 的一个早期版本中证明了定理 9.3.1。但 9.3 节展示的证明重复了Bacciotti (1992a) 中提出的优雅且更简单的证明。Teel (1992) 最先看到了在定理 9.3.2 指出的意义下拓展定理 9.3.1 的可能性。但得益于Lin and Saberi (1992)，这里给出的控制律基于一种不同的构造方式。定理 9.3.2 的证明与原始文献的证明略有不同。Sussmann (1990) 给出了半全局可镇定性在更一般情况下的反例。其他结果和更一般的考虑，比如使用“高增益”反馈导致的渐近稳定域的缩小等，可在Sussmann and Kokotović (1991) 中找到。

控制 Lyapunov 函数的概念在Artstein (1983) 中引入。定理 9.4.1 的构造性证明源自Sontag (1989b)。

Marino et al. (1989) 和Marino et al. (1994) 在稍微更强的假设下研究了干扰抑制问题，或等价的所谓“几乎干扰解耦 (almost disturbance decoupling)”问题。引理 9.5.6 提供的拓展源自Isidori (1996b)。正如定理 9.5.4 所述，如果一个描述外部干扰影响的向量场在适当的坐标下能表示为纯三角型的向量场，则能以任意精度保护该系统的输出远离干扰的影响。利用这一性质，对于未建模动态可用纯三角型向量场限定的系统，已有一些非常成功的鲁棒镇定和/或自适应镇定方案。感兴趣的读者可以参考Kanellakopoulos et al. (1991a)、Krstić et al. (1995)①和Marino and Tomei (1993b)。9.6 节专门致力于阐述Teel and Praly (1994) 最近的一项出色成果。在这篇论文中，作者慷慨地承认，他们的构造用到了之前在Gauthier and Bornard (1981) 中提出的一个结果 (对于状态可根据输入和输出的有限阶导数值来在线唯一确定的系统所做的描述)，接受了Tornambè (1992) 中将积分器吸收进镇定反馈律以利于状态估计的建议，并采纳了Khalil and Esfandiari (1992) 中在出现“高增益”观测器时利用饱和性来确保轨线有界性的想法。用高输出注入增益来实现渐近状态估计的思想最早见于Gauthier et al. (1992)。对于定理 9.6.2 的证明，建议读者参考原始文献Teel and Praly (1994)。

第 10 章 比较函数及其在研究非线性系统的轨线的渐近性质中发挥的作用可在Hahn (1967) 和Khalil (1996) 这两本书中找到。特别是，在前一本书中定理 10.2.1 被称为“整体稳定性定理”。定理 10.3.1 源自Sontag (1990)。“输入到状态”稳定性概念和 ISS-Lyapunov 函数由 E. D. Sontag 引入，并在以Sontag (1989a) 为起点的一系列基础性论文中得到了彻底的研究。对输入到状态稳定性概念主要特征的综述可在Sontag (1995) 中找到。定理 10.4.1 的完整证明可在Sontag and Wang (1995) 中找到。定理 10.4.3 源自Sontag (1990)。由一对不等式 (10.28) 和 (10.29) 给出的输入到状态稳定性概念的另一种描述由 A. Teel 引入，这方面的内容也参见Jiang et al. (1994) 和Coron et al. (1995)。引理 10.4.4 的证明源自Sontag and Wang (1996)。不等式 (10.28) 和不等式 (10.29) 与输入到状态稳定性之间等价性的完整证明，即定理 10.4.5 的证明，可在Sontag and Wang (1996) 中找到。引理 10.5.1 的证明及其在定理 10.5.2 中的应用源自Sontag and Teel (1995)。输入到状态稳定系统的小增益定理的证明，即定理 10.6.1 的证明源自Teel (1996a)[也参见Coron et al. (1995)]。这里给出的“耗散”非线性系统的概念以及相关的“有限 L_2 增益”和“无源”系统的概念沿用了 (有微小改动) Willems (1972) 中的开创性工作。自从Hill and Moylan (1976) 的工作开始，非线性互连耗散系统的稳定性已经是许多论文的主题。特别是，定理 10.8.1 源自Hill and Moylan (1977)。10.9 节总结了若干源自线性系统理论的经典结果，关注以下性质之间的关系，即具有稳定性且有限 L_2 增益不超过

① 原文此处的引用文献是 Kokotovic-Kristic(1993)，但在参考文献列表中并没有该文献，译者揣摩作者意思补充了一篇相关文献。——译者注

$\tilde{\gamma}(\tilde{\gamma} < \gamma)$，与传递函数矩阵的 H_∞ 范数不超过 γ 这二者之间的关系 (定理 10.9.1)，以及弱严格无源性和具有正实传递函数矩阵这两种性质之间的关系 (定理 10.9.2)。这些结果通常称为"界实引理"和"正实引理"，或者 Kalman-Yakubovic-Popov 引理。这里所用的"弱严格无源性"概念源自Lozano-Leal and Joshi (1990)，有助于得到定理 10.9.2 中给出的描述。引理 10.9.3 也是线性系统理论中的一个经典结果。

第 11 章 11.1 节概述的递归设计方法，即 Backstepping 方法，已经成为在参数不确定情况下设计反馈律的一种非常流行的工具。该方法背后思想的潜力已在Kanellakopoulos et al. (1991a) 中得以成功证明，该文提出了一种系统的自适应控制律设计方法。11.2 节介绍的结果基本上基于Freeman and Kokotović (1993)-Freeman and Kokotović (1996c) 的工作。11.3 节介绍的结果基本上基于Marino and Tomei (1993a)-Marino and Tomei (1993b)，尽管这里叙述的推导方式略有不同。关于 Backstepping 方法的其他丰富资源可参见Krstić et al. (1995) 和Marino and Tomei (1995) 这两本书。11.4 节介绍的结果，即在递归设计的每一阶段都通过反馈施加一个输入到状态稳定的"增益函数"的思想，基于Jiang et al. (1994)[也参见Coron et al. (1995)]。在所考虑的系统没有向量相对阶的一般情况下，多输入系统标准型的导出基于之前在Isidori (1995) 中介绍的零动态算法，以及Schwartz et al. (1999) 中的工作。

第 12 章 这一章叙述的内容很大一部分源自Teel and Praly (1995) 中的基础性工作。特别是，从该项工作中选取了定理 12.1.1(这是定理 9.3.1 的推广)、推论 12.1.2、在 12.2 节末尾介绍的该推论的扩展版本，及其各自的证明。定理 12.1.1 的一个关键特征是使用高增益反馈，尽管存在"匹配"的不确定性，仍有可能将轨线控制到原点的任意小邻域内。证明这一事实所使用的论据将Bacciotti (1992b) 为证明定理 9.3.1 所提出的论据推广到了半全局实用稳定性的背景下。受限制的输入到状态稳定性概念和小增益定理 12.2.1 在Teel (1996a) 中引入。12.3 节提供了定理 9.6.2 的一个证明，这与Teel and Praly (1994) 中给出的原始证明不同。在这一章后面给出的其他一些结果，如定理 12.4.1 和定理 12.6.2 的证明中，也使用了这个替代证明中引入的论据。引理 12.3.1 反映了Khalil and Esfandiari (1993) 中的基本思想，即如果系统输出的前 $n-1$ 个导数由一个"观测器" [例如由形如式 (12.30) 的方程组所定义的观测器] 估计，则经过一段初始的确定时间区间 (在该时间区间上，系统的轨线能确保存在，因为可能存在的较大估计误差的影响被反馈律中包含的"饱和性"中和了) 之后，估计误差可以任意减小。12.5 节和 12.6 节介绍的结果源自Isidori et al. (1999)。特别是，据我们所知，在通过输出反馈实现非线性镇定的问题中，这项工作似乎是第一次让人们认识到了所谓的辅助系统 (12.70) 可镇定的重要性，而这一性质对于线性系统是必要的。12.7 节中的第一个例子源自Mazenc et al. (1994)。第二个例子源自Isidori et al. (1999)，该例表明，基于 12.6 节中所述结果的 (半全局) 镇定方法，似乎优于在文献中提出并在Krstić and Deng (1998) 中加以总结的其他方法。

第 13 章 13.1 节叙述的方法，即为一个形如式 (13.16) 的系统设计反馈律以实现渐近稳定性，并在干扰和输出之间实现一个规定的 L_2 增益上界，基于Marino et al. (1989) 和Marino et al. (1994) 的工作。在线性系统中，零动态的"不稳定分量"的性质对于建立干扰抑制的最小水平所起的作用其实在文献中得到了广泛承认，但据我们所知，这里给出的明确描述仅在Isidori et al. (1999) 中指出。13.3 节和 13.5 节展示的分析也出自同一文献，以某种方式将 13.2 节给出的结果扩展到了非线性系统。13.4 节介绍的关于几乎干扰解耦的结果是Marino et al. (1994) 中结果的一个扩展，基于Isidori (1996a)。13.6 节描述了一个经典的充要条件，用于在线性系统情况下实现内部稳定性，并实现 L_2 增益的一个规定上界，即实现传递函数矩阵的 H_∞ 范数的规定界。定理 13.6.3 源自Scherer (1992) 的基础性工作，证明了如何能用一种简单的方式来检测 Riccati 不等式 (13.81) 的解的存在性。13.7 节介绍的结果源自Isidori and Lin (1998)。

第 14 章 命题 14.1.1 和命题 14.1.2 是推论 10.8.4 的推论，源自Hill and Moylan (1977)。这两个命题表明，如果一个系统的无控动态拥有一个 Lyapunov 函数，其导数仅为半定的，则系统在零状态可检测的情况下可用一个反馈律镇定，该反馈律由这个 Lyapunov 函数沿向量场的导数提供，其中向量场用来作为输入的权值。定理 14.1.3 给出的扩展源自Lin (1996)。命题 14.1.5 源自Liu et al. (1996)，是一个更一般性质 (该性质对于所研究的系统也成立) 的特例。此处对这一命题给出的证明就沿用了这篇文献的思想。有关上三角型或“前馈型”系统结构的早期工作可参见Teel (1992)，而递归镇定这类系统的可能性分别独立地在Teel (1996a)，Mazenc and Praly (1996) 和Janković et al. (1996) 中提出。14.2 节介绍的内容基于Janković et al. (1996) 的工作。这一特殊方法的基础是对于一个 Lyapunov 函数利用沿无控系统轨迹的线积分构造交叉项，有关该方法的补充可材料在Sepulchre et al. (1997) 中找到。14.3 节中介绍的结果源自Teel (1996a)，这些结果给出了由线性律和饱和函数构成的全局镇定律。对这些结果的阐述与原始来源中的结果非常接近。14.4 节提出的第一个应用实际上是Teel (1996a) 的推论，而对系统 (14.84) 的非上三角型扩展则基于Lin and Li (1999) 的工作，稍有修改。

附录 A 这个附录中总结的所有主题的全面阐述可在Boothby (1986)、Brickell and Clark (1970)、Singer and Thorpe (1967) 和Warner (1979) 等书中找到。

附录 B 对于稳定性理论的全面介绍，读者可参阅Hahn (1967)、Vidyasagar (1978) 和Khalil and Esfandiari (1992) 等书。这个附录的目的是包含一些在本书中经常用到但在控制系统稳定性的标准教材中很少介绍的特殊主题。中心流形理论的介绍严格遵从文献Carr (1981) 的内容。持续干扰下的稳定性概念和 B.2 节第三个引理的证明可在Hahn (1967) 的第 275 页和第 276 页找到 [也可参见Vidyasagar (1980)]。B.2 节中给出的 Lyapunov 逆定理的证明可在Kurzwel (1963) 中找到。B.2 节最后一个定理的证明可在Nemytskii (1960) 中第 338 页至第 343 页找到。B.3 节实质上是源自Fenichel (1979) 中的一些结果的综合。关于这个主题的其他内容可以在Knobloch (1988) 和Marino and Kokotović (1988) 中找到。文献Kokotović et al. (1986) 全面阐述了奇异摄动方法在控制中的理论和应用。

参考文献

Aeyels, D. (1985). Stabilization of a class of nonlinear systems by a smooth feedback control. *Systems & Control Letters*, 5(5):289–294.

Andreini, A., Bacciotti, A., and Stefani, G. (1988). Global stabilizability of homogeneous vector fields of odd degree. *Systems & Control Letters*, 10(4):251–256.

Artstein, Z. (1983). Stabilization with relaxed controls. *Nonlinear Analysis: Theory, Methods & Applications*, 7(11):1163 – 1173.

Astolfi, A. (1997). On the relation between state feedback and full information regulators in nonlinear singular H_∞ control. *IEEE Transactions on Automatic Control*, 42(7):984–988.

Astolfi, A. (1998). New results on the global stabilization of minimum-phase nonlinear systems. *Automatica*, 34(6):783–788.

Bacciotti, A. (1989). Further remarks on potentially global stabilizability. *IEEE Transactions on Automatic Control*, 34(6):637–639.

Bacciotti, A. (1992a). Linear feedback: the local and potentially global stabilization of cascade systems. In *Proceedings of the 2nd IFAC Symposium on Nonlinear Control and System Design, Bordeaux, France.*

Bacciotti, A. (1992b). *Local Stabilizability of Nonlinear Control Systems*, volume 8. World Scientific.

Baillieul, J. (1981). Controllability and observability of polynomial dynamical systems. *Nonlinear Analysis: Theory, Methods & Applications*, 5(5):543–552.

Ball, J. A., Helton, J. W., and Walker, M. L. (1993). H_∞ control for nonlinear systems with output feedback. *IEEE Transactions on Automatic Control*, 38(4):546–559.

Barbu, C., Sepulchre, R., Lin, W., and Kokotović, P. V. (1997). Global asymptotic stabilization of the ball-and-beam system. In *Proceedings of the 36th IEEE Conference on Decision and Control*, volume 3, pages 2351–2355. IEEE.

Basar, T. and Bernhard, P. (1991). *H_∞-Optimal Control and Related Minimax Design Problems.* Birkhäuser, Boston.

Basile, G. and Marro, G. (1969). Controlled and conditioned invariant subspaces in linear system theory. *Journal of Optimization Theory and Applications*, 3(5):306–315.

Battilotti, S. (1991). A sufficient condition for nonlinear noninteracting control with stability via dynamic state feedback. *IEEE Transactions on Automatic Control*, 36(9):1033–1045.

Battilotti, S. (1994). *Noninteracting Control with Stability for Nonlinear Systems.* Springer-Verlag London.

Battilotti, S. (1996). Global output regulation and disturbance attenuation with global stability via measurement feedback for a class of nonlinear systems. *IEEE Transactions on Automatic Control*, 41(3):315–327.

Baumann, W. and Rugh, W. (1986). Feedback control of nonlinear systems by extended linearization. *IEEE Transactions on Automatic Control*, 31(1):40–46.

Bestle, D. and Zeitz, M. (1983). Canonical form observer design for non-linear time-variable systems. *International Journal of Control*, 38(2):419–431.

Boothby, W. M. (1986). *An Introduction to Differentiable Manifolds and Riemannian Geometry*, volume 120. Academic Press.

Brickell, F. and Clark, R. S. (1970). *Differentiable Manifolds: An Introduction.* Van Nostrand Reinhold.

Brockett, R. W. (1972a). On the algebraic structure of bilinear systems. In Mohler, R. and Ruberti, A., editors, *Theory and Applications of Variable Structure Systems*, chapter On the algebraic structure of bilinear systems., pages 153–168. Academic Press.

Brockett, R. W. (1972b). System theory on group manifolds and coset spaces. *SIAM Journal on Control*, 10(2):265–284.

Brockett, R. W. (1976). Volterra series and geometric control theory. *Automatica*, 12(2):167–176.

Brockett, R. W. (1978). Feedback invariants for nonlinear systems. *IFAC Proceedings Volumes*, 11(1):1115–1120.

Brockett, R. W. (1983). Asymptotic stability and feedback stabilization. *Differential Geometric Control Theory*, 27(1):181–191.

Bruni, C., Di Pillo, G., and Koch, G. (1971). On the mathematical models of bilinear systems. *Ricerche di Automatica*, 2(1):11–26.

Brunovský, P. (1970). A classification of linear controllable systems. *Kybernetika*, 6(3):173–188.

Byrnes, C. I. and Isidori, A. (1984). A frequency domain philosophy for nonlinear systems. In *The 23rd IEEE Conference on Decision and Control*, pages 1569–1573. IEEE.

Byrnes, C. I. and Isidori, A. (1988). Local stabilization of minimum-phase nonlinear systems. *Systems & Control Letters*, 11(1):9–17.

Byrnes, C. I. and Isidori, A. (1989). New results and examples in nonlinear feedback stabilization. *Systems & Control Letters*, 12(5):437–442.

Byrnes, C. I. and Isidori, A. (1991a). Asymptotic stabilization of minimum phase nonlinear systems. *IEEE Transactions on Automatic Control*, 36(10):1122–1137.

Byrnes, C. I. and Isidori, A. (1991b). On the attitude stabilization of rigid spacecraft. *Automatica*, 27(1):87–95.

Byrnes, C. I., Isidori, A., and Willems, J. C. (1991). Passivity, feedback equivalence, and the global stabilization of minimum phase nonlinear systems. *IEEE Transactions on Automatic Control*, 36(11):1228–1240.

Byrnes, C. I., Priscoli, F. D., and Isidori, A. (1997a). *Output Regulation of Uncertain Nonlinear Systems*. Birkhäuser, Boston.

Byrnes, C. I., Priscoli, F. D., Isidori, A., and Kang, W. (1997b). Structurally stable output regulation of nonlinear systems. *Automatica*, 33(3):369–385.

Carr, J. (1981). *Applications of Centre Manifold Theory*. Springer Verlag.

Celle, F. and Gauthier, J. (1986). Realizations of nonlinear analytic input-output maps. *Mathematical systems theory*, 19(1):227–237.

Charlet, B., Lévine, J., and Marino, R. (1989). On dynamic feedback linearization. *Systems & Control Letters*, 13(2):143–151.

Cheng, D., Isidori, A., Respondek, W., and Tarn, T. J. (1988). Exact linearization of nonlinear systems with outputs. *Mathematical Systems Theory*, 21(1):63–83.

Chow, W.-L. (2002). Über Systeme von linearen partiellen Differential-gleichungen erster Ordnung. In *The Collected Papers Of Wei-Liang Chow*, pages 47–54. World Scientific.

Claude, D. (1982). Decoupling of nonlinear systems. *Systems & Control Letters*, 1(4):242–248.

Coron, J.-M. (1992). Global asymptotic stabilization for controllable systems without drift. *Mathematics of Control, Signals and Systems*, 5(3):295–312.

Coron, J.-M., Praly, L., and Teel, A. (1995). Feedback stabilization of nonlinear systems: Sufficient conditions and Lyapunov and input-output techniques. In *Trends in control*, pages 293–348. Springer.

Crouch, P. (1984). Spacecraft attitude control and stabilization: Applications of geometric control theory to rigid body models. *IEEE Transactions on Automatic Control*, 29(4):321–331.

Crouch, P. E. (1981). Dynamical realizations of finite Volterra series. *SIAM Journal on Control and Optimization*, 19(2):177–202.

D'Alessandro, P., Isidori, A., and Ruberti, A. (1974). Realization and structure theory of bilinear dynamical systems. *SIAM Journal on Control*, 12(3):517–535.

Dayawansa, W., Boothby, W., and Elliott, D. (1985). Global state and feedback equivalence of nonlinear systems. *Systems & Control Letters*, 6(4):229–234.

Dayawansa, W., Cheng, D., Boothby, W., and Tarn, T. (1988). Global (f, g)-invariance of nonlinear systems. *SIAM Journal on Control and Optimization*, 26(5):1119–1132.

De Luca, A., Isidori, A., and Nicolo, F. (1985). Control of robot arm with elastic joints via nonlinear dynamic feedback. In *The 24th IEEE Conference on Decision and Control*, pages 1671–1679. IEEE.

Descusse, J. and Moog, C. (1985). Decoupling with dynamic compensation for strong invertible affine non-linear systems. *International Journal of Control*, 42(6):1387–1398.

Descusse, J. and Moog, C. (1987). Dynamic decoupling for right-invertible nonlinear systems. *Systems & Control Letters*, 8(4):345–349.

Di Benedetto, M. D., Grizzle, J., and Moog, C. (1989). Rank invariants of nonlinear systems. *SIAM Journal on Control and Optimization*, 27(3):658–672.

Di Benedetto, M. D. and Isidori, A. (1986). The matching of nonlinear models via dynamic state feedback. *SIAM Journal on Control and Optimization*, 24(5):1063–1075.

Elliott, D. L. (1971). A consequence of controllability. *Journal of Differential Equations*, 10(2):364–370.

Esfandiari, F. and Khalil, H. K. (1992). Output feedback stabilization of fully linearizable systems. *International Journal of Control*, 56(5):1007–1037.

Fenichel, N. (1979). Geometric singular perturbation theory for ordinary differential equations. *Journal of Differential Equations*, 31(1):53–98.

Fliess, M. (1974). Matrices de hankel. *J. Math. Pures Appl*, 53(9):197–222.

Fliess, M. (1981). Fonctionnelles causales non linéaires et indéterminées non commutatives. *Bull. Soc. Math. France*, 109(1):3–40.

Fliess, M. (1982). Finite-dimensional observation-spaces for non-linear systems. In *Feedback Control of Linear and Nonlinear Systems*, pages 73–77. Springer.

Fliess, M. (1983). Réalisation locale des systemes non linéaires, algebres de Lie filtrées transitives et séries génératrices non commutatives. *Inventiones Mathematicae*, 71(3):521–537.

Fliess, M. (1986). A note on the invertibility of nonlinear input-output differential systems. *Systems & Control Letters*, 8(2):147–151.

Fliess, M., Lamnabhi, M., and Lamnabhi-Lagarrigue, F. (1983). An algebraic approach to nonlinear functional expansions. *IEEE Transactions on Circuits and Systems*, 30(8):554–570.

Freeman, R. and Kokotović, P. V. (1993). Design of "softer" robust nonlinear control laws. *Automatica*, 29(6):1425–1437.

Freeman, R. and Kokotović, P. V. (1996a). *Robust Nonlinear Control Design: State-Space and Lyapunov Techniques*. Birkhäuser, Boston.

Freeman, R. and Praly, L. (1998). Integrator backstepping for bounded controls and control rates. *IEEE Transactions on Automatic Control*, 43(2):258–262.

Freeman, R. A. and Kokotović, P. V. (1996b). Inverse optimality in robust stabilization. *SIAM Journal on Control and Optimization*, 34(4):1365–1391.

Freeman, R. A. and Kokotović, P. V. (1996c). Tracking controllers for systems linear in the unmeasured states. *Automatica*, 32(5):735–746.

Gauthier, J. and Bornard, G. (1981). Observability for any $u(t)$ of a class of nonlinear systems. *IEEE Transactions on Automatic Control*, 26(4):922–926.

Gauthier, J. P., Hammouri, H., and Othman, S. (1992). A simple observer for nonlinear systems applications to bioreactors. *IEEE Transactions on Automatic Control*, 37(6):875–880.

Gilbert, E. (1977). Functional expansions for the response of nonlinear differential systems. *IEEE Transactions on Automatic Control*, 22(6):909–921.

Glad, S. (1987). Output dead-beat control for nonlinear systems with one zero at infinity. *Systems & Control Letters*, 9(3):249–255.

Goka, T., Tarn, T.-J., and Zaborszky, J. (1973). On the controllability of a class of discrete bilinear systems. *Automatica*, 9(5):615–622.

Grizzle, J. (1985). Controlled invariance for discrete-time nonlinear systems with an application to the disturbance decoupling problems. *IEEE Transactions on Automatic Control*, 30(9):868–874.

Grizzle, J. (1986). Local input-output decoupling of discrete-time non-linear systems. *International Journal of Control*, 43(5):1517–1530.

Ha, I. and Gilbert, E. (1986). A complete characterization of decoupling control laws for a general class of nonlinear systems. *IEEE Transactions on Automatic Control*, 31(9):823–830.

Hahn, W. (1967). *Stability of Motion*, volume 138. Springer.

Hammer, J. (1986). Stabilization of non-linear systems. *International Journal of Control*, 44(5):1349–1381.

Hammer, J. (1987). Fraction representations of non-linear systems: a simplified approach. *International Journal of control*, 46(2):455–472.

Hammouri, H. and Gauthier, J. (1988). Bilinearization up to output injection. *Systems & Control Letters*, 11(2):139–149.

Haynes, G. and Hermes, H. (1970). Nonlinear controllability via Lie theory. *SIAM Journal on Control*, 8(4):450–460.

Helton, J. W. and James, M. R. (1999). *Extending H_∞ Control to Nonlinear Systems: Control of Nonlinear Systems to Achieve Performance Objectives.* SIAM Frontirers in Applied Mathematics, Philadelphia, PA, USA.

Hepburn, J. and Wonham, W. (1984). Error feedback and internal models on differentiable manifolds. *IEEE Transactions on Automatic Control*, 29(5):397–403.

Hermann, R. (1962). The differential geometry of foliations, II. *Journal of Mathematics and Mechanics*, 11(2):303–315.

Hermann, R. and Krener, A. (1977). Nonlinear controllability and observability. *IEEE Transactions on Automatic Control*, 22(5):728–740.

Hermes, H. (1980). On a stabilizing feedback attitude control. *Journal of Optimization Theory and Applications*, 31(3):373–384.

Hill, D. and Moylan, P. (1976). The stability of nonlinear dissipative systems. *IEEE Transactions on Automatic Control*, 21(5):708–711.

Hill, D. and Moylan, P. (1980). Connections between finite-gain and asymptotic stability. *IEEE Transactions on Automatic Control*, 25(5):931–936.

Hill, D. J. and Moylan, P. J. (1977). Stability results for nonlinear feedback systems. *Automatica*, 13(4):377–382.

Hirschorn, R. (1979a). Invertibility of multivariable nonlinear control systems. *IEEE Transactions on Automatic Control*, 24(6):855–865.

Hirschorn, R. M. (1979b). Invertibility of nonlinear control systems. *SIAM Journal on Control and Optimization*, 17(2):289–297.

Hirschorn, R. M. (1981). (A, B)-invariant distributions and disturbance decoupling of nonlinear systems. *SIAM Journal on Control and Optimization*, 19(1):1–19.

Hoo, K. A. and Kantor, J. C. (1986). Global linearization and control of a mixed-culture bioreactor with competition and external inhibition. *Mathematical Biosciences*, 82(1):43–62.

Huang, J. and Lin, C. F. (1991). On a robust nonlinear servomechanism problem. In *Proceedings of the 30th IEEE Conference on Decision and Control*, pages 2529–2530.

Huang, J. and Lin, C.-F. (1993). Internal model principle and robust control of nonlinear systems. In *Proceedings of the 32nd IEEE Conference on Decision and Control*, pages 1501–1506. IEEE.

Huang, J. and Rugh, W. J. (1990). On a nonlinear multivariable servomechanism problem. *Automatica*, 26(6):963–972.

Huang, J. and Rugh, W. J. (1992). An approximation method for the nonlinear servomechanism problem. *IEEE Transactions on Automatic Control*, 37(9):1395–1398.

Hunt, L., Su, R., and Meyer, G. (1983a). Design for multi-input nonlinear system. In R.W. Brockett, R. M. and Sussmann, H., editors, *Differential Geometrie Control Theory*, pages 268–298. Birkhäuser.

Hunt, L., Su, R., and Meyer, G. (1983b). Global transformations of nonlinear systems. *IEEE Transactions on Automatic Control*, 28(1):24–31.

Imura, J.-I., Sugie, T., and Yoshikawa, T. (1994). Global robust stabilization of nonlinear cascaded systems. *IEEE Transactions on Automatic Control*, 39(5):1084–1089.

Isidori, A. (1973). Direct construction of minimal bilinear realizations from nonlinear input-output maps. *IEEE Transactions on Automatic Control*, 18(6):626–631.

Isidori, A. (1984). On the synthesis of linear input-output responses for nonlinear systems. *Systems and Control Letter*, 4:17–22.

Isidori, A. (1985). The matching of a prescribed linear input-output behavior in a nonlinear system. *IEEE Transactions on Automatic Control*, 30(3):258–265.

Isidori, A. (1995). *Nonlinear Control Systems.* Springer Verlag, London, 3rd edition.

Isidori, A. (1996a). Global almost disturbance decoupling with stability for non minimum-phase single-input single-output nonlinear systems. *Systems & Control Letters*, 28(2):115–122.

Isidori, A. (1996b). A note on almost disturbance decoupling for nonlinear minimum phase systems. *Systems & Control Letters*, 27(3):191–194.

Isidori, A. (2000). A tool for semi-global stabilization of uncertain non-minimum-phase nonlinear systems via output feedback. *IEEE Transactions on Automatic Control*, 45(10):1817–1827.

Isidori, A. and Astolfi, A. (1992). Disturbance attenuation and H_∞-control via measurement feedback in nonlinear systems. *IEEE Transactions on Automatic Control*, 37(9):1283–1293.

Isidori, A. and Byrnes, C. I. (1990). Output regulation of nonlinear systems. *IEEE Transactions on Automatic Control*, 35(2):131–140.

Isidori, A. and Grizzle, J. W. (1988). Fixed modes and nonlinear noninteracting control with stability. *IEEE Transactions on Automatic Control*, 33(10):907–914.

Isidori, A. and Kang, W. (1995). H_∞ control via measurement feedback for general nonlinear systems. *IEEE Transactions on Automatic Control*, 40(3):466–472.

Isidori, A., Krener, A., Gori-Giorgi, C., and Monaco, S. (1981a). Locally (f, g) invariant distributions. *Systems & Control Letters*, 1(1):12–15.

Isidori, A., Krener, A., Gori-Giorgi, C., and Monaco, S. (1981b). Nonlinear decoupling via feedback: a differential geometric approach. *IEEE Transactions on Automatic Control*, 26(2):331–345.

Isidori, A. and Lin, W. (1998). Global L_2-gain design for a class of nonlinear systems. *Systems & Control Letters*, 34(5):295–302.

Isidori, A. and Moog, C. (1988). On the nonlinear equivalent of the notion of transmission zeros. In C.I.Byrnes and A.Kurzhanski, editors, *Modelling and Adaptive Control*, volume 105 of *Lecture notes on Control and Information Science*, pages 146–158. Springer.

Isidori, A., Moog, C., and De Luca, A. (1986). A sufficient condition for full linearization via dynamic state feedback. In *The 25th IEEE Conference on Decision and Control*, volume 25, pages 203–208. IEEE.

Isidori, A., Schwartz, B., and Tarn, T. J. (1999). Semiglobal L_2 performance bounds for disturbance attenuation in nonlinear systems. *IEEE Transactions on Automatic Control*, 44(8):1535–1545.

Jakubczyk, B. (1980a). Existence and uniqueness of realizations of nonlinear systems. *SIAM Journal on Control and Optimization*, 18(4):455–471.

Jakubczyk, B. (1980b). On linearization of control systems. *Bull. Acad. Polonaise Sci. Ser. Sci. Math*, 28:517–522.

Jakubczyk, B. (1986). Local realizations of nonlinear causal operators. *SIAM Journal on Control and Optimization*, 24(2):230–242.

Jakubczyk, B. (1987). Feedback linearization of discrete-time systems. *Systems & Control Letters*, 9(5):411–416.

Jakubczyk, B. and Respondek, W. (1998). *Geometry of Feedback and Optimal Control*, volume 207. Marcel Dekker, New York.

Jakubczyk, B. and Sontag, E. D. (1990). Controllability of nonlinear discrete-time systems: a Lie-algebraic approach. *SIAM Journal on Control and Optimization*, 28(1):1–33.

Janković, M., Sepulchre, R., and Kokotović, P. V. (1996). Constructive Lyapunov stabilization of nonlinear cascade systems. *IEEE Transactions on Automatic Control*, 41(12):1723–1735.

Jiang, Z.-P. and Marcels, I. (1997). A small-gain control method for nonlinear cascaded systems with dynamic uncertainties. *IEEE Transactions on Automatic Control*, 42(3):292–308.

Jiang, Z.-P., Mareels, I. M., and Wang, Y. (1996). A Lyapunov formulation of the nonlinear small-gain theorem for interconnected ISS systems. *Automatica*, 32(8):1211–1215.

Jiang, Z.-P., Teel, A. R., and Praly, L. (1994). Small-gain theorem for ISS systems and applications. *Mathematics of Control, Signals and Systems*, 7(2):95–120.

Jurdjević, V. and Kupka, I. (1985). Polynomial control systems. *Mathematische Annalen*, 272(3):361–368.

Jurdjević, V. and Quinn, J. P. (1978). Controllability and stability. *Journal of Differential Equations*, 28(3):381–389.

Kaiman, R. (1972). Kronecker invariants and feedback. In Weiss, C., editor, *Ordinary Differential Equations*, pages 459–471. Academic Press.

Kanellakopoulos, I., Kokotović, P., and Morse, A. (1992). A toolkit for nonlinear feedback design. *Systems & Control Letters*, 18(2):83–92.

Kanellakopoulos, I., Kokotović, P. V., and Morse, A. S. (1991a). Systematic design of adaptive controllers for feedback linearizable systems. In *American Control Conference, 1991*, pages 649–654. IEEE.

Kanellakopoulos, I., Kokotović, P. V., and Morse, A. S. (1991b). Systematic design of adaptive controllers for feedback linearizable systems. *IEEE Transactions on Automatic Control*, 36(11):1241–1253.

Khalil, H. K. (1994). Robust servomechanism output feedback controllers for feedback linearizable systems. *Automatica*, 30(10):1587–1599.

Khalil, H. K. (1996). *Nonlinear Systems.* Upper Saddle River, Prentice Hall, NJ, 2nd edition.

Khalil, H. K. and Esfandiari, F. (1992). Semiglobal stabilization of a class of nonlinear systems using output feedback. In *Proceedings of the 31st IEEE Conference on Decision and Control*, pages 3423–3428. IEEE.

Khalil, H. K. and Esfandiari, F. (1993). Semiglobal stabilization of a class of nonlinear systems using output feedback. *IEEE Transactions on Automatic Control*, 38(9):1412–1415.

Khalil, H. K. and Saberi, A. (1987). Adaptive stabilization of a class of nonlinear systems using high-gain feedback. *IEEE Transactions on Automatic Control*, 32(11):1031–1035.

Knobloch, H. (1988). On the dependence of solutions upon the right hand side of an ordinary differential equation. *Aequationes Mathematicae*, 35(2-3):140–163.

Knobloch, H. W., Isidori, A., and Flockerzi, D. (1993). *Topics in Control Theory.* Birkhäuser, Basel.

Knobloch H.W., B. A. (1984). Singular perturbations and integral manifolds. *Journal of Mathematical and Physical Sciences*, 18:415–424.

Kokotović, P. V. (1984a). Applications of singular perturbation techniques to control problems. *SIAM Review*, 26(4):501–550.

Kokotović, P. V. (1984b). Control theory in the 80s: trends in feedback design. *IFAC Proceedings Volumes*, 17(2):583–593.

Kokotović, P. V., Khali, H. K., and O'reilly, J. (1986). *Singular Perturbation Methods in Control: Analysis and Design.* Academic Press.

Kou, S. R., Elliott, D. L., and Tarn, T. J. (1973). Observability of nonlinear systems. *Information and Control*, 22(1):89–99.

Krener, A. (1997). Necessary and sufficient conditions for nonlinear worst case (H_∞) control and estimation. *Journal of Mathematical Systems Estimation and Control*, 7:81–106.

Krener, A. J. (1974). A generalization of Chow's theorem and the bang-bang theorem to nonlinear control problems. *SIAM Journal on Control*, 12(1):43–52.

Krener, A. J. (1977). A decomposition theory for differentiable systems. *SIAM Journal on Control and Optimization*, 15(5):813–829.

Krener, A. J. (1985). (ad_f, g), (ad_f, g) and locally (ad_f, g) invariant and controllability distributions. *SIAM journal on control and optimization*, 23(4):523–549.

Krener, A. J. (1987). Normal forms for linear and nonlinear systems. *Contemporary mathematics*, 68:157–189.

Krener, A. J. and Isidori, A. (1982). (ad_f, g) invariant and controllability distributions. In Hinriebsen, D. and Isidori, A., editors, *Feedback Control of Linear and Nonlinear Systems*, pages 157–164. Springer.

Krener, A. J. and Isidori, A. (1983). Linearization by output injection and nonlinear observers. *Systems & Control Letters*, 3(1):47–52.

Krener, A. J., Isidori, A., and Respondek, W. (1983). Partial and robust linearization by feedback. In *Proceedings of the 22nd IEEE Conference on Decision and Control*, pages 126–130.

Krener, A. J. and Respondek, W. (1985). Nonlinear observers with linearizable error dynamics. *SIAM Journal on Control and Optimization*, 23(2):197–216.

Kreund, E. (1975). The structure of decoupled non-linear systems. *International Journal of Control*, 21(3):443–450.

Krstić, M. and Deng, H. (1998). *Stabilization of Nonlinear Uncertain Systems.* Springer-Verlag, London.

Krstić, M., Fontaine, D., Kokotović, P. V., and Paduano, J. D. (1998). Useful nonlinearities and global stabilization of bifurcations in a model of jet engine surge and stall. *IEEE Transactions on Automatic Control*, 43(12):1739–1745.

Krstić, M., Kanellakopoulos, I., and Kokotović, P. V. (1995). *Nonlinear and Adaptive Control Design*, volume 222. Wiley New York.

Kurzweil, J. (1956). On the inverse of Lyapunov's second theorem on stability of motion. *Amer. Math. Soc. Trans.*, 2(24):19–77.

Kurzwel, J. (1963). On the inversion of Lyapunov's second theorem on stability of motion. *AMS Translations Series 2*, 24:19–77.

Lane, S. H. and Stengel, R. F. (1988). Flight control design using non-linear inverse dynamics. *Automatica*, 24(4):471 – 483.

Lee, H., Arapostathis, A., and Marcus, S. (1987). Linearization of discrete-time systems. *International Journal of Control*, 45(5):1803–1822.

Lee, H.-G. and Marcus, S. I. (1987). On input-output linearization of discrete-time nonlinear systems. *Systems & Control Letters*, 8(3):249–259.

Lee, K. K. and Arapostathis, A. (1988). Remarks on smooth feedback stabilization of nonlinear systems. *Systems & Control Letters*, 10(1):41 – 44.

Lesiak, C. and Krener, A. J. (1978). The existence and uniqueness of Volterra series for nonlinear systems. *IEEE Transactions on Automatic Control*, 23(6):1090–1095.

Lévine, J. and Rouchon, P. (1991). Quality control of binary distillation columns via nonlinear aggregated models. *Automatica*, 27(3):463–480.

Lin, W. (1995a). Feedback stabilization of general nonlinear control systems: a passive system approach. *Systems & Control Letters*, 25(1):41–52.

Lin, W. (1995b). Input saturation and global stabilization of nonlinear systems via state and output feedback. *IEEE Transactions on Automatic Control*, 40(4):776–782.

Lin, W. (1996). Global asymptotic stabilization of general nonlinear systems with stable free dynamics via passivity and bounded feedback. *Automatica*, 32(6):915–924.

Lin, W. and Li, X. (1999). Synthesis of upper-triangular non-linear systems with marginally unstable free dynamics using state-dependent saturation. *International Journal of Control*, 72(12):1078–1086.

Lin, Z. and Lin, Z. (1999). *Low Gain Feedback*. Springer London.

Lin, Z. and Saberi, A. (1992). Semi-global stabilization of minimum phase nonlinear systems in special normal form via linear high-and-low-gain state feedback. In *Proceedings of the 31st IEEE Conference on Decision and Control*, pages 2482–2486. IEEE.

Lin, Z. and Saberi, A. (1995). Robust semiglobal stabilization of minimum-phase input-output linearizable systems via partial state and output feedback. *IEEE Transactions on Automatic Control*, 40(6):1029–1041.

Liu, W., Chitour, Y., and Sontag, E. D. (1996). On finite-gain stabilizability of linear systems subject to input saturation. *SIAM Journal on Control and Optimization*, 34(4):1190–1219.

Lobry, C. (1970). Contrôlabilité des systèmes non lineáires. *SIAM Journal on Control*, 8(4):573–605.

Lozano, R., Brogliato, B., and Landau, I. (1992). Passivity and global stabilization of cascaded nonlinear systems. *IEEE Transactions on Automatic Control*, 37(9):1386–1388.

Lozano-Leal, R. and Joshi, S. M. (1990). Strictly positive real transfer functions revisited. *IEEE Transactions on Automatic Control*, 35(11):1243–1245.

Marino, R. (1985). High-gain feedback in non-linear control systems. *International Journal of Control*, 42(6):1369–1385.

Marino, R. (1986). On the largest feedback linearizable subsystem. *Systems & Control Letters*, 6(5):345–351.

Marino, R. (1988). Feedback stabilization of single-input nonlinear systems. *Systems & control letters*, 10(3):201–206.

Marino, R., Boothby, W., and Elliott, D. L. (1985). Geometric properties of linearizable control systems. *Mathematical Systems Theory*, 18(1):97–123.

Marino, R. and Kokotović, P. V. (1988). A geometric approach to nonlinear singularly perturbed control systems. *Automatica*, 24(1):31–41.

Marino, R., Respondek, W., and van der Schaft, A. J. (1989). Almost disturbance decoupling for single-input single-output nonlinear systems. *IEEE Transactions on Automatic Control*, 34(9):1013–1017.

Marino, R., Respondek, W., van der Schaft, A. J., and Tomei, P. (1994). Nonlinear H_∞ almost disturbance decoupling. *Systems & Control Letters*, 23(3):159–168.

Marino, R. and Tomei, P. (1993a). Global adaptive output-feedback control of nonlinear systems. I. Linear parameterization. *IEEE Transactions on Automatic Control*, 38(1):17–32.

Marino, R. and Tomei, P. (1993b). Global adaptive output-feedback control of nonlinear systems. II. Linear parameterization. *IEEE Transactions on Automatic Control*, 38(1):33–48.

Marino, R. and Tomei, P. (1995). *Nonlinear Control Design: Geometric, Adaptive and Robust*, volume 1. Prentice Hall London.

Mazenc, F. and Praly, L. (1996). Adding integrations, saturated controls, and stabilization for feedforward systems. *IEEE Transactions on Automatic Control*, 41(11):1559–1578.

Mazenc, F., Praly, L., and Dayawansa, W. P. (1994). Global stabilization by output feedback: examples and counterexamples. *Systems & Control Letters*, 23(2):119–125.

Meyer, G. and Cicolani, L. (1980). Application of nonlinear systeminverses to automatic flight control design. In Kant, P., editor, *Theory and Application of Optimal Control in Aerospace Systems*, pages 10.1–10.29. NATO AGARD- AG251.

Mikhail, S. and Wonham, W. (1978). Local decomposability and the disturbance decoupling problem in nonlinear autonomous systems. In *Proc. 16th Allerton Conf. Commun., Control Comput*, pages 664–669.

Monaco, S. and Normand-Cyrot, D. (1983). The immersion under feedback of a multidimensional discrete-time non-linear system into a linear system. *International Journal of Control*, 38(1):245–261.

Monaco, S. and Normand-Cyrot, D. (1984). Invariant distributions for discrete-time nonlinear systems. *Systems & Control Letters*, 5(3):191–196.

Monaco, S. and Normand-Cyrot, D. (1986). Nonlinear systems in discrete time. In *Algebraic and Geometric Methods in Nonlinear Control Theory*, pages 411–430. Springer.

Monaco, S. and Normand-Cyrot, D. (1988). Zero dynamics of sampled nonlinear systems. *Systems & Control Letters*, 11(3):229–234.

Moog, C. H. (1988). Nonlinear decoupling and structure at infinity. *Mathematics of Control, Signals and Systems*, 1(3):257–268.

Nagano, T. (1966). Linear differential systems with singularities and an application to transitive Lie algebras. *Journal of the Mathematical Society of Japan*, 18(4):398–404.

Nemytskii, V. V. (1960). *Qualitative Theory of Differential Equations.* Princeton University Press.

Nijmeijer, H. (1981). Controlled invariance for affine control systems. *International Journal of Control*, 34(4):825–833.

Nijmeijer, H. (1982). Controllability distributions for nonlinear control systems. *Systems & Control Letters*, 2(2):122–129.

Nijmeijer, H. and Respondek, W. (1986). Decoupling via dynamic compensation for nonlinear control systems. In *The 25th IEEE Conference on Decision and Control*, pages 192–197. IEEE.

Nijmeijer, H. and Respondek, W. (1988). Dynamic input-output decoupling of nonlinear control systems. *IEEE Transactions on Automatic Control*, 33(11):1065–1070.

Nijmeijer, H. and Schumacher, J. (1985). Zeros at infinity for affine nonlinear control systems. *IEEE Transactions on Automatic Control*, 30(6):566–573.

Nijmeijer, H. and Schumacher, J. M. (1986). The regular local noninteracting control problem for nonlinear control systems. *SIAM Journal on Control and Optimization*, 24(6):1232–1245.

Nijmeijer, H. and van der Schaft, A. (1982). Controlled invariance for nonlinear systems. *IEEE Transactions on Automatic Control*, 27(4):904–914.

Nijmeijer, H. and van der Schaft, A. (1990). *Nonlinear Dynamical Control Systems*, volume 175. Springer.

Ortega, R. (1991). Passivity properties for stabilization of cascaded nonlinear systems. *Automatica*, 27(2):423–424.

Pommaret, J.-F. (1986). Géométrie différentielle algébrique et théorie du contrôle. *CR Acad. Sci. Paris Sér. I*, 302:547–550.

Porter, W. (1970). Diagonalization and inverses for non-linear systems. *International Journal of Control*, 11(1):67–76.

Praly, L. and Jiang, Z.-P. (1993). Stabilization by output feedback for systems with iss inverse dynamics. *Systems & Control Letters*, 21(1):19–33.

Rantzer, A. (1996). On the Kalman-Yakubovich-Popov lemma. *Systems & Control Letters*, 28(1):7 – 10.

Reboulet, C., Mouyon, P., and Champetier, C. (1986). About the local linearization of nonlinear systems. In *Algebraic and Geometric Methods in Nonlinear Control Theory*, pages 311–322. Springer.

Respondek, W. (1982). On decomposition of nonlinear control systems. *Systems & Control Letters*, 1(5):301–308.

Rugh, W. (1983). A method for constructing minimal linear-analytic realizations for polynomial systems. *IEEE Transactions on Automatic Control*, 28(11):1036–1043.

Rugh, W. J. (1981). *Nonlinear System Theory*. Johns Hopkins University Press Baltimore.

Saberi, A., Kokotović, P., and Sussmann, H. (1990). Global stabilization of partially linear composite systems. *SIAM Journal on Control and Optimization*, 28(6):1491–1503.

Scherer, C. (1992). H_∞-control by state-feedback for plants with zeros on the imaginary axis. *SIAM Journal on Control and Optimization*, 30(1):123–142.

Schwartz, B., Isidori, A., and Tarn, T. J. (1999). Global normal forms for MIMO nonlinear systems, with applications to stabilization and disturbance attenuation. *Mathematics of Control, Signals and Systems*, 12(2):121–142.

Seibert, P. and Suarez, R. (1990). Global stabilization of nonlinear cascade systems. *Systems & Control Letters*, 14(4):347–352.

Sepulchre, R. (2000). Slow peaking and low-gain designs for global stabilization of nonlinear systems. *IEEE Transactions on Automatic Control*, 45(3):453–461.

Sepulchre, R., Janković, M., and Kokotović, P. V. (1997). *Constructive Nonlinear Control.* Springer-Verlag (London).

Silverman, L. (1969). Inversion of multivariable linear systems. *IEEE Transactions on Automatic Control*, 14(3):270–276.

Singer, I. M. and Thorpe, J. A. (1967). *Lecture Notes on Elementary Topology and Geometry.* Springer.

Singh, S. (1980). Decoupling of invertible nonlinear systems with state feedback and precompensation. *IEEE Transactions on Automatic Control*, 25(6):1237–1239.

Singh, S. (1981). A modified algorithm for invertibility in nonlinear systems. *IEEE Transactions on Automatic Control*, 26(2):595–598.

Singh, S. N. and Rugh, W. J. (1972). Decoupling in a class of nonlinear systems by state variable feedback. *Journal of Dynamic Systems, Measurement, and Control*, 94(4):323–329.

Sommer, R. (1980). Control design for multivariable non-linear time-varying systems. *International Journal of Control*, 31(5):883–891.

Sontag, E. D. (1979). *Polynomial Response Maps.* Springer-Verlag.

Sontag, E. D. (1987a). Controllability and linearized regulation. *IEEE Transactions on Automatic Control*, 32(10):877–888.

Sontag, E. D. (1987b). Nonlinear control via equilinearization. In *Proceedings of the 26th IEEE Conference on Decision and Control*, volume 26, pages 1363–1367. IEEE.

Sontag, E. D. (1989a). Smooth stabilization implies coprime factorization. *IEEE Transactions on Automatic Control*, 34(4):435–443.

Sontag, E. D. (1989b). A “universal” construction of Artstein’s theorem on nonlinear stabilization. *Systems & Control Letters*, 13(2):117–123.

Sontag, E. D. (1990). Further facts about input to state stabilization. *IEEE Transactions on Automatic Control*, 35(4):473–476.

Sontag, E. D. (1995). On the input-to-state stability property. *Eur. J. Control*, 1(1):24–36.

Sontag, E. D. (1998). Comments on integral variants of ISS. *Systems & Control Letters*, 34(1-2):93–100.

Sontag, E. D. and Sussmann, H. J. (1980). Remarks on continuous feedback. In *The 19th IEEE Conference on Decision and Control including the Symposium on Adaptive Processes*, volume 19, pages 916–921. IEEE.

Sontag, E. D. and Teel, A. (1995). Changing supply functions in input/state stable systems. *IEEE Transactions on Automatic Control*, 40(8):1476–1478.

Sontag, E. D. and Wang, Y. (1995). On characterizations of the input-to-state stability property. *Systems & Control Letters*, 24(5):351–359.

Sontag, E. D. and Wang, Y. (1996). New characterizations of input-to-state stability. *IEEE Transactions on Automatic Control*, 41(9):1283–1294.

Su, R. (1982). On the linear equivalents of nonlinear systems. *Systems & Control Letters*, 2(1):48 – 52.

Sussmann, H. J. (1973). Orbits of families of vector fields and integrability of distributions. *Transactions of the American Mathematical Society*, 180:171–188.

Sussmann, H. J. (1976). Existence and uniqueness of minimal realizations of nonlinear systems. *Mathematical Systems Theory*, 10(1):263–284.

Sussmann, H. J. (1978). Single-input observability of continuous-time systems. *Mathematical Systems Theory*, 12(1):371–393.

Sussmann, H. J. (1979). Subanalytic sets and feedback control. *J. Differential Equations*, 31(1):31–52.

Sussmann, H. J. (1983). Lie brackets and local controllability: a sufficient condition for scalar-input systems. *SIAM Journal on Control and Optimization*, 21(5):686–713.

Sussmann, H. J. (1987). A general theorem on local controllability. *SIAM Journal on Control and Optimization*, 25(1):158–194.

Sussmann, H. J. (1990). Limitations on the stabilizability of globally-minimum-phase systems. *IEEE Transactions on Automatic Control*, 35(1):117–119.

Sussmann, H. J. (1994). A proof of the realization theorem for convergent generating series of finite Lie rank. *Math, Control, Signals, and Systems,*.

Sussmann, H. J. and Jurdjevic, V. (1972). Controllability of nonlinear systems. *Journal of Differential Equations*, 12:95–116.

Sussmann, H. J. and Kokotović, P. V. (1991). The peaking phenomenon and the global stabilization of nonlinear systems. *IEEE Transactions on Automatic Control*, 36(4):424–440.

Teel, A. (1992). Semi-global stabilization of minimum phase nonlinear systems in special normal forms. *Systems & Control Letters*, 19(3):187–192.

Teel, A. (1996a). A nonlinear small gain theorem for the analysis of control systems with saturation. *IEEE Transactions on Automatic Control*, 41(9):1256–1270.

Teel, A. (1996b). On graphs, conic relations, and input-output stability of nonlinear feedback systems. *IEEE Transactions on Automatic Control*, 41(5):702–709.

Teel, A. and Praly, L. (1994). Global stabilizability and observability imply semi-global stabilizability by output feedback. *Systems & Control Letters*, 22(5):313–325.

Teel, A. and Praly, L. (1995). Tools for semiglobal stabilization by partial state and output feedback. *SIAM Journal on Control and Optimization*, 33(5):1443–1488.

Tornambè, A. (1992). Output feedback stabilization of a class of non-minimum phase nonlinear systems. *Systems & Control Letters*, 19(3):193–204.

Tsinias, J. (1989). Sufficient Lyapunov-like conditions for stabilization. *Mathematics of Control, Signals and Systems*, 2(4):343–357.

Tsinias, J. (1993a). Sontag's "input to state stability condition" and global stabilization using state detection. *Systems & Control Letters*, 20(3):219–226.

Tsinias, J. (1993b). Versions of Sontag's "input to state stability condition" and the global stabilizability problem. *SIAM Journal on Control and Optimization*, 31(4):928–941.

Utkin, V. (1977). Variable structure systems with sliding modes. *IEEE Transactions on Automatic control*, 22(2):212–222.

van der Schaft, A. (1982). Observability and controllability for smooth nonlinear systems. *SIAM Journal on Control and Optimization*, 20(3):338–354.

van der Schaft, A. (1988). On clamped dynamics of nonlinear systems. In Byrnes, C. I., Martin, C. F., and Saeks, R. E., editors, *Analysis and Control of Nonlinear Systems,*, pages 499–506. North Holland.

van der Schaft, A. (1989). Representing a nonlinear state space system as a set of higher-order differential equations in the inputs and outputs. *Systems & Control Letters*, 12(2):151–160.

van der Schaft, A. (1991). On a state space approach to nonlinear H_∞ control. *Systems & Control Letters*, 16(1):1–8.

van der Schaft, A. (1992). L_2-gain analysis of nonlinear systems and nonlinear state-feedback H_∞ control. *IEEE Transactions on Automatic Control*, 37(6):770–784.

van der Schaft, A. (1996). *L_2-Gain and Passivity Techniques in Nonlinear Control*, volume 2. Springer Verlag, London.

Van Dooren, P., Dewilde, P., and Vandewalle, J. (1979). On the determination of the Smith-MacMillan form of a rational matrix from its Laurent expansion. *IEEE Transactions on Circuits and Systems*, 26(3):180–189.

Vidyasagar, M. (1978). *Nonlinear Systems Analysis.* Prentice Hall.

Vidyasagar, M. (1980). Decomposition techniques for large-scale systems with nonadditive interactions: stability and stabilizability. *IEEE Transactions on Automatic Control*, 25(4):773–779.

Wagner, K. (1991). Nonlinear noninteraction with stability by dynamic state feedback. *SIAM Journal on Control and Optimization*, 29(3):609–622.

Wang, J. and Rugh, W. (1987). Feedback linearization families for nonlinear systems. *IEEE Transactions on Automatic Control*, 32(10):935–940.

Wang, Y. and Sontag, E. D. (1992). Generating series and nonlinear systems: analytic aspects, local realizability, and I/O representations. In *Forum Mathematicum*, volume 4, pages 299–322. Walter de Gruyter, Berlin/New York.

Warner, F. W. (1979). *Foundations of Differentiable Manifolds and Lie Groups.* Hill.

Willems, J. C. (1972). Dissipative dynamical systems part II: Linear systems with quadratic supply rates. *Archive for Rational Mechanics and Analysis*, 45(5):352–393.

Wonham, W. M. (1979). *Linear Multivariable Control: A Geometric Approach.* Springer Verlag.

Wonham, W. M. and Morse, A. S. (1970). Decoupling and pole assignment in linear multivariable systems: a geometric approach. *SIAM Journal on Control*, 8(1):1–18.

Xia, X.-H. (1993). Parameterization of decoupling control laws for affine nonlinear systems. *IEEE Transactions on Automatic Control*, 38(6):916–928.

Xia, X.-H. and Gao, W.-B. (1989). Nonlinear observer design by observer error linearization. *SIAM Journal on Control and Optimization*, 27(1):199–216.

Youla, D. (1961). On the factorization of rational matrices. *IRE Transactions on Information Theory*, 7(3):172–189.

Zeitz, M. (1983). Controllability canonical (phase-variable) form for non-linear time-variable systems. *International Journal of Control*, 37(6):1449–1457.

Zeitz, M. (1987). The extended Luenberger observer for nonlinear systems. *Systems & Control Letters*, 9(2):149–156.

Zhan, W., Tarn, T., and Isidori, A. (1991). A canonical dynamic extension for noninteraction with stability for affine nonlinear square systems. *Systems & Control Letters*, 17(3):177–184.

索 引

K

L

M

N

O

P

Q

R

S

T

V

W

X

Y

Z